粉末冶金技術手冊

POWDER METALLURGY TECHNOLOGY HANDBOOK

汪建民博士　主編

美國伊利諾大學香檳校區材料工程博士
前工業技術研究院材料所正研究員兼副所長

中華民國粉末冶金協會
中華民國產業科技發展協進會　出版
全華科技圖書股份有限公司　總經銷

修訂版序

「產業科技化，科技中文化」乃厚植國力的捷徑，粉末冶金技術手冊自民國八十三年問世以來，其專業性和豐實內容迭獲各方華人佳評，在學術界暨產業界激起廣大迴響，或引用為教科書，或以之為技術人才培訓工具，早已成為產業科技發展協進會出版各「產業技術手冊」之範本，咸信對我國產業向下紮根、往上升級，具有莫大的裨益及貢獻。

期間本協會第八、九屆理監事們，持續關照本手冊之廣泛運用，並提供修訂建議，可謂不遺餘力；本人忝為理事長，為促進整體粉末冶金技術之健全發展，當是責無旁貸，經努力奔走，幸得各方賢達鼎力襄助，成立了「粉末冶金基金會」，奠定本協會永續經營的基礎。目前，終能斥資完成本手冊再版的宏願，冀望本手冊的修訂再版，能更為嘉惠產、學、研各界，綿延我國經濟與科教的實力。

本手冊的修訂在汪建民博士主持下，得作者群通力合作，針對粉末冶金新興技術、市場動態及部份辭意不周延部份，做了通盤地增添與修正，使本手冊內容更臻完善。茲值再版之際，特誌數語，用表個人由衷之謝忱，尚盼讀者與諸先進廣予支持與鼓勵，並不吝斧正。

中華民國粉末冶金協會

理事長　劉國雄

謹識於民國八十八年八月

中華民國粉末冶金協會

【粉末冶金技術手冊】編審委員會

序

　　產業科技在過去四十年來對我國經濟成長扮演著重要角色，相信在未來的數十年中亦將會有舉足輕重的影響力，因此經濟部近年來的施政重點，即在推動產業技術的研發，協助產業順利轉型。

　　產業科技發展協進會自七十九年成立以來，即秉持經濟部「技術紮根、產業升級」之一貫理念，期能結合產政學研各界從事技術研究發展的專業人士，共同促進研究發展活動。在落實產業升級工作方面，本會於民國八十年起，即邀集國內專業技術協會二十餘團體，每年定期召開「產業技術專門聯合年會」，以凝聚各專業協會之力量。

　　參與聯合年會之產政學研各界人士有感於產業技術升級與技術資訊擴散管道之強烈需求，「產業技術手冊」乃應運而生，「產業技術手冊」之內容規劃均經各編審委員及專業協會代表之反覆討論研議，其定位將有別於專業理論著作與一般之技術操作手冊，乃實際針對技術工程人員所需而設計，是一本確實能符合產業對新技術需求之技術手冊。

　　「產業技術手冊」之完成，其意義不僅提供業界極具實用價值之資訊，更重要的是作為產業技術之累積與傳承，以穩紮之技術基礎從而開創新技術，真正達成提昇產業技術水準及促進產業研究發展之終極目的。這是本會之目標，亦是執行技術手冊編撰任務之各產業技術專門協會所衷心盼望。

中華民國產業科技發展協進會

理事長　李樹久

謹識於八十三年七月

緒　言

　　粉末冶金技術是各先進國家競相發展的重點科技之一，我國投入此一產業，雖然起步較晚，但在最近幾年，成長極為快速，不僅技術已臻成熟，而產品品質也已符合國際水準，立足於國際市場。但在世界舞台之中，仍落後於美日歐先進國家，推其原因，除了由於國內汽車工業缺少自主設計能力，帶動粉末冶金工業發展外，最主要的問題還是勞力不足、技術及設計能力猶待提升，因此，培育粉末冶金技術人才，實為當務之急。

　　粉末冶金隨著材料科技的發展，技術層次日新月異，在汽車工業、家電工業及工具用品等主導之下，已逐漸成為高科技產業的一環。由於粉末冶金具有：省材料、省製程、低成本、精尺寸等特性，取代了傳統鍛造、鑄造、切削加工等方法；尤其是超硬材料、多孔自潤軸承等特殊而複雜的零件，更非使用粉末冶金技術不可。目前正朝向高強度、高密度、高精度、耐高溫、耐磨耗、耐腐蝕等方向發展，預測至公元2000年，粉末冶金的市場可達180億美元，顯示未來發展空間極為廣大。政府為加速產業科技發展，積極推動產業基本資料庫的建立，正需產業界與學術界配合，群策群力做好產業發展的奠基工作。中華民國粉末冶金協會有鑑於粉末冶金技術對產業科技具有重大影響，率先響應，筆者秉持臨深履薄之心情，邀集專家、學者33人為編撰委員，又敬請42位學者擔任審稿人，完成"粉末冶金技術手冊"專著，供有關工程人員使用，並做為產業界培育人才、高工及大專院校師生教學的參考教材，藉以提升我國粉末冶金技術水準與設計能力，為我國粉末冶金產業開拓廣闊的市場。

本手冊兼顧實用與基本學理，著重整體性系統化闡述，內容分成兩篇22章，包括：導論、粉末製造及其特性分析、粉體混合與造粒、成形技術、模具設計、燒結理論與實務、後處理、品質保證、工業自動化，以及各式粉體材料之應用，涵蓋燒結機械零件、含油自潤軸承、高熔點金屬與超硬合金、電接觸材料、摩擦材料和磁性材料等，皆力求深入淺出通俗易懂，另精心編錄了重要物理化學數據、專門術語之中英／英中文索引，以利查詢，為從業人員必備之最佳工具書。

由於篇幅所限，無法將所有技術問題都詳加闡釋，在浩瀚的文獻中也只能選擇代表性之工程數據供讀者深入研究時參考；至於計量單位問題，在一般情況下都採用國際單位(SI)制度，但在引用相關資料時，也還保留了部份原來的英制用法。

最後，企盼本手冊能成為粉末冶金工程人員事業上的夥伴，技術上的良師。值此出版前夕，特掇數言，聊表謝悃於襄助本手冊付梓的先進們，也冀望各方人士掬取本書之清芬，為我國粉末冶金科技挹注新生力。

中華民國粉末冶金協會理事長
兼粉末冶金技術手冊主編

汪 建 民

謹識於八十三年八月

作 者 (以姓名筆劃為序)

王 遐 (第6,8章)

英國伯明翰大學機械工程博士
國立台灣科技大學機械系教授

王 同 尊 (第15章)

美國揚百翰大學機械工程博士
湯姆遜磁體管蕊股份有限公司經理

朱 秋 龍 (第20章)

私立淡江大學化學系學士
台灣保來得股份有限公司總經理

何 信 威 (第21章)

國立中央大學機械系學士
工研院工業材料研究所副研究員

林 正 雄 (第19章)

美國紐約州立大學石溪分校博士
國立清華大學材料所教授

林 於 隆 (第3,5章)

日本國立東北大學工學博士
中山科學研究院材發中心冶金組組長

林 舜 天 (第11章)

美國壬色列理工學院材料博士
國立台灣科技大學機械系教授

林 群 新 (第7章)

美國俄亥俄州立大學冶金博士
榮剛公司研發部經理

汪 建 民 (第1章)

美國伊利諾大學材料工程博士
前工研院工業材料研究所正研究員兼副所長

段 維 新 (第9章)

英國里茲大學陶瓷系博士
國立台灣大學材料研究所教授

唐 江 濤 (第13章)

美國愛俄華州立大學材料科學博士
中山科學研究院品保中心組長

洪 英 彰 (第22章)

私立中原大學化學碩士
工研院工業材料研究所研究員

張 文 成（第22章）

國立清華大學材料科學工程博士

國立中正大學物理研究所教授

張 有 民（第10章）

美國猶他大學冶金博士

美國Pentranix公司資深工程師

張 忠 柄（第16章）

美國愛俄華州立大學碩士

中山科學研究院材發中心副主任

黃 坤 祥（第17章）

美國壬色列理工學院材料博士

國立台灣大學材料研究所教授

黃 錦 鐘（第18章）

日本東京工業大學工學碩士

私立東南工專機械科講師

葉 聰 麟（第12章）

私立大同工學院機械系學士

台灣保來得股份有限公司協理

溫 紹 炳（第 4 章）

國立成功大學機械工程博士

國立成功大學資源工程系教授

陳 增 堯（第14，20章）

國立台灣工業技術學院學士

工研院工業材料研究所工程師

陳 豐 彥（第21章）

美國俄亥俄州立大學冶金工程碩士

工研院工業材料研究所研究員

蕭 綱 衡（第 2 章）

國立成功大學冶金碩士

中國鋼鐵股份有限公司新材料研究發展處組長

蕭 濱 鎮（第13章）

美國愛俄華州立大學材料碩士

中山科學研究院品保中心副研究員

目　錄

第一篇　總論

第一章　粉末冶金導論

1.1　粉末冶金之特徵 3
1.2　粉末冶金之沿革史 4
1.3　粉末冶金製程概論 4
1.4　粉末冶金之性能及用途 9
1.5　粉末冶金發展趨勢及展望 11

第二章　金屬粉末製造技術

2.1　前言 18
2.2　機械方法 18
2.3　化學方法 20
2.4　噴霧方法 23

第三章　粉末之特性和測試

3.1　粉末之取樣 28
3.2　粉末粒度測試方法 29
3.3　粉末粒狀分析 35
3.4　金屬粉體的化學分析 37
3.5　金屬粉末之表面化學分析 39
3.6　金屬粉的視密度 39
3.7　金屬粉的敲緊密度 42
3.8　金屬粉末之流動率 43
3.9　安息角 44
3.10　金屬粉末的壓縮性 45
3.11　金屬粉末的生胚強度 46
3.12　金屬燒結體之尺寸變化 47

第四章　粉體混合與造粒

4.1　混合之定義 49
4.2　混合機構 50
4.3　混合速度及最終混合度 52
4.4　混合裝置 54
4.5　影響混合度之因素 61
4.6　其他常見之混合相關問題 64
4.7　造粒目的及原理 66
4.8　造粒程序及設備 71

第五章　粉末冶金用原料與特性

5.1　鐵粉 77
5.2　合金鋼粉 82
5.3　不銹鋼粉 83
5.4　特殊合金粉 83
5.5　銅粉 84
5.6　銅合金粉 88
5.7　其他金屬粉 88
5.8　石墨粉 96
5.9　粉末潤滑劑 96

第六章　傳統粉末成形技術 97

6.1　前言 97
6.2　鋼模冷壓程序 97
6.3　鋼模成形之基本理論 98
6.4　成形壓力 101
6.5　脫模力 103
6.6　粉末填充行程 115
6.7　零件之分類 117
6.8　中央面及退模注意之點 124
6.9　成形動作及壓床種類 124

第七章　特殊和發展中的粉末成形技術

7.1　粉末射出成形 134
7.2　熱壓 138
7.3　粉末擠形技術 142
7.4　粉末鍛造技術 147
7.5　金屬粉末的噴灑成形法 152

第八章　模具設計及製造

8.1　模具基本構造及動作 155
8.2　基本模具設計理念 156
8.3　模具製造 178

8.4 模具之設計 191

8.5 模具設計範例 196

第九章 燒結理論

9.1 前言 199

9.2 原子的移動 199

9.3 燒結驅動力 201

9.4 基本燒結機構 201

9.5 兩個球體之間的燒結 202

9.6 三個球體之間的燒結 203

9.7 多顆球體之間的燒結一再排列的現象 .203

9.8 粉末胚體的古典燒結模式 204

9.9 粉末胚體燒結─一個緻密化與粗化

過程的競賽 208

9.10 固相燒結理論的新發展 211

9.11 液相與固相之間的作用關係 .212

9.12 液相燒結的過程 213

9.13 暫時液相燒結 213

9.14 結語 214

第十章 燒結爐體和氣氛控制

10.1 前言 216

10.2 連續燒結爐的分類 220

10.3 真空燒結 223

10.4 金屬射出成形脫脂爐和燒結爐 .227

10.5 燒結爐之加熱體 227

10.6 燒結爐之溫控 228

10.7 氣氛及氣氛產生器 228

10.8 燒結爐未來發展之趨勢 230

第十一章 燒結胚體性質之測試

11.1 粉末冶金製品的性能測試 .232

11.2 合金元素對於燒結元件機械性質的影響

....245

第十二章 燒結體之後處理

12.1 前言 250

12.2 再加壓 250

12.3 機械加工 253

12.4 熱處理 259

12.5 水蒸氣處理 261

12.6 油含浸處理 262

12.7 其他之表面處理 265

12.8 結語 268

第十三章 粉末冶金工廠的品質管理

13.1 前言 270

13.2 品質、品質管制及品質保證 270

13.3 產品品質管理 273

13.4 製程管制 276

13.5 統計技術 277

13.6 品質成本 282

13.7 國際品保標準─ISO 9000 285

13.8 粉末冶金的製程品質管制 .287

13.9 範例 288

13.10 結語 288

第十四章 粉末冶金工業之自動化

14.1 前言 292

14.2 生產率評價之目的 294

14.3 既存設備的改善、簡易自動化設計事例

....299

14.4 結語 304

第二篇 各種粉體材料之應用

第十五章 鐵系燒結結構零件

15.1 前言 309

15.2 鐵系燒結結構零件的製程與生產設備 .309

15.3 鐵系燒結結構零件材料主要規格及材料選

用判斷準據 313

15.4 鐵系燒結零件的尺寸公差 .316

15.5 鐵系燒結零件的成本分析 .319

15.6 鐵系燒結結構零件的設計範例 330

第十六章 非鐵粉末冶金

16.1 銅及銅合金系粉末冶金 336

16.2 鋁合金系粉末冶金 346

16.3 鈦及鈦合金系粉末冶金 350

16.4 超合金系粉末冶金 354

第十七章 高熔點金屬材料─

鉬、鎢及其合金

17.1 鉬及其合金 359

17.2 鉬粉之製造 359

17.3 　鉬之成形 364

17.4 　鉬之燒結 365

17.5 　燒結鉬之後續加工 367

17.6 　鉬之物理及機械性質 368

17.7 　鉬之用途 368

17.8 　鎢及鎢合金 369

17.9 　純鎢之粉末冶金製程 370

17.10 鎢粉之製造 370

17.11 鎢粉之成形 372

17.12 鎢之燒結 372

17.13 鎢之物理及機械性質 373

17.14 鎢之用途 374

17.15 重合金 374

第十八章　超硬合金

18.1 　前言 377

18.2 　WC‧Co系超硬合金的製程 378

18.3 　超硬合金特性的檢測方式 398

18.4 　超硬合金製程實例 400

18.5 　超硬合金的規格與用途 405

18.6 　結語 408

第十九章　電接觸材料

19.1 　電接觸材料的特性需求 410

19.2 　電接觸材料的選擇 412

19.3 　電接觸材料的製作方法及特性 415

第二十章　多孔材料與燒結含油軸承

20.1 　前言 420

20.2 　多孔材料的特殊用途與材質特性 420

20.3 　燒結含油軸承 426

第二十一章　燒結摩擦材料

21.1 　前言 445

21.2 　製程概述 445

21.3 　摩擦性能測試 451

21.4 　應用與發展 456

第二十二章　磁性材料

22.1 　前言 458

22.2 　基本磁性理論 458

22.3 　硬磁材料 461

22.4 　軟磁材料 484

附錄及索引

附錄A　粉末冶金技術手冊使用符號及縮寫

.... 501

附錄B　物理量及其符號、單位與單位換算

.... 503

附錄C　化學元素及其電子結構、晶體結構、化學性質 509

附錄D　各國粉末冶金標準名稱 513

附錄E　鋼材各種熱處理溫度範圍及主要相說明 516

中英文索引 518

英中文索引 534

第 一 篇

總 論

第 一 章　粉末冶金導論

第 二 章　金屬粉末製造技術

第 三 章　粉末之特性和測試

第 四 章　粉體混合與造粒

第 五 章　粉末冶金用原料與特性

第 六 章　傳統粉末成形技術

第 七 章　特殊和發展中的粉末成形技術

第 八 章　模具設計及製造

第 九 章　燒結理論

第 十 章　燒結爐體和氣氛控制

第十一章　燒結胚體性質之測試

第十二章　燒結體之後處理

第十三章　粉末冶金工廠的品質管理

第十四章　粉末冶金工業之自動化

第一章 粉末冶金導論

汪建民*

1.1 粉末冶金之特徵	1.4 粉末冶金之性能及用途
1.2 粉末冶金之沿革史	1.5 粉末冶金發展趨勢及展望
1.3 粉末冶金製程概論	

粉末冶金（Powder Metallurgy）是一門製造金屬與非金屬粉末和以其爲原料，經調配混合後，於常溫或高溫之下成形，再於控制氣氛下施予燒結（Sintering）或熱處理（在低於主成分熔點的溫度下），使其成爲堅固形體之冶金技術，亦簡稱P/M。近年來，在汽機車、家電用品等強烈市場需求導引下，粉末冶金技術日新月異，已成爲一種有效而低成本之自動化製造方法，和精密鑄造、精密鍛造鼎足而立，是各先進國家競相發展之重點科技之一。粉末冶金產品依材料種類可以分成金屬類、超硬合金（Cemented Carbide; Hard Metal）類和陶瓷類三種，傳統上係以鐵基與銅基燒結機械零件和燒結碳化鎢工具爲主體，但是鐵氧磁體(Ferrite)、鈦酸銀介電體（$BaTiO_3$ Dielectrics）、氮化矽轉子(Si_3N_4 Rotor) 等新興精密陶瓷元件之異軍突起，格外引人注目。這些產品普遍應用於汽機車、民生用品、電子、電機、機械、能源、醫學、量測、航太及國防等方面。

1.1 粉末冶金之特徵

粉末冶金法之主要特徵[1-5]有：(1)成形體密度是可以在製程中加以控制的；(2)和鑄造品比較起來，燒結成品之晶粒較細緻，組織較均勻（偏析較少），但難免殘存空孔(Pore)；(3)粉末冶金製程中許多變數會影響成品之物理性質，但在其他製程中，物理性質大致由材質所決定；(4)粉末冶金法在製造零件時，材料利用率可高達95%以上，而一般切削加工法之材料利用率僅爲40~50%；(5)粉末冶金法是配製新材料最簡捷的手段，特別是用於像播散強化複合材料 (Dispersion Strengthening Composites)產品之製作上；(6)粉末冶金法可直接完成製造工程中高精度與提昇生產速度之要求，而其他正常冶金或材料工程多與製造工程分段實施；(7)粉末冶金法不必經過溶解、凝固之液固態轉變，僅經由再結晶 (Recrystallization) 及固態擴散 (Solid State Diffusion) 的程序，就可達成原子結合之目的，意即可彌補傳統冶金工程技術之不足；(8)粉末冶金技術將陶瓷工藝與冶金工程納入同一材料科技領域，雖然施工細節各有所需（如陶瓷之煆燒或造粒），但整體製程與燒結機構並無不同；(9)P/M製程尚有可自動化量產及產品成本低等優點。

一般而言，粉末冶金法可應用在兩方面：一是其他方法不能或難以製作之場合，如高熔點或溶液黏度低的金屬、不相融合之金屬、金屬與非金屬的複合材料、超硬合金、多孔質材料等；另一是其他方法可行，但粉末冶金法較經濟之場合，譬如同形狀大量生產的齒輪零件。故選擇產品製作方法時宜就其目的、用途而評估其適用性，以便充分發揮粉末冶金之長處。

1.1.1 粉末冶金法之限制

傳統粉末冶金法在應用上，有下述限制：(1)粉末特性影響最終產品之品質至鉅，其原料價格較貴，對單件重量約30克以上之產品製作，原料粉成本比例較高；(2)成形用模具成本高，若不大量生產同一形狀的製品，就不具經濟性，如用合金鋼壓模，壓力爲3 T/cm²，可壓製20~50萬個，其最低生

*美國伊利諾大學香檳校區材料工程博士
　工業技術研究院工業材料研究所正研究員兼副所長

產量約在5,000個~10,000個之間；(3)粉末冶金製品受脫模條件之限制，對有狹凹處、細長形（長度對直徑比超過3:1）、有不平行加壓方向的突出物等成品通常不能採用加壓成形；(4)成形壓力依製品大小和材質種類而異，一般在500～5,000 kg/cm²之間，而產品尺寸不超過手掌大小，單件重量低於1.8kg爲佳；(5)燒結成品易殘存孔隙，其機械強度及韌性略低於鍛製品，欲得更佳之機械性質，須做二次加工或採其他特殊成形，如均壓成形(Isostatic Forming)；(6)金屬粉末與多孔質成品易氧化，有儲存及後續表面處理的問題；(7)粉末冶金法較其他製造方法更需專業技術與實務經驗。

上述粉末冶金之短處，可經由粉末製造、有效的設計、特殊成形方法、生產管理等技術之精進，逐步獲得解決。同時，粉末冶金常常引導新的製程方向而能改善產品品質及生產力，獲致非凡的效益。

1.1.2 粉末冶金法之優勢

1.1.2.1 高熔點金屬或陶瓷製品

許多重金屬或陶瓷因熔點過高(>2000℃)或在高溫下不與金屬起化學反應的容器難求，故不能用傳統的熔鑄方法來製作，非用粉末冶金法不可。代表性的例子有鎢(3370℃)、鉬(2620℃)、鉭(2996℃)、碳化鎢(2630℃)、氮化矽(2700℃)，以及反應爐用之核燃料，如 UO_2、UC、ThO_2 等。

1.1.2.2 金屬與非金屬的複合製品

粉末冶金法，可混合在熔融時也不互溶的兩種以上的金屬或非金屬粉末爲原料，來製作複合材料製品。典型之實例有：(1)元素熔點相差甚巨的合金，如 $W+Ag$、$W+Cu$、$Mo-Ag$、$Mo-Cu$等電接點材；(2)陶金（Cermet）製品，如 $WC+TiC+Co$、$TiC+Ni+Cr$、銅系鑽石複合陶金等；(3)播散強化材料（Dispersion Strengthened Materials），如表面氧化型之 SAP（Sintered Aluminum Part）、顆粒分散型之TD-Ni（Thoria Dispersion Nickel）、OS-Cu、機械混合合金等；(4)金屬粉末與陶瓷粉末混合之燒結摩擦材料，如刹車片、砂輪等用途。

1.1.2.3 多孔質製品

愼選粉末粒度、成形壓力、燒結溫度與時間等，或預混少量低熔點金屬粉末或在低溫蒸發逸散的有機添加劑，即可得均質的多孔質材，其孔隙率可適度調整，做成自潤軸承（Self-lubricating Bearing）、過濾器、發泡金屬等。

1.1.2.4 經濟的精密製品

粉末冶金法可減少工程停頓而自動化量產、省略機械加工、經由回收而節省材料，進而設計製作價廉物美的精密製品，如燒結機械齒輪、稀土類永久磁石（Sm_2Co_{17}、$NdFeB$）、軟磁元件（磁芯、偏向軛）等。

1.1.2.5 其他P/M製品

粉末冶金法不將材料熔融，可製作：(1)熔融時易爲坩堝污染的高純度金屬；(2)不易以他法加工之脆性合金如鈹(Be)；(3)高硬度工具鋼或穿甲用彈頭材料；(4)精密陶瓷零組件如切削刀具、火星塞、積體電路構裝 (IC Packages)、壓電元件、介電元件等。

1.2 粉末冶金之沿革史

早在人類學會熔鐵、鑄鐵之前，已經使用粉末冶金方法了。最早在紀元前3000年，埃及人用 P/M 技術製作鐵器，古代印加族人則以金屬粉末製成裝飾品與工藝品。工業上，大量生產粉末冶金零件，可以溯源至 1910年 Coolidge所發明的電燈泡鎢燈絲製造技術而奠定了近代粉末冶金之基礎。隨後有下述之重要里程碑：1914年製成WC、Mo_2C粉末；1922年 Sauerwald研究燒結現象；1927年德國克魯(Krupp)公司開始生產碳化鎢超硬合金；1930年銅系自潤軸承之發明；1931年日本加藤、武井發明鐵氧磁石；1945年 Frenkel、Kuczynski、Rheines、Herring等燒結理論基礎建立及播散強化 SAP之發明；1956年後大量鐵基及鋁基燒結零件上市；1962年後發展成功 BeO、UO_2、Si_3N_4、Be、Ta等特殊金屬及陶瓷零件；直到 1980 年代之飛機渦輪引擎零件。表 1.1顯示粉末冶金之沿革史[3,6,7]。

1.3 粉末冶金製程概論

典型的粉末冶金製造流程如圖1.1所示。茲以

表1.1　粉末冶金沿革史

年　代	粉　　末　　冶　　金
BC 3000 年左右	埃及之海棉鐵器具
800～600	希臘之鐵器
AD 300 年左右	印度Dary（音譯）之柱子Dehli Piller，6噸之鐵塔
	希臘及埃及之Au粉
1000 年左右	Au、Ag、Cu、Sn粉
1200 年左右	印加人(Incas)之Pt器具
1700 年	京都井筒屋之Au、Ag、Cu、Sn粉
1798 年	Rochen把Pt粉做成塊
1800 年	英國Knight將Pt粉經高溫加熱加工鍛造成塊
1826 年	Soblewskey用模具加壓Pt粉，高溫燒結，得到收縮20~30%的塊體
1856 年	俄羅斯尼古拉二世(Nikolai II)從粉末製Pt錠
	英國Wollaston將高純度Pt粉壓縮、燒結而成的塊鍛造成板
1870 年	Gwyn將Sn、Bronze粉和橡膠混和成形，燒結成軸承（美國專利）
1897 年	Moissan製作高熔點金屬及其碳化物
	Welsbach將Os微粉與蜜糖做成膏狀，抽成細線，經押出（擠壓）成絲。Ta、Zr、V、W，亦採同法
1908 年	福田重助在京都山科開設Cu、Brass、Sn粉工廠
1909 年	Hilpert之鐵氧磁體合成（德國專利）
1910 年	Coolidge花三年確立W細絲的製造法，近代粉末冶金工業於焉開始
	Gilson以石墨40Vol%做為潤滑劑，製作Bronze軸承
1911 年	柏林設立W的工廠，為Metallwerk Plansee之前身
1914 年	Voigtlander及Lohman之WC、Mo_2C燒結（德國專利）
1916 年	東京電氣製造W細絲
1920 年	美國用氫還原鐵粉製作高頻磁芯
1922 年	Sauerwald研究燒結現象
1923 年	Claus製作球形粉，作成過濾器
1925 年	Schroter、Skaupy、Oslam研究所燒結WC-Co成功（德國專利）
	此時開始燒結摩擦材的開發
1927 年	德國Krupp公司銷售超硬合金Widia
1928 年	美國G.E.公司開發超硬合金（美國專利）
1929 年	日本開始超硬合金之開發、生產
1930 年	I.G. Farben公司製造Carbonyl鐵粉；Wellman製造燒結摩擦材
1933 年	加藤、武井的鐵氧磁體磁石（日本專利）
1934 年	此時瑞典由Högänäs公司提供海綿鐵粉
1937 年	福田金屬製作日本最早的電解銅粉
1938 年	在德國生產燒結鐵彈帶，產量達4000噸／月。其他小槍、燙斗、住宅門、窗等的小型燒結機械零件亦在德國生產
1940 年	Wulf及 Huttig進行燒結研究
1941 年	東京工試製Carbonyl鐵粉

表1.1 粉末冶金沿革史（續）

年　代	粉　　　末　　　冶　　　金
1942 年	Lenel將汽車用Oil Pump Gear燒結化；Koehring進行燒結鍛造研究
1944 年	上瀧壓力機、彈帶用加壓試製
1945 年	Frenkel、Kuczynski、Rheines、Herring等之燒結理論 至1950年左右爲止
1947 年	此時開始開發，改良壓機及燒結爐
1950 年	開發TiC超耐熱材。Irmann之SAP研究
1952 年	Philips公司完成Ferroxdure Buoycof(音譯)(蘇聯)開發純氧化鋁工具、Mikrorite M332之開發 Kennametal公司研究爆炸成形法
1958 年	Hirsch之Hot Forming研究
1965 年	Timken Roller Bearing公司之燒結鍛造
1968 年	G.M.公司燒結鍛造之Pilot Plant運轉
1969 年	Walter及Knoop之Forged P/M Steel特性發展；此時起美、日、歐研究燒結鍛造 很熱絡 台灣保來得公司成立
1973 年	此時隨著汽車無鉛化的風潮，積極研究開發燒結 Valve Seat
1981 年	中華民國粉末冶金協會成立
1986 年	每部汽車使用燒結機械零件量：美國達8kg／部，日本4kg／部

鐵基燒結零件爲例加以說明：其製造原料主要爲鐵粉，添加碳粉、銅粉、鎳粉或磷粉等合金元素，再以金屬潤模劑，用攪拌機均勻混合之，最近又有合金元素熔於鐵晶粒中，成爲預合金（Pre-alloyed）之合金鋼粉技術，使成品能達到預期的強度或特性。混合完成之粉末或合金鋼粉，充塡於模具內，以粉末成形機壓縮成既定的密度或形狀後，再將此壓粉體，置於各種氣氛之燒結爐中燒結，而後整形（Coining）或再燒結處理，鑽孔、攻牙、切削、熱處理、振動研磨及內、外徑平面研磨或表面處理之。謹就各施工單元[8]加以闡述如後。

1.3.1 原料粉 (Powder)

依產品種類與所需要的性質而選擇適當的原料粉體，除了粉末本身的特性如粒度和粒度分佈、粒狀及化學性質外，尚須考慮與產品製造相關連的視密度（Apparent Density）、流動率（Flow Rate）、壓縮性（Compressibility）、生胚強度（Green

Stength）等因素。

1.3.2 混合 (Mixing)

依客戶指定之成分，用原料或合金粉，以潤模劑或其他添加物混合成均勻的配料。若同一種成分之原料，使用量超過5,000公斤時，原料供應商均可提供預混合粉或合批粉（Premixed Powder），以降低成本。

1.3.3 成形 (Forming)

將混合好之原料，充塡於模具內加壓，使成設定形狀的壓胚體（Green Compact），目前加壓的成形機從0.5噸~1,000噸等，機構複雜，使用方便，且部份用電腦控制，可生產相當複雜的零件。

1.3.4 燒結 (Sintering)

將壓胚體置於爐體氣氛之燒結爐中燒結，使粒子相結合，達到預期之機械強度。燒結爲粉末冶金製程之核心技術，其模型、驅動力及特徵如表1.2

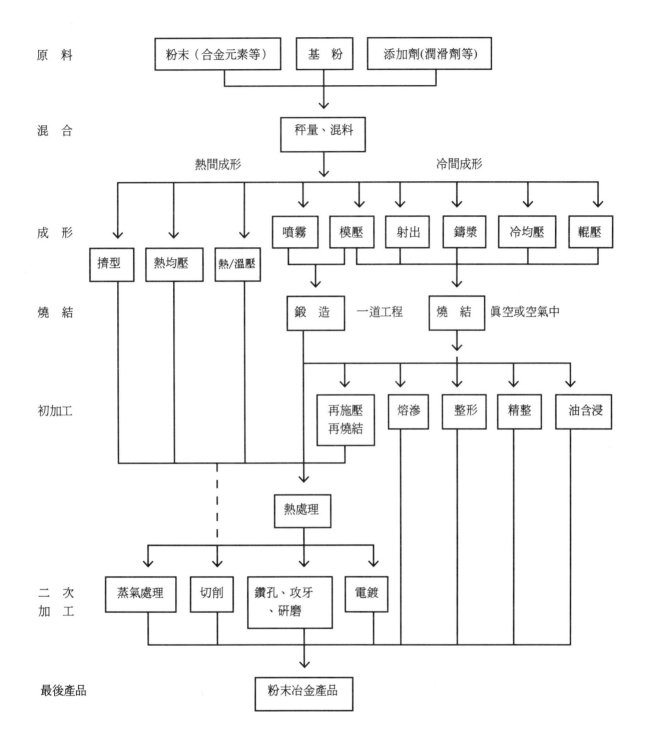

圖1.1 粉末冶金基本製造流程

所示。爐體氣氛一般使用吸熱型瓦斯、裂解氨、氮氣等。連續式燒結爐亦相當進步，同時可加裝 R.B.O瓦斯分解爐、滲碳（Carburizing）等設備。燒結速度也比舊式燒結爐增快一倍。

1.3.5 銅熔滲 (Infiltration)

銅之熔點較鐵為低，可控制燒結溫度，將銅熔滲於鐵基之零件中，以提高其機械強度及密度。而且也可封孔，以便電鍍處理。

1.3.6 銅焊燒結

無法直接成形之零件，有時可分為兩個獨立體，再加以組合，然後塗上銅焊膏，高溫燒結後，焊接在一起。

1.3.7 整形 (Coining) 或精整 (Sizing)

壓胚體經燒結後，均有收縮或膨脹的現象，因此軸承或軸襯及精密的機械零件，為了要達到其表面粗度、精度或密度及強度，均須再置入壓模中加以整形或精整。

1.3.8 油含浸 (Oil Impregnation)

軸承或軸襯最後工程均做真空油含浸，以達到自潤滑效果。但機械零件亦可油含浸，幫助潤滑或防止生鏽。

1.3.9 熱處理 (Heat Treatment)

粉末冶金零件，亦可以做退火、淬火、回火及表面硬化，如滲碳處理、高週波處理，增加表面硬度及強度，以提高其機械性能。一般粉末冶金零件，經熱處理後，硬度均以Micro Vickers、Knoop 或 Rockwell之HRA測定。

1.3.10 蒸氣處理 (Steam Treatment)

以水蒸氣與鐵產生化學作用，形成藍黑色之氧化鐵(Fe_3O_4)，增加表面硬度、耐磨性或封孔性。

1.3.11 切削

粉末冶金零件，橫向之凹部均無法直接成形，必須以車床或銑床切削完成之。

1.3.12 鑽孔或攻牙

部份零件必須使用固定孔或固定螺絲時，宜鑽孔或攻牙。

1.3.13 平面研磨

零件之兩端面，有時無法達到表面粗度規格時，則必須用平面研磨來完成。

1.3.14 振動研磨

粉末冶金零件之毛邊，一般以研磨石當研磨劑，來振動研磨去除毛邊。

1.3.15 電鍍

表1.2　燒結模型、驅動力及其特徵

質 量 傳 輸 機 構	驅 動 力	燒 結 特 徵
A. 固態燒結 (Solid State Sintering)		
a. 蒸發與凝聚	表面蒸汽壓差	僅結合、無收縮
b. 擴　　散		
・晶格或體擴散	空孔濃度差	結合＋收縮，粒形改變
・晶界擴散		
・表面擴散	僅結合、無收縮	
c. 黏性流動或玻化	表面張力	結合＋收縮，粒形不變
・Newtonian		・玻璃
・Bingham		・塑膠
B. 液相燒結 (Liquid Phase Sintering)		
a. 粉末重排	表面張力	快速收縮
b. 溶解再析出	應力及濃度梯度	結合＋收縮　粒形改變
c. 粗粒化	空孔濃度差	結合＋收縮

為了外觀或產品商業價值，必須做電鍍處理，但電鍍前一定要用樹脂含浸以封孔，防止吐酸。

鐵基零件之設計內容和各種製法的優劣點比較，示如表1.3。可見粉末冶金法正逐漸取代鍛造、鑄造、沖壓加工等製法，潛力雄厚。

1.4　粉末冶金之性能及用途

粉末冶金製品之性能和其所用之粉末原料、成形與燒結方法等息息相關，近年來由於粉末製造技術之發達以及成形、燒結技術之進步，而開發出多種高性能材料，應用上也顯得琳瑯滿目，相當廣泛[8,9]，謹列舉如下：

(1)汽車零件：齒輪泵、擺線油泵、鏈輪、水泵、皮帶輪座、齒輪、皮帶輪上板、柱塞凸輪、曲柄軸時規皮帶輪、平衡塊、離合器傳動輪轂、整時機環（Ring Synchronizer）、墊塊、電動窗小齒輪、活塞、油管底座、油門座、軸承、活塞環、閥座、柱塞。如圖1.2所示。

(2)機車零件：主驅動齒輪、齒輪環、離合器用提升凸輪、制動踢簧、移動凸輪齒、擺線油泵、墊塊、柱塞。

(3)自行車與運動車：正齒輪、座管接頭、墊圈、聯結器、座墊束子、培林座。

表1.3　鐵基零件設計的內容及各種製法的優缺點比較

零件設計內容	鑄造	鍛造	沖壓加工	粉末冶金	粉末冶金的備註
(形狀)					
複雜平面狀	○	○	⊙	⊙	
複雜立體狀	⊙	○	×	⊙	
三次元曲面	⊙	△	△	△	
鼓狀及空孔	⊙	×	×	△	具接合技術
複合一體化	△	△	×	⊙	
(尺寸精度)小件					
精級±1%左右	△	⊙	⊙	○	部份具高精度
中級±2%左右	⊙	○	○	○	
粗　級	○	○	○	○	
(重量)					
500 g以上	⊙	○	○	○	年年呈大型化進展
500 g~5 g	⊙	⊙	⊙	⊙	
5 g以下	×	○	⊙	⊙	
(材料)					
一般件	球狀石墨鑄鐵	碳　鋼	S60C為止	低合金鋼	容易添加成分包括複
高級件	鑄鋼	合金鋼	合金鋼	合金鋼	合材在內的各種材料
(特性)					
靜強度	○	⊙	○	⊙	
動強度	△	⊙	○	○	
韌性	△	⊙	○	○	
硬度	○	○	○	○	
耐磨耗性	○	○	△	⊙	包括含油、異材複合
(每批量成本)					
100個左右	⊙	×	×	△	
1,000個左右	○	△	△	○	
5,000個以上	×	⊙	⊙	⊙	

註：⊙：優點　○：可能　△：因狀況而定　×：困難

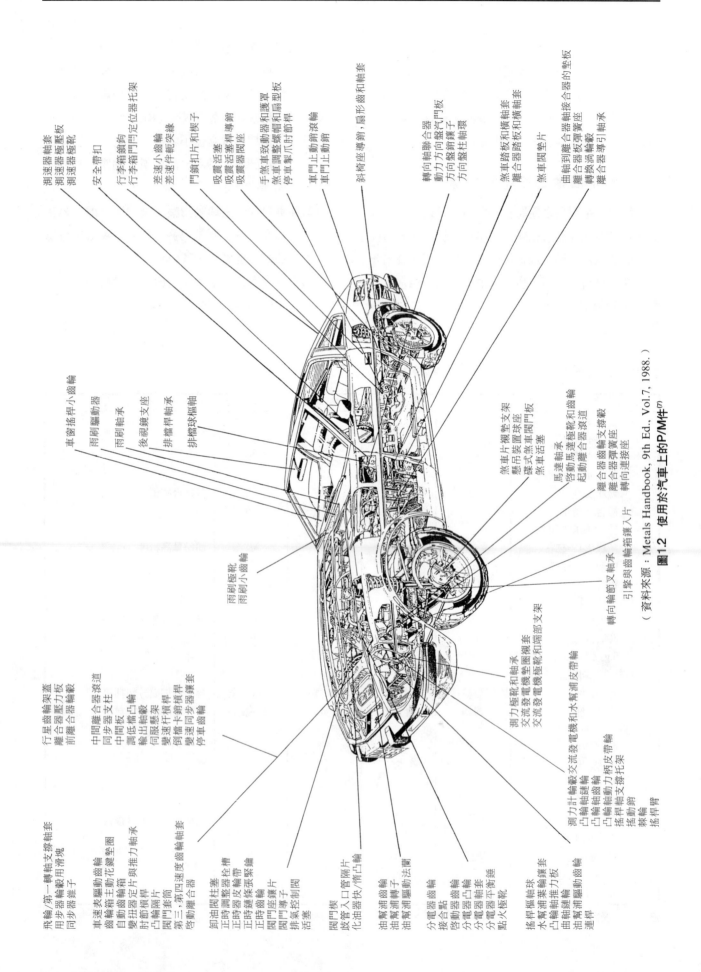

測速器軸套
調速器極壓板
調速器極壓靴

安全帶扣

行李箱鎖鉤
行李箱門鎖定位器托架

差速小齒輪
差速伸軸突緣

門鎖扣片和楔子

吸震活塞
吸震活塞桿導銷
吸震器活塞閥座

手制車致動器螺帽和護罩
煞車調整螺帽和扇型板
停車掣爪時節桿

車門止動銷護罩
車門止動銷

斜椅座導銷，扇形齒軸套

轉向軸聯器
動力方向汽門板
方向盤鎖鑰子
方向盤柱軸環

煞車踏板橫軸套
離合器踏板軸套彈簧座

煞車閥塞片

曲軸到離合器軸承的至板
離合器板彈簧座
轉換齒調輪轂
離合器導薄引軸承

車窗搖桿小齒輪

雨刷驅動器

雨刷軸承

後視鏡支座

排檔桿槓桿

排檔球槓軸

雨刷極靴
雨刷小齒輪

煞車片襯墊支架
懸吊裝置球座
碟式煞車塞

馬達軸承
啟動馬達離合器極靴和齒輪
起動離合器支撐轂
轉向連接座

測力極靴和軸承
交流發電機墊圈襯套
交流發電機極靴和水幫浦皮帶輪

轉向輪節叉軸承

引擎與齒輪鑲入片

飛輪／第一轉軸支撐軸塊
用步器輪轂用滑塊
同步器輪轂

行星齒輪架壓力板
離合器器壓力板
前離合器輪轂

中間離合器器道
同步器支柱
中間板
調低檔凸輪轂
伺服懸架
變速桿槓槓桿
銅槽卡銷槓軸
變速同步器鑲套
停車齒輪

車速表驅動主動齒圈
自動齒輪箱
變扭器齒軸承
肘節槓桿
閥筒套筒
第三、第四速度齒輪軸套
啟動離合器活塞

卸油閥柱塞
正時調整器栓槽
正時鏈條皮輪帶
正時鏈條張緊齒輪
閥門座導片
閥門楔子
排氣極靴

閥門楔
波管入口管隔片
化油器快/慢凸輪

油幫浦齒輪
油幫浦轉子
油幫浦動法蘭

分電器齒輪
接合器齒輪
啟動器齒輪子
分電器凸輪套
分電器平衡軸
點火極靴

搖桿樞軸球
水幫浦輪鑲套
凸輪葉軸轉動齒輪
曲軸幫浦驅動齒輪
連桿

測力計輪轂交流發電機入片
凸輪軸齒輪
凸輪軸幫浦驅動齒輪
搖桿軸動力柄皮帶架
搖桿
搖桿臂

（資料來源：Metals Handbook, 9th Ed., Vol.7, 1988.）

圖1.2　使用於汽車上的P/M件[7]

(4)縫紉機：連桿、提升叉（Lifting Fork）、調節器支板、針棒定位塊、傳動凸輪、針棒凸輪、皮帶輪、軸環、滑塊、環輪、針棒立桿、環軸偏芯凸輪、傳動連桿、接觸指、釣線驅動凸輪、押力彈簧滑座、軸止環、針留、平衡塊。

(5)農業機器：擺線油泵、泵凸輪、皮帶輪、調升桿、飛輪、控制桿、抑制桿、槓桿支柱、支軸桿、重錘、墊圈、正齒輪。

(6)事務機器：正齒輪、惰輪、皮帶輪、掣子，步進馬達蓋、轉齒。

(7)工具類：馬達齒輪、傳動齒輪、行星齒、傳動齒盤、變速齒盤、內齒輪、齒輪軸、惰齒輪、凸輪塊、拉桿固定塊、汽缸、汽缸蓋、轉子、止齒、棘齒、止滑片、搖桿板導塊、配座、凸輪、傘齒輪。

(8)鎖類：滑塊、大把手上節鎖、外側套環、鎖門頭、梅花鎖。

(9)其他：不銹鋼快速接頭把手、壓縮機閥板、蒸氣熨斗溫度調整凸輪，壓縮機汽缸頭、瓦斯爐打火調整器、高爾夫球桿、錶殼、刀具把手、釣具齒輪等。

更進一步依零件類別與材料特性分類如表1.4所示，計有機械零件、工具材料與製品、電氣零件與材料、磁性零件、耐熱零件及原子反應器材料等類別[10]，其中鐵基及鋁基／銅基燒結零件之材質、規格及機械性能分別示如表1.5及表1.6[11]。

1.5　粉末冶金發展趨勢及展望
1.5.1　粉末製造[12]

在燒結材料中，以金屬粉末為主要成分者有燒結機械零件、燒結自潤軸承、燒結摩擦材料、燒結電氣接點、燒結集電材料等。其中以鐵粉的使用量最多，而絕大部份的鐵粉（80%以上）都用在燒結機械零件之製造，這些零件業已經被汽、機車業者廣泛採用。最早商業化的鐵粉，是成形性良好的還原粉，以瑞典之Högänäs鐵粉為代表，材質以Fe-C、Fe-Cu、Fe-Cu-C為主；隨後出現壓縮性較佳的噴

表1.4　粉末冶金零件種類與用途

類別	種別	材　料　及　特　性	應　用　實　例
機械零件	結構零件	鐵、鋼、銅合金、鋁合金等製造的齒輪及各種受力件	汽車、機床、農機、紡織機、儀表、縫紉機等
	滑動軸承	1.燒結金屬含油軸承 　孔隙度為15~25%的鐵基或銅基多孔軸承 　孔隙中充滿潤滑油 2.鋼背燒結軸承 　第一層為鋼背，第二層為燒結銅鉛合金	汽車、機床、飛機、內燃機、皮帶運輸機、鐵路車輪、紡織機、縫紉機、冶金機械等 汽車及各種內燃機的曲軸軸瓦、連桿軸瓦等
	摩擦零件	由鋼背與鐵基或銅基粉末組合物製成的離合器片或剎車帶等	汽車、飛機、坦克、工程機械、機床等動力機械上的摩擦組件
	過濾器及其他多孔性材料	1.過濾器 　由球形青銅、鎳、鐵、不銹鋼及其他金屬粉末製造的，孔隙分佈均勻，形成杯狀、圓錐狀、圓筒狀及棒狀的製品 2.汗冷材料 　由鎳、鎳鉻合金、不銹鋼及其他耐腐蝕材材製造的孔隙度達50%的棒材、帶材、筒狀製品 3.纖維金屬製品 　由細金屬纖維製造的高孔隙度(達80%)的製品	化工、機床、飛機、汽車等中用於過濾各種氣體與液體，用作射流元件中的多孔金屬濾波器。 飛行器中用作多孔汗冷元件 吸音板、特殊用途的過濾元件

表1.4 粉末冶金零件種類與用途 (續)

類別	種別	材 料 及 特 性	應 用 實 例
工具材料與製品	超硬合金	1.鎢－鈷類合金 　含有其他碳化物添加劑的WC-Co基合金 2.鎢－鈷－鈦合金 　含有各種碳化物與金屬添加劑的WC-TiC-Co基合金	金屬加工、鑽岩工具、量具、耐磨零件 金屬加工、用於加工硬度高的鋼及其他金屬
	合金工具鋼	高速鋼等	切削工具等
	金剛石－金屬工具	碳化鎢－鎳－金剛石粉，或銅合金－金剛石粉的組合物	研磨工具、切割砂輪、鑽岩鑽頭等
電氣零件與材料	電接點	難熔金屬 (W、Mo)等與銀、銅等製成的假合金	點焊機、滾焊機、各種火花儀器與開發設備用的觸頭
	集電零件	1.金屬－石墨電刷 　由銀與石墨，或銅 (或銅合金) 與石墨製成的假合金 2.燒結合金滑板 　用粉末冶金法製造的鐵基和銅基合金	各種發電機、電動機等使用的集電電刷 各種電機車、無軌電車的集電滑板
	真空材料	鐵、各種難熔金屬(W、Mo等)及其合金	真空器件的封接製品
	燈泡與電子管用材料	W、Mo及其合金與Ta、Nb、Re等製造的線材、棒材、板材	燈泡與電子管等
磁性零件	軟磁零件	純鐵、鐵銅磷鉬、鐵矽、鐵鎳、鐵鋁合金的材料與製品	無線電設備、儀器、儀表等
	硬磁零件	鋁鎳鈷合金、釤鈷合金、釹鐵硼合金等	
	磁介質電件	軟磁材料與電介質組合物製成的製品，如鋁矽鐵粉芯	
耐熱零件	非金屬難熔化合物基合金	碳化矽、碳化硼、氮化矽、氮化硼等為基體的合金	高溫下工作的各種零件、磨具、磨料
	難熔金屬化合物基合金	過渡族或重金屬(W、Mo、Ta、Nb、Ti等) 的碳化物、硼化物、矽化物、氮化物，它們彼此間及與各種金屬的化合物	高溫下工作的渦輪機上的各種零件，切削工具
	播散強化合金	$Al-Al_2O_3$、$Cu-Al_2O_3$、$Ni-Al_2O_3$、$Ni-Cr-ThO_2$、$Ag-Al_2O_3$等，具有良好的高溫特性	用於較高溫度的耐熱零件，如$Al-Al_2O_3$製作內燃機活塞
原子能反應器材料	核燃料材料	將U及其化合物UAl_2、UAl_3、UAl_4、UBe_{13}、UC、UC_2、UO_2等分散於基體金屬Al、Be、Fe、Mg、Mo等的播散型燃料	用作原子能反應器的燃料
	減速和反射壁材料	熱中子減速能大，且吸收斷面積小的物質，如Be、BeO、Be_2C等	原子能反應器
	結構材料	熱中子吸收斷面積小的的金屬與合金，如Al、Be、Mg、Zr、$Al-Al_2O_3$、Mo、Mo合金，Ni合金、Ni-Cr合金、Co基合金、TiC基金屬陶瓷等	
	控制和屏蔽材料	熱中子吸收斷面積大、強度高、質量輕和耐蝕性好的金屬和合金，如B、B_4C等	

表1.5 鐵基粉末燒結零件之材質與機械性能[11]

組 成	規 格	形 態	比 重 (g/cm³)	抗拉強度 (MPa)	降伏強度 (MPa)	伸長率 % (25mm)	楊 氏 模 數 (GPa)	無 凹 痕 衝擊強度 (J)
鐵 99.7/100%Fe	F-0000-N	燒結態	5.6-6.0	110	76	2	70	4
	F-0000-T	燒結態	7.2-7.6	276	179	15	170	31
鋼 97.4/99.7Fe-0.3/0.6C	F-0005-N	燒結態	5.6-6.0	124	100	1.0	70	3.4
	F-0005-S	燒結態	6.8-7.2	296	193	3.5	130	12
	F-0005-S	熱處理	6.8-7.2	552	517	<0.5		
鋼 97.0/99.4Fe-0.6/1.0C	F-0008-P	燒結態	6.0-6.4	241	207	1.0	90	4
	F-0008-S	燒結態	5.8-7.2	393	276	2.5	130	9.5
	F-0008-S	熱處理	6.8-7.2	648	627	<0.5		
銅鋼 Fe-2.7Cu-0.45C	FC-0205-P	燒結態	6.0-6.4	276	234	1.0	90	4.7
	FC-0205-S	燒結態	6.8-7.2	427	310	3.0	130	13
	FC-0205-S	熱處理	6.8-7.2	689	655	<0.5		
鐵鎳 Fe-4.25Ni-1.0Cu-0.15C	FN-0400-R	燒結態	6.4-6.8	248	152	5.0	115	22
	FN-0400-T	燒結態	7.2-7.6	400	248	6.5	155	68
鎳鋼 Fe-2Ni-1.25Cu-0.75C	FN-0208-R	燒結態	6.4-6.8	331	207	2.0	11	11
	FN-0208-T	燒結態	7.2-7.6	545	345	3.5	155	30
	FN-0208-T	熱處理	7.2-7.6	1103	1069	0.5	155	24
熔滲鋼及鐵 Fe-11.5Cu-0.45C Fe-20Cu-0.45C	FX-1005-T	燒結態	7.2-7.6	572	441	4.0		19.0
	FX-1005-T	熱處理	7.2-7.6	827	738	1.0		9.5
	FX-2005-T	燒結態	7.2-7.6	517	345	1.5		13
	FX-2005-T	熱處理	7.2-7.6	793	655	<0.5		8
Fe-20Cu-0.8C	FX-2008-T	燒結態	7.2-7.6	586	517	1.0		14
	FX-2008-T	熱處理	7.2-7.6	862	738	0.5		7
銅鋼 Fe,1-11Cu,C<0.9			0-2	220-745	190-340	6-7.1		
磷鋼 Fe,0.3-0.9P,0.2C			6.55-743	230-584	190-474	4-23		
鎳鋼 Fe,2-8Ni,C<0.7			6.3-6.9	180-887	105-320	0.5-2		
低合金鋼 Fe,<4.5Ni<0.7C <2Cr,<0.8Mo <0.2Mn			6.4-7.8	260-950	160-920	0-4		
高合金鋼 Fe,C0.3-0.6, Cu 1-3,Ni 3-6 Mo 0.3-0.7			6.4-7	410-680	350-520	0-2		
Fe,C 0.5,Cu 1.5, Ni 4,Mo 0.5			6.8-7.2	850-1130	850-1130	1		
射出成形金屬 Fe-7Ni-0.2Si-0.2C			7.7	965-1034	758-827	2		
AISI 303	SS-303-P		6.0-6.4	241	221	1.0		
AISI 316	SS-316-P		6.0-6.4	262	221	2.0		
AISI 410	SS-410-P		6.0-6.4	397	376	0.5		
AISI 316L			6.2-6.6	290		4-10		4-20
AISI 316			6.6-7.1	450		4-21		4-45
	SS-410-90HT		6.5	724	724	0-1		

表1.6 鋁基和銅基粉末燒結合金之材質與機械性能[11]

材質	比重 (%/Th)	熱處理溫度	抗拉強度 (MPa)	降伏強度 (MPa)	凹痕衝擊強度	伸長率	疲勞強度 (平滑旋轉桿 500×106週)	
Al-0.25Cu-0.6Si-1.0Mg (Alcoa 601 AB)	2.42(90)	0	100.0	–	8.8	8.8	–	
		T1	138	88	7.0	5.0	–	
		T4	172	144	7.0	5.0	–	
		T6	232	224	2.7	2.0	–	
		T61	252	247	–	2.0	–	
	2.55(95)	T1	145	94		6.0	38	c.f. 鍛造件 (Al-0.8/1.2Mg-0.4/0.8Si-0.15/0.35Cr-0.15/0.4Cu. T6) 97
		T4	177	117	–	6.0		
		T6	238	230	–	2.0	45	
		T61	255	250	–	2.0		
Al-0.4Si-0.6Mg (Alcoa 602 AB)	2.42(90)	T1	121	59	–	9.0	–	
		T4	121	62	–	7.0	–	
		T6	180	169	–	2.0	–	
		T61	180	169	–	2.5	–	
	2.55(95)	T1	131	62	–	9.0	–	
		T4	134	65	–	10.0	–	
		T6	186	172	–	3.0	–	
		T61	193	176	–	3.0	–	
Al-6.4Cu-0.8Si-0.5Mg (Alcoa 201 AB)	2.50(90)	0	120	–	–	7.0		
		T1	201	170	5.8	3.8		
		T4	245	205	11.4	3.5		
		T6	323	–	3.9	–		
		T61	349	342	–	0.5		
	2.64(95)	0	128	–	19.4	8.0	– 45	c.f. 鍛造件 (Al-3.9/5.0Cu-0.5/1.2Si-0.4/1.2Mn-0.2/0.8Mg T6) 124
		T1	209	181	7.5	3.0		
		T4	262	214	17.6	5.0	52	
		T6	332	327	6.0	2.0		
		T61	356	454	–	2.0		
Al-1.6Cu-0.2Cr-2.5Mg-5.6Zn	2.51		310	275		2.0		
Al-15~40SiC	2.9		689~710	579~689		0.9~5		
Cu-0.2C-9~11Sn	7.2-7.7		150	100		5.0		
Cu-10Sn	7.9		220	120		6.0		

* 0 在410°C退火一小時後爐冷 (最大冷速 28°C/hr to 260°C)。

T1 從燒結溫度冷至426°C (601 AB及602 AB) 或在氮氣中冷至 260°C (201 AB) 後空冷至室溫。

T4 在空氣中,熱處理 30 min @520°C (601 AB及602 AB) 或 504°C (201 AB)後,在冷水中淬火並再在室溫下至少時效四天。

T6 在空氣中,熱處理 30 min @520°C (601 AB及602 AB) 或 504°C (201 AB)後,在冷水中淬火,再在160°C 時效18小時。

T61 再加壓,熱處理至T6。

霧鐵粉，一般用於高密度或簡單形狀零件的製造。噴霧法的另一特徵是可製造各種合金粉末，有如：真空還原水噴霧法或油噴霧法可製出低含氧量且含優異淬火能之Mn、Cr的低合金鋼粉，惰性氣體噴霧法可製造不銹鋼粉和高速鋼粉，真空噴霧法及回轉電極法（Rotating Electrode Process）可製造超合金粉和鈦合金粉；近來尚有同時改善成形性與壓縮性的部份擴散合金鋼粉、幾無偏析之急速凝固粉、耐熱性佳之機械合金粉等，都有實用化的良績。

1.5.2　成形技術[7, 13]

絕大多數的粉末冶金製品為大量生產的零件，其製程需符合經濟及品質穩定的要求。成形技術是整個生產過程中不可分割的一環，完整的成形概念不應單指粉末被壓製成特定形狀的過程，尚應涵蓋下述的複雜程序：粉料的檢驗、粉料充填入模具、成形機／壓縮過程／驅動系統的選擇、成形模具及其配件的製作、成形體的脫模、成形過程的自動化、成形過程的檢視及成形件的歸檔管理等。成形技術之發展目標是使成形以外所需的二次加工量減至最低。由於成形機供應廠家與粉末冶金業者間的精誠合作，在複雜零件之生產及量產程序之改進上，都有具體的成果，諸如：粉末充填量控制裝置，係針對成形壓力及標準重量之偏差予以測定，可降低成形品品質的不穩定；快速拆模、換模技術之改進，可提高多種少量生產的效率；大型的迴轉成形機，使成形高速化，且能製造雙層複合燒結合金零件；油壓成形機與電腦輔助設計(CAD)系統連線，使模具設計及成形的電腦化作業更具經濟效益；溫壓成形商業化....等。

由於粉末冶金成品的形狀及所需達到的性能指標各有不同，因此除了傳統的軸向加壓成形外，尚有許多已開發或開發中的新興成形技術，譬如粉末鍛造（Powder Forging）、均壓成形（CIP或HIP）、粉末射出成形（Powder Injection Molding）、粉末軋製（Powder Rolling）、高壓模鑄等，值得重視。

1.5.3　燒結技術[12-13]

燒結是P/M製程的核心，其趨動力來自粉粒表面自由能的降低。在燒結過程中，粉末胚體在保護氣氛下藉助於精確的溫度曲線修正，製成所需尺寸及機械強度之零件，其間所引起的變化相當複雜。燒結窯爐之選擇除了確保產品的高品質與穩定性外，更應追求更高的生產性、省能源性、操作性與安全性，因此考慮的參數有：最高燒結溫度、爐內氣氛與溫度均勻性、產量與製品荷重、能源消耗量、設備成本與壽命及其維修費用等。氣氛燒結爐以網帶輸送型（Mesh Belt Convery）爐及托盤推進型（Pusher）爐為最多；真空爐主要使用於超硬合金、超合金等的燒結；熱壓機及熱間均壓多用於特殊精密陶瓷元件的高溫燒結；其他批式（Batch）爐及走樑式（Walking Beam）爐則用於產品的研究開發為多。

為了提高生產性，有下述發展方向：作業溫度與氣氛的電腦控制，以達成製造流程的全自動化；氣氛由氨氣分解瓦斯和丙烷變成瓦斯改變成氮氣瓦斯；利用熱間均壓、液相擴散、燒結緊配(Sintering Fitting)及熔滲等技術將兩件以上的壓胚體接合在一起，可以製造出形狀複雜及性能優異的燒結零件。其他研究發展的重要課題有：燒結添加劑的選擇、非均質性的控制、加速燒結速率及燒結機構的探討....等。其中有效的燒結添加劑可增加壓胚體之緻密化程度，且抑制晶粒成長，而製出完全緻密且晶粒微細之成品，此在精密陶瓷產品之燒結上尤其重要。

1.5.4　燒結材料

在燒結合金方面：Fe-Cu系材料中添加少量B，可以有效抑制銅的異常膨脹現象，而被用來製造高密度的燒結零件；燒結高速鋼因使用微細之霧化粉，所含碳化物微細而分散均勻，致成品之韌性佳，並有良好的加工性，同時還能添加更多量的合金元素，以提高耐熱性及耐磨性；燒結鋁合金之密度低、比強度高，合金種類有高強度耐應力腐蝕破裂的7000系合金、耐磨耗性之Al-Si系合金、耐熱的Al-Fe與Al-Al$_4$C$_3$系合金，已逐漸應用在汽車、航空機零件上；熔煉法所得之超合金有嚴重的合金偏析和難加工等問題，粉末冶金法則可克服這些難題，已有多種燒結超合金製品使用在軍用及民航機、發電用氣渦輪機上，而一般產業用機械零件也逐漸開始使用；超硬合金則針對特殊功能如耐蝕性、微鑽孔用耐熔著性、非磁性、耐潛變高韌性、含氮超耐熱性等方向，而開發新的合金。

在陶瓷材料方面：鐵氧磁體所製成之軟磁及硬磁元件，已廣為產業界、民生家電業所採用，較新的發展有高頻低鐵損的錳鋅磁石及高磁能積的W-型鋇系鐵氧磁石；鈦酸鋇為主成分的介電陶瓷，用做晶片型電容器、PTC熱敏電阻及壓電元件；陶瓷基板及構裝材料則有AlN、玻璃陶瓷、低溫型多層陶瓷等的開發。

1.5.5　市場概況

1997年全球粉末冶金市場規模，約達47億美元；其中最大之粉末冶金製造集團為德國GKN公司，營業額達5.2億美元，最大的金屬粉末製造公司為瑞典Höganäs公司，營業額約3億美金。1997年全球金屬粉末總使用量估計約達157萬噸，如表1.7所示，其中以鐵粉與鋼粉的消費量最大，達129萬噸，佔82%，其次為鋁粉，約15萬噸；就地區言，北美

表1.7　1997年全球金屬粉末使用量

（單位：仟噸）

粉末種類	全球	北美	西歐	日本	台灣
鐵及鋼	1294	354.3	123.0	164.4	16.5
不銹鋼及工具鋼	～40	4.8	0.2	-	5.9
銅及銅基合金	44	22.2	14.8	7.0	1.6
鋁	～150	40.4	-	-	-
鎳	～24	10.5	-	-	-
錫	2	0.9	-	-	-
其他	～20	8.8	1.2	-	-
合計	1574	441.9	139.2	171.4	24.0

（資料來源：MPR、MPIF及美國商務部、JPAMA、EPMA、ROC/PMA等）

表1.8　全球金屬類 P/M 產業現況

國　家（地區）	P/M元件製造公司		粉末製造廠[(2)]（家數）	設備製造廠（家數）
	家數	年產量[(1)](仟噸)		
北　美　洲	125	210.4	40	50
歐　　　洲	60	99.5	15	25
日　　　本	65	87.0	20	15
中國大陸	166	19.5	38	20
台　　　灣	40	11.0	0	10
韓　　　國	18	10.0	3	9
巴　　　西	14	7.7	6	10
印　　　度	20	4.5	36	15

註 (1) 統計數字為使用於運輸工具、產業機械、電氣機械及其他之 P/M元件產量。
　　(2) 以鐵粉製造廠家為主。

（資料來源：1993年京都世界粉末冶金年會及ROC/PMA）

表1.9　全球精密陶瓷材料市場預測

（單位：百萬美元）

	1980	1990	成長率	1995	成長率	2000	成長率
Al_2O_3	561	4830	24.0	7100	8.0	10425	8.0
TiO_2	479	2785	19.2	3740	6.1	5075	6.3
SiC	125	1180	25.2	2185	13.1	3500	9.9
Fe_2O_3	267	1105	15.3	1625	8.0	2250	6.7
ZrO_2	115	840	22.0	1275	8.7	1900	8.3
BeO	35	195	18.7	305	9.4	450	8.1
Si_3N_4	5	75	31.1	140	13.3	250	12.3
其他	35	285	23.3	580	15.3	1050	12.6
合計	1622	11295	21.4	16950	8.5	24900	8.0

（資料來源："World Advanced Ceramics", by The Feedonia Group Inc., Aug., 1991)

使用金屬粉末總量達44.2萬噸，居第一位，成長率11.9%，銷售額超過20億美元，日本17.1萬噸，居次，我國使用約2.4萬噸。有關鐵粉之應用，以P/M用（約70%）為主，焊接用其次。

全球金屬類P/M元件製造商、粉末製造商及設備製造廠之產業現況示如表1.8，仍以北美地區產

量為最大，**歐洲次之，我國現有３５家元件製造商**，　４家設備製造商。運輸工具業為粉末冶金元件的最大使用客戶，尤以歐、美、日等汽車主要生產國為然，譬如１９９７年北美Ｐ／Ｍ元件中７０％用於汽車(平均每輛車中使用了１４.７公斤的Ｐ／Ｍ元件)，１０％用於休閒用品；１９９１年日本有高達82.6％之Ｐ／Ｍ元件用於汽車，而7.4％用於電子產業。

　　１９９０年全球精密陶瓷材料市場規模為１１３億美元，其中氧化鋁佔４３％，其次氧化鈦佔２５％，碳化矽與氧化鐵各佔１０％，氧化鋯佔７％，如表１.９所示。氧化鋁之市場規模約４８億美元，約８４％應用於電子陶瓷領域之積體電路構裝與基板，而應用於耐磨耗件及切削刀具為２.２億美元。根據Industrial Ceramics '99年報導:１９９７年全球精密陶瓷市場產值規模，約達１６２億美元;其中電子陶瓷產值為127億美元，佔78％，結構陶瓷產值則為35億美元。以地區來分析，以日本市場６６億美元為最大，美國５０.８億美元為次之，歐洲２７.７億美元再次之。

參考資料

1. C.G. Goetzel, Treatise on Powder Metallurgy, Vol I-IV, Interscience Publishers, New York, 1949.

2. W.D. Jones, Fundamental Principles of Powder Metallurgy, Edward Arnold Publishers, London, England, 1960.

3. F.V. Lenel, Powder Metallurgy Principles and Applications, Metal Powder Industries Federation, Princeton, NJ, 1980.

4. H. H. Hausner and M. K. Mal, Handbook of Powder Metallurgy, 2nd Ed., Chemical Publishing Co., New York, NY, 1982.

5. R.M. German, Powder Metallurgy Science, Metal Powder Industries Federation, NJ, 1984.

6. 日本粉末冶金工業會編，燒結機械部品－そと設計と製造，技術書院，1987.

7. ASM P/M Committee, Volume 7 Powder Metallurgy, Metals Handbook, Ninth Edition, American Society for Metals, Metals Park, Ohio, 1984.

8. 葉聰麟，"粉末冶金機械零件實例應用"，粉末冶金，Vol. 3, 30~35 (1988).

9. 早忠郎、山口守衛等，"構造用粉末冶金製品の開發"，特殊鋼，36卷6號，1987.

10. Leander F. Pease III, "Ferrous Powder Metallurgy Materials" in Vol. 1 Properties and Selection: Irons, Steels, and High-Performance Alloys, Metals Handbook, Tenth Edition, ASM International, Materials Park, OH, 1990.

11. N.A. Waterman and M.F. Ashby, CRC-Elsevier Materials Selector, Vol. 1, CRC Press, Boca Raton, 1991, pp. 482~484.

12. 林於隆，"粉末冶金的現況及未來的趨勢，"粉末冶金，Vol. 2, 36~47 (1988)

13. G. Petzow et al., 20 Years of Powder Metallurgy International, Powder Metallurgy International, 21 [2], 9-46 (1989).

第二章　金屬粉末製造技術

蕭綱衡*

2.1 前言	2.3 化學方法
2.2 機械方法	2.4 噴霧方法

2.1　前言

　　金屬粉末是粉末冶金的原料，其性質與製造過程和粉末冶金製品的性能有相當密切的關連。因此，嚴格控制金屬粉末的性質是十分重要的。

　　粉末的製造方法很多，每一種製造法所造的粉末，均具有其特殊的性質，如粒度、形狀、組織及化學純度等。這些特性將影響到和製程關係極為密切的粉體性質，如視密度、流動率、壓縮性、成形性及燒結性等。此外，粉末的製造法也和原材料的性質有極密切的關係。因此，粉末的製造需視原材料與粉末的種類以及粉末的用途等而選擇適當的方法。表2.1所列為粉末冶金常用的金屬粉末製造方法和各方法所製的主要粉末。

　　值得注意的是，即使同一種粉末，製造方法不同時，所得粉末性質也可能不一樣。一般說來，對金屬粉末製造的基本要求是：粉末性質能適合於粉末冶金生產要求；品質穩定及均勻；價格便宜。金屬粉末的製造方法雖有很多，本章將歸納成機械方法、化學方法及噴霧方法等三種並分別說明其製造原理及其特點。

2.2　機械方法[1~5]

　　本方法係利用機械力量將材料粉碎成粉末的方法，主要可分為四種機構將材料粉碎成粉末，即衝擊、磨細、剪力及壓縮等。一般而言，適用於脆性材料的粉末製造，如超硬材料之碳化物原料的粉碎。其在金屬粉末的製造上只限於特殊情形下使用，

如1.脆性電解析出金屬；2.還原法、電解法等所製粉末的最終還原處理後成塊狀或餅狀金屬；3.機械加工屑等的粉碎。下面將主要的製造方法及所製粉末的特性加以說明。

2.2.1　機械加工法

　　此法係將材料機械加工成屑，再經磨細等製程而製成粉末的方法。只應用於小量特殊金屬粉末或利用機械加工廠加工屑製成粉末，為一種低效率、慢速度的粉末製造法。有粉末特性控制困難、粉末氧化、油污及他種金屬廢料混入等的問題。但也是消耗機械加工廠加工屑的一種方法，故仍有被採用的價值。

　　此方法所製粉末一般而言較粗且形狀不規則，不能直接應用於高性能粉末冶金產品的製造。目前主要用於高碳鋼等材料的粉末製造。

2.2.2　搗碎法

　　此方法係利用凸輪將粉碎用的搗杆提升至適當高度後落下至粉碎台上，而將材料搗碎、通常用於脆性材料的粉碎。利用搗碎法粉碎金屬材料至某一程度時，常發生小粉粒互相冷銲成塊的現象，再被搗成為鱗片狀粉末。因此在粉碎至某程度時，必須添加如硬脂酸(Stearic Acid)粉末以防止冷銲成塊，並促進粉碎。金屬搗碎粉粒的形狀呈狀扁平，較少使用在粉末冶金零件上。

2.2.3　球磨法

　　此方法係利用硬球的機械衝擊力或磨擦力，將脆性材料粉碎成粉末的方法。一般的球磨是在鋼製或瓷製的圓筒容器中加入粉碎物質和鋼球或瓷球，然後利用容器回轉而粉碎之。圖2.1為球磨法製粉

表2.1　各種金屬粉末的製造方法

粉末材料	噴霧法	化學還原法	機械粉碎法	電解法	熱分解法	液或氣相析出法
鋁／鋁合金	○					
鈹			○	○		
鈷		○				
銅	○	○		○		○
銅合金	○					
銅－鋁	○					
銅－鉛	○					
青銅	○					
黃銅	○					
銅－鎳－鋅	○					
鐵	○	○	○	○	○	
鐵合金	○					
低合金鋼	○					
不銹鋼	○					
工具鋼	○					
鉬		○				
鎳		○		○	○	
鎳合金	○		○			
銀	○			○		○
鉭			○		○	
錫	○					
鈦	○	○			○	
鎢		○				
鋯					○	

示意圖。在製造超硬合金時，球磨罐內用超硬合金的裡襯和超硬合金球，並添加如丙酮(Acetone)液體，並在濕式法下粉碎。球磨的粉碎效果是從磨碎與撞擊兩方的促成。磨碎的情形是如圖2.2(a)般，在磨球的雪崩狀態下，粉碎物質在球與球間或球與容器間被磨碎。若要利用撞擊之粉碎效果，容器的大小與回轉速度要匹配，如圖2.2(b)般使發生磨球落下運動，如此即是利用撞擊效果而粉碎之。

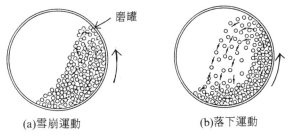

(a)雪崩運動　　　　　　　　(b)落下運動

圖2.2　在球磨中之磨球運動

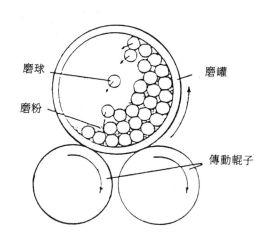

圖2.1　球磨法製粉示意圖

另有振動球磨和離心球磨都是利用增加磨球的動能而提高粉碎效果的。近年來常被使用的所謂研磨器(Attritor)是將粉碎物與磨球的混合物和用吸入器(Inhaler)強行攪拌，即可大大縮短粉碎的時間，此種球磨一般是採用濕式法進行粉碎。圖2.3為Attritor之研磨裝置。

球磨是歷史最久應用最廣的研磨方式，適用於脆性材料如氧化物等陶瓷材料，而不適用於大部分金屬的粉末製造。此乃因金屬的延性、冷焊及低效率所致。此外噪音的發生以及磨球與磨罐的污染無法避免的事實也是問題。濕式球磨雖可提高效率，

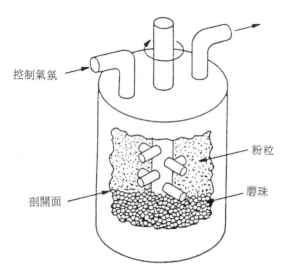

圖2.3　粉末研磨器 (Attritor Mill)

機成功的製造出超合金的微細合金粉末。此種合金複合粉末是由機械方法所製成的，故稱爲機械合金。本方法的製作示意圖如圖2.4所示。此係將適量的鎳粉、鉻粉、Ni-Al-Ti合金粉及Y_2O_3粉等作爲原

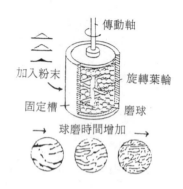

圖2.4　機械合金粉製作示意圖

但也增加液體分離的不便。此方法所製造的粉末因受強烈的加工硬化且粉末粒子呈不規則形狀的影響，流動性及充塡性均較差。

2.2.4 冷流衝擊法

此方法係把小於2mm的粗粒金屬或合金粉末，置於7MPa以上的低溫高壓高速的氣流（通常使用空氣）中懸浮，當此氣流從一文氏管噴嘴噴入鼓風室的固定靶時，由於強烈的撞擊作用而將氣流中的粗粒粉末粉碎成細粒粉末，再經過分級機的分級，就可獲得所需的粉末。當氣流噴入鼓風室時，由於快速的膨脹作用，致使溫度下降，材料變脆，而有助於進一步的粉碎。此方法被應用於質硬、耐磨且昂貴的材料，如碳化鎢、鎢合金、鉬合金、工具鋼、鈹及其他合金。

2.2.5 機械合金法

早在1940年代就已開始利用粉末冶金技術製造熔融冶金法所不能製造的氧化物分散強化材料，如SAP (Sintered Aluminum Powder)、TD－Nickel、TD－NiCr等。這些材料均具有優異的高溫抗潛變性能，深受矚目。球磨技術曾被發展以製作次微米氧化物的微細分散，其中最成功的就是機械合金法。

在1970年代初期美國INCO公司J.S. Benjamin，首先利用Attritor Mill，也就是利用一種高效率球磨

料，和合金鋼球一同裝入Attritor Mill中，經長時間之攪拌，原料粉在鋼球之間受撞擊，經磨擦而發生變形、粉碎、磨細，致使金屬粉和金屬粉之間受碰撞而發生冷焊。在這樣的粉碎、磨細和冷焊的重複進行下，最軟的鎳粉末粒子，則扮演著結合劑的角色，把較硬的鉻粉末粒子、Ni-Al-Ti合金粒子及Y_2O_3粒子，埋入其中而形成超合金複合粉末粒子，球磨時間愈長，組織愈微細，分散更均勻，一般球磨是在惰性氣體環境及水冷的狀況下進行，如此才不致使金屬粉末發生氧化問題。

機械合金粉末也和其他機械方法所製得粉末一樣，會有污染的問題。若球磨機內襯、磨球、攪拌桿等所用之材料和粉末相同時，則污染程度可減少。另外機械合金粉末因具有強烈的加工硬化及呈角狀形狀，故不能用傳統方法壓縮成形而需採用熱固化技術，例如熱均壓、熱鍛造、熱擠型等來克服。

2.3　化學方法[1~7]

幾乎所有的元素金屬都可能由化學方法來製造粉末，所製粉末顆粒大小及形狀，則可由化學反應變數的控制作廣泛的調整。下面將主要的製造方法及所製造粉末的特性加以說明。

2.3.1 電解法

此法大致可分為(1)水溶液電解析出法，(2)熔融鹽電解析出法二種。工業上廣泛利用(1)的方法製造電解銅粉、銀粉及鐵粉。而利用(2)的方法製鉭(Ta)、鈾(U)及釷(Th)等金屬粉末。利用電解法製造金屬粉末的原理和電鍍極為相似，但為獲得一結構鬆散或樹枝狀的粉末在陰極析出，對電解條件必需做一適當的調整與控制，其要點是為使陰極附近析出的金屬離子濃度變低，因此一般作法是採用①較低金屬離子濃度的電解液、②低溫的電解液、③較高的電解電流密度、④酸性電解液、⑤電解液中添加膠狀物、⑥電解液不攪拌等方法。圖2.5表示電解法製造粉末的示意圖。在電解槽中陽極金屬如

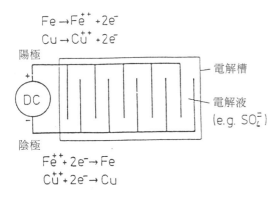

$$Fe \rightarrow Fe^{++} + 2e^-$$
$$Cu \rightarrow Cu^{++} + 2e^-$$

陽極　　　　　　　　　　　　電解槽

DC

　　　　　　　　　　　　　　電解液
　　　　　　　　　　　　　　(e.g. $SO_4^=$)

陰極

$$Fe^{++} + 2e^- \rightarrow Fe$$
$$Cu^{++} + 2e^- \rightarrow Cu$$

圖2.5　電解法製作粉末示意圖

鐵、銅、銀等溶解於硫酸之類的電解液，通電就再析出於陰極。在電解過程中，斷續的在陰極刮下電解的多孔質或樹枝狀的金屬粉末，再經水洗、中和、乾燥、還原、分級、篩選及混合等過程而製成金屬粉末產品。

　電解法所製得金屬粉末粒子一般是樹枝狀或海綿狀，因此粉末的流動性及充填性較差，但有良好的成形性及燒結性。另外，其最大優點為所製造粉末的純度極高，可被應用於磁性、導電性等特殊功能材料方面的製造。不過由於電解法僅能製造元素金屬粉末，又因其製程煩雜，製造費用較高，因此並未廣泛被採用。

2.3.2　熱分解法

　此法係利用金屬化合物蒸氣的加熱分解而製得

金屬粉末的方法。最有名的工業上實用例子是由德國的I.G. Farben Industrie公司以Mond Process聞名。該方法是將硫化鐵或鎳原料與150~200氣壓的一氧化碳，在200~220℃的溫度下進行反應生成液狀的鐵－碳醯基[Fe(CO)₅]或鎳－碳醯基[Ni(CO)₄]，這些液體在200~250℃並將壓力降低至一大氣壓之分解塔中分解則可生成鐵粉或鎳粉。所得粉末含有微量的碳、氮、氧等不純物，常在氫氣中加熱進行脫碳處理。

　本方法所製得粉末粒子呈球形如碳醯鐵粉，或不規則形狀如碳醯鎳粉。粉度較細一般在1~20μm範圍內，因此流動性較差，通常不使用於機械結構零件的製作。但由於粉末純度高達99.5%以上，適用於磁性材料如鋁鎳鈷等的製造。除鐵和鎳之外，銅、鉻、鈷、白金等的粉末也可用此法製造，唯製造費用較為昂貴。

2.3.3　從固態金屬氧化物還原的方法

　此方法係將金屬氧化物粉末以適當的還原劑如氫氣、一氧化碳或碳等以及適當的還原溫度把氧化物還原成金屬粉末的方法。最為典型的例子就是還原鐵粉的製造過程。

　這種利用氫氣、一氧化碳或碳等還原劑還原金屬氧化物的方法可由金屬氧化物形成的自由能(Free Energy)來作探討。如圖2.6所示，當金屬氧化還原的反應線比$2H_2 + O_2 = 2H_2O$反應線更上方時，表示可用氫氣還原；若在下方時則表示不可能由氫氣還原。同樣的，也可知道是否可由一氧化碳或碳來還原。

　氧化物還原所製粉末的特性，如粉末粒子大小，粒子的氣孔率及氫損失等和還原的開始原料如氧化物的純度、粉末粒度及還原製程動力學均有密切關係。還原製程動力學又受還原氣體的成份、流速、還原溫度及氧化物粉體床厚度等的影響。為增進還原速度，可採用旋窯或流體化床反應等方式進行。還原變數中以還原溫度最為重要。低的還原溫度所製粉末顯示較細的氣孔、較大的比表面積及較高的生胚強度；高的還原溫度所製粉末，則顯示較大的氣孔、較小的比表面積及較佳的壓縮性。另外，

較高的還原溫度導致粉末間的過度燒結而結塊，徒增後續粉碎的困難亦不容忽視。

由此還原法所製粉末粒子，呈海綿形狀，因此粉末的成形性、燒結性均較佳，但粉末的流動性、充填性及壓縮性等則比噴霧的粉末差。

2.3.4 從液相中析出金屬粉末的方法

本方法大致可分成下列兩類：

(1) 利用金屬電化學的置換

本法係利用離子化傾向的差異而析出金屬粉末的方法。也就是在金屬鹽的水溶液中，加入離子化傾向更高，即更活性的金屬使其發

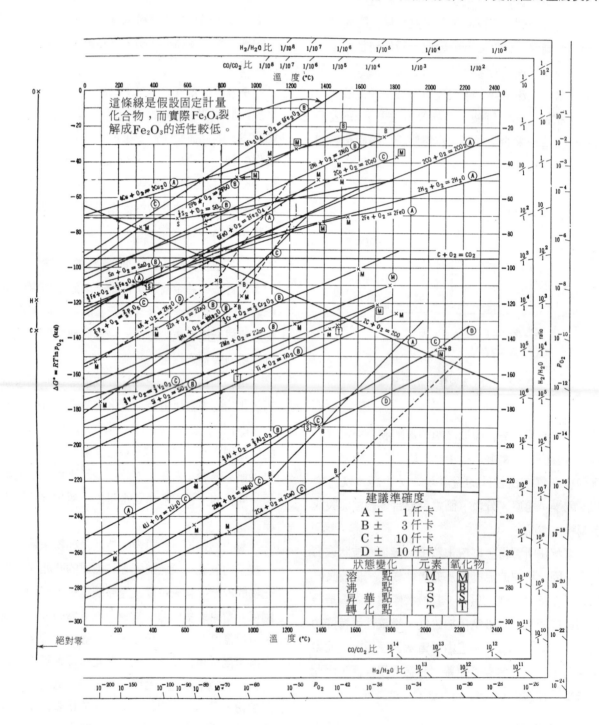

圖2.6 金屬氧化物形成的標準自由能

生置換作用。例如在硫酸銅水溶液中加入鋅或鐵，而此鋅或鐵則溶解並析出銅粉。利用此種方法所製造的金屬粉末視密度較低，但具有良好的成形性，適合摩擦材料的製作。另外，在石墨粉和鋅粉的混合物中，加入硫酸銅水溶液，則銅在石墨粉上析出而可獲得鍍銅用的石墨粉。利用同樣的方法，也可製得鍍銅或銀用的鎢粉。因此，可由此種方法製造各種的金屬粉末。

(2) 利用高壓氫氣的還原

本法係在鎳、鈷、銅等的２價金屬離子水溶液中，通入氫氣，使發生還原反應而析出金屬粉末的方法。其反應式如下：

$$M^{++} + H_2 \rightarrow M^o + 2H^+$$

若溶液加入氨水，其反應式變爲：

$$M^{++} + 2NH_3 + H_2 \rightarrow M^o + 2NH_4^+$$

有一廣泛用在商業上製造鎳粉的方法，稱爲 Sheritt Gordon Process，也就是在高溫(200℃)高壓(200psi)下的硫酸氨鎳溶液中通入氫氣，則可沉澱出鎳粉。在實際製程上，爲使反應能進行及使被還原的金屬成粉末狀析出，常添加觸媒及晶種。若使用石墨、碳化物等粉末作爲晶種，則可製得各種的複合粉末。此方法所製作的粉末，純度高，粉末較細，有黏聚性，但粉末粒子呈不規則或海綿狀，因此流動性及充塡性均較差。

2.3.5 從氣相中沉澱出金屬粉末的方法

這種方法被用在較活性金屬的粉末製造，例如鈦、鋯、鉬、鈮、鉭等。先將這些金屬的粉末反應成低溫不蒸發的化合物，再將它們還原而成粉末。倘鈦、鋯等金屬和氯氣反應，則生成鈦、鋯的氣相氯化物，再以液相的鈉或鎂還原，就製成鈦、鋯等粉末。其反應式如下：

$$TiCl_4 + Mg \rightarrow Ti + MgCl_4$$

$$ZrCl_4 + Mg \rightarrow Zr + MgCl_4$$

若將氣相的氧化鉬(MoO_3)和氫氣反應，就析出鉬粉。

利用此種方法製得的粉末較昂貴。粉末粒子形狀、純度、粒度和黏聚等，可由蒸氣反應條件作調整。一般而言，粉末粒子呈海綿狀，但球形的多晶黏聚物可能形成。

2.4　噴霧方法[1~5,8]

所謂噴霧方法就是將熔融的金屬液，利用噴霧媒體（例如氣體水或油）打散成小液滴或利用離心力將其摔散成小液滴，再經冷卻凝固成爲金屬粉末的方法。噴霧法的最大優點就是能製造各種純金屬及其合金粉末，同時又能從製造變數的改變，來調整粉末的特性，再加上其製程簡單，製造費用較低，已成爲近年來金屬粉末最重要的製造方法。以下將各種的噴霧方法及其所製粉末的特性，加以說明。

2.4.1　氣體噴霧法

此種方法就是利用氣體當噴霧媒體者，常用的氣體有空氣及惰性氣體，如氮氣、氬氣等。本氣體噴霧裝置，可分爲水平式及垂直式二種。前者的示意圖如圖2.7所示。它是利用高速的流動氣體所造成的虹吸效應(Siphon)，將熔融金屬吸起而霧化成金屬粉末。此法適於低熔點金屬或合金的粉末製造，如鋁、鉛、錫等。而後者的示意圖如圖2.8所示。金屬因在眞空室熔解並用惰性氣體噴霧，因此可防此金屬的氧化，以保持完整的高合金成份。一般而言，垂直式的較通用於高熔點金屬粉末的製造，如超合金、高速鋼等合金成份粉末的製造。

氣體噴霧法之金屬粉末形成模式可由圖2.9來

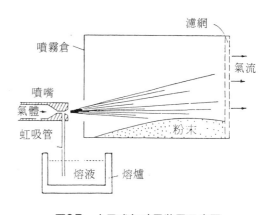

圖2.7　水平式氣噴霧裝置示意圖

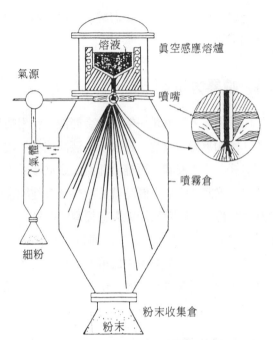

圖2.8　垂直式氣噴霧裝置示意圖

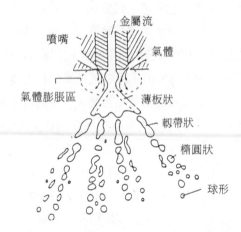

圖2.9　氣體噴霧法金屬粉末形成模式圖

說明。此利用高速照相法觀察研究所得。在噴嘴出口處熔融體受到快速膨脹氣體的作用，形成中空狀圓錐體，因圓錐薄壁表面積大，非常不安定，若熔融體有充分的過熱度且又受到剪應力及加速力的作用，首先就形成軔帶狀，隨後則形成球形粉末粒子，因此從熔融體變成粉末的順序為圓板狀→角錐狀→薄板狀→軔帶狀→橢圓狀→球形。粉末的大小與形狀，和熔融體的過熱度有極密切的關係。過熱度大，可減低熔融體的黏度及延長噴霧後液滴凝固的時間，因此有助於形成粒度較小的球形粉末。所製

粉末粒徑的大小和噴霧條件的關係一般可用下列之實驗式表示：

$$D = \frac{C}{V}[\gamma / \rho_m]^{0.22}[U_m / \rho_m]^{0.57} \qquad (2\text{-}1)$$

D　：粉末粒徑

C　：噴嘴幾何常數

V　：噴霧氣體的速度

U_m　：金屬熔融體的黏度

ρ_m　：金屬熔融體的密度

γ　：金屬熔融體的表面張力

由(2-1)式可知，所製粉末粒子的大小和噴霧氣體的速度成反比例的關係，亦即噴霧氣體速度愈快，所製粉末粒徑愈小。此結果已獲鐵、銅、鋼等粉末的製造證實。

氣體噴霧法製程變數，主要有氣體種類、壓力、流量、流速、合金種類、流量、溫度、黏度、噴嘴幾何形狀、衝擊角、衝擊距等。可以調整這些變數來製作所需特性的粉末。表2.2為氣噴霧製造超合金粉末的操作條件範例，利用此法所製得粉末因液滴冷卻較慢，粉末粒子呈球形，此種粉末流動性、壓縮性均佳但成形性較差。

表2.2　氣噴霧法製造超合金粉末製程參數範例

氣體	氬氣
壓力	2 MPa（一般高達5 MPa）
氣體流速	100 m/sec
熔液過熱度	150℃
衝擊角	40°
熔液流量	20 kg/min
平均粒度	120 μm

2.4.2　水噴霧法

此種方法與前述氣體噴霧法極為類似，只不過它是利用水當作噴霧媒體，比用氣體噴霧具有更快速冷卻的效果，以及一些不同的流體性質等。此法是製造熔解溫度低於1600℃的金屬或合金粉末最為廣泛使用的粉末製造法。其裝置示意圖如圖2.10所示。乃利用高壓水流直接把熔融金屬液流打碎成小

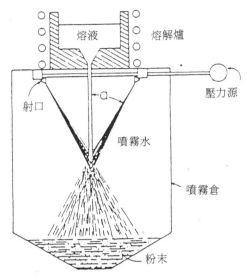

圖2.10　水噴霧裝置示意圖

液滴，並掉入噴霧倉之水中使其快速凝固。此法所製得粉末的形狀比氣體噴霧法更為不規則，粉末表面呈較粗組織，氧化較為嚴重，表面的氧化量高達數千ppm，此乃因為水噴霧媒體與金屬反應所致。過熱度高，粒度細，表面的氧化量則相對提高。表2.3為氣噴霧和水噴霧法的比較。

表2.3　氣噴霧和水噴霧的比較

項　目	氣　體	水
粉粒大小(μm)	100	150
粉粒形狀	球　形	不規則
黏聚	一　些	少
視密度(%)	55	35
冷卻速度(K/sec)	10^4	10^5
偏析	輕微	可忽視
氧化(ppm)	120	3000
流體壓力(MPa)	3	14
流體速度(m/sec)	100	100
效率	低	中

　　兩者最顯著不同在於將來的形狀及表面的氧化程度。

　　水噴霧法製程變數中，噴水壓力是最主要的製程控制變數。高水壓導致高的水速度而製得較小粒度的粉末。例如利用水噴霧法製造鋼粉時，水壓1.7MPa所製得粉末平均粒徑為117μm；若水壓在13.8MPa時，則平均粒徑為42μm。此外利用水噴霧法所製得粉末的平均粒度與氣體噴霧法類似，和噴霧條件亦有相當密切的關係，可由下式表示：

$$D = C/ (V \cdot Sin\alpha) \qquad (2-2)$$

D：粉末平均粒度

C：與材料和裝置設計有關的常數

V：水的流速

α：熔融流和噴水流間夾角

　　由上(2-2)式可知，噴水的流速為控制粉末粒度的重要因素，利用高速水流噴霧可製得較細的粉末，由於水噴霧法所製粉末呈不規則形狀，因此粉末的流動性、充填性、壓縮性等均較氣體噴霧法為差，但成形性則較佳。

2.4.3　油噴霧法

　　為抑制粉末在水噴霧時發生氧化，以油代替水當作噴霧媒體。此法所製得粉末含氧量低，噴霧時液滴冷卻速率雖較水噴霧者為慢，但比氣體噴霧者快，因此粉末粒子形狀之不規則程度較水噴霧者為小，成份之偏析程度則較氣體噴霧者為小。

　　本法製程和水噴霧法相似，適合製造含Mn，Cr等合金元素的合金鋼粉。利用此種製法可製造含氧量低、成形性良好的合金粉末。

2.4.4　離心噴霧法

　　此方法的原理乃利用旋轉離心力，將熔融金屬摔散成液滴，再經冷卻而成粉末。主要可分為下列兩種型式：

　(1)旋轉電極法（REP法）

　　此方法係由美國核能金屬公司所開發，目前已達商業化生產。所使用之裝置如圖2.11所示。其製程為把欲製造粉末之合金材料鑄成棒狀，當作消耗性電極，而用鎢金屬棒作為陰極。然後將高速旋轉（約5000rpm）之消耗性電極通電，因和陰極產生電弧而成熔融狀態，在充滿氦氣之容器內，由旋轉之離心力霧化成小液滴，經凝固後製成合金粉末。

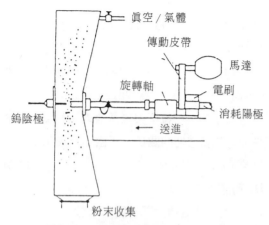

圖2.11　旋轉電極法製粉裝置示意圖

圖2.12所示為旋轉消耗電極法形成液滴之模式圖。首先在旋轉陽電極圓周邊形成液相，再由剪應力及表面張力的作用形成突狀物，離開電極後則形成靱狀物，若有充分的過熱度最後則形成球形。此種方法所製粉末一般呈球形，平均粒徑約在250μm，平均粒徑隨熔解速率的增加，電極轉速的減少及陽極直徑的變小而增大。Champagme和Angers氏則以下列實驗式表示：

$$D = \frac{M^{0.12}}{Wd^{0.64}} (\gamma / \rho_m)^{0.43} \qquad (2\text{-}3)$$

D　：粉末平均粒徑

M　：熔解速率

d　：陽極直徑

W　：電極旋轉速度

γ　：熔融體表面張力

ρ_m　：熔融體密度

陽極電極法因不使用坩堝熔解金屬，因此沒有坩堝污染問題，適合於活性金屬如鋯、鈦合金及超合金屬粉末製造。所製得粉末清淨度高，粒子呈完全球形，表面光滑沒有氣孔存在，粉末的充填密度高，流動性佳。粒度均勻分佈較窄，其缺點為生產效率低，設備昂貴且製造費用高。

(2)旋轉圓盤噴霧法

此方法係把熔融金屬液直接滴到一個快速旋轉(400至20000rpm)的轉盤上急冷，隨後再以離心力將熔融金屬從圓盤的圓周甩出霧化成金屬液滴，經冷卻凝固成金屬粉末的方法。此外還有以旋轉杯、旋轉輪及旋轉網等方式，代替旋轉盤者，圖2.13所示為此旋轉式噴霧裝置之種類示意圖。

美國PWA公司將上述方法稍加改良，也就是將從圓盤圓周甩出的液滴，再用熱傳導性極佳的氦氣冷卻，如圖2.14所示，以增進液滴之冷卻速率。此種方法由於金屬液滴的冷卻速度極快，故又稱急冷凝固法(RSP)，可將某些成分合金製作成非晶質

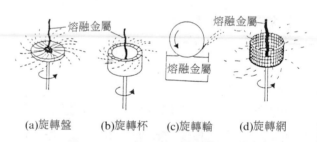

圖2.13　離心力噴霧裝置種類示意圖

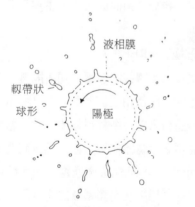

圖2.12　旋轉消耗電極形成金屬粉粒的模式圖

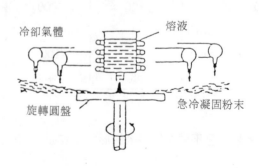

圖2.14　旋轉圓盤噴霧法製作急冷凝固粉末示意圖

粉末(Amorphous Powder)。所得粉末樹枝狀晶粒極
爲微細,比氣噴霧法所製者爲細,近年來高速鋼、
鋁合金等也用此法製造粉末。

2.4.5　真空或溶解氣體噴霧法

　　本方法係由美國均質金屬公司所開發。其原理
爲熔融金屬液中,導入過飽和的氣體,然後突然將
陷阱門打開,利用壓力差,熔融金屬液則霧化成金
屬粉末,其裝置如圖2.15所示。本製程首先是把合
金在眞空高週波爐熔解後,導入氫氣,並增壓至
1~3MPa,同時把噴霧室抽成眞空,然後把陶瓷連
通管導入熔融合金中,再將兩室間之隔板打開,利
用不同壓力下氫氣溶解度的不同,合金液則如爆炸
般的從陶瓷管噴出,凝固後即成爲粉末,因此又稱
爲熔融爆炸法。

　　此種方法主要用於超合金粉末的製造,因在眞
空中進行噴霧,液滴的冷卻端賴輻射把熱帶走,因
此其冷卻速率較小,較其他噴霧法爲慢。所製得粉
末呈球形,表面乾淨且純度高,但粉末粒子的成份
偏析較爲嚴重。

2.4.6　超音速噴霧法

　　此種方法係氣體噴霧媒體藉震波管加速,使速
度高達2馬赫以上的超音速,頻率在60~120 kHz之
間,以此種高速氣脈衝衝擊熔融金屬時,可粉碎金
屬成更微細的液滴,通常大部分小於30μm。具有極
高的冷卻速率可急速凝固粉末,使粉末粒子的組織
極爲細微,甚至還能擴大合金元素的溶解量,製造
一般熔融冶金所不能製造的合金。

　　超音波噴霧法已商業化生產如鋁系低熔點合金
,但對高熔點合金,如不銹鋼及鎳基、鈷基超合金
等,還停留在實驗室或小規模試驗性的階段。此種
方法所製鋁合金粉末粒度在30~70μm之間,其冷卻
速率約需10^5 K/sec。利用此種方法已開發製造出含
鐵、鈷、鉬及鈰的急速凝固鋁合金粉末,是一種分
散強化型鋁合金,具有高溫強度的特性。

參考文獻

1. R.M. German, Powder Metallurgy Science, MPIF, p.59~95, 1984.

2. F.V. Lenel, Powder Metallurgy, Principles and Applications, MPIF, p.13~58, 1980.

3. 高田、田村、土方:金屬粉之生成,日刊工業新聞社,p.1~60, 1964.

4. 慶司、永井、秋山:粉末冶金概論,共立出版株式會社,p.21~25, 1987.

5. E. Klar, Metals Handbook, Ninth Edition, Vol.7 Powder Metallurgy, ASM, p.25~78, 1984.

6. G. Wranglen, J. Electro. Chem. Soc., 97, 353 (1950).

7. F. Will, E.J. Clugston, J. Electro. Chem. Soc., 106, 362 (1959).

8. J.J. Burke, V. Weiss: Powder Metallurgy for High Performance Applications, Sagamore Conference Center, p.27~85, 1971.

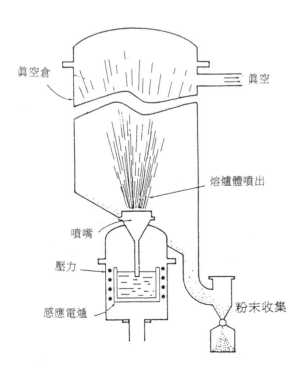

　　眞空倉　　　　　　　　眞空

　　　　　　　　　　　　　　熔爐體噴出

　　噴嘴

　　壓力

　　感應電爐　　　　　　　　粉末收集

圖2.15　真空噴霧法製粉裝置示意圖

第三章　粉末之特性和測試

林於隆*

3.1 粉末之取樣	3.7 金屬粉的敲緊密度
3.2 粉末粒度測試方法	3.8 金屬粉末之流動率
3.3 粉末粒狀分析	3.9 安息角
3.4 金屬粉體的化學分析	3.10 金屬粉末的壓縮性
3.5 金屬粉末之表面化學分析	3.11 金屬粉末的生胚強度
3.6 金屬粉的視密度	3.12 金屬燒結體之尺寸變化

　　粉末冶金用金屬粉末的特性對粉末冶金製程及產品品質有很大影響，因此以適當的方法將其正確的測定是非常重要的事情。但是，粉末的物理、化學的性質非常的複雜，而且隨著製造方法的不同而有顯著的變化，因此要把它確實的掌握並非一件易事。

　　粉末冶金用金屬粉末的特性，可分為粉末本身的特性如粒度及粒度分佈、粒狀及化學性質等，以及和產品的製造有密切關係的粉體特性如視密度、敲緊密度、流動率、壓縮性及生胚強度等。以下針對粉末冶金用金屬粉末的特性及其測定方法等作扼要的說明。

3.1　粉末之取樣

　　在測定粉末的特性時，必須在大批量的粉體中採取具有代表性的試料，此時需注意到粉體的均勻性，也就是對粉體的混合或混合方法需加以考慮。對於從混合機中以機械方法充分調和之混合料中（每批量均在100kg以上），採取具有代表性之金屬粉試料之方法，在我國的國家標準CNS 9203 Z8039（金屬粉試料取樣法）中有詳細的規定，其取樣方法為從混合機流出已經充分混合的粉末流體之全斷面上取樣。從開始裝填第一個容器時取樣一次，粉末繼續充填至各容器內，而混合機內之粉末量只約剩

1/2時，再取一次樣，而在充填最後一個容器時，再取一次樣，每次取樣之重量均在2kg以上，將此三次取樣之試料一經充分混合後，再由如圖3.1所示之樣品分離器(Sample Splitter)分離取出。此標準所規定之取樣法僅適用於機械方法混合之粉末，而以人工混合之粉末不適合此規定。另外，本標準所規定之金屬粉末為鐵粉、銅粉、錫粉等流動性佳，而且可大量處理（每批在100kg以上）者。鎢粉、鉬粉等超微細粉末，其流動性差，且處理量較少者，不適用此標準。

　　外國的標準如美國的MPIF 01、ASTM B 215、ISO 3954，日本的JPMA P 01-1992等除規定從混合機流出已經充分混合的粉末流體之全斷面上取樣之方法外，還規定從桶裝容器(Packaged Containers)中

*日本國立東北大學工學博士
　中山科學研究院材發中心研究員兼冶金組組長

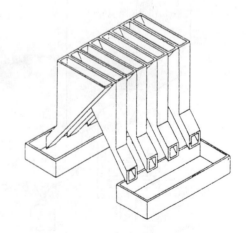

圖3.1　樣品分離器(二分器)

取樣的方法。從新購裝有粉末的容器中，以如圖
3.2所示之粉末取樣器(Sampling Thieves)採取試
料，將所採取之試料經充分混合後再由樣品分離器
採取適量的試料。取樣試料之容器數，則依表3．1
之規定。

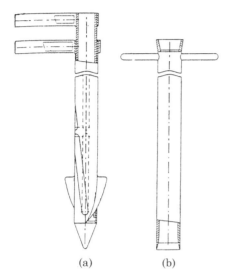

圖3.2　粉末取樣器：(a)用於鬆裝粉末,(b)用於硬裝粉末

3.2　粉末粒度測試方法

　　粉末的粒度和粒度分佈影響粉末冶金製程及最
後產品性質，因此，這些粉末的特性是非常重要的
。

　　粉末冶金工業用粉末粒度約 0.1~150μm，分佈
範圍相當廣闊。為測定這些粉末的粒度及粒度分佈
，種種的測定原理被採用，每種測定方法均有其應
用的限度或適當的測定範圍，如表3．2所示。因此
，對於所欲測定的粉末，選擇適當的測定方法非常
重要。下面僅對一般常用的粒度及粒度分佈測定方
法加以簡單說明。

3.2.1　篩分

　　篩分(Sieve Analysis)係利用一系列的標準篩
(Sieve)如圖3.3所示，以機械振動方式將大於特定篩
孔之粉末粒子殘留在篩網上，而把金屬粉末分級的
方法。此方法為粉末冶金工業中測定粉末粒度及粒
度分佈最傳統且最被廣泛使用的方法。

表3.1　建議之取樣數

批　量　容　器　數	取樣容器數
ISO　3954[a]	
1　至　　　5	全數
6　至　　11	5
12　至　　20	6
21　至　　35	7
36　至　　60	8
61　至　　99	9
100　至　149	10
150　至　199	11
200　至　299	12
300　至　399	13
MPIF　　01	
1　至　　　5	全數
6　至　　15	5
16　至　　35	7
36　至　　60	8
61　至　　99	9
100　至　149	10
150　至　199	11
200　至　299	12
300　至　399	13
大　於　400	13 + 1 每增加 100 額外容器數

(a)批量中每增加100個容器，即增加一個取樣容器數

表3.2　各種粉末測試方法及其適用粒度範圍

量　測　原　理	方　　　法	適用粒度範圍(μm)
機械或超音波攪動	篩分	5~800
顯　　微　　鏡	光學	0.5~100
	電子	0.001~50
電　　阻　　率	庫特計數器	0.5~800
	電感測	0.1~2000
沉　　　　　降	沈降儀(Sedigraph)	0.1~100
	羅洛空氣分析儀	5~40
	微分器	2~300
光　　散　　亂	微跡粒度分析儀	2~100
光　線　遮　蔽	HIAC	1~9000
透　　過　　性	費修次篩粒度分析器	0.2~50
表　　面　　積	氣體吸附(BET)	0.01~20

　　篩分設備可分為篩及振篩機(Sieve Shaker)二部
份。對於篩之結構，我國國家標準CNS 386有詳細
規定，由篩網及篩框組成，篩網由黃銅或磷青銅或

圖3.3　標準篩示列圖

不銹鋼等金屬線編織成正方形開口，稱爲孔寬或孔徑。外國常用的標準篩有美國的ASTM E11、ISO 565、泰勒(Tyler)、及日本JIS Z 8801等多種。表3.3爲各國標準篩的對照表。從表3．3可知：篩網開口大小除用孔寬表示外也用篩號或篩目數(Mesh Number)表示，其定義爲每英吋篩網長度之篩孔數目，其數目愈大，則篩孔愈小。由於使用之網線大小不同，故篩目數和篩孔尺度有不同之換算關係。日本JIS標準篩和CNS試驗篩相同，以孔徑的大小表示，其尺寸以微米(mm)稱呼而不用篩目數稱呼之。表示法爲在網目上殘留者爲以"+"通過者則以"–"的符號表示。

對於測定方法，我國尚未有規格化，但在外國如美國有MPIF 05、ISO 4497及ASTM B 214，日本有JPMA P 02-1992等多種標準。這些規範都非常類似，主要規定如下：篩網按篩目孔寬之大小從上往

下順序重疊，最下部爲底盤，試樣的重量約爲100g(金屬粉末視密度大於1.50g/cm³)或50g（視密度小於1.50g/cm³），放進最上層之篩內，把蓋子蓋上，然後把篩組放置於振篩機(Vibrator)中，以每分鐘水平旋轉285±6次，衝擊150±10次，開機15分鐘或特定時間後，分別將殘留在各篩網上及底盤之粉末取出秤重至0.1g。所秤重之粉末重量總和不得低於最初試料重量之98%。並以重量百分比表示各篩分級的量至0.1%。測定時需時常注意到網目不被塞住或尺寸變異的情形。

3.2.2　光線散射法

光線散射(Light Scattering)係應用佛琅和費繞射理論(Fraunhofer Diffraction Theory)，單色光線入射到粉末粒子時，光線就被散射或繞射，其散射或繞射的角度與粉末粒度的大小有成反比例的關係。因此，從掃描散射光的角度分佈就能獲得粉末的粒度及粒度分佈的訊息。圖 3.4 爲使用雷射光散射之微粒度分析儀(Microtrac Particle Analyzer)概略圖。首先把粉末分散在液體中，再將其加入於試料槽的液體中，射入雷射光使發生散射，經偵測系統量測散射光的角度及強度，再算出粉末之粒度分佈。光散射粒度分析儀爲一種快速、再現性高且便利的粒度及粒度分佈的測定儀。其粒度測定範圍可涵蓋粉末冶金工業用的0.1至300 mm的粉末。

3.2.3　沈降法

沈降法(Sedimentation Method)基本上是根據流體力學(Fluid Dynamics)的斯托克斯定律(Stokes' Law)，即

$$v = \frac{g(\rho - \rho_f)}{18\eta}x^2 \tag{3.1}$$

式中v爲粉末沈降速率，χ爲粉末粒子直徑，ρ爲粉末密度，ρ_f爲流體介質之密度，η爲流體黏度。也就是粉末粒子在流體中之沈降速率與粉末粒子直徑的的平方成正比例的原理而設計之粒度測定方法爲獲得有效的粒度測定結果，在懸浮流體(Suspending Fluid)中應避免對流發生，同時流體和粉末粒子間的相對運動速度應充分緩慢，以確保層流(Laminar

表3.3　各國標準篩對照表

(孔徑單位：mm)

中國 CNS 孔徑	美國 Tyler 篩號	孔徑	美國 ASTM 篩號	孔徑	美國 US 篩號	孔徑	英國 BSI 篩號	孔徑	法國 NF 孔徑	荷蘭 HCNN 孔徑	日本 JIS 孔徑	波蘭 PN 孔徑	瑞士 最佳篩絹 XX	孔寬	德國 DIN 孔徑
0.038	400	0.038	400	0.038		0.038	400	0.038			0.038				
									0.04						0.04
0.045	325	0.043	325	0.045	325	0.045	350	0.045			0.045				0.045
															0.05
0.053	270	0.053	270	0.053	270	0.053	300	0.053	0.05	0.05	0.053				
0.063	230	0.061	230	0.063	230	0.063	240	0.063	0.63	0.06	0.063				0.063
0.075	200	0.074	200	0.075	200	0.075	200	0.075		0.075	0.075		15	0.075	
									0.08						0.08
0.090	170	0.088	170	0.090	170	0.090	170	0.090			0.090				
										0.09	0.100		13		
0.106	150	0.104	140	0.106	140	0.106	150	0.106	0.1	0.105	0.106		12		0.1
													11	0.12	
0.125	115	0.124	120	0.125	120	0.125	120	0.125	0.125	0.125	0.125		10	0.13	0.125
0.150	100	0.147	100	0.150	100	0.150	100	0.150			0.150				
									0.15	0.15	0.160		9	0.15	
									0.16						0.16
0.180	80	0.175	80	0.180	80	0.180	85	0.180		0.175	0.180		8	0.18	
0.212	65	0.208	70	0.212	70	0.212	72	0.212	0.2	0.21	0.212		7		0.2
0.25	60	0.246	60	0.25	60	0.25	60	0.25	0.25	0.25	0.25				0.25
0.3	48	0.295	50	0.3	50	0.3	52	0.3	0.3	0.3	0.3				
									0.315						0.315
0.355	42	0.351	45	0.355	45	0.355	44	0.355		0.35	0.355				
									0.4						0.4
0.425	35	0.417	40	0.425	40	0.425	36	0.425		0.42	0.425				
0.5	32	0.495	35	0.5	35	0.5	30	0.5		0.5	0.5				0.5

Flow)，也就是雷諾數(Rynolds Number，即$xv\rho_f/\eta$)應該小於0.2。

因此，能利用斯托克斯定律測定之粉末粒度局

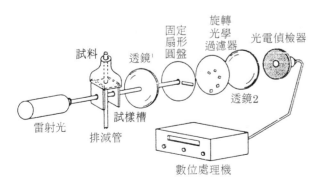

圖3.4　雷射光散射微粒度分析儀概略圖

限於次篩粉範圍(Subsieve Range)，一方面要測定之粉末粒度，要比流體中之不純物(Inhomogeneites)大，基此，在空氣中之陶析法(Elutriation Method)或沈降法，粉末粒度要大於5μm，而在液體中粉末粒度小至0.1μm也可以測定。

粉末粒子在懸浮液中應完全的分散且濃度不超過1vol%，以確保粉末粒子在懸浮液中能獨立運動。另外，為使沈降室管壁的影響減至最小，沈降室的內徑應足夠大。在沈降法中有：(1)微分器(Micromerograph)，(2)光及X射線濁度計(Light and X-ray Turbidimetry)，(3)羅洛空氣分析儀(Roller Air Analyzer)等三種常被用於金屬粉末的粒度及粒度分佈測定，下面對此三種分析儀作簡單介紹。

3.2.3.1 微分器

此裝置為一種沈降天秤(Sedimentation Balance)，偶爾被用於次篩金屬粉之粒度分佈測定。沈降室包括一熱絕緣之垂直鋁管內徑為10cm，高為2.5m，沈降室的底部放置一自動天秤底盤，供量秤沈降在上面之粉末重量，在記錄器上以時間的函數計算沈降粉末的累積重量，再根據斯托克斯定律求出粒度分佈。此種分析儀可測定之粒度分佈範圍為2至300 μm。此方法之缺點為粉末有黏在管壁上的問題，而影響測定結果之正確性。

3.2.3.2 光及X-射線濁度計

濁度計法(Turbidmetry Method)係利用沈降法原理和粉末懸浮液對光線之遮蔽作用來量測粒度的方法。此方法被廣泛應用於耐火金屬(Refractory Metal)粉末，例如鎢和鉬及耐火金屬化合物如碳化鎢等粉末的粒度測定。

有關以濁度計法測定粒度分佈之方法在美國ASTM B 430標準有詳細的規定。圖3.5為濁度計的概略圖。

圖3.5   濁度計概略圖

使用白色光線量測濁度者稱為光線濁度計。因價廉且再現性佳，常被應用於研究及平日比較不同批量耐火金屬粉末的粒度分佈測定。若以X-射線代替白色光線量測濁度者，則稱為X-射線濁度計，有名的Sedigraph分析儀即屬於此類，常被使用於次篩粉的粒度分佈測定。X 光束強度的衰減是和粉末粒子的質量成比例，而不是和粉末粒子的投影面積成比例。

3.2.3.3 羅洛空氣分析儀

羅洛空氣分析儀(Roller Air Analyzer)是一種利用陶析法(Elutriation Method)之原理，以空氣為介質，測定粉末粒度分佈之儀器。也可利用此儀器將粉末分成幾個粒度級(Particle Size Fraction)。可測定的粒度範圍約為5~40mm之間。圖3.6表示羅洛空氣分析儀之概略圖。利用此種儀器測定粉末粒度分佈之方法在美國ASTM B 283及MPIF 10等的標準有詳細規定。在一高速空氣流，通過一個適當大小的噴嘴，把放在U形管內的粉末試料帶到一圓柱狀沈降室。若空氣流以v(cm/sec)的速度通過沈降室，與直徑x(μm)、密度為ρ(g/cm³)之粉末粒子達成平衡時，依據斯托克斯定律可以$v=29.9\times10^{-4}\rho\chi^2$表示。在這種已知速度，粉末粒取小於x者，將由沈降室帶至收集系統，包括吸收管(Extraction Thimble)，粒徑大於x粒度的粉末粒子，則降回U型管。因此，利用一系列的垂直沈降室，其直徑比為1：2：4：8及一定之空氣流量，則粉末可分級成1：2：4：8的粒度分級，例如5、10、20、及40μm。此裝置裝有流體壓力計(Manometer)可調節空氣流的流量。

3.2.4 電感測粒度分析法

電感測粒度分析法(Electrozone Size Analysis)，

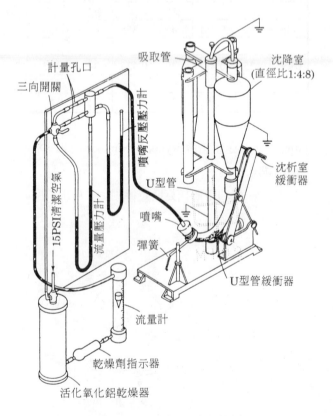

圖3.6   羅洛空氣分析儀之概略圖

係將懸浮於導電液中之粉末粒子通過一感應小開孔(Sensing Orifice)時，導電液之電阻發生急劇變化，所產生的電流脈衝正比於粉末粒子之體積，根據此原理測定粉末的粒度分佈。圖3.7為其原理示意圖。

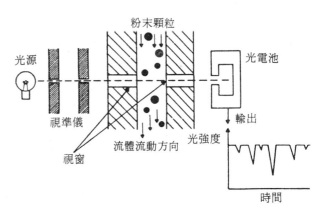

圖3.8　光學感測原理示意圖

的下限為2μm。在測定時和電感測法一樣應避免粉末顆粒相互重疊(Coincidence)通過光線視窗，以獲得正確的結果。

3.2.6　顯微鏡法

　　顯微鏡(Microscopy)法就是利光學顯微鏡或電子顯微鏡測定粉末的粒度及數目而求出粒度分佈的方法。因顯微鏡能直接觀察及量測每一個粉末顆粒，因此為最精確的粒度分析法，常被用於當作其他粒度測定法的標準方法。顯微鏡法雖然是最精確的粒度測定法，但相當費時煩瑣，又由測定者的偏見而對測定結果有所影響，因此發展出自動影像分析儀來量測。有關以顯微鏡法量測粉末粒度的方法，美國ASTM E 20標準有詳細的規定。

　　顯微鏡可視粉末顆粒的大小，而選用適當的光學、掃描式或穿透式的電子顯微鏡。光學顯微鏡可以接目鏡所刻劃之尺度直接和所量測的粒子作比較，或以照成相片再從倍率求出粉末顆粒大小二種方法。電子顯微鏡則大部份採用照成相片再量測的方法。不管是採用那一種方法，測定試料的量都相當的少，因此對試料的取樣方法及粉末的分散方法，都應特別注意，以避免由於粒子大小的偏析及黏聚粉(Agglomerates)的形成，而影響量測結果的正確性。一般為增加測定的可靠性，測定的粉末粒子數目，需要超過數百個甚至高達數千個以上。

　　光學顯微鏡分解能為0.25μm，但視界深度(Depth of Field)較小，在100倍時約10μm，1000倍時約0.5μm，因此其試料應小心的分散在一平面上(

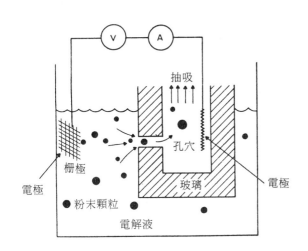

圖3.7　電感測粒度原理示意圖

　　庫特計數器(Coulter Counter)即利用此原理的一種裝置。此種方法可測定之粉末粒度範圍相當寬廣約為0.1至2,000μm，視粉末密度的大小而定。密度愈小，可測定的粉末粒度就愈大。此種方法之主要優點為快速、解析度高，及精確度良好。一般而言，低密度的粉末可獲得較佳的結果。另外，為避免二個以上粉粒同時通過感應區域(Sensing Zone)而顯示錯誤的脈衝訊息，試樣的體積濃度被限制於 1 到 50 ppm之間。

3.2.5　光學感測法

　　光學感測法(Optical Sensing Zone)基本上與電感測法相似，係利用懸浮液粉末顆粒對光線的遮蔽(Light Obscuration or Light Blocking)原理而測定粉末粒度及粒度分佈的方法。圖3.8為其原理的示意圖。

　　當懸浮液粉末顆粒通過光線視窗(Window)時，部份光線被粉末顆粒擋住而使光線強度變弱。假設粉末的粒狀為球形，被擋住光線的量就等於顆粒圓形斷面積。由於光線分解能的限制，能測定粒度玻璃片上），一般可測定粉末粒度的範圍為0.5μm到100μm。掃描式電子顯微鏡分解能約10nm(100Å)，放大倍率可由10到50,000倍，視界深度比光學顯微鏡約高300倍，可測定粒度範圍為0.1μm到1mm。而穿透式電子顯微可測定粒度範圍為0.001到5μm。利用穿透式電子顯微鏡量測粉末粒度時，把試料分散在金屬網格子(Grid)上的碳或Parlodion等的支持薄膜上。

　　關於顯微鏡法量測所獲得粒子大小數據的表示法有(1)用表的方式，如表3.4。(2)用柱狀圖(Histogram)的方式，如圖3.9。(3)用累積作圖(Cumulative Plot)，如圖3.10。(4)用對數或然率作圖Log-probability Plot，如圖3.11。

3.2.7 費修次篩粒度分析器法

　　費修次篩粒度分析器(Fisher Subsieve Sizer)基

表3.4　粒度分析數據

粉體粒徑範圍，μm	粉體顆數	粒體顆粒，%	較小粒徑顆粒累積比例
1- 2 0		0.0	0
2- 3 3		0.6	0.6
3- 4 8		1.6	2.2
4- 5 15		3.0	5.2
5- 6 79		15.9	21.1
6- 7 163		32.9	54.0
7- 8 121		24.4	78.4
8- 9 64		12.9	91.3
9- 10 28		5.7	97.0
10-20 13		2.6	99.6
20-30 2		0.4	100

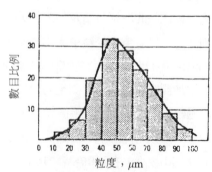

圖3.9　粒度分佈柱狀圖

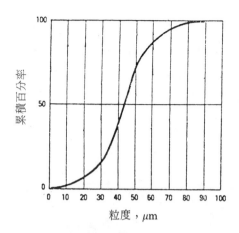

圖3.10　累積粒度分佈

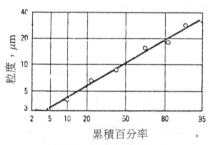

圖3.11　對數-機率分佈

本上係利用黏性流體(一般為氣體如空氣)透過一粉末床，而產生壓力降之原理來測定粉末之比表面積，再間接求出平均粒度的透過儀(Permeameter)。由於其原理簡單，操作方便且價廉，在工業上廣泛被使用。特別在製程控制上，需求出粒度相對值為目的者。一般用於粒度範圍為0.5到50μm的次篩粉的粒度量測。圖3.12為典型的費修次篩粒度分析器裝置圖。

　　透過儀能準確地量測流體的透過性(Permeability)。當黏性流體通過一粉末床或多孔質體時，其透過性和氣孔率、粒度、粒度分佈等有密切關係。依據達西定律(Darcy' Law),牛頓性流體(Newtonian Fluid)通過一粉末床時，其體積流速和壓力降、透過性係數及流體黏度之關係可由下式表示：

$$Q = \alpha \cdot \frac{\Delta P}{L} \cdot \frac{1}{\eta} \tag{3.2}$$

其中 Q：流體體積流速(cc/sec·cm²)

　　α：透過性係數(cm²)

$\dfrac{\Delta P}{L}$：經過單位粉末床距離之壓力降（dyne/

　　　cm²·cm）

η：流體之黏度（poise）。

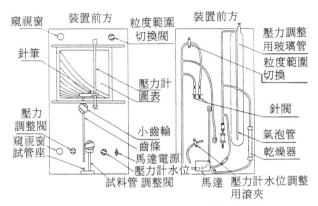

圖3.12　費修次篩粒度分析器裝置圖

再依據卡門（Carman）的理論，在牛頓性流之條件下，粉末床或生胚的比表面積、透過性係數和氣孔率間之關係可由下式表示：

$$S_w = \frac{1}{\rho} \frac{1}{5\alpha} \cdot \left[\frac{\epsilon^3}{(1-\epsilon)^2} \right]^{\frac{1}{2}} \tag{3.3}$$

式中　　S_w：粉末之比表面積（cm²/g）

　　　　ρ：材料之密度

　　　　α：透過性係數

　　　　∈：粉末床之氣孔率。

因此，可由達西定律從實驗求出透過性係數，再依據卡門公式求得粉末之比表面積，再由 $d_m = \dfrac{6}{\rho \cdot Sw}$ 的關係，由比表面積轉換成平均粒度。費修次篩粒度分析器就是利用上述之透過性原理求出比表面積或平均粒度之一種分析儀器。

費修次篩粒度分析器的操作方法在美國ASTM B 300 及 MPIF 32 等標準中有詳細的規定。如圖3.13所示，由空氣泵將一定壓力的空氣流，經過乾燥導入粉末床，由壓力計測得壓力降。秤取和粉末材料比重相同的1cm³體積粉末試料（精度至0.1克）放在試料管中，使用齒條（Rack）及小齒輪（Pinion），以222N（50磅）的壓力，壓縮粉末試料。氣孔率可由生

胚高度及分析器的計算表中定出。然後將試料管放還於空氣流系統中，達到平衡後，壓力可從壓力計測得，然後再由分析器的表中求得平均粒度，嚴格上應稱為"Fisher Number"。

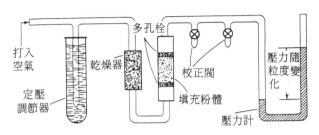

圖3.13　費修次篩粒度分析器概要圖

3.3　粉末粒狀分析

3.3.1　粉末粒狀及其特性

粉末顆粒形狀（Particle Shape，簡稱粒狀）像粉末粒度一樣，為最重要的粉末顆粒特性，當決定粉末冶金的最佳應用時，就會被慎重的考量。金屬粉末的行為特性，諸如流動速率（Flow Rate），視密度（Apparent Density）、壓縮性（Compressibility）和燒結性等都受到粉末粒狀及粒度的嚴重影響。

迄今，描述和辨別粉末粒狀，最普通的方法乃利用定性的觀念，即粉末顆粒的尺寸和表面輪廓。繪出如圖3.14所示之各種粉末形狀特性的模型系統（Model System）。圖3.15為ISO　3252標準描述多種不同形式鬆狀粉末的相片。

一次元或線形的粉末顆粒，通常其形狀呈針狀（Acicular）如圖3.15a，桿狀（Rod-like）如圖3.15d，最

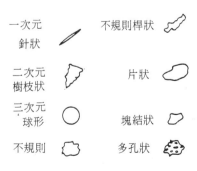

圖3.14　各種粉末形狀模型圖

主要的尺寸參數為長度，其值要比橫向斷面尺寸大很多。有時也使用長寬比(Aspect Ratio)來描述，如纖維複合材料之金屬及陶瓷纖維即是。

二次元粉末顆粒通常呈扁平形狀，其側面尺寸要比厚度大很多。這種粉末顆粒通常不規則，如圖3.15c所示由電解方法所製造的樹枝狀粉末。圖3.15e所示之片狀粉末也被視為二次元之顆粒，其

長度和寬度為最重要的參數，兩者均比厚度要大很多。

大多數的粉末顆粒為三次元，呈立體形狀。這類粉末中，如圖3.15i所示之球形顆粒最為簡單，偏離這種理想形狀及輪廓者，如圖3.15g所示之不規則粉末顆粒及如圖3.15h所示之塊結狀(Nodular Type)顆粒。

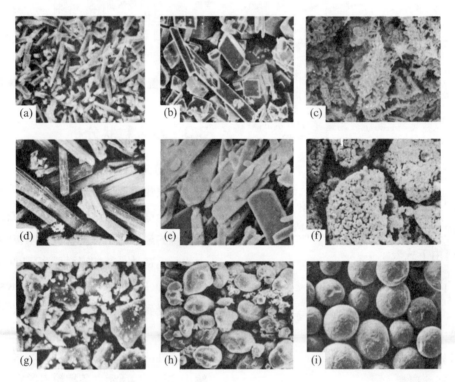

圖3-15　ISO 3252標準中各種形狀粉末SEM相片圖：(a)針狀，(b)角狀，(c)樹枝
狀，(d)纖維狀，(e)片狀，(f)粒狀，(g)不規則狀，(h)塊結狀，(i)球狀

但是，如圖3.14和圖3.15所示之理想形狀粉末顆粒並不多，因此，通常利用光學和電子顯微鏡分析粒狀，特別是三次元粉末顆粒的形狀參數時，常發生困難。另外，在任何一種形態的粉末，形狀的均一性也不能完全存在。例如噴霧鋁、錫、及不銹鋼粉末，粒度較細者常比較粗者顯示更完整的球形度；利用不同的噴霧方法所製造的粉末粒狀也顯著不同，如利用氣體或空氣當噴霧媒體者是圓形粉末，利用水當噴霧媒體者則呈不規則的形狀。另外，也常出現數個小顆粒粉末結合在一大顆粒上，致使粒狀及粒度分析的困難。

由於定性分析對決定三次元粉末形狀參數的限制，過去曾利用各種數學方法嘗試以定量方式描述粉末顆粒的形狀特性，並用來預估粉末的行為特性。這方面研究雖然很多，例如傳統之形狀因子(Conventional Shape Factors)、形狀的立體學(Shape Stereology)、平面形狀的定量描述(Quantitative Description of Planar Shape)及形態的分析(Morphological Analysis)等，但實際上被應用者並不很多。在粉末粒狀定性分析方面，最近常利用掃描式電子顯微鏡(SEM)來決定粉末的形狀，主要原因為SEM除具有高倍率之外，還能產生三次元(立體)影像之故

。因而大幅取代光學顯微鏡觀察粉末的粒狀。

3.3.2 掃描式電子顯微鏡之定性觀察

　　過去的掃描式電子顯微鏡(SEM)的解析能在50到100nm(500到1,000Å)之間，經過不斷的改進，最新設備的解析能已優於5nm(50Å)。SEM最主要的特徵如上述除具有高放大能力外(實際上使用之放大率已超過10,000X)，還具有產生三次元（立體）外觀影像的能力。這是由於SEM的視野深度(Depth of Field)要比光學顯微鏡大100倍以上之故。視野深度在放大10,000倍時為1μm，在放大10倍時2mm。因此，SEM在P/M應用，無論在粉末的生產及粉末冶金的製程上，都成為非常重要的工具。在顆粒形態(Particle Morphology)研究方面，主要包括粒度、粒狀、表面形態(Surface Topograph)、表面構造、氧化物薄膜、夾雜物、空隙及黏聚特性等。SEM在粉末冶金上最重要的應用之一為觀察粉末的外觀形狀及其大小，另外可觀察生胚破斷面。

3.3.3 傳統的形狀因子

　　顆粒形狀為粉末粒子的最基本特性之一，嚴重影響粉體性質。實際粉末顆粒形狀的定量表示非常困難，但仍有許多粉末冶金學者正朝此方向努力。其中Hausner提出，一個粉末顆粒在顯微鏡下觀察時可以沿著投影面繪出最小面積的矩形，如圖3.16所示：A為投影面積，a與b為包圍此最小矩形的長與寬的邊長，c為粉末投影面之周長。然以下列三因子表示粉末顆粒子之形狀：

(1)長形因子(Elongation Factor)

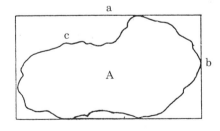

圖3.16　粉末顆粒之最小投影：
　　　　　A：粉末投影面積
　　　　　a,b：長方形最小面積邊長
　　　　　c：粉末投影邊長

$$X = \frac{a}{b}, \qquad X \leq 2，適用於粉末冶金$$

$$X \geq 5，不適用於粉末冶金$$

(2)體積因子(Bulkiness Factor)

$$Y = \frac{A}{a \times b}, \qquad Y \geq 0.7，適用於粉末冶金$$

$$Y \leq 0.6，不適用於粉末冶金$$

(3)表面因子(Surface Factor)

$$Z = \frac{c^2}{12.6A}, \qquad Z=1，球形顆粒$$

$$Z>1，其他任何形狀的顆粒$$

　　雖然此三個因子(X、Y、Z)不能表示粉末顆粒形狀之正確特性，但可能求出粉末行為特性和此三個因子的相互關係。

3.4　金屬粉體的化學分析

3.4.1 取樣

　　一批量的金屬粉末在分析之前，必需在其中採取具有代表性的試樣。在多數的化學分析，只需要少量的試料，對於金屬粉末而言，最重要者乃為試樣要能代表批量粉末中整個粒度範圍。例如硫化或氧化之金屬粉末，其硫或氧含量大部份都集中在粉末的表面上，因為粒度小的粉末顆粒擁有較大的表面積，因此，硫或氧的濃度則以粒度小者較大。另外，粉末的物理特性也因粒度之不同而異。因此，獲得一具有代表性粒度分佈的試料是非常重要的。

　　為獲得具有代表性的試料，較合適的取樣為流動粉末流取樣(Stream Sampling)，也就是在混合機充分混合的一批粉末，從流入容器的金屬粉末流中採取粉末試料的方法。但若粉末已包裝在桶或容器中則可用粉末取樣器取樣。上述方法所採取的試樣，再利用樣品分離器分離成測試所需要的量。有關取樣請參考3.1節。

3.4.2 氫內損失試驗

　　所謂氫內損失(Hydrogen Loss)就是把金屬粉末在氫氣中一定的條件下加熱損失之重量。此重量可做為粉末含可還原氧量的參考。粉末的氧含量非常重要，因在很多金屬粉末中，常由於極少量的氧溶解或氧化物的存在而導致金屬的強烈硬化及脆化。因而在粉末壓縮成形時，其緻密化能力及生胚強度(Green Strength)都受到影響而降低。對於多數金屬而言，燒結都需在還原性氣氛下進行，以防止金屬氧化而使擴散順利進行。

關於氫內損失試驗，中國國家標準並未訂定，外國則有很多，例如美國有MPIF 02及ASTM E 159，日本則有JPM 03-1992及JSPM 3-68等標準。這些標準非常相似，通常粉末試樣約為5克，以均勻厚度放進瓷燒舟內，在乾燥(露點-40℃以下)純化過的氫氣中，在一定溫度及時間下加熱，其條件依金屬種類而異，如表3.5所示。經試驗後，粉末試樣之氫內損失量可依下式計算：

$$氫內損失(wt\%) = \frac{A-B}{C} \times 100 \qquad (3.4)$$

A：還原前之瓷燒舟及試樣之重量(g)

B：還原後之瓷燒舟及試樣之重量(g)

C：還原前之試樣重量(g)

結果計算需準確至0.01%。

表3.5 氫內損失試驗標準條件

金屬粉末	還原溫度 (℃)	(℉)	還原時間 (min)	瓷燒舟	標準
Co	1050	1920	60	燒結剛玉	MPIF
Cu	875	1605	30	石英	MPIF, ASTM
Cu-Sn	775	1425	30	鋯英石	ASTM
				熔融氧化鋁	ASTM
				石英	MPIF
Pb	550	1020	30	燒結剛玉	MPIF
Pb-Sn	550	1020	30	燒結剛玉	MPIF
Fe	1150	2100	60	燒結剛玉	MPIF
				熔融氧化鋁	ASTM
				鋯英石	ASTM
Ni	1050	1920	60	燒結剛玉	MPIF
Sn	550	1020	30	燒結剛玉	MPIF
W	875	1605	30	熔融氧化鋁	ASTM
				石英	ASTM
				鋯英石	ASTM

註：溫度許可差±15℃(±27℉)

在氫內損失試驗中，可能發生誤差的來源有下面幾點，應特別加以注意。(1)測得之重量損失可能比實際的含氧量低，若氧以SiO_2、Al_2O_3、MgO、CaO、BeO、TiO_2、Cr_2O_3、MnO等氧化物存在時，這些氧化物不能或很難在氫氣中還原。另外，氧化物雖能被還原，但因還原不完全，例如溫度太低或時間太短等。(2) 測得之重量損失可能比實際的氧含量高，若粉末中的元素(以固溶體或化合物存在) 與氫氣反應，使試料的重量減輕者，如C與S。另外，粉末內含有易揮發的金屬元素或合金，在測試條件下發生大量的揮發，如 Cd、Zn和Pb，會有大幅重量損失。因此，這類的金屬粉或含有這些元素的金屬粉則不適用此項測試，或在計算上作進一步之補償或修正後，才可獲得到較正確之氫內損失值。

3.4.3 酸不溶試驗

所謂酸不溶試驗(Acid Insoluble Test)就是測定鐵粉及銅粉中不溶解於礦物酸的非金屬物質的含量。在銅粉中不溶解物包括 SiO_2、不溶解矽酸鹽、Al_2O_3、黏土及其他耐火材料或硫酸鉛。在鐵粉中除上述銅粉之不溶解物外，還包括碳化物。這些酸不溶解物的來源是由於製造金屬粉的原料或製造過程所發生。

鐵粉及銅粉之酸不溶解物含量測試方法，我中國國家標準並未訂定。但外國如美國則有ASTM E 194、MPIF 06、ISO 4496，日本JPMA P 04-1992之等標準都有詳細的規定。簡要說明如下：

鐵粉溶解於鹽酸，而銅粉則溶解於硝酸。取約5克試料，置於燒杯中，加入100 ml適當的酸液溶解，煮沸後，加水稀釋，再煮沸之。將溶液過濾，殘留物用水洗淨。最後，將殘留物和濾紙放進預先秤重至0.001克位數之化學分析用瓷坩堝中乾燥隨後在約980℃之蒙烰爐(Muffle Furnace)中加熱60分鐘，取出放置於乾燥器皿中冷卻後，秤重至0.001克位數，再依下列公式算出酸不溶解物重量：

$$酸不溶解物含量(wt\%) = \frac{A-B}{C} \times 100 \qquad (3.5)$$

式中A：加熱後的坩堝及殘留物之質量(g)

B：坩堝之質量(g)

C：試料秤重(g)

錫在銅中將妨礙測試，必需採用特別的測試程序。

3.4.4 鐵粉之鐵和氧化鐵含量試驗

有關鐵粉中鐵和氧化鐵含量的測試，在美國MPIF 07 標準有詳細的規定。此測試的目的為將總含鐵量分成金屬鐵和氧化鐵兩部份，其測試程序是採用濕式化學分析法將鐵粉溶於鹽酸中，再加以滴定分析。

3.4.5 吸附氣體和水氣之效應

許多金屬及非金屬材料，會從大氣環境中吸附多量的氣體及水蒸氣，目前並未規定金屬粉末要進行這方面的化學分析。這樣的吸附作用可以致使金屬粉末表面形成氧化物，而阻礙粉末的壓縮和燒結，甚至殘留在燒結材料中嚴重影響其性質。

有些金屬粉末如Al和Cu，雖在室溫大氣環境中也容易在表面形成氧化層，表面氧化或污染的量隨著粒度的減少而增加，這是由於增加表面對體積的比例，而增加表面化學活性的關係所致。

3.4.6 其他測試方法

上面所述的金屬粉末的化學分析，並沒有包括所有金屬粉末工業所需要的化學分析方法。但這些方法在美國ASTM及ISO標準都有詳細的規定。例如一個壓縮或燒結零件要做化學分析，將使用研磨(Milling)，鑽取(Drilling)或壓碎(Crushing)，以獲得具有代表性的試料。假如燒結零件含有油，就要使用左司勒玻璃萃取器(Soxhlet Extractor)以苯、乙醚或四氯化碳為溶劑萃取，在ASTM B 328 標準有詳細說明。油也可在保護氣氛中加熱至705~815℃除去。但此種方法不能使用於熔點低的材料如燒結鋁合金。

3.5 金屬粉末之表面化學分析

近年由於表面分析技術的進步，已能對固體表面數原子層作有效的測試分析，而可提供影響材料表面或介面性質之資訊，包括表面元素之組成、化學結合狀態及三度空間分佈等。主要的表面分析技術有：歐傑電子能譜儀(Auger Electron Spectroscopy, AES)、X-射線光電子能譜議(X-ray Photoelectron Spectroscopy, XPS)、離子散射能譜儀(Ion Scattering Spectroscopy, ISS)及二次離子質譜儀(Secondary Ion Mass Spectrometry, SIMS)等四種。已廣泛應用於材料及化學方面研究，包括潤滑、觸媒、吸附、腐蝕、氧化、磨耗、破斷面分析及表面塗層等。這些表面分析技術各有獨特的功能，並有相輔相成的效果。許多研究必須靈活運用這些技術，才能獲得更完整之表面特性資料。上述四種表面分析技術的主要特性如表3.6所示。

表面分析技術也逐漸應用於粉末冶金方面研究。主要為粉末顆粒表面、粉末壓胚及燒結體的表面及介面等。圖 3.17 表示水噴霧 316L 不銹鋼粉之壓胚和燒結體的歐傑元素成分縱深分佈圖。從圖可知水噴霧粉末顆粒的表面具有較高的矽含量，經X-射線光電子能譜儀分析得知為SiO_2，在此分析之前，被誤認為此氧化物為鉻的氧化物。由於在粉末顆粒表面有SiO_2存在，顯示少量矽元素(0.8~1%)的添加，在水噴霧合金粉末具有特殊的抗氧化效果，即此SiO_2薄膜保護層具有抑制氧向顆粒內部擴散的功能，而致使氧含量控制在1,500~2,500 ppm範圍，要比沒有添加矽所製水噴霧合金粉末顆粒表面氧含量5000~10,000 ppm低得很多。另外，生胚的高碳含量乃由於粉末壓縮時，使用模具潤滑劑所致。圖3.18為氫氣噴霧鎳基超合金粉末的歐傑元素成分縱深分佈圖。在噴霧製粉時，添加少量的鎂，使粉末顆粒表面形成氧化鎂薄膜，可阻止粉末顆粒在噴霧過程，相互碰撞致使顆粒變大而把氫氣封閉在粉末顆粒內部，影響燒結體的緻密化。

3.6 金屬粉的視密度

所謂金屬粉的視密度(Apparent Density)就是在規定條件下，粉末自由落下並充填於標準量杯，所得到之單位容積之質量，以g/cm^3表示，又稱為鬆裝密度，為粉體的基本性質之一。這個特性表示一鬆散粉末質量所佔實際的體積，因此直接影響製程參數，例如壓形模具的設計及壓機將鬆散粉末壓成壓胚上下移動距離（移動衝程）大小。

表3.6　表面分析技術之特性

種　類	AES/SAM	XPS	SIMS	ISS
1. 原理 　激發源 　放射訊號 　測試項目	1-30 KeV電子 電子 能量	X-射線電子 光電子 能量	1-3 KeV離子 離子 質量	0.5-3 KeV離子 離子 能量
2. 主要功能	元素	元素及化學鍵結	元素及同位素	元素
3. 偵測元素	除H、He外， 其他所有元素	除H外，其 他所有元素	所有元素	除H和He外， 其他所有元素
4. 表面空間解析度	高	低	高	低
5. 定量分析	可	可	幾乎不可能	可
6. 激發源損害材料	會	不會	輕微	輕微
7. 主要應用材料	金屬	金屬、高分子	金屬、高分子	金屬、高分子
8. 分析深度	< 2 nm	1-3 nm	單1原子層	單1原子層
9. 元素偵測限 　(原子百分比)	0.1	0.1	0.001	1

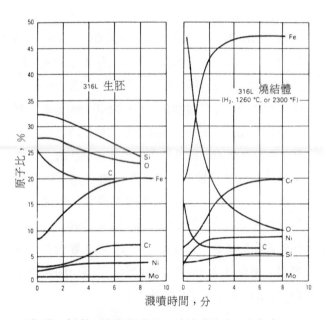

圖3.17　316L不銹鋼粉壓胚及燒結體的歐傑元素成分縱
　　　　深分佈圖

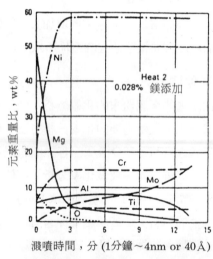

圖3.18　氫氣噴霧鎳基超合金粉末的歐傑元素成分縱深
　　　　分佈圖

　　金屬粉末的視密度視材料的密度，粒度，粒度分佈、粒狀、粉末顆粒的表面積及粗糙度及粉末顆粒的排列等而定。視密度深受粒度的影響。一般而言，視密度隨著(1)粉末粒度的減少，(2)粒狀的不規則，(3)顆粒表面粗度的增加而減少。表3.7表示各種金屬粉末粒度對視密度的影響。圖3.19表示粉末形狀對視密度的影響。圖3.20表示添加三種不同形狀-325網目粉末於+325網目316不銹鋼粉末對視密度的影響。表3.8表示混合粗和細球形不銹鋼粉末對視密度的影響，以混合60%粗粉和40%細粉獲得最高的視密度。

　　視密度依據中國國家標準CNS9204則定之。使用裝置：粉末視密度測定器如圖3.21所示。漏斗如圖3.22所示。量杯如圖3.23所示。測定方法；試料

量不得少於150cm³，置於乾燥箱中，以105±5℃溫度乾燥1小時，放入乾燥器中冷卻至常溫，然後將

試料三等分，每一等分的測定試料注入如圖3.21所示之漏斗內，讓試料自由流入量杯內至試料溢出，

表3.7　各種金屬粉末粒度對視密度的影響

材　料	平均粒徑[a], (μm)	視密度(g/cm³)
鋁　粉		
噴霧 5.8		0.62
	6.8	0.75
	15.5	0.98
	17.0	1.04
	18.0	1.09
	60% 超過 44	1.22
	(+325 網目)	
	75% 超過 44	1.25
	(+325 網目)	
銅　粉		
電解 ....90% min -325 網目		1.5-1.75
濕法冶金 ....81.9% -325 網目		1.69
氧化物還原 ....95% min -325 網目		2.10-2.50
濕法冶金 ....49.1% -325 網目		2.42
氧化物還原 ....50-65% -325 網目		2.65-2.85
電解 ....60-75% +100 網目		4.0-5.0
噴霧 ....70% min -325 網目		4.0-5.1
噴霧 ....50-60% -325 網目		4.9-5.5
鐵　粉		
還原 6		0.97
碳酸基 7		3.40
還原 51		2.19
電解 53		2.19
電解 63		2.56
還原 68		3.03
電解 78		3.32

註：(a)單一值由費修次篩粒度分析器所得，其他由篩分而得。

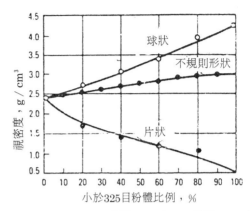

圖3.20　添加不同形狀-325網目粉末於+325網目不銹鋼粉末對視密度的影響

表3.8　混合粗細球形不銹鋼粉對視密度的影響

粒　度(網目)			粉　　末(%)			
-100+150	100	80	60	40	20	–
-325	–	20	40	60	80	100
視密度 (g/cm³)	4.5	4.9	5.2	4.8	4.6	4.3

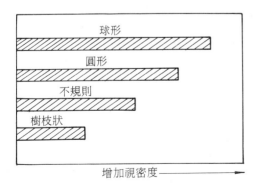

圖3.19　粉末粒狀對視密度的影響

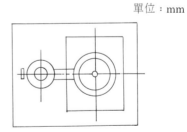

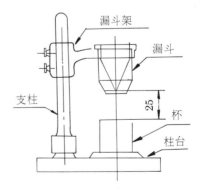

圖3.21　粉末視密度測定器

如果粉末自由流下困難時，則用孔徑 $0.5^{+0.2}_{-0}$mm 的漏斗，若仍流下困難時則可用直徑1mm的針，輕輕的在漏斗上疏通之，當測定試料入杯中，粉末沿杯開始溢出杯外時，即停止粉末流入並輕輕的將杯口

(單位：mm)

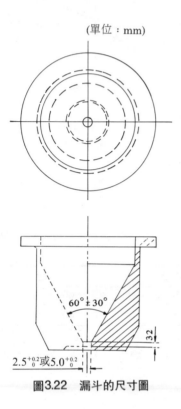

圖3.22　漏斗的尺寸圖

單位：mm

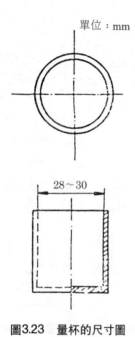

圖3.23　量杯的尺寸圖

上的粉末沿杯口刮平，然後以精度５０ｍｇ之天平秤取杯內粉末質量，測定時必須將試料三等分，每一等分測定一次，再以三個測定值平均。然後再由量杯的體積求出視密度。

　　金屬粉的視密度測試方法外國有許多的標準如美國ASTM B212、MPIF 04、ISO 3923，日本JPMA P 06-1992 及 JIS Z2504 等標準。這些標準和上述之CNS 9204 極為相似。美國ASTM B 212及MPIF 04等標準規定：量測金屬粉視密度所用的裝置稱為荷爾流動計(Hall Flowmeter)，漏斗的小孔直徑為2.54mm (0.10 in)，用於一般流動性較佳粉末的測定。ASTM B417及MPIF 28標準則使用卡內漏斗(Carney Funnel)裝置，用於流動性較差或添加潤滑劑的粉末視密度測定。另外，ASTM B 329 標準規定使用斯克特體積計(Scott Volumeter)裝置，一般用於油漆塗料用乾燥顏料(Dry Pigment)粉的視密度測定。ASTM B 703及MPIF 48等標準則使用亞諾氏計 (Arnold Meter) 裝置測定，它是模擬成形機上之填粉盒(Feed Shoe)，將粉末以略帶扭轉運動方式落入量杯所測定之密度，略高於其他視密度量測法，但接近於自動壓機之充填密度。

3.7　金屬粉的敲緊密度

　　敲緊密度(Tap Density)為粉末充填於容器，經一定之條件振動後所求得之粉體密度，又稱為振動密度，敲緊密度通常比粉末自由流動充填於容器的視密度為高。

　　敲緊密度為粉末顆粒形狀、氣孔率及粒度分佈的函數。表3.9表示銅粉之形狀對視密度及敲緊密度增加率的影響。通常，低的視密度，在振動敲緊時顯示較高的密度增加率。

　　有關敲緊密度之測定標準，我國國家標準並未

表3.9　銅粉形狀對視密度及敲緊密度的影響[4]
　　　　（粒度分佈相同）

粒　狀	視密度(g/cm³)	敲緊密度(g/cm³)	增加率(%)
球　形	4.5	5.3	18
不規則	2.3	3.14	35
片　狀	0.4	0.7	75

訂定，但美國有ASTM　B　527、MPIF　46及ISO 3953，日本有 JPMA P 08-1992等標準，這些標準之測定方法極爲相似。圖3.24爲敲緊密度的量測裝置示意圖，包括100ml容量的刻度玻璃量筒，精確度爲0.2ml。機械設備通常使用敲緊密度測定儀(Tap-Pak　Volumeter)，量筒的振動速度每分鐘100至250次。

敲緊密度的量測方法爲將粉末重量約50克秤重至±0.01克，將此粉末倒入一清淨、乾燥的刻度量

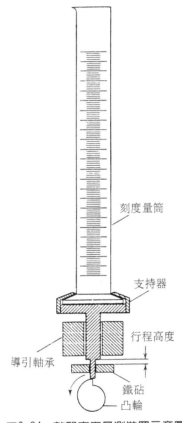

圖3.24　敲緊密度量測裝置示意圖

筒內，並使粉末成水平，對於高視密度(大於 4g/cm³)的耐火金屬粉末則使用25ml刻度量筒，以提高結果的精確性。可用機械或手動方式作振動敲緊動作。把量筒內的粉末一直振動到粉末的體積不再減少爲止。若以手動方式則把量筒的底部垂直的碰撞硬橡皮板上。敲緊密度依下式計算：

$$\rho_t = \frac{m}{v} \qquad\qquad (3.6)$$

式中ρ_t：敲緊密度(g/cm³)

m：試料的質量(g)

v：振動後的試料體積(cm³)

3.8　金屬粉末之流動率

金屬粉末的流動率(Flow)爲依一定的方法，以標準設備測出標準重量(50克)的粉末試樣流出出口所需之時間，以秒/50克表示。粉末流動率的測定在粉末冶金零件大量生產製造上非常重要，因爲大量生產依靠粉末快速、均勻且一致的充塡在模穴裡。流動特性較差的粉末致使模穴充塡緩慢且不均勻，因此難以保證每一次有相同量的粉末充塡於模穴內。

粉末使用於產品製造之前，它的流動特性應該先要知道，因爲有些壓縮工具要求使用能自由流動的粉末(Free-flowing Powder)，相反的有些壓縮模具則可以使用流動性較差的粉末。假如一個壓縮工具被設計壓縮自由流動的粉末，使用流動性較差的粉末就必須加以調整。

流動率的測試，在我國國家標準CNS 9202 "金屬粉末流動度測定法" 中有詳細的規定，本標準只適用於由特定裝置能自然流出的粉末。使用如圖3.25所示之粉末流動度測定器測定，由漏斗、漏斗架、支柱和柱台所組成，漏斗之尺寸形狀如圖3.26所示。將約200克的試料放入乾燥箱內，加熱至105±5℃溫度1小時後，放入乾燥箱中冷卻至室溫。將試料分爲三等分，從每一等分中秤取50±0.1克的試料放入底部已封妥的漏斗內，此時要注意，漏斗底部小孔處必須充滿試料。測定時，將漏料底部之孔口打開，同時按下馬錶開始計時，當最後的試料離開孔口時，停止馬錶，時間的計數以0.2秒爲單位，三等分的試料，各分別測一次。三個測定值的算術平均即爲所求金屬粉末的流動度。

外國標準，美國有 ASTM B 213、MPIF 3及 ISO 4940，日本有JIS Z 2502及JPMA P07-1992等。測定儀器一般都使用如圖3.27所示之荷爾流動計，漏斗出口直徑爲 2.5mm（0.1in），測試方法和CNS 9202標準大致相同，另外，對於不能自由流動金屬粉末的流動性測定則採用卡內漏斗(Carney Funnel)量測

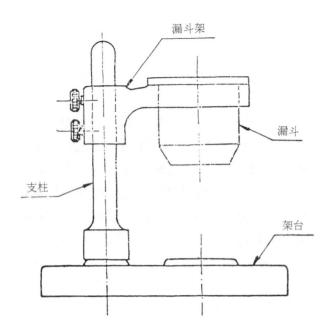

圖3.25 粉末流動度測定器

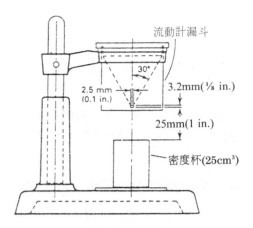

圖3.27 荷爾流動計

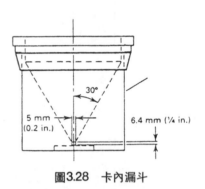

圖3.28 卡內漏斗

一般而言，下列之粉末特性將減少粉體的流動率，即低的比重、低的視密度、微細顆粒、不規則的粒狀、高的比表面積、異種材料的複雜混合及高水份含量等。

3.9 安息角

所謂粉體之安息角(Angle of Repose)就是粉末在一定條件下自然堆積時，所形成角錐體之斜面與水平面之夾角，如圖3.29所示之 α 角又稱為坡度角。粉體之安息角和粉末顆粒間的摩擦及粉末的流動性有密切關係。一般而言其值愈小，表示粉末流動性愈佳，顆粒間之摩擦力愈小。

安息角雖然常常被用於當作粉末材料的一個特性，但它的可靠度端視所用的量測方法而定，因此，應該慎重的選擇它的量測方法。Train提出如圖3.30所示的四種方法，即：(1)固定高度錐(Fixed Height Cone)，(2)固定底錐(Fixed Base Cone)，(3)傾斜板(Tilting Table)，(4)旋轉圓柱體(Rotating Cylin-

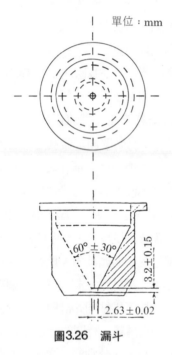

單位：mm

圖3.26 漏斗

，其尺寸如圖3.28所示。除底部出口孔直徑為5mm外，其餘均和荷爾流動計相同。有關利用卡內漏斗測定粉末的流動率測定，請參考美國 ASTM B 417及 MPIF 28等標準。

影響粉末流動特性的主要因素包括(1)粉末顆粒間的摩擦(2)顆粒形狀及大小(3)材料的種類(4)環境因素和(5)粉體的重量(Weight of the Bulk)等。一

der)。圖中所示之 α 角即爲安息角。至目前爲止，安息角的測定並未訂定標準。

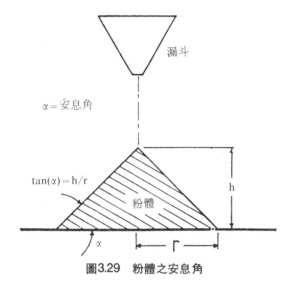

圖3.29　粉體之安息角

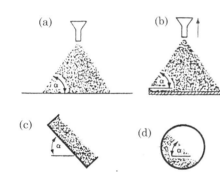

圖3.30　四種安息角的測定方法：
(a)固定高度錐，(b)固定底錐，
(c)傾斜板，(d)旋轉圓柱

　　影響安息角的因素可分爲內在及外在兩方面。內在因素方面，爲粉末固有的特性，主要包括粒度、粒狀及凝聚性 (Cohesiveness) 等。一般而言，粒度大的粉末有較大的安息角，但是非常微細的粉末由於靜電作用顯示有凝聚性而增大安息角。另外，球形粉末顆粒因具有較大的滾動趨勢，要比不規則形狀粉末顆粒顯示有較小的安息角。其外在因素主要爲環境的影響及測定方法。一般而言，含水份較高的粉末顯示較大的安息角，具有較大運動量 (Momentum)的量測方法，所測得之安息角較小。

　　霍斯納比值(Hausner Ratio)爲一金屬粉末的敲緊密度(TD)和視密度(AD)的比值。這比值被用於量測粉體中顆粒間摩擦力的相對量。圖3.31表示銅粉之霍斯納比值和安息角及流動率的關係。一般而言，霍斯納比值隨著安息角的增加而增大。

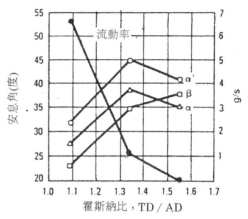

圖3.31　銅粉的霍斯納比值和安息角及流動率的關係(
α，β，α'表示由各種不同方法量測的安息角)

3.10　金屬粉末的壓縮性

　　壓縮性(Compressibility)係指在特定的模穴中，粉末被單軸壓縮之難易程度，粉末愈容易被壓縮（即胚體密度愈高），其壓縮性即愈好。壓實性(Compactibility)則爲粉末經壓縮成形，密度提高後，能保持壓胚體之一定形狀而不易崩潰之能力，又稱爲成形性。因此壓縮性爲表示粉末獲得高密度之難易度，而壓實性則表示粉末生胚強度指標之一。粉末的壓縮性在壓縮工具(Pressing Tools)的設計、零件密度的獲得以及在壓機壓力大小的決定上爲一個重要因素。有一相關名詞稱爲壓縮比(Compression Ratio)，表示粉末在模穴中之鬆粉狀態下的體積與經壓縮後之生胚之體積比。這個比值之決定即可求得特定密度零件之所需充填之所有粉末之模具深度。在一定的壓力下，高視密度粉末可使模具減短而增加強度，因此被大量選用。

　　粉末的壓縮性受下列因素的影響：

　　(1)金屬或合金固有的硬度：有些金屬或合金

具有較大的加工硬化特性，在粉末壓縮時發生大量的加工硬化，而對壓縮性有強烈不良的影響。(2)顆粒形狀：一般而言，愈不規則的粉末，壓縮性愈差，但卻有較佳之成形性。(3)內部空孔：粉末在壓縮時粉末之微細內部空孔形成不相互連接而有空氣存在，雖然空氣具有很高的可縮性，但仍需佔有空間體積，因此，非多孔質粉末(Nonporous Powders)具有較高的壓縮性。(4)粒度分佈：較窄粒度分佈的粉末顯示較差的壓縮性，適當粒度的混合粉末，可填充較多之空間而有較佳的壓縮性。(5)非金屬物的存在：例如未被還原的氧化物因具有較高的硬度及低的密度而使壓縮性變差。(6)固體潤滑劑的使用：固體潤滑劑的添加，可減低粉末與模具間之摩擦增加模具壽命，然因潤滑劑比重較小而佔據約 5～7% 的體積而使粉末之壓縮性受到影響。(7)合金元素的添加：添加合金元素，例如石墨及硫磺會使壓縮性變差。

關於粉末壓縮性的標準測試方法，雖然我國國家標準並未訂定，但外國則有很多，例如美國有ASTM B 331、MPIF 45及ISO 3927，日本有JPM P 09-1992及JSPM 1-64等。

典型的測試方法為採用圓柱形或長方形試片，粉末在模具內以上下雙向壓縮而成。壓縮性的量測可分為二種，其一為生胚達到某特定的密度所需求的壓縮壓力。另一為在某一特定的壓縮壓力下能達到的壓胚密度。一般用壓縮性曲線(Compressibility Curve)，即生胚密度和壓縮壓力關係的曲線表示。

有二種形式的標準試片其一為圓柱狀，直徑為25mm(1in)高度為12.7~25mm(0.5~1in)，另一為長方形，寬為12.7mm(0.5in)，長為31.8mm (1.25in)，厚度為0.5~7 mm (0.2~0.3in)，將足量的粉末充填於模具內，以雙向加壓方式壓縮，達到特定的壓力後，試片從模具脫出，量測尺寸，並算出體積，再由重量計算出密度。由此可獲得在特定成形壓力下的生胚密度。另外，也可把某一已知重量粉末壓縮成某一預定的厚度，也就是達到某一特定的密度所需求的壓力。

潤滑劑主要用於幫助生胚從模具脫出，減少脫

模壓力潤滑方法有二種，其一為乾燥潤滑劑與金屬粉末混合，另一為模壁潤滑即在粉末充填於模穴之前，將模壁及沖頭加以潤滑。所使用之潤滑劑，前者包括硬脂酸鋅、醯胺蠟 (Amide Wax) 及硬脂酸等，添加量為0.5~1.5wt%，後者為將硬脂酸鋅100克溶解於易揮發性有機溶體（例如Methylchloroform，1 公升），將其溶液塗覆或噴射到模壁及沖頭的表面，有機液體揮發後，則剩下一薄層乾燥潤滑劑於模穴及沖頭的表面。

壓縮性的報告可用在某特一定的成形壓力下所達到的壓胚密度或以達到某一特定的壓胚密度所要求的成形壓力。圖3.32表示各種金屬粉末之生胚密度與壓縮壓力間之關係。

3.11　金屬粉末的生胚強度

生胚強度(Green Strength)為生胚（未燒結之粉

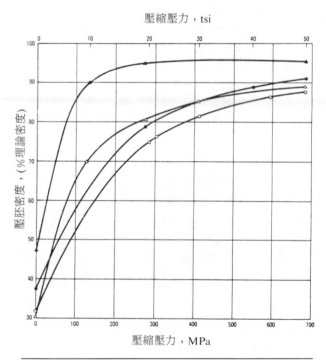

符號	金屬粉末	理論密度(g／cm³)
▲………	噴霧鋁粉	2.69
△………	電解銅粉	8.86
●………	噴霧鐵粉	7.86
○………	海綿狀鐵粉	7.86

圖3.32　各種金屬粉末之生胚密度與壓縮壓力間之關係

末壓胚）的機械強度。這個性質非常重要，為決定
壓胚在燒結維持一定形狀及尺寸的能力。生胚的強
度主要受粉末顆粒表面不規則之程度所影響。當在
壓縮成形時，粉末顆粒間產生強烈的機械鎖住作用
所致。雖然金屬粉末壓胚很少在生胚狀態下使用，
但是生胚應具有足夠的強度，以減少從壓機搬運到
燒結爐間的磨損或破裂，尤其對於薄肉零件、大零
件之薄肉部位、低密度零件及零件之稜角部位等特
別重要。

3.11.1 生胚強度的測定

　　拉脫拉試驗(Rattler Test)，在早期的粉末工業
用來測試生胚強度。其方法為預先秤重及量測尺寸
的生胚五個，置於青銅網製成的滾筒內，以一定的
轉速滾動((87±10rpm)一定的時間後(1,000轉)，將
壓胚從滾筒取出秤重，求出生胚的重量損失率。此損
失率稱為拉脫拉值(Rattler Value)。可提供生胚的磨
損抵抗的維持形狀能力(邊緣安定度)的訊息。此種
試驗又稱為轉鼓試驗(Drum Test)。目前日本還採用
這種試驗方法測試生胚稜角及邊緣的強度，其標準
有JPMA P 11-1992及JSPM 4-69等，但其他國家並未
採用。

　　對於生胚強度之測定方法，目前我國國家標準
並未訂定，但外國則有許多標準，如美國有ASTM
B312、MPIF 15及ISO 3995，日本有 JPMA P 10-
1992。根據這些規範，標準的生胚強度試驗就是長
方形試片寬2.7mm，長31.7mm，厚度6.35mm的橫
向破裂試驗(Transverse Rupture Test)，試片破斷時
的強度就是生胚強度。試片由雙向加壓方式製成，
潤滑方式採用模壁潤滑或粉末混合潤滑的方法。模
壁潤滑方法為把1,000cm^{3}丙酮中溶解50~100克硬脂
酸鋅的溶液，塗覆於模具內部，乾燥後使用。潤滑
劑混合的方法則把硬脂酸鋅或硬脂酸鈣等粉末作為
潤滑劑，添加量為0.5%~1.5%。生胚強度以下列公
式計算得之：

$$S = \frac{3 \times P \times L}{2 \times t^2 \times W}$$

式中　S ：生胚強度(N/mm^2)

P ：試片破斷時的最大荷重(N)

L ：試驗治具兩支點間距離(mm)

t ：試片厚度(mm)

W ：試片寬度(mm)

3.11.2 影響生胚強度之主要因素

　　因為生胚強度主要是由於粉末顆粒表面之不規
則在壓縮時粉粒間所引起的機械式鎖住作用所致。
因此，顆粒形狀為影響生胚強度的最主要因素。不
規則形狀粉末所壓製成的生胚要比由球形粉末所壓
製成的生胚，具有更高的生胚強度。這是由於球形
顆粒間的表面接觸點較少及比表面積較小所致。一
般而言，生胚強度是隨著粉末表面積的增加而增加
，增加粉末顆粒表面粗度及減少平均粒徑，可獲得
更大的粉末比表面積，因而提供更多的表面機械式
鎖住的位置。這個特性也相對的使視密度降低。

　　生胚強度也受粉末顆粒表面的氧化及污染的影
響，當顆粒表面覆蓋較厚的氧化物薄膜及吸附較多
氣體時，將妨害顆粒間的機械式鎖住作用，因而降
低生胚強度。生胚強度也受其他因素例如生胚密度
及壓縮性的影響。增加生胚密度或壓縮壓力增進粉
末顆粒變形，而增加顆粒間的機械式鎖住作用。表
3.10表示各種鐵粉之視密度、壓縮壓力、生胚密度
及生胚強度的關係。增加添加物的量會減少生胚強
度，例如鐵粉中添加潤滑劑的生胚強度要比沒有添
加者低。這是由於潤滑劑會阻礙粒間結合所致。因
此，生胚強度的測試應分金屬粉末與潤滑劑混合者
和只有金屬粉末者來進行。表3.11說明潤滑劑對鐵
粉及銅粉的生胚強度及生胚密度的影響。

3.12 金屬燒結體之尺寸變化

　　金屬粉末生胚的尺寸變化可能發生在生產製程
上，而控制或預測尺寸變化的能力，在粉末冶金製
程上是非常重要的，因為粉末冶金製程的最大魅力
之一，即在於能獲得近淨形(Near Net Shape)產品而
獲得經濟效益。利用適當的金屬粉末混合和控制各
種製程參數，將會決定生胚在燒結時是否發生尺寸
的收縮、膨脹或沒有變化。一般而言，尺寸變化的
定義為模具尺寸(Die Size)和冷卻至室溫之燒結零件

表3.10   各種鐵粉之生胚密度及生胚強度

粉末	視密度	壓縮壓力		生胚密度	生胚強度	
	g/cm³	MPa	tsi	g/cm³	MPa	psi
海綿狀 2.4		410	30	6.2	14	2100
		550	40	6.6	22	3200
		690	50	6.8	28	4100
噴霧 2.5		410	30	6.55	13	1900
		550	40	6.8	19	2700
		690	50	7.0	...	...
還原 2.5		410	30	6.5	16	2300
		550	40	6.7	21	3000
		690	50	6.9	24	3500
海綿狀 2.6		410	30	6.6	19	2700
		550	40	6.8	25	3600
		690	50	7.0	27	3900
電解 2.6		410	30	6.3	32	4600
		550	40	6.7	43	6200
		690	50	6.95	54	7800

表3.11   潤滑劑對鐵及銅生胚的密度及強度的影響

材料	金屬硬脂酸潤滑劑，%	生胚密度 g/cm³	生胚強度	
			MPa	psi
還原鐵粉	未添加	6.47	32	4600
	1	6.57	23	3300
電解銅粉	未添加	7.97	67	9700
	1	8.11	35	5100

尺寸間的差異，並以百分率表示之。但是，有時候則定義為生胚尺寸和冷卻至室溫之燒結零件尺寸間的差異。

    金屬粉末生胚在燒結時尺寸變化的測式方法，我國並未訂定標準，但在外國已有許多的標準，例如美國有ASTM B 610、MPIF 44及ISO 4492，日本有JPMA P12-1992等標準。測試使用之設備主要有混合機、模具、壓機、天平、尺寸測定器具及燒結爐等，其中燒結爐要能保持所定的溫度、時間及氣氛，測試所用試片美國標準ASTM B 312推荐使用寬12.7mm，長31.7mm，厚度6.35mm之試片與生胚強度測試所用試片相同，如圖3.33所示。把欲測試之粉末壓製成均勻特定密度的試片，再把此試片

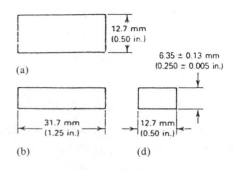

圖3.33   標準橫向破裂強度試片(a)寬，(b)長，(c)厚

和已被認定之相同成分之標準粉末所壓成之試片，在實際生產條件下同時燒結，燒結條件包括燒結爐的形式、氣氛、潤滑劑燒除(Burn Off)之溫度和時間、燒結之溫度和時間及冷卻速率等。而日本標準所規定的試片形狀除長方形外，尚有角柱形及環狀試片。同時並不採用標準粉末壓製生胚做為燒結尺寸變化的比較。測試標準粉末試片之尺寸變化依下式計算之：

$$尺寸變化(\%) = \frac{L_S - L_D}{L_D} \times 100 \qquad (3.8)$$

其中 L_D：模穴尺寸

        L_S：燒結試片尺寸

    測試報告值最少採取三個測試試片的平均值，膨脹用"+"，收縮用"–"表示。

    影響燒結尺寸變化的因素，除粉末特性之外，還有很多其他的因素，例如生胚密度、燒結爐的形式、昇溫速率、燒結溫度、燒結時間及燒結氣氛等。

參考資料

1. E. Klar, Metals Handbook, Ninth Edition, Vol. 7. Powder Metallurgy, ASM, 1984, p.209~292.

2. R. M. German, Powder Metallurgy Science, MPIF, 1984, p.9~54.

3. F. V. Lenel, Powder Metallurgy Principles and Applications , MPIF, 1980, p.59~97.

4. A. R. Poster, Ed., Handbook of Metal Powders, Reinhold, New York, 1965.

第四章　粉體混合與造粒

溫紹炳*

4.1 混合之定義	4.5 影響混合度之因素
4.2 混合機構	4.6 其他常見之混合相關問題
4.3 混合速度及最終混合度	4.7 造粒目的及原理
4.4 混合裝置	4.8 造粒程序及設備

4.1　混合之定義

粉體混合是工業上常用之程序，廣泛地應用於粉末冶金業、陶瓷製造業、化工業、製藥業、飼料及食品工業上。

粉體混合是將兩種或多種粉粒體均勻化，為增進化學及物理均勻度之程序。當兩種成分之位置固定時，不會產生混合；混合是因粒子移動造成的，混合的最終目標是得到均勻分佈的混合物。但粉體粒子並無如流體般自動擴散之性質，須用外力混合，粒子間因外力而運動時，類似流體運動。但當外力消失時，則呈現靜止粉粒體之特性，所以當混合進行時，混合機內交替出現粉粒體之流動性及靜止性，必須儘量防止靜止部的產生，才能達到良好的混合效果。

粉體混合面臨許多問題，包括：何謂均勻混合物、如何得知混合物是否已均勻化、影響混合機性能之因素有那些及如何得到均勻物等[1]，將在下面章節中予以說明。

4.1.1　均勻的混合物

混合的最終目標是得到均勻的混合物，但嚴格來說，不可能有完全均勻的混合物，由於粒子的大小有極限，因而取樣若小至與粒子大小一般，則分析結果只含混合物中之一種成分，因而必須先定義何謂均勻的混合物。

二成分混合物之排列狀態可以分為以下三種狀況[2][3]：(A)完全分離（圖4.1a），此為粉體尚未混合前之狀態；(B)規則混合物（圖4.1b），此為不同種類之粉體間，互相緊臨排列而形成之混合物；(C)隨機混合物（圖4.1c），此為某一位置之粉體種類完全由機率所控制之排列方式。規則混合及隨機混合均為理想之混合結果，通常規則混合適用於兩種粉體間的親和力大於個別粉體間時，隨機混合適用於兩種粉體間無任何特殊差異之作用力時，因而若將均質混合物定義為成分粒子的機率在混合物中各處都相等的混合物，則規則混合物與隨機混合物均可稱為均質的混合物。

－(a) 完全分離
(Completely Segregated Mixtures)

－(b) 規則混合物
(Ordered Mixtures)

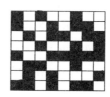

－(c) 隨機混合物
(Completely Random Mixtures)

圖4.1　二成分混合物之排列狀態

4.1.2　混合度

混合均勻程度可用混合度表示。混合度是以組成成分的空間分佈狀態為基礎而定義，但不可能分

*國立成功大學機械工程博士
　國立成功大學資源工程系教授

析全部的混合物，而是取樣分析，因而採取的試樣大小、試樣個數均會影響混合度。一個有用的混合指標必須能儘量確實的描述混合狀態，而且必須易於計算。統計分析方式是調查混合度最主要的工具，在Fan *et al.*[4]中，關於混合度有超過三十種描述

表4.1　代表性之混合度表示法

混合指標 （M）	完全分離	隨機混合
$\dfrac{\sigma}{S}$	$\dfrac{1}{\sqrt{n}}$ (≈ 0)	1
$\dfrac{\sigma_0 - S}{\sigma_0 - \sigma}$	0	1
$\dfrac{\sigma_0^2 - S^2}{\sigma_0^2 - \sigma^2}$	0	1
$1 - \dfrac{S}{\sigma_0}$	0	$1 - \dfrac{1}{\sqrt{n}}$ (≈ 1)
$1 - \dfrac{S^2}{\sigma_0^2}$	0	$1 - \dfrac{1}{n}$ (≈ 1)

方式，其中較具代表性的列於表4.1。

$$\sigma_0^2 = P(1-P) \tag{4.1}$$

$$\sigma^2 = \frac{P(1-P)}{n} \tag{4.2}$$

$$\bar{C} = \frac{1}{m} \sum_{i=1}^{m} C_i \tag{4.3}$$

$$S^2 = \frac{1}{m-1} \sum_{i=1}^{m} (C_i - \bar{C})^2 \tag{4.4}$$

這些公式的運用，說明如下：以圖4.2之二成分混合物排列為例，P為方塊顆粒黑色所佔的比例，所以P=0.5，公式(4.1)計算，可獲得

$$\sigma_0^2 = P(1-P) = 0.5(1-0.5) = 0.5 \times 0.5 = 0.25$$

$$\sigma_0 = \sqrt{\sigma_0^2} = \sqrt{0.25} = 0.5$$

σ_0值只和某一成分所佔比例有關，和混合方式、均勻程度均無關連。

第二個計算數值為$\bar{C}$和S^2，如公式(4.3)及(4.4)，在一般的計算器上的統計計算，$\bar{C}$即為以成分的濃度或比例輸入值而獲得的$\bar{X}$，S^2即為σ_{n-1}^2，S即為

σ_{n-1}，運用計算器之統計運算即可獲得這些數值。

取樣顆粒數目n即每一次取出來分析的顆粒數目，這個數目在以電子顯微分析時必須慎重考慮，而且每一次的分析這個數目都要相同，因為一般的均勻度計算式子裏，n是一個不可或缺的必要數字，這個數值可以利用做為消除均勻偏差假象，沒有這個數值，以任何一個混合指樣都會缺少一個共同標準。

欲知混合物之混合度時，須從混合物中採取試樣，取樣時必須儘量不擾亂本體，又須兼顧取樣的代表性，常用的方式有：(1)用取樣器(Probe)取樣，在實心棒沿長度方向開數孔，套上也開數孔的套筒，旋轉或滑動套筒，則可由孔中取入粉粒體。(2)將混合物全部排在有許多小格(Cell)的淺盤上，各小格內的粒子1個個計算，可得正確之結果，不過此種分析方式只適用於粒子較大且肉眼能分辨時。(3)把混合物加固化劑固化，於各個方向切取試樣分析。分析取樣之組成時，分析法因混合對象而變，肉眼可分辨時，可利用人工計數，或用最新內藏微電腦的畫像處理機自動計數[5]。不能分辨時，可利用篩分、重力、磁力等方式分離後測定重量，或用電子顯微鏡作成分分析。

取樣大小(Sample Size)有兩個極限值；最小為單一粒子，這對混合不能提供任何訊息；最大是混合物全體。在此兩極端附近，幾乎得不到有關混合物之狀況，取樣個數也會影響分析結果，取樣次數愈多，則在統計學上相對增加可靠度，因而須考慮分析程序及時間，找出最適當之條件，通常取樣勿超過混合物全部量之5％，約採取10-20個試樣[6]。每一樣品之數量大小及包含顆粒數目須保持一致，且顆粒數目n須獲得，才可計算均勻指標。

4.2　混合機構 (Mixing Mechanisms)

混合過程分為對流混合(Convective Mixing)、剪斷混合(Shearing Mixing)、擴散混合(Diffusive Mixing)三種機構[7]。如圖4.2所示，對流將成分由此區移至他區，剪力則藉著改變粉形狀以增加各種成分間之接觸面積，擴散則在相鄰的兩接觸面間任

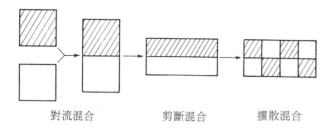

對流混合　　　　剪斷混合　　　　擴散混合

圖4.2　混合時兩種成分之移動及混合機構

意地交換粒子，以達到混合的效果。

4.2.1　對流混合

　　混合時所用的混合機，混合物之物性如濃度、黏性、硬度等及提供能量的方式均會影響與此有關之混合機構，藉混合容器本身旋轉或利用攪拌翼（如螺旋槳葉），使得粒子群大幅度地移動位置，在混合機內形成循環流而進行混合。如圖4.3所示，旋轉圓筒型(a)是使粉體在圓筒壁被提上來，而在靜止角(Angle of Repose)以上脫離筒壁，再流向圓筒壁下部循環流動[8]。在圖(b)的槳葉形攪拌槽（容器固定型混合機），從槳葉前端沿水平方向排出之粉體沿壁面上升，在粉體層上部再進入內部流動[9]。在圖(c)的橫型螺旋槳葉混合機（容器固定型），槳葉往螺旋方向推出粉粒體，從器壁兩端反射，藉螺旋槳葉之上下刮動形成對流混合。此機構對全部混合物之巨觀性混合影響很大。

4.2.2　剪斷混合

　　混合機表面因速度的變化而產生剪力梯度，強大的剪力可在較微觀的尺度上將凝聚性較強或較黏的粉體分散，此混合作用包括粉體粒子群內的速度分佈差異產生的粒子間之衝撞或滑動，攪拌翼前端與壁面、底面間之粉體粒子塊由於壓縮與伸張而被解碎，在圖4.3(a)的圓筒型混合機，此作用在沿斜面流下之粉體層及器壁兩端較顯著，在圖4.3(b)的貝形翼及圖4.3(c)的螺旋槳葉形混合機，則在槳葉之端部較顯著。

4.2.3　擴散混合

　　漩渦、氣渦及超音波振動均可產生擾動，使鄰近之粒子互相交換位置形成局部性混合，實際上是粒子之形狀、充填狀態、流動方向之極微小的速度差等的不規則性所產生的散亂運動（Random Motion)發生之作用。圖4.3(a)中主要是軸方向的混合，圖4.3(b)及圖4.3(c)則發生在攪拌翼不直接通過的領域之混合作用，和對流混合相比，此種混合速甚小，但卻是組成之均質化所不可欠缺之混合作用。

　　實際混合時，此三種機構並不是各自在個別的區域單獨發生，而是同時發生，在水平圓筒形混合機所代表的容器旋轉型混合機中，以循環流所產生的巨視性對流混合及粒子散亂運動所產生的微視性擴散混合同時發生。在有槳葉的容器固定型混合機中，包含強制性攪拌所產生的對流混合與剪斷混合，特別是直立型螺旋槳葉混合機，具有強力的剪斷

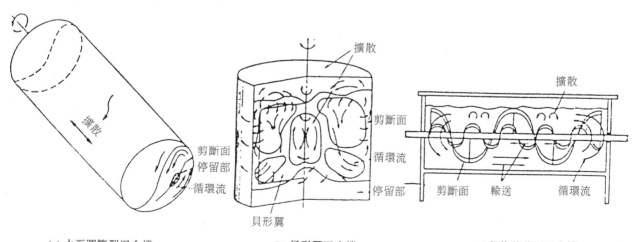

(a) 水平圓筒型混合機　　　　　　(b) 貝形翼混合機　　　　　　(c) 螺旋槳葉形混合機

圖4.3　混合機內粉體之流動及混合機構

混合作用。

4.3 混合速度與最終混合度

4.3.1 混合特性曲線

混合特性曲線（簡稱混合曲線）表現混合時間 t（混合開始後的時間）與混合度M的關係，是欲了解混合狀態及混合機構最重要之曲線。圖4.4為混合曲線之例，縱座標為試樣標準偏差σ的對數。在混合過程的初期階段I，主要是由對流混合所支配，在中期階段II，對流及剪斷混合同時發生；在最終階段III，則呈現擴散混合效果。混合與分離兩作用達到動態平衡狀態，此時之混合度稱為最後混合度M_∞。

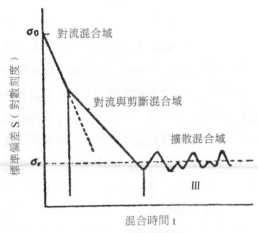

圖4.4 混合特性曲線

混合特性曲線的形式與所混合之粉粒體的物性差異或混合機構造有關，在容器旋轉型混合機，II的階段持續較長，螺旋槳葉形等容器固定型混合機，由於具有強制攪拌效果，故I的階段占了混合曲線之大部分，初期的混合速度大[10,11]，最終混合度M_∞受粉體的物性差影響很大。

連續式混合機的混合度在一定的操作條件（流量、旋轉速度、入口混合比等）之下，於混合機出口以散亂或定時間間隔取N個試樣，分析組成變動，假設個別組成為X_i，則X_i之時間性變動之標準偏差值S和分批混合同樣由下面公式求出：

$$S = \left[\frac{1}{N} \sum_{i=1}^{N} \left(\frac{X_i}{X_0} - \frac{\bar{X}}{X_0} \right)^2 \right]^{\frac{1}{2}} \equiv M_c \qquad (4.5)$$

其中　X_i：出口之組成（混合比）

　　　X_0：入口之組成

　　　$\bar{X}$：出口平均組成($= \frac{1}{N} \sum_{i=1}^{N} X_i$)

由公式(4.5)所定義的混合度M_c在穩定狀態($\bar{X}/X_0 = 1.0$)時不受取樣時間間隔之影響。圖4.5是根據粉體之滯留時間（槽內粉體總量／平均流量）與混合度M_c之關係，表示連續混合之混合曲線，由此混合曲線能獲得混合所需的滯留時間及到達之混合度。

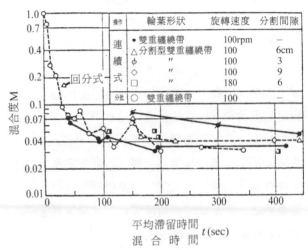

　　　　　平均滯留時間
　　　　　混 合 時 間 t (sec)

圖4.5 分批式及連續式混合機之混合曲線

4.3.2 混合速度

如圖4.4所示，大部份的分批式混合機在混合初期，混合度M的對數與混合時間 t 成反比，以方程式表示：

$$\frac{ds}{dt} = -K_1 S \qquad t= 0 \text{ 時，} S=\sigma_0 \qquad (4.6)$$

求解得　$S=\sigma_0 \exp(-K_1 t)$ 　　　(4.7)

　或　$\frac{ds^2}{dt} = -K_2(S^2 - \sigma^2)$ 　　　(4.8)

可表成　$\frac{S^2 - \sigma^2}{\sigma_0^2 - \sigma^2} = \exp(-K_2 t)$ 　　　(4.9)

其中K_1，K_2為圖4.4直線部份之斜率，稱為混合速度係數(Coefficient of Mixing Rate)，混合速度係數K_1[1/min]雖然因混合機型式、操作條件、粉體之物性而變化，但根據許多實驗結果，獲得下面公式[12]。

$$\frac{K_1}{\pi N^2} = K \left(\frac{R_{max} N^2}{g}\right)^a \left(\frac{F_b}{V_M}\right)^b \left(\frac{V_M^{1/3}}{\bar{d}_p}\right)^c (\Delta C_R)^e \left(\frac{d_A}{d_B}\right)^f$$

(4.10)

其中　N　：旋轉速度[rpm]

R_{max}：最大旋轉半徑[cm]

V_M：混合機容量[cm³]

F_b：粉體裝入量[cm³]

d_A，d_B：A、B成分之粒徑[cm]

$\bar{d}_p$：平均粒徑[cm]

ΔC_R：粉體動態性之物性差，在流動性良好之物質，則以實驗方式得

$\Delta C_R \approx 5.6 (\rho_a)_{min}^{-0.8}$

公式(4.10)適用於流動性較好之50~100 μm以上之粉粒體，以具有單純的混合機構予以混合之情況。表4.2為將同一粒徑之粉體以最佳裝入率$F_b/V_M \fallingdotseq 0.3$混合時之指數及係數。若欲應用於較微細之粉體或具有較複雜之混合機構之混合機，則需依其他因素進行修正。

4.3.3 擴散係數

由混合特性曲線，計算出最終混合度M_∞，混合速度係數K_1、K_2，可評價混合裝置之性能，但欲有系統地改良原有裝置時，只知巨視性的混合過程不夠，需了解混合機構的微視性擴散作用。如圖

4.6將顏色不同（黑與白）而其他物性完全相同之粉體粒子各50%裝入水平圓筒旋轉型混合機中，軸方向之混合過程類似擴散混合，由Fick第二定律可得

$$\frac{\partial C}{\partial t} = D_a \frac{\partial^2 C}{\partial Z^2}$$

(4.11)

其中C：混合物中，其中一種成分之濃度

D_a：軸方向之擴散係數

混合物之變異值

$$S^2 = \frac{2}{L} \int_0^{1/2} \left(C - \frac{1}{2}\right)^2 dZ$$

(4.12)

L為混合機之長度

①當 t 很小（即混合初期）時

$$S^2 = \sigma_0^2 \left(1 - \frac{4}{L}\sqrt{\frac{2D_a t}{\pi}}\right)$$

(4.13)

混合初期之變異值與 t 的平方根成正比，可由斜率求擴散係數D_a。

②當 t 較大時，

$$S^2 = \frac{2}{\pi^2} \exp\left(\frac{-2\pi^2 D_a t}{L^2}\right)$$

(4.14)

因而 t 較大時，S^2的自然對數與 t 的關係直線之斜率為$-2\pi^2 D_a/L^2$，可推算D_a。

D_a愈大，表示混合速度愈快，即愈快接近完全混合。擴散係數之導出方式，R.Hogg有詳細之說明[13]。

表4.2　處於最佳裝入率時之混合速度係數K_1及公式(4.10)之指數

混合機＼指數，係數	a	e	c	K_1
水平圓筒形	2	1	0.5	1.9×10⁻²
立方體形	0.4	0	0.5	3.6×10⁻²
V　形	0.5	0	0.5	1.2×10⁻²
二重圓錐形	0.7	0	0.5	2.5×10⁻²
螺旋槳葉形	0.2		0.5	7.3×10⁻³

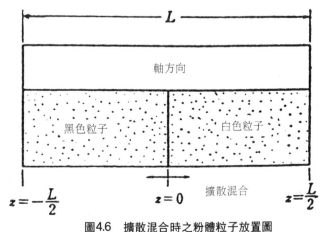

圖4.6　擴散混合時之粉體粒子放置圖

4.3.4 混合過程中之偏析現象

粉末在混合時，由於各別顆粒的大小、形狀、比重之差異，使得特性相仿的顆粒會聚在混合粉末之某一特定區域，造成局部之混合不均勻現象，稱爲混合過程之偏析現象。粉末的顆粒大小差異是一般混合作業中造成偏析之最主要原因，比重差異則是在流化床混合時的主要偏析原因。偏析之發生主要在於：(1)拋射現象，不同大小之顆粒在混合機中受到力量產生拋射現象時，拋射距離一般爲顆粒大的拋得比顆粒小的遠，因而會造成一種大、小分級，各聚一處之偏析而降低混合物之均勻程度。密度差異也會造成拋射偏析，但它的影響要比顆粒大小差異來得小。有些粉末爲密度大且顆粒大與密度小、顆粒小之粉末混合，則其拋射偏析有加成作用，應特別注意。(2)滲透穿漏現象，即大顆粒與小顆粒共存時，小顆粒會穿過大顆粒間的空隙而往下漏，造成大小顆粒之偏析現象。這種現象在較粗顆粒堆積時最爲嚴重，粉末較粗時由於粉末間的凡得瓦爾力或空氣濕氣造成表面張力相吸引而可免於造成這種偏析，但有震動行爲時，雖然是細粉仍有這種偏析。(3)震動飄浮現象，混合粉末若有震動時，較大的顆粒會被較小顆粒推擠而往上浮，造成較大顆粒偏析於上層之不均勻現象。(4)淘洗現象，在有氣流或液流通過混合粉末時，較細顆粒或比重較小顆粒會被氣流或液流往上漂到表面而偏析於表層稱爲淘洗現象，在粉末倒入容器時，若底層空氣被壓迫而穿過粉末空隙流通時，可以看見表面一層淘出特別細的粉末即爲一例。在混合粉末時，若能依照混合粉末的特性，如大小分佈差異、比重差異等考慮採取能避免產生以上的偏析現象的混合作業將可獲得較穩定均勻的混合粉末。

4.4 混合裝置

4.4.1 混合裝置之分類

混合裝置可依內部佔優勢之混合機構分類，分爲容器旋轉型(Tumbling)、對流型(Convective)、重力型(Hopper)及流動型(Fluidized)混合機四類[14]，主要特性列於表4.3[15]。

(1).容器旋轉型混合機(Tumbling Mixers)

容器旋轉型混合機是藉著封閉之容器繞著軸旋轉來引起內部粉粒體之混合作用，若是水平圓筒型，則可將容器直接放在滾軸上面旋轉，若是其他型式，則必須利用軸承固定使其旋轉（如圖4.7），

常見之容器形狀有圓筒型、雙筒型、立方型、V型[15]及Y型等，如圖4.8所示。

(2).對流型混合機(Convective Mixers)

在對流型混合機中，由於槳葉之拍打作用可將粉粒體大幅度地移動[15]，以達到混合效果，螺旋槳葉型混合機（圖4.9）爲最常見之對流型混合機。若粉體具有凝聚性，須採用如圖4.10中之旋轉螺旋棒是必須的。對流型混合機較擴散或剪斷混合之偏析性小。

此型混合機由於具有機械性的攪拌作用，因而適用於沾附性或凝聚性很強的微粉或濕潤粉體、糊狀物質或粉體之物性差異很大時之混合。粉體之裝入率能較大些，裝置所佔面積及操作面積也較小，不僅適用於分批操作，同時也適用於連續式操作，且由於內部構造物或套管等可容易地導進常溫常壓以外的處理操作，亦可並用於反應、乾燥、造粒等其他複合目的。可是因混合機之機械構造較複雜、有時會在旋轉部、槳葉與筒壁之間隙，發生粉體附著現象，或產生粉體破碎及因發熱而引起的變質或熔化，且較易產生旋轉部或軸承的磨耗或破壞。由於構造複雜，分解與組合均相當費時，且不易清洗，此爲其缺點。

(3).重力型混合機(Hopper or Gravity Flow Mixers)

此型之混合機，粉體藉著重力流動以達到混合之效果，如圖4.11，筒內之粉體均受到重力作用而移動[15]，不會產生不移動區(Dead Zone)，依據所需之均勻程度，可重覆混合以達到相當高之軸向混合效果，由於滲透穿漏作用，小粒子易通過大粒子之間隙，因而偏析性相當大。

(4).流化床型混合機(Fluidized Mixers)

此型混合機兼具有重力及對流混合之效果，在底部的板子上，粉體受到氣流作用以抵抗重力[17]，粉體之重力與氣流達到平衡，使得粉體之流動性大

表4.3　混合機之分類及特性

混　合　機	分批式或連續式	主要混合機構	分離偏析程度 (不同性質之材料間)	軸方混合	取料之難易	清洗之難易
水平圓筒型	分批式	擴散	強	極慢	難	易
Lödige混合機	分批式	對流	弱	快	易	難
微傾斜之 圓筒型混合機	連續式	擴散	普通	極慢	易	易
陡斜之圓筒型 混　合　機	分批式	擴散	強	快	難	易
有槳之垂直 圓筒型混合機	分批式	剪斷	強	快	難	易
V型混合機	分批式	擴散	強	極慢	易	易
Y型混合機	分批式	擴散	強	極慢	易	易
雙筒式混合機	分批式	擴散	強	極慢	易	易
正立方型混合機	分批式	擴散	弱	快	易	易
螺旋槳葉型 混　合　機	分批式	對流	弱	快	易	易
螺旋槳葉型 混　合　機	連續式	對流	弱	普通	易	普通
氣流式 Air jet混合機	分批式	對流	普通	快	易	普通
Nauta混合機	分批式	對流	弱	快	易	難

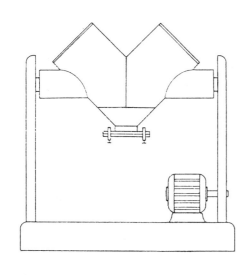

圖4.7　V型混合機

為提高，若氣流速度相當大，則氣流的擾動及粉體之移動可產生極好之混合效果，圖4.12即為流動型混合機。

此型混合機為藉噴流使粉粒體流動而混合，故適用於流動性良好而物性差較少之粉粒體之大量處理。主要是採分批式操作，粉體裝入率能取得70%以上之較大值，並適用於容易破碎的物質或易熔之粉粒體，但不適用於易潮溼或黏附性很強之粉體。除混合容器外，本混合機還需附帶裝設鼓風機，排氣用集塵裝置及壓力調節器等，整體的工程設備之規模較大。

表4.4為依據上述之分類結果，再根據操作方式區分為分批式及連續式，探討混合機之性能，混

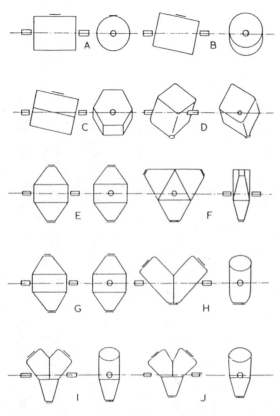

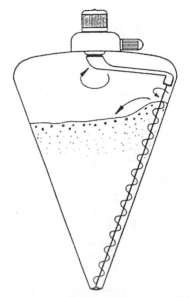

圖4.10　有旋轉螺旋之對流型混合機[16]

圖4.8　容器旋轉型混合機之各種不同容器形狀

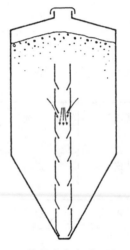 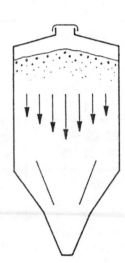

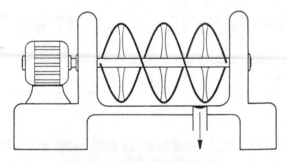

圖4.9　螺旋漿葉型混合機[15]

(a) 內部含有多重漏斗型　　　　　(b) 單筒型

圖4.11　重力流動型混合機[16]

合機之性能依所處理的粉體性質、操作條件、使用目的等，各有不同的優缺點。

4.4.2　混合機之性能

　　本節主要針對幾種常見之混合機，概略討論其性能、特色、用途等。

(1).圓筒型之容器旋轉型混合機

　　圓筒型為旋轉型混合機最早的形式，此混合機之特色有

　　①混合機內的粉粒體同時滾動的全體性混合。

②幾乎全為分批式操作。

③混合機內部較易清洗。

④適用於混合有摩耗性的粉粒體。

⑤適用於多種粉體少量混合。

⑥有套筒，可行加熱、冷卻、真空、加壓操作。

⑦作業容量（粉體裝入率／空筒體積）常小於容器固定型混合機。

⑧欲混合附著性或凝聚性強之粉體時，須在混合機內加裝攪拌翼或加入磨球等。

⑨混合流動性良好、物性差異小之粉粒體時，

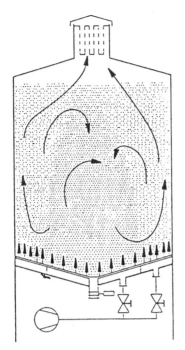

圖4.12　流動型混合機[16]

可得比容器固定型混合機更良好之最終混合狀態。

主要缺點有：

①混合機機內裝用攪拌翼時不易清洗。

②粉粒體裝入及排出時易產生粉塵，須加以處理。

③運轉空間大，需要較大面積安置。

④需加裝特別裝置使其位置固定。

⑤凝聚性較強之粉體混合時，會形成較硬的凝集塊，有時不易解碎。

⑥粉體物性差異大時，不易得到良好的最終混合狀態。

依構造上的差異，可分為三類：

(1)旋轉軸固定於圓筒上，賦予旋轉所需之動力直接把軸固定於圓筒上者常為斜圓筒型混合機，如圖4.13所示，設置多個圓筒，混合後卸下圓筒而排出，對軸心不能取45°以上之傾斜角，因而靜止角大的粉體不易完全排出，即使最終混合度良好，但因混合及取出費時，在工業上已較少用。

(2)沿圓筒外圍，以滾軸之摩擦力、齒輪、鏈條等提供旋轉所需之動力

目前所用的圓筒型混合機多屬此類，因其有下列特色：①裝設面積較其他容器旋轉型混合機小；②可連續混合；③動力較小；④容易安裝及卸下；⑤內部之攪拌翼裝卸容易。

(3)驅動機構與容器分別獨立

此容器較常見於製藥業，適用於多種粉體，少量生產時之混合，可節省粉體投入、排出、清洗所占時間並防止交叉污染，通常混合容器兼為儲存容器，混合機由軸方向運動支配，混合速度快，最終混合度較好。

(2)V型混合機

V型混合機將兩個圓筒接合成V形以進行粉體之交叉混合作用，如表4.5所示，混合速度極快、對混合比、比重差、粒徑差等混合條件之適用範圍極廣，符合目前對混合操作之多樣化及大量處理之要求。此類混合機之性能取決於容器轉速、容器形狀及容器內部之混合促進機構、市售V型混合機之大小是裝入容量為0.5~2000ℓ，容量超過2000ℓ以上時，全高超過4m，無法設置於普通的屋內。主要構造包含三部分：

①V形容器

容器內必須無死角，若焊接不良或角部不採圓角，則易導致粉體沾附，在表4.5中，兩圓筒中心線的夾角α在流動性良好的粉體常成80°，微細粉末成有濕氣之粉體要減小α，使粉體容易移動。圓筒內徑D與單側圓筒中心線長L之比例為L=(1.1~1.3)D，L過短則交叉混合不完全，過長則全高太高，容量小之混合機常增大L。

②排出部

混合時因粉體間或與筒壁之摩擦作用產生熱而稍成加壓狀態，混合完後立刻排出，可增快排出速度，排出部之構造宜易於開關。

③攪拌翼

在容器內部加裝攪拌翼不僅可增加混合速度，同時也適用於凝聚性較強之粉體。

(3).雙錐型混合機 (Double Cone Mixer)

此型混合機外部構造為兩個圓錐中間夾著短圓筒，如圖4.14所示，沒有V型混合機之激烈混合作

表4.4　各種混合機之適用範圍

○適當，‧可能使用

混合機型式	操作與主要對象	物質之性狀	分批式	連續式	1.0以上	0.1~1.0	0.01~0.1	數μm以下	大35以下	中35~45	小45以上	粘著性大	物性差小	物性差大	摩耗性大	乾燥	濕潤
容器旋轉型	旋轉軸呈水平者	水平圓筒	○	○	○	○	‧		○	‧			○		○	○	
		傾斜圓筒	○		○	○	‧		○	‧			○	‧	○	○	
		V　型	○		○	○	‧		○	‧			○	‧	○	○	
		雙重圓錐	○		○	○	‧		○	‧			○		○	○	
		正立方體	○		○	○	‧		○	‧			○	‧	○	○	
		S字型	○		○	○	‧		○	‧			○		○	○	
		連續V型		○	○	○	‧		○	‧			○		○	○	
容器固定型	旋轉軸呈水平者	帶	○	○	○	○	○	○	○				○	‧		○	‧
		螺旋	○	○	○	○	○	○	○			○	○	‧		○	○
		桿或銷	○	○	○	○	○	○	○			○	○	○		○	○
		複軸明輪葉	○	○	○	○	○	○	○				○			○	○
	旋轉軸呈垂直者	帶	○	○	○	○	○	○	○				○			○	○
		螺旋	○	○	○	○	○	○	○				○	‧		○	○
		圓錐型螺旋	○	○	○	○	○	○	○				○	‧		○	‧
		高速流動	○	○	○	○	○	○		‧			○			○	○
		旋轉圓盤		○	○	○	‧		○				○			○	
		馬拉	○		○	○	○	○	○				○			○	
	振動	振動磨機	○	○	○	○	○	○	○				○	‧			
		篩	○	○	○	○	‧		○				○			○	
	氣流	移動‧流動層	○		○		‧		○				○			○	
	重力	無攪拌		○	○	○			○				○		‧	○	
複合型	旋轉型裡面裝設輪葉	水平圓筒	○		○	○	○		○		‧		○	‧		○	○
		V	○			○	○			‧	‧		○	‧		○	○
		雙重圓錐	○			○	○			‧	‧		○	‧		○	○
	氣流與機械性攪拌		○		○	○	‧		○	○			○			○	

用，在容器內部進行有規則之重疊運動，可得良好之最終混合度，此混合機亦可添加磨球和液體，進行濕式微粉碎，或加裝套筒附加冷卻或加熱作用，機械特性及操作條件類以V型混合機，性能上主要有下列差異：

①同一容積時，容器轉速可大於V型。

②同一容積時，旋轉容器之表面積小於V型，重量約減輕20%。

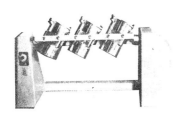

圖4.13 小型斜圓筒型混合機

③裝入率的變化對最終混合度之影響較V型少。

(4).直立式之螺旋槳葉型混合機(Ribbon Mixer)

在直立式之圓筒型或逆圓錐型容器中心軸,安裝沿容器壁旋轉的螺旋槳葉攪拌葉片,如圖4.15所示,以逆圓錐型容器為例,攪拌葉片之螺旋槳葉捲

表4.5 V型混合機之標準規格

名稱	全容積 (I)	A 長	B 寬	C 投入口高度	D 中心起GL	E 投入口口徑	F 排出口口徑	G 排出口起GL	H 旋轉時高度	I 旋徑	罐體轉速 (rpm)	罐體馬達輸出 (kW)	攪拌器轉速 (rpm)	攪拌器功率 (kW)
VI-10	22	1020	430	760	630	140	50	400	900	530	36	0.2	840	0.4
VI-30	70	1500	500	1000	880	200	150	400	4360	960	30	0.4	840	0.75
VI-60	130	1700	550	1260	1050	280	200	450	4650	1200	26	0.75	780	0.75
VI-100	240	1940	650	1460	1170	280	200	450	4890	1440	24	0.75	780	1.5
VI-150	340	2170	700	1630	1310	320	200	500	2120	1620	23	1.5	780	1.5
VI-200	480	2340	750	1740	1360	320	200	500	2220	1720	22	1.5	720	1.5
VI-300	650	3000	900	1880	1460	350	200	500	2420	1920	20	2.2	720	2.2
VI-500	1250	3300	1100	2230	1650	450	300	500	2800	2300	15	3.7	550	3.7
VI-800	2000	4000	1300	2510	1800	450	300	500	3100	2600	14	5.5	550	5.5
VI-1000	2500	4350	1400	2830	2130	450	300	700	3560	2860	13	7.5	500	7.5
VI-1500	3750	4900	1600	3150	2360	450	400	700	4020	3320	11	7.5	500	7.5
VI-2000	5000	5200	1800	3390	2510	450	400	700	4320	3620	10	11	500	11

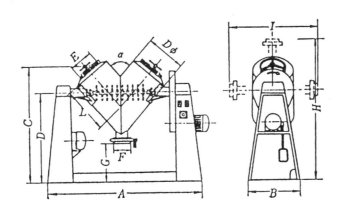

成錐型,螺旋槳葉常是有外側、內側螺旋槳葉的二重螺旋槳葉型式,攪拌葉片的旋轉方向都是外側螺旋葉掏起粉粒體,粉粒體裝入位置在容器上方,從底面排出,攪拌葉片旋轉使粉粒體被外側螺旋槳葉剪斷,隨旋轉而進行向上運動,在內側螺旋槳葉進向下運動,粉體被掏上推下的方式產生混合的效果

。此型混合機可用於分批式及連續式,分別討論如下。

分批式的特色為:
①混合速度較水平容器式的螺旋槳葉型混合機快。
②排出迅速,排出後殘留量少,較易清洗。

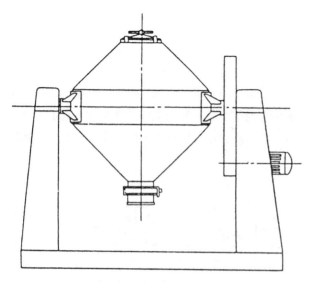

圖4.14　雙錐型混合機

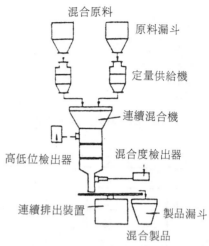

圖4.16　連續式混合系統

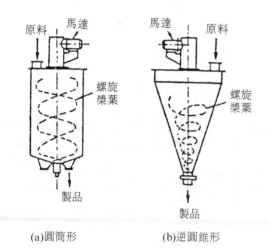

(a)圓筒形　　　　(b)逆圓錐形

圖4.15　真立式螺旋槳葉型混合機

③容易附著容器壁面或糊狀物被掏起時，會
因重力而落下，再進行攪拌。

④容器內全部粉粒體同時攪拌，消耗動力大。

連續式的特色為：

①體積小而處理能力大。

②容易調節容器內之粉體滯留量。

③粉體流程可成管路方式。

④連續處理操作時所需動力較分批操作時小。

此型混合機廣用於窯業、化工業等，分批式可
添加液體，連續式主要用於粉粒體間相互混合，例
如微粉添加劑、混合食品等。圖4.16為直立式螺旋
槳葉型混合機的粉粒體連續混合系統之例，2種原
料貯存於漏斗，以定量供給機控制供給量，定量供

給連續式之直立式螺旋槳葉型混合機，進行混合作
用，控制容器內之粉粒體高低位，與排出裝置運動
，可自動調節粉粒體的滯留量，另外在出口處可分
析混合度，混合不充分時，退回原料漏斗再混合。

4.4.3　混合機之選擇

欲選擇適用之混合機，除了性能外，也必須了
解混合操作之目的，粉體之物性，處理量及所要求
之混合度，以下討論較一般性之選擇方針。

(1).操作目的

依據一連串粉體處理之種類與特徵及混合操作
之定位，即全部工程是僅以混合為目的或有連帶其
他目的，不僅混合機及操作條件不同，附帶設備的
選擇也不同。

(2).粉體物性

必須先測知粉體之粒徑、粒度分佈、形狀及表
面特性、密度、內部摩擦係數、靜止角、含水率、
凝聚性及流動性等，則有助於選擇較適用之混合
機。

(3).製品之性質及處理量

製品之性質與最終混合度有關，因而需了解製
品之性質才能決定所需要之最終混合度，才能決定
混合機之種類及操作方式。

(4).分批操作或連續操作

依據混合操作是否採用分批式或連續式，而使
得混合機本身及輸送、供給、排出、儲存等之附帶

設備之選擇隨之變動，分批式混合機必須使容器內部的粉體全部均勻，這在愈大型的裝置愈困難，而在連續式混合機，以小型裝置就能大量處理，所需動力也較小，若欲獲得良好的混合狀態，必須注意確保一定的流量，因而供給、排出之流量檢測，控制裝置也須加以考慮，此外，混合物之組成是否有混合度之連續測定法，亦是處理連續式混合時之重要關鍵。

(5).操作條件

混合機之旋轉速度、粉料裝入率、混合含量比、裝入方法、混合時間等操作條件與混合速度及最終混合度之關係，與混合機之型式及粉體之種類有關，因而必須知道能獲得最佳混合狀態之操作條件。為了達到此條件，有時必須改變粉體之物性，例如將微粉造粒以改善流動性，此外，添加適當的潤滑劑或混合助媒等方法也很有效。

(6).所需動力

混合所需動力除了使粉體運動之力外，也需考慮加減速機或軸承之機械性摩擦與傳達效率。

(7).安裝面積

混合機之大小因型式、容量及是否有附帶設備而不同，須將混合操作時之粉體供給、排出、清掃所需空間考慮在內，在旋轉型混合機，需考慮最大旋轉徑及高度，而在攪拌型則需考慮螺旋槳葉能取出之空間，以決定混合機之配置。

(8).操作性保養及維修

所選用的混合在最好容易操作、容易清掃、軸、軸承之摩耗，是否密閉良好，有無噪音等條件也是考慮因素，另外耐久性及安全性也很重要。

(9).經費

除了混合機本體外，其他附帶設備及操作維修費也需考慮在內。

4.5　影響混合度之因素

欲得到良好的混合結果，除了應選用適度的混合機外，混合機的操作條件及混料的物性均會影響混合度，分別討論如下。

4.5.1　操作條件之影響

(1).粉體裝入率

粉體裝入率定義為裝入之粉體容量F_b對混合機之容量V_m之比，即F_b/V_m，粉體裝入率過大則粉粒體之運動受阻，混合進行緩慢、裝入率過小則粉粒體易在混合容器內壁面滑動，不易產生對混合之進行有效之運動，圖4.17為各種混合機之粉體裝入率的對混合速度係數K_2的影響，由圖可知水平圓筒型

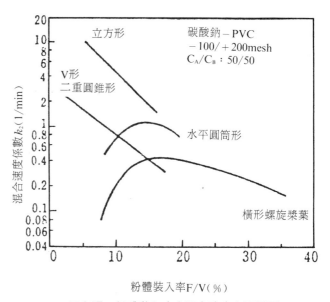

圖4.17　粉體裝入率與混合速度之關係圖

及橫形螺旋槳葉型混合機均有最適當之粉體裝入率，但同型式之混合機，最適當之粉體裝入率也因粉粒體種類而改變，最終混合度與粉體種類及混合機之形式有關，不受粉體裝入率影響粉體裝入率通常當為30~50%以下。

(2).混合機之轉速

圖4.18為各種混合機的粉體裝入率固定時之轉速N與混合速度係數K_2之關係圖由圖可知，不管何種混合機，混合速度係數隨著轉速增大而直線增加，在轉速N_{opt}時達最大值，轉速在N_{opt}以上時，混合速度反而降低，表示容器旋轉型混合機有最適當之轉速，N_{opt}與臨界轉速N_{cr}（此時作用於粉體之重力與離心力達到平衡，粉體緊貼器壁而旋轉）有關，N_{opt}約為N_{cr}之50~80%，N_{cr}可由下式求得

$$N_{cr} = 29.9/\sqrt{R_{mix}} \text{ (rpm)} \qquad (4.15)$$

R_{max}為容器之最大旋轉半徑(m)

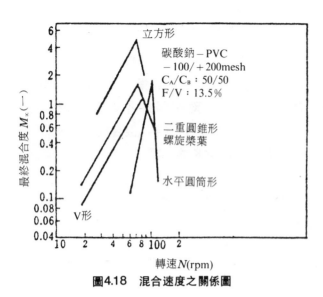

圖4.18　混合速度之關係圖

　　混合的粉粒體間若無物性差異，則轉速不影響最終混合度，若有物性差異，則有最終混合度成最大時之轉速存在，圖4.19為不同密度比之粉粒體混合時之轉速N與最終混合度M之關係圖，由圖可看

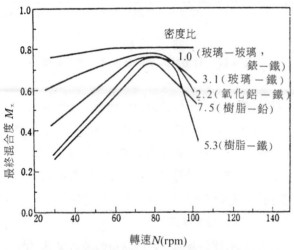

圖4.19　密度比改變時之最終混合度M_∞與混合機轉速N之關係圖

出，除了密度比為1外，均有最適當之轉速存在。此乃因混合機之轉速太小時，會發生粉體密度差異所致的分離偏析，但隨轉速增大，此一現象漸獲改善，至一適當轉速時，可得到良好的混合狀態，但隨著轉速再增大，會再發生分離偏析，最終混合度因而降低。

　　(3).粉體裝入方式

　　例如在水平圓筒型混合機中，徑方向之混合速度遠大於軸方向，因而在混合有密度差異之粉體時，將粉體依上下（即徑方向）方式裝入比依左右（即軸方向）方式之混合速度大，圖4.20為混合的粉體間有密度差異時，不同的粉體裝方式產生的混合曲線。

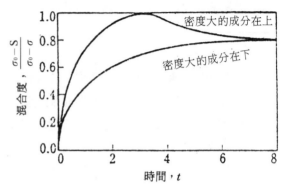

圖4.20　混合有密度差異之粉體時不同裝入方式所產生的不同混合曲線

4.5.2　粉體物性之影響

　　混合結果不僅受混合機之操作條件影響，同時也受所混合之粉體物性影響，物性之影響較大，且大都因為物性差異產生對混合之進行有不良的影響，圖4.21為在水平圓筒型混合機內因物性差異而產生之分離偏析現象(Segregation)。

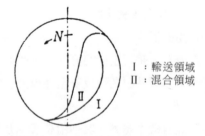

(a) 粒徑及密度無差異時的粒子群運動狀況

(b)分離，偏析狀態

圖4.21　水平圓筒型混合機內之粉體分離偏析現象

(1).粒徑差異

　　粉體之平均粒徑及粒徑分佈如何影響混合狀態？以下將分別利用水平圓筒型(HC)、V型(V)、直立式螺旋槳葉型(VR)及橫型螺旋槳葉型(HR)混合機予以說明，探討平均均徑及粒徑比與混合狀態之關係。

　　在水平圓筒型混合機內由於粒徑差異所產生的分離偏析，在低轉速時，粉粒體在混合領域下降時大小粒子會分離，在中心部形成塊狀集團，粒徑比6.7以上時，小粒子偏析於上方，粒徑比2.0~6.7時，小粒子偏析於中心部，若小粒子的混合比率（體積比）達0.4以上，則分離偏析漸不明顯，圖4.22為粒徑比對最終混合度之影響，在水平圓筒型及V型

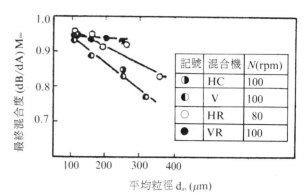

圖4.23　平均粒徑d_{av}與最終混合度M_∞之關係圖
（VR為橫型螺旋槳葉型混合機）

型及橫型螺旋槳葉型混合機中，最終混合度M會隨著粒徑d_{av}的增大而降低，但在直立式螺旋槳葉型混合機中，平均粒徑對最終混合度沒有顯著的影響。

　　圖4.24和圖4.25為平均粒徑比d_B/d_A及平均粒徑d_{av}與混合速度係數k_1之關係圖，由圖4.24可看出，粒徑比在1.2以上時，V型及水平圓筒型混合機之混合速度降低很多，在直立式螺旋槳葉型混合機中，轉速愈大時，混合速度係數愈大，即混合速度愈快，但粒徑比由1~3變化時，混合速度幾乎不變，在圖4.25中，V型及水平圓筒型混合機之混合速度

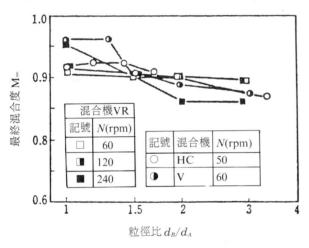

圖4.22　平均粒徑比d_B/d_A與最終混合度M_∞之關係圖
（HC為水平圓筒型，VR為直立式螺旋槳葉型混合機）

混合機中，若粒徑比大於1.5，則粒徑差異會造成分離偏析，最終混合度M會降低。而在直立式螺旋槳葉型混合機中，即使粒徑比在1.5以上，轉速為60rpm及120rpm時，M也幾乎不變，但在增大為240rpm時，則M隨粒徑比之增大而降低，可見在直立式螺旋槳葉型混合機中，存在某種轉速時之最終混合度M不受粒徑比之影響。

　　圖4.23為平均粒徑d_{av}與最終混合度M之關係圖，由圖可看出，當控制混合機的轉速使得粒徑之影響最小時，即最適當之轉速時，在水平圓筒型、V

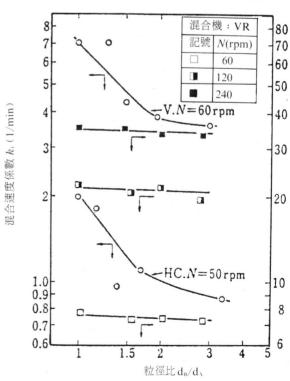

圖4.24　平均粒徑比d_B/d_A與混合速度係數k_1之關係圖

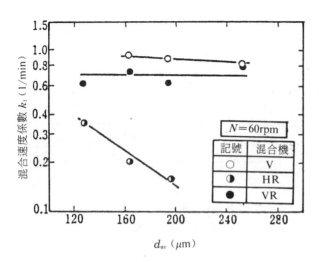

圖4.25　平均粒徑d_{av}與混合速度係數k_1之關係圖

係數幾乎不隨平均粒徑變化，但在橫型螺旋槳葉型混合機中，平均粒徑愈大則混合速度愈慢。

(2).密度差異

　　混合之粉體若有密度差異時，易產生分離偏析現象，造成混合不均勻的結果，但在水平圓筒型混合機中，可藉著改變轉速而得到良好的最終混合狀態。當轉速小時，如圖4.21所示，密度大的粒子易穿過傾斜移動層，落入中心區域形成不動部，因而產生粒子群，兩種不同密度的粒子分別有一定的循環流，呈現出分離偏析的現象。但當轉速增大時，離心力的影響加大，因密度差異（即重力的影響）而形成粒子群的傾向降低，粉粒體的不動部消失，分離偏析現象也較不顯，當粉粒體之重力與離心力達成某種平衡時，即使密度不同，兩種粉粒體幾乎成一體而運動，即密度差異幾乎不影響混合狀態。若轉速再增大，則離心力作用又增強，兩種粉粒體幾乎成環狀附著於水平圓筒上，完全不產生混合作用。由此可知，若欲得到良好的混合狀態，則需減少密度差異造成的影響，控制混合機的轉速在適當的範圍內（約接近臨界轉速N_{cr}）。圖4.26顯示密度比ρ_B/ρ_A及轉速N對混合速度係數k_1之影響，由圖可知，不管是水平圓筒型(HC)或V型混合機中，密度心愈大時混合速度係數愈小，即當轉速相同時，密度差異愈大之粉粒體混合速度愈慢。在圖4.27中，直立式螺旋槳葉型混合機(VR)之混合速度係數k_1

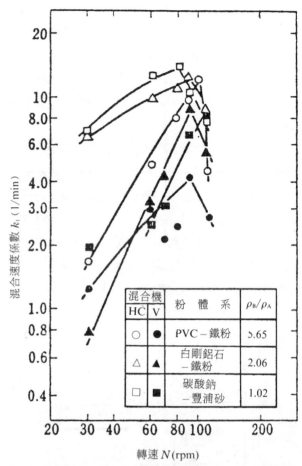

圖4.26　密度比ρ_B/ρ_A及轉速N對混合速度係數k_1之影響（水平圓筒型HC及V型混合機）

受密度比之影響不大，因為三條曲線幾乎重合，即密度差異對直立式螺旋槳葉型混合機之影響最小，對水平圓筒型混合機之影響最大。

(3).其他物性

　　除了粒徑、密度外，粒子形狀也會影響混合狀態，粉粒體愈接近球形時，混合速度愈快。此外，粉體內部之摩擦力亦會影響混合狀態，內部摩擦係數愈小，粉粒體之流動性愈高，混合速度愈快，最終混合度M也愈大。

4.6　其他常見之混合相關問題

4.6.1　微量混合

　　工業中的混合操作常見兩種成分之混合比例差異很大之粉粒體進行微量混合作用，當其中一種成分比率很小時，標準偏差亦會變得很小，混合度M

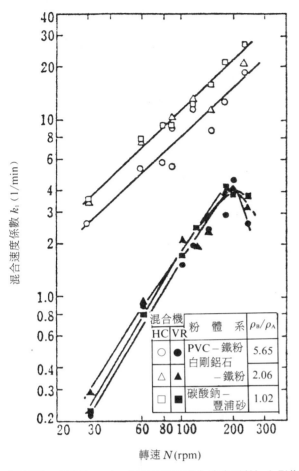

圖4.27 密度比ρ_B/ρ_A及轉速N對混合速度係數k_1之影響
(HR：橫式，VR：直立式螺旋漿葉型混合機)

的值會變大，所呈現的混合狀態較實際結果佳，因此計算混合度時，必須改用變動係數(Coefficient of Variation)表示。變動係數為S/C_0，C_0代表成分含量比例[18]。圖4.28為立方體型混合機之變動係數S/C_0與釋率$1/C_0$之關係圖，由圖可知，稀釋率過大，則變動係數變大，即最終混合度M降低，混合效果較差。因而微量混合時直採用反覆低倍率稀釋，效果

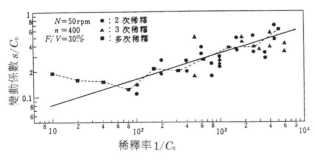

圖4.28 變動係數S/C_0與稀釋率$1/C_0$之關係圖

將比採用高倍率稀釋為佳，此外，微量混合時要選用死空間少的混合機，微量成分的裝入位置也需特別注意，才能達到良好的混合狀態。

4.6.2 微細粉末的混合

由於微細粉末的凝聚性強，且粉末數目多，因而混合操作較一般粒徑之粉體困難，微細粉末混合時，若欲得到良好的混合狀態，須用攪拌翼等具有剪斷效果之混合機，防止粒子之凝聚，在有攪拌翼之V型混合度也較高。此外，在預備混合階段，採用篩分機造成微細粉末之分散效果，也可大幅縮短混合時間。

4.6.3 製程放大

依據小型混合機之運轉結果，處理大量粉粒體時，製程放大(Scale-up)時面臨下列問題：a 如何設定轉速等之操作條件，b 如何推算所需動力，c 能否得到良好之混合狀態。在容器旋轉型混合機中，粒子循環運動時，即離心力與重力之作用比(Froude數)為一定值，可用於計算當製程放大時所需設定之轉速，代表徑分別為R_1及R_2之混合機，有(4.16)式之結果：

$$\left(\frac{N_1^2 \cdot R_1}{g}\right)_{實驗室} = \left(\frac{N_2^2 \cdot R_2}{g}\right)_{工廠} \tag{4.16}$$

圖4.29代表混合度最大時之混合機轉速N_{opt}與

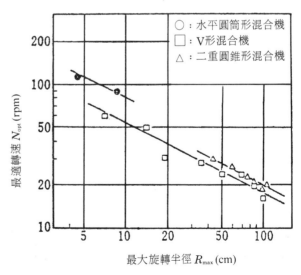

圖4.29 容器旋轉型混合機之最適轉速N_{opt}與最大旋轉半徑R_{max}之關係圖

混合機之旋轉半徑R_{max}之關係圖，N_{opt}，粉粒體之平均粒徑d_{av}及(Froude）Froude數間有圖4.30之關係，可用(4.17)式表示：

$$N_{opt} = C \cdot \sqrt{\frac{d_{av}}{R_{max}}}$$

(4.17)

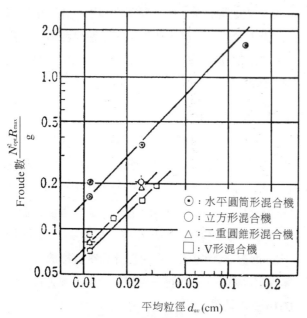

圖4.30 容器旋轉型混合機之最適Froude數$N^2_{opt} R_{max}/g$與平均粒徑d_{av}之關係圖

其中C為混合機固有之實驗常數，在水平圓筒型混合機中，C為121，在立方型及雙錐型為85.2，在V型為78.6。

4.7 造粒目的及原理

4.7.1 造粒目的

造粒是乾壓成形的一個先行工作，因為金屬粉料大小通常為幾微米至數百微米，而粉粒愈細，表面活性愈大，其表面吸附氣體也就越多，因而堆積密度也愈小。即使在粉料中拌上黏合劑，往往也難於一次壓成緻密的坯體。當將細小的粉粒加壓成形時，總是不可避免地將有較多的氣體，包括堆集間隙氣體和表面吸附氣體，來不及排出而圍困於坯體之中，或積聚於壓模的拐角處，形成坯體的缺陷。

而粉末的掉落速率和粉末粒度大小有關，粉末愈細掉落速度愈來愈慢，終致無法掉落而容易發塵，所以必須造粒。沒有造粒的粉末在成形時也將遭遇到下列的困難：

(1)流動困難

粉末在自動成形機成形時必須能流動，才能自動均勻裝填到模具內，粉末流動不均勻將使每次流到模具內的粉末重量不同，造成產品的重量或厚薄不一致。越微細的粉末，流動愈困難，因此粉末必須事先造粒，變成較大的顆粒，才能使粉粒流動舒暢。

(2)壓力分佈不均

微細的粉末對模具壁的摩擦相當大，粉末對壓力的傳遞不良，模具內壓力分布不均，造成成形後的坯體內部各個位置密度不同，嚴重時坯體一離開模具或燒結後會出現裂痕。

(3)模具間摩擦大

微細的粉末掉進母模和上下衝頭之間的間隙，阻礙上下衝頭的往復運動，不僅使模具受損，也使整個成形機卡住無法動彈。

(4)坯體強度弱

沒造粒的粉末經壓形後的坯體強度相當弱，在搬運中容易破損，造成不良率增高。

為了保証乾壓體的高質量、減少氣孔率、提高坯體密度、強度和均勻度，通常還要將拌好增塑劑的粉料，預壓一次或兩次，再將壓成粗碎至0.23~0.5毫米左右粒度，預壓時所採用的壓力通常約為100~300大氣壓之間，視粉料的類型和所含塑化劑的多少而定，通常對含塑化劑少和較難粘合的粉料，壓力要加大一些；然後再將壓塊粉碎、過篩、分級，過粗的重碎，過細的可重新預壓，適中者以備為乾壓成形時用，這種過程就稱為造粒。

4.7.2 粉末顆粒間的作用力

金屬粉末之間的作用力可以概略分為固體粒子間的結合力、固體粒子間的液相毛細凝聚力、粘結劑之作用力、以及與燒結等反應形成之粒子間架橋結合力等，其詳細分類敘述參考表4.6。在微細粉末的處理過程中，因為有凡得瓦爾力及粉末表面吸

表4.6　粉體之結合力種類

固體粒子間之結合力	a.分子間力 b.利用靜電荷及磁力之結合力
因自由流動液體之沾附與凝聚	a.利用粒子間之架橋、液體的表面力及毛細管負壓 b.利用充滿液體的毛細管負壓
因非流動物質之沾附與凝聚	a.利用粘接劑的結合力 b.因吸附表而產生的引力
因固相之架橋形成所產生之結合力	a.燒結、燒固、溶化 b.化學反應 c.溶解物質之再結晶等

附水蒸氣而凝結的微量水份形成的液體毛細凝聚力，因此會有流動困難、沾附機具等難以處理之困難產生，這也是粉末要造粒的主要原因。這些作用力在造粒時可以提出做為胚體強度的來原，其所造顆粒胚體的強度和金屬粉末之間的關係由圖4.31中可以得知：粉末顆粒愈細，由凡得瓦爾作用結合力造得之顆粒強度愈大。這個顆粒強度若能符合製造過程中的作業要求，可以不必添加任何物質而直接由粉末造粒。一般而言：粉末夠細，凡得瓦爾力足夠

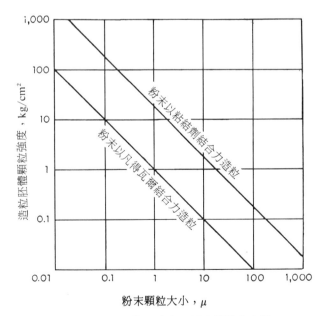

圖4.31　在不同的用力之下粉末顆粒大小與造粒顆粒強度之關係

提供胚體強度時，因有細粉的處理所需之流動性及吸附機具等缺點使得製胚困難，而較大粉末顆粒有足夠之流動性、又不會沾附機具時，凡得瓦爾結合力所得之生胚強度卻太弱；在這種兩難的狀態下，惟有添加適度的粘結劑混合提供塑性，做為製造胚體或造粒的結合力來源。

4.7.3　粉末內液份含量與形成

造粒前粉末要加入粘結劑或其他液體，液份含量之多寡與混合液份之粉末狀態及其後採用的造粒方法有著密不可分的關聯。

(1).**液份量表示法**：液份在粉末中的含量表示法可用表4.7中所列的各種方法表示之。

表4.7　液份量之表示法

表示名稱	符號	計量方式	相關式
重量比例含水率	$W_w=$	$\dfrac{液份質量}{粉末+液份質量}$	$W_w=\dfrac{W_d}{1+W_d}$
重量乾基比例含水率	$W_d=$	$\dfrac{液分質量}{粉末質量}$	$W_d=\dfrac{W_w}{1-W_w}$
體積比例含水率	$W_v=$	$\dfrac{液份體積}{(粉末+液分)體積}$	$W_v=\dfrac{W_c}{1+W_c}$
體積乾基比例含水率	$W_c=$	$\dfrac{液份體積}{粉末體積}$	$W_c=\dfrac{W_v}{1-W_v}$
飽和度	$W_s=$	$\dfrac{液份體積}{粉末的空間體積}$	

這些表示方法看似十分複雜，但在應用上為了減少粉末因為密度差異的困擾，最好是採用體積比例。而一般含水量較高的漿料，體積比例最能代表其液份的存在型態。在液份含量較少時，體積比例或體積乾基比例數值十分接近，但與重量比例有相當大的差異。因此，慎選採用的液份含量基準在粉末的造粒作業中確實十分重要。

(2).**粉體內液份存在狀態**：液份存在於粉末之中的形式及液份與粉末表面作用力，移動性質之詳細狀況顯示於表4.8。粉末中液體成分很少時，液

表4.8　粉體內之液份狀態

粉末含水量（相對）	液份形式	液份之結合力	液份之移動性
少↓中↓多	1.蒸汽	當作蒸汽存在於粉體內之空氣，可受粉體之吸附力所影響	從蒸汽壓的高方向低方移動
	2.吸濕	類似空氣中被粉體所吸附的水，形成數個水分子徑之吸濕水層，近於固體，密度大	以蒸汽式從濕方向乾方移動
	3.皮膜	固體粒子表面與液體反應，在該表面形成液體分子之數十至數百層厚度的膜狀，有高黏性	當做液體從厚的液膜緩慢的向薄的液膜部分移動
	4.毛細管液	藉毛細管（表面）張力保持的溶液，形成粉體層內之充滿液體或粒子間之架橋	藉毛細管(表面)張力向乾的部份移動
	5.重力液	因重力容易移動之液體，粉體無法長期保持此液體	藉重力之影響移動

份以蒸氣形式吸附於粉末表面，而蒸氣吸附量夠多時，則形成皮膜水，此時水份子間的吸引力已可提供毛細引力，粉末已不再保持乾鬆而呈現聚結狀態，含液份增加後，液份提供塑化功能與液份之剪力潤滑而增加流動性，使粉液形成漿狀。

(3).**粉末液份含量與造粒方法之關係**：粉末中液份含量使粉末呈現不同的形態，由含液份少的乾鬆狀態，粘糊狀態而至漿狀，這些不同的狀態可適用於各種特異的造粒方式。表4.9顯示著粉末中液份含量與造粒法之關聯。

表4.9　粉末液份充填狀態與造粒法之關係

	充填狀態圖	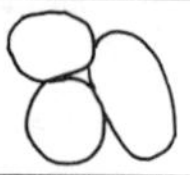	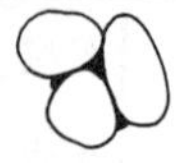	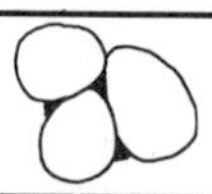	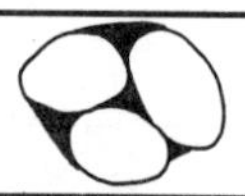	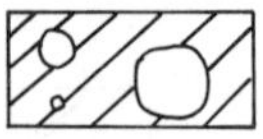
	液體Wr(%)	0~10	10~14	14~18	18~22	22~30
液體存在方式	固相狀態	連續	連續	連續	不連續	不連續
	液相狀態	不連續	連續	連續	連續	連續
	氣相狀態	連續	連續	不連續	無	無
	充填狀態	Penolular 域	Fumicular I 域	Fumicular II 域	毛細管域	漿域
	稱　呼	混合物	混合物	混合物	坯土(可塑物)	泥漿
	適當的形容	乾的	鬆的	黏的	黏黏的	黏糊糊的
與造粒法之關連	乾壓成形	○	△	△	×	×
	擠出造粒	△	○	○	△	×
	轉動造粒	△	○	○	○	×
	攪拌造粒	△	○	○	△	×
	噴霧造粒	×	×	×	×	○

註：○代表適合　　　△代表可用　　　×代表不適合

4.7.4　造粒前的塑化作用與粘結劑

由於粉末冶金成品燒後成的加工是非常困難的，故所有成形原件在燒結之前都必須按照其形狀要求，預先塑製成必要形狀（當然要考慮乾燥、燒成時的收縮形變等問題）。因此對成形前的粉料，就要求它必須具有一定的可塑性。所謂可塑性，是指原料在外力作用之下使其原有形狀產生應變的能力，以及外力去除後這種形變的可保留性。外力作用下極易形變，外力去除後又基本保留形變者才叫有良好的可塑性。要使一些缺乏塑性之材料組成的金屬粉並且有足夠的可塑性，就必須添加塑化劑。它通常含三種物質：黏結劑，能黏合粉料；增塑劑，容入黏結劑中使其易於流動；溶劑，能溶解黏結劑、增塑劑並和粉粒組成膠態物質。

(1).**黏結劑**：這類有機物質能使各種金屬粉末，在成形過程中具有充分的黏合能力與可塑性，而在以後的燒結過程中，在高溫氧化的作用之下又可隨著煙氣燃燒排出。可以作為黏結劑的有機物質有很多種，它們是屬於不同類型的高分子物質。謹介紹幾種常用的有機黏結劑作為示例。

①聚乙烯醇：它是一種白色或略帶淡黃色的高聚物（或用其英文代表是ＰＶＡ），其分子結構式為

$$[-CH_2-CH]_n \\ \qquad\;| \\ \qquad OH$$

n為其聚合度，大小不一，使用於壓模成形粉末中作為黏結劑時，常以n=1500~1700為宜，其比重約為1.293。由於在聚乙烯醇的每一分子鏈節中都具有一個強極性的羥基($-OH$)，故能溶解於熱水中，並與水的極性分子之間存在很大的吸引力，在溶劑中分散時，每個鏈節都與溶劑的極性分子強烈吸引。而在鏈狀大分子之間，又有不同形式的絞扭、交錯，故使這種溶液本身具有很好的黏稠性和流動性。當這種溶液和金屬粉料相互混合攪拌時，只要粉料能為溶液所潤濕，再加上聚乙烯醇分子的黏吸與組聯作用，這樣就使整個粉末體系具有很好的黏結能力和可塑性，如圖 4.32 所示。所以，隨著聚乙烯醇的聚合度及其在粉末中之用量不同，它既可作為塑化劑，又可作為黏

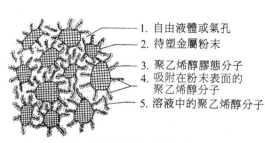

1. 自由液體或氣孔
2. 待塑金屬粉末
3. 聚乙烯醇膠態分子
4. 吸附在粉末表面的聚乙烯醇分子
5. 溶液中的聚乙烯醇分子

圖4.32　聚乙烯醇的塑化作用

結劑，可適應不同加工的要求。聚乙烯醇本身不長霉菌、成膜性能好、能適應多種粉末的增塑要求。但其些鹼性氧化物，如MgO、CaO、BaO、ZnO 和硼酸鹽、磷酸鹽等，則最好不用。因為聚乙烯醇將與它們結合成不溶性的，近乎脆性或彈性的團塊，特別不利於成形。如果在粉末中添加適量的冰醋酸，則聚乙烯醇也可用於弱鹼性粉料之中。此外，由於聚乙烯醇是一種極性高分子物質，其分子本身之間有相當大的吸引作用力，故常溫下在水中極難溶解，但如溫度超過100℃，聚乙烯醇分子則開始脫水，並轉化為環狀或支鏈狀結構，使其溶解度、可塑性及黏結能力均逐步降低，乃至完全喪失，顏色也將變深。故在配製聚乙烯醇水溶液時，應在水浴中進行，以免因流動性不好產生局部高溫而失效。聚乙烯醇（以乾粉計算）的需要量大約是粉末重的0.7%左右。

②聚醋酸乙烯酯(Polyvinyl Acetate)：它是一種顏色透明的黏稠性線鏈型高聚物，其分子結構如下式：

$$\begin{bmatrix} -CH_2-CH- \\ \quad\;| \\ \quad\;O \\ \quad\;| \\ O=C-CH_3 \end{bmatrix}_n \qquad (4.18)$$

聚合度n通常在400~600之間，聚醋酸乙烯酯常用於鹼性粉料，作為壓模成形用的黏結劑，正好可以彌補聚乙烯醇的不足之處。但是，由於這種高聚物只溶於酒精、苯、甲苯等有機溶劑之中，而這類有機溶劑有刺激性，故這種黏結劑的使用並不那麼廣泛。至於其塑化與黏結原理和聚乙烯醇中的情況相似，兩者都是極性高分子物質。

③石蠟（Paraffin）：是一種半透明的結晶狀烷屬烴，其分子式為C_nH_{2n-2}，n=10~36，分子量越大則其熔點越高。常用的如50號石蠟，其溶點約為

50℃，比重爲0.85~0.9左右，它是一種石油類產品，故也是典型的油性塑化劑。在加熱的情況下具有很好的流動性，對金屬粉粒有很好的潤濕力，同時還具有潤滑性能。適用於乾壓成形及熱壓鑄作業之中。由於石蠟在存放過程中幾乎不會揮發，同時又不必用其它溶劑，故用它作爲塑化劑時，就和水溶性塑化劑不同，用不著擔心溶劑的揮發與乾燥等問題，操作、儲存都較方便。石蠟在室溫下的化學穩定性很高，但當溫度高於130℃時將迅速度氧化而使性能變劣。故以石蠟作爲塑化劑的粉料，不宜在高溫下作用時間過長，特別是和氧氣直接接觸的時候。此外，機械強度不夠高，也是這種塑化劑的不足之處。在油類塑化劑中，常用的還有地蠟、蜜蠟等，有時可以數種兼而用之。有機黏結劑的種類非常之多，常用的還有纖維素、聚苯乙烯、糊精、澱粉等，其作用機構，一般說來都是大同小異。這些可用爲黏結劑的有機物列於表4.10，做爲參考。

(2).**增塑劑及其潤滑與增塑作用：**所謂良好塑性，通常必須包括其有足夠的黏結性和良好的流動能力，這才能具有良好的成形性能和成形後具有足夠的機械強度。通常採用黏結劑，特別是採用合適的有機黏結劑之後，黏結能力和機械強度方面是容易達到的，但是往往都會由於黏性過大，而使流動性和成形能力方面得不到滿足。當然，這時如想採用增加稀釋溶液的方法來解決問題是不行的。因爲這樣做，黏結性、機械強度都會降低，氣孔率、收縮性都會加大。解決這個問題的有效方法就是加添增塑劑。所有黏結劑幾乎都是不同形式的高分子物質；所謂黏性過大，就是由於黏結劑的大分子與大分子之間、粉料與粉料之間、或者黏結劑與粉料之間的作用力過大，難於作相對運動，或去除外力後的回彈作用過大。如果加入一些合適的低分子物質，間介於大分子之間，或大分子粉料之間，適當地降低它們之間過大的相互作用力，則可以增加流動及潤滑、增塑作用。常用的增塑劑，其分子量都是不大的，如乙二醇、丙二醇、丙三醇（甘油）、硫酸、硬脂酸、油酸、桐油及其它植物油等。顯然，上列各種物質除了具有潤滑作用之外，還可能具有

表4.10　常用的有機黏結劑

聚乙烯醇	Polyvinyl Alcohol (PVA)
蠟	Waxes
纖維素	Celluloses
糊精	Dextrines
熱塑樹脂	Thermoplastic Resins
熱固樹脂	Thermosetting Resins
氯化碳氫化合物	Chlorinated Hydrocarbons
藻類膠質	Alginates
木質素	Lignins
橡膠	Rubbers
樹膠	Gums
澱粉	Starches
麵粉	Flours
乾酪素	Casein
動物膠	Gelatins
蛋白質	Proteins
蛋白素	Albumins
瀝青	Bitumens
壓克力	Acrylics
聚苯乙烯	Polystyrene (PS)
聚醋酸乙烯酯	Polyvinyl Acetate
石蠟	Paraffin Waxes
蜜蠟	Bee Waxes

其它多種功能。如：甘油等有強的吸濕性；油酸兼有活化粉粒表面的作用；桐油及其它植物油則兼有乳化和黏合作用。前面提到的蠟類塑化劑及某些溶劑，也具有潤滑、增塑、活化表面等作用。

4.7.5 造粒結果評估

(1).**粉體密度：**愈大愈好，它除了與塑化劑的性質（包括黏結力、潤滑度、冷流性能等）和用量有關之外，還與造粒壓強和造粒次數有關。通常隨著壓強的加大，可以使粉體密度提高，但達到一定數值後將趨近於飽和。因爲已經被圍困于粉粒內部的氣泡，繼續加大壓力，並不能將它去除。故對於要求坏體密度特別高的粉料，應將壓塊粗碎後，再

進行第二次加壓和造粒，使坯體密度進一步提高。

(2).**粉體形狀**：不同外形的造粒粉體，具有不同的堆集密度，而堆集密度愈大，則堆集氣孔愈小，可望壓成較大的坯體密度。以這個觀點出發，似乎粒形應以正立方體或正八面體爲宜，因爲這樣可以得到最緊密堆積。不過，這顯然是不現實的，除了這種粒形難於製造外，主要是這種多角形的粉粒，流動性極差，彼此架空，難於達到緊密結合，也難于塡充模具的各個角落部位。事實証明，近乎球形的粒形，流動性好，可以得到較大的壓坯密度，而其造型工作也較簡單，只要將粗碎（可用砸、軋、刮等方法）粉體，置於球磨罐中，輕度磨轉，即可獲得近乎球體的粒形。

(3).**粒度配合**：球形粒體的流動性雖然較好，但其堆集密度是不夠理想的。眾所周知，等徑球的最大密堆，也還有26%的空隙，爲了進一步提高堆集密度，必須有更小的球粒來塡充此空隙。經驗証明，粗、細粒的半徑比可變化於3:1~10:1之間，而粗、細之體積比則應大於2:1，才能得到較大的生胚密度。

(4).**顆粒強度**：如圖4.33所示，會受到許多因素影響，但可由簡單的材料試驗，求得有益的數據來選定造粒物之材質條件及造粒形式。圖4.34表示具代表性的造粒物之硬度試驗方法。造粒物有許多不同材質及形狀，而其使用目的亦多種多樣，所以通常進行各個獨自之硬度試驗。

4.8　造粒程序及設備

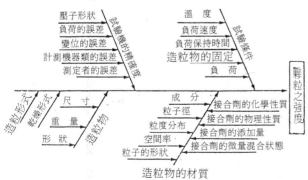

圖4.33　影響造粒顆粒強度的各個重要原因

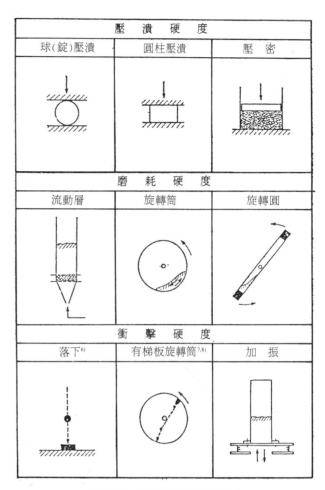

圖4.34　造粒物之硬度試驗法

4.8.1　造粒方法與程序

依照造粒時，粒子的形成過程，造粒方法可概略分爲所造顆粒子爲均一大小及形狀之強制造粒與所造顆粒之形狀大小均不太一致之自給或解碎造粒。強制造粒所得之顆粒已有固定形狀、大小，因此製造程序中，混合、造粒以後再加上適度的乾燥，即完成造粒，而以自給或解碎造粒，除了特定的流動層或噴霧造粒之外，大部分的造粒程序都要有控制顆粒大小的過篩步驟。自給或解碎造粒方法，可分爲轉動造粒、流化床造粒、攪拌造粒、解碎造粒、噴霧造粒。強制造粒，則可分爲乾壓成形造粒、擠出造粒，另有擠出或壓形後再予解碎之壓縮解碎造粒與擠出解碎造粒。這些造粒法的程序示意圖如圖4.35。

4.8.2　造粒設備分類

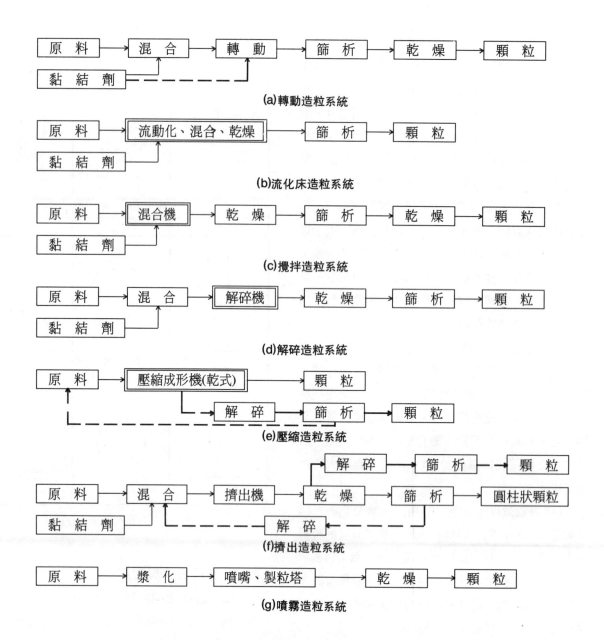

圖4.35　各種造粒之程序圖

造粒設備依照造粒方法之不同可分爲兩大類：自給轉動造粒及強制造粒。

自給轉動造粒又可細分爲滾動造粒、流化床造粒及攪拌造粒。強制造粒，則分爲解碎造粒、壓縮造粒、擠出造粒。這些造粒設備的簡單示意圖及其特徵如表4.11如示。

4.8.3　各種造粒裝置

(1).旋轉盤型：此裝置如圖4.36所示，爲一旋轉的傾斜盤狀容器，傾斜角約30°~60°，將粉體原料與黏結劑連續饋於盤上供做凝聚造粒。滾動造成

的顆粒和盤面的摩擦係數比原料小，所以會移往上層；數量增加後，會超過邊緣排放出去。由於有這個分級效果，製造之顆粒比較均勻。通常增加盤之旋轉數或傾斜角，則造粒之粒度變小；盤的深度愈大，粒度則愈大。

通常盤之直徑爲 D [m]，盤之深度則 H = (0.1~0.25) D [m]，盤之傾斜角多爲44°~55°。由於在盤的最上部的顆粒重力 mgsinθ 與離心力 mrω² 之均衡，如傾斜角爲θ，盤的臨界旋轉數Nc[rpm]，則可如下式表示：

表4.11　造粒裝置之分類

分類		形式			造粒方法之特徵
		(1)	(2)	(3)	
(I) 自給轉動造粒	(a) 滾動造粒	旋轉盤 	旋轉圓筒 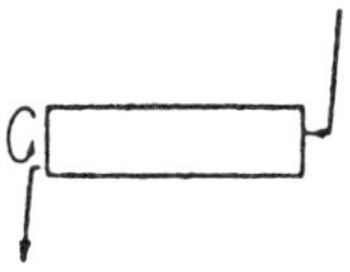	旋轉截頭圓錐 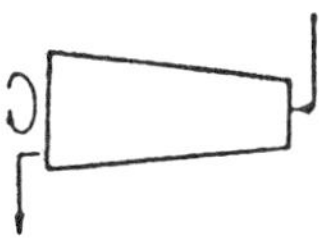	(1) 將液體黏結劑散佈於傾斜的旋轉盤內並供給粉體，使其生成凝聚製粒物，再利用旋轉盤之篩析效果，使成長比較大的顆粒物由邊緣排出。 (2) 將潤濕粉體供給予傾斜的旋轉圓筒，趁著在圓筒內轉運運動時成為凝聚製顆粒物。 (3) 操作方式和旋轉圓筒的方式一樣，一面利用截頭圓錐形的凝聚製顆粒物之篩析效用，一面排出成長得比較快的製粒物。
	(b) 流體化床造粒	流體化床 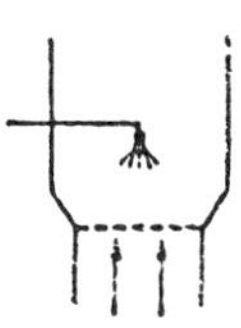	改良流體化床 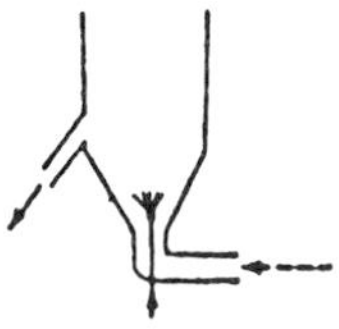	噴流層 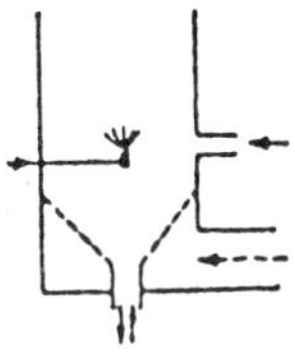	(1) 藉熱風使粉體流動化，將噴霧來的液體黏合劑（水溶液、膠液等）散液於此，進行凝聚製粒。 (2) 和(1)時一樣，加循環流於層內的粉體，而且利用篩析效果使成長較大之製粒物排出。 (3) 利用噴流層之特徵，使從噴霧器來的水溶液、膠體液等沾附於粗的粒子，一而進行乾燥，一面進行包覆製粒。
	(c) 攪拌造粒	巴布粉碎機 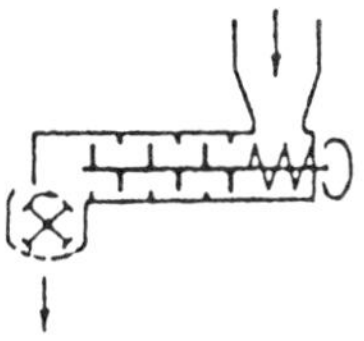	亨塞耳 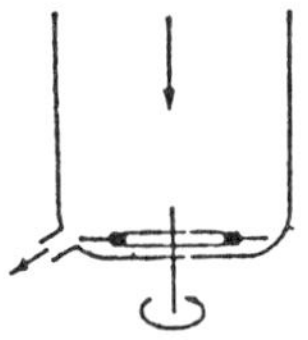	艾利希 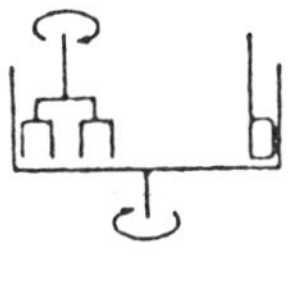	(1) 將粉體與液體黏結劑混練，藉出口的解碎機構，解鬆短絨狀的粉體凝聚物。 (2) 將粉體與液體黏結劑以高速攪拌混合生成細粒狀之凝聚製粒。 (3) 將液體黏結劑一而添加於旋轉容器內之粉體，一而藉旋轉混合葉片攪拌成為凝聚顆粒。
(II) 強制造粒	(d) 解碎造粒	旋轉刀（垂直） 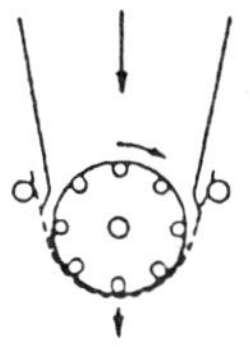	旋轉刀（水平） 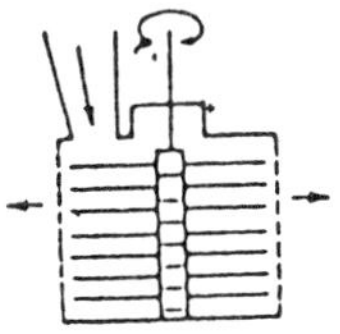	旋轉捍 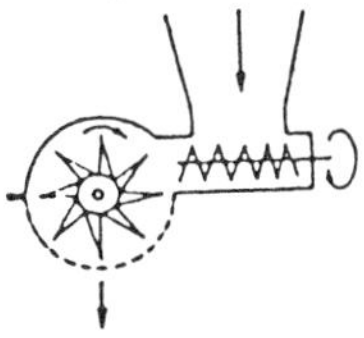	(1) 藉旋轉刀解碎粉體之凝聚物，從篩排出。 (2) 藉高速的旋轉刀解碎粉體之凝聚物，使其從圓筒狀的篩排出。 (3) 藉方柱狀以及圓柱狀之旋轉捍解鬆粉體之凝聚物，使其從篩排出。
	(e) 壓縮成形	壓縮滾子 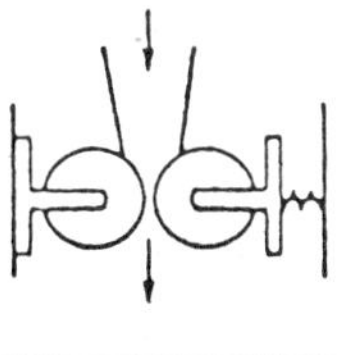	製塊滾輪 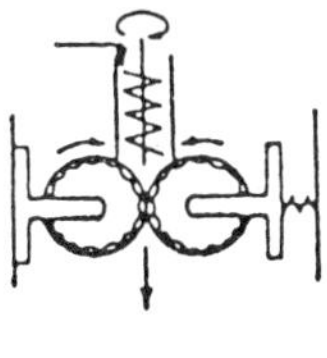	打片 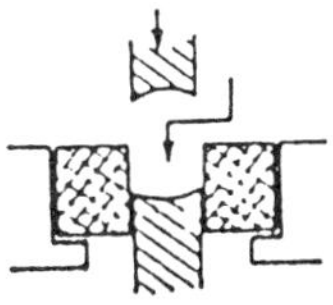	(1) 將適當的混合劑混合於粉體，藉壓縮滾子使其成形板狀，以後續工程解碎處理。 (2) 使粉體夾進於旋轉滾子表面之模內，予以壓縮製塊。 (3) 將一定容量的粉體填充於臼之中，在下杵與上杵之間將其壓縮成形製成錠。
	(f) 推出成形	螺桿 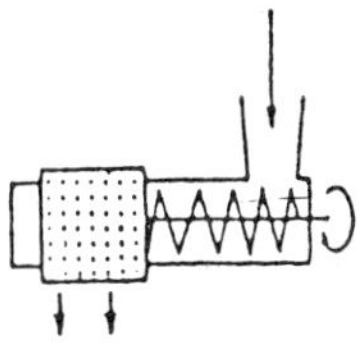	旋轉多孔螺模 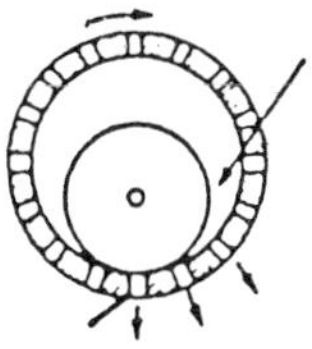	旋轉片 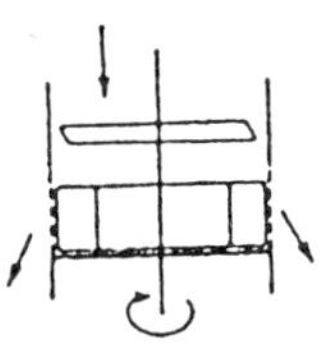	(1) 藉螺捍輸送混合黏結劑的粉體，而且從圓筒狀的螺模推出。 (2) 將混合黏結劑的粉體投入於旋轉螺模與滾子之間，藉粉體將其從螺模取出。 (3) 將混合黏結劑的粉體投入圓筒狀的螺模內，藉旋轉槳將其自螺模擠出。

$$N_c = 42.3 \sqrt{\frac{\sin\theta}{D}} \qquad (4.18)$$

一般操作時，盤的實際旋轉數N_{ont}[rpm]約為

0.40~0.75N_c之範圍。

(2).**旋轉圓筒型**：以適度濕潤的粉體在旋轉圓筒中滾動，粉體會像滾雪球一樣造出圓形粉粒。此

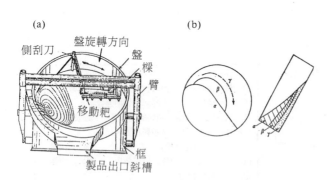

圖4.36　(a)旋轉盤型造粒機之構造；(b)旋轉盤型造粒機
　　　　內之α，β，γ部份之存在區

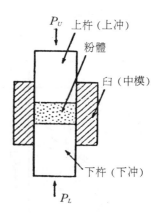

圖4.37　壓片造粒之壓縮模型

種選粒法可分爲分批式旋轉圓筒（短筒）與連續式（長筒）旋轉圓筒。一般使用球磨機做爲旋轉圓筒造粒機原料體積佔旋轉圓筒體積的比例值大致在10%前後。旋轉圓筒之最佳旋轉數N_{opt}[rpm]，大約爲0.45~0.85Nc；臨界轉速臨界轉速N_c爲：

$$N_c = \frac{300}{\sqrt{R}}　\qquad (4.19)$$

式中R(cm)爲旋轉圓筒半徑。所製粒子之粒度分佈，以累積重量百分率Rm[%]與造粒物直徑X呈羅新－雷姆勒(Rosin-Rammler)分佈，即：

$$R_m = 100 \exp(-BX^3)　\qquad (4.20)$$

有關的造粒物平均粒徑$\bar{X}$ 與圓筒累計旋轉數Z_d之關係，呈指數關係即$\bar{x} = K_1 e^{k_2 Z_d}$。

　(3).壓縮型：此造粒有兩種方法：一是使粉體填入汽缸（臼）內，藉活塞壓縮的壓片(Tableting)法；另一個是在有模型的兩個滾子之間將粉體壓縮爲壓塊(Briquetting)方法。特別是將粉體在圓滑的表面滾子間壓成片狀時，多稱爲壓緊(Compacting)。壓片之基本原理如圖4.37所示，在上杵所加的壓縮力(P_U)傳導粉末層而產生下杵的壓縮力(P_w)，致使形成壓片。P_U/P_L比值愈近於1，壓片的壓力及密度愈均勻，因此常在粉體外模使用各種滑澤劑，如：硬脂酸、滑石、澱粉等。大量生產時則多使用多模壓縮型之旋轉壓片機。在壓塊及壓片時，因在滾子間隙中有咬進粉體現象或因壓力變形比較複雜，所以需要做實驗以獲得較完善的製品粒塊。在沒有

模型的滾子間壓縮粉體如圖4.38，這種壓塊一般還要再經過乾燥解碎，過篩等程序才能獲得適當的造粒物。

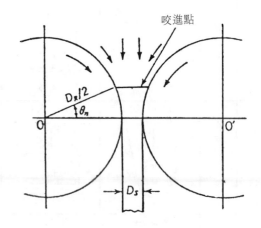

圖4.38　滾子間之壓縮模型

　(4).擠出型：此種造粒裝置種類很多，應用範圍也廣泛。螺桿擠出造粒機在筒內以旋轉螺旋，加壓潤濕粉體，從其前面或後面的螺模擠出的，而爲了獲得密度較大的造粒物時，必須將螺模的厚度適當的增大。圖4.39表示螺旋擠出機之構造及原料內之壓力分布。原料內的壓力大約相等於均壓部，如果螺模之前方不是均壓，則螺模周邊部之較高壓力處流出速度勢將大於較低壓之中心部，而無法獲得長度與密度均勻的造粒物。

　(5).噴霧造粒裝置：噴霧造粒裝置是一個可以將其它造粒程序中的混合、攪拌、造粒、乾燥、解碎等各種程序須要的許多不同的機具混成一部機具

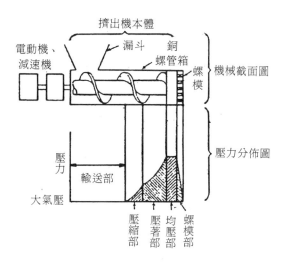

圖4.39　螺桿擠出造粒機之內部壓力分佈

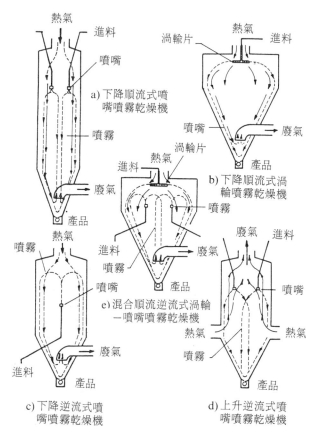

圖4.41　各種不同構造之噴霧造粒機類型

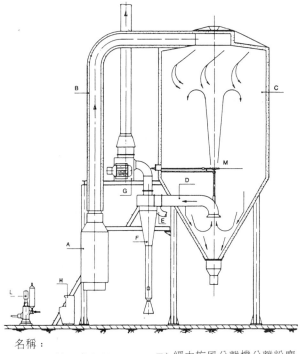

名稱：

A）熱風產生器　　　　F）經由旋風分離機分離粉塵
B）熱風入口　　　　　G）風扇
C）乾燥塔　　　　　　H）電力控制箱
D）廢氣出口　　　　　L）泥漿泵浦
E）閥門　　　　　　　M）噴嘴承受環

圖4.40　標準型噴霧乾燥造粒機

之綜合造粒裝置。此種造粒裝置是在密閉空間中進行造粒，除可控制氣氛、回收溶劑外，並可免除懸浮微粒或溶劑對人體的危害，是一個符合環保要求的造粒裝置。它造粒的原始粒子在10~150μm較為

適合，造成顆粒的分佈可在70~700μm範圍內，由於粒子大小是由噴霧嘴或離心轉盤控制，故造成粒子大小十分均勻。噴霧造粒的一般構造如圖4.40所示。它的主要構成為密閉之空氣乾燥室、噴霧噴嘴、熱空氣之進氣、排氣及顆粒收集排出口等，配成漿狀之原料粉末經由噴嘴將漿料噴成霧狀，微小的霧滴在熱空氣流中乾燥而獲得噴霧造粒之顆粒，噴霧噴嘴與氣流的流動方向，可以分為順向流、逆向流與混合流，各種不同型式的氣流與噴嘴的噴霧造粒機於圖4.41的示意圖。

參考文獻

1. S. Weidenbaum, " *Mixing of solids,* " Advances in Chm. Eng., 2 ,209-324 (1958).

2. J. Hersey, " *Ordered Mixing: A New Concept in Powder Mixing Practice,* " Powder Tech., 11, 41-44 (1975).

3. J. Hersey, *"Partially Ordered Randomised Powder Mixture,"* Powder Tech., 24,251-256(1979).

4. L. Fan, S. Chen and C. Watson, *"Solids Mixing,"* Ind. Eng. Chem., 62[7], 53-70(1970).

5. C. Harwood and J. Stockham, *"A Review of Optical Devices for the Measurement of Mixture Composition,"* Proc. Powder Tech., 71,41(1971).

6. D. Buslik, *"Mixing and Sampling with Special Reference to Multi-Sized Granular Material,"* ASTM Bull., 165 ,66-73(1950).

7. J. Reed, Introduction to the Principles of Ceramic Processing, John Wiely & Sons, New York, 285(1989).

8. 大山義年，理研彙報，12,953(1933).

9. 矢野武夫,佐藤宗武：粉體工學研究會誌，9，234(1972).

10. M. D. Ashton, Chem. Eng. Sci., 21,843(1966).

11. 矢野武夫，寺下敬次郎，北山輝昭，峰下豐：粉體工學研究會誌，8, 263 (1971).

12. 久保輝郎，粉體－理論與應用，V編，４８８(1962).

13. R. Hogg, D. Cahn and D. Fuerstenau, *"Diffusional Mixing in an Ideal System,"* Chem. Eng. Sci., 21, 1025-1038(1966).

14. L. Fan and Y. Chen, *"Recent Development in Solids Mixing,"* Powder Tech., 61,225-287(1990).

15. N. Harnby, M. F. Edwards and A. W. Nienow, *"Mixing in the Process Industries,"* Butterworths, London, 1-53 ,251-278(1985).

16. H. Wilms, *"Homogenization of Bulk Solids in Silos,"* Paper Presented at the lst World Congress on Particle Technology, Nuremberg, F. R. G., April 16-18(1986).

17. D. Kunii and O. Levenspiel, Ind. Eng. Chem. Fundam., 7,446 (1968).

18. W.Thiel and P. Stephenson, *"Assessing the Homogeneity of an Oedered Mixtures,"* Powder Tech., 31,45-50 (1982).

19. V. W. Uhl and J. B. Gray, *"Mixing: Theory and Practice,"* Vol.1 (1966), Vol.2 (1967),Vol.3 (1986), Academic Press, Inc., Orlando, Florida, U. S. A. p.7~105, p.263~186.

20. L. E. Nielsen, *"Predicting the Properties of Mixtures, Mixture Rules in Science and Engineering,"* p.49~91 in Marcel Dekker, Inc., New York, 1978.

21. 林正雄，粉末冶金一般製程簡介，中華民國粉末冶金協會編印之「粉末冶金」第二章，p.29~56，民國八十年。

22. 蔣重光，"粉末處理技術"，同上第四章，p.81~92。

23. 李標榮，電子陶瓷工藝原理，華中工學院出版社，1986年。

24. 廖茂霖，粉粒體之處理，中華民國化學工程學會編印之「化學工程手冊」第十三章，p.13~82至p.13~99，民國73年。

25. 陶瓷製造技術－陶瓷面磚，中華民國陶業研究會出版，1992年。

26. 化學工業21-2，實用粉體プロセスと技術，化學工業社，昭和52年。

第五章　粉末冶金用原料與特性

林於隆*

5.1 鐵粉	5.6 銅合金粉
5.2 合金鋼粉	5.7 其他金屬粉
5.3 不銹鋼粉	5.8 石墨粉
5.4 特殊合金粉	5.9 粉末潤滑劑
5.5 銅粉	

粉末冶金(P/M)係以粉末為原料，將其充填到模具，經壓縮成形成壓胚，再加熱燒結製作成成品的加工技術。因而原料粉末的性質對粉末冶金製程及產品性質，有很大影響。金屬粉末的特性，依其製造方法之不同而有顯著的差異，另外，粉末的製造方法，依金屬之種類而有不同，因此須依金屬的種類、粉末冶金製程的需求及產品的用途，而選擇適當方法製造粉末。下面將常用的粉末冶金用原料的種類及特性加以說明。

5.1　鐵粉

鐵粉為粉末冶金工業中最常用且用量最多的原料粉末。除主要用於P/M結構零件、自潤軸承、摩擦材料、磁性及電子材料之外，還被應用於焊條之製作、火陷切割(Flame Cutting)、食物添加(Food Enrichment)等方面。鐵粉依製造方法之不同，可分為還原鐵粉、霧化鐵粉、電解鐵粉及醯碳鐵粉(Carbonyl Iron Powder)等種類。依據我國國家標準CNS 12529 G3234，鐵粉依製造方法分為還原鐵粉、電解鐵粉及霧化鐵粉等三種，各種鐵粉再依視密度加以區分。

還原鐵粉可分為鐵礦石還原鐵粉及銹皮(Mill Scale)還原鐵粉二種。鐵礦石還原鐵粉，世界上最古老、最為有名的為瑞典Hoeganaes公司所生產的

鐵粉，使用的原料為磁鐵礦(Fe_3O_4)，純度極高，含鐵量高達71.5%，為其最大特徵。其製造流程如圖5.1所示。把鐵礦石和焦碳（還原劑）及石灰石(除硫劑)充填在碳化矽管中，送進隧道窯爐，在約2200℉(1200℃)溫度下，還原20-40小時；還原所得之海綿狀鐵餅，經粉碎、磁選後再送進退火爐，在裂解氨氣中，約1600℉(880℃)的溫度退火；再經粉碎、研磨、篩選而製得鐵粉。圖5.2為海綿狀鐵粉的SEM相片；圖5.3為海綿狀鐵粉的斷面相片。此種方法所製造的鐵粉，粉末顆粒呈不規則形狀，內部有許多孔隙，由於鐵礦石含有不易被還原的氧化物存在，因此不純物含量較高，尤其是SiO_2等。

由軋鋼廠之副產品銹皮為原料的還原鐵粉，以美國的Pyron鐵粉最為有名，其製造流程如圖5-4所示。把粉碎、磨細的銹皮，經磁選將砂及其他非磁性物質分離後，在約1800℉(980℃)溫度的空氣爐中焙燒，將FeO和Fe_3O_4氧化變成Fe_2O_3；再送進氫氣爐中，在約1800℉(980℃)的溫度還原；再將鐵粉燒結餅打碎、磨細、篩選、混合而製得Pyron鐵粉。圖5.5為Pyron鐵粉的SEM相片；圖5.6為Pyron鐵粉的光學顯微鏡相片。Pyron鐵粉顆粒呈海綿狀，粉末顆粒內部孔隙較Hoeganaes鐵粉細小，此乃因還原溫度較低，時間較短所致。Pyron鐵粉因具有較細小的孔隙結構，其壓胚的燒結速度較其他商用鐵粉為快。銹皮還原鐵粉因原料關係，一般而言，非鐵氧化物含量比礦石還原鐵粉較少，但 Mn 含量較高。通常還原鐵粉呈不規則形狀，顆粒內部有孔隙存在

---

*日本國立東北大學工學博士
　中山科學研究院材發中心研究員兼冶金組組長

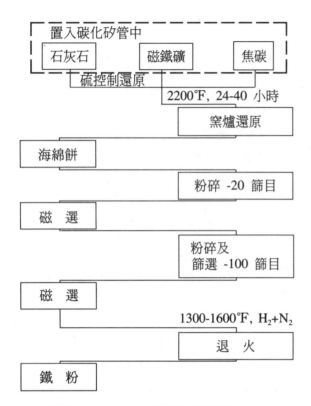

```
┌ ─ ─ ─ ─ ─ ─ ─ ─ ─ ─ ─ ─ ─ ─ ─ ─ ─ ─ ─ ┐
│        置入碳化矽管中                      │
│  ┌─────┐      ┌─────┐      ┌─────┐       │
│  │石灰石│      │磁鐵礦│      │焦 碳│       │
│  └─────┘      └─────┘      └─────┘       │
└ ─ ─ ─ ─ ┬ ─ ─ ─ ─ ─ ─ ─ ─ ─ ─ ─ ─ ─ ─ ─ ┘
      硫控制還原
                  2200℉, 24-40 小時
           ┌─────────────┐
           │   窯爐還原   │
           └─────────────┘
  ┌─────┐
  │海綿餅│
  └─────┘
           ┌─────────────┐
           │  粉碎 -20 篩目 │
           └─────────────┘
  ┌─────┐
  │磁 選│
  └─────┘
           ┌─────────────┐
           │  粉碎及      │
           │  篩選 -100 篩目│
           └─────────────┘
  ┌─────┐
  │磁 選│
  └─────┘
                  1300-1600℉, H₂+N₂
           ┌─────────────┐
           │   退  火    │
           └─────────────┘
  ┌─────┐
  │鐵 粉│
  └─────┘
```

圖5.1　Hoeganaes還原鐵粉的製造流程圖

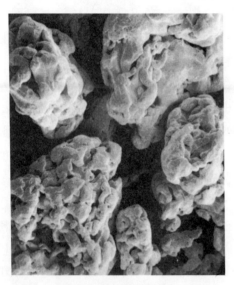

圖5.2　海綿狀鐵粉顆粒的SEM相片（x180）

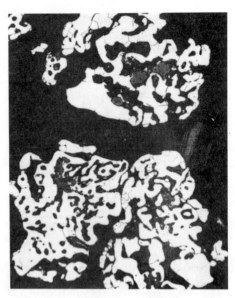

圖5.3　海綿狀鐵粉顆粒的斷面相片（x180）

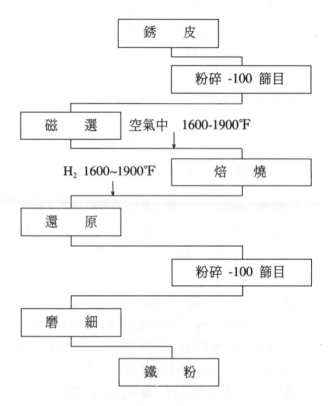

圖5.4　Pyron還原鐵粉的製造流程

；視密度較低、成形性良好、燒結性佳，但壓縮性稍差。目前仍大量被使用。表5.1表示礦石還原及銹皮還原鐵粉的粉末特性。

　　電解鐵粉一般是從硫酸鐵、氯化鐵等的水溶液電解析出製成。通常陰極使用不銹鋼，陽極則使用

Armco鐵或低碳鋼，在適當的電解析出條件下，把所需性質的純鐵析出在陰極上。從陰極刮下析出的鐵粉，經水洗、乾燥、打碎、研磨、篩選後，在氫氣中進行退火處理，再把鐵粉燒結塊粉碎、研磨、混合而製得電解鐵粉。表5.2為典型的電解鐵粉性

質。電解鐵粉純度極高,粉末顆粒呈樹枝狀,具有優異的壓縮性及壓胚強度。同時由於粉末的硬度

低,對模具磨損少,因此適合於高密度燒結零件的製作,但由於電解析出製程費用較高,所製鐵粉相

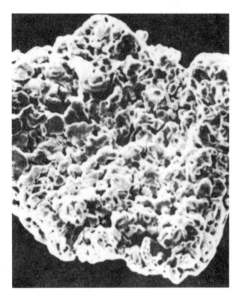

圖5.5 Pyron鐵粉末顆粒的SEM相片(x450)

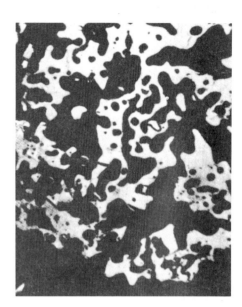

圖5.6 Pyron鐵粉末顆粒斷面相片(x750)

表5.1 還原鐵粉的特性

		銹 皮 還 原 鐵 粉		礦 石 還 原 鐵 粉	
		高密度用	中-低密度用	高密度用	中-低密度用
視 密 度 (g/cm³)		2.75	2.58	2.68	2.42
流 動 率 (sec/50g)		22.5	21.0	30.4	31.1
粒度分布(%)	+100 篩目	0.4	0.2	0.4	0.1
	+150	22.0	21.4	3.8	21.9
	+200	28.9	31.7	19.2	32.2
	+250	9.6	12.3	17.7	13.2
	+325	18.8	17.3	29.3	14.5
	-325	20.3	17.1	29.6	18.1
化學成分(%)	T.Fe(M.Fe)	99.5	99.3	(98.2)	98.6
	C	0.004	0.004	0.004	0.005
	Si	0.03	0.03	0.07	0.15
	Mn	0.24	0.24	0.04	0.02
	P	0.006	0.005	0.007	0.005
	S	0.005	0.007	0.009	0.008
	Al	0.02	0.02	0.06	0.07
	N(sol)	0.0004	0.002	0.0013	0.0062
	O	0.19	0.21	0.45	0.65
氫 損 量(%)		0.12	0.15	0.08	0.20
壓胚密度 (g/cm³) ~5 t/cm²		6.87	6.75	6.85	6.56

當昂貴。一方面由於近年霧化鐵粉製作技術的進步，所製鐵粉的純度、壓縮性等的粉末特性，均能和電解鐵粉相比，因此電解鐵粉在P／M結構零件製作方面，不再是重要原料。但由於純度較高，仍被廣泛使用於磁性材料如磁心、磁鐵、影印機用鐵粉(Photocopier Powder)及富鐵食品添加劑(Food Enrichment Powder)等方面。

表5.2　電解鐵粉性質

視　密　度	(g/cm³)		2.78
流　動　度	(sec/50g)		25.5
化學成分(%)		T·Fe	99.72
		C	0.002
		Si	0.01
		Mn	<0.001
		P	0.006
		S	0.004
		Al	餘量
		O	0.10
氫　損　量 %			0.07
粒度分佈(%)	+100 篩目		餘量
	+150		10.6
	+200		32.5
	+250		14.0
	+325		23.9
	-325		19.3
壓胚密度 (g/cm³) 5 t/cm²			6.95

霧化鐵粉係利用水為噴霧媒，將熔融鐵液或鋼液打碎粉化後，再經還原退火處理製造而成。以水霧化方法製作鐵粉，最早由美國A.O.Smith公司所開發，目前有瑞典及美國的 Hoeganaes、德國的 Mannesmann、日本的川崎製鐵、神戶製鋼等公司生產水霧化鐵粉。圖 5.7 為水霧化鐵粉的製造流程。加拿大的 Quebec Metal Powders 公司（簡稱QMP）則以鈦鐵礦(FeTiO₃)所熔煉出來的熔融鐵為原料，以水霧化，經乾燥、球磨後的鐵粉，進行脫碳、退火處理，再將鐵粉餅狀物打細、研磨、混合即得所製鐵粉。另外還有德國 " RZ " 鐵粉及加拿大的 " Domfer " 鐵粉則以空氣或水蒸氣為噴霧媒，把高碳的熔融鐵水霧化，再經退火或脫碳退火處理而製作成粉末。這二種鐵粉因具有某些程度的孔隙，其壓胚強度要比內部密實沒有孔隙之一般水霧化鐵粉為佳。

圖5.8(a)為水霧化鐵粉的SEM相片，(b)為鐵粉顆粒斷面光學顯微鏡相片。粉末顆粒內部密實幾乎沒有孔隙，形狀的不規則程度也比還原鐵粉小，因此霧化鐵粉的視密度高，壓縮性良好，化學成分則依霧化所用熔融鐵液而定。若使用廢鋼料為原料時，Mn含量較高，一般而言，非金屬夾雜物、粉末氧含量也較還原鐵粉低。在粉末粒度方面，粗粒粉末(+100 網目)較還原鐵粉多，但微細粉末(-325 篩目)也相當多。表5.3為各種壓縮級鐵粉的化學及物

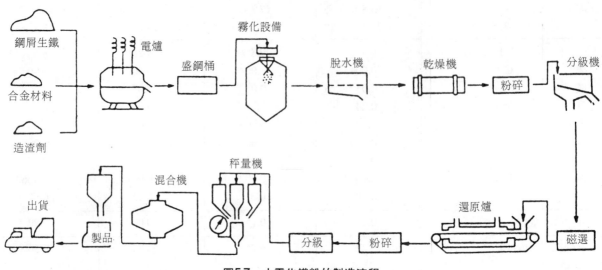

圖5.7　水霧化鐵粉的製造流程

理性質。

　　碳醯鐵粉(Carbonyl Iron Powder)係由海綿狀的鐵，在170-200℃，70-200大氣壓力下，通過CO氣體而生成液態鐵碳醯Fe(CO)₅，其液體沸點約為103℃，將其置於分解塔中，在200-300℃，一大氣壓的條件下，使發生熱分解而生成鐵粉和 CO 氣體

，鐵粉再經氫氣退火處理即製成碳醯鐵粉。此種鐵粉顆粒一般呈球形，粒度2-20μm，視密度為1.2-3.2g/cm³。這種粉末的純度極高，主要用於磁性材料如Alnico磁石、磁心、及電子零件方面的製作。這種粉末在空氣中容易氧化，因此在惰性氣體下包裝。碳醯鐵粉一般不含非鐵金屬，含氧約0.3%、碳

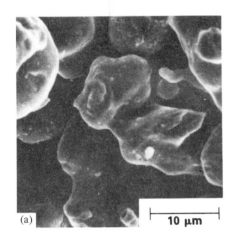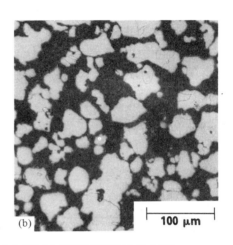

圖5.8　水霧化鐵粉(a)鐵粉顆粒SEM相片(x2000)(b)鐵粉顆粒斷面相片(x70)

表5.3　各種壓縮級鐵粉的化學及物理性質

性　　　質	電解	還原	霧化
化學分析%			
全鐵	99.61	98.80	99.15
未溶物	0.02	0.10	0.17
碳	0.02	0.04	0.015
氫損失	0.29	0.30	0.16
錳	0.002	...	0.20
硫	0.01	0.007	0.015
磷	0.002	0.010	0.01
物理性質			
視密度，g/cm³	2.31	2.40	3.00
流動率，sec/50 g	38.2	30.0	24.5
篩分析 wt%			
+100 目	0.5	0.1	2.0
-100+150 目	13.1	7.0	17.0
-150+200 目	22.6	22.0	28.0
-200+325 目	29.4	17.0	22.0
-325 目	34.4	27.7	22.0
壓縮性質			
壓胚密度，g/cm³	6.72	6.51	6.72
壓胚強度，MPa(psi)	19.7	19.0	8.4
(a)在414MPa，1wt%硬脂酸鋅	(2800)	(2700)	(1200)

0.075-0.8%、氮0.05-0.9%。

5.2 合金鋼粉

　　合金鋼粉的形態可分為由霧化方法所製造而成的全合金化粉(Completely Alloyed Powder)及由純鐵粉混合合金成分再經加熱處理而製成的部分合金化粉(Partially Alloyed Powder)兩種。其模式圖如5.9所示。全合金化粉末顆粒的合金成分均勻，但因固溶體要比純鐵粉強硬，致使壓縮性較差。部分合金化粉則因只有鐵粉顆粒的局部表面形成合金，因此不但不損害鐵粉的壓縮性，且沒有由混合法所製成合金之嚴重成分偏析，但燒結後組織的均勻性則較全合金化粉差。表5.4表示商用低合金鋼粉末的化學成分及性質。

　　近年，由於因應粉末燒結零件的高密度化、高強度化及粉末鍛造技術進步的需求，合金鋼粉末的需求量逐漸增加，各種合金鋼粉末的製造技術也被開發出來，其中真空還原法就是一例。過去含有淬

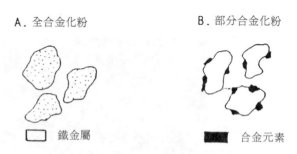

圖5.9　合金鋼粉的形態

表5.4　商用各種低合金鋼粉末的化學成分及性質

材　料						成	分，%					
	C	Mn	Cr	Ni	Mo	S	氫損量	O	Si	P	Cu	Fe
全合金化粉												
合金 A	0.01	0.30		0.45	0.60	0.020	0.20	0.17	0.01	0.01		餘量
合金 B	0.01	0.16		1.80	0.50	0.020	0.20	0.15	0.01	0.01		餘量
合金 C	0.05	0.25	0.08	1.90	0.50	0.015	0.28	0.13	0.01	0.02		餘量
合金 D	0.10	0.40	0.17	0.24	0.30	0.015	0.33	0.22	0.01	0.015		餘量
合金 E	0.10	0.33	0.21	0.23	0.29	0.024	0.32	0.21	0.01	0.014		餘量
部分合金化粉												
合金 F	0.01			1.75	0.50		0.10				1.50	餘量
合金 G	0.01			4.00	0.50		0.10				1.50	餘量

材料	粒　度	視密度 g/cm³	流動率 sec/50g	壓縮性, g/cm³，於		
				414 MPa(40 tsi)	500 MPa(36 tsi)	372 MPa(27 tsi)
全合金化粉						
合金 A	10% > 147 μm 23% < 43 μm	3.0	22	6.57	---	---
合金 B	10% > 147 μm 25% < 43 μm	3.0	22	6.47	---	---
合金 C	5-10% > 147 μm 20% < 43 μm	3.0	25	6.45	---	---
合金 D	5-10% > 147 μm 20% < 43 μm	3.0	25	6.57	---	---
合金 E	5-10% > 147 μm 20% < 43 μm	3.0	25	6.49	---	---
部分合金化粉						
合金 F	20-175 μm[a]	3.0	26	6.80	6.98	6.75
合金 G	20-175 μm[a]	3.0	26	6.70	6.98	6.70

火性能優異的Mn、Cr元素的合金鋼粉，因Mn、Cr元素極易氧化，因此製作較為困難。最近開發的真空還原法，適於製作含氧量極低的Mn、Cr系合金鋼粉。其製造方法首先以水霧化法製造含高碳的

Mn、Cr 合金鋼粉末，再將此粉末放在真空中加熱，使粉末內的碳和氧化物發生化學反應，從粉末顆粒表面放出CO氣體如圖5.10所示，降低氧、碳含量。表5.5 為真空還原法及傳統的水霧化粉用氫氣還原方法所製4100合金鋼粉末的化學成分比較。

5.3 不銹鋼粉

不銹鋼具有優異的耐蝕性，在粉末冶金工業也很重要，主要應用於燒結機械零件及過濾器方面。

通常不銹鋼粉末是利用水霧化法製造。一般在不銹鋼熔液中添加少量的Si（約0.7-1.0 wt%），以抑制粉末的氧化，降低氧含量。為製作-80網目的粉末，典型的水壓為14 MPa，所製粉末一般在霧化狀態下即可使用，但麻田散體不銹鋼粉末，有時則經過退火處理，以改善壓胚強度及壓縮性。水霧化不銹鋼粉末顆粒呈不規則形狀如圖5.11所示。這種粉末主要用於燒結機械零件的製作，一般不銹鋼粉

用於成形燒結的粒度為-100網目，各種商用P/M級不銹鋼粉末的性質如表5.6所示。另外，也利用氣體（N₂或Ar）霧化法製作球狀的粉末，這種粉末具有較高的視密度約5g/cm³及良好的流動性，且氧含量較低約200ppm，除應用於燒結過濾器的製造外，也被用於以冷均壓及熱擠型的方法製作不銹鋼棒材及無縫鋼管等，其機械性質和耐蝕性與傳統鍛造材料所製造者相同或更佳。

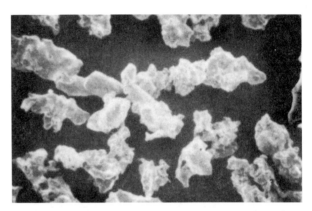

圖5.11 水霧化304L不銹鋼粉末的SEM金相(×150)

5.4 特殊合金粉

5.4.1 工具鋼粉

工具鋼為一種含有多種合金元素的合金鋼，用傳統的熔融冶金法所製造的產品具有粗大的碳化物及嚴重的合金成分偏析，因而嚴重損害鍛造性及切削性並大幅降低韌性。為解決這些問題，於1970年代在美國發展出粉末工具鋼。

工具鋼粉末是利用氣體或水霧化法製造，氣體（Ar或N₂）霧化法所製作之工具鋼粉末呈球形如圖5.12所示。具有較高的視密度約6g/cm³，氧含量低

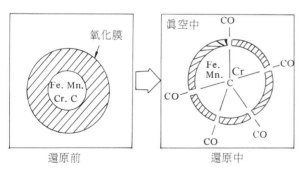

圖5.10 真空還原法示意圖

表5.5 4100合金鋼粉末化學成分

組成 製法	化　學　成　分(%)								
	C	Si	Mn	P	S	Cr	Mo	N	O
真空還原法	0.02	0.03	0.62	0.02	0.02	1.13	0.27	0.001	0.10
傳　　統	0.05	0.01	0.66	0.01	0.01	1.08	0.26	0.006	0.58

表5.6　商用P/M級不銹鋼粉末的性質

合金	成分，%											氧含量 ppm	篩分析,% +160 (>150μm)	篩分析,% -325 (<44μm)	視密度 g/cm³	流動率 s/50g
	Cr	Ni	Si	Mo	Cu	Sn	Mn	C	S	P	Fe					
奧斯田鐵級																
303	17-18	12-13	0.6-0.8	...	...	...	0.3(a)	0.03(a)	0.1-0.3	0.03(a)	餘	...	3(a)	40-60	3.0-3.2	24-28
304L	18-19	10-12	0.7-0.9	...	...	...	0.3(a)	0.03(a)	0.03(a)	0.03(a)	餘	1000-2000	1-4	30-45	2.5-2.8	28-32
304LSC	18-20	10-12	0.8-1.0	...	2(b)	1(b)	0.3(a)	0.03(a)	0.03(a)	0.03(a)	餘	...	3(a)	30-45	2.7-2.9	26-30
316L	16.5-17.5	13-14	0.7-0.9	2-2.5	...	...	0.3(a)	0.03(a)	0.03(a)	0.03(a)	餘	1000-2000	1-4	30-45	2.6-3.0	24-32
麻田散鐵級																
410L	12-13	...	0.7-0.9	...	...	...	0.1-0.5	0.05(a)	0.03(a)	0.03(a)	餘	1500-2500	3(a)	30-45	2.6-2.9	26-30
肥粒鐵級																
430L	16-17	...	0.7-0.9	...	...	...	0.3(a)	0.03(a)	0.03(a)	0.03(a)	餘	...	3(a)	30-45	2.5-2.9	26-32
434L	16-18	...	0.7-0.9	0.5-1.5	...	...	0.3(a)	0.03(a)	0.03(a)	0.03(a)	餘	...	3(a)	30-45	2.5-2.9	26-32

註：(a)最大、(b)典型

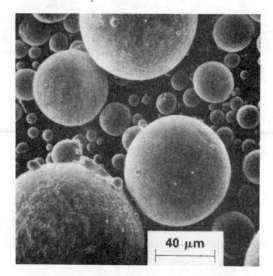

圖5.12　氮氣霧化T15工具鋼粉末SEM相片

於200ppm。這種粉末可由熱均壓(HIP)作成實密度的近淨產品。複雜形狀者可先由冷均壓(CIP)固結，再由熱均壓成形。表5.7表示氣體霧化法所製工具鋼粉末的標準成分。水霧化工具鋼粉末呈不規則形狀，適用於傳統的金屬模具成形及燒結的製程製作成品。水霧化粉末需在眞空中做除氧及退火處理，以改善成形壓縮性質。經除氧處理氧含量可由1500-3000ppm降低到1000ppm，硬度由700Hv降到300Hv。工具鋼粉末的清淨度對其產品性質影響甚鉅，因此要求製作高清淨度的工具鋼粉末。表5.8爲水霧化高速工具鋼粉末的化學成分及性質。

5.4.2　超合金粉

超合金爲一種多合金元素所組成的合金。用熔融冶金法製造產品時會發生嚴重的合金元素偏析，組織粗大且不均勻及機械加工困難等問題。因而發展超合金粉末冶金。鎳基超合金因含有多量的Ti、Al等活性合金元素以形成 γ'(Ni$_3$Al)強化相，因此其粉末製造需使用惰性氣體霧化法、眞空霧化法或旋轉電極法等。另外也可用機械合金化法(Mechanical Alloying)製作超合金的氧化物複合合金粉末。超合金粉末硬度高、強度大、呈球形，一般是利用熱均壓、熱擠型、熱鍛造等方法固結。

5.5　銅粉

銅粉的產量僅次於鐵粉，全球的年產量約45000噸。主要的用途爲製作：(1)青銅自潤軸承、(2)銅基燒結機械零件、(3)摩擦材料、(4)金屬碳刷(5)高導電材料、(6)鐵基燒結機械零件等。依據我

表5.7　氣體霧化工具鋼粉末的化學成分

合金	C	Mn	Si	Cr	W	Mo	V	Co	S	Fe
M2S	1.00	0.30	0.30	4.15	6.40	5.00	1.95	...	0.12	餘量
M4	1.35	0.30	0.30	4.25	5.75	4.50	4.00	...	...	餘量
M42	1.10	...	...	3.75	1.50	9.50	1.15	8.00	...	餘量
T15	1.55	0.30	0.30	4.00	12.25	...	5.00	5.00	...	餘量
CPM 76[a]	1.50	0.30	0.30	3.75	10.00	5.25	3.10	9.00	...	餘量
CPM 10V[a]	2.45	0.50	0.90	5.25	...	1.30	9.75	...	0.07	餘量
CPM Rex 25[a]	1.80	0.30	0.35	4.00	12.25	6.50	5.00	...	0.07	餘量
M3 型 2	1.27	0.30	0.30	4.20	6.40	5.00	3.10	...	...	餘量
ASP302[b]	1.27	0.30	0.30	4.20	6.40	5.00	3.10	8.5	...	餘量
ASP602[b]	2.30	0.30	0.40	4.00	6.50	7.00	6.50	10.50	...	餘量

(a)Crucible Specialty Metals, Division of Colt Industries商標，(b)瑞典Uddeholm公司商標

表5.8　水霧化高速工具鋼粉末的成分及性質

性　　　質	M2	M3 型 2	M42	T15
成　分　　%				
碳	0.85	1.20	1.10	1.60
鉻	4.15	4.10	3.75	4.40
鎢	6.30	6.00	1.50	12.50
鉬	5.00	5.00	9.50	...
釩	1.85	3.00	1.15	...
鈷	...	...	8.00	5.00
鐵	餘量	餘量	餘量	餘量
氧含量，ppm	<1000	<1000	<1000	<1000
物　理　性　質				
視密度，g/cm³	2.2	2.1	2.3	1.8
敲緊密度，g/cm³	3.1	3.0	3.3	2.4
流動率，sec/50g	45	40	30	50
篩分析(Tyler)				
+100 目(<150μm)	...	...	..	...
-100+150 目	13	13	13	13
-150+200 目	22	22	22	22
-200+325 目	30	30	30	30
-325(<44 μm) 目	35	35	35	35
壓胚密度，g/cm³				
在620 MPa(45 tsi)施壓	6.2	6.0	6.0	6.15
在830 MPa(60 tsi)施壓	6.6	6.4	6.3	6.55
壓胚橫向破裂強度(a), MPa(psi)				
在620 MPa (45 tsi)施壓	23(3300)	24(3500)	21(3000)	43(6200)
在830 MPa (60 tsi)施壓	52(7500)	48(7000)	41(6000)	69(10000)

註：(a)使用模壁潤滑

國國家標準CNS 12534H3152，銅粉依製造方法分爲電解銅粉、霧化銅粉及還原銅粉三種。每一種銅粉再依粒度分布及視密度再分爲數種。表5．9表示三種商用銅粉的基本特性比較。

5.5.1 電解銅粉

圖5.13表示電解銅粉的製造流程。以硫酸銅水溶液爲電解液，其電解條件和銅電鍍相比，銅離子濃度較低、硫酸濃度較高、陰極電流密度較高。在電解製程中，在陰極斷續刮下析出的銅粉，經水洗、過濾，並在帶型爐，放熱性氣體 (Exothermic Gas)，480-760℃溫度下進行還原，再經磨細、篩分、混合而製得電解銅粉。電解銅粉的純度高，通常含銅量超過99.5%，氫內損失量在0.1~0.5%範圍，硝酸不溶解物少於0.05%。各種電解銅粉的物理性質如表5.10所示。電解銅粉顆粒呈樹枝狀或羊齒科植物狀如圖5.14。但經過後續的還原熱處理可改變形狀。電解銅粉的特性，可以調整電解條件而改變。

5.5.2 還原銅粉

還原銅粉乃由微粒的氧化銅，以氫氣等還原劑在高溫還原而製得。最初使用軋延銅屑爲氧化銅原料，但因求過於供，因而氧化銅就由金屬銅、銅廢料、霧化銅粉等經由氧化處理而製得。再將此氧化銅粉碎、篩分，以氫氣等還原劑還原，再把還原銅餅粉碎、磨細而製得還原銅粉。還原銅粉呈不規則且多孔的粉末顆粒。以霧化銅粉末經氧化、還原處理所製得的銅粉，兼具有霧化及氧化物還原粉末的特性。表5.11爲各級商用還原銅粉的性質。還原銅粉廣泛應用於青銅軸承、摩擦零件碳刷、銅燒結構零件、鐵系燒結結構零件等。近年，SCM公司開發低視密度(<1.0 g/cm³)及高生胚強度的銅粉，其

表5.9 商用銅粉的基本特性

粉末類型	成　　分(%)			粉末形狀	表面積
	銅	氧	酸不溶物		
電解法	99.1-99.8	0.1-0.8	0.03最大值	樹　枝　狀	中到高
氧化還原法	99.3-99.6	0.2-0.6	0.03-0.1	不規則(多孔)	中
水噴霧法	99.3-99.7	0.1-0.3	0.01-0.03	不規則至球形	低

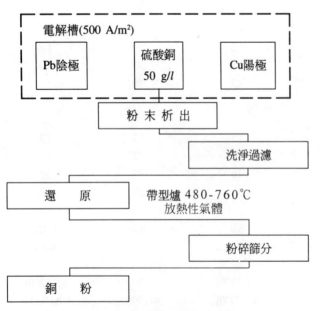

圖5.13　電解銅粉的製造流程

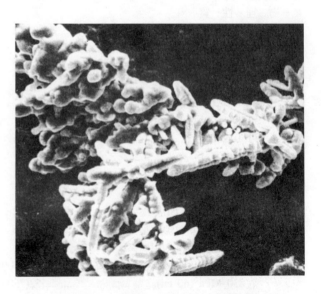

圖5.14　電解銅粉的SEM相片 (x2800)

表5.10　各種電解銅粉的物理性質

視密度 (g/cm³)	最大流動率 (sec/50 g)	篩分析（網目）, %				
		+100	-100+150	-150+200	-200+325	-325
2.4-2.6	32	最大值0.5	5-15	25-35	25-42	22-32
2.5-2.6	32	最大值0.2	1-11	13-23	20-37	43-53
2.45-2.55	33	最大值0.2	3-13	17-27	23-40	33-43
2.5-2.6	35	最大值0.2	1-10	9-19	24-31	55-65
2.7-2.8	32	最大值0.2	1-10	7-17	15-32	54-64
2.5-2.6	40	最大值0.2	1-6	5-15	11-26	65-75
2.1-2.5	...	最大值0.1	最大值0.5	最大值4	最大值8	最小值90
高導電粉末						
2.5-2.6	32	最大值0.2	1-11	13-23	20-37	43-53
摩擦級粉末						
1.7-2.0	...	最大值0.5	1-6	5-15	10-26	60-80
高密度粉末						
3.25-4.00	24	最大值0.8	7-17	17-27	19-35	35-45

表5.11　各種商用級還原銅粉的性質

化學成分, %						物理性質							壓胚性質		
				氫損失	酸不溶物	視密度	流動率	泰勒篩分析, %					視密度	生胚強度, MPa(psi), 在：	
銅	錫	石墨	潤滑劑			g/cm³	sec/50g	+100	+150	+200	+325	-325	g/cm³	165MPa(12tsi)	6.30g/cm³
99.53	...	...	...	0.23	0.04	2.99	23	0.3	11.1	26.7	24.1	37.8	6.04	6(890)	
99.64	...	...	...	0.24	0.03	2.78	24	...	0.6	8.7	34.1	56.6	5.95	7.8(1140)[a]	...
99.62	...	...	...	0.26	0.03	2.71	27	...	0.3	5.7	32.2	61.8	5.95	9.3(1350)[a]	...
99.36	...	...	...	0.39	0.12	1.56	...	0.1	1.0	4.9	12.8	81.2	5.79	21.4(3100)[a]	...
99.25	...	...	...	0.30	0.02	2.63	30	0.08	7.0	13.3	16.0	63.7	...	...	8.3(1200)[a]
90	10	...	0.75	...	...	3.23	30.6	0.0	1.4	9.0	32.6	57.0	6.32	...	3.80(550)
88.5	10	0.5	0.80	...	...	3.25	12[b]								3.6(525)

註：(a)模壁潤滑，(b)卡內漏斗

性能可取代電解銅粉。圖5.15為低視密度還原銅粉的SEM相片。

5.5.3 霧化銅粉

霧化銅粉一般以水霧化法製得，但也可用氣體（惰性氣體或空氣）霧化法製造。圖5.16表示氣體及水霧化銅粉的SEM相片。氣體霧化銅粉呈球狀，所製壓胚的強度較低，不適合製作傳統的燒結零件

。有些銅粉的應用，需求比水霧化銅粉更低的視密度，可由添加少量的元素如Mg、Cu、Ti及Li等於熔融銅液中，再進行霧化獲得，圖5.17為熔融銅液的添加物對水霧化銅粉視密度的影響，圖5.18為添加0.5%Li水霧化銅粉的SEM相片。這些添加金屬可降低銅的表面張力或在霧化時在粉末顆粒表面形成薄層的氧化物。鎂添加物常被使用於生產壓縮級

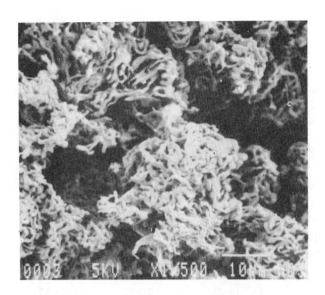

圖5.15　低視密度還原銅粉的SEM相片（視密度為0.95g/cm³）

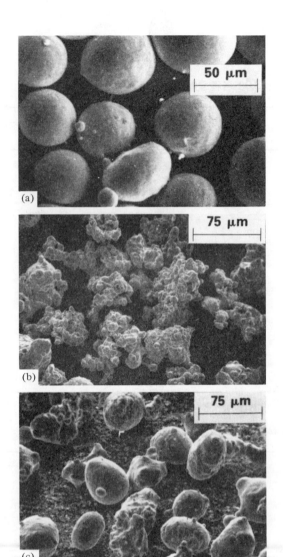

**圖5.16　氣體及水霧化銅粉的SEM相片：(a)氮氣霧化
(b)水霧化，視密度3.04g/cm³
(c)水霧化，視密度4.60g/cm³**

(Compacting Grade)銅粉，其視密度常低於2 g/cm³。添加少量磷的銅熔融液，所霧化的銅粉呈球形且含氧量很低，視密度高達5.5 g/cm³。表5.12為商用級水和氣體霧化銅粉的性質。

5.6　銅合金粉

　　商用銅合金粉包括黃銅、青銅及鎳銀(Nickel Silver)等三種，其粉末的製作方法相似，通常使用空氣霧化法製得。製程包括熔解、霧化，篩分及混合等。

　　黃銅為銅基合金粉中應用在燒結機械零件中最廣者，其化學成分除含Zn 10-30%外，為改善燒結零件的機械加工性，常添加Pb 1-2%。圖5.19為空氣霧化黃銅合金粉(80%Cu-18%Zn-2%Pb)的SEM相片。典型的黃銅合金粉末的性質如表5.13所示。

　　青銅預合金粉末並不廣泛使用於燒結機械零件的製造。主要原因為粉末顆粒呈塊結狀(Nodular)及高的視密度，致使壓胚強度較差。但其球形粉末則使用於銅基過濾器的製作。典型的青銅合金成分為90%Cu-10%Sn和85%Cu-15%Sn。青銅合金粉末的性質如表5.13所示，廣泛使用於自潤軸承。

　　鎳銀合金用在粉末冶金工業唯一的成分為65%Cu-18%Ni-17%Zn。為改善機械加工性常添加Pb。此合金因含有Zn，以空氣霧化時，銅合金液滴的表面容易氧化，降低液滴表面張力，致使粉末顆粒呈不規則形狀。鎳銀合金粉的性質如表5.13所示。

　　銅鋁合金粉末由氮氣霧化其熔融合金所製成。常以此種粉末研究製作銅的氧化鋁分散強化材料。銅鉛合金粉末則由水霧化製成，被應用於軸承的製作。

5.7　其他金屬粉

5.7.1　銀粉

　　銀粉的主要用途為製作：(1)電接點(Electrical

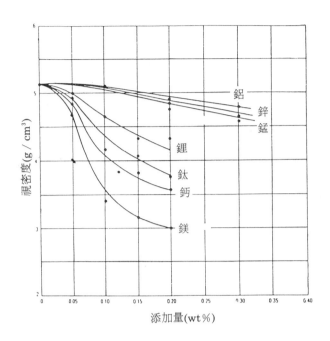

圖5.17　熔融銅液添加物對水霧化銅粉視密度的影響

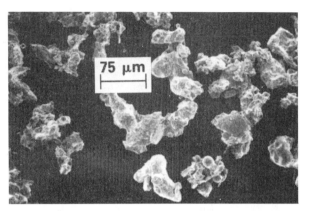

圖5.18　添加0.5%Li水霧化銅粉的SEM相片

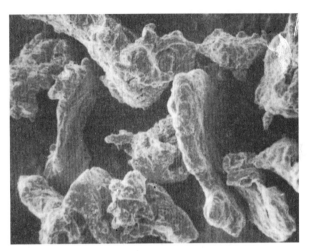

圖15.19　空氣霧化黃銅(80%Cu-18%Zn-2%Pb)
合金粉末SEM相片(x165)

Contacts)，例如Ag-W、Ag-WC、Ag-Mo、Ag-CdO、Ag-C及Ag-Ni等；(2)一次電池及蓄電池(Storage Cells)的電極；(3)電子工業方面如導電油墨、導電銀膠等。

　　銀粉的製造方法可分爲化學、霧化、電化學及電解析出等方法。化學方法分爲二種：其一爲把氧化銀以酒精等有機物還原的方法，所製粉末平均粒度小於5 μm，視密度較低在0.5~1.5 g/cm³範圍；另一種爲把硝酸銀以亞硫酸鉀(K₂SO₃)等無機物還原的方法，所製粉末平均粒度在5-20μm，視密度在1-

2 g/cm³，這種粉末顯示較佳的流動性及燒結性。霧化銀粉係把熔融銀液以氣體或液體霧化製得，粉末顆粒呈球形、表面光滑、氣孔少、粒度大於40μm

表5.12　商用級水和氣體霧化銅粉的性質

銅	化學性質，%		物　理　性　質						
	氫損失量	酸不溶物	流動率 sec/50g	視密度 g/cm³	篩分析，%				
					+100	-100+150	-150+200	-200+325	-325
99.65[a]	0.28	...	...	2.65	餘量	0.31	8.1	28.2	63.4
99.6[a]	0.24	...	...	2.45	0.2	27.3	48.5	21.6	2.4
99.43[a]	0.31	...	...	2.70	tr	0.9	3.2	14.2	81.7
>99.1[b]	<0.35	<0.2	~50	2.4	<8	17-22	18.30	22.26	18-38
99.1	0.77	...	未流動	4.8	餘量	3	...	...	...
99.2	<0.77	<0.7	9-13	4.9-5.5	7-14	←20-30→	←20-30→	15.30	30-50

註：(a)水霧化+還原，(b)含鎂

表5.13 典型的黃銅、青銅及鎳銀合金粉的物理性質

性 質	黃 銅[a]	青 銅[a]	鎳 銀[b]
篩分析，%			
+100 目	最大值2.0	最大值2.0	最大值2.0
-100+200	15-35	15-35	15-35
-200+325	15-35	15-35	15-35
-325	最大值60	最大值60	最大值60
物理性質			
視密度，g/cm^3	3.0-3.2	3.3-3.5	3.0-3.2
流動率，sec/50g	24-26	...	...
機械性質			
壓縮性[c]在414 MP(30 tsi)，g/cm^3	7.6	7.4	7.6
壓胚強度[c]在414 MPa(30 tsi)，10-12(1500-1700) MPa(psi)成形	10-12(1500-1700)	10-12(1500-1700)	9.6-11(1400-1600)

註：(a)黃銅-60網目，青銅-60網目，鎳銀-100網目，(b)不含鉛，(c)0.5%硬脂酸鋰潤滑

、視密度高約為6g/cm³。電化學的方法即在硝酸銀的溶液中，添加活性較高的金屬如銅、鐵等，即析出銀粉。這種方法所製銀粉呈不規則形狀，粒度較粗大於100 μm，視密度為1.5到4.0g/cm³，具有良好的流動性。電解銀粉純度高，顆粒呈樹枝狀，粒度視電解條件而定，一般為40 μm左右。

5.7.2 鎳粉

鎳粉的主要用途為製作：(1)鎳及鎳合金的板料及條料，(2)電池的多孔性電極，(3)低合金鋼燒結結構材料及Alnico磁石，及(4)由機械合金化法(Mechanical Alloying)製作鎳基超合金。

鎳粉的製造方法可分為：(1)鎳碳醯(Ni Carbonyl)熱分解，(2)利用高壓氫氣將鎳鹽水溶液還原即Shritt Gordon Process及(3)由惰性氣體或水將熔融鎳液霧化等三種方法，其中以前二種較為重要。

鎳碳醯熱分解法即把一大氣壓的CO氣體和40-100℃溫度的鎳反應形成$Ni(CO)_4$。在分解塔中把$Ni(CO)_4$加熱到150~300℃的溫度就分解成鎳粉和CO氣體。由製程變數的不同，可製成三種形式的鎳粉即(1)等軸針狀者如圖5.20(a)，(2)纖維結構狀者(Filamentary Structure)如圖5.20(b)，及(3)高密度鎳粉如圖

5.20(c)所示。這些粉末顯示均一粒度和高比表面積及高純度，鎳含量高達99.99%。等軸針狀鎳粉被一般目的使用，顆粒微細呈規則形狀、表面粗糙、費修亞篩粒度為3~7 μm、視密度為1.8~2.7 g/cm³、比表面積為0.4 m²/g(BET)；纖維狀鎳粉，粉末微細呈鏈狀結構，視密度較低為0.5~1.0 g/cm³，比表面積較大為0.6~0.7 m²/g；高密度鎳粉，微細粉末粒徑為10~20 μm、粗粒粉末為-16+40篩目、粉末視密度為3.5~4.2 g/cm³。

高壓氫氣將鎳鹽水溶液還原製造鎳粉的方法廣泛被使用。也就是在高溫(200℃)的硫酸銨鎳溶液中通入高壓(200psi)的氫氣，並添加硫酸鐵等作為觸媒，則可沈澱析出鎳粉。其性質如表5.14所示。

5.7.3 鎳合金粉

鎳基合金粉末由霧化法製成，霧化媒則包括水及氣體二種。主要的鎳合金粉有：(1)50%Ni-50%Fe，用於製作磁石，具有高導磁率及低保磁力；(2)蒙鎳合金(Monel Metal)成分為約70%Ni-30%Cu，用於製作耐腐蝕結構零件；(3)高導磁合金(Permalloys)成分為約80%Ni、2%Mo、剩餘為Fe，用於製作聲頻(Audio Frequency)感應線圈用磁心(Core)；(4)硬面合

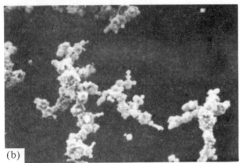

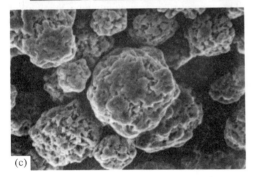

圖5.20　鎳碳醯熱分解所製各種鎳粉的SEM相片
　　　　(a)等軸針狀(x3000)，(b)纖維結構(x1000)
　　　　(c)高密度鎳粉(x1000)

表5.14　鎳鹽水溶液高壓氫氣還原鎳粉的性質

化學成分，%

Ni及Co	99.9
Co	0.05-0.10
Cu	0.003
Fe	0.005-0.010
S	0.03
C	0.006

篩分析，%

+100　　目	0-10
-100+150目	5-30
-150+200目	20-45
-200+250目	10-25
-250+325目	10-35
-325　　目	5-25

物理性質

視密度，g/cm³	3.4-4.1
流動率，sec/50g	20

鈷粉在粉末冶金工業的主要用途為：(1)製作永久磁鐵、超合金、耐磨硬面合金、工具鋼等的合金添加成分；(2)製作超硬合金(Cemented carbide)的結合相成分。

鈷粉的製造方法主要有：(1)濕法冶金製程(2)礦石還原法二種。濕法冶金製程所製粉末的性質如表5.16所示。此種粉末的主要用途為製作Co-Sm磁石及超合金與工具鋼的合金添加成分。礦石還原法使用的原料為鈷氧化物粉末，以氫氣為還原劑在800℃以下的溫度還原，可獲得較微細粉末，此種粉末的特性如表5.17所示。主要用於超硬合金的製作即作為結合相。

鈷基合金粉末由氣霧化法製成。主要合金成

金(hardfacing alloys)，主要成分為Ni-Cr-B-Si，如表5.15所示。用於塗覆在基材上，具有良好的耐磨性質。

5.7.4　鈷粉及鈷合金粉

表5.15　鎳基硬面合金的成分及熔點範圍

成　　分	熔　　點　　範　　圍		塗覆層硬度
	℃	℉	HRc
1.5B-2.8Si-Ni	940-1260	1725-2300	19-24
1.7B-0.35C-7.5Cr-3.5Si-Ni	994-1152	1820-2105	35-42
2.4B-0.45C-11Cr-4Si-Ni	976-1063	1790-1945	49-52
3.5B-0.8C-15.5Cr-4.3Si-Ni	964-1003	1770-1840	59-62

表5.16　濕法冶金法所製鈷粉的性質

化學成分，%

Co+Ni 99.9
Ni 0.10
Cu 0.005
Fe 0.005
S 0.03
C 0.05

篩分析，%

+100	目	0-15
-100+150	目	5-25
-150+200	目	5-15
-200+250	目	5-15
-250+325	目	20-45
-325	目	10-50

物理性質

視密度，g/cm³ 2.5-3.5
流動率，sec/50g 23

分為Co-Cr-W-Ni-C，作為硬面合金材料塗覆於基材上面，具有良好的耐磨性質。

5.7.5 錫粉

　　錫粉主要用於製作多孔質自潤青銅軸承以及作為軟焊及硬焊焊料(Pastes)及粉末的組成。也被用於製作燒結結構零件、摩擦圓盤、離合器、煞車襯片、金屬石墨電刷、青銅過濾器、鑽石磨料磨輪(Diamond Abrasive Grinding Wheel)等。

　　錫粉的製造方法雖然有霧化法、化學析出及電解析出等三種，但通常係由霧化法製造。霧化設備的示意圖如圖5．21所示。霧化媒空氣壓力一般為345-1725 KPa (50-250 psi)，所需粉末愈細所要求的壓力就愈高。熔融錫液由虹吸作用從虹吸管吸上而被空氣霧化成粉末，所製粉末表面形成薄層氧化膜可抑制進一步的氧化，通常氧含量低於0.2%，純度高，表5.18為一般商用霧化錫粉的性質。霧化錫粉末顆粒形狀如圖5.22所示呈圓形至球形，表面相當平滑。

5.7.6 鋁粉

　　鋁粉的粉末冶金用途主要為製作燒結鋁合金結構零件。即鋁粉混合合金元素粉末再經壓縮、燒結

等製作而成。大量的鋁粉被使用於非粉末冶金的應用如軍械(Ordance)，煙火彈藥等。

　　鋁粉的鋁合金粉一般係由氮（空氣或惰性氣體）霧化法製成。為減少爆炸的危險，使用特殊設計的霧化噴嘴設備及在惰性氣體環境下進行霧化。一

表5.17　還原鈷粉的性質

化學分析，%

Co (a) 99.60
Ni 0.08
Fe 0.08
S 0.035
Ca 0.020
Mn 0.020
C 0.015
Zn 0.010
S 0.008
Cu 0.001
Pb 0.003

氫損量 0.20

物理性質

視密度，g/cm³ 1.8
敲緊密度，g/cm³ 3

篩分析(b)，%

+100	目	...........0.01
-100+200	目	.....0.04
-200+300	目	.....0.015
-300+400	目	.....0.20
-400	目	.........99.60

註：(a)不含氫內損失(b)平均粒度 5 μm

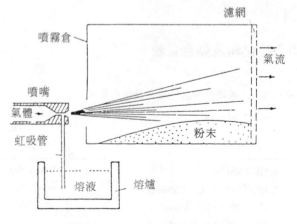

圖5.21　水平式氣霧化裝置示意圖

表5.18　一般商用霧化錫粉的性質

	試樣A	試樣B	試樣C	試樣D	試樣E	試樣F	試樣G	試樣H
篩分析，%								
+100目 48.0	0.2	最大值0.5	最大值0.3	最大值0.3	...	...	...	
+150目 46.5	5.2	最大值5	最大值3	最大值2	...	...	...	
+200目 4.0	11.3	4-12	3-8	最大值5	0.1		...	
+325目 1.0	29.0	15-30	12-25	2-8		最大值2		...
-325目 0.5	53.6	65-70	70-85	最小值90	最小值96	最小值96	最小值98
費雪次篩粒度								
平均粒度，μm ....　...	...	12-18	10-15	8-11	8-10	7-9	1-3
視密度，g/cm³ 3.35	3.90	3.7-4.2	3.7-4.2	3.3-3.8	3.0-3.5	3.0-3.5	1.3-2.0

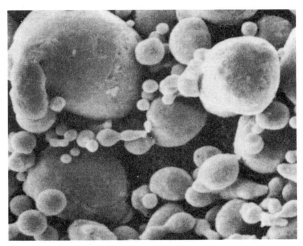

圖5.22　空氣霧化錫粉的SEM相緊(x900)

般霧化鋁粉的視密度爲0.8~1.3g/cm³，敲緊密度爲1.2~1.5g/cm³，Al_2O_3含量爲0.1~1.0wt%，鋁粉顆粒表面氧化物厚度爲5±0.5nm(50±5Å)。霧化鋁粉的化學成分如表5.19所示。Fe和Si爲主要的污染物，

，表5.20表示霧化鋁粉的典型物理性質。鋁粉的爆炸性(Explosibility)和其粒度有極密切的關係如圖5.23所示。

5.7.7　鎢粉及碳化鎢粉

鎢粉被用於製作白熾燈絲(Incandescent Lamp Filaments)、惰性電弧(Inert　Arc)及原子氫焊接(Atomic Hydrogen Welding)電極、鎢及鎢合金之鍛件及擠件，以及製作超硬合金用碳化鎢及燒結鎢合金，例如重金屬(W-Cu-Ni和W-Ni-Fe合金)及電接點材料(W-Cu、W-Ag)等。

鎢粉之製作主要係將鎢錳鐵礦(Wolframite)及重石(Scheelite)經化學純化處理，製得鎢酸銨$(NH_4)_{10}$ $H_{10}W_{12}O_{46}$及鎢酸H_2WO_4，在空氣中加熱到600~900℃就變成WO_3等氧化鎢，再以氫氣還原製得鎢粉。鎢粉粒度範圍從小於0.5到大於15 μm，但典型商用鎢粉的粒度範圍則爲0.5~15 μm。圖5.24爲

表5.19　霧化鋁粉的化學成分

粉末種類	成分(wt%)			其他金屬	
	Al	Fe	Si	各種	全部
霧化粉末					
典型	99.7	—	—	—	—
最大	—	0.25(a)	0.15(a)	0.05	0.15
高純度霧化粉末					
最小	99.97	—	—	—	—
典型	99.976	0.007	0.008	—	0.009
(a)Fe+Si最大0.30wt%					

表5.20　霧化鋁粉的物理性質

密　　　　　度	2.7g/cm³ （金屬）
熔　　　　　點	660℃ （1220℉）
沸　　　　　點	2430℃ （4410℉）
表面張力在800℃(1470℉)	865　　dynes/cm
視　密　度	0.8 to 1.3 g/cm³
敲堅密度	1.2 to 1.5 g/cm³
氧化物熔點	2045℃ （3720℉）
Al_2O_3含量	0.1 to 1.0 wt%

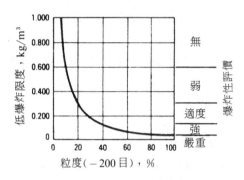

圖5.23　鋁粉粒度對爆炸性的影響

各種鎢粉的SEM金相。表5.21為鎢粉的化學分析。各種鎢粉的SEM相片，表5.21為鎢粉的化學分析。另有二種方法製造鎢粉係基於鹵鎢化物(Tungsten Halide)的還原：其中之一由美國Allied化學公司所開發，係從WF_6蒸氣沈積製成，所製粉末粗大(40~650μm)，顆粒呈球形，這種粉末不能用傳統之冷壓方式成形而需用熱均壓固結；另一種方法係氯化鎢(WCl_6)的氫氣還原，所製得的鎢粉非常微細，碳化製成的WC粉末，用以製作特殊等級的超硬合金。

碳化鎢粉末為製作超硬合金(Cemented Carbides or Hardmetals)的主要原料。而超硬合金則被廣泛使用於金屬的切削、成形、採礦及鑽孔，以及作為耐磨零件。

碳化鎢通常是將鎢粉和碳粉（其含量稍高於WC化學計量的比例）的混合物，加熱到約1500℃的溫度，經充分反應後，將所得的反應物打碎、磨細而製成碳化鎢粉末。碳化鎢粉末的粒度端視鎢粉的粒度及碳化條件而定。從非常微細的鎢粉（粒度小於0.5 μm），在較低的1350~1400℃溫度碳化，可製作1 μm以下的碳化鎢粉。一方面，若以較粗的

圖5.24　各種鎢粉的SEM相片(x500)

6μm鎢粉，在1600℃的溫度碳化，則可製作約10μm的碳化鎢粉。

依據我國國家標準CNS 12535 H3153，鎢粉依化學成分即鎢含量百分比的不同而區分為三種，粒度在0.4 μm以上16 μm以下。碳化鎢粉則依WC含量百分比的不同而區分為二種，粒度則在0.4 μm以上12.0μm以下。

5.7.8　鉬粉

表5.21　鎢粉的化學分析

元素	最大值，ppm	典型，ppm
Al	10	<5
Ca	50	<5
Cr	25	5
Cu	10	<5
Fe	60	10
Mn	50	<5
Mg	10	<1
Mo	750	250
Ni	100	15
K	150	<15
Si	50	15
Na	100	15
Sn	20	<1
LOR[a]	5000	1000

註(a)：氧和水份總含量被視做"還原損失，LOR"(Loss on Reduction)。實際上，氧因與鎢化學鍵結，會形成氧化物，係後續碳化作用中控制碳量的重要因子，顯得更為重要。而水份不會附著，較不關鍵，但須維持相當低量水準。

鉬粉主要用於：(1)製作鉬線、板料和條料，鉬線可用於電熱爐的加熱元件；(2)製作鉬合金，例如TZM（含有Ti，Zr和C）及(3)製作化合物材料，例如Mo-Ag電接點材料、Mo-ZrO$_2$熱電偶保護管。

鉬粉之製作主要係將輝鉬礦(MoS$_2$)經過浮選及焙燒處理使轉變成MoO$_3$，再經過純化處理，例如在550℃以上溫度使MoO$_3$昇華、再液化凝縮，或將MoO$_3$溶於氨水，使形成鉬酸銨(NH$_4$)$_2$MoO$_4$，再以氫氣還原MoO$_3$或鉬酸銨製得鉬粉。鉬粉粒度一般在1-6 μm，圖5.25為鉬粉的SEM相片。

5.7.9　鉭粉

鉭粉用於製作鉭電容器(Tantalum Capacitor)，其製作方法有：(1)以金屬鈉還原氟化鉭鉀(K$_2$TaF$_7$)，(2)由K$_2$TaF$_7$、KF、及TaO$_2$熔融液（溫度約900℃）電解析出。圖5.26為金屬鈉還原氟化鉭鉀所製成的鉭粉，呈球形、粒度為1~10 μm。這種粉末具有高電容(Higher Capacitance)、壓胚強度良好，適合電容器製作使用，把此種粉末用電子束熔解，再經氫化、粉碎及脫氫等處理，所製粉末顆粒呈角狀(Angular)、粉末粒度為 3~6μm。具有較佳純度、流動

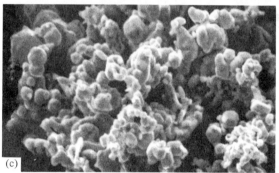

圖5.25　各種鉬粉的SEM相片(x1000)

圖5.26　鈉還原氟化鉭鉀所製鉭粉的SEM相片(x2600)

性良好，所製電容具有高電壓能量(Higher Voltage Capability)。表5.22表示鈉還原鉭粉及電子束熔解、脫氫鉭粉末的性質。

5.7.10　鈦粉

表5.22　鈉還原及電子束熔解脫氫所製鉭粉的物理性質

篩分析，%	鈉還原粉末	電子束熔解脫氫化粉末
-35+80 0-20		15-35
-80+200 10-25		15-25
-200+325 10-20		5-10
-325 45-70		45-60
物理性質		
視密度，g/cm³ 1.6-2.0		3.5-4.0
費雪亞篩粒度，μm ..2.5-3.5		6.5-8.5
流動率，sec/50g..........130		50

　　鈦粉主要用於製作鈦過濾器及鈦合金燒結結構零件。但用量並不很多。

　　鈦粉的製作方法主要有三：(1)克羅爾(Kroll process) 法，即將鈦金屬和氯氣反應，使生成氣相氯化鈦(TiCl₄)，再以液相鎂或鈉還原製得鈦粉，所製粉末顆粒一般呈海綿狀。(2)氫化-脫氫化法，即將鈦在氫氣中約450℃的溫度加熱，使反應生成氫化鈦，將其粉碎成細粉後，在真空中，約700~750℃溫度下加熱，使發生脫氫反應，再經研磨就得所製粉末。(3)由旋轉電極(REP)法製作鈦及鈦合金粉末，所製粉末呈球形，須由熱壓、熱均壓、熱鍛造或熱擠型方式固結。

5.8　石墨粉

　　石墨粉為粉末冶金常使用之非金屬粉末，主要作為合金添加元素使用。在燒結過程容易擴散到鐵中形成合金，增加燒結體的強度。一般使用鱗片狀的石墨粉。

5.9　粉末潤滑劑

　　為減少金屬粉末在金屬模具內壓縮成形時，粉末間或粉末與模壁間的摩擦而添加粉末潤滑劑。作為潤滑劑除需具有良好的減摩性外，還需具有在燒結過程容易去除、不阻礙粉末間的燒結等的性質。一般常被使用的潤滑劑為硬脂酸鹽如硬脂酸鋅、硬脂酸鈣等，其他如腊及纖維素等也被使用。

參考資料

1. Metals Handbook, Ninth Edition, Vol. 7 Powder Metallurgy, ASM, 1984, p.79~172.
2. F.V. Lenel, Powder Metallurgy, Principles and Applications, MPIF, 1980, p.13~58.
3. 森岡恭昭：純鐵粉的製造技術，西山記念技術講座（第83次）日本鐵鋼協會，1982年5月26日，p.13~42。
4. R.M. German, Powder Metallurgy Science, MPIF, 1984, p.59~95.
5. D. Berry and E. Klar：粉末冶金，中華民國粉末冶金協會，1991，p.289~297.

第六章　傳統粉末成形技術

王遐*

6.1 前言
6.2 鋼模冷壓程序
6.3 鋼模成形之基本理論
6.4 成形壓力
6.5 脫模力

6.6 粉末填充行程
6.7 零件之分類
6.8 中央面及退模注意之點
6.9 成形動作及壓床種類

6.1　前言

由粉末冶金發展之歷史去分析，吾人知悉早期粉末冶金發展之目的是製造材料，此乃由於十八世紀末期，人類對於高溫材料產生迫切需求，而當時之高溫技術尚不足熔煉工業所需之高溫材料，故不得不想盡方法，以超越熔煉材料製程所需高溫之限制。於是以化學方法製造之粉末，經加壓、燒結（所需溫度在材料熔點以下）及塑性加工製造材料，以粉末為原料之材料製程因而誕生，粉末冶金之名詞亦由此而形成。此時期之代表材料產品有鉑金[1]（鉑金熔點為 1773.5℃）及鎢絲[2]（鎢絲之熔點為3387℃）。隨著時代前進，粉末冶金繼續發展，不斷有新產品誕生，其中重要而具代表性者為碳化鎢車刀[3]及自潤軸承[4]。此二項產品之特質顯示，粉末冶金技術不僅可製造材料及傳統冶煉所不能製造之材料，同時粉末冶金技術可以製造尺寸精密之產品，因此粉末冶金技術應用之範圍又被擴大而演變為一種加工成形技術。

今日粉末冶金技術之發展沿著二方向進行，即材料與機械零件之生產與開發。但不論以材料開發或以零件製造而言，原始之鋼模加壓技術有不少限制，其中如：(1)密度不高，(2)材料或零件內部之密度不均，(3)加壓零件之形狀受到限制，及(4)需要頓位大之壓床等。為了突破此種限制，粉末冶金業界或研究機構先後開發完成多種成形技術，如粉末鍛造、粉末滾壓、粉末擠壓、均壓加壓及粉末射

出成形等。在此等成形方法中，其適用之範圍各有不同，但就重要性而言，成形方法可能包括鋼模冷壓、粉末毛胚鍛造、均壓成形及粉末射出成形等。其中尤以鋼模冷壓最為重要，此種成形方法在粉末冶金發展之初期，民間粉末冶金工業生產機械零件皆以此法為主。時至今日，鋼模冷壓成形方法於粉末冶金工業界仍保持其被廣泛應用之重要性，因此亦可稱為傳統粉末成形。

本章介紹之內容以鋼模冷壓成形法為主，此外均壓加壓成形技術於粉末冶金材料製造及開發方面亦極重要，本章亦將作適當之介紹，至於其他粉末成形方法，將另在其他專章介紹。

6.2　鋼模冷壓程序

所謂鋼模加壓成形過程，其順序為如圖6.1所示，分填料、加壓及退模或頂出三個步驟。圖中所示之上沖頭、模體及下沖頭裝於壓床上。餵料盒之端面與模體上端面作接觸滑動，其運動之動程及周期係以機構與壓床之加壓週期相連，每當餵料盒運動至模腔之上，粉末即可由餵料盒之送粉系統餵入模中，接著餵料盒移離模腔，上下沖頭開始加壓，沖頭之加壓動程大小係按零件之尺寸而設計。當加壓完成，上沖頭上退，下沖頭上升將壓胚頂出模端面，此時餵料盒再滑動至模腔上，此動作除將再作粉末餵料外，並將已頂出模之壓胚推離至模體端面外緣，以備移至他處作進一步處理。

有關退模原理，對於粉末加壓之初學者相當重要，必須於此作進一步之說明。壓製薄壁之壓胚，

*英國伯明翰大學工程博士
　國立台灣工業技術學院機械系教授

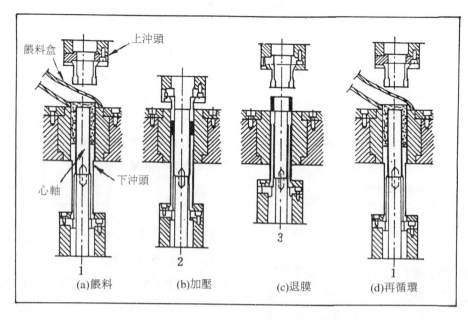

圖6.1　(a)餵料(b)加壓完成(c)頂出(d)餵料循環再開始

心軸必須與壓胚一體上升，如此可消除心軸與壓胚間因退模時相對運動而產生之摩擦力，同時可確保薄壁壓胚出模後之完整性。當壓胚已全部脫模後，一般情形為壓胚之外徑與內徑均稍作膨脹。此時心軸經由預設計之下拉力量，即可將心軸下退而脫離壓胚，壓胚由於外徑稍有膨脹，將坐立於模腔邊緣而不致隨心軸下降而再進入模腔中。至此壓胚已完全退出模腔同時亦脫離心軸，經餵料盒之運動而將壓胚推移至模體頂面之邊緣，退模才完全完成，次一加壓成形之餵料步驟又重新開始。

6.3　鋼模成形之基本理論

　　成形之種類有多種，如鍛造、板金沖壓及塑膠射出成形等。各種成形製程有其特性，任何一種成形方法之治具設計人員必需對成形製程特性有基本上瞭解始能勝任。就粉末鋼模加壓而言，於沖頭作用下，需瞭解粉末發生何種變化。模具設計者才能定出某些準則，並按照此種準則去設計模具，以求獲得最佳之結果。

　　吾人首先提出鋼模設計之準則，然後再去分析粉末於沖頭作用下變化之情形，則可瞭解準則提出之依據。鋼模設計之基本標準為：(1)壓胚內各處之密度必須均勻相等；(2)壓胚內各處之強度，必須相等。為何有此種需要，茲申論如下：

　　粉末於模腔內之施壓之過程中，在初期階段當壓力極小時，粉末與粉末間僅產生相互滑動並流至空隙處，粉末產生一較密實之裝填(Packing)，因而胚體之密度增加。當外加壓力再增加，粉末顆粒產生彈性及塑性變形，粉末與粉末之接觸處產生固塑性變形而於摩擦力下滑動。當外加壓力再增加，此時粉末體之變化，將以塑性變形為主，粉末與粉末之接觸面產生更大摩擦力之相互滑動。由於粉末於高壓力之下相互滑動，其接觸面之氧化層（粉末金屬與一般大塊金屬一樣，表面或多或少有氧化層）破裂，而產生真正金屬間的接觸。加壓之粉末退出模後，大多數之金屬粉末均具有相互聚合之強度，而不致分散成為原來之鬆散粉末。粉末加壓後為何具有此種聚合力，有人認為係因冷銲接(Cold Welding)，但筆者認為粉末間之內聚力，主要來自機械式之糾纏(Mechanical Interlocking)。一般粉末加壓後，壓胚強度隨粉末形狀之愈不規則而愈強；反之，愈呈球形之粉末愈不易成形，此種事實為機械式糾纏增加壓胚強度之證明。加壓成形後之壓胚燒結時，壓胚內粉末互相糾纏產生的接觸點為原子擴散之通道。隨著原子之擴散，粉末接觸點增大，且使其由機械式之接觸(Mechanical Contact)變爲金屬式之接合(Metallic Bond)，因此形成燒結後之燒結體強度大增。

由上之分析可知，當其他條件不變，壓胚之密度均勻則粉末與粉末之接觸點分佈均勻。燒結時，不僅壓胚收縮均勻，且燒結後燒結體各處之強度亦均勻。燒結零件尺寸精度不僅易於控制，且零件之強度沒有弱點(Weak Point)之出現。

由於粉末非如流體受壓力時，壓力在各點均等。受壓之粉末群內部因塑性變形及摩擦等因素，受壓不勻，導致壓胚之密度不勻，此爲無法避免之事實。有不少如圖6.2所示之壓胚內部密度或壓力不勻之研究論文發表[3]，此方面本文不作進一步之討論。主要之點爲鋼模設計人員必須想盡一切方法，如沖頭動程、加壓速度之控制、新型模具之設計或甚至新型壓床之開發等，儘量使壓胚內各處密度達到均勻，以符合鋼模設計之第一準則。

圖6.3(a)所示爲一擬以粉末冶金燒結方法製造之零件，初學者可能會認爲，既然要保證壓製之生胚內部之密度均勻，以符合模具設計之第一準則，則加壓應如圖6.3所示之順序：(a)爲欲壓製零件，其壓縮比爲n；則(b)示填料狀況；(c)示模腔右側之

上下沖以相等之速度下降，將粉末推至適當位置，然後上沖下壓 1/2(n-1)b，而下沖頭則上壓 1/2(n-1)b，壓胚右側之毛胚已壓製完成如圖(d)，然後模腔左側之上沖頭下壓 1/2(n-1)a，下沖頭上壓 1/2(n-1)a，如此則壓胚整體壓製完成如圖6.3(e)，壓胚體各處之密度應相等。唯作深入一步分析時，上述之加壓方式爲模腔右側之粉末先壓，在此過程中，左方之粉末保持疏鬆，而右方粉末體之密度則隨壓力之增加而增加，於此情形之下右側之粉末將被推移至左側，雖然一般而言，此種橫向粉末之移動，其流量雖非如流體隨壓力而流動之流動量大，但仍會有粉末流向左側。當右側之粉末高度壓至所需之高度後，左側之粉末始開始受壓，由於右側之粉末密度已升高，早期右側單側加壓流向左側之粉末，已無法流回原來之右側，當左側按壓縮比壓至所需之高度後，其最後之結果爲壓胚內左側之密度高於右側之密度，於是形成模具設計第一準則（壓胚內各部之密度應相等）之要求無法達成。

如欲要初學者再另作設計，則其可能之結果如圖6.4所示。圖6.4(b)即圖6.3之(c)，即將粉末之質量按零件之形狀作適當分佈。至此以後，不作如前例所述之左右單獨加壓，而改爲左右二側上下沖頭同

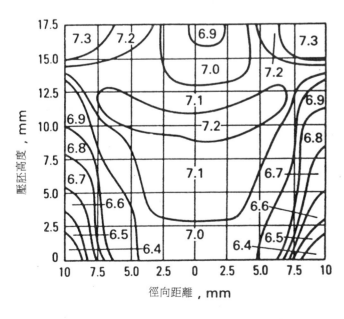

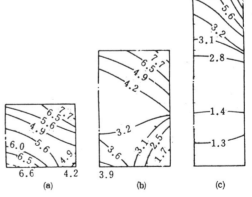

(a) $\dfrac{H}{D}=0.42$ ；(b) $\dfrac{H}{D}=0.79$ ；(c) $\dfrac{H}{D}=1.66$

壓製壓力爲7噸/公分²，圖上的數字表示壓力，單位爲噸/公分²。

圖6.2　壓胚內，密度或壓力分佈不均之情形

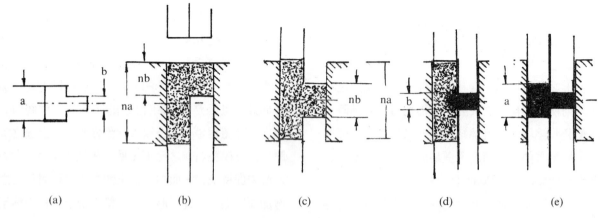

圖6.3　待壓零件及加壓程序圖

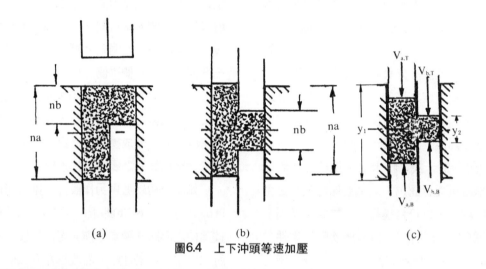

圖6.4　上下沖頭等速加壓

時加壓，如圖6.4(c)所示為加壓過程中，某一瞬間之加壓位置。設 $V_{a,T}, V_{a,B}, V_{b,T}$ 及 $V_{b,B}$ 分別為左右側上下沖之瞬間加壓速度，如欲保持加壓過程中任一瞬間左右二側之密度相等，從而左右二側之壓力相等，不致引起粉末之橫向流動，則下式應成立

$$\frac{W_a}{na - \Sigma(V_{a,T} + V_{a,B})\Delta T} = \frac{W_a}{y_1} = \frac{W_b}{nb - \Sigma(V_{b,T} + V_{b,B})\Delta T}$$

$$= \frac{W_b}{y_2} = \rho_t$$

式中 W_a，W_b 分別為模腔內左右側單位面積之粉末填充量。為了保持壓製完成後毛胚上下端面之密度相等，而與中央切面之密度相差最小時，則應 $V_{a,T} = V_{b,T}, V_{aB} = V_{b,B}$，上式可當為

$$\frac{W_a}{na - 2\Sigma(V_{a,T}\Delta T)} = \frac{W_b}{nb - 2\Sigma(V_{b,T}\Delta T)} = \rho_T$$

$$W_a nb - 2\Sigma W_a(V_{b,T}\Delta T) = W_b na - 2W_b\Sigma(V_{a,T}\Delta T)$$

$$\rho_{init} = \frac{W_a}{na} = \frac{W_b}{nb} = \rho_{app} \qquad W_a = na\rho_{app}, W_b = nb\rho_{app}$$

式中 ρ_T 為壓製時間 T=0 至 T=T 之密度，ρ_{app} 為鬆裝密度。將 W_a 及 W_b 代入上式

$$(nar_{app})nb - 2nar_{app}\Sigma(V_{b,T}\Delta T)$$

$$= nbr_{app}na - 2nbr_{app}\Sigma(V_{a,T}\Delta T)$$

$$\frac{(V_{b,T}\Delta T)}{(V_{a,T}\Delta T)} = \frac{b}{a}$$

上式表示模腔右側上沖頭在任何時間壓製行程與左側之壓製行程應恆等於(b/a)，亦可書為：

$$\frac{V_{b,T}}{V_{a,T}} = \frac{b}{a}$$

此式表示，任何時間右側上沖頭之速度與左側上沖頭之速度比恆為 b/a。吾人進一步分析 $V_{a,T}$ 與 $V_{b,T}$ 之差值，瞭解其中意義：

$$V_{a,T} - V_{b,T} = \frac{a}{b} V_{b,T} - V_{b,T} = (\frac{a}{b} - 1) V_{b,T} = \triangle V$$

△V愈大，則加壓過程中，毛胚左右二側間粉末介面產生相對運動愈大，此種較大之相對運動出現在模腔內左右二側粉末之介面處，將破壞介面上粉末相互機械式糾纏之程度，因而造成毛胚及燒結零件左右二側交接面上之機械強度弱點的產生。在粉末被加壓之初期，粉末極疏鬆，個別之粉末顆粒尚有相當大之轉動及滑動空間，因△V所破壞之粉末相互機械式糾纏可望很快回復，△V將不致造成毛胚之強度不均勻。但在加壓後期（即上述零件左側之粉末已被壓製接近 a 之長度，右側則接近 b 之長度），若△V仍大，則毛胚左右側之介面部份將被撕裂，壓胚之強度因而不均，形成模具設計第二準則無法達成。此種壓胚由於斷面間高度不等，加壓時可能被撕裂，其機械式糾纏不均勻亦將造成燒結後成為強度之弱點。由上述之理論分析，可將結果總括如下：(1)欲壓製之毛胚，若其縱切面有幾個不同之高度，每一高度不同之切面宜分別以上下沖頭各一對成形一切面；(2)為了滿足壓製後之毛胚各切面之頂面與底面密度相等，且與各切面中央面之密度差最小，加壓過程中任何時間內，上沖頭之下降速度與下沖頭之上昇速度應相等；(3)欲達切面間兩側之密度相等，則於加壓過程中任何瞬間沖頭加壓之速度比應與切面之高度比成正比；(4)各切面間，沖頭加壓之速度差，加壓初期（即模腔內之填充粉末仍很疏鬆時）△V可以較大，但毛胚壓製愈接近最後階段則△V應愈小愈好，否則將造成毛胚各高度交接面上之強度弱點。

6.4　成形壓力

所謂成形壓力係指沖頭與粉末接觸面單位面積上所施之力，此壓力與所壓製成品之外形尺寸不相關連，而僅與沖頭與粉末之接觸面積有關。例如壓製鐵基零件，如根據設計，欲達成燒結零件所需強度，應以 47.23　kgf/mm²(30TSi)之壓力施壓。此壓製25Φmm之圓柱零件所需之總力量為 2.32x10⁴ kgf；但壓製外徑為25Φ mm及內徑為20Φ mm之圓環，

所需之總力量僅為8.35x10³ kgf。

粉末加壓需壓力多少，可從二方面分析：其一為已知壓力，求所能獲得之毛胚密度；其二則為欲獲壓胚某種密度，應需多大壓力。由於粉末雖為可流動之物體，但其於壓力作用下，壓力並非如液體受壓，壓力可傳至各部而均等之特性，此乃由於粉末與粉末間及粉末與模腔或心軸間存有很大摩擦力之故此類問題無法以數學方法作完全之描述，茲針對上述問題從實驗與實用二方面進行瞭解：

(1)壓胚密度與壓力之實驗式。

前述曾言及粉末並非如液體，壓力可傳至各處而均等，再加上工業上生產機械零件之形狀又多而複雜，如欲以數學模式解決工業零件所需之壓力問題，勢必需作無數之實驗，壓製各種粉末及各種形狀之零件，量測其中壓力分佈之情形，再以數學歸納法寫出實用式子以供工業界應用。唯實際上此種實驗工程浩大，難於有施行之條件，故於此方面僅有零星而非系統性之研究工作，例如圖6.2所示壓製銅粉壓胚於不同高度直徑比，壓力之分佈情形。比較有系統之研究工作，則為加壓壓力與壓胚密度之關係式，但壓胚之形狀僅限於圓棒狀。此項研究工作之結果雖對工業界用途不大，但亦書於此以示研究工作者之工作成果，亦或供偶有所需者參考。表6.1所示即為加壓壓力與棒狀壓胚密度之關係式。表中第一縱欄為式子，第三縱欄為式子出處參考資料，第二縱欄則為式子中之符號說明。表中式子4、6、7及14曾經R.W.Heckel用以驗證加壓不同之鐵粉、鎳粉、鋼粉及鎢粉，該研究者認為Konopicky之式子，即式子7較其他式子與實驗結果較為一致，但日本之研究者K.Kawakita[18]加壓粗鉛粉、電解細鋅粉、還原細鐵粉及各種鎳鋅系氧化鐵磁粉實驗後，則認為表6.1中式子13與實驗結果較為相合。

(2)工程上壓胚密度與加壓壓力之解決方式

工業界生產機械零件，在開發之過程中，欲生產一件從未以粉末冶金技術生產之零件，首先是由模具設計者分析所欲生產零件之形狀是否可能以粉末加壓製程加壓成形，其次則由熟悉材料之工作人

表6.1　壓胚密度與加壓壓力實驗式

No.	Notation	Ref.
1. $\ln p=(-V+C)/K$	C,K,:constant. V:relative volume	(6)
2. $\varepsilon = -\alpha \ln(P+P_c)$ $-\beta(P+P_c)-\gamma P+C$	ε :ratio of porosity. P:constant at initial packing. α . β . γ C:constant	(7)
3. $U(x)=U_o e^{-kx}$	Uo:porosity of surface clay. U(x):porosity at depth x under earth surface. x:depth of burial	(8)
4. $\ln P=-AVr+B$	A,B:constant . Vr:relative volume.	(9)
5. $\varepsilon = \psi^{-1} t k f \beta$	ε :volumetric strain. f: compressive stress. t: time. ψ , β , k: constant	(10)
6. $C=\dfrac{\rho_{(p)}-\rho_f}{p^{\frac{1}{3}}}$	C:constant. $\rho_{(p)}$. ρ_f:respectively, density of compact and loose powder. P:applied pressure	(11)
7. $P=\dfrac{1}{K}\ln\dfrac{U_0}{U}$	U,Uo:porosity at pressure P and at P=0. K:constant	(12)
8. $P=\dfrac{2}{3}\sigma_s C\ln\dfrac{U_0}{U}$	σ_s:elastic limit. U,Uo:porosity at pressure P and at P=0.	(13)
9. $\ln-\dfrac{D}{1-D}\propto P$	D:relative density at pressure P.	(14)
10. $\delta=\dfrac{1-U}{E}\sigma+\dfrac{\sigma\varepsilon_m+A\varepsilon_0}{\sigma+A}$	δ :change of volume. E:elastic factor. σ :compressive stress. ε_m:initial void. ε_o:strain at initial state. U,A:constant.	(15)
11. $\ln\dfrac{1}{1-D}=KP+$ $\ln\dfrac{1}{1-D_0}+B$	D,Do:relative density at pressure P and P=0 $\ln\dfrac{1}{1-D_0}+B$ = constant. K=$-\dfrac{1}{3\sigma_0}$. σ :yield strength.	(16)
12. $P=\sigma_s C(1-U)\ln\dfrac{1-U}{U}$	U:porosity at pressure P. σ_s:elastic limit. C:constant	(17)
13. $C=-\dfrac{abP}{1-bP}$	P:pressure. C:relative reduction of volume. a,b:constant	(18)
14. $\ln(\dfrac{1}{1-D_e})=$ $\dfrac{\sqrt{2}\gamma N^{\frac{1}{3}}}{0}(\dfrac{D_e}{1-D_e})^{\frac{1}{3}}$ $\dfrac{4\pi^{\frac{1}{3}}}{3}-\dfrac{P}{\sqrt{2}\sigma_0}$	D_e:relative density at pressure P. γ :surface density. N:number of pores at unit volume. σ_o:yield strength at compressing temperature. D:relative density at pressure P.	(19)

員瞭解粉末加壓及燒結後，所獲得樣品之物理及機械性能能否達到要求。如上述分析與瞭解之結論，認爲其可行，則將進行試製。在試製之過程中，可能有不少問題出現，需待問題完全解決後，商品始可能正式生產。

　　有關模具之設計及燒結材料品質之適合性，對於在粉末冶金零件工廠長期工作之工程師而言，一般均累積豐富經驗，足以解決上述之問題，而對於粉末冶金零件初入門者，則必需依靠更多資料，有所作爲。

　　凡一將顧客工件送至廠方，詢問該工件是否可以粉末加壓燒結技術加以生產，工程師應首先瞭解其材質大致爲何，譬如說是鐵基、銅基、鋁合金或其他金屬，再參照表6.2至表6.8所列之資料，尋求其中某種材料之強度、硬度、密度以及所適合應用之範疇是否合於零件所需，然後作成使用何種粉末材料及壓胚密度之建議。至於該零件是否適合以粉末加壓生產，讀者可參考第八章模具設計和製造，但實際上由模具之精心設計，仍可以粉末加壓成形。關於此方面留待第八章再作討論，此處僅討論工廠生產機械零件，如何決定加壓壓力大小之問題，對於此問題不論有或無經驗之工程師，一般均難精確把握，即使借助於表6.1所列之公式，恐亦無濟於事，因爲相同材質及粒度之粉末，對於不同廠家之產品，以一定之密度代入公式計算出所需之壓力，加壓後所得之密度通常不會相同。一般估計壓力多大，通常是以粉末製造廠家所提供之資料，其中對於所生產之每種粉末，均提示如圖6.5所示之壓縮作用曲線圖，工程師根據零件所欲達成之密度，預估其所需之加壓壓力，所需注意之點爲此種曲線係依據標準而作(如ANS H9.17-1973)，所壓製之試樣爲直徑25.4mm、高度12.7~25.4mm之圓柱。一般工廠所生產之零件，其形狀不一定爲圓柱，故工廠實際生產所需之壓力一般較曲線上所示者爲高，凡加壓時粉末與模腔及心軸之接觸面愈大，則所需之壓力更應相對提高，經數次試壓後，最後即可獲得較正確之加壓壓力。

6.5　脫模力

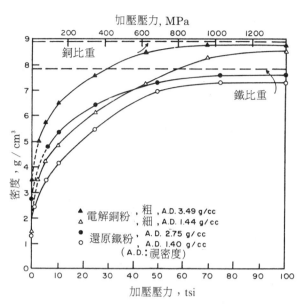

圖6.5　粉末加壓壓力與密度之關係曲線

　　由於粉末與粉末間及粉末與模壁間有摩擦力，爲了降低此種摩擦力，使於一定壓力之下獲得最高之密度，通常均加潤滑劑。加壓完成之後，壓胚退模時與模壁間仍有摩擦存在，此種摩擦力即爲退模力。退模力之大小影響模具之磨耗、出模後壓胚之完整性以及加壓過程之順暢性，故退模力之大小在加壓過程中爲一絕對不可忽視之因素。

　　影響退模力大小之因素有：(1)施加潤滑劑之方式、(2)潤滑劑之種類及用量、(3)加壓壓胚之高度、(4)加壓壓胚之密度。此方面曾有不少文獻發表，因影響退模力之因素太多，各種加壓狀況並非相同，此等文獻當然無法提供某一加壓問題之特定解答，但可提供對一問題之解決方向。

　　(1)潤滑劑施加方式對於退模壓力之影響

　　潤滑劑添加之方式有二種，即將潤滑劑混入粉末，另則爲潤滑模壁。就降低退模力而言，以模壁潤滑較爲有效。實際上一般工業生產，模壁潤滑導致產量降低，不合實際應用，因此除特殊情形外，工業生產仍是以混粉潤滑爲主。雖然工業界有人開發自動式模壁潤滑式之壓床，但至今似未被工業界廣泛採用。其原因爲自動模壁潤滑係將高揮發性之溶劑將潤滑劑溶於其中，而於加壓之三個步驟（填料、加壓及退模）中，多加入潤滑劑噴射步驟，而

表6.2　鐵與碳鋼(加石墨)

材料代號		F-0000-10	F-0000-15	F-0000-20	F-0005-15	F-0005-20	F-0005-25	F-0005-50HT	F-0005-60H	F-0005-70HT	F-0008-20	F-0008-25	F-0008-30	F-0008-3
最低	降伏強度 10^3N/mm² (10^3psi)	68.95 (10)	103.43 (25)	173.90 (38)	103.43 (24)	173.90 (32)	172.38 (38)	—	—	—	137.9 (20)	172.38 (25)	206.85 (30)	241.33 (35)
	抗拉強度 10^3N/mm² (10^3psi)	—	—	—	—	—	—	344.75 (50)	413.9 (60)	482.65 (70)	—	—	—	—
	抗拉強度 10^3N/mm² (10^3psi)	124.11 (18)	225 (25)	262.01 (38)	165.48 (24)	220.64 (32)	262.01 (38)	413.7 (60)	482.65 (70)	551.6 (80)	199.96 (29)	241.33 (35)	289.59 (42)	393.02 (57)
	0.2%降伏強度 10^3N/mm² (10^3psi)	89.64 (13)	124.11 (18)	172.37 (25)	124.11 (18)	158.59 (23)	193.06 (28)	與抗拉強度相近			172.36 (25)	206.85 (30)	241.33 (35)	275.8 (40)
一般	伸長率 %	1.5	2.5	7.0	<1.0	1.0	1.5	<0.5	<0.5	<0.5	<0.5	<0.5	<0.5	1.0
	楊氏模數 10^6N/mm² (10^6psi)	96.53 (14)	112.70 (17)	138.93 (20.5)	95.53 (14)	127.56 (16.5)	124.11 (18)	113.77 (16.5)	120.66 (17.5)	131.01 (19.0)	82.74 (12.0)	99.98 (14.5)	113.77 (16.5)	131.01 (19)
	抗折強度 10^3N/mm² (10^3psi)	248.22 (36)	344.75 (50)	655.03 (95)	330.96 (48)	441.28 (64)	524.02 (76)	723.9 (105)	827.4 (120)	965.3 (140)	351.65 (51)	420.60 (61)	510.23 (74)	689.5 (100)
	衝擊能量 Joule (ft-lb)	4.608 (3)	9.216 (6)	53.76 (35)	4.61 (3)	6.14 (4)	7.68 (5)	4.07 (3)	4.75 (3.5)	5.42 (4)	3.39 (2.5)	4.07 (3)	5.42 (4)	6.78 (5)
品質	密度 g/cm³	6.1	6.7	7.3	6.1	6.6	6.9	6.6	6.8	7.0	5.8	6.2	6.6	7.0
	硬度 洛克氏硬度	—	—	—	25HRB	40HRB	55HRB	20HRC	22HRC	25HRC	35HRB	50HRB	60HRB	70HRB
	硬度 微硬度	40HRF	60HRF	80HRF	—	—	—	58HRC	58HRC	58HRC	N/A	N/A	N/A	N/A
	10^7週期疲勞強度 10^3N/mm² (10^3psi)	48.30 (7)	68.95 (10)	96.53 (14)	62.06 (9)	82.74 (12)	96.53 (14)	158.59 (23)	186.17 (27)	206.85 (30)	75.85 (11)	89.64 (13)	110.32 (16)	151.69 (22)

說明及用途：未含碳碳基(低密度)零件F-0000系，用於低負荷零件，或負荷並非主要考慮因素而需潤滑之零件。高密度未合金鐵基零件，則用於磁性元件。如低負荷之齒輪、耐磨損樣件及凸輪需作滲氮處理)、自潤軸承及馬達磁極。(A)燒結後；(E)燒結未經熱處理；HT：熱處理

表6.3 鐵銅(混粉，未加石墨)及鐵銅銅(混粉，加石墨)

	材料代號		FC-0200-15	FC-0200-18	FC-0200-	FC-0200-24	FC-0205-30	FC-0205	FC-0205-40	FC-0205-40	FC-0205-60HT	FC-0205-	FC-0205-80HT	FC-0205-90HT	FC-0208-30	FC-0208-40
最低	降伏強度(A)	10^3N/mm² (10^3psi)	103.43 (15)	124.11 (18)	144.80 (21)	165.48 (24)	206.85 (30)	241.33 (35)	275.80 (40)	310.28 (45)	—	—	—	—	206.88 (30)	275.80 (40)
	抗拉強度(E)	10^3N/mm² (10^3psi)	—	—	—	—	—	—	—	—	413.90 (60)	482.65 (70)	551.60 (80)	620.55 (90)	—	—
低	抗拉強度	10^3N/mm² (10^3psi)	132.38 (25)	193.06 (28)	213.75 (31)	234.43 (34)	241.33 (35)	275.80 (40)	344.75 (50)	413.90 (60)	482.65 (70)	551.60 (80)	620.55 (90)	689.50 (100)	241.33 (35)	344.75 (50)
	0.2%降伏強度	(10^3psi)	137.90 (20)	158.59 (23)	179.27 (26)	199.96 (29)	247.33 (35)	275.80 (40)	310.28 (45)	344.75 (50)	與抗拉強度相近				214.33 (35)	310.28 (45)
一	伸長率	%	1.0	1.5	1.5	2.0	<1.0	<1.0	<1.0	<1.0	<0.5	<0.5	<0.5	<0.5	<1.0	<1.0
般	楊氏模數	10^6N/mm² (10^6psi)	89.64 (13)	103.43 (15)	113.77 (16.5)	124.11 (18)	89.64 (13)	103.43	117.22 (17)	134.45 (19.5)	99.98 (14.5)	110.32 (16)	120.63 (17.5)	131.06 (19)	82.74 (12)	103.43 (15)
	抗折強度	10^3N/mm² (10^3psi)	310.28 (45)	351.65 (51)	385.12 (56)	434.39 (63)	413.90 (60)	517.13 (75)	655.03 (95)	792.93 (115)	655.03 (95)	758.45 (110)	827.40 (120)	930.83 (135)	413.90 (60)	620.55 (90)
	衝擊能量	Joule (10^3psi)	68.95 (10)	75.85 (11)	82.74 (12)	89.64 (13)	89.64 (13)	103.43 (15)	131.01 (19)	158.59 (23)	186.17 (27)	206.85 (30)	234.43 (34)	262.01 (38)	89.64 (13)	131.01 (19)
品	密度	g/cm³	6.0	6.3	6.6	6.9	6.0	6.3	6.7	7.1	6.2	6.5	6.8	7.0	5.8	6.3
	硬度	洛克氏硬度	11HRB	18HRB	26HRB	37HRB	37HRB	48HRB	60HRB	72HRB	19HRC	25HRC	31HRC	36HRC	50HRB	61HRB
		微硬度	N/A	N/A	N/A	N/A	N/A	N/A	N/A	N/A	58HRC	58HRC	58HRC	58HRC	N/A	N/A
質	10^7週期疲勞強度	10^3N/mm² (10^3psi)	68.95 (10)	75.85 (11)	82.74 (12)	89.64 (13)	89.64 (13)	103.43 (15)	131.01 (19)	158.59 (23)	168.17 (27)	206.85 (30)	234.43 (34)	262.01 (38)	89.64 (13)	131.01 (19)

說明及用途

為混粉鐵銅加石墨與不加石墨二種材料，FC表示鐵銅混粉FC接著四位數字，前二位表示含銅百分數，後二位表示含碳量千分數，材料代號最後二數字表示最低降伏強度 (10^3psi)。

用於中等強度精造用件，一般銅含量為2%。零件如需作切削加工I用，則固定碳應小於0.5%。可作熱處理以增加強度及耐磨性。低密度之零件，可作滲油處理，用於需作相對運動之場合。(A)燒結後，(E)燒結再熱處理後；HT:熱處理。

表6.3　鐵銅(混粉，未加石墨)及鐵銅鋼(混粉，加石墨)

材料代號	最低 降伏強度 (A) 10³N/mm² (10³psi)	最低 抗拉強度 (E) 10³N/mm² (10³psi)	最低 抗拉強度 10³N/mm² (10³psi)	最低 0.2%降伏強度 (10³psi)	最低 伸長率 %	一般品質 楊氏模數 10⁶N/mm² (10⁶psi)	一般品質 抗折強度 10³N/mm² (10³psi)	一般品質 衝擊能量 Joule (10³psi)	一般品質 密度 g/cm³	一般品質 硬度 洛克氏硬度	一般品質 硬度 微硬度	一般品質 10⁷週期疲勞強度 10³N/mm² (10³psi)
FC-0208-50	344.75 (50)	—	413.90 (60)	379.23 (55)	<1.0	117.22 (17)	861.88 (125)	158.60 (23)	6.7	73HRB	N/A	158.60 (23)
FC-0208-60	413.90 (60)	—	517.13 (75)	448.18 (65)	<1.0	137.90 (20)	1068.73 (115)	199.96 (29)	7.2	84HRB	N/A	199.96 (29)
FC-0208-50HT	—	344.75 (50)	448.18 (65)	與抗拉強度相近	<0.5	96.53 (14)	655.03 (95)	172.38 (25)	6.1	20HRB	N/A	172.38 (25)
FC-0208-65HT	—	448.18 (65)	517.13 (75)	與抗拉強度相近	<0.5	106.87 (15.5)	758.45 (110)	199.96 (29)	6.4	27HRB	N/A	199.96 (29)
FC-0208-80HT	—	551.60 (80)	620.55 (90)	與抗拉強度相近	<0.5	120.63 (17.5)	896.35 (130)	234.43 (34)	6.8	35HRB	N/A	234.43 (34)
FC-0208-95HT	—	665.03 (95)	723.95 (105)	與抗拉強度相近	<0.5	134.45 (19.5)	1034.45 (150)	275.80 (40)	7.1	43HRB	N/A	275.80 (40)
FC-0503-30	206.85 (30)	—	303.38 (44)	248.22	<1.0	82.74 (12)	530.92 (95)	117.22 (17)	5.8	51HRB	N/A	117.22 (17)
FC-0503-30	275.80 (40)	—	489.55 (58)	324.07	<1.0	103.43 (15)	703.29 (102)	151.60 (22)	6.3	62HRB	N/A	151.69 (22)
FC-0505-50	344.75 (50)	—	489.55 (71)	385.12	<0.5	117.22 (17)	854.98 (124)	182.17 (27)	6.7	720HRC	58HRC	185.17 (27)
FC-0508-40	275.80 (40)	—	399.91 (58)	344.75	<0.5	86.19 (12.5)	689.50 (100)	151.69 (22)	5.9	60HRC	58HRC	151.69 (22)
FC-0208-50	344.75 (50)	—	486.86 (68)	413.90 (60)	<0.5	103.43 (15)	827.40 (120)	179.27 (26)	6.3	68HRC	58HRC	179.22 (26)
FC-0208-60	413.90 (60)	—	565.39 (60)	482.65 (70)	<1.0	120.63 (17.5)	999.78 (145)	213.75 (31)	6.8	80HRC	58HRC	213.75 (31)
FC-0808-45	310.28 (45)	—	379.23 (55)	344.75 (50)	<0.5	89.64 (13)	568.08 (85)	144.80 (21)	6.0	65HRB	N/A	144.80 (21)
FC-1000-20	137.90 (20)	—	206.85 (30)	179.27 (26)	<1.0	89.64 (13)	365.44 (53)	75.85 (11)	6.0	15HRB	N/A	78.85 (11)

說明及用途：為混粉粉鐵銅加石墨與不加石墨二種材料。FC表示鐵銅混粉粉，FC接著四位數字，則固定碳量應小於0.5%，前二位表示合銅百分數，後二位表示合碳量千分數。材料代號最後二數字表示最低降伏強度(10³psi)。零件如需作切削加工，一般銅合金含量為2%，可作熱處理以增加強度及耐磨性。低密度之零件，可作滲油處理，用於需作相對運動之場合。用於中等強度構造用件。(A)：燒結後；(E)：燒結再熱處理後；HT：熱處理。

表6.4　鐵鎳(混粉，不加石墨)及鐵鎳鋼(混粉，加石墨)

	材料代號	FN-0200-15	FN-0200-20	FN-0200-25	FN-0205-20	FN-0205-25	FN-0205-30	FN-0205-35	FN-0205-80HT	FN-0205-105HT	FN-0205-130HT	FN-0205-155HT	FN-0205-180HT
最低	降伏強度(A) 10³N/mm²(10³psi)	(15)	(20)	172.38 (25)	177.90 (20)	172.38 (25)	206.85 (30)	241.33 (35)	—	—	—	—	—
	抗拉強度(E) 10³N/mm²(10³psi)	—	—	—	—	—	—	—	551.60 (80)	723.98 (105)	896.35 (130)	1068.73 (155)	1241.10 (180)
	抗拉強度 10³N/mm²(10³psi)	172.38 (25)	241.33 (35)	275.80 (40)	275.80 (40)	344.75 (50)	413.90 (60)	482.65 (70)	620.55 (90)	827.40 (120)	999.78 (145)	1103.20 (160)	1275.58 (185)
	0.2%降伏強度 10³N/mm²(10³psi)	117.22 (17)	172.38 (25)	206.85 (30)	172.38 (25)	200.85 (30)	241.33 (35)	275.80 (40)	與抗拉強度相近				
一般品質	伸長率 %	1.5	4.0	6.5	1.5	2.5	4.0	5.5	<0.5	<0.5	<0.5	<0.5	<0.5
	楊氏模數 10⁶N/mm²(10⁶psi)	106.25 (1.5)	134.45 (19.5)	158.59 (23.0)	106.25 (15.5)	127.56 (18.5)	151.69 (22.0)	165.48 (24.0)	106.25 (15.5)	127.56 (18.5)	144.80 (21.0)	158.59 (23.0)	165.48 (24)
	抗折強度 10³N/mm²(10³psi)	—	551.60 (80)	—	448.18 (65)	689.90 (100)	861.88 (125)	1034.25 (150)	827.40 (120)	1103.20 (160)	1210.05 (190)	1482.45 (215)	1723.74 (250)
	衝擊能量 Joule (ft-lb)	—	26.44 (19.5)	—	8.14 (6.0)	16.27 (12.0)	28.48 (21.0)	46.10 (34.0)	4.75 (3.5)	6.10 (4.5)	8.14 (6.0)	9.49 (7.0)	12.88 (9.5)
	密度 g/cm³	6.6	6.7	7.3	6.6	6.9	7.2	7.4	6.6	6.9	7.1	7.2	7.4
	硬度 洛氏硬度	—	75HRF	—	44HRB	59HRB	69HRB	78HRB	23HRC	29HRC	33HRC	36HRC	40HRC
	硬度 微硬度	N/A	N/A	N/A	N/A	N/A	N/A	N/A	55HRC	55HRC	55HRC	55HRC	55HRC
	10⁷週期疲勞強度 10³N/mm²(10³psi)	68.95 (10)	89.64 (13)	103.43 (15)	103.43 (15)	113.01 (19)	158.59 (23)	186.19 (27)	234.43 (34)	317.17 (46)	379.23 (55)	420.60 (61)	482.65 (70)

說明及用途：FN代表鐵鎳混粉。鎳加入鐵粉中，雖然軟碳之易於擴散於鐵，增加材料之韌性，增加材料相之出現，但此不均勻之材料中，有富鎳相之出現。鎳鐵通常用於熱處理之狀態，增加強度，抗磨耗及抗衝擊。

(A)：燒結後；(E)：燒結再熱處理後。

(A)：降伏強度；(E)：抗拉強度；HT：熱處理

表6.4 鐵鎳(混粉，不加石墨)及鐵鎳鋼(混粉，加石墨)

	材料代號		FN-0208-30	FN-0208-35	FN-0208-40	FN-0208-45	FN-0208-50	FN-0208-80HT	FN-0208-105HT	FN-0208-130HT	FN-0208-155HT	FN-0208-180HT	FN-0405-25	FN-0405-35
最低	降伏強度 (A)	10^3N/mm² (10^3psi)	206.85 (30)	241.33 (35)	275.80 (40)	310.28 (45)	344.75 (50)	—	—	—	—	—	172.36 (25)	241.33 (35)
	抗拉強度 (E)	10^3N/mm² (10^3psi)	—	—	—	—		551.60 (80)	723.96 (105)	896.35 (130)	1068.73 (155)	1241.10 (180)	—	—
	抗拉強度	10^3N/mm² (10^3psi)	310.28 (45)	379.23 (55)	482.65 (70)	551.60 (80)	620.55 (90)	620.55 (90)	827.14 (12)	999.78 (145)	1172.15 (170)	1344.53 (195)	275.80 (30)	413.70 (60)
	0.2%降伏強度	10^3N/mm² (10^3psi)	241.33 (35)	275.80 (40)	310.28 (45)	344.75 (50)	379.23 (55)	與抗拉強度相近					206.85 (30)	275.80 (40)
	伸長率	%	1.5	1.5	2.0	2.5	3.0	<0.5	<0.5	<0.5	<0.5	<0.5	<1.0	3.0
一般品質	楊氏模數	10^6N/mm² (10^6psi)	163.77 (16.5)	127.56 (18.5)	144.80 (21.0)	158.59 (23.0)	165.48 (24.0)	113.77 (16.5)	121.56 (18.5)	134.45 (19.5)	158.59 (22.0)	165.48 (24.0)	96.53 (14.0)	134.45 (19.5)
	抗折強度	10^3N/mm² (10^3psi)	586.08 (80)	723.96 (105)	896.35 (130)	1068.73 (155)	1172.75 (170)	827.40 (120)	1034.25 (150)	1275.58 (185)	1916.90 (220)	1723.75 (250)	448.19 (65)	827.4 (120)
	衝擊能量	Joule (ft-lb)	7.46 (5.5)	10.85 (8.0)	14.92 (11.0)	21.70 (16.0)	28.48 (21.0)	5.42 (4.0)	6.10 (4.5)	7.46 (5.5)	9.49 (7.0)	10.85 (8.0)	6.10 (4.5)	6.10 (14.5)
	密度	g/cm³	6.7	6.9	7.1	7.3	7.4	6.7	6.9	7.0	7.2	7.4	6.5	7.0
	硬度 洛氏硬度		63HRB	71HRB	77HRB	83HRB	88HRB	26HR	31HRC	35HRC	39HRC	42HRC	49HRB	71HRB
	硬度 微硬度		N/A	N/A	N/A	N/A	N/A	57HRC	57HRC	57HRC	57HRC	57HRC	N/A	57HRC
	10^7週期疲勞強度	10^3N/mm² (10^3psi)	117.22 (17)	144.80 (21)	186.17 (27)	206.35 (30)	234.43 (34)	234.43 (34)	317.17 (46)	379.23 (55)	448.16 (65)	510.23 (74)	103.43 (15)	158.59 (23)

說明及用途：FN代表鐵鎳混粉，鎳加入鐵粉中，雖然較碳之易於擴散於鐵粉中，但此不均勻之材料中，有富鎳相之出現，有富鎳相之易於擴散中，鎳散於鐵中。鎳鐵通常用於熱處理之狀態。鎳鐵增加材料之韌性，增加強度，抗磨耗及抗衝擊。
(A)：燒結後；(E)：燒結再熱處理後；HT：熱處理

表6.4　鐵鎳(混粉，不加石墨)及鐵鎳鎳鋼(混粉，加石墨)

	材料代號		FN-0405-45	FN-0405-105HT	FN-0405-130HT	FN-0405-155HT	FN-0405-180HT	FN-0408-35	FN-0408-15	FN-0408-45	FN-0408-55
最低	降伏強度 (A)	10³N/mm² (10³psi)	(45)	-	-	-	-	-	241.33 (35)	310.28 (45)	379.23 (55)
	抗拉強度 (E)	10³N/mm² (10³psi)	-	551.60 (80)	723.98 (105)	896.35 (130)	1068.73 (155)	1241.10 (180)	-	-	-
	抗拉強度	10³N/mm² (10³psi)	622.55 (90)	586.08 (85)	758.45 (110)	930.83 (135)	1103.20 (160)	1275.58 (185)	310.58 (45)	448.18 (65)	551.60 (80)
	0.2%降伏強度	10³N/mm² (10³psi)	(50)	與抗拉強度相近					275.80 (40)	344.75 (50)	413.70 (6)
一般	伸長率	%	4.5	<0.5	<0.5	<0.5	<0.5	<0.5	1.0	1.0	1.0
	楊氏模數	10⁶N/mm² (10⁶psi)	96.53 (24.0)	96.53 (14.0)	120.66 (17.5)	134.45 (19.5)	158.59 (230)	165.48 (24.0)	99.96 (14.5)	127.56 (18.5)	158.69 (22.0)
	抗折強度	10³N/mm² (10³psi)	1206.63 (175)	292.93 (115)	999.78 (145)	1379.0 (200)	1689.28 (245)	1930.60 (280)	517.13 (75)	792.93 (115)	1034.25 (150)
	衝擊能量	Joule (ft-1b)	45.43 (33.5)	5.42 (4.0)	6.78 (5.0)	8.81 (6.5)	12.88 (9.5)	17.63 (13.0)	5.42 (4.0)	10.17 (7.5)	14.92 (11.0)
品質	密度	g/cm³	7.4	6.5	6.8	7.0	7.3	7.4	7.4	6.9	7.2
	硬度	洛氏硬度	84HRB	19HRC	25HRC	31HRC	37HRC	40HRC	67HRB	78HRB	87HRB
		微硬度	N/A	55HRC	55HRC	55HRC	55HRC	55HRC	N/A	N/A	N/A
	10⁷週期疲勞強度	10³N/mm² (10³psi)	324.43 (34)	220.64 (32)	289.59 (42)	351.65 (51)	420.60 (61)	482.65 (70)	117.22 (17)	172.38 (25)	206.85 (30)

說明及用途：FN代表鐵鎳混粉，鎳加入鐵粉中，雖然軟碳之易於擴散於鐵中，但此不均勻之材料中，有富鎳相之出現，增加材料之韌性。鎳鐵通常用於熱處理熱處理之狀態，增加強度，抗磨耗及抗衝擊。
(A)：燒結後；(E)：燒結再熱處理後。HT：熱處理

表6.5 低合金鋼

		材料代號	FL-4205-80HT	FL-4205-100HT	FL-4205-120HT	FL-4205-140HT	FL-4605-80HT	FL-4605-100HT	FL-4605-120HT	FL-4605-140HT
最低	降伏強度(A)	10^3N/mm² (10^3psi)	551.60 (80)	689.50 (100)	827.40 (120)	965.30 (140)	551.60 (80)	689.50 (100)	827.40 (120)	965.30 (140)
	抗拉強度(B)	10^3N/mm² (10^3psi)	620.55 (90)	758.45 (110)	896.35 (130)	1034.25 (150)	586.08 (85)	758.45 (110)	896.35 (130)	1068.73 (155)
	抗拉強度	10^3N/mm² (10^3psi)	未有此項資料							
	0.2%降伏強度	10^3N/mm² (10^3psi)	將於新版中加入資料							
一般品質	伸長率	%	<0.5	<0.5	<0.5	<0.5	<0.5	<0.5	<0.5	<0.5
	楊氏模數	10^6N/mm² (10^6psi)	117.22 (17)	131.01 (19)	151.69 (22)	172.38 (25)	113.77 (16.5)	124.11 (18.0)	137.90 (20)	148.24 (21.5)
	抗拉強度	10^3N/mm² (10^3psi)	930.83 (135)	1103.20 (160)	1275.58 (185)	1482.43 (215)	896.35 (130)	1137.88 (165)	1344.53 (195)	1585.85 (230)
	衝擊能量	Joule (ft-lb)	4.75 (3.5)	5.42 (4.0)	5.42 (4.0)	6.10 (4.5)	4.75 (3.5)	6.10 (4.5)	8.136 (6.0)	9.49 (7.0)
	密度	g/cm³	6.60	6.80	7.00	7.20	6.55	6.75	6.95	7.20
	硬度 洛氏硬度		28HRC	32HRC	36HRC	39HRC	24HRC	29HRC	34HRC	39HRC
	硬度 微硬度		60HRC	60HRC	60HRC	60HRC	60HRC	60HRC	60HRC	60HRC
	10^7週期疲勞強度	10^3N/mm² (10^3psi)	234.43 (34)	289.59 (42)	337.96 (49)	393.05 (57)	220.64 (32)	289.59 (42)	337.86 (49)	406.81 (59)

說明及用途：粉末為合金鎳、鉬及鉻之低合金粉末，可以混入石墨粉。當鎮鐵混合粉材料硬度無法滿足要求時，可選用此種配料。合金鋼粉通常被選用大型零件製造。如零件之最後密度要求超過7.08g/cm3，則製程需採用加壓、預燒、重壓及再燒結。所以零件經熱處理，可獲較高之性能，經淬火及退火後，強度及耐磨性均高。(A)：燒結後；(B)燒結後再作熱處理。HT：熱處理

表6.6　滲銅鐵(未加石墨)及滲銅鋼(加石墨)

材料代號			FX-1000-25	FX-1005-40	FX-1005-110HT	FX-1008-50	FX-1008-110HT	FX-2000-25	FX-2005-45	FX-2005-90HT	FX-2008-60	FX-2008-90HT
最低	降伏強度 (A)	10^3N/mm² (10^3psi)	172.38 (25)	275.80 (40)	—	344.75 (50)	—	172.38 (25)	310.28 (45)	—	413.70 (60)	—
	抗拉強度 (E)	10^3N/mm² (10^3psi)	—	—	758.45 (110)	—	778.45 (110)	—	—	620.55 (90)	—	620.55 (90)
	抗拉強度	10^3N/mm² (10^3psi)	351.65 (51)	530.92 (77)	827.40 (120)	599.87 (87)	827.40 (120)	317.19 (46)	517.13 (75)	689.50 (100)	551.60 (80)	689.50 (100)
	0.2%降伏強度	10^3N/mm² (10^3psi)	220.64 (32)	344.75 (50)	與降伏強度相近	413.70 (60)	與抗拉強度相近	255.12 (37)	413.70 (60)	與抗拉強度相近	482.65(70)	與終極強度相進
一般品質	伸長率	%	7.0	4.0	<0.5	3.0	<0.5	3.0	1.5	<0.5	1.0	<0.5
	楊氏模數	10^6N/mm² (10^6psi)	110.32 (16.0)	110.32 (16.0)	110.32 (16.0)	110.32 (16.0)	110.32 (16.0)	103.43 (15.0)	103.43 (150)	103.43 (15.0)	103.43 (15.0)	103.43 (15.0)
	抗拉強度	10^3N/mm² (10^3psi)	910.14 (132)	1089.41 (158)	1447.95 (210)	1144.57 (166)	1303.16 (189)	992.88 (144)	1020.48 (148)	1179.05 (171)	1075.62 (156)	1096.31 (159)
	衝擊能量	Joule (ft-1b)	33.9 (25)	17.63 (13)	9.49 (7)	13.56 (10)	8.81 (6.5)	20.34 (15)	10.92 (8)	9.56 (7)	9.56 (7)	6.83 (5)
	密度	g/cm³	7.3	7.3	7.3	7.3	7.3	7.3	7.3	7.3	7.3	7.3
	硬度　洛氏硬度		65HRB	82HRB	38HRC	87HRB	43HRC	66HRB	85HRB	38HRC	90HRB	36HRC
	硬度　微硬度		N/A	N/A	55HRC	N/A	58HRC	N/A	N/A	55HRC	N/A	58HRC
	10^7週期疲勞強度	10^3N/mm² (10^3psi)	131.01 (19)	199.86 (29)	317.17 (46)	227.54 (33)	317.17 (46)	117.22 (17)	199.96 (29)	262.61 (38)	206.85 (30)	262.61 (38)

說明及應用：於中等壓力之下，使用滲銅零件以以防漏。低碳之高密度滲銅零件，可作表面滲碳或滲碳，可得硬而耐磨之表面。可作表面耐磨之表面。而中心質軟。較高碳者可於空氣中，作火焰表面硬化，而內部氧化並不嚴重。易於切削加工，可得不滑之表面。FX為滲銅之代號。(A)：燒結後。(E)：燒結後再作熱處理；HT：熱處理

表6.7　不銹鋼

	材料代號	單位	SS-303N1-25	SS-303N2-35	SS-303L-12	SS-304N1-30	SS-304N1-33	SS-304L-B.	SS-316N1-25	SS-316N2-33	SS-316L-15	SS-410-90HT
最低	降伏強度 (A)	10^3N/mm² (10^3psi)	172.38 (25)	241.33 (35)	82.74 (12)	206.85 (30)	227.56 (33)	89.64 (13)	127.38 (25)	282.70 (33)	234.43 (15)	—
	抗拉強度 (E)	10^3N/mm² (10^3psi)	—	—	—	—	—	—	—	—	—	620.55 (90)
	伸長率	%	0.0	3.0	(12.0)	(0.0)	(5.0)	(12.0)	(0.0)	(5.0)	(12.0)	(0.0)
	抗拉強度	10^3N/mm² (10^3psi)	268.91 (39)	379.23 (55)	268.91 (39)	296.49 (43)	393.02 (57)	296.98 (43)	282.70 (41)	413.70 (60)	282.70 (41)	723.98 (105)
	0.2%降伏強度	10^3N/mm² (10^3psi)	220.64 (32)	289.59 (42)	117.22 (17)	262.01 (38)	275.80 (40)	144.11 (18)	234.43 (34)	268.91 (39)	137.90 (20)	—
一般	伸長率	%	0.5	5	17.5	0.5	10	23	0.5	10	18.5	<0.5
	抗拉強度	10^3N/mm² (10^3psi)	666.76 (86)	675.71 (98)	565.39 (82)	772.24 (112)	875.67 (127)	—	744.66 (108)	816.88 (125)	551.60 (80)	779.14 (113)
	衝擊能量	Joule (ft-lb)	3.5	19	—	4	25	—	(5)	(28)	(35)	(2.5)
品質	密度	g/cm³	6.4	6.5	6.6	6.4	6.5	6.6	6.4	6.5	6.6	6.5
	硬度　洛氏硬度		62HRB	63HRB	21HRB	61HRB	62HRB	—	59HRB	62HRB	20HRB	23HRC
	硬度　微硬度		N/A	N/A	N/A	N/A	N/A	N/A	N/A	N/A	N/A	55HRC

說明及用途：不銹鋼有良好機械性質及高抗腐蝕性。SS-303：沃斯田鐵不銹鋼，無磁性，高強度及硬度，抗腐蝕性佳，有良好之切削性。S-304不銹鋼，強度及抗腐蝕性均好，一般用途。SS-316不銹鋼，無磁性，抗腐蝕性優於SS-303，其他各種不銹鋼性質均不差，選用之第一不銹鋼SS-410為麻田散鐵，有磁性，需硬度及耐磨時選用此鋼，加入碳，可提昇硬化反應，燒結時，爐中冷卻，即已硬化，切削性差，進一步硬化處理。(A)：燒結後；(E)：燒結後再作熱處理。

表6.8　黃銅、青銅及銀鎳合金

	材料代號		CZ-1000-9	CZ-1000-10	CZ-1000-11	CZP-2002-11	CZP-2002-12	CZ-3000-14	CZ-3000-16	CZP-3002-13	CZ-3002-14	CNZ-1818-17	CT-1000-B
最低	降伏強度(A)	10^3N/mm^2 (10^3psi)	62.00 (9)	68.95 (10)	75.85 (11)	75.85 (11)	82.74 (12)	96.53 (14)	110.32 (16)	89.64 (13)	76.53 (14)	117.22 (17)	89.64 (13)
	抗拉強度(E)	10^3N/mm^2 (10^3psi)					未有此項資料						
一般品質	抗拉強度	10^3N/mm^2 (10^3psi)	124.11 (18)	137.90 (20)	158.59 (23)	158.59 (23)	206.85 (30)	293.06 (28)	273.76 (34)	186.17 (27)	217.19 (31.5)	234.43 (34)	151.69 (22.0)
	0.2%降伏強度	10^3N/mm^2 (10^3psi)	65.5 (9.5)	75.85 (11)	82.74 (12)	89.64 (13.5)	110.32 (16.0)	110.32 (16.0)	131.01 (19)	103.43 (15.0)	113.77 (16.5)	137.90 (20)	110.32 (16)
	伸長率	%	9.0	10.5	12.0	12.0	14.5	14	17	14	16	11	4.0
	楊氏模數	10^6N/mm^2 (10^6psi)	51.71 (7.5)	68.95 (10)	—	68.95 (10)	82.74 (12)	62.06 (9.0)	68.95 (10)	62.06 (9.0)	68.95 (10)	75.85 (11)	37.92 (5.5)
	抗拉強度	10^3N/mm^2 (10^3psi)	268.91 (39)	317.17 (46)	358.54 (52)	344.75 (50)	482.65 (70)	927.49 (62)	592.97 (86)	393.02 (57)	489.55 (71)	503.34 (73)	310.28 (45)
	衝擊能量	Joule (ft-lb)		—		37.97 (28.0)	75.94 (56.0)	31.19 (23.0)	51.53 (38.0)	—		32.54 (24)	5.42 (4.0)
	密度	g/cm³	7.6	7.90	8.10	7.60	8.00	7.60	8.00	7.60	8.00	7.90	7.20
	0.1%壓縮強度	10^3N/mm^2 (10^3psi)			—				89.64 (13)	—	172.38 (25.0)	—	186.17 (27.0)
硬度	洛氏硬度		65HRH	72HRH	80HRH	75HRH	84HRH	84HRH	92HRH	80HRH	88HRH	90HRH	82HRH
	微硬度		N/A	N/A	N/A	N/A	N/A	N/A	N/A	N/A	N/A	N/A	N/A

說明及用途：CZ系材料為銅鋅合金黃銅，如再加2%鉛，則為CZP系黃銅，用於製造員有美觀之顏色。CT為銅錫青銅，主要用於製造自潤軸承之原料，如密度高6.8g/cm³，亦可用於製造結構性機件。CNZ為銅鎳鋅合金，例CNZ-1818合鎳及鉛各18%，因此種合金呈銀色，故稱鎳銀合金。鎳銀合金主要用於要求美觀之處。降伏點強度為燒結後未經熱處理之強度。本表之材料一般均施以重壓，以提高其密度。(A)燒結後；(E)燒結後再熱處理；最低降伏點強度之強度。

潤滑劑噴射後，尚需時間將溶劑揮發，因此增加每一加壓循環所需之時間。對於生產小零件而言，大致為十數秒為一零件加壓循環週期，此潤滑劑之噴射及乾燥所需時間，勢將大大增長零件生產週期所需時間，以致生產成本增加。對生產大型零件而言，因餵料時間長，自動模壁潤滑系統之加入所佔生產週期所需時間百分比不太大，故自動模壁潤滑步驟之加入或有其實用價值。

(2)潤滑劑之種類及用量

物體接觸作相對運動，因有摩擦力之存在，接觸面即產生磨耗。為了降低此種摩擦力，工業上所用之方法於接觸面施加液態或固態潤滑劑，轉變接觸面間之黏著磨耗(Adhesive Wear)或刮擦磨耗(Abrasive Wear)為潤滑層之剪力變形，而此潤滑層必需具有適當之強度，承受接觸面間所存在之壓力而不發生破裂。如潤滑劑於壓力之下破裂，摩擦面仍將產生直接接觸而失去潤滑效果。工業上所應用之機械運動接觸面間之壓力有各種不同形式及大小，故所用之潤滑劑種類繁多。

壓胚退模類似機械接觸面之相對運動，其磨耗之原理與一般機械接觸面相同。模腔磨耗之機構雖未見理論性研究文獻發表，但一般相信黏著磨耗與刮擦磨耗機構均同時存在。粉末冶金界對退模力大小之研究僅在潤滑劑種類及用量方面完成些實驗性研究，表6.9所示為使用不同種類之混粉潤滑劑，於不同百分比添加量及加壓壓力30TSi之下，進行試驗所量出之退模壓力。由表中可以得知，於各種試驗條件之下，前四種潤滑劑之退模壓力相差不大，後二種之退模壓力較大。任何一種潤滑劑，當用量由0.25%增至1%或2%時，退模壓力則相對降低

表6.9　潤滑劑及退模壓力[23]

潤滑劑種類	潤滑劑用量%及退模壓力						
	0.25	0.5	1	2	0.25	0.5	1
	壓製鐵粉(A)				壓製鐵粉(B)		
硬脂酸鈣	2.75 (37.92)	2.25 (31.03)	1.75 (24.13)	-	2.25 (31.03)	1.50 (20.67)	1.25 (17.24)
硬脂酸鉛	2.50 (34.48)	2.00 (27.58)	1.50 (20.67)	0.75 (9.56)	2.00 (27.58)	1.50 (20.67)	1.50 (20.67)
硬脂酸鋅 (f)	2.50 (34.48)	2.25 (31.03)	1.65 (22.75)	1.00	1.75 (24.13)	1.50 (20.67)	1.25 (17.24)
硬脂酸鋅 (c)	3.00 (41.37)	2.50 (34.48)	1.80 (24.82)	1.00	2.50 (34.48)	1.50 (20.67)	1.25 (17.24)
硬脂酸鋁	3.25 (44.82)	2.00 (27.58)	1.50 (20.67)	-	2.50 (34.48)	1.50 (20.67)	1.25 (17.24)
硬脂酸鋰	3.50 (48.27)	1.75 (24.13)	1.50 (20.67)	0.75 (9.56)	3.00 (41.37)	2.25 (31.03)	1.50 (20.67)
硬脂酸	4.00 (55.76)	2.00 (27.58)	1.50 (20.67)	-	2.00 (27.58)	1.75 (24.13)	1.25 (17.24)
未使用潤滑劑	7.00 (96.53)				10.00 (137.9)		

說明：加壓壓力30TSi (190.16N/mm²)，f：細粉末　c：粗粉末　N/mm²x(1/9.81)=kgf/mm²

。由表中亦可看出，未加潤滑劑，則退模壓力可高達10TSi。根據筆者之經驗，以60TSi加壓鐵粉，如未加潤滑劑，退模壓力可高至20~30TSi，由此可見潤滑劑應用之必需性。

潤滑劑種類之選用，除了降低退模力及增加壓胚密度外，尚需考慮其他因素，如預燒時是否可全部脫除，脫除之潤滑劑是否污染爐體等，目前工業界所用之混粉潤滑劑仍以硬脂酸鋅為主。

(3)加壓毛胚之高度

以一定之壓力，加壓填充於一定直徑模具內之粉末，則壓胚之尺寸愈高即填料愈多，則退模壓力愈大。此方面未有實驗資料，於一般工業生產燒結零件，為了不使零件密度上下相差過大，零件之高度均不宜過大，而一般將餵料高度與模腔直徑比限制於2.5以下。

(4)加壓毛胚之密度

壓胚密度愈高或加壓壓力愈大，則退模壓力亦增大。但大多少，變化趨勢如何，圖6.6及圖6.7提供一參考資料。圖6.6所示為加壓銅粉，所使用之壓力各為30TSi及50TSi，添加混粉潤滑劑與退模力之變化似無一定之規則，但概約而言，潤滑劑量由0.5%增至1.5%，則模力呈遞減趨勢。使用0.5%硬脂酸鋁，加壓壓力為50TSi，對應之退模壓力為

5TSi，當加壓壓力降至30TSi，則退模壓力降為3TSi，相差約2TSi，此為圖6.6所示最大退模壓之差。又如圖6.7中加壓不銹鋼粉，退模壓力與數種1%混粉潤滑劑之關係。其中最大退模壓力為使用石蠟作潤滑劑之加壓條件，生胚密度為6.87g/cm³，退模壓力為11.5x10³psi，當壓胚密度為6.36g/cm³，則退模壓力為約6.7x10³psi，相差約2.4 TSi。

6.6　粉末填充行程

粉末加壓製程中，粉末填充之標準步驟為於加壓週期中，以餵料匣於模體頂面滑進滑出而完成餵料。所完成之餵料，其頂面為與模體面齊平，但工業上所壓製之毛胚，並非上端面全為一平面，以及再考慮其他因素，故填料於模腔內尚有某些技術性之改良，茲分述如下：

(1)過多餵料

壓製某些薄壁零件，心軸與模壁間空間很小，當填料匣滑至模腔之上，粉末很難餵入，即使由表面看去似已填滿，但可能填料不勻或下部甚至仍為

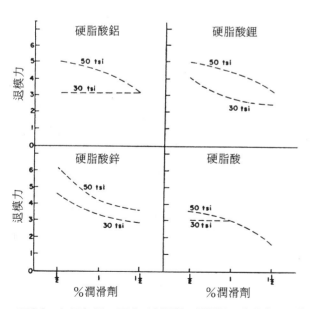

圖6.6　加壓銅粉，壓力為30TSi及50TSi，使用各種混粉潤滑劑，潤滑劑用量與退模壓力曲線

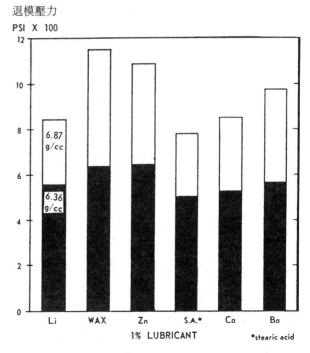

圖6.7　加壓不銹鋼粉(密度6.36g/cm³, 6.87g/cm³)1%混粉潤滑劑之退模壓力

空虛。於此情形之下，勢需作如圖6.8所示之改進，即餵料時，先將心軸下退，待模腔中完全填充粉末後心軸再上升，將多填之粉末送回餵料盒，如此可達成模腔之完全充填。

(2)吸入餵料

壓製薄壁之零件，如粉末填充有困難或不均勻之現象，亦可使用吸入餵料之方式。填料盒如圖6.9之左側圖滑至模腔上方，下冲頭之頂面仍與模體頂面齊平，至此以後，下冲頭向下移動，粉末即被吸入模腔中，而完成如圖6.9右側圖所示之情形。

(3)退縮餵料

如圖6.10所示為壓製頂面有溝槽之毛胚，由於壓製完成後，零件中央部位之密度，應與零件二側之密度相等；故填粉時中央部之粉末高度必須小於二側之粉末高度。若成形後毛胚二側之尺寸為 a，中央部位之尺寸為 b，加壓之壓縮比為 3，則填粉

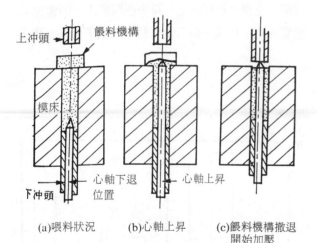

圖6.8　過多餵料示意圖

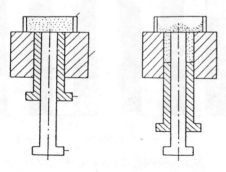

圖6.9　吸入餵料

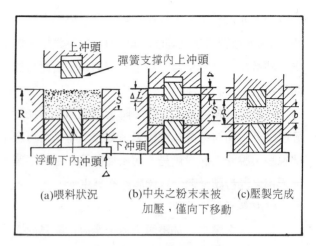

圖6.10　退縮餵料示意圖

時應取 R=3a，S=3b，即如圖之(a)。加壓時，上冲頭下降，上冲頭之中央浮動冲頭將先與粉末接觸，而模腔口仍未被完全封閉，於此種情況之下，鬆裝粉末可能因中央浮動冲頭之下降，部份粉末被排擠於模腔之外。為了免除上述之缺失，冲頭之動程應作如下之調整：即上冲頭下降，當中央之浮動冲頭快要與粉末接觸前，下冲頭整體下降－△之距離，使上冲頭之主冲頭已將模口封閉如圖中之(b)，於此期間上下冲頭之最佳設計為其動程由圖(a)變至圖(b)時，S之距離不變。由圖(b)至圖(c)所示為加壓開始至加壓完成階段。

(4)輸送餵料

加壓上下端中央均有凸緣之零件如圖6.11中之(c)，按照標準之餵料方式，粉末之上端面必與模具面劑平如圖6.11之(a)，更為了加壓毛胚之各部密度必需均等，故 R=nl 及 S=nm。待上冲頭下降，外緣之主冲已與粉末接觸，而中央之冲頭下仍為無粉末之空間，至此如上冲頭繼續下降，則模腔中位於模腔邊緣之粉末受壓，而中央部位之粉末則絲毫未受壓力。因此當主上冲頭下降至封閉模腔之位，如圖中之(b)，下冲頭之中央冲頭必需上昇，將粉末輸至上中央冲頭下方無粉末之空間，完成模腔內粉末質量適當分佈，此稱為輸送餵料。至此以後，冲頭按設計之動程運動，而達加壓如圖6.11之(c)所示加壓完成階段。

(5)分割餵料

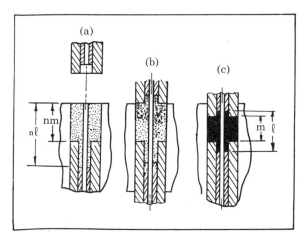

圖6.11　使用輸送餵料壓製上下端面均非
一平面零件示意圖

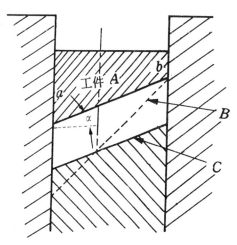

圖6.12　頂面爲水平面，底面爲斜面
之零件壓製模具示意圖

壓製一底面爲斜面之零件時，如圖6.12所示，其中工件左右側之高度分別爲 a 及 b，如以壓縮比約爲 2.5 計算，則粉末充塡之底線應爲將下冲頭頂面設計爲 B 線所示，則加壓完成之後，右側之粉末高度已變短至 b，而左側粉末之高度仍大於 a，無法達成零件所需之形狀。若將下冲頭之頂面，設計 C 線所表示之斜度，則粉末塡充量左右側之高度，又不合壓縮比之要求，右側之粉末過多，而左側之粉末不足。唯當壓製過程中，粉末有沿下冲頭頂面由右至左滑動之現象發生，以補充左側塡料之不足，因此當 α 小時於 30 度時，成形之壓胚密度，可被接受。若 α 大於 30 度時，爲降低壓胚左右側密度差，可將下冲分割如圖6.13所示，以降低零件密度之不均，此可稱爲分割喂料。

(6)振動餵料

爲了某些原因，如希望增加外觀密度，前後批粉末外觀密度稍有改變或下冲頭之位置已調至最低，仍無法獲得足夠之粉末塡充量，此時可考慮塡充粉末時，施以適當之振動。

(7)餵料之參考圖

圖6.14提供各種形狀零件之餵料及加壓時冲頭動作參考圖

6.7　零件之分類

零件之分類，可以數種觀點去加以區分，例如(1)按使用之粉末原料，(2)按用途如構造性零件、耐磨性零件、磁性零件、抗腐蝕零件及自潤性零件

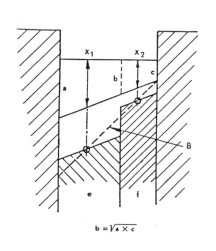

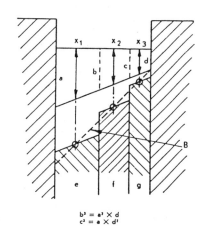

圖6.13　分割餵料

壓胚模型		下模沖向下浮動	下模沖向上壓製
一端帶一台階 （高差在下）			—
台階在中間			—
等高錯位相切			
三段高度	型式 I		
	型式 II		—
三段高度	型式 III		—
	型式 IV		

圖6.14　提供各種形狀零件之餵料及加壓時沖頭動作參考圖

（續）

壓胚模型	下模沖向下浮動	下模沖向上壓製
帶與水平線夾角小於45°的斜面	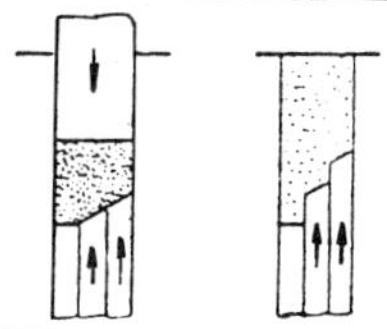	—
帶與水平線夾角大於45°的斜面	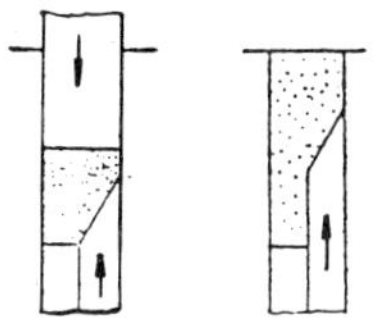	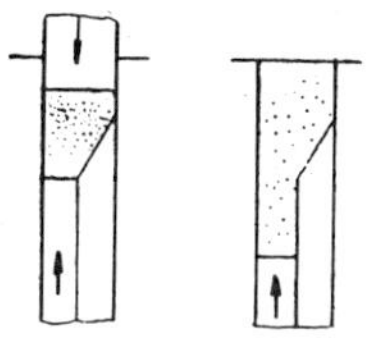
上斜面(近45°)，下台階	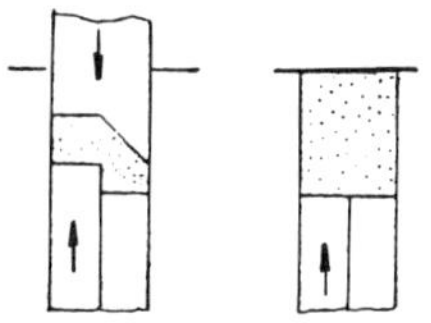	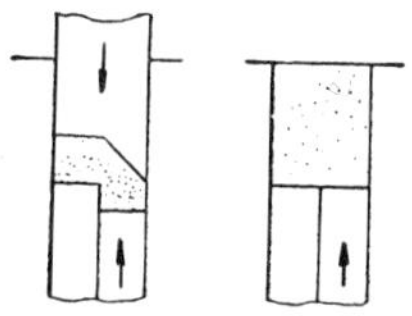
下斜面(新45°)，上台階	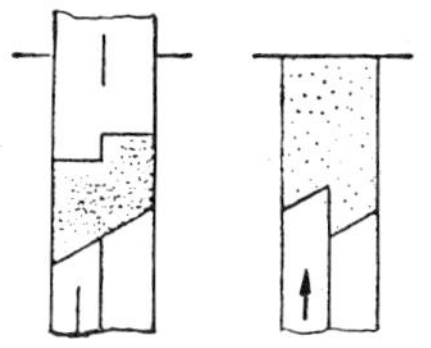	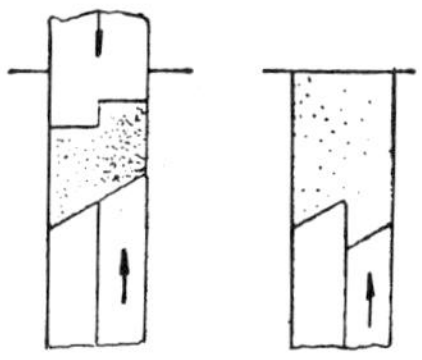
球	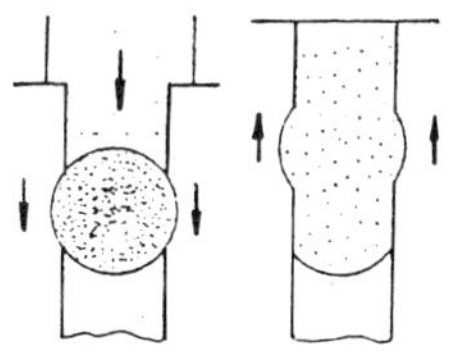	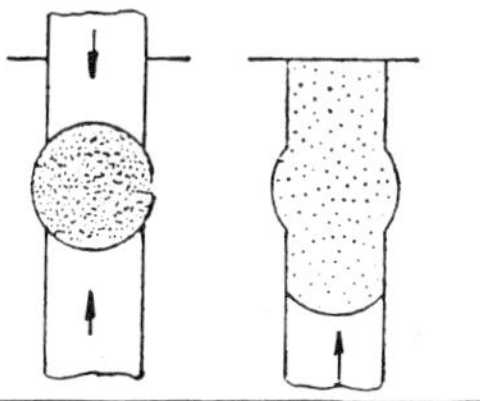
圓弧面　型式 I	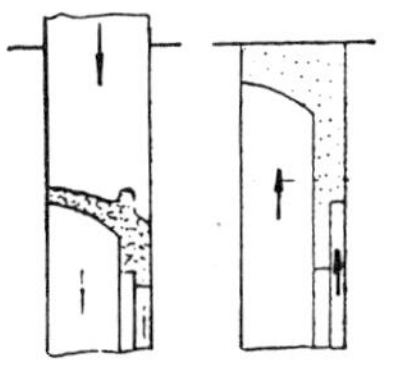	
型式 II	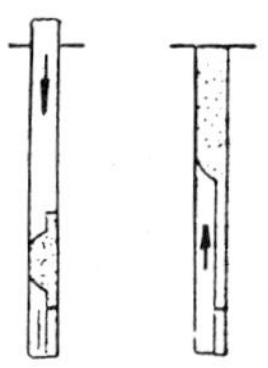	

圖6.14

等，(3)按密度高低，(4)按形狀。按使用之原料分類，可見表6.2至6.8，其中之材料包括(a)鐵及鐵碳混粉之碳鋼、(b)鐵銅混粉及鐵銅碳混粉鋼、(c)鐵鎳混粉及鐵鎳碳混粉鋼、(d)低合金鋼(粉末即是合金粉)、(e)滲銅鐵及滲銅鋼、(f)不銹鋼(粉末即是合金粉)及(g)黃銅、青銅及銀鎳合金。對每種材料，表中針對數種密度作相當詳細之機械性能介紹於每表最後一橫欄，亦作大致之用途或特性說明。對於粉末冶金零件製造之初入門者，具重要參考價值。表6.10至表6.20則按構造用、摩擦及軟磁零件之用途分類，每表中說明各類零件之密度，燒結溫度及特性如機械性質、運動之速度及磁性等。按零件或壓胚之形狀分類，在瑞典之鐵粉手冊[24]將之分為六類，每類又按加壓壓力及尺寸精度各分為若干次類，並各舉一製造過程及成品品質為例。其資料甚具參考價值，但內容太多有興趣之讀者，可自行參考該資料，本文於此將零件之分類按應用成形沖頭數之多寡分類。因壓製一零件所使用之沖頭數愈多，則成形動作愈複雜，生產速度愈慢，而所需之壓床價格也愈高。以二隻沖頭可以壓製之零件，不需使用三隻沖頭，故以使用成形沖頭數多寡將零件之形狀分類，使廠家在設計模具或採購設備時，將有一種循序之思考觀念，可使零件之生產成本降低。

（1）一沖成形之零件。此類零件之形狀大致說來，厚度較薄，垂直加壓方向之外形可以模腔成形並可由模中退出，零件高度與寬度比約在1以下，滿足上述條件之形狀，可以一支沖頭成形。圖6.15所示即為其填料、加壓完成與退模完成之情形。如零件之厚度太小時，則上沖頭應作彈簧支撐之設計；退模時，上下沖頭應緊握零件，待零件完全脫模後，上沖頭始脫離壓胚。

（2）二沖成形零件。此類零件包括零件厚度與寬度比大於1而小於3之零件、具有錐形之零件、具有半球形之零件、具有內凸緣或外凸緣之其他特例零件；上述之各種零件例示於圖6.16中。錐形零

表6.10　第一類構造用件

說明：此類構造用件受力很小，一般取代鋁合金、銅合金、塑膠材料或部份鑄件，抗拉強度為7~15公斤/毫米²，硬度為HB40~HB70

成分	密度(克/厘米³)	燒結溫度(℃)
純鐵	6~6.6	1080~1150
鐵-碳(化合碳0.3~0.8%)	5.8~6.2	1080~1130

表6.11　第二類構造用件

說明：第二類構造用件主要是取代鑄件，抗拉強度為15~30公斤/毫米²，硬度為HB70~HB120

成分	密度(克/厘米³)	燒結溫度(℃)
純鐵(化合碳<0.3%)	≥6.6	1100~1180
鐵-碳(化合碳0.3~0.8%)	6.2~7	1100~1150
鐵-銅-碳(化合碳0.3~0.8%，銅1~1.5%)	6.1~6.8	1120~1160

表6.12　第三類構造用件

說明：中等強度取代低碳鋼件，抗拉強度為30~80公斤/毫米²，硬度為HB>120熱處理

成分	密度(克/厘米³)	燒結溫度(℃)
鐵-碳(化合碳0.5~1%)	≥7	1100~1150
鐵-銅-碳(化合碳0.3~0.8%，銅3~5%)	≥6.6	1130~1160
鐵-碳(化合碳0.5~1%，0.1%)	≥6.8	1130~1160
鐵-鉬-銅-碳(化合碳0.3~0.8%，銅0.5~1.5%，鉬0.5~1%)	≥6.8	1130~1160

表6.13　第一類潤滑性零件

說明：低速及低負荷，速度≤0.3米/秒，壓力P<20公斤/厘米²

成分	密度(克/厘米³)	硬度HB	壓潰強度系數K	燒結溫度
鐵-石墨(石墨1.5~3%)	5.5~5.8	30~70	>18	1050~1120

表6.14 第二類自潤滑性零件

說明：中速及低負荷，線速度V=0.3~2米/秒，壓力P<20公斤/厘米²

成分	密度(克/厘米³)	硬度HB	壓潰強度系數K	燒結溫度
純鐵	4.8~5.2	15~40	>10	1100~1150
鐵-硫-石墨(硫0.5~1%，石墨1~2%)	5.8~6.2	35~70	>20	1080~113

表6.15　第三類自潤滑性零件

說明：低速及中高負荷，線速度<0.3米／秒，壓力P=20~500公斤/厘米²，pv<25公斤/厘米，自潤或再補充潤滑劑。

成分	密度 (克/厘米³)	硬度 HB	壓潰強度 系數K	燒結溫度
鐵-石墨(石墨1.5~4%)	6.2~6.5	50~100	>30	1080~1130
鐵-銅-石墨(石墨1.5~4%，銅1.5~3%)	6.2~6.5	60~110	>30	1100~1150
鐵-銅-鉬-石墨 (石墨1.5~2%，銅1.5~3%鉬0.5~1%)	6.2~6.5	70~120	>35	1130~1160
鐵-硼-鉛-石墨(石墨1.5~3%鉛7~13%硼0.1%)	6.2~6.5	40~90	>20	1100~1150
純鐵硫化處理	5~5.6	20~50	>12	1100~1150

純鐵硫化處：將燒結後的多孔鐵放在溫度為120~130℃熔化的硫中浸漬，然後在溫度為700~720℃的保護氣氛下生成硫化鐵的處理。

表6.16　第四類自潤滑性零件

說明：中速及中負荷，線速度V=0.3米/秒，壓力P=20~80公斤/厘米²，pv<40公斤/厘米，需補充潤滑劑。

成分	密度 (克/厘米³)	硬度HB	壓潰強度 系數K	燒結溫度 (℃)
純鐵 硫化處理	5.3~5.8	25~60	>15	1100~1150

表6.17　第五類自潤滑性零件

說明：此類材料，混入潤滑劑，線速度和壓力較小，可應用於150°~300℃之溫度範圍內。

成分	相對密度(%)	燒結溫度(℃)
鐵-石墨 (石墨7~15%)	80~90	1080~1120

表6.18　第一類軟磁零件

說明：純鐵導磁材料，用於儀錶中之導磁零件，工作磁場無變化。可以重壓增加密度，並於氫或裂解氨中，於800~900℃退火2~4小時

成分	密度 (克/厘米3)	最大軟磁率 μ m (高斯/奧斯特)	矯頑力 Hc(奧斯特)	燒結溫度 (℃)
純鐵(鐵≧98.5%碳>0.08%)	≧6.3	≧700	≦3	1100~1150
純鐵(鐵≧99%碳>0.02%)	≧7	≧1500	≦2.5	1100~1200

表6.19　第二類軟磁零件

說明：鐵合金導磁體，用於直流電機及手搖發電機之磁極工作磁場有少許變化，故渦流損失燒結收縮大，密度高及切削性好。

成分	密度 (克/厘米3)	最大軟磁率 μ m(高斯/奧斯特)	矯頑力 Hc(奧斯特)	磁感應強度 B_{25}(高斯)	燒結溫度 (℃)
鐵-矽(矽5~7%)	≧6.9	≧3500	≦1	≧12000	260~1320

表6.20　第三類軟磁零件

說明：矽鐵合金，用於小功率之電錶、電機及變壓器之鐵芯，工作磁場為 50Hz 交變磁場，因電阻高，渦流損耗不大。燒結時收縮率大，可達高密度，性硬脆，不易切削加工。燒結於真空或氧氣中

成分	密度 (克/厘米3)	最大軟磁率 μ m(高斯/奧斯特)	矯頑力 Hc(奧斯特)	磁感應強度 B_{25}(高斯)	燒結溫度 (℃)
鐵-矽(矽5~7%)	≧6.9	≧3500	≦1	≧12000	260~1320

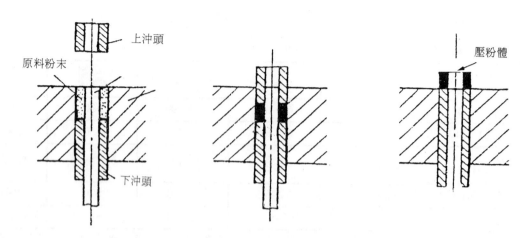

圖6.15　一沖頭成形零件代表性示意圖(零件高度寬度比小於1)

件(a)之半錐度應小於 15°；外凸緣直徑與零件本體直徑(c)之差小於 4mm 時，外凸緣可以台階式之模具成形，而模具之模腔，在台階斷面宜有5°之錐度；內凸緣零件(d)本體之內直徑與凸緣直徑之差小

於 3mm 時，內凸緣可以台階式心軸成形；橫向錐度(e)若大於 30° 時，下沖頭各分割為二隻或二隻以上，視錐度之大小而定。實際上此種下沖頭分割方式之下沖頭，並未有主動之加壓壓力，僅作調節填

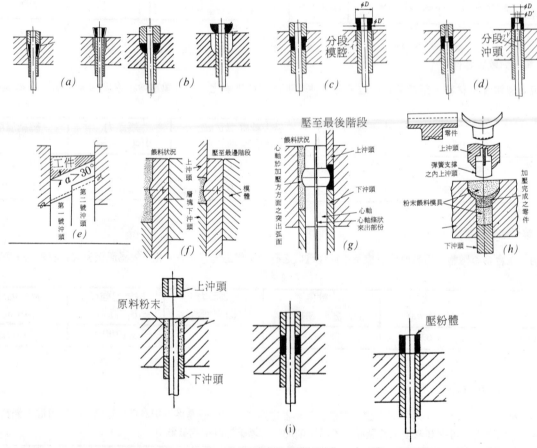

圖6.16　二沖頭成形零件代表性示意圖：(a)錐形(半錐角小於15°)，(b)半球形，(c)有外凸緣形，(d)有內凸緣形，(e)底邊為斜面，(f)外緣有橫凹溝形，(g)表面為正交方向之弧形，(h)杯柱形，(i)代表性示意圖，加壓過程下沖不動，模為浮動式

料多寡之用途；零件之外側有凹溝(f)，可以滑動模壁之模具加壓，退模時滑動模壁需與壓胚同時上昇。填充粉末時，亦需注意滑動模壁凸緣上下二端，粉末填充之均勻性；一零件之形狀為圓管之一半(g)，但在加壓方向亦為弧面時，則可以凸緣心軸成形。填充粉末時，亦需注意心軸凸緣上下粉末之均勻性，且退模時心軸需與壓胚同時上昇。由於模具之特殊設計（心軸縱向凸緣與模腔凹槽滑配合，壓胚退模即分離心軸。）

　　(3)三沖頭成形零件：此類零件包括具有內凸緣及外凸緣之零件。頂面為平面，底面為二個高度不等平面之零件。就具有外凸緣之零件而言，外凸緣直徑與零件本體直徑差應大於4mm，而內凸緣直徑與零件本體內徑之差應大於3mm。零件之切面，若有三個不等之高度，則其中必有一對相鄰切面之高差在20%以下，始可以三沖頭成形。圖6.17分別例示上述零件填料、加壓完成及退模之情形。

　　(4)四沖成形之零件：四沖頭成形之零件，可

分二種，即上二下二沖(如圖6.18)或上一下三沖(如圖6.19)。上二下二式中，下沖頭外側一支沖頭不動；而上一下三式中，下沖頭頭之中央沖頭不動，

　　由於加壓係採取浮動模或下拉式模具之設計，故不動之沖頭仍具有主動力加壓作用。所成形之零件，其形狀近似"十"字、"H"字、寶塔及"T"字形。"十"字形零件上下外側之沖頭，兼負粉末輸送及加壓作用。"H"字形之上下外側沖頭兼負粉末輸送及加壓作用。

　　(5)五沖頭成形之零件：五沖頭成形之零件，如圖6.20所示，沖頭之分配均為上二下三式。零件之形狀有近似，丰字，木字及倒"山"字形。"丰"字形零件(圖a)及"木"字形(圖b)零件，下沖頭之中央沖頭均不動，其餘之外側二沖頭兼負粉末輸送及加壓作用。倒"山"形(圖c)之三支下沖頭均有移動，具有粉末輸送及加壓之作用。圖6.21示各型零件之照像圖。

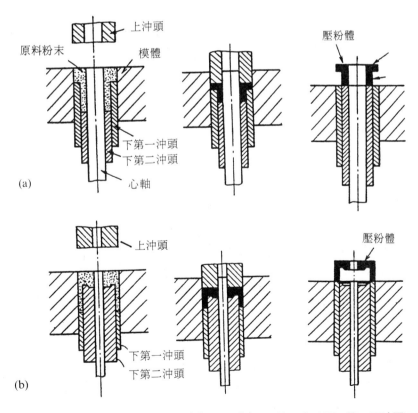

圖6.17　三沖成形零件代表性示意圖：(a)外凸緣(b)內凸緣，上沖頭一枝，下沖頭二支，其中一支不動，但因使用浮動模，故仍為具加壓作用之沖頭

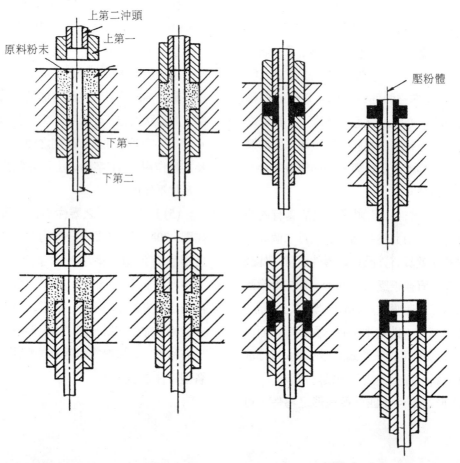

上第二沖頭

上第一

原料粉末

壓粉體

下第一

下第二

圖6.18 四沖頭成形零件代表性示意圖,上沖二隻,下沖頭二隻,下沖外側一支不動,但因使用浮動模,故其仍具加壓作用,零件之形狀可以 "十" 字形或"H"字形表示

6.8 中央面及退模注意之點

　　加壓粉末時,於粉末填料狀態下包括粉末輸送作用後之填料狀況,沿加壓方向可能有多個高度不等之切面,任一切面二分之高度之位置,如圖6.22所示,稱為中央面(Neutral Axis)。加壓過程中,此中央面之粉末於理想之加狀況下,將不應與模體有相對之運動,此可確保該切面加壓後,密度差異最小。三個高不等切面之中面,如在加壓過程中作相對運動,則其位移之差於規劃設計沖頭之運動時,應將此位移差值降至最小。

　　壓胚脫模時,如壓胚之底面為平面,則所有下沖頭及心軸之最高位置應與模腔頂面齊平。如有其他原因,如降低退模壓力、支撐大薄之切面退模時不致破裂或其他原因,沖頭及心軸於脫模時,容許伸出模腔上部,但應有適當之設計,使沖頭或心軸

歸回原來之位置或與模腔頂面齊平,待壓胚已被填料盒移離至他處後,沖頭或心軸始可繼續運動,抵達其加壓循環中應處之位置。

6.9 成形動作及壓床種類

　　粉末充填於模腔之後,接著則沖頭對模腔中粉末體之相對運動,將粉末輸送或加壓至預定之尺寸後,粉末體在模腔達成所需要之密度最後,壓胚被推出模外,成形動作即告完成。零件之形狀愈複雜,則所需之沖頭愈多,故沖頭之動作千變萬化,於是衍生出很多加壓方式,例如單向加壓、雙向加壓、多沖頭加壓、模體固定不動、模體向下運動以及複合模等。各式成形動作亦由圖6.15至圖6.20簡單例示各種形狀零件加壓時沖頭之動作情形。每一圖中各分為填料、加壓及退模三步驟,模具為浮動模

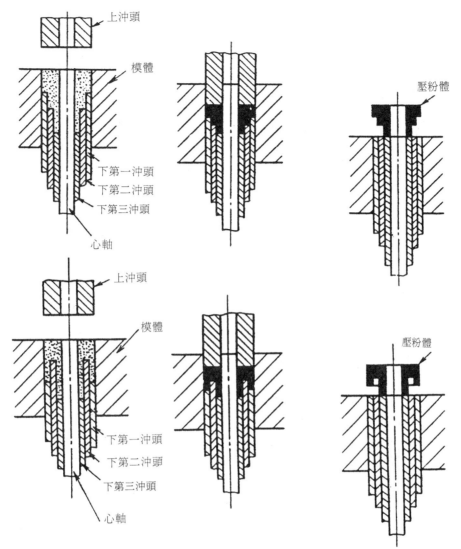

圖6.19　四沖頭成形之零件示意圖，上沖頭一支，下沖頭三支，其中下沖頭之中央之沖頭不動，但模具爲浮動，故其仍具加壓作用。此類零件之形狀可以寶塔形，及 **"T"** 字形表示

或係將模具裝於下拉式之壓床上。至於模體、沖頭、心軸如何連接或浮動於壓床上，則視實際所選用之壓床而定，但基本結構不變，此種結構甚爲重要，故亦示於第八章圖中，以供參考。

　　由前文所述，可知零件之形狀愈複，則使用之沖頭數就愈多，加壓之系統也就複雜，其中包括各種機械結構，液壓迴路及電器控制系統，於是粉末冶金工業界出現各式各樣及各種廠牌之粉末冶金專用壓床。粉末壓床之分類主要可以二種觀點去分類，即(1)床台爲固定或運動(2)動力源爲機械運動或以液壓爲主；此外，還有少數(3)特例壓床。

　　(1)床台爲固定或運動之壓床

　　圖6.23所示爲床台固定不動之壓床示意圖，模具裝於床台上。最簡單者，僅上沖頭有加壓力量，下沖頭僅提供退模之力。此種壓床若以一般板金沖壓床代用，除了需加脫模之下沖頭動力外，尚需須注意一般板金沖壓床，壓力源至飛輪，其最大之出力設計在靠近下死點約 8mm 處，此外加壓粉末之動程，最大僅爲沖床動程之15%。於最簡之床台不動式壓床上，使用浮動模，則如圖6.24所示，可將單一之上沖頭加壓，改變成爲上下沖頭加壓之動作。

　　床台或下拉可動式壓床，如圖6.25所示之簡單示意圖，有動力將床台下拉，至於如何下拉，可參

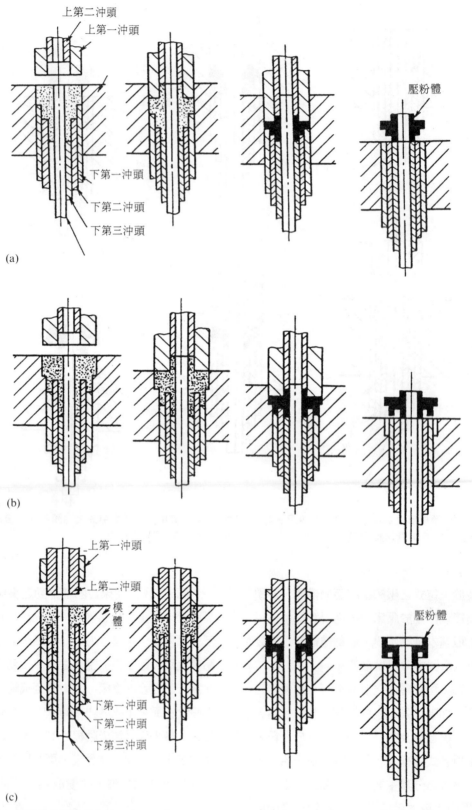

圖6.20 五沖頭成形零件代表性示意圖,每一圖形均為上二沖頭,下三沖頭。下三沖頭中,中央一支沖頭不動,
　　　　但模具為浮動或下拉式,故其仍具加壓作用(a)圖似,"丰"字形,(b)圖似"木"字形,(c)圖則似倒
　　　　"山"字形。(b)圖中,模腔有分段

圖6.21　各型零件圖

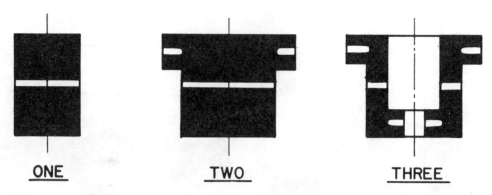

圖6.22　中央面示意圖(a)一個中央面(b)二個中央面(c)三個中央面

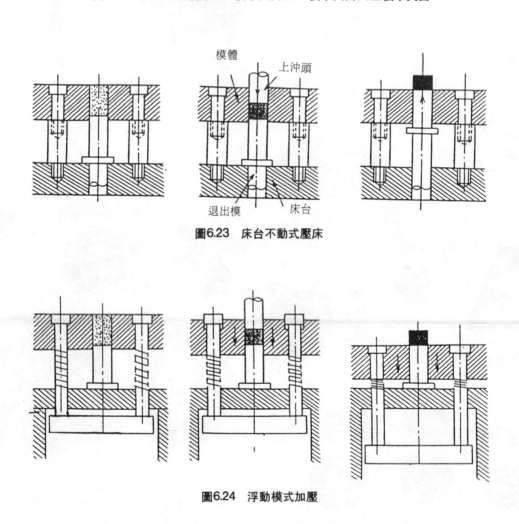

圖6.23　床台不動式壓床

圖6.24　浮動模式加壓

考第八章中之圖。

　　床台動或不動之壓床當然亦可作多沖式之成形。可按需要，向製造粉末壓床者購買，亦可參考第八章示意圖之結構，自行將簡單之壓床作某程度之修改。由於廠家製造之壓床種類太多及欲自行修改所可能引用之結構圖亦多，故不擬於此處作圖例示。

(2)以機械動力或以液壓動力為主之壓床

　　壓床之功率，均來自電力。液壓床係利用馬達、液壓幫浦，將電轉變成壓力，經氣缸、活塞、液壓迴路及電氣控制系統，用於操控沖頭等之出力大小、運動及動程，使適用粉末之加壓用途，此稱粉末液壓壓床。機械壓床則是藉助馬達，將電力轉變為飛輪之動能，再經曲軸，偏心輪、凸輪或輪節式

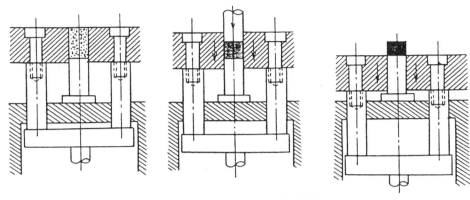

圖6.25　床台可動式或下拉式壓床

連桿(Knuckle Level)等，將飛輪之旋轉運動及其所具之能量，轉變爲沖頭等之直線運動及壓力，形成一適用於加壓粉末之機械式壓床。

一般而言液壓式與機械式壓床主要之分別爲機械式壓床之動作快速而不適宜製造大噸位之壓床，而液壓式壓床行動較慢，但可製造大噸位壓床。

市面上出現之粉末壓床專用機，有各式各樣及各種廠之產品。圖6.26及圖6.27分別爲某一種液壓式及機械式粉末成形機結構圖。使用者購買粉末成形壓床，可根據本身需要，廣泛收集各廠家資料，仔細研究如表6.21至6.23所示之規格，然後再作決定。

(3)特例壓床

特例壓床至目前爲此，約有三種，即複合床台式壓床，砧板式壓床與轉盤式壓床。圖6.28所示複合床台式壓床，此種壓床適用於以單一模腔無法成

形之零件。如圖所示之由左至右四個步驟，第一步驟，上下床台合閉(模具分爲二段，分別裝於上下床台)，此爲塡充粉末步驟，第二步驟爲加壓完成步驟，第三步驟爲零件下半部已脫模，此時抓手已伸入上下床台間，第四步驟爲零件之上半部已脫模，而爲抓手所承接，將之移離至他處。圖6.28中上一列與下一列所示之圖形爲對應相同之步驟，其主要不同點，爲零件出模後，是否能於模腔頂穩定放置，上一列圖壓製之零件，出模後安放位置將不易穩定，故用抓手輪送壓胚；下一列圖所壓製之零件，可穩定安置於模腔口，故用推手以輪送壓胚。

圖6.29所示爲砧板式壓床，適用於壓製上面爲平面，而下面爲簡單形狀之零件。塡料盒、砧板及零件輪送裝置集合成一體，於模體表面作來回運動，加壓由下沖頭執行。圖中所示爲砧板式壓塡料、加壓及退模之三步驟。

砧板式壓床目前商品之規格爲：噸位可達35

表6.21　機械式(Knuckle)

	單位	PCH-20SU	PCH-40SU	PCH-60SU	PCH-100SU	PCH-200SU	PCH-400SU	PCH-750SU
最大壓力	t	20	40	60	100	200	400	750
退模力	t	12	24	40	60	150	220	250
塡料深度	mm	100	120	140	150	150	150	152
上沖頭動程	mm	130	160	180	200	200	200	200
模體受力	t	10	20	30	50	100	200	200
退模沖程	mm	75	80	90	100	100	100	100
生產能	spm	10~40	8~32	6~24	6~24	6~24	24	6~15
電動機容量	kw	3.7+3.7	5.5+5.5	7.5+5.5	11+7.5	22+7.5	30+11	55+15

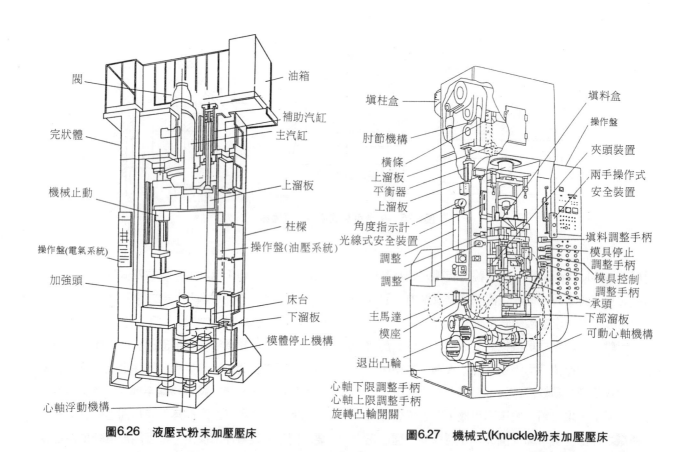

圖6.26 液壓式粉末加壓壓床

圖6.27 機械式(Knuckle)粉末加壓壓床

表6.22 液壓式壓床

	單位	TKM-F20	TKM-F40	TKM-F60	TKM-F80	TKM-F100	TKM-F150	TKM-F200	TKM-F300	TKM-F500	TKM-F800	TKM-F1000
最大壓力	t	20	40	60	80	100	150	200	300	500	800	1,000
回程拉力	t	2.2	4.9	7	7	8.5	8.5	10	6	7.5	11	15
上沖頭動程	mm	250	300	350	350	400	400	400	450	600	600	700
壓床全距	mm	850	960	1,100	1,400	1,400	1,500	1,600	1,800	2,000	2,300	2,500
下降能力	t	8	16	24	32	40	80	80	120	200	320	400
浮動能力	t	0.35	1.4-7	2-15	2-15	2.4-24	4.6-40	4.6-40	7-70	9-90	11-115	35-150
填料深度	mm	60	60	60	100	100	100	150	150	175	200	200
退縮填料沖程	mm	5	5	5	5	5	5	5	5	8	8	8
電動機容量	kw	11	15	18.5	22	30	30+11	37+22	37+22	45+37	55+55	90+90

噸，填料深度可達75mm，產量每小時可達100,000件。

圖6.30所示爲轉盤式壓床之展開圖。此種壓床有一共用之圓盤，其圓週方向裝一列系形狀相同之模體及沖頭。壓床之頂部爲一轉盤，轉上有凸輪及加壓輥，用以控制沖頭之上昇與下降，以達完成填料、加壓及退模之步驟。

此種壓床早被用藥丸之壓製。目前亦用於粉末

表6.23　全自動液壓機的規格

型 號　　　項 目	ZY79-160	YA79-125	YA79-250	YA79-630	1000
最大工作液壓力(公斤/厘米²)	320	320	310	320	280
上油缸　最大壓制壓力(噸)	63	160	125	250	630
上油缸　回程拉力(噸)	30	63	65	50	100
上油缸　上升速度　空載(毫米/秒)	135	160	130,155	300	300
上油缸　上升速度　負載(毫米/秒)	0~13	0~18	28~8	13~4	17~10
上油缸　下降速度　空載(毫米/秒)	145	100	80	190	190
上油缸　下降速度　負載(毫米/秒)	0~27	0~18	-	45~10	95~34
上油缸　工作行程(毫米)	250	500	400	650	1000
下油缸　最大頂出力(噸)	63	160	725	250	100
下油缸　拉下壓力(噸)	30	100	65	125	300
下油缸　浮動壓力(噸)	40~0	100~0	0.4~25	0.4~80	0.8~120
下油缸　上升速度　空載(毫米/秒)	70	60	55	54	50
下油缸　上升速度　負載(毫米/秒)	0~13	0~12	28~8	13~4	25
下油缸　下降速度　空載(毫米/秒)	145	100	80	80	75
下油缸　下降速度　負載(毫米/秒)	0~27	0~18	-	19~6	36~15
下油缸　工作行程(毫米)	160	200	200	300	360
下油缸　模具安裝螺栓(毫米)	M60x2(左)	M100x2(左)	M80x2(左)	M110x3(左)	M210x4(左)
送料器　送料器面積(毫米)	100x100	120x120	100x100	150x150	220x220
送料器　行程(毫米)	200	250	250	400	540
送料器　最大前進速度(毫米/秒)	300	300	500	310	400
上下工作台距離(毫米)	850	1000	950	1200	1900
上工作台面尺寸(左右x前後)(毫米)	600x350	800x450	650x420	850x550	1150x700
下工作台面尺寸(左右x前後)(毫米)	600x600	800x800	650x650	850x850	1150x1150

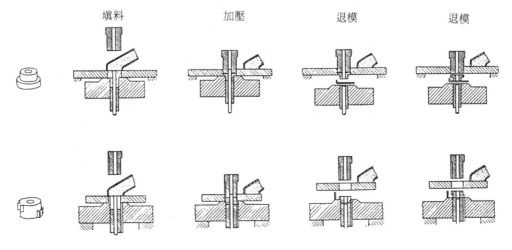

填料　　　　　加壓　　　　　退模　　　　　退模

圖6.28　複合式床台壓床

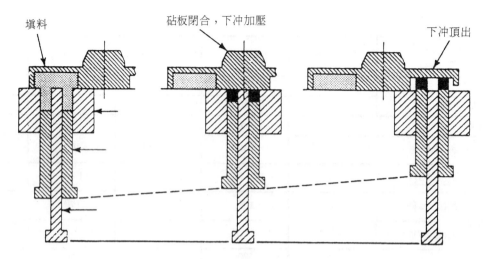

填料   砧板閉合，下沖加壓   下沖頂出

圖6.29　砧板式壓床

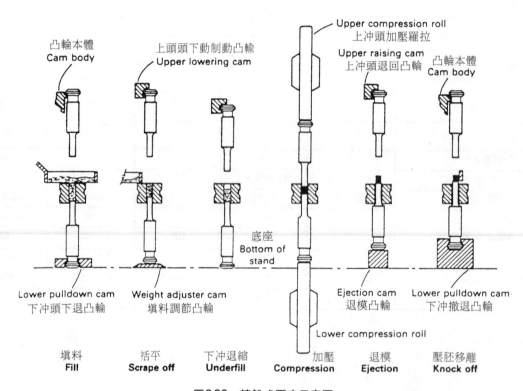

凸輪本體　　　上頭頭下動制動凸輪　　　　　　　Upper compression roll
Cam body　　　Upper lowering cam　　　　　　上沖頭加壓羅拉

　　　　　　　　　　　　　　　　　　　　　　　Upper raising cam　　凸輪本體
　　　　　　　　　　　　　　　　　　　　　　　上沖頭退回凸輪　　　Cam body

　　　　　　　　　　　　　　　　　　底座
　　　　　　　　　　　　　　　　　　Bottom of
　　　　　　　　　　　　　　　　　　stand

Lower pulldown cam　Weight adjuster cam　　　　　Ejection cam　　Lower pulldown cam
下沖頭下退凸輪　　　填料調節凸輪　　　　　　　　退模凸輪　　　　下沖撤退凸輪

　　　　　　　　　　　　　　　　　　Lower compression roll

填料　　　括平　　　　下沖退縮　　　　加壓　　　　退模　　　壓胚移離
Fill　　　Scrape off　　Underfill　　　Compression　　Ejection　　Knock off

圖6.30　轉盤式壓床示意圖

成形。轉盤式壓床，噸位可達 66 噸、填料深度可達75mm，每分鐘可壓製約1000件，適用簡單形狀零件之壓製。

參考文獻

1. C. G. Geotzel, Treatise on Powder Metallurgy, Vol.1, 1949, p.22.

2. C. G. Geotzel, Treatise on Powder Metallurgy, Vol.II, 1950, p.4~17.

3. F. Skaupy, Metallwirtschaft, 20, 537 (1941).

4. C. G. Geotzel, Treatise on Powder Metallurgy, Vol. 1, 1949, p.26.

5. Metals Handbook, Ninth Edition, Vol.7, Powder Metallurgy, ASM, 1984, p.301.

Pol Duwez, Leo Zwell, *"Pressure Distribution in*

Compacting Metal Powders", Metals Transactions, 137~144, (1949).

6. E. E. Walker, *"The Properties of Powders"*, Trans. Farady Soc., 19, 73 (1923).

7. K. Terzaghi, Erdbaumechanik, Kapital, 3, 91 (1925), Franz Deuticke *"or refer to 18"*.

8. A. E. Athey, *"Density, Porosity and Compaction of Sedimentary Rocks"*, Bulletin of American Association of Petroleum Geologists, [14], 1 (1930).

9. M. Ju Balshin, Westnik Melalloprom, Vol. 18, No. 124, 1938 *"or refer to 18"*

10. Compaction of Cylinder of Soft Materials, Nature, [146], 840, (1940).

11. G. B. Smith, Compressibility Factor : *"Development of General Formula"*, Metal Industry, [72], 427 (1948).

12. K. Konopicky, Redex-Radsch, 1948, p.141.

13. C. Tore, Berg-U. Huttenwewen Mb., 93, 62 (1948).

14. C. Ballhousen, *"Betrag Zur Theorie Praxis des Presens Puluerformiger Stoff"*, Arch. Eisenhutterwesen, [22], 185 (1951).

15. K. Tamimots, Trans. Japan Soc. Civil Engineers, 43 [2], 53 (1957).

16. R. W. Heckel, *"Abnormalized Density Pressure Curves for Powder Compaction"*, Trans. of Metallurgical Society of AIME, [224], 1073 (1962).

17. A. M. Nikolayer, Poroskava Melallurgiia, [9], (1962) *"or refer to 20"*.

18. K. Kawakita and Y. Tsutsumi, *"An Emperical Equation of State for Powder Compaction"*, Japanese Journal of Applied Physics., [4], 56 (1965).

19. Murry, E. P. Rodgers and Willians, *"Practical and Theoretical Aspects of Hot Pressing of Refractory Oxides"*, Trans. and British Ceramic Abstracts, [53], 474 (1954).

20. R. W. Heckel, *"Density-Pressure Relationship in Powder Compaction"*, Trans. of Metallurgical Society of AIME, [221], 671, (1961); *"An Analysis of Powders Compaction Phenomena"*, Trans. of Metallurgical Society of AIME, [221], 1001 (1961).

21. C. Brocksteigel and J. Hewing, Kritishe Betrachtung des Schriftum uber den Verdichtungs Vorgang Beim Kaltpressing Von Pulvern in Storren Pressform, Arch. Eisenhuttenwesen, Haft 10, 1965, p.751.

22. Materials Standards For P/M Structural Parts, 1987-1988 Edition, MPIF.

23. Handbook of Powder Metallurgy, Ed., Henry H. Hausner, D. Eng. Chemical Publishing Co., Inc., 1973.

24. Höngänas Iron Powder Handbook.

第七章 特殊和發展中的粉末成形技術

林群新*

7.1 粉末射出成形	7.4 粉末鍛造技術
7.2 熱壓	7.5 金屬粉末的噴灑成形法
7.3 粉末擠形技術	

7.1 粉末射出成形

　　射出成形技術提供了相當獨特的方法，可將金屬粉、陶瓷粉及黏接粉末(Cement Powder)固結成形製成一些新領域的金屬零件，而延伸了傳統粉末冶金的技術領域。然而，射出成形卻大異於傳統粉末冶金：(1)其使用的10μm大小之粉體，即與傳統粉末冶金的100μm不同；(2)約達40%容積的熱塑性結合劑，使得粉體可射出成形於模穴內，而與一般利用重力填充乾粉體於模型中不同；(3)除了必要的二次壓印或定寸操作外，僅需上述施於模穴的等向低壓力，而不再需其他的壓實應力。

　　複雜的三度空間形狀，可以射出成形製造。但素料(Feedstock)的混練(Kneading)及脫除結合劑的過程卻使成本增加。約達15%的等向之尺寸收縮，發生於燒結的過程中，壓實而成形時幾乎無尺寸變化。零件較一般燒結品緻密，有較佳之等向機械性質，但尺寸的公差一般在±0.3%左右。

　　由於射出成形較傳統P/M技術成本高，故不太可能取代傳統P/M已能完全符合設計要求之零件。但是，若需要較強、較均一及更為複雜之三度空間零件時，射出成形即會較有競爭力了。圖7.1為實型的金屬射出成形之產品，包括辦公室自動化、槍械、醫療器材等為其主要的產品領域。

7.1.1 製程步驟

　　射出成形可概略分為粉末製造與選用、混合、混練、造粒、成形、脫脂、燒結等，其流程如圖

7.2所示。其他的輔助製程包括模具設計、產品後處理（車削、表面處理、熱處理等），在產品設計之需求下，亦常為不可忽略的製程重點。

7.1.1.1 金屬粉末選擇與製造

　　由於燒結時的擴散速率與粉體顆粒的大小之平方根成反比關係，而射出成形之生胚中，顆粒間僅

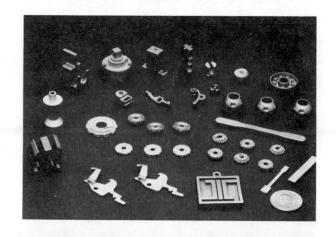

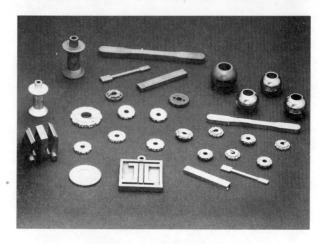

圖7.1　典型的MIM產品

*美國俄亥俄州立大學冶金博士
　榮剛股份有限公司研發部經理

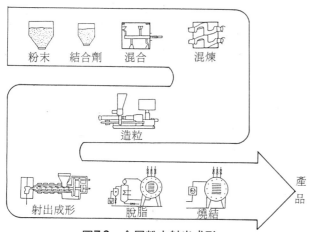

圖7.2 金屬粉末射出成形

靠微弱的部份燒結或殘餘結合劑支撐著，故緻密化及收縮性與顆粒大小息息相關。典型的粉末大小大約在0.5至20μm之間，相對於傳統P/M所使用大於40μm之自由流動粉體，射出成形的粉體原料，僅能稱之爲"粉塵"了。

微細的粉塵易於漂散在空中及產生塵爆，對於操作人員健康與身體傷害均有潛在的危險性。除了上述工業安全的問題外，傳統壓實後燒結的方法，不足以將微粉有效地壓實成形。由於微細粉末有極佳的燒結能力，通常其燒結密度與生胚密度無關，3μm粒度的微粉，最終密度可達到95%理論密度。但是，傳統壓實成形的生胚體，先天上有密度不均匀的問題，此一無法克服的缺點，使得需承受高達20%線性收縮的燒結體，常會翹曲變形而致不堪使用。此外，夾藏的空氣或其他氣體，也易使其產生裂痕；無結合劑混拌的微粉易自焚或爆炸。雖然眞空燒結可解決部份問題，但其生產週期太長，成本相當地高昂而不適用於一般產品。上述種種壓實燒結法產生的問題，使其產品之伸長率及強度均較高密度產品者爲差。

金屬射出成形的原料，是由金屬粉末與熱塑性結合劑，在適當的加熱與混拌程序下，使結合劑均匀地被覆在金屬粉外表，再經適當的造粒，而成爲與一般塑膠粒類似的素料(Feedstock)。生胚的密度是藉由金屬粉與塑膠結合劑的體積比來控制的。通常結合劑之體積百分率約爲40%。素料經由傳統塑

膠射出成形的射出程序，即在模穴中形成形狀複雜的生胚體。

平均粒經在10μm左右的微粉，遠較傳統P/M的粉末爲細而不易製造生產。欲生產此種微細粒徑的粉末，有三種方法：一爲將熔融金屬分散凝固爲微細顆粒，二爲氣態凝結成微粉顆粒，三爲金屬氧化物粉還原爲金屬粉。前者的普遍製程爲氣噴霧製粒，此項技術可製造預合金粉末及微粉塵，但通常需經粉末分級的方法將微粉塵與大顆粒分開才能使用，而微粉的比例低故成本很高。氣態凝結的製粉技術一般以羰基化程序(Carbonyl Process)爲主，其製造流程如圖7.3所示。羰基金屬氣體，如五羰基鐵($Fe(CO)_5$)，通入反應器後，被分解凝結爲鐵粉及放出一氧化碳氣體。在適當的控制下，可生產數微米的圓球狀微粉。商用羰基粉有鐵及鎳兩種，單位重量的成本亦較爲昂貴。第三種方法被廣泛用於耐火金屬粉末的製造，是將金屬氧化物粉在氫還原爐中還原成高純度的粉塵。純淨的金屬粉是非常活性而具危險性，通常是儲存在鈍氣保護的鋼質容器中。由於其與氧化環境會逐漸反應，形成外表氧化層，故在長時間儲存或運送時，需有適當的保護措

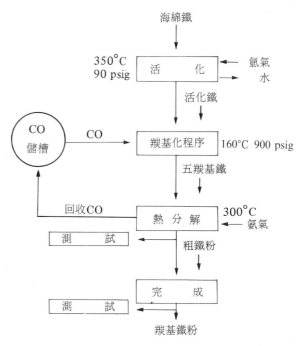

圖7.3 羰基粉的製造流程

施，並且通常要歸類於易燃性的物質，而需特別的處理。

7.1.1.2 混練

素料中的結合劑配方影響到脫脂時間、生胚(Green))強度、模製(Molding)時的流動性等。好的配方一方面在射出時的溫度下（約180℃ 左右）能保持穩定良好的流動性，而且在脫脂時，也能在短時間內脫除大部分的結合劑，且可保持適當的強度。結合劑的配方多達數百種，其主要的組成大約可分爲樹脂、塑化膠、潤滑劑及表面活化劑四類，常用者可參考表7.1。由於結合劑的含量決定了收縮率，故素料的規範中必須標示依標準程序下測得之收縮率。此外，素料中的粉塵可爲純金屬粉、預合

表7.1 粉末射出成形結合劑配方舉例

結合劑配方 1	75% peanut oil
70% paraffin wax	結合劑配方 8
20% microcrystalline wax	50% carnauba wax
10% methyl ethyl ketone	50% polyethylene
結合劑配方 2	結合劑配方 9
67% polypropylene	35% polystyrene
22% microcrystalline wax	55% paraffin wax
11% stearic acid	10% stearic acid
結合劑配方 3	結合劑配方 10
33% paraffin wax	58% polystyrene
33% polyethylene (wax)	30% mineral oil
33% beeswax	12% vegetable oil
1% stearic acid	結合劑配方 11
結合劑配方 4	98% aniline
69% paraffin wax	2% paraffin wax
20% polypropylene	結合劑配方 12
10% carnauba wax	56% water
1% stearic acid	25% methyl cellulose
結合劑配方 5	13% glycerine
45% polystyrene	6% boric acid
45% vegetable oil	結合劑配方 13
5% polyethylene	72% polystyrene
5% stearic acid	15% polypropylene
結合劑配方 6	10% polyethylene
65% epoxy resin	3% stearic acid
25% wax	結合劑配方 14
10% butyl stearate	4% agar
結合劑配方 7	3% glycerine
25% polypropylene	93% water

金粉及混合元素粉，其配方決定了最終產品的化學成分。素料的流變特性(Reological Properties)依靠著適當的混練(Kneading)程序來控制。混練時需使結合劑均勻地被覆在粉塵外表，同時結塊的粉塵需被碎裂分散均勻。混練裝置具有加溫器及高剪力的 Z 型或絞刀型的刀片。結合劑通常先加熱至其熔點，然後再將另外分別混拌均勻的粉塵，逐漸地拌入直到其流動性達到預設的狀況後，冷卻至室溫取出再粉碎或切成粒狀備用。

7.1.1.3 模製成形(Molding)

模製成形實質上即是以傳統塑膠射出成形的設備，將素料模製成所需的形狀。由於金屬粉的素料具有較高的熱導性（約數倍於熱塑性塑膠），故模溫較塑膠射出製程高出很多。雖然熱含量亦很大，但熱擴散度(Thermal Diffusivity)仍然相當的高。爲了避免模溫與模穴中素料溫度梯度太陡，模溫通常被控制在 50℃ 左右或更高，而一般塑膠射出僅控制在20℃ 左右。

相反地，射溫則比較低，大約在160℃ 左右。射壓則以能使素料可充滿模穴時所需之最小壓力爲準，故較一般塑膠射出成形者爲低；射速亦低甚多。

模具的尺寸需考慮素料廠商提供的"收縮因子"來計算，此一重要數據爲素料的重要特性之一，依此數據方能正確地設計出符合產品最終尺寸精度的模具。通常只考慮線性收縮，並假設角度不隨收縮過程而改變。舉例來說，若收縮因子爲1.80，則所有線性尺寸均需乘上1.80作爲模具的尺寸。

類似塑膠射出成形，收縮會隨著尺寸量度與模具射入口的相對方向而變化，由於不同的工件有相異的變化，模具製造商通常需在試製工件後，再精細的修整模具。模具的設計與製造可依傳統方法去做，不同的是金屬射出之頂出梢（板）、流道及射入口(Gate)較塑膠射出者大。

由於使用較低的壓力及溫度，因此對於短時間的操作或實驗，軟質的工具／模具已足以應付。低碳鋼及鋁合金雖已成功地被使用過，但硬化的模穴可避開刮痕導致工件黏在模穴上。矽質脫模劑應避

免使用，因其會造成燒結零件的污染。素料可再回
收使用而不會影響素料本身燒結品的性質。通常可
回收澆道、流道及射入口等，因此素料可百分之百
的完全用於製成零件。爲達到 100% 的良品率，適
當週全的檢驗生胚(Green Parts)以回收不良的生胚
件是必要的。

7.1.1.4 脫脂 (Debinding)

生胚內間隙夾藏的熱塑性結合劑必須先行除去
。才能進行後續燒結程序。在脫脂的程序中，結合
劑被轉變爲流體狀態（液、氣、蒸氣或混合體），
打開生胚體孔隙使結合劑可流到生胚的外面活化能
較低的區域。雖然有許多方法均能達成上述之目的
，但是原則上結合劑脫除時之應力不可超過顆粒間
的結合力，否則胚體的破裂、變形或膨脹均可能發
生。因此，脫脂時的昇溫速率，即溫度對時間的變
化關係需謹慎控制於狹窄的範圍內。相對於傳統的
壓實－燒結程序，脫脂是緩慢且不易處理的步驟。

目前最常用的脫脂方法，有全熱脫脂、溶劑淬
取及兩段式三種。結合劑的配方決定了脫脂的最佳
方法及脫脂所需的時間。全熱脫脂是將生胚置於爐
中控制昇溫速率，使在完全脫除結合劑前顆粒間有
部份氧化及燒結現象而不致於塌陷或變形，此法通
常需時甚長。改良的兩段式方法，則以蒸發的方式
加速結合劑的除去。根據資料顯示，最有效的方法
是以溶劑將部份結合劑除去，打開生胚中連通的孔
隙，然後以熱脫脂快速的除去剩餘的高熔點結合劑
，再進行最終的燒結程序。此種方法大約可將時間
縮短到 24 小時以內，降低了整個程序的製程週期
提高產能。

7.1.1.5 燒結(Sintering)

由於脫脂時，雖除去了大部份的結合劑，但爲
保持燒結時零件的夾持強度，故燒結前必須先除去
剩餘的結合劑。通常將零件均勻置於陶瓷或不銹鋼
的托盤上，由於零件形狀各不相同，故需適當的支
持方不致造成變形。零件的壁厚影響所需之脫脂及
燒結時間甚鉅，故整個程序通常要由微電腦處理器
來控制。燒結氣氛的控制，希望能造成脫碳的狀態
。而碳含量的控制，則可由混入石墨或後繼的滲碳

作業來達成。特殊要求的零件，有時需在眞空爐或
氫氣爐中燒結，其他再處理的程序大致與傳統 P/M
類似。

7.1.2 其他考慮事項

射出成形的應用，最具成本效益的零件，是其
他製程不易生產而材料成本高者，傳統塑膠射出成
形的複雜形狀之產品，幾乎均可用金屬粉塵射出燒
結技術製造，材料可涵蓋鎳鐵基、不銹鋼、工具鋼
及蒙乃爾合金(Monel)等等。形狀複雜的成本因素
，由於100%素料的使用效果，廢料相對地減少已
不再是製造的限制因素了。但是綜合粉末成本、脫
脂時間及尺寸公差控制等考慮，較爲適用的零件，
仍限於小而複雜的 3-D 產品，尺寸大小約在 2cm 以
下，公差精度在 ± 0.37%，重量約在 50g 以下爲目
前一般商品的範圍。

共射出(Co-molding)的技術，可製造需雙重材
料特性的零件。例如內爲鎳鐵基、外部爲 316 不銹
鋼，可經由雙射步驟(Double Shot)來達成。但此兩
種不同的材料，必須要有相似的製程條件，零件的
二次操作程序與一般粉末冶金零件相同，銲接可直
接利用夾具將生胚固定來進行。一般零件可達到
95%以上的密度，亦可直接再經熱均壓緻密化。

目前工業上應用的射出成形製程，隨結合劑配
方的變化，有許多不同的特點與注意事項，大致可
分二類：最早開發者爲熟知的 Wiech 製程，通常以
熱塑性結合劑及全熱脫脂方法，其脫脂時間較長約
在 48～72 小時。前者之改良結合劑含有油類的結
合劑，利用溶劑浸泡或蒸氣淬取後造成生胚穿孔，
再以熱分解法的兩段式脫脂法，可縮短脫脂時間到
24 小時以內。與 Wiech 製程不同系統的結合劑配方
有水溶性、固溶高分子及膠化物等。膠化系統是以
甲基纖維素、甘油及洋菜等合成。在射入模穴後，
即有部分溶劑逸出而達到穿孔的目的，有利於後續
的燒除結合劑的處理，但因生胚強度及保型性的問
題未能達到量產化的需求。

7.1.3 材料與產品性質

7.1.3.1 材料

掺有結合劑的素料可依其製程控制的難易概略分為三個組群。一般來說，最困難的製程參數是如何保持還原性的氣氛，以達到除去粉塵表面的氧化物之目的。常用的還原性氣氛，由還原性的氫氣混合惰性攜帶氣體氫氣組成。當氧與氫作用形成水蒸氣後，使系統的露點提高。由於金屬/金屬氧化物的平衡受露點影響，如圖 7.4 所示，而粉塵的高燒結能力(Sintering Power)使燒結溫度降低，因此需要更低之露點控制。典型的鐵基元件之燒結溫度為980℃左右，故在完全燒結前氣氛的露點需控制在能完全除去氧化物之條件，避免夾雜之氧化物使產品脆裂及阻礙燒結時之擴散。

依前述製程控制的難易度，原材料大致可分為

三類：碳鋼、鎳鋼及蒙乃爾合金，露點控制於 –25℃即可。其他製程無法添加的或不經濟者，如鉬等均可添加以改善特殊需求的特性。第二類為含鉻之合金，如不銹鋼等需在 –50℃ 以下操作，製程週期亦相對地增長使成本增加。第三類為鈦及鋁等較為活性的金屬，其氧分壓需控制在 10^{-5} 以下，目前只在實驗階段。

7.1.4 微結構性質

金屬射出成形的產品，亦如一般粉末冶金件，其機械性質隨密度增加而有所改進。故通常零件已具有 93–97% 之理論密度之下，其強度與伸長率已接近鍛製品了。表 7.2 為典型之燒結後的含銅、含鎳之鋼鐵零件之機械性質。拉伸試棒的量度區(Gauge)長為 18mm；全長為 43mm；厚度為 1.6mm。試棒的量度區寬度為2.4mm，栓緊端則為10.0mm。硬度及強度隨滲碳及滲碳氮化而增加，強度值分佈均勻表示射出成形零件的成形壓力分佈均勻。

燒結後 SS 414的一般性質如下：

密度：93%；抗拉強度：896MPa；降伏強度606MPa；伸長率1.2%；硬度 48 HRC。

7.2　熱壓 (Hot Pressing)

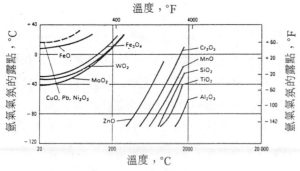

圖7.4　在氫氣氛中金屬與金屬氧化物的平衡

表7.2　燒結狀態下，射出成形之工具鋼材的抗拉強度

MPIF型號	化學組成, wt%			抗拉強度		降伏強度		25mm的伸長率
	Cu	Ni	C	MPa	ksi	MPa	ksi	(1 in.), %
FC-0200	2	…	…	384	56	334	48	23
FC-0400	4	…	…	334	48	290	42	26
FC-0600	6	…	…	316	46	265	38	16
FC-0800	8	…	…	354	51	295	43	23
FC-0200	…	2	…	310	45	207	30	28
FC-0500	…	5	…	388	56	254	37	33
FC-0600	…	6	…	403	58	294	43	31
FC-0800	…	8	…	445	65	318	46	30
FC-0405	…	4	0.5	347	50	224	32	33
FC-0605	…	6	0.5	383	56	303	44	26

註：典型密度為 95 至 95%. 所有材料在完全軟化狀態，由燒結後的極緩慢爐冷獲得。強度與
　　硬度的大量增加可由適當的熱處理獲得。

7.2.1　簡介

全密度的壓實粉體可經由同時加溫及高壓之下製成，施加的壓力可為靜態或動態的，單一方向或各個方位，需在控制氣氛之下以避免受空氣影響而產生氧化或氮化。廣義的熱壓成形可包含單軸向熱壓、熱均壓、熱擠形及熱鍛，但熱鍛和熱擠形不適於鬆粉的全密度成形。

圓柱形的抽線模為最早的熱壓成形產品，早在1920年代的歐美國家，即利用熱壓黏結碳化物來製造模子。碳化鎢／鈷系混合粉末經球磨後，填入一個電阻加熱的石墨模具，在共晶溫度下進行液相燒結。陷在粉體中的空氣，與石墨反應生成保護性的一氧化碳，使粉體表面免於氧化。合金鋼的模具，目前已用於銅及鐵粉、銅及金的壓實體、青銅、黃銅以及添加碳的鐵粉等之熱壓成形。

雖然熱壓可製造高品質產品，但對於鋼鐵、黃銅及其他一般金屬粉體，仍尚非具經濟效益的方法其缺點包括：

- 低產率
- 熱模的荷重
- 銲著於金屬模壁之粉
- 工具的磨耗
- 保護性氣氛

然而，單軸熱壓成形常用於圓柱狀的黏結碳化物模具、輥子及耐磨零件。此一方法，亦可用於鈹及氮化矽。而熱壓成形應用於超合金、工具鋼和其他類似材料時卻有更可接受的優點。

7.2.2　製程原理

熱壓法雖類似加壓燒結(Pressure Sintering)，但前者強調施加的壓力，後者注重加熱的循環。在熱壓的過程中，模具受到熱及壓力提供壓實體所需之最終形狀，其設計需符合前述之溫度及壓力下之要求。加壓的裝置類似傳統 P/M，而加熱裝置則可設計以適應壓機及模具。氣氛的控制，可以是真空或模子與空氣反應形成的保護性氣氛。選擇適當的方法，端視材料工件與模工具的反應而定。操作的時間，受到使工件產生塑性變形及潛變的壓力與溫度而定。一般來說，熱壓的需求條件如下：

- 機器可提供所需之壓力，同時施加的壓力，能夠緩慢地單軸或雙向的加壓，並有頂出的能力。壓桿及沖頭必需能在最大壓力及溫度中，維持足夠之強度與形狀。
- 有裝載多孔隙的預型體或鬆粉粉體的裝置。
- 需有擊出裝置及冷卻套件或淬火槽擺置壓好的壓實體。

此外，精確溫度控制、控制的氣氛、直接的加熱於預型體或模具，及接受不同粉末材料的可能性，均為重要的考慮因素。

7.2.3　製程設備

氣動液壓式的壓機較機械式的更適於此種低產率的製程，尤其是，全緻密的粉體需要長時間加壓，以產生適當的塑性變形、潛變及擴散。選擇壓機的種類，受到工具設計之影響，例如：單動或雙動型的壓桿移動；側向推桿用於打開分離式模具，以退出多層高度的產品。其他如壓桿的行程，必須足夠推出壓實體及加溫裝置的空間均為重要參考因素。

模具及沖頭的材料選用原則，是考慮在工作溫度下時，沖頭不會產生彈性變形及銲接於模壁上。若壓實體為固體則只有部份壓力會作用於模壁，但若有液相產生時，則均勻的壓力會傳送到模壁，使產生塑性變形及潛變，導致元件頂出困難及變形。通常金屬模及沖頭需以水冷來降低工作時之溫度以避免產生變形。而陶瓷或石墨模的脆性，有時會因過負荷而破裂，均需特別注意。碳化物的氣體具有保護作用，但有時會造成滲碳現象，對於鐵或鈦等材料，增加了表面淨化的額外成本。模壁的潤滑，可以油或水的液態懸浮石墨液塗敷，減低其磨耗量，適於充作壓型工具的材料有銅、TZM、鎢、斯特來(Stellite)合金及耐熱合金。模具及沖頭應以相同的材料製成，以防止靜止與動作組件之間的熱膨脹差異。模穴及外徑尺寸必須避免熱收縮，以排除在冷卻時夾往沖頭使脫模產生困難。

填粉於模穴中，通常在冷模時進行，否則可能會產生粉體銲接結塊或黏在熱的工具表面，或是產生氧化現象。故填充粉體，尤其是一些有毒性的粉體，通常需額外處理並有時需置於手套箱中填充。粉體經由預成形為含孔隙的生胚，而可安全又方便地填充模穴，同時，預型體亦可在保持模溫的狀況下，進行連續的熱壓操作，並減低粉體流動及氧化的問題。此種方式的好處勝過額外低壓成形步驟的不便，故被廣泛採用。

退出燒結器需要謹慎操作，對於簡單形狀如圓柱體或方塊零件，由敲擊打出即可。但若要將壓實體由鄰接的沖頭剝下，則可能需等到冷卻至室溫才可執行。由於連續操作的需求，壓實體常要在溫熱時即要退出模具組，淬火桶及部份模具組可作冷卻時的載具，則為另一種選擇方式。陶瓷或水冷金屬模具組，可分裂為數個單元，使壓實體方便的取出，亦為通用的設計。

加溫壓實體的方式與傳統P/M有別，熱壓系統需提供(1)直接或間接傳熱至欲壓實的部份，(2)保持熱平衡狀態，(3)監視並維持欲控制溫度。直接加溫，可以感應加溫或電阻加熱方法為之。直接感應加溫，必需注意(1)粉體具有導電性並再壓實至高密度，(2)使用百萬赫茲(Hz)的頻率，(3)陶瓷模及壓桿需圍繞在粉體四週。此種加熱方式，非常快速並消除等待粉體與模具之間溫度平衡的要求。直接電阻加熱，則是利用高電流低電壓的電源，透過水冷的導電壓桿及薄墊片，產生高熱通過壓實體並達均勻溫度狀態。間接加溫則通常靠高電阻值的石墨模具或其他耐火金屬模具，來產生熱並傳導至壓實體。此外，將模具以火焰或爐子加熱後，再送至熱壓機上亦是常用的加熱方式之一。

氣氛控制亦為重要的製程需求之一，由於大多數的金屬粉體易與氧作用，有時亦會與氮氣反應，故有時利用保護性氣體充於模具組中，或利用保護氣氛艙將模具組圍住，真空熱壓亦為常用之方式。若以石墨製之模具組，則其產生之半還原性氣氛，已可提供碳化鎢及高碳鐵基材料保護作用，較活潑的金屬或合金，則需以氫或氮氫混合氣體，例如裂解氨來作保護氣氛。當一些夾雜物會嚴重影響燒結性質的話，例如：鈦、氮化矽、陶金及超合金等，則真空熱壓為普遍應用的製程方法。

7.2.4 製程變數

熱壓燒結產品的品質，是由施加壓力、溫度及時間三個製程變數的相互關係來決定的。變數的影響主要在於產品的微結構、物理性質、尺寸精準及表面狀況等。然而，欲獲得最佳結果則需要知道三者間的互補關係，以及其對顆粒重置排列及塑性變形的效應。當施加壓力時，於低溫下僅使顆粒更緊密結合在一起，在高溫時則以塑性變形為主要的機構了。此外，若有液相產生時，擴散速率增加可強化濕潤性而有緻密化效果。施加之壓力需考慮多項因素，例如：氧化皮膜、塑性變形能力、表面狀況等，通常以 1/10 至 3/4 冷壓所需之壓力來成形。表7.3~7.5顯示溫度、壓力及時間對銅及其合金和鐵粉等成形的影響。

7.2.5 熱壓設備裝置

自從60多年前，黏結碳化物首先由熱壓成形後，當初的簡單製程（填充粉於石墨模穴中，以壓桿關閉模穴後，於恆壓下加溫燒結），演變至今，熱壓裝置中的模具材料、加熱方式、模具組的設計等，均有各種改進與變化。圖7.5及7.6為典型的電阻加熱及感應加熱的熱壓裝置示意圖。工具鋼製作的模具及壓桿在 600℃ 以上開始軟化，故圖 7.5 的裝置，其安全操作溫度在此以下，若使用高速鋼模具及黏結碳化物為壓桿材料，則在成形鐵粉產品時，其操作條件範圍可大幅提高。若模具材料為石墨時，熱壓溫度可在900℃~1100℃ 之間。在900℃的操作溫度下，石墨壓桿可耐20MPa，而鉬質壓桿則可耐35MPa的壓力。

真空熱壓的裝置如圖 7.7 所示，應用於一些對氧或氮氣較活性的材料，可避免受到污染而影響產品性質。圖中的模具組置於一抽真空至1-2μm 汞柱壓力的殼體內，藉著熱對流效應，在殼體外以氣體燃燒加熱至850℃~900℃ 左右。液壓藉壓桿傳遞至粉體，並維持定值直至熱壓操作完成。真空熱壓可用於鈦粉、鈹粉等成形。

7.2.6 熱壓成形產品

表 7.6~7.14 列出銅粉、銅合金粉、電解鐵粉、

表7.3　銅、黃銅及鐵粉密度受熱壓溫度及壓力的影響

材　料	壓　　力		溫　　度		密度	密度
	MPa	ksi	℃	℉	g/cm³	理論之百分率
銅...............................1380		200	250	480	8.87	99.3
	1380	200	300	570	8.87	99.3
	1380	200	400	750	8.90	99.6
	690	100	300	570	8.77	98.3
	690	100	400	750	8.90	99.6
	690	100	500	930	8.91	99.7
	345	50	400	750	8.63	96.6
	345	50	500	930	8.74	97.9
黃銅(55Cu-45Zn).........690		100	300	570	8.19	98.7
	690	100	500	930	8.30	100.0
	345	50	500	930	8.24	99.3
黃銅(65Cu-35Zn).........690		100	300	570	8.12	96.0
	690	100	500	930	8.44	99.6
	345	50	500	930	8.35	98.6
黃銅(60Cu-40Zn)...........70		10	700	1290	8.38	100.0
	70	10	800	1470	8.38	100.0
鐵.................................415		60	500	930	7.47	95.0
	415	60	600	1110	7.87	100.0
	275	40	700	1290	7.87	100.0
	250	36	600	1110	7.50	95.4
	150	22	700	1290	7.44	94.5
	140	20	780	1435	7.58	96.5
	140	20	800	1470	7.85	99.7
	70	10	800	1470	7.51	95.5

(資料來源：Ref.17)

表7.4　將鐵粉熱壓至指定的熱壓密度時，所需之壓力 [MPa (ksi)]

瑞典綿, -100mesh			電解, -100mesh			氫還原, -325mesh		
90%	95%	99+%	90%	95%	99+%	90%	95%	99+%
在 20℃ (68℉)								
1030	1720	2760(a)	1380	2070(a)	2930(a)	1720	2760(a)	3450(a)
(150)	(250)	(400)	(200)	(300)	(425)	(250)	(400)	(500)
在 500℃ (930℉)								
290	370	1030(a)	260	470	830(a)	330	480	960(a)
(42)	(54)	(150)	(38)	(68)	(120)	(48)	(70)	(140)
在 600℃ (1110℉)								
170	250	550(a)	125	230	390	140	260	420
(24)	(36)	(80)	(18)	(34)	(56)	(20)	(38)	(60)
在 700℃ (1290℉)								
110	150	280	80	125	260	95	140	280
(16)	(22)	(40)	(12)	(18)	(38)	(14)	(20)	(40)
在 800℃ (1470℉)								
55	80	170(a)	40	55	125	40	70	140
(8)	(12)	(24)	(6)	(8)	(18)	(6)	(10)	(20)
在 900℃ (1650℉)								
35	55(a)	110(a)	20	35	55(a)	20	40	60(a)
(5)	(8)	(16)	(3)	(5)	(8)	(3)	(6)	(9)
(a) 壓力是以英制及公制估算；可能超過安全限								

(資料來源：Ref.17)

表7.5　在熱壓時，電解鐵粉壓實體密度
　　　受停留時間之影響

溫　　度		溫度、壓力下的停留時間，s	密　度 g/cm³	密　度 % of theoretical
℃	℉			
500	930	50	6.31	80.2
		150	6.38	81.1
		450	6.71	85.3
600	1110	50	6.70	85.2
		150	6.89	87.5
		450	7.05	89.6
700	1290	50	7.32	93.0
		150	7.52	95.6
		450	7.58	96.4
780	1435	50	7.59	96.5
		150	7.71	98.0
		450	7.76	98.6

(資料來源：Ref.17)

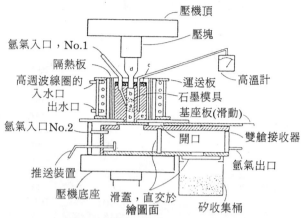

圖7.6　設置於液壓機中；週波加熱合金或石墨模具組的
　　　剖面圖a：壓實体　，b：物衝頭，c：石墨蓋，
　　　d：隔離衝頭，e：高速合金鋼模具
　　　*此種安排可提供氣氛保護下雙動式熱壓鐵粉壓
　　　實体(資料來源：Ref.17)

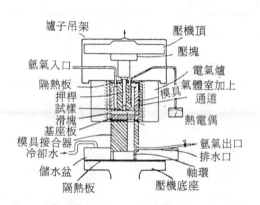

圖7.5　設置於液壓機中，電組絲加熱合金鋼模具組的剖
　　　面圖，此種安排可提供氣氛保護之單動式熱壓銅
　　　及銅合金粉之壓實體(資料來源：Ref.17)

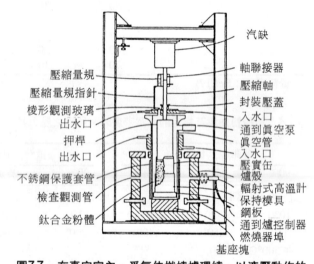

圖7.7　在真空室內，爲氣体燃燒爐環繞，以液壓動作的
　　　石墨模具組之剖面圖。
　　　*此種安排可提供單動式熱壓鈦粉壓實體(資料來
　　　源：Ref.17)

鈦粉、鈦合金粉、鈹粉、碳化物粉及氮化矽陶瓷粉
的熱壓成形產品代表性之機械性質。

7.3　粉末擠形技術(Powder Extrusion)

7.3.1　簡介

　　粉末擠形結合了熱壓結及熱作加工，產製完全
緻密化的成品。在熱擠形時發生的塑性變形過程，

與其他成形技術相比較有極大差異，例如靜水壓成
形是以四面均勻的壓，施加於物體，故除固結所需
者外，僅有很小的變形。如圖 7.8 所示，若在熱輥
的過程中，施加的壓應力，使材料局部變形，產生
緻密化的作用及塑性延伸。而在擠形的過程中，極
大的壓應力和單向的力分量，將胚體推壓通過模孔
。因模具與擠形體之摩擦作用，在擠形體內產生
了剪應力的分佈模樣。剪應力幾乎佔了所有施力之

表7.6 未合金化的熱壓銅粉壓實體之機械性質

溫度		壓力(a)		降伏強度		抗拉強度		伸長率	壓縮強度		壓縮率	面積增加
℃	℉	MPa	ksi	MPa	ksi	MPa	ksi	%	MPa	ksi	%	%
500	930	350	50	...	...	...	...	...	2220	322	55	245
500	930	700	100	...	...	...	...	...	2600	377	70	270
610	1130	330	48	...	...	230	33.5	...	...	...	...	...
715	1320	330	48	...	...	210	30.5	...	...	...	...	...
800	1470	70	10	186	27	186	27	4	...	...	...	...
810	1490	330	48	...	...	203	29.5	...	...	...	...	...
940	1740	70	10	76	11	207	30	60	...	...	...	...

(a) 閉模時間：1分鐘

(資料來源：Ref.17)

表7.7 熱壓銅合金壓實體的機械性質

材料	溫度		壓力(a)		降伏強度		抗拉強度		伸長率	壓縮強度		壓縮率	面積增加	硬度
	℃	℉	MPa	ksi	MPa	ksi	MPa	ksi	%	MPa	ksi	%	%	HB
元素粉混合體														
90Cu-10Zn	900	1650	60	9	117	17	210	31	22	...	...	...	...	...
85Cu-15Zn	500	930	700	100	...	...	...	...	...	1450	210	52	128	103
80Cu-20Zn	900	1650	60	9	124	18	255	37	34	...	...	...	...	...
75Cu-25Zn	500	930	700	100	...	...	...	...	...	2150	312	46	112	105
70Cu-30Zn	800	1470	60	9	152	22	262	38	16	...	...	...	...	...
65Cu-35Zn	500	930	700	100	...	...	...	...	...	2300	333	43	108	111
55Cu-45Zn	500	930	700	100	...	...	...	...	...	1460	212	33	100	160
50Cu-50Zn	775	1425	60	9	145	21	145	21	0	...	...	...	...	...
95Cu-5Sn	500	930	700	100	...	...	...	...	...	2200	319	55	103	114
95Cu-5Sn	700	1290	60	9	179	26	240	35	9	...	...	...	...	110
95Cu-5Sn	800	1470	60	9	165	24	310	45	47	...	...	...	...	114
93Cu-7Sn	800	1470	60	9	165	24	325	47	75	...	...	...	...	114
91Cu-9Sn	800	1470	60	9	207	30	290	42	17	...	...	...	...	...
90Cu-10Sn	500	930	700	100	...	...	...	...	...	2300	333	53	98	130
85Cu-15Sn	500	930	700	100	...	...	...	...	...	1360	197	33	37	165
80Cu-20Sn	500	930	700	100	...	...	...	...	...	880	128	17	23	211
86Cu-10.5Zn-3.5Sn	900	1650	60	9	124	18	262	38	53	...	...	...	...	...
83Cu-10.5Zn-2.5Sn-4Ni	900	1650	60	9	124	18	270	39	32	...	...	...	...	...
89Cu-5.5Sn-4.5Ni-1Si	900	1650	60	9	220	32	310	45	13	...	...	...	...	...
88.5Cu-5.5Sn-5Ni-1Si	900	1650	60	9	303	44	358	52	5	...	...	...	...	...
預合金粉														
85Cu-15Zn	500	930	700	100	...	...	...	...	...	2635	382	66	193	115
75Cu-25Zn	500	930	700	100	...	...	...	...	...	3000	435	69	192	129
70Cu-30Zn	900	1650	60	9	117	17	206	30	21	...	...	...	...	...
65Cu-35ZSn	500	930	700	100	...	...	...	...	...	3075	446	67	200	122
55Cu-45Zn	500	930	700	100	...	...	...	...	...	2425	352	54	173	125
95Cu-5Sn	500	930	700	100	...	...	...	...	...	2950	428	66	210	111
90Cu-10Sn	500	930	700	100	...	...	...	...	...	3215	466	59	197	133
85Cu-15Sn	500	930	700	100	...	...	...	...	...	2500	362	44	66	153
80Cu-20Sn	500	930	700	100	...	...	...	...	...	1035	150	25	35	217
83Cu12Zn-4Sn-1Fe	870	1600	60	9	172	25	296	43	46					

(a) 閉模時間：混合粉體為 5min；預合金粉為 1min

(資料來源：Ref.17)

表7.8　在140 MPa (20ksi)之下熱壓，所獲得電解鐵粉壓實體的機械性質

溫 度		在某溫度壓力下	抗拉強度		25mm的伸長率	硬度
℃	℉	的閉模時間，s	MPa	ksi	(1 in.), %	HB
500	930	50	180	26.2	0	50
		150	176	25.5	0	51
		450	274	39.8	1	63
600	1110	50	254	36.9	0.5	62
		150	281	40.8	1	77
		450	336	48.8	2	80
700	1290	50	330	47.8	1	90
		150	395	57.3	12	95
		450	397	57.5	27	100
780	1435	50	373	54.1	22	101
		150	361	52.4	32	93
		450	365	52.9	37	96

資料來源：Ref.17

表7.9　電火花活化熱壓之元素鈦金屬粉壓實體之性質

材　　料	胚塊分析(中央)，%				密度 g/cm³	密度 理論值%	降伏強度		抗拉強度		在12.7mm 的伸長率 (0.5in.), %	面積縮減 %
	氧	氫	鎂	鈉			MPa	ksi	MPa	ksi		
海綿鈦，鎂還原，分級	0.187	0.052	0.212	…	4.47	99.2	470-520	68-75	600-680	87-99	4-6	4-6
海綿鈦，鈦還原，高純度	0.120	…	0.008	0.156	4.47	99.2	310-390	45-56	430-520	63-75	14-17	27-29
海綿鈦，鈉還原，超低夾雜	0.070			0.097	4.47	99.2	205-235	30-34	290-345	42-50	41-47	55-66
鈦粉，電解，針狀，多孔	0.196	0.053	…	0.066	4.44	98.5	335-365	49-53	455-510	66-74	10-14	20-25

(資料來源：Ref.17)

二分之一，在擠形時的塑性變形，較其他任何單一金屬加工步驟，均超過很多。

7.3.2 擠形製程

　　圖 7.9 所示為粉末擠形的三種基本方法，第一種方法是將鬆粉填入加熱的擠形容器內，然後直接擠壓通過模口而成形。此種技術已被發展用來擠製鎂合金材料，其粉末粒徑約在 70~450μm 左右。擠製時不需氣氛保護，加溫僅是使粉末溫度能達到可擠出之程序，昇溫步驟發生於擠形之壓桿移動前 15~30 秒鐘。第二種方法係用來擠製鋁合金粉體，鋁合金粉經由壓結成形及熱壓燒結為擠錠，然後再以一般鋁擠形的技術擠製。此外經冷均壓成形的鋁粉擠錠，經預熱至擠溫後，亦可經由此法擠製而不須經封罐手續。應用最普遍的是第三種方法，粉末被填入一金屬囊或罐內，加熱後連外殼一齊擠出。此種封罐(Canning)技術，通常亦為熱均壓及熱鍛技術應用於粉體時的相關技術。它可用來處理毒性、放射性的、火石性的或易為大氣污染的粉體。

　　圖7.10為將鬆粉填入罐內，再以壓桿壓實，以避免擠型時罐體疊皺。若以粉體壓胚或振動填粉即達緻密化者，則可以省略上述步驟。罐體開口以端板銲合後，如圖7.11所示，再將罐體加溫，並以真

表7.10　電火花活化的熱壓Ti-6Al-4V合金粉壓實體性質

材料	胚塊狀態	胚塊分析,%			胚塊性質					
		氧	氫	氮	降伏強度		抗拉強度		在12.7mm的伸長率(0.5in.), %	縮減面積 %
					MPa	ksi	MPa	ksi		
氫化及去氫,角狀,孔隙 ……熱壓後		0.121-0.128	0.0056-0.0091	…	855-882	124-128	980-1000	142-145	6-7	7-12
軟化(a)		…	…	…	896-910	130-132	966-980	140-142	11-13	18-23
固溶化處理及時效(b)		…	…	…	952-986	138-143	1124-1186	163-172	4-5	5-7
旋轉電極,球狀,固體 ……熱壓後		0.120-0.150	0.0035-0.0075	0.004-0.081	828-882	120-128	958-1006	139-146	9-11	11-21
軟化(a)		…	…	…	868-802	126-128	930-945	135-137	12-14	20-25
固溶化處理及時效(b)		…	…	…	1055-1068	153-155	1172-1192	170-173	5-7	8-10

(a) 在705℃之下，空氣中加熱2小時　(b)在955℃下，空氣中加熱1小時，水淬；在540℃下時效4小時後空冷

（資料來源：Ref.17）

表7.11　電火花活化的熱壓Ti-6Al-4V合金粉預形體，經鍛造後的拉伸性質

胚塊材料	鍛造	狀態	降伏強度		抗拉強度		25mm的伸長率(0.5in.), %	縮減面積 %
			MPa	ksi	MPa	ksi		
氫化及去氫,97.6-98.8% 緻密 ………鍛粗		軟化(a)	1006-1020	146-148	1028-1042	149-151	11-16	24-46
		固溶處理及時效(b)	1192-1206	173-175	1254-1268	182-184	10-12	27-42
	階段,55% 減面率	軟化(a)	944-958	137-139	980-986	142-143	14-16	35-40
		固溶處理及時效(b)	1130-1138	164-165	1220-1228	177-178	8-10	20-15
	階段,95% 減面率	軟化(a)	930-938	135-136	972-980	141-142	15-17	29-35
旋轉電極,粉,97.6-98.5% 緻密 ………鍛粗		軟化(a)	952-986	138-143	980-1028	142-149	12-15	43-37
		固溶處理及時效(b)	1124-1138	163-165	1186-1200	172-174	12-14	39-46
	階段,55% 減面率	軟化(a)	924-930	134-135	958-972	139-141	15-17	38-42
		固溶處理及時效(b)	1152-1158	167-168	1214-1220	176-177	7-9	11-15
	階段,95% 減面率	軟化(a)	966-972	140-141	1006-1014	146-147	16-18	48-52
旋轉電極,粉,99.5-99.7% 緻密 ………鍛粗		軟化(a)	952-982	138-144	1000-1028	145-149	10-14	37-40
		固溶處理及時效(b)	1110-1130	161-164	1166-1200	169-174	10-12	32-38
	階段,55% 減面率	軟化(a)	882-890	128-129	938-958	136-137	9-11	15-18
		固溶處理及時效(b)	1192-1200	173-174	1254-1262	182-183	5-7	11-14
	階段,95% 減面率	軟化(a)	992-1000	144-145	1028-1042	149-151	17-19	40-44

(a)　在705℃之下，空氣中加熱2小時　(b)在955℃下，空氣中加熱1小時，水淬；在540℃下時效4小時後空冷

（資料來源：Ref.17）

表7.12　真空熱壓及真空熱壓並經擠型的鈹，在室溫及高溫下的機械性

	真空熱壓 粉　　體	真空熱壓並在425℃下 擠形，2.25至1縮減量		真空熱壓並在1050℃下 擠形，12至1縮減量	
		縱向(a)	橫向(b)	縱向(a)	橫向(b)
抗拉強度，MPa (ksi)					
在 25℃ (75℉) 225-350		440	260-315	565-620	345-435
..................................(33-51)		(64)	(38-46)	(82-90)	(50-63)
在 300℃ (570℉) 160-240		330	235-250	340	295-310
.................................(23-35)		(48)	(34-36)	(49)	(43-45)
在 500℃ (930℉) 150-170		250	205-240	240	240
.................................(22-25)		(34)	(30-35)	(35)	(35)
在 700℃ (1290℉) 95		115	90-110	90	90
....(14)		(17)	(13-16)	(13)	(13)
抗拉強度，MPa (ksi)					
在 25℃ (75℉) 220		…	…	310	…
....(32)				(45)	
張力彈性模數，GPa (10^6 psi)					
在 25℃ (75℉) 305		…	…	285	…
....(44)				(41)	
伸長率 in 50 mm (2in.), %					
在 25℃ (75℉) 1-3		4	1	11-17	1
在 300℃ (570℉) 12-30		13	2-4	23	2
在 500℃ (930℉) 23-40		14	3-11	15	3-8
在 700℃ (1290℉) 10-14		15	11-13	7	4-6
Contraction, %					
在 25℃ (75℉) 1-4		1	1-4	17	1
在 300℃ (570℉) 15-35		5	2-25	28	1-2
在 500℃ (930℉) 40-53		33	14-29	24	3-12
在 700℃ (1290℉) 10-13		10	14-17	5	3
壓縮降伏強度MPa (ksi)					
在 25℃ (75℉) 170		…	…	260	…
....(25)				(38)	
未缺口的恰比衝擊強度，J (ft·lb)					
在 25℃ (75℉) 1.1		…	…	5.6	…
....(0.8)				(4.1)	
張力衝擊強度，J (ft·lb)					
在 25℃ (75℉) 1.9		…	…	6.1	…
....(1.4)				(4.5)	

(a)沿擠形軸縱向的材料性質　　　(b)沿擠形軸橫向的材料性質　　　　　　　　　(資料來源：Ref.17)

表7.13　含 10% 金屬結合劑之熱壓碳化物的性質

材　　料	密度 g/cm³	抗折強度		硬度 HRA	破斷面顏色
		MPa	ksi		
週期表第4族					
90TiC-10Co........................4.9		786	114	92	鼠灰
90ZrC-10Fe........................6.8		768	114	90-91	淡灰
週期表第5族					
90VC-10Co.........................4.4		690	100	89	銀
90NbC-10Co.......................7.7		979	142	88	紫褐
90TaC-10Co.......................13.0		737	107	85	金黃
週期表第6族					
90Cr₃C₂-10Ni.....................5.7		490	71	84-85	銀
90Mo₂C-10Co.....................8.6		586	85	87	淡銀
90WC-10Co.......................14.4		1790	260	91+	藍灰

(資料來源：Ref.17)

表7.14　熱壓的商用氮化矽及不同氧化物含量在實驗中之氮化矽，其在大氣及高溫下的機械性質

	氮化矽(a)		SiMgON	α-SiAlON	β-SiAlON	SiYON(d)	SiYON(e)
	平行(b)	垂直(c)					
抗折強度，MPa (ksi)							
在 25℃ (75℉)	510	710	940	580	460	1015	1400
	(74)	(103)	(136)	(84)	(67)	(147)	(203)
在 800℃ (1470℉)	490	690	895	630	515	985	1290
	(71)	(100)	(130)	(91)	(75)	(143)	(1150)
在 1000℃ (1830℉)	475	675	815	600	500	925	1150
	(69)	(98)	(118)	(87)	(73)	(134)	(167)
在 1200℃ (2190℉)	460	610	600	470	480	835	1020
	(67)	(88)	(87)	(68)	(70)	(121)	(148)
在 1300℃ (2370℉)	445	535	320	300	435	720	950
	(65)	(76)	(46)	(44)	(63)	(104)	(138)
在 1400℃ (1470℉)	300	350	…	…	400	500	…
	(44)	(51)			(58)	(73)	
抗拉強度，MPa (ksi)							
在 25℃ (75℉)	360	415	…	…	…	…	…
	(52)	(60)					
在 800℃ (1470℉)	320	355	…	…	…	…	…
	(46)	(51)					
在 1000℃ (1830℉)	290	340	…	…	…	…	…
	(43)	(49)					
在 1200℃ (2190℉)	260	300	…	…	…	…	…
	(38)	(44)					
在 1300℃ (2370℉)	225	230	…	…	…	…	…
	(32)	(33)					
彈性係數，GPa (10^6 psi)							
在 25℃ (75℉)	300	290	…	…	…	…	…
	(44)	(43)					
在 800℃ (1470℉)	275	280	…	…	…	…	…
	(40)	(41)					
在 1000℃ (1830℉)	260	270	…	…	…	…	…
	(38)	(39)					
在 1200℃ (2190℉)	240	255	…	…	…	…	…
	(35)	(37)					
在 1300℃ (2370℉)	215	…	…	…	…	…	…
	(31)						
壓縮強度，MPa (ksi)							
在 25℃ (75℉)	2760	690	…	…	…	…	…
	(400)	(100)					
衝擊強度，J (in.·lb)							
在 25℃ (75℉)	0.23	0.40	…	…	…	…	…
	(2)	(3.5)					

(a) HS-Bo 級，含雜質程度爲：8wt%Mg, 0.9wt%Fe, 0.04Wt%Ca, 0.1wt%Al, 0.5wt%C, 以及少於 1wt% 的W.
(b) 平行於壓實方向的最大應力 (c) 垂直於壓實方向的最大應力 (d) 非晶質晶界相 (c) 結晶晶界相。

（資料來源：Ref.17）

空泵抽氣，最後再將抽氣出口管壓平、切斷後銲合。爲了避免皺摺，如圖7.12中所示的罐前端與模口均設計成錐狀，同時壓桿有時也須設計爲穿孔式，即在擠形時，先緻密化罐內粉體再實際推動整個罐體通過模眼。罐體材料一般爲銅或低碳鋼，此種材料需儘可能與粉體在擠溫下，有相似的剛性，不會起反應，而且在擠形後可以腐蝕或機械法剝除。

7.4　粉末鍛造技術 (Powder Forging)

粉末鍛造(Powder Forging)，通常的作法是在粉末成形後加熱、鍛造使密度增加，得到類似熔鑄材料經熱作鍛造後所有之高強度。但是依據ISO

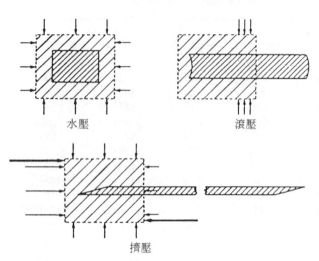

水壓　　　　　滾壓

擠壓

圖7.8　利用水壓、滾壓及擠壓加工時的粉末負荷
　　　　與其變形示意圖

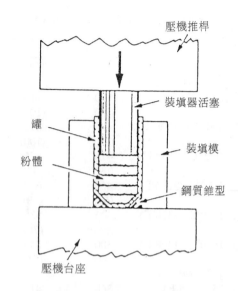

壓機推桿

裝填器活塞

罐

裝填模

粉體

鋼質錐型

壓機台座

圖7.10　粉末裝填金屬罐中

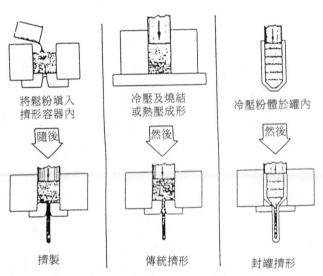

將鬆粉填入　　　冷壓及燒結　　　冷壓粉體於罐內
擠形容器內　　　或熱壓成形

隨後　　　　　然後　　　　　然後

擠製　　　　　傳統擠形　　　　封罐擠形

圖7.9　三種熱擠型方式示意圖

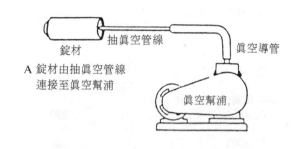

錠材　　　抽真空管線　　　真空導管

A 錠材由抽真空管線
　連接至真空幫浦

真空幫浦

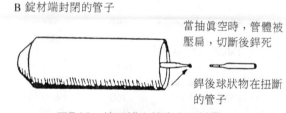

B 錠材端封閉的管子

當抽真空時，管體被
壓扁，切斷後銲死

銲後球狀物在扭斷
的管子

圖7.11　擠形罐之抽真空及封裝

3252 和 JIS Z2500（粉末冶金用語）中之定義：鍛
造－不管熱作或冷作，只要原料是壓粉體、預燒結
體、燒結體的話，特別是採用燒結體時就稱之為燒
結鍛造(Sinter Forging)。

　　此種加工法將粉末冶金的特性充分活用，以往
沒有的精密鍛造技術也逐漸興起，尤其在 1960 年
代後半期開始，興起一股研究熱潮，發表的論文非
常多。尤其是汽車零件，以美國為中心，展開無數
的試作。但是要到達實用化的階段，在技術上及經
濟上仍有許多困難待克服。這數年間，各企業也開

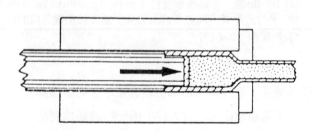

圖7.12　穿刺技術用於粉末擠形以避免封罐折疊

始動員起來，許多的粉末鍛造生產線被設置，現在
的粉末鍛造(全球)總生產量超過16000噸／年[16]。

上述粉末鍛造技術在導入時所發生之問題點整理如下：

第一、新技術之導入是無可避免的，相對於原本舊有之設備，新設備投資之後，單是投資報酬及成本回收這兩項維持永久經營的重點，就必須先確立將來的產量能維持一定的數量方有利潤。

第二、設計者對粉末鍛造這項新技術到底瞭解程度有多少？

第三、和鋼質材製作比較，粉末鍛造之相關資訊少，評估一項新零件相當費時，同時也牽涉到領先期間之問題。

粉末鍛造的產品應用是與一般鍛品競爭，故產品設計者，均會將其與鍛造品互相比較機械特性。而其中最大的不同點，是最終產品的方向性。粉末鍛造具有極優異的等向性而無一般鍛品的異向性缺點，使其在縱向的疲勞特性，遠優於橫向特性。然而粉末結構件的孔隙，使其無論在強度及延長性方面均劣於鍛造品。以 2% 孔隙率為例，可使衝擊強度降低一半以上。而粉末中的夾雜物也會影響其機械性質。雖然，粉末鍛造的元件有著先天性的缺點，但是根據圖7.13顯示測試試樣的數據，它的表現平均介於一般鍛件的縱向與橫向性質之間。而單體元件的疲勞特性，則與落錘鍛者相近。如圖7.14所示為汽車連桿的實測數據。

除了相近的特性要求仍是不夠的，材料的簡省和其他列於表7.15中的優點，才是粉末鍛造具有競爭力的地方。由於所需機械加工步驟的減少，使得粉末鍛造的成本相對降低許多。粉末鍛件的重量可以控制的相當準確，因此，類似連桿的零件，即不需要做平衡調整重量差異的程序。當粉末鍛件有如圖7.14的優異性質時，設計者的變化空間增大許多，尤其在縮小尺寸，而仍保持適當的機械特性方面。

圖7.15為粉末鍛造的示意圖。首先將粉末壓縮成為胚體後，再經預熱爐加溫，然後很快的傳送到熱鍛機上作最後的成形。在整個製程中，由於鍛造技術的進步，目前仍在繼續的改進，而與傳統的鍛造大不相同了。例如：結合燒結與預熱步驟；非對

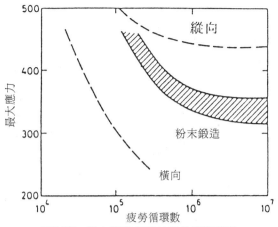

圖7.13　粉末鍛造鋼鐵材料的疲勞特性

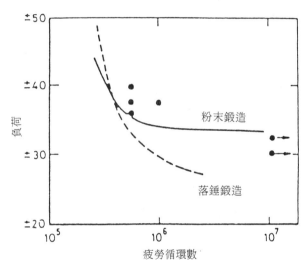

圖7.14　粉末鍛造連桿的疲勞測試結果與落錘鍛曲線重疊比較

表7.15　粉末鍛造的優點

機械加工/資本投資的節省
材料之利用率高
組件之性能好
重量控制佳
能量節約
環保顧慮低

稱性的零件及胚體；使用機器人傳送胚體至鍛機；較高的鍛造溫度、鍛件密度可控制在一特定範圍內，以降低成本。甚至於冷鍛胚體的技術，亦被發展出來鍛製火星塞外殼。表7.16所示為適於粉末鍛

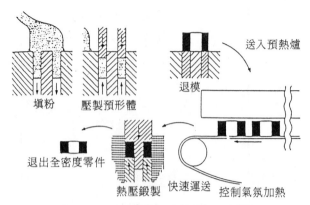

圖7.15　粉末鍛造程序的圖解示意圖

送入預熱爐

退模

填粉　　壓製預形體

退出全密度零件

熱壓鍛製　快速運送　控制氣氛加熱

造的汽車零件，其中以連桿最爲引人注意，目前，如福特、豐田及標緻公司已大量用於其生產的部份車型上。

表7.16　適用於粉末鍛造的汽車零件

引　擎	Connecting Rod	Gear Pulleys
	Valve Lifter	Alternator Rotor
	Valve	Starter Gear
	Ring Gear	Cylinder Liner
傳動系統（手動）	Hub Sleeve	Reverse Idler Gear
	Clutch Hub	Bearing Race
	Synchronizer Ring	Various Kinds of Gears
	Reverse Gear	
傳動系統（手動）	Inner Race	Pressure Plate
	Outer Race	Parking Lock Gear
	Clutch Cam	Ring Gear
	Counter Gear	Various Kinds of Gears
底　盤	Rear Axle Housing End	Sector Gear
	Wheel Hub	Pinion Gear
	Universal Joint	Side Gear
		Ring Gear

　　粉末鍛造的競爭對手，爲精密熱鍛及精密鑄造，其製程技術大致與一般鍛造相同。而由於在省料及省能源的優點，以及適當的綜合特性方面，使其能提供相當吸引人的產品。

　　粉末鍛造法和一般之熔製材料之鍛造法比較之下，有下列幾種特色，故在設計人員、製造工程師等之推展下，應可成爲未來具有潛力的製程技術。

(1)精胚之精度高

精度高，材料使用不會崩散之壓粉體作成預型體(Preform)，再用密閉鍛造型式作出沒有毛邊的成品，而且可鍛造精度高之物品。

(2)省資源，省能源

　　不產生毛邊同時能作高精度加工，非常節省材料，而且鍛造後之機械加工部位不多，可減低成本。

(3)具有熔製材料所沒有的材料特性

　　原始原料爲粉末之故，即使對熔製材料材料來說，易引起偏析之成分，亦可自由斟酌使用粉末鍛造法來成形或鍛造。另一項特色則是容易作複合加工。

7.4.1　預型體 (Preform)的設計

　　一般來說，預型體的設計最好是與最終產品的外形尺寸一致。而健全的零件，不僅需滿足尺寸上之要求，同時也要滿足以下之項目：

　　(1)密度越高越好

　　(2)沒有表面的缺陷（割傷、氣孔、氧化）

　　每種產品的強度要求不同，而密度、氣孔或是氧化程度的要求亦因產品而異。以上的考慮均需各別地加以討論，舉例來說：粉末鍛造即與傳統熱作鍛造有基本相異之處；預型體的體積是可改變的，其壓縮性隨密度而定，在設計預型體時，首先一定要考慮這個問題。目前，設計者以試誤法來作，其中包含了許多 Know-how，尙未達至標準化的地步，最近已有利用 CAD 的方式來設計，應在未來有更令人滿意的發展。

　　預型體密度增加的形式有兩種：

(1)產品的直徑與預型體相同，只是高度上有些差異，使材料在軸方向上產生變形，同時密度隨之增加稱之爲整型形式(Coining)。

(2)兩端壓縮，材料可以在軸向及徑向二種方向自由流動，稱之爲鍛打形式(Forging)。

(3)介於(1)與(2)兩種型之間，基本上屬於整型形式，但在徑向上有少許流動。第(2)型的預型體在加壓衝程時，材料變形很大，在較低壓力下材料密度即開始上昇。第(1)型之預型體變形之自由度少，如要達到與(2)型相同之密度，需要更大之壓力。但是，要達到真密度之最終壓力兩者都一樣。表7.17為兩種型式的優缺點比較。

表7.17　"鍛打"型與"整型"型的比較

	鍛　打	整　型
成形	・形狀單純、成形容易 ・密度上升容易	・因形狀之關係、密度上升不易
加熱	・高週波加熱容易	・因為形狀之關係、高週波加熱困難
鍛造	・容易產生缺陷 ・不需與模具定位	・比較容易鍛打 ・要與模具定位
搬運	・容易	・可能割傷、破損

預型體的密度，最低要有 5.5g/cm³。若將自動搬運之問題也考慮進去，則最低要有6.0g/cm³以上。上限則不需嚴格要求，因其有最後一道的鍛造工程，可大幅提高密度。但是，重量需嚴格要求，其誤差要在±0.5%左右，而內部之重量分佈也是非常重要的。

現在以簡單的階梯狀產品為例，考慮應如何決定預型體的尺寸。如圖7.16所示，高為h與H，密度為ρ的製品，基本上內部充填比率相同，預型體之高為h_o與H_o，密度為ρ_o，則

$$h_o = h \times (\rho / \rho_o) ; \quad H_o = H \times (\rho / \rho_o)$$

高度差$H_o - h_o = (H - h) \times (\rho / \rho_o)$

以上面之公式作出的預型體之成形性最好。

鍛製品的表面性質受許多因素之影響，通常鍛造溫度越高，或是鍛造壓力越大，氣孔會越少，表面氣孔殘留少，表面刮痕也不多。表面氣孔可能受到材料之流動方向，高溫的預型體和較冷之模具接觸時，突然降溫的影響，模溫越高則殘留氣孔越少。若無法避免材料與冷模接觸時，溫度陡降的現象，至少應作到下述要求：

(1)使用加工速度快之鍛造壓機

(2)儘量提高衝模溫度

(3)減少預型體與衝模之接觸面積

7.4.2　模具設計

預型體之成形模具，與一般之燒結品之模具製作完全相同，鍛造時所需之模具也一樣，同時和一般鋼材之密閉鍛造模具或精密鍛造模具沒有什麼差別。模具材料則使用熱作模具鋼即可，粉末鍛造模具不需拔模角，或稍許一點即可，而因材料在模內流動量不大，因此模具之摩耗量較小。亦可以在模具上作表面處理，以增加使用壽命。模具上最好有保溫器，可避免氣孔之產生。溫度控制之良好與否，影響到製品之尺寸精度。

7.4.3　應用實例

粉末鍛造之使用範圍，主要用在汽車等機械構造用零件，這些零件所使用的材料，多半為鐵系，碳鋼、低合金鋼等。針對碳鋼零件，粉末鍛造多採用Fe-C系或Fe-C-Cu系。低合金鋼之零件，則多採用鉻鉬鋼、鉻鋼、鉬鋼，更進一步採用Ni-Cr-Mo鋼等等。粉末鍛造中鉻、錳等成分要比鐵更容易和氧結合，因此較不容易使粉末中之氧化物還原，也因此常採用 Ni-Mo 系(AISI　46XX)之粉末。但是與鋼材比較起來：當錳之含量減到 0.2% 時，含氧量增加到 0.5% 以上時，淬火性能增加；矽之還原困難，所以矽含量最好儘量降低；而碳通常以石墨的形態添加到材料中。

粉末鍛造品之機械性質，受到材料中含有非金

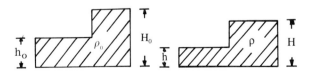

圖7.16　預型體與鍛製品的尺寸設計

屬時之影響，尤其是對衝擊值的影響非常大，因此若是材料中含有非常多之還原鐵粉時，對粉末鍛造並不適合。用噴霧法(Atomization)製造之粉末，可自由控制材料內合金含量，而成本也較低廉，故適用於粉末鍛造。但是鎳、鉬等元素價格高，可加入些便宜的粉末，如鉻、錳等元素製成之 4100 系列粉末。前面所提到的鉻、錳等元素容易生成氧化物，尤其對淬火性影響很大，故 4100 類似粉末對淬火性及含氧量有影響，尤其含氧量之影響非常大。因此，有必要製造含氧量低的粉末，新的粉末製造技術包括真空還原法、高溫還原法、油噴霧法等。用相同程度之淬火性作比較，Ni-Mo 粉末可調整成分，使淬火性增加。Cr-Mn 粉末之預型體如果不經高溫加熱，就不會產生還原作用。因此，在成本計算中必需同時加上加熱處理之成本。

粉末鍛造體之機械性質，受鍛造體之密度影響非常大。密度增加後，換句話說，即材料內部氣孔減少，材料之強度及韌性增加。粉末鍛造體之疲勞特性，以粉末鍛造材料來說，雜質如果非常細緻，同時散佈在材料內部，類似鋼鐵材料一樣，如有雜質存在，將阻止塑性變形（延性）之發生，同時使異方向性減少。實際疲勞強度之試驗，粉末鍛造之連桿(Connecting Rod)和以往鋼鐵之熱作鍛造品幾乎沒有什麼差異。

粉末鍛造常用在機車、工具等方面，尤其是汽車之自動變速機，支撐或是運轉所需之環狀部品，多採用粉末鍛造。美國自古以來，自動變速機之使用就非常多，因此可以大量生產各種零組件。實際零件的應用有連桿(Connecting Rod)、輪轂(Wheel Hub)、各種座圈(Race)、齒輪、套管(Sleeve)等。

結合數項緻密化粉末成形技術，而且已商業化

生產的製程，當以普惠公司(P&W)所有的專利"Gatorizing"程序最爲著名。如圖7.17所示之流程，擠形製程僅是用來建立細晶粒的結構。在此製程中所須的超塑性成形，由細晶粒及阻止晶粒生長的二次相，在高溫成形過程中，繼續維持細晶粒之結構，而能適應恆溫鍛造時所需之低應變速率。擠形通常是在略低於再結晶溫度之下進行，故粉末在擠形時，產生再結晶現象但僅獲得大約5μm左右之細晶粒。最後再利用其超塑性之特性，在相當低應力下，以恆溫鍛造（或稱Gatorizing）加工爲接近最終成品的形狀，傳統鍛造或Gatorizing均可做爲鈦合金或超合金的成形加工，粉體經熱均壓或其他加工方法，只要將孔隙消除後，其鍛造程序與一般預形體幾無二致。圖7.18即爲將熱均壓後之錠塊，經簡單車削加工後，再以兩階段的鍛造成形，而獲得近實形成品的示意圖。

7.5　金屬粉末的噴灑成形法

利用熔融金屬顆粒的製程相當的多，傳統的銲接即爲應用最廣泛的例子，類似的例子尚有硬面塗層及電漿熔射技術等。而結合氣噴製粉與成形操作之噴灑成形法(Spray Forming)，雖有所謂的熔液動態壓成(LDC)及控制噴灑成形(CSD)等製程，但仍以由Brooks及Leatham等人發明的歐氏沈積法(Osprey Deposition)商業化最爲廣泛。Osprey Metals Ltd.目前爲瑞士Sandvik公司的子公司。圖7.19爲歐氏沈積法的示意圖。隨著收集基座的不同設計，而可生產塊狀、鑄錠、管狀、平板狀等的型材。若加裝顆粒注射器，亦可製成金屬基複合

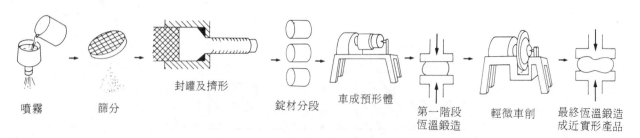

噴霧　　　　篩分　　　　封罐及擠形　　　　錠材分段　　　車成預形體　　第一階段　　　輕微車削　　最終恆溫鍛造
　　　　　　　　　　　　　　　　　　　　　　　　　　　　　　　　　　　　　恆溫鍛造　　　　　　　　成近實形產品

圖7.17　經恆溫鍛造製造渦輪葉片的示意流程圖

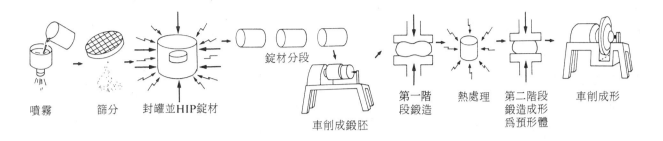

圖7.18　經熱均壓成形後再鍛製成爲渦輪葉片的流程示意圖

噴霧　　篩分　　封罐並HIP錠材　　　　　　錠材分段　第一階段鍛造　熱處理　第二階段鍛造成形爲預形體　車削成形

車削成鍛胚

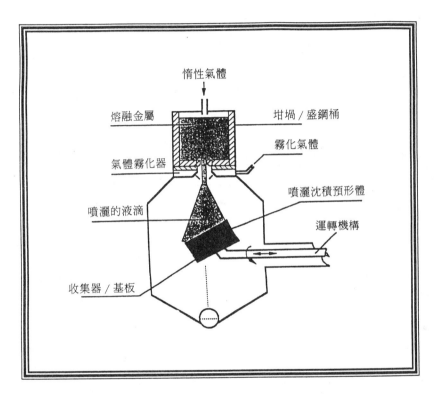

圖7.19　歐氏製程的示意圖

惰性氣體

熔融金屬　　　　　　　坩堝／盛鋼桶

氣體霧化器　　　　　　霧化氣體

噴灑的液滴　　　　　　噴灑沈積預形體

　　　　　　　　　　　運轉機構

收集器／基板

材料。基本的歐氏沈積裝置有：一個噴霧裝置；一個由惰性氣體保護的噴霧倉；旋風式粉塵收集器來循環使用"過噴粉末"(Over-Sprayed)；一組液壓操縱裝置來處理模座的動作；收集裝置或模具；其他控制儀器等。

在歐氏噴灑成形的過程中，先將合金熔融後倒入氣噴霧的盛鋼桶，通過下方的噴嘴，熔融液流被惰性氣體流打成顆粒後，最後撞擊在模表面上而固化。模具通常由水冷銅模製成，陶瓷模亦爲常用之模具材料。在凝固過程中，顆粒彼此銲結在一起而築成塊狀的合金材料，至少可達到96%以上的密度

，而99%的理論密度爲相當普通的結果。表7.18爲目前商業公司進行商品化生產的初期產品，預期有更多的公司將會陸續投入。表7.19爲摘錄住友重機所產製之歐氏沈積製程與傳統鑄造製程所得材料之性質比較。

參考資料

1．B.Will, MPR, OCT 1989, p.675.

2．R.W.Messler, Jr. MPR. Mag 1989, p.362.

3．P. Uef Gummeson : Int'l Journal of P/M,25 [3], 207

表7.18　歐氏製程的產品

公　　　　　　　　　司	產　　　　　　　　　品
・Sandvik (Sweden)	・不銹鋼管8m×400mmφ
・Mannesmann-Demag(Germany)	・鋼片條；1m寬；150kg/min
・Sumitomo Heavy Industries (Japan)	・用於線及棒輥軋用的鋼輥 　(Foundary & Forming Division)
・G.E.	・噴射發動機的超合金
・Olin Corp	・銅合金條片廠
・US Navy	・海軍應用
・Alcan, Alusuisse & Pechiney	・固體擠製胚料 1 m 長 及 　100~250kg 重 (A1/Si, A1/Si, 　2000, 6000, 7000 A1) ・Fe-Nd-B; Mg 合金

表7.19　優越的機械性質（高鉻鑄鐵）

	硬度(Hs)	抗拉強度 (kgf/mm²)	抗折強度(kgf/mm²)	衝擊值(kgf·m/cm²)
歐氏法	80	170-190	210-230	2.5-2.8
傳統鑄造	80	75-80	120-130	0.3-0.5

(1989).

4. B.K.Lograsso, Intl Journal of P/M, 25 [4], 337 (1989).

5. P.J, MPR. Mag 1989, p.369.

6. L.F. Pease III, Carbide and Tool Journal, Jan/Fed. 1989, p.4.

7. GAF Chemical Corp., MPR, Mag 1989, p.338.

8. K.Kulkarni, New Perspectives in Powder Metallurgy, p.485.

9. E.R Thompson, Ann. Rev. Mater. Sci.,12, 213~242 (1982).

10. F.V.Lenel, Powder Metallurgy-Principles and Application, MPIF, 1980.

11. 粉末冶金技術，中華民國粉末冶金協會，七十六年十二月。

12. C.G. Goetzel, Treatise on Powder Metallurgy, VOl 1, Interscience, New York, 1949, p.475-481.

13. F.H. Willey, *"Method of Making a Hard and Compact Metal for Use in the Formation of Tools, Dies,"* U.S. Patent, 2 143 495,

14. H.W. Dodds, A Fabricator Views Titanium Powder Metallurgy, Proceedings of the Eleventh Annual Meeting , Vol 1, Metal Powder Association, New York, 1955, p.108-113.

15. U.S.Patent No.3 826 301, (1972).

16. 燒結機械部品の設計と製造，日本粉末冶金工業會編著，1987.

17. Powder Metallurgy, Metals Handbook, 9th Ed., ASM, Metal Park, Ohio, 1984. p.493-532.

18. Spray Forming: Science, Technology & Applications, Eds. Alan Tawley, R.W. Smith and A. Ogilvy, MPIF, June, 1992.

第八章 模具設計及製造

王遐*

8.1 模具基本構造及動作	8.4 模具之設計
8.2 基本模具設計理念	8.5 模具設計範例
8.3 模具製造	

8.1 模具基本構造及動作

粉末加壓之硬體為一系統，包括壓床、模具及如何將模具安裝或連接於壓床上。模具之動作，係按所欲壓製之零件形狀而定，因此動作之驅動能量，來自壓床。模具之構造與動作，有簡單及很複雜，隨零件形狀及壓床而定。一般而言，選用牽引式壓床，模具較為複雜，而選用床台不動式壓床，則模具較為簡單。

8.1.1 模具之基本構造

模具及包括將模具裝於壓床所用附件之結構，種類很多，但就基本之構造而言，模具不論裝於何種壓床，其結構上基本要件，包括上沖頭、模體、心軸、下沖頭及退模組件，其中上或下沖頭及心軸，隨零件形狀之複雜度，可能有一支以上。如圖8.1所示，即為上述說明之示意圖。圖(a)示簡單形狀之雙向加壓，上下沖頭各一支，而下沖頭亦具退模之功能，沒有心軸。圖(b)零件增加心孔，故多一支心軸，圖(c)之零件形狀之複雜性大為增加，此時除心軸之外，上沖頭增為二支，下沖頭增為三支。

8.1.2 模具之動作

模具之動作，隨零件形狀及所採用之壓床而定，此種情形於8.1節中已作說明，但就基本而言，模具之動作分為三個步驟，即填料、加壓與退模，上述三個步驟，亦示於圖8.1之(b)及(c)圖中。

一般在繪製模具之圖形中，為了表示上述之步

*英國伯明翰大學機械工程博士
國立台灣工業技術學院機械系教授

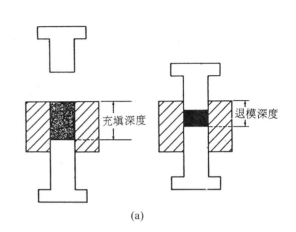

(a)

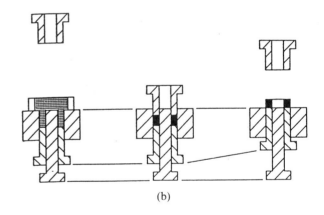

(b)

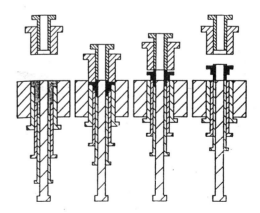

(c)

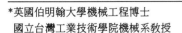

圖8.1　模具之基本構造

155

驟，同時為了易於觀察明確或節省繪圖時間，將填料與加壓狀況，以中心線分割、同示於一圖中。如圖 8.2 所示，圖之左側示填料狀況，而右側則示加壓完成狀況。

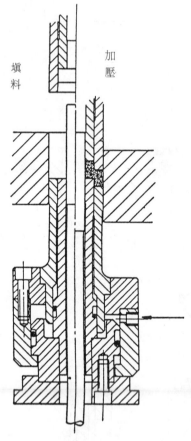

圖8.2　模具填料及加壓示意繪圖

8.1.3　模具動作路線圖

圖 8.3~8.5 示模具安裝於壓床上，上下沖頭及模體之動程路線。圖 8.3 及圖8.4中，亦包括填料盒之動程路線圖。在沖頭及模體動程路線圖中，縱座標示站立於壓床前之上下之方向，橫座標則為將主上沖頭於上下死點間來回一周動程。分為 360° 之對應刻度。填料盒動程路線圖中之縱座標，則為填料盒左右運動之距離。各圖中沖頭或模體運動至重要之關鍵點，亦於各圖中附列說明。圖 8.3 示床台不動式壓床，壓製簡單形狀零件之沖頭動程路線，而8.4圖及8.5圖示床台牽引式壓床上壓製零件，沖頭及模體運動路線圖，但圖 8.5 所壓之零件，其形狀遠較圖8.4所壓製者更為複雜。

8-b-c-d：浮動上沖頭行程。1-a-c'-e-f：模體行程。12-h-g-J'-J：右側下沖頭行程。11-i-g-e-h-k：左側下沖頭行程。10-p：中央下沖頭行程（不動）。a：上沖頭開始加壓，浮動上沖頭開始合閉。b：浮動上沖頭合閉完成。a'：模體開始下拉動，下沖頭開始加壓。e-J'-J，e-k'-k：左右下沖頭上昇，回歸原位。h，i：下左右沖頭浮動下降。h'，i'：下左右下沖頭與接觸，停止下降。c：上沖頭開始上昇至 d-d' 點，回規原狀。c'：下沖頭加壓完成，模體再開始下降，脫模開始。g'，g：離左右下沖頭底部，左右下沖頭再開始下。e：模體下拉及左右下沖頭已下降至最位置極限，脫模完成。e-f模體上昇，回歸原來高度。

8.2　基本模具設計理念

模具設計首先要考慮之因素為某一零件是否可以粉末加壓及燒結製造、品質及尺寸合於要求，且生產成本低。初步之模具本體尺寸決定後，其次視模具安裝何種壓床，決定其他配件之尺寸。

8.2.1　模具設計首先要考慮之因素

一零件是否宜以粉末冶金之加壓及燒結方法製造，需考慮之因素有下列數點，即(1)零件所需之機械性質，是否可以粉末冶金加壓與燒結之製程達成，(2)零件之形狀是否可以加壓粉末方式，成形毛胚，(3)零件之尺寸精度是否能以粉末加壓及燒結之製程滿足要求。茲將上述問題分別說明如下：

零件之機械性能：首先瞭解零件使用之場合，例如受力多少、是否需具耐磨性以及是否需抗腐蝕等，參考第六章表6.2至表6.8，決定使用之粉末原料；關於此方面如仍有困難存在，應與資深之粉末材料專長人員討論，決定適當之粉末配方，亦可由圖 8.6 所列之製程中，選擇一種較只有加壓與燒結更上一層之製程。

零件之形狀是否可以粉末加壓成形：以粉末加壓與燒結製程之成形構件，壓胚出模後，其形狀必與零件相同，壓胚之尺寸與燒結後之零件間，尺寸

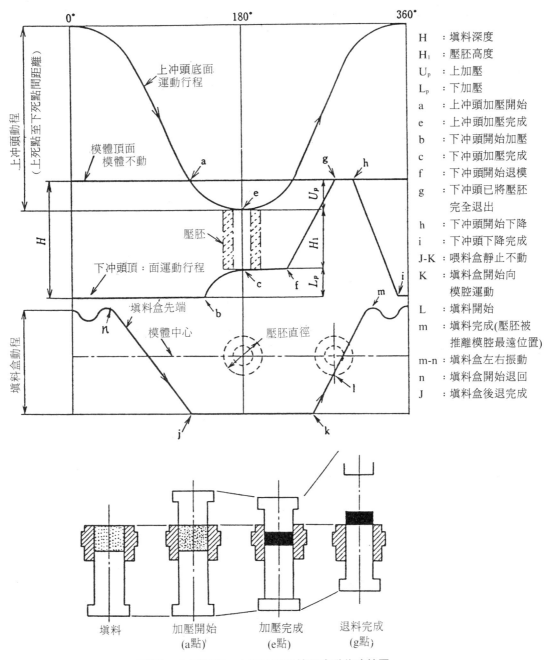

H ：填料深度
H₁ ：壓胚高度
Uₚ ：上加壓
Lₚ ：下加壓
a ：上沖頭加壓開始
e ：上沖頭加壓完成
b ：下沖頭開始加壓
c ：下沖頭加壓完成
f ：下沖頭開始退模
g ：下沖頭已將壓胚
　　完全退出
h ：下沖頭開始下降
i ：下沖頭下降完成
J-K ：喂料盒靜止不動
K ：填料開始向
　　模腔運動
L ：填料開始
m ：填料完成(壓胚被
　　推離模腔最遠位置)
m-n ：填料盒左右振動
n ：填料盒開始退回
J ：填料盒後退完成

填料　　加壓開始　　加壓完成　　退料完成
　　　　 (a點)　　　　(e點)　　　　(g點)

圖8.3　中模固定，上下沖頭及填料盒動作路線圖

變化極微，故擬以粉末冶金製程所製造之零件必需能以模具加壓成形。某些零件如具有螺紋、相交之孔、U形槽以及具有高度大於半徑之球面等形狀，均難於以模具成形。模具設計人員在實際之工作中，如遭遇此等類似之問題，亦不可未加思索，即放棄此種零件之生產，因有某些解決此種困難之方法。第一種方法為零件形狀之修改，如圖8.7至圖8.10所示；將此等零件分類，大約有四類，即(1)零件

可以粉末加壓方式成形，但成形之壓胚有部份為很薄之斷面，退模易於破裂，(2)零件可以粉末加壓成形，但所需之沖頭有尖而薄之斷面，加壓時沖頭易受損，壽命不長，(3)零件可以粉末加壓成形，但成形困難，因所需之模具或壓床昂貴，(4)零件之形狀不能以粉末加壓成形。凡是遭遇上述之問題，模具設計者應與訂貨者交換意見，是否將零件之形狀稍作修改，仍能合乎廠家所需求。圖 8.7 所示

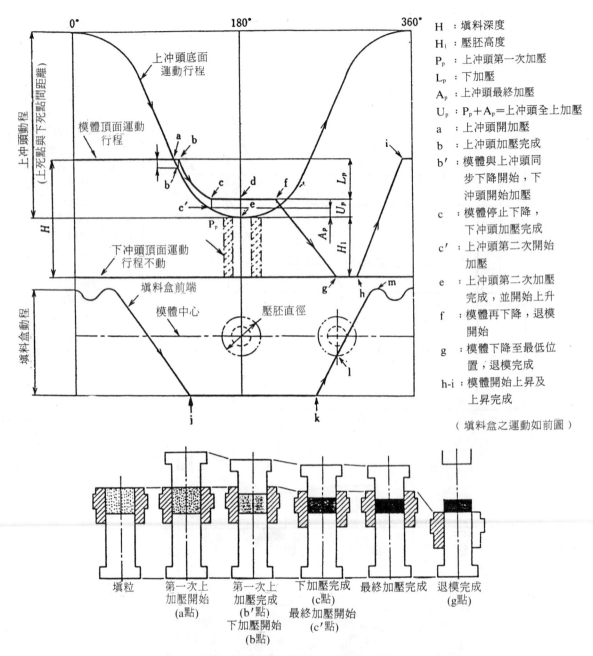

上死點與下死點間距離

上沖頭運動行程

上沖頭底面
運動行程

模體頂面運動
行程

H

下沖頭頂面運動
行程不動

填料盒前端

模體中心   壓胚直徑

填料盒動程

H ：填料深度
H₁ ：壓胚高度
P_p ：上沖頭第一次加壓
L_p ：下加壓最終
A_p ：上沖頭最終加壓
U_p ：P_p＋A_p＝上沖頭全上加壓
a ：上沖頭開加壓
b ：上沖頭加壓完成
b′ ：模體與上沖頭同
　　 步下降開始，下
　　 沖頭開始加壓
c ：模體停止下降，
　　 下沖頭加壓完成
c′ ：上沖頭第二次開始
　　 加壓
e ：上沖頭第二次加壓
　　 完成，並開始上升
f ：模體再下降，退模
　　 開始
g ：模體下降至最低位
　　 置，退模完成
h-i ：模體開始上昇及
　　 上昇完成

（ 填料盒之運動如前圖 ）

填粒   第一次上   第一次上   下加壓完成   最終加壓完成   退模完成
　　　　　　加壓開始   加壓完成   (c點)   (g點)
　　　　　　(a點)   (b′點)   最終加壓開始
　　　　　　　　　　　　 下加壓開始   (c′點)
　　　　　　　　　　　　 (b點)

圖8.4　牽引式(Withdrawal)動作線圖

為第(1)類零件，就圖 8.7 中之第四圖而言，零件有尖銳之斷面，壓胚於模腔中退模時，極易碎裂，如將零件之尖角修改為一小圓角，如仍能滿足零件所需之功能，則此零件仍能以粉末加壓成形。至於圖 8.7 中其他零件形狀之修改，亦附述於圖中。圖 8.8 所示之零件屬於第(2)類，圖中各零件之形狀如何修改，亦於圖中說明。就以圖 8.8 之一圖形而言，其最尖角之二斷面，所需之沖頭具薄刀口，此種沖

頭於高壓力之下，極易受損。圖 8.9 所示屬於(3)類，以第二圖為例為一有深溝之零件，雖可壓製成形，但壓製不易，第一零件有較弱之斷面，退模之摩擦力大，壓胚退模易受損，尤其毛胚密度不高時，更易於退模時破裂。圖 8.10 示屬第(4)類零件，此類零件之形狀必需修改，否則無法成形，例如圖 8.8 中之第 4 圖有一 U 形凹溝，如將凹溝移至如圖 (b)中所示之位置，相信以加壓及燒結製程所完成

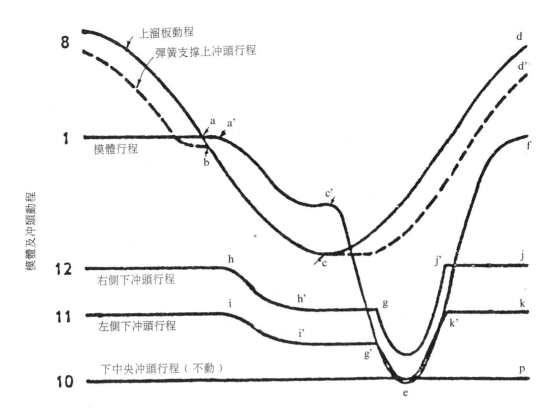

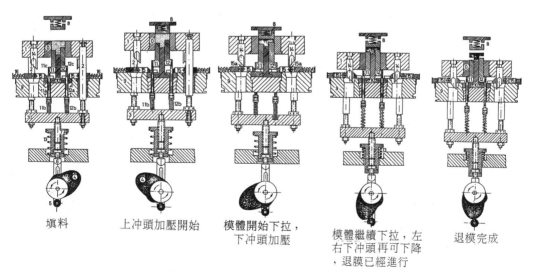

| 填料 | 上沖頭加壓開始 | 模體開始下拉，下沖頭加壓 | 模體繼續下拉，左右下沖頭再可下降，退膜已經進行 | 退模完成 |

圖8.5　牽引式壓床、沖頭、模體等動程路線圖

之零件，仍滿足零件所應有之功能要求。

　　零件之形狀，不論如何修改，均難以粉末加壓成形，但如所需生產量，且經初步之成本分析，認

為仍有生產之價值，則應亦不要輕言放棄生產，模具設計人員應發揮最大之智慧，設法解決模具設計及其他有助於成功生產之困難，於此略舉三例。

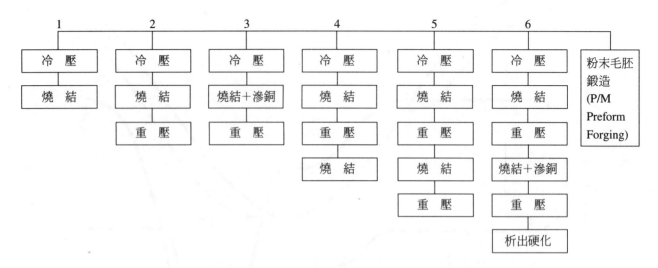

圖8.6　各種不同之冷壓過程及粉末毛胚鍛造可製造各種不同強度之粉末冶金零件

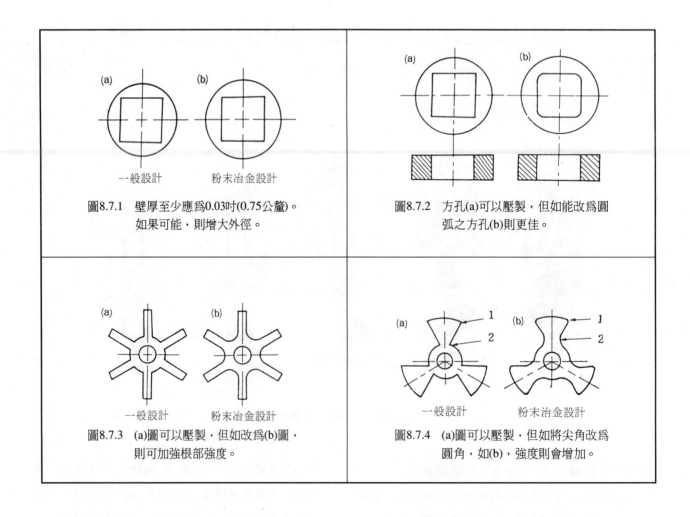

圖8.7.1　壁厚至少應爲0.03吋(0.75公釐)。
　　　　如果可能，則增大外徑。

圖8.7.2　方孔(a)可以壓製，但如能改爲圓
　　　　弧之方孔(b)則更佳。

圖8.7.3　(a)圖可以壓製，但如改爲(b)圖，
　　　　則可加強根部強度。

圖8.7.4　(a)圖可以壓製，但如將尖角改爲
　　　　圓角，如(b)，強度則會增加。

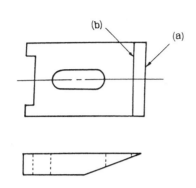

圖8.7.5　(a)楔形刀狀尖端不能壓製。如尖
　　　　　端更改爲一小平面(b)，補以適當
　　　　　之粉末喂料設計，則可壓製。

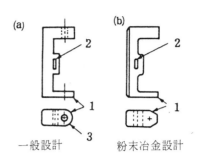

一般設計　　　　粉末冶金設計

圖8.7.6　圖(a)中1處之圓角難於壓製，2處之方孔，距邊
　　　　　近。故將零件修改如圖(b)；1處改爲大於45
　　　　　。之斜面，2處改爲倒角孔並向零件左側移
　　　　　動一距離，以增加孔邊之強度。3處之孔，
　　　　　加壓燒結後，以切削加工製成。

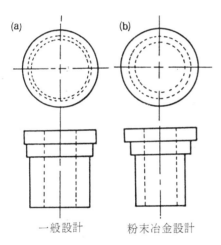

一般設計　　　　粉末冶金設計

圖8.7.7　具多層厚度不同之中空圓柱體，
　　　　　每層厚度至少應相差0.9公釐。

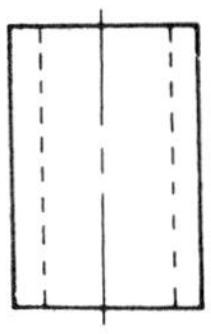

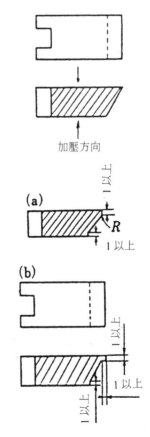

加壓方向

(a)

(b)

圖8.7.9　零件有尖銳之斜面部份，退模易破裂
　　　　　應作如圖(a)(b)之修改

圖8.7.8　長而壁薄之零件，其厚度最小
　　　　　以0.75公釐爲宜。

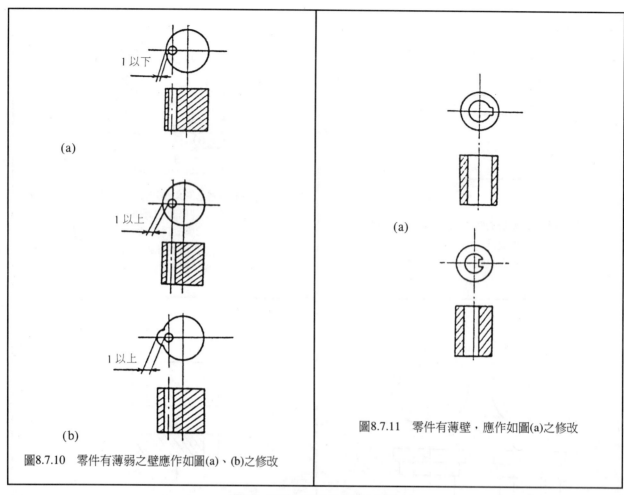

圖8.7.10　零件有薄弱之壁應作如圖(a)、(b)之修改

圖8.7.11　零件有薄壁，應作如圖(a)之修改

圖8.7　形狀具有碎弱斷面之零件

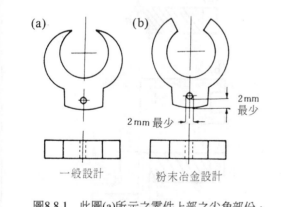

圖8.8.1　此圖(a)所示之零件上部之尖角部份，所需成形之沖頭形狀太弱，下部之孔太小，且孔過於靠近邊緣，壓製不易，而成形後強度低。修改爲圖 (b)，孔之直徑及孔邊距零件之外緣約爲2公釐，則可使加壓及零件強度均合乎實用。

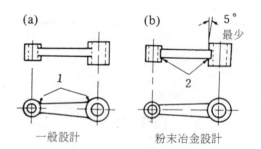

圖8.8.2　壓製圖(a)零件，直邊和圓弧相交處爲切線相交，使沖頭部份具有強度極低之尖角切面。將零件修改如圖(b)，直線與圓弧相交，不需互相相切，同時將圓形切面部份改爲至少5°之推拔，不僅增加沖頭之強度，同時亦使退模容易。

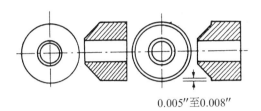

0.005″至0.008″

圖8.8.3　零件之端面非為平面，壓製時，冲頭易
　　　　受損，可將零件尖角處修改為0.005″至
　　　　0.008″寬之平面。

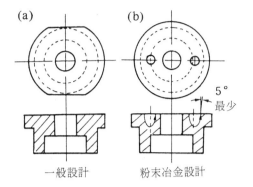

(a)　　　　(b)

5°
最少

一般設計　　　粉末冶金設計

圖8.8.4　(a)零件之加壓，需一具有極薄切面之
　　　　下冲頭，如(a)圖之設計爲可以套入扳
　　　　手，則可改爲(b)圖之設計。圖(b)中孔
　　　　之推拔至少應爲5°，孔之深度可爲小於
　　　　零件全長之五分之二。

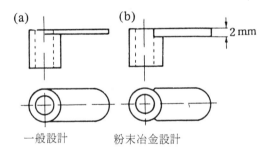

(a)　　　　(b)

2 mm

一般設計　　　粉末冶金設計

圖8.8.5　圖(a)之壓製需具有部份為極薄切面之上
　　　　頭，易於損，零件之把柄切面亦薄，故
　　　　可改爲如圖(b)之設計。

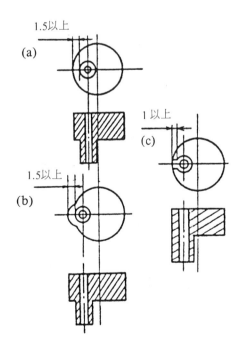

1.5以上
(a)

1以上
(c)

1.5以上
(b)

圖8.8.6　D頭有尖角，應作如圖(a)(b)之修改

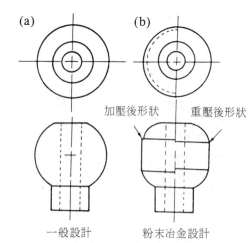

(a)
(b)
加壓後形狀
重壓後形狀
一般設計
粉末冶金設計

圖8.8.7 完整之球形不能壓製，但二球面之間，接一圓柱體，而圓柱體之橫切面大於球體切面至少爲0.06吋時，可以壓製。重壓後，柱體部份之直徑將小於球體之直徑。如果圓柱體部份之高度小於球體直徑25%，則冲頭圓周所受之力量趨大。

(b)
30°
最小
0.1－0.2mm最小
(a)
30°
(c)
60°
一般設計
燒結直徑
粉末冶金設計
(d)
45°
(e)
30°
最小
半徑
半徑
完工直徑

圖8.8.8 圖(a)爲一30° 倒角之零件，應修改如圖(b)，增加上冲頭邊緣部份之強度。圖(c)之倒角如大於45° ，則可以上冲頭成形。圖(d)示如必須壓製圓角應改以一半徑及45° 組合而代替。(e)如零件之外徑需研磨始能合乎精度要求，則修改爲如圖(e)，壓製並燒結後，經研磨，可達成30° 之倒角要求。

α

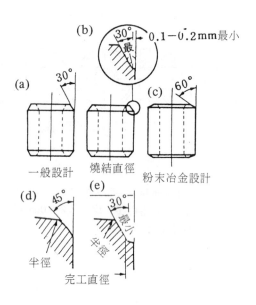

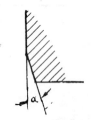

圖8.8.9 如零件之一端必須作成倒角，則任何角度之倒角可以模腔成形。如下冲頭需加壓，則α角以不大於15° 爲宜。

圖8.8 零件之形狀，需具有尖銳斷面之冲頭加壓

(a)
(b)
(c)
5° 最小
x
一般設計
粉末冶金設計

圖8.9.1 圖(a)有盲孔，不易壓製。可改爲圖(b)之設計，易於壓製。如圖(b)不合用途則可修成如圖(c)。(c)圖中埋頭孔之面積應小於總壓面積之20%，x不得大於全長之25%，埋頭孔處之推拔至少應大於 5°，則零件頂面可以一支上冲頭成形。

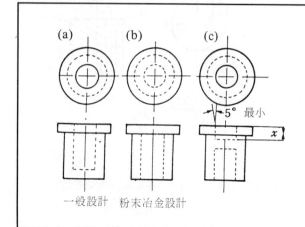

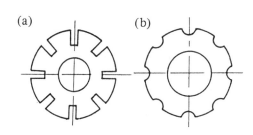

圖8.9.2　具有深溝之零件，不易壓製，且所需之
　　　　模具有很薄之切面部份，製造不易，易
　　　　於損壞。如將形狀改爲圖(b)，則可解決
　　　　此種困難。

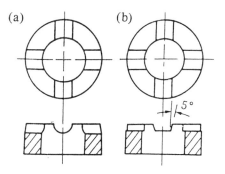

圖8.9.3　零件頂部如有圓溝或方溝其深度不
　　　　超過30%或20%之零件全長，則可
　　　　以一支冲頭成形。於冲頭成形方溝
　　　　之凸出部份，應作至少5°之推拔，
　　　　以利冲頭退出。

圖8.9　零件之形狀，不易成形

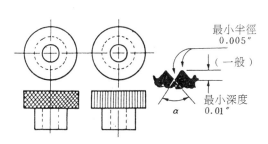

圖8.10.1　壓花(knurls)之表面不能壓製，但有可
　　　　改用壓製鋸齒狀缺口代替。

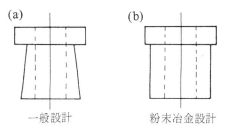

圖8.10.2　(a)圖之倒推拔不能壓製，壓製
　　　　燒結後車製倒推拔。

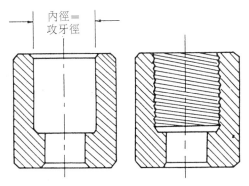

圖8.10.3　螺紋不能壓製，故先壓成圓孔，
　　　　燒結後攻製螺紋。

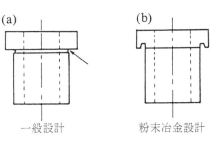

圖8.10.4　清角(Under-Cut)不能壓製，如有需要，
　　　　可壓製成如圖(b)。

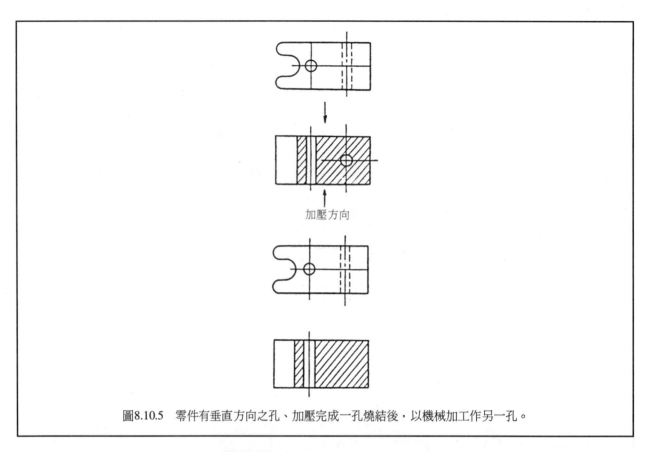

圖8.10.5　零件有垂直方向之孔、加壓完成一孔燒結後，以機械加工作另一孔。

圖8.10　零件之形狀，不能以模具加壓成形

　　第一例為生胚組合燒結，如圖8.11所示，為一皮帶輪。由於皮帶輪上下為平面，而在圓週方向有"V"形凹槽，若以上下沖頭成形皮帶輪之上下面，而以模腔之形狀成形"V"形槽，成形之後、則無法退模。圖8.11所示為將皮帶輪分為二件加壓，二件壓製成形後，以組合壓胚燒結，成為一體。

　　第二例為重壓，如圖8.12所示為以重壓製程壓製壓胚。圖中之(a)圖為零件之形狀，底面為凹面，中央厚為5mm，邊緣則為2mm，(b)圖一部份為理論填料，壓縮比為3，故填料狀況之中央粉末高度為3×5=15，周邊之填料高度為3×2=6mm，壓製時，因下沖頭之曲面不能與零件之底部形狀吻合，故不能以此種模具加壓成形，應採用重壓製程。早期生產之重壓初胚亦示於圖(b)中（重壓非在(b)圖所示之模具重壓），邊緣之高度為2.5mm，中央高度為6mm，將此初胚燒結後置於重壓模中重壓，將邊緣部份壓縮0.5mm，中央部位壓縮1mm，完成初胚之重壓成形。圖中之(c)圖示改良之初胚模，邊緣部

份之粉末高度為7.5mm，加壓後之初胚邊緣高度為2.5mm，故壓縮為3；中央部份之填料高度為13mm，初胚之高度則為8mm，故壓縮比為1.63。如果壓製過程中，粉末未有橫向移動，則邊緣部份之密度為$7.2g/cm^3$，中央部份之密度為$3.9g/cm^3$。但實際上由於下沖頭為中央下凹之弧面，加壓過程，有粉

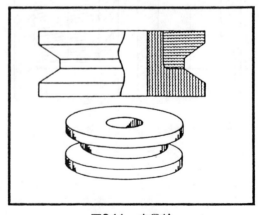

圖8.11　皮帶輪

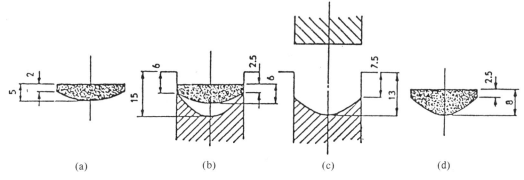

圖8.12　以重壓製程，壓製弧面壓胚

末由邊緣流向中央，故邊緣部之密度小於 7.2g/cm³，而中央部份之密度大於 3.9g/cm³。將圖(d)所示之初胚置於重壓模中重壓，將初胚邊緣之厚度由 2.5mm 壓至 2mm，中央部份之高度，由 8mm 壓至 5mm，所成形之最後毛胚平均密度為 6.56g/cm³，幾乎整個毛胚沒有密度之差異。

　　第三例為使用複合模，如圖8.12所示，右側之圖為二個形狀不同凸輪之結合體，以傳統之模具，壓胚於模腔內，壓製完成後、絕對無法脫膜，於是使用複合模。圖(a)所示為填料狀況，下上二模合為一體，(b)圖示上下沖頭壓至最後階段狀況，圖(c)示下模下退，壓胚下部之凸輪脫模，圖(d)示壓胚上端之凸輪脫膜，由抓手承接並輸送至他處。

　　零件之精度是否可以粉末加壓及燒結達成，燒結零件之尺寸，取決於製程之二階段及粉末原料之本身，所謂二階段即是加壓與燒結階段。加壓階段影響零件之尺寸，有模具之設計尺寸、模具之鋼性以及壓胚之密度是否均勻。至於燒結階段，一般而言，燒結之溫度及保護氣體一定，毛胚密度不高，燒結時壓胚之尺寸均收縮，如密度很高，燒結時壓胚之尺寸不收縮或甚至有稍微之膨脹現象，尤其是塑性高之粉末，例如銅粉。此外粉末原料配方，亦影響燒結時壓胚之尺寸縮水或膨脹。加有石墨粉之鐵粉壓胚，燒結時尺寸將收縮，而加銅粉之鐵粉壓胚，燒結時，尺寸將膨脹，燒結氣氛之成分稍有變化，對於鐵基毛胚之尺寸變化，影響不大，但對於銅基零件之尺寸影響較大。

　　壓胚之尺寸有縱向（加壓方向）與橫向二方向

，橫向之尺寸取決於模腔之尺寸，除模腔磨耗因素除外，一般尺寸極少變化。壓胚縱向之尺寸，受粉末填充量變化之影響，一般而言，目前粉末經過填料盒流入模腔之填充粉末方法，很難保持每次填料之重量不變，故毛胚縱向尺寸之變化，遠較橫向尺寸變化為大。下文提供數表，為一般生產燒結零件可望達成之精度。表 8.1 出自粉末製造廠家[1]，其中 IT 之意義為國際公差級，其數值由表 8.2[2] 計算。i 之值隨工件之尺寸而變，稱為公差單位。可分別以公制及英制公差單位式子計算，算出之後，再

表8.1　粉末燒結零件之精度

最後之施工步驟	方向	一般所能達到施工精度		
		最　佳	中　級	次　級
尺寸精整 (Sizing) 整形(Coining) 或可包括 析出硬化	橫向 (a)	1T6 13μ 0.00052吋	1T9 52μ 0.0028吋	
	縱向 (b)		1T8 33μ 0.00132吋	1T11 130μ 0.0052吋
燒　結 (sintering)	橫向 (a)		1T9 52μ 0.00208吋	1T12 210μ 0.0084吋
	縱向 (b)		1T10 84μ 0.00326吋	1T14 520μ 0.020吋
表面硬化 (Case Hardening)	橫向 (a)		1T9 52μ 0.0208吋	1T14 520μ 0.0208吋
	縱向 (b)		1T11 130μ 0.0052吋	1T14 520μ 0.020吋

按表中之常數乘 i，即得某一 IT 等級之公差。式中
D 爲工件之尺寸，其單位分別爲公釐(mm)及英寸。

$$i\ (\mu m) = 0.44\sqrt[3]{D} + 0.001D$$

$$i\ (\mu in) = 0.52\sqrt[3]{D} + 0.001D$$

表 8.3 所示爲鐵粉、鐵碳混合粉、鐵銅碳混合
粉、銅粉及青銅混合粉加壓及燒結後，零件之橫向
精度[3]。此表，已將原始資料略作修改、以增明確
。使用此表時，例如混合青銅粉零件，密度在
6.3~7.5g/cm³，如工件之尺寸設計在 30~50mm 之任
何一尺寸，則加壓燒結完工後，零件最大尺寸與最
小尺寸之差在 0.34~0.62 毫米之內。

表 8.4 所列爲整形所能達成之精度，適用於常
見之鐵或銅基燒結零件，精度可達 IT1 至 IT4 級之
間，此品質可與切削加工中之研磨相比。整形模具
除精度高外，尚需具有較高之剛性(Rigidity)。

表 8.5 至表 8.6 所示分別爲壓胚橫向及加壓方向
之平行度公差；表 8.7 則爲垂直度公差，一般而言
，垂直度此種公差由模具之精度及配合之間隙而定
，但亦受壓床精度影響；若模具之精度高，而壓床
之精度不能與模具之精度配合，則模具將無法安裝
於壓床，如能勉強裝於壓床，則模具之壽命亦將縮

短。

表 8.8 至 8.20[4] 亦爲燒結零精度品質有關資料
，較自資料[3]者更爲詳細。其中表 8.8 爲零件橫向及
縱向尺寸精度，表 8.9 至表 8.12 爲零件外徑、內徑及
高度精度，表 8.13 至表 8.16 爲零件偏轉及平行度精
度、表 8.17 至表 8.18 爲齒輪精度，表 8.19 至表 8.20
爲表面粗度之品質。上述之各種精度隨零件之尺寸
、粉末原料、處理狀況（燒結後、蒸氣處理後、熱
處理、尺寸精整後等）及使用之壓床噸位（相對而
言，壓床噸位愈大，則壓床精度稍差）而變，故上
述之各種影響零件精度品質之條件亦列爲各表中。

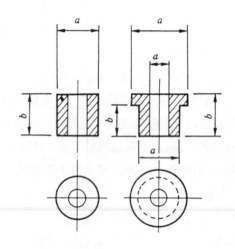

(a) 由模具決定之尺寸
(b) 由模具及壓床決定之尺寸

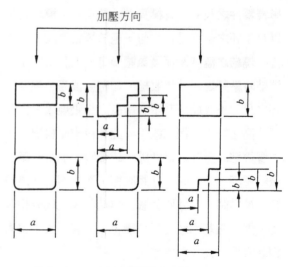

圖8.14　壓胚縱向(加壓方向)及橫向尺寸

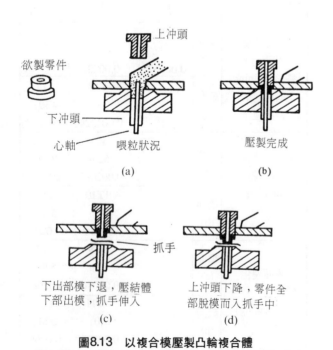

圖8.13　以複合模壓製凸輪複合體

表8.2　公差等級及計算式[2]

公差等級	IT5	IT6	IT7	IT8	IT9	IT10	IT11	IT12	IT13	IT14
計算式子	7i	10i	16i	25i	40i	64i	100i	160i	250i	400i

表8.3　燒結後的徑向尺寸精度[3]

粉末原料類別	密度 (克/釐米³)	可達精度 IT等級	尺　寸　範　圍			
			10~<18	18~<30	30<~50	50~<80
			公　差　帶（毫米=0.1mm）			
純鐵粉	5~5.8	6	0.12	0.14	0.17	0.20
	5.8~6.4	5	0.07	0.084	0.10	0.12
	> 6.4	4~5	0.035~0.07	0.45~0.084	0.05~0.10	0.06~0.12
鐵－碳混合粉	5.6~6.5	6	0.12	0.14	0.017	0.20
	> 6.5	5	0.07	0.084	0.10	0.12
鐵－銅－碳混合粉	5.3~6.4	5	0.07	0.084	0.10	0.12
	> 6.4	4~5	0.035~0.07	0.45~0.084	0.05~0.10	0.06~0.12
銅粉	6.5~8	5~6	0.07~0.12	0.484~0.14	0.10~0.17	0.12~0.20
5-6-3青銅混合粉	6.3~7.5	7~8	0.24~0.43	0.23~0.52	0.34~0.62	0.40~0.74

表8.4　整形後的徑向尺寸精度[3]

整形分類	整形精度 IT	工　件　尺　寸　範　圍(mm)			
		10 ~ <18	18 ~ <30	30 ~ <50	50 ~ <10
		公　　差　　帶 毫米 = 0.1mm			
外徑整形	3~4	0.027~0.035	0.033~0.045	0.039~0.050	0.046~0.060
內徑整形	3~4	同上	同上	同上	同上
內外徑均整形	2~3	0.019~0.027	0.023~0.035	0.027~0.039	0.030~0.046
全整形①	1~2	0.611~0.019	0.013~0.023	0.015~0.027	0.018~0.020

①全整形只適用$3\sqrt{2}$ 較矮的零件。

表8.5　壓件側面的平行度偏差(毫米)[3]

尺寸範圍	≦10	>10~16	>16~25	>25~40	>40~63	>63~100
公差	0.012~0.020	0.015~0.025	0.020~0.030	0.025~0.040	0.030~0.050	0.040~0.060

表8.6　壓件端面的平行度偏差(毫米)[3]

尺寸範圍	≦10	>10~16	>16~25	>25~40	>40~63	>63~100
公差	0.03~0.05	0.04~0.06	0.05~0.08	0.06~0.10	0.08~0.12	0.10~0.15

表8.7　壓件垂直度偏差(毫米)[3]

尺寸範圍	≦10	>10~16	>16~25	>25~40	>40~63	>63~100
公差	0.03~0.05	0.04~0.06	0.05~0.08	0.06~0.10	0.08~0.12	0.10~0.15

表8.8　金屬燒結零普通許容差(JISB 0411)

横向尺寸　　　　　　　　　　　　　　　　　　　　　　　縱向尺寸　　　　　　　　　　　　(單位：mm)

尺寸分數 \ 等級		精級	中級	普通級	尺寸分數 \ 等級		精級	中級	普通級
	≦6以下	±0.05	±0.1	±0.2		≦6	±0.1	±0.2	±0.6
>6	≦30 以下	±0.1	±0.2	±0.5	>6	≦30	±0.2	±0.5	±1
>30	≦20 以下	±0.015	±0.3	±0.8	>30	≦120	±0.3	±0.8	±1.8
>120	≦315以下	±0.2	±0.5	±1.2					

　　　　註≦：小於等於。＞：大於

表8.9　外徑、內徑及高度精度

(化學成分：Fe-1.5~2Cu-0.5~0.8C 密度：6.6~6.8g/cm³)　　　　　　　　　　　　(單位：mm)

壓床等級		40t			200t			500t		
處理過程		燒結後	蒸汽處理後	淬火處理後	燒結後	蒸汽處理後	淬火處理後	燒結後	蒸汽處理後	淬火處理後
外徑		20~30			50~80			100~150		
	精度	0.06~0.12	0.07~0.13	0.10~0.18	0.09~0.24	0.10~0.26	0.14~0.33	0.15~0.40	0.18~0.45	0.25~0.55
高度	10以下	0.10~0.25	0.12~0.32	0.14~0.35	0.10~0.40	0.11~0.42	0.14~0.45	0.20~0.40	0.22~0.42	0.24~0.45
	20以下	0.10~0.30	0.15~0.35	0.14~0.35	0.10~0.40	0.11~0.42	0.15~0.46	0.20~0.40	0.22~0.42	0.25~0.46
	30以下	0.15~0.40	0.20~0.42	0.20~0.45	0.15~0.50	0.16~0.52	0.20~0.56	0.25~0.60	0.27~0.62	0.30~0.66
內徑		5~15			10~30			20~50		
	精度	0.04~0.08	0.05~0.08	0.07~0.12	0.06~0.12	0.06~0.12	0.08~0.18	0.08~0.20	0.09~0.22	0.14~0.28

註)燒結後作蒸氣處理淬火處理

表8.10　外徑、內徑及高度精度

(化學成分：Fe-0.5~0.6C 密度：6.6~6.8g/cm3)　　　　　　　　(單位：mm)

壓床等級		40t			200t			500t		
處理過程		燒結後	蒸汽處理後	淬火處理後	燒結後	蒸汽處理後	淬火處理後	燒結後	蒸汽處理後	淬火處理後
外徑		20~30			50~80			100~150		
	精度	0.05~0.10	0.06~0.11	0.08~0.15	0.08~0.20	0.10~0.22	0.12~0.30	0.15~0.35	0.15~0.42	0.20~0.50
高度	10以下	0.10~0.30	0.10~0.32	0.14~0.35	0.10~0.40	0.11~0.42	0.14~0.45	0.20~0.40	0.22~0.42	0.24~0.45
	20以下	0.10~0.30	0.10~0.32	0.14~0.35	0.10~0.40	0.11~0.42	0.15~0.46	0.20~0.40	0.22~0.42	0.25~0.46
	30以下	0.15~0.40	0.15~0.42	0.20~0.45	0.15~0.50	0.16~0.52	0.20~0.56	0.25~0.60	0.27~0.62	0.30~0.66
內徑		5~15			10~30			20~50		
	精度	0.04~0.07	0.05~0.08	0.06~0.10	0.05~0.10	0.06~0.11	0.08~0.16	0.06~0.16	0.08~0.18	0.12~0.25

表8.11　外徑、內徑及高度精度

(化學成分：Fe-1.5~2Cu-0.5~0.8C 密度：6.6~6.8g/cm³)　　　　　　　　　　　　(單位：mm)

壓床等級		40t				200t				500t			
處理過程		燒結後	尺寸精整後	蒸汽處理後	淬火處理後	燒結後	尺寸精整後	蒸汽處理後	淬火處理後	燒結後	尺寸精整後	蒸汽處理後	淬火處理後
外徑		20~30				50~80				100~150			
	精度	0.06~0.12	0.03~0.06	0.04~0.07	0.06~0.12	0.09~0.29	0.05~0.10	0.05~0.12	0.10~0.24	0.15~0.40	0.07~0.16	0.08~0.20	0.15~0.35
高度	10以下	0.10~0.30	0.06~0.30	0.06~0.30	0.10~0.30	0.10~0.40	0.06~0.40	0.06~0.40	0.10~0.40	0.20~0.40	0.15~0.40	0.16~0.40	0.20~0.40
	20以下	0.10~0.30	0.06~0.30	0.06~0.30	0.10~0.30	0.10~0.40	0.06~0.40	0.10~0.40	0.10~0.40	0.20~0.40	0.15~0.40	0.16~0.40	0.20~0.40
	30以下	0.15~0.40	0.10~0.40	0.10~0.40	0.15~0.40	0.15~0.50	0.10~0.50	0.12~0.50	0.14~0.50	0.25~0.60	0.20~0.60	0.20~0.60	0.24~0.60
內徑		5~15				10~30				20~50			
	精度	0.04~0.08	0.02~0.03	0.03~0.05	0.04~0.10	0.06~0.12	0.03~0.11	0.04~0.08	0.07~0.12	0.08~0.20	0.04~0.10	0.05~0.12	0.08

　　　　註)燒法後作尺寸精整，然後作蒸汽處理、淬火處理

表8.12　外徑、內徑及高度精度

(化學成分：Fe-0.5~0.6C 密度：6.6~6.8g/cm³)　　　　　　　　　　　　　　　　　　(單位：mm)

壓床等級		40t				200t				500t			
處理過程		燒結後	尺寸精整後	蒸汽處理後	淬火處理後	燒結後	尺寸精整後	蒸汽處理後	淬火處理後	燒結後	尺寸精整後	蒸汽處理後	淬火處理後
外徑		20~30				50~80				100~150			
精度		0.05~0.10	0.02~0.05	0.03~0.06	0.06~0.10	0.08~0.20	0.04~0.08	0.05~0.10	0.10~0.20	0.12~0.35	0.06~0.14	0.07~0.16	0.15~0.30
高度	10以下	0.10~0.30	0.06~0.30	0.06~0.30	0.10~0.30	0.10~0.40	0.06~0.40	0.06~0.40	0.10~0.40	0.20~0.40	0.15~0.40	0.16~0.40	0.20~0.40
	20以下	0.10~0.30	0.06~0.30	0.06~0.30	0.10~0.30	0.10~0.40	0.06~0.40	0.10~0.40	0.10~0.40	0.20~0.40	0.15~0.40	0.16~0.40	0.20~0.40
	30以下	0.15~0.40	0.10~0.40	0.10~0.40	0.15~0.40	0.15~0.50	0.10~0.50	0.12~0.50	0.14~0.50	0.25~0.60	0.20~0.60	0.20~0.60	0.24~0.60
內徑		5~15				10~30				20~50			
精度		0.035~0.06	0.015~0.02	0.02~0.03	0.04~0.08	0.05~0.1	0.02~0.05	0.03~0.07	0.06~0.10	0.06~0.16	0.03~0.08	0.04~0.10	0.08~0.15

表8.13　偏轉度及平行度

(化學成分：Fe-1.5~2Cu-0.5~0.8C 密度：6.6~6.8g/cm³)　　　　　　　　　　　　　　(單位：mm)

壓床等級	40t			200t			500t		
處理過程	燒結後	蒸汽處理後	淬火處理後	燒結後	蒸汽處理後	淬火處理後	燒結後	蒸汽處理後	淬火處理後
外徑	20~30			50~80			100~150		
偏轉度	0.04~0.08	0.04~0.08	0.06~0.12	0.08~0.12	0.08~0.12	0.10~0.18	0.12~0.17	0.12~0.17	0.16~0.22
平行度	0.03~0.10	0.03~0.10	0.05~0.12	0.05~0.15	0.05~0.15	0.08~0.18	0.08~0.20	0.08~0.20	0.14~0.25

表8.14　偏轉度及平行度

(化學成分：Fe-0.5~0.6C 密度：6.6~6.8g/cm³)　　　　　　　　　　　　　　　　　(單位：mm)

壓床等級	40t			200t			500t		
處理過程	燒結後	蒸汽處理後	淬火處理後	燒結後	蒸汽處理後	淬火處理後	燒結後	蒸汽處理後	淬火處理後
外徑	20~30			50~80			100~150		
偏轉度	0.04~0.08	0.04~0.08	0.06~0.12	0.08~0.12	0.08~0.12	0.10~0.16	0.12~0.17	0.12~0.15	0.16~0.20
平行度	0.03~0.10	0.03~0.10	0.05~0.12	0.05~0.15	0.05~0.15	0.08~0.16	0.08~0.20	0.08~0.20	0.14~0.23

表8.15　偏轉度及平行度

(化學成分：Fe-1.5~2Cu-0.5~0.8C 密度：6.6~6.8g/cm³)　　　　　　　　　　　　　　(單位：mm)

壓床等級	40t				200t				500t			
處理過程	燒結後	尺寸精整後	蒸汽處理後	淬火處理後	燒結後	尺寸精整後	蒸汽處理後	淬火處理後	燒結後	尺寸精整後	蒸汽處理後	淬火處理後
外徑	20~30				50~80				100~150			
偏轉度	0.04~0.08	0.03~0.08	0.03~0.08	0.05~0.12	0.08~0.12	0.06~0.12	0.06~0.12	0.08~0.15	0.12~0.17	0.08~0.17	0.08~0.17	0.12~0.20
平行度	0.03~0.10	0.02~0.08	0.03~0.08	0.05~0.10	0.05~0.15	0.04~0.10	0.05~0.10	0.06~0.14	0.08~0.20	0.06~0.15	0.07~0.15	0.08~0.20

註)燒結後作尺寸精整，然後作蒸汽處理、淬火處理

8.2.2　模具尺寸之決定

　　如前文所述，一個機件經過分析，如認為零件於使用下所需之功能(如強度、耐磨、防腐蝕及美觀等功能)、零件之形狀、零件之尺寸精度及零件之生產量等要求，可以以粉末冶金製程製造，且生產成本較其他生產方法所需造價為低，則應接受訂單，進行生產。生產之第一步為模具之設計，茲將模具尺寸決定之方法說明如下：

　　零件之尺寸係由加壓與燒結而決定，如吾人隨製程之步驟反向追縱探討，則可寫出下式：

$$精整回彈率(Z_{sp}) = \frac{[零件尺寸(D_n)-精整模尺寸(S_z)]}{精整模尺寸(S_z)}$$

$$精整模尺寸(S_z) = 零件尺寸(D_n)/[1+精整回彈率(Z_{sp})]$$

表8.16　偏轉度及平行度

(化學成分：Fe-0.5~0.6C 密度：6.6~6.8g/cm³)　　　　　　　　　　　　(單位：mm)

壓床等級	40t				200t				500t			
處理過程	燒結後	尺寸精整後	蒸汽處理後	淬火處理後	燒結後	尺寸精整後	蒸汽處理後	淬火處理後	燒結後	尺寸精整後	蒸汽處理後	淬火處理後
外徑	20~30				50~80				100~150			
偏轉度	0.04~0.08	0.03~0.07	0.03~0.07	0.05~0.10	0.08~0.12	0.06~0.10	0.06~0.10	0.08~0.13	0.12~0.15	0.08~0.15	0.08~0.15	0.12~0.18
平行度	0.03~0.10	0.02~0.08	0.03~0.08	0.05~0.10	0.05~0.15	0.04~0.10	0.05~0.10	0.06~0.12	0.08~0.20	0.06~0.15	0.07~0.15	0.08~0.18

表8.17　齒輪精度

(化學成分：Fe-1.5~2Cu-0.5~0.8C 密度：6.6~6.8g/cm³)　　　　　　　　　(單位：mm)

壓床等級	40t			200t			500t		
處理過程	燒結後	蒸汽處理後	淬火處理後	燒結後	蒸汽處理後	淬火處理後	燒結後	蒸汽處理後	淬火處理後
外徑(mm)	20~30			50~80			100~150		
齒輪精度(JIS級)	5~7	5~7	6~8	5~7	5~7	6~8	6~8	6~8	7~8

表8.18　齒輪精度

(化學成分：Fe-1.5~2Cu-0.5~0.8C 密度：6.6~6.8g/cm3)　　　　　　　　(單位：mm)

壓床等級	40t				200t				500t			
處理過程	燒結後	尺寸精整後	蒸汽處理後	淬火處理後	燒結後	尺寸精整後	蒸汽處理後	淬火處理後	燒結後	尺寸精整後	蒸汽處理後	淬火處理後
外徑(mm)	20~30				50~80				100~150			
齒輪精度(JIS級)	5~7	4~6	4~6	5~7	5~7	4~6	4~6	5~8	6~8	5~7	5~7	6~8

表8.19　表面粗度

(化學成分：Fe-1.5~2Cu-0.5~0.8C 密度：6.6~6.8g/cm3)　　　　　　　　(單位：mm)

壓床等級	40t			200t			500t		
處理過程	燒結後	蒸汽處理後	淬火處理後	燒結後	蒸汽處理後	淬火處理後	燒結後	蒸汽處理後	淬火處理後
外徑(mm)	20~30			50~80			100~150		
表面粗度(μm)	8~12.5	10~12.5	8~12.5	8~12.5	10~12.5	8~12.5	8~12.5	10~12.5	8~12.5

表8.20　表面粗度

(化學成分：Fe-1.5~2Cu-0.5~0.8C 密度：6.6~6.8g/cm3)　　　　　　　　(單位：mm)

壓床等級	40t				200t				500t			
處理過程	燒結後	尺寸精整後	蒸汽處理後	淬火處理後	燒結後	尺寸精整後	蒸汽處理後	淬火處理後	燒結後	尺寸精整後	蒸汽處理後	淬火處理後
外徑(mm)	20~30				50~80				100~150			
表面粗度(μm)	8~12.5	3~8	6~10	5~10	8~12.5	3~8	6~10	5~10	8~12.5	3~8	6~10	5~10

$$= \text{零件尺寸}(D_n) - \text{精整回彈量} \quad (8.1)$$

$$\text{燒結膨脹率}(S_e) = \frac{\text{燒結體尺寸}(S_s) - \text{壓胚尺寸}(g_s)}{\text{壓胚尺寸}(g_s)}$$

$$\text{壓胚尺寸}(g_s) = \text{燒結體尺寸}(S_s)/[1+\text{燒結膨脹率}(S_e)]$$

$$= \text{燒結體尺寸}(S_s) - \text{燒結膨脹量} \quad (8.2)$$

$$\text{壓胚回彈率}(g_s) = \frac{\text{壓胚尺寸}(g_s) - \text{壓模尺寸}(D_s)}{\text{壓模尺寸}(D_s)}$$

$$\text{壓模尺寸}(D_s) = \text{壓胚尺寸}(g_s)/[1+\text{加壓回彈率}(g_{sp})]$$

$$= \text{壓胚尺寸}(g_s) - \text{壓胚回彈量} \quad (8.3)$$

上述之(8.1)，(8.2)及(8.3)式中，如果不需精整，則不需設計精整模，(8.2)式中之燒結體尺寸(S_s)

，即為零件尺寸。故設計模具尺寸，如不需精整，以零件尺寸代(8.2)式之燒結尺寸，燒結膨脹率為已知，即可算出模具之尺寸。如需精整，以零件尺寸代入(8.1)式，

　　燒結體尺寸(S_g) + △ ＝ 精整模尺寸(S_2)　(8.4)
若△為已知，則精整設計完成，可由(8.4)式算出燒結體尺寸。由(8.2)式可算出壓胚尺寸 g_s；g_s 算出之後，再用(8.3)式算出壓模尺寸。

　　在(8.4)式中，若燒結體尺寸為外部尺寸如外徑，△為正，此種精整，稱負精整；如△為負，則稱為正精整。若(8.4)式中，燒結體尺寸為內部尺寸如內徑，△為正，則稱為正精整，反之則稱為負精整。由上之說明，可知如欲設計模具，除零件之尺寸

為必然已知外，尚需知道加壓回彈率(g_{sp})、燒結膨脹率(S_e)，精整量△以及精整回彈率(Z_{sp})，且精整回彈率與△之大小及正負，僅精整外部或內部尺寸以及內外均整形均有關。

　　如欲對模具設計有完全之解決能力，則對各種粉末配方原料、各種密度及各種大小△值之製程條件下，所需之精整回彈率、與之對應之△值，燒結膨脹率及加壓回彈率資料，均應齊全。但目前文獻所能收集之資料有限，亦非很詳細，表8.21至表8.29即為此種資料，其中表8.21至8.26出自資料(3)，表8.27至表8.29出自資料(4)，此等資料應隨製程不同而變化。就壓胚之回彈率而言，使用同一種粉末，回彈率隨模具剛性及壓胚之高度而變化。且

表8.21　鐵、銅基壓胚的回彈率

密度(克/厘米³)　　　回彈率(%)　　粉末種類	>5.6~6.1		>6.1~6.5		>6.5~7.2		>7.2~7.6	
	範圍	常用值	範圍	常用值	範圍	常用值	範圍	常用值
鐵基	0.1~0.2	0.15	0.15~0.25	0.20	0.26~0.30	0.25	—	—
663青銅	—	—	0.05~0.15	0.10	0.10~0.20	0.15	0.15~0.25	0.20
紫銅	—	—	—	—	0.08~0.12	0.10	0.10~0.20	0.15

表8.22　鐵、銅基壓件的燒結收縮率

成　分	密度(克/厘米³)	收縮率 (%)		工　件　條　件
		範圍	常用值	
純鐵	>5.6~6.1	0.5~0.8	0.6	燒結溫度1080~1150²℃
	>6.3~6.5	0.3~0.7	0.5	
	>6.5~7.1	0.2~0.4	0.3	
鐵-碳	>5.6~6.1	0.5~1.0	0.8	含碳0.1~0.3%，燒結溫度1080~1120℃
	>6.1~6.5	0.4~0.8	0.6	
	>6.5~7.1	0.3~0.5	0.4	
鐵-銅-碳	>5.6~6.1	0.4~0.7	0.5	含銅2~8%，含碳0.5~1.5%繞結溫度1120~1150℃
	>6.1~6.5	0.1~0.5	0.3	
	>6.5~7.1	±0.2	0	
6-6-3青銅	>6.5~7.1	1.2~2	1.5	燒結溫度780~830℃

表8.23　外徑縮小內徑不整形之精整

外徑與內徑之比D/d	壁厚T(毫米)	外　　　徑				內　　　徑			
		變形餘量△₁(毫米)		回彈量δ₁(毫米)		整形餘量△₂		回彈量δ₂(毫米)	
		範圍	常用值	範圍	常用值	範圍	常用值	範圍	常用值
<1.5	<3	0.05~0.10	0.03	0.015~0.025	0.02	±0.02	0	0.01~0.02	0.015

使用同一化學成分之粉末隨粉末製造廠家之不同，彈回量亦未必相同。一般而言，模具之鋼性愈高（如壁厚之模具及碳化鎢模具）則彈回量愈小；密度愈高，彈回量愈大；壓胚高度愈高，彈回量愈大；塑性較佳之粉末，彈回量亦較大。至於精整之彈回量，除前述之因果關係仍適用外，整形量大

表8.24　外徑不整形內徑膨脹之精整

外徑與內徑之比 D/d	壁厚 T (毫米)	外				內			
		變形餘量$\triangle_1$(毫米)		回彈量δ_1(毫米)		整形餘值$\triangle_2$(毫米)		回彈量δ_2(毫米)	
		範圍	常用值	範圍	常用值	範圍	常用值	範圍	常用值
<1.5	<5	0.05~0.10	0.03	0.01~0.02	0.015	±0.02	0	0.015~0.025	0.02

表8.25　外徑縮小內徑膨脹之精整

壁厚 T (毫米)	外				內			
	變形餘量$\triangle$(毫米)		回彈量σ_1(毫米)		整形餘值$\triangle$(毫米)		回彈量σ_2(毫米)	
	範圍	常用值	範圍	常用值	範圍	常用值	範圍	常用值
>3	0.040~0.060	0.050	0.005~0.015	0.010	0.020~0.040	0.030	<0.010	0.005
>5~7.5	0.050~0.080	0.060	0.005~0.015	0.012	0.030~0.060	0.045	0.005~0.015	0.010
>7.5~10	0.060~0.100	0.080	0.010~0.020	0.016	0.040~0.080	0.060	0.008~0.016	0.012
>10~15	0.080~0.140	0.110	0.015~0.025	0.020	0.050~0.100	0.080	0.010~0.020	0.015
>15	0.100~0.200	0.150	0.020~0.040	0.030	0.080~0.120	0.100	0.015~0.030	0.020

表8.26　全整形時的整形餘量和回彈量(壓下率1~2%)

壁厚 T (毫米)	外				內			
	變形餘量$\triangle$(毫米)		回彈量σ_1(毫米)		整形餘值$\triangle$(毫米)		回彈量σ_2(毫米)	
	範圍	常用值	範圍	常用值	範圍	常用值	範圍	常用值
>3	0.030~0.050	0.040	—	0.003	0.010~0.030	0.020	—	0.002
>5~7.5	0.040~0.060	0.050	—	0.005	0.020~0.040	0.030	—	0.004
>7.5~10	0.050~0.070	0.060	—	0.007	0.030~0.050	0.040	—	0.006
>10~15	0.060~0.100	0.080	—	0.009	0.040~0.060	0.050	—	0.008
>15	0.080~0.120	0.100	—	0.012	0.050~0.070	0.060	—	0.010

表8.27　Fe-0.6C壓胚、精整回彈率及燒結膨脹率

項　目	設計條件		
材　質	Fe-0.6C		
零件密度	6.3g/cm^3		
製　程	加壓　→　燒結　→　精整		
寸法變化率 部位　　(%)	製程中各步驟製品尺寸變化情形		
	退模回彈率%	燒結膨脹率%	精整回彈率%
A	+ 0.02	+0.05(0 ~ +0.1)	+ 0.03
B	+ 0.05	+0.05(0 ~ +0.1)	+ 0.05
C	+ 0.10	+0.05(0 ~ +0.1)	+ 0.05

註：A、B、位置請參考圖8.15

表8.28　Fe-2Cu-0.6C壓胚、精整回彈率及燒結

項　目	設計條件		
材　質	Fe-2Cu-0.6C		
零件密度	6.6g/cm³		
製　程	加壓　　→	燒結　　→	精整
尺寸變化率 部　位　　　(%)	製程中各步驟製品尺寸變化情形		
	退模回彈率%	燒結膨脹率%	精整回彈率%
A	+ 0.05	+0.02(+0.1 ～ +0.3)	+ 0.05
B	+ 0.10	+0.02(+0.1 ～ +0.3)	+ 0.10
C	+ 0.15	+0.02(+0.1 ～ +0.3)	+ 0.10

註：A、B、C位置請參考圖8.15

表8.29　Fe-2Ni-0.6C壓胚、精整回彈率及燒結膨脹率

項目	設計條件		
材質	Fe-2Ni-0.6C		
零件密度	7.0g/cm³		
製程	加壓　　→	燒結　　→	精整
尺寸變化率 部位　　　(%)	製程中各步驟製品尺寸變化情形		
	退模回彈率%	燒結膨脹率%	精整回彈率%
A	+0.10	+0.02(-0.1-0.3)	+0.10
B	+0.20	+0.02(-0.1-0.3)	+0.15
C	+0.30	+0.02(-0.1-0.3)	+0.15

註：A、B、C部位請參考圖8.15

及整形壓胚愈軟，則彈回量大。就燒結後之尺寸收縮或膨脹而言，一般為密度低，燒結尺寸收縮大；密度很高，則收縮極微。銅基零件，則將膨脹。鐵、鐵碳及鐵鎳混粉原料之壓胚，燒結時，尺寸均收縮。銅基或鐵銅混粉原料之壓胚，燒結時，則多膨脹。燒結尺寸變化量對燒結氣氛之敏感度，以銅基原料之零件最為顯著。由上之說明，可知表8.21至表8.29所示之資料，做能作有限之參考。

　　前文已將模具尺寸之設計式子說明，並已提供相關之回彈率及膨脹量等資料，茲舉數例，以示模具之標稱尺寸如何決定。

　　例一：欲製一零件，其標稱尺寸（見圖8.15）、A = 10mm B = 40mm, C = 30mm，使用之粉末為表8.22之鐵銅碳，密度為 6.6g/cm³，作全整形（表8.26），$\triangle_1$ =0.08毫米，$\triangle_2$ = 0.04毫米求精整模及心軸，加壓模及心軸之尺寸。

　　解：B之壁厚為(B－A)/2 = (40－10)/2 = 15mm

，由表 8.26 知精整回彈量為 0.009 毫米。C 之壁厚為(C－A)/2 = (30－10)/2 = 10mm，由表8.26知精整回彈量為 0.006 毫米，故精整模及精整心軸之尺寸，根據(1)式

精整模直徑(S_2) = 零件尺寸(D_n)－精整回彈量(Z_{sp})
精整 B 段之直徑 = 40－0.009 = 39.991mm

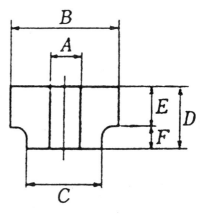

圖8.15　壓胚尺寸

精整 C 段之直徑 = 30－0.007 = 29.993mm

精整心軸之尺寸 = 10－(0.006 + 0.008)/2

　　　　　　　　= 9.993mm

　　根據(8.2)式，壓胚之尺寸為

　　壓胚 B 段尺寸 = 精整模尺寸＋整形餘量

　　　　　　　　　= 39.991 + 0.008 = 40.071mm

　　壓胚 C 段尺寸 = 精整模尺寸＋整形餘量

　　　　　　　　　= 99.993 + 0.006 = 30.053mm

　　壓胚 A 孔尺寸 = 精整心軸尺寸－精整餘量

　　　　　　　　　= 9.993－0.04 = 9.953mm

　　由表 8.22 知鐵、銅碳在一密度為 6.6g/cm³ 時其燒結收縮率為 0，故精整之壓胚尺寸即為燒結體之尺寸亦即為壓胚之尺寸。

　　根據表 8.21，鐵基材料之密度在 6.6 g/cm³ 時，壓胚回彈率為 0.25%，由(8.3)式，壓模尺寸(D_s) = 壓胚尺寸(g_s)/[1＋加壓回彈率(g_{sp})]。

　　壓模 B 段尺寸 = 40.071/(1 + 0.0025)

　　　　　　　　 = 39.971 mm

　　壓模 C 段尺寸 = 30.053/(1 + 0.0025)

　　　　　　　　 =29.978 mm

　　心軸尺寸 = 壓胚 A 孔尺寸/(1－0.0025)

　　　　　　= 0.953/(1－0.0025) = 9.978mm

　　又由表 8.28，以 Fe-2Cu-0.6C 之粉末為原料，製造密度為 6.6g/cm³ 之零件，對 A、B、C 尺寸之退模回彈率、燒結膨脹率及精整回彈率亦示於表中。以此資料計算模具之尺寸分別如下：

精整模 B 段之尺寸(S_2) = 零件尺寸(D_n)/[1＋精整回彈率(2_{sp}) = 40/(1 + 0.05%) = 39.960mm

　　精整模 B 段之尺寸(S_2) = 30/(1 + 0.01%)

　　　　　　　　　　　 = 29.970mm

　　精整模心軸之尺寸 = 10/(1 + 0.06%)

　　　　　　　　　　= 9.995 mm

　　根據(8.2)式，壓胚尺寸(g_s) = 燒結尺寸(S_s)/[1＋燒結膨脹率] 此處燒結體應放入整形模中作精整，由於資料(4)中未提供有關負精整或正精整△之資料，故以精整模之尺寸即為燒結之尺寸代入(8.2)式，即算出壓胚之尺寸；

　　壓胚 B 段之尺寸 = 39.960/(1 + 0.2%) = 39.880 mm

　　壓胚 B 段之尺寸 = 29.970/(1 + 0.2%) = 29.910 mm

　　壓胚 A 孔之尺寸 = 9.995/(1 + 0.2%) = 9.975 mm

　　又根據(8.3)式及表8.28中加壓回彈率之資料，即可算出加壓模之尺寸；

　　加壓模 B 段尺寸 = 39.880/(1 + 0.1%) = 39.840mm

　　加壓模 C 段尺寸 = 29.910/(1 + 0.15%) = 29.865mm

　　加壓模 A 孔尺寸 = 9.975/(1 + 0.05%) = 9.970mm

　　茲上述根據二種資料所設計之模具尺寸立表如下，以資比較。由表8.30，可知按資料(3)所設計之模具，其尺寸均大於按資料(4)所設計者，其原因為(1)材料並非完全相同，(2)精整之條件不同，表8.22所提供之材料資料，為鐵銅碳，並未指明其百分比組成，而表8.28提供之材料資料為 Fe-2Cu-0.6C。資料(3)之整形資料係由表8.26而得，整形為外徑變小而內徑變大；而資料(4)之精整，在表8.28中並未有負正形或負整之資料，但由資料(4)之相關說明，可知燒結體之內外徑即為整形模內徑與心軸外，整形餘量為零。

表8.30　按資料(3)及資料(4)計算之模具尺寸

模具尺寸(mm)		根據資料(3)	根據資料(4)	相差
精整模尺寸	A	9.993	9.995	+0.002
	B	39.991	39.960	+0.031
	C	29.993	29.970	+0.023
成形模具尺寸	A	9.978	9.970	+0.012
	B	39.971	39.840	0.131
	C	29.978	29.865	0.113

　　例二：試按表8.28及表8.29之資料，按整形餘量為零之條件，設計前例零件製造之精整模及加壓模。

　　解：設計結果列於表8.31及表8.32。由表中可看出，燒結體之尺寸、即為精整模之尺寸，為整形餘量等於零（零件內孔尺寸減心軸尺寸為零；零件外徑減模腔真徑等於零）。此種整形，重壓之意義大於整形。

8.2.3 模具之變形量計算方法

　　模具之變形量主要有二種，包括沖頭於壓力下

表8.31　材料Fe-2Cu-0.6C，零件密度6.6g/cm³之模具尺寸

相關尺寸			計算式	相關尺寸	
零件尺寸	A	ø10	10/(1+0.005)	精整模尺寸	ø(9.995)
	B	ø40	40/(1+0.001)		ø(39.960)
	C	ø30	30/(1+0.001)		ø(29.970)
燒結體尺寸	A	ø9.995	9.995 /(1+0.002)	壓胚尺寸	ø(9.975)
	B	ø39.960	39.960/(1+0.002)		ø(39.880)
	C	ø29.970	29.970/(1+0.002)		ø(29.910)
壓胚尺寸	A	ø9.975	9.975/(1+0.0005)	壓模尺寸	ø(9.970)
	B	ø39.880	39.880/(1+0.0010)		ø(39.840)
	C	ø29.910	29.910/(1+0.0015)		ø(29.865)

表8.32　材料Fe-2Ni-0.6C零件密度7.0g/cm³之模具尺寸

相關尺寸			計算式	相關尺寸	
零件尺寸	A	ø10	10/(1+0.001)	精整模尺寸	ø(9.990)
	B	ø40	40/(1+0.0015)		ø(39.940)
	C	ø30	30/(1+0.0015)		ø(29.955)
燒結體尺寸	A	ø9.990	9.990 /(1-0.002)	壓胚尺寸	ø(10.010)
	B	ø39.940	39.940/(1-0.002)		ø(40.020)
	C	ø29.955	29.955/(1-0.002)		ø(30.015)
壓胚尺寸	A	ø10.010	10.010/(1+0.001)	壓模尺寸	ø(10.000)
	B	ø40.020	40.020/(1+0.002)		ø(39.940)
	C	ø30.015	30.015/(1+0.003)		ø(29.925)

之縮短及模腔於橫向壓力之下膨脹，二者均影響製品之尺寸。

　　沖頭之變形量之計算：設 A 為沖頭之橫切面，L 為沖頭之長度，F 為沖頭所承受之壓粉力量，E 為楊氏係數，則沖頭於壓力之下縮短之尺寸△為；

　　△ = LF/AE (mm)

　　L：mm， F：kgf，A：mm² E：kgf/mm²

　　若沖頭為硬化工具鋼材料製成，長度為 80mm，受應力為 50kgf(31.78TSI)則其受壓力縮短之長度△（楊氏模數由表8.31查出）

　　△ = 80×50 / 2.073×10⁴ = 0.1938mm

由此可見，沖頭於受力狀態下，變形量相當大，故設計時應注意沖頭之此種變形量，以確保毛胚成形精度。

　　模腔膨脹之計算：粉末在模腔中受壓，有單向加壓、雙向加壓。粉末與粉末間有摩擦力，與模壁間有摩擦力。粉末之塑性，隨粉末種類不同而變。裝入模腔粉末之高度及其橫切面隨欲壓製零件之形狀不同而變。上述所列之因素均影響粉末在模具徑向作用於模腔內壁壓力之大小與分佈。模腔內徑向壓力之大小與分佈，決定模腔之膨脹。由上述之說明，可知欲以嚴謹且合乎實際狀況之理論計算模腔之膨脹量，實為太繁雜之工作，為一般工廠所不容許。下文所述之理論為具有厚壁管，遭受內部靜液壓壓力時，內徑膨脹之分析。

　　設 r_i 為模具之內徑，r_o 為模具外半徑，E 為楊氏係數，P_i 為模腔之內壓力，υ 為波松比。若將模具視為一無限長，且二端未被封閉之厚壁管子，則管子之內徑將增大△r為

$$\triangle r = (P_i/E)\{(1 + \upsilon)\ r_o^2\ /r_i + (1 - \upsilon)\ r_i\}\ r_i^2 /(r_o^2 - r_i^2)^{(5)}$$

設模具內徑為30mm，外徑為120mm，粉末加壓壓力為 50kgf/mm(31.78Tsi)。模具之材料選用工具鋼

經熱處理，則由表 8.33 可得 E = 2.073×10⁴kgf/mm,
V= 0.225，將此數值代入上式，則可得模腔內徑增
大△r為 0.049mm。

$$\triangle r = (50/2.073 \times 10^4)\{(1 + 0.225) \times \frac{60^2}{15}$$

$$+ (1 - 0.225) \times 15\}15^2/(60^2 - 15^2)$$

$$= (24.1199 \times 10^{-4})\{294 + 11.625\} \times 225/3375$$

$$= (24.119 \times 10^{-4}) \times 305.625 \times 225/3375$$

$$= 0.049 \ mm$$

上式之計算認為加壓力 50kgf/mm² 為靜液壓壓力，
模腔之徑向壓力即為此壓力。實際上粉末被壓時，
粉末之橫向移動極小故徑向之壓力應遠小於50kgf/
mm² 若以1/3計算[6]，則模腔半徑之增大僅為
0.016mm。

上述對模腔於壓力下，徑向之膨脹計算，徑向
壓力之假設條件，與實際粉末加壓時徑向壓力分佈
之狀況相去甚遠，故計算之結果難於準確。

8.2.4 模具設計應考慮之事項

模具設計僅為燒結零件生產作業中之一環節，
故模具設計著手前，必需瞭解零件是否可以加壓及
燒結成形，有否生產之經濟價值。模具設計中，必
須知道模具安裝於何種壓床，模具安裝於壓床後
，更要求生產順利及生產成本低，故模具之設計，
必需考慮下列各種因素。

(1)零件以加壓及燒結之製程製造，零件之形狀
是否能以加壓成形。成品之尺寸精度及機械
性能，是否合乎要求。零件之產量是否夠多
，足使每件之生產所分攤之模具成本低。

(2)所欲使用之壓床，所需出力之上下主動沖頭
應有幾枝，目前廠中是否有此種壓床。

(3)壓床之床台面積，是否能充裕安裝所設計之
模具。

(4)如果使用浮動模具，壓床是否提供足夠之空
間高度，以利浮動模之安裝。

(5)如欲使用浮動沖頭，是否有已經存在之液壓
迴路及其控制系統

(6)如需使用較大之浮動力量，而應用較大之彈
簧時，是否有足夠之空間，以利彈簧之安
裝。

(7)心軸及下沖頭之安裝，是否有調節機構。

(8)心軸及浮動模是否有適當之回位機構。

(9)心軸、沖頭及模具之安裝，是否有已成存連
接或安裝配件備用。

(10)零件有尖角及薄斷面，其對應之模腔及沖頭
，亦具尖角及薄斷面，因此模具之應力集中
、強度、耐衝擊性能，亦應加以考慮。

8.3 模具製造

8.3.1 模具材料與熱處理

表 8.34 至 8.41為模具所用之材料及其處理說
明，資料出自三個機構，茲將三組資料分別解說如
下：

表 8.34 至表 8.36 為一組資料[1]，其中表 8.34 為
模具各件之名稱，所用材料及性能說明。由表 8.34
之第一縱欄，選出內模為例，由第一縱欄內之內模
向右側循序檢視，可以由表第二縱欄看出內模為 "
壓入配合或熱縮配合之內模"，此為內模定義。第
三縱欄內為1, 2, 3, 4, 5 縱欄為模具所用之材料，表
第三縱欄內為必須耐磨，由於外側配裝加強環，故
內模可以熱處理至較高硬度，此為內模之品質說明

表8.33　數種模具材料之楊氏模數與波松比

材料名稱	楊　　氏　　模　　數			波松比
中碳鋼	30.7×10⁶psi	211.669×10³mpa	21.577kgf/mm²	0.291
0.75%C碳鋼	30.5×10⁶psi	210.290×10³ mpa	21.436kgf/mm²	0.293
硬化0.75%C碳鋼	29.2×10⁶psi	201.327×10³ mpa	20.522kgf/mm²	0.296
工具鋼	30.7×10⁶psi	211.669×10³ mpa	21.577kgf/mm²	0.287
硬化工具鋼	29.5×10⁶psi	203.395×10³ mpa	20.732kgf/mm²	0.225

表8.34 模具組件之名稱，所用材料及性能說明

模具組件	組件定義	推薦之材料，請閱表8.33之縱欄	組件品質說明
裝模配塊	裝模具使用之配裝塊。		以應力決定材料之選用
基座板	下退式模具之固定基座	構造用鋼、球狀石墨鑄鐵	尺寸之設計，以最大加壓壓力所容許之彎曲度有設計
導桿或柱	連接下退式模具之安裝台及軛塊之圓棒	6.7.8縱欄構造用鋼	
心 軸	用於成形零件內孔之模具零件	1.2.3.4.5.縱欄，有時用滲氮鋼	必須耐磨，未產生加壓作用之部位回火至RC45
模 體	成形零件外形輪廓之模具零件	1.2.3.4.5 縱欄	必須耐磨，熱縮式模體可熱處理至較高硬度
模體加強外套	安裝模體配套	6.7.8縱欄，構造用鋼	必須高強度及韌性，應回火至RC40
內 模	壓入配合或熱縮配合之內模	1.2.3.4.5縱欄	必須耐磨，由於外側配裝加強環故內模可熱處理至較高硬度
模 座	與模體配合之模具零件	合金鋼、中碳鋼表面硬化之石墨鑄鐵	模體面塊之強度必須能抵抗退模力量引起之彎曲、與喂料滑動裝置配合部位必須耐磨，故可安裝一耐磨塊。
叉形滑塊	於加壓位置，支持副下沖頭之叉形滑塊	6.7.8縱欄	叉形滑塊受壓力，故硬度甚為重要
叉形滑塊導桿	裝於模具二側，用於控制叉形滑塊之移動方向	6.7.8.9縱欄，鑄鐵	叉形滑塊受相當之磨耗。
下沖頭支塊	置於下沖頭下部，用於分散加壓力量	6.7.8縱欄，滲碳中碳鋼	當加壓壓力很大時，下沖頭支塊分散壓力為必須
沖頭基面	沖頭固定面	6.7.8縱欄	沖頭基面常被回火至其硬度低於沖頭加壓面硬度
副沖頭	在長與加壓至最後位置，改變與上或下沖頭相關位置之沖頭。	6.7.8 縱欄	對低及中加壓壓力時，第9縱欄之材料適用。當沖頭牌有相對運動，在低中壓力時，使用青銅沖頭可降低磨耗。
熱縮模外環	模具之外套，內模未裝配前，必須先將模具外套加熱，使其膨脹，內模始可裝入，冷卻時，模套收縮，使內模受一壓應力	6.7.8 縱欄	耐韌性及高抗拉強度
上沖頭	成形零件上端面之模具零件	6.7.8.9 縱欄	當加熱壓為低、中壓時，有時使用青銅亦可獲良好結果
下沖頭支塊	安裝上沖頭及導桿之模具零件	6.7.8 縱欄	必須剛性與硬度，使沖頭之壓力分佈於溜板之較大面積上
耐磨板	經硬化處理之塊，喂料裝置及叉形滑塊與之接觸運動	6.7.8 縱欄，滲碳中碳鋼	硬度與耐磨為必須
楔形塊	一圓形且具有斜面之模具零件，它移動滾子，使叉形滑塊後退	6.7.8 縱欄	楔形塊之斜面遭遇磨耗及少許衝擊
軛 塊	控制心軸及模座塊運動之模具零件	6.7.8 縱欄，構造用鋼	軛塊之設計尺寸必須夠大，以抗彎曲應力

表8.35　模具所用之材料、處理及性能

橫行編號 縱欄編號→		1	2	3	4	5	6	7	8	9	
	材料類別	碳化鎢	高速鋼		不變形高合金工具鋼		不變形低合金工具鋼			青銅	
	材料例示	實例	實例1	實例2	實例1	實例2	實例1	實例2	實例3	實例	
	廠家編號[1]		WKE E XTRA	WKE 4	D165	D65	D61	B188	L97		
1	上述材料為特別推薦應用之材料	熱縮模體,心軸	模體,心軸	熱縮模體	熱縮模體	模體心軸	冲頭、心軸、楔形塊、叉形滑塊、模具刮刀、滾子、銷子、模具、熱縮外套[2]。	冲頭、心軸、楔形塊、叉形滑塊、模具刮刀、滾子、銷子、模具、熱縮外套[2]。	冲頭、心軸、楔形塊、叉形滑塊、模具刮刀、滾子、銷子、模具、熱縮外套[2]。	在低及中加壓壓力時，使用青銅作冲頭可降低與主冲頭之摩擦力	1.
2	化學組成 C%		0.8	1.25	2.1	2	0.95	0.85	0.55		2.
3	Si%	Quality G2									3.
4	Mn%					0.7	1.2	2.1		鋁青銅	4.
5	Cr%		4.5	4.1	13	13	0.5		1		5.
6	Ni%								3	Al=5~15%	6.
7	Mo%	C_o=11%	1	3.2					0.35	Fe≤10%	7.
8	Co%	Wc=89%	10	9.5						Si≤0.5%	8.
9	W%		18.5	9	1.4	1.4	0.5			Mn=含有或不含	9.
10	V%		1.6				0.1	0.12		Ni=含有或不含	10.
11											11.
12	進貨一般狀況	半成品或成品	退火之桿棒或鍛件	退火之桿棒或鍛件	退火之桿棒或鍛件	退火之桿棒或鍛件	退火之桿棒或鍛件	退火之桿棒或鍛件	退火之桿棒或鍛件	桿及棒	12.
13	鍛造：一般規則，低速冷卻，例如於灰或碳屑中冷卻。鍛造開始溫度		1150℃2100℉	1100℃2010℉	1050℃1920℉	1050℃1920℉	950℃1740℉	1000℃1830℉	1050℃1920℉		13.
14	勿鍛造於所列溫度以下		900℃1650℉	900℃1650℉	900℃1650℉	900℃1650℉	800℃1470℉	1100℃2010℉	825℃1515℉		14.
15	正常化處理		不作正常化處理	不作正常化處理	不作正常化處理	不作正常化處理	800℃-820℃ 1470℉-1510℉	800℃-820℃ 1470℉-1510℉	790℃-810℃ 1455℉-1490℉		15.
16	退火溫度		830℃-870℃ 1525℉-1600℉	850℃-870℃ 1560℉-1600℉	850℃-870℃ 1560℉-1600℉	830℃-870℃ 1525℉-1600℉	750℃-770℃ 1380℉-1420℉	690℃-710℃ 1275℉-1310℉	740℃-760℃ 1365℉-1400℉	物理性質 極限抗張強度 ≥77kg/mm² 110000psi	16.
17	最大冷卻速度 ℃每一時至℃℉		10℃至650℃ 18℉至1200℉	10℃至600℃ 18℉至1110℉	10℃至550℃ 18℉至1020℉	10℃至600℃ 18℉至1110℉	10℃至600℃ 18℉至1100℉	15℃至575℃ 27℉至1065℉	10℃至600℃ 18℉至1110℉		17.
18	勃氏硬度		250~280	250~300	250~300	220~260	190~210	180~200	220~250		18.
19	切削性	物理性質 楊氏係數 E=5800 kg/mm³ (82800000psi) 硬度 HV(3kg)=1260 相當於RC72	差	極差	極差	著	好	佳	勉強可以		19.
20	淬火。對脫碳之抵抗力		差	差	差	差	可以	可以	佳		20.
21	徐徐加熱至		800℃1470℉	800℃1470℉	600℃1110℉ 975℃-1000℃ 1785℉-1830℉	600℃1110℉ 930℃-950℃ 1700℉-1740℉	600℃1110℉	600℃1110℉	600℃1110℉ 790℃-810℃ 1455℉-1490℉		21.
22	加速加熱至最後溫度		1270℃-1290℃ 2320℉-2355℉	1200℃-1240℃ 2190℉-2265℉	油淬火 1000℃-1025℃ 1830℉-1875℉ 空氣淬火	油淬火 950℃-1000℃ 1420℉-1490℉ 空氣淬火	790℃-810℃ 1740℉-1830℉	770℃-810℃ 1455℉-1490℉	油淬火 830℃-850℃ 1525℉-1562℉ 空氣淬火	降伏點強度 >50kgf/mm³ >70000psi 伸長率≥10%	22.
23	保溫時間，分/吋材料厚度		2	2	20	20	15	15	15	勃氏硬度≥300	23.
24	淬火液(O=油淬火 A=空氣淬火 S=鹽浴爐淬火)		"A, S"	"A, S"	尺寸大於1吋時，油淬火 尺寸大於1吋時，水淬火		"O, S"	"O, S"	"O, A, S"		24.
25	鹽浴淬火之鹽浴溫度		500℃930℉	500℃930℉			250℃-260℃ 480℉-500℉	230℃-240℃ 445℉-465℉	260℃-270℃ 500℉-520℉		25.
26	於鹽浴爐中保溫，參考TTT曲線		整塊材料必須溫度均勻				最快4分鐘，如大於1英吋油淬火	最快10分鐘	最快10分鐘		26.
27	回火。保溫時間，分/每吋材料厚度		60	60	60	60	30	30	30		27.
28	溫度：在下列溫度範圍內，可能產生脆性230℃-320℃ 445℉-610℉ 須避免之		第一次 560℃ 1040℉ 第二次 560℃ 1040℉ 回火二次：淬火後冷至50℃或120℉立刻作 第一次回24小時作第二次回火	第一次 550℃ 1070℉ 第二次 550℃ 1020℉	100℃-200℃ 210℉-390℉	100℃-200℃ 210℉-390℉	150℃-450℃ 300℉-840℉	100℃-450℃ 210℉-840℉	150℃-370℃ 300℉-700℉		28.
29	熱處理後之大致硬度RC		66~64	69~67	64~31	65~63	62~50	63~50	58~50		29.
30	硬化深度		最佳	最佳	最佳	最佳	中等	中等	最佳		30.
31	不變形品質		尚好	尚好	最佳	最佳	佳	佳至最佳	佳至最佳		31.
32	尺寸穩定性		好	好	最佳	最佳	佳	佳	佳		32.
33	扭曲或彎曲穩定性		相當可以	相當可以	最佳	最佳	佳	油淬火普通 鹽浴淬火最佳	油淬火好 空氣淬火佳		33
34	硬化處理安全性		可以	可以	可以	可以	佳	佳	佳		34.
35	韌性	極差	差	極差	極差	差	好	佳	佳，回火二次可得最佳韌性	最佳	35.
36	耐磨性	最佳	佳 最好滲氮	佳 好滲氮	佳	好	相當可以	可以	可以	可以（對中、低	36.

表8.36　熱處理常見缺點，引起缺點之可能原因及其防止方法

缺　點	引起缺點之原因	防　止　方　法
工件或大型零件之整個表面硬度不足	1.進貨之材料脫碳。 2.淬火加熱時脫碳。 3.加熱溫度過低，或加熱時間不夠。 4.冷卻速度不夠。 5.淬火液溫度過高。 6.冷卻水面有油或雜物。 7.材料之品質不清。	1.加大切削加工預留量。 2.鹽浴爐應爲中性，或加熱時加以保護措施。 3.檢查溫度，並確保加熱時間充足。 4.攪動淬火液或淬火零件。 5.設法將淬火液冷卻或增加冷卻液體積。 6.保持淬火液清潔。 7.每一零件作材料類別標誌。
零件上有質軟斑點	1.淬火前，工件表面有氧化物或氧化層。 2.由夾鉗之使用，引起局部冷卻速度降低。 3.淬火液中之鹽份不足，有蒸汽泡形成。	1.加熱前除去氧化物。 2.使用適當之夾鉗，切勿夾著工件重要部位。 3.檢查冷卻液之成分，如果成分正確，增加攪動。
於孔、溝或槽部有質軟斑點	1.冷卻液之攪動不夠充份。 2.鹽浴爐中有鹽類殘存物。	1.加強淬火液之攪動，或使壓縮空氣淬火級鋼料。
脆　性	1.淬火溫度過高。 2.保溫時間過長。 3.退火後留有雪明碳鐵網狀結構。 4.重覆淬火之處理之間，來作退火處理。	1.檢查溫度。 2.改正加熱時間。 3.改進退火作業(時間與溫度之控制)。 4.再淬火前，必須作退火處理。
變形及扭曲	1.切削加工時有殘留應力存在。 2.加熱時變形。 3.昇溫太快。 4.冷卻太快。 5.冷卻不均勻。 6.設計不當。	1.加熱至淬火溫度前，作應力消除處理。 2.工作於爐中放置狀況正確。 3.按材料廠家之規定，徐徐預熱。 4.使用較溫和之冷卻速度，但於至Ms溫度前，未產生相變化。 5.按工件之形狀零件於淬火液中之位置應恰當。 6.將零件重新設計。
破　裂	1.鋼料品質太差。 2.在淬火前，鋼料結構不當。 3.預熱昇溫太快。 4.冷卻太快。 5.設計不當。	1.退貨。 2.控制變化前材料品質，所施之鍛造，退火等處理應完全正確。 3.徐徐預熱。 4.如可能，使用溫槽淬火。 5.將零件重新設計。

。其中有關內模之材料"1, 2, 3, 4, 5縱欄"，則可檢示表8.35。內模可用之材料，共有表8.35縱欄所示五種可以選擇。就選用表8.35第3縱欄而言，即可獲得下列資料。(a)材料：1.25%C，4.1%Cr，3.2%Mo，9.5%Co，9.1%w，3.1%V。(b)進貨爲棒形或鍛件；如爲棒材，直徑太小時，可以鍛造，鍛造開始溫度爲1100℃，不能於900℃溫度下鍛造，鍛件埋於灰或碳屑中作低速冷卻。鍛造退火溫度爲850℃至870℃，600℃以上之最大冷卻速度爲10℃小時。(c)鍛件經切削加工，製成模具後，徐徐加溫至800℃，快速加溫至1200℃~1240℃，保溫時間爲每吋2分鐘，作空氣淬火或於500℃鹽溶爐中淬火。冷至50℃後，立刻作一次回火，回火溫度爲500℃，24小時後作第二次回火。回火後之硬度爲60~67RC。(d)熱處理後之其他品質爲韌性差、耐磨性好，最好作滲氮處理，抗熱性最佳。

表8.36所示，則爲熱處理後，模具組件可能發生之疵點形成之原因，以及如何改進及補求之方法。

表8.37至表8.38爲第二組資料[3]，其中表8.37示模體、模套、心軸、沖頭及複合模外套組件之形狀、所用材料以及加工、熱處理後，模具組件成品之品質及精度等。表8.38則示模具其他配件與8.37

表8.37　模具主要組件之材料、品質及精度要求

名　稱	示　　　圖	材　　　料	技　術　要　求
模體(包括成形模和整形模)		1.碳素工具鋼 　T10A，T12A 2.合金工具鋼 　GCr15, Cr12, 　Cr12Mo, Cr12W 　Cr12MoV, 9CrSi, 　GrWMn, CrW5 3.高速鋼 　W18Cr4V, 　W9Cr4V, 　W12Cr4V4Mo 4.硬質合金 　燒結硬質合金 　YG15, 　YG8	1.熱處理硬度 　鋼：HRC60~63 　鋼結硬質合金HRC64~72 　硬質合金HRA88~90 2.平磨後退磁 3.表面粗度 　工作面▽8~10 　配合面及定位面▽6~8 　非配合面▽5~6 4.成形孔形狀偏差爲五~六級精 　度，不圓度約0.005:100 5.位置偏差六~七級精度 　徑向跳動約0.03:100 　平行度約0.03:100 　垂直度約0.03:100 6.型腔孔錐度公差一般爲公差帶 　之半，特殊要求例外。只允許沿 　脫模方向增大
模套		45 35 40Cr	1.不處理，或鋼質處理HRC28~32 2.與模體組裝後，磨上下端面至▽7 3.手動模模套外徑常需滾花 4.內孔光法度爲▽6~8
心　軸		同模具用硬質合 金時是鐵拌結	1.工作面熱處理硬度HRC60~63， 　心軸硬度可適當降低，機動模心 　軸連接處局部硬度HRC35~40 2.工作面表面粗度▽8~10配合 　面及定位面▽7~9非配合面▽5~6 3.工作部分錐度及垂直度公差，一般 　爲公差帶之半，只允許沿脫模 　方向縮小 4.形狀偏差和位置偏差同模體

名　稱	示　　　圖	材　　料	技　術　要　求
冲頭		1.碳素工具鋼 　T8A，T10A 2.合金工具鋼 　GCr15, Cr12, 　Cr12Mo, 9CrSi 　CrWMn, CrW5	1.熱處理硬度HR56~60 2.平磨後退磁 3.表面粗度 　端面▽7~8 　配合面▽8~9 　非配合面▽5~7 4.幾何精度參照模體
複合模外套		合金工具同模冲	1.熱處理硬度HRC53~57 2.平磨後退磁 3.表面粗度 　端面▽7~8 　徑向配合面▽9~10 　非配合面▽5~7 　4.幾何精度參照模體

表8.38　模具副件之材料、品質及精度要求

名　稱	示　　　圖	材料	技術要求(長度單位爲毫米)
壓墊		35 45	1.尺寸D製造公差 爲±0.05~±0.10 2.調質處理HRC28~32
模柄		T10 Cr12 GCr15 9CrSi	1.平行度公差爲0.02 2.垂直度公差爲0.015~0.030 3.熱處理硬度HRC50~55
壓墊		T10 Cr12 GCr15 9CrSi	1.平行度公差爲0.01~0.02 2.熱處理硬處HRC52~56
上模板		45 ZG45 鑄鐵	1.平行度公差爲0.02~0.04 2.尺寸D製造偏心度爲±0.05 3.45號鋼調質處理HRC28~32

名　稱	示　　圖	材料	技術要求(長度單位為毫米)
下模板		45 ZG45 鑄鐵	1.平行度公差為0.02~0.04 2.垂直度公差為0.015~0.030 3.尺寸a，b公差為0.02~0.04 4.尺寸D製造公差為±0.05 5.45號鋼調質處理HRC28~32
模體		45 35 40Cr	1.平行度公差為0.015~0.030 2.垂直度公差為0.015~0.030 3.尺寸a，b公差為0.04~0.06 4.尺寸D製造偏心度公差為±0.05 5.調質處理HRC28~32
導柱		45 40Cr	1.平行度公差為0.015~0.030 2.垂直度公差為0.015~0.030 3.長度L每組機件公差為0.02~0.03 4.調質處理HRC28~32
導套		20 黃銅 多孔鐵石墨	1.外圓對D孔的偏心度公差為0.02~0.04 2.垂直度公差為0.015~0.030 3.20號鋼滲碳0.8~1，淬硬HRC56~60 4.與模配合精度為 $\dfrac{D}{db}$，$\dfrac{D}{dc}$
下缸		45 40Cr	1.平行度公差為0.015~0.030 2.垂直度公差為0.015~0.030 3.尺寸a，b製造偏心度為0.04~0.08 4.尺寸D製造偏心度為±0.05 5.調質處理HRC28~32
脫模區		45 T8	1.平行度公差內0.02 2.熱處理硬度HRC40~50
預杆及壓棒		45 50 GCr15	1.平行度公差為0.02 2.熱處理硬度HRC45~50

名稱	示　圖	材　料	技術要求(長度單位為毫米)
墊塊		45 ZG45	1.平行度公差為0.02 2.熱處理硬度HRC45~50
限位塊		45 40Cr GCr15	1.平行度公差為0.02 2.熱處理硬度HRC45~50
裝粉墊		20 35 45	
裝粉斗楔		20 35 45	
楔形塊		GCr15 Cr12	1.垂直度公差0.015~0.030 2.長度L處淬硬HRC52~55
滑動壓墊		T10 Cr12 GCr15	1.平行度公差0.01~0.02 2.熱處理硬度HRC55~58
滾輪		T10 Cr12 GCr15	1.徑向跳動公差0.02~0.04 2.熱處理硬度HRC50~55

名稱	示　圖	材　料	技術要求(長度單位爲毫米)
墊板		45 ZG45 鑄鐵	1.平行度公差爲0.02~0.04 2.45號鋼淬硬HRC40~45
壓座		45 40Cr	1.平行度公差0.02 2.熱處理硬度HRC40~45
橫梁		45 40Cr	調質處理HRC28~32，或淬硬HRC40~45
接套		45	1.徑向跳動公差爲0.02~0.04 2.平行度公差爲0.02~0.03 3.垂直度公差爲0.02 4.調質處HRC28~32
接棒		45	1.垂直度公差爲0.02 2.尺寸d與心軸孔的配合精度爲D3/dc3 3.調質處理HRC28~32
隔套		45	1.平行度公差爲0.02 2.淬硬HRC40~45，或不處理
托板		20	
托柱		20 35	

名　稱	示　　　圖	材　料	技術要求(長度單位為毫米)
拉鉤	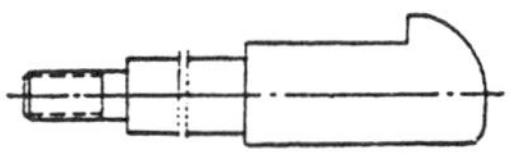	45 40Cr	1.鉤部局部淬硬HRC40~45 2.整體調質處理HRC28~32
拉棒	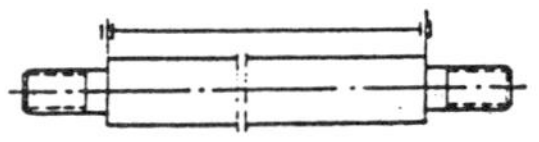	45 40Cr	1.平行度公差為0.02 2.調質處理HRC28~32
後壓墊	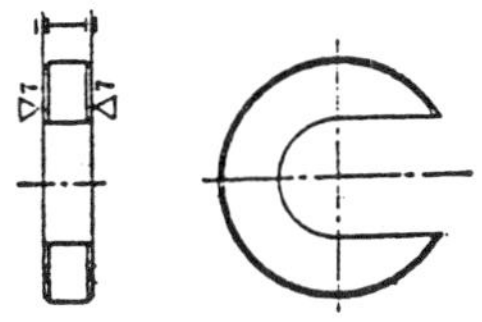	45 T8 Cr12 GCr15	1.平行度公差為0.02 2.熱處理硬度HRC45~55

類似之資料。

表 8.39 至表 8.41 為第三組資料[4]，其中表 8.39 為工具鋼。內容包括合金成分，熱處理過程，熱處理後之耐磨性、耐壓性、疲勞性及韌性，表之最後一縱欄，則為材料適用之模具組件名稱。表8.38為超硬合金材料，此種材料適用需較高耐磨性及抗衝擊之模體及心軸。表8.41所示則為表面塗層之模體材料。塗層之過程有三種，即電漿(或物理)蒸汽塗層、化學蒸汽塗層(CVD)與熱擴散層處理

8.3.2 模具之加工

模具之主要組件，如模體、沖頭、支承件之受壓面等，經切削加工最後之細加工後，必作熱處理。熱處理後，則需研磨，使零件之精度、硬度及表面粗度等合於設計要求。有關切削加工及研磨之過程中，加工刀具及加工條件之選擇；尤其是研磨中，磨輪之選擇、磨耗預留量、研磨速度、冷卻劑、粗磨及細磨之進刀量及研磨深度等因素之決定，是一套大學問本文於此不宜介紹。本文僅將其他有關事項介紹如下：

整體模腔或是分割模腔：一般而言，如果有放電加工機或線切割機，則採用整體模，因加工容易

。但若為壓製不規則形狀之零件，其對應之模腔有應力集中之情狀時，則宜採用分割模腔之設計。至於模腔應如何分割，則隨零件之形狀而定，圖 8.16 所亦即為一些分割之例子。分割模必須於外部套裝於加強外套內。模體套入加強外套之方式有二種，即壓入式與熱縮式，將於 8.5 節中再作說明。不論採用壓入配合或熱縮式配合，模體外徑與外套內徑之間，需採用干涉配合。壓入配合時，配合直徑在 75~150mm 間，一般干涉量為直徑之 0.1~0.25%，過大之干涉量，則壓入配合可能會遭遇困難，選用 0.20~0.25% 之干涉配合被認為較為適合。以碳化鎢模體作熱縮配合，由其剛性大，一般用模體外徑之 0.001 為干涉量。若欲降低模具加壓時之膨脹量，以增加零件之橫向尺寸精度、減少退模壓力或模體材料性質易碎裂，則亦宜使用加強外套。

研磨模具元件如沖頭或心軸，如圖8.17所示，不需全部表面均加以研磨，僅研磨部份表面即可。製作沖頭時，如圖8.18所示，可將上下沖頭一體加工及研磨，然後將之分割為上下沖頭。製造不規形狀之模腔，需使用刮刀時，如圖8.19所示於製造刮刀時，將沖頭同時一起加工，完工之後，再將之分割即可。

表8.39　粉末冶金用模具材料

分類	JIS記號	化學成分% C	Si	Mn	Cr	Mo	W	V	Co	硬度 HRC	熱處理 淬火溫度	回火溫度	特性比較* 耐磨耗性	耐壓性	疲勞強度	韌性	碎火性	加工性	使用用途例示
炭素工具鋼	SK3	1.00~1.10	0.35以下	0.50以下	—	—	—	—	—	63以上	760~820℃ 水冷	150~200℃ 空冷	×	△	×	×	×	○	冲頭受壓板 冲頭握座
	SK5	0.80~0.90	0.35以下	0.50以下	—	—	—	—	—	59以上	760~820℃ 水冷	150~200℃ 空冷	×	△	×	×	×	○	冲頭受壓板 冲頭握座
合金工具鋼	SKS2	1.00~1.10	0.35以下	0.50以下	0.50~1.00		1.00~1.50			61以上	830~880℃ 油冷	150~200℃ 空冷	○	○	△	△	△	○	冲頭受壓板 冲頭握座
	SKS3	0.95~1.05	0.35以下	0.90~1.20	0.50~1.00		0.50~1.00			60以上	800~850℃ 油冷	150~200℃ 空冷	△	△	△	○	○	○	冲頭受壓板 冲頭握座
	SKD1	1.80~2.40	0.40以下	0.60以下	12.00~15.00					61以上	930~980℃ 油冷 空冷	150~200℃	○	○	○	△	○	△	雙層加強模 之模仁
	SKD11	1.40~1.60	0.40以下	0.60以下	11.00~13.00	0.80~1.20		0.20~0.50		58以上	1000~1050℃ 油冷	150~200℃ 空冷	○	○	○	○	◎	△	雙層加強模 之模仁 冲頭
高速鋼	SKH51	0.80~0.90	0.40以下	0.40以下	3.80~4.50	4.50~5.50	5.50~6.70	1.60~2.20		63以上	1200~1240℃ 油冷	540~570℃ 空冷	○	○	◎	◎	○	△	雙層加強模 之模仁 冲頭
	SKH57	1.20~1.35	0.40以下	0.40以下	3.80~4.50	3.00~4.00	9.00~11.00	3.00~3.70	9.00~11.00	65以上	1210~1250℃	550~580℃	◎	◎	△	△	○	×	雙層加強模 之模仁

分類	JIS記號	C	Si	Mn	Cr	Mo	Ni		硬度 HRC	淬火溫度	回火溫度	特性比較	使用用途例示
構造用合金鋼	SCM 445	0.43~0.48	0.15~0.35	0.60~0.85	0.90~1.20	0.15~0.30	—		38~42	830~880℃ 油冷	530~630℃ 急冷	張力強度105kgf/mm²以上	雙層加強模 之外套
	SNCM 447	0.44~0.50	0.15~0.35	0.60~0.90	0.60~1.00	0.15~0.30	1.60~2.00		38~42	820~870℃ 油冷	580~680℃ 急冷	張力強度105kgf/mm²以上	雙層加強模 之外套

表8.40　耐摩耗性‧耐衝擊用超硬材料之特性(參考值)

項目	JIS記號	V1	V2	V3	V4	V5
比　重		15.1	14.8	14.6	14.3	14.0
化學成分%	W	88~91	85~90	78~87	73~85	70~82
	C	5~6	5~6	5~6	4~6	4~6
	Co	3~6	~59	8~16	11~20	14~25
硬度	HV	1,700	1,500	1,400	1,300	1,200
	HRA	92	91	90	89	87
抗張強度	kgf/mm²	120	150	180	190	200
抗折力	kgf/mm²	180	200	220	240	280
抗壓強度	kgf/mm²	610	535	500	470	450
衝擊值	kgf.mm²	0.23	0.31	0.36	0.38	0.42
楊氏模數	kgf/mm²	6.4×10^4	6.2×10^4	5.9×10^4	5.7×10^4	5.6×10^4
波松比	—	0.21	0.21	0.22	0.22	0.22
線膨脹係數(R‧T~600℃)×10⁻⁶/℃		4.5~4.8	4.9~5.2	5.0~5.2	5.3~5.7	5.5~5.8
粉末冶金模具常用材料用例			心軸　　　　　　　　　　模體　→			
耐磨耗性增加，韌性減少傾向		←				

表8.41　粉末冶金用模具表面硬化處理

處理名	處理溫度(℃)	表面硬度(HV)	模厚(μm)	特　徵　等
熱處理	550~570	1,100~1,200	100	較低溫度熱處理，模具尺寸變化小，有鹽浴及離子滲氮二種，含有Al、Cr、Mo合金成分之材料適合滲氮處理
TiN處理 (PVD)	150 500	1,200~2,000 2,500~2,800	5	處理後之表面具有金黃色，處理溫度低，尺寸變假小適用具薄斷面或複雜形形模形之外理，亦可
TiC處理(CVD)	900~1,000	3,800	10	表面硬度高，耐磨性佳，高溫處理模具尺寸變化大，處理後之薄模形僅作Lapping即可
TD熱處理	1,100~1,150	2,500~3,800	10~20	表面硬度高，耐磨性佳，高溫處理，成品之尺寸變化大。形成Cr、Nb、Ti之碳化物層

8.3.3　模具之硬度及表面粗度

　　模腔之硬度約為RC62至RC65之間，不得低於RC60。沖頭除與模腔同樣應具有耐磨性外，尚需具有抗衝擊之性能，故沖頭之硬度可稍低於模腔，一般以RC60至RC63為宜。心軸所遭遇之工作環境與模腔相同，故其硬度應在RC60至RC64之間，如心軸之直徑或橫切面尺寸過小，則將其硬度降至58RC亦可，以防心軸易於斷裂。沖頭之研磨宜僅將其前端15mm長度範圍內，研磨至所設計之尺寸，其餘部份，可以精切削將尺寸更減小0.12~0.24mm即可，以節省加工費用。心軸於加壓過程中，未與粉末接觸處，亦宜將其直徑或橫面以精切或研磨加工，將之減小0.12~0.24mm即可，不需將心軸之全長作高精度之研磨。心軸進入下沖頭之配合孔中，亦需於上沖頭配合孔底鑽小孔，以使加壓過程中空氣之洩出。

　　模具之表面粗度細時，不僅可以減少加壓時，粉末與模壁間之摩擦力，可以增加壓胚密度均勻度，同時更降低退模壓力。有資料[1]顯示，一高度研磨之碳化鎢模腔表面，可將退模壓力降至七分之一，因此模腔，心軸及沖頭表面之粗度甚為重要。理論上加壓模具之組件，任何與粉末接觸之表面，當然愈光滑愈佳，以保持在0.2μm(rms)以下為宜。

8.3.4　模具之壽命

　　模具之壽命與加壓密度之高低，加壓粉末之種類，模具所用材料之種類及熱處理狀況、模具之硬度及加工精度、模具之安裝及保養等均有關。有某

公司[6]在零件開發中之試驗性生產或每月生產量約1000件時，使用一般工具鋼；該公司使用碳化鎢模具，生產9,000,000件，磨耗仍在0.0002英寸內。

　　高鎢含量之工具鋼以通常之油硬化處理，其壽命約30,000件，但若以噴射式淬火(Jet-Quench)模壁，則其壽命可增至125,000件。如將此已磨耗之模具再作同樣之處理，其內徑收縮、經精磨(Lapping)修整其尺寸後，模具又可再用，而再生產之零件數量高達140,000件。

　　表面鍍鉻亦為提高模具壽命有效方法，可施於新模或已磨耗之舊模，其壽命可為高碳高鉻工具鋼模具壽命之五至十倍。鍍鉻有些技術上之困難，即是形狀複雜之模具，模腔有深入之凹坑或尖銳之凸緣，將分別發生鍍鉻層太薄及太厚之情形。解除此種困難之方法有二，其一為先以高電流鍍幾分鐘，然後施以正常電鍍。另一方法為二步鍍鉻，第一步為模腔之一般表面之鍍鉻層已達適度後，將之取出清洗，並於鍍鉻層已達適當厚度表面，施以絕緣塗層，然後再作第二步之鍍鉻，此步之目的在針對第一步鍍鉻未被鍍好之凹坑處鍍鉻。

　　由上之說明，可知僅模腔之表面處理一項因素，即對模具之壽命影響很大，如本節開頭第一段所述影響模具壽命因素又如此之多。因此若欲對模具之壽命作一概括性之陳述，以適用於各種粉末加壓之施工條件或環境，為不太可能之事。但從上文所述之數字分析，一般之情形為工具鋼模具壽命約為3~4萬件，特殊表面處理模具壽命約為一般處理

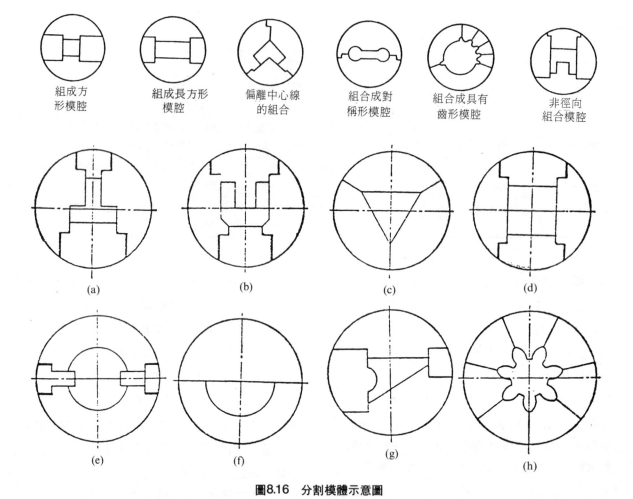

組成方形模腔　　組成長方形模腔　　偏離中心線的組合　　組合成對稱形模腔　　組合成具有齒形模腔　　非徑向組合模腔

(a)　　　　　　　(b)　　　　　　　(c)　　　　　　　(d)

(e)　　　　　　　(f)　　　　　　　(g)　　　　　　　(h)

圖8.16　分割模體示意圖

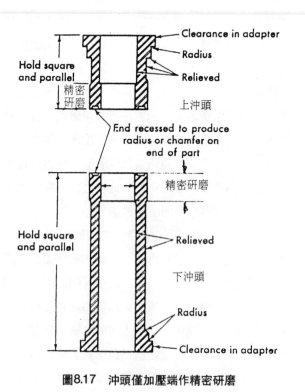

圖8.17　沖頭僅加壓端作精密研磨

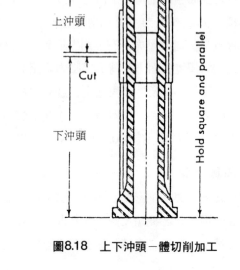

圖8.18　上下沖頭一體切削加工

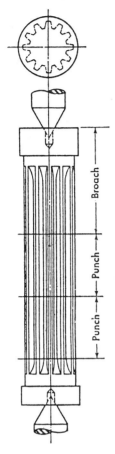

圖8.19　沖頭刮刀－體加工

工具鋼模具壽命5倍以上，而碳化鎢模具壽命又爲前者壽命之10倍以上。

8.4　模具之設計

　　模具設計包括(1)模具之強度、(2)模具之尺寸、(3)模具之材料及熱處理及(4)模具安裝於壓床所需附件。因此模具之設計爲一種系統性之工作，並非僅爲設計一模體及沖頭之尺寸即可。上列諸條件中，除模具之材料已於8.3.1節說明外，玆將其餘各條分述如下：

8.4.1　模具之強度

　　計算模體之強度，必須首先知道模壁之徑向壓力，而在粉末加壓過程中，模壁所受之徑向壓力並非如流體壓力；模壁上各點所受之壓力各處不等，而爲很多因素之函數，故模壁徑向壓力之大小及分佈，變化萬千，難於決定。一般設計模具之強度，

以一相當內壓力P_i(Equivalent Internal Pressure)爲依據，按一無限長厚壁管理論(Thick Wall Cylinder Theory)決定模壁之厚度。粉末加壓時，爲了確保壓胚精度及降低退模壓力　，有時更進一步以模體之剛性作設計之依據。以硬度極高材料、碳化鎢或分割模作複合模體設計時，又需加一外套，此方面亦有其理論。

(1)整體模體之設計

所謂整體模係指模體本身爲一件，而非如複合模體之爲內外套二件組成。如圖8.20爲模體上切下之一小塊。此小切塊之厚度爲h，夾角爲$\triangle\varphi$，半徑爲ρ及$\rho+d\rho$之圓週面上，其對應之應力分別爲$\sigma\rho$及$\sigma\dfrac{\partial\sigma}{\partial\rho}d\rho$（不熟習理論推導之讀者，直接應用A~H式即可），在二半徑切面上之應力爲σ_t，分析在半徑方向之力量平衡時，則得下式

$$(\sigma_\rho + \frac{\partial\sigma}{\partial\rho}d\rho)(\rho+\triangle\rho)\triangle\varphi h - \sigma_\rho\rho\triangle\varphi h - 2\sigma_t \sin\frac{\triangle\varphi}{2})$$
$$(hd\rho) = o$$

略去高次項並以$\dfrac{\triangle\varphi}{2}$代$\sin\dfrac{\triangle\varphi}{2}$，則得

$$\frac{d\sigma_\rho}{d\rho} = \frac{\sigma_t - \sigma_\rho}{\rho} \tag{8.5}$$

一段圓弧，其半徑爲ρ，當其受徑向應力後ρ增長ξ；半徑爲$(\rho+\triangle\rho)$之增長爲$\xi+\dfrac{d\xi}{d\rho}d\rho$。故原來在半徑$\rho$及$\rho+\triangle\rho$半徑之二圓弧，其間之距離增加爲

$$\xi+\frac{d\xi}{d\rho}\triangle\rho - \xi = \frac{d\xi}{d\rho}$$

故徑向之應變爲

$$\varepsilon_\rho = \frac{(\xi+\frac{d\xi}{d\rho}\rho-\xi)}{\triangle\rho} = \frac{d\xi}{d\rho} \tag{8.6}$$

原來半徑位於ρ之弧長爲$2\pi\rho$，當ρ增變爲$\rho+\xi$後，其總增長爲$2\pi(\rho+\xi)$，故切線方向之應變爲

$$\varepsilon_t = \frac{2\pi(\rho+\xi)2\pi\xi}{2\pi\rho} = \frac{\xi}{\rho} \tag{8.7}$$

將(8.7)式微分得

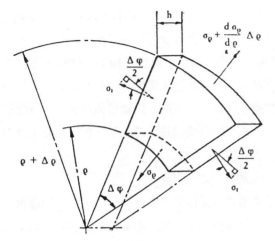

圖8.20　模體受力圖解單元

$$\frac{d\varepsilon_t}{d\rho} = \frac{1}{\rho}\frac{d\xi}{d\rho} - \frac{\xi}{\rho^2} \rightarrow \rho\frac{d\xi_i}{d\rho} = \frac{d\xi}{d\rho} - \frac{\xi}{\rho}$$

由(8.6)及(8.7)式得

$$\rho\frac{d\varepsilon_t}{d\rho} + \varepsilon_t = \varepsilon_\rho \qquad (8.8)$$

按虎克定理之正交應變及應力關係式，並以 σ_t 及 σ_ρ 表示切線方向及徑向之應力，可得

$$\varepsilon_t = \frac{1}{E}(\sigma_t - \upsilon\sigma_\rho)$$
$$\varepsilon_\rho = \frac{1}{E}(\sigma_\rho - \upsilon\sigma_t) \qquad (8.9)$$

(8.8)式中 E 為楊氏模數，υ 為波松比。將(8.9)式對 ρ 微分，並代入(8.4)式

$$\frac{d\varepsilon_t}{d\rho} = \frac{1}{E}(\frac{d\sigma_t}{d\rho} - \upsilon\frac{d\sigma_\rho}{d\rho})$$

$$\frac{d\varepsilon_\rho}{d\rho} = \frac{1}{E}(\frac{d\sigma_\rho}{d\rho} - \upsilon\frac{d\sigma_t}{d\rho})$$

將上二式中之第二式代入(8.8)式

$$\rho\frac{1}{E}(\frac{d\sigma_t}{d\rho} - \upsilon\frac{d\sigma_\rho}{d\rho}) + \varepsilon_t = \varepsilon_\rho$$

$$\rho\frac{1}{E}(\frac{d\sigma_t}{d\rho} - \upsilon\frac{d\sigma_\rho}{d\rho}) = \varepsilon_\rho - \varepsilon_t = \frac{1}{E}[(\sigma_\rho - \upsilon\sigma_t) - (\sigma_t - \upsilon\sigma_\rho)]$$

$$\frac{d\sigma_t}{d\rho} - \upsilon\frac{d\sigma_\rho}{d\rho} = \frac{\sigma_\rho + \upsilon\sigma_\rho - \upsilon\sigma_t - \sigma_t}{\rho} = \frac{1+\upsilon}{\rho}(\sigma_\rho - \sigma_t) \quad (8.10)$$

將(8.5)式代入

$$\frac{d\sigma_t}{d\rho} - \upsilon\frac{d\sigma_\rho}{d\rho} = -\frac{1+\upsilon}{\rho}(\frac{d\sigma_\rho}{d\rho})\rho$$

$$\frac{d\sigma_t}{d\rho} - \frac{d\sigma_\rho}{d\rho} = 0 \qquad (8.11)$$

將(8.5)式微分，得

$$\frac{d\sigma_t}{d\rho} = 2\frac{d\sigma_\rho}{d\rho} + \rho\frac{d^2\sigma_\rho}{d\rho^2} \qquad (8.12)$$

代入(8.11)式，得

$$\rho\frac{d^2\sigma_\rho}{d\rho^2} + 3\frac{d\sigma_\rho}{d\rho} = 0 \qquad (8.13)$$

將(8.13)式積分，得

$$\frac{d\sigma_\rho}{d\rho}\rho^3 = C_1 \quad \sigma_\rho = -\frac{1}{2}\frac{C_1}{\rho_2} + C_2$$

積分常數以 ρ 為內徑 R_i 時，壓力為 P_{in}，ρ 為外徑 R_0 時，壓力為 P_{ex}，得

$$C_1 = \frac{2R_o^2 R_i^2}{R_o^2 - R_i^2}(P_{in} - P_{ex})$$

$$C_2 = -P_{ex}\frac{R_i^2}{R_o - R_i}(P_{in} - P_{ex})$$

最後得出內徑為 R_i，外徑為 R_o 之厚壁管，於任何半徑為 ρ 時之切線及軸線方向之應力為

$$\sigma_t = -P_{ex} + \frac{R_i^2}{R_o^2 - R_i^2}(P_{in} - P_{ex})(\frac{R_o^2}{\rho^2} + 1) \qquad (8.14)$$

$$\sigma_\rho = -P_{ex} + \frac{R_i^2}{R_o^2 - R_i^2}(P_{in} - P_{ex})(\frac{R_o^2}{\rho^2} - 1) \qquad (8.15)$$

就模具而言 P_{ex} 為大氣壓，P_{in} 為模具所受之徑向壓力，R_i 為壓胚之半徑或其最大寸尺，R_o 為模體之外徑。若大氣壓被視為零，則

$$\sigma_t = \frac{R_i^2}{R_o^2 - R_i^2}(\frac{R_o^2}{\rho^2} + 1)P_{in} \qquad (8.16)\ (A)$$

$$\sigma_\rho = \frac{R_i^2}{R_o^2 - R_i^2}(\frac{R_o^2}{\rho^2} - 1)P_{in} \qquad (8.17)\ (B)$$

由於 $R_o > R_i$，故 σ_t 恆為正，最大之張應力 σ_t 出現 $\frac{R_o^2}{\rho^2}$

最大即模具內壁。同理 σ_p 恆爲負，最大之壓應力 σ_R 出現模具內壁

$$\sigma_{t,max} = (\frac{R_i^2}{R_o^2 - R_i^2})(\frac{R_o^2}{\rho_i^2} + 1) P_{in} = \frac{2 R_i^2}{R_o^2 - R_i^2} P_{in} \qquad (8.18)$$

$$\sigma_{\rho,max} = -\frac{R_i^2}{R_o^2 - R_i^2}(\frac{R_o^2}{\rho_i^2} - 1) P_{in} = -P_{in} \qquad (8.19)$$

將 (8.18) 式中 R_o/R_i 之比值，由 1 至 5.5 代入 (8.18) 式作計算，可得表 8.42。

由表中可以知表當 $R_o/R_i = 4$ 以後 $\sigma_{t,max}$ 之變化不大，故若欲降低 $\sigma_{t,max}$ 當 R_o 增至 $4R_i$ 後，也無多大意義。以 $R_o/R_i = 4$ 代入 (8.18) 及 (8.19) 式得

$\sigma_{t,max} = 1.13 P_{in}$

$\sigma_{\rho,max} = -P_{in}$

又根據理論(7)，當一圓管內壁受徑向壓力 σ_ρ 及切線應力 ρ_t 時，其內徑之增大爲 $\triangle i$

$$\triangle i = \frac{R_i}{E}(\sigma_t - \upsilon \sigma_\rho) \qquad (8.20)$$

將 $\frac{R_o}{R_i} = 4$ 之 $\sigma_{t,mas}$ 及 $\sigma_{\rho,max}$ 代入 (8.20) 式

$$\triangle i = \frac{R_i}{E}(1.13 P_{in} - (0.3)P_{in}) = \frac{R_i}{E}(1.43 P_{in}) \qquad (8.21)$$

例三，加壓直徑爲 50mm 之壓胚，著模壁徑向之最大壓力爲 50kgf/mm²，(a)求半徑之增大，(b)模壁切線方向之應力

解(a) $\triangle i = \frac{R_i}{E}(1.43 P_{in}) = 2.5(1.43 \times 50) = 0.0812mm$

$\sigma_t = 1.13 P_{in} = 1.13 \times 50 = 56.5kg/mm^2$

此題計算之結果爲模具之內徑 $R_i = 25mm$，外徑 $R_o = 100mm$，於最大內壓力 $P_{in} = 50kg/mm^2$ 下，內徑之增大 $\triangle R = 0.0812mm$，模具材所能容許之工作應力，必須在 56.5kg/mm² 以上。

又根據模具設計之另一簡單如 (8.21) 式所示之式子(6)，吾人以 d = 50mm, S = 56.5kg/mm P = 50kg/mm² 代入

$$D = d \sqrt{\frac{S + p\mu}{S - p\mu}} \qquad (8.22)$$

D, d：模具外徑及力徑 $\mu = 0.3$

S：工作應力，　P：加壓壓力

$$D = 50 \sqrt{\frac{56.5 + 0.3 \times 50}{56.5 - 0.3 \times 50}} = 50 \sqrt{\frac{71.6}{41.6}} = 65.6mm$$

上式之計算結果，模壁厚度僅有約 8mm。此模太薄，顯示 (8.22) 式並非爲一般性之實用式子。

(2)複合模體之設計

如圖 8.21 爲一包括模套與模仁之切面圖。模仁在未裝入模套前，模仁之內徑及外徑分別爲 r_i' 及 r_o'，模套之內及外徑，則分別爲 R_i 及 R_o，如圖所示，模仁之外徑大於模套之內徑，故其間有干涉量 δ。裝配完成後，模套與模仁之接觸面半徑爲 R_i 或 r_o。設計複合模之目的，在於以強度高及韌性佳之模套緊包模仁，使模腔於強大壓力之作用以下，模仁不致破裂（如爲硬碎性材料）或分離（如爲分割模仁）。其基本設計之準則爲(a)模套內徑於切線方向應力，應足夠包緊模仁，但不至於模腔工作壓力下，模套內壁產生過大之切線方向應力，使模套本身破裂。模仁之內壁因模套之包緊而於切線方向產生壓應力，而於模腔工作壓力 P_{in} 之下，於模仁內壁切線方向之張應力，此二種應力應正好相等，於模腔工作壓力下，模仁內壁於切線方向之應力爲零。根據上述之準則作理論分析(1)，在最佳條件 $R_o/R_i = 4$ 及 $r_o/r_i =$ 定值下計算而作出表 8.43，以供複合模設計者參考。

設 $\triangle_o$ 爲模套於工作壓力 P_i 及熱縮配合壓力 P_s 下，內徑之增大，$\triangle_i$ 爲模仁於工作壓力 P_i 及熱縮配合壓力 P_s 上，外徑之縮小。下列公式可供複合模之設計

$$\triangle_o = \frac{R_i}{E_o}[(\sigma_t)_{Ps} - \upsilon (\sigma_\rho)_{Ps}] \qquad (8.23)$$

表8.42　模壁切線應力與模體外內徑比之變化

R_o/R_i	1	1.5	2	2.5	3	3.5	4	4.5	5	5.5
$\sigma_{t,max}$	∞	$2.6 P_{in}$	$1.67 P_{in}$	$1.38 P_{in}$	$1.25 P_{in}$	$1.17 P_{in}$	$1.13 P_{in}$	$1.10 P_{in}$	$1.09 P_{in}$	$1.07 P_{in}$

表8.43　R_o/r_i=4熱縮配合應力計算表

符號說明	r_o, r_i：模仁內外徑。r_o/r_i：模套內外徑。$(\sigma_T)_{Ps}$：由於熱縮配合壓力P_s於模套內徑產生之切線方向應力。$(\sigma_t)_{pi}$：由於模腔壓力p_i，於模套內壁切線方向產生之應力。$(\sigma_p)ps$：由於熱縮配合壓力在模套徑向產生之應力。$(\sigma_p)_{pi}$：由於模腔壓力p_i，於模套內壁產生後向應力。σ_G：為模套內壁按剪力應認能量理論(Shear Energy Theory)計算出之應力，當r_o/r_i=1.7時σ_G最小。以上應力均除以模腔工作壓力P_i而列表8.43

$\dfrac{r_o}{r_i}$	$\dfrac{p_s}{p_i}$	$\dfrac{R_o}{R_i}$	$\dfrac{(\sigma T)_{ps}}{p_i}$	$\dfrac{(\sigma T)_{pi}}{p_i}$	$\dfrac{(\sigma p)_{ps}}{p_i}$	$\dfrac{(\sigma p)_{pi}}{p_i}$	$\sum\dfrac{(\sigma T)}{p_i}$	$\sum\dfrac{(\sigma p)}{p_i}$	$\dfrac{(\sigma G)}{p_i}$
1.25	0.204	3.20	0.248	0.749	−0.204	−0.616	0.997	−0.820	1.57
1.50	0.315	2.67	0.417	0.542	−0.315	−0.409	0.959	−0.724	1.46
1.60	0.345	2.50	0.477	0.483	−0.345	−0.350	0.960	−0.695	1.44
1.70	0.370	2.35	0.534	0.435	−0.370	−0.302	0.969	−0.672	1.43
1.80	0.392	2.22	0.591	0.395	−0.392	−0.262	0.986	−0.654	1.43
2.00	0.425	2.00	0.708	0.333	−0.425	−0.200	1.041	−0.625	1.46
2.50	0.476	1.60	1.086	0.237	−0.476	−0.104	1.323	−0.580	1.69
3.00	0.504	1.33	1.813	0.185	−0.504	−0.057	1.998	−0.555	2.32
4.00	0.531	1.00	∞	0.133	−0.531	0.000	∞	−0.531	∞

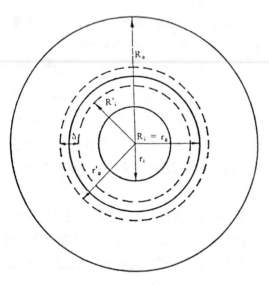

圖8.21　熱縮模示意圖

$$\triangle_i = \frac{r_o}{E_i}[(\sigma_t)_{Ps} - \upsilon(\sigma_\rho)_{Ps}] \qquad (8.24)\ (F)$$

$$(\sigma_\rho)_{ps} = -P_s \qquad (8.25)\ (G)$$

$$(\sigma_t)_{ps} = -\frac{r_o^2 + r_i^2}{r_o^2 - r_i^2}P_s \qquad (8.26)\ (H)$$

例題：一零件之半徑(或垂直加壓方向之最大寬度之一半長度為 25mm，加壓時垂直模壁方向上之最大壓力為 50kg/mm²，模套材料之楊氏模數為 5.8×10^4kg/mm²，模仁可選用硬度較高之鋼材(E = 5.8×10^4kg/mm²)或碳化鎢(E = 5.8×10^4kg/mm²)，設計模套及模仁之尺寸。

解：根據前述之說明，模套之外徑最大可為模仁內徑之4倍，故 $R_o = 4r_1 = 4\times5$=100mm，又 $\dfrac{r_o}{r_i}$ = 1.73時，σ_G值最小，故$r_o = R_i = 1.73\times25 = 42.50$mm。茲引用式子(8.23)至計算干涉配合量如下

$$\Delta_o = \frac{R_i}{E_o}[(\sigma_t)_{P_s} - \upsilon(\sigma_P)_{P_s}]$$

由表知r_o/r_1 = 1.7時，$(\sigma_t)_{ps}$ = 0.534P_i, $(\sigma_\rho)_{ps}$ = −0.370P_i 代入上式

$$\Delta_o = \frac{1.7r_i}{E_o}[0.534 - 0.3c - 0.370]p_i = \frac{1.7r_i}{E}[0.534 + 0.1]p_o$$

$$= \frac{1.7r_i}{E_o}(0.645)p = 1.0966p_i r_i / E_o$$

由式子$(\sigma_\rho)_{ps}$ = −p_s，由表 8.43　P_s = 0.370P_i，故得

$(\sigma_p)_{ps}=-0.370pi$ 由式子

$$(\sigma_p)_{ps}=-\frac{r_o^2+r_i^2}{r_o^2-r_i^2}p_s=-\frac{(r_o/r_1)^2+1}{(r_o/r_1)^2-1}p_s=-\frac{(1.7)^2+1}{(1.7)^2-1}p$$

$$=-\frac{3.89}{1.89}p=-2.0582p_s=-2.0582\times0.370p_i$$

$$=-0.762Pi$$

$$\Delta_i=\frac{r_o}{E_i}[(\sigma_t)_{ps}-\upsilon(\sigma_p)_{ps}]$$

$$=\frac{1.7r_i}{E_i}[-0.762-0.3c-0.370)]p_i$$

$$=-\frac{1.7r_i}{E_i}[0.651]p_i=-1.1067p_ir_i/E_i$$

$$\delta=|\triangle_o|+|\triangle_i|=(1.0965+1.167)P_ir_i/E_i$$

$$=2.2032\times50\times25/2.2\times10^4=0.125mm$$

$$R_i'=(Ro-\triangle_o)=(42.500-0.125)=42.375\ mm$$

如果以碳化鎢爲模仁，則干涉量 δ 爲

$$\delta=r_ip_i(\frac{1.0965}{E_o}+\frac{1.1067}{E_i})p_i=25\times50[\frac{1.0965}{2.2\times10^4}]$$

$$R_i=42.500-0.086=42.414mm$$

茲將前述設計之結果，立表8.42

表8.44　模具尺寸

尺　寸 材　料	模仁內 徑$r_i$mm	模仁外 徑$r_o$mm	模套內 徑$r_i$mm	模套外 徑R_0mm
工具鋼模仁	25,000	42,500	42,375	100,000
碳化鎢模仁	25,000	42,500	42,414	100,000

8.4.2　模具之尺寸

　　模具標稱尺寸，係按零件之尺寸而定，在8.22之例一、例二及8.5.1之例三中，已將模具（包括複合模之模仁及模套）之標稱如何決定，加以詳細介紹，餘下來的問題，爲標稱尺寸公差及間隙決定。由於模具非爲大量生產之機件，一般而言，爲了節少生產費用，模具之各主要配件，僅內部尺寸定公差，而外部尺寸不定公差。例如工件爲一圓環，其外徑加工尺寸爲 $A^{\pm a}$，內孔之加工尺寸爲 $B^{\pm b}$。

根據(A+a)及(B-b)（最多材料守則，以提高模具壽命），按例一及例二考慮到退模彈回量、燒結收縮量以及精修彈回量，定出模具之標稱尺寸爲 A_m 公差爲 a_m，沖頭上與心軸配合之圓孔標稱尺寸爲 B_c，公差爲 b_m 則模腔之加工尺寸爲 $A_m^{+o}_{-\mu m}$，沖頭內孔之加工尺寸爲 $B_c^{+o}_{-b_m}$。模體與沖頭經加工及熱處理後需研磨。最好將模體內徑以 A_m^{-o} 之目標尺寸，加以研磨；沖頭上內孔以 B_m^{+o} 之目標尺寸加以研磨。磨完之後，量出模腔之實際完工尺寸 A_a 及沖頭上內孔實際完工尺寸 B_a。此時再研磨沖頭外徑及心軸之直徑。研磨過程中要不時量測，使沖頭與模腔之間隙爲 C_1，心軸直徑與沖頭內孔之間隙爲 C_2。有關 C_1 與 C_2 之值隨零件同心度，尺寸大小及使用粉末粗細而定。如零件之外徑與中心孔需較高之同心度，則 C_1 與 C_2 之值可爲 5μm~7.5μm （0.002~0.002in）。壓製一般商用粉末，C_1 與 C_2 值可採用 0.013mm（0.0005in），其目的在防止粉末進入沖頭與模腔或心軸與沖頭中心孔之間隙間。使用較粗之粉末或零件直徑或寬度較大時，亦可增加 C_1 及 C_2 間隙之值。如零件之半徑或寬度超過 25mm，一般之情形爲 C_1 或 C_2 值約爲直徑或寬度之0.05%。

8.4.3　模具之連結與安裝副件

　　模具主件（包括模體，沖頭及心軸等）設計完成之後，必需安裝於壓床上，此方面包括(1)模體與模板或模座之連結，(2)模板或模座於壓床上之安裝，(3)上沖頭與溜板之連結，(4)下沖頭之連接，(5)心軸之連結，(6)導柱與模板之連結，(7)各種彈簧及氣壓之浮動機構，此方面之內容太多，編幅有限，於此從略。

8.4.4　模具之檢驗

　　模具設計有一定尺寸、位置、形狀及表面粗度之制定、製造必依設計圖之規定而加工。製造完成之後，則應按照設計圖，對尺寸公差、位置公差（如孔與孔間之距離等）、形狀公差（如平行度、眞圓度、平面度及輪廓等）表面粗度等作檢驗。關於尺寸、形狀及表面粗度之檢驗，各國均有國家標準

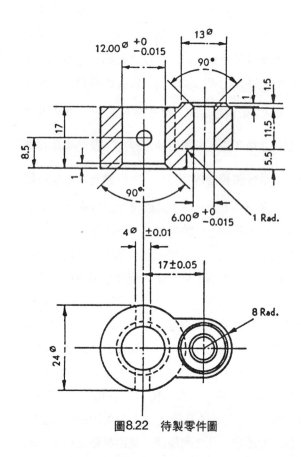

圖8.22　待製零件圖

規定，買方將各相關標準清楚瞭解，分析標準是否含乎其要求，製造訂約時，按何種標準檢驗，亦應於合約中定明。如有特別需要，買賣雙方亦可自行協議，於合約中訂出互相同意之檢驗方法，其中甚至包括指定所內之檢驗儀器。

8.5　模具設計範例

　　如圖8.22為一經過廠方作成本分析，可以生產之零件。其用料為Fe-2Ni-0.6c混合粉末，加壓之壓力為50kg/mm²，燒結後之密度為7.0g/cm³，所用粉末之鬆裝密度為2.8 g/cm²，壓縮比為2.5試設計一整體模具，包括沖頭及心軸之尺寸。（以上之數據為假設）

　　解：第一步決定零件之壓製方向：凡是接獲一零件，欲以粉末加壓成形，先要決定零件之壓製方向。有關壓方向決定之準則為(1)零件之輪廓為曲面之部份，應以模腔成形，(2)零件有孔，則孔之方向，應排立於加壓方向，正交之孔，則成形一孔

，另一孔考慮燒結後再以切削加工成形(3)零件之縱切面上，若有幾個不同高度之切面，則每一切面考慮以上下沖頭各一成形，但任何切面之一端同為一平面時，則此平面用一沖頭即可(4)二切面之高度差若在 20% 以下，可考慮以一個沖頭成形(5)若上下沖頭之數目不等，則較多之沖頭數安置為下沖頭(6)退模時要考慮加壓零件左右方向之位置安排，以不被填料盒推倒為宜。

　　零件有12ø及6ø之孔，同時零件之外形輪廓為24ø與16ø之弧面組成，由守則(1)及(2)條，可知零件之加壓方向應平行孔之軸線。零件左右二側下部之長度差為(17–11.5)/17=32.35%，大於20%，故按守則(4)，此處應各用一枝沖頭。零件之右側有一高度為 1mm 之凸緣(boss)，此處切面之高度差為1.13=7.6%，小於 20%，故此處按守則(4)以一支沖頭成形即可。又左右側上方之大斷面同為一平面，故可用一沖頭成形。從上述之分析，圖8.22中之前視圖，即為零件在模空中壓好之位置。

　　第二步為零件加壓模具草圖繪製：繪製之方法為先繪製圖 8.23 中中央之(A)圖，然後將初步之尺寸向左轉移至(B)圖，再向右將尺寸轉移(C)圖。(A)圖示雙向加壓完成之圖形，其繪法為先將零件圖繪出，分別標示零件古左右二側之中央面(Neutral Axis)。沿零件之孔邊及外緣，繪製上下之平行線，於是模腔，沖頭及心軸之尺寸已定出，同時上下沖頭之加壓端端面亦已顯示。由於零件左側之長度為 17mm，加壓過程中，央面與模腔不產生相對運動，雙向加壓時，上下沖頭各加壓粉末填料高度之一半，故2.5 × 17/2 = 21.25mm≒21mm。平行於中央面上下 21mm 處，繪製直線，則(A)圖模腔之理論高度已求出。為了提供下沖頭之引導基準面，於圖之下端再增長15mm，於是定模腔之全長為57mm。再按圖 8.22 之零件圖形，分別於(A)圖中註入其他需要之相關尺寸。(B)圖之繪製：將(A)圖中表示模腔、沖頭及心軸尺寸之上下方向平行線，平移至左側適當距離，平移模具上下高度線。將(A)圖中之上沖位置於(B)圖中，上移至模體上端面，將主下沖頭之位置，於(B)中下移至喂料高度之底面。

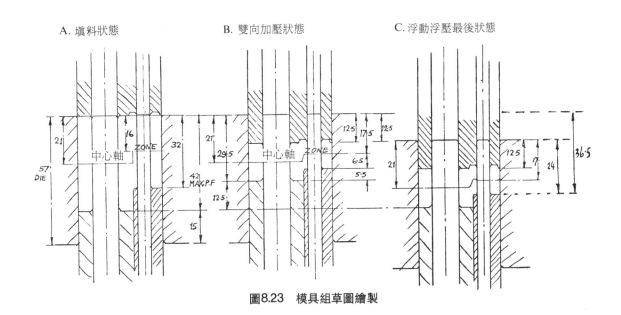

圖8.23　模具組草圖繪製

現在進一步於(B)圖中決定次下冲頭，填料時所應佔據之位置。

由圖8.22中，零件右側上端面倒角部位不計，故零件右側之高度為13mm，故其填粉高度應為(13 × 2.5) = 32.5≒32mm，於(B)圖中模體頂面下，繪出副下冲頭之位置，並分別標示喂粉高度之中央面(B)圖所表示者為填料狀態。

(C)圖之繪製：由(A)圖中，將表示模腔、冲頭及心軸大小之上下平行線，向右平移一適當距離，將(B)圖中主下冲頭之位置亦平移至(C)圖，將(B)圖中上冲頭之位置下移25mm（或A圖中上冲頭之位置下移12.5mm）平移至(c)圖，將(A)圖中模體之位置下移 12.5mm，平移至(c)圖。上述動作之結果於(c)圖中，相當上冲頭進入模腔 12.5mm，上下冲頭進入模腔 12.5mm，實為雙向加壓，而於圖(B)中所示之粉末中央面與模腔未產生相對位移。再於(C)圖中，如尺寸所標示之位置，將副下冲頭之位置繪出，至此(C)圖已繪製完成，而(C)圖實際上使用浮動，加壓至最後階段之圖形。

綜上所述，將圖 8.23 作一結論，(B)圖代表填料狀態，(A)圖代表雙 向加壓壓至最後之位置，(C)圖代表浮動浮壓至最後之位置。如採用雙向加壓，

上冲頭及主下冲頭各進入模腔12.5mm，而副下冲頭上昇[32 − (117.5 + 6.5)] = 8mm。如採用浮動模具，則模具之浮動距離為12.5mm，上冲頭下降25mm，主下冲頭不動，而副正冲頭則下降(36.5 − 32) = 4.5mm。上述之動程變化可作適合壓床之選擇及模具安裝之參考數值。

第三步模具外徑決定：由圖8.22知零件最寬之尺寸為(17 + 8 + 12) = 27mm。如將此值似為內徑，則外徑D_o = $4d_i$ = 148mm。

最後考慮加壓回彈量及燒結收縮，進一步將模具之尺寸作進一步修正。參考表8.31及表8.32，可

表8.45　模具尺寸計算表

體尺寸亦即零件燒結尺寸	244	計算式子	24/(1-0.002)=	壓胚尺寸	24.048	
	124		12/(1-0.002)=		12.024	
	164		16/(1-0.002)=		16.032	
	64		6/(1-0.002)=		6.012	
壓胚尺寸	24.048		24.048/(1+0.002)=	模具尺寸	24.000	模腔
	12.024		12.024/(1+0.002)=		11.976	冲頭孔
	16.032		16.032/(1+0.002)=		16.000	模腔
	6.012		3.012/(1+0.002)=		6.003	冲頭孔
註：當孔之壁厚達孔半徑之二倍時，脫模後，孔有縮小趨勢，故孔之壁愈薄，則應退模回彈量愈大。						

作下表。

　　參考圖 8.22 之零件圖，零件之外部輪廓(244
8Rad)無公差，零件之內孔有公差，故將模腔之尺
寸及冲頭與心軸配合之中心孔尺寸繪入於圖8.24中
。待模腔及冲頭之中心孔製造完成後，實際量出其
完工尺寸。以此尺寸爲準，再研磨心軸外徑及冲頭
外部尺寸，使其與冲頭內孔及模腔達成所需之間
(0.0002"~0.0005")隙即可。

　　至於冲頭及心軸之長度，隨所選用之壓床而
定。

參考資料

1. "Designing Metal Powder Parts", Section F. Chapter
   10, Vol. 1, Basic Information, Höngänäs Iron Powder
   Handbook, p.3, "Pressing and Tooling" , Section D.
   Chapter 35, Vol. 1, Basic Information, Höngänäs
   Iron Powder Handbook, p.5~27.

2. "極限與配合"，中國國家標準，總號4-1，類
   號B1002。

3. 大陸資料

4. 日本粉末冶金工業會"燒結機械部品—その設計
   と製造—燒結機械部品の設計第160頁，1987年
   10月。

5. 翁通楹博士等，"機械設計手冊"，7容器及構

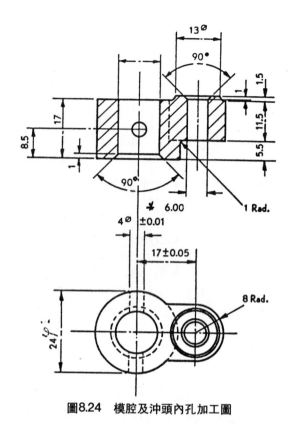

圖8.24　模腔及冲頭內孔加工圖

　　造物，p.5，高立圖書有限公司.

6. G. H. De Groat, Tooling For Metal Powder Parts,
   1958, p.129.

7. "Pressing and Tooling", Section D. Chapter 35, Vol.
   1, Basic Information, Höngänäs Iron Powder Hand-
   book, p.35.

第九章　燒結理論

段維新*

9.1 前言

9.2 原子的移動

9.3 燒結驅動力

9.4 基本燒結機構

9.5 兩個球體之間的燒結

9.6 三個球體之間的燒結

9.7 多顆球體之間的燒結——再排列的現象

9.8 粉末胚體的古典燒結模式

9.9 粉末胚體的燒結——一個緻密化與粗化過程的競賽

9.10 固相燒結理論的新發展

9.11 液相與固相之間的作用關係

9.12 液相燒結的過程

9.13 暫時液相燒結

9.14 結語

9.1　前言

　　粉末冶金的製程一般包括粉末的製造、粉末混合、成形、燒結等過程，也就是說起始的原料是一顆顆的粉末，而最後的產品爲含有許多晶體的幾乎緻密的產品，見圖9.1。在以上的過程中，最主要使產品具有強度且堪用的過程爲「燒結」。

　　燒結是指粉末因熱(或同時加壓力)在主要成分的熔點以下緊密黏結(Bonding)在一起的現象。燒結有幾個特色，即：

1. 燒結溫度低於主要成分的熔點；故
2. 較一般的熔鍊及鑄造(Melting & Casting)方法節省能源；且
3. 對部分極高熔點的材料，如鎢、鉬、陶瓷材料等，往往是唯一能製造產品的方法。

　　一般燒結依燒結時液相的多寡又分爲「固相燒結」及「液相燒結」。固相燒結是指在燒結時並無液相的存在，圖9.1(a)，這部份的理論被探討的最多。本章將主要介紹固相燒結的相關理論及發展過程，並將之推廣應用到液相燒結的理論。至於液相燒結則是指在燒結的部分時間，或所有時間存有部分的液相，圖9.1(b)。

　　燒結之所以會進行，是因爲原子以特定方式並經由特定的路徑移動所造成。故本章從原子移動開始介紹，進而介紹2個顆粒之間的燒結過程如何進行，再介紹3個顆粒之間的燒結行爲，最後才介紹有成千上萬顆粒粉末所構成的胚體中的燒結過程。希望能提供讀者對燒結現象一個具體的概念，並對一些燒結的理論提供一個可以理解的基礎。

9.2　原子的移動

　　材料皆有許多缺陷，如點缺陷:空洞(Vacancy)，線缺陷：差排(Dislocation)，面缺陷：晶界(Grain Boundary)。這些缺陷從熱力學的觀點來看，是不

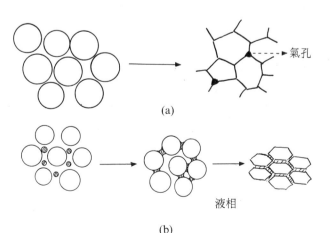

圖9.1　(a)固相燒結(b)液相燒結

*英國里茲大學陶瓷系博士
　國立台灣大學材料科學及工程學研究所教授

可能完全消除的。而這些缺陷的存在，可使原子移動易於進行，以空洞爲例，空洞可與其附近原子相互交換位置，而達到原子移動的目的。圖9.2所示，原子與空孔的位置互換，而形成原子的移動，而原子移動的方向，即爲空孔移動的相反方向。當物體內空孔濃度不同，而有濃度梯度存在時，空孔即由空孔濃度高的地方移往空孔濃度低的地方。相對的，原子則爲由空孔濃度低的地方移往空孔濃度高的地方，以緩和濃度梯度，使整個系統趨於平衡。這種原子因空洞濃度不同而使原子移動的現象被稱爲擴散，原子移動的能力可用一擴散係數(D)來表示，而擴散係數與溫度的的關係爲：

$$D = D_o \exp (-Q/RT) \tag{9.1}$$

其中D_o爲一常數，Q爲活化能，R爲莫耳氣體常數(1.987cal/mol·K)，T爲絕對溫度。

以鋁離子在氧化鋁中作體積擴散爲例，D_o爲$1.36 \times 10^5 cm^2/s$，Q爲138KJ/mol。當溫度由1500℃增加至1600℃時，雖溫度僅增100度，但D值卻增加到8倍之多。擴散係數愈大，則在一定時間內，原子移動距離愈遠。一般來說，溫度對擴散影響甚大，而時間的影響則甚小，因大多數金屬在燒結時由擴散所控制，故在燒結時適當的控制溫度遠比調整時間來得有效。

物體內的空洞平衡濃度在某一特定溫度下爲定值，但當物體的表面非平面時，則表面的彎曲狀況將影響至曲面下的空洞濃度。當物體表面是凸向外時，則表面張力(γ)爲負值，此時的物體表面下之空洞濃度小於平面下之空洞平衡濃度。而物體表面凹向內時，則γ爲正值，此時物體表面下之空洞濃度多於平面下之空洞濃度平衡值，圖9.3[1]所示。當顆粒愈小時，空洞濃度與平面的平衡空洞濃度差異愈大，即原子移動的驅動力越大。

在物體表面上均有一平衡氣體分壓，此分壓亦受表面彎曲程度的影響，在平面爲一平衡氣體分壓P_o，而在凸面上之分壓則高於此平衡值，而在凹面上的分壓則低於此平衡值，如圖9.3。

空洞濃度差亦會受外力壓力，(P_a)，的影響，當外加應力爲拉應力時，空洞濃度會因此而增加，而當外加應力爲壓應力時，空洞濃度則會因此壓力的存在而減少。

物體內的缺陷濃度亦受內部雜質及外加添加劑的種類及多寡所影響。往往是雜質及添加劑的量愈多，缺陷愈多；對燒結而言，適當的控制雜質及添加劑是最爲有效的控制方法。

綜合以上所述，控制原子移動的變數有：

1. 溫度：溫度愈高，缺陷愈多，一般燒結溫度在主要成分的熔點一半以上。

2. 時間：時間愈長，原子移動距離愈遠。對燒結而言，主要指在燒結溫度時所保持的時間長短。如前所述，時間對原子移動的程度影響有限。

3. 粉末顆粒大小：粉末顆粒愈小，表面愈彎曲，與平衡濃度的缺陷濃度差愈高。

4. 化學組成：內在雜質及添加劑的種類及多寡可影響缺陷濃度的多少。

5. 外加壓力：壓力可直接影響內部的缺陷多

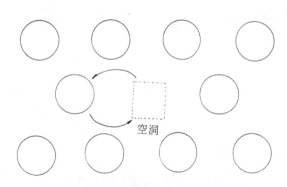

圖9.2　原子與空洞交換位置而形成擴散

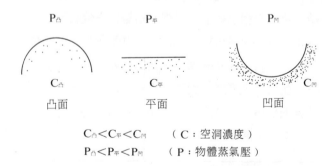

$C_凸 < C_平 < C_凹$　　（C：空洞濃度）

$P_凸 < P_平 < P_凹$　　（P：物體蒸氣壓）

圖9.3　因表面曲率不同，而使在表面上的空洞濃度(C)不同，亦使在表面上的物體蒸氣壓不同[1]

少。

　6. 氣氛：若氣氛可與燒結物體作用，將直接影響到缺陷的多少及移動。

　這些都是會影響到原子移動的變數，亦同時是燒結的主要控制變數。

9.3　燒結驅動力

　由一個圓形顆粒所構成的系統，因為此系統的表面積為最小的狀況，故能量為最低。但由兩個圓形顆粒接觸而構成的系統，則此系統的總表面積並非最低值，故不是在熱力學上平衡的狀態。而此系統為了達到平衡，則必須使表面積減少，這可由兩個顆粒黏結在一起而達到減少表面積的目的。

　如圖9.1所示，燒結之前為粉末顆粒，燒結之後為較緻密且顆粒皆黏結在一起的多晶體，這兩個狀態的能量差別可以下式表示：

$$\triangle G = \triangle A_s \cdot \gamma_s + \triangle A_b \cdot \gamma_b \qquad (9.2)$$

其中$\triangle G$為總自由能變化，即燒結趨動力的由來，$\triangle A_s$為顆粒表面積變化，$\triangle A_b$為晶粒邊界的變化，而γ_s為表面能，γ_b為晶界能。如圖9.1(a)所示，燒結之前的粉末所具有的表面積，在燒結之後僅剩下在殘留的氣孔表面上，但原來不多的晶界面積卻增加了。減少表面積，可降低整個系統的能量，而增加晶粒邊界，卻可使整個系統的能量增加，若總能量的改變，即$\triangle G$為負值，則從熱力學上而言，這種變化是可行的，而總能量的變化量即為整個過程的趨動力。燒結時，粉末表面積及晶界面積皆會改變，若改變可使能量降低，則燒結的現象可進行，反之，則不然。而由式(9.2)所定義的能量差，即為燒結驅動力。

9.4　基本燒結機構

　若仔細觀察兩個顆粒接觸的部分，兩個顆粒因燒結而形成一頸部，若將其放大觀察，即可發現在頸部的表面為一凹面，而原來圓形顆粒的表面為一凸面。故從截面來觀察頸部時，即可看出頸部是由一個凸面及一凹面連接在一起所構成的，如圖9.4所示。在圖9.3的示意圖中指出：凹面的空洞濃度高於凸面下的空洞濃度，此系統為達平衡，空洞會由濃度高的地方（頸部凹面下）移往濃度低的地方。相對的，原子即由空洞濃度低的地方擴散到頸部凹面下，而使頸部長大。但原子擴散可經由不同的途徑而擴散到凹面下，例如：原子可經由表面而擴散到頸部曲面上，此形成表面擴散機構；原子若經由內部而擴散至頸部凹面下，則為體積擴散機構；兩球體接觸繼而燒結而形成一頸部時，會形成一晶粒邊界，原子在晶界上可快速移動，原子亦藉由晶界而擴散到壓頸部凹面下時，即為晶界擴散機構。

　圖9.3的示意圖中亦顯示，凹面上的蒸氣分壓低於凸面上之分壓，故原子可以氣體的形式從凸面蒸發出來，然後沈降到凹面上而使頸部成長，此機構被稱為氣體蒸發與沈降機構。

　由以上討論可知，因顆粒接觸繼面燒結而形成頸部，頸部部分因凹面、凸面的同時存在，而使得原子可依不同路徑及方式移動，而達成頸部成長，即燒結的目的。故不同原子移動的方式及路徑即形成四種不同之燒結機構，見表9.1。

表9.1　燒結的基本機構

機　構	原子的來源	原子經由路徑	原子移動的終點	可否造成收縮
氣體蒸發沉降	顆粒表面	氣體	頸部	否
表面擴散	顆粒表面	表面	頸部	否
體積擴散	顆粒內部	內部體積	頸部	可
晶界擴散	顆粒內部	晶粒邊界	頸部	可

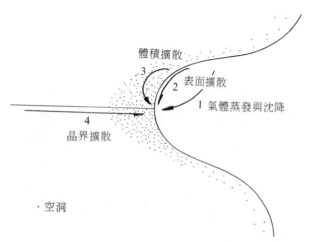

圖9.4 兩個球體在燒結時所形成頸部的截面圖。（原子移動的方式及途徑亦示於圖中，路徑1爲氣體蒸發與沈降，路徑2爲表面擴散，路徑3爲體積擴散，路徑4爲晶界擴散）

其實所有的原子移動主要集中於頸部部分，即燒結現象僅在頸部發生，前述四種基本燒結機構所引起的原子移動，都可使頸部長大。但只有體積擴散及晶界擴散兩個機構可使兩個球體互相接近，氣體蒸發沈降及表面擴散兩個機構，則無法使兩個球體互相接近。如圖9.5所示，表面擴散及氣體蒸凝結兩個機構所牽涉到的原子僅爲在頸部表面上的

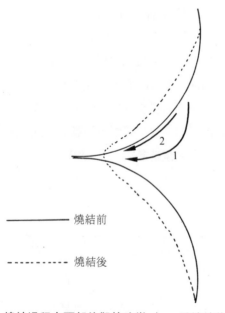

圖9.5 燒結過程中頸部外觀的改變（── 爲燒結前之外貌，…… 爲燒結後之外貌，路徑1爲氣體蒸發與沈降，路徑2則爲表面擴散）

原子，而這兩個機構會使頸部的形狀改變，但因僅牽涉到在表面上的原子改變其所佔的位置而已，表1，故並不會使兩個球體互相接近。但體積擴散和晶界擴散所牽涉到的原子，是由球體內部而來，然後移動到頸部表面之上，這兩個機構可使兩個球體互相接近。對兩個球體之間的燒結而言，兩個球體之間的黏結，即頸部的成長爲燒結的目的，但對由成千上萬顆粉末所構成的粉末胚體，不僅顆粒與顆粒之間的黏結需要靠燒結完成，更重要的是可使密度提升，而這必須靠著顆粒與顆粒互相接近來達成。由此可知，要得到緻密的產品，必須由體積擴散及晶界擴散來完成。

9.5 兩個球體之間的燒結

Kuczynski是第一個從原子移動機構的角度來分析燒結的人。首先，他將燒結系統的形狀簡化成圓形，並只討論兩個圓形顆粒間之頸部形成的物理現象，並配合實驗証實，於1949年，他在Trans AIME所發表的文章爲第一篇有系統研究燒結的文章[3]。

Kuczynski以兩個球形成之頸部開始，在此理想化之幾何形狀下，推導頸部大小，在某特定溫度下與時間(t)的關係，他導出

$$(x'/a)^n = k (T) \diamond t \tag{9.3}$$

其中a爲圓形顆粒的半徑，x'爲頸部的半徑，圖9.6中，k爲溫度的函數。n則與燒結時之控制機構有關，他建議當n爲5時，則體積擴散爲控制機構；n爲7時，則表面擴散爲控制機構；n爲3時，則控制機構爲氣體蒸發及沈降。這些關係式在當時是首度以數學公式描述燒結現象，Kuczynski在推導這些關係式時，作了些假設，其中包括理想化頸部的形狀，而這些理想化的假設僅適用於x'/a小於0.3時，故當x'/a大於0.3時，公式(9.3)即不再適用。

在公式(9.3)中，k(T)爲溫度函數，正比於D/RT，D爲擴散係數，T爲絕對溫度，R則爲常數，由第9.2節的討論可知，溫度對擴散係數D影響甚大，故可知當溫度升高時，k(T)可快速增加，同樣的，燒結速率也會增加。

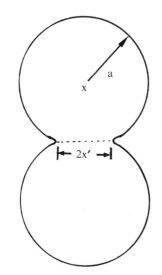

圖9.6 2個球體之間的燒結

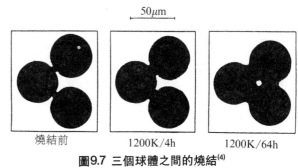

圖9.7 三個球體之間的燒結[4]

同時由公式(9.3)可知，當燒結是由不同機構所控制時，則燒結時x'/a的值會被影響，即頸部的大小，受燒結機構的影響甚鉅。Kuczynski亦建議，作實驗時，只需繪製log(x'/a)與log(t)之間的關係圖，然後由斜率的大小，即可得知n值的大小，可據此判斷控制燒結的機構為何，當知道控制機構為何後，則公式(9.3)即可用來預測燒結時的速率及控制變數，作為控制燒結的依據。

9.6 三個球體之間的燒結

Kuczynski在推導兩顆球體之間的燒結理論時，原打算將這個理論直接應用到粉末胚體上，但Exner在觀察三個球體之間的燒結時，卻發現球體之間，不僅有頸部的成長，且三個球體之間的相對位置也會改變。如圖9.7所示，當三個銅的圓球在燒結一段時間後，原本兩個較分開的球體互相接近，並最後形成一個新的頸部[4]。Exner及Bross曾以數值分析的方式模擬了頸部的應力分佈[5]，如圖9.8所示為對左右曲率對稱的頸部的分析。結果顯示在頸部中央部分有一壓應力，而在靠近頸部表面的地方則存在拉應力，這種應力的存在，使得物質能向頸部表面流出，而使頸部變大。但若一個頸部左右的曲率不同時，則會產生一淨轉力，而使顆粒之間的相對位置改變。如圖9.7所示，頸部左右的

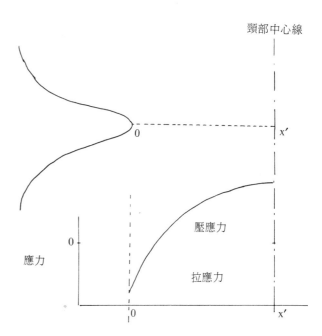

圖9.8 Exner及Bross對左右曲率對稱的頸部的應力分析圖

曲率並不相同，故球體間的互相轉動可以發生。

9.7 多顆球體之間的燒結－ 再排列的現象

如圖9.9所示，當多顆球體燒結在一起時，相對位置的改變更為明顯，且更為複雜。Exner等人曾分析在一平面上，如圖9.7所示的實驗一般，球體之間位置的關係。當球體與球體之間在燒結進行中，會有許多新的接觸點產生，如圖9.10所示，新的接觸點隨所有頸部的平均大小增加而增加。這種顆粒之間的位置變化又被稱為再排列。這種現象在粉末胚體剛燒結時是個極重要的過程，但直到目前

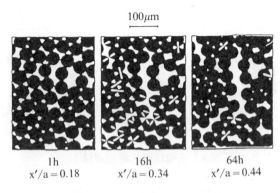

100μm

1h	16h	64h
x'/a = 0.18	x'/a = 0.34	x'/a = 0.44

圖9.9　多顆球體之間的燒結[4]

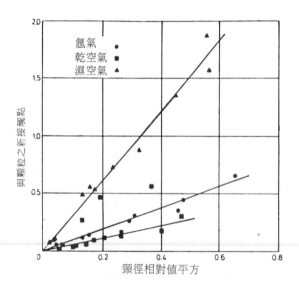

圖9.10　在多顆球體燒結時，新接觸點或新頸部的數目與
　　　　平均頸部大小之間的關係

為止，只有定性的分析，而仍缺乏定量的描述。

9.8　粉末胚體的古典燒結模式

　　Coble推廣Kuczynski的理論，將原有適用兩個
圓形顆粒的理論推廣到有無限多個圓形顆粒的粉末
胚體燒結的情況[7]，他假設在胚體內的圓形顆粒大
小均一樣，且每對圓形顆粒間的燒結行為完全一致
。且如Kuczynski所預測的行為一般，即圓形顆粒
間將先形成頸部（見圖9.11，燒結初期），當頸部
長得夠大時，顆粒與顆粒的孔隙將變小，且形狀漸
漸一致，即在晶粒的邊緣上形成圓柱形的孔隙（燒

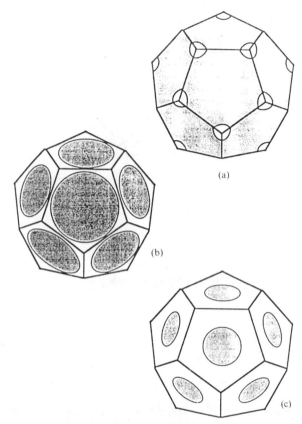

(a)

(b)

(c)

圖9.11　燒結時，理想化的晶粒及孔隙變化情形，灰色部
　　　　分為顆粒與顆粒互相接觸的地方，白色部分則為
　　　　孔隙，(a)為燒結後期的模型，(b)為燒結中期的
　　　　模型，(c)為燒結初期的模型[8]

結中期，圖9.11及圖9.12）。此圓柱狀孔隙因燒結
而慢慢縮小但形狀不變，終至圓柱狀孔隙消失，而
只剩晶粒與晶粒間(Junctions)的圓形氣孔存在（圖
9.11，燒結後期）。

　　Coble將燒結區分為初期、中期及後期，各期
間的晶粒形狀，氣孔形狀如前所述都已理想化。他
指出燒結初期是從生胚密度(Green Density)至約
65%理論密度，而中期為從60%至95%理論密度，
而後期則從90%至100%理論密度。因燒結中期所
涵蓋範圍最廣，對此期之燒結行為，他導出下式來
形容：

$$(\Delta L/L_o)^m = k'(T) \cdot t \tag{9.4}$$

其中$\triangle L$為粉末胚體之線性收縮量，L_o為胚體之原
長度，$k'(T)$為溫度之函數，m的值由燒結控制機構
來決定。例如：當m為2時，燒結機構為體積擴散
；m為3時則為晶界擴散。因擴散係數包括在k'函數

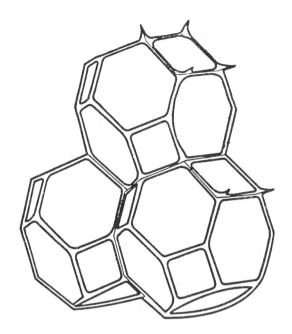

圖9.12 Coble所假設燒結中期的幾何模型，他假設孔隙的形狀為圓柱狀。此圖形與圖9.11比較，可知這個幾何摸型將再為複雜形狀的孔隙形狀簡化成圓柱狀，以利數學式的推導

中，如Kuczyski的實驗一般，他也建議可利用此實驗技巧及結果，在已知燒結控制機構下，快速的算出擴散係數的值。

Coble所探討的對象雖為粉末胚體，即由成千上萬個顆粒所構成的系統，但他在推導以上關係式時，做了以下幾個重要假設：(1)粉末顆粒為圓形，(2)顆粒大小一致，(3)粉末顆粒堆積依最密堆積排列，(4)燒結時沒有晶粒成長的現象存在。實際的粉末胚體的粉末並非圓形，且大小也不一致，堆積也非最密堆積。而且晶粒往往在燒結一開始時即開始成長。如圖9.13所示，圖中的微小顆粒，原始顆粒大小為0.25微米，在燒結溫度保持一分鐘後，晶粒已有成長的現象，如圖9.14的示意圖所示，部份原近似圓形的顆粒已有若干顆粒互相聚集在一起，成長為條形。且頸部中間的晶粒邊界已移開，為已有晶粒成長的最佳証据。由此實例即可知，晶粒成長是伴隨著燒結同時在進行的，這與Coble理論模式的假設並不符合。

除了晶粒成長伴隨燒結同時發生，使晶粒大小在燒結中非一不變值，及粉末顆粒並非一規則排列，與Coble所理想中的狀況有所出入外，Kuczynski

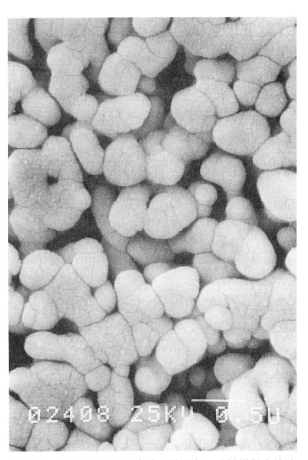

圖9.13 燒結初期晶粒即有成長的現象，此試樣僅在燒結溫度保持1分鐘而已，相對密度為64%

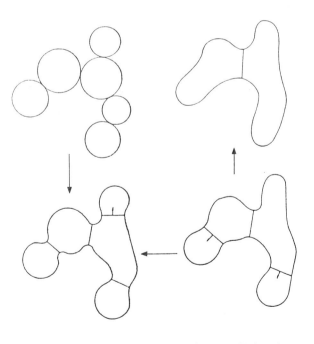

圖9.14 燒結初期晶粒成長的示意圖，晶粒由原先的圓形成長為長條形[8]

及Coble在他們的模式中最重要的假設為：在燒結過程中，僅有一個機構在進行，其餘的機構完全都不參與，而實際上的狀況並非如此。

以圖9.15為例，當一個大的氣孔與一個小氣孔連接在一起時，原子的移動方向及途徑，雖仍為前述的四種基本機構，但這四種基本機構卻會造成許多不同的結果，若從圖9.15中所示下方的較小的氣孔開始討論，因氣孔表面下的空洞濃度高於附近的地方，故原子可經由晶界或體積擴散方式，由其他部分移動至小氣孔之表面下，而使氣孔縮小。又因大小兩氣孔同時存在，且有一晶界將兩個氣孔連接在一起，如第9.2節所述，表面愈彎曲，則空孔濃度愈高，故在大氣孔表+面下的空洞將比小氣孔表面下之空洞濃度為低，故原子可藉晶界及體積擴散而移動至小氣孔表面下，而使小氣孔縮小而大氣孔

長大，小氣孔將又繼續縮小直至消失為止，此現象被稱為Ostwald成長 (Ostwald Ripening)。

再針對圖9.15中上方的大氣孔而言，若將氣孔以晶界為界限將氣孔分為前壁(Front Wall)，在前壁表面上的原子可藉由氣體蒸發沈降機構（路徑1）或表面擴散機構(路徑2)而移動至氣孔後壁表面上，而且前壁表面下之原子亦可藉著體積擴散（路徑3）而運動至氣孔後壁表面下。氣孔前壁表面上及表面下之原子移動至氣孔後壁上，即如同氣孔往前移動一般，故路徑1、2、3的總合可使氣孔移動，而原來與氣孔連接一起的晶粒，亦有可能因此而隨氣孔一起移動。晶界移動能力主要由其彎曲的程度、氣孔的移動能力及晶界上偏析(Segregation)的溶質含量多少而定。一般而言，溶質在晶界上偏析愈多，則晶界愈不易移動。

由圖9.15的示意圖中，雖仍僅有四種基本原子運動機構，但此四種基本機構的不同組合卻可產生以下的現象：氣孔的收縮、氣孔的長大、氣孔的移動及晶界的移動，這些現象在燒結時統統都在進行。

因此，雖然原子仍由基本的四種運動方式移動，卻造成許多不同的現象，而這些現象在燒結又同時都在進行，反之，即可表示所有燒結的現象，皆由一個以上的機構所組成，最多只在各個機構所貢獻比例多少有所差別而已。

而各個機構皆參與燒結，將造成燒結機構上判斷的困難。如Johnson以電腦模擬的方式去探討燒結現象由多種機構促成時，他發現：當某一燒結只有由一個單一機構控制時，如圖9.16中的A線完全是由晶界擴散機構控制，而最下方的E線完全是由表面擴散機構控制；但當以電腦將兩條曲線依不同比例相加時，如B線中，大部分由晶界擴散提供，但表面擴散僅提供了少部分，C線則表面擴散的貢獻增加了，D線則表面擴散所佔比例高，而E線表面擴散的貢獻較其他線都多。如此計算的結果顯示，此電腦模擬及數值分析的方式，將兩個機構依不同比例混合，即可得到任意的燒結曲線；反過來說，實際上的燒結曲線可能是由任何2個或3個機構互

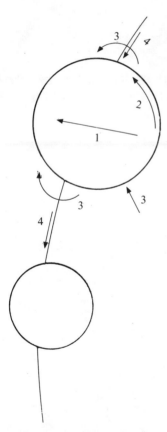

圖9.15 當2個氣孔同時存在一晶粒邊界上時，且其中一個氣孔大於另一個氣孔時，原子移動的可能情形。箭頭方向表示原子移動方向，路徑1為氣體蒸發與沈降，路徑2為表面擴散，路徑3為體積擴散，路徑4為晶界擴散

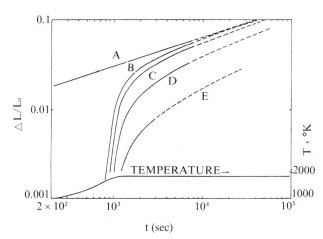

圖9.16　Johnson教授以電腦模擬的方式計算燒結動力
曲線，線A爲完全是晶界擴散所得之曲線，曲線
B至曲線E則爲同時發生晶界擴散及表面擴散，
而表面擴散的係數由線B遞增至線E[9]

同時提供，若假設只有一個機構，然後再算擴散係
數，必會造成誤差。到目前爲止，人們都已確認，
在燒結時，數個基本燒結機構同時都在進行，只是
所佔比例不同，從前的實驗數据研判方法目前已被
放棄。

　　最近因粉末製備的技巧提昇，形狀爲圓形且大
小一致的粉末已在實驗室中生產出來，有人即製備
出此種理想的氧化鈦粉末，並以此理想粉末來嚐試
驗証理論，而最後的結論仍是因數個機構同時都在
進行，而無法得到突破的結果[11]。所以，連這種
形狀爲圓形，大小均一的粉末都無法証實理論，而
實際研究及生產所使用的粉末形狀多不規則，大小
也不均一，故燒結的情形也更爲複雜，所以目前古
典的理論已不再適用，因此而有新理論的推出。

　　這個時期(約從1949年到1980年左右)的燒結理
論發展雖然不成熟，但卻提供了以下二個非常重要
的貢獻：

相相加而形成。舉例來說，當研究銅粉末胚體的燒
結行爲可得到如圖9.17所示的燒結曲線[10]。若以
Kuczynski及Coble的理論去分析時，即假設僅一個
機構在控制時，則不能詮釋曲線的轉折部分。若比
對圖9.16，則可知最有可能的原因爲2個或3個機構
同時進行所造成的結果。

　　Kuczynski及Coble原都是利用此種燒結曲線來
判斷燒結機構的，而在他們以後，人們也利用這種
圖形來判斷、控制燒結機構，且應用Kuczynski及
Coble的理論計算擴散係數等，卻忽略他們理論中
最基本的假設—整個燒結曲線僅由一個機構提供。
但實際上實驗所提供之燒結曲線，皆由數個機構所

1. 指出燒結機構的存在，即指出了燒結過程
　中原子移動的方式及途徑，這提供了人們
　了解燒結最主要的基礎。

2. 這部分理論首先嚐試了以簡單的數學式子
　表達了燒結現象，這是使複雜的物理現象
　數量化的第一步。而他們分析也証實了，
　燒結的現象是個極爲複雜的過程。

3. 這些分析，不定性的描述了不同製程變數
　，如溫度、晶粒大小等對燒結的影響，對
　工程上的幫助極大。

4. 也正爲這些研究，而使人們能夠以數值分
　析的方式使電腦運算出較正確的燒結行
　爲，這個時期在數值分析方面最具代表性
　的論文爲Exner及Bross[5]在1979年發表的
　文章。

5. 而Ashby亦以這些分析爲基礎，製作了燒結
　圖[12](Sintering Map)，如圖9.18，銀的燒
　結圖爲例，當固定銀的晶粒大小時，可依
　Kuczynski所建議的數學式子，式(9.3)，
　計算出此圖。這個圖形可幫助人們快速地
　由圖上找出在某個條件下的控制機構，而

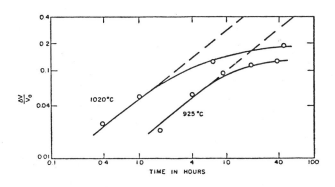

圖9.17　銅粉末胚體在2個不同溫度所得之燒結曲線[10]

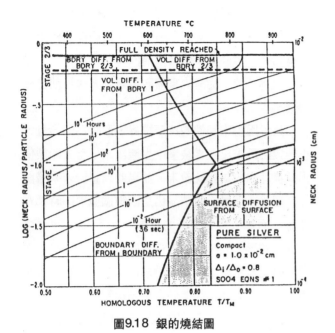

圖9.18 銀的燒結圖

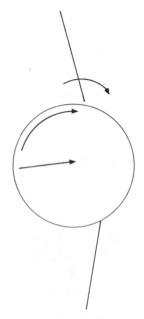

圖9.19 氣孔與晶粒邊界之間的作用圖

大約估計製程變數，如晶粒大小，溫度對燒結的影響，故有很大的應用價值。但製作這個圖形的基本假設仍為晶粒不會成長，這與事實有極大出入，故在使用此圖時，必須小心。

9.9 粉末胚體的燒結－一個緻密化與粗化過程的競賽

9.9.1 Brook 理論

本文在一開始即定義燒結為粉末顆粒在溶點下黏結在一起的現象，而從實際研究及生產上來看，燒結的目的則為將成形後之粉末胚體，以燒結的手段，將粉末與粉末之間的氣孔移到粉末胚體外，而達到完全緻密的目的。故Brook一改以往由顆粒與顆粒黏結開始探討的方向，而由一晶界與其上的氣孔之間相互作關係來討論燒結[14]。

圖9.19為一示意圖，表示一氣孔與晶界作用之關係。氣孔本身及晶界本身皆可移動，如上節在討論圖9.15一樣，氣孔之移動可藉著氣體原子之蒸發及沈降（以D_g表示原子移動之速率），表面擴散（以D_s表示表面擴散係數），體積擴散（以D_v表示體積擴散係數），故當以M_p來表示氣孔之移動能力(Mobility)時，

$$M_p = F(D_g, D_s, D_v) \qquad (9.5)$$

上式表示M_p為D_g、D_s、D_v的函數，且M_p隨D_g、D_s、D_v的增加而增加，對一般金屬及陶瓷而言，在燒結時，D_g一般而言都不大，而D_s往往比D_v大若干級數(Order)，故氣孔的移動能力往往由D_s決定，故若能使D_s升高，則M_p也將跟著升高。

至於晶界之移動能力(M_b)，主要由晶界上沈析之溶質多少來決定，或由析出物的大小及多少來決定。

$$M_b = F(C') \qquad (9.6)$$

其中C'為燒結添加物的濃度，當氣孔與晶界連接在一起時，M_p與M_b會互相影響，但當M_b較M_p高出甚多時，或M_p較M_b高出甚多時，晶界會與氣孔分開，而當M_b與M_p很接近時，氣孔將與晶界一起移動。

Brook依以上概念推導出了M_p與M_b的詳細關係式，再將已知的數據代入後而繪出如圖9.20之"晶粒－氣孔圖"。

此圖以氣孔大小當作橫軸，晶粒大小當作縱軸，此圖顯示當氣孔大於晶粒甚多時（如圖9.20之右下方），則晶界與氣孔的移動主要由氣孔的移動能力來決定。而當晶粒大於氣孔甚多時，（圖9.20之

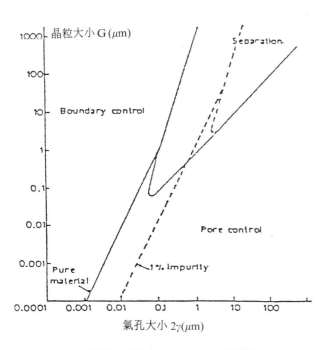

圖9.20　晶粒大小－氣孔大小圖[14]

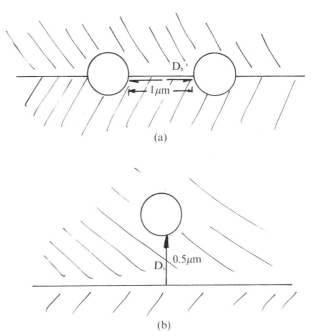

圖9.21　氣孔與晶界分開對原子移動所造成之影響示意圖

左上角），則晶界與氣孔的移動主要由晶界之移動能力決定。當晶粒大小與氣孔大小差不多時，且在一定值以上時，（圖9.20之三角形區域），晶界將會與氣孔分開，當加入適當的添加劑時，此添加劑可沈析於晶界上，而阻礙晶界的移動，故而阻止晶界與氣孔分開，而使三角形區域的面積減少。

　　至於晶界與氣孔分開會造成什麼影響呢？圖9.21(a)中是兩個氣孔相距一微米，而這兩個氣孔是由晶界連接在一起。而圖9.21(b)中的例子，則是一個已與晶界分開的氣孔，此氣孔與晶界的距離為0.5微米，若以0.5微米當作擴散距離，而在圖9.21(a)中之原子因晶界的存在，可以晶界擴散進入氣孔中使氣孔縮小，而圖9.21(b)中之原子則只能藉體積擴散才能進入氣孔中。比較這兩種擴散在移動同樣距離所需的時間，則圖9.21(b)中的原子須10^7倍的時間才能達成如圖9.21(a)中同樣的目的。原來只須一分鐘即燒結完成的試樣，一旦晶界與氣孔分開後，如圖9.21(b)，則須近70,000天才能達到同樣的效果。由此簡單計算即可知兩件事：1.在燒結時，晶界與氣孔分開的現象必須避免，2.一旦氣孔與晶界分開後，繼續燒結也無任何意義，若一定要改善，高溫熱均壓(HIP)則是唯一的辦法，

但壓力必須甚高才能收效。圖9.22即為一氣孔與晶界分開的微結構例子[12]。此例子顯示即使晶粒原來為均一大小，但晶粒邊界氣孔分開的現象仍可發生。

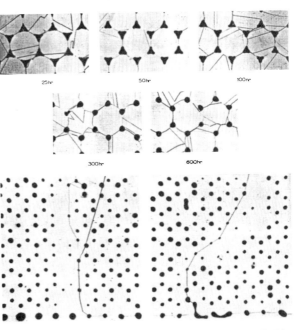

圖9.22　一原來顆粒大小均勻，但最後仍發生晶粒邊界氣孔分開現象的例子[12]

但從燒結的角度來看,晶界與氣孔分開的現象是可以避免的,防止的措施有:

(1)添加形成固溶體的添加物

　　如圖9.20所示,當有1%的有效添加劑加入後,晶界與氣孔分開的區域即減少了許多,而達到防止晶界與氣孔分開的目的,有效的添加劑會在晶界上沈析,而達到降低M_b的目的。

(2)添加形成第二相析出物的添加物

　　在晶界上析出第二相析出物亦可阻止晶界的移動,而這些析出物的大小,形狀及數目嚴重影響了晶界的移動。析出物太大或太小對晶界移動之影響都不大,適當大小的析出物才會有效。而析出物的表面能與晶界能的大小,決定了析出物的形狀[15],當晶界能大於析出物之表面能甚多時,析出物成片狀,或薄膜狀析出,這種形狀的析出物對晶界移動的影響最大。當晶界能等於析出物之表面能時,析出物成接近三角形之形狀出現。若析出物的表面能大於晶界能甚多時,則析出物成圓形。與其他形狀的析出物相比較,這種析出物對晶界移動能力影響最小。析出物固然能阻礙晶界的移動,但這些析出物的膨脹係數必然與原材料不同,故在冷卻時會造成內應力,且這些析出物的熔點若比原材料低時,這將影響到此材料之高溫應用,故須審慎選擇適當的添加劑。

9.9.2 緻密化與粗化過程

　　如圖9.23所示,在燒結時,有些晶粒可長大,亦有些顆粒因Ostwald成長(如圖右上)而縮小,這種晶粒成長的現象,亦為粗化(Coarsening)的現象。而空孔亦可因晶界擴散或體積擴散而減小(圖左下方所示)而達到緻密化(Densification)的效果。此示意圖顯示出在燒結時,緻密化與粗化同時都在進行,若能適當的控制緻密化與粗化的過程,則粉末胚體可運用燒結的手段達到100%緻密。

　　緻密化的現象計有氣孔縮小且消失而使密度升

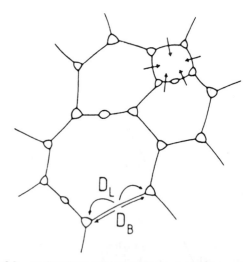

圖9.23　緻密化與粗化過程同時進行之示意圖,緻密化(左下方)使氣孔表面積減少,粗化(右上方)使晶粒面積減少,這兩種現象因都會降低整個系統的能量,故都可能進行[16]

高,在氣孔縮小且消失的過程,氣孔表面積減少了,故可使整個系統的能量減少。而在粗化過程中,晶粒長大了,而密度卻不升高,但因晶粒長大,故晶界面積因而減少,如此亦可使整個系統的能量降低。緻密化與粗化皆可降低整個系統的自由能(見公式(2)),故可同時進行,且互相競爭。現分別討論緻密化與粗化過程:

(1)緻密化過程

　　圖9.24所示,兩個氣孔在四個晶粒間,每一個氣孔都在3個晶粒交界的地方,先考慮

外加壓力

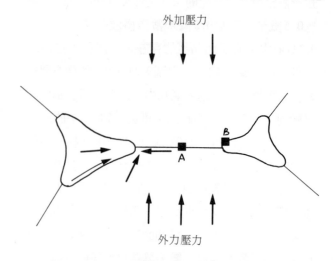

外力壓力

圖9.24　緻密化過程中,不同位置在曲率及承受外加壓力下而作用不同的示意圖

A點與B點上之能量之不同。因B點位於頸部交接的地方，故其附近的能量(或空孔濃度)高於位於晶界中央的A點。而當外加一壓力於此系統時，因A點才會承受壓力而降低空孔濃度，但B點則因不受壓力而無影響，將曲率、外加壓力影響同時考慮，則緻密化的驅動力[11]，F_d，為

$$F_d = \gamma_s/r + P_a \qquad (9.7)$$

其中P_a為外加壓力，由上式可知當外加一壓力可增加緻密化的驅動力。對大多數材料而言，對一個氣孔直徑為1微米的系統，γ_s/r的值在0.1MPa之間，而外加壓力可以加至數十MPa，故可使F_d增加數倍至數十倍，由此可見外加壓力對緻密化助益甚大。

(2) 粗化過程

對粗化而言，如圖9.25所示，在晶界兩邊的原子的能量，因晶界彎曲的狀況而有不同，而晶界兩邊之能量差，即粗化（亦即為晶粒成長）之趨動力，F_c為

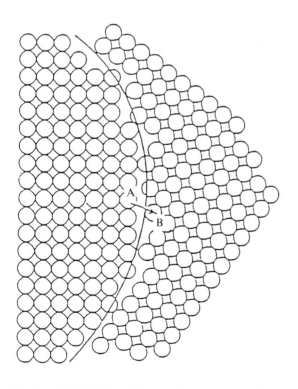

圖9.25　晶粒邊界移動過程中，原子因晶界兩邊能量不同而由A點移動至B點[14]

$$F_c = \gamma_b/R \qquad (9.8)$$

其中R為晶界之半徑。當晶粒愈小時，晶粒成長之驅動力愈大，故愈小的晶粒愈容易晶粒成長。當外加一壓力時，晶界兩邊的原子的能量同時都升高了，但兩者能量差仍由晶界的曲率來決定，故外加壓力並不能改變晶粒成長的驅動力。

以上分別討論緻密化與粗化過程的驅動力，並指出外加壓力只對緻密化有影響，對粗化則無影響。基於此認識，英國里茲大學自1980年左右開始用熱壓的技巧來研究燒結，(熱壓為將試樣放入一石墨坩堝內，在高溫時同時加上壓力的一種成形方法)，此法減少了晶粒成長的影響，而對燒結的了解提供了許多貢獻。

9.10　固相燒結理論的新發展

有鑑於目前所有的理論模式都不能完整的描述燒結的現象，新的理論模式仍繼續在發展，R. M. Cannon在1989年提出了另一新的模式[17]，此理論仍先將實際的形狀簡化成理想的情況——一串圓形的顆粒。如圖9.26(a)所示，此理論以電腦計算在體積不變即質量不滅的先決條件下，當只有一個機構在

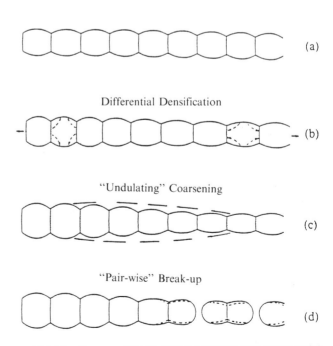

圖9.26　Cannon理論模式所考慮顆粒理想配置示意圖[16]

控制時，形狀的變化。此模式最大的特色為可在此
串球體任意位置假想一個外加應力，而使得各部份
收縮不均時所造成燒結不均之現象。如圖
9.26(b)~(d)，此模式可計算出此串顆粒在某機構
控制下，對外力忍受之程度，何種狀況下將有斷裂
的狀況發生。當觀察實際試樣在燒結時之微結構，
如圖9.27所示─低密度的微結構，類似一串串顆粒
連接在一起的現象可被觀察到。目前這個理論仍在
發展初期。

9.11　液相與固相之間的作用關係

　　液相燒結是指在燒結時有少部分的液相存在，
如圖9.1。液相的分布狀態影響燒結行為極大，而
液相的分布狀態主要由液相在固相表面的潤濕程度
決定，如圖9.28所示，而在此圖中的各個表面張力
之間之關係如下：

$$\gamma_{LV} \cos \theta = \gamma_{SV} - \gamma_{SL} \qquad (9.9)$$

其中γ_{SL}是固、液相間的界面能，γ_{SV}為固體的表面
能，γ_{LV}為液體的表面能，而θ為潤濕角。當θ角愈小

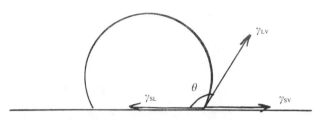

圖9.28　液體對固體表面潤濕程度的作用圖

，則表面潤濕程度愈好。而這個潤濕程度，影響了
液相的分布，舉例來說，當θ角趨近於0時，雖極少
量的液相即可分布在所有固相顆粒表面外。例如當
晶粒大小為10微米時，且液相厚度僅為1×10^{-9}米時
，則僅須0.03體積百分比的液相，即可完全包住固
體顆粒，進而影響到整個燒結過程。但若潤濕角愈
大，則須愈多的液相方能使液體完全包住所有固體
顆粒。

　　當Beere以電腦模擬的方式計算界面能與晶粒
邊界平衡時[18]，晶粒的形狀，以正確計算出互相連
通的液相(或孔隙的形狀)，如圖9.29(a)所示。Coble
原假設孔隙(亦可為液體)，佔據晶粒的邊緣上，但
這個假設忽略在各個不同邊之間的轉折處，因為如
此假設，在轉折處的晶粒邊界能與界面能並不能平
衡，Beere以數值分析的方式，以式(9.9)為基礎，
而計算出正確的形狀如圖9.30(a)所示，潤濕角大

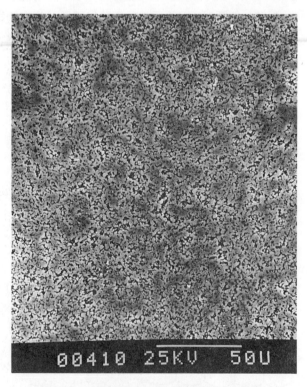

圖9.27　一個低密度的微結構類似一串串圓形
顆粒連接在一起的情形

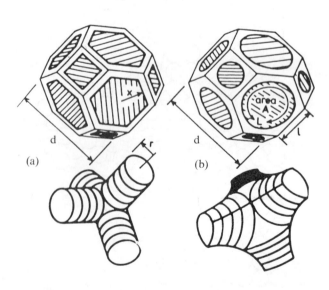

圖9.29　(a)Coble對孔隙或液相在固體晶粒上之假想幾
何關係圖，(b)Beere數值分析所得之校正過的
孔隙及液相在固體晶粒上之幾何圖形

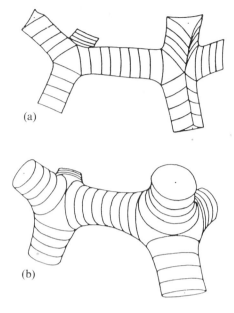

(a)

(b)

圖9.30 (a)潤濕角小時平衡液相的外貌
(b)潤濕角大時平衡液相的外貌

時則如圖9.30(b)所示。對等學的液相而言，當潤濕角小時，則液相將佔據更多的晶粒間界面，如在圖9.29(b)中，液態將更向晶界中心發展，即晶界面積將愈小。相對的，潤濕角愈大，則液相所能佔據之晶粒間面積將更小。

9.12 液相燒結的過程

液相燒結的過程，往往為分成三階段，初期為再排列，中期為溶解、擴散再沉析，後期為粗化階段。

9.12.1 初期－再排列階段

當液相產生後，液相會先包附在固相顆粒與顆粒之間，如圖9.31，且在液相表面上因有一毛細管力，而使得顆粒與顆粒能互相接近。且當有許多顆粒同時存在時，如固相燒結時一般，因毛細管力左右並不完全一樣，會導致顆粒間相對位置的改變，此即造成再排列過程的進行。與固相燒結不同處，是因液相的存在而有毛細管力，毛細管力會使顆粒與顆粒互相接近。故對液相燒結而言，此階段亦會導致密度升高，且若液體量夠多時，此一階段，即可使粉末胚體達到完全緻密。

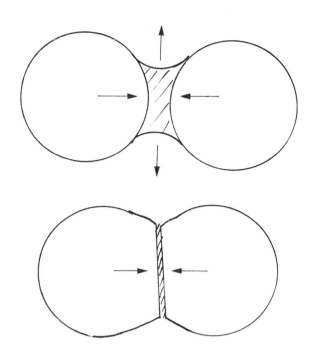

圖9.31 (a)液相燒結的初期，因有液相而有毛細管力，進而使顆粒再排列；(b)液相燒結的後中期，因毛細管內，而使兩顆粒間存在壓應力，原子會在此部分溶入液體，再在液體中擴散，再沈降到不受壓應力的地方，顆粒在此期有外觀變化的現象

9.12.2 中期－溶解、擴散再沉析

對大部份液相燒結而言，液相的量並不會太多，故再排列的階段後密度仍不高，在液相存在的地方，因毛細管力而使顆粒互相靠近且承受一壓應力，如圖9.31。此壓應力的存在，使得固體在液體的溶解度增加，溶入液體的元素會在液相中擴散，最後在沒有承受壓應力的地方析出。這個階段，會使得原先的接觸點變平，且顆粒的其他部份成長，故造成形狀上的改變。

9.12.3 後期－粗化階段

在此期，大部分的面已經平坦，且固相顆粒已互相連接在一起，此期主要為晶粒的成長階段。而孔隙也會粗化，如小的孔隙消失，大的孔隙成長等等。

9.13 暫時液相燒結

在液相燒結時，可能液相僅為暫時存在，例如

圖9.32的系統。先將混合粉末加熱到固、液相同時
存在的區域，利用液相燒結時物質在液相中擴散較

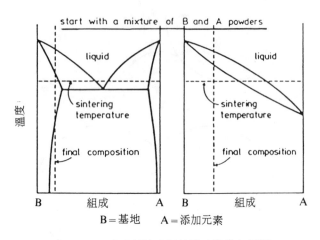

圖9.32 可以成爲暫時液相燒結系統的相圖[19]

快，而緻密化較快的原理，先使粉末胚體先完全緻
密，再將溫度降至固相單相區熱處理，使成爲單相
材料。因爲如此處理所得的產品爲單相材料，故無
不同相之存在且因熱膨脹係數之不同，而在冷卻後
產生熱應力，故可獲得較優越之性質。

9.14　結語

　　相較於其他製程技術而言，近三、四十年來不
斷有新的製程技術被開發出來，也使得粉末冶金的
產品的性質較前三、四十年前的產品優越的多，但
燒結理論的進展卻始終落後於技術的發展。本文淺
顯的介紹了整個燒結理論的發展，提供讀者了解許
多技術的基礎，但燒結理論的發展仍須更多有心人
的投入，方可能有快速的進步，進而趕上技術的發
展，如此，相信對技術的開發將有許多助益，對產
品性質的改進也將有所裨益。

參考文獻

1. 段維新，“40年燒結理論的回顧與發展，”粉
   末冶金會刊，No.1, 10-15 (1989).

2. P.G. Shewmon, Diffusion in Solids, McGraw-Hill,
   1963.

3. G.C. Kuczynski, *"Self-diffusion in Sintering of Me-
   tallic Particles,"* Trans. AIME, 185 [2], 169-178
   (1949).

4. H.E. Exner, *"Principles of Single Phase Sinter-
   ing,"* Review on Powder Metallurgy and Physical
   Ceramics, 1, 1-251 (1979).

5. H.E. Exner and P. Bross, *"Material Transport Rate
   and Stress Distribution During Grain Boundary
   Diffusion Driven by Surface Tension,"* Acta
   Metall., 27, 1007-1012 (1979).

6. R.T. DeHoff, R. A. Rummel and F. N. Rhines, *"The
   Role of Interparticle Contacts in Sintering,"* in
   Powder Metallurgy, W. Leszynski, editor,
   Interscience, New York, 1961.

7. R.L. Coble, *"Sintering Crystalline Solids, I. Inter-
   mediate and Final State Diffusion Models,"* J.
   Appl. Phys, 32 [5], 787-792 (1961).

8. C. Greskovich and K. W. Lay, *"Grain Growth in
   Very Porous Al_2O_3 Compacts"*, J. Amer. Ceram.
   Soc., 55(3), 42-146 (1972).

9. D.L. Johnson, "Solid-State Sintering, in Ultrafine-
   Grain Ceramics," ed. by J. J. Burke, N. L. Reed and
   V. Weiss, Syracuse Univ. Press, New York, 1970,
   p.173~183.

10. W.D. Kingery and M. Berg, *"Study of the Initial
    Stages of Sintering Solids by Viscous Flow, Evapo-
    ration-Condensation, and Self-Diffusion,"* J. Appl.
    Phys., 36 [10], 1205-1212 (1955)

11. E.A. Barringer, R.J. Brook, H.K. Bowen, *"The Sin-
    tering of Monodipersed TiO_2 ,"* Mater. Sci. Re-
    search, 16, 1-21 (1984).

12. M.F. Ashby, *"A First Report on Sintering Dia-
    grams,"* Acta Metall., 22 [3], 275-289 (1974).

13. B.H. Alexander and R.W. Balluffi, Acta Metall., 5
    [11], 666-677 (1957).

14. R.J. Brook, *"Controlled Grain Growth,"* Treatise
    on Materials Science and Technology, Vol.9, ed. by
    F.F. Y. Wang, 1976, p.331-364.

15. W.D. Kingery, H.K. Bowen and D.R. Uhlmann, Introduction to Ceramics, John Wiley & Sons, New York, 1976.

16. R.J. Brook, *"Fabrication Principles for the Production of Ceramics with Superior Mechanical Properties,"* Proc. Brit. Ceram. Soc., 32, 7-24 (1982).

17. W.C. Carter and R.M. Cannon, *"Sintering Micro-structures: Instabilities and The Interdependence of Mass Transport Mechanisms,"* Ceramic Transaction, 7 (1991).

18. W. Beere, *"A Unifying Theory of the Stability of Penetrating Liquid Phases and Sintering Pores,"* Acta Metall., 23 [1], 131-138 (1975).

19. R.M. German, Liquid Phase Sintering, Plenum Press, New York, 1985.

第十章　燒結爐體和氣氛控制

張有民*

10.1 前言

10.2 連續燒結爐的分類

10.3 真空燒結

10.4 金屬射出成形脫脂爐和燒結爐

10.5 燒結爐之加熱體

10.6 燒結爐之溫控

10.7 氣氛及氣氛產生器

10.8 燒結爐未來發展之趨勢

10.1　前言

　　粉末冶金的燒結爐是用來達成粉體成形後，得到其成形體應有之機械性質的一個重要步驟。燒結過程中爐子能提供一個燒結時需要的氣氛，而使得粉體在高溫中能夠達成燒結的目的。一個理想的燒結爐能提供一致的氣氛、一定的流量、均勻的溫度分佈曲線，如此才能生產出品質均一的成品，而達到生產的要求。

　　概括來說，燒結的過程中，粉末藉由溫度的提昇、氣氛的有效控制，而產生固態或部份液態之擴散現象，使得粉粒間能結合在一起，燒結的理論，基本上是熱力學和擴散學的延伸，細節方面不在此章節中討論。

　　燒結的結果，一般可由製程之選擇來控制，重要的製程變數則包括了時間、溫度曲線、氣氛的選擇、氣體的流量和在高溫中停留的時間。爐子的設計和爐子之選擇也是控制燒結結果的一個重要因素，要確保一個成功的燒結，以下三個步驟是缺一不可的，此三步驟為：(1)預熱區：在預熱區中，重要的是要先靠熱能來達到脫脂去蠟的效果，同時在脫蠟過程中粉體不因脫蠟而變形；(2)燒結區：在燒結區，成形體在去除潤滑劑後能夠藉熱能達到緻密化的結果；(3)冷卻區：成形體逐漸冷卻，冷卻速率的快慢決定成形體之金屬組織和性質特性。在

以上的每一過程中，一個燒結爐必須能提供精確的溫控和穩定的氣氛氣流以達到理想的結果。

　　燒結爐依設計，可粗分成兩種：(1)連續式，(2)批次式。其中依氣氛的控制不同，而有氧化性氣氛、還原性氣氛、滲碳及脫碳和真空式的氣氛。至於何種爐體和氣氛的設計則是依生產的要求而定，而產能和材質往往是最重要的決定因素。

　　今日的粉末冶金界，連續燒結爐是最常被使用的爐子。此類爐子操作方便、氣流穩定、產能也大，廣受業者的歡迎[1]。此類爐子的切面圖如圖10.1所示，乃基本連續爐的排列，事實上現今之製造廠商已將此爐每區的特色組合，加以修正，以達到提高產能、製造日新月異的新材質和良好品質的成形品之目的。因此，今日連續燒結爐的設計特色，是提高每區的相對溫度、降低氣氛的露點和採用更精確的各式控制器。

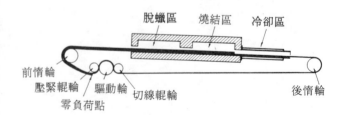

圖10.1　連續燒結爐之實例（此爐係用輸送帶驅動）[6]

　　連續燒結爐依其驅動和外型之不同可分為以下數種，請參見圖10.2到圖10.6。其中包括：(1)輸送

*美國猶他大學冶金博士
　美國Printronix公司資深工程師

帶式，(2)駝背式，(3)輥膛式，(4)推進式，(5)動樑式。每種不同的設計都是因應不同的燒結需求而產生的，其中各個不同的特色會在以後之章節中加以討論。

10.1.1 預熱（脫脂）區

任何燒結均要先經過脫蠟去脂才能進行，適當的預熱脫脂是達到良好燒結結果的先決條件，預熱區之主要目的即是在除去成形體內部之潤滑劑。基本之預熱區如圖10.7所示。

粉末冶金常使用的潤滑劑包括Acrawax、硬脂酸鋰、石蠟、硬脂酸鋅等種，如表10.1所示。

圖10.2　輸送帶式連續燒結爐之外觀[6]

圖10.3　駝背式燒結爐之外觀[6]

圖10.5　推進式連續燒結爐之外觀[6]

圖10.6　動樑式連續燒結爐之外觀圖[6]

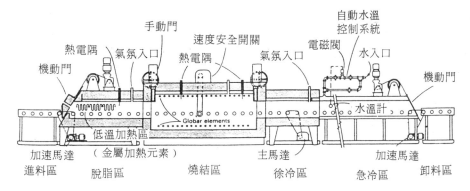

圖10.4　輥膛式連續燒結爐之外觀[1]

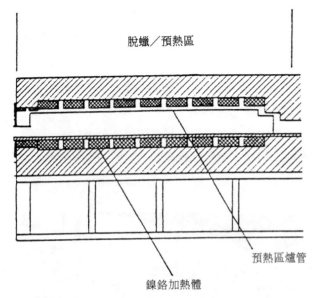

脫蠟／預熱區

預熱區爐管

鎳鉻加熱體

**圖10.7　標準之脫蠟區[6]（實例圖中係使用
　　　　　爐管和鎳鉻加熱體）**

表10.1　常用之潤滑劑

潤　滑　劑	成　　分	熔　　點
Acrawax (Amide Wax)	特別配方	140~143℃(284~290℉)
硬脂酸鋰	$LiC_{18}H_{35}O_2$	221℃(430℉)
石　蠟	$CxHy$ X=22~27, Y=46~56	40~71℃(104~160℉)
硬脂酸鋅	$Zn(C_{18}H_{35}O_2)_2$	130℃(266℉)

附註：1.其他之硬脂酸系的潤滑劑，如硬脂酸鋁（二價或
　　　　三價）及硬脂酸鋇、鈣、鈷、鎂和鎳也使用在某
　　　　些特定的應用上。
　　　2.多元的潤滑劑如硬脂酸加上其他石蠟類、或熱塑
　　　　性、或熱固性的材料，目前也被使用在金屬射出
　　　　成形(MIM)的技術上。

　　在適當的預熱情形下，這些潤滑劑會被氧化或
蒸發而由氣流帶走。

　　雖然以上常用的潤滑劑均是屬低熔點的化學成
分，但是依燒結之理論來看，愈難除去的潤滑劑，
會使得燒結體的密度愈難提升，由於表面的殘留物
會阻礙固態擴散的進行，同時容易降低材質的特性
。理論上看，這些常用的潤滑劑均是碳－氫－氧的化
合物，但這些產品的反應速率則是隨著其成分的組
合和鍵的排列而變化，例如：硬脂酸鋅可在130℃
(266℉)熔化，在260℃(500℉)氧化，但是必須要在

427℃(800℉)左右才能被完全除去。所以目前設計
除去硬脂酸類之預熱區的溫度，均在約649到982℃
（1200℉到1800℉）之間，以確保脫蠟的效果。

　　去除潤滑劑時，如果加熱速率太快或溫度太高
，則化合物的分解會太快而導致積碳的產生，同時
亦會造成成形品的變形甚至破裂，因此多段控溫區
的設計和使用，則對成形品脫脂的速度有所幫助，
而不會造成負面的變形缺陷。考慮產品的預熱，首
先要考慮預熱區的長度，基本上要使成品之本身內
外溫度均勻才能達到良好的脫脂效果，經驗上顯示
，預熱區的溫度最好是和高溫區的長度等長，效果
才好。縱使在預熱區中，潤滑劑很難被完全除去，
但是適當的長度給予足夠的脫脂時間，往往可省卻
很多燒結時的問題。在某些應用上，脫脂區的長度
可縮短成高溫區長度的三分之二，但是經驗值往往
顯示，當脫脂區長度少於此三分之二比例時，則效
果就較難控制，除非添加快速脫脂的裝置(Rapid
Burn-off)。

　　快速脫脂的裝置，主要是提供可縮短脫脂區長
度的工具。加裝此設備可將燒結區和預熱區的長度
比例從1比2/3降低到1比1/4。此快速脫脂的設備
係使用一個天然氣燃燒的高溫區間，在此區間中提
供一個高露點、高二氧化碳值和高容量的燃燒環
境，如此可使潤滑劑在很短時間內加速分解，並可
將碳化合物除去。相對的，快速脫脂的設備亦有其
本身的缺點，即是在燃燒區間之空氣和燃燒氣之比
例不穩定時，則其產生的氣體會變成具氧化性，如
此容易使含高氧化性元素（如含有 Mn、Cr 和 Si）
之合金及不銹鋼類合金燒結品的不良率提高。換言
之，這些性質的成品在經過快速脫脂的環境下，易
造成問題，所以要選擇快速脫脂設備，需依各種不
同的生產環境，如廠房的大小以及要求的產能而決
定。

　　燒結爐的設計往往需要兼顧低溫的脫蠟區和高
溫的燒結區，舉例說用吸熱型的燒結氣氛在1127℃
(2060℉)時往往露點是-9～-4℃（+15到+25℉）之
間，此種燒結之氣氛往往會在脫脂區造成問題，所
以有時在爐子設計時，使用放熱型的燒結氣氛在適

當的區段通入爐子的脫脂區。有時此種放熱型之氣體亦可配合使用水蒸氣氣泡裝置而可將其溼度提高，如此不但可解決脫脂受燒結區影響的不良後果外，亦可幫助脫脂效果和降低吸熱氣體的使用量。同樣的使用適當流量的氮氣和裂解氨氣體來取代放熱型氣體，亦可得到同等的效果。

對於高產能的爐子設計，有時可在出口處加裝氣體燃燒器，如此可收到較佳的預熱燒結效果。馬弗管(Muffle)加裝是目前常被使用的設備，在預熱區加裝馬弗管可以達到良好的脫脂效果。密閉的馬弗管可以產生導流作用，將蒸發的潤滑劑帶至出口處並排出，同時亦可使用氣體燃燒加熱的方式而不影響產品之品質。此外，若要使用電阻式加熱的方式，也可保護加熱棒，不致因為潤滑劑蒸發生成的污染而造成損害。連續燒結爐有時可分成兩段獨立的爐子。其中脫蠟有專屬的一條爐子，而燒結則以獨立的另一條爐子；此種設計的好處是可以依脫脂和燒結之不同需要，而設計適當的使用氣體和氣流導向，一般來說單獨的脫脂爐效果，較結合式的脫脂燒結爐之效果來得好，但是相對的獨立式的設計對能源上的消耗以及產能的效率上來看，則不合經濟效益。

10.1.2　燒結區

燒結區的設計和選擇，基本上是依要燒結的材料性質而建立，不同的材料要採用不同的燒結溫度、燒結氣氛和流量。原則上來區分，開放式爐體的設計比較不會有金屬馬弗管更換或溫度上限的嚴格要求，但是相對的其含碳量的控制，也由於氣體溫度和露點的不易控制而不易掌握。加裝高溫金屬爐管的好處甚多，例如：可降低氣體的流量提高氣體純度的控制（低露點）、不易污染加熱體，並可達到氣流順暢的好處。但其缺點是：壽命不長，要定期更換，同時燒結溫度之上限往往被限制住（因使用溫度愈高則使用壽命愈短）故使用金屬爐管的燒結溫度，往往是不能超過1121℃(2050℉)，否則使用壽命會少於六個月（以使用Inconel 601來說）。

一般爐之加熱可用各種不同的材料：金屬的鉻鎳鋁加熱體可用到1149℃(2100℉)，而SiC和

$MoSi_2$ 的加熱體則可用到近 1371℃(2500℉)（依燒結氣氛而定）。舉例來說，SiC 在還原氣氛下有被還原的傾向，在溫度高於1299℃(2370℉)時（表面溫度），SiC 會被還原氣體逐漸還原而生成 SiO_2 薄膜而降低壽命。同樣的，SiC 在1371℃(2500℉) 時易於生成 Si_3N_4 相，而影響電阻，此也會造成SiC加熱體的燒斷。金屬鉬(Mo)之加熱體是適於高溫還原氣氛下使用，可用到 1649℃ 到 1760℃（3000℉ 到 3200℉），對於輸送帶的爐子，高溫區溫度影響很大，在決定最大產能和溫度之關係時，也要考慮輸送帶的壽命和負荷!一般在決定輸送帶速率，負荷量和要求產能之關係，可由下述公式表示：（參考圖10.8）

$$\frac{\ell}{t} = v = \frac{P}{5L}$$

式中 ℓ：移動長度；t：時間；v：速度；P：產能要求；L：負荷。依圖所示，如果負荷超過48.9 kg/m²(10 lb/linear feet)，則輥輪的加裝是可考慮的，其可提高總負荷量到 97.8 kg/m²(20 lb/linear feet)。如有

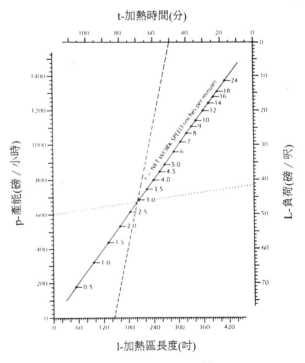

圖10.8　連續式輸送帶爐之產能和輸送帶所需之速度和爐長之關係圖[6]

要求高產能的爐子設計時，則要使用有輥輪的爐子；甚至更理想的，可使用推進式(Push Type)或是動樑式(Walking Beam)的設計，此種設計不但可使用於 1371℃(2055℉)高溫之下，亦可使用在 244.51 kg/m²(50 lb/ft²)高產能的使用。

10.1.3 冷卻區

爐子在高溫燒結區之後則是冷卻區，冷卻區是包括二段區域：一為徐冷區，另一為急冷區。徐冷區的設計是要配合爐體的設計而決定的，其目的是要防止高溫到急冷區的急速溫度變化所造成的爐體變形；徐冷區長度一般是1/4到1/3的高溫燒結區的長度，並以耐火爐磚建造。急冷區的設計是要使燒結品在要求的時間下達到可搬運或處理的溫度，其設計可以用水冷式或是水冷加上急速氣冷，可參考圖10.9。徐冷區除了要使零件冷卻到可處理之溫度外，亦有調節燒結品材質之功用。對不銹鋼來說，急速冷卻可以防止鉻之析出，避免材質之敏化(Sensitization)；對於合金鋼的零件來說，則可達到材質均質化、且晶粒不致過大的條件。同時急速冷卻亦可減少低溫氧化的形成，使材質表面不致變色。水冷的設計長度需為高溫燒結區的 2 倍到 2.5 倍左右，加速風扇氣冷的設備則可降低一半長度要求，而只要燒結區的 1 倍到 1.2 倍左右；此外，加裝風扇氣冷的冷卻速率亦比單獨徐冷之速率快甚多。

10.2　連續燒結爐的分類

10.2.1　輸送帶式連續爐：(圖10.10-10.12)

此類之燒結爐是在粉末冶金生產上最常被使用的，此類爐子之特性如下：

(A)最高使用溫度為1149℃(2100℉)

(B)輸送帶的負重介於48.9~97.8kg/m²(10到20lb/ft²)（重負荷的使用狀況下加裝輥輪）

(C)氣氛控制的品質良好

(D)爐體的溫度和時間及氣氛的控制良好，燒結結果穩定

(E)輸送帶的速度可以調整，其和負荷之關係可見圖10.8

(F)輸送帶之材質可用高鎳合金或是一般之耐熱不銹鋼，其成本和壽命可依使用狀況不同而作選擇

(G)由於要考慮輸送帶輥輪之設計和輸送帶子本身的強度限制，輸送帶長度不能太長，是故限制到燒結爐之長度，一般爐體總長不會超過6公尺(20ft)。

10.2.2　駝背式燒結爐

駝背式之燒結爐是屬於特殊式的輸送帶燒結爐。此爐是利用升高的爐體高溫區，以利於較輕的還原氣體（如氫氣和裂解氨(DA)）能聚集在爐體的昇高處的高溫區，來達到保持燒結氣氛的純淨，以

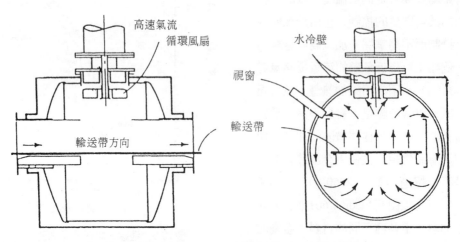

圖10.9　連續燒結爐之強力氣淬裝置[1]（裝於徐冷區之後）

降低氣體的使用量，此類型爐體之外觀示意，如圖
10.13所示。其特性是：
(A)溫度和一般輸送帶爐一樣可達到1149℃(2100℉)
(B)輸送帶的負載約在48.9kg/m²(10 lb/linear ft)

(C)燒結氣氛的控制極佳，比一般輸送帶爐的氣氛
　好很多
(D)其他特性和一般燒結爐相同
(E)爐體進口及出口的高度可以提高很多而不致影

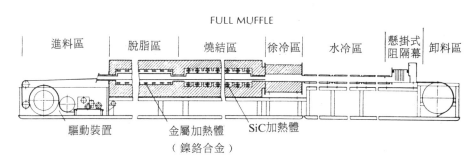

圖10.10　輸送帶式連續燒結爐之剖面圖，此式設計在預熱區和高熱區均加裝爐管[6]

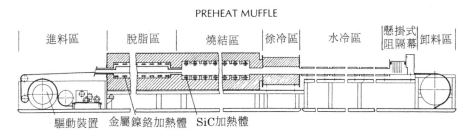

圖10.11　輸送帶式連續燒結爐之剖面圖，此式設計只有在預熱區加裝爐管[6]

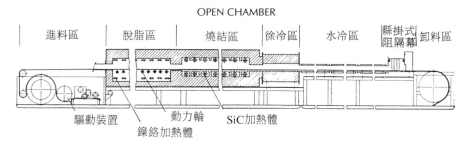

**圖10.12　輸送帶式連續燒結爐之剖面圖，此式設計是屬開放式爐膛設計，沒有加裝任何
保護爐管，此外此爐另在預熱區加裝動力滾輪，以分擔輸送帶之負重**[6]

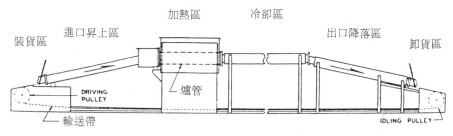

圖10.13　駝背式燒結爐剖面圖[2]

響爐內之氣氛（由於氣氛是由氣體本身的比重來控制）

(F)駝背式的設計角度一般是在10°到13°之間來建造爐體的前昇和後降部份

(G)高溫區使用爐蕊管來控制氣流，並阻斷氣流和爐蕊管的接觸

10.2.3　輥膛式燒結爐

此類型爐子的燒結品必須要放在燒結盤內，而盤子則被傳動的排狀式輥輪帶入爐內而達到燒結（外觀示意如圖10.4所示）。此類爐子的特性則是如下：

(A)溫度只能達到 1149℃(2100℉)（輥輪材質之限制）

(B)由於使用輥輪設計其負載要比輸送帶之負載高

(C)沒有任何截面寬度的設計限制，同時爐長亦無限制（沒有輸送帶），對於體積較大的零件比較沒有限制

(D)速率可比一般輸送帶爐快，唯一的限制條件是輥輪在高溫能承受的最大負荷

(E)燒結時進出爐膛的速度比較快，可以降低開關爐內的時間，如此可減少燒結品前進的中斷時間，同時亦可減少氣氛的使用量

(F)爐內的氣氛純度不易控制。由於爐體之截面積比較大，導致爐氣的移動相對速度降低，使得預熱區的氣體易於後流而污染高溫區

10.2.4　推進式燒結爐

輸送帶和輥膛式的爐子，爐溫和相對負載常被輸送帶和滾輪的材質的使用溫度所限制，而推進式爐則無此限制。推進式爐的使用溫度可達到1649℃(3000℉)，同時亦可承受比輸送帶爐為高的負載。此爐之優劣點略述如下：（示意圖見圖10.14所示）

(A)溫度可達到1649℃(3000℉)的操作溫度

(B)燒結品可散置於耐火材料或是鉬(Mo)的推送板上，負載可達到146.7 kg/m²(30 lb/ft²)之負荷

(C)氣氛的控制較一般輸送帶燒結爐為優，較易控制

(D)燒結之溫控性和穩定性極佳

(E)推進式的驅動設備可用於作連續式推送或是間歇式的推送，以配合生產所需的燒結速率以及燒結時間

(F)爐長約在4.9公尺（16呎）到6.1公尺（20呎）之間。爐長一般受到推送板設計的限制，基本上如果爐長過長則需要較厚的推動板來承受推動力，但較厚的推送板相對地也就需要較強之推送馬達，但推動馬達過強加上板和爐床之摩擦力加大的話則易產生"架橋"（推動板相疊之狀況）產生，一般來說一個設計良好的推進式爐，在 146.7kg/m² 的負載下是不會產生問題的。

(G)推進式具有動樑式爐的特色，比一般輸送帶爐優，但價格比動樑式便宜甚多，亦可達到高溫燒結，對某些產能要求不甚高的應用上，此爐

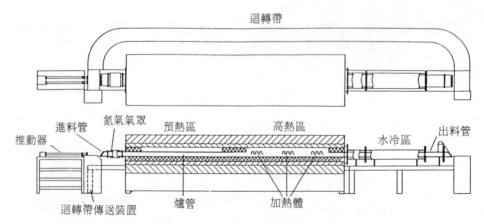

圖10.14　推進式連續燒結爐之剖面圖，此爐並配置回轉輸送帶機構，可協助裝卸料[6]

不失為一個良好的應用爐。但一般推進式爐，其加熱均採 Mo 加熱體，以達到高溫，但此類加熱體則不適於低溫銅系的燒結。

10.2.5　動樑式燒結爐

目前的燒結爐設計中，唯一能兼顧高溫燒結和高生產能量的爐子只有動樑式爐（見圖 10.15），可是由於價格過高，動樑式爐反而不如其它燒結爐來得普遍，但在一般應用下，除非是同時要求高溫燒結以及高產能，此式爐較少被採用（價格因素）反而易被他式爐取代。例如輸送帶或是推進式爐，考量使用動樑式爐一定是在需要高溫條件上（高於1149℃(2100℉)）和需要高產能之狀況下（大於146.7kg/m²）。此類爐子之性能略述如下：

(A)燒結溫度可達 1760℃(3200℉)，其爐內可完全用耐火材料設計而可耐高溫

(B)零件可放置在耐火材料所製的盤內，其最大的負載量可以達到244.5 kg/m²(50 lb/ft²)

(C)氣氛之控制極佳，燒結之穩定性甚好，氣氛在動樑移動時造成的改變可以用設計來改善，基本的氣氛條件可和一般推進式爐的氣氛相差不大

(D)爐體的長度沒有任何限制，沒有輸送帶或推進式爐板的長度和重量的限制

(E)較重的零件由2kg到9kg（5 lb到20 lb）皆可以用此類爐燒結

(F)燒結件之裝載和燒結的區間均比較長，但是此類限制亦可由良好的設計來改善

一般粉末冶金零件可依個別對溫度、氣氛以及產能的要求而選用不同的爐子，基本的材料和爐子選擇之比較列於表10.2。

10.3　真空燒結爐

真空燒結在目前粉末冶金製程中佔有很重要的地位，真空燒結採用真空爐的特性來達到高品質燒結的結果。真空爐的基本性能和一般熱處理使用的真空爐大同小異，其構造請參考圖10.16-圖10.18。真空燒結之最大特色是藉真空或是微量外加的氣氛來造成良好的燒結氣氛，在高溫狀況下真空爐之溫

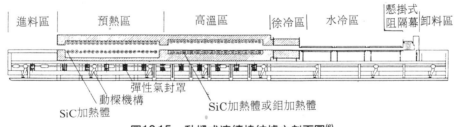

圖10.15　動樑式連續燒結爐之剖面圖[6]

表10.2　不同材料之燒結爐選擇

材　料	溫度要求之區間(℃)	爐類之選擇
鋁及鋁合金	593~649 (1100~1200℉)	輸送帶爐或駝背式爐
青銅和黃銅件	760~899 (1400~1650℉)	輸送帶爐
鐵系(鐵-碳或鐵-鎳-碳)	1121~1149 (2050~2100℉)	輸送帶爐
	1204~1349 (2200~2450℉)	推進式、動樑式或真空爐
不銹鋼類	1093~1149 (2000~2100℉)	輸送帶式駝背式，推進式、真空式或動樑式
	1204~1349 (2200~2450℉)	推進式、動樑式或真空爐
工具鋼類	1149~1349 (2100~2450℉)	推進式或真空爐
碳化鎢(鎢鋼)	1566~1649 (2850~3000℉)	真空爐
氧化鈾	1593~1704 (2900~3100℉)	推進式或動樑式

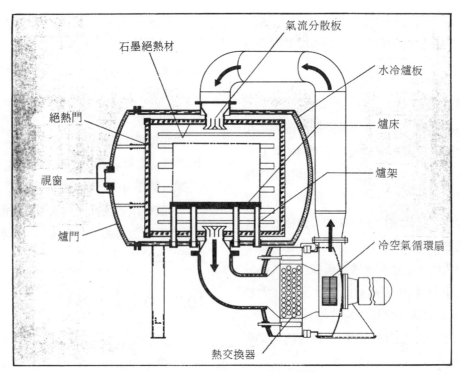

圖10.16　單艙式真空爐之外觀[6]

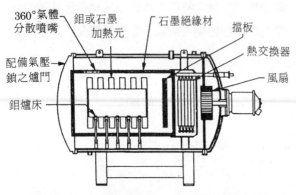

圖10.17　單艙式真空爐，具加壓氣體淬火風扇，淬火氣壓可達6-10大氣壓[6]

控和燒結均極易掌握，此類優點再加上氣氛之控制條件，使得真空爐在特殊零件的燒結上佔有極重要的地位。目前真空燒結之應用上已不侷限在單元批次之燒結上，適當設計的連續真空爐不但可以達到良好的燒結條件，提供優良的燒結品質外，亦可達成量產的要求。

10.3.1　真空預燒結

一般的粉末冶金潤滑劑可大致區分成含金屬類和不含金屬類的潤滑劑。粉末冶金的生產者往往不會考慮因爐子而異，而使用不同的潤滑劑，但是在使用真空爐時，則潤滑劑的選擇相當重要。真空脫蠟時，潤滑劑會在真空加溫之狀況下完全釋出，含金屬類之潤滑劑（一般含有鋰或鋅）亦會被完全分解，而此些低蒸氣壓之金屬往往會在爐內四處散逸，而沈積在加熱元件、爐板、真空幫浦、熱電偶上，不但會減少爐內零件之壽命，亦會造成污染和降低真空爐的效率。非金屬類的潤滑劑則不會造成此類污染問題，但是適當的排除設計，可顯著的增加脫蠟的效果並可降低定期維護之頻率。

真空脫脂的設計一般是藉由不同組之低溫真空爐來完成，但是亦可藉由連續真空爐的設計來達成。但是分離式的真空脫脂爐，和連續真空爐的脫脂在效率和處理上亦有不同，基本上來說，分離式的單元脫蠟爐需要重覆處理零件的轉移，重覆的昇溫降溫，往往造成人力和能源的浪費，而且生產效率比較差，而在連續真空爐的設計上則無此缺點。連續式的設計係使用和一般連續輸送的爐子設計觀點相類似。零件從送入爐內脫蠟、燒結、冷卻到出爐可完全自動控制，此不但產能較高，較省能源，且操作簡單，效果也比較好。但是連續燒結爐所需要

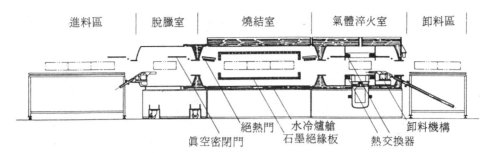

圖10.18　連續真空燒結爐之剖面圖，爐子分成三段具有各種不同功能。各段亦可作彈性更換，
例如第一段可加裝脫脂區或第三段可改裝成滲碳或油淬區[6]

的治具要能耐燒結的高溫，故比較重也比較貴。可是在比較製造成本上，則依產能的要求來決定。由於分離式的脫蠟爐再配合分離式燒結爐，各爐均是批次操作，昇溫降溫費時，所需的爐體也就比較大才能達到相對較小的連續真空爐的產能，換言之，要達到相同的產能，兩種不同的設計所需的成本相差並不大，有些狀況下，連續燒結爐的成本和產能的比例還比分離式的真空爐要低。

10.3.2　真空燒結

真空燒結爐的設計包括爐艙體、抽氣系統、進氣系統和控制設備。爐艙體內部包括絕緣材料和加熱體，使用的絕緣材料和加熱體一般是石墨材或是鉬材，基本上此兩種之選擇在使用功能和效率上並無太大差異，但是石墨材之製造成本則比鉬低甚多，而且更換維修比較方便。

真空爐一般可在抽到真空後再通入微量氣體作特殊功能控制使用，一般常可輸入氮氣、氬氣等惰性氣體。此種氣體的排入可防止一些低蒸氣壓的金屬，例如鉻等在高溫燒結時排出。（蒸氣壓關係圖如圖10.19所示）

10.3.3　冷卻

真空爐之冷卻方式均是依靠外注氣體之協助而冷卻，常壓的惰性氣體往往費時較長而且不易獲得較好的金相組織，一般較不常被使用。加壓式的氣體淬火是目前較受歡迎的方式，但是在使用氣淬時要考量使用的冷卻速率，必需與燒結品之尺寸和厚度配合。太快之氣淬速度，有時也會造成材質之破裂和變形，所以在使用時也要注意，目前最大絕對

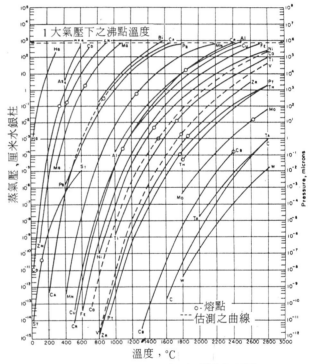

圖10.19　金屬之溫度和相對蒸氣壓圖

氣壓值（持續狀況下）可達到 10 個大氣壓以上。此種急冷速率如果應用在連續燒結真空爐，則可更縮短冷卻時間，如此不但可以提高產能亦可得到較好的氣淬效果，（連續真空爐之氣淬不需冷卻加熱艙的絕緣體和加熱體的熱源），其架構示意如圖10.20所示。

目前真空連續燒結爐中最具有彈性設計之爐子是採用組合式的聯結方式，換言之，脫脂區、燒結區、冷卻區各個獨立，各區完全用自動控制，零件送入爐內到燒成品出來一貫作業操作。其優點是各

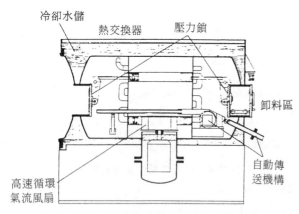

圖10.20　連續真空爐氣淬室之放大圖[6]

圖10.21　單艙式真空燒結爐之外觀[6]

區各有獨立設計，可依所需加以修改設計。比類型
爐子早已被熱處理界予以應用多年，目前也廣為粉
末冶金界接受。

10.3.4　真空燒結之應用

　　真空燒結往往是用於燒結一些需要較佳材質的
特殊零件，目前在汽車工業許多高品質之粉末冶金
零件均由真空燒結生產，例如汽車連桿的凸輪。此
外一些碳化鎢（鎢鋼）或其它瓷金(Cermet)的材料
也是由真空燒結生產，目前有高材質之工具鋼材質
（例如M-2）。其設備實體請參考圖10.21～圖
10.23。

圖10.22　雙艙式真空脫蠟燒結爐[6]

10.3.5　真空燒結的優劣點

　　真空燒結的優點有：

(A)極佳的製程穩定性，產品的製造品質控制容易

(B)燒結品之品質極佳，表面不含有氧化層。材質
　　不會有偏析的現象

(C)高速昇溫和恆溫之控制甚佳，亦可達到高壓氣
　　淬，製程有極佳之效率

(D)工作環境比一般連續爐為佳，爐體不會放熱，
　　保溫性良好，沒有大量的排氣，操作安靜（除
　　了機械幫浦會發出噪音外）

(E)以操作成本和操作效率比較，真空爐之維修較
　　經濟

(F)真空爐之操作全屬自動化，操作簡單

　　真空燒結的缺點：

　　真空爐不論是批次式或連續式，其最大的缺點

圖10.23　連續真空燒結爐之外觀[6]

是設備的成本比較高。但此點如果是以長遠操作成
本來計算的話，則可能不是主要因素；重要的是要
選擇真空燒結製程時，要考量以上所有的優點是否
完全為製程所需，如果答案是正面的話，則投資大
成本購置真空爐作燒結是絕對必要的。

10.4　金屬射出成形脫脂爐和燒結爐

　　目前金屬射出成形(MIM)之零件生產在粉末冶金的應用上已佔有了很重要的地位，MIM製程和傳統P/M製程之最大不同之處即是在潤滑劑（或可稱黏著劑）不同，一般 MIM 之黏著劑加入之比例是在18%重量比以上，比P/M之潤滑劑高出甚多，所以在使用傳統P/M之燒結爐時，脫脂是最大的不同，一般的粉末冶金之爐子均不能單獨處理如此多的黏著劑而不可直接使用。MIM生產時一般均是將脫脂步驟和燒結步驟分開處理。此點和前述之真空爐之單爐脫脂單爐燒結之邏輯相似，事實上許多的 MIM 燒結爐即採用此種雙真空爐式方式操作，但以目前 MIM 廠商使用之設備來說，大致脫脂和燒結是分成兩階段來進行的，換言之是由兩台不同的爐子進行不同的製程，以脫脂來說，MIM可用完全熱脫脂或是可用溶劑和熱能合併來脫脂，完全熱脫脂之製程一般要求的溫度不高，大都是在982℃(1800℉) 以下，但在低溫狀況下，依所用之配方不同在 427~593℃(800~1100℉) 之間溫度之要求，要非常均勻如此才能使黏著劑逐步的逸出達到完全脫脂之要求。此類完全使用熱脫脂之爐子，大都是使用批次方式進行，所以氣流之排出設計和溫控的要求均是非常的重要，基本上一台良好的設計的脫脂爐其溫控可達±3℃(5℉)之公差。

　　至於二部脫脂中所需之爐子的要求，則就沒有這麼嚴格了，由於大部份黏著劑已被溶劑溶解除去了，而一般的低溫連續燒結爐，或是低溫批次之脫脂爐即可使用。至於氣氛的使用，脫脂爐一般可用氧化性氣氛（協助除去碳類的有機物），還原氣氛，在某些狀況下，依配方不同亦可使用惰性氣體。

　　MIM之燒結爐一般則是使用高溫的燒結爐，MIM 之燒結溫度大都是在 1260℃(2300℉) 以上，輸送帶之爐子不適合使用。最常使用的則有兩類，一類是真空燒結爐，另一類則是連續式之推進式爐。MIM燒結對爐子氣氛和其它的要求，基本上是和傳統P/M要求大致一樣，在此就不再贅述了。

10.5　燒結爐之加熱體

　　粉末冶金燒結爐絕大多數均是以電氣方式加熱，所以加熱元件的選擇和使用則在燒結爐之設計和使用上佔有重要的地位，以材質種類來區分，加熱元件可分成三大類：第一類是低溫使用的鎳鉻合金；第二類是碳系的石墨材料和碳化矽(SiC)材料；第三類則是高溫金屬類，例如鉬、鎢金屬等。這些加熱元件各有優缺點，而且依使用氣氛不同，其選擇之考慮因素亦會改變。

10.5.1　金屬類之加熱體

　　此類合金大都只可操作到1149℃(2100℉)（以鎳鉻合金系列而言），而此中最常見的合金是80%鎳和20%鉻。此外若加入一些其他合金元素，例如鋁，則溫度可達到1149℃(2100℉)以上，在合適的操作下有時此類材料可達到1316℃(2400℉)或更高溫度，但是在使用上要慎重。此類材料一般成形容易，故可以不同形狀應用（板料、棒材或是捲板材之形狀供應）。此類材料一般不能長期操作在高度還原或是高度碳化氣氛中，但是以低溫選擇上來說，此類材料價格便宜，使用方便，還是常被使用在低溫燒結上（溫度低於1149℃(2100℉)）。

10.5.2　非金屬之加熱體

　　此類之加熱體最常用的是SiC和石墨材料。SiC材料可使用在1010℃到1538℃（1850℉到2800℉）的溫度之間，對使用溫度來說非常有彈性，不但可用在燒結非鐵系的材料，亦可燒結一般鐵系材料以及高密度鐵系材料中。SiC可用在還原、氧化或是碳化的氣氛中，但對還原之氣氛比較敏感，但不論如何即使在還原的氣氛下，SiC 還是可以操作到1260℃(2300℉)以上。SiC之裝配更換也比較簡單，抽換容易，價格亦不貴，壽命亦長所以是目前最被歡迎的加熱體之一。SiC 唯一的缺點是本身材質易老化，而會略為改變材料之電阻，所以需要配合變壓器來微量調整變化的電壓，同時更換時一般也要配合電壓的測量值來做整組更換。但是此一小缺點仍不影響 SiC 之許多優點，所以 SiC 在連續燒結爐中為最受歡迎之加熱體。石墨材料則是大量用在真空爐中，用作絕熱材料和加熱體用，眞空爐中不含任何氧的氣體，故石墨穩定而不會氧化，在此狀況下石墨之溫度可以達到2204℃(4000℃)而不會有任何問題。石墨材料是成本最便宜的材料，只要眞空條件好，石墨材料也不會影響氣氛，而且燒結效果好。但是石墨唯一缺點是不能用到氧化氣氛中，或是含有空氣的氣氛，因爲此些氣氛會造成石墨氧化而降低使用效果。

10.5.3 高溫金屬的加熱體

此類別中，鉬和鎢最常被使用，其使用狀況是需要高溫燒結。鉬適合的溫度範圍是1093℃到1649℃（2000℉到3000℉）左右，而鎢金屬則可達到更高溫的 2204℃(4000℉)，此類材料價格較貴，而且比較脆，故在加工和處理上要小心，否則會斷裂，此類材料需要還原性或是眞空的氣氛來操作。

10.6 燒結爐之溫控

爐子之溫控均藉由熱電偶測量之電壓訊號傳入控制器內，然後控制器由此訊號對設定點之差異，而調整電力對加熱體的輸出來升高或降低熱能的輸出以控制溫度，一般熱電偶之使用則依溫度之不同而有不同的選擇，以下表10.3可做選擇時之參考。

表10.3　熱電偶之適用溫度

熱電偶種類	溫度適合區間(℃)
Cu-Constantan	-184~+316(-300+600℉)
Fe-Constantan	-18~760(0~1400℉)
Chromel-Alumel	-18~1093(0~2000℉)
Ni-NiMo	-18~1316(0~2400℉)
Pt-PtRh	-18~1538(0~2800℉)
W-WRh	538~2371(1000~4300℉)

10.7 氣氛及氣氛產生器

保護性氣氛可以還原氧化物或防止氧化物生成及燒結過程的脫碳，保護氣氛對粉末冶金的燒結過程佔有舉足輕重的地位，經由下列討論我們可以大致瞭解各式爐氣對產品的影響及優缺點。

對粉末冶金而言，氫氣、裂解氨、富吸熱型爐氣(Rich Exothermic Gas)、乾或溼的吸熱型爐氣、氮基混合爐氣及眞空爲常用的保護氣氛。從業人員是依材質、希望的機械性質及成本等要求來選擇最適當的氣氛。

10.7.1 放熱型爐氣(Exothermic Gas)與吸熱型爐氣(Endothermic Gas)

選擇適當比例的空氣與天然瓦斯於密閉容器內燃燒反應，當反應過程有熱量產生，稱爲"放熱反應"，此時之反應產物稱爲放熱型爐氣。反之，當反應需外加熱量時，稱之"吸熱反應"，此時之產物稱爲吸熱型爐氣。

爲了簡化反應式之討論，假如天然瓦斯成分中僅有甲烷(CH_4)，空氣中氧含量約 21%，氮氣 79%，也就是 1 份氧氣對 3.8 份氮氣，當甲烷與空氣完全燃燒之反應式如下：

$$CH_4 + Air\ (\ 2O_2 + 7.6N_2\ ) = CO_2 + 2H_2O + 7.6N_2$$

此時之甲烷對空氣比爲1：9.6，當我們將甲烷對空氣混合比降爲1：2.4 時，反應如下：

$$2CH_4 + Air\ (\ O_2 + 3.8N_2\ ) = 2CO + 4H_2 + 1.9N_2$$

此時之化學反應爲吸熱反應(Endothermic Reaction)，由圖 10.24 大致可瞭解吸熱型與放熱型爐氣成分之差異。

爐氣中的 CO 與 CO_2 比對粉末冶金的滲碳、脫碳與還原反應，佔有舉足輕重地位

$$CO_2 + Fe_3C = 3Fe + 2CO$$

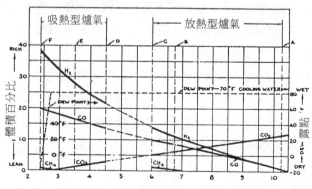

圖10.24　吸熱型與放熱型爐氣組成變化圖

$$CO = [C]_{鐵中合碳量} + CO_2$$

由上面二式可知，當 CO 含量增大，對滲碳有幫助，一般而言，不管吸熱型或放熱型爐氣，反應爐氣中的水，我們均會藉由乾燥器予與去除，但仍會有少量水蒸氣殘留在氣氛之中，這少量的水蒸氣往往會與 CO、CO_2、H_2 有以下的水煤氣反應：

$$H_2 + CO_2 = CO + H_2O$$

由式中，可知少量的水蒸氣，會造成原先是滲碳性的爐氣往脫碳性方向移動，水含量（露點）對鐵－碳（碳勢）之影響見圖 10.25，因此水蒸氣的控制及偵測，對爐氣的穩定性佔有極重要的地位，吸熱型及放熱型爐氣產生流程如圖 10.26 ～圖 10.29 所示。

吸熱型爐氣有極強滲碳趨勢，可應用於鐵-碳合金、對碳的壓抑有幫助，但仍不能造成滲碳效果（因一般此時爐氣在 1100°C 燒結溫度下，碳勢低於合金含碳量）。但對不希望有含碳的合金，則絕對不能使用此類型爐氣，例如不鏽鋼、鐵基軟磁材料。青銅及黃銅雖不怕碳污染，但基於成本及會有積碳(Sooting)污染銅零件表面光澤，一般不選擇此類型爐氣。

放熱型爐氣在粉末冶金用途不大，如將爐氣之 CO 含量儘量提高，則可用於銅基、銀、銅-鐵等零件的燒結。

10.7.2　裂解氨

將氨氣(NH_3)加熱分解可得 75%H_2 及 25%N_2，通常分解率可達 99.95% 以上，因此殘留的未分解量均在 0.05% 以下。露點可經由乾燥器控制，可控制到 -50°C 以下，其生產流程及設備見圖 10.30 及 10.31 所示。此類型爐氣露點低，有很強還原性，但並無滲碳性，反而因本身多少含有水氣，會因水氣多寡而決定脫碳趨勢，此爐氣適合青銅、黃銅、不鏽鋼基、鐵基等零件燒結，但對鐵基燒結時，表面一定會有脫碳現象。裂解氨爐氣的穩定性及設備投資額均較吸熱型爐氣佳，但氨氣較天然瓦斯貴故生產成本較高。綜合各因素，裂解氨仍大受粉末冶金業界喜好。

10.7.3　氮基爐氣

液態氮的氧含量均低於 0.001%，且露點低於 -68°C(-90°F)，氮氣是一中性氣氛，不具氧化還原或脫碳滲碳能力，但因它本身的 H_2O 或 O_2 含量比裂解氨或吸熱型爐氣來的低，因此氣氛添加液態氮反而可降低 H_2/H_2O 比及氧含量，使氣氛的還原性及脫碳性更佳，一般可添加 75~95% 的氮氣。因此氮基爐氣的使用，能降低成本且利多於弊。

10.7.4　氫氣

純氫僅有還原性，並無滲碳或脫碳的效果，且因此類爐氣成本甚高，一般不適用於傳統粉末冶金業，除非工廠產量要求不很大，還未有真空燒結爐，而要生產碳化鎢、鉬、鎢、高性能鐵基軟磁時，則可利用此類型爐氣。當然也可應用於鋁、青銅、黃銅、不鏽鋼及一般鐵基燒結，但很不合經濟成本效益。

10.7.5　真空

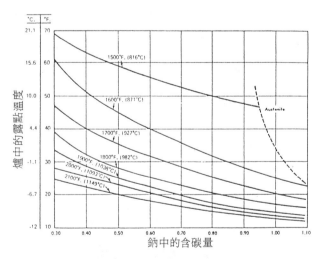

圖10.25　露點對碳勢之影響

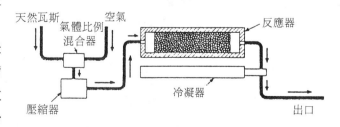

圖10.26　吸熱型爐氣產生器示意圖

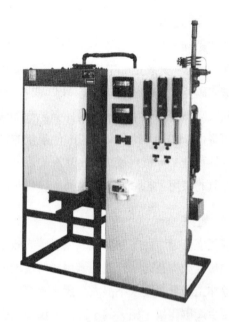

圖10.27　吸熱型爐氣產生器提供高碳勢
或中碳勢還原保護氣氛

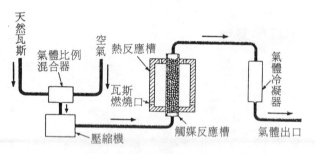

圖10.28　放熱型爐氣產生器示意圖

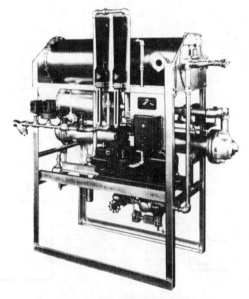

圖10.29　放熱型爐氣產生器提供氧化性
或輕微還原性氣氛

　　真空爐氣無氣體成本，但在設備及維護成本則較高，但最近設備製造商在連續真空爐上的突破，對產能及生產成本有很大的改善。真空爐的還原性視爐中的真空度而定，因真空度越高，氧含量越低，因此金屬的還原驅動性也就越強，當真空度在1μ(0.133Pa)時，大致相當於氣氛爐露點 -82℃(-115℉)。

10.8　燒結爐未來發展之趨勢

　　隨著工業界的急速擴張和競爭，對一些所謂的近實形(Near-Net-Shape)產品之生產技術要求也就日漸依賴，而不會只依靠所謂純機器加工。此種趨勢使得P/M界在未來更具有高度成長的潛力，此種發展對一般的P/M生產技術也就要求更高了。未來的燒結技術應是以提高自動化之比例為主，除此之外高溫燒結和高純度氣氛、甚至真空度的要求，高品質的燒結爐配合彈性的應用燒結技術，應是未來燒結爐發展之主流。此外，燒結體的耐用性，亦因可用之配合材料之提昇，其耐用性也因此會提昇甚多。更重要的是，一個燒結爐不但要讓從事粉末冶金的生產人員能有選擇，更要有能力使他們所需的各項條件均有實現的機會。

感謝

　　本文之完成，首先要先感謝美國燒結爐界之領導者，C. I. Hayes Inc.(U.S.A)提供許多寶貴資料和圖面，沒有這些資料，本文不能完成。此外，亦要感謝 C. I. Hayes Inc. 之 Dale Petrarca 之討論和 Mr.

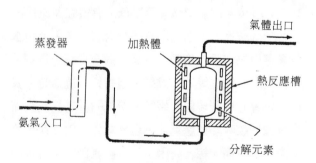

圖10.30　裂解氨流程示意圖

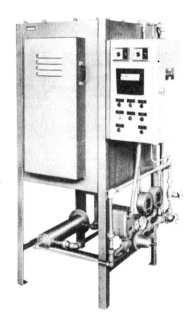

圖10.31 裂解氨分解器提供便宜低露點的氮-氫混合氣

Dan Herring 之資料，另外作者亦要感謝工研院材料所紀國章先生之協助和討論，最後要感謝中華民國粉末冶金協會之協助定稿。

參考文獻

1. Metals Handbook, Volume 7, Powder Metallurgy, 9th Ed., ASM, 1984.

2. Powder Metallurgy Equipment Manual, 3rd Ed., Powder Metallurgy Equipment Assoc., 1986.

3. D. Herring, Meeting the Needs of P/M Sintering Applications, C.I. Hayes Inc., Presentation Paper.

4. D. Herring, R.C.Mowry, Innovations in High Temperature Sintering, Vol. 41, Prog. in Powder Metallugy , 1985.

5. D.H. Herring, Pressure Quench, Furnace Design Extend Range of Applications, Heat Treating, 1985.

6. Furnace Brochures, C.I. Hayes, Inc.(U.S.A).

7. F.V. Lenel, Powder Metallurgy, MPIF, Princeton, N.J. 1980.

8. R.M. German, Powder Metallurgy Science, MPIF, Princeton, NJ, 1984.

9. A.P. Gease Jr., Rapid Burn-off System for Removing Lubricant from P/M Parts, The Int'l J. of Powd Metall., 1977.

第十一章　燒結胚體性質之測試

林舜天*

───────────────────────────────

| 11.1 粉末冶金製品的
　　性能測試 | 11.2 合金元素對於燒結元件
　　機械性質的影響 |

───────────────────────────────

11.1　粉末冶金製品的性能測試

　　粉末冶金製程具有製造複雜零件的優點，當設計人員在考慮將粉末冶金製品使用於機械結構時，必然希望粉末冶金製品能夠具有一般實體材料製品的相同機械性質。因此，粉末冶金製品的機械性能測定對設計人員而言，是極重要的設計前置程序，經由機械性能測定後所獲得之資料可以判斷，以粉末冶金製品取代原實體材料製品的可行性，或是預測粉末冶金製品的使用壽命。目前，將粉末冶金製品與實體材料經鍛造後再加工製品，作相對機械性質比較的方式，是一般業界與學界共同認定的方式。

　　粉末冶金製品針對各個不同性質作測試時，必須具備不同種類之模具以便製作測試用試片。基本性能測試有三種，即為密度測試、孔隙率測試與金相檢驗，結合這三種分析可以獲得粉末冶金製品的顯微結構特徵。而在機械性能測試方法中，以硬度試驗、拉伸試驗、衝擊試驗與彎折試驗四種方式是廣被接受的可靠測試法，也能提供基本的材料特性作為設計依據。以下分別敘述在使用各種性能測試法時，其對粉末冶金製造之試片的要求與相關規定。

11.1.1　密度測試

　　密度是每單位體積中所含質量的測定值，通常是以每立方公分所含克數(g/cm³)的單位表示之。此將兩個較易為人所混淆的密度名詞介紹如下：

　　(1). 理論密度(Theoretical Density)：物質完全緻

─────

*美國壬色列理工學院材料博士
　國立台灣科技大學機械系教授

密時的密度，與結晶密度(Crystallographic Density)的定義是相同的，然而因考慮固溶體與多相結構的複雜性，通常以無孔隙的鍛造件之密度為標準理論密度 。

　　(2). 實體密度(Bulk Density)：是試片實際的測定值。此定義計算體積包含了物件及孔隙。

　　密度也可表示成百分比的理論密度（實體密度／理論密度）。一般粉末冶金元件依密度而言，歸納為三級，當元件密度低於75%的理論密度時，歸類於低密度，當元件密度介於75%～90%的理論密度之間時，歸類於中密度，當元件密度高於90%的理論密度時，歸類於高密度。一般結構性及機構零件的密度通常為80%～90%的理論密度，自潤軸承零件的密度通常是75%左右的理論密度，過濾用器材的密度通常是50%左右的理論密度。當元件為低密度時，其孔隙多為連通的，而其"滲透率(Permeability)"[2]，即是過濾器材所設計考量的主要因素。

　　理論密度可由晶格結構的數據和結構中元素的原子量計算得之，而實體密度可用阿基米得原理(Archimedes Principle)測定之。量測精神是試片在空氣中之重量除以試片的體積。

實體密度的量測方式有三種標準可為參考：

　　(1). 美國材料試驗學會(American Society for Testing and Material, ASTM)規格[1]，其中ASTM C373用於燒結陶瓷元件，採水煮法。ASTM B328用於燒結金屬元件及滲油元件，採滲油法。

　　(2). 中國國家標準CNS 9205[2]，資料多取自於

232

JIS Z 8401[3]，採滲油法。

(3). 金屬粉末工業總會(Metal Powder Industries Federation，MPIF)的規定MPIF Standard 42，採滲油法。

這三種方法其基本原理相同且步驟極為類似。但一般使用者多使用MPIF Standard 42，其步驟如下：

(1). 先量出試片在空氣中之乾重（W），如圖11.1A所示。

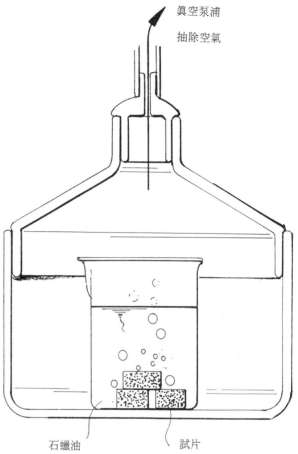

圖11.2　量測密度時滲油處理示意圖

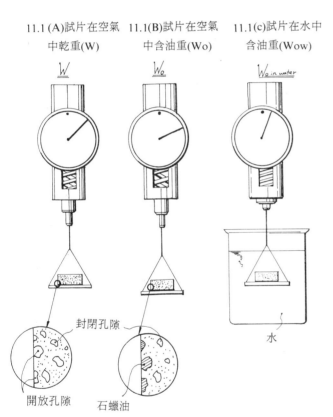

圖11.1　密度的量測步驟(A) 試片在空氣中乾重(W)；(B) 試片在空氣中乾重(Wo)；(C) 試片在空氣中乾重(Wow)

(2). 將試片浸入裝有石蠟油(Paraffin Oil)的燒杯中，再將燒杯置於真空皿中抽真空使壓力低於6.75KPa (0.0675atm, 51.3mmHg)，然後持壓約30分鐘，這是為了將試片開放孔隙中的空氣移出，以便石蠟油的滲入。而後小心的釋放壓力回復到常壓約10分鐘。如圖11.2所示。

(3). 將其附著表面的石蠟油以棉紙輕輕擦去。

(4). 量出試片在空氣中之濕重(W_o)，如圖11.1B所示。

(5). 將試片懸於水中量出試片之含油濕重(W_{ow})，如圖11.1C所示。

(6). 實體體積 (Bulk Volume)：

$$V_b = (W_o - W_{ow}) / \rho_w$$

(7). 當時溫度的水密度為ρ_w，其值如表11.1所示。

(8). 實體密度 = W / V_b

以上為MPIF標準稱之為乾密度(Dry Density)的測試方法，也就是試片不含油的密度。在使用表11.1的密度值時須注意試片較小而量測的精密度須提高時，小數點後第四位的取捨便相當重要，建議使用精密的微量天平量測粉末冶金製品之密度性能；另外一種測試含油元件密度的方法，MPIF標準

表11.1 水的密度值與溫度的關係

溫度（℃）	水的密度值 ρ_w (g/cm³)
15	0.9981
16	0.9979
17	0.9977
18	0.9976
19	0.9974
20	0.9972
21	0.9970
22	0.9967
23	0.9965
24	0.9963
25	0.9960
26	0.9958
27	0.9955
28	0.9952
29	0.9949
30	0.9946

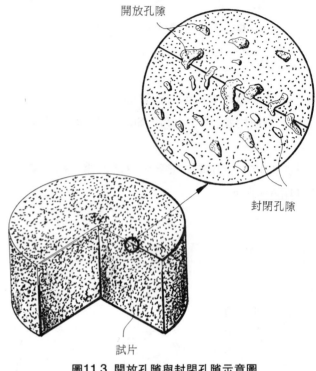

圖11.3 開放孔隙與封閉孔隙示意圖

稱之爲溼密度(Wet Density)，其實體密度＝W_o / V_b，不同於乾密度的算法，一般多用在含油軸承。

值得注意的是業界常用的比重瓶(Pycono-meter)測量法，會高估了元件的密度，因它是以氣體作介質的測量方法，它所量測出的實體體積是不含開放孔隙的體積，所以它比MPIF標準所量測出的實體體積還小，也使得它所得到的密度較高。也因爲如此，容易誤認試片具有高密度值，應多加注意。

11.1.2 孔隙率測試(CNS 9201, 9205, 9206, MPIF Standard 42)

在粉末冶金的製程中，試片常常不能得到百分之百的緻密化，也就是因爲試片中存在了大小不等的孔隙，此乃粉末冶金製品的一大特性。孔洞體積佔實體體積(Bulk Volume)的百分比就是孔隙率(Porosity)。孔隙率又可分爲開放孔隙率(Open Porosity)或視孔隙率(Apparent Porosity)和封閉孔隙率(Closed Porosity)，其差異性則是源於材料本身之開放孔隙與封閉孔隙，如圖11.3所示。自潤軸承也就

是利用相互連通且延伸至表面的開放孔隙做滲油處理成爲含油軸承，其最高含油率即爲開放孔隙率。量測步驟如同實體密度測量法，其計算公式如本文後註說明。

11.1.3 金相檢驗[5]

粉末冶金製品與一般製程之成品，最大的差異在於粉末冶金元件中所存在的微細孔洞。在金相分析試片準備的過程中，水份容易於進入空孔之中，而在腐蝕的程序時，水份的滲出所引發的一些反應，常掩蓋了眞正的顯微組織。以下即爲金相分析試片準備的標準程序及所需注意的事項：

(1). 取樣：

試片應選取足以代表整個材料的特性或問題的地方，例如針對爐子的氣氛與燒結或是熱處理的問題時，此時必須選取整個試件的截面來作測試與觀察以期能暸解氣氛的效應爲何。又如燒結中若有氣泡產生，試片中則應包含氣泡產生的區域。

(2). 切割試片：

一般可採用鋼鋸或砂輪片，對於軟材料如黃銅

、青銅、純鐵等選用鋼鋸即可截取，至於硬材料則應選用切斷砂輪較適當，而砂輪的選取應注意一個準則，即是軟材料應選取硬砂輪而硬材料則須選取軟砂輪。在切削的過程中必須使用冷卻劑以避免試片過熱，因爲試片過熱往往導致微觀組織的改變以及判斷分析的錯誤。

(3). 清洗試片：

　　經過試片切割程序後，常有大量的雜質或切削殘留在試片的表面及空孔中，爲了避免影響到金相的觀察及分析，故須將試片作適當的清潔處理。一般可使用冷凝器萃取(Condenser Extraction)或超音波清潔法(Ultrasonic Cleaning)。

(4). 鑲埋：

　　對於試片太小或須觀察邊緣組織時，則須施以鑲埋程序，鑲埋的方式依使用材料的不同可分爲兩種：

　　① 冷鑲埋

　　　冷鑲埋所使用的材料有聚酯類(Polyester)、環氧類(Epoxy)等樹脂並加入催化劑以加速其硬化反應，但過量之催化劑易導致氣泡的產生。準備時，將試樣置於眞空中可增加樹脂滲入開放孔隙並避免氣泡殘存其中，再將整個試樣放置於水盤上以利樹脂硬化後的熱量排放。冷鑲埋由於其滲透性佳，故對於粉末冶金金屬試件的鑲埋，其粉末與樹脂間結合性較佳，故於研磨時不致發生脫拉(Pull-out)現象，而避免試片的組織被破壞如圖11.4所示，且可避免熱鑲埋時的高壓、高溫對於金相組織的影響。

　　② 加壓熱鑲埋

　　　熱鑲埋所使用的材料爲電木(Bakelite)或苯二甲酸二丙稀基酯等熱固性塑膠粉末，其優點爲方便及省時，但須考慮鑲埋時壓力及溫度對試片顯微結構之影響。當欲鑲埋試樣爲粉末顆粒時，須將琥珀色電木粉(Amber Bakelite)壓碎過篩#100目，再將粉末與電木粉混合後模塑成型即可。

(5). 粗磨：

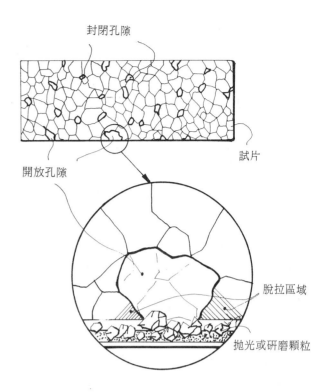

圖11.4　拋光試片時脫拉現象所造成孔洞擴大示意圖

　　爲消除試片表面之不平、變形或過熱現象，可用銼刀、砂輪帶或砂紙進行粗磨。對於砂輪帶或砂紙的選擇，若欲移除的材料較多可選#80目，反之#240目較適當，使用砂輪帶時爲避免過熱，最好使用冷卻劑，砂輪帶的鬆緊對試片表面的平整影響很大，最好儘可能的調緊。至於#240目以上最好用砂紙或鉛卷輪進行粗磨。

(6). 細磨：

　　細磨時依序由#240, #320, #400, #600目進行細磨，研磨時以雙手均壓握住試片，並以單一方向研磨，爲確定前一號砂紙的刮痕已去除，故每換砂紙時須將試片旋轉90度，若上一號砂紙的刮痕尚未去除，最好回到上一號並與刮痕垂直方向繼續研磨。完成 #600 後最好再經由#800, #1000, #1200加水研磨。只要細磨階段愈細心的研磨，其後續拋光將節省許多時間。

　　若是進行粉末狀金屬顆粒試片準備，則省略粗磨及細磨的步驟。

(7). 粗拋光：

　　粗拋是爲了消除細磨時所留下的微細刮痕，一般可使用鑽石膏、氧化鎂及氧化鋁磨料，並於拋光盤上加一層尼龍或絨布。通常使用的氧化鋁水溶液其磨料的粒徑為1-0.3μm，而拋光布的目的為增進磨料的切削作用、整平、不易弄髒試片的表面、保存非金屬化合物等功能。一般使用的氧化鋁水溶液其粉末含量為20wt %，拋光盤轉速400-500rpm 。

(8). 細拋光：

細拋時使用磨料粒徑通常為0.05μm以下，拋光布應選擇具多量的絨毛，如人造絲質絨布或羊毛布，拋光盤轉速200-300rpm。為避免試片表面受刮傷，每次研磨前應將拋光布、試片及手用水洗乾淨，不宜有較粗的磨料存在。試片在拋光盤上應與轉盤作反方向或小迴圈運動，以免試片表面產生單一方向磨痕即俗稱之彗星尾(Comet Tail)。一般的軟材料如銅、鋁、鐵等，可使用電解拋光，其優點為可消除試片表層任何的損傷。拋光完成後則應以清水沖洗乾淨，並以酒精洗濯再以吹風機吹乾。

(9). 蝕刻：

拋光後的試片經適當的蝕刻後不僅可觀察到孔洞、裂縫、夾雜物等，更可觀察到晶界、各種相、及結晶的方向性等，這是因受蝕刻的速率各有不同所致。

蝕刻時間過與不及皆無法產生最佳的效果，若蝕刻時間不夠切勿重複蝕刻，而以重新作拋光及蝕刻為佳。一般材料的蝕刻液如表11.2所列。

11.1.4 硬度試驗[7, 8]

硬度是粉末冶金製品中最常使用的一個性質指標，燒結後粉末冶金製品之硬度試驗所使用之方法，大致與實體金屬材料的硬度試驗方法略同。硬度代表了燒結完成後製品對塑性變形抵抗的能力，其單位為Kgf/mm²，常用的方法依不同材質區分不同的適用試驗方法，主要包括下列二類五種(MPIF Standard 43)：

巨觀硬度(Macro-hardness)

　1.勃氏硬度(Brinell Hardness)

　2.洛氏硬度(Rockwell Hardness)

　3.洛氏表面硬度(Rockwell Superficial Hardness)

表11.2　一般常見材料的蝕刻液[6]

材　料	蝕　刻　液
1. 鐵基材料	使用氫離子酸性溶液為主
碳鋼、低合金鋼	硝酸—酒精溶液(Nital)
不銹鋼、高鎳鉻合金	氯化銅鹽酸溶液 氯化銅4g＋ 鹽酸20cc＋水20cc
不銹鋼	王水 鹽酸：硝酸 ＝3:1
2. 銅基材料	
銅及銅合金	氨水20cc＋水0～20cc ＋雙氧水8～20cc
3. 鋁基材料	
鋁及鋁合金	氫氟酸溶液1cc ＋水200cc 氫氧化鈉溶液1g＋水100cc 硝酸溶液25cc ＋水75cc
4. 高熔點金屬材料	
超硬合金WC	濃鹽酸：水＝50：50vol%
鎢、鉬及其合金	$K_3Fe(CN)_6$ 10g+氫氧化鉀或氫氧化鈉10g+水100cc 氫氟酸溶液100cc ＋ 硝酸10cc ＋ 乳酸60cc
鉭及其合金	氫氧化鈉10g+ 水100cc 氫氟酸溶液10cc ＋ 硝酸10cc ＋ 乳酸60cc 氫氟酸溶液10cc ＋ 硫酸90cc
鈦及其合金	氫氟酸溶液40%1-3cc ＋ 硝酸2～6cc ＋ 水100cc

微小硬度(Micro-hardness)

　4.維克氏微硬度(Vickers Micro-hardness)

　5.羅普氏微硬度(Knoop or Tukon Micro hardness)

　　由於粉末冶金製品與鍛造金屬製品的結構（孔洞、成份分佈、晶粒）差異甚大，它的硬度值不能與鍛造金屬製品之硬度數值直接做比較。在一個標準的量測狀態下，粉末冶金製品的硬度是一種視硬度(Apparent　Hardness)，它是粉體顆粒硬度與孔隙度的總體表現。它與鍛造金屬製品的硬度測量差異如圖11.5所示[9]，展示其將 粉體顆粒移入孔隙而呈現視硬度低於粉體顆粒硬度之行為。然而，非常仔

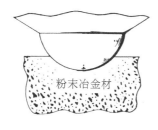

鍛造鋼材　　　　　　　　粉末冶金材

圖11.5　粉末冶金製品與鍛造金屬硬度量測的差異示意圖

細地以維克氏微硬度或羅普氏微硬度計測法所量測到之微硬度值可以準確獲得粉體顆粒的真實硬度。再者由於物件本身可能的密度差異及金相成份差異，在報告硬度值時必須標明硬度測量的量測位置。

　　進行硬度試驗時必須注意到，試片表面及背面需平整且平行，使得壓痕器下壓時得以獲得完整且正確的壓痕形狀。做微小硬度試驗時，試片表面必須細拋光，然而拋光時則應避免過度壓力造成表面加工硬化 (Work Hardening)。以鑲埋的方式準備試片做拋光動作時必須注意，冷鑲會使樹脂滲入試體中之孔隙，熱鑲過大的壓力以及過高的加熱溫度會使孔隙密合，這兩種結果將提高試片之視硬度。精確的硬度量測還需要注意試片的厚度必須大於壓痕深度（可用壓痕器直徑估算）十倍以上，而且新的壓痕中心與試片邊緣及其他的壓痕中心之距離，必須大於三倍的壓痕器直徑[7]。

　　以下簡述各種硬度試驗方法。各種硬度試驗方法的名稱、壓痕器形式、荷重計算法見表11.3所示。對於實體材料、各種試驗方法與其數值之間關係

如表11.4所示，但此表所列僅只供做參考值，實驗時不同條件可能造成換算時誤差必須要注意，稍後將仔細說明。

11.1.4.1 勃氏硬度試驗

　　粉末冶金材料的硬度測試多採用勃氏硬度計測法。如鐵基材料、銅基材料、電氣接點材料、摩擦材料等。美國ASTM　E10-66規定，使用直徑10mm之硬質球頭，荷重為500Kgf（鋼鐵）或300Kgf（軟質材料）及100Kgf（極軟材料）等三種，在固定時間下保持一段時間所得之硬度值。球頭如為鋼球時用HBs表示，適用於HB值在450以下的材料；而球頭為硬質合金鋼時以HBw表示，適用於HB在650以下的材料，勃式硬度值一般也可以BHN(Brinell Hardness Number)數字做整體硬度報告表。值得注意的是勃氏硬度是在負荷、球頭直徑、球頭材質一定的條件進行試驗，這樣的試驗所獲得之數據才具有意義。

11.1.4.2 洛氏硬度試驗

　　對於高硬度材料，常採用洛氏硬度計測法，如硬度值高的合金、粉末冶金成型之淬硬鋼材等材料。洛氏硬度採用120°金剛石圓錐及1.588mm鋼球之壓痕器，標尺有A,B,C,D,E.....等多種標示，按不同材質有不同適用範圍(ASTM E18-74)。硬度值的表示應註明所用之標尺如HRc50等，否則將毫無意義。

11.1.4.3 洛氏表面硬度試驗

　　此種試驗專供只容許有極淺之壓痕及量測材料最表層之硬度試驗。其測試對象有氮化燒結材料、滲碳鋼材、黃銅、青銅、銅片等。

　　洛氏表面硬度試驗的試驗原理同於通用之洛氏試驗，不同者僅為表面硬度試驗所使用之預負荷為3kg，總負荷為15、30或45kg而已。

11.1.4.4 維克氏微硬度試驗

　　操作原理是將荷重除以壓痕菱形面積之方式，但壓痕器為136°之角錐，一般測量時所用負荷為1至　100kgf (ASTM E92-72)。由於它的壓痕形狀類似且成比例，因此它可適用於非常軟到非常硬的材質，而成為連續性的硬度指標。在顯微硬度試驗中

表11.3 粉末冶金製品常用的硬度測量法及其壓痕器與硬度計算表

測試法	壓痕器	壓痕器形狀		荷重	硬度值計算方式
		側視圖	頂視圖		
勃氏硬度	10mm硬質鋼球 （不鏽鋼或碳化鎢）			3000(kg) 1500(kg) 500(kg)	$BHN = \dfrac{2P}{\pi D\,[\,D - \sqrt{(D^2 - d^2)}\,]}$
洛氏硬度 A ⎤ B ⎬ 鑽石圓錐 C ⎦				60(kg) 150(kg) 100(kg)	RA = ⎤ RC = ⎬100–150t RD = ⎦
B ⎤ F ⎬ 1/16"不鏽鋼圓球 G ⎦				100(kg) 60(kg) 150(kg)	BR = ⎤ BF = RG =
E ⎤ H ⎬ 1/8"不鏽鋼圓球 K ⎦				100(kg) 60(kg) 150(kg)	RE = ⎤ RH = ⎬130–150t RK = ⎦
洛氏表面硬度 15N ⎤ 30N ⎬ 鑽石圓錐 45N ⎦				15(kg) 30(kg) 45(kg)	R15N = ⎤ R30N = ⎬100–150t R45N = ⎦
15T ⎤ 30T ⎬ 1/16"不鏽鋼圓球 45T ⎦				15(kg) 30(kg) 45(kg)	R15T = ⎤ R30T = R45T =
15W ⎤ 30W ⎬ 1/8"不鏽鋼圓球 45W ⎦				15(kg) 30(kg) 45(kg)	R15W = ⎤ R30W = ⎬130–150t R45W = ⎦
羅普氏硬度	鑽石菱角錐				$KHN = \dfrac{14.2P}{l^2}$
維克氏硬度	鑽石角錐				$VHN = \dfrac{1.72P}{d_1^2}$

P = 荷重(kgf, gf, N)　D= 壓痕器直徑(mm)　d = 壓痕直徑(mm)　d_1, l, b = m 壓痕對角線長(mm)　t = 壓痕深度(mm)

表11.4　各個硬度試驗方法值轉換表

洛式標準硬度			洛式表面硬度			維克式硬度	羅普硬度	勃式硬度	抗拉強度
C	A	D	15N	30N	45N	DPH	500gm	3000kg	thousand
150kg	60kg	100kg	15kg	30kg	45kg	10kg	&over		psi
Brale	Brale	Brale	Brale	Brale	Brale				
80	92.0	86.5	96.5	92.0	87.0	1865	-	-	-
79	91.5	85.5	-	91.5	86.5	1787	-	-	-
78	91.0	84.5	96.0	91.0	85.5	1710	-	-	-
77	90.5	84.0	-	90.5	84.5	1633	-	-	-
76	90.0	83.0	95.5	90.0	83.5	1556	-	-	-
75	89.5	82.5	-	89.0	82.5	1478	-	-	-
74	89.0	81.5	95.0	88.5	81.5	1400	-	-	-
73	88.5	81.0	-	88.0	80.5	1323	-	-	-
72	88.0	80.0	94.5	87.0	79.5	1245	-	-	-
71	87.0	79.5	-	86.5	78.5	1160	-	-	-
70	86.5	78.5	94.0	86.0	77.5	1076	972	-	-
69	86.0	78.0	93.5	85.0	76.5	1004	946	-	-
68	85.6	76.9	93.2	84.4	75.4	940	920	-	-
67	85.0	76.1	92.9	83.6	74.2	900	895	-	-
66	84.5	75.4	92.5	82.8	73.3	865	870	-	-
65	83.9	74.5	92.2	81.9	72.0	832	846	-	-
64	83.4	73.8	91.8	81.1	71.0	800	822	-	-
63	82.8	73.0	91.4	80.1	69.9	772	799	-	-
62	82.3	72.2	91.1	79.3	68.8	746	776	-	-
61	81.8	71.5	90.7	78.4	67.7	720	754	-	-
60	81.2	70.7	90.2	77.5	66.6	697	732	614	314
59	80.7	69.9	89.8	76.6	65.5	674	710	600	306
58	80.1	69.2	89.3	75.7	64.3	653	690	587	299
57	79.6	68.5	88.9	74.8	63.2	633	670	573	291
56	79.0	67.7	88.3	73.9	62.0	613	650	560	284
55	78.5	66.9	87.9	73.0	60.9	595	630	547	277
54	78.0	66.1	87.4	72.0	59.8	577	612	534	270
53	77.4	65.4	86.9	71.2	58.6	560	594	522	263
52	76.8	64.6	86.4	70.2	57.4	544	576	509	256
51	76.3	63.8	85.9	69.4	56.1	528	558	496	250
50	75.9	63.1	85.5	68.5	55.0	513	542	484	243
49	75.2	62.1	85.0	67.6	53.8	498	526	472	236
48	74.7	61.4	84.5	66.7	52.5	484	510	460	230
47	74.1	60.8	83.9	65.8	51.4	471	495	448	223
46	73.6	60.0	83.5	64.8	50.3	458	485	437	217
45	73.1	59.2	83.0	64.0	49.0	446	466	426	211
44	72.5	58.5	82.5	63.1	47.8	434	452	415	205
43	72.0	57.7	82.0	62.2	46.7	423	438	404	199
42	71.5	56.9	81.5	61.3	45.5	412	426	393	194
41	70.9	56.2	80.9	60.4	44.3	402	414	382	188
40	70.4	55.4	80.4	59.5	43.1	392	402	372	182
39	69.9	54.6	79.9	58.6	41.9	382	391	362	177
38	69.4	53.8	79.4	57.7	40.8	372	380	352	171
37	68.9	53.1	78.8	56.8	39.6	363	370	342	166
36	68.4	52.3	78.3	55.9	38.4	354	360	332	162
35	67.9	51.5	77.7	55.0	37.2	345	351	322	157
34	67.4	50.8	77.2	54.2	36.1	336	342	313	153
33	66.8	50.0	76.6	53.3	34.9	327	334	305	148
32	66.3	49.2	76.1	52.1	33.7	318	326	297	144
31	65.8	48.4	75.6	51.3	32.5	310	318	290	140
30	65.3	47.7	75.0	50.4	31.3	302	311	283	136
29	64.6	47.0	74.5	49.5	30.1	294	304	276	132
28	64.3	46.1	73.9	48.6	28.9	286	297	270	129
27	63.8	45.2	73.3	47.7	27.8	279	290	265	126
26	63.3	44.6	72.8	46.6	26.7	272	284	260	123
25	62.8	43.8	72.2	45.9	25.5	266	278	255	120
24	62.4	43.1	71.6	45.0	24.3	260	272	250	117
23	62.0	42.1	71.0	44.0	23.1	254	266	245	115
22	61.5	41.6	70.5	43.2	22.0	248	261	240	112
21	61.0	40.9	69.9	42.3	20.7	243	256	235	110
20	60.5	40.1	69.4	41.5	19.6	238	251	230	108

表11.4 各個硬度試驗方法值轉換表

洛式標準硬度			洛式表面硬度			羅普硬度	勃式硬度	抗拉強度
B	F	E	15-T	30-T	45-T			
100 kg 1/16" ball	60 kg 1/16" ball	100 kg 1/8" ball	15 kg 1/16" ball	30 kg 1/16" ball	45 kg 1/16" ball	500 gm or over	3000 kg	thousand psi
100	-	-	93.0	82.0	72.0	251	240	116
99	-	-	92.5	81.5	71.0	246	234	112
98	-	-	-	81.0	70.0	241	228	109
97	-	-	92.0	80.5	69.0	236	222	106
96	-	-	-	80.0	68.0	231	216	103
95	-	-	91.5	79.0	67.0	226	210	101
94	-	-	-	78.5	66.0	221	205	98
93	-	-	91.0	78.0	65.5	216	200	96
92	-	-	90.5	77.5	64.5	211	195	93
91	-	-	-	77.0	63.5	206	190	91
90	-	-	90.0	76.0	62.5	201	185	89
89	-	-	89.5	75.5	61.5	196	180	87
88	-	-	-	75.0	60.5	192	176	85
87	-	-	89.0	74.5	59.5	188	172	83
86	-	-	88.5	74.0	58.5	184	169	81
85	-	-	-	73.5	58.0	180	165	80
84	-	-	88.0	73.0	57.0	176	162	78
83	-	-	87.5	72.0	56.0	173	159	77
82	-	-	-	71.5	55.5	170	156	75
81	-	-	87.0	71.0	54.0	167	153	74
80	-	-	86.5	70.0	53.0	164	150	72
79	-	-	-	69.5	52.0	161	147	-
78	-	-	86.0	69.0	51.0	158	144	-
77	-	-	85.5	68.0	50.0	155	141	-
76	-	-	-	67.5	49.0	152	139	-
75	99.5	-	85.0	67.0	48.5	150	137	-
74	99.0	-	-	66.0	47.5	147	135	-
73	98.5	-	84.5	65.5	46.5	145	132	-
72	98.0	-	84.0	65.0	45.5	143	130	-
71	97.5	100	-	64.0	44.5	141	127	-
70	97.0	99.5	83.5	63.5	43.5	139	125	-
69	96.0	99.0	83.0	62.5	42.5	137	123	-
68	95.5	98.0	-	62.0	41.5	135	121	-
67	95.0	97.5	82.5	61.5	40.5	133	119	-
66	94.5	97.0	82.0	60.5	39.5	131	117	-
65	94.0	96.0	-	60.0	38.5	129	116	-
64	93.5	95.5	81.5	59.5	37.5	127	114	-
63	93.0	95.0	81.0	58.5	36.5	125	112	-
62	92.0	94.5	-	58.0	35.5	124	110	-
61	91.5	93.5	80.5	57.0	34.5	122	108	-
60	91.0	93.0	-	56.5	33.5	120	107	-
59	90.5	92.5	80.0	56.0	32.0	118	106	-
58	90.0	92.0	79.5	55.0	31.0	117	104	-
57	89.5	91.0	-	54.5	30.0	115	103	-
56	89.0	90.5	79.0	54.0	29.0	114	101	-
55	88.0	90.0	78.5	53.0	28.0	112	100	-
54	87.5	89.5	-	52.5	27.0	111	-	-
53	87.0	89.0	78.0	51.5	26.0	110	-	-
52	86.5	88.0	77.5	51.0	25.0	109	-	-
51	86.0	87.5	-	50.5	24.0	108	-	-

表11.4 各個硬度試驗方法值轉換表

洛式標準硬度			洛式表面硬度			羅普硬度	勃式硬度	抗拉強度
B	F	E	15-T	30-T	45-T			
100 kg 1/16" ball	60 kg 1/16" ball	100 kg 1/8" ball	15 kg 1/16" ball	30 kg 1/16" ball	45 kg 1/16" ball	500 gm or over	3000 kg	1000 psi
50	85.5	87.0	77.0	49.5	23.0	107	-	-
49	85.0	86.5	76.5	49.0	22.0	106	-	-
48	84.5	85.5	-	48.5	20.5	105	-	-
47	84.0	85.0	76.0	47.5	19.5	104	-	-
46	83.0	84.5	75.5	47.0	18.5	103	-	-
45	82.5	84.0	-	46.0	17.5	102	-	-
44	82.0	83.5	75.0	45.5	16.5	101	-	-
43	81.5	82.5	74.5	45.0	15.5	100	-	-
42	81.0	82.0	-	44.0	14.5	99	-	-
41	80.5	81.5	74.0	43.5	13.5	98	-	-
40	79.5	71.0	73.5	43.0	12.5	97	-	-
39	79.0	70.0	-	42.0	11.0	96	-	-
38	78.5	79.5	73.0	41.5	10.0	95	-	-
37	78.0	79.0	72.5	40.5	9.0	94	-	-
36	77.5	78.5	-	40.0	8.0	93	-	-
35	77.0	78.0	72.0	39.5	7.0	92	-	-
34	76.5	77.0	71.5	38.5	6.0	91	-	-
33	75.5	76.5	-	38.0	5.0	90	-	-
32	75.0	76.0	71.0	37.5	4.0	89	-	-
31	74.5	75.5	-	36.5	3.0	88	-	-
30	74.0	75.0	70.5	36.0	2.0	87	-	-
29	73.0	74.0	70.0	35.5	1.0	-	-	-
28	73.0	73.5	-	34.5	-	86	-	-
27	72.5	73.0	69.5	34.0	-	85	-	-
26	72.0	72.5	69.0	33.0	-	-	-	-
25	71.0	72.0	-	32.5	-	-	-	-
24	70.5	71.0	68.5	32.0	-	-	-	-
23	70.0	70.0	68.0	31.0	-	82	-	-
22	69.5	69.5	-	30.5	-	-	-	-
21	69.0	69.0	67.5	29.5	-	-	-	-
20	68.5	68.5	-	29.0	-	-	-	-
19	68.0	68.0	67.0	28.5	-	79	-	-
18	67.0	67.5	66.5	27.5	-	-	-	-
17	66.5	67.0	-	27.0	-	-	-	-
16	66.0	66.5	66.0	26.0	-	-	-	-
15	65.5	65.0	65.5	25.5	-	76	-	-
14	65.0	64.5	-	25.0	-	-	-	-
13	64.5	64.0	65.0	24.0	-	-	-	-
12	64.0	63.5	64.5	23.5	-	-	-	-
11	63.5	63.0	-	23.0	-	73	-	-
10	63.0	62.5	64.0	22.0	-	-	-	-
9	62.0	62.0	-	21.5	-	-	-	-
8	61.5	61.5	63.5	20.5	-	71	-	-
7	61.0	61.0	63.0	20.0	-	-	-	-
6	60.5	60.5	-	19.5	-	-	-	-
5	60.0	60.0	62.5	18.5	-	69	-	-
4	59.5	59.0	62.0	18.0	-	-	-	-
3	59.0	58.5	-	17.0	-	-	-	-
2	58.0	58.0	61.5	16.5	-	68	-	-
1	57.5	57.5	61.0	16.0	-	-	-	-
0	57.0	57.0	-	15.0	-	67	-	-

，採用很小的負荷、精度較高的壓痕器及較高放大倍率的顯微鏡，因此試驗時可獲得更小的壓痕，且對試樣不產生損壞。然而，以微小的負荷時必須注意試片彈性變形恢復所造成的數值誤差。報告維氏微硬度值的代號有三種，即：DPH (Diamond Pyramid Hardness)、VHN(Vickers Hardness Number)與VPH (Vickers Pyramid Hardness)[8] 。

11.1.4.5 羅普硬度試驗

操作原理與維氏微硬度試驗法相似，不同的是將荷重除以壓痕投影面積（即長方菱形）其壓痕器為172° 30´之金鋼石角錐，荷重為5至120 kgf可自由選用，而使用低於25g荷重亦常在控制操作下有效的應用。其凹痕為長方菱形，因荷重與凹痕表面積成比例故隨材料之厚薄軟硬，而適當選定荷重。其報告代號為KHN (Knoop Hardness Number)。由於羅普氏微硬度測試的壓痕器之特殊形狀，它的兩個壓痕間的間距可比維克氏微硬度的壓痕間距更為接近。因此，它可用於量測硬度變化非常急遽的試片；此外，在相同壓痕的最大對角線長度與維克氏的壓痕相比較，它的壓痕面積大約僅有維克氏壓痕面積的百分之十五左右。這個特點有利於薄膜層（如電鍍層及滲氮層）之硬度量測，或是對於非常脆的材質之硬度測試。

操作微硬度試驗時必須要了解到，每次測量所得到之數值僅只代表局部位置硬度，當試驗所得數值過度差異時，必須仔細的觀察壓痕位置與試片表面顯微結構是否接近。同時，也必須注意到不同荷重的差異造成硬度值之影響，在報告微硬度值時需連同測試法代號、數值及荷重詳細報告。並建議在選用壓痕荷重時，於試片不破裂之原則下，盡可能選用標準值以上最重的荷重，才能正確評估試片的硬度，因為較低的荷重（小於 300gf）常會造成壓痕的彈性恢復以及不易辨認壓痕頂點，使得硬度讀數較實際值為高。

11.1.5 硬化深度(Case Depth)與硬化層硬度(Case Hardness)之量測

在測試經表面硬化處理的粉末燒結材料時，不論測試硬化後之硬度或硬化深度時，其材質本身最

小密度不得小於7.0g/cm³。

一般測試項目包括下列三項(MPIF Standard 37)：

(1). 破斷面試驗(Fracture Test Method)

(2). 銼磨試驗(File Test Method)

(3). 微硬度試驗(Micro-hardness Test Method)

首先定義硬化深度(Case Depth)：自表面以下某深度處在硬度值大於或等於HK542(100gf) 的微硬度值範圍，橫截面區域內，稱為"有效之硬化深度"；而硬化層硬度值取有效硬化區域所測得之最高微硬度值為我們所要的硬度值 。

11.1.5.1 破斷面試驗

在進行破斷面試驗時，須注意：

(1). 破斷面須為新的斷面，且以低的放大倍率來觀察（因為光學顯微鏡的景深不大）。

(2). 在破斷彎曲試片後，所量測的部位，最好是取未受拉應力及無複雜應力的區域，整個區域的晶粒變化須先量測。

(3). 低倍率觀察之顯微鏡，可選取15至40倍的放大倍率。

(4). 當不易分辨試片何者是表面、何者是心部時，可以加熱或化學腐蝕的方式，來作對比式的分析。

11.1.5.2 銼磨試驗

(1).常用6英吋(150mm)之一號銼刀進行銼磨。

(2).對銼磨的工件應使用較慢的速率，且固定的壓力來進行。銼刀的邊緣不可與工件接觸，同樣地工件尖銳的角隅處亦不可使用平的銼刀來測試。

(3).缺乏較好的試驗設備時，銼磨試驗能提供一點較為滿意的定性方法，尤其熟練的機械人員能大略地確定材料的軟硬。否則須使用金相試驗的方式來決定。

11.1.5.3 微硬度試驗

(1). 微硬度試驗進行前，須先使表面形成拋光後平面，以便於測試，截面須平整，且避免退火或受熱之影響。測試時多使用羅普氏壓痕器及100gf之負荷。

(2). 在測試自表面以下，至0.01英吋(0.25mm)深度時，以每0.001英吋(0.025mm)來各測一次，共計10點，超過0.01吋之深度後，可以每0.002 英吋來進行測試，且起始點須自表面下0.001 英吋處開始測試。

(3). 最後達到HK 542(100 gf)硬度值之深度，定義為有效硬化深度。即HK<542(100 gf)後，即非硬化區。

(4). 在進行微硬度測試時，若遇到孔洞而有明顯的硬度值低於HK 542(100 gf)時，須忽略不計，而且在接合的區域，須另外再作一、二點壓痕的測試，以確定之。

在報告表面硬度值時，必須注意壓痕是否壓裂了表面硬化層。

11.1.6 拉伸試驗

拉伸試驗是計測材料的楊氏模數(Young's Modulus, E)、降伏強度(Yield Strength, σ_y)及極限抗拉強度(Ultimate Tensile Strength , UTS)等機械性能，所能獲得之材料機械性質資料最多。試片種類可劃分為直接經由壓製並燒結成的平板(Flat)試片及先經壓製燒結後再予以機械加工的圓桿 (Round) 試片，這兩種試片的規格如圖11.6～11.7所示[4]，這是美國金屬粉末工業總會所制定的試片規格圖(MPIF

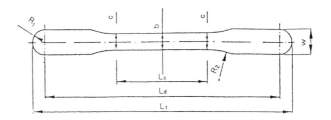

單位：mm

	b	c	Lc	Ld	Lt	W	R₁	R₂	加壓面積
一號	5.70 ±0.02	5.96 ±0.02	32	87.80 ±0.20	96.50 ±0.10	8.70 ±0.05	4.35	25	約7cm²
二號	5.70 ±0.02	b +0.25	32	81.0 ±0.5	89.7 ±0.5	8.7 ±0.2	4.35	25	

圖11.7 壓製平板形拉伸試片尺寸圖

Standard 10)，而圖11.8則是按照美國材料試驗協會(ASTM)所規定的規格，經修改而適用於金屬射出成型(Metal Injection Molding)製作拉伸試片圖(MPIF Standard 50)。儘管規定不盡然相同，但其燒結後試片的標距(Gage Length)則同為四倍以上的試桿直徑尺寸之比例，在中國國家標準中亦是採用此種試片準備要領。

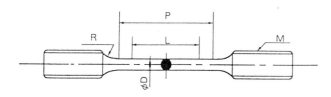

單位：mm

標　距　L	20~30mm		
標距內直徑 (D)	4.5~8.0mm		
	公差	4.5－6.0mm	0.03
		6.0－8.0mm	0.04
肩部半徑	10~15mm		
表面粗度	6S以下		
夾持部位長度 (M)	8~14mm		
平行部位長度 (P)	L+10mm		

圖11.6 加工圓桿形拉伸試片尺寸圖

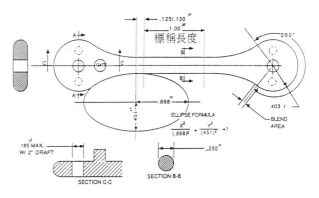

圖11.8 粉末射出成型之標準拉伸試片尺寸圖

粉末冶金製品由於大部份具有孔洞，在拉伸測試時需注意下列事項：

(1). 粉末冶金製品會呈脆斷(Brittle Fracture)行為，此並非代表原始材料實體亦為脆性材料，須小心判斷，在負載荷重時也要注意控制夾頭升降速率，依據美國ASTM E8中，最好選擇使用脆性材料的夾頭升降速率0.05mm/sec (0.125 in/min)，才能夠較爲準確分析。

(2). 必須認知孔洞會使受力面積減少，在計算拉伸應力與應變值時，需斟酌考慮。如圖11.9所示，此結果是粉末冶金試片被拉斷破壞的

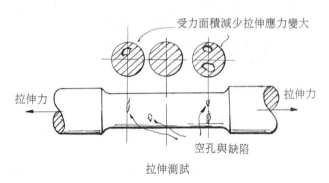

圖11.9　粉末冶金試片孔洞與破斷位置關係圖

位置並不一定會在標距之正中央，有可能產生位移甚至不在標距中，導致試片必須重新更換，影響實驗進度。故在此提醒以粉末冶金製造試片時必須有足量試片。

(3). 粉末冶金製品的降伏強度約爲抗拉強度的65%-85%，故它比實體鍛造材料更接近抗拉強度；如圖11.10所示，在燒結不鏽鋼製品與鍛造不鏽鋼製品的應力應變圖中，以標準的0.2%應變量截距法，前者之降伏強度甚至比

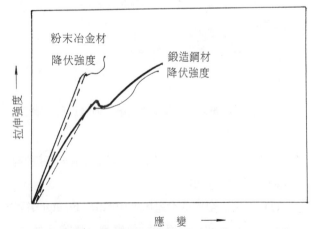

圖11.10　粉末冶金製品與實體鍛造材料的抗拉強度與降伏強度差異

後者更高。

(4). 燒結試片時一般注意到的是試片能夠達到最高緻密度爲佳，所以每一批試片都必須要詳細記錄其燒結條件（燒結溫度、持溫時間、氣氛控制....等）。所有的試片表面與肉眼可見之處均不能看到有裂痕或孔洞。 在製作圓桿試片時，須注意到車削加工過程的控制如：切削劑的使用、進刀量及車削速度等對試片表面粗糙度影響。

(5). 粉末冶金製品的性能重現性(Repeatability)不及實體材料，故必須嚴格規定生胚成形以壓力或密度兩種方式控制。同一批量的試片成形壓力變化每次誤差要在標準值±3%以內，而每次粉末重量誤差要少於2%以下。以密度控制同一批量試片的方法則以每次試片厚度變化在標準值±2%之內，而粉末重量變化在1%以下 。

11.1.7　衝擊試驗

以衝擊試驗求得材料之衝擊強度(Impact Strength)是用來判斷材料之韌性(Toughness)的普遍方式，最常用的爲恰比式(Charpy-type)及埃左德式(Izod-type) 衝擊試驗。而報告衝擊試驗的單位爲功(Work)或焦耳(Jole)，可用公斤─米、磅─呎(kg-m,lb-ft)或是牛頓─米(N-m)，一般通稱衝擊值；另外亦有採用焦耳/面積(Jole/cm²)爲報告單位者，這是以標準衝擊試片的橫斷面積所吸收的能量爲計算所得，但實際橫斷面積不易計算，所以必須注意此單位使用時機。粉末冶金製品因其孔洞性而所獲得之衝擊強度大約爲實體材料之三分之二以下甚至更低，故歸納其爲脆性材料，在衝擊試驗時將不考慮缺口敏感性(Notch Sensitivity)問題，能夠較客觀的評估粉末冶金製品整體的性質。兩種形式的衝擊試驗試片之製造圖如圖11.11所示(MPIF Standard 40)，在製作試片時可以直接成型埃左德式的試片，能夠提供兩種試驗同時使用，其他製作試片需注意的事項與拉伸試片注意事項之(4)、(5)相同。

而根據ASTM E23的規定中，必須注意到試驗進行時的當時溫度，即使是脆性材料亦必須遵守此

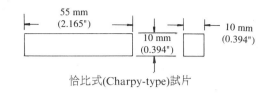

恰比式(Charpy-type)試片

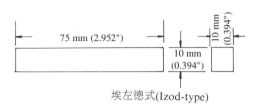

埃左德式(Izod-type)

圖11.11　衝擊試片尺寸圖

規定。由於衝擊試驗值會有許多變數，在報告衝擊值時必須註明：試驗機之形式、試片尺度、擺錘最大直線速度、磨擦能量損失、試片破斷所吸收之能量與當時的擺錘之衝擊能，以及試驗時之環境溫度與破裂口之外貌。除此之外，也必須根據MPIF Standard 40所規定，每一批試片的製作條件都必須要詳細記錄並報告之。

11.1.8　彎折試驗

　　由於常溫狀態呈現脆性行為的材料在進行拉伸試驗時，通常不會有塑性變形或頸縮現象即發生斷裂，如此無法獲得脆性材料之延展性的資料。彎折試驗恰好適用來補充拉伸試驗對脆性材料的延性與強度資料的不足，它可獲得兩個有用的指標：材料橫向破裂強度(Transverse Rupture Strength, TRS)及最大彎折撓度。一般彎折試驗也因此而區分成彎折延性測試(Bending Ductility Test)以及彎折強度測試(Bending Strength Test)，前者不適用於粉末冶金製品，而後者以三點(Three Point)測試法是CNS 13000及MPIF Standard 41所採用。需說明的是粉末冶金彎折試片必須採用脆性材料試片之製作方式，如圖11.12所示。計算橫向破裂強度的公式如下：

$$TRS = \frac{3 \times P \times L}{2 \times t^2 \times W}$$

L = 支點間長度

t = 試片的厚度

W = 試片的寬度

P = 破裂時之負載

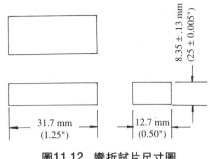

圖11.12　彎折試片尺寸圖

　　最大彎折撓度的取得是經由破壞時壓測頭所下降距離而得，這可由萬能試驗機記錄的荷重與位移圖中讀取到。

　　由於以破壞性測試粉末冶金製品，其內部缺陷位置無法預知導致產生許多測試上的困擾，歸納彎曲試驗與拉伸試驗對材料破壞的方式，如圖11.13所示。在無扭力狀況下以三點彎折測試時，破壞是由最大剪應力造成，最大剪應力會發生在試片中央，但是粉末冶金製品內部的缺陷並不一定在中央，因此使每次破壞所在位置相同，這會使得彎折試驗所獲數值誤差極大。而拉伸試驗雖可確定破斷會發生於橫斷面積最小處，但是極脆材料卻無法由拉伸試驗獲得部分重要性質，因此建議對於極脆性材料可改用四點彎折試驗(Four Point)，由於最大剪應力分布範圍較大，可以使得缺陷位置不影響檢驗。

11.2　合金元素對於燒結元件機械性質的影響

11.2.1　鐵系合金

　　鐵粉是粉末冶金最常使用的材質，在結構的應用上，它通常單獨或混合加入碳、銅、鎳或鉬元素以增加它的機械性質。近年來，磷、錳、鉻及釩的添加也變得非常普遍[11]。

11.2.1.1　碳[9,11,12]

　　通常將石墨粉與鐵粉混合的碳鋼結構材質含有最大約0.75wt%的碳，視密度而定，它的燒結抗拉強度通常是在110MPa至410MPa之間，而熱處理後，它的抗拉強度可達620MPa。圖11.14展示碳含量對於鐵粉燒結後抗拉強度與延展性的影響。碳的添

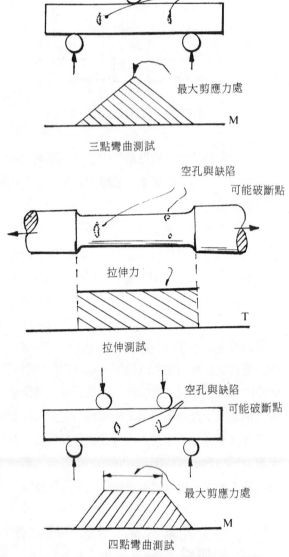

圖11.13 彎曲試驗及拉伸試驗破壞方式比較圖

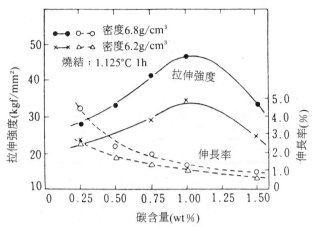

圖11.14 碳含量對於粉末冶金碳鋼的拉伸強度與伸長率
之關係圖

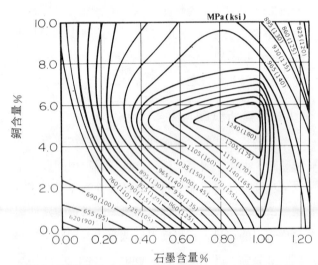

圖11.15 燒結密度為6.8g/cm³的鐵－銅－碳鋼材其橫向
破裂強度與銅及石墨添加量的關係圖

加逐漸增加結構鋼材的強度而降低伸長率，直至約0.8wt%總碳量時，強度因為雪明碳鐵析出於沃斯田鐵晶界處，而明顯降低強度。

11.2.1.2 銅[9,11,13,14]

加入銅於鐵粉中通常增加它的強度與硬度，然而也降低了它的伸長率。通常銅的含量為1.5wt%至10.5wt%而碳的含量可達1.0wt%。視燒結後密度而定，它的燒結後抗拉強度約在140MPa至550MPa之間，而熱處理後可達690MPa。圖11.15展示銅含量與石墨添加量對於燒結鋼材橫向破裂強度的影響。

其中碳含量約為石墨添加量的80%。由此可知，在5%銅添加及0.9%石墨添加時可達1240MPa的橫向破裂強度，然而它的伸長率卻非常低，只適用於破壞韌性需求不高的環境下。

銅通常造成鐵系合金燒結體的膨脹。其原因為液相形成於1084℃，而流入鐵粉與鐵粉之間的接觸角。再隨銅原子快速地滲透進入鐵原子內而造成鐵粉晶粒的膨脹。這種膨脹率隨銅的添加量增加而增加[11]。在5wt%銅的添加時可達0.5%直線膨脹率。克服這種膨脹的方法可以添加石墨使其收縮用以平衡銅所導致的膨脹，或使用含高度孔隙的鐵粉，使溶化的銅流入鐵粉的內部孔隙而不是流至鐵粉與鐵粉之接觸角。

　　滲銅鋼材也是常用的鐵系結構材料。一般可含有8wt%至25wt%的銅。強度隨著燒結體孔隙填滿而增加，它的抗拉強度大約在450MPa與620MPa之間。而熱處理後的抗拉強度可達900MPa。滲銅的主要目的除了增加機械性能外，它亦可達到均勻密度、高密度、表面封孔、同一物件性能差異設計及多零件的組裝等優點。

11.2.1.3 鎳[9,11,14,15]

　　鎳的添加量通常是2wt%至8wt%，而碳含量通常達0.8wt%。也可再加入微量的銅用以平衡鎳所造成的收縮。鎳的添加可顯著地提高燒結強度，及增加破壞韌性、疲勞強度，然而其伸長率在2wt%添加量時達到最大後，而隨著添加量的增加反而降低。而表面硬化後的高燒結密度鐵—鎳鋼亦有優良的耐磨耗性質。燒結後抗拉強度一般在620MPa至690MPa之間，而熱處理後的抗拉強度可達1240MPa。圖11.16展示鎳含量與碳含量對於鐵系鋼材抗拉強度與衝擊強度的關係圖。

11.2.1.4 鉬[16-18]

　　雙重壓製(Double　Pressing)加上雙重燒結

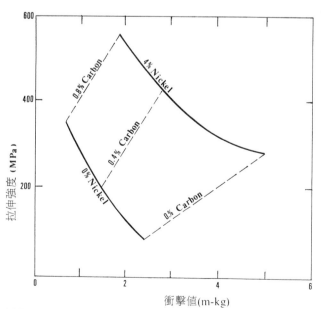

圖11.16　鎳與碳含量對於燒結密度爲7.0g/cm³鋼材抗拉強度與衝擊強度的影響

(Double Sintering)及熱處理的高性能粉末冶金鋼材，可用一次壓製 (Single Pressing) 加上一次燒結(Single Sintering)含鉬的預合金粉末製品所取代。快速冷卻時，其抗拉強度在密度爲7.1g/cm³時可達965MPa，而在密度爲7.25g /cm³可達1172MPa，其耐衝擊強度在密度爲7.1g/cm³時可達12.2J/cm²至16.3J/cm²。若以元素粉末添加鉬，則在1230℃至1270 ℃之間形成暫態液相(Transient Liquid Phase)而造成燒結件的體積膨脹。其膨脹率可因加熱速度的降低而減少，也可添加鎳粉以燒結收縮而降低其膨脹率。在燒結密度爲7.3g/cm³時，其抗拉強度可達800MPa，而耐衝擊強度可達35J/cm²。熱處理後其橫向破裂強度可達2400MPa，而耐衝擊強度可達14J/cm²。

11.2.1.5 磷[11,19]

　　磷通常在煉鋼時爲不良物質，然而卻爲鐵系粉末冶金中的良好添加物。它與鐵在大於1050℃時形成液態而促進燒結，然而也增加了尺寸控制的困難。再者，過量的磷添加也易造成脆性的Fe₃P析出於晶界，而造成鋼材的脆化，磷的添加量對於燒結品的影響如圖11.17所示。它通常的添加方式是以Fe₃P(含15.6%磷)爲添加合金粉，而添加量爲3wt%，其總共磷含量約爲0.47wt%。其燒結溫度爲1120℃以減少燒結物件的尺寸變化。在燒結密度爲7.25g/cm³時，它的抗拉強度可達到390MPa，伸長率達14%，耐衝擊強度達75J/cm²，及疲勞強度達100 MPa 。

11.2.2 銅系合金[9,11,13]

　　銅系合金是另一支最常用的粉末冶金製品。微量的合金添加通常造成銅的導電性及導熱性的大量降低。所以，純銅僅應用於高導電度及高導熱度的需求。一般銅都以合金形態應用於粉末冶金製品：添加鋅的黃銅與添加錫的青銅。除了最常見的鋅與錫的添加外，鎳與鉛的添加也甚爲普遍，添加16%至19%鎳而成爲鎳銀 (Nickel Silver, 例如64Cu–18Ni–18Zn)以改進耐腐蝕性。添加鉛可改進軸承的潤滑性。

11.2.2.1 鋅(CNS 12486)

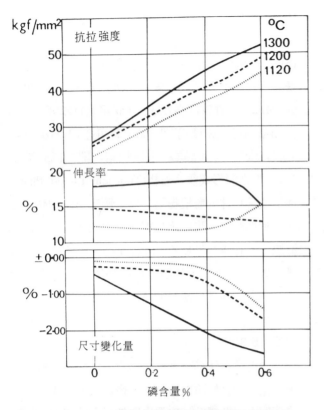

圖11.17　磷的添加量對於鐵系粉末冶金產品之抗拉強度、伸長率與尺寸變化的影響

通常鋅的添加量為10%至30%，而鉛為1%至2%。它的燒結強度通常介於120MPa（密度＝7.6g/cm³）與240MPa（密度＝8.1g/cm³）之間。其伸長率通常介於9%（密度＝7.6g/cm³）與18%（密度＝8.1g/cm³）之間，它有良好的耐腐蝕性、加工性及色澤。

11.2.2.2 錫（CNS 12487）

通常錫的添加量為8%至11%，而鉛含量可達5%。必須注意的是鐵及碳為有害的元素，其總和不可超過1.5%。以預合金青銅粉末製成的結構件的抗拉強度可達350MPa。青銅可用元素粉末(Elemental Powder)製成含有18%至30%的連續孔隙（密度小於6.4g/cm³），最主要應用於含油自潤軸承。它的抗拉強度介於55至125MPa之間。以鍍錫的銅粉所製成的過濾青銅通常有4.6g/cm³至5.0g/cm³密度，其抗拉強度約在20MPa至35MPa之間。

誌謝

本文承邱耀弘、杜正方、朱永星、梁誠諸先生

協助執筆，謹致謝忱。

參考文獻

1. ASTM Standards, American Society for Testing and Materials, Philadelphia, PA.

2. 中國國家標準(Chinese National Standard, CNS)，經濟部中央標準局印行。

3. 日本工業標準(Japanese Industrial Standard, JIS)，日本規格協會發行。

4. Standard Test Methods for Metal Powders and Powder Metallurgy Products, Metal Powder Industries Federation, Princeton, NJ,1992. 2.

5. J. Marsden, *"Selection and Preparation of Metallographic Specimens",* in Source Book on Powder Metallurgy, S. Bradbury ed., American Society for Metals, Metals Park, OH, 1979, p.403-418.

6. 許榮宗、蘇國璋、楊國和，"鋼鐵金相圖譜"，中華民國鑄造協會，金屬工業研究所，中華民國七十年十二月。

7. W. D. Callister, Jr., Materials Science and Engineering, An Introduction, 2nd ed., John Wiley & Sons, Inc., New York, 1991.

8. G.E. Dieter, Mechanical Metallurgy, McGraw-Hill Book Company, New York, 1988, p.325-337.

9. Powder Metallurgy Design Guidebook, Metal Powder Industries Federation, Princeton, NJ, 1974.

10. 日本粉末冶金工業會標準(Japan Powder Metallurgy Association, JPMA)，日本粉末冶金工業會發行。

11. F.V. Lenel, Powder Metallurgy, Properties and Applications, Metal Powder Industries Federation, Princeton, NJ, 1980.

12. P.U. Gummeson and A. Stosuy, *"Iron-Carbon Behavior During Sintering",* in Source Book on Powder Metallurgy, S. Bradbury ed., American ciety for Metals, Metals Park, OH 1979, p.36-48.

13. H. H. Hausner, Handbook of Powder Metallurgy,

Chemical Publishing Co. Inc., New York, 19673

14. J.M. Torralba, L. E. G. Cambronero, and J. M. Ruiz, *"Influence of the Nature of Powders on Properties and Microstructure of Sintered Cu and Ni Steels"*, Powder Metallurgy International, Vol. 24, No.4. p.226-228, (1992).

15. A. F. Kravic and D. L. Paquine, *"Fatique Properties of Sintered Nickel Steels"*, in Source Book on Powder Metallurgy, S. Bradbury ed., American Society for Metals, Metals Park, OH, 19679 p.25-35.

16. PM Technology Trend : Making the Most of Moly, Metal Powder Publishing Co. Inc., New York, 1973.

17. H. Danninger, *"Sintering of Mo Alloyed P/M Steels Prepared from Elemental Powders, I. Sintering Temperature and Mechanical Properties"*, Powder Metallurgy International, Vol.24, No.2, (1992).

18. H. Danninger, *"Sintering of Mo Alloyed P/M Steels Prepared from Elemental Powders, II. Mo Homogenization and Dimensional Behaviour"*, Powder Metallurgy International, Vol.24, No.3, p.163-168, (1992).

19. P. Lindsog, *"The Effects of Phosphorous Additions on the Tensile, Fatique, and Impact Strength of Sintered Steels Based on Sponge Iron Powder and High-Purity Atomized Iron Powder"*, in Source Book on Powder Metallurgy, S. Bradbury ed., American Society for Metals, Metals Park, OH, 1979, p.36-48.

註：孔隙率量測計算公式說明：

(1). 開放孔隙率 (Open Porosity Ratio)：

（最高含油率）

$$= \frac{(W_o - W)/\rho_o}{V_b} = \frac{\rho_w(W_o - W)}{\rho_o(W_o - W_{ow})} \times 100$$

(2). 試片不被滲透的體積 (Un-infiltrated Volume of Specimen)：

$$V_i = V_b\left[1 - \frac{\rho_w(W_o - W)}{\rho_o(W_o - W_{ow})}\right] = \frac{(W_o - W_{ow})}{\rho_w} - \frac{(W_o - W)}{\rho_o}$$

(3). 試片理論密度(Theoretical Density)：以元素混合行為假設(Rule of Mixture)

$$\rho_t = \frac{100}{\Sigma \frac{G_i}{\rho_i}}$$

G_i：i元素之重量百分比率

ρ_i：i元素之密度

(4). 封閉孔隙率 (Closed Porosity Ratio)

$$= \frac{V_i - W/\rho_t}{V_b} \times 100$$

$$= \left[1 - \frac{\rho_w(W_o - W)}{\rho_o(W_o - W_{ow})} - \frac{W\rho_w}{(W_o - W_{ow})\rho_t}\right] \times 100$$

式中 ρ_w ＝ 水之密度

　　ρ_o ＝ 油之密度

　　ρ_t ＝ 試片理論密度

　　W ＝ 物件乾重

　　W_o ＝ 物件含油重

　　W_{ow} ＝ 含油物件於水中重

　　V_i ＝ 試片不被滲透的體積

　　V_b ＝ 總體體積

第十二章　燒結體之後處理

葉聰麟*

12.1 前言	12.5 水蒸氣處理
12.2 再加壓	12.6 油含浸處理
12.3 機械加工	12.7 其他之表面處理
12.4 熱處理	12.8 結語

12.1 前言

　　金屬粉末壓胚經燒結後的處理，叫做後處理。其目的在提高燒結製品之尺寸精度、降低加工面粗度，以及密度、抗腐蝕性和其他物理、機械性質的增進。後處理之種類很多，一般都由產品要求而定，可分別對燒結製品進行精整、滲油、再加壓、再燒結、電鍍、壓力加工、機械加工、熱處理、化學處理等。本文所指的燒結體二次加工技術爲民間廠商之泛用名詞，在粉末冶金CNS 12480 Z7206詞彙5001標準中，皆以燒結後處理稱之。這裡略述一般採用的幾種後處理，其與熔製材之後處理是相通的，只是合金元素量較多，不均勻之金相與粉末冶金多孔性現象，對後處理可能會有影響。

12.2　再加壓

　　所謂再加壓是將燒結體裝入模具內再予加壓者稱之：將燒結壓胚再壓縮以確保所需之尺度者稱爲精整(Sizing)；爲使產品表面之形狀更加明確，而將燒結體再置入壓模中，做最後之加壓處理者稱爲整形或整邊(Coining)。但是，實際上很多都是整形同時兼作精整，並沒有很嚴格地區別。

　　在一般情形下，燒結體都含有10~20%的氣孔，經過加壓之後能吸收應變能，有利於塑性加工之進行。

　　經由下列兩種精整，可得到所需精度。

　　(1)餘量精整(Positive Sizing)：

*大同工學院機械系學士
　台灣保來得(股)公司協理

事先將燒結體之尺寸製作得較最終製品尺寸爲大，然後壓入模具，以模壁鑿平取得所需精度的方式。

　　(2)無餘量精整(Negative Sizing)：

　　將燒結體尺寸事先製作得較最終製品尺寸爲小，然後在模具內從高度之方向作壓縮，往模具壁加壓以取得所需精度的方式。

　　但無論是採用何種途徑，精整之精度有其極限，通常以JISB 0401（尺寸公差及配合）的IT基本公差來表示的話，其徑向尺寸從IT8起，較好者爲IT7，很嚴格地管理也只不過到IT6的程度，而其高度方向則以IT12左右爲其極限。

　　若考慮到原料、成形、燒結之不穩定，以及模具之磨損等的問題，則通常預先將公差設定在1~2等級上，並在需要之部位嚴格規定公差。

　　表12.1顯示JISB 0401（尺寸公差及配合）的IT基本公差之數值，而表12.2顯示JISB 0411（金屬燒結品的一般公差）之數值。

　　JISB 0411之精級、中級、粗級數值各與ISO 2768之Fine Series, Medium Series及Coarse Series相一致。

　　精　級—經由精整或整形所得。

　　中　級—以燒結後之狀態即可得之。

　　粗　級—經由熱處理；特別是熔浸所得。

12.2.1 精整機 (Sizing Press)

　　表12.3顯示油壓式精整機的規格，表12.4是顯示機械式精整機的案例。對精整機所要求的重點與成形機有所不同,在於壓力起始較快，所以精整機本體的剛性、機械精度要求較高。

表12.1　IT基本公差之數值 (JISB 0410)

(單位：μm=0.001mm)

尺寸範圍 mm		IT01	IT0	IT1	IT2	IT3	IT4	IT5	IT6	IT7	IT8	IT9	IT10	IT11	IT12	IT13	IT14	IT15	IT16
超過	以下	01級	0級	1級	2級	3級	4級	5級	6級	7級	8級	9級	10級	11級	12級	13級	14級	15級	16級
-	3	0.3	0.5	0.8	1.2	2	3	4	6	10	14	25	40	60	100	140	250	400	600
3	6	0.4	0.6	1	1.5	2.5	4	5	8	12	18	30	48	75	120	180	300	480	750
6	10	0.4	0.6	1	1.5	2.5	4	6	9	15	22	36	58	90	150	220	360	580	900
10	18	0.5	0.8	1.2	2	3	5	8	11	18	27	43	70	110	180	270	430	700	1100
18	30	0.6	1	1.5	2.5	4	6	9	13	21	33	52	84	130	210	330	520	840	1300
30	50	0.6	1	1.5	2.5	4	7	11	16	25	39	62	100	160	250	390	620	1000	1600
50	80	0.8	1.2	2	3	5	8	13	19	30	46	74	120	190	300	460	740	1200	1900
80	120	1	1.5	2.5	4	6	10	15	22	35	54	87	140	220	350	540	870	1400	2200
120	180	1.2	2	3.5	5	8	12	18	25	40	63	100	160	250	400	630	1000	1600	2500
180	250	2	3	4.5	7	10	14	20	29	46	72	115	185	290	460	720	1150	1850	2900
250	315	22.5	4	5	8	12	16	23	32	52	81	130	210	320	520	810	1300	2100	3200
315	400	3	5	7	9	13	18	25	36	57	89	140	230	360	570	890	1400	2300	3600
400	500	4	6	8	10	15	20	27	40	63	97	155	250	400	630	970	1550	2500	4000

備註：IT01-IT4之IT基本公差主要是以量規類為主。
IT5-IT10之IT基本公差主要用於配合之部份。
IT11-IT16之IT基本公差適用於不需配合之部份。

表12.2　金屬燒結品一般公差 (JISB 0411)

[寬度的一般公差]　　　　　　　　[單位:mm]

尺寸範圍	精級	中級	粗級
6以下	±0.05	±0.1	±0.2
超過 6~30以下	±0.1	±0.2	±0.5
超過30~120以下	±0.15	±0.3	±0.8
超過120~135以下	±0.2	±0.5	±1.2

[高度的一般公差]　　　　　　　　[單位:mm]

尺寸範圍	精級	中級	粗級
6以下	±0.1	±0.2	±0.6
超過 6~30以下	±0.2	±0.5	±1
超過30~120以下	±0.3	±0.8	±1.8

表12.3　油壓式精整機規格

項目	單位	TMS-20	TMS-40	TMS-60	TMS-80	TMS-100	TMS-200	TMS-300	TMS-500
規格能力	t	20	40	60	80	100	200	300	500
頂出力	t	10	20	27	36	48	100	100	100
主汽缸衝程	mm	100	120	120	150	150	250	250	300
開口高度	mm	400	450	450	500	550	550	600	600
芯棒能力	mm	1.5	3	4	5.5	7	14	20	30
芯棒衝程	mm	50	65	70	80	90	110	120	150
電動機容量	kw	15	18.5	22	30	30	22+22	37+22	45+45

(資料來源：日本田中龜鐵工所型錄)

表12.4   機械式精整機規格

項 目	單 位	TMS-60	TMS-100	TMS-200	TMS-500
加壓力	t	60	100	200	200
外模受壓力	t	30	50	100	100
頂出力	t	30	50	150	150
上沖頭衝程	mm	180	180	180	180
下沖頭衝程	mm	70	80	80	80
工 件 供給方式		12 孔 迴 轉 盤			—
精整速度	spm	15~60	12~48	10~40	8~32
電動機容量	kw	11	22	30	37

工件的供給以使用普通直線式轉台(Turntable)方式較多，自動定位裝置，送入精整機加工。

過去直接在精整機本體安裝模具，發展至最近以刀具套組方式，併同上二段、下二段與芯棒，在機台外將模具組立，是一種提高作業效率之快速換模法。

圖12.1   TMS-100精整機

12.2.2 再加壓之潤滑

精整時，在工件經過供料導軌之際，所滲入的油充份發揮功能。但是在整形，提高密度的再加壓時，如果製品內含有多量油的話，由於緩衝作用難以加壓，這時候，在製品表面塗上硬脂酸鋅或蠟，或可在模具表面噴上潤滑劑。

12.2.3 再加壓、再燒結

在通常之成形、燒結鐵系合金，密度之極限約在7.1 g/cm³左右；若要製作出更高密度之零件者，則有成形、預備燒結、再加壓、再燒結的方法。此時，其預備燒結以在800℃前後較好，經再加壓提高密度之後，以再燒結的方式得到所需的特性。

12.2.4 精整模

精整模之材料，其沖頭是以JIS SKS-3、SKD-11、SKD-61；芯棒與母模是使用超硬合金、SKD-1、SKD-11、SKD-12、SKH-4、SKH-51、粉末高速鋼。若要延長模具之壽命，則需要將模具表面作鏡面加工處理，圖12.2顯示模具之案例。

成形產生之回漲(Spring Back)，若燒結時使之收縮的話，則成形與精整似可使用相同的模具，但由於模具的磨耗部位不同，模具之構造複雜者則不適合於精整之用，尺寸也難以控制，所以通常都不共用。

12.2.4.1 精整模結構設計

精整的主要目的是為了提高壓件之尺寸精度和光澤度。精整是冷態下壓件表面產生塑性變形的過程（伴有彈性變形），以校正燒結過程中壓件的尺

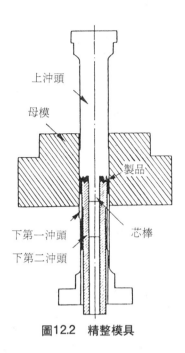

上沖頭

母模

製品

下第一沖頭

芯棒

下第二沖頭

圖12.2　精整模具

寸差異及較大的收縮變形。精整時壓件側面有磨擦，籍光滑的模壁提高壓件的光澤度。

　　根據壓件的精度要求，確定是否需要精整。根據不同的壓胚形狀和尺寸精度，採用不同的精整方式。

　　精整方式有單整孔、單整外徑、內外徑同時精整、全精整、再加壓和精壓等。其中，內外徑同時精整最多，這種方式根據精整餘量的不同分配，可分為外箍內、內漲外和外箍內漲三種情況，適用於不同的條件。全精整時高度壓下率較小，以提高壓件精度。再加壓時高度壓下率大，以提高壓件的密度。整形是以改變壓件形狀，材質有一定程度的金屬流動。此外，還有一些不用模具的整形方式，例如：齒輪齒形的對滾冷擠；薄壁長管串在芯軸上，外壁用小轉子冷擠；球形表面的冷擠等，因不涉及模具，在本文中不作介紹。

　　精整模設計時，首先確定精整方式，然後考慮具體的結構方案。

　　精整工程包括以下幾個步驟，即送料、壓製、脫模和歸位。

　　對於數量少或形狀特異複雜零件，以手動模來精整，因送料和歸位均為手動，故結構設計只要考慮壓製和脫模有關問題就可以。如定位、導向、導位、脫模方式、安全、操作方便和生產效率等。

　　對於自動模，則應結合精整機來設計模具，要實現壓件自動定向、順序及位置準確的推送。壓製過程主要是根據所選擇的精整方式來考慮母模、芯棒和上下模沖頭的佈局及動作，力的傳遞和模具的導向與定位。脫模和歸位往往是同一動作，由同一機構來完成。

12.2.4.2 精整方式的選擇

　　精整方式的種類和選擇見表12.5。

12.2.4.3 精整模結構基本方案示意

　　精整模結構基本方案示意如表12.6。

12.3　機械加工

　　粉末冶金法之基本優點是不必作機械加工，但是在：(1)　需要高精度而靠矯正仍無法達到所需尺寸精度與表面粗度時；(2)與壓縮方向呈直角的孔或溝槽等，無法以通常的單軸成形機成形以得到所需形狀時；(3)　與壓縮方向呈多段複雜形狀，一般單軸成形機之模具無法做分割動作時；(4)　薄肉製品無法製作模具時等因素下，必須以切削加工、磨削加工、鑽孔加工、攻牙加工、鉸刀加工等機械加工來完成之。

　　雖然切削加工與磨削加工之加工量很少，但會堵塞多孔性材料，所以對多孔性零件之加工，須加以注意其加工之適用性。

12.3.1 切削加工

12.3.1.1 鐵系燒結合金之切削特長

　　通常，燒結合金從表面加工精度或刀具磨耗狀況來看的話，比鍛造材料或鑄造材料之切削性差。由於內部有氣孔存在，會造成明顯的不連續切削現象與熱傳導性之降低，但進一步分析真正會導致被切削性變差之主要原因之一是因有軟質相與硬質相之不均勻混合組織，和含有很多氧化物系硬雜質之故。也就是說，對肥粒鐵相等之軟質相作切削的話，刃口容易積屑，造成加工面粗度問題；對金屬間化合物、碳化物、氧化物等硬質相作切削的話，易產生剝片磨耗或碎屑鑿平，會影響刀具壽命。像這樣，因軟質相與硬質相之彼此混合，必需考慮積

表12.5 精整方式的種類和選擇

種類	含　義	簡　圖	適　用　條　件
單整內孔	壓件內孔留精整餘量，外徑不精整。		內孔尺寸精度要求7~8級，外徑要求低時。且壓件 D/d≧1.5 (非圓形件之內徑d指外接圓，外徑D 指內切圓，以下同)，壁厚T>3 mm。
單整外徑	壓件外徑留精整餘量，內徑不精整。		外徑尺寸精度要求7~8級，內孔精度要求低時。且壓件 D/d≧1.5，壁厚 T>3 mm。
外箍內	壓件外徑留精整餘量，內徑基本無餘量精整。內徑表面擠壓是靠外徑精整時向內箍來實現。		內外徑尺寸精度要求6~7級，壓件D/d<1.5，壁厚T≦3mm。
內漲外	壓件內徑留餘量精整，外徑基本無餘量精整。外徑表面擠壓是靠內徑精整時向外漲來實現。		壓件帶外凸緣，內外徑尺寸精度要求6~7級，D/d<1.5，壁厚T≦5 mm。
外箍內漲	壓件內外徑皆精整餘量。		壓件內外徑尺寸精度要求6~7級。D/d≧1.5，壁厚T>3 mm。
全精整	壓件內外徑和高度均留餘量精整，高度壓下率較小(1~2%)。		壓件高度較小，內外徑尺寸精度要求5~6級。
再加壓	壓件內外徑均留裝模間隙，高度壓下率較大(約15~20%)。 △為壓下量		壓件高度較小，密度要求高。
整形	壓件燒結後，再次壓製，以改變形狀。		不易一次成形的壓件，如瓦形、端面帶齒等壓件。

表12.6　精整模結構基本方案示例

結　構　特　點	示　意　圖	適　用　情　況
1.直線送料，壓件有定位裝置。 2.有擋板導位，保證脫模。		單整內孔
1.旋轉送料，旋轉送料台有定位裝置。 2.用球珠當作心棒，自動循環使用。 3.精整和脫模同步。		單整內孔
1.壓件靠自重在斜槽中滾動送料，槽底定位。 2.橫向通過式精整。		單整外徑
1.旋轉送料，旋轉送料台有定位裝置。 2.縱向通過式精整。		單整外徑
1.母模出口端保持稜角，壓件靠外徑回漲量實現芯棒脫模。 2.定位裝置參照下例。		外箍內精整，芯棒脫模力較小
1.壓件由彈簧和珠子定件。 2.母模上有2~4個活動滑塊，串芯棒時，防止過早進入母模。芯棒串畢後，滑塊向外退讓。 3.母模下有4個擋爪，脫芯棒用。		外箍內漲，內徑餘量精整可能較大，芯棒脫模力較大
1.母模下有4個帶錐面的活動擋爪，脫芯棒用。 2.其餘部份結構同上。		外箍內漲，內徑餘量精整可能較大，芯棒脫模力較大

（續）

結　構　特　點	示　意　圖	適　用　情　況
1.母模浮動，壓件外徑無餘量精整，先進入母模，然後與母模一起向下，整內孔，實現內漲外精整。 2.脫模時先脫內孔，後脫母模。		內漲外，高度較小的帶外凸緣件。 高度尺寸可精整，亦可不精整
1.芯棒與上模沖有一定距離的相對運動，以實現先串芯棒定位，再一起精整。壓件隨芯棒上行時，相對運動實現脫模。 2.壓件留在母模中時，由下模沖頂出脫模。		全精整，高度較大的帶外凸緣
1.下模沖起頂出脫模和歸位接壓件的作用。 2.壓製時，下模沖向下浮動，座落到剛體上壓實。 3.先整外徑，然後內孔，最後高度。		全精整，帶內凸緣的壓件
1.下模沖起頂出脫模和歸位接壓件的作用。 2.芯棒在上，母模在下，壓製時芯棒先串入壓件孔，然後與上模沖一起壓下，下模沖向下浮動到剛體上，實現全精整。		全精整，定位導向良好
1.下模沖起頂出脫模和歸位接壓件的作用。 2.芯棒和母模均固定在下，先整內外徑，然後高度。		全精整，結構簡單
1.母模分上下兩半，爲了安放壓件和脫模。 2.下母模浮動，爲了送料和上下母模對正導向。		全精整的帶球面件
1.芯棒在上，與上模沖有相對運動，爲了壓製時壓件定位和脫模。 2.母模分上下兩半，下部浮動，爲了送料和上下母模對正導向。 3.浮動定位芯棒起壓件進入模腔時的定位作用。		全精整，壓件帶直套部分的球面件

屑、鏨平兩相對立之對策，使得選擇適當之切削與切削件並非件容易的事（見表12.7）。

表12.7　刃口積屑及碎屑鏨平之解決

刃口積屑對策	碎屑鏨平對策
切削速度要快	以較慢之切削速度切削
採用高級之刀具材質	採用韌性高的刀具
加大刀具斜角	縮小刀具斜角
尖銳刃口	刃口以油石礪光

12.3.1.2 切削刀具之刃口角度與刀具磨耗

切削Fe-C系燒結合金時，切削刀具的斜角、間隙角與間隙面間磨耗的關係如圖12.3所示。斜角在20°以上及間隙角5°以下，10°以上的話，則間隙面磨耗幅度急速擴大。因此，斜角在-5~+10°及間隙角在5~10°範圍最為適當。

刀具：Ko5, 0°, 5°, 8°, 0°, R0.4
切削速度：80m/min　進給量：0.1mm/rev
進刀深度：0.5mm/rev　切削時間：8min

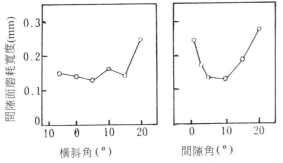

圖12.3　鐵碳系燒結合金之刃口角度與磨耗之關係

12.3.1.3 切削條件與加工面粗度

在切削Fe-C系燒結合金時，其進給量、切削速度、刀具的斜角與其加工面粗度的關係，如圖12.4所示。進給量增大的話，其加工面粗度差；若切削速度加大，則其加工面粗度較好。再者，即使斜角有-5°~20°之變化的話，其加工面粗度也不會有多大的變化，而在切削速度增大能使加工面粗度變好的場合，則要考慮到其切削速度在50 m/min以上對刃口的影響最小。

12.3.1.4 刀具壽命

作為切削刀具者，包括高碳鋼、合金鋼、高速

刀具：K05, 0°, 5°, 6°, 6°, 15°, 15°, R0.4
切削速度：80 m/min　進給量：0.1 mm/rev
進刀深度：0.5mm/rev

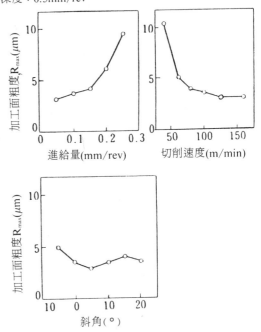

圖12.4　鐵－碳系燒結合金之切削條件與加工面粗度之關係

鋼、超硬合金、燒結陶金、陶瓷、立方晶氮化硼(CBN)與鑽石等材料，但對鐵系燒結合金，則大都採用超硬合金。

以燒結機械元件來說，對使用較多之Fe-Cu-C系燒結合金作切削時，其刀具壽命如圖12.5所示。

刀具：−5°, −5°, 5°, 5°, 30°, 0°, R0.4
進給量：0.1mm/rev　進刀深度：0.3mm
刀具壽命基準：$V_B = 0.4$mm

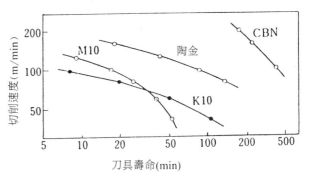

圖12.5　鐵-銅-碳系燒結合金之刀具壽命特性

在超過100/min之高速區者，CBN或燒結陶金之刀具壽命較長；在低速區中，超硬K10之類則較為安定。但是燒結陶金刀具較容易產生碎屑鑿平之異常損傷。再者，在報告中也指出CBN刀具會依鐵粉之種類的不同與鐵粉所含氧化錳發生反應而降低刀具壽命，所以不能夠一概論定CBN或燒結陶金刀具是優異的，亦即切削刀具必須依燒結合金的金屬組織或切削條件等作選擇。

12.3.1.5 切削液

在一般切削加工中，為防止刃口積屑，須採潤滑或冷卻方式以除去切屑，可利用液體或氣體切削劑達到此目的，如圖12.6所示。即使是在鐵系燒結合金的切削加工中，其切削劑也有減少刀具磨耗的效果。但是在燒結合金中，使用液體切削劑，切削劑會浸入氣孔內，以及會產生切削後生銹等不良影響。所以對於切削劑之選擇或切削後殘留切削液之除去，必須加以用心考慮，一般在鐵系燒結合金的切削中大都採用空氣吹除的方法。

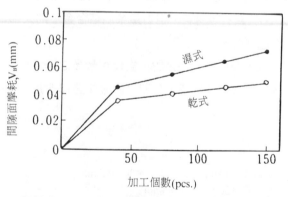

工具：CBN
切削條件：V = 100m/min
　　　　　d = 0.2mm　f = 0.1mm/rev

圖12.6　在鐵系燒結合金切削加工中切削液之效果

12.3.1.6 改善鐵系燒結合金之被削性

在低碳系之鐵系燒結合金中，以考慮刃口積層對策為主，而在切削刀具或切削條件之選擇上較容易。但對高碳系、Fe-Cu-C系或Cu、Ni、Mo、Cr等之合金系，要解決刀具壽命顯著降低之對策較為困難，對於這類難削材必須將其切削刀具及切削條件充分地加以檢討，而經由添加S、Ca、Cu₂S、MnS

等添加於原料粉中，也可以對被削性作改善。在Fe-Cu-C系燒結合金中添加S時，其切削速度與加工面粗度之關係如圖12.7所示。又在Fe-Ni-Mo-C系燒結合金中添加Ca時，其切削速度與刀具壽命之關係如圖12.8所示。

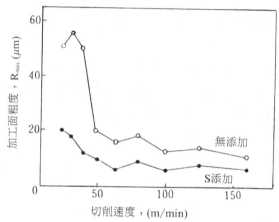

工具：K10, −5°, −5°, 5°, 15°, 15°, R0.8
切削條件：進給：0.1mm/rev
　　　　　切入：0.3mm

圖12.7　在鐵銅碳系燒結合金中經添加S後加工面之改善

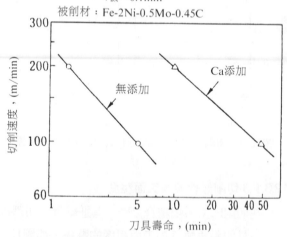

刀具：P10, −5°, −5°, 5°, 5°, 30°, 0°, R0.4
進給量：0.1mm/rev　進刀深度：1.0mm
　　　　$V_{BX} = 0.1mm$
被削材：Fe-2Ni-0.5Mo-0.45C

圖12.8　在鐵系燒結合金中添加Ca以改善被削性

最近隨著燒結機械元件之高強度化，鐵系燒結合金中含有Cu、Ni、Mo、Cr等難削材者，有逐漸增加之傾向，其被切削性的問題也漸漸增大，即使原料廠商也積極地投入快削鋼粉等原料之開發，同時配合切削刀具之改良，以謀求解決之道。

12.3.2　磨削加工

12.3.2.1 鐵系燒結合金之磨削加工

對於油幫浦轉子之端面或外徑、高精度齒輪之內徑等，特別嚴格要求尺寸精度、平面度或加工面粗度之部位，要作磨削加工。通常是對加壓件或淬火件作磨削加工，但考慮到作業效率，也有在磨削加工前先進行切削加工者。

研磨砂輪之種類或磨削條件與熔製鋼材之磨削相同者即可，在但在鐵系燒結合金之場合，磨料或加工液會殘留在氣孔內，所以磨削後要加以洗淨、乾燥將之除去。

12.3.2.2 砂輪及磨削條件

在對鐵系燒結合金作磨削加工之場合，必須依據組成、密度、熱處理之有無等來選擇磨料之種類、磨料粒度、結合度、組織、結合劑之種類。以磨料之種類來說，可使用氧化鋁磨料、碳化矽磨料、鑽石磨料、CBN 磨料等，但以使用氧化鋁磨料或CBN磨料較多。磨料之粒度在JIS中訂有27種，但都使用中粒度者；銅熔浸材料等較容易產生砂輪之堵塞現象，則使用粗粒度者。其結合度在JIS中則區分E~Z級，即使是在熔製鋼材之磨削上，其結合度之選擇亦不是件容易的事。因此，在燒結合金之場合，必須依材料、砂輪的大小、砂輪形狀等等之不同而作選擇。其組織在JIS中區分為密(C)、中(M)、粗(W)三種，同時在鑽石、CBN磨料則以集中度來表示。將鐵系燒結合金用CBN砂輪作磨削時，使用75~125的集中度。其結合劑之種類，則有合成樹脂結合劑、樹膠結合劑、金屬結合劑、電著法等，但大都是採用合成樹脂結合劑或樹脂結合劑較多。

磨削鐵系燒結合金時，其進刀深度通常是0.05 mm。

12.3.2.3 砂輪形狀

砂輪形狀之主要種類有圓筒磨削盤、萬能磨削盤、內面磨削盤、無芯磨削盤、平面磨削盤、螺絲磨削盤、齒輪磨削盤等。但對油幫浦轉子之端面磨削加工，則採用橫軸圓盤型平面磨削盤或兩頭磨削盤，而外徑的磨削加工者則採用無芯研磨，再者於平面磨削較多之場合，因為工作物夾持上使用磁力

治具，所以在磨削後需要加以脫磁。

12.4　熱處理

鐵系之機械構造用燒結材料，在混合原料粉時，預先添加石墨粉的話，在燒結工程中會擴散入基地組織中，以強化碳鋼或合金鋼之組織。而要更進一步改善機械強度、耐磨耗性者，通常都施行淬火、回火之處理，以及滲碳、滲碳氮化、淬火回火之處理。但是，燒結材料基於製造法不同所具有之特性，即其多孔性、合金化之不均勻性等，故經由熱處理之結果會有相當程度的差異。

燒結材料之特性說明如下：

(1) 結合碳量是因石墨之配合量與燒結溫度、爐內之碳勢而有所不同，但表面部份常成為脫碳層。

(2) 由於燒結工程之冷卻速度不是很快，致波來鐵粗化，同時在含有多量Cu、Ni之場合容易產生游離碳之偏析。

(3) 配合Fe-Ni系,較容易殘留富Ni相，經淬火後則依然殘留著沃斯田鐵。

(4) 由於有氣孔存在，所以熱導性差，在淬火時也因氣孔內含有高溫氣體之情況下投入油中，受到氣體之影響以致淬火性不良。圖12.9顯示密度影響所及的Fe-0.8C燒結材之淬火性。

(5) 因可作高週波淬火，所以能對某些部位提高硬度，燒結材與熔製材相比，如圖12.10所示。隨其密度之降低，其電阻會增加，能設定很短的加熱時間。

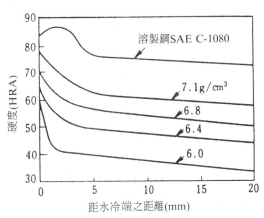

圖12.9　密度對Fe-0.8C燒結材之淬火性影響

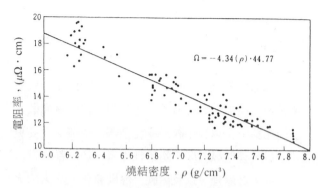

圖12.10 燒結密度與電阻率之關係

(6) 在熔鹽中的加熱或以水淬火中，鹽類或水殘留在材料之氣孔中，致很多都成為生銹的原因。而對鹽類的水洗、乾燥等清除作業，並不是件容易之事，因此儘可能採行乾式處理。

12.4.1 淬火回火處理

對於0.4~0.8%碳量之燒結鋼所進行之熱處理，通常對大型元件者是於無氧化氣體中，小型元件是於滲碳性氣體中，加熱至850°~900℃，並於油中冷卻；回火則是在油中或空氣中，以150°~250℃溫度保持二小時內進行。回火處理後硬度的測定，乃採用洛氏硬度(HRA)試驗機。在燒結材料之場合，由於其多孔性之視密度的測定值較基地組織實際硬度為低，基地組織實際硬度之測定是使用微小硬度試驗機。

12.4.2 滲碳淬火回火處理

滲碳處理主要是針對Fe系、Fe-Cu系及低碳系之Fe-C系、Fe-Cu-C系、Fe-Cu-Ni-C系、Fe-Ni系等材料所作的處理。這些材料為要達成表面硬化之目的，通常都在滲碳後作淬火回火處理。滲碳是以經由變成碳氫氣體之氣體滲碳方式，或添加5%氨之氣體滲碳氮化法為標準。燒結材料因有通氣性，其滲碳深度會因其密度而發生變化，且淬火後之硬化深度會達到3mm以上。為了要顯出表面硬化之效果，希望能使用通氣性小於7.0 g/cm³以上之高密度材料。圖12.11顯示燒結材料之密度與有效硬化層深度之關係。有關有效硬化層深度之測定，在日本粉末冶金工會規格內之JPMA-8中有規定。圖12.12顯示氣體滲碳淬火處理條件之例。

處理條件：約以900℃做1.5～2小時之氣體
浸碳後，從大約850℃置入油中淬火
，隨後以大約200℃做回火

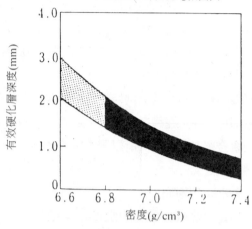

圖12.11 SMF 1,2種及低碳之SMF 3,4,5種在滲碳後密度與有效硬化層深度間之關係

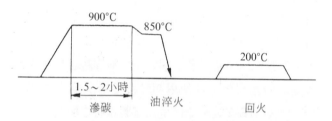

圖12.12 滲碳、淬火、回火

通常滲碳在870°~920℃，滲碳氮化是以830°~880℃，兩者均在1~2小時之作業時間後，從830°~900℃淬火於油中，然後將之以150°~250℃溫度，作1~2小時之回火處理。

圖12.13顯示Fe系(SMF 1種)材料經熱處理後的斷面硬度，而圖12.14顯示Fe-2Cu (SMF 2種)材料經熱處理後的斷面硬度，另圖12.15顯示Fe-2.5Cu-2.5Ni(SMF 5種)材料經熱處理後之斷面硬度。

圖12.16中可知道Fe-2Ni材料之淬火組織內的麻田散鐵相中有氣孔存在。

12.4.3 未經後處理之淬火組織

利用燒結後燒結爐尚維持一定高溫時，直接取出胚體投入油中冷卻使之硬化的技術被開發出來，這種熱機處理的方式被認為是很經濟性的。但是從別的觀點來看，經由原料之配合成分的選擇，在通常之燒結爐中，也可以顯現其淬火組織，而成為至

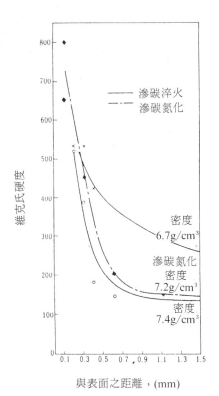

	SMF1種	合金系	純鐵系			
化學成分	Fe	C	Cu	Ni	Sn	其他
（％）	殘	—	—	—	—	1以下

註）化學成分爲燒結後之成分。

圖12.13　鐵系(SMF 1種)材熱處理之斷面硬度

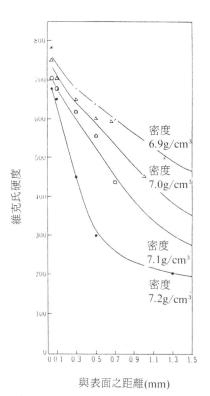

	SMF2種	合金系	Fe-Cu系			
化學成分	Fe	C	Cu	Ni	Sn	其他
（％）	殘	—	2	—	—	1以下

註）化學成分爲燒結後之成分。

圖12.14　Fe-2Cu(SMF 2種)材熱處理後之斷面硬度

爲優異之材料。HÖGANÄS公司Destroy　AE、AB等即是此類之案例。圖12.17顯示其顯微鏡組織，而圖12.18顯示其特性之例子。

圖12.19是氣體滲碳爐之照片，而圖12.20顯示滲碳爐之構造圖與規格。

12.5　水蒸氣處理

水蒸氣處理是針對鐵系燒結材料，以提高其耐蝕、耐磨性爲目的，在水蒸氣中以450°~550℃維持約一小時的時間，在元件的表面造成四氧化三鐵被覆膜之一種處理。其被覆膜之厚度約在5μm左右，而透過氣孔，深入元件內部生成被覆，隨著封孔效果之產生，同時可達到提高其機械強度之目的。

例如：在密度6.6g/cm³之鐵系材料中，封孔處理後使得硬度(HRB)範圍（表12.8）上昇10~20，進

而在肉薄元件或小型元件上，也會對抗拉強度、伸長率、衝擊值有所影響。

圖12.21顯示經由H_2O+H_2處理鐵的氧化平衡狀態，水蒸氣帶有很強的氧化性，而氫(H)則具有很強的還原性，其化學反應如下列所示：

570℃以上者　　$Fe+H_2O \leftrightarrow FeO+H_2$

$3FeO+H_2O \leftrightarrow Fe_3O_4+H_2$

570℃以下者　$3FeO+H_2O \leftrightarrow Fe_3O_4+H_2$

570℃以上者雖然產生FeO，但是冷卻時分解成Fe_3O_4，而耐蝕性570℃以下所生成者更爲不良。在高溫處理下因其封孔效果大，也可以利用作電鍍的前處理。

圖12.22顯示水蒸氣處理後元件之顯微組織照片例，可以瞭解到透過氣孔深入內部，生成四氧化三鐵(Fe_3O_4)相。此四氧化三鐵者從防銹面來看，則

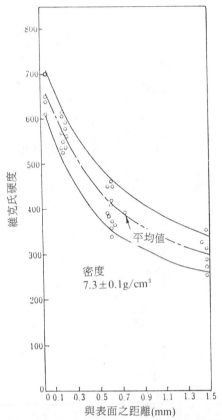

	SMF5種		合金系		Fe-C-Cu系
化學成分	Fe	C	Cu	Ni	Sn	其他
（%）	殘	—	2.5	2.5	—	1以下

註）化學成分爲燒結後之成分。

圖12.15　Fe-2.5Cu-2.5Ni(SMF 5種)材熱處理後之斷面硬度

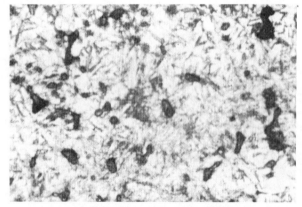

圖12.16　Fe-2Ni之淬火組織例

顯得更爲不完備，因此需要有適切之油防銹處理。四氧化三鐵具保留性後，則成爲極爲優異的耐蝕性元件，表12.8中顯示防鏽試驗之結果。

水蒸氣處理之裝置是由坑爐與蒸氣產生裝置所

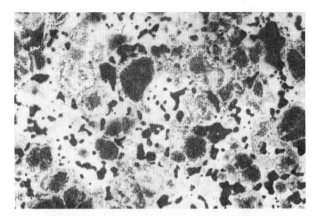

圖12.17　Destroy AE 的顯微鏡組織照片例

組合，批式爐有許多種類，圖12.23介紹均質處理爐。

表12.9是顯示各成分鐵系材料在水蒸氣處理前後機械性質之差異。

12.6　油含浸處理

通常以粉末冶金製程製作滑動用燒結機械元件時，以油含浸處理達到滑動用機械元件之潤滑與防銹兩個目的。

以含浸法(Impregnation)來說，眞空含浸法與加熱含浸法兩種方法達實用化階段。

12.6.1　真空含浸法

預先將素材之製品，放入如圖12.24所示之密氣性之含油裝置中，經由眞空幫浦作減壓脫氣後，注入加熱至40°~80℃所選定之油，在10~30　mmHg之低眞空中，作10~30分鐘之含浸後，回歸至常壓狀態，再以大氣壓壓入之方法，能夠在較短時間中完成確實的含浸工作。

12.6.2　加熱含浸法

在常壓下，將加熱至80°~100℃的含浸油，作30分～2小時之浸漬，這種方法與通常之眞空含浸法相比較，因較難使製品內之閉鎖性氣孔含油，所以一般而言其含油率略低。

含油後之製品，即使是用眞空含浸法，由於有密閉獨立的閉鎖氣孔存在，與從製品之相對密度所推算出的含油率相比較，通常大多顯出多少偏低之

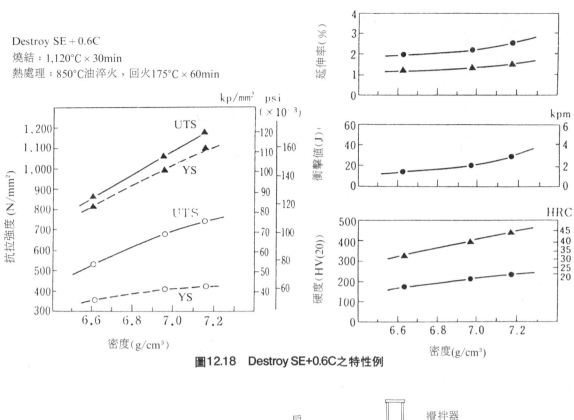

Destroy SE + 0.6C
燒結：1,120°C × 30min
熱處理：850°C油淬火，回火175°C × 60min

圖12.18　Destroy SE+0.6C之特性例

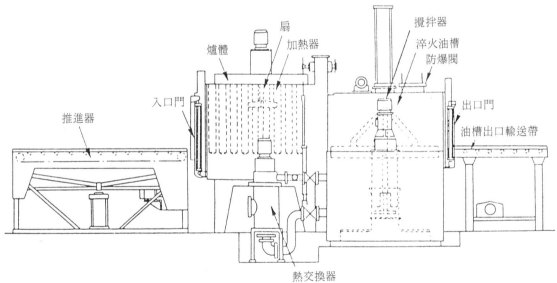

[BATCH 型 TKH 爐標準規格]

型式	外形尺寸(mm)			爐內有效尺寸(mm)			常用溫度(°C)	設備電力(kW)		氣體瓦斯使用量 (m³/h)	一次處理能力 (kg gruss)
	全長	全寬	全高	長	寬	高		加熱室	油槽		
TKM-40-ERT	7,000	2,550	3,250	915	510	455	930	40	36	7	320
TKM-80-ERT	8,150	2,600	3,630	1,220	660	500	930	80	48	13	550
TKM-100-ERT	9,070	2,810	4,440	1,220	760	650	930	100	54	21	720

註）1. 油槽設備電力是指熱淬火之場合。

圖12.20　氣體滲碳淬火爐

圖12.19　氣體滲碳淬火爐實體

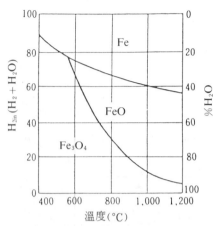

圖12.21　鐵之平衡狀態圖

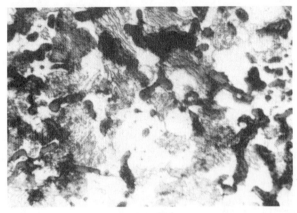

SMF 3 種

SMF 4 種

圖12.22　水蒸氣處理之顯微組織照片例

表12.8　各種試驗條件與鏽之發生狀態

試 驗 條 件		銹 之 發 生 狀 態
No.1		不生銹
No.2		不生銹
No.3	1 循環	不生銹
	2 循環	不生銹
	3 循環	不生銹
No.4		少量銹
No.5	1 循環	幾乎不生銹
	2 循環	有部份之斑點狀銹
	3 循環	斑點狀銹在某些部份較多

註:*各種試驗條件如下所示:

No.1　恆溫恆濕試驗機內　　溫度:40℃
　　　　　　　　　　　　濕度:95%
　　　　　　　　　　　　連續168小時

No.2　恆溫恆濕試驗機內　　溫度:60℃
　　　　　　　　　　　　濕度:30%
　　　　　　　　　　　　連續300小時

No.3　恆溫恆濕試驗機內　　1循環　溫度:60℃
　　　　　　　　　　　　濕度:90%
　　　　　　　　　　　　連續8小時

　　　　自然冷卻16小時之放置

No.4　自來水常溫浸漬　連續96小時

No.5　鹽水噴霧試驗(JISZ　2371)

1循環，噴霧8小時，6小時停止

*使用處理溫度500℃之材料，塗上油性防鏽劑，乾燥後提供試驗。

情形。

　　再者，製品之有效多孔率最小值是考慮材料內多少獨立氣孔之存在，以及經由精整、整形等之尺寸矯正作業後氣孔數之分佈，而訂定其爲視多孔率

表12.9　蒸氣處理前後機械性質之變化

種　類	成　分	視　硬　度 (HRB)		抗　拉　強　度 (kgf/mm²)	
		處理前	處理後	處理前	處理後
SMF 1 種	純鐵系	0~20	50~70	15~20	20~25
SMF 2 種	鐵-銅系	20~50	60~80	25~30	30~35
SMF 3 種	鐵-碳系	10~40	50~80	20~25	25~30
SMF 4 種	鐵-銅-碳系	60~80	70~90	35~40	35~45

註:密度6.4~6.8　g/cm³，處理溫度：500℃

圖12.23　水蒸氣防銹爐（均質處理爐）

圖12.24　油含浸裝置

之80%左右。其次含油率之最小值，若是考慮到隨潤滑油的黏性或含油方法之不同而數值分佈會有所差異，以及隨著含油後油性之蒸發所產生消耗的話，則其值較有效多孔率者爲低，通常約是有效多孔率的80%左右（JISZ 2550），因此燒結製品的含油率，可以從實際的含油率與經由相對密度所推定含油率兩者間的差來判斷出其氣孔的狀況。

其次，實際的含浸作業中，特別在量產時要注意到油經加熱後的劣化、變質等問題的管理與防範，這是極爲重要的事項。

實際作業完了後含油率的確認法中，有(1)依據JISZ 2501，從含油製品中將油抽出的脫油方法，以及(2)從含油前後重量測定中求算實際的含油量之測定法等兩種。無論採取何種方法，重要的是在於確認。

表12.10和表12.11顯示燒結含油軸承以及具潤滑機能之機械構造元件用燒結含油材料的含油率水準。

12.7　其他之表面處理

爲改善燒結機械元件之耐蝕性，以及提高耐磨耗所作的表面處理亦與其他材料所用的相同，此外也作圓筒研磨、珠擊等之處理，在此主要僅就表面處理有關者作說明。

表12.10　燒結含油軸承之含油率(JISB 1581)

種類記號	含油率Vol%	化學成分 %						
		Fe	C*	Cu	Sn	Pb	Zn	其他
SBF 1118	18以上	餘量	—	—	—	—	—	3以下
SBF 2118	18以上	餘量	—	5以下	—	—	—	3以下
SBF 2118				18~25				
SBF 3118	18以上	餘量	0.2~0.6	—	—	—	—	3以下
SBF 4118	18以上	餘量	0.2~0.6	5以下	—	—	—	3以下
SBF 5110	10以上	餘量	—	5以下	—	3以上 10末端	—	3以下
SBK 1112	12以上 18未端	1以下	2以下	餘量	8~11	—	—	0.5以下
SBK 1218	18以上							
SBK 2118	18以上	1以下	2以下	餘量	6~10	5以下	1以下	0.5以下

註：*SBF系和SBK系之游離石墨

表12.11　結合碳潤滑機能機械構造元件用燒結含油材料之含油率 (JISZ 2550)

種類		含油率(Vol%)	密度(g/cm³)	化 學 成 分 (%)					
				Fe	C	Cu	Ni	Sn	其他
SMF 1種	1號	12以上	6.2~6.4	餘量	—	—	—	—	1以下
SMF 2種	1號	12以上	6.2~6.4	餘量	—	0.5~3	—	—	1以下
SMF 2種	2號	8以上	6.6~6.8	餘量	—	0.5~3	—	—	1以下
SMF 3種	1號	12以上	6.2~6.4	餘量	0.2~0.6	—	—	—	1以下
SMF 3種	2號	10以上	6.4~6.6	餘量	0.4~0.8	—	—	—	1以下
SMF 3種	3號	8以上	6.6~6.8	餘量	0.4~0.8	—	—	—	1以下
SMF 4種	1號	12以上	6.2~6.4	餘量	0.2~1.0	1~5	—	—	1以下
SMF 4種	2號	10以上	6.4~6.6	餘量	0.2~1.0	1~5	—	—	1以下
SMF 4種	3號	8以上	6.6~6.8	餘量	0.2~1.0	1~5	—	—	1以下
SMF 5種	1號	8以上	6.6~6.8	餘量	0.8以下	0.5~3	1~5	—	1以下
SMF 7種	1號	8以上	6.6~6.8	餘量	—		1~5	—	1以下
SMF 8種	1號	8以上	6.6~6.8	餘量	0.4~0.8	—	1~5	—	1以下
SMK 1種	1號	12以上	6.8~7.0	—	1.5以下	餘量	—	9~11	2以下
SMK 1種	2號	8以上	7.2~7.4	—	1.5以下	餘量	—	9~11	2以下

12.7.1　磷酸鹽皮膜處理

防銹處理有磷酸鹽處理、塗裝等，底層者有磷化處理(Ponderizing)，耐磨耗性防銹者有再磷化發泡等之處理，其處理條件各有不同，在此僅就再磷化發泡處理作說明，其加工工程如下列之三階段。

(1)表面清洗：脫油脂、除銹、磨光。

(2)被覆化成：加工後浸漬，在溫度維持96~99℃之同時進行處理，約15分左右，則會生成灰黑色的磷酸鹽被覆膜。

(3)整修處理：被覆處理之後，作油表面整修處理。

此被覆膜對於油之吸收性很好，經由防銹油之塗抹，可以發揮出極為優異的防銹能力。此外與潤滑油併用者，可以改善滑動元件初期之順暢性，圖12.25中顯示皮膜之斷面。

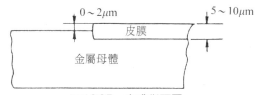

圖12.25　皮膜斷面圖

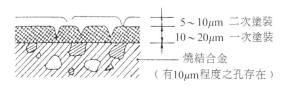

圖12.26　塗裝斷面圖

12.7.2 樹脂含浸處理

此種處理乃為塞住燒結材料內之氣孔，達到封孔目的，以避免這些孔洞在電鍍後或塗裝後膨脹，造成鍍層或塗裝的剝離。

首先，在脫脂、水洗、乾燥之後，在真空含浸裝置內含浸丙烯單分子，將多餘的樹脂水洗除去之後，作聚合硬化，以完成處理作業。

對於密度在6.4g/cm^{3}之燒結體作處理時，以5.6 kgf/cm^{2}之空氣壓作漏氣試驗，檢測合格與否。

12.7.3 電鍍處理

電鍍處理中，對於相對密度在90%以上之鐵、非鐵系各材料，可直接進行處理。但對中低密度者，則為不使電鍍液浸入氣孔中，而必須於事前作樹脂含浸、水蒸氣防銹等的封孔處理。無論是那一種，最重要的是不使內部之氣孔殘留處理液。

再者，除電鍍外，尚有經由Ni-P系之無電鍍，以提高耐磨耗性、耐蝕性之例子。

12.7.4 塗裝

燒結合金之塗裝是在元件之表面塗抹塗料，隔絕大氣內之水份、氧、其他腐蝕媒介，保護元件免予受腐蝕，同時美化其表面，配合大量生產之設備者，則適合於輸送式的裝置。

塗裝操作為首先將於燒結作業中沾附於元件表面上的灰塵，用噴砂機或者氣動鼓風機等加以除去，而使得塗裝面顯得很乾淨。經機械加工後之元件者，則因常會有切削油等進入元件之氣孔內，所以要以溶劑脫脂或於加熱脫脂後，再作噴砂等之表面洗淨作業較好。

其次，在塗裝操作中，因多孔質而會吸進塗料，所以預先封住氣孔是很重要的。圖12.26顯示塗裝斷面之狀況，即使在外觀上看起來有很完美的塗膜，但仍有很多肉眼所看不見的針孔存在，為了

提高防銹效果，才要再作二度塗裝。

(1) 刮傷試驗（鉛筆硬度試驗）

此試驗是在現場中最為簡便的方法，將各硬度的鉛筆芯削成圓筒狀，與塗裝面呈45°之角度，對

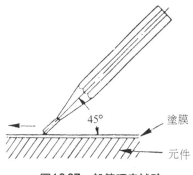

圖12.27　鉛筆硬度試驗

塗面加壓同時向前方推押，以塗膜剝落之狀態來作評價（如圖12.27所示）。

(2) 密著試驗

以安全刮鬍刀之刀片，在表面以深度1mm間隔，切100個圍棋網格，將膠布黏著面向下強壓密著之後，急速地撕離，以剝落的網孔數來作評估。

(3) 鹽水噴霧試驗

保持35℃之溫度，將試驗面朝垂直線作15°~30°之傾斜，將5%食鹽水霧在80cm^{2}面積上，以0.5~3.0 cc/h的噴霧量作8小時之噴霧，然後停止16小時，這樣的週期當成一個循環，連續三個循環，以瞭解是否有生銹之現象。

(4) 耐熱耐濕試驗

在溫度80℃、濕度70%之試驗箱，放置300小時之後，以觀察是否會變色、生銹之現象。

12.7.5 其它之皮膜處理

需要耐熱、耐蝕性之元件者，例如瓦斯烘爐之噴口、高燃點等之場合，要將元件之表面作耐熱塗料之塗裝處理或者是琺瑯之處理。作過琺瑯處理後

的元件，其表面具有很美的玻璃光澤，能夠發揮出極其優異的耐熱性與耐蝕性。在最高燃點之案例中，鹽水噴霧試驗是必要的處理，其在實用試驗上可耐三年以上較適用，再者有關耐熱試驗，在400℃，加熱15分鐘之後，淬入水中急冷，卻認琺瑯層不得剝離，而以650℃加熱急冷，部分剝離，經由此手續才算合格。

對於鐵系之元件，其染黑法中最常使用的鹼(Alkali)著色法者，是將元件浸漬在添加有氧化劑、促進劑於苛性蘇打液中之處理液內，加以煮沸，其表面會生成很薄的四氧化三鐵皮膜，但是由於在燒結元件之氣孔內容易殘留處理液，而成為內部腐蝕之原因，所以此種方法不太為一般所使用。

12.7.6 滾筒處理

燒結機械元件常以模具成形，因此在模具的接合處、滑動部等地通常會出現毛邊。滾筒精細加工者，在如圖12.28所示之圓筒內，放入物品、研磨材、水，予以迴轉並使之相互衝擊、磨擦，作表面之去毛邊、打光之處理。其作業之條件有：滾筒裝置之形形式、大小、圓筒內之裝入量、物品與研磨材之比率、研磨材之大小、形狀、滾筒之迴轉數、

圖12.28　迴轉式滾筒研磨機

混合物之種類…等等，所以要依實際情形來訂較好。

在精細加工面不理想，而想作表面切削或打圓方角時，其條件如下：

(1) 裝入比率為50%

(2) 物品與研磨材之比率為4:6

(3) 迴轉速度為40~80 rpm。

雖然是以表面切削、打圓方角為目的，但也希其精細加工面能夠儘可能完美時，其條件如下：

(1) 裝入之比例在50%以上，例如為 60%

(2) 物品與研磨材之比率為2:8

(3) 迴轉速度為14 rpm。

再者，這些條件會因滾筒大小、物品形狀、重量等之不同而多少會有所差異。在滾筒精細加工中，物品發生碰傷，或是表面裂痕時，則採取下列處置較好：

(1) 減慢迴轉速度

(2) 降低物品與研磨材的比例

(3) 增加裝入比率

(4) 將研磨材之粒度減小，加以振盪以除去雜質，與柔軟性之媒體併用

(5) 增加水量

(6) 增加混合物

(7) 裝入時要避免物品與物品間直接碰撞，開始時以慢速迴轉，經過一些時間之後才調整到普通速度。

(8) 要注意滾筒的門及物品裝入取出之用具，避免發生碰撞。

12.7.7 珠擊(噴砂)處理

圖12.29顯示珠擊(Shot Blast)裝置之構造。

將鐵粉(Shot、Grid、Cutwire)或矽砂、碳化矽、氧化鋁粉、玻璃粉等粒子，以高迴轉速之葉輪使之投射，以作表面加工。圖12.30是投射部之略圖。離心力投射之取代，可使用礦物粒子、硬質顆粒，隨著噴射噴氣機、氣動鼓風機而投射至工作表面，氣流可採用壓縮空氣的方法，並可組合自動化生產線作業。

12.8　結語

近來粉末冶金工業之發展，已漸為大家所重視，應用範圍之廣遍及各行業，但零件之複雜變化和功能特性之要求相對的必須靠二次加工技術，來

提高強度、防腐蝕能力、外觀、尺寸精度和磨耗
等，雖然會使得製品的成本增加，但從另一面來
看，可能因此增加它的附加值值，以及經濟性和實
用性。

參考文獻

1. Howard E. Boyer, *"Secondary Operations Performed on P/M Parts and Products"*, Metals Handbook, 9th Ed., Vol.7, Ed. by Taylor Lyman, ASM, Ohio, 1984, P.451~462.

2. 日本粉末冶金工業會，"燒結機械部品－その設計と製造，"JPMA, Tokyo, 1987, p.59~77.

3. CNS 12480 Z7206 粉末冶金詞彙。

4. JIS B 0401寸法公差及びはめあい合。

5. JIS B 0411 金屬燒結品普通許容差。

6. 機械工業出版社，粉末冶金模具設計手冊，北京新華書店，1990， p.112~117。

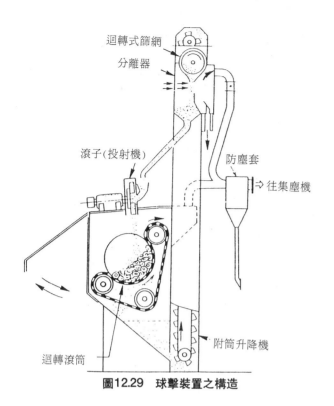

圖12.29　球擊裝置之構造

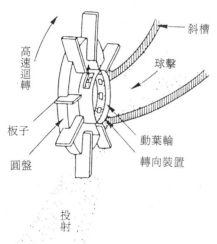

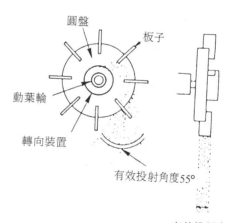

圖12.30　珠擊裝置之投射部略圖

第十三章 粉末冶金工廠的品質管理

唐江濤*　蕭濱鎮**

13.1 前言

13.2 品質、品質管制及品質保証

13.3 產品品質管理

13.4 製程管制

13.5 統計技術

13.6 品質成本

13.7 國際品保標準—ISO 9000

13.8 粉末冶金的製程品質管制

13.9 範例

13.10 結語

13.1 前言

「品質管理」是一項以「品質」爲中心的科學管理。

稍早期的「品質管理」，重點是在管理「產品的品質」。所以它著重於三項工作：

1. 品質檢驗 (Quality Inspection, QI)
2. 品質管制 (Quality Control, QC)
3. 品質保證 (Quality Assurance, QA)

本手册在本章中所敍述的重點也以此爲主。事實上，近代的「品質管理」已經不拘限於「產品品質」的範圍，它已發展出向下紮根的「環境品質」（又稱「基礎品質」），以及向上開花的「管理品質」（又稱「過程品質」）。這三大範圍綜合起來，就是先進國家正方興未艾在極力推行的「全面品質管理」(Total Quality Management, TQM)。

TQM的架構如圖13.1所示[1]。

13.2 品質、品質管制及品質保證

13.2.1 品質

(1) 品質的定義

　a.「品質就是適用(Quality is Fitness for Use)」

　　(by Dr. J. M. Juran)

　b.「品質就是符合需求(Quality is Conformance to Requirements)」(by Dr. P. B. Crosby)

　c.品質就是：「滿足某種特定消費者之需求(Best for Certain Customer Conditions)」。

　d.品質就是：「爲決定產品或服務是否符合使用目的而成爲評價對象之固有性質與性能之全部」(CNS 2579-G1)。

　e.品質就是：「產品或服務的全部特徵與特性，滿足設定需求之能力(The Totality of Feature and Characteristics of A Product or Service That Best on Its Ability To Satisfy A Given Need.)」(BS4778)。

　f.品質就是：「提供符合規範的產品或服務。」（中國生產力中心）。

(2) 品質的範圍

　廣義的品質範圍包括了：

　a.產品品質

　b.服務品質

　c.環境品質

　d.國民品質

　狹義的品質範圍僅指：產品品質。

　產品品質本身也有其所涵蓋的範圍。依據美國品管學會(ASOC)所定義，則應包含下列四大項：

　a.設計可靠度

　b.製程品質管制

　c.顧客支援服務

　d.品質管理

　其內容列表如表13.1所示。

*美國愛俄華州立大學材料科學博士、中山科學院品保中心組長
**美國愛俄華州立大學碩士、中山科學院品保中心副研究員

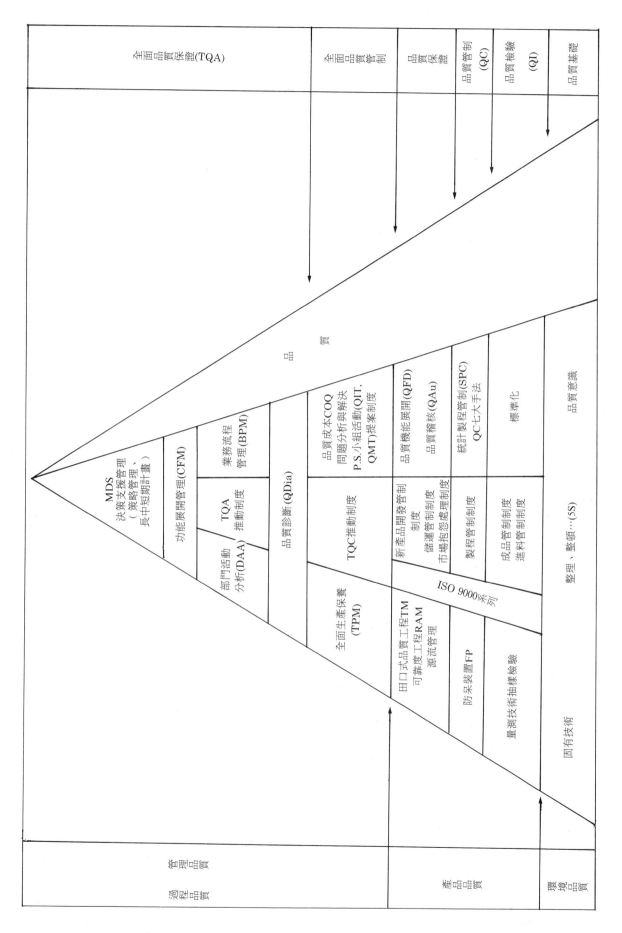

圖13.1　TQA的架構

13.2.2　品質管制

(1) 品質管制的定義

　　a.設定產品品質標準，並爲達到此標準所使用的一切管制方法(Quality Control, QC)

　　b.品質承諾(Quality Commitment, QC)

(2) 品質管制的原則

　　a.滿足使用者的要求

　　b.著重於程序而非最終產品

　　c.程序之管制（理）應及於每一成員及每一功能

　　d.程序之管制（理）須持續而永無終止

(3)品質管制主要工作

　　a.品管作業流程及品管手冊之訂定

　　b.製程管制之執行

　　c.線上品管檢測之實施

　　d.進料與成品之儲運管理

　　e.表格及記錄管制

　　f.異常原因分析

　　g.使用後之維修保養

　　h.報廢或剔除管制

i.儀具校正及檢修

j.工業安全及環境保護

k.生產品質圈之活動

13.2.3　品質保證

(1) 品質保證的定義

　　a.由獨立的人員，根據產品之功能、環境及可靠度規格，對「產品品質」給予稽核及評估，使其符合「品質要求」，以增加使用者之信心，並使能獲得顧客滿意的結果。

　　b.這裡所稱的「產品品質」包括了：設計品質、製造品質及維修品質。

(2) 現代品質保證制度的十項基本單元

　　a.要有「品質管理」：現代企業對品質的管理應要求：有計畫、有組織、能統籌、能評量。

　　b.在設計時就加入「可靠度特性」：這種特性要能符合市場需求。

　　c.對製程要有「品質計畫」：「品質計畫」是在方法與程序上的一種品質管理計畫。

表13.1　美國品管學會所定產品品質範圍

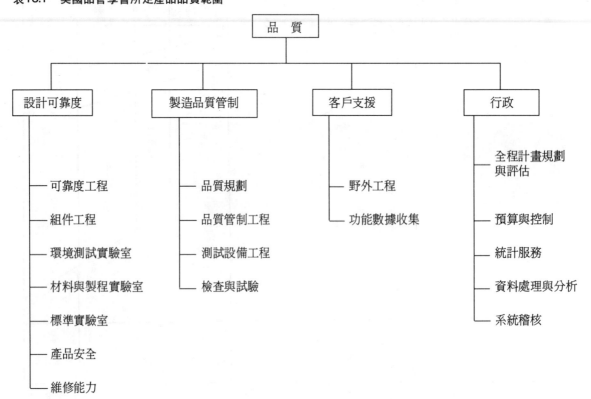

d.對原料或元件供應商應要求其對品質的責任感。

e.產品及製程品質要有評估及管制：包括：製程中管制、最終管制、稽核以及產品保證符合規格。

f.要做統計及分析：

這是近代解決問題的重要手法。

g.品質資料要有回饋管道，以便採取改正行動。

h.要確實做好儀具校正，以保證品質量測設備的準確度。

i.要重視人力發展，不斷給予教育、訓練並授予證書。

j.對現場品質給予評估和管理，例如：稽核、評鑑或認證等。

13.3　產品品質管理

13.3.1　品質管理的演變

(1)在1900年以前，由於工廠形態尚未出現，只是工匠在做個體生產。因此，工件品質是由製作者自行負責。

(2)在1900年以後的20年間，工廠開始設立。此時廠方多以按件計酬方式給薪，唯有合格工件才算數，而合格與否均設有「領班」來檢查。這時期稱為「領班品管時代」。

(3)在1920年至1940年間，由於工廠規模逐漸大型化，產量激增，無法由個人領班完全負責檢查工作。於是就設置檢驗部門，並有專門檢查員來負責品管工作。這時期即稱為「檢驗品管時代」。

(4)在1940年代起，美國貝爾實驗室的修哈特(Shewhart)首創管制圖表技術。另有道奇(Dodge)、羅敏(Roming)等發表抽樣計畫。「統計」手法乃初步應用於生產製造業。及至二次大戰，由於對軍品之大量需求，並且需要高度品質及信賴度，於是抽驗檢驗及統計分析的技術就全面使用在製程管制上，而且日趨成熟。這時期，即為「統計品管時代」。

(5)在二次大戰後，有感於「統計品管」僅有「管制」的功能而無「保證」的效果，乃亟思精進品管手法。適於此時，電子工業興起，零組件失效問題極需解決；太空計畫也於此時大事興起，美國太空總署對數以萬計之參與廠商加以品質上之嚴格要求，於是，品質保證、零缺點計畫以及可靠度工程遂成為當時品管工作的新主力。由此品質激勵的結果延伸至70年代的降低成本、提高生產力等等管理計畫的介入，而形成了極盛一時的「全面品管時代」，簡稱TQC。在日本則冠以「全公司品管」，簡稱CWQC。

(6)在1980年代以後，品管概念及作法不斷翻新，以求面臨一個極度競爭的紀元。為了將TQC應用於公司整體，包括非技術部門在內，而進一步發展出以壽命週期為導向的「整體品管體系」(Integrated Quality Control)，簡稱IQC。這是目前產業界一致追求的品管形態。

整體的品質管理演變，可以從圖13.2獲得瞭解。

13.3.2　產品品質管理的重要性

「產品品質管理」的目的在於統一運用一切人力、技術與設備，使產品能「經濟而有效」地達成品質目標。這裡所指的「經濟而有效」，包含兩個意義：

(1)預防缺陷的發生。

(2)減少廢品而達到最低成本的要求。

所以，「產品品質管理」的最高境界是：

(1)第一次就做好(Do It Right the First Time)，

(2)每一次都做好(Do It Right Every Time)，

(3)零缺點(Zero Defects)。

為何「產品品質」的管理如此重要？邏輯很簡單：既然「產品品質管理」的重點在：「經濟」、「有效」而且達成「品質目標」，那麼，一個成功的品質管理會替產品製造：

(1)信譽(Reputation)，

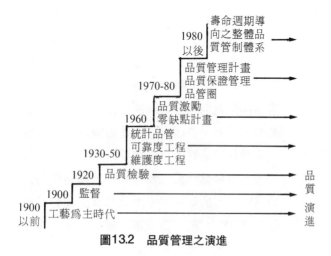

圖13.2　品質管理之演進

(2)競爭力(Competition)，

(3)利潤(Profit)。

若反過來推理，如果：管理不好→品質不良

品質不良→沒有顧客

沒有顧客→沒有銷售

沒有銷售→沒有收入

沒有收入→沒有利潤

沒有利潤→沒有工作

最後→關門大吉。

13.3.3　產品品質管理的成功關鍵[2]

產品品質管理的成功關鍵有五：

(1)了解顧客需求

(2)預防錯誤發生

(3)查出瑕疵所在

(4)協調合作

(5)用有效的方法解決問題

13.3.3.1　關鍵一：了解顧客需求

群體不同，需求也不同。如窮人通常比富人更在意價格的高低。而成人購物則比青春族注重安全性。所以，公司在決定投入一項新產品到市場之前，行銷部門應進行各種調查研究，以決定產品的設定對象或特性設計。這項調查研究已被發展成一門技術，稱為「品質機能展開」(Quality Function Development, QFD)。

QFD：利用結構化的技術方法，將顧客的需求，作系統性的細部展開而轉換成特性值，藉以訂定產品或服務的品質設計標準；然後，再將設計的品質，有系統的展開到各個機能零件或服務項目上，使得產品或服務的品質真正符合顧客的需求。

除了調查顧客的需求外，理想的QFD同時也包括了研究調查顧客期望的產品年限、可容忍的產品缺陷程度，以及是否有其他公司已在銷售類似產品等等，以求能在競爭中穩操勝算。

日本在1966年即開始應用QFD。石橋輪胎、神戶造船、豐田汽車等是其中重要例子。美國在1983年開始應用QFD。福特汽車、克萊斯勒汽車、通用動力、IBM、HP及AT&T等是其中重要例子。

中華民國在1987年QFD才由「中國生產力中心(CPC)」引進。台灣飛利浦是率先應用的一家廠商。

根據應用QFD的資料報告，QFD的效益至少：

a.減少30-50%的工程設計變更次數，

b.縮短30-50%的設計週期，

c.降低20~60%的起始成本，

d.減少20~50%的保證賠償。

(2)QFD的顧客資訊途徑：傳統上顧客需要資訊，主要靠市場調查做為獲取的途徑，QFD也不例外。但眾所周知，很多潛在顧客不見得會照市場調查的原意來回答問題，所以，除了「市場調查」，下列的資料回饋來源也是QFD所借重的：

a.顧客主動提供的抱怨或意見，

b.批發商以及零售商所反映的意見，

c.服務部門的報告，

d.品質保證表格或登記卡，

e.報章、雜誌及電視媒體的報導。

f.主觀性的社會觀察。

13.3.3.2　關鍵二：預防錯誤發生

差異無法避免，但應設定可以容忍之範圍，以預防過度差異發生。

(1)兩項差異設定值：

a.公差(Tolerance)

定義：規定之允許最大值與規定之允許最小值之差。

例如：裝配上配合方式之允許最大尺度與允
　　　許最小尺度之差。

　b.許可差(Allowance)

　　定義：(1)規定之標準值與規定之界限值之
　　　　　差。

　　　　　(2)試驗數據之變異允許界限。

　　例如：全距或殘差之允許界限。

(2)兩種典型差異：（圖13.3）

　a.準確度(Accuracy)

　　定義：與規範值或目標值之偏差程度。偏差
　　　　　程度愈小，準確度越佳。

　　例如：圖13.3中之(a)及(d)。準確程度乃取決
　　　　　於散佈範圍與規格範圍的差距。

　b.精密度(Precision)

　　定義：測定值本身之變異程度。變異程度愈
　　　　　小，精密度愈佳（或愈高）。

　　例如：圖13.3中之(c)及(d)。精密程度取決於
　　　　　散佈範圍的大小。

(3)差異預防

　a.若是準確而不精密：

　　・重新檢討產品規範和製程能量。

　　・若變動規範將導致生產困擾與顧客抱怨，
　　　則從改善製程或能量著手，包括更新設備
　　　、更改原料或改變製程等。

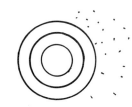

(a)準確但不精密　　　　(b)不準確也不精密

(c)不準確但精密　　　　(d)既準確又精密

圖13.3　準確度與精密度

　b.若是不準確但精密：

　　更換製程變數，如調整溫度、壓力或速度等
　　。或注意製程線上檢測儀具（表）之校正。

　c.若是既不準確又不精密：

　　則上述兩種解決方案須同時進行。

13.3.3.3 關鍵三：查出瑕疵所在

　找出瑕疵的工作應在下列五大階段中進行：

　(1)設計階段

　(2)機器設備本身的製造過程上及驗收時

　(3)生產線上品管

　(4)產品最終檢驗

　(5)顧客使用時

13.3.3.4 關鍵四：協調合作

(1)定義：凡是會影響到其他部門的事件，皆應告
　　　　知部門主管，然後主管間相互傳送資訊
　　　　以及彼此的意見，最後將結論送至執行
　　　　的人員。

(2)協調合作的3C企業文化：

　a.協調(Coordination)

　b.合作(Cooperation)

　c.溝通(Communication)

(3)管理導向之協調工作重點：

　a.規劃過程更趨完善

　b.預防更多的瑕疵發生

　c.善用過去以及彼此的經驗

　d.創造顧客更滿意的品質

13.3.3.5 關鍵五：用有效的方法解決問題

　最有效的問題解決方法就是「預防問題發
生」。

　但問題的預防總是無法百分之百，因此，一旦
發生問題，可應用下列二項工具「確認問題之所
在」：

　(1)頻率分配表，即「常態分配表」。

　(2)統計管制表，即X-Bar&R圖表，或簡稱
　　　SPC。

　一旦確認出問題後，即可進入「解決」階段。

解決問題的方法包括：

　(1)柏拉圖

(2)因果圖

(3)流程圖

(4)迴歸分析

(5)各個擊破法

(6)腦力激盪，如品管圖

(7)設計實驗

13.4　製程管制

13.4.1　製程管制與 I/O 觀念的運用

一項「製程(Process)」不論其過程長短，必然為由一「輸入點(Input,I)」起始，延至一「輸出點(Output,O)」為止的整體過程所組成。由於從I到O的中間必設定有一標準的作業方式與過程，而在輸出(O)上，必然有一定的「輸出規格」要求，亦即「產品品質」；因此在輸入(I)方面，也就需要有一定的「輸入規格」，亦即「原料品質」。基於這種

I/O的觀念，任何一項「製程」必然需要涵蓋二個審查（檢驗）點，和「製程」本身的「管制」行為。其運用關係如圖13.4所示。至於整體過程中所需要的文件、材料、規劃及標準法規，簡述如下：

I（輸入）：藍圖、原材料、規格及各項說明。

EI（#1評估點）：審查及檢驗。

PC（製程管制）：提供穩定而合格之製程，可行之執行方案及最新之工藝標準。並進行線上檢驗。

E2（#2評估點）：產品檢驗；品質異常分析及改正；製程檢討。

O（輸出）：產品檢驗，品質記錄，不合格件處理。

U（使用或入庫）：監測記錄；使用後之品質回饋。

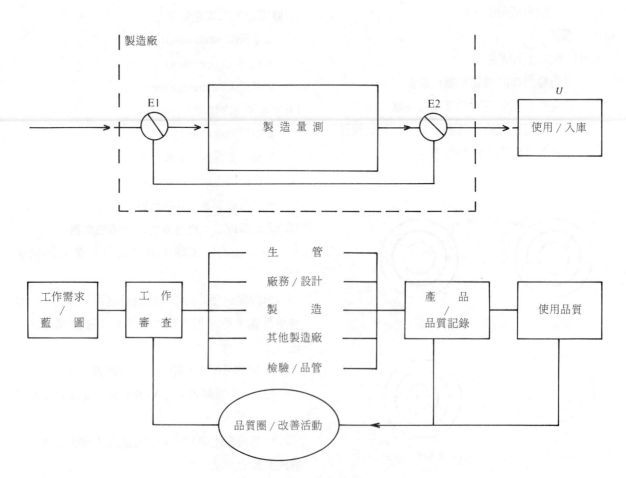

圖13.4　製程管制與I/O觀念之運用

13.4.2　變異

變異(Variation)在原料規格及製品規格上均爲自然存在的特性，亦即其存在乃屬必然性。因此，語文上的所謂「品質相同」，事實上僅是「變異很小」而且是在「不影響使用上功能」的「許可範圍」內。

13.4.2.1　「變異」的種類

(1)件內變異(Within-Piece Variation)：是指物體本身各部位在應有特性或品質上的差異。如物體的缺陷或裂痕；或者成分之偏析現象等。

(2)件間變異(Piece to Piece Variation)：是指相同產品間，甲件與乙件在某特性或品質上的差異。例如：規格上產品重量應爲x公斤；甲件爲x+0.2公斤，而乙件則爲x-0.2公斤。則甲乙兩件間之變異爲0.4公斤。

(3)時間變異(Time to Time Variation)：是指相同產品，因生產時序上之不同而產品特性或品質之差異。最明顯的例子爲「老化」、「乾縮」或「腐敗」等之變異。

13.4.2.2　變異原因

變異原因有二類：

(1)機遇性原因(Chance Cause)：

其原因爲造成變異之必然因素，屬於可預加設定而予以防範者。例如進料發生變異、環境產生變化、製作條件不當、儀具精度不良等。

(2)非機遇性原因(Assignable Cause)：

其原因爲超越標準規範之外者，屬於不可預期之因素。例如：錯用材料、人爲疏失如更換新手、操作者大意、不按SOP或SIP、使用不當儀具等。

13.4.3　製程管制與規格

在規格上限值U及下限值L之間，製程管製界限CL通常採中心值μ。在二種管制分配曲線(Distribution Curve)中，「群體分配（個別值分配）」之製程管制寬度爲μ+3σ。而「樣本分配（平均數分配）」之製程管制寬度則採μ±3σ_{\bar{x}}。此處之μ=\bar{X}

，而 $\sigma_{\bar{x}} = \dfrac{\sigma}{\sqrt{n}}$ ，n爲製程抽樣之樣本個數。

兩者之差異，如圖13.5所示。

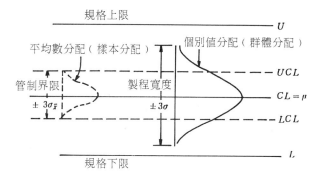

圖13.5　製程管制與規格

13.5　統計技術

13.5.1　統計管制圖

統計管制圖爲製程管制之主要工具，它不僅能顯示製程變異之狀態，同時可作爲製程能力分析之用。所以，基本上它有兩個主要用途：

(1)用以判斷製程是否在預設參數的掌控之中，並且適時顯示出製程是否有特殊原因的變異存在，使能立即加以改正。

(2)爲使製程維持在管制狀態下，統計管制圖反過來常被利用來研判製程潛力(Cp)及製程能力(Cpk)，以建立管制界線，甚而引用爲決策之依據。

13.5.2　統計管制圖之優點

(1)管制圖直接由操作人員繪製，資訊傳達直接而快速。

(2)因可藉著「已發生之現象」來預測品質走勢，而立即加以修正，使製程穩定，品質受到掌握，製作成本也隨之降低。

(3)可用以作爲討論解決製程問題的工具。

(4)可用以分辨共同原因與特殊原因，作爲局部問題對策或改進之參考。

13.5.3　管制圖的種類

(1)計量管制圖

a.平均值與全距管制圖

　(x̄ – R Chart)

b.平均值與標準差管制圖

　(x̄ – S Chart)

c.中位數與全距管制圖

　(x̃ – R Chart)

d.個別值管制圖

　(x̄ – Rm Chart)

(2)計數管制圖

a.不良率管制圖(P Chart)

b.不良數管制圖(np Chart)

c.缺點數管制圖(c Chart)

d.單位缺點數管制圖(U Chart)

以上各管制圖之公式及其常數表可參考表13.2、表13.3及表13.4所示。

一般而言，一個製程之不良率在10%以下，即屬「穩定製程(Stable Process)」，可使用管制圖辨別品質趨勢，解決變異。若不良率在10%以上時，則宜先使用簡易品管手法，如柏拉圖分析，先使製程穩定，再進行管制。

13.5.4 管制步驟與製程能力

13.5.4.1 管制主要步驟有三：

(1)資料收集：

・蒐集數據並且繪於管制圖上

(2)進行管制：

・運用管制圖之公式，由製程之數據計算管制界限

・找出變異之特殊原因；採取局部問題對策

(3)評估製程能力

・依分級基準（表13.5）評估製程能力（Ca或Cp）（表13.6）

・改善製程系統

13.5.5 製程潛力Cp與製程能力Cpk之説明與計算[3]

根據「統計學」的觀點，測度「群體平均數」之公式：

$$\mu = \frac{\Sigma X}{N} \tag{13.1}$$

此處 μ 表示「群體」之平均數，Σ 表示「總和」，X表示個別之測定值，N表示「群體」之數量。

$$\sigma = \sqrt{\frac{\Sigma(X-\mu)}{N}} \tag{13.2}$$

爲進一步研討「品質」之意義，我們要用一種「產生率」或「缺點率」的方式來說明，在品管界習慣上常用「能力比」要比直接用語言文字來表達，方便又簡單，這種「比率」或是"指數"會分辨出「分配」寬度對規格寬的差異，並將比較後的結果以「數值」的形態告訴我們。這種以「數值」表達的方式，好處就是不需要單位；亦即，沒有測度單位這使得我們能夠直接將某一產品先天品質上的特性與另一產品做一比較，縱使這種特性可能"不堪一擊"。我們也可以將這種比率與某些「標準值」相互比較，使得我們得以決定如何接近我們的執行目標。

根據「統計學」的慣例，此一「能力指數」

$$C_p = \frac{|USL-LSL|}{6\sigma} \tag{13.3}$$

此處USL與LSL分別代表工程規格的上限及下限。應知此一公式會受到雙邊的限制；亦即，上下限都已經被指定了。設若某一單邊規格附加了某些特性，則能力指數或許應改爲：

$$C_p = \frac{|USL-\mu|}{3\sigma} \tag{13.4}$$

或

$$C_p = \frac{|\mu-LSL|}{3\sigma} \tag{13.5}$$

C_p：製造潛力(C_p, Process Potential)

C_p（製造潛力）係一項有關製程之指數，爲容差範圍對六個 σ 離勢之比率，C_p值之計算，應於製程已達於統計學之管制中狀態時爲之。

P_p：初期製程潛力(P_p, Prceliminary Process Potential)

表13.2　$\overline{X}$ -R 及 $\overline{X}$ -S 管制圖之常數及公式表

Subgroup Size	$\overline{X}$ and R Charts*				$\overline{X}$ and S Charts*			
	Chart for Averages ($\overline{X}$)	Chart for Ranges (R)			Chart for Averages ($\overline{X}$)	Chart for Standard Deviations(s)		
	Factors for Control Limits	Divisors for Estimate of Standard Deviation	Factors for Control Limits		Factors for Control Limits	Divisors for Estimate of Standard Deviation	Factors for Control Limits	
n	A_2	d_2	D_3	D_4	A_3	C_4	B_3	B_4
2	1.880	1.128	-	3.267	2.659	0.7979	-	3.267
3	1.023	1.693	-	2.574	1.954	0.8862	-	2.568
4	0.729	2.059	-	2.282	1.628	0.9213	-	2.266
5	0.577	2.326	-	2.114	1.427	0.9400	-	2.089
6	0.483	2.534	-	2.004	1.287	0.9515	0.030	1.970
7	0.419	2.704	0.076	1.924	1.182	0.9594	0.118	1.882
8	0.373	2.847	0.136	1.864	1.099	0.9650	0.185	1.815
9	0.337	2.970	0.184	1.816	1.032	0.9693	0.239	1.761
10	0.308	3.078	0.223	1.777	0.975	0.9727	0.284	1.716
11	0.285	3.173	0.256	1.744	0.927	0.9754	0.321	1.679
12	0.266	3.258	0.283	1.717	0.886	0.9776	0.354	1.646
13	0.249	3.336	0.307	1.693	0.850	0.9794	0.382	1.618
14	0.235	3.407	0.328	1.672	0.817	0.9810	0.406	1.594
15	0.223	3.472	0.347	1.653	0.789	0.9823	0.428	1.572
16	0.212	3.532	0.363	1.637	0.763	0.9835	0.448	1.552
17	0.203	3.588	0.378	1.622	0.739	0.9845	0.466	1.534
18	0.194	3.640	0.391	1.608	0.718	0.9854	0.482	1.518
19	0.187	3.689	0.403	1.597	0.698	0.9862	0.497	1.503
20	0.180	3.735	0.415	1.585	0.680	0.9869	0.510	1.490
21	0.173	3.778	0.425	1.575	0.663	0.9876	0.523	1.477
22	0.167	3.819	0.434	1.566	0.647	0.9882	0.534	1.466
23	0.162	3.858	0.443	1.557	0.633	0.9887	0.545	1.455
24	0.157	3.895	0.451	1.548	0.619	0.9892	0.555	1.445
25	0.153	3.931	0.459	1.541	0.606	0.9896	0.565	1.435

註：公式

$UCL_{\overline{x}}, LCL_{\overline{x}} = \overline{\overline{X}} \pm A_2 \overline{R}$

$UCL_R = D_4 \overline{R}$

$LCL_R = D_3 \overline{R}$

$\hat{\sigma} = \overline{R} / d_2$

$UCL_{\overline{x}}, LCL_{\overline{x}} = \overline{\overline{X}} \pm A_3 \overline{s}$

$UCL_s = B_4 \overline{s}$

$LCL_s = B_3 \overline{s}$

$\hat{\sigma} = \overline{s} / C_4$

表13.3 中位數及個別值管制圖之常數及公式表

Subgroup Size	中 位 數 Charts for Medians ($\tilde{X}$) Factors for Control Limits $\bar{A}_2$	Chart for Ranges(R) Divisors for Estimate of Standard Deviation d_2	Factors for Control Limlts D_3	D_4	個 別 值 Charts for Individuals (X) Factors for Control Limits E_2	Chart for Ranges (R) Divisors for Estimate of Standard Deviation d_2	Factors for Control Limits D_3	D_4
2	1.880	1.128	—	3.267	2.660	1.128	—	3.267
3	1.187	1.693	—	2.574	1.772	1.693	—	2.574
4	0.796	2.059	—	2.282	1.457	2.059	—	2.282
5	0.691	2.326	—	2.114	1.290	2.326	—	2.114
6	0.548	2.534	—	2.004	1.184	2.534	—	2.004
7	0.508	2.704	0.076	1.924	1.109	2.704	0.076	1.924
8	0.433	2.847	0.136	1.864	1.054	2.847	0.136	1.864
9	0.412	2.970	0.184	1.816	1.010	2.970	0.184	1.816
10	0.362	3.078	0.223	1.777	0.975	3.078	0.223	1.777

註：公式 $UCL_{\tilde{x}}, LCL_{\tilde{x}} = \bar{\bar{X}} \pm \bar{A}_2 \bar{R}$　　　$UCL_{\bar{x}}, LCL_{\bar{x}} = \bar{\bar{X}} \pm E_2 \bar{R}$
$UCL_R = D_4 \bar{R}$　　　$UCL_R = D_4 \bar{R}$
$LCL_R = D_3 \bar{R}$　　　$LCL_R = D_3 \bar{R}$
$\hat{\sigma} = \bar{R} / d_2$　　　$\hat{\sigma} = \bar{R} / d_2$

表13.4 計數值管制圖之公式及常數表

• P Chart 不良率管制圖	抽樣大小不須相同 $UCL_p, LCL_p = \bar{P} \pm 3\sqrt{\bar{P}(1-\bar{P})} / \sqrt{n}$
• np Chart 不良數管制圖	抽樣大小必須相同 $UCL_{np}, LCL_{np} = n\bar{p} \pm 3\sqrt{n\bar{p}(1 - n\bar{p}/n)}$
• c Chart 缺點數管制圖	抽樣大小必須相同 $UCL_c, LCL_c = \bar{c} \pm 3\sqrt{\bar{c}}$
• u Chart 單位缺點數管制圖	抽樣大小不必相同 $UCL_u, LCL_u = \bar{u} \pm 3\sqrt{\bar{u}} / \sqrt{n}$

選擇管制圖種類之參考表：
• 選擇數字（整數）：簡單，但是抽樣大小須相同。
• 選擇比率：比較複雜，但抽樣大小不一定要相同。

表13.5　製程能力分析分級基準

	代號	評　　　等	措　　　　施
製程能力	A		
製程能力指數 C_p	C_p	(1) $\frac{4}{3} \leq C_p$　（合格） (2) $1 \leq C_p \leq \frac{4}{3}$　（警告） (3) $Cp < 1$（不合格）	1.產品採用抽樣或出品檢驗即可。 2.產品有發生不良品之危險，須注意。 3.A.操作方法須變更或改善 B.機械設備須變更或改善 C.原材料須變更 　　D.公差之檢討 E.全數選別檢驗。
準確度	C_a	(A) $|C_a| \leq 12.5\%$ (B) $12.5\% < |C_a| \leq 25\%$ (C) $25\% < |C_a| \leq 50\%$ (D) $50\% < |C_a|$	A.作業員遵守作業標準操作，並達到規格的要求，須繼續維持。 B.有必要僅可能將其改進為A級 C.作業員可能看錯規格，不按作業標準操作或檢討規格作業標準。 D.應採取緊急措施，全面檢討所有可能影響的因素，必要時得停止生產。
精密度	C_p	(A) $1.33 \leq C_p$ (B) $1.00 \leq C_p < 1.33$ (C) $0.83 \leq C_p < 1.00$ (D) $C_p < 0.8$	A.此一工程甚為穩定，可以將規格容許差縮小，或勝任更精密的工作。 B.有發生不良品之危險，必須加以注意並設法維持不使變壞及迅速追查。 C.檢討規格及作業標準，可能本工程不能勝任這麼精密的工作。 D.應採取緊急措施，全面檢討所有可能之因素，必要時停止生產。

P_p，初期製程潛力，為一項類似於C_p之指數；但本項指數之計算，係以新製程之初期短程研究所得之數據為基礎。取得之製程數據，至少應包括製程初期評估時之二十組數據。但計算時，應於取得之數據足以顯示該製程已臻於穩定狀態時實施。

理論標準差異或是"規格σ"可定義為：

$$\sigma_{spec} = (USL - LSL)/6 \qquad (13.6)$$

除此之外還有另一種指數 Cpk。此一數值Cpk告訴我們以分配寬度的觀點，μ值距離規格的中心值有多遠。其次，根據「統計學」，可以描繪出Cpk值與規格的關係為：

$$Cpk = \frac{規格上限 - \bar{X}}{3\sigma} \ 或 \ \frac{\bar{X} - 規格下限}{3\sigma}$$

（取其較小值） (13.7)

Cpk，製程能力(Cpk, Process Capability)

Cpk（製程能力）係一項有關製程之指數，計算時須同時兼顧製程數之離勢、及該離勢接近於規格界限之程度。Cpk值之計算，應在該製程已達於統計學之管制態時為之。換言之，所謂「製程能力」是對該產品得以大量複製，完全一樣而無浪費，且製成之產品能夠滿足所有客戶對「物理」和「功能」上的需求（品質、可能性、性能、及時供貨，以及價格），同時也滿足企業目標的能力。

將這段話翻譯成「統計學」上的說法，就「設計工程」的前提來看，應如下文所示：

所謂製程能力，是指能夠「認明」及「界定」產品及製程中可能存在的各類不當因素，足以導致產品的品質、可靠性，及性能等不利影響，因而產生：

表13.6 製程能力分析

	代號	意 義	公 式
製程能力	A	(1)製程的分散寬度	$A = 6\hat{\sigma} = 6$ 倍估計標準差
		(2)6倍估計標準差	$A = 6\sqrt{\dfrac{\Sigma x^2 - \dfrac{(\Sigma x)^2}{n}}{n-1}}$　$A = 6\sqrt{\dfrac{\Sigma fu^2 - \dfrac{(\Sigma fu)^2}{\Sigma f}}{\Sigma f - 1}}$　$A = 6\dfrac{\bar{R}}{d_2}$ （由樣本特性質計算）　（由次數分配表計算）　（$\bar{X}$ - R Chart 計算）
製程能力指數	Cp	公差與製程能力比較	$C_p = \dfrac{公差}{製程能力} = \dfrac{T}{A} = \dfrac{S_u - S_L}{6\hat{\sigma}}$ $= \dfrac{規格上限 - 規格下限}{6倍估計標準差} = \dfrac{T}{6\hat{\sigma}}$
準確度	Ca	比較製程中心與規格平均值一致之情形	只有雙邊規格才有公式 $Ca = \dfrac{\bar{X} - \mu}{\dfrac{T}{2}} = \dfrac{\bar{X} - \mu}{\dfrac{S_u - S_L}{2}} = \dfrac{測定平均值 - 規格中心值}{\dfrac{規格上限 - 規格下限}{2}}$
精密度	C_p	比較製程分散寬度與公差之範圍	(1)雙邊規格　　　　　　　(2)單邊規格 $C_{p'} = \dfrac{T}{A} = \dfrac{S_u - S_L}{6\hat{\sigma}}$　　$C_{p'} = \dfrac{\bar{X} - S_L}{3\hat{\sigma}}$　　$C_{p'} = \dfrac{S_u - \bar{X}}{3\hat{\sigma}}$

(1)製成產品物理性質的「集中性」(μ)及「變異性」(σ^2)出現重大隨機變化。

(2)製成產品中「眾多輕微特性」出現大誤差，及「少數重要特性」出現小誤差。

(3)有關產品及製程的計量出現不正確及有關製造加工及裝配之各項指數出現不準確，例如製程、時間、產量等。

Ppk，初期製程能力(Ppk, Preliminary Process Capability)

　　Ppk，初期製程能力，為一項類似於Cpk之指數；但本項指數之計算，係以新製程之初期短程性研究所得之數據為基礎。取得之製程數據，至少應包括該製程初期評估時之二十組數據。但計算時，應於取得之數據足以顯示該製程已臻於穩定狀態時實施。

13.6 品質成本

13.6.1 「品質成本」之定義

　　「品質成本」是指一「品質系統」運作的成本。凡是為了要使產品達到預定之品質水準而所付出品質管理費用，均屬「品質成本」。

13.6.2 「品質成本」之分類

(1)直接品質成本

　　a.「預防品質成本」：爲防止未來品質發生
　　　不良而所投入之成本。例如：

　　　・品質計劃之規劃、執行及維護

　　　・量測設備之設置

　　　・製程管制

　　　・品保訓練

　　　・廠商調查

　　　・研究發展

　　b.「鑑定品質成本」：爲確保進料及產品品
　　　質符合規範需求，或製程管制上所須進行
　　　之量測、檢驗、分析、評估或稽核所投入
　　　之費用。例如：

　　　・進料檢驗

　　　・製程中之線上檢驗

　　　・成品之檢驗或測試

　　　・儀具維修校正

　　　・品質資料處理及報告

　　以上兩項之成本因屬可以掌握，故又稱「可控
制之品質成本」(Controllable Quality Cost)。

　　c.「內部失效成本」：若由於物料、零組件或
　　　產品之不符合品質需求而導致損失之成本，
　　　即爲「內部失效成本」。例如：

　　　・廢品、重作或降級

　　　・重驗或重測

　　　・不符合料件之搬運及儲存

　　　・失效分析及改正行動

　　d.「外部失效成本」：若將不良品運交客戶或
　　　因品質不良而損壞或遭退貨，則其引發之成
　　　本即爲「外部失效成本」。例如：

　　　・產品回收運送，或就地毀棄

　　　・賠償或補償

　　　・產品責任之訴訟費用

　　　・實地檢修或儲存費用

　　　・客戶報怨處理

　　以上兩項之成本因屬不可掌控，故又稱「不可

控制之品質成本」(Non-Controllable Quality Cost)
。或稱爲「牽連品質成本」(Resultant Quality
Costs)。

(2)間接品質成本

　　a.客戶引發成本：客戶在使用產品時，由於
　　　產品品質之不良而由客戶自行投入之費用
　　　。例如：

　　　・因產品失效而導致客戶生產力減損之成
　　　　本。

　　　・後援設備之投資。

　　　・送修連絡、處理及運送之支出費用。

　　b.客戶不再續購之品質成本：因客戶不滿意產
　　　品品質而不再採用該項產品，致使生產者銷
　　　售減少所造成之成本。

　　c.商譽之損失：無法量化計算。

13.6.3 產品品質、成本、價格及利潤之關係

　　產品品質、成本、價格與利潤四者相互影響，
而且互爲因果，其間的關係複雜，同時各行各業也
都不盡一致。不過大體上而言，各項成本間是互有
一定消長的趨向可尋：

(1)在直接成本上，若加強預防性措施，例如加強
　　設計安全係數，嚴格執行製程管制及各批次之
　　檢驗工作，則一定會增加「可控制品質成本」
　　。但由於事前預防性品管做得好，所以產品之
　　失效機率將會減低，相對的也減低了「失效品
　　質成本」。

　　兩者之間的互動關係會有一個最大效益點，此
　　點會使兩者總合而成的「直接品質成本值」最
　　低，也是產品獲利最佳的互動點。這個概念在
　　圖13.6有很淺顯的示意。

(2)在間接成本上，客戶所必需付出的成本皆是起
　　因於產品品質的不良或失效。因此，基本上，
　　這項成本是與「外部失效成本」成正比的。在
　　圖13.6上我們可以看到兩者的成本曲線幾乎成
　　爲平行。而且從「總合成成本」的關係評估，
　　原來的最佳獲利操作點P_1則往右移至P_2點。這
　　種狀態可以讓我們很明顯的瞭解到，適度的加
　　強「預防性措施」對降低產品總品質成本是有

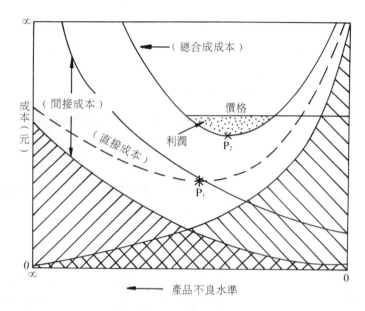

圖13.6　品質成本間及其與利潤之互動概念示意圖

利而且是有必要的。

13.6.4 品質成本之經濟策略

設定：

(1)「預防」＋「鑑定」之品質成本
　　　　　　　　　　＝「控制成本」

(2)「內部失效」＋「外部失效」之品質成本
　　　　　　　　　　＝「失效成本」

(3)產品售價固定不變。

則基本上可採行之品質成本經濟策略如下

(1)「把關」策略：

　・實施時機：當大量生產而產品品質不良率偏高致使客戶失去信心，為緊急補救，以暫時維持近程利益時，可以採用。但因非屬徹底改善之措施，故不可做長久之計。

　・實施方法：大力加強鑑定工作，把不良品剔除。在預防措施上則暫時不變。其結果是「控制成本」大大增加，如圖13.7所示。

(2)「把脈」政策：

　・實施時機：在與第一項策略時機相同，但能從長遠著眼，而且內部有訓練良好，素質較高之充足品保人員時，可以採用。其效果一般估計約為第一項策略之三倍左右。

　・實施方法：加強「預防措施」而暫時維持鑑

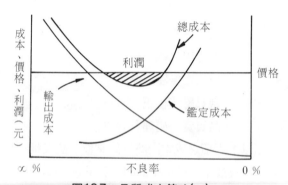

圖13.7　品質成本策略(一)

定成本。其結果將如圖13.8所示狀態。

(3)「整頓」政策：

　・實施時機：若一個工廠在資力、人力、技術、工程及品保系統方面都具相當水準及能量時，則宜斷然採用。其此策略之問題可以徹

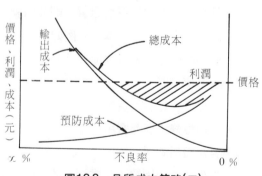

圖13.8　品質成本策略(二)

底解決，而且效果是第二項策略之2倍以上。惟因需在短期內投入較大資金及人力能量，不是一般工廠所輕易可及。

・實施方法：同時加強「預防」及「鑑定」措施。

13.6.5　實例（品質策略與品質成本間之關係）

表13.7為美國在80年代一般品質成本之分佈狀況[4]。其時美國之工業正處於「最差狀況」時期，食品及化學工業對採取第三項品質成本策略較重視

而使「失效成本」之比率大為降低。其他重工業如機電、交通等設備之生產業，則因偏重第一項策略，而使「失效成本」之比率大增。既使同類工業，若採取之策略不同，其整體之成本分佈比率也不同。

13.6.6　附錄（範例：「科目別品質成本報告表」，如表13.8）

13.7　國際品保標準－ISO 9000

13.7.1　ISO 9000簡介

表13.7　80年代美國工業一般品質成本之分佈概況

公　司　編　號	預防成本(%)	鑑定成本(%)	內部失效成本(%)	外部失效成本(%)
食品及同類產品				
1	68.5	31.4	0.1	0
2	62.0	2.0	34.0	
家俱及固定設備				
1	2.3	11.6	77.0	4.5
2	2.1	31.0	65.0	1.9
化學及同類產品				
1	36.5	58.7	4.8	0
2	14.6	76.5	8.9	0
橡膠及各種塑膠產品				
1	10.0	12.0	43.0	35.0
石頭、陶土及玻璃產品				
1	2.7	21.6	75.8	0.2
金屬製品（不含軍火交通器材）				
1	12.0	18.0	48.0	22.0
2	12.5	51.0	30.0	6.5
機器產品（不含電機）				
1	3.0	2.0	9.0	68.0
電機機械設備				
1	8.9	26.8	25.6	38.7
2	10.0	45.0	22.0	23.0
3	1.2	29.0	42.3	27.5
4	17.3	26.1	48.0	8.6
5	5.7	22.8	27.0	45.5
交通運輸設備				
1	5.0	45.0	20.0	30.0
2	5.0	45.0	25.0	25.0

表13.8 科目別品質成本報告表

〔範例〕

品質科目：起>11010.　　　　訖> 4990.
專案區間：起>　　　　　訖>
日期區間：94/ / ~94/ /　　　　　　　　　　　　　　　　　　頁　次：
製表日期：94/ /　　　　　　　　　　　　　　　　　　　　　　製表人：

品質科目	品質成本科目名稱	實支	A%	B%	合　　計	A%	B%
	＜預防成本＞						
1010	教育訓練						
1020	供應商輔導						
1030	機器預防保養						
1040	模具定時報廢						
1050	品質會議						
1060	開發會議						
1070	模具製圖費用						
1080	模具製造費用						
1090	試模費用						
1100	品質活動						
1990	其他預防成本						
	＊總預防成本＊						
	＜鑑定成本＞						
2010	品管部人員薪資						
2020	量夾治具製作費用						
2030	檢測設備折舊						
2990	其他鑑定成本						
	＊總鑑定成本＊						
	＜內部失敗成本＞						
3010	報廢						
3020	重修						
3030	生產線閒置						
3040	模具報廢						
3050	模具整修						
3990	其他內部失敗成本						
	＊總內部失敗成本＊						
	＜外部失敗成本＞						
4010	商譽損失						
4020	索賠						
4030	客戶抱怨						
4040	折讓損失						
4050	新品交換						
4990	其他外部失敗成本						
	＊總外部失敗成本＊						
	＊總自願成本＊						
	＊總失敗成本＊						
	＊總品質成本＊						

單位主管：＿＿＿＿＿＿＿　　　經辦人：＿＿＿＿＿＿＿

ISO 9000系列是一種「品質管理與品質保證」的標準。這項標準是由「國際標準化組織」(International Organization for Standardization) 之「技術委員會(TC 176)」所制訂。其係起源於1959年美國國防部所發佈之MIL-Q-9858A的品質計畫需求標準。

當時，美國國防部要求各承製軍品的廠商，應在實現合約要求的所有領域與過程中充分保證品質。其領域廣及各層面，從設計、開發、製造、加工、裝配、檢驗、測試、維護、包裝、運輸、貯存以至於現場安裝。由於實施結果成效卓著，引起舉世各國採納引用。英國首先將它改編為「BS 5750品質系統」國家標準，進而演變成為當今的ISO 9000系列國際品保制度標準。

目前全球已有超過50個國家採用作為其國家品保制度標準，包括中華民國在內。我國國家標準(CNS)的相對標準編列為CNS　12680系列(CNS 12680～12684)於民國79年3月頒佈實施。

13.7.2 ISO 9000認證的趨向

(1)凡產品欲取得世界知名之標誌，如英國之BS、美國之UL、澳洲之AS、或日本之「正字記號」，其對工廠品管制度之要求標準將逐漸改為ISO 9000系列之品質系統模式。

(2)自1992年起，歐洲單一市場實施新訂之「CE標誌」產品認證制度。其中規定凡是輸往歐市之「指定產品」均應符合歐市「統一品質管理標準」，亦即EN　29000系統。事實上，此系列則完全採自ISO 9000系列之品質保證制度。

(3)我國商檢局計畫在民國83年起，以此項ISO 9000(CNS　12680)之標準取代原有工廠品管制度評審標準。並對國內出口商取得此標準認證者採取優惠獎勵措施。

13.7.3 ISO 9000品質系統的管理理念

(1)重視事前管理，勝於事後檢驗。若相對於「品質成本經濟策略」而言，應是屬於「整頓政策」。

(2)注重過程管制，防止變異發生。

(3)強調品質政策與管理者之責任。

(4)重視品質紀律與執行之事實。亦即強調必需有完善之文件系統。

在涵蓋領域最多的ISO 9001中，共20個基本管理要項。若以其中之「製程管制及檢試」為中心，其整體系統的相關性將可歸納如圖13.9所示。

13.8　粉末冶金的製程品質管制

依據本章第13.2.2節列舉的品質管制之主要工作項目，製程品管僅為其中之一項，惟因製程乃是實際掌握產品最終品質狀況的最主要、也是最重要因素。因此，本章對此特別專節論述。

根據粉末冶金之製造程序，以整體品保及品管之眼光，可以找出整個製程上之重要品管點；經由這些品管點，使用適當之品質檢驗及管制技巧，應可確保整體製程之品質。

(1)進料品管檢驗

進料的檢驗項目係根據粉末之特性而來；而主要之粉末特性則為：

(a)密度：視密度，真密度，敲密度。

(b)顆粒形狀、大小及其分佈情形。

(c)流動度。

(d)可壓性及成形性。

(e)調製比率。

在生產之始，必須針對產品特性需求而訂出原料之進料規格；並依此規格執行上述之各項進料檢驗，中國國家標準，制定有檢驗標準，可以參考。

(2)粉料混合之品管

粉料之混合有二項重要參數：一為混合之時間；另一為混合之均勻度。兩者與混合的方式有直接的關係。目前在直接判別是否充分混合上有其困難，但一般可從不同參數之配合予以從事試驗，尋出混合最佳條件。但可變參數增多，例如增加粉末種類之調合比率，粒度及形狀之考慮等等，

則可採用「田口式設計實驗」方法，以求試驗效率。

(3)加壓成形品管

加壓成形之生胚決定燒結製品在物理特性及機

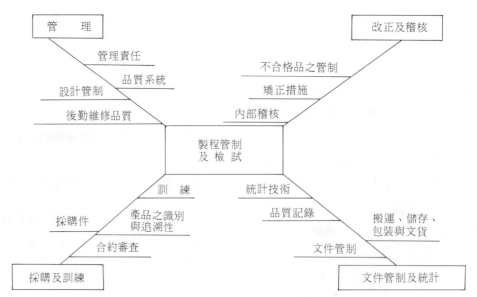

圖13.9   ISO 9000中製程管制及檢試與其他章節之相關性

械性質上之良好與否至鉅。對加壓成形的品管，主要在：

　　a.壓機之加壓壓力應有效控制。

　　b.定期作好儀具校正。

　　c.模具之各項公差應能精確掌握。

　　d.生胚之外觀、尺碼、重量甚至其密度應作抽　　樣檢測，並以管制圖予以管制。

(4)燒結之品管

　　燒結之主要目的，乃在藉助於加熱使生胚達到收縮緻密化之效果，以提高其物理特性，機械性質甚至化學性質，使其品質符合規範要求。

　　燒結之品管參數主要為：

　　a.燒結溫度。

　　b.燒結速度。

　　c.燒結流程曲線。（溫度梯度與時間之關　　係）。

　　d.燒結氣氛。

　　對燒結完成之半成品，則依需求應進行各項機械性質，如硬度、抗拉強度、伸長率等；以及物理性質，此如重、電阻等之測試，以滿足產品之設計規格。

(5)成品之品管

　　成品檢驗是成品品質管制的重要手段；成品在包裝成箱運送出貨前，應以每箱為單位，建立抽樣

計畫，依據產品之特性規格，進行檢驗工作。

　　一般對特性使用對象的成品，都有其特定的規範，如MIL-STD、ASTM、或CNS等，其標準內都訂有檢驗規範可以依循[5]。

13.9　範例

　　粉末冶金之產品多為零組件，有標準產品，也有接受委託製造者。無論那一類，都應有品質計畫，依開發程序進行開發。其程序略如圖13.10。

　　其中，「產品品質計畫」之內容旨在說明如何在設計、製造以及品保工作上能提供未來製品之品質保證。此一計畫之內容則包括公司之品保體系，品保政策及品質管制計畫書。品質管制計畫書的內容則包含了最重要的「標準製作流程(SOP)」以及「標準檢驗流程(SIP)」。其範例如表13.9及表13.10所示。

　　另外，進料管制、不合格料件管制、儀具校正、品質標示以及品質稽查等，也都應有所規範。

13.10　結語

　　粉末冶金是一項精密工業；其精密在於利用非常簡單的製作過程，來達到幾乎完全符合規格尺寸與性質的產品度而不須另外加工。能以簡單的製程

表13.9　標準作業程序(SOP)

NO		作　業　標　準　書			〔範例〕	發行	承認	查閱	作成
工程	攪拌				作　成 年　月　日				

段取·作業要領	確　認　要　領					安全3原則 1.整理、整頓、清潔、清掃 2.點檢、整備 3.標準作業			

一次攪拌200kg 作業程序如下：	管理項目	管理規格	計測圖	確認頻度					
				作業開始	作業中				
1.先加50kg鐵粉(Fe)	Fe（依調合表）	50kg	目視（1包25kg）	作業者	副組長				
2.加200cc油 (Oil)	Oil (Ru78)	20cc	容器	〃	〃	日常保全 1.給油 2.日常點檢 3.清掃			
3.加50 kg鐵粉(Fe)	Fe(依調合表)	50kg	目視（1包25kg）	〃	〃				
4.加入所有配料（如碳粉、銅粉、PbO、Met等）	配料（依調合表）	依調合表%	天秤	〃	〃				
5.所有鐵粉殘量等加入	Fe	殘	目視（1包25kg）	〃	〃	作業者業務 1.遵守作業，指導作業。 2.規定通過後須實施。 3.規格制訂後，產品依規格製作。 4.不良品發生時以塑膠箱裝放。 5.異常發現時馬上連絡幹部處。			
6.一切程序完成，攪拌50分鐘。			定時器	〃	〃				
7.用60目篩網過篩，完成攪拌工程。			目視			符號	年月日	記　事	擔當	承認

表13.10 標準檢驗程序 (SIP)

（範例）　　　　　　　　　　　　　　　　　　　　　　作成　年　月　日

NO		品　名		工程	切削研磨後 受人檢查	

記號	項　目	管理規格		測定器	頻度 開始時	頻度 作業中	記錄	測定要領
1	ϕ11外徑	粗加工時	ϕ11+0.10 +0.08	分匣卡	———	n:10/受 入1.0T	———	
		研磨時	ϕ11 $\begin{matrix}0\\-0.018\end{matrix}$	〃	———	〃	檢查 成結否	
2	外　徑	ϕ10.5	$\begin{matrix}0\\-0.10\end{matrix}$	〃	———	〃	〃	
3	外　徑	ϕ10	$\begin{matrix}0\\-0.05\end{matrix}$	〃	———	〃	〃	
4	段　長	18.8	$\begin{matrix}+0.2\\0\end{matrix}$	游標尺	———	〃	〃	
5	段　長	7.5	$\begin{matrix}0\\-0.1\end{matrix}$	〃	———	〃	〃	
6	溝　寬	2	±0.2	〃	———	〃	〃	
7	溝　寬	1.15	$\begin{matrix}+0.14\\0\end{matrix}$	〃	———	〃	〃	
8	0.5 段長	0.5	±0.2	〃	———	〃	〃	
9	銑平面	7	$\begin{matrix}0\\-0.2\end{matrix}$	分匣卡	———	〃	〃	
10	深　度	3.2	$\begin{matrix}+0.2\\0\end{matrix}$	測深分匣卡	———	〃	〃	
	外　觀	有否崩損生銹等異常		目　視	———	n:30	———	

改訂欄	NO	欄 年 月 日	記　事	擔當	承認	發行		承認	
						查閱		擔當	

圖13.10　粉末冶金產品開發程序

而獲得高品質的產品，其意義就是代表一種高產率、高效率和低成本的成就。要達到此一境界，全程的品質管理是主要的一環。

在任何一項產品開發之前，應當將所計畫的品質管理建立模式，有了模式，才能排定所要進行的程序，且能有助於把計畫與人溝通。

品管，特別是最近年代興起的「全面品管(TQM)」，乃是基於下列的導向：

(1)產品、(2)製程、(3)系統、(4)人性、(5)社會需求、(6)成本、(7)顧客。

這些導向存在於不同企業中，雖是各有特質，卻是道理相同；所以品管淺顯而具體，人人易懂，惟有貫徹執行，才是勝敗關鍵所在。

參考資料

1. 「系統化品質機能展開應用實務」，中國生產力中心講義，80年3月。

2. Edward M. Schrock & Henry Lefevre, *"The Good and The Bad News About Quality"*，廖淑華譯，中國生產力中心出版，80年6月。

3. 林秀雄，「品質管理」，新知企業管理顧問公司出版，p.264-266。

4. 鄭燕琴，「品質經濟」，中山科學研究院內部教材，78年2月。

5. 「粉末冶金CNS標準」，PM Guidebook ，中華民國粉末冶金協會印製，81年12月。

第十四章　粉末冶金工業之自動化

陳增堯*

14.1 前言
14.2 生產率評價之目的
14.3 既存設備的改善、簡易
　　 自動化設計事例
14.4 結語

14.1　前言

對於自「働」化的意義，在此要傳達的觀念是它不僅是一種機械化加上控制組合的自「動」化，它是帶有人字部首的自「働」，是能按人類意旨去執行特定的工作任務。

14.1.1　自動化的觀念

經濟學大師凱因斯曾說過：觀念可以改變歷史。因此一個進步的觀念，影響所及常是整體的、全面性的；猶記得在山城臨海小鎮-後龍，幼年的那段農村生活，磨坊的阿福伯，每天總要么喝著黃牛，用力的拖動著套在脖子上的磨輪桿，利用上磨輪與下磨輪之間的相對旋轉，將流進的水和米粒加以混合輾碎，流出成濃濁米粥，以便做成米糕。這是阿福伯原來用手，來回推磨的人力式磨米器，改善得來的半自動獸力式磨米器；問題是牛在沒有鞭韃或人不注意的時候，就偷懶不動了，阿福伯毫不留情，職業性的揮舞著手上的鞭子，這種近乎虐待性的抽打被視為是理所當然的，打在牛背上痛在心裡頭，是我當時的感受與解決問題的動機。徵求阿福伯的同意，在牛頭的前面繫綁著一簇可口新鮮的嫩草，在鼓勵利誘的前導下，這隻牛比先前更合作的迴轉著磨輪，效率也隨著牛的自動而有了改善；不過仍有休息和停止的閒置時間，希望將這種牛的自「動」化，改成附有人性行為的自「働」化──有效而不斷的去執行人的意思，就是讓上磨輪不停的轉動，最後在通過磨輪中心的兩端，由甲乙兩隻

牛在同方向上拖動著磨輪桿，並加以利誘前導，當甲牛想停時，可是乙牛卻不肯停，因此甲牛只好繼續不停的跟著轉下去，如此一來，成為真正有人意志行為的自「働」化。時至今日，科技的進步，傳統的磨坊工作，早已為電動馬達所取代，阿福伯的么喝聲也愈去愈遠，時代也進入自動化的新紀元，觀念確實是隨著時代不停的在改變著人類生活的歷史。

14.1.2　自動化所造就的點「粉」成「金」術

台灣的粉末冶金工業，始自1957年起，就呈現持續蓬勃發展的景象，儘管工資、原料成本不斷的上昂，粉末冶金製品價格，即使遇上兩次石油危機與臺幣升值，都能順利排除成本上漲壓力，安然過關，製造廠商仍能如雨後春筍般紛紛設立，是百業中的「奇象」，探究其原因主要歸功於臺灣已臻於成熟的自動化基礎的應用。以大量生產的粉末冶金微小軸承廠為例，自動化的程度已達夜間無人化的階段，有規劃的品質管制與特殊流程安排，晚上和白天是一樣的產出，這種"在生產過程中，能執行材料或零件的製造，做好移動和檢查的大部份製程，藉著機器和電子設備之自我運轉來加以控制的自動化無人系統"，在推出的幾年間，十足風光的傲視全球，即使是物美價廉，但因拜合理化與自動化之賜，仍能維持可觀的利潤，並囊括了全球60%以上的市場佔有率，躋入世界第一的行列，若有人指粉末冶金技術為點「粉」成「金」術，一點也不為過。

粉末冶金產品具有的優異特性，再加上自動化的幫助，就像童話故事中的灰姑娘具有善良的秉

*國立台灣工業技術學院機械工程系學士
　工業技術研究院工業材料研究所工程師

性，再加上仙女手中的魔棒的幫助，眞能化腐朽爲神奇的點石成金，所以自動化確實是可令人神往與著迷的名詞，它究竟會帶來多少明顯的利益呢?可以圖14.1來表示。

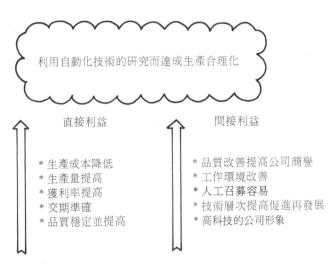

圖14.1　利用自動化技術可獲得之利益[1]

爲了方便起見，可引用舊有的數據來說明。從1960年到1990年的三十年中，粉末冶金工業在日本的年成長率大約在20%，而臺灣在近十年間則以成長率25%向爬升，反應在這段時間裡，日本工資漲了十倍多，而臺灣的工資約漲了四倍；粉末冶金零件的品質、精確度和複雜度也明顯的提昇，但是反應在每公克的單位平均成本上確是相當少的，如圖14.2所示在1美元兌換140日圓的匯率時，在日本25年來的平均每克單位成本只在0.85~1.2日圓間波動，這種生產成本幾乎保持不變的事實，也說明了粉末冶金零件市場，爲何會比其他生產方法所產生的類似產品來得成功的原因。

14.1.3　自動化的省思

在臺灣幾家較具有競爭能力的粉末冶金廠，在汰舊換新的觀念上，已具有買一部二手老爺車的故障困擾與維修費，不如買一部性能優越的新車的想法，因此這些廠，都會適時地引進新設備，如**GASBARRE**公司的迴轉進料器、**CINCINNATI**公司之快速換模與檢放秤重系統、**DORST**的微電腦檢放系統等，並根據自己的需要，或多或少的對自

己設備進行某種程度的自動化改善。然投資或更新自動化的設備是昂貴的，但以長遠的眼光來看，還是划算的，除了前面圖14.1所示，因推行的自動化所獲得的利益外，在此就粉末冶金工廠自動化的前瞻性，重點式的說明它的價值目標，所應該定位的取決原則：1.投資與利潤回收的改良，2.人工成本的降低，3.產量的增加，4.品質與可靠性的提昇，5.設備使用率的平衡與增加，6.爭取市場的形象與交期，7.製程與搬運時間的縮短，8.快速的上下換模，9.製造出其他方法所無法製出來的特有產品，10.具有非單一產品的小批量彈性製造系統(FMS)觀念。

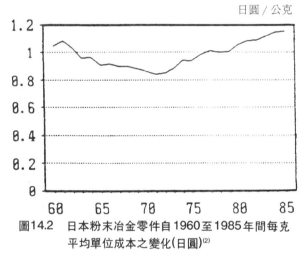

日圓 / 公克

圖14.2　日本粉末冶金零件自1960至1985年間每克平均單位成本之變化(日圓)[2]

爲了提高製程的自動化水準，追求省時、省力、無人化的理想，以及應付客戶許多不同的設計和需求，必須能儘快的調整和建立新壓胚的生產線，以便達成低廉的生產成本，粉末冶金廠和設備製造商，必須更緊密的結合在一起，盡自己最大的努力，來達到自動化的目標，否則廉價勞力時代即將過去，負面的循環效應，將使公司在競爭中遭到淘汰的命運；在整個大環境皆在進步的階段上，希望每家公司都能見賢思齊，秉持著學如逆水行舟，不進則「推」的心理，在逆水的洪流中，試圖力爭上游，藉自動化來改善製程，強化經營體質，爲自己有計畫的「推」一把，則企業的前途是光明美好

的。

14.1.4 從簡易的自動化開始

　　自動化是工業轉型的利器，且自動化科技即使在先進國亦為一發展中的技術，加上國際貿易一向講求的是比較利益的競賽，我們沒有理由亦無可能立即揚棄現有以人工生產的方式而全部自動化；值此工業轉型的過渡期，現有的生存能力，便維繫在是否能漸次自動化，而又能維持一具有高效益的低成本生產線。在此希望透過低成本自動化或簡易自動化之課題，做為各位在推動工廠自動化之開端，而最現實的是，它究竟能提高多少的生產率，以爭取管理階層的同意與財務支持，為了能讓各位正確活用自如，以簡單之算術式來做為評價的方法，而不用繁雜之經濟效益評估系統，因經濟效益評估需配合各工廠之經營現況、外在經濟因素、資金來源與成本資料的正確認識與收集，並透過適當的方法，來求得投資後淨賺現值、回收年限、投資報酬率或以單位新舊生產成本回收產量，來判斷自動化真正的潛力，顯然是繁複費時。

14.2 生產率評價之目的

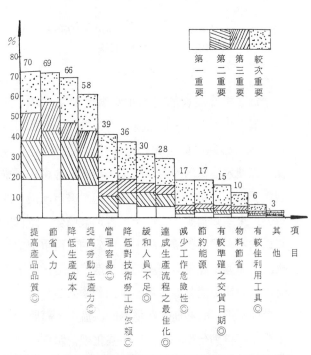

圖14.3　自動化可能效益("◎"為應予有形化之無形效益)[1]

　　為什麼要評價，評價的目的是什麼？自動化的效益僅止於降低生產成本嗎？據一份調查各單位實施生產自動化目的的報告中，如圖14.3中所示，除了實質上與生產成本有關的各項有形效益外，無形效益包括了提高產品品質、管理容易、降低對技術勞工的依賴、緩和人員不足、達成生產流程的最佳化、減少工作危險性、有較準確的交貨期、增加產能等，所以當分析選用自動化所帶來的利益時，除了計算有形效益外，也應技巧的將上述無形效益予以有形化，才不致使自動化所帶來的無形效益有滄海遺珠之憾。所以評價之主要理念，在於能定量化來表示，如果作業生產效率以時間效果或數量或金額來表示，另一方面自動化同時也是為了要增加更多的附加價值，若以金錢面來說，貴廠生產製品，由售款中扣除原材料費或外包費之餘款，就是各單位所產出的附加價值，再以人數除之，即為每個員工所產出的附加價值，不過用金錢來評價的方法，務必要等到售出後，再循下式得出成本指數結果。

$$成本指數 = \frac{附加價值之金額}{製造時所要投入的成本}$$

　　而式中所指出的成本指數，係以製造時所要投入的成本為分母，包含人工成本、折舊費、管理費及工具等費用，而分子係由於分母投入後，所產出的附加價值金額。在下一節中將以一種理念來介紹生產率指數，至於一小時的加工時間被評價為多少錢，那是另一個立場的話題；至於賺錢、不賺錢又是另一個話題。強調的是如何在自動化過程中獲得更多的加工時間，貴廠一定要應用IE、作業分析或者其他種種的方法來實施改善。要改善作業時，對於工作的內容、看法、需更新之處有多少，都要完整提出。

14.2.1 工廠之附加價值與生產率指數[3][4]

　　製造工廠上之所謂附加價值，係從設計者所獲得之技術訊息，符合其功能，製造出成品，並售于客戶，像這樣完全依據技術訊息，購買材料，進行成形、燒結、整形或精整之加工工程，使它具有其功能之成品。這種加工工程就是工廠之附加價值。

換言之，開發或設計之附加價值在那裡，在一無所有的情形下，聽聽客戶的需求，瞭解客戶產品的種類、形狀、尺寸、功能等，作出能在工廠生產之技術情報，這就是屬於開發設計部門之附加價值。而製造部門理應追求生產高附加價值之產品。而附加價值在於加工，亦即如何獲得更多能加工的時間。對於一定投入時間，如何作出許多的加工時間。這就是工廠做為評價生產率的手段，它可從下式來表示之。

式1　生產率評價計算式(以時間效果來表示的作業生產效率)

$$(生產率指數) = \frac{(機械加工產生附加價值之時間合計)}{(作業投入時間之合計)}$$

式2　機械效率評價計算式(參與加工)

$$(機械生產效率) = \frac{(1天之運轉中純粹參與加工的時間)}{(24小時)}$$

目的是要提高機械的生產率指數，創造工廠之附加價值，非更上層樓走上自動化不可。而由於作業種類的不同，對附加價值言也會有以下的區別：

(1) 可形成(＋)的附加價值作業，如成形、燒結、加工。

(2) 工作本身並沒有附加價值，只是對附加價值有所貢獻和幫助而已，例如工具之準備、搬運以及模具之架設、安排作業等。

(3) 會造成(－)的附加價值作業，如良品與非良品的檢查選別、不良品的修改作業以及機械前之監視作業。

(4) 不具(＋)或(－)的附加價值作業，如朝會、掃地、上廁所等。

所以在進行自動化之時，也應擬訂它的優先順序，亦即：

(1) 可形成(＋)的附加價值部份要最優先去做。

(2) 完成前項後，緊接著要著手對附加價值有貢獻的工作，像原料的供給、成品的搬離等作業。

(3) 接著在有所貢獻之部份，要進行成品的檢查判定、模具的交換作業等。

(4) 再來對過去很難以機械化進行檢查，而要仰賴官能檢查的部份，儘量以增加使用自動控制來改善。

(5) 把以上剩下的部份，以手工作業方式來作業之。

上述對於剩下的部份，也是長久以來要進行自動化有困難和不易做到的問題，諸如：

(1) 在加工工程中，設計不佳的零件形狀或成形性不佳的零件；

(2) 數量太少；

(3) 需仰賴官能檢量(崩損判定、顏色判定、附著物的判定等)。

14.2.2　生產率指數的推演

如圖 14.4，假設有機器需安排準備工作 1 小時，然後可連續運轉 2 小時自動加工，不論有人或無人皆自動運轉，通常指有人時，係順便看看機械或點檢而已；如果將此點檢工作也包含在前一段安排時間，亦即只要 1 小時之安排，即可自動加工 2 小時。現在暫定該機械為 A，按下 A 機械之鍵，使它開動，若有結構相同，同樣能運轉之機械 B 與 C，在 A 機械正在運動間，順次啟動另二台，這個意思就是說，安排與自動運轉，兩者其時間之比率設定為 1：2。假如能作出自動運轉的狀態，1 人等於可操作三台，以生產率指數式來評價時，安排作業時間係以 1 小時乘 3 台；分子係 1 台之加工時間，每台能以自動運轉 2 小時，乘以 3 台，即可得兩倍之生產率指數。由此可知，獲得所投入時間的兩倍加工時間。

$$\left(生產率指數 = \frac{加工時間合計}{投入時間} = \frac{2H/台 \times 3台}{1H/台 \times 3台} = 2\right)$$

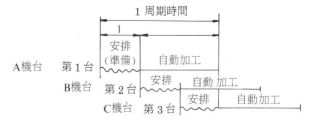

圖14.4　每一人負責3台機械時的關係圖

如圖14.5所示，變更比率，把安排準備與自動運轉時間之比率變更為1：4，情形將如何呢？在A機械自動運轉之際，BCDE 合計 5 台之安排準備時

$$（生產率 = \frac{加工時間合計}{投入時間} = \frac{4H/台 \times 5台}{1H/台 \times 5台} = 4）$$

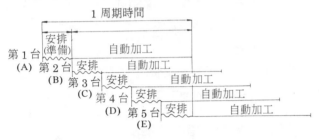

圖14.5　每一人負責5台機械時的關係圖

何，在此介紹，請參閱圖14.6所示。

　　設安排準備與自動運轉之時間為1：8所構成時，生產性指數為多少？此時如圖14.4和圖14.5，則+1台，類推在1：8時亦+1台，等於負責9台。此說明可獲得8倍生產性指數。

　　圖14.7所顯示之生產率指數之一般公式，但問題是幾個人來共同管理這群機器，在過去以 IE 為基本的泰勒時代，倡導以勞力為主的勞動經濟法則，那時機械比較少，機械比人還重要，以人力操作機械來生產，機械之前不可無人，人不可以離開機械，基本上還談不上自動化，需以技術員工不斷介入，所以機械的稼動時間≒人的上班時間，而現在講求的是機械的稼動時間為每天 24 小時，但人不是機械，人比機械重要，人甚至要遠離機械，不

$$（生產率指數 = \frac{加工時間合計}{投入時間} = \frac{8H/台 \times 9台}{1H/台 \times 9台} = 8）$$

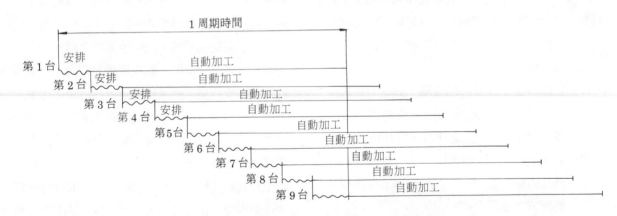

圖14.6　每一人負責 9 台機械時投入時間與加工時間之關係圖

間與自動運轉時間之比為 1：4 時，即可顯示可以負責合計 5 台的工作。將此代入生產性指數式時，於投入時間，分母是以安排時間為1小時，1台1時×5台；分子是每台提供4小時的加工時間，即4小時×5 台。若能設定安排與自動運轉之比率為 1：4 時，由 5 台可獲得 4 倍之生產率指數。換言之，可獲得投入時間之四倍加工時間。

如圖14.4和圖14.5所示的加工組合的方法，係有人來操作機械為前提所構成；如果以無人運轉時要如

生產率指數 N $= \dfrac{N_2H/台 \times (1+N_2)台}{N_1H/台 \times (1+N_2)台} = \dfrac{N_2}{N_1}$

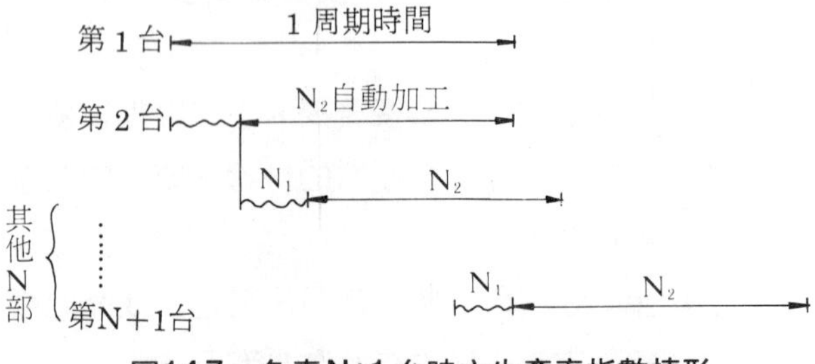

圖14.7　負責N+1 台時之生產率指數情形

必彷效人機同亡的飛虎精神，依據勞動基準法，人只上班 8 小時，所以人的上班時間≠機械的使用時間。

如果讓昂貴的機械晝夜、週末甚或例假日停機實在太可惜，想辦法使能自動運轉，從生產率指數式，可知對於投入時間希望能獲得更多的加工時間。對於負責之台數，要將安排準備的時間儘量縮短，才能增加負責台數。

事實上，在貴廠或許也這樣在做。由一人操作機械兼生產時，能照料得到的台數，依自動化的程序有所限度。因此有時無法增加照料的台數。但又希望能提高生產率指數，換言之，希望能獲得具有附加價值之時間爲投入時間之幾十倍。

因此要怎樣來做，想盡辦法，運轉自動儲料盤，一次設定，在無人之下能運轉三天，72 小時。這樣一來，即可達成一人負責 24 台機械。

依排列方式，24 台不算大數目，已經有工廠實際這樣做，若僅依照排列方式，在前例已說明過，譬如負責照料 24 台，其生產率指數只能得到 23 倍之限度。

以圖 14.8 爲例，該公司安排 1 台自動機需 1 小時，完成後啟開配電盤電源，可在無人操作下只要模子不壞，可連續運轉 72 小時，實際上因有 1 小時之安排時間，所以眞正運轉 71 小時。3 天後再重新安排此台機械。上班 8 小時工作中，因安排 1 台需 1 小時，故 1 天可安排 8 台機械運轉，每三天一個循環。因此在這三天內可運轉 24 台機械。

若按上述之排程作業，即使在夜間無人時，也可以照樣繼續運轉，圖 14.8 中所示，爲實際計算式。分母爲 1 台 1 小時之投入時間×3 日操作 24 台，分子爲在安排第 1 台時，停轉 1 小時，所以實際獲得 72 小時－1 小時＝71 小時加工時間。嚴格來說，因有前置作業時間，原料輸送時間，故實際只有 70％ 左右，但爲了易於了解，暫且不提。

每台可獲得 71 小時之加工時間，因有 3 天，故計 24 台。由此可知實際獲得 71 倍之生產性指數。

如今參觀了幾家公司，但不知貴廠之程度如何，有的較有成就之廠，即獲得 20 以上之生產率指數者已有不少。但以 10 以下者亦不少。其中還存著 1 人負責操作 1 台，或許還有。1 人 1 台 1 台來啟開的話，雖然該機械已改爲自動機械，該處之工作已由自動機械所取代，但仍配置閒餘人員，如果是

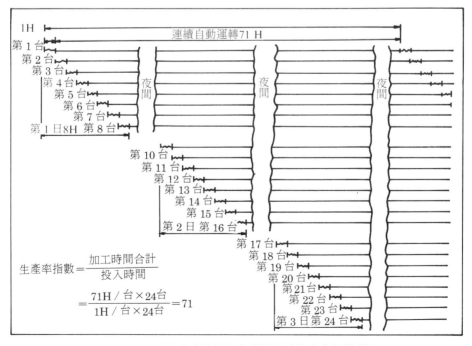

圖14.8　將生產率指數提高所設自動化生產線構成例

這樣的話，自動機械就沒有甚麼意義，與手動的相同，這點請各位要充分地了解。

想提高生產率指數，在各種情形下，其週邊會出現重要的事情，若欲比投入時間獲得更多的加工時間時，必須得1人負責照料多台，同時安排時間與自動運轉時間要儘量拉大，此為必要理解之事。

非要照料多台不可時，莫把人員閒置在機械之前。要機械運轉，一定要讓它產生附加價值之狀態開始運轉。一旦配置人員，就避免以手工來運轉機械，這樣一來，和以手工來作東西是一樣的水準，這一點要了解。

14.2.3 生產率指數在觀念上的啟示

在泰勒(F.W. Taylor)時代的IE(Industrial Engineering)觀念和想法是欲獲得更多的附加價值，無法使用機械來做組立或加工以外的工作，如搬運工作。因其不具有附加價值，所以不要做。是以有附加價值之工作為中心，作業者之重點在於時間的配合。由於泰勒時代之觀念影響所及，主張無附加價值之搬運工作不可用人。亨利福特在汽車製造上之Ford System輸送帶才會很盛行。事實上，當初福特先生並未投資於自動化流程生產線，而只是使用移動的裝配生產線，以便讓線上作業員，有時間關注在操作機械上，以提高作業之附加價值，由於亨利福特以及其他汽車工業專家之偉大貢獻，這種裝配線上的機械化生產線就被一般人稱為底特律自動化。現在用生產率指數式評價的想法來看，泰勒所想之IE，已經過時了，是五十年前的想法，現已不適用，各位可以拋棄。如今剛好相反，為了要提高生產性，主張要自動化變成人要離開機器的時代，人可盡去做搬運等工作。操作機器人也不必逗留在那裡。在能使更多的機器動起來的前提下，儘量以做安排和搬運的工作，這也是所談的生產率指數的本意。

14.2.3.1 新的IE理念

- 想辦法以自動化去形成附加價值，不要人去操作。
- 人的投入安排時間，要專注於對附加價值有所貢獻的工作，讓人變成機器的幕僚，不是機器的奴隸，只做安排的工作就可。
- 幹部應朝向如何縮短安排的時間，以提高生產性，如快速換模等。
- 心中有理想，雖然只有8小時，但能讓那麼多的機器24小時工作，所以要做不故障的機器。
- 不能離機械太遠，走路耗時，機械應成U字或成列排在一起。
- 以操作的機械台數，來決定員工的獎金，同時激勵員工起見，獎狀和獎金要互為應用。

從新的IE理念上，可導出下列原則：

(1) 為了提高附加價值，從加工部份，要把人手抽調出來，朝向自動化。

(2) 附加價值的指數，可從安排的時間和機械自動加工的時間來決定。

   (a) 人的安排時間相等於自動加工時間時，管理台數為生產率指數值+1台。

   (b) 人的安排時間比機械的自動加工時間還長時，操作台數可減少。

(3) 要能得到高的附加價值，每人管理部數要增加或自動加工時間要拉長。

(4) 安排的時間，如果還很充裕時，就要馬上從這條生條線離開至另外一條生產線，做對附加價值有所貢獻的工作。

14.2.4 推進自動化的想法

從生產率指數可知，對於投入的時間，如何獲得更多的加工時間，更多的附加價值時間，對於具有附加價值之工作不要用人工，故第一步非自動化不可。可是似乎有些工作不能自動化。這就顯示在形成附加價值之工作中，尚有許多要做的主題。在考慮自動化時，會出現像操作或搬運等很多項目。可是在形成附加價值之加工或組立尚未自動化前，而卻大力搞那些操作或搬運之自動化，實在是本末倒置，太愚蠢之爭。不要妄想，將人所做的事，立刻全部自動化。凡事都是有先後順序的。例如成形、加工作業可認為目前能形成很大的附加價值，因此針對這兩個工程先來自動化，先使(1)無人之自動運轉時間和人的安排時間增大；(2)考慮縮短安排時間，以快速換模、自動加料等；(3)在成形工程上裝置電子秤重，回饋給機台調整模座之充填或在加工機台上裝有測定尺寸之自動測定裝置等，像一些改善作業應是按階段性來加以自動化。又判定物品之良與否，這類的檢查作業是負的附加價值，不可以這樣做，把已完成的東西，再來辨別好壞，是背道而馳的工作，是負的附加價值作業，若由實際的製造工程去觀看此作業時，像尺寸測定工作是最容易做低成本自動化（或稱簡易自動化）；(4)可是還有些地方很難去自動化，得借重人工作業，殘留在諸位周圍，暫時不宜去自動化，可能不合眾意，還得屈就於低層勞動化。所謂低層勞動化，在此指的是按時上下班之低受薪階級，如工讀生或歐巴桑等。在先進國家中，受貨幣升值影響，紛紛將欲為自動化或者將投入自動化所費的資金轉到低工資的大陸、韓國、台灣來生產。這是衡量兩者損益成本的競爭上，不得不遷移國外，以推進低層勞動化的具體行動。近年來，我國的製鞋、製傘、成衣、紡織、電子裝配業等，在台幣升值及人工成本高漲的壓力下，紛紛轉進至菲律賓、泰國、越南、中國大陸等地，再度尋求企業的第二春，即是此低層勞動化外移的明顯例子。

或許貴公司亦正面對著強勁競爭的工作，但也不必像上述的方法去做，為追求更多的利益，在不能做自動化的地方，時期未到前，先以感測器(Sensor)或周邊系統來做瑕疵的判定，在我們的頭腦尚未來得及處理好的事，當然也無法做出理想的自動化，如果硬著要去做，其結果亦將歸於失敗，此時惟有利用低層勞動化。

在不能自動化的場所，如設計部門是不能機械化的場所，必須由人工來做，可是又希望提高生產率指數，這時該怎麼辦？像這種情形，雖然可將「人」移入分母，但重要的是，要把分子內的人與分母內的人分清楚，把熟練的作業員所投入的時間移入分母，然後把沒有經驗的作業員，例如剛採用的臨時雇員立即引進生產線使之參加生產活動或參加設計。但此時最重要的是，如由一個熟手來指揮一個生手就不行了。有必要考慮由一個熟手指揮10個

或 20 個生手，如此做法，由熟手投入分母的時間，卻能以好幾十倍生手的時間，去獲得更多的附加價值，這樣一來，就等於進行低層自動化。換句話說，培養出來的熟手是不宜參加工作的。這也是生產率指數式所表達的一種意思。根據這個意思，在可行的場所，雖有階段性的改善順序，但終究也會自動化。而對於趕不上目前尚無法去實施的場所，在此建議採用低層勞動化。

14.3　既存設備的改善、簡易自動化設計事例[5][6][7]

〔例一〕選別裝置（如圖14.9）

零件之自動選別裝置，應用旋轉螺線管(Solenoid)之例子。

製造之特性經自動測定以後，此特性對應在旋轉螺線管上產生動作，開閉所定之軌導，可做種類之區分。

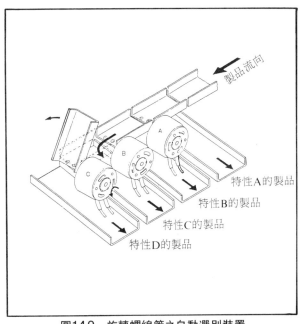

圖14.9　旋轉螺線管之自動選別裝置

〔例二〕選別裝置（如圖14.10）

於自動計量裝置上，自動螺線管之應用例子。

從餵料桶所流出的粒狀物，經由計量裝置以及

控制裝置之信號，首由施轉螺線管(A)擋住流出量，旋轉螺線管(C)將容器內之粒狀物倒入輸送帶上之袋子內之後，旋轉螺線管(B)再回復原位。

〔例三〕自動選別裝置（如圖14.11）

於自動選別裝置上應用旋轉螺線管之例子。

自動區分被測定物之合格、不合格後，「不良品信號」(1)傳給下一站氣壓缸開始動作，伸出之

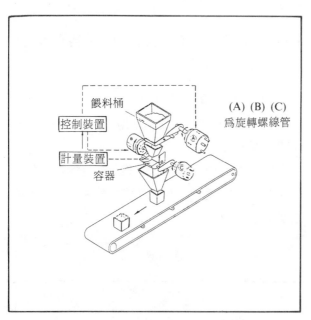

圖14.10　螺線管之自動計量、充填裝置

桿端受旋轉螺線管回轉，將不良品取出。

〔例四〕簡易移動裝置（如圖14.12）

於自動機之移動裝置上，迴轉螺線管之應用例子。

材料之取出和移動之自動裝置上，大部份使用工業用機器手，可是裝置費用很昂貴。

在不需要很高的精度，簡單之自動機，移動裝置可使用較便宜的配件如真空吸盤、空壓缸以及旋轉螺線管來組合，要進行移動時之速度控制，可將氣體調節器和速度控制閥來組合之。

而且，將這些控制部使用旋轉螺線管開關之組套件的話，可得到較便宜的控制裝置。

〔例五〕自動取出運送裝置（如圖14.13）

前後定位滑座把托盤上之工件Ⓐ移動至定位處等待，將振動送料機(PF)送來之工件Ⓑ，利用撥離器(×9703)分開，再用裝填移動機(Gate Motion Loader×6062)上之平行3爪手臂(×9681)，將Ⓑ夾取裝至托盤上之工件Ⓐ的二個地方裝配之。

附有後退緩衝減速機(×9933)之定位滑座，移動上面之托盤至輸送帶處，搖擺機構上裝設之平行手臂 (×9562B) 所附之夾取氣缸 (Chuck Cylinder × 4902)，將托盤上之組立完成品送至輸送帶之另一端排出，同時將微動間歇位移輸送帶所送來之工作

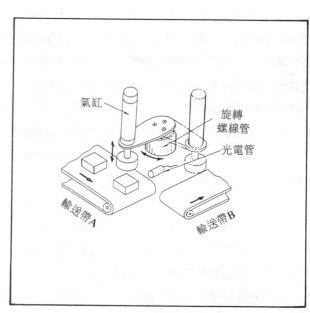

圖14.11　螺線管之品管選別裝置　　　　　**圖14.12　簡易移動裝置**

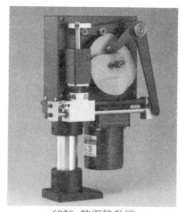

×6020 裝填移動機

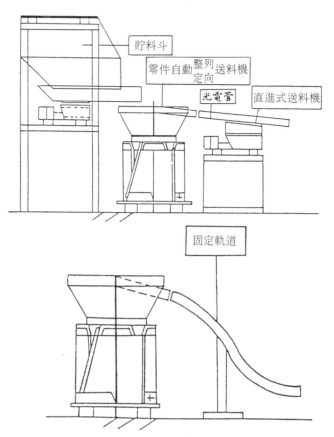

圖14.14　自動送料振動器 (Parts Feeder)

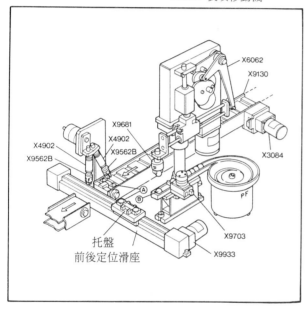

圖14.13　自動取出、運送裝置

Ⓐ供給至定位滑座上之托盤。

〔例六〕自動送料振動器（如圖14.14）

　　利用振動而做成輸送設備或送料機，已經非常的實用化。不單只可以推送料件，也可以做為收集、篩動之用，用途廣泛。構造上利用交流電磁鐵的吸力及彈簧的反彈力，或以曲柄導出的往復運動在斜方向產生振動，然後工件得以利用這些反彈力或振動往前推送。振幅一般在數 mm 之程度，但是若增加振動數時送料情形就像流水一般可以很平滑的向前推進。利用這種裝置不但可以在水平方向也可以往上或往下推送固體或粉體（狀）的料件。

〔例七〕利用振動之金屬粉末充填機構（如圖14.15）

　　(1)設計目標

　　將金屬粉充填至模具內，再施予上下加壓成形，為了成形胚體之重量、密度之穩定，充填時一定要使充填量呈穩定不可。使用外形凸輪、臂桿和彈簧之相互作用，滑動件給予適當之衝程，現將充填機構給予部份變動，由於振動的關係可得較確實的充填效果。

　　(2)設計方法

　　將外形凸輪變更成如圖所示形狀變更之溝槽凸輪，溝槽凸輪在充填角度範圍內給予相當之衝擊振動，亦即加工成有加速度作用之急變形狀。

　　(3)內容

　　由於使用溝槽凸輪之限制路徑、凸輪滾子可依導桿及凸輪槽來做前進和後退衝程動作，不必借助彈簧的力量來進行。

　　(4)成果以及注意點

　　提供充填之振動量，可使成形胚體重量和密度穩定。針對重量密度之測定，應對振動起伏量做必要之增減調整。

〔例八〕用簡易機械手做給料、取出自動化工作

(1)設計目標

生產軸心之車床作業，過去都使用人手來做的工作有搬運、給料、取出，為了省人力，欲將之自動化，以目前市販機械手臂，有過剩機能之高價位感，以低成本之簡易機械手來製作，由於有油壓源可在2軸之低限下驅動之。

(2)設計方法

為了使物品移動，以低限之2軸控制（伸縮和搖擺）利用油壓缸來驅動，抓取工件之爪夾是以自然方式的夾頭，工件之插入和取出，是以氣缸頂心座的移動配合著車床之心軸來進行。

(3)內容

如圖 14.16 所示工件爪夾是以彈簧之自然拉緊夾頭，所以伸縮臂的一進一出，可使得工作被夾緊或鬆離，插入時，是以頂心座來進行，夾緊後，伸縮臂縮回去，取出時是利用伸縮臂之前伸將工件夾住，同時車床之套夾鬆開，頂出氣缸將工件頂出。

(4)成果以及注意點

費用只為市販機械手之 1/3 以下，有油壓源處就可設置，即使用氣壓源也可，只要更換爪夾，就可針對各種工件來作業。

〔例九〕架橋檢出斷電器自動起動

(1)設計目標

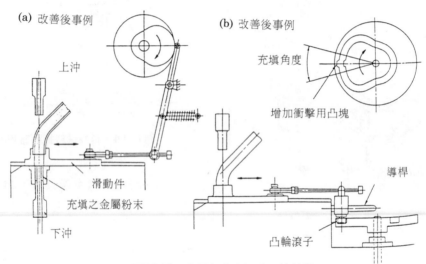

圖14.15   金屬粉末之振動充填機構

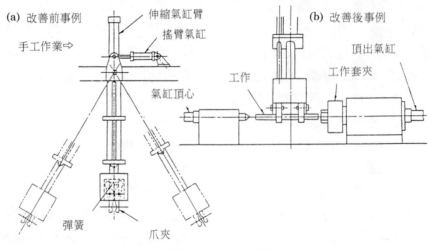

圖14.16   搖臂爪夾之自動給料、取出裝置

粉體儲料桶，發生架橋現象時，可簡易的檢查出，斷電器可自動動作。

(2)設計方法

如圖14.17(a)所示，發生架橋時，儲料桶下部產生中空，此部份預先把鐵線插入，粉體有流動時成垂直，可是如發生架橋的話，外部的配重就傾倒，如將此傾倒動作和架橋斷電器連結的話，就能自動的檢知架橋現象。

(3)內容

儲料桶下之導管處用細管做一軸承，將穿入管內之鐵線彎曲之，內部鐵線與粉體流向成平行，外部以配重平衡如圖14.17(b)，若架橋產生，則配重倒下，開關接通。

(4)成果以及注意點

具有簡易的架橋檢出效果，外部因和粉體流動而相對擺動，以目視可判斷粉體之流動狀態。配重應能適宜的調整，架橋斷電器的作動時間，需要配合計時器來使用。

〔例十〕空箱分離供給裝置

(1)設計目標

過去，零件裝置箱收集作業，都採用作業員的手來堆積，再用台車等分配之，箱子從上層起一個一個分開作業，可是箱子是大型的話，箱子的分配、放置分開作業，就造成不便了，在此將之改成自動化。

(2)設計方法

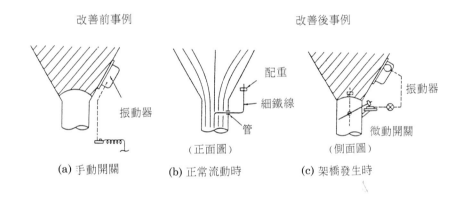

圖14.17　架橋檢出振動裝置

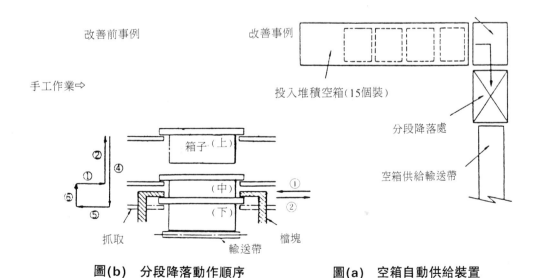

圖(b)　分段降落動作順序　　　圖(a)　空箱自動供給裝置

圖14.18　空箱分離供給裝置

箱子以15層在輸送帶上堆起來，以提升裝置送至輸送帶位置，再以分層降落裝置，自下層起依序分離之。作業員以手將箱子一個一個供給出去。(如圖14.18a)

供給能力：10秒／箱

箱子尺寸：600(L)×400(W)×200(H)

(3)內容

分層降落裝置，如圖14.18b所示，將下層壓住，中層抬起夾爪左右，前後各配置2個，都以氣缸作動，整體分成上中下3層，套件下部與氣缸連結在一起。

(4)成果以及注意點

多品種少量品之箱子疊置作業，自動化是相當困難，空箱之自動供給，又疊置之箱子投入線，可在長時間無人狀況下連續運轉本機，設計的時候，須要和箱子一起配合設計。

〔例十一〕膜套包裝自動裝置

(1)特點

　(a) 最大速度可達120棧板／小時。

　(b) 三種型式製膜套，非接觸式套膜一次完成。

(c) 自動偵測堆積物高度，確保長度正確。

(2)動作原理

　(a) 當棧板置入機器時，用電眼自動測其高度，此時收縮膜饋入吸氣箱內程序如圖14.19。

　(b) 用真空把膜張開並且夾於四個角落。

　(c) 張開至與堆積物同寬。

　(d) 收縮膜封口、切斷，並且拉下套在堆積物上且不與其接觸，此時堆積物舉起。

　(e) 開始吸氣，且將膜套置於棧板下面，熱氣開始吹，由底部先收縮。

　(f) 收縮框上昇以便收縮。

　(g) 收縮框停於離堆積物上方數公分處，以便收縮頂部。

　(h) 收縮框回到原點，堆積物移出。

14.4　結語

設計是一種在紙上造物的作業，是含有創造性的一種活動，添加了未知物（技術）的嘗試。即使在實物的處理方法上已經有了很多合理化的基準，但是工作的最終結果，依存著個人的因素仍然很

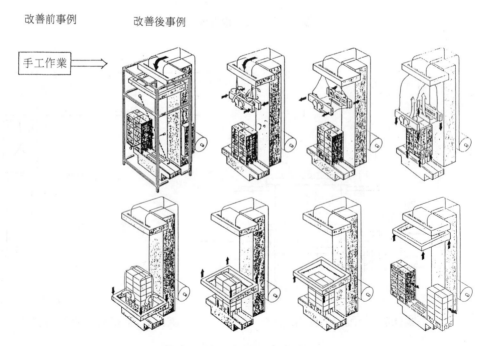

圖14.19　膜套包裝自動裝置

多。從事設計工作，除了是公司工作上的需要外，本身須具備對於知識探求的興趣與對工作赤誠的態度，如此才能做好設計工作。

事實上，自動化本身具有複雜的特質，原則上不同產業在自動化過程均有其共通的特點，唯因涉及實際生產實務，不同的專業枝節秘笈(Know-how)，常不爲外人所知，所以儘管動作過程是雷同的原理，但其行業別的特性，不加以深入追究克服，也將潛藏著變數，唯有現場人員的通力合作配合，才能突破「知其形易，識其性難」的盲點，逐步漸進地達成發展自動化產業之任務。

參考文獻

1. 毛良湘，自動裝配經濟效益評估，工研院機械所，1986.

2. The International Jounul of Powder Metallurgy, "P/M Plant Automation," V.23, No.3, 1987, pp.179~187.

3. 和田　忠太，著想Mechanism設計，Techno Books, 1987.

4. 伊豫部　將三，低成本自動化，經濟部工業局中衛小組，1988.

5. 新電元工業株式會社：Solenoid應用例集，1989。

6. MEG Machine Engineering Co., Ltd. PPU型錄，1992年4月。

7. 日刊工業新聞社出版局，機械設計，Vol.31，No.11, 1987年8月.

第 二 篇

各種粉體材料之應用

第 十 五 章　鐵系燒結結構零件

第 十 六 章　非鐵粉末冶金

第 十 七 章　高熔點金屬材料─鉬、鎢及其合金

第 十 八 章　超硬合金

第 十 九 章　電接觸材料

第 二 十 章　多孔材料與燒結含油軸承

第 二十一 章　燒結摩擦材料

第 二十二 章　磁性材料

第十五章　鐵系燒結結構零件

王同尊*

15.1 前言
15.2 鐵系燒結結構零件的
　　製程與生產設備
15.3 鐵系燒結結構零件材
　　料主要規格及材料選

用判斷準據
15.4 鐵系燒結零件的尺寸公差
15.5 燒結結構零件的成本分析
15.6 鐵系燒結結構零件的設計
　　範例

15.1　前言

在本章中"鐵系燒結結構零件"，是指"利用鐵基金屬粉末，經由粉末壓製機在壓粉模具中壓製，再經由燒結而製成的零件"，而且這些零件之所以採用粉末冶金製程，必須是基於兩項因素：(1)粉末冶金製程較其他製程（如：鑄造、車削或各種金屬塑性成形）更為經濟；(2)零件具備結構應用所需要的功能。依據以上的定義，含油軸承、摩擦材料及過濾器，都不能納入"燒結結構零件"之範疇，因為粉末冶金是製作這些零件的唯一製程，其他製作方式均無法得到這些零件所需具有的微結構；有關這些零件，請參閱第廿章及第廿一章。

燒結結構零件的應用，可以追溯至1937 / 1938年，通用汽車公司的奧斯摩比車系，採用粉末冶金製程製造的引擎用油泵齒輪。歷經半世紀的發展，種類繁多的燒結結構零件已被用於汽車中；而且應用面也涵蓋了所有大量生產的產品，如：家電、事務機器、農機、手工具、電動工具、產業機器、縫紉機等。目前北美、西歐及日本等三大主要燒結零件生產地區，所生產之燒結零件中仍以使用於汽車者所佔比重最重；1997年以上三地區之該項比重分別為：77%、80%及84%(同年度台灣之該項比重則僅25%)。圖15.1顯示一部實型汽車所使用的燒結結

構零件，但各車廠、車系所採用零件差異甚大，1997年北美、西歐及日本所生產之汽車平均每部所使用之燒結零件分別為：14公斤、7公斤及6.5公斤；今後燒結結構零件在汽車應用的發展，主要在於已開發零件的普及化，此外高溫燒結的高強度零件及溫壓成型的高密度零件與軟磁零件，應可取代目前尚由他種製程製造的零件。圖15.2至圖15.7為用於各種用途的典型鐵系燒結結構零件。

本文中，15.2節描述鐵系燒結結構零件的製程及所需之生產設備。15.3節列舉鐵系結構零件材料之各種規格，並就其異同加以比較；主要原料生產廠的各級別原料，亦加以列表對照，以利使用者選用之參考。15.4節分析典型燒結零件的尺寸公差，以供燒結零件使用者及生產者開發評估之參考。15.5節提供零件之估價方式。15.6節列舉數種鐵系燒結結構零件之設計及製程，作為零件使用者及生產者設計及製造之範例。

15.2　鐵系燒結結構零件的製程與生產設備

鐵系燒結結構零件的製程，除了必要的壓製與燒結外，尚可依零件之精度或特性之要求而包含額外之工程，如：預燒結、銅熔浸、再壓製、再燒結等中間工程，及精整、整形、切削、熱處理（含蒸汽處理）、零件接合（壓配、焊接、銅焊、銅熔浸接合）、去毛邊（噴砂、珠擊、振動研磨）、表面處理（電鍍、無電鍍、浸鍍、表面塗裝）及樹脂含浸等後處理工程。圖15.8說明燒結結構零件的製造

---

*美國楊百翰大學機械工程博士
　祥儀企業股份有限公司
　社團法人中華民國升降設備檢查協會

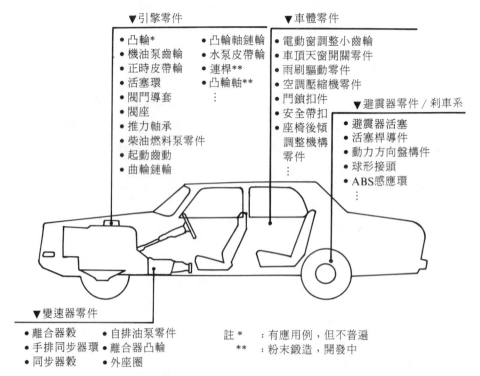

圖15.1　汽車使用的鐵系燒結結構零件(資料來源：川崎製鐵型錄)

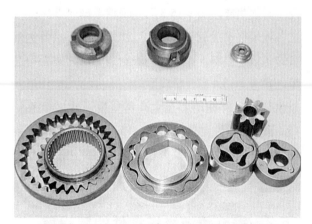

圖15.2　汽車油泵轉子(下列)及汽車避震器零件

圖15.3　燒結汽車引擎零件：搖臂端子、排氣閥座、進氣閥座及閥導套(圖中搖臂本體及閥非由P/M製程製造)

流程。有關後處理工程，請參閱第十二章。茲就後處理之外之諸工程及其生產設備說明於下：

15.2.1　混合

鐵系燒結零件原料除了合金元素外，尚需添加潤滑劑（最常用者爲硬脂酸鋅，添加量約0.5%-1.5%）作爲成形時之壓力傳播介質，並降低壓製及脫模過程壓胚與模具間之摩擦力；常用的混合機爲雙錐型及Ｖ型。合金元素中，最常添加的爲碳粉；

若零件需要作切削後處理，則添加數 0.5% 的硫化錳，可以提升切削性。混合時原料的量應適度（以混合機50%內容積爲最適當），使粉體可以有充份空間流動；此外添加少量的油（約 0.001%）常有助於混合密度差異大的原料。混合工程所應管制的製程要項爲：視密度及化學成分的均一，這兩項因素對燒結後尺寸的變異性影響很大。目前燒結零件

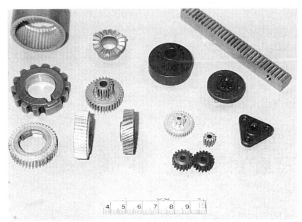

圖15.4　P/M製程製造之各式齒輪，包括螺旋齒輪

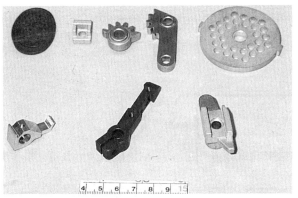

圖15.5　不同形狀、功能、用途之燒結鐵系結構零件
（左上方為P/M製飾品，非屬結構零件）

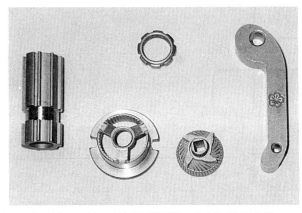

圖15.6　燒結不銹鋼結構零件，分別用於印表機，
抽水泵、軟管快速接頭及胡椒粒磨瓶

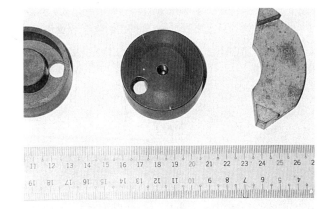

圖15.7　燒結軟磁零件：磁芯及硬式磁碟機零件（磁芯已
經蒸汽處理並鑽孔、攻牙，硬式磁碟機零件尚未
作必要之後處理）

金元素如碳、磷、鉻等，與鐵粉粘結之無偏析粉（
如HÖGANÄS之STA-R-MIX及川崎製鐵之CLEAN-
Mix。至於用來製作不銹鋼、工具鋼、高速鋼及高
強度合金鋼零件之粉末，為使合金成分燒結後均勻
分佈於零件內，必須使用完全合金化粉末。

15.2.2　壓製

　　鐵系燒結結構零件壓製時，依原料之壓縮性及
所要求的生胚密度，軸向的壓力約在 450-800MPa
（或 4.5-8 噸／平方公分），徑向（中模壁及芯棒
）所受的壓力約為軸向的 50-70%；壓製之總噸數
為軸向壓力與壓製面積（模衝端面積）之乘積。而
粉料的壓縮性優劣取決於其製程：經退火的低碳還
原鐵粉，其壓縮性最好；完全合金化粉料則最差；
部份合金化粉料則介於二者之間。選用壓製機時，
零件壓製總噸數不得超出壓製機之額定噸數。

　　此外，脫模力也是選擇壓製機應考慮之因素，
脫模時依模壁之面粗度及潤滑劑的量及效果，生胚
與模壁（含中模及芯棒與生胚之接觸面積）之摩擦
力約為 15-25MPa；使用的壓製機之額定脫模力須
大於估算之脫模力。壓製機的最大容許充填深度及
脫模行程，也是判斷一個零件是否可以利用該壓製
機壓製所必須考慮的因素。此外，為顧及壓胚內密
度的均一，應避免使用單向壓機而應使用雙向壓機
或浮動模壓機。而依所欲壓製零件軸向外形（厚度
）的複雜程度，壓粉模具可能需包含多於一件的上

生產業者，已逐漸將混合之工程，轉移給粉末原料
生產業者；而針對此種趨勢，原料生產業者也推出
，將合金元素（鉻除外）預燒結於鐵粉之部份合金
化粉（如 HÖGANÄS 的 Distaloy 及川崎製鐵的
Sigmaloy）及利用有機粘結劑將不適合預燒結的合

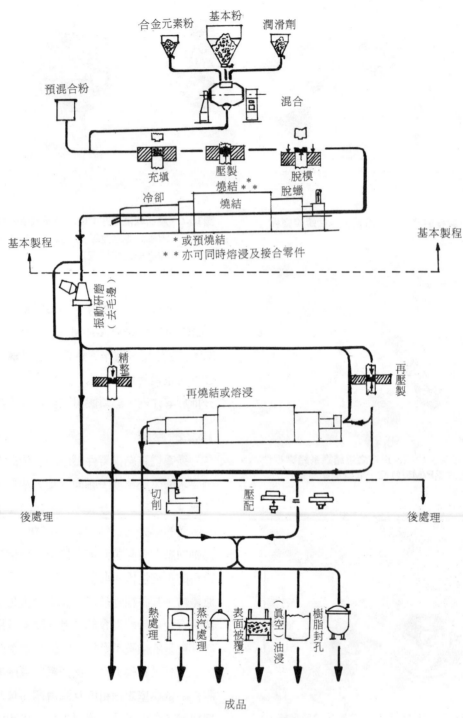

合金元素粉　　基本粉　　潤滑劑

預混合粉　　　　　　　　　　　混合

充填　　壓製　　脫模
　　　　燒結＊＊　脫蠟
冷卻　　　　燒結

基本製程　　　　　　　　　　　　　　　　　　基本製程

＊或預燒結
＊＊亦可同時熔浸及接合零件

振動研磨（去毛邊）

精整　　　　　　　　　　　　　　　再壓製

再燒結或熔浸

切削　　　壓配

後處理　　　　　　　　　　　　　　　　　　後處理

熱處理　蒸汽處理　表面被覆　（真空）油浸　樹脂封孔

成品

圖15.8　燒結結零件的製造過程[2]

、下模衝；模衝的件數越多，壓製機的複雜程度相
對提高；此種壓製機一般都採用可更替式模架之設
計，以便於組裝模具，減少停機時間。目前業界所
使用的壓機，最多可組裝兩件上模衝及三件下模衝
，附加芯棒一支。粉末冶金模具的設計，是決定生

產過程成敗的關鍵；設計能力的培養一般需數年以
上的經驗。在模具設計時，除了模件之形狀及模件
間之配合間隙量之外，模具材料的選擇也是不能忽
略的要項。目前模衝的材料，以D2或A2工具鋼經
熱處理至 HRC　60~64 較為普遍；為提高耐磨耗性

，如氮化鈦蒸鍍等表面處理也日漸普及；工具鋼之素材應採用熱均壓製程製造，其韌性會較好。若有模衝形狀很細緻之情況，應提升所用材料之級別（如 ASAAB® 之 ASP23、ASP60 等）。至於中模之材料，一般以中等鈷含量(~12%)之碳化鎢最適宜；若中模模穴的形狀很細緻或中模兼具模衝之功能時，應採用高鈷含量(15~18%)之碳化鎢，甚至應考慮使用超硬模具鋼（如 CRUCIBLE CARBIDE® 之 CPM10V），捨硬度而就韌性。

壓製時必須管制的要項爲：生胚重量及軸向之各尺寸（此外，生胚內密度分佈之均勻性，也是決定成品尺寸變異性的重要因素，唯因一般之密度量測費時，故較難作爲實際生產時之管制要項）；目前主要之壓製機製造廠，已推出配備有可自動作上述項目管制之壓製機。壓製不銹鋼零件時應採用適當措施，避免其他機台產生的非不銹鋼浮塵，污染不銹鋼粉料，造成燒結後之銹斑。

15.2.3 燒結

鐵系燒結結構零件生產時使用的燒結爐，常爲業界採用的爲輸送帶式爐、動樑式爐及推進式爐；輸送帶式爐的燒結溫度，受限於輸送網帶的高溫強度，最高使用溫度約爲1150℃；動樑式爐及推進式爐的燒結溫度則可達1350℃。典型的爐由三區段組成：脫脂區、燒結區及冷卻區，爐體之設計需使脫脂區有充份之空氣，以利壓製成形時所添加之潤滑劑的完全燒除；燒結區則必須防止脫脂區的氣體流入，並需有適當的保護氣體，以防止氧化、脫碳或滲碳；冷卻區一般設計爲利用水套，間接冷卻燒結零件。較爲常用的燒結保護氣體：吸熱性氣體（註：由各種碳氫化合物氣體與空氣產生不完全燃燒之吸熱反應，分解成之含氮、氫及一氧化碳之混合氣）、裂解氨及氫氣；吸熱性氣體用於需要作碳勢(Carbon Potential)控制之燒結，氫氣一般用於燒結不銹鋼等要求低氧含量之材質，裂解氨爲昂貴的氫氣之代用品（價格約爲氫氣之1/5）。典型的鐵系燒結結構零件的燒結條件爲：

- 鐵-銅-碳系及低合金鋼系－吸熱性保護氣體，1130℃×30分鐘
- 燒結後要作滲碳處理之高強度合金鋼－裂解氨，1250℃×60分鐘
- 不銹鋼－裂解氨（露點約-30℃），1250℃×60分鐘，且在1100℃左右應急冷，以防止 Cr_2N 析出，使防蝕性變差。近來利用眞空爐作批量式生產不銹鋼零件，有日益普及的趨勢；使用眞空爐時，應利用隋性氣體或氮氣將爐內之壓力保持於30至60Pa之間，以免鉻之揮發，降低零件之抗蝕性。同時在入爐燒結前，不銹鋼生胚存放於半製品暫存區時，應加封罩，以免落塵之污染，燒結後造成銹斑。

燒結時應管制的製程要素爲：爐內溫度分佈、入爐速度、積載方式、碳勢或露點，並應經常作試驗棒之強度試驗且作金相分析，分析時應注意是否尚有游離碳存在，以確定燒結程度是否充份。

15.3　鐵系燒結結構零件材料主要規格及材料選用判斷準據

15.3.1　主要規格

目前較常用的鐵系燒結結構零件的材料規格有：ASTM B 783-g1（自1991年起採用 MPIF 之規格）、ISO 5775／2：1987(E)、ISO 5775/3：1987(E)、JIS Z2550 及 DIN V30 g10；各規格之名稱請參閱表15.1，各規格之內容節錄於表15.2至表15.13。有別於非燒結材料，密度爲影響燒結材料機械性質之主要變數，表 15.14 將各規格之材質代號依密度及成分加以對照，總計 ASTM B 783-91 中共有106種材料代號，而 ISO 5775/2 及 5775/3、JIS Z 2550 及 DIN V30 g10 分別列有60、27及24種材料。

目前鐵系燒結結構零件原料的主要生產者爲：HÖGANÄS（瑞典）、HOEGANAES（美國）、川崎製鐵、神戶製鋼、MANNESMANN（德國）及 QMP（加拿大），表 15.15 將上述諸廠的各級別原料加以歸納整理，性質近似可互相替代的原料均列於同一行；至於各級別原料的選擇，除了燒結後機械性質之考慮外，粉末的成形性、流動性及生胚強

表15.1　鐵系燒結結構零件主要規格

規　格　編　號		規　格　名　稱
ISO (國際標準組織)	5775/2:1987(E) 5775/3:1987(E)	燒結金屬材質規格-第二部份： 含碳或銅或兩者俱含，且適用於燒結 結構零件之燒結鐵材及鋼材 燒結金屬材質規格-第三部份： 用於燒結結構零件之燒結合金鋼 及燒結不銹鋼
ASTM* (美國材料測試學會)	B 783-g1	鐵系粉末冶金結構零件材料之標準規格
MPIF (金屬粉體工業聯會)	STAND. 35	粉末冶金結構零件材料標準
JIS** (日本工業標準)	Z2550 B 0411	機械構造部品用燒結材料 金屬燒結品普通容許差(公差)
DIN (德國工業標準)	V30 g10	燒結金屬－燒結鐵材、鋼材、銅合金及 輕金屬－之材料規格

註：*原有之標準 B222、B282、B303、B310、B426、B458、B484、B525、B595
　　　由 B783-g1 取代，其內容與MPIF STANDARD 35 相同。
　　**與 JPMA（日本粉末冶金工業會）之JPMA 1 相同。
　　***CNS（中國國家標準）相關標準為 12488-G3232及12489-G3233，請參閱粉末冶金 CNS 標準。

度也是重要的因素。一般而言，還原鐵粉的視密度較低，故成形性不如霧化鐵粉，但生胚強度則較露化鐵粉佳；因此，高密度的零件以選用霧化鐵粉較為適當，低、中密度且形狀複雜之零件，則以選用還原鐵粉為宜。

15.3.2　材料選用判斷準據

各類鐵系結構材料的選用，以下的判斷準據可供參考：

(1)碳鋼及銅-鋼

a)低、中密度(5.85-6.65 g/cm³)

用於受低、中應力，不需要韌性但需自潤性之應用，可經蒸汽處理或熱處理以提升耐磨性及抗壓強度。

b)中高、高密度(>6.65 g/cm³)

用於受中等應力，但不需韌性及自潤性之應用，可以作蒸汽處理以提升抗壓強度、耐磨性及氣密性，亦可作熱處理以提升機械性質，經由電鍍或其它表面處理方式以提升抗蝕性。

(2)鎳鋼

用於需高強度及高韌性之應用，尤其適用於受動態應力之環境；蒸汽處理會降低其韌性，故應避免。其它後處理與前節所述相同。

(3)銅-鎳鋼

用於需要高尺寸精度之應用（由於鎳可以抵消銅在燒結時的膨脹效果），強度較鎳鋼好，但韌性不如鎳鋼，故適用於受靜態高應力之環境。如同鎳鋼，不應作蒸汽處理。硬化能較上述諸種材料好，其它後處理與前述材料同。

(4)銅-鎳-鉬鋼

適用於需高強度及高韌性之應用，可承受動態及靜態之應力；硬化能極好，適合作大零件。不應作蒸汽處理，其它熱處理與前述材料同。

(5)磷鋼

需高韌性及中等強度之應用，可作高密度、高尺寸精度之零件(ISO ITB/g)

(6)不銹鋼[3]

不銹鋼燒結零件多用於食品器械或水泵等要求抗蝕性之工作環境中，一般使用的級別為316L、

表15.2 ISO鐵系結構零件使用之鐵-銅-碳系及其機械、物理特性（節錄自ISO 5755-2:1987(E)）

合金系	代號	結合碳	銅	鐵	其他元素(總量)	密度(最低值)	抗拉強度(最低值)	視硬度(最低值)	相對密度	降伏強度	伸長率	經適當處理後之表面視硬度	洛氏視硬度
		%	%	%	%	g/cm³	MPa	HV5	%	MPa	%	HV5	
純鐵	P1022-	<0.3	-	殘	<2	5.6	70	30	75	40	1		30 HRH
	P1023-					6.0	100	40	80	60	2		70 HRH
	P1024-					6.4	140	50	85	80	3		80 HRH
	P1025-					6.8	180	65	90	100	4	400	15 HRB
	P1026-					7.2	220	80	94	120	6	500	30 HRB
碳鋼	P1033-	0.3～0.6	-	殘	<2	6.0	140	55	80	90	極小		20 HRB
	P1034-					6.4	190	75	85	120			50 HRB
	P1035-					6.8	240	90	90	130	2	400	60 HRB
	P1042-	0.6～0.9	-	殘	<2	5.6	150	55	75	120	極小		35 HRB
	P1043-					6.0	200	80	80	160	極小		50 HRB
	P1044-					6.4	250	100	85	210	1		65 HRB
	P1045-					6.8	300	200	90	250	1	400	75 HRB
鐵銅	P2022-	<0.3	1～4	殘	<2	5.6	120	45	75	90	極小		70 HRH
	P2023-					6.0	160	55	80	120	1		80 HRH
	P2024-					6.4	200	65	85	140	2	300	15 HRH
	P2025-					6.8	240	75	90	170	3	450	25 HRH
	P2032-	<0.3	4～8	殘	<2	5.6	160	60	75	120	極小		80 HRH
	P2033-					6.0	200	75	80	140	極小		90 HRH
	P2034-					6.4	240	85	85	190	1		20 HRB
	P2035-					6.8	280	95	90	230	2	400	30 HRB
鐵銅碳	P2043-	0.3～0.6	1～4	殘	<2	6.0	720	80	80	190	極小		45 HRB
	P2044-					6.4	280	100	85	230	極小	350	60 HRB
	P2045-					6.8	350	120	90	280	1	450	75 HRB
	P2053-	0.6～0.9	1～4	殘	<2	6.0	270	100	80	210	極小		60 HRB
	P2054-					6.4	340	120	85	270		350	70 HRB
	P2055-					6.8	420	140	90	330		450	80 HRB
	P2063-	0.3～0.6	4～8	殘	<2	6.0	250	90	80	210	極小		60 HRB
	P2064-					6.4	320	110	85	260		300	70 HRB
	P2073-	0.6～0.9	4～8	殘	<2	6.0	300	110	80	240	極小		65 HRB
	P2074-					6.4	360	130	85	280		350	75 HRB

304L 及 303L；若零件尚需耐磨耗時，則可選用可以熱處理之 410L 或 434L。若燒結時因設備因素，必須使用含氮（或純氮）之保護氣氛，應採用添加微量錫之不銹鋼粉料，可以有效防止氮化鉻析出，避免抗蝕性之降低。

15.3.3 鐵系燒結結構材料的機械性質與密度之關係

燒結的特性之一是有殘留孔隙；當燒結材料在受應力狀況下，殘留孔隙的效果如同裂縫或非金屬夾雜物，有導致應力集中的作用，因此燒結材料的機械性質與其密度有極密切的關係。圖15.9顯示燒結純鐵的抗拉強度、硬度、伸長率及耐衝擊強度與密度之關係；由圖15.9可以看出靜態機械性質（硬度、抗拉強度）與密度呈線性關係，而動態機械性

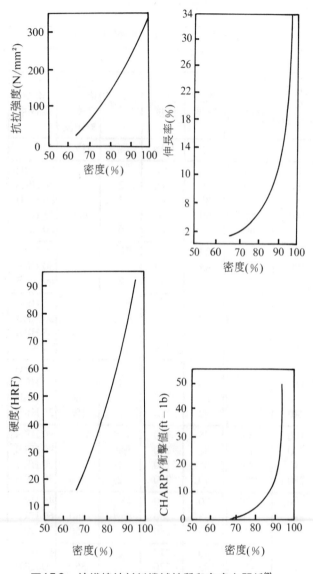

圖15.9　純鐵燒結材料機械性質與密度之關係[3]

質（伸長率、耐衝擊強度）則與密度呈大於線性之指數關係。除了密度的影響外，由於燒結製程的變異性較大，因此機械性質的變異性也較非燒結材料要大。圖15.10為各種燒結材料抗拉強度與AISI 5135之抗拉強度之比較。

15.4　鐵系燒結零件的尺寸公差

15.4.1　影響尺寸精度的製程參數

在各種大量生產機械零件的製程中，粉末冶金可以算是一種良好的高精度零件製程，但其先決條件為：對影響尺寸公差的諸多製程參數，需作嚴格的管制。影響燒結零件尺寸精度的因素有：

⊙壓製成形時，填粉量的不同所造成的生胚密度變異（此項因素造成的軸向尺寸變異大於徑向尺寸變異）

⊙合金元素的種類、含量及其分佈的均勻性

· 原料粉特性之先天變異

· 混合的方法及其均勻性

· 添加的潤滑劑種類及含量

· 零件形狀的複雜度（壓胚內的密度分佈）

· 零件徑向的實厚度（扣除內孔直徑之厚度）

· 壓胚燒結前存放的時間

· 燒結條件如：升溫速率、脫脂過程、合金元素擴散程度、燒結時之保護氣體、燒結溫度及時間長短、冷卻速率，這些條件會影響

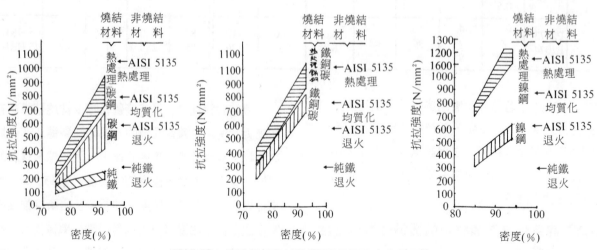

圖15.10　燒結材料與AISI 5135抗拉強度之對照[2]

表15.3　ISO燒結鎳鋼及鎳-銅鋼規格（節錄自 ISO 5755-3:1987(E)）

合金系	代號	強制規格 化學組成 結合碳 %	鎳 %	銅 %	鐵 %	其他元素和 %max	機械及物理特性 密度(最低值) g/cm³	抗拉強度(最低值) MPa	視硬度(最低值) HV5	參考規格 相對密度 %	降伏強度 MPa	伸長率 %	洛氏視硬度
鐵鎳(1)	P3014- P3015-	<0.2	1〜3	<0.8	殘	2	6.4 6.8	240 250	50 60	85 90	140 170	6 8	HRB 35 HRB 40
	P3025-	<0.2	3〜6	<0.8	殘	2	6.8	300	80	90	200	6	HRB 60
鐵鎳銅(2)	P3034- P3035-	<0.3	1〜3	1〜3	殘	2	6.4 6.8	240 270	70 90	85 90	170 200	3 4	HRB 35 HRB 45
	P3044- P3045-	0.3〜0.6	1〜3	1〜3	殘	2	6.4 6.8	300 360	100 120	85 90	360 300	1 2	HRB 55 HRB 70
	P3054- P3055-	<0.3	3〜6	1〜3	殘	2	6.4 6.8	250 290	70 90	85 90	190 220	3 4	HRB 40 HRB 55
	P3064- P3065-	0.3〜0.6	3〜6	1〜3	殘	2	6.4 6.8	320 380	100 130	85 90	280 320	1 2	HRB 60 HRB 75

表15.4　ISO燒結鎳-銅-鉬鋼規格（節錄自 ISO 5755-3:1987(E)）

合金系	代號	強制規格 化學組成 結合碳 %	鎳 %	銅 %	鉬 %	鐵 %	其他元素和 %max	機械及物理特性 密度(最低值) g/cm³	抗拉強度(最低值) MPa	視硬度(最低值) HV5	參考規格 相對密度 %	降伏強度 MPa	伸長率 %	洛氏視硬度
鐵鎳銅鉬(2)	P3074- P3075- P3076-	<0.3	1〜3	1〜3	0.3〜0.7	殘	2	6.4 6.8 7.0	240 270 290	80 100 110	85 90 90	170 200 220	3 4 5	HRB 45 HRB 60 HRB 70
	P3084- P3085- P3086-	0.3〜0.6	1〜3	1〜3	0.3〜0.7	殘	2	6.4 6.8 7.0	330 440 480	120 150 160	85 90 90	360 300 390	2 3 4	HRB 70 HRB 80 HRB 90
	P3094- P3095-	0.6〜0.9	1〜3	1〜3	0.3〜0.7	殘	2	6.4 6.8	350 460	140 170	85 90	830 400	極小 極小	HRB 75 HRB 85
	P3104- P3105- P3106-	0.3〜0.6	3〜6	1〜3	0.3〜0.7	殘	2	6.4 6.8 7.0	410 600 680	150 180 200	85 90 90	350 450 520	極小 1 2	HRB 80 HRB 85 HRB 90

註：(1)可焊接　　(2)可熱處理

表15.5 ISO 不銹鋼規格（節錄自 ISO 5755-3:1987(E)）

材料		強 制 格 規									參 考 規 格			
不銹鋼		化 學 組 成						機 械 及 物 理 特 性						
		結合碳	鎳	銅	鉬	鐵	其他元素和	密度（最低值）	抗拉強度（最低值）	視硬度（最低值）	相對密度	降伏強度	伸長率	洛氏視硬度
代號	AISI型號	%	%	%	%	%	%max	g/cm³	MPa	HV5	%	MPa	%	
P3514- P3515-	304	<0.08	8 〜 11	17 〜 19	-	殘	3	6.4 6.6	320 380	85 90	85 90	190 220	4 5	HRB 45 HRB 50
P3524- P3525-	316	<0.08	10 〜 14	16 〜 18	2 3	殘	3	6.4 6.6	300 380	80 85	85 90	180 210	4 5	HRB 45 HRB 50
(1) P3534- P3535-	410	<0.2	-	12 〜 14	-	殘	3	6.4 6.6	320 410	180 200	85 90	290 380	1 1	-
(2) P3544- P3545-	430	<0.08	-	16 〜 19	-	殘	3	6.4 6.6	350 430	190 230	85 90	180 260	3 2	-

(1) 燒結不銹鋼之抗蝕性不一定與熔製之不銹鋼相同。　　　(2) 可熱處理。

表15.6 ASTM燒結純鐵及碳鋼規格（節錄自 ASTM B 783 TABLE x1.1）

代號	最低限強度		典型數值				
	降伏強度	抗拉強度	密度	機 械 性 質			
				抗拉強度	降伏強度(0.2%)	伸長率	視硬度
	6.895MPa		g/cm³	6.895MPa		%	洛氏
F-0000-10	10	-	6.1	18	13	1.5	40 HRF
-15	15	-	6.7	25	18	2.5	60
-20	20	-	7.3	38	25	7.0	80
F-0005-15	15	-	6.1	24	18	<1.0	25 HRB
-20	20	-	6.6	32	23	1.0	40
25	25	-	6.9	38	28	1.5	55
F-0005-50HT	-	50	6.6	60	同左	<0.5	20 HRC
-60HT	-	60	6.8	70		<0.5	22
-70HT	-	70	7.0	80		<0.5	25
F-0008-20	20	-	5.8	29	25	<0.5	35 HRB
-25	25	-	6.2	35	30	<0.5	50
-30	30	-	6.6	42	35	<1.0	60
-35	35	-	7.0	57	40	1.0	70
F-0008-55HT	-	55	6.3	65	同左	<0.5	22 HRC
-65HT	-	65	6.6	75		<0.5	28
-75HT	-	75	6.9	85		<0.5	32
-85HT	-	85	7.1	95		<0.5	35

註1：10³ psi=6.895 N/mm²=6.895 MPa

註2：①代號說明

鐵系代號　低限降伏強度（10³psi）

F-0005-50HT

結合碳%代碼　熱處理代號

② 結合碳代碼　　結合碳上、下限(%)

00	0 ～ -0.3
05	0.3 ～ -0.6
08	0.6 ～ -0.9

③鐵、碳除外其他元素

總含量<2.0%

表15.7　ASTM 燒結銅熔浸鐵及鋼規格 (節錄自 ASTM B783 TABLE x1.2)

代號	最低限強度		典　型　數　值				
	降伏強度	抗拉強度	密度	機　械　性　質			
				抗拉強度	降伏強度	伸長率	視硬度
	6.895MPa		g/cm³	6.895MPa		%	洛氏
FX-1000-25	25	-	7.3	51	32	7.0	65 HRB
FX-1005-40	40	-	7.3	77	50	4.0	82 HRB
FX-1005-110HT	-	110	7.3	120	同左	<0.5	38 HRC
FX-1008-50	50	-	7.3	87	60	3.0	89 HRB
FX-1008-110HT	-	110	7.3	120	同左	<0.5	43 HRC
FX-2000-25	25	-	7.3	46	37	3.0	66 HRB
FX-2005-45	45	-	7.3	75	60	1.5	85 HRB
FX-2005-90HT	-	90	7.3	100	同左	<0.5	36 HRC
FX-2008-60	60	-	7.3	80	70	1.0	90 HRB
FX-2008-90HT	-	90	7.3	100	同左	<0.5	36 HRC

註：①代號說明
　　銅熔浸鐵及鋼
　　FX-<u>1008-100HT</u>
　　滲銅量代碼　　同前表註2

②滲銅量代碼　滲銅量上、下限(%)
　10　　　　8.0　　-14.9
　20　　　　15　　　- 25

③鐵、銅、碳除外其他元
　素總含量<2.0%

燒結後零件的金相結構（各種相的比例、殘留沃斯田鐵的量等）

以上諸因素中以"⊙"註記之因素影響較大[4]。早期零件製造業者，都以碳及銅相對含量作生產時尺寸調整之手段，若試燒結後發現尺寸太大，則添加碳，若反之則添加銅；但以目前之品管要求，此種方式已不可行。

15.4.2 鐵系燒結零件的典型尺寸公差

在各主要的有關燒結零件的規格中，JIS訂定有"金屬燒結品之一般公差"規格(JIS B 0411-1978)。請參閱表15.16；此外，MPIF在其第44號標準中(MPIF STANDARD NO.44)也列有燒結零件尺寸之建議公差（請參閱表15.17）。有關燒結零件量產條件下可以達到的尺寸精度與密度及在模內壓製的次數的關係，請參閱表15.18；表15.19列舉不同合金成分之零件的典型尺寸精度；表中所列的

數字只能作為參考數值，依實際零件的形狀複雜度及製程管製的嚴謹程度，生產特定零作時有達到的尺寸公差可能在表列數值之上下變動。

15.5　燒結結構零件的成本分析

15.5.1 成本分析

在各種製造方式中，一個結構零件之所以會採用粉末冶金製程，最主要的原因是燒結零件在價格上的優勢；而燒結零件在價格上的優勢，主要來自複雜形狀可以一次成形，降低昂貴的機械加工的比例（或完全省略機械加工）。燒結結構零件的單價計算方式，可以參照以下步驟進行[5]：

　Ⅰ.計算變動成本

包括下列原料、模具及量治具、測試及品管、直接勞力、生產、經常費用等六項成本。

(1)原料成本(C_1)

表15.8　ASTM燒結鐵-銅及銅鋼規格（節錄自 ASTM B783 TABLE x1.3)

代號	最低限強度		典 型 數 值				
			密度	機 械 性 質			
	降伏強度	抗拉強度		抗拉強度	降伏強度 (0.2%)	伸長率	視硬度
	6.895MPa		g/cm³	6.985MPa		%	洛氏
FC-0200-15	15	-	6.0	25	20	1.0	11 HRB
-18	18	-	6.3	28	23	1.5	18
-21	21	-	6.6	31	26	1.5	26
-24	24	-	6.9	34	29	2.0	36
FC-0205-30	30	-	6.0	35	35	<1.0	37 HRB
-35	35	-	6.3	40	40	<1.0	48
-40	40	-	6.7	50	45	<1.0	60
-45	45	-	7.1	60	50	<1.0	72
FC-0205-60HT	-	60	6.2	70		<0.5	19 HRC
-70HT	-	70	6.5	80	同	<0.5	25
-80HT	-	80	6.8	90	左	<0.5	31
-90HT	-	90	7.0	100		<0.5	36
FC-0208-30	30	-	5.8	35	35	<1.0	50 HRB
-40	40	-	6.3	50	45	<1.0	61
-50	50	-	6.7	60	55	<1.0	73
-60	60	-	7.2	75	65	<1.0	84
FC-0208-50HT	-	50	6.1	65		<0.5	20 HRC
-65HT	-	65	6.4	75	同	<0.5	27
-80HT	-	80	6.8	90	左	<0.5	35
-95HT	-	95	7.1	105		<0.5	43
FC-0505-30	30	-	5.8	44	36	<0.5	51 HRB
-40	40	-	6.3	58	47	<0.5	62
-50	50	-	6.7	71	56	<1.0	72
FC-0508-40	40	-	5.9	50	50	<0.5	60 HRB
-50	50	-	6.3	68	60	<0.5	68
-60	60	-	6.8	82	70	<1.0	80
FC-0808-45	45	-	6.0	50	50	<0.5	65 HRB
FC-1000-20	20	-	6.0	30	26	<1.0	15 HRB

註：①代號說明　　　②銅含量代碼　　銅含量上、下限(%)　　③鐵、銅、碳除外其他元素總含量<2.0%

　　　銅含量代碼　　　　02　　　　1.5　　-3.9
　　　FC-0̅208-50HT　　05　　　　4.0　　-6.0
　　　主要合金元素銅　　08　　　　7.0　　-9.0
　　　　　　　　　　　　10　　　　9.5　　-10.5

$$C_1 = N[MpSp(1 + Wp) + MgSg(1 + Wg)$$
$$+MpkSpk(1 + Wpk) +...] \qquad (15.1)$$

式中符號分別代表

　M＝每個零件所需的各種原料重量或體積（或
　　　其他計量單位）（下標中：p表粉料，g表
　　　燒結保護氣體，pk表包裝原料）；粉料應
　　　包含潤滑劑、石墨粉等各種添加劑。

S＝各種原料的單價

W＝各種原料的浪費率

N＝每批之生產數量（個數）

(2)模具及量治具成本(C_2)

　生產零件時，除了必須的粉末壓形模外，可能
尚需精整(或整形)模及其他專為該零件之生產而特
製的量具、夾具；零件成本中這些生產配件所佔的

表15.9　ASTM燒結鐵鎳及鎳鋼規格(節錄自 ASTM B738 TABLE X1.4)

代號	最低限強度		典型數值				
	降伏強度	抗拉強度	密度	機械性質			
				抗拉強度	降伏強度(0.2%)	伸長率	視硬度
	6.895MPa		g/cm³	6.895MPa		%	洛氏
FC-0200-15	15	-	6.6	25	17	1.5	缺
-20	20	-	6.7*	35	25	4.0	75 HRF
-25	25	-	7.3	45	30	6.5	缺
FC-0205-20	20	-	6.6	40	25	1.2	44 HRB
-25	25	-	6.9	50	30	2.5	59
-30	30	-	7.2	60	35	4.0	69
-35	35	-	7.4	70	40	5.0	78
FC-0205-80HT	-	80	6.6	90		<0.5	23 HRC
-105HT	-	105	6.9	120	同左	<0.5	29
-130HT	-	130	7.1	145		<0.5	33
-155HT	-	155	7.2	160		<0.5	36
-180HT	-	180	7.4	185		<0.5	40
FC-0208-30	30	-	6.7	45	35	1.5	63 HRB
-35	35	-	6.9	55	40	1.5	71
-40	40	-	7.1	70	45	2.0	77
-45	45	-	7.3	80	50	2.5	83
-50	50	-	7.4	90	55	3.0	88
FC-0208-80HT	-	80	6.7	90		<0.5	26 HRC
-105HT	-	105	6.9	120	同左	<0.5	31
-130HT	-	130	7.0	145		<0.5	35
-155HT	-	155	7.2	170		<0.5	39
-180HT	-	180	7.4	195		<0.5	42
FC-0405-25	25	-	6.5	40	30	<1.0	49 HRB
-35	35	-	7.0	60	40	3.0	71
-45	45	-	7.4	90	50	4.5	84
FC-0405-80HT	-	80	6.5	85		<0.5	19 HRC
-105HT	-	105	6.8	110	同左	<0.5	25
-130HT	-	130	7.0	135		<0.5	31
-155HT	-	155	7.3	160		<0.5	37
-180HT	-	180	7.4	185		<0.5	40
FC-0408-35	35	-	6.5	45	40	1.0	67 HRB
-45	45	-	6.9	65	45	1.0	78
-55	55	-	7.2	80	60	1.0	87

註：①代號說明　　　　　　　②鎳含量代碼　　　鎳含量上、下限(%)　　③銅含量<2.0%，鐵、銅、碳、鎳除外其他元
　　鎳含量代碼　　　　　　　02　　　　　　　1.0~3.0　　　　　　　素總和<2.0%
　　FN-0405-80HT　　　　　04　　　　　　　3.0~5.5
主要合金成分鎳　　同前表

成本可以下式估算：

$C_2 = N[Scomp/Ucomp + Scoin/Ucoin +$

$Smisc/Umisc + ...]$　　　　　　　(15.2)

S＝各種生產配件的費用(comp　表壓形模，
　coin表精整模；misc表其它各種可能配件)

U＝各種生產配件的使用壽命（以可以生產之
　零件件數計），每個配件中之分件壽命不

同時，必須將各分件之費用及使用壽命獨
立計算，以求準確。

(3)測試及品管成本(C_3)

在燒結零件的生產中，測試及品管是降低總生
產成本的必要措施；測試包含入廠原料、壓胚、燒
結品等之抽樣檢驗。燒結零件生產過程的總品管成
本可以利用下式計算：

表15.10　ASTM燒結低合金鐵系材料規格 (節錄自 ASTM B783 TABLE x1.5)

代號	最低限抗拉強度	典型數值				
		密度	機械性質			
			抗拉強度	降伏強度	伸長率	視硬度
	6.895 MPa	g/cm³	6.895 MPa		%	洛氏
FL-4205-80NT	80	6.60	90	測試中	<0.5	28 HRC
-100 HT	110	6.80	110		<0.5	32
-120 HT	120	7.00	130		<0.5	36
-140 HT	140	7.20	150		<0.5	39
FL-4605-80HT	80	6.55	85	測試中	<0.5	24 HRC
-100 HT	100	6.75	110		<0.5	29
-120 HT	120	6.95	130		<0.5	34
-140 HT	140	7.20	155		<0.5	39

註：①代號說明
　　　　　合金代碼
　　FL－4605－100HT
低度鐵系合金代碼　　同前表

②合金代碼

合金代碼	鎳	鉬	碳	其它總和	鐵
4205	0.35-0.55%	0.50-0.85%	0.4-0.7%	<2%	殘
4605	1.70-2.00%	0.40-0.80%	0.4-0.7%	<2%	殘

表15.11　ASTM燒結不銹鋼規格 (節錄自 ASTM B783 TABLE x1.6)

代號	最低限數值			密度	典型數值			
	降伏強度	抗拉強度	伸長率		機械性質			
					抗拉強度	降伏強度	伸長率	視硬度
	6.895 MPa		%	g/cm³	6.895 MPa		%	洛氏
SS-303N1-25	25	-	0.0	6.4	39	32	0.5	62 HRB
SS-303N2-35	35	-	3.0	6.5	55	42	5	63 HRB
SS-303L-12	12	-	12.0	6.6	39	17	17.5	21 HRB
SS-304N1-30	30	-	0.0	6.4	43	38	0.5	61 HRB
SS-304N2-33	33	-	5.0	6.5	57	40	10	62 HRB
SS-304L-13	13	-	12.0	6.6	43	18	23	測試中
SS-316N1-25	25	-	0.0	6.4	41	34	0.5	59 HRB
SS-316N1-33	33	-	5.0	6.5	60	39	10	62 HRB
SS-316L-15	15	-	12.0	6.6	41	20	18.5	20 HRB
SS-410-90HT	-	90	0.0	6.5	105	≈105	<0.5	23 HRC

註：各種燒結不銹鋼的化學成分(%)

代號	成分 (%)									
	碳	鎳	鉬	鉻	錳	矽	硫	磷	氮	其他
SS-303N1,N2	0-0.15	8-13	-	17-19	0-2.0	0-1.0	0.15-0.30	0-0.20	0.2-0.6	<2
SS-303L	0-0.03	8-13	-	17-19	0-2.0	0-1.0	0.15-0.30	0-0.20	-	<2
SS-304N1,N2	0-0.08	8-12	-	18-20	0-2.0	0-1.0	0-0.03	0-0.045	0.2-0.6	<2
SS-304L	0-0.03	8-12	-	18-20	0-2.0	0-1.0	0-0.03	0-0.045	-	<2
SS-316N1,N2	0-0.08	10-14	2-3	16-18	0-2.0	0-1.0	0-0.03	0-0.045	0.2-0.6	<2
SS-316L	0-0.03	10-14	2-3	16-18	0-2.0	0-1.0	0-0.03	0-0.045	-	<2
SS-410	0-0.25	-	-	11.5-13.0	0-1.0	0-1.0	0-0.03	0-0.04	0.2-0.6	<2

註：N1 表含氮、高強度、低延展性；N2 表含氮，高強度、高延展性；
　　L 表低碳、低強度、高延展性

表15.12 JIS機械構造用鐵系材料規格(來源:JIS Z 2550)

合金系	代號	機械性質			密度 (g/cm³)	化 學 成 分 (%)							
		抗拉強度 (MPa)	伸張率 (%)	Charpy 衝擊強度 (J/cm²)		鐵	碳	銅	鎳	錫	鉻	鉬	其他
純鐵	SMF 1010	>100	>3	>5	>6.2	殘	-	-	-	-	-	-	<1
	SMF 1015	>150	>5	>10	>6.8	殘	-	-	-	-	-	-	<1
	SMF 1020	>200	>5	>15	>7.0	殘	-	-	-	-	-	-	<1
鐵銅	SMF 2015	>150	>1	>5	>6.2	殘	-	0.5-3	-	-	-	-	<1
	SMF 2025	>250	>1	>5	>6.6	殘	-	0.5-3	-	-	-	-	<1
	SMF 2030	>300	>2	>8	>6.8	殘	-	0.5-3	-	-	-	-	<1
碳鋼	SMF 3010	>100	>1	>5	>6.2	殘	0.2-0.6	-	-	-	-	-	<1
	SMF 3020	>200	>1	>5	>6.4	殘	0.4-0.8	-	-	-	-	-	<1
	SMF 3030	>300	>1	>5	>6.6	殘	0.4-0.8	-	-	-	-	-	<1
	SMF 3035	>350	>1	>5	>6.8	殘	0.4-0.8	-	-	-	-	-	<1
鐵銅碳	SMF 4020	>200	>1	>5	>6.2	殘	0.2-1.0	1-5	-	-	-	-	<1
	SMF 4030	>300	>1	>5	>6.4	殘	0.2-1.0	1-5	-	-	-	-	<1
	SMF 4040	>400	>1	>5	>6.6	殘	0.2-1.0	1-5	-	-	-	-	<1
	SMF 4050	>500	>1	>5	>6.8	殘	0.2-1.0	1-5	-	-	-	-	<1
鐵鎳銅碳	SMF 5030	>300	>1	<10	>6.6	殘	<0.8	0.5-3	1-5	-	-	-	<1
	SMF 5040	>400	>1	<10	>6.8	殘	<0.8	0.5-3	2-8	-	-	-	<1
銅熔浸鋼	SMF 6040	>400	>1	<10	>7.2	殘	<0.3	15-25	-	-	-	-	<4
	SMF 6055	>550	>0.5	<5	>7.2	殘	0.3-0.7	15-25	-	-	-	-	<4
	SMF 6065	>650	>0.5	<10	>7.4	殘	0.3-0.7	15-25	-	-	-	-	<4
鐵鎳	SMF 7020	>200	>3	<15	>6.6	殘	-	-	1-5	-	-	-	<1
	SMF 7025	>250	>5	<20	>6.8	殘	-	-	1-5	-	-	-	<1
鐵鎳碳	SMF 8035	>350	>1	<10	>6.6	殘	0.4-0.8	-	1-5	-	-	-	<1
	SMF 8040	>400	>2	<15	>6.8	殘	0.4-0.8	-	1-5	-	-	-	<1
304及316不銹鋼	SMS 1025	>250	>1	-	>6.4	殘	<0.08	-	8-14	-	16-20	2-3	<3
	SMS 1035	>350	>2	-	>6.8	殘	<0.08	-	8-14	-	16-20	2-3	<3
410不銹鋼	SMS 2025	>250	>0.5	-	>6.4	殘	<0.2	-	-	-	12-14	-	<3
	SMS 2035	>350	>1	-	>6.8	殘	<0.2	-	-	-	12-14	-	<3

$$C_3 = N \sum_{q=1}^{n_q} I_q S_q / E_q R_q \qquad (15.3)$$

其中 I = 各項檢驗之抽樣比例（g表品管）

S = 檢驗員之工資(以每小時計)

E = 檢驗之效率(實際檢驗時間與工作時數比)

R = 檢驗速度(每小時檢驗件數)

入廠粉料的檢驗成本不適用以上公式，應以下式另行計算：

$$C_3' = N M_p S_{pq} / M_{LOT} \qquad (15.4)$$

其中 S_{pq} = 每批粉料的檢驗費用

M_{LOT} = 每批粉料之批量(重量)

(4)直接勞力成本(C_4)

涉及燒結零件生產的直接勞力包含：攪拌、卸模及模具組立、壓胚整列於燒結托盤(或其他形式容器)、壓胚之上爐及燒結品之下爐、各種後處理之直接勞力、包裝。直接勞力成本可依下式計算：

$$C_4 = \sum_{\ell=1}^{n_\ell} S_\ell (1 + R_\ell) T_{\ell,N} \qquad (15.5)$$

其中

S_ℓ = "ℓ" 項直接勞力之工資(每小時)

R_ℓ = 因加班因素需作每小時工資S_ℓ之調整量

$T_{\ell,N}$ = 製造 N 個零件在 ℓ 項直接勞力上所需

表15.13　DIN鐵系燒結材料規格(來源：DIN V30 910)

合金系	代號	規格界限										硬度
		密度	孔隙度	化學成份								
		g/cm³	%	碳	銅	鎳	鉬	磷	鉻	鐵	其它	HB
				%	%	%	%	%	%	%	%	
純鐵	C00 D00 E00	6.4-6.8 6.8-7.2 >7.2	15±2.5 10±2.5 <7.5	<0.3	<1	-	-	-	-	殘	<2	>35 >45 >60
碳鋼	C01 D01	6.4-6.8 6.8-7.2	15±2.5 10±2.5	0.3-0.6	<1	-	-	-	-	殘	<2	>70 >90
鐵銅	C10 D10 E10	6.4-6.8 6.8-7.2 >7.2	15±2.5 10±2.5 <7.5	<0.3	1-5	-	-	-	-	殘	<2	>40 >50 >80
鐵鋼碳	C11 D11	6.4-6.8 6.8-7.2	15±2.5 10±2.5	0.4-1.5	1-5					殘	<2	>80 >95
	C21	64-6.8	15±2.5		5-10							>105
鐵銅 鎳鉬	C30 D30 E30	6.4-6.8 6.8-7.2 >7.2	15±2.5 10±2.5 <7.5	<0.3	1-5	1-5	<0.8	-	-	殘	<2	>55 >60 >90
鐵磷	C35 D35	6.4-6.8 6.8-7.2	15±2.5 10±2.5	<0.3	<1	-	-	0.3-0.6	-	殘	<2	>70 >80
鐵銅磷	C36 D36	6.4-6.8 6.8-7.2	15±2.5 10±2.5	<0.3	1-5	-	-	0.3-0.6	-	殘	<2	>80 >90
鐵銅鎳 鉬碳	C39 D39	6.4-6.8 6.8-7.2	15±2.5 10±2.5	0.3-0.6	1-3	1-5	<0.8	-	-	殘	<2	>90 >120
AISI 316 不銹鋼	C40 D40	6.4-6.8 6.8-7.2	15±2.5 10±2.5	<0.08	-	10-14	2-4	-	16-19	殘	<2	>95 >125
AISI 430 不銹鋼	C42	6.4-6.8	15±2.5	<0.08	-	-	-	-	16-19	殘	<2	>140
AISI 410 不銹鋼	C43	6.4-6.8	15±2.5	0.1-0.3	-	-	-	-	11-13	殘	<2	>165

之工時

一般而言，除卸模、組模外，$T_{\ell,N}$可依下式計算：

$$T_{\ell,N} = N / 60 P_\ell Y_\ell \tag{15.6}$$

其中P＝每分鐘之生產速度

　　Y_ℓ＝該項工程之良品率，

卸模、組模（及特殊量具、夾具裝卸時間）所需之時間與批量N無直接關係。

(5)生產成本

此項成本包含：能源費用（電費、瓦斯費、冷卻水費）、維修費用等，可依下式計算：

$$C_5 = \sum_{P=1}^{n_p} S_p T_{P,N} \tag{15.7}$$

其中Sp=各項工程每小時之平均各項生產開支

　　$T_{p,N}$=各工程生產N個零件所需之時間(以小時計)

(6)經常費用

經常費用為直接成本的一種，並非利潤；此項成本必須是與生產該批零件有直接關連且可以明確認定的開支，如：設計費、規劃費、行銷費等；經常費用的計算一般而言較為不確定，常用的方式是將前述(1)-(5)的各項成本，乘上依經驗得到的一定比例值，如下式所示：

$$C_6 = \sum_{\ell=1}^{5} C_i X_i \tag{15.8}$$

其中Xi＝"i"項成本的經常費比例

表15.14　各主要規格之燒結鐵系結構零件材料對照表

合金系	規格	代號	密度 (g/c.c.) 5.6	6.0	6.4	6.8	7.2	化學成分(%) 碳	銅	鎳	鉬	磷	鉻	氮	鐵	其他
純鐵	DIN	_00			C	D	E	<0.3	<1	-	-	-	-	-	殘	<2
	JIS	SMF10__		10		15 / 20		-	-	-	-	-	-	-	殘	<1
	ASTM	F-0000-__		10	15		20	<0.3	-	-	-	-	-	-	殘	<2
	ISO	P102_-	2	3	4	5	6	<0.3	-	-	-	-	-	-	殘	<2
鐵碳	DIN	_01			C	D		0.3-0.6	<1	-	-	-	-	-	殘	<2
	JIS	SMF30__		(10)	20	30 / 35		(0.2-06) 0.4-0.8	-	-	-	-	-	-	殘	<1
	ASTM	F-0005-__	20	15	20,50HT / 30,65HT	60HT 25 70HT / 75HT 35 55HT		0.3-0.6	-	-	-	-	-	-	殘	<2
		F-0008-__						0.6-0.9	-	-	-	-	-	-	殘	<2
	ISO	P103_-		3	4	5		0.3-0.6	-	-	-	-	-	-	殘	<2
		P104_-		3	4	5		0.6-0.9	-	-	-	-	-	-	殘	<2
鐵銅	DIN	-10			C	D	E	<0.3	1-5	-	-	-	-	-	殘	<2
	JIS	SMF20__		15	25			-	0.5-3	-	-	-	-	-	殘	<1
	ASTM	FC-0200-_		15 18	21	35 24		<0.3	1.5-30	-	-	-	-	-	殘	<2
		FC-1000-_		20				<0.3	9.5-10.5	-	-	-	-	-	殘	<2
	ISO	P202_-	2	3	4	5		<0.3	1-4	-	-	-	-	-	殘	<2
		P203_-	2	3	4	5		<0.3	4-8	-	-	-	-	-	殘	<2
鐵銅碳	DIN	-11			C	D		0.4-1.5	1-5	-	-	-	-	-	殘	<1
		-21			C			0.4-1.5	5-10	-	-	-	-	-	殘	<2
	JIS	SMF40__		20	30 40	50		0.2-1.0	1-5	-	-	-	-	-	殘	<2
	ASTM	FC-0205		30	60HT 35 / 70HT	40 80HT	70HT 45	0.3-0.6	1.5-3.9	-	-	-	-	-	殘	<2
		FC-0208	30	50HT 40	65HT	50 80HT	95HT 60	0.6-0.9	1.5-3.9	-	-	-	-	-	殘	<2
		FC-0505	30	40		50		0.3-0.6	4.0-6.0	-	-	-	-	-	殘	<2
		FC-0508	40	50		60		0.6-0.9	4.0-6.0	-	-	-	-	-	殘	<2
		FC-0808	45					0.6-0.9	7.0-9.0	-	-	-	-	-	殘	<2
	ISO	P204		3	4	5		0.3-0.6	1.0-4.0	-	-	-	-	-	殘	<2
		P205		3	4	5		0.6-0.9	1.0-4.0	-	-	-	-	-	殘	<2
		P206		3	4			0.3-0.6	4.0-8.0	-	-	-	-	-	殘	<2
		P207		3	4			0.6-0.9	4.0-8.0	-	-	-	-	-	殘	<2
銅熔浸燒結鋼	DIN/ISO	無				*		<0.3	15-25	-	-	-	-	-	殘	<4
	JIS	SMF6040				55	65	0.3-0.7	15-25	-	-	-	-	-	殘	<4
		SMF60														
	ASTM	FX-1000-25				*		<0.3	8.0-14.9	-	-	-	-	-	殘	<2
		FX+1005-40, 110HT				*		0.3-0.6	8.0-14.9	-	-	-	-	-	殘	<2
		FX-1008-50, 110HT				*		0.6-0.9	8.0-14.9	-	-	-	-	-	殘	<2
		FX-2000-25				*		0-0.3	15.0-25.0	-	-	-	-	-	殘	<2
		FX-2005-45, 90HT				*		0.3-0.6	15.0-25.0	-	-	-	-	-	殘	<2
		FX-2008-45, 90HT				*		0.6-0.9	15.0-25.0	-	-	-	-	-	殘	<2

C_i＝前述(1)至(5)項成本

C_1至C_6項之總和為變動成本(C_v)，亦即：

$$C_v = \sum_{i=1}^{6} C_i \tag{15.9}$$

II.計算固定成本

　　固定成本與生產相關設施的折舊有關，固定成本可分為機器固定成本及非機器固定成本，其計算方式如下：

　　(1)機器設備固定成本(C_7)

此項成本可依下式計算：

$$C_7 = \sum_{e=1}^{n_e} S_e T_{e,N} / WDH \tag{15.10}$$

其中S_e＝某一年份的"e"項設備的折舊（折舊之方式依設備使用年限及各種稅率考慮而有所不同）

$T_{e,N}$＝生產N個零件所需使用的"e"項設備的時數

W ＝ 一年之工件週數

D ＝ 一週之工作日數

表15.14　各主要規格之燒結鐵系結構零件材料對照表(續)

合金系	規格	代號	密度 (g/c.c.) 標記	碳	銅	鎳	鉬	磷	鉻	氮	鐵	其他
鐵碳銅鎳鉬	DIN	-30	C D E	<0.3	1-5	1-5	<0.8	-	-	-	殘	<2
		-39	C D	0.3-0.6	1-3	1-5	<0.8	-	-	-	殘	<2
	JIS	SMF50-	30 (40)	<0.8	0.5-3	1-5 (2-8)	-	-	-	-	殘	<4
		SMF70-	20 25			1-5	-	-	-	-	殘	<1
		SMF80-	35 45	0.4-0.8		1-5	-	-	-	-	殘	<1
	ASTM	FN0200-	15 20 130HT 25	<0.3	<2.5	1-3					殘	<2
		FN0205-	20 80HT 25 155HT 30 35 180HT	0.3-0.6	<2.5	1-3					殘	<2
		FN0208-	30 66HT 105HT 35 130HT 40 155HT 50 180HT 45	0.6-0.9	<2.5	1-2					殘	<2
		FN0405-	25 80HT 105HT 35 130HT 155HT 45 180HT	0.3-0.6	<2	3.0-5.5					殘	<2
		FN0408-	35 105HT 45	0.6-0.9	<2	3.0-5.5					殘	<2
		FL-4205-HT	80 100 120 55 140	0.4-0.7		0.35-0.55	0.50-0.85				殘	<2
		FL-4605-HT	140	0.4-0.7		1.70-2.00	0.40-0.80				殘	<2
	ISO	P301-	4 5	<0.2	<0.8	1-3					殘	<2
		P302-	5	<0.2	<0.8	3-5					殘	<2
		P303-	4 5	<0.3	1-3	1-3					殘	<2
		P304-	4 5	0.3-0.6	1-3	1-3					殘	<2
		P305-	4 5	<0.3	1-3	3-6					殘	<2
		P306-	4 5	0.3-0.6	1-3	3-6					殘	<2
		P307-	4 5 6	<0.3	1-3	1-3	0.3-0.7				殘	<2
		P308-	4 5 6	0.3-0.6	1-3	1-3	0.3-0.7				殘	<2
		P309-	4 5	0.6-0.9	1-3	1-3	0.3-0.7				殘	<2
		P310-	4 5 6	0.3-0.6	1-3	3-6	0.3-0.7				殘	<2
不銹鋼	DIN	-40	C D	<0.08		10-14	2-4	-	16-19		殘	<2
		-42	C	<0.08	-	-	-	-	16-19		殘	<2
		-43	C	0.1-0.3					11-13		殘	<2
	JIS	SMS10-	25 35	<0.08	-	8-14	2-3		16-20		殘	<3
		SMS20-	25 35	<0.2	-	-	-		12-14		殘	<3
	ASTM	SS-303-	NI-25 N2-15	<0.15	-	8-13	-		17-19	0.2-0.6	殘	<5
		SS-303L-12	*	<0.03	-	8-13	-		17-19		殘	<5
		SS-304-	NI-30 N2-33	<0.08	-	8-12	-		18-20	0.2-0.6	殘	<5
		SS-304L-13	*	<0.03	-	8-12	-		18-20		殘	<5
		SS-316-	Ni-15 N2-33	<0.08	-	10-14	2-3		16-18	0.2-0.6	殘	<5
		SS-316L-15	*	<0.03	-	10-4	2-2		16-18		殘	<5
		SS-410-90HT	*	<0.25	-	-	-		11.5-13		殘	<4
	ISO	P351-	4 5	<0.08	-	8-11	-		17-19		殘	<3
		P352-	4 5	<0.08	-	10-14	2-3		16-18		殘	<2
		P353-	4 5	<0.2	-	-	-		16-19		殘	<3
		P354-	4	<0.08	-	-	-		16-19		殘	<3
鐵磷銅	DIN	---	C35 D35	<0.3	<1	-	-	0.3-0.6	-		殘	<2
		---	C#5 D36	<0.3	1-5	-	-	0.3-0.6	-		殘	<2
	JIS/ASTM/ISO	無										

表15.15　主要鐵基粉料製造廠之原料對照(資料來源：各製造廠之型錄)

類別		HÖGANÄS (瑞典)	HOEGANAES (美國)	川崎製鐵 (日本)	神戶製鋼 (日本)	MANNES MANN (德國)	GMP (加拿大)
純鐵粉	還原鐵粉	{ NC 100.24 EC 100.24 SC 100.26 MH 100.28 MH 300.25 （添加於 NC 100.24 以促進燒結）	ANCOR MH 100	KIP 240M { 255M 255MC 270MS 270M		RZ 系列	
鐵粉	霧化鐵粉	AHC 100.29 ASC 100.29 ABC 100.30	ANCOR STEEL 1000 G 1000 1000B	KIP 260 A 280 A 300 A 301 A 303 A-60 300 AS	250 M 270 MA 290 PC(-2) 300 M 300 MH 500 M	WPL 200 WPL 400 WP 150HD WP 200	ATDMET 25 28 29 30
	霧化及還原鐵粉混合		X50CP				
合金粉	預合金粉	ASTALOY A、B C、D (C-Cr-Mo-Cu-P) E	(Ni-Mo) 4600 V (Ni-Mo) ANCOR STEEL 2000	(Cr-Mo) 4100 V(S) (Ni-Cu-Mo) 4600 (AS) (Ni-Cu-Mo) 4600 ES (Cu-Mo-V) 30 CRV (Co-Ni-Ma-Cu) 65 CoA	(Cr-Mo) 4100 (H) (Ni-Mo) 4600(H,-60) (Ni-Mo) 46F2(H) (Cr-Mo-V) 30 CRMH	Ni-Mo Ni-Cr-Mo Cr-Mo-V	ATOMET (Ni) 1001 (Ni-Mo) 4201 (Ni-Mo) 4601
	部份合金化粉	DISTALOY AB (SA) AE (SE) Cu(10),MH(25) AG (%Ni)	DISTALOY 4600 A 4800 A	SIGMALOY 215 315 415 Cu(7.20)	4800DF	ULTRAPAC A,LA (LH)Ni-Cu E,LE Cu(4,10,20)	

H = 一天之工作時數

而$T_{e,N}$之計算方式如下：

$$T_{e,N} = N/60Pe(1-Re) \qquad (15.11)$$

其中Pe＝"e"項設備的生產速率(每分鐘生產個數)

　　Re＝良品率

(2)非機器設備之固定成本

　　包括廠房、辦公室及辦公用具等之析舊，其計

算方式如下：

$$C_8 = S_bT_NF_N/WDH \qquad (15.12)$$

其中S_b＝所有非機器設備該年份的折舊總額

　　T_N＝生產N個零件所耗費的平均時數

　　F_N＝生產該項零件時，所佔用的產能比例的平均值

而 T_N之計算方式如下：

$$T_N = \sum_{n=1}^{n_e} T_e / n_e \qquad (15.13)$$

而 F_N 之計算方式如下：

$$F_N = \sum_{n=1}^{n_e} F_e / n_e \qquad (15.14)$$

其中 Fe 表示生產該項零件時，佔用 "e" 類設備的產能比例。

表15.16 JIS 金屬燒結品之一般公差
（來源：JIS B 0411-1978）

單位mm

尺寸類型 \ 尺寸大小	等級	精級	中級	次級
徑*向尺寸	<6	±0.05	±0.1	±0.2
	30-6	±0.1	±0.2	±0.5
	120-30	±0.15	±0.3	±0.8
	315-120	±0.2	±0.5	±1.2
軸**向尺寸	<6	±0.1	±0.2	±0.6
	30-6	±0.2	±0.5	±1.0
	120-30	±0.3	±0.8	±1.8

註：*垂直壓製軸之方向
**平行壓製軸之方向

表15.17 MPIF STANDARD 44 之所推介
之燒結零件尺寸公差

尺寸類別 \ 尺寸大小	軸向	徑向	芯孔	偏芯度(TIR)	齒輪級數
<25.4	±0.05	0.1% - 0.2%	±0.013 - ±0.025	0.050	AGMA 5-7級
25.4-50.8	±0.13			0.076	
50.8-76.2	±0.13			0.10	
>76.2	±0.25			0.15	

註：若經過精整，徑向公差可縮小至±0.013，軸向公差可縮小至±0.025，齒輪級數可提升至AGMA 8級

表15.18 鐵系燒結零件的典型尺寸公差[2]

製造過程				典型公差		
壓製次數	熱處理	蒸汽處理	相對密度	軸向尺寸	徑向尺寸	偏芯度(Φ<30)
1	✕	✕	<85%	IT 10-11	IT 9	<0.07
			>85%	IT 12	IT 10	<0.08
>2	✕	✕	<85%	IT 8	IT 6	<0.05
			>85%	IT 9	IT 7	<0.07
1	✕	✓	<85%	IT 10-11	IT 9	<0.07
			>85%	IT 12	IT 10	<0.08
>2	✕	✓	<85%	IT 8-9	IT 7-8	<0.06
			>85%	IT 9	IT 8-9	<0.08
1	✓	✕	<85%	IT 10-11	IT 10	<0.07
			>85%	IT 12	IT 10-11	<0.08
>2	✓	✕	<85%	IT 9-10	IT 9	<0.06
			>85%	IT 10	IT 9-10	<0.08

表15.19 鐵系燒結零件尺寸公差(ISO IT 級數)與合金元素之關係

尺寸大小(mm) \ 合金系 尺寸方向	Fe		Fe (1%C)		Fe (2%Cu)		Fe (4%Cu)		Fe (2%Ni)		Fe(4%Ni)	
	軸向	徑向	軸向	徑向	軸向	徑向	軸向	徑向	軸向	徑向	軸向	徑向
6-10	9-11	7-8	9-11	8	9-11	9	11-12	10	9	8	9	8
10-18	9-12	8	10-12	8-9	10-12	9	12-13	10-11	10	9	10	9
18-30	10-13	8-9	10-13	9	11-13	10	12-13	11	10	9	11	9
30-50	11-13	9	11-13	9-10	12-14	10-11	13-14	11-12	11	9	11	10
50-80	11-14	9-10	12-14	10	12-15	11	14-15	12	12	10	12	10
80-120		9-10		10		11-12		13		10		11

(15.10)式及(15.12)式之和是為固定成本，亦即

$$C_f = C_7 + C_8 \qquad (15.15)$$

Ⅲ.零件單價

零件之單價可以下式計算：

$$Cu = (Cv + C_f)/N \qquad (15.16)$$

15.5.2　估價範例

本範例假設有一壓製面積為 6 平方公分，壓胚重 60 克的燒結結構零件需估價；估價時採用以下數據。

(1)原料成本

$N = 50,000$ 個

$Mp = 60$ 克

$Sp = 0.045$ 元/克 (相當於 ASTM FL-4605 材質)

$Wp = 5\%$

$Mg = 6.25 \times 10^{-5}$ 立方米/克（以每小時流量 5 立方米，每小時量 80 公斤計）

$Sg = 10$ 元／立方米（假設為裂解氨與氮氣之混合）

$Wg = 20\%$

$Mpk = 0.005$ 盒/個（每盒放 200 個）

$Spk = 25$ 元/盒

$Wpk = 1\%$

$\therefore C_1 = 50,000[60 \times 0.045 \times 1.05 + 6.25 \times 10^{-5}$
　　　$\times 10 \times 1.2 + 0.005 \times 25 \times 1.01] = 148,100$ 元

(2)模具及量治具成本

$Scomp = 100,000$ 元

$Ucomp = 50,000$ 個

$Scoin = 70,000$ 元

$Ucoin = 50,000$ 個

$Smisc = 0$

$\therefore C_2 = 50,000[100,000/50,000 + 70,000/50,000]$
　　　$= 170,000$ 元

(3)測試及品管成本

$n_q = 1$

$I_q = 0.5\%$

$Sq = 150$ 元/小時

$Eq = 75\%$

$Rq = 15$ 個/小時

$\therefore C_3 = 50,000[0.005 \times 150/0.75 \times 15] = 3,333$ 元

(4)直接勞力成本

$N_\ell = 3$ （壓製、燒結、精整）

$S_\ell = 120$ 元/小時

$R_\ell = 0.15$

$P_1 = 12$ 個/分

$Y_1 = 90\%$

$P_2 = 25$ 個/分

$Y_2 = 95\%$

$P_3 = 5$ 個/分

$Y_3 = 95\%$

$T_1 = 50,000/60 \times 12 \times 0.90 = 77$

$T_2 = 50,000/60 \times 25 \times 0.95 = 35$

$T_3 = 50,000/60 \times 5 \times 0.95 = 175$

$\therefore C_4 = 120(1 + 0.15)[77 + 35 + 175] = 39,606$ 元

此外尚有組立壓製模具之直接勞力成本，假設組立模具時間為 2 小時，組模工資為 400 元/小時（兩名組模技師）

C_4（組立模具）$= 400 \times 2 = 800$ 元

C_4（含所有直接勞力成本）$= 800 + 39606$
　　　　　　　　　　　　$= 40,406$ 元

(5)生產成本

$Np = 3$ （壓製、燒結、精製）

$S_1 = 25$

$T_1 = 77$ （同(4)）

$S_2 = 80$

$T_2 = 35$ （同(4)）

$S_3 = 20$

$T_3 = 175$ （同(4)）

$\therefore C_5 = 25 \times 77 + 80 \times 35 + 20 \times 175 = 8,225$ 元

(6)經常費用

$Xi = 10\%$　　$(i = 1 \sim 5)$

$\therefore C_6 = [148,100 + 170,000 + 3,333 + 40,406 + 8,225]$
　　　$\times 0.10 = 36,996$ 元

變動成本則為：

$C_v = 148,100 + 170,000 + 3.333 + 40,406 + 8,825$
　　　$+ 36,996 = 406,960$ 元

(7)機器設備固定成本

$N_e = 3$（壓製機、燒結爐、整形機）

$S_1 = 1,000,000$

$T_1 = 77$

$W = 50$

$D = 5.5$

$H = 16$

$S_2 = 1,200,000$

$T_2 = 35$

$S_3 = 200,000$

$T_3 = 175$

$\therefore C_7 = [1,000,000 \times 77 + 1,200,000 \times 35 + 200,000 + 175]/[50 \times 5.5 \times 16] = 35,000$ 元

(8)非機器設備之固定成本

$S_b = 3,000,000$

$T_N = (T1+T2+T3)/3 = (77+35+175)/3 = 96$

$F_1 = 0.05$

$F_2 = 0.20$

$F_3 = 0.10$

$F_N = (0.05 + 0.20 + 0.10)/3 = 0.12$

$\therefore C_8 = (3,000,000 \times 96 \times 0.12)/(50 \times 5.5 \times 16)$

$= 7,854$ 元

固定成本則為：

$C_f = C_7 + C_8 = 35,000 + 7,854 = 42,854$ 元

所以，燒結零件之生產成本為：

$C_u = (406,960 + 42,854)/50,000 = 9.0$ 元/個

15.6 鐵系燒結結構零件的設計範例[2]

本節所選用來作為設計範例的零件，顯示燒結零件在形狀的複雜度上有極大的彈性，這些零件在尺寸公差、機械性能及物理特性都符合其應用所要求的標準；其中有些零件是原始開發設計時，便已採納粉末冶金製程，其他零件則是原由其他製程製作，後因價格因素而轉採粉末冶金製程生產，在轉變生產方式時，燒結零件製造廠都向零件設計者提供了設計變更及規格變更的建議，使零件適於利用粉末冶金製程生產。

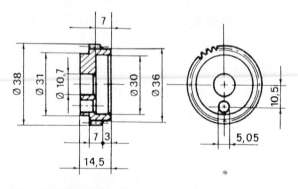

品名：從動齒輪轂(汽車)

功能：傳送扭矩，需高機械強度

材質：銅-鎳鋼
密度：7克/立方公分(總重55克)
製程：壓製→預燒→再壓製→燒結→再壓製
ISO公差級數：IT8
物理-機械特性：
抗拉強度：550-580N/mm²
伸長率：3~4%
硬度：HB ≧160

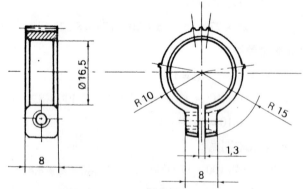

品名：調節齒輪(汽車)-非合周齒輪

功能：傳送不連續之運動，需高抗壓強度

材質：銅-鎳鋼
密度：7.1 克/立方公分(重量10.6 克)
製程：壓製→燒結→精整→鑽削
ISO公差級數：IT8
物理-機械特性：
抗拉強度：550-580N/mm²
伸長率：3-4%
硬度：HB≧160

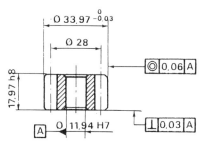

品名：機油泵齒輪(汽車)

功能：傳送扭矩，需運轉時不得有振動

材質：銅鋼

密度：6.6克/立方公分(重量：55克)

製程：壓製→燒結→精整→研磨加工

ISO公差級數：IT7

物理-機械特性：

抗拉強度：220-260N/mm²

伸長率：3-4%

硬度：HB ≧70

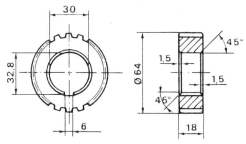

品名：皮帶輪(汽車)

功能：利用齒形皮帶傳送扭矩，需具中度機械強度及高度表面平滑度

材質：銅鋼

密度：6.8克/立方公分(重量226克)

製程：壓製→燒結→精整

ISO公差級數：IT8

物理-機械特性：

抗拉強度：220-260N/mm²

伸長率：3-4%

硬度：HB≧70

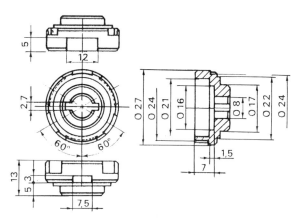

品名：軸轂(汽車)

功能：傳送連續之轉動，需能承受局部面積之高應力，並有良好抗蝕性

材質：銅鋼

密度：6.5克/立方公分(重量：20克)

製程：壓製→燒結→精整→蒸汽處理

ISO公差級數：IT7

物理-機械特性：

抗拉強度：210-250N/mm²

伸長率：2-4%

硬度：HB 125-160

品名：節流子(汽車)

功能：避震器內外流緩衝油之節流

材質：銅鋼

密度：6.8克/立方公分(重量:27克)

製程：壓製→燒結→精整

ISO公差級數：IT7

物理-機械特性：

抗拉強度：220-260N/mm²

伸長率：3-4%

硬度：HB ≧70

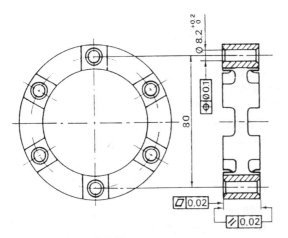

材質：銅鋼
密度：6.5克/立方公分(重量：290克)
製程：壓製→燒結→精整→蒸汽處理→研磨→浸油
平行度：0.02mm(利用研磨)
物理-機械特性：
徑向抗壓：11.8KN
硬度：HRB＞75
　　　HB＞120

品名：軸襯墊圈(汽車)
功能：不變形，抗軸向之壓力，抗蝕性

材質：銅-鎳鋼
密度：7克/立方公分(重量：5克)
製程：壓製→燒結→振動研磨
ISO公差級數：IT9
物理-機械特性：
抗拉強度：550-580N/mm²
伸長率：3-4%
硬度：HB≧160

品名：正齒輪及小齒輪(家電)
功能：扭矩之傳送，需高機械強度

材質：銅鋼
密度：7克/立方公分(重量6.5克)
製程：壓製→燒結→振動研磨→蒸汽處理
ISO公差級數：IT 11
物理-機械特性：
抗拉強度：240-280N/mm²
伸長率：3-6%
硬度：HB≧160

品名：壓板(縫紉機)
功能：壓布

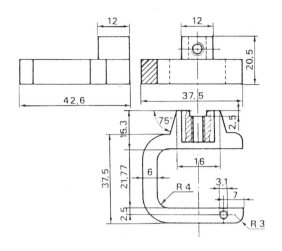

材質：純鐵
密度：6.7 克/立方公分(重量：49克)
製程：壓製→燒結→精整→鑽孔→蒸汽處理
ISO公差級數：IT 8
註：密度必需在蒸汽處理前確認

品名：軛(電磁儀器)
功能：導磁

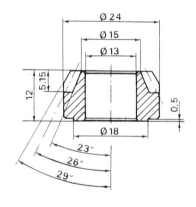

材質：銅-鎳 鋼
密度：6.7克/立方公分(重量：20克)
製程：壓製→燒結
ISO公差級數：IT11
物理-機械特性：
抗拉強度：400-450N/mm²
伸長率：2-4%
硬度：HB 120

品名：小傘齒輪(小電動工具)
功能：傳送扭矩，需高機械強度

材質：銅-鎳-鉬 鋼
密度：7.2克/立方公分(重量：420克)
製程：壓製→燒結→浸油
物理-機械特性：400N/mm²
伸長率：8%
硬度：HV 20:110

品名：連桿(木工輸送機之鏈條)
功能：脈動拉力之傳送，需有高動態機械強度

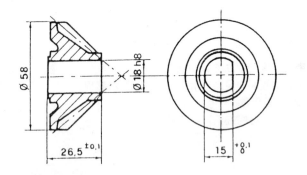

材質：銅-鎳-鉬 鋼
密度：＞6.7克/立方公分(重量：232克)
製程：壓製→燒結→精整
ISO公差級數：IT8
物理-機械特性：
抗拉強度：900-1000N/mm²
伸長率：≧10%
硬度：HV10：340-380

品名：傘齒輪(減速機)
功能：連續運動之傳送，需有極高的抗磨耗性並承受局
　　　部表面應力

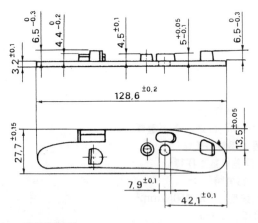

材質：銅、鎳、鉬鋼
密度：≧6.8克/立方公分(重量75克)
製程：壓製→燒結
ISO公差級數：IT9
物理-機械特性：
抗拉強度：260-300N/mm²
伸長率：6-7%
硬度：HB 100-110
註：燒結後零件經高週波加熱作氧化發色處理

品名：護板(獵槍)
功能：外觀及適度之機械性能

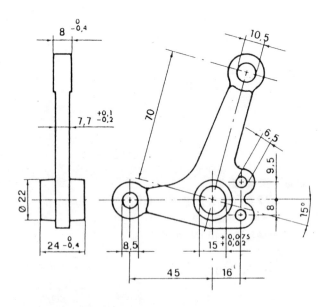

材質：銅-鎳-鉬 鋼
密度：6.85 克/立方公分(重量：155克)
製程：壓製→燒結
ISO公差級數：IT9
物理-機械特性：
抗拉強度：400-450N/mm²
伸長率：2.5-3.0%
硬度：HV10：110-130

品名：起動槓桿(農機)
功能：良好的抗震性

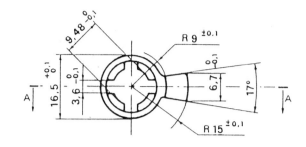

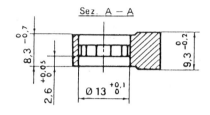

Sez. A - A

材質：銅鋼
密度：6.5克/立方公分(重量：7.3克)
製程：壓製→燒結→振動研磨→蒸汽處理
ISO公差級數：IT10
物理-機械特性：
抗拉強度：210-250N/mm²
伸長率：2-4%
硬度：HB 125-160
註：密度需在蒸汽處理前確認

品名：掣子(鎖件)
功能：制止機件運動，需具良好抗磨性

參考文獻

1. "平成9年日本粉末冶金工業會年報"，日本粉末冶金工業會，平成10年7月15日發行。

2. E. Mosca, Powder Metallurgy-Criteria for Design and Inspection, Associazione Industriali Metallurgici Meccanlcl Affini, Turin, Italy, 1984, p.7-36 and p.45-58.

3. E. Klar, Powder Metallurgy-Applications, Advantages and Limitations, American Society for Metals, Ohio, USA, 1983, p.74.

4. G. F. Bocchini, *Influence of Process Parameters on Precision of PM Parts*, Powder Metallurgy, 28[3], 155-165(1985).

5. M. H. Kahn, *Calculating the Unit Cost of PM Parts, by Computer*, International Journal of Powder Metallurgy & Powder Technology, 17 [1], 45-63 (1981).

第十六章　非鐵粉末冶金

張忠柄*

```
16.1 銅及銅合金系粉末冶金        16.3 鈦及鈦合金系粉末冶金
16.2 鋁合金系粉末冶金           16.4 超合金系粉末冶金
```

非鐵金屬種類相當的多，但由於本書中已將高熔點合金材料列於第十七章，電接觸材料於十九章中詳述。故本章之重點爲銅系、鋁系、鎳基超合金系和鈦合金系粉末燒結零件及其應用。

其中多孔性材料及摩擦材料分別在第廿及第廿一章中細述，因此本章中對此類用途只作簡述。

16.1　銅及銅合金系粉末冶金

銅系粉末冶金的大量應用，開始於 1920 年以青銅粉末所製的軸承及軸襯的商業化生產。直到今天，銅及青銅粉末冶金的大部份仍以此方面的應用爲主（約60％）。其他的應用如銅基摩擦材料(20%)銅-石墨的電刷(10%)、過濾器及結構件等。

近十年來，北美洲的銅粉生產量，均在 16000 噸左右，佔全世界的30%，而歐州、蘇俄、日本及泛太平洋區各約佔20%（1990年統計分別爲 22%、18%、20%），其他約 10%。國內銅粉使用量，自民國 66 年的 50 噸，逐漸增加至74年的 220 噸，更急速增加至目前的 1000 噸左右。

16.1.1 粉末的生產
16.1.1.1 銅粉的製造

銅粉的主要生產方式有四種：霧化法、電解法、還原法及化學析出法。茲分述如下：

(1)霧化法

銅粉可用高速的液體或氣體噴流衝擊金屬液束，打散金屬液流形成粉末。氣體霧化粉通常呈球形

，而液體霧化粉則爲不規則狀。

有些分類爲霧化粉的銅粉，是在霧化過程中有氧化情形再經過還原的過程所製成。這類粉末通常孔隙多，壓形性良好。

由於霧化法的可變條件相當多，如氣體或液體、溫度速度、噴流角度等。因此，粉末的大小可依需求改變，而製成平均大小在45μm左右(-325mesh)的粉末。

(2)電解法[1]

電解法過程有如電鍍，但調整作業之條件，如溫度、電解液濃度、電流密度、電壓等，使陰極上產生海棉狀或硬脆的沈析物。再經過剝下、清洗、除水、磨細、分級而成爲適用之粉末。通常是樹枝狀或羊齒葉狀。

典型的製作條件是電解液中含 5~8 克／升的銅，100~160 克／升的硫酸，作業槽保持大約在 50~65°C，而電流密度 0.054~0.15 安培／平方公分，以及約 1.5~1.8 伏特的電壓，陽極爲精煉銅。

(3)還原法

一般以固體或氣體的還原劑在高溫中還原銅的氧化物。原料可能是銅廢料、電解銅、霧化銅粉、銅鱗和銅的沈析物。有的可能需先經煆燒成爲氧化銅。原料來源決定於銅粉的純淨度需求。而還原後多半形成燒結多孔的塊狀物，需經磨碎成粉。通常爲海棉狀粉末。

(4)化學析出法

此法通常用適當的溶液以溶出礦石或原料中的銅，然後再沈析溶液中所含的銅成分。

在製造銅粉上，通常使含銅之溶液流經廢鐵，而產生銅的析出。依下列之方式 $Fe+CuSO_4 \rightarrow Cu\downarrow$

*美國愛俄華州立大學冶金碩士
　中山科學研究院材發中心副主任

+FeSO₄，而接著是分離、清洗、乾燥、粉碎等過程。由於此種方法生成的銅粉中有相當量的鐵及不溶於酸的固體如氧化矽，氧化鋁等，因此，限制了這類銅粉的用途。但此類粉末表面積大，使其生胚強度良好，經常應用於摩擦材料。各式粉末之形狀可見圖16.1。

(a)電解銅粉(200/325 mesh)　(b)氧化物還原銅粉(－100 mesh)

 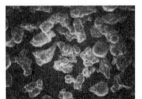

(c)氣霧化銅粉(－100 mesh)　(d)水霧化銅粉(－100 mesh)

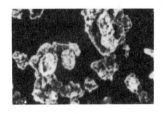

(e)濕法冶金所得銅粉(－100 mesh)

圖16.1　各種不同製粉方式所得銅粉之形狀

　　而常見之霧化銅粉及還原銅粉之標準物性分別如表16.1及表16.2所示。

16.1.1.2 銅合金粉的製造

　　粉末銅合金，通常有兩種：一爲摻合粉(BE:Blended Element Powder)即是把各種成分元素粉末依比例拌合，而在燒結時才形成合金。一爲預合金粉(PA：Prealloyed Powder)是把合金製成粉末，通常以噴霧法製造，粉末本身即爲合金。

　　合金粉末有多種成分，黃銅的成分自95Cu-5Zn 到 60Cu-40Zn 或加 1~2%Pb 的合金。此外，還有各種的德國銀、錫青銅(10~15Sn)、鋁青銅、鈹青銅等合金如表16.3所示。各類預合金粉末的標準物性範圍如表16.4。由於銅合金中所含的鋅，以及微量的鈦、鋯或鎂等會降低其表面張力，故產生粉末多爲不規則形狀。但若加入小量磷，形成五氧化二磷於金屬液滴表面，增加表面張力，則粉末趨向球形。一般說來，預合金粉末本身即爲合金，故性質與合金相近。由於粉末性質較近，故必須先篩分，再依比例配合如表16.4所示，以便利壓形及燒結，其燒成品的合金均勻性較佳。摻合粉由元素粉拌成，壓結過程應較爲容易，如有低熔點元素，甚至可利用液相燒結成形。但要達到成分均勻，需要長時間的固態擴散。如提高燒結溫度，容易造成燒結體變形。

　　在銅及銅合金的應用上，有許多與銅粉本身直接有關的特性是必須注意的。大致考慮因素如下：
(1)軸承：
　　1.燒結時的尺寸控制，2.燒結速率，3.K－值4.PV－值，5.透過性，6.通孔率和7.壓胚強度。

　　其中K-值是代表軸承所能承受之徑向方面之破裂強度，公式如下：

$$K = \frac{P(D-T)}{LT^2} \tag{16.1}$$

式中P：使軸承產生裂紋的兩平板間的壓力值，

　　　D：軸承之外徑，

　　　T：軸承之壁厚，

　　　L：軸承之長度，

　　　PV-值是指在不同轉速時的許可承受壓力值。軸承的使用壽命與使用溫度密切相關，而使用溫度來自於摩擦熱與熱傳導之間的平衡。熱傳導與材料及設計有關，而摩擦熱與油的潤滑性以及摩擦力(轉速與壓力的配合)有關。此爲摩根氏(M.T.Morgan)於1978年提出之考慮因素。
(2)碳刷：
　　1.高的生胚強度　2.高的導電性
(3)純銅結構件：
　　1.高的導電性　2.粉末流動性好

表16.1 商用水噴霧及氣噴霧銅粉之特性

銅	化 學 性 質		物 理	性 質					
	氫內損失	酸性不溶物	荷爾流動速率	視密度	Tyler 篩分, %				
					+100	-100 ~ +150	-150 ~ +200	-200~+325	-325
99.65(a)	0.28	—	—	2.65	少量	0.31	8.1	28.2	63.4
99.61(a)	0.24	—	—	2.45	0.2	27.3	48.5	21.6	2.4
99.43(a)	0.31	—	—	2.70	少量	0.9	3.2	14.2	81.7
>99.1(b)	<0.35	<0.2	~50	2.4	<8	17-22	18-30	22-26	18-38
99.1	0.77		不流動	4.8	少量	3	—	—	—
99.2	<0.7	—	9-13	4.9-5.5	7-14	20-30	20-30	15-30	30-50

(a)還原之水噴霧粉　(b)含鎂

表16.2 商用氧化銅還原銅粉末之特性

Cu	Sn	石墨	潤滑劑	化學性質		物 理	性 質						壓 結 體 性 質		
				氫內損失	酸性不溶物	視密度	荷爾流動速率	Tyler 篩分, %					生胚密度 g/cm³	生胚強度,MPa(psi), k在:	
								+100	+150	+200	+325	-325		165MPa (12 tsi)	6.30g/cm³
99.53	—	—	—	0.23	0.04	2.99	23	0.3	11.1	26.7	24.1	37.8	—	6(890)	—
99.64	—	—	—	0.24	0.03	2.78	24	—	0.6	8.7	34.1	56.6	5.95	7.8(1140)(a)	—
99.62	—	—	—	0.26	0.03	2.71	27	—	0.3	5.7	32.2	61.8	5.95	9.3(1350)	—
99.36	—	—	—	0.39	0.12	1.56	—	0.1	1.0	4.9	12.8	81.2	5.79	21.4(3100)(a)	—
99.25	—	—	—	0.30	0.02	2.63	30	0.08	7.0	13.3	16.0	63.7	—	—	8.3(1200)(a)
90	10	—	0.75	—	—	3.23	30.6	0.0	1.4	9.0	32.6	57.0	6.32	—	3.80(550)
88.5	10	0.5	0.80	—	—	3.25	12(b)	—	—	—	—	—	—	—	3.6(525)

(a)僅作模壁潤滑時之量測值　(b)卡內漏斗法

表16.3 銅粉末冶金原料(wt%)

銅
青銅(90Cu-10Sn; 89.5Cu-10Sn-0.5C)
黃銅(90Cu-10Zn; 70Cu-30Zn; 88.5Cu-1.5Pb-10Zn;
　　　68.5Cu-1.5Pb-30Zn)
銅鎳(75Cu-25Ni ; 90Cu-10Ni)
鎳銀(64Cu-18Ni-18Zn; 64Cu-18Ni-16.5Zn-1.5Pb)
石墨
氧化物
潤滑劑

(4)青銅結構件:
　　1.壓胚強度　2.壓縮性　3.流動性
(5)粉末鋼品中的添加物
　　1.壓胚強度　2.壓縮性　3.流動性

(6)熔滲粉末冶金零件:
　　1.壓胚強度　2.不熔蝕及不黏著特性　3.效率
(7)導電漆及裝飾燈填充劑:
　　大的表面積(通常為片狀銅粉)。
　　舉例來說,導電性是製作碳刷及純銅結構件時的重要考慮因素,即使是無氧銅粉,其中不同的雜質有不相同程度之影響,如圖16.2[2]所示。Cd、Ag、Te 等對銅的導電性影響非常少,但是鐵、鈷則造成很嚴重影響,0.023%鐵會使其導電性下降至純銅的86%。因此粉末之選用,不可不慎。

16.1.2 製造流程

16.1.2.1 壓形

　　銅粉通常以閉模加壓成形,然而其他的成形方

表16.4　典型的黃銅、青銅及鎳銀粉之特性

性　質	黃　銅[a]	青　銅[a]	鎳　銀[a][b]
篩分析(%)			
＋100 mesh	2.0 max	2.0 max	2.0 max
－100 ＋200	15-35	15-35	15-35
－200 ＋325	15-35	15-35	15-35
－325	60 max	60 max	60 max
物理性質			
視密度(g/cm³)	3.0-3.2	3.3-3.5	3.0-3.2
流動率(%)	24-26	...	...
機械性質			
壓縮性[c]g/cm³ (30ksi) 在414 MPa	7.6	7.4	7.6
生胚強度[c]MPa (psi)	10-12 (1500-1700)	10-12 (1500-1700)	9.6-11 (1500-1700)

(a)代表性的粉末大小：黃銅-60 mesh; 青銅 -60 mesh; 鎳銀-100 mesh.

(b)不含鉛　　(c)壓縮性及生胚強度值爲添加0.5%硬脂酸鋰

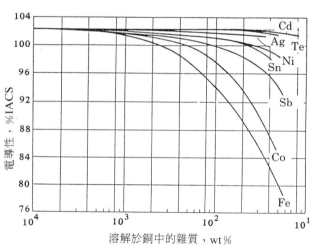

圖16.2　溶解於無氧銅中的雜質對電導之影響

表16.5　各類銅粉末冶金零件的典型壓製壓力及壓縮比

粉末零件	壓製壓力		壓縮比
	(MPa)	(Ksi)	
黃銅件	414-689	30-50	2.4-2.6至1
青銅軸承	193-275	14-20	2.5-2.7至1
銅-石墨刷	345-414	25-30	2.0-3.0至1
純銅件	206-248	15-18	2.6-2.8至1

*來源：Everhart, J.L., "Copper and Copper Alloy Powder Metallurgy Properties and Applications", Copper Development Association, N.Y.

式如熱壓、滾壓、均壓、擠、鍛也常被採用。當加壓時，粉末開始時是重新排列，變形很少，接著是彈性變形、塑性變形，使粉末之間的接觸更密切，最後是全部粉末的大量變形。

不同材料及不同的密度要求，使所需的加壓力量不盡相同。表16.5中顯示所需壓力在193~689 MPa之間。壓縮化在2.0~3.0比1之間。詳細情形請看第六章。

16.1.2.2 燒結

燒結的條件隨著材料、密度與強度需求而調整，可選擇固相燒結或液相燒結。溫度從800~1030℃，甚至高達 1090℃（對Cu-Ni），時間自幾分鐘至幾十分鐘。一般而言，多用還原性氣體作保護氣體，不用眞空氣氛。固態燒結的過程，一般分爲三個階段：開始時是快速的粉末顆粒間的頸項形成，但粉末仍保持其個體性；在第二階段，緻密化

開始，再結晶出現而導致顆粒間的分別已消失；在最末的過程中，各孔隙開始球化，然而緻密化的作用減少。

液相燒結則是燒結溫度高於混合粉中的低熔點粉末的熔點，使燒結過程中因液態出現而加速燒結。液相燒結時，在液相形成之後，先有粉末的重新排列，接著是液相中元素的擴散及析出、晶粒的長大。最後是固相的燒結，空孔的消除、晶粒的成長等，細節請看第九章。

16.1.2.3 燒結後的處理

粉末冶金零件在燒結後，為了尺寸的需求，有時作精整(Sizing)與整形(Coining)。為了設計上的需要，有時加以切削加工。由於切削加工作業難以連續自動化，故除非必要，通常應避免以降低成本。其他滲油、表面電鍍、熱處理及焊接等處理，均依規格而作，其詳情可參閱第十二章。

16.1.3 應用

銅及銅合金粉末冶金成品的最大量應用，以自潤軸承及襯套為主，其次為摩擦材料、銅結構材料、電氣材料及滲銅零件等。簡述如後：

16.1.3.1 多孔性零件

它包括自潤軸承、襯套及過濾性材料等。這些都是必須用粉末冶金才能達成需求的最佳例子，由於多孔性零件的密度低，空孔率大，因此機械強度較低。然而這些孔隙被用以儲油，在受熱時油膨脹而流出至外面潤滑軸承之表面。當冷卻下來後，油又因毛細作用而被吸回孔隙中。因此，這類含油多孔性零件可長期使用，無需加油。

這類軸承，通常是把銅粉和錫粉依比例混合之後，加壓成形，在816~871℃的溫度之間，燒結短時間（通常是15分鐘）。在這短時間中，錫先液化接著成為α相青銅，其燒結前後的金相變化如圖16.3。

為了尺寸上的需求，粉末零件在燒結之後常需再壓或整形。而壓入一個承載的槽穴中是常用之方法，它們常被使用於垂直的軸上，因為實心軸承中的油常會流失而無用。也常被用於機件難以潤滑之處。一般市售成品，常用的合金成分為銅-10錫，

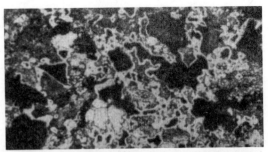
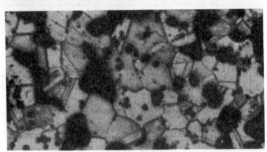

圖16.3 粉末冶金90 Cu/10 Sn青銅的產品在高溫區1與10分鐘後的微觀組織（請注意在液相燒結1分鐘後仍未合金化的錫，在10分鐘後都成為青銅，大的黑色區是連接性空孔成為儲油槽）

銅-10錫-0.5碳，鐵-2.7銅-0.8碳和鐵-10銅-0.2碳。

而其孔隙體積大致在25%至35%之間，軸承之直徑大小在1/32英吋至3英吋之間都有。

對多孔性軸承操作性能最相關的幾個因素是(a)最大含油量，(b)孔隙分佈的均勻性與連通性，(c)機械強度，(d)尺寸上的精確度。

MPIF(Metal Powder Industries Federation.)有一系列的工業標準，如表16.6。其中有兩項前面已說明過的，一是K-值，這是量度對輻射方向的破裂強度；另一個是PV-值，此可承受之壓力為軸速之函數。所以軸承的使用週期，與PV-值有密切的關係。

一般而言，多孔性軸承多半使用於高轉速但所承受的力量不大之處，而對衝擊力或疲勞力的承受能力有限。

青銅粉末冶金製造之軸承，因為通常以軸向壓結而成，因此有長度與直徑大小比例的限制。也因孔隙的多少及均勻分佈而有長度與壁厚的限制。另外，還有成分必須適合於粉末冶金的製作程序。

順便在此一提的是，可用粉末冶金方法來製作無孔隙的軸承，例如石墨潤滑的乾式軸承，通常使

表16.6　MPIF 的工業標準表

粉末冶金材料標準晴　　　　　　　　核可：1961　　　　　修訂：1969

材料							設計			
	青銅粉末冶金							CT-0010-R		

橫			元素	Cu	Sn	C	Fe			
1	化學成份 (%)		從	86.3	9.5	0	0			
			至	90.5	10.5	1.7 [1]	1.0			
				其它元素 不超過全部之0.5						

直		1		2		3		4	
2	狀　　　況		燒　結　後		熱　處　理　後				
3	密　　　度	g/cc.	6.4-6.8						
4	允許密度差異	g/cc.							
5	通　孔　率	%							
6	機　械　性　質								
7	抗　拉　強　度	psi	14.000						
8	抗　拉　強　度 0.2%橫距法	psi							
9	壓縮降伏強度 0.1%橫距法	psi	11.000						
10	伸　長　率	%	1.0						
11	視　硬　度								
12	強　度　常　數 (k)		26.500						
13	衝擊強度（無凹槽）	ft. lbs.							
14	疲　勞　強　度	psi							
15	特　別　性　質								
16	典　型　應　用 　　　軸承								
17	性　質（續）								
18	楊　氏　模　數	psi							
19	Poisson's 比								
20									
21									
22									
23									
24									
25									
26									

27	相對應之規格	ASTM	B 438　　Grade 1. Type II
		S A E	8 4 1
		Mititary	Mil-B-5687-C Type 1. Comp. A [2]
		Other	

28	建議：
	(1)一般是石墨。當承購者同意，可用其它固體潤滑劑，但最大量不得超過1.7%。 (2)Mil-B-5687-B Type 1。成份中鐵含量不得超過1%。 以上金相檢測，材料微結構必需為 α-青銅，且不能在300倍顯微鏡下看到游離錫。

用於210℃至350℃之間難以潤滑的情況。通常用的合金是黃銅、青銅或是鐵、鎳等，含石墨10~50wt%。通常以熱壓方式成形而應用於髒污的環境當中。其實用例子如水幫浦、挖煤機、及紡織機。

16.1.3.2 摩擦材料

　　粉末燒結的摩擦材料是由Wellman在1920年代發展，而於1930年代初期商業化的。如今，粉末燒結的摩擦材料約佔全部摩擦材料市場的百分之十五。金屬基的摩擦材料一般比在20或30年代的有機材料強度大、抗熱性佳，同時對瞬間的能量及溫度變化有更佳的反應。

　　粉末冶金摩擦材料目前用於離合器及煞車系統，可分為乾式／濕式，及低／中／高嚴苛的環境下使用，如表16.7所示。

表16.7　燒結耐磨材料的應用

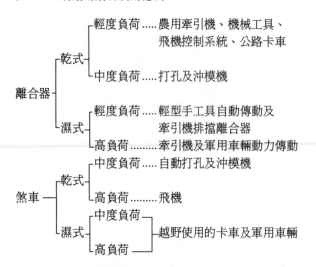

　　通常離合器都以濕式（有油的）情況下應用。雖然這會降低摩擦係數，卻會增加使用壽命，一般加油操作的零件，表面有槽，使油自接觸面流出，以增加摩擦。

　　早期的粉末冶金摩擦材料幾乎全是銅系合金。但目前鐵系合金已取代許多中或高嚴苛環境下的應用。表16.8中銅合金材料是常被使用的，但銅系合金，通常要用於有潤濕的情形。乾式的應用條件必須是不嚴苛的，其溫度不應超過350℃。

　　典型的摩擦材料製造流程包括混粉、熱壓、高

溫長時間燒結，又得作再加壓。通常要求細而活性好的粉末。成品零件可以用硬銲、熔銲、鉚釘或機械固定於鋼的支撐物上，或直接以壓力方式直接結合於系統上。

　　粉末冶金摩擦材料是多相面的複合材料，一般含有4-8種的成分，因此導致許多不同的特性組合，在功能上的需求變化相當大，顯示於表16.9。舉例來說，應用於煞車系統時，必須具備相當大的摩擦力；同時可以吸收大量的熱能，因為在煞車時產生高應力與大量熱。選擇粉末冶金摩擦材料的成分時，主要是依據表16.10[3]中所列的4至5種功能特性的材料，依使用需求調配而成。基地成分通常是鐵基或銅基材料，約佔50~80%，另外5~15%是低熔點合金，如錫或鋅，以利液相燒結。這些基地材料提供摩擦材料所需的基本強度、摩擦及熱傳。摩擦材料，最多加入20%。同時也加入5~25%的潤滑劑，使煞車不致卡死，但不會阻止金屬的傳遞及區域性的銲住。最後為了降低成本，可能添加至15%的填充料。通常銅系摩擦材料可用於350℃以下，其摩擦係數，不但決定於操作時的速度、壓力和溫度，也決定於材料的化學成分和粉末的特性。

16.1.3.3 銅合金粉末結構件

　　銅系粉末冶金的主要使用目的為需荷重者，一般被歸類為粉末結構件。這些零件，通常使用黃銅、德國銀或銅-鐵的摻合粉。主要著眼於經濟上的考慮，因為用壓形、燒結的方式成形，價格較其他如鑄造、鍛造、車削等便宜。

　　黃銅系粉末冶金零件直到50年代末期，因黃銅粉末的品質改進，才被大量使用，黃銅分為含鉛與不含鉛兩類。不含鉛黃銅成分分佈較廣，自90Cu-10Zn到65Cu-35Zn都有。而較常用的含鉛黃銅其成分在80Cu-20Zn至70Cu-30Zn之間。德國銀通常被應用的成分為65Cu-18Ni-17Zn，有時亦加入鉛以改進車削性。

　　這些合金通常加入硬脂酸鋰0.5-1%作潤滑劑以利壓形。有時把兩種潤滑劑，硬脂酸鋰與硬脂酸鋅以50/50的比例混合使用，來減少因過量硬脂酸鋰所造成的表面污漬。當壓形時的壓力在5.5噸／平

表16.8　典型的粉末冶金磨擦材料成分

乾式離合器及煞車－75Cu–6Pb–7Sn–5C–4MoS₂–3Feldspar
56Fe–14Zn–18C–8Chromite–4SiC
用油離合器及煞車－74Cu–3.5Sn–2Sb–16C–4.5 Galena

表16.9　摩擦材料所需之操作特性表

動摩擦係數(Dynamic Coefficient of Friction)
靜摩擦係數(Staic Coefficient of Friction)
靜摩擦與動摩擦之係數比(Static to Dynamic Coefficients Ratio)
耐久性(Durability)
可以吸收之能量(Energy Capacity)
嚙合之特性(Engagement Characteristics)
成本(Cost)
相接材料之摩耗(Wear of Opposing Member)
製造性(Fabricability)
摩擦性之溫度係數(Temperature Coefficient of Friction)
摩擦性之時間係數(Time Coefficient of Friction)

表16.10　不同功能之粉末冶金材料成分

功　　能	成　　分
摩擦力、強度、熱傳導	主成分／結合劑：銅基或鐵基 （錫、鋅、鉛的添加物）
潤滑劑（防止卡死、穩定性）	分散的潤滑劑：石墨、二硫化鉬、鉛
剝蝕性／摩擦性	耐磨性成分：氧化矽、氧化鋁、氮化矽，以及富鋁紅柱石
抗摩擦性	肥粒鐵、鑄鐵粒、鋁鎂尖晶石填充料
填充料	碳、礦砂

方公分時，一般壓結體的密度約為理論密度的85%，而燒結密度則可達90%以上。

　　燒結黃銅與德國銀通常在非氧化性的保護氣氛下進行燒結，溫度範圍在816~927℃之間，依化學成分而變化。標準的機械性質因材料成分而有不同，如圖16.4和圖16.5所示為70/30及80/20含鉛黃銅的強度、延伸率及尺寸變化。

　　另一個黃銅被採用為結構零件的原因是其抗蝕性及抗磨性良好，而用於凸輪、齒輪及煞車皮等。

　　通常錫青銅粉末冶金件是用銅粉、錫粉混合燒成，90/10青銅燒結成品之機械性能與燒結密度之關係顯示於圖16.6。必須控制燒結以得最佳金相微結構。使用預合金粉以製作結構件時，必須燒結至密度7.0克／立方公分以上。

　　銅鎳合金粉含10~25%鎳，是用以作錢幣及抗腐蝕的應用上。沒有ASTM標準，但特性資料散見於出版刊物中。

　　為提昇鐵燒結性能而加入銅，有兩種方法可行：第一種方法是把鐵粉中混入10%銅粉再加壓燒結，可到達80~90%理論密度，圖16.7顯示密度與燒結體強度之關係。另外一個方式乃是把鐵零件熔滲銅以達理論密度的滲銅零件。

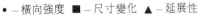

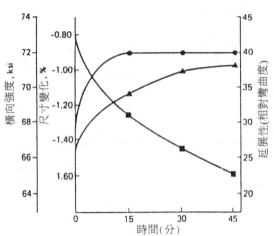

圖16.4 70/30含鉛黃銅粉(B-155)在生胚密度為7.30g/cm³時的機械性質與在1600°F燒結時間之關係

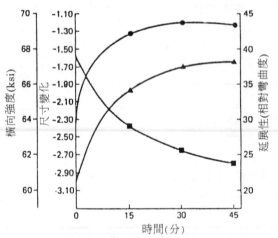

圖16.5 80/20含鉛黃銅粉(B-129)在生胚密度為7.60g/cm³時的機械性質與在1600°F燒結時間之關係

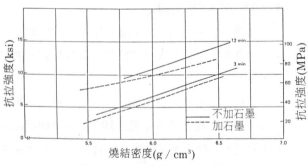

圖16.6 在添加與不加石墨粉時，90/10青銅燒結體密度對抗拉強度之影響

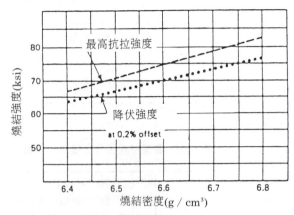

圖16.7 密度含銅鋼粉末件(MPIF標準，Cu-0.8C)的燒結強度與密度關係曲線

16.1.3.4 電工零件

　　純銅粉末電工零件，主要之應用在電工及電子界。但是雖然經過多年資訊的累績及製程的改良，成品在70年代已達相當高的導電性，但應用仍不普遍。由圖16.8可看出孔隙率對導電性、強度及延伸率均有相當的影響，即使在密度相同時，孔隙形狀

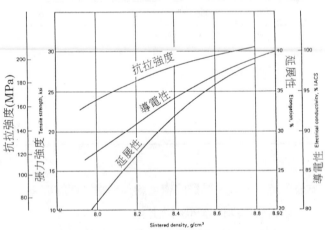

圖16.8 銅粉燒結密度對導電性之影響

不同也會造成差異，例如細而圓的孔隙對導電性之影響遠較細長孔為小。同樣的，雜質的存在狀況亦對導電性有相當的影響，例如鐵，只要有0.023%存在於固溶狀態就會使導電性降至純銅的86%以下。但如鐵是在析出相中，則對導電性影響不大。

　　近乎理論密度的純銅粉末冶金零件，可以用

205~250MPa的壓力下成形，在熔點以下的50°~150℃以內燒結，經再壓、整形或鍛造而獲得。

16.1.3.5 熔滲零件

　　熔滲就是藉著粉末冶金零件的連通孔隙的毛細吸力把熔融的金屬液吸入零件內部，填滿孔隙，達到高密度的一個過程。此觀念在1930年代即已進行，但是由於滲銅使零件表面粗糙，且尺寸不易控制而未能商業化。直到1946年，這問題才獲得解決。方法是加石墨粉於粉末冶金零件內，以及使熔銅中含鐵，以免鋼零件被液相銅熔蝕而造成粗糙之表面。

　　熔滲零件可為燒結體，但通常為壓結體。其作業方式為把滲入物小塊放在零件之上面（頂部熔滲），或放在零件的下面（底部熔滲）。靠虹吸力量使全零件被液相充滿孔隙。鐵零件滲銅的典型處理條件是在1120℃下30分鐘，吸熱氣氛的露點應為10℃至零下6℃之間，而常用的氣氛是裂解氨或氮基氣體。

　　鐵零件滲銅除了密度增加，提昇機械性質之外，也因表面孔隙封住而提昇了抗腐蝕的能力，其使用的原因如表16.11所示。而機械性質尤其是加石墨與滲銅對機械性能的提昇將近100%，如圖16.9所示。滲銅之後抗折強度提昇兩倍，如圖16.10所示。因此，一般滲銅之孔隙填充率都在80~100%左右。

表16.11　滲銅之應用

增強機械性能、較高及較均勻的密度

封孔以利二次加工（酸洗、鍍層、硬銲、上漆）

利用局部滲銅以作選擇性強化

組合幾個零件

提高加工性

提高傳導性

降低轉動件之噪音

　　一個成功的熔滲，通常需要熔滲後的表面能較熔滲前為低。熔滲的理論分別在1958年，由Semlak

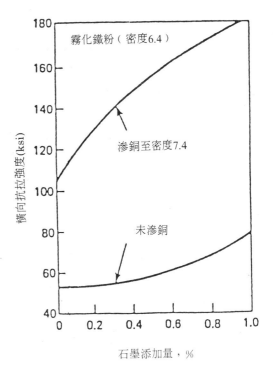

圖16.9　滲銅與不滲銅鐵粉燒結體之橫向抗折強度與含碳量之關係

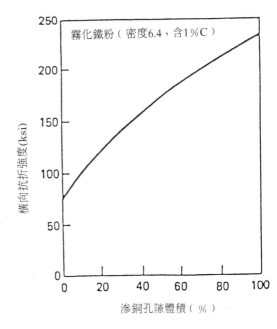

圖16.10　滲銅之鐵粉燒結體強度與銅所填充之空隙率關係

及Rhinco兩人所提出：

$$h = \frac{2}{\pi} \sqrt{\frac{\gamma R_c t}{4\eta}} \qquad \text{..................(16.2)}$$

式中 h ：液體在燒結體中的高度

　　γ ：低熔點合金的液／氣相表面能

　　R_c ：燒結體之平均毛細孔半徑

　　t ：虹吸時間

　　η ：液體黏度

16.2 鋁合金系粉末冶金

在輕金屬（鈹、鎂、鋁、鈦）的粉末冶金工業中，鋁是應用最廣的金屬。原因很直接，因為單位重量的強度高、抗腐蝕性良好及加工與表面處理便利。因此，鋁系粉末冶金零件常用於商業機器、汽車、航太及家庭用機具等。

16.2.1 粉末的製造

早在 1900 年，就有鋁粉的製造。用的是俾斯麥(Bessemer)的乾搗碎法以製造片狀的粉末，但由於鋁粉與空氣易混合爆炸，發生了好幾次意外，直到 1920 年代，採用較安全的球磨機，才開始正式進入量產，接著更以噴霧法製造鋁粉。

噴霧法製造的鋁粉，原本是用以製作球磨片狀粉的原料。一直到二次世界大戰後，發展了含鋁的高爆藥、火箭燃料、商用爆炸藥及鋁系冶金產品，而使噴霧法成為鋁粉的主要製造方式。

但是由於在鋁粉與空氣比例的區間中，有一大段都有爆炸的危險，因此在1970年左右，幾乎每一家噴霧製造鋁粉的廠商都有發生爆炸的慘痛教訓[3]。由此 Alcoa 公司重新設計了噴霧製鋁的製程，以避免爆炸事件，利用遙控及自動化，降低了人為的危險性。在工安評估中，顯示以每工時中發生危險的機率僅為老式的設計的1%。圖16.11顯示幾種材料之生胚密度與成形壓力之關係。

16.2.2 鋁粉的種類

除了含鋁高爆藥中使用純鋁粉外。一般分為典型商用合金粉及高強度合金粉。

典型商用合金粉是把仔細篩選的噴霧鋁粉與其

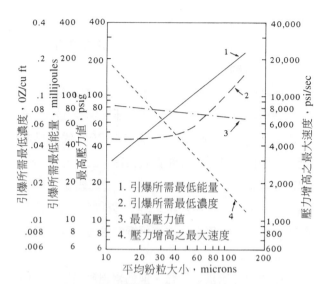

圖16.11　顯示鋁粉平均粒度與爆炸參數之關係
（取自Bureau of Mines, RI-6516）

平均粉粒大小，microns

1. 引爆所需最低能量
2. 引爆所需最低濃度
3. 最高壓力值
4. 壓力增高之最大速度

他合金元素粉末混合而成，製程為傳統的壓結與燒結，由於都屬可熱處理者，故依需求加以熱處理。

高強度鋁合金粉則不同，其設計即為用於鍛造，利用粉末冷凝速度快的因素，加入較多的鈷，超過鑄胚所容許之含量，以細化晶粒，強化合金。因此，是快速冷凝的合金粉末。

16.2.3 典型商用鋁合金

這些合金的成分如表 16-12 所示[2]，主合金成分為銅、鎂與矽，屬於熱處理型合金。且由於製造過程中成形的壓力、密度、燒結的條件及熱處理的經過，而使其機械性能分佈範圍相當大。抗拉強度自 110MPa 至 345MPa(16~50Ksi)，伸長率在 10~0.5% 之間，如表 16.13 所示。其中熱處理的條件如表16.14所示。

表16.12　典型鋁合金粉末之成分

編　號	銅	鎂	矽	鋁	潤滑劑
601AB	0.25	1.0	0.6	餘量	1.5
201AB	4.4	0.5	0.8	餘量	1.5
602AB	—	0.6	0.4	餘量	1.5
601AC	0.25	1.0	0.6	餘量	....
201AC	4.4	0.5	0.8	餘量	....
202AB	4.0	—	—	餘量	1.5

表16.13　Alcoa公司鋁合金粉末件的標準特性

預合金粉	成形壓力 (tsi)	生胚密度 (%)	g/cm³	生胚強度 (psi)	繞結密度 (%)	(g/cm³)	尺寸變化 (in/in)	熱處理 @	抗拉強度@ (ksi)	降伏強度@ (kSi)	伸長量 (%)	硬度
601AB	7	84	2.29	450	91.1	2.45	-0.019	T1	16.0	7.0	6.0	55-60 HRH
								T4	20.5	14.0	5.0	80-85 HRH
								T6	26.5	25.5	1.0	70-75 HRE
	12	90	2.42	950	93.7	2.52	-0.010	T1	20.1	12.7	5.0	60-65 HRH
								T4	24.9	16.6	5.0	80-85 HRH
								T6	33.6	32.5	2.0	75-80 HRE
	25	95	2.55	1500	96.0	2.58	-0.002	T1	21.0	13.7	6,0	65-70 HRH
								T4	25.6	17.0	6.0	85-90 HRH
								T6	34.5	33.4	2.0	80-85 HRE
602AB	12	90	2.42	950	93.0	2.55	-0.012	T1	17.5	8.5	9.0	55-60 HRH
								T4	17.5	9.0	7.0	65-70 HRH
								T6	26.0	24.5	2.0	55-60 HRE
	25	95	2.55	1500	96.0	2.58	-0.002	T1	19.0	9.0	9.0	55-60 HRH
								T4	19.5	9.5	10.0	70-75 HRH
								T6	27.0	25.0	3.0	65-70 HRE
201AB	8	85	2.36	600	91.0	2.53	-0.018	T1	24.5	21.0	2.0	60-65 HRE
								T4	30.5	26.0	3.0	70-75 HRE
								T6	36.0	36.0	0.0	80-85 HRE
	13	90	2.50	1200	92.9	2.58	-0.007	T1	29.2	24.6	3.0	70-75 HRE
								T4	35.6	29.8	3.5	75-80 HRE
								T6	46.8	46.7	0.5	85-90 HRE
	30	95	2.64	2000	97.0	2.70	-0.003	T1	30.3	26.2	3.0	70-75 HRE
								T4	38.0	31.0	5.0	80-85 HRE
								T6	48.0	47.6	2.0	90-95 HRE
202AB 壓形體	13	90	2.49	780	92.4	2.56	-0.011	T1	23.2	10.9	10.0	55-60 HRH
								T4	28.2	17.2	8.0	70-75 HRH
								T6	33.0	21.3	7.3	45-50 HRE
202AB 冷作件 19%應變	13	90	2.49	780	92.4	2.56	-0.011	T2	33.9	31.4	2.3	80 HRE
								T4	34.3	21.5	8.0	70 HRE
								T6	39.8	25.1	8.7	85 HRE
								T8	40.6	36.2	3.0	87 HRE

@抗拉強度特性測定，係使用粉末冶金抗拉平板(MPIF Standard 10-63)；在1150°F(621°C)燒結15分鐘，平均露點為-45°F或-43°C的氮氣中

鋁合金一般防蝕性能都不錯，但Al-Mg-Si系列合金其防蝕性能較Al-Cu系為優。粉末冶金零件亦然。201AB合金強度高，但在日曬雨淋或海邊的環境中，其抗蝕性不如601AB合金。但鋁粉末冶金零件，也同樣如鍛鋁般可作表面處理或陽極處理，以加強其防蝕性能。鉻酸鹽皮膜處理是對鹽濕環境相當經濟有效的防蝕方式。

鋁合金燒結密度分佈在 2.29~2.64 克／立方公分之間，就比強度（也就是強度／密度）而言，鋁與鐵比強度之比值是 3:1，與銅之比值約為 3.3:1。因此鋁合金，在許多應用上，承受之力量相同，但因質輕，可減少啟動及停止運作時的慣性力及造成的震動和噪音。

另一大優點是鋁的導電性良好。因零件生產之

表16.14　對燒結粉末鋁合金的回火處理

O	775℉ 1小時退火，爐冷最大速率爲每小時 50℉ 至 500℉ 或以下。
T1	從燒結溫度冷至800℉(601AB 或602AB)或 500℉(201AB)於氮氣中，再於空氣中冷至室溫
T4	在空氣中 970℉(601AB, 602AB)或 940℉ (201AB)加熱30分鐘後淬水，於室溫再時效 至少4天
T6	在空氣中 970℉(601AB, 602AB)或 940℉ (201AB)加熱30分鐘後淬水，於 320℉ 至 350℉ 18小時再時效
T61	再壓，作T6熱處理

條件不同而不同，但導電性分佈在0.30-0.45CGS單位(32~49%IACS*)之間，比含 35%Zn 的黃銅、5% 錫青銅及鐵板的導電性 0.28、0.17 及 0.17 的CGS單位高出許多[3]。

*註 IACS 是以熱軋純銅之導電性爲 100% 時的其他金屬之相對導電性，如青銅爲 15%。以 CGS單位表示時，熱軋純銅在 20℃ 時爲 0.93CGS 單位而青銅爲 0.17CGS。

16.2.3.1 製造流程

　　與傳統粉末冶金作業相同，機具相同，只是製程參數的變化而已。

　　對壓形而言，與摻合鋁粉的壓形同樣容易，圖 16.12[3] 顯示，壓力 70MPa(10psi)即可使壓結體達

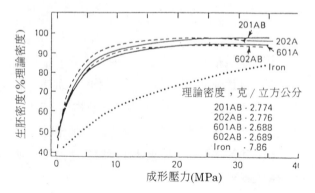

圖16.12　典型鐵粉及鋁預合金粉的壓縮性

90%的理論密度。由於所需壓力低，因此壓機噸數小，生產速度快，模具可以較爲複雜，而模具的磨耗減少，破壞機率降低，都對生產鋁粉末零件有正面的好處。

　　摻合鋁合金粉末零件之燒結，都利用液相燒結以達到緻密化而有高的強度與良好的延展性。鋁與銅、鎂、矽等元素在燒結溫度下成爲液態，經過因壓結而碎裂的氧化膜與鋁混合。但因部份氧化膜的架構使整體形狀沒有太大變形。如果壓結密度、燒結溫度、氣氛及其露點控制適當，則尺寸控制相當良好。大部份鋁合金的燒結在565°~650℃的溫度下進行，氣氛是露點-40℃的氮氣。

　　二次加工主要包含精整、整形、冷作、熱處理、車削及成品加工。

　　對鋁合金粉末零件而言，重壓之方式爲精整或整形的常用手段來控制尺寸，提高密度，甚至二者都有，以消除在燒結過程中的變形。所需壓力在25~40 psi 之間，依合金成分有所不同。零件表面的細節多半是在重壓時成形而非壓結時成形。

　　冷作加工也是重壓的一種，只是變形量可大到20%，而密度可提昇至96~99% 理論密度。

　　由於這些合金，都是可熱處理型，所以通常在燒結後作熱處理以達需求規格。熱處理的過程爲先在 504°~538℃(940°~1100℉)之間作固溶處理 30 分鐘後淬水，然後再作自然時效的 T4 或人工時效的 T6 處理。

　　機械加工包括銑、鉋、鑽、磨、車削等。鋁粉末合金的車削加工性能優異，由於車削短且不沾刀，因此刀具壽命良好，生產量增大。以在 T4 或 T6 熱處理（表16.14）時的加工情形最佳。最常用的是崁入型碳化物車刀，同時應使用充份的潤滑液，如 Land Oil 或 3-5% 水溶性油溶液，其他作業與鍛造成品相同。

　　成品加工與一般鍛造加工的成品加工相同。包括化學清洗、機械完工、防蝕處理、陽極處理、著色、著漆等。但如零件密度未達90%的理論值時，一般化學清潔液或蝕洗液都可能太過強烈，而必須謹慎選擇。

通常用於接合鋁系粉末冶金零件的方式為壓合、堆集、膠合或用螺牙鎖合。一般的熔銲或硬銲對鋁粉末零件均不宜，主要因為粉末冶金成品之多孔性。

16.2.3.2 應用

鋁系零件已被廣泛的應用，它的大小和重量可以是12.5公厘直徑，幾公克重，到100公厘直徑，幾百公克重。下面簡述一些應用的例子。

商用機器是鋁系粉末零件的最大使用者。前文中曾提到，由於鋁零件質輕，因此慣性力小使得機具的運轉速度加快，震動小，安靜，耗電量減小。此外，經過重壓，精準度可達0.0025公厘，防蝕良好、減少維修，且其價格亦有相當的競爭性，這些都是辦公室機器追求的目標。以計算機軸承套而言，以鋁系零件取代不銹鋼製品，價格便宜40-50%。因此許多移動的部份都選用鋁合金，如帶動皮帶滑車轂、端蓋、接聯軸環等。

汽車零件是鋁系零件的另一有潛力的市場。因為汽車工業一直想減輕重量，提高防蝕性，如汽車避震器中的活塞，比鐵零件強度高15%；卡車防滑系統上的感測器的外殼，鋁粉末成品比車削加工的成品便宜50%。而汽車空調上的鋁零件，經過重新設計，比原鍛造再車削的成品減少不少加工費用。

家用機具如縫衣機中零件，由於其往返式的移動，輕而強的鋁零件可降低噪音、振動，且間隙控制良好。又如桌上型電爐控溫機構的齒輪，有兩個半齒的切開面在兩端是非常重要的。而鋁粉末合金被選用於此敏感部份，正是因為生胚及燒結後強度均佳，品質控制容易達到之故。

許多電動工具上也選用鋁系零件，是因為重量減輕2/3，因而使起動及停止較為快速，也使得振動減少。此外，使用於紡織機上的間距片，是因為便宜且精確。有些地方則利用它的高導熱性能，作成散熱片。

16.2.4　高強度鍛造鋁粉末冶金

由於快速冷凝粉末技術的發展，使得噴霧法產生的合金粉用於鍛造，而其性能超過了經鑄錠過程製造的鍛造合金。其主要原因有二：成品的晶粒細

小，其次為合金成分可超出鑄錠的容許量而無偏析的現象。目前，美國 Alcoa 公司已生產兩種鍛造粉末合金如 7090 及 7091。這兩種合金特別適用處於腐蝕性及機械應力較大的航太用途。它們有下列的特性：

(1)高強度

(2)對剝落及應力腐蝕抵抗力強

(3)抗拉強度及降伏強度均較傳統製程之鋁合金為佳

(4)缺口疲勞強度在長時間的使用上比傳統鑄胚鍛造料還好

與高強度鋁合金如 7050、7075、7178 等在 T76 狀況下的比較如表 16.15 所示。7090 及 7091 鋁粉末合金的強度在T7狀況下比上述合金為優。同時，其破裂韌性也較一般鍛造合金為優，如圖16.13[3]所示。

雖然EXCO試驗*，已成為測試 7xxx 系列，鑄錠製成之鋁鍛造料的腐蝕剝離的標準檢驗。但是此法不太適用於粉末冶金零件。然而，粉末冶金試件經過 T76 或最高強度的 T6 處理，曝置於海邊四年，未曾見有腐蝕剝離的情形。可見它的防蝕性能是相當良好的。

*EXCO 試驗是 ASTM Standand G34 所規定的一種針對 2xxx 及 7xxx 鋁合金所做的加速剝離腐蝕試驗。方法是把鋁合金片浸於含有 4M NaCl, 0.5M KNO_3 和 0.1M HNO_3 的 25℃ 水溶液中。

16.2.4.1 製造流程

此類合金粉，均在熔融後，以快速冷凝方式製成粉。由於快速冷凝，使其微觀組織中的晶粒及樹枝狀結構細化。粉末被置於鋁罐中，以冷均壓達到 70% 的密度，再加熱除氣。把加熱的鋁罐以熱壓方式使粉末達 100% 密度。再車去鋁錠表面鋁罐，此鋁錠即可以一般加工方式製作成品。

16.2.4.2 應用

由於高強度、韌性及耐蝕，但因價格高，故最適用於航太工業及軍事應用。如機翼蒙皮、支撐、起落架零件、直升機迴轉輪等。武器系統上的應用主要著眼於它在高溫下的抗腐蝕性，高強度使重量

表16.15　粉末鍛造鋁合金(7090, 7091)與常用鍛造鋁 (7050, 7075與7178) 之性能比較

合金	固相點 (approx) (℃)	比熱[a] (cal/g/℃)	熱傳[a] (ca/sec·℃/cm)	熱膨脹[a],[b],[d]	密度 (g/cm³)	剛性[c] (1000MPa)		抗拉 強度 (MPa)	降伏 強度 (MPa)	韌性 (%)
粉末冶金										
7090	548	0.203	0.33	23.8	2.85	73.8	(L)	627	586	10
-T7E71							(LT)	593	538	6
7091	543	0.206	0.36	23.7	2.823	72.4	(L)	593	545	12
-T7E69							(LT)	552	510	8
							#(L)	545	496	14
							#(T)	517	462	10
鑄胚鍛造										
7050　T76					2.823	71.7		524	448	11
7075　T75					2.796	71.7		517	455	11
7178　T76					2.823	71.7		572	503	11

(a)計算值　(b)溫度在20~100℃之間　(c)是拉力與壓力剛性之平均值
(d)計算單位爲0.000001 m/m/℃
#表示爲7091粉末鍛造鋁料經過T7E70退火處理

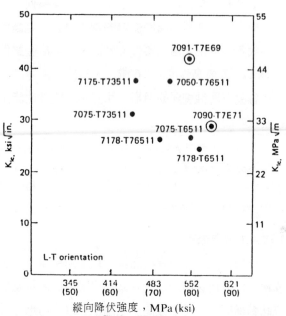

圖16.13　高強度鋁合金擠型爲6.4～38.1mm（0.25至 1.50 in）厚時的破裂韌性與降伏強度之關係

減輕，以及高強度與破裂韌性的良好組合。

16.3　鈦及鈦合金系粉末冶金

　　鈦及鈦合金，由於它們的密度低，抗蝕性良好，室溫及中溫時機械性能優異，所以常被選擇爲航太、化學製程、海洋環境及工業應用的最佳材料。但由於原料價格高，同時在加工上較爲困難，使成品價格偏高，導致實際上的應用減少。因此，多年以來工程師們都在研究如何能使成品實型（Net Shape)或是接近實型(Near Net Shape)。而粉末冶金即是其中重要的一種方式，可以省去許多材料及車削加工。

　　鈦合金的粉末冶金成品，由於晶粒細而無偏析、無方向性，因此機械性能不但能與鍛造品相比，有的甚至較鍛造品爲優，所以相當有競爭力。

　　此外，由於鈦與人體內的體液不起反應，是最佳的生醫工程材料之一。

16.3.1　粉末之製造

　　鈦合金的粉末也一樣分爲兩種：摻合粉及預合金粉。摻合粉乃是把各類元素粉依成分比例混合而成。一般鈦元素粉爲Krol氏法還原出的海棉狀鈦磨細而成，因爲含有氯（約~0.15%），因此在高溫時的疲勞性質上會受影響。但使用滲氫–脫氫生產之鈦粉，把含氯量大大降低至10ppm，解決了這項困難。

　　預合金粉的製造，則因爲鈦金屬的高化學活性而無法以一般金屬噴霧法來製造。而是利用下列二法：

(1)旋轉電極法 (Rotating Electrode Process, REP)

(2)電漿旋轉電極法 (Plasma Rotating Electrode Process, PREP)

旋轉電極法是利用鎢電極電弧來熔解一個旋轉的鈦合金棒。而鈦合金的熔液被離心力摔出在氣氛中冷卻，自槽底收集凝固之粉末，即得預合金粉。而 PREP 則是用電漿作熱源，不用 REP 中的鎢電弧以避免鎢碎屑污染粉末，其餘方式、過程均相同。

16.3.2 製程

對摻合粉末而言，通常使用冷均壓(CIP)或加壓成形，再跟著燒結即可，為了增加密度，也會使用熱均壓(HIP)、恆溫鍛造(Isothermal Forging)以及輥壓成板或片。

為了提昇預合金粉所製造成品的性能，通常粉末經過下列方式篩選：噴流分篩 (Jet Classification)、靜電分離 (Electrostatic Seperation)及電動除氣(Electrodynamic Degassing)

(1)噴流分篩：依其密度及大小，把中空粉末、陶瓷夾雜物，或重金屬夾雜物如鎢等分出。

(2)靜電分離：在靜電場中，帶有高強度靜電(25KV)後，依其放電之快慢而把金屬、陶瓷分開。

(3)電動除氣：其目的在消除氣體夾雜物，常用於超合金粉的作業中。

篩選原因為：不論是基本的微觀組織或是化學污染，都對機械性能，尤其是疲勞強度，影響很大。經過篩選之粉末，再以三種方式成形：(1)熱均壓法(HIP)；(2)壓結，通常粉末置於抽真空的預先成形的罐中，再施以快速（或低溫）加壓；(3)真空熱壓，把粉末置於真空中施以熱壓，用模具擠壓到所需形狀及100%的密度。真空熱壓的好處是可利用原有設計，降低工作週期，且不必投資於昂貴的HIP設備。但它的缺點就是對於能夠壓形的成品形狀和大小所受的限制與一般的粉末冶金壓結相同。

16.3.3 成形

16.3.3.1 摻合粉成形

摻合粉以冷均壓製作時，使用橡皮模即可製作複雜形狀的物件，如一體成形的渦輪轉盤。由於使用橡皮模而不需填加潤滑劑，減少一個污染來源。最大成品直徑約為60公分，尺寸控制在2%左右。

以壓結方式成形，由於最大壓機有45,000噸，故最大成形面積為13,000平方公分，但形狀較簡單。

二者所用之壓力都是 410MPa，可使生胚密度達 85-90%。如果生胚在 1260℃、真空下燒結，密度可達95-99%；再作熱均壓可使密度到達99.8%。需注意的是，假若原料粉中含有 0.016% 的氯，則任何方法也難以達到100%的密度。此如圖16.14所示，氯含量對密度和疲勞強度影響很大。

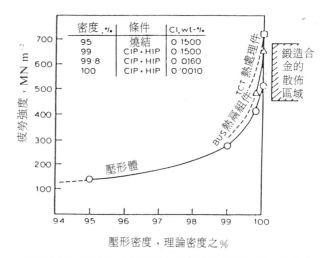

圖16.14　壓形密度與微觀結構優質化對鈦六鋁四釩摻合粉的疲勞強度之影響，並與鍛造合金的散佈區域相比較

16.3.3.2 預合金粉成形

預合金粉成形採用三種技術：金屬罐、陶瓷模、流體模。前二者都是用熱均壓成形，但流體模可用熱均壓或是熱壓機。

金屬罐通常是用碳鋼，因它不易與鈦起反應。製作的方式則應用各種頂尖技術，如壓力成形(Press Forming)、超塑性成形等。陶瓷模基本上是利用精密鑄造陶模為模，置粉末於其中，在熱均壓之情形下製造低價、實形的成品。但是由於粉末在結合過程中收縮達35%，故模具設計時必須留意，過程如圖16.15[2]，其中最大之困難為選擇模子的鍍層，它必須不與鈦反應，又能在熱均壓過程中保持形狀。充填好預合金粉的陶模，在封口後，置於鋼容器中周圍填以陶瓷粉，把鋼容器抽真空後再熱均壓。溫度通常在870°~980℃，壓力103MPa之下，

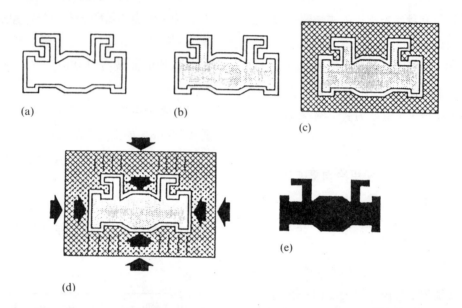

圖16.15 陶瓷模製造的流程：(a)製作陶模，(b)填充粉料，(c)置於金屬容器中加上傳遞壓力之介質後抽真空，(d)熱均壓，(e)成品

2-8 小時，而溫度控制在β-相轉換溫度之下。流體模是以碳鋼、銅合金或陶瓷材料製成兩個半模，銲接合模，再充填粉末，抽真空施以高溫高壓。在此環境下，模子本身成為黏滯性流體而把鈦合金粉壓成形。此法可製作相當複雜形狀。

　　目前，考慮製造之簡易性與成本，以陶瓷模 (Colt Crucible Ceramic Mold, CCCM)為最常使用於製造接近實形的方法。工程師們正在試圖改進此造模技術到可以完全免加工的地步。目前可達之精確度已相當良好如表16.16。

16.3.4 鈦粉末合金的機械性質

　　前文中曾提及，鈦粉末冶金成品之機械性能與鍛造料的結果相似或超過。由表16.17~18可以明白看出：摻合粉成品的室溫機械性能已能滿足軍規 MIL-T-9047 的要求，但較預合金粉的成品差。而表16.18中預合金粉成品經熱處理後之強度、韌性等性能均佳，已接近甚至越過鍛造料（如表16.17

表16.16 用 Colt-Crucible 陶瓷模製程生產粉末冶金鈦六鋁-四釩轉子時其外形的可重覆性[a]

尺 寸	平均值 (mm)	變化量 (mm)	變化比例 (%)
從中心線所量外徑(OD)	88.9	±0.66	±0.7
從中心線所量內徑(ID)	53.31	±0.63	±1.1
在大轉子外徑上之葉片高度	55.06	±0.38	±0.7

註：(a)統計值得自7個樣品23個量測點

所示）。

　　疲勞強度本是粉末冶金成品的困難之一，但如粉末經過除氯，又使密度達100%理論密度，則疲勞強度能與鍛造料接近，如圖16.16所示。因此，經過處理摻合粉的成品，也可用於關鍵性零組件上。由實驗結果圖16.17可以看出，預合金粉成品與鍛造件，在相同的微觀組織時，其裂縫生長的速度也相近。

　　最近，仔細的研究預合金成品的銲接性，顯示

表16.17　典型鈦六鋁四釩合批粉料成品與退火過的鍛造料*的機械性能比較

材料處理 過程	0.2% 降伏強度 (MN·m²)	抗拉強度 (MN·m²)	伸長量 (%)	斷面收縮率 (%)	參考 資料
冷均壓及熱均壓(CIP，HIP)	827	917	13	26	(a)
加壓燒結（未經熱均壓）	868	945	15	25	(b)
鑄胚鍛造及退火	923	978	16	44	
MIL-T-9047最低標準	827	896	10	25	

註：*海棉鈦來自 Hunter Process

(a)S.Abkowitz: in "Powder Metallurgy of Titatium Aloys", (ed. F.H.Froes and J.E.Smugeresky), p.291-302, 1980, Warrendal, PA, Met. Soc. of AIME.

(b)F.H.Froes, D.Eylon, and Y.Mahalan : in "Modern Deveopment in Powder Metellurgy", Vol.13, (ed. H.H.Hausner et al.), p. 523-535, 1981, Princeton, NJ, Metal Powder Industries Federation.

表16.18　Ti-6Al-4V 及 Ti-10V-2Fe-3Al 預合金粉的機械性能

合　金	壓　型 溫　度* (℃)	熱處理# (℃/hr)	0.2% 降伏 強度 (MN·m⁻²)	抗　拉 強　度 (MN·m⁻²)	伸長量 (%)	斷面收 縮率 (%)
Ti-6Al-4V	650	成形壓胚	1082	1130	8	19
Ti-6Al-4V	650	815℃，24hr,AC	937	1013	22	38
Ti-10V-2Fe-3Al	600	成形壓胚	951	992	14	49
Ti-10V-2Fe-3Al	600	760℃，1hr, WQ +510℃, 8hr, AC	1226	1295	3	6

註：*以熱均壓成形於300MPa之壓力下24小時。

　#AC：空冷；WQ：水冷

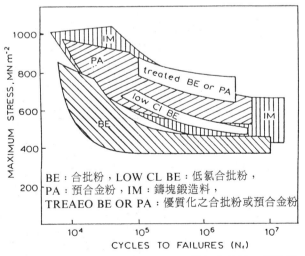

圖16.16　鈦合金摻合粉，預合金粉低氯合批粉，優質化之摻合粉或預合金粉成品之疲勞強度與鑄塊鍛造後退火之鈦合金相比較

BE：合批粉，LOW CL BE：低氯合批粉，PA：預合金粉，IM：鑄塊鍛造料，TREAEO BE OR PA：優質化之合批粉或預合金粉

在銲接特性上及微結構／機械性能上，粉末冶金成品與鍛造件相近。

　因此，就各方面來說，粉末冶金成品在管制的流程下，其成品之性能與鍛造件相彷或更佳。所以，價格成為考慮其應用的重要因素。

16.3.5　鈦粉末合金之應用

　雖然，鈦粉末冶金技術已被航太工業所採用，但在工業與生醫工業上的應用仍然有限。在化學工業中用於製造固定物、接頭、活閥零件等。目前，汽車工業正考慮鈦粉末成品之應用。

　自1950年代開始，研究使用於外科手術移置用骨骼、關節、肘、下巴、手指、肩膀等。而純鈦或鈦6鋁4釩均被應用。

　預合金粉，多半用於航太工業，使用HIP-CCMP的方式製作，包括巡弋飛彈引擎零件及F-107的輻射狀壓縮轉子等用途。最大件的是 F-14A 的架框，它有100×120公分大小，由於有深的骨

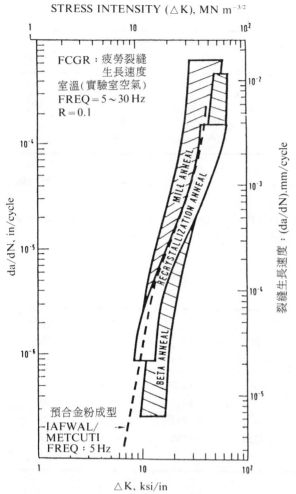

圖16.17 粉末冶金預合金粉及鑄鍛成形之鈦-六鋁-四釩
的疲勞裂縫成長之比較

100%，而使其機械性能甚至超過鍛造件。

超合金最大之應用即在噴射引擎中承受高溫、高壓及嚴苛之腐蝕環境。鑄造提供良好的成形方式，但微結構的偏析限制合金成分的選用。如果高溫強度良好，則鍛造加工難以進行。使用粉末冶金則有下列之優點：

(1)能製作接近實形的成品，以節省材料、加工及成本，如圖16.18所示。

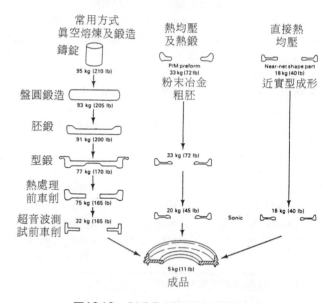

圖16.18 製造F-101壓縮轉盤的流程

肋及窪處，粉末冶金省去了大量的加工及材料。

16.4 超合金系粉末冶金

自二次大戰末期，改良不銹鋼而成為超合金以來，其發展相當迅速，平均每年提昇使用溫度接近10℃。在此期間，超合金系粉末冶金也一直不斷的發展中。早期超合金粉末冶金所遭遇最大的問題，就是在過程中粉末表面氧化，而大大降低了抗拉強度和斷裂延展性。因為真空熔煉超合金的發展，大幅提昇性能，而開始在製粉、混合、加壓和燒結每一步驟都置於惰性氣體或真空中。此舉解決了粉末氧化問題，也使粉末冶金成品的性能提昇。尤其是近年來熱均壓更使緻密度達

(2)可避免微觀組織的偏析，使均勻性提高而增加了合金設計及微觀結構上的彈性。

(3)製程的簡化，減少了能源消耗，也縮短了製造時程。

(4)能把許多通常只能以鑄造方式成形的高強度合金（如 In100），製作成 100% 密度而微觀組織如同鍛造件的成品。

16.4.1 超合金粉末之製造

超合金粉末的製造方式有多種如表 16.19 所示。但其中三種目前已有商業化的生產：

(1)惰性氣體中霧化：通常是在真空中把合金熔融，再噴入惰性氣體如氫氣，在其中冷卻成粉。

(2)真空中霧化：使熔融超合金中含飽合氫，再

表16.19 超合金預合粉末之生產方法

	商用製程			實驗室製程		
	氫氣噴霧	眞空噴霧	旋轉電極	離心噴鑄 (Shot Casting)	電子束旋轉 電極(PSV)	電子束旋轉 轉盤
霧化技術	用氫氣噴流 沖散液態金 屬流柱	把含氫液態 金屬噴人眞 空中	離心霧化電 極棒被液化 之端部	自旋轉坩堝 中把液態金 屬摔出霧化	用電子束液 化捧端之旋 轉電極法	用電子束液 化捧端之旋 轉轉盤法
熔解方法	在陶瓷坩堝 中用誘導電 流熔解	在陶瓷坩堝 中用誘導電 流熔解	用非消耗性 電弧或傳遞 性電漿熔解	消耗性電弧	電子束	電子束
氣 氛	氫 氣	眞空、氫氣、 或氦氣	眞空、氫氣、 或氦氣	眞空、氫氣、 或氦氣	眞 空	眞 空
平均大小 (μm)	−	10~50	225	300~400	400	−
良品率% （概估值）	70	−	95	60	85	60
備註	150μm粉粒 冷卻速率爲 100 °C/s	−	電漿可避免 鎢的污染	300μm粉粒 在氦氣中的 冷卻速率爲 ~5000°C/s	−	−

注入眞空容器中。氫氣急速膨脹而使金屬液霧化成粉。

(3)電漿旋轉電極法：是以電漿熔解兩相對合金電極的前端，液態合金因急速旋轉之離心力而摔出成粉。容器可充以惰性氣體或眞空。

金屬粉一般的敲密度（視密度）約65%理論密度，而粉末大小在250μm至44μm之間較爲適用。通常經過篩分，一則以區分大小以作混粉時參考，二則可除去對機械性能有影響的過大陶瓷顆粒。在分篩之後，再把不同大小粉末依一定比例混合，以獲均勻的燒結組織結構。

16.4.2 粉末壓形

16.4.2.1 基本製作條件

超合金粉末常爲球形且強度大，因此通常是在高溫、高壓下才能達100%的緻密，兩個主要的方式被採用，就是熱均壓及熱擠之後再經鍛造，如圖16.19所示[2]。

熱均壓的溫度是依合金而定，在1095°~1260℃之間，而壓力低於 103MPa，而使用的容器通常是金屬罐，但是使用精密陶模的方法（看前文中所

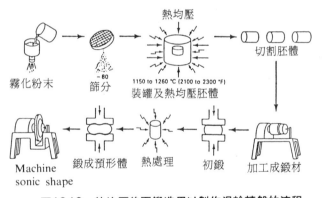

圖16.19 熱均壓後再鍛造用以製作渦輪轉盤的流程

提），也已發展出來。陶模中充填粉後，四週添加陶粉，外邊套上金屬罐之後眞空封罐，再作熱均壓而成形。通常密度達到95~98%的理論密度。

熱均壓後的之合金錠，再經過一般的鍛造，或者是恆溫鍛造，或是熱模鍛造而使成品密度達理論密度。一般鍛造是用於製成鍛造胚料再以機械加工方式車削至成品。恆溫鍛造，則加熱工作胚件與模具到同樣溫度，而以緩慢的變形速率成形。而熱模鍛造，則是模具雖加熱到比平常鍛造時的模具溫度

為高，但仍比胚件溫度低，變形速率也相當低。有時因為它變形速率低，甚至被視如潛變。但是熱模和恆溫鍛造有較一般鍛造優異的成形能力，它們比一般鍛造的優缺點如下：

優點：(1)減少胚件流力

(2)可加工性增加

(3)微觀金相的控制容易

(4)尺寸精確性佳。

缺點：(1)較長的作業時間

(2)鍛造設備費用高（保護氣箱及加熱系統）

(3)高溫模具的費用高。

(4)需要真空或保護氣體保護模具

但是，以 F-100 引擎中渦輪轉盤為例，一般鍛造使用 450 公斤超合金，而恆溫鍛造只需 227 公斤超合金，節省接近一半超合金材料。這不但減少料量，也節省了機械加工的費用。因此，恆溫鍛造常被採用於昂貴之材料件。

16.4.2.2 熱擠再鍛造

超合金粉也可將粉料裝罐，再以至少 9:1 的比例熱擠而達完全緻密的粗胚狀態，再作鍛造加工。

16.4.2.3 機械合金

把超合金粉與其高溫強化相（通常為氧化物），以高能量球磨機，在乾燥狀態研磨，使粉料成為氧化物且均勻分散強化的超合金，如In6000。然後以熱擠或熱均壓方式成形，再經過冷加工或熱加工，以增加其儲存的變形能，而得機械合金，其強度大，但加工困難。

16.4.3 機械性質

超合金粉末冶金的機械性能，如表 16.20 及圖 16.20。從表 16.19 中可以清楚看出，Rene 95 如以粉末冶金方式製作，不論是降伏或抗拉強度，在室溫或 650℃，都比用鑄錠鍛造方式所得數值高 5~15%，而延展性更提高一倍左右，可看出以粉末冶金方式製作的優點。

16.4.4 超合金粉末件之應用

16.4.4.1 航太上的應用

表16.20 三種超合金粉末冶金成品機械性能之比較

	測 試 溫 度 (℃)	0.2%降 伏強度 (MPa)	抗 拉 強 度 (MPa)	斷面收 縮率 (%)	全部 延伸率 (%)
Rene 95					
熱均壓(a)	23	1214	1636	15	16
熱均壓及鍛造	23	1179	1629	23	18
鑄胚鍛造	23	1144	1434	12	10
最低熱均壓	650	1120	1514	17	16
熱均壓及鍛造	650	1122	1480	14	13
鑄胚鍛造	650	1055	1282	10	8
Astroloy					
熱均壓	23	936	1379	31	27
熱均壓及鍛造	23	1055	1517	23	27
熱均壓	650	881	1234	36	31
熱均壓及鍛造	650	975	1261	25	38
In-100					
熱均壓	650	1286	940	—	21
熱均壓及鍛造	650	1200	1000	—	8
熱均壓及擠型	650	1350	1000	—	18

註：(a)熱均壓於 1120℃、103MPa 下三小時，固溶處理於 1150℃ 一小時，熱鹽淬火於 535℃，退火於 870℃ 一小時，再置於 650℃ 24 小時後空冷

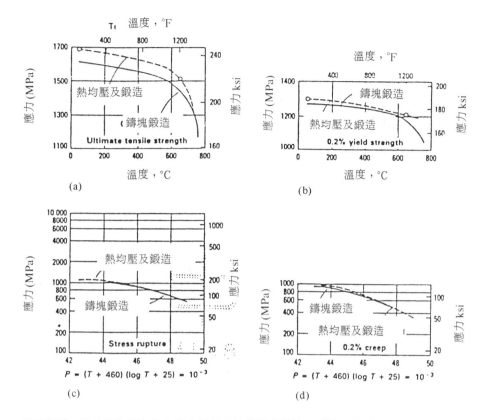

圖16.20　比較熱均壓之粉末冶金材料與鑄塊鍛造的Rene'95合金的抗拉強度及疲勞性質

雖有良好的性能，且已開始有少數航太超合金零件以粉末冶金方式製作。但目前受限於價格高及經過航太驗証的流程長，仍待繼續推廣。

已經使用的，如在F-100引擎中的In-100的渦輪轉盤、封襯、間隔片等[1][5]；在 JT 8D-17R 渦輪扇引擎中 Astroloy 合金的渦輪轉盤；在 TF30-P100 引擎中的 Stellite 31合金葉片等，其餘細節可看ASM手冊。

在這個驗證應用的過程中，也發掘了一些問題，是超合金粉末零件能大量應用前，必須要解決的課題：

(1) 金屬與非金屬夾渣對低週疲勞特性之降低。

(2) 對粉末之成形過程中的熱傳、粉末大小、形狀、分佈等必須仔細瞭解而非僅有實驗數據。

(3) 小缺陷對於疲勞特性之影響理論模式待發展。

(4) 非破壞檢測對夾雜物之大小、分佈不能有效

掌握。

(5) 雖有近實型成形之優勢，但零件價格仍較一般鍛造方式製造者為高。

16.4.4.2 雙合金／雙性能引擎零件

超合金粉末件的最新發展，乃是在製作雙合金及雙性能的零件。如把粉末熱均壓成形的渦輪轉盤，加上柱狀晶的葉片，置於熱均壓情形下合而為一，使成品的轉盤部份為細晶粒，葉片部份為柱狀晶粒，以符合材料設計需求，因柱狀晶粒的抗潛變性優異，而細晶粒的抗潛變性差，但低溫強度佳。一般在鑄造時通常因為葉片薄散熱快，而出現轉盤部份晶粒粗大，但是葉片部份晶粒細小，正好與最佳的使用需求相反。故發展出雙合金／雙性能引擎零件，則正可配合材料設計的最佳選擇。

參考文獻

1.王遐編著，粉末製造與傳統粉末加工成形，機械技術出版社，1988.

2.Powder Metallurgy, Vol. 7, 9th Edition, Metals Handbook., Metals Pack, OH, ASM, 1984.

3.Powder Metallurby Applications, Advantages and Limitations, ASM, edited by, Klar, E. 1983.

4.Titanuium, Technical Guide, Edited by Donachie, M.J.JR ASM, International, 1988.

5.Superalloys, A Technical Guide, Edited by Bradley. E.F ASM International, 1988.

第十七章　高熔點金屬材料—鉬、鎢及其合金

黃坤祥*

17.1 鉬及其合金

17.2 鉬粉之製造

17.3 鉬之成形

17.4 鉬之燒結

17.5 燒結鉬之後續加工

17.6 鉬之物理及機械性質

17.7 鉬之用途

17.8 鎢及鎢合金

17.9 純鎢之粉末冶金製程

17.10 鎢粉之製造

17.11 鎢粉之成形

17.12 鎢之燒結

17.13 鎢之物理及機械性質

17.14 鎢之用途

17.15 重合金

高熔點金屬包括了鈦(Ti)、鋯(Zr)、鉿(Hf)、釩(V)、鈮(Nb)、鉭(Ta)、鉻(Cr)、鉬(Mo)及鎢(W)，這些金屬均為過渡元素，屬於週期表之第IV、V、VI族。由於這些材料之高熔點之特性，要以熔煉之方法製造這些材料之產品非常不易，故常採粉末冶金製程，其中又以鉬及鎢之量為最多。

鉬及鎢除了高熔點之特性外，它們具有低熱膨脹係數，良好之導熱及導電性，且高溫強度佳，故在工業上之用途廣泛。表17.1為常用之鉬及鎢及其合金之成分及編號。

17.1　鉬及其合金

鉬常以純鉬之產品出現，但隨著工業界對高溫機械性質之要求之提高，不同的鉬合金亦陸續被開發出來。這些合金大致上可分為下列數類：(1)碳化物強化型，也就是利用金屬碳化物之生成，提供散佈強化之效果，而且藉以提高鉬之再結晶溫度；(2)固溶強化型；(3)碳化物與固溶強化兼具型，此型混合了(1)(2)之強化方法，例如Mo-W-Hf-C合金；(4)第二相之散佈強化型，此型乃在製程中添加或生成氧化物之第二相，以提高再結晶溫度並減少晶粒成長之現象。表17.2為常用之鉬及鉬合金之成

分及其機械性質[1][2]。這些合金大多均能以粉末冶金或真空電弧鑄造(Vacuum Arc Casting)之方法製造，但目前95%以上之鉬產品均採粉末冶金製程，茲將其製程之各步驟分述如下。

17.2　鉬粉之製造

17.2.1 MoO_3之製造

鉬在地球上之元素中佔了10^{-4}%[1]，且多以MoS_2(Molybdenite)之形態存在，MoS_2多存於斑岩(Porphyry)中及石英礦脈(Quartz Vein)中，一般之鉬粉多由此MoS_2提鍊出來，除此法之外，鉬亦可由銅之提鍊過程中以副產物之形態共同產出。MoS_2之礦中約含有0.05-0.25%之鉬，此礦石一般多以浮選法(Floatation)將MoS_2之純度提高至90-95%，其製程如圖17.1所示[2]。首先礦石先經粉碎至200目以下，然後在水、油、及含化學藥劑之溶液中讓無用之顆粒沈降，此時含鉬之顆粒因與溶液之潤濕性差而被氣泡帶至液面，此部份之鉬之含量即因而提高，此液面之顆粒經撈取後，再經數次類似之步驟即可得到含70-90%MoS_2之高濃度顆粒。

除了上述之方法外，鉬之濃縮礦亦可由含銅量較高之次級礦中提鍊[2]，或由含鎢之灰重石(Scheelite)中提鍊。由鍊銅過程中生產鉬之副產物之製程如圖17.2所示。含銅、鉬之斑岩礦石先被搗

---

*美國壬色列理工學院材料博士，國立台灣大學材料研究所教授

表17.1　常用之鉬及鎢及其合金之成分及標準之編號

UNS編號	名　　　　　稱	化　　學　　成　　分	其　他　標　準　之　編　號
R03600	Molybdenum, Unalloyed	C 0.010-0.040 Fe 0.010 max Mo bal N 0.0010 max Ni 0.005 max O 0.0030 max Si 0.010 max	ASTM B384 (360);B385 (360); B386 (360); B387 (360)
R03601	Molybdenum Sealing Alloy	C 0.04 max Fe 0.01 max Mo 99.90 min N 0.001 max Ni 0.01 max O 0.005 max Si 0.01 max W 0.02 max Other each 0.005 max	ASTM F49(Arc-Casting Grade)
R03602	Molybdenum Sealing Alloy	C.0.005 max Fe 0.01 max Mo 99.90 min N 0.002 max Ni 0.01 max O 0.008 max Si 0.01 max w 0.02 max Other each 0.005 max	ASTM F49 (Powder Grade)
R03603	Molybdenum	Al 0.015 max C 0.0015 max Fe 0.001 max H 0.001 max Mo 99.90 min N 0.001 max O 0.0175 max Si 0.035 max Sn 0.0025 max W 0.02 max Other each 0.005 max , Ca 0.005 max, K 0.015 max	ASTM F364 (11)
R03604	Molybdenum	Al 0.015 max C0.005 max Fe 0.01 max H 0.001 max Mo 99.90 min N 0.002 max O 0.008 max Si 0.01 max Sn 0.0025 max W 0.02 max Other each 0.005 max ,Ca 0.005 max, K 0.015 max	ASTM F364 (1)
R03605	Molybdenum Metal	C 0.030 max Fe 0.020 max Mo 99.90 min N 0.0010 max Ni 0.010 max O 0.0030 max Si 0.010 max	AMS 7801
R03606	Molybdenum Metal	C 0.030 max Fe 0.008 max H 0.0005 max Mo 99.95 min N 0.002 max Ni 0.002 max O 0.0015 max Si 0.008 max	AMS 7805
R03610	Molybdenum Unalloyed	C 0.010 max Fe 0.010 max Mo bal N 0.0020 max Ni 0.005 max O 0.0070 max Si 0.010 max	AMS 7800 ASTM B384 (361);B385 (361);B386(361);B387(361)
R03620	Molybdenum Alloy	C 0.010-0.040 Fe 0.010 max Mo bal N 0.0010 max Ni 0.005 max O 0.0030 max Si 0.010 max Ti 0.40-0.55	ASTM B384 (362); B385(362); B386 (362); B387(362)
R03630	Molybdenum Alloy	C 0.010-0.040 Fe 0.010 max Mo bal N 0.0010 max Ni 0.005 max O 0.0030 max Si 0.010 max Ti 0.40-55 Zr 0.06-0.12	AMS 7817;7819 ASTM B384(363); B385 (363); B386(363);B387 (363)
R03640	Molybdenum Alloy	C 0.010-0.040 Fe 0.010 max Mo bal N 0.0020 max Ni 0.005 max O 0.030 max Si 0.005 max Ti 0.40-0.55 Zr 0.060-0.12	ASTM B384(364); B385(364); B386 (364); B387(364)
R03650	Molybdenum Unalloyed, Low Carbon	C 0.010 max Fe 0.010 max Mo bal N 0.0010 max Ni 0.005 max O 0.0030 max Si 0.010 max	ASTM B384(365); B385 (365); B386 (365); B387(365)
R07005	Tungsten	W 99.95 min Other 0.01 max each, 0.05 max total	AMS 7897 ASTM F288 (1A and 1B); F290
R07006	Tungsten Metal	Al 0.005 max C 0.008 max Fe 0.005 max H 0.001 max Mo 0.020 max N 0.002 max Ni 0.005 max O 0.005 max Si 0.005 max W rem	AMS 7898
R07030	Tungsten	W 96-98	ASTM B459(4)
R07031	Tungsten-Rhenium	Re 2.5-3.5 W rem Other each 0.05 max, total 0.01 max	ASTM F73 (Electronic Grade)
R07050	Tungsten	W 94-96	ASTM B459(3)
R07080	Tungsten	W 91-94	ASTM B459(2)
R07100	Tungsten	W 89-91	ASTM B459(1)
R07900	Tungsten Arc Welding Electrode	W 99.5 min	ASME SFA5.12(EWP) AWS A5.12 (EWP)
R07911	Tungsten-Thorium Alloy Arc Welding Electrode	Th 0.8-1.2 W 98.5 min	ASME SFA5.12(EWTh-1)AWS A5.12
R07912	Tungsten-Thorium Alloy Arc Welding Electrode	Th 1.7-2.2 W 97.5 min	ASME SFA5.12(EWTh-2) AWS A5.12 (EWTh-2)
R07913	Tungsten-Thorium Alloy Arc Welding Electrode	Th 0.35-0.55 W 98.95 min	ASME SFA5.12(EWTh-3) AWS A5.12 (EWTh-3)
R07920	Tungsten-Zirconium Alloy Arc Welding Electrode	W 99.2 min Zr 0.15-0.40	ASME SFA5.12(EWZr) AWS A5.12 (EWZr)

表17.2　商業化之鉬及鉬合金之性質(加工度90%)[1]

材　　料	成　　分 (wt%)	ASTM B386-85 所定之代號	再結晶溫度 (℃)	1000℃時之抗拉強度 (MPa)
Mo		MM*360、MM365 PM*361	1100	250
TZM	0.5Ti,0.08Zr 0.01-0.04C	MM363、PM364	1400	600
TZC	1.2Ti,0.3Zr 0.1C		1550	800
MHC (HCM)	0.5-2.0Hf 0.04-0.2C		1550	800
ZHM	0.4Zr,1.2Hf 0.1C		1550	800
TZC	1.0-1.5Ti, 0.2-0.35Zr		1550	800
Mo-W-HfC	25-45W 0.9-1HfC		1650	900
5Re	5%Re		1200	400
41Re	41%Re		1300	600
10W	10%W		1100	280
30W	30%W	MM360	1200	350
HWH-25 (Mo25Wh)	1Hf, 0.07C 25W		1650	900
Z-6	0.5ZrO$_2$		1250	280
MH(HD)	150ppm K,300ppm Si		1800	300
KW	200ppm K,300ppm Si 100ppm Al		1800	300

*MM：熔煉法，PM：粉末冶金法

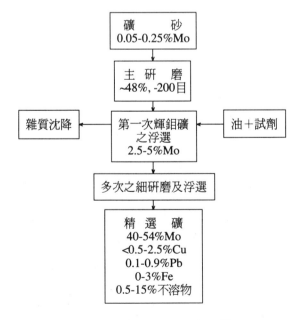

礦　　砂
0.05-0.25%Mo

主　研　磨
~48%, -200目

雜質沈降 ← 第一次輝鉬礦 之浮選 2.5-5%Mo ← 油＋試劑

多次之細研磨及浮選

精　選　礦
40-54%Mo
<0.5-2.5%Cu
0.1-0.9%Pb
0-3%Fe
0.5-15%不溶物

圖17.1　輝鉬礦之精選製程[2]

碎至60%爲-200目之較細顆粒，這些顆粒在含黃酸鹽(Xanthate)及其他試劑之溶液中時，其中銅鉬均將被漂浮至表面，此時此濃縮物之含鉬量已提高至0.1-0.5%，這些濃縮物以澱粉將其變稠使之沈澱，將溶液倒掉後即可得到鉬銅之泥漿。這些泥漿隨後可用加熱或化學處理法，使銅氧化或將當初使銅化物凝聚之化學添加物分解掉，如此一來此銅鉬濃縮物在隨後之數個階段之浮選處理中能使銅沈降，而只剩含鉬之硫化物漂浮。其最後之濃縮物中之鉬含量約在40-52%。

以此法煉銅或鉬，其銅之回收率約80%，而鉬只有40-65%，相較於前述之直接由輝鉬礦精選之90%爲低。此乃因鉬在銅／鉬礦中只是副產物，其製程均以如何提高銅之含量爲主。

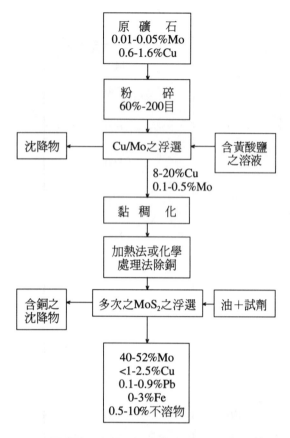

圖17.2　由銅—鉬礦中提煉MoS_2之製程[2]

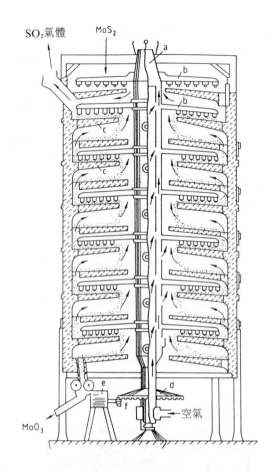

圖17.3　Nichols-Herreshoff多層式焙燒爐[1](a)中間之空
　　　　心軸可供外面之空氣進入爐內(b)水平旋臂(c)多
　　　　層式爐膛(d)斜齒輪(e)馬達(f)驅動齒輪

精選出之濃縮鉬礦經在空氣中加熱後可生成三
氧化鉬(MoO_3)。此加熱用之爐體名為Nichols
Herreshoff 或Lurgi之設計如圖17.3所示[1]。MoS_2礦
砂由此多層式爐子之上方進入，在上層中將浮選法
中殘留之油燒去並將水蒸發，此段之溫度一般維持
在600-700℃之間，材料進入中段後，所含之硫漸
漸被燒除如下式所示：

$$2MoS_2+7O_2 \rightarrow 2MoO_3+4SO_2 \qquad (17.1)$$

$$MoS_2+6MoO_3 \rightarrow 7MoO_2+2SO_2 \qquad (17.2)$$

$$2MoO_2+O_2 \rightarrow 2MoO_3 \qquad (17.3)$$

由於上式反應為放熱反應，故爐體在此段並不
需額外之加熱，即可控制在600-650℃之間。

當MoS_2之反應接近尾聲時，爐內多為MoO_2，
而MoO_3及MoS_2之量低於20%。由於(17.2)式之反應
相當強，所以此階段中之MoO_3量仍很低，而MoO_2
之量則達最大值。圖17.4顯示MoS_2、MoO_2及MoO_3
在此爐體中由上至下各層中之含量。由此圖可看出

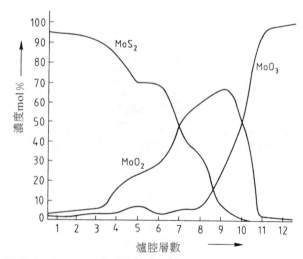

圖17.4　多層式加熱爐中MoS_2，MoO_2及MoO_3之分佈曲
　　　　線[1]

MoO_3之量一直有限，直到大部份之MoS_2反應完才
開始增加。當MoS_2反應完後，MoO_2即迅速地轉換

成MoO_3。在此底層雖有一些反應所放之熱，但仍需加熱以維持溫度在525℃以上，以使MoO_3之反應完全。由此法所得到之技術級MoO_3之含硫量小於0.1％，而MoO_3之量在85-90％之間，所餘為SiO_2、Fe_2O_3及Al_2O_3。

由於技術級之MoO_3純度仍不夠高，必須再純化，純化之方法有二鉬酸銨(Ammonium Dimolybdate, ADM)[3]法及昇華法[4]。

ADM法乃是將技術級之MoO_3放入75℃之水中以萃取出其中之鉀等可溶性不純物，剩下之MoO_3經過濾後置入10-20％之氨水中，溫度控制在40-80℃，以反應成鉬酸銨(Ammonium Molybdate)：

$$MoO_3+2NH_3+H_2O \rightarrow (NH_4)_2MoO_4 \qquad (17.4)$$

此鉬酸銨經過過濾除去Al_2O_3、SiO_2、Fe_2O_3等雜質後，再加硫使銅等元素形成硫化銅沈澱物。此經過過濾並純化後之溶液，經蒸發即可生成ADM二鉬酸銨結晶。

$$2(NH_4)_2MoO_4 \rightarrow (NH_4)_2Mo_2O_7+2NH_3+H_2O \quad (17.5)$$

此ADM結晶可由離心式分離機將之與水分離，經乾燥後，送入420℃之旋轉窯中即可得到純MoO_3。

純MoO_3亦可由昇華法製造。由於MoO_3在550℃以上即很容易昇華，一般將技術級之MoO_3置於1100-1200℃之迴轉爐中，舖放成一薄層，蒸發出來之純MoO_3可由通入之空氣帶走，而留下金屬及氧化物等雜質。

由上述兩法所得之MoO_3之純度可達99.9％，ADM法所得之MoO_3中含有較多之鹼金屬，但較少之氧化矽、鐵、鉛、及錫。而昇華法之粉粒較細且較趨向針狀。

17.2.2　純鉬粉之製造

純鉬粉之量產乃是將下列之高純度鉬化合物以氫氣將之還原而得：

1)三氧化鉬〔MoO_3〕呈灰綠色
2)六鉬酸銨〔$(NH_4)_2 Mo_6O_{19}$, AHM〕呈黃色
3)二鉬酸銨〔$(NH_4)_2 Mo_2O_7$, ADM〕呈白色
此還原階段又分為兩段，首先乃將MoO_3還原

成MoO_2，然後才再還原成純鉬粉，由此法所得之鉬粉之粒度小表面積大，而粒度分佈亦理想，很適合用於粉末冶金製程。在第一段由MoO_3還原為MoO_2之過程中，由於此反應乃放熱反應，所以爐溫維持在600℃左右，以防反應熱將溫度昇高而超過MoO_3之熔點（約800℃）。還原好之MoO_2則另在1050℃被還原成純鉬粉。由此法所製得之鉬粉之粒度約在2-10μm，表面積約為0.1-1m²/g，而含氧量約為100-500ppm，適合用於粉末冶金製程。圖17.5為以MoO_3還原而得之純鉬粉之外觀。

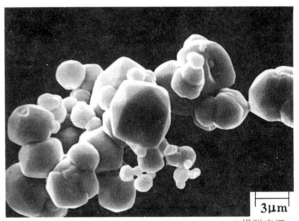

3μm
（楊祥忠攝）

圖17.5　鉬粉之外觀

17.2.3　鉬粉之造粒

由於還原法所得之鉬粉粒度細，流動性差，若用於一般生產用之成形壓機時，粉末無法從填粉盒平順地填入模穴中，所以並不適合大量及自動化生產。為了改進此缺點，可以噴霧乾燥(Spray Drying)之造粒方式將細鉬粉凝聚成一球狀之大粉粒，如圖17.6所示，如此則由於造粒粉呈球形，且粒度大易於流動，適合用於自動成形壓機。表17.3為噴霧乾燥前及噴霧乾燥後之粉粒特性，其中造粒後之粉多經過325目篩網過篩，此過篩之目的乃在於減少微細之未凝聚鉬粉的產生，以免影響整體粉之流動性。

噴霧乾燥法乃將還原鉬粉與水、聚乙烯醇(Polyvinyl Alcohol)或阿拉伯膠(Arabic Gum)、甲基纖維素(Methyl Cellulose)等[5]混合攪拌成泥漿狀，

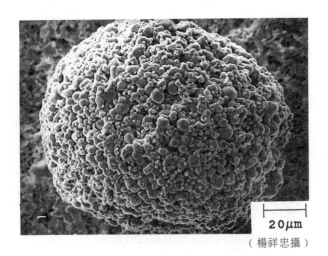

20μm

（楊祥忠攝）

圖17.6　經噴霧乾燥造粒後鉬粉之外觀

表17.3　噴霧乾燥前之鉬粉及經噴霧乾燥且過篩後之鉬粉之特性

噴霧前後 項目	噴霧乾燥前	噴霧乾燥且過篩後
粒度, F.S.S.S法	4μm	11μm
篩分法 %		
－ 325	100%	3.8%
-230+325		29.7
-170+230		46.8
-120+170		18.5
-100+120		1.2
外　　　　觀	單獨顆粒	球　　形
流　　動　　率	不流動	30 秒/50g
視　　密　　度	不流動故不適用	2.0 g/cm³

然後再將之霧化成粉。一般常用之噴霧方法有三種：(1)單流體噴嘴、(2)離心式旋轉盤、(3)雙流體噴嘴。以粒度而言，單流體噴嘴所得之粉粒度大，雙流體噴嘴粒度小，以粉之粒度分佈而言，離心式旋轉盤所得之分佈最窄。

除了添加高分子黏結劑之方法以外，噴霧乾燥法亦可以其他方法來製造，例如電漿噴焊用之鉬粉即採用鉬酸銨(Ammonium Molybdate)當黏結劑[6]，此化合物乃水溶性之鉬鹽。製造之法為將MoO_3粉溶入NH_4OH水溶液中形成鉬酸銨溶液。然後將鉬粉倒入此溶液，混合成鉬漿。此鉬漿經噴霧乾燥將水份蒸發掉，剩下之鉬粉即為鉬酸銨所結合住，而

成大顆粒球狀之鉬凝聚物，將此鉬凝聚物在1000℃下以氫氣將鉬酸銨還原成純鉬即得球形粉。以此法所得之造粒粉適合用於噴焊被覆等，此乃因其粉末流動性佳，視密度高，且不含任何有機黏結劑所殘留下來之污染物。此法亦可在鉬漿中添加一些有機黏結劑如硬脂酸、聚乙二醇(Polyethylene Glycol)等使噴霧乾燥後之粉之黏結性更佳，便於篩分運送等而不致產生碎粉，其粉末之特性如表17.4所示。但以此法所得之粉在燒除黏結劑後才可燒結，也因此而可能會有一些黏結劑殘留物。

表17.4　不含有機黏結劑與含有機黏結劑之鉬酸銨噴霧造粒粉，經還原後之粉之特性

項　　　目	純鉬酸銨黏結劑	含有機黏結劑
粒度+60	1 %	1 %
+200	39	29
+325	40	44
－325	20	26
視密度，g/cm³	2.26	2.20
流動率，秒/50g	35	37

17.3　鉬之成形

目前世界上之鉬產品約有95%是由粉末冶金方法所製成，剩下的才是由真空電弧或電子束熔煉法製作。粉末冶金法所得之產品可直接以一般之熱加工法加工，但熔煉法所得之產品因晶粒粗大，且多為柱狀晶，質脆，故必需先經擠製後才能以其他方法加工。

鉬之粉末冶金製程如圖17.7所示，對大型工件或圓柱件而言，可將鉬粉填入橡膠模內，經封口後以100-300MPa之壓力實施冷均壓。若以一般壓機成形的話，壓力可稍高，約在500MPa左右，此壓力之大小與粉末之粒度有很大之關係，圖17.8為將粗細兩種鉬粉依不同比例混合時，在不同壓力下成形所得之生胚密度[7]。對於需以自動或半自動壓機成形之產品，必需使用流動性較佳之噴霧乾燥粉，以減少填粉時間，增加成形機之產能，此外由於造

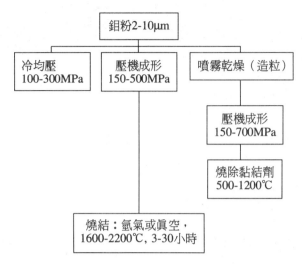

圖17.7　鉬之粉末冶金製造流程

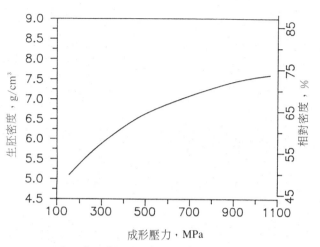

圖17.9　噴霧造粒後之鉬粉之成形壓力與生胚密度
　　　　之關係

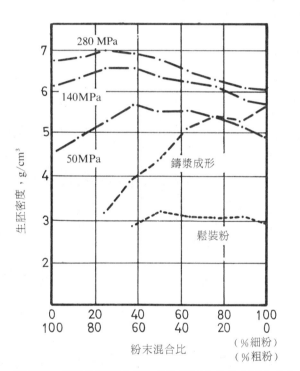

圖17.8　鉬粉依不同之粗細粉比例混合後其生胚密度與
　　　　成形壓力之關係[7]

粒粉含有黏結劑，對於降低模具之磨耗有些幫助，所以有時不需另外再添加潤滑劑。圖17.9為噴霧乾燥後之鉬粉之成形壓力與生胚密度之關係圖。

17.4　鉬之燒結

　　壓結後之生胚中因含有潤滑劑，或造粒時所使用之黏結劑故必須先予以燒除，一般多使用連續爐

在500-1200℃之氫氣或氮氫混合氣氛中，將這些有機物分解去除掉。為了增進燒除之效果亦可使用高露點之氣氛，使有機物中之碳與水氣作用，而提高燒除之效果並減少碳黑(Carbon Soot)之量。

　　經脫脂後之胚體多在1600-2200℃之間予以燒結，時間維持在3-30小時，而氣氛多為氫氣或真空。不可使用裂解氨或吸熱、放熱型氣氛，此乃因這些氣氛中含有氮，使得鉬在1200℃左右開始生成氮化鉬而阻止了鉬之緻密化。使用純氫氣可避免此氮化鉬之生成，且可將鉬之表面氧化層還原增加鉬之表面活性，使燒結密度得以提高。由於大型鉬件在燒結後常需再加工成板、片、棒、線等，所以其燒結密度多要求在90%以上，以避免加工時內部之空孔造成缺陷，一般最好在95%以上。由於鉬之燒結溫度高，燒結爐所使用之加熱體多由鎢、鉬或石墨所製成。而燒結爐則多為批次爐。圖17.10為一感應式之氫氣燒結爐。

　　對於由細鉬粉所壓製成之胚體而言，粉粒間之頸部可在1200℃左右開始成長，而大量之收縮在1600℃以上發生。圖17.11顯示鉬胚體在1750℃燒結5小時後之顯微組織，此金相所使用之腐蝕液為修正過之Murakami藥劑，其成分為15g $K_3Fe(CN)_6$、2g NaOH及100ml之水。

　　鉬胚之燒結密度與生胚密度和粉末之粗細有關，圖17.12為依粗細兩種鉬粉依不同比例混合，並

圖17.10　以感應式加熱之氫氣燒結爐(Climax Specialty Metals公司提供)

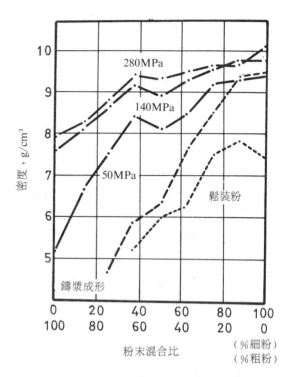

圖17.12　不同粒度之鉬粉以不同之成形法所得之胚體，在1750℃之氫氣氣氛下燒結5小時後之密度[7]

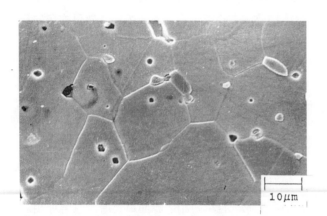

圖17.11　4μm之鉬粉在1750℃燒結5小時後之顯微組織

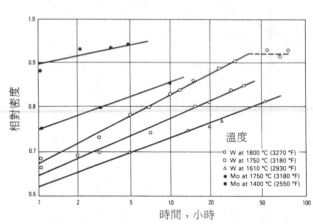

圖17.13　顯示4μm之鉬粉及鎢粉在不同溫度下之燒結密度與時間之關係[8]。

依不同壓力成形後之胚體之燒結密度[7]，此圖亦同時示出鬆裝粉末及鑄漿成形之胚體之燒結密度。由圖可知欲得高密度之鉬燒結體，鉬粉應越細越好，成形壓力雖有幫助，但仍非緻密化之最重要因素。

　　燒結之溫度與時間亦是影響燒結密度之重要因素，圖17.13顯示4μm之鉬粉及鎢粉在不同溫度下之燒結密度與時間之關係[8]。

　　若胚體乃由噴霧乾燥粉所壓製而成，這些產品必需先經過脫脂將黏結劑燒除，一般所使用之溫度約在500℃至1200℃之間，而所用之氣氛多為還原性氣氛，以免鉬產生氧化現象。為了減少脫脂時黏結劑分解出來之碳形成碳黑而沈積在工件或爐體內，在氣氛中可添加微量之水氣將碳黑燒除。此水氣

之比例不可太高，其H_2/H_2O之比例必須在還原－氧化平衡點之上。圖17.14顯示鉬之氧化-還原平衡點與氣氛之露點之關係位置。由燒結之溫度可計算出H_2/H_2O之平衡點，而實際所使用之氣氛中之氫氣之量，必須高出此平衡值所需之氫含量，以確保鉬不致氧化。

　　燒結時升溫之速率及工件之大小亦會影響燒結密度之均勻性，此乃由於鉬多在高溫燒結，此時之

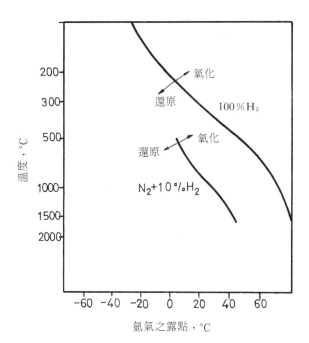

圖17.14　鉬在不同溫度及氣氛下其氧化-還原平衡點相對應之露點

加熱多靠輻射熱，所以工件表面之溫度較高，若與內部形成溫差，則表面可能較早燒結，而形成外表密度高而內部密度低之情形，甚而造成變形之現象，此現象又以工件越大，鉬粉越細時越為明顯，故燒結時之升溫速率不可過快。

此外在低溫時除氣或脫脂之溫度與時間亦需控制好，由於表面之除氣及脫脂速率快，故在高溫時表面之密度高，而內部若除氣及脫脂時間不夠，當溫度升至燒結溫度時內部仍產生氣體但被外面之高密度表層封閉住，故在內部易造成大孔隙之缺陷，且密度亦偏低。故在脫脂及燒結時均需盡量維持工件表裡溫度之均勻性。

由於鉬及鎢之燒結溫度均相當高，若添加活化劑如鎳、鈀等可使燒結溫度降低[9]，但至今卻仍無法商業化，此乃因活化燒結之鉬及鎢毫無延性，無法在燒結後予以加工。

17.5　燒結鉬之後續加工

大型之鉬工件在燒結完後仍含約5-10%之空孔，仍不適合一般板、棒、片之要求，故多需再經由熱擠、熱軋等製程以達到百分之百之密度。

鉬雖為高溫金屬，但其硬度並不高，且仍可再加工、成形、電鍍。在機械加工方面，車、鉋、銑、鑽、磨等均無太大困難，但進給量、切削速度應比一般之碳鋼或黃銅為低，其切削性與不銹鋼較接近。在切削鉬時一般之夾具均可使用，但以四爪夾頭較二爪夾頭為佳，其夾持力較平均。此外亦可使用銅墊片，使夾持效果更好。由於鉬對刀具之磨耗相當快，故以碳化鎢刀具之使用較多。但亦依加工方法之不同而異。鉬之車削多使用碳化鎢刀具，而鑽孔及攻牙則應使用高速鋼，而銑鉬時則碳化鎢和高速鋼均可。而使用之碳化鎢級別大多為C-2[10]。車削液以一般之水溶性油如太古油即可，唯一之例外乃鑽孔和攻牙時，應使用含氯或含硫之切削油。鉬亦可以放電加工或線切割法製作產品，但比起一般鋼材而言，其電功率必須增加，不然容易產生切割線偏移之現象。

由於鉬零件在使用時常需與其他材料相接合，為使接合方便或減少氧化，常將金、銀、白金、鎳、鉻、及鎳-鉻等金屬鍍在鉬之表面，這些電鍍法目前均已商業化。

由於鉬之熔點及再結晶溫度高，而脆性-延性轉換溫度亦高，故相對於碳鋼而言其塑性加工如彎曲、深沖等較為困難，但若能將之加熱至200℃至350℃時，其加工性可改善很多。一般可以電熱板、紅外線、燈管甚而乙炔焰在空氣中加熱，但時間不可太長，以防鉬氧化。若加熱溫度超過350℃時，最好在氫氣、惰性氣體或真空中操作，但裂解氨則因氮會影響加工性故一般並不適宜。

如同一般之燒結零件，有時鉬亦需與其他相同或不同之金屬，以焊接或硬焊之方法組配。硬焊後之使用溫度一般在1000℃以下，此乃因鉬在此溫度之上會再結晶使得機械性質變差，而鉬也較易在高溫與硬焊材料生成介金屬化合物，使接合處變脆，比外硬焊材料本身在高溫之機械性質本來就差。常見的硬焊材料為銅或銀基，如50Ag-15.5Cu-15.5Zn-16Cd-3Ni（熔點：632℃），80Cu-15Ag-5P（熔點：640℃），80Au-20Cu（熔點：885℃）等，而較高溫的硬焊材料有60Pd-40Ag（熔點：1329℃），

60Pd-40Cu（熔點：1199℃），91.5Ti-8.5Si（熔點：1329℃）等。

　　若使用焊接法接合鉬時，一般需將工件預熱以減少熱應力造成之脆裂，而且焊接必需在充滿惰性氣氛（如氬氣）之空間內操作。若在空氣中操作時，即使焊弧附近有保護氣體之被覆，仍會有空氣之污染使得工件相當脆。焊接常在手套箱中以氬焊進行(Gas Tungsten Arc Welding)，電極多為添加氧化釷之鎢。此外電子束焊接(Electron Beam Welding)及雷射焊接亦是最近常用之方法，其好處為熱影響區小，所以脆性問題較不嚴重。

　　由於焊接和硬焊均易使得接合處之機械性質變差，若可改用鉚接之方式接合則可避免這些缺點，故在設計時應儘可能使用鉚接之方式，鉚接時工件應加熱至200-250℃，而鉚釘應加熱至550-650℃。

　　鉬如同一般金屬亦可施以熱處理，其表面可用碳化、氮化及碳-氮化來提高其表面硬度，一般之處理深度可達0.2mm。

17.6　鉬之物理及機械性質

鉬之物理特性如表17.5所示

　　又由於鉬之熔點高，其在高溫之剛性(Stiffness)很好，其在1000℃時之楊氏模數仍可達200GPa，與碳鋼在室溫時之值相近。其機械性質如表17.6所示。

表17.5　鉬之物理性質

熔點	: 2610	℃
沸點	: 5560	℃
密度	: 10.22	g/cm³
熱傳導係數	: 0.32 cal/cm-sec-℃, 即135	W/m-℃
熱膨脹係數	: 5.5×10^{-6}	mm/mm-℃
比熱	: $5.48 + 1.30 \times 10^{-3} \times T$,	cal/℃-mole
熔解熱	: 6.7	kcal/mole
蒸發熱	: 117.4	kcal/mole
導電率	: 34%	IACS
電阻	: 5.5×10^{-6}	Ω/cm³
原子序	: 42	
原子量	: 95.95	
原子半徑	: （體心立方排列時）1.36	Å
格子常數	: 3.14	Å
表面張力	: 2610℃時，2240	dynes/cm
蒸氣壓	: 1727℃時，3×10^{-7}	mmHg
	3227℃時，0.65	mmHg

表17.6　鉬之機械性質

性　　質	一般	滾軋後	應力消除後(980℃，1Hr)	再結晶後(1177℃，1Hr)
楊氏模數　（GPa，21℃）	320			
（GPa，1000℃）	200			
波松比	0.293			
延性-脆性轉換溫度（℃）	150-270			
抗拉強度　　（MPa）		715	680	477
降伏強度　　（MPa）		552	580	391
硬　　度　　（Hv）		260	230	-
伸 長 率　　（%）		40	42	42
截面積收縮率　（%）		61	69	38

17.7　鉬之用途

　　鉬之應用主要是依其物理或機械性質之特殊性而定，在物理性質方面，由於其熱膨脹係數低，導熱、導電性佳，故常用於電子構裝材料、半導體之散熱片、與玻璃之接合物等。此外由於其高溫強度佳，故可用於高溫結構零件。

　　燒結後之鉬棒經熱擠、抽線後，可作為鎢絲加工時之心軸，加工後此心軸可以溶出而剩鎢絲。一般之鎢絲燈具中，亦有由鉬所製之燈絲支撐物等小零件在內，此乃因鉬線價格較鎢絲便宜，易於加工，且在高溫時強度亦佳之故。

　　鉬之另一較新之用途為微波爐內之磁控管中之陰極帽，此乃由粉末冶金方法所製；在此組件中另有兩根鉬桿，則是由鉬線所製成，此用途主要乃因鉬耐熱，且可由經濟之粉末冶金法製成。

燒結鉬經熱軋成片狀後，可用於高溫爐中之絕熱片，由於高溫爐之爐體外殼溫度不可太高，所以常在發熱體之外圍圍以層狀鉬片絕熱。此外高溫爐之加熱體本身亦可用鉬線、鉬板、鉬棒製成，但只能用於真空或還原性氣氛中，其使用之溫度可達1650℃。而高溫爐中之用具如載盤、載檯、支撐架等亦可由鉬材製成。

燒結鉬之另一用途為功率半導體之散熱體，例如二極體之矽晶片之上下方，常焊上由粉末冶金或由鉬線所加工而成之鉬粒，此乃利用鉬與矽之熱膨脹係數相近，且鉬之導熱、導電性良好，且比鎢便宜之特點。在電晶體及其他較高功率之半導體零件中，亦常需在矽晶片下焊上鉬片，此鉬片則大多由沖壓方法所製成。圖17.15顯示鉬粒在二極體零件中之位置。

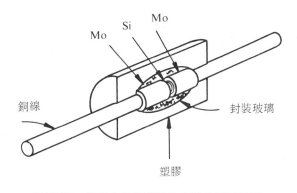

圖17.15　鉬粒在半導體零件中常作為散熱體

由於鉬之高溫強度好，故純鉬及鉬合金，如TZM合金，常被用於熱作模具。此外鉬亦常被用於樹脂結合之鑽石砂輪之修整材料，而高溫熱電偶亦可利用鉬耐高溫之特點以鉬管作為外套。

鉬棒亦常作為電熱式玻璃熔解爐之電極(Glass Melting Electrode)，由於鉬之熔點高，高溫強度好，導電性佳，不易為熔融之玻璃侵蝕，且所生成之氧化物多為無色，故已成為玻璃熔解爐之最佳電極棒。

鉬粉亦可經由熱噴焊(Thermal Spraying)之方法

被覆在機械零件上以提高其耐磨耗性，一般常用於引擎之活塞環及傳動系統中之同步環(Synchrorings)及換檔器之被覆。

17.8　鎢及鎢合金

鎢乃所有金屬中熔點最高之元素(3410℃)，而且也是密度最高者($19.26g/cm^3$)，由於它熔點高，蒸氣壓低，且可被抽成細線，所以在1910年即被應用於燈絲上。到了1950年代，具有這些特性的鎢又被應用到核能設備上，而鎢又具良好之高溫機械性質，所以亦常被應用在航太及能源製造之設備上。依據美國礦業局之報告，1990年美國共用了約一萬噸之鎢，其中切削刀具佔了59%，板棒片等佔了26%，作為合金添加物者為9%，其他用途為6%。

當鎢中添加了Mo、Re、Ta、Nb等元素或ThO_2、HfC等化合物時，可促使其機械性質的改善。其中又以$W-ThO_2$、W-Re以及發展已漸成熟之W-Re-HfC及$W-Re-ThO_2$最受重視，這些合金中之Re為固溶強化添加劑，且對鎢而言是所知之唯一能降低鎢之延性脆性轉換溫度的元素，而ThO_2及HfC等微細顆粒，則可阻止再結晶之產生並牽制差排之移動，而改善鎢之高溫機械性質。表17.7列出了一般常用之鎢及鎢合金的成分及其抗拉強度。

表17.7　鎢及鎢合金之種類及高溫機械性質

種　　類	1650℃之抗拉強度，(MPa)
純　　鎢	120
AKS-W	650
$W-1\%ThO_2$	255
$W-2\%ThO_2$	205
W-15Mo	250
W-4Re	150
W-25Re	275
W-4Re-HfC	620

當鎢添加了Ni、Fe、Cu等元素後，可以用液態燒結方法達到99%以上之密度，且具延展性，表17.8列出W-Ni-Fe重合金之機械性質。

表17.8　重合金之機械性質[11]

成　　　分	密度g/cm³	硬度HRC	降伏強度MPa	抗拉強度MPa	延性%	楊氏模數GPa
90W-6Ni-4Cu	17	25	482	758	5	276
95W-3.5Ni-1.5Fe	18	30	634	827	12	365
89.5W-3Ni-3Cu-1.5Fe-3Mo	16.95	32	827	965	2	317
90W-4Ni-2Fe-4Mo	17.25	36	965	1030	2	331
90W-10Cu	17.2	27	-	758	-	-

17.9　純鎢之粉末冶金製程

　　粉末冶金之歷史可溯自1910年時Coolidge改變
了鎢燈絲之製程開始。由於鎢之熔點高達3410℃，
無法以熔煉之方法製造，所以粉末冶金法也就因此
而被應用上。

　　一般含鎢量高之鎢礦先經化學法處理成鎢酸銨
(Ammonium Paratungstate)，然後製成鎢粉，此鎢
粉經壓結後，將胚體直接通電加熱至約3000℃即可
達到燒結之目的，燒結體若再經加工則可成具百分
之百密度之板、片、棒等產品。而鎢粉中亦可添加
其他元素粉，以粉末冶金法製出接觸點材料如W-
Ag、W-Cu等，或重合金如W-Ni-Fe等。

17.10　鎢粉之製造

　　鎢粉之主要原料爲鎢酸鈣（Scheelite, CaWO₄
又稱灰重石），以及鎢酸鐵錳（Wolframite,
(Fe·Mn)WO₄，又稱鐵錳重石）。早在1755年瑞典
人C.W.Scheele就在研究鎢粉之製造，他將鎢取名
爲Tungsten乃因瑞典文之Tung代表重，而Sten代表
石頭。他在1781年時即將鎢酸鈣成功地提煉成氧化
鎢(WO₃)，而此鎢酸鈣在後來即被俗稱爲Scheelite
。而純鎢則在1783年被製成。在同一時期，西班牙
之Elhujar及deElhujar則在1753年在錫礦中之一主要
成分之鎢酸鐵錳中提煉出鎢。由於德國及奧地利等
國稱鎢爲Wolfram，所以至今週期表上之鎢使用W
之簡稱，但全名則稱爲Tungsten[12]。此瑞典人
Scheele亦在1778年發現了MoS₂，對於鉬之提煉亦
有相當大之貢獻。

　　圖17.16說明了鎢粉之製造流程[13]，鎢礦之含

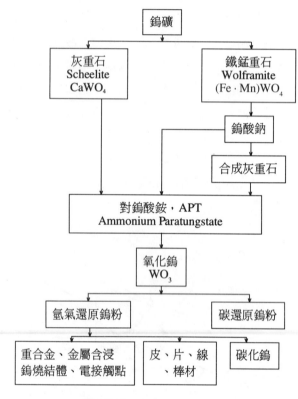

圖17.16　鎢粉之製作流程

鎢量一般都少於3%，所以需先將不含鎢之礦石除
去，此乃利用各種不同之礦石之比重、磁性之有無
、硬度、脆性等特性，在礦石經粉碎後以磁選法、
浮選法(Floatation)，及沈降法等將不要之礦石除去
，而留下灰重石及鐵錳重石。圖17.17爲灰重石之
純化過程之詳例。首先原礦經顎式粉碎機粉碎後，
以振動過篩法將小於22mm之顆粒送至下一流程之
球磨機，球磨後之顆粒經過篩留下48網目(0.3mm)
以下之粉。這些粉以一次或多次之浮選法，將不要
之礦石去除後，加入凝固劑再除水後即可得到較純
之灰重石。此時之WO₃含量可大於60%，表17.9爲
精選後之礦石之成分之例子。

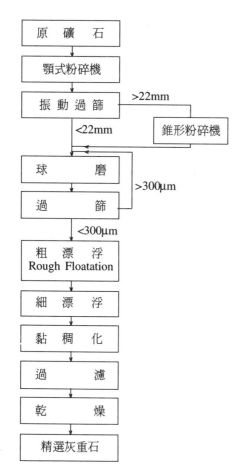

圖17.17　灰重石之純化製程

表17.9　鎢礦石之成分[14]

成分(%)	WO₃	MnO	FeO	CaO	SiO₂	Al₂O₃	MnO₃	As或P
鐵錳重石	73.02	12.19	10.53	0.02	2.16	0.49	0.03	0.01
灰重石	72.53	0.39	0.80	18.49	3.56	0.35	1.16	0.05

由於鎢之熔點高，所以鎢的提煉均採濕式冶金法，一般先將精選過之鎢礦石轉換成鎢酸(Tungstic Acid, H_2WO_4)或鎢酸銨(Ammonium Paratungstate, APT, $5(NH_4)_2O \cdot 12WO_3 \cdot 5H_2O$)，然後再將之還原成鎢。若鎢礦石中之S、As或有機物含量高時，需先將礦石在600-800℃中焙燒2至4小時。茲將鎢之三種濕法冶金製程分述如下[15]：

(1)苛性鈉法：

$$Fe(Mn)WO_4 + 2NaOH \rightarrow Fe(Mn)(OH)_2 + Na_2WO_4$$
$$(17.6)$$

經研磨後之礦石取其-300目之部份在100-105

℃之下，與濃度為40-50%之NaOH反應，如此可將98%之鎢以Na_2WO_4之形式萃取出來。反應後之溶液經過濾除去鐵、錳雜質後，以Na_2O_2將鎢充分反應成Na_2WO_2，再以鹽酸將溶液中和，並以壓力過濾法將氧化鋁、氧化矽、氧化鐵等過濾。過濾後之溶液添加入35%之$CaCl_2$溶液使其反應生成$CaWO_4$而沈澱，此沈澱物再以40℃之50%之鹽酸加以處理使生成下列反應：

$$CaWO_4 + 2HCl \rightarrow H_2WO_4 + CaCl_2 \quad (溫度>100℃)$$
$$(17.7)$$

生成物經過濾並以熱鹽酸清洗即可將鈣雜質除去。而黃色之鎢酸(H_2WO_4, Tungstic Acid)沈澱物則再以50%之氨水（比重0.88）將之純化，此時鎢酸變為鎢酸銨(Ammonium Paratungstate, APT)，其反應式如下

$$12H_2WO_4 + 10NH_4OH \rightarrow (NH_4)_{10}H_{10}W_{12}O_{46}$$
$$+12H_2O \quad (17.8)$$

此鎢酸銨以鹽酸中和至pH值為7.0-7.5，並加熱至75℃，則鎢酸銨即成無水之結晶。鎢酸銨乃目前製造鎢粉最普遍之原料。

(2)酸萃法：

對灰重石而言，苛性鈉法很難將鎢提煉出來，但可以鹽酸依下式反應取得鎢酸。

$$CaWO_4 + 2HCl \rightarrow CaCl_2 + H_2WO_4 \quad (17.9)$$

一般之製程為將-200目之灰重石，在含有硝酸鈉($NaNO_3$)之鹽酸中反應12小時而得鎢酸，此鎢酸與氨水反應後之生成物，經加熱即可得鎢酸銨(APT)結晶。

(3)碳酸鈉法：

灰重石與碳酸鈉在190-200℃，在13-15氣壓之狀態下能反應成鎢酸鈉：

$$CaWO_4 + Na_2CO_3 \rightarrow Na_2WO_4 + CaCO_3 \quad (17.10)$$

由於$CaCO_3$在200℃時會稍為溶解在水中，因而阻礙了$CaWO_4$與Na_2CO_3之反應，此時可添加NaOH以促進反應。而Na_2WO_4製成鎢酸及鎢酸銨之法，可參照(1)之苛性鈉法。

由以上之各方法所得之鎢酸銨，可經由直接還原法或先製成WO_3然後再還原成純鎢，但一般多採用後者之方法。

(a)直接還原法：

鎢之主要氧化物有三種：WO_3為黃色，WO_2為褐色，而W_4O_{11}則為紫藍色。鎢酸銨在250℃以上之空氣中會被分解而成黃色氧化物。而在490℃之強還原氣氛中，則變為藍色氧化物。在生產時一般多採用連續爐之方式，爐體可為固定式或旋轉式，而加熱法有電熱及天然氣加熱法。鎢酸銨盛入Inconel盒中，在還原性之氣氛中分解約5小時，而反應物中之氨氣及氫氣可回收。

(b)由氧化物還原：

氧化鎢可由下式反應還原而得：

$$4WO_3+H_2 \rightarrow W_4O_{11}+H_2O \qquad (17.11)$$

$$W_4O_{11}+3H_2 \rightarrow 4WO_2+3H_2O \qquad (17.12)$$

$$WO_2+2H_2 \rightarrow W+2H_2O \qquad (17.13)$$

總結上式，最終反應式為

$$WO_3+3H_2 \rightarrow W+3H_2O \qquad (17.14)$$

黃色之WO_3經盛入盒中後進入含氫氣氣氛之連續爐中，氣氛中之水蒸氣之多寡會影響所得鎢粉之粒度，為了減少因與氧反應生成之大量水蒸氣，以獲得微細之鎢粉，氫氣之流量必須要大，而Inconel盒子之深度亦會影響水蒸氣逸出難易。若欲得到粒度分佈均勻之細粉時，可採兩段式還原法，第一段之溫度為700℃以下，第2段為750-850℃之間。若欲得到粒度分佈較寬廣之粉時，第2段之溫度可提高至900℃。一般之鎢粉之需求為分佈窄之細粉，故溫度多在800℃以下。表17.10為還原溫度與粒度之關係。而表17.11則為一般鎢粉內所含不純物之量，這些不純物多來自原礦石。

除了上述之方法之外，鎢粉亦可由鎢之廢料中

表17.10　還原溫度與鎢粉粒度之關係[14]

還原溫度(℃)	800	830	900	1130	1200
鎢粉粒度(μm)	0.5	2	4	8	10

表17.11　鎢粉內不純物之一般含量

元　　　素	最大值，ppm	一般值，ppm
Al	10	<5
Ca	50	<5
Cr	25	5
Cu	10	<5
Fe	60	10
Mn	50	<5
Mg	10	<1
Mo	750	250
Ni	100	15
K	150	<15
Si	50	15
Na	100	15
Sn	20	<1
還原後之損失 (Loss on Reduction)	5000	1000

回收。例如將鎢廢料在空氣中熔燒或在800℃之硝酸鈉中反應，可得到氧化鎢或鎢酸鈉，再以類似上述之法製成鎢粉。此外亦可用電解法將碳化鎢、燈絲、重合金中之鎢予以回收。

17.11　鎢粉之成形

鎢粉之成形與鉬類似，鎢粉可先經噴霧造粒以便以自動成形機成形，若採用冷均壓則可不用造粒或使用潤滑劑，一般之成形壓力在1.5-4.0 噸/cm²，而生胚密度多在75%以下。

17.12　鎢之燒結

鎢粉在成形後其密度多在75%以下，必須靠燒結來提高其密度。而燒結之主要製程參數有溫度、時間及粉之粒度等。圖17.13為4μm之鎢粉在1610℃-1800℃之間燒結時其密度與時間之關係[8]，在此燒結條件下，最高密度為92%，此時若改用1.7μm之鎢粉時，在相同之1800℃、50小時之燒結狀況下，其燒結密度可提高至96%，如圖17.18所示。

若欲提高燒結溫度以提高燒結密度或縮短燒結時間，加熱之方法可改用感應加熱或使用鎢網加熱

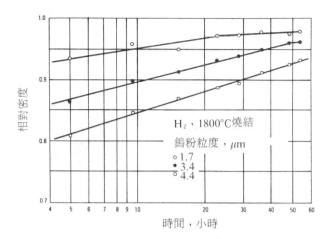

圖17.18　不同粒度之鎢粉在1800℃於氫氣中燒結時，
其燒結密度與燒結時間之關係[8]

，其溫度可至2400℃。若使用工件本身爲電阻而採
電阻加熱之方法(Self-Resistance Heating)時，其溫
度可高過3000℃，對直徑爲28mm之鎢棒而言，其
燒結只需約30分鐘即可達到90%之密度，此時間與
電源及工件之大小有關，一般常用之工件之電阻截
面積約在650mm²左右，而工件之長度則約在600-
900 mm左右。

　　鎢之燒結氣氛多採氫氣，而眞空較少用，除非
在眞空燒結前先在1200℃左右通以氫氣以除去氧化
物及有機物等雜質。此1200℃預燒結亦有去除吸附
氣體之功能，此乃因鎢粉顆粒小，一般含有0.1-
0.2%之吸附氣體，若不給予充份之時間讓這些氣體
逸出，則易被陷在燒結體內造成孔洞，使得胚體無
法緻密。此外燒結時亦應儘量減少碳之出現，例如
潤滑劑及爐中之石墨零件均爲碳之來源，而鎢在
1100℃時即能與碳產生反應，而阻止緻密化並降低
產品之延性。

　　燒結時之升溫速率及工件之大小亦會影響燒結
密度之均勻性，其原因亦與鉬之情形相同，如17.4
節所述。

17.13　鎢之物理及機械性質

　　純鎢之物理性質如表17.12所示。它具有高熔
點，低熱膨脹係數及低蒸氣壓之特點，而鎢之應用
也大多基於鎢之這些特性。

表17.12　鎢之物理性質

熔點	:	3410	℃
沸點	:	5927	℃
密度	:	19.26	g/cm³
熱傳導係數	:	0.4 cal/sec-cm-℃，168	w/m-℃
熱膨脹係數	:	4.6×10^{-6}	mm/mm℃
比熱	:	25℃時，0.032	cal/g
熔解熱	:	8.05	kcal/g-atom
蒸發熱	:	197	cal/g
導電率	:	31.0	IACS
電阻	:	5.5	μΩ-cm
原子序	:	74	
原子量	:	183.85	
原子半徑	:	1.30	Å
格子常數	:	3.1585	Å
原子結構	:	體心立方	
表面張力	:	2650	dyne/cm

　　鎢之機械性質如表17.13所示。鎢在常溫下之
延展性非常差，此乃因其延性-脆性轉換溫度在300
℃，所以在300℃以下時多呈脆性。而鎢之再結晶

表17.13　鎢之機械性質

楊 氏 模 數	: 414	GPa(60x10⁶psi)
延性-脆性轉換溫度	: 300	℃
再 結 晶 溫 度	: 1700	℃
抗 拉 強 度	: 25℃ : 689-3445	MPa
	500℃ : 689-2067	MPa
	1000℃ : 344-516	MPa

溫度在1700℃，所以一般之變形加工如滾軋、擠製
、抽線、旋鍛等多在300℃至1700℃之間操作。當
變形加工量越大時，鎢在常溫時之強度和延性越高
，而延性-脆性轉換溫度則變得越低，對於鎢線而
言，其加工度非常大，所以轉換溫度可低至室溫以
下，故鎢絲在常溫時可具有延性。而加工度能提高
強度和延性之原因有二：第一個原因爲加工度高時
，顯微組織中之晶粒多朝加工方向排列而成纖維狀
，故當測試方向與加工方向一致時，因垂直於此測
試方向之晶界少，使得試片不易因晶界之分開而斷
裂。而又由於狹長形之晶粒在測試（即加工）方向

，能有大量之塑性變形量，所以延性因而增加。另外一個原因爲鎢對碳、氮、及氧原子之固溶量低，故這些原子容易在晶界偏析，造成晶界之弱化。當變形加工量大時，這些原子即可析出在差排上而非在晶界上，因而提高了晶界之強度。

儘管塑性變形加工已可將鎢之延性-脆性轉換溫度降低，但對大多數之鎢材料而言，此值仍高出室溫，故在作剪切、沖壓、滾軋成形(Roll Forming)及加壓成形(Press Brake Forming)時，其操作溫度仍需高於室溫，表17.14列出四種不同厚度之鎢片所需之操作溫度。

表17.14　不同厚度之鎢片剪切、沖壓、滾軋成形及加壓成形時所需之預熱溫度(℃)

加工項目＼厚度	0.25mm	0.50mm	0.75mm	1.00mm
剪　　切	150	225	475	675
沖　　壓	300	325	450	725
滾 軋 成 形	100	200	350	425
加 壓 成 形	200	250	375	575

17.14　鎢之用途

鎢之一主要用途爲燈絲，由於鎢熔點高，蒸氣壓低，且鎢絲之強度高，在室溫可達5800 MPa，而且由於鎢絲之加工度高，其延性-脆性轉換溫度低於室溫，所以可以繞成燈絲。當燈絲通電時其溫度可達2500℃，故鎢絲會發生再結晶並產生晶粒成長之現象，因而會造成因晶粒滑移而產生之潛變，導至某些部份太細而在該處因過熱而斷裂。後來以添加ThO_2顆粒之方法來改進，但最新之方法則是改用AKS鎢絲，其內含微量之Al、K及Si，這些微量之元素(50-200ppm)，在鎢中能固定鎢之晶粒界面，而使鎢粒不易等方向再結晶及成長，並也提高鎢絲之再結晶溫度及潛變阻力(Non-sagging Wire)。此合金發生再結晶時其晶粒乃非等方性，而是平行於軸心之長條形晶粒，當再結晶時，晶粒不易向與軸垂直之方向成長，如此一來鎢絲之直徑方向之晶界多，故不易在通電時，局部變形成爲高電流密度

之熱點以致斷裂[16]。圖17.19爲AKS鎢燈絲之外觀[17]。同樣的添加合金元素方法亦用於高溫用途之鉬絲中。

圖17.19　AKS鎢燈絲之外觀[17]

鎢之另一主要用途爲高溫眞空或還原氣氛爐之加熱體，一般多以鎢絲編織成網狀。此外鎢片亦常當作此類爐子之絕熱片，或是X光醫療器材之防幅射片。鎢在高溫爐中之另一用途爲熱電偶，常用的有C及D二種，其成分各爲(W-3Re)-(W-26Re)及(W-5%Re)-(W-26%Re)，其使用溫度可高至2760℃，但必須在眞空或還原氣氛下操作，或其外面應有一層陶瓷或鉬管以隔離外界之氣氛。

當鎢添加入鐵、鎳等元素後施以液相燒結所得之重合金(Heavy Metal)，多用於配重(Counter Weight)、防輻射片、半導體用散熱片、電接觸點及穿甲彈等。這些用途多因重合金之密度高，熱膨脹係數低，導熱、導電性佳之故。

17.15　重合金

重合金(Heavy Metal)中之鎢含量多在90-97%之間，其餘爲銅、鎳或是鎳、鐵之組合，一般之鎳鐵比爲7:3，由於其密度多在16.8-18.5 g/cm^3之間，故稱爲重合金。含鎳鐵之重合金之延性較佳，而含銅鎳者則稍差，但含銅之優點爲其不具磁性。

重合金之製法多以2-8μm之鎢粉爲基礎粉，鐵及鎳則多用羰基鐵粉、羰基鎳粉，而銅則多用電解銅粉。其成形可用一般之壓機或以冷均壓之方式成

形，生胚之密度約在55-65％之間。燒結多採兩段式，第一段之燒結在1000℃，以去除雜質，如潤滑劑等，因若有殘留碳則易造成具低密度，低機械性質之產品。而氣氛多用純氫氣，但亦可用氮-氫混合氣、裂解氨或真空。而氫-氬混合氣則不易燒結出高密度產品。有的鎢粉在燒結時易有表面起泡之情形發生，此時可以濕氫作燒結氣氛則可解決此問題。而第二段之燒結則多在足以產生液態之溫度之上。例如鎢-鎳-銅多在1380-1450℃中燒結，而在接近銅之熔點時，升溫速率應減慢，以免造成成分不均及孔隙大之結果。鎢-鎳-銅系列較不易達到100％之密度，但較不易變形則是其優點。鎢-鎳-鐵系則多在1450-1600℃中燒結，而升溫速率之要求則不若含銅者嚴格，而燒結時間在30分至2小時，視產品之大小而定。

當含鎢量降低時，產品容易變形，特別是鎢-鎳-鐵系，此時可將產品置入氧化鋁粉中或是以治具予以支撐。燒結後之冷卻速率亦相當重要，越慢越好，以免表面凝固時之收縮造成內部之液體被趕出，造成工件冷卻後其中間部份產生孔隙。圖17.20為鎢-鎳-鐵合金燒結後之金相圖。

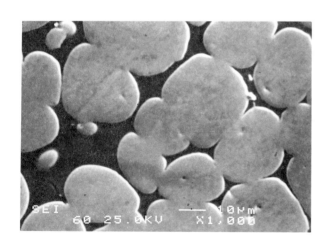

圖17.20 鎢-鎳-鐵燒結合金之金相（朱永星攝）

為了改善燒結體之機械性質，燒結物需經熱處理，其溫度與時間視產品之大小而定。例如12mm之圓棒，在1200℃及1小時之退火即已足夠，而50mm者則需24小時。退火後需施以淬火，使磷及硫的偏析改善[18]，而延性則可提高至50％。

一般之重合金之強度多在900MPa以下，而硬度多在HRC40以下，若作穿甲彈仍嫌不足，一般需再施以旋鍛或冷鍛，經此冷加工後，其強度可提高至1300MPa，而硬度則可提高至HRC47。

參考文獻

1. *"Molybdenum and Molybdenum Compounds"*, Ullmann's Encyclopedia of Industrial Chemistry, Vol. A16, VCH Publishers, N.Y., 1990, p.655~698.

2. R. R. Dorfler and J. M. Laferty, *"Review of Molybdenum Recovery Processes"*, J. Metals, 31 [7], 48-54 (1981).

3. H. H. K. Nauta, J. W. Kok, and J. Harte, U. S. Patent 4,207,696 (1980).

4. L. F. McHugh and P. L. Sallade, *"Molybdenum Conversion Practice"*, Paper 86-154, presented at SME Annual Meeting, New Orleans, LA, 1986.

5. *"Spray Drying of Metal Powders"*, in Powder Metallurgy, Metals Handbook, Vol. 7, 9th Ed., ASM, Metals Park, Ohio, 1984, p.73-78.

6. J. M. Laferty Jr., J. E. Ritsko, and D. J. Port, U. S. Patent 3,393,948 (1976).

7. H. H. Hausner, Agglomeration, New York, N. Y., 1992, p.55-91.

8. R.F. Cheney, *"Sintering of Refractory Metals"*, in Powder Metallurgy, Metals Handbook, Vol. 7, 9th Ed., ASM, Metals Park, Ohio, 1984, p.389-393.

9. P. E. Zovas, R. M. German, K. S. Hwang and C. J. Li, *"Activated and Liquid-Phase Sintering-Progress and Problems"*, J. Metals, 35 [1], 28-33 (1981).

10. H. E. Chandler, *"Machining of Refractory Metals"*, in Machining, Metals Handbook, Vol. 16, 9th Ed., ASM, Metals Park, Ohio, 1984, p.858-869.

11. L. F. Pease III and V. C. Potter, *"Mechanical Properties of P/M Materials"*, in Powder Metallurgy,

Metals Handbook, Vol. 7, 9th ed., ASM, Metals Park, Ohio, 1984, p.476-476.

12. P. E. Wretblad, Manufacture of Tungsten Metal, Ed. by John Wolff, ASM Cleveland, Ohio, 1942, p.420-435.

13. M. Shamsuddin and H. Y. Sohn, *"Extractive Metallurgy of Tungsten"*, Ed. by H. Y. Sohn, O. N. Carlson, and J. T. Smith, TMS AIME, Warrendale, PA, 1981, p.205-230, (1981).

14. 松山苅治，三谷裕康及鈴木壽，粉末冶金學概論，賴耿陽譯，復漢出版社，1979，p.178-181 (1979).

15. S. W. H. Yih and C. T. Wang, Tungsten Sources, Metallurgy, Properties, and Applications, Plenum Press, N. Y., 1979.

16. 田中良平，新素材/新金屬之最新製造、加工技術，總合技術出版社，東京，1988, p.115-131 .

17. J. P. Wittenauer, T. G. Nieh, and J. Wadsworth, *"Tungsten and Its Alloys"*, Adv. Mat. and Processes, Sept. 1992, p.28-37.

18. C. Lea, B. C. Muddle, and D. V. Edmonds, *"Segregation to Interphase Boundaries in Liquid-Phase Sintered Tungsten Alloys"*, Met. Trans., 14A [4], 667 (1983).

第十八章　超硬合金

黃錦鐘*

18.1 前言	18.4 超硬合金製程實例
18.2 WC-Co系超硬合金的製程	18.5 超硬合金的規格與用途
18.3 超硬合金特性的檢測方式	18.6 結語

18.1　前言

所謂超硬合金，意指以化學周期表第IVa、Va及VIa族中9種元素之碳化物為對象，另添加Fe、Co、Ni及其合金，經配方、混合、成形，最後燒結成為複合化合金。

這種複合化合金的特徵，特別在高溫硬度及機械性質上，極為出色。其中，尤以WC-Co系的機械性質，更是優越無比。此系列的合金通稱為超硬合金。

再由此系發展出以TiC為主的TiC-Ni系合金、TiC-Mo$_2$C-Ni系合金，後者常被稱為陶金。

近年來，超硬合金業界也利用超高壓技術製造出鑽石燒結體或立方晶氮化硼燒結材料。如此一來，到底何者才是超硬，便生疑惑，因此大家乃集共識認為：學術上所稱的超硬合金，就是以碳化物為主的硬合金，而採用超高壓製成的燒結體，稱為燒結硬質材料。

最近，超硬合金隨著精密冲壓、塑膠射出成形等工業的高度發展，因而對其要求也呈多方面。例如，微細加工用的模具零件，便需具備高剛性強度，而且量產加工用模具要求可長久使用，因此模具材料便需具有耐磨耗性、耐熔著性、耐崩裂性、耐蝕性等等特性。

表18.1顯示9種碳化物的物性資料。以下試就

表18.1　超硬合金用碳化物各種性質

性　質　＼碳化物		TiC	ZrC	HfC	VC	NbC	TaC	Cr$_3$C$_2$	Mo$_2$C	WC
分　子　量		59.9	103.2	190.6	63.0	104.9	192.9	180.1	203.9	195.9
結合碳量(%)		20.05	11.64	6.30	19.06	11.45	6.23	13.34	5.89	6.13
晶　　型		NaCl型	NaCl型	NaCl型	NaCl型	NaCl型	NaCl型	斜方型	六方型	六方型
格子常數(nm)		0.432	0.4669~0.4689	0.4644	0.416	0.4461~0.4469	0.4455~0.4456	a=0.282 b=0.553 c=1.47	a=0.3002 c=0.4724	a=0.2900 c=0.2831
熔　　點(℃)		3200~3250 3250*	3200~3250 3180*	3890 3900*	2800 2830*	3500~3800 3500*	3800 3880*	1750~1900 1895*	2500 2690*	2900 2900*
比重	理論	4.938	6.44~6.51	12.7	5.81	8.20	14.53	-	9.2	15.5~15.7
	實測	4.90~4.93	6.9	12.6	5.36	7.6	14.49	6.68	8.2~8.9	15.6
電阻率(μΩ·m)		1.80~2.00 0.595*	0.70~0.75 0.634*	1.09 1.09*	1.50 1.56*	0.74 0.74*	0.30 0.30*	5.64*	0.975 0.975*	0.53 0.53*
導熱率(W/m·K)		17 24*	21 21*	6.3*	4.2	14 14*	22	-	6.7*	29*
熱膨脹係數(10⁻⁶/K)		7.61	6.93	6.73	6.5	6.84	6.61	10.3	7.8	6.2
微小硬度(HV)		3000~3200 3200*	2600 2830*	2900 2830*	2100 2100*	2400~2470 2050*	1800 1550*	1300 1300*	1800 1500*	1780 1780*
彈性率(GPa)		315 343*	255 348*	284	268 270*	339 338*	284 285*	-	221 216*	706 708*
能耐氧化上限的溫度(℃)		1100~1200	1100~1200	1100~1200	800~900	1000~1100	1100~1100	1100~1200	500~800	500~800

(*記號表示取自Samsonow)

*日本東京工業大學工學碩士，東南工專機械科講師

WC-Co系的超硬合金為文，先重點敍述一般製程所用方式與原則，然後再舉2個捨棄式碳化鎢刀具為實例，輔以說明。

18.2　WC-Co系超硬合金的製程

典型WC-Co系超硬合金製程如圖18.1所示。

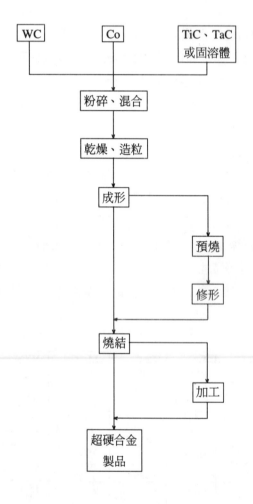

圖18.1　WC-Co系超硬合金製程

18.2.1　配方

主要使用碳化鎢(WC)、鈷(Co)、碳化鈦(TiC)、碳化鉭(TaC)等不同粒度的粉末，依用途選定適合所需物性的重量比率，稱為配方或配粉。以下略述其各粉特性：

(1)W：

- 可提高淬火硬度與耐磨耗性。W最重要特性為粒度與純度，而粒度又依使用之目的，分別於0.5~16μm粉粒之間選取。

- 目前已知促使W粉粒成長的元素為Na及P，而Al則是抑制W粉粒成長的元素。

(2)WC：

- 係由碳與鎢組成硬質碳化鎢，為超硬合金的主角。

- 現在工業製造超硬合金用的WC，係W置於碳粉內直接碳化而成。

- 亦即選取適當粒度的W粉，加入6.20~6.30%的碳黑或石墨粉，再經混合後，置於內有非氧化氣氛的碳化爐內碳化，即可獲得6.10~6.30%全碳量與0.20%以下游離碳的WC超硬合金。

(3)TiC：

- 因可提高超硬合金的硬度與耐熱性，尤其對於切削時刀具的斜面磨耗具有改善的效果。

- 最常用於製造TiC的方法，是採用TiO_2與C的還原·碳化法，係還原·碳化TiO_2成為TiC粉末，具有全碳量19.5%、游離碳0.3%及氧0.2%的成分。

(4)TaC

- TaC不但可提升超硬合金的耐氧化性，而且還可抑制WC及TiC粉粒的成長，係一不會降低超硬合金耐磨耗性，同時還有改善強度的有用碳化物。

- TaC與TiC皆具同一製法，係以C還原·碳化Ta_2O_5成為TaC粉粒。其所用之碳化溫度，在惰性氣氛內達1700℃以上，而在真空中，則為1600℃以上。

(5)Co：

- Co粉在超硬合金中，是作為結合金屬用的，普通係在700℃的氫氣中，還原氧化鈷而得的。

- 超硬合金用的Co粉，要求粒度在1.0~2.0μm以內，不純物（雜質）在Ni 0.02%以下、Fe 0.01%以下、Mn 0.01%以下及O_2 0.5%以下。

- 此外，Co的結晶構造分為γ相(FCC)與ε相(HCP)2種，由ε至γ相的變態溫度為417℃，而由分解草酸鹽所得的Co粉結晶結構，呈γ+ε相混合物。

18.2.2　粉碎及混合

　　配好的粉料通常多以鎢鋼珠，作溼式球磨。球磨時間依粒度、重量而定；而球磨的目的，不但要求碳化物達到所需粒度之外，而且各成分還要充分均勻混合。

　　溼式粉碎、混合所用溶媒，是使用酒精、丙酮、苯、四氯化碳、正己烷之類的有機溶劑，具有提高原料粉末的混合性與防止氧化的雙重效果。

　　球磨條件，一般規定原料粉末與鎢鋼珠重量比在1:1~1:3之間，而溶媒量是每公斤原料粉重使用200~300ml。至於適當球磨轉數，可如圖18.2 (a) 所示臥式圓筒球磨機內，原料粉末與鎢鋼珠呈瀑布狀

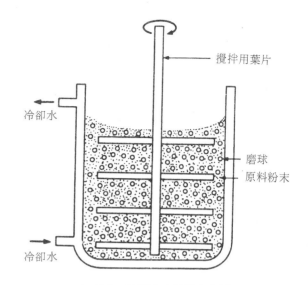

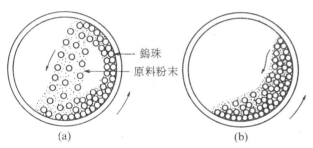

圖18.2　具粉碎與混合作用的臥式滾筒球磨機

落下，迫使鋼珠磨擦粉末且撞擊粉末的雙重作用，其聲有如"沙沙-咚"即可。若滾筒轉速過慢，則有如(b)所見，只有鋼珠磨擦粉末的作用而滾聲約呈"沙拉沙拉"。

　　另外在進行此類球磨時，球磨筒內壁極易跑出Fe、Cr之類的不純物，而且粉末也容易氧化，因此作業時需多加留意。

　　上述的粉碎、混合時間仍嫌緩慢，因而常用如圖18.3所示的立式葉片攪拌機。此機的優點，可較球磨節省粉碎及混合時間，同時亦擁有抑制Fe之類的不純物混入的功能。

　　不過，它也有缺點：如磨球與攪拌葉片極易磨耗、粉碎能量高而易使粉末氧化、很難均一粉碎、局部殘留粗粒粉末等多項。因此若要獲得高強度合金時，一般認為宜避免使用攪拌式磨粉機。

圖18.3　攪拌式磨粉機示意圖

18.2.3　乾燥及造粒

　　經粉碎、混合完的原料粉末與有機溶劑，已呈泥漿狀，此時倒入有篩網的容器內，使磨球留在網上；若網上或珠上仍存有泥漿，可用相同溶劑澆灑分開。

　　分開磨珠後，泥漿便因粉末比重重的原因而陸續沈澱，不久便呈溶劑在上而粉末在下的分層現象。

　　隨後分幾次倒出溶劑，乃剩下幾近軟塊狀的粉塊。接著可用乾燥機乾燥或使用立式帶有刮刀葉片的乾燥機乾燥之。

　　國內的乾燥機是可前後左右翻轉的乾燥機，左右兩端支點呈15°傾角，滾筒前後迴轉的同時，也可以左右翻轉，如此可使粉末不致局部翻轉。該筒100 kgf裝的設定乾燥條件為100℃×6hr左右。

　　有時視用途需要，可在乾燥的同時，亦可作造粒處理。

　　造粒的目的，是為了增加粉末的流動性，通常在需造粒的原粒粉末中，添加0.5~2.0wt%石臘、硬脂酸、樟腦之類的潤滑劑。添加潤滑劑不但可使造粒順利，而且有利於後續的成形，減少粒間摩擦與模壁摩擦，使其脫模容易。

　　最近應用最多的噴霧乾燥機，係以150~200℃

的氮氣，循環流入乾燥塔內，然後再噴霧泥漿的同時，瞬時變成球狀的造粒粉。造粒粉的球徑，係氮氣溫度、噴霧壓力等項的函數，都在0.05~0.20mm之間。從所得的造粒粉來看，多半呈中空狀，且內外組成不一。

為配合所要粒度目的，接著可選用篩選機分粒。通常同樣成分的粉粒，多會有極粗、極細以及中間粒度，因而篩選機內也就分為3層篩網，經上下振動與圓周搖擺的作用下，分別由3個出口流出上述3種粒度的粉末，過大及極細者另作他用，而中間者，乃為所要的粉末。

其次依一定重量比例的各種粉粒（主要為WC、Co），以V形混合機均勻混合。此機1次可混合100 kgf粉料。混合時，筒內不能裝全滿，足以促使粉末在既翻轉的同時，亦會因V形構造的作用，迫使粉末向外側或朝中心互撞而均一混合。

混合好的粉粒，分桶裝入，而桶的容量，依成形方便，可分10 kgf或30 kgf裝，全採用不鏽鋼製的。為取用方便及清潔桶內，普通以塑膠袋放入筒內，而後裝入粉末，然後綁緊袋口，最後蓋上不鏽鋼蓋子及以膠帶密封筒口。

混合好的粉桶，依料號存放，常用者在下而少用者在上，井然有序。為使儲放區內氣氛不生變化，通常都有空調設備處理，以避免溫差、潮溼、灰塵、日曬、雨滲、風吹、日光照射等的影響。

18.2.4 成形

成形一般分為3種：模具成形法、冷均壓成形法及擠壓法。其中以模具成形法的使用最多，為彌補模壓所導致密度不一的缺點，乃使用冷均壓成形法；至於擠壓法則用在量產規格品居多。

由於壓胚（生胚）經燒結後，會有15~30%的線性收縮現象，因此在成形加工之前，便要考慮此收縮量，對於沖壓方式、沖力大小、粉末粒度、沖壓有否使用潤滑劑（成形或脫模容易）及其種類與容量、模具尺寸、機械修形等項，需作縝密調整，方可獲得所要尺寸與形狀的燒結體。

(1)模具成形法

圖18.4為一般使用金屬模具，施行粉末壓縮而得壓胚的4種方式：單動、雙動、浮動及模降方式。

模具成形法因有作業的極限，因此大件或長度長的壓胚，通常用冷均壓(CIP)成形法成形。

粉末因與流體不同，故成形密度極易呈不均勻狀，一旦不均勻，燒結體的尺寸精度，即受影響。

如圖18.4中除雙動方式外，其餘的下沖頭皆屬固定不動而母模（中模）移動或不動之下，使上沖頭得以下沖成形。

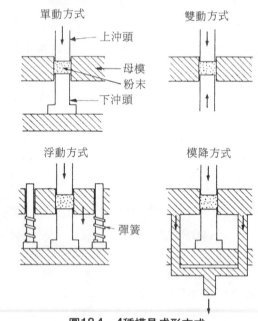

圖18.4　4種模具成形方式

然而這種情形下，壓胚內部會在母模底部呈現密度偏低，而在上方顯現偏高的不均勻現象。此乃因粉末隨著下沖加壓的同時，靠近母模側的粉粒會與模壁接觸，漸生由小而大的摩擦力量，迫使上沖頭正下方的壓粉體密度增高，而在母模底部密度變小，導致燒結體出現甚大的收縮變形。

至於雙動方式的壓胚密度，則上下同時加壓，最後變成上下方密度大而中間的密度較小。

因此，目前工業量產上所用的成形機，多以獨自控制沖頭或母模動作，儘量促使壓粉體的密度均一，而使燒結變形至最小。

一般模具成形的加壓力量，多半係使用100~300MPa之壓力成形最後形狀，直接拿去燒結即可。

在以人工進行成形時，通常先秤定量粉末，接著填入母模內，再由上沖頭施加壓力，迫使壓粉體變成壓胚，而此壓胚的重量與厚度，需達公差內。

迴轉式成形機有3種特徵，即①增填(overfill)與減填(underfill)：下沖頭每次走到固定不動的餵料斗下方時，即下降一段深度，此深度超過壓胚所需填粉深度，稱為增填；隨後下沖頭滑過重量調節用凸輪，被迫上升，同時驅使模穴內多餘的粉末退回餵料斗中，最後所需的粉末則下落至下沖頭頂面，這種充填叫做減填。換言之，利用增填減填方式與粉末不斷在餵料斗內運動，可較單沖頭成形機得到良好的重量控制。

②調節下壓滾輪的高度，可控制壓胚厚度，亦即滾輪朝上調整，壓胚厚度變薄。

③即為成形機運作中能進行所有的調整工作。

以上所談的，皆為小件生產用，但對種類少量少且粗重的壓胚，則需另外設置搬運設備。

對於粗重圓筒狀或環狀壓胚的成形，則需考慮搬運模具與壓胚用裝置，以免事事靠人力，容易發生閃腰或傷腳的工安問題。

茲舉500噸油壓式成形機（照片18.1為正面而照片18.2為背面）為例，說明搬運設備的使用：

成形機其上設有門形軌導式天車，下方則懸吊圓形磁鐵與雙臂式吊耳機，磁鐵專吸圓板狀模具用壓板，而吊耳機則專司環狀中模。此外，還有滾柱式傳送裝置，以推送模具零件至天車下方。目前國內從事此類工作，大多仍以人工實施，尚未見到進行省力化或半自動化的實例。

(2) 冷均壓成形法

冷均壓成形法係捨棄單軸向加壓方式，而藉如液體媒介傳達四面八方的等靜壓，施加密封於容器內的壓胚，使之密度均一的一種常溫等壓成形方式，簡稱為冷均壓(CIP)，適合大件製品使用。

其次，冷均壓成形法又分為溼式法(wet bag)與乾式法(dry bag)2種，一般都使用溼式法（照片18.3），二者均可使壓胚密度均一，但成形後的壓

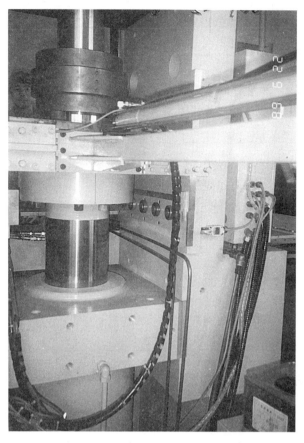

照片18.1　500噸油壓式成形機正面

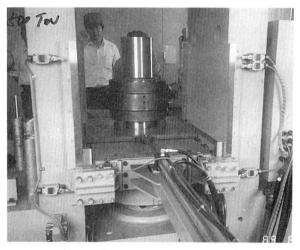

照片18.2　500噸油壓式成形機背面

胚外表常呈凹凸狀，不夠平整，所以常需後續的修形處理。

圖18.5為乾式法的內部結構[1]。由於此式的橡皮袋外周另有橡膠膜包住，不接觸水或油之類的壓力媒體，故無論粉末的充填、加壓或是壓胚的取出

照片18.3　溼式CIP外觀（控制裝置在左，未示）

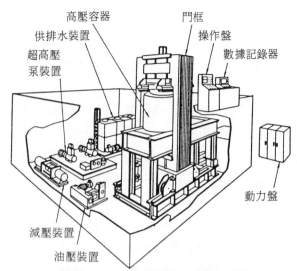

圖18.6　大型溼式CIP整套設備配置圖[2]

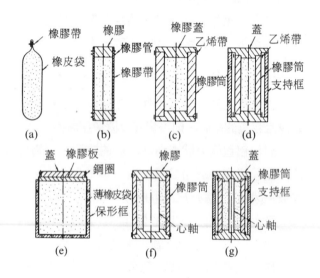

圖18.7　多種溼式CIP用成形模具[4]

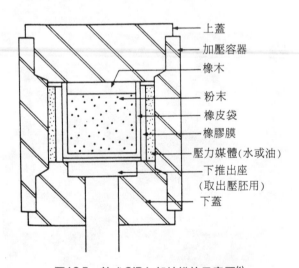

圖18.5　乾式CIP內部結構的示意圖[1]

，程序上皆很簡便，實較溼式法優越。但其壓胚的均一性，介於模具成形法與溼式法之間。

　　圖18.6則為大型溼式CIP整套設備配置情形[2]。如圖18.7所示，各種各樣適合中空圓形壓胚、實心壓胚等形狀[4]。還有每次CIP完後，需檢視包覆在壓

胚上的保鮮膜是否沾有流體，若有表示抽真空用的小孔可能密封不了，或者也可能橡皮袋本身老化需更換。

　　通常一經按鈕，門框及壓套頭會立即回歸原位，軸向拘束均壓筒後，即CIP自行按既定輸入條件自動加工、保壓及減壓處理。

　　由於濾水桶與橡皮袋外表均沾有殘存白色媒介液體，而液體內含防鏽劑等物質，故需另外吊至清水槽內清除。

　　清潔後的橡皮袋再置於工作桌上，依序翻開鋼圈、塑膠質墊環。

　　接著由袋中一塊塊取出帶有保鮮膜的長方形壓

胚，並橫放於工作台上。

以手小心脫除依附在壓胚上的保鮮膜，而脫離的保鮮膜，集中一起丟棄。

刻上CIP字形於壓胚上，以資辨別處理。

最後，使用石墨墊板裝上壓胚，並移至後續的燒結處理。

至於含鈷17wt%以下的ϕ160mm以內圓形壓胚與含鈷7wt%以下的ϕ180mm以上圓形壓胚，在設定成形上前者為 800 kgf/cm² 而後者為 1000 kgf/cm²。除了第1次減壓至一半外，其餘減壓與保壓皆大同小異。

經由上述實際CIP製程中加壓、保壓及減壓的成形步驟，可以整理出壓力與時間的曲線，在談及此所謂標準成形曲線之前，先瞭解進行溼式CIP加壓中橡膠模具（橡皮袋）的舉動。

圖18.8顯示在均壓桶內，利用檢測儀器觀察填入經噴霧乾燥處理氧化鋁(alumina)造粒粉粒的正方形橡膠模具（硬度40度），在進行溼式加壓過程中的舉動[3]。

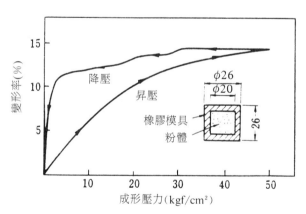

圖18.8　溼式CIP中橡膠模具的舉動[3]

升壓過程中，隨著壓力的增加，橡膠模具邊密貼粉體，邊顯現收縮現象，亦即進行壓粉作用。壓粉初期，橡皮模具的收縮變化甚大，直至某種程度的高壓範圍，收縮才出現飽和現象。此乃顯示壓粉初期位於造粒粉間隙內的空氣層遭受壓縮的同時，使造粒粉粒彼此接觸的機會增多，因此呈現顯著的收縮現象。隨著高壓的提升，收縮變化即顯現減少

趨向，此說明了所謂2次粉粒受到破壞，變成1次粉粒直接接觸而減少收縮情形。

接著，步入降壓過程中，大約在 30 kgf/cm² 的低壓，緩慢開始出現回復現象，當進入4 kgf/cm² 以下範圍內，則呈現急速回復情形，亦即橡膠模具具有恢復原狀的彈性特性。此或可推測為何在極低壓範圍內造成急速復原的原因，係橡膠模具脫離壓粉體所形成的間隙內，促使原被密封在壓粉體中的空氣，自壓粉體解放出來所致。一般硬度 75 度的橡膠模具，約在 70 kgf/cm² 的壓力點開始出現復原現象，而急速回復之點，約在 10k gf/cm² 左右。不過這種極壓範圍內的急速復原作用，極易造成層狀撕裂缺陷。

根據上述橡膠模具舉動的說明，可以整理出在1000 kgf/cm²以下的成形步驟如圖18.9所示。

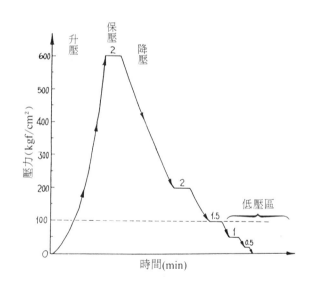

圖18.9　CIP成形步驟

圖中的曲線，分成粉粒呈壓粉化的升壓過程、壓粉體內部均一化最高壓的保壓過程以及降壓過程。

升壓速度如果過速，粉末會顯現急速緻密化與減少通氣率，形成壓粉內部部分空氣被密封，再至減壓過程時，促使空氣膨脹，是造成層狀撕裂現象的原因。此外，又因粉體移動的同時，發生緊密疏

鬆情形，形成大氣孔而爲不均質的壓粉體。如此往往造成品質管理上困擾的原因。因此，肉厚工件或大型製品最好採取緩慢升壓。

至於保壓時間，雖隨製品形狀、粉末特性而有所差異，但以2分鐘爲原則。

談及CIP成形步驟中最重要者，莫過於降壓過程，尤以橡膠模具復原的100kgf/cm²以下低壓範圍。此範圍，會受到先被橡膠模具壓縮再復原的空氣解放出來的影響，變成一股衝擊性壓力，作用在壓粉體上，破壞壓粉體，因而在此範圍內須格外留意。實務上，儘可能控制下降速度，而使橡膠模具的復原速度始終維持一定。

(3)擠壓法

所謂擠壓法，係首先把石蠟之類的潤滑劑溶媒（酒精類）加入原料粉末內，施予均勻混合，及至適當可塑性後，倒入擠壓機，再以常用的前方擠壓法，成形出線、桿、管、異形材等的方法。

該法爲使粉末具有足夠的可塑性，使用了多量的潤滑劑，因而需在成形後予以嚴密去除不可。一旦脫脂處理不充分，那麼在燒結時，就容易發生微孔現象，或者促使合金的碳量產生變化。此外，射出成形法、滲和刮刀(doctor blade)法等，亦因多量使用潤滑劑，故同樣也有上述的麻煩。

粉末射出成形技術，常用於較具複雜性元件的量產上，現今已具有取代其他製程能力的趨向。

圖18.10使用CIP與模具加壓後的鉬粉壓胚密度

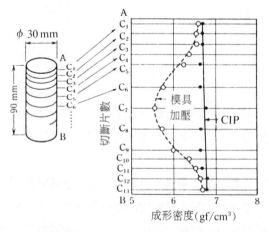

圖18.10 比較CIP與模具加壓導致鉬粉壓胚密度分布的結果[5]

分布的結果[5]。壓胚是圓桿狀，經模具上下冲頭加壓後，呈現中間密度小而上下兩側大的現象；相對的使用CIP的壓胚，則上中下部位顯現均勻的密度。

由上述CIP製造程序及效果，可知CIP法的特徵有下面7點：

・可得高密度的壓胚：

若以同一成形壓力比較模具成形、射出成形等其他成形法，則可獲得高的密度。亦即壓胚強度較他法爲高，故在處理未燒結體也較容易，甚至燒結前加工亦有可能。

・可獲均質壓胚：

由於是經等方向加壓，所以與模體無摩擦現象，殘存應力較少，而且呈現均一密度。這意味後續燒結時，可得較少的彎翹或變形，與上項高密度壓胚相互呼應，是一項非常重要的特徵。

・亦可少用成形劑：

成形的目的，基本上不用成形劑，但爲了增加粉粒的流動性或使充填均一性，通常僅添加幾wt%的成形劑而已。這裡所謂的少量添加石臘，是指可省略燒結前的脫脂處理或者短時間可處理完畢的意思。

・壓胚大小的尺寸比較不受限制：

只要高壓容器（指均壓桶）內可容納以及橡皮袋可裝入之範圍，不論壓胚形狀大小、長短、異形，皆可成形，而且又可獲得均質性能。

・模具費用便宜：

成形用橡皮袋若有母模，則可廉價製作，較之他法的模具費用，可說便宜甚多。

・複雜形狀亦可成形：

利用粉粒的收縮現象，或者採行組合式橡皮袋、捨棄式橡膠模，就可做出模具成形無法製作的複雜性凹凸形狀。

・成形複合製品也無問題：

運用層狀或分割充填異質材料，再以CIP方式，可成形出複合製品。金屬模具成形雖有可能，但因受限於粉粒流動複雜，因此充填方式乃變得十分困難。然而採行CIP法的等方向加壓，即可在充填的狀態，成形出相似形狀。此外，實施CIP法亦可做重覆充填（指對壓胚連續添加粉末及成形）。

18.2.5 脫脂

無論是造粒或是成形所用的蠟類潤滑劑，在胚體成形完成後，必須把此類物質排除，此即為脫脂處理。

脫脂處理係在400℃加熱壓胚，促使石臘蒸發出來，並用氫或氬氣作為遞送媒介，完全排除。如用400℃以上加熱的話，石臘會發生部分的分解，而以石墨狀殘留合金中，亦即合金性質會受損害。

適合於大件壓胚用之脫脂爐以圓筒有底的石墨桶，分別取適當間隔填入壓胚，予以隔絕。當升溫加熱中，石臘由固體變液體，匯集而流下收臘桶，此時的臘為土黃色澤，可回收利用，但一般為免於污染，只用1次即丟棄。

對於小件壓胚，此如刀片之類，則以真空燒結爐先加熱脫脂，而後預燒或燒結。

對於90wt%WC-10wt%Co粉末的射出成形來說，增快脫脂速率與控制脫脂氣氛，可分別以減少暴露於高溫時間及保留碳含量的方法，免於機械性能的降低。目前的脫脂方式，以溶劑優於熱脫脂[20]。

18.2.6 預燒

預燒或脫脂，皆為正式燒結之前的前處理。當脫脂完後，把壓胚置於600~900℃的真空或氫氣氛中加熱，促使粉粒之間初步產生頸部成長現象，增強壓胚強度（此時收縮量幾乎為零），而後再進行修形的機械加工，否則不經預燒的壓胚，只呈暫凝狀，無法承受任何機械加工來的力量。

進行此處理時，需注意：預燒後的壓胚強度不夠的話，易造成機械加工中發生缺角或破損現象；如果壓胚硬度太硬，加工性變差，無法修形。

還有預燒過程，粉末中的氧化物會受游離碳或碳化鎢內的碳作用而還原，導致混合粉末呈現脫碳現象，這種脫碳量的多寡，須視狀況而生變化，同時也造成合金性質跟著變化。因此必須把脫碳量經常控制在一定的範圍內。

18.2.7 修形

預燒完後，經車床、鑽床、切割機、吹風機等機具，從事錐面、段差、倒角、切頸、鑽孔、切斷、吹砂等作業。如果量多，可採NC車床、鑽床加工。

由於碳化鎢為主成分的粉末，甚易滲入機具間隙或滑軌面，因此如何減少機具摩耗與維持精度之下，必須把普通機具改裝為專用機，同時現場整個的通風系統，亦需保持暢順無礙。

18.2.8 燒結

超硬合金的燒結機構，係採行液相燒結。燒結通常係各粉粒物質熔點以下的溫度進行的；若彼此熔點相差太大，一般做法是施行較低熔點者的熔點以上溫度。比如說，僅些許可固溶的W與Cu的組合，首先溶解Cu，包覆W粉粒之後，再藉著液體擴散作用，形成部分互溶狀，此種狀態可強固粘結固體W。此外，欲得共晶的組合，也是一樣，若把共晶的熔點低於燒結溫度，那麼就會發生部分液相，獲得上述效果。

如以94wt%WC-6wt%Co的超硬合金來說，則由圖18.11所示的狀態圖[6]來看，由常溫加熱至燒結溫度1400℃左右時，就會在1280℃的共晶溫度出

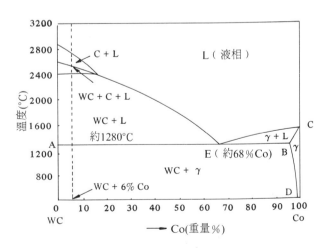

圖18.11　WC-Co系狀態圖[6]

現液體，此液體量隨溫度的提升而增加，逐漸塡滿固體間的空隙。當溫度逐漸冷卻時，液相中的WC溶解度會依狀態圖的變化而減少，最後會在殘留液體的WC粒上，析出三角形結晶的WC，而塡滿空隙的共晶，則變爲WC粉粒與約固溶1wt%WC的γ相的混合物。這種γ固溶體，實就是扮演強固粘著WC粉粒的角色。

液相燒結最重要的事，莫過於殘存固相粒子上的液相潤溼性要好。一般相對液相來說，固相具有某種程度的溶解度比較容易潤溼，不過溶解度太大，液相量就會太多，反而不能進行液相燒結。亦即液相量若能充分塡滿固體間空隙即可；如果太少，則會發生空孔缺陷。

燒結氣氛是採用氫氣或眞空，而前者因低溫脫碳大，高溫又容易滲碳，故不易燒結出規定碳量的合金。因此，現今廣泛應用眞空的氣氛。不過，所用的眞空度定在10~0.1Pa(10^{-1}~10^{-3}torr)的範圍內，像高鈷合金或內有β(βt)相的合金而言，因有抑制鈷的揮發作用，故一般採抽眞空施行。

不過進行眞空燒結時，要注意：極力抑止爐內洩漏空氣的速率，以及雖謂眞空狀態，但仍存有稀薄的鈷氣氛。

當進行燒結時，通以定流量的氫氣助燃，而主要加熱器，則爲陶瓷製隧道爐體，而爐體四周則環繞有螺旋狀的鎳鉻線圈。一旦通電至鎳鉻圈內，則爐體內呈通紅狀，其中恆溫區內溫度最高，如何控制一定溫度，一般先依紅外線偵溫儀測溫，調整氫氣流量。

爲使氫氣燒結時的壓胚裝入石墨盒量增多，且壓胚周圍亦能保持一定氣氛的條件下，通常在壓胚接觸之處，塗抹或敷陳一層白色細粒氧化鋁粉，旨在避免壓胚表層發生脫碳現象。氧化鋁粉粒愈細，壓胚接觸之處愈見平滑，而不會顯得凹凸不平。如爲了壓胚垂直度，則可以氧化鋁粉埋入，以防彎曲。

談及氫氣燒結最重要之事，莫過於保持氣氛中一定量的全碳量(carbon potential)。目前已有人在爐的出入口或爐內氣氛，採行連續偵測玻璃粉（係玻璃粉與石英細粉的混合物）或露點的方式，來獲得更安定的氣氛。此外，亦可添加甲烷之類的碳化氫氣體，調整氣氛中的全碳量。

至於眞空燒結所需的眞空度，通常在10^{-1}~10^{-3}torr之間，一旦燒結完畢，即施予爐冷或其他氣體，作強制冷卻。

然而使用何種燒結爲宜，可根據表18.2所示特徵去選定。

針對燒結體的處理，亦有施行熱均壓(HIP)者。HIP裝置首於1951年左右，經美國Battelle研究所開發出來，直至最近爲消滅超硬合金中的微孔目的，大家才風行採用此裝置。

關於HIP用的壓力媒體，常用氬或氮氣，而使用2000℃與200MPa（2000氣壓）者，算是屬於高溫、高壓裝置的最高條件。

圖18.12爲典型HIP裝置系統圖及其構造[7]。

述及超硬合金的燒結機構，係因結合相（鈷爲主成分）生成溶液的1種液相燒結，幾可達到100%的燒結密度。然而事實上，不僅些許的空孔難免殘留，而且只會存在諸如粗粒WC、含鈷量偏多、游離碳、W_3Co_3C析出物之類的缺陷。這對於經常處在苛刻作用應力下的超硬合金來說，上述諸多燒結所生缺陷總是成爲致命性劣質化的根由。特別是空孔尺寸愈大，影響燒結體的特性愈大。

像超硬合金之類的脆性材料而言，只要空孔發生應力集中現象，即便是一般正常合金所能忍受的應力下，也會遭受到破壞結果。這對於輥壓鋼線材輥輪、柱塞、超高壓用砧等用途來說，不只會發生工具破損，同時還造成安全上的問題。此外，空孔一旦存留在工具表面上，也會轉印在加工件表面上。比如輥壓薄板冷作用輥輪，就不允許任何空孔存在，以免發生不良品。

因此，儘可能減少燒結體中的缺陷，特別是空孔，乃有多種工程改善的辦法出現。就發生空孔的機構而言，亦有多種成因被提出，例如，原料粉末所生氣體、燒結氣氛滲入的氣體、成形潤滑劑導致的偏析、粗大鈷粒的存在、造粒壓縮不均、工程中混入雜質等等。針對上述成因，亦有：純化原料粉

表18.2 氫氣與真空燒結爐的優缺點

特徵＼爐別	氫氣爐	眞空爐
特點	・多用在預燒	・多用在正式燒結
優點	・脫脂較完全 ・有還原作用 ・預燒失敗者可回收 ・設備便宜	・品質穩定 ・批量式的一爐燒 ・電極控制嚴密
缺點	・裝入量較少 ・尺寸受限制 ・溫度控制不易 ・製品品質不穩定 ・氫氣品質要求嚴格 ・氫氣會爆炸 ・氫量消耗多	・設備貴 ・燒結件失敗不可補救 ・金相檢驗儀具較多

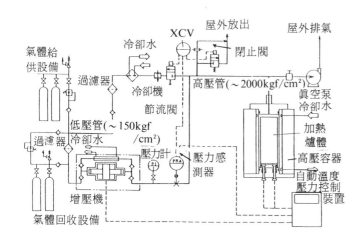

圖18.12(a) HIP裝置系統圖[7]

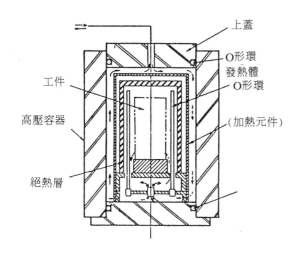

圖18.12(b) HIP裝置系統的構造圖[7]

末、採用眞空燒結、檢討均勻混合條件、開發造粒製程、工場無塵室化等多項腳踏實地的因應辦法，不斷地努力改善。

現今改善的結果，除空孔外的缺陷，已確立可控制的技術，然而欲完全消滅空孔之事，至今仍然無法做到。

如果超硬合金的燒結體再施予熱均壓的話，可以獲得完全毫無空孔的結果，由於此項效果極大，特別對於大型耐磨耗工具爲主的超硬合金施予熱均壓，更是急速廣泛應用。直至1970年代，因超硬合金製造商陸續購入大型熱均壓設備，結果成爲製造超硬合金不可或缺的技術。

就超硬合金施予熱均壓處理來說，一般使用氫氣，加壓至100MPa左右，並於石墨盒裝入燒結體，升溫至WC-Co合金的共晶溫度(1320℃)以下，作等方向高溫高壓處理。

初期的熱均壓設備，是採行鉬質加熱元件，最近改以石墨質加熱元件爲主流。針對熱均壓所用溫度而言，如果只是消滅空孔爲目的的話，那麼發生液相燒結效果較佳，不過再考慮粉粒成長、氣氛等因素時，還是建議以眞空燒結方式、設定嚴密溫度進行較爲理想。接著來說明熱均壓的燒結過程。

圖18.13所示的(a)爲傳統的燒結過程[8]，透過冷作所成形彼此點接觸的粉粒，在點的地方進行燒結

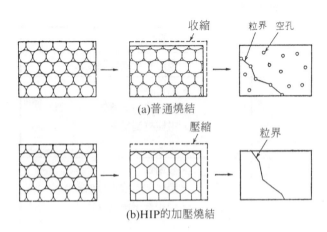

圖18.13　燒結的進行過程[8]

。與此相對的熱均壓加壓燒結(b)，加熱升溫的同時，亦施加加壓力，因此點接觸迅速變爲面接觸，使得燒結、擴散有效率的進行，短時間內可得到密度比爲1的燒結體。普通燒結的場合，隨著燒結的進行，也會形成面接觸式的擴散燒結，但因無加壓作用，無法逃出自然收縮命運，最後只有在結晶粒界或粒內殘留空孔缺陷。

前述談及超硬合金通常以WC混合著鈷與石臘類結合劑，經成形、燒結而成的，但在燒結中仍會有1%的以下的空孔殘留在合金內部。燒結後的超硬合金素材，通常會如圖18.14所示[9]，存有露出表面的開孔與潛伏內部的閉塞空孔兩種。如施予熱均

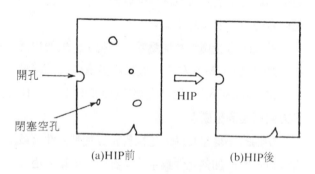

圖18.14　去除空孔缺陷[9]

壓處理的話，內部閉塞的空孔會受加壓與擴散的相乘作用而趨至完全消滅。然而表面上的開孔，仍舊殘留未變，此可於精加工時去除表面，還不至於有問題。

其次來探討一下利用熱均壓去除超硬合金內所含空孔的消失機構到底爲何？

根據Amberg[21]等人研究，認爲超硬合金在燒結過程中所生CO氣體滲入內部而形成的空孔，會在熱均壓處理中，促使CO氣體固溶、擴散至鈷的溶液內，自然收縮，乃至消滅殆盡。這裡所謂的固溶CO氣體，是一種過飽和固溶體，殘留在鈷結合相內。當空孔消失之後，鈷結合相呈塑性流動、塡補，然後WC亦呈擴散再析出作用而致的。

熱均壓處理中的氫氣氛，有少許固溶於鈷結合相內，冷卻時不會再釋出。而這些呈過飽和固溶的氣體(Ar、CO)，一旦在眞空加熱，便會由鈷結合相內釋出形成空孔。這也就是爲什麼說經熱均壓消失的空孔，當再加熱去除加工應變、硬焊、修正彎翹等處理時，仍然出現空孔的原因。

熱均壓處理的效果及優點如圖18.15所示[10]，而其具體實例，可如圖18.16所見[11]，尤以含鈷量少的組成，熱均壓的效果更大。如圖18.17所示，改變鈷含量來測試HIP製超硬合金是否改善抗折力的結果[12]。就WC-5wt%Co而言，其抗折力由170 kgf/mm² 大幅提增至260　kgf/mm²，足足增加了90 kgf/mm²，此說明HIP製法確較傳統有效。圖18.18顯示經HIP處理後，可使超硬合金顯著增加抗折力之例[13]。此外，實施HIP之前，明顯出現的空孔，而經HIP之後，空孔全部消失。

最後來探討熱均壓的溫度與壓力控制的方式。圖18.19顯示熱均壓處理上對溫度與壓力操作的4種典型模式[14]。升溫先行型，係適用需要膠囊法的HIP處理。此處的膠囊(capsules)，包括前述以橡皮袋、金屬袋（圖18.20）[15]、玻璃袋（圖18.21）[8]，亦有金屬袋與中子共用的方式（圖18.22）[8]。使用膠囊法時，需注意升溫與升壓所導致的變形，具有所需要的塑性能力，才可防止破損。對於玻璃袋較大空間殼部，非用操作模式不可，否則無法處理得好。

其次，升壓先行型主要著重於降低壓縮機升壓的能力（最高壓力），節省HIP裝置投資金額的這樣經濟觀點而設計的。此型的操作方式是靠近室溫升壓至壓縮機最高壓力加壓HIP中的容器之後，再升溫，藉加熱促使氣體產生膨脹關係（即 pV=nRT），漸次升壓至所定壓力爲止。此模式常

用於不需膠囊的場合。

接著，同時升溫升壓型係適用於不需膠囊的場合，專爲縮短升溫升壓時間而設計的。至於高溫開放型，則爲特殊場合用的，亦即先把工件置於HIP裝置外予，以預熱處理之後，再裝入已事先升溫至所要溫度的HIP裝置內，透過供給的壓力媒介氣體，逐漸升壓，進行HIP處理，隨後再放出壓力媒介

氣體，並於高溫狀態，取出工件的1種方式（即預熱方式）。由於工件曝露於大氣中與高溫下，故大都採用膠囊法。此型，就技術層次而言，目前亦可做到1循環只需1小時的短處理時間。

表18.3爲上述4種典型HIP壓力與溫度操作的選定基準[19]，至於HIP處理所要的保壓、保溫操作，主要視被處理工件而定，此外保持所需時間，亦需

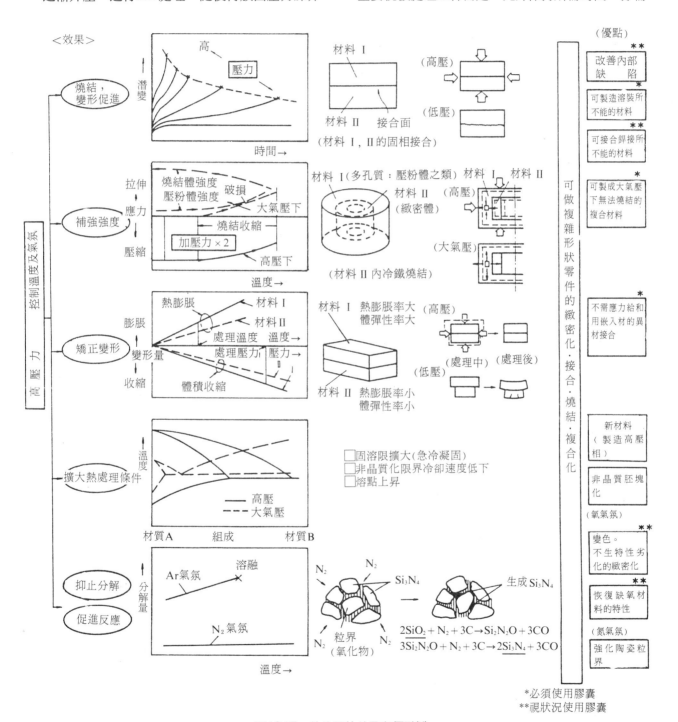

圖18.15　熱均壓的效果與優點[10]

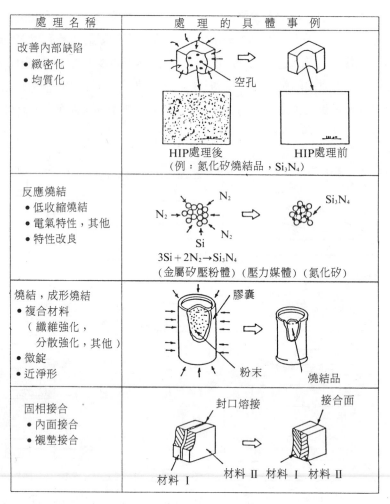

處理名稱	處理的具體事例
改善內部缺陷 • 緻密化 • 均質化	HIP處理後　　　　　　HIP處理前 （例：氮化矽燒結品，Si₃N₄）
反應燒結 • 低收縮燒結 • 電氣特性，其他 • 特性改良	$3Si + 2N_2 \rightarrow Si_3N_4$ （金屬矽壓粉體）（壓力媒體）（氮化矽）
燒結，成形燒結 • 複合材料 （纖維強化， 　分散強化，其他） • 微錠 • 近淨形	
固相接合 • 內面接合 • 襯墊接合	

圖18.16　熱均壓的具體事例[11]

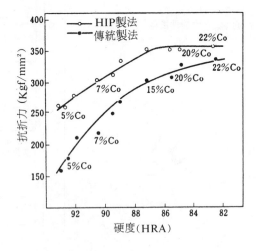

圖18.17　經HIP製超硬合金的硬度與抗折力關係[12]

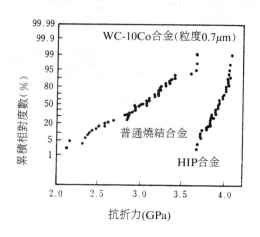

圖18.18　經HIP處理後的抗折力[13]

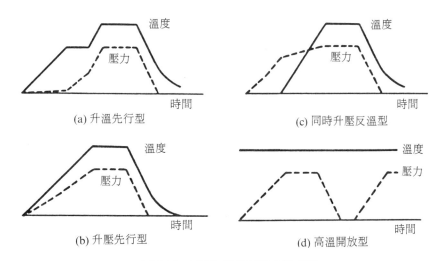

圖18.19　HIP裝置典型操作模式[14]

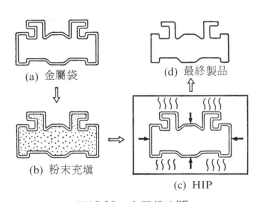

圖18.20　金屬袋法[15]

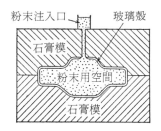

圖18.21　玻璃袋[8]

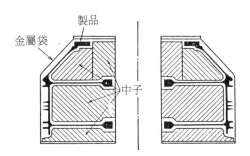

圖18.22　中子方式[8]

表18.3　HIP各操作模式壓縮機輸出壓力與溫度選定基準[19]

模式	壓力	溫度
升溫先行型	Pc=Pv	T≤2000℃
升壓先行型	Pc<PV(一般$Pc=\frac{Pv}{3}$)	T≤2000℃
同時升壓升溫型	Pc=Pv	T≤2000℃
高溫開放型	Pc=Pv	T≤2000℃

註：Pc為壓縮機輸出壓力，Pv是真空狀態的壓力

依据被處理材質及被處理工件大小（此有關熱傳導問題），作一適當考慮。一般而言，超硬合金（WC-Co系）的保溫為1300~1350℃，而保壓則是300~1000 kgf/cm²。

最後在利用氫氣為加壓媒介時所生的熱損失量、密度變化情形，可參考圖18.23及18.24[16]。圖18.25為HP、CIP及HIP三者的概念比較圖[17]。

18.2.9　機械加工

機械加工即為二次加工，多半是燒結後的素材或胚料，針對研磨基準面或刀刃部位而進行加工。超硬合金的加工方法，說起來大約與淬火鋼一樣，其相異點為：①超硬合金幾乎不受磁鐵吸斥作用，因而需靠自重或以其他夾具固定研磨，而淬火鋼則可受磁鐵吸斥作用；②研磨鋼料的磨輪，主要使用A系、C系及CBN磨輪，而超硬合金則唯有使用鑽石磨輪不可；③至於放電加工上，鋼是使用銅電極

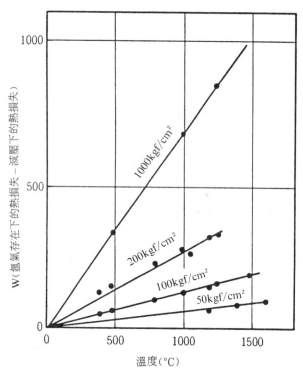

圖18.23　加壓氫氣所生的熱損失量[16]

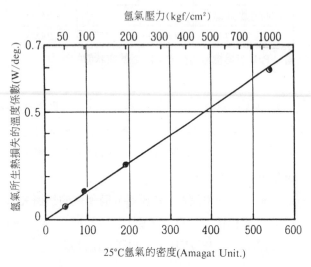

圖18.24　加壓氫氣所生熱損失與氫氣密度關係[16]

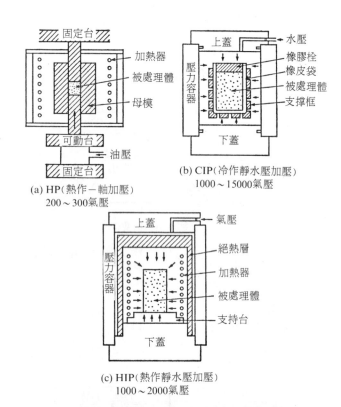

圖18.25　HP、CIP和HIP的概念比較圖[17]

，而超硬合金，則用銅或銅鎢、銀鎢電極。

　　由上來看，雖是超硬，卻還不需特別顧慮什麼，以下分爲2種方式加工說明：

(1)放電加工(EDM)

　　放電加工分爲需作電極的雕模放電與使用細線電極的線切割放電(W-EDM)。對放電加工而言，工件不論多硬，皆可勢如破竹地加工。一般使用泛

用機，非專用機，對於水質（線切割放電用）與油質（雕模放電用）的要求甚嚴。

　　就雕模放電超硬合金而言，普通工件較大，較無龜裂問題，只要選擇較不易消耗的銅鎢電極（一般使用粗放電電極及精放電電極各1支）加工，再配合適當的放電條件，則可順利加工。此外，要注意切屑的順利排出，以免發生二次放電現象，造成工件快速消耗而成爲不合格件。如用放電鋼料的黃銅或紅銅電極，則上述毛病不易控制，形成電極較工件消耗快，往往造成不合格件，徒然增加製造成本。倘若加工面積或空間過大，則宜改爲石墨電極較爲便宜，不過需用專用機，以處理石墨切屑，不常用者，還是不宜投資專用機。

　　與此相對的線切割在加工前需另做幾個導引孔或始孔，以便插入線電極，加工有如割豆腐，速度較雕模放電爲快。雕模放電的部位，多半是工件表面形狀成形，而線切割放電，則由內部切取一定形狀。因此對於承受瞬間6000℃以上高溫能量的熱衝擊，線切割放電的毛病便較雕模爲多。線切割放電

超硬合金主要的毛病，是龜裂與二次放電所生的過切(overcut)兩項。龜裂問題產生的原因，有超硬合金成形密度不均、燒結時熱應力不一、切割銳角而產生應力集中等等因素。解決這些龜裂毛病，可用HIP、工件設平衡孔或槽等方式改善；至於二次放電缺陷所生的過切，則嚴格要求一定純水度（蒸餾水）。

大抵經放電加工後，必須把工件的放電面拋光或研磨，以去除少許缺碳的放電表層（約0.01~0.03mm深），以免減低疲勞強度而影響使用壽命。

(2)研磨

研磨超硬合金素胚，基本上包括平面、圓面、不規則面3種。

或許有人會問：一般常用的磨床是否可磨超硬合金呢？基本上，研磨鋼料是利用磨輪中的顆粒切削作用，而研磨超硬合金，則是顆粒本身的壓壞作用，故其研削抵抗力多少有增大的趨向。然而衡諸實際上的普通磨床，仍有足夠剛性，不會有問題。依筆者的經驗，在要求超硬合金表面粗度、尺寸程度上，可先試磨之後再判斷是否可用，如無異樣，則表示剛性夠。同時，目前製造超硬合金工廠，尚未見到一般磨床或放電加工機有專為超硬合金加工者，通常皆根據操作者的累積經驗，先區別何機為鋼料用或超硬合金用。

對於平面或外圓研磨，則用一般平面磨床、圓筒磨床、無心磨床。然而內孔壁面研磨較難，通常小型工件可用普通車床的刀座，改為磨具並加裝數字顯示器，以控制內孔研磨精度。目前，日本已開發同式多款加裝型的研磨裝置，更有數控(NC)內孔研磨機問世，一經設定程序，即可自動研磨內孔尺寸，大大減少了大量研磨的時間。不過，根據筆者使用經驗，磨輪在研磨中會逐漸消耗，機內無偵測消耗裝置，結果照輸入的研磨量及研磨次數，仍然大過所要的尺寸。通常1台需台幣80萬元以上，相當貴，不實用。

因此，一般製造超硬合金模具廠皆以普通車床改裝成內孔研磨機（照片18.4），亦即去掉複式刀

照片18.4　普通車床改裝的內孔研磨機

座的轉塔部分及尾座，另加裝研磨裝置①光學尺及數字顯示器②。

若超硬合金形狀複雜，比如曲面或異形者，則使用光學式輪廓放大磨床，利用投影放大功能，照螢幕上的標準曲面或圖面形狀，依樣研磨。

針對小孔鏡面加工，使用臥式迴轉機，以1000~2000rpm快速迴轉，並配合操作人員前後推磨，可達到1μm精度的鏡面加工。小孔研磨所用的工具為樺木桿（白色）沾鑽石膏，而樺木桿插入超音波裝置的振動器內，以快速頻率發出前後左右振動研磨。

至於大直徑內孔的鏡面加工，可用立式搪磨機，而更大直徑內孔者，則用立式搓磨機（照片18.5），該機所用者非立式搪磨機的金屬桿加鑽石膏，而是具有撓性土添加鑽石粉粒，以上下且迴轉的交叉運動方式，搓磨大徑內面，成為鏡面。

此處，需注意平面研磨時的方向，以不影響工件為主而從事研磨。比如圖18.26所示[18]而言，對於此類無剛性而易因加工產生撓曲的細長形沖頭，要求不受研磨抵抗力影響而有任何缺損、崩口的情形，因而需如圖示方向，進行研磨。

(3)鎖固法

由於超硬合金價貴，現市價1公克常需2.2~3.0元，再加上硬而脆，因此重要部位才用超硬合金，

照片18.5　立式搓磨機專搓磨大徑內壁爲鏡面

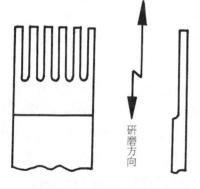

圖18.26　細長型沖頭[18]

俗稱模仁，其餘包圍模仁的部分，則以一般鋼料補充，以收省材料兼具吸收衝擊能量的雙重目的。然如何把鋼料與超硬合金妥切地結合，便是一門學問，其結合好壞，深深影響超硬合金特性的發揮，目前常用的結合方式分爲以下所述的①硬焊法、②壓入法、③熱配法、④冷配法及⑤鎖螺法。

①硬焊法：

　　主要爲銀焊，係一價廉且簡便的方式。但由於其作業溫度需800℃左右，造成超硬合金與鋼料的熱膨脹差距過大（因兩者熱膨脹係數不同，超硬合金的熱膨脹係數變化極少），產生熱應力，冷卻後留有殘留應力，加上焊接部位常顯不安定狀態，沒有充分把握，不宜使用。刀具製造工廠所製螺旋銑刀，分由鋼料的柄部與超硬合金的刀刃兩部分，藉銀焊結合成一體的銑刀。進行此種銀焊接合時，先確認刀刃的超硬合金材質有否問題，無問題，則爲純粹的銀焊技術。如何加熱均勻與冷卻緩慢的控制，是關鍵所在。

　　對於如何掌握銀焊的know-how，說起來簡單，做起來不容易。以下舉一內爲超硬合金而外爲一般鋼料的零件，如何施行硬焊的步驟，予以詳細說明：

1)首先把鋼質連桿內孔與超硬合金模仁外周，擦拭乾淨，不得有灰塵、水分、雜質。

2)內孔與模仁外周塗抹白色膏脂—焊劑（照片18.6）。

照片18.6　塗抹焊劑於鋼質連桿及超硬合金模仁接合面

3)模仁由上套入內孔後，使用氧乙炔混合氣火焰，加熱連桿內孔四方外面，同時以手迴轉底下的迴轉盤，均勻加熱前述外面。

4)當加熱模仁與連桿內孔外周約至桃紅色（800℃

左右），使用細圓桿，由上而下壓入模仁至內孔。

5)一旦模仁入孔，再由上火焰燒紅兩者，繼續加熱至桃紅色。

6)此時，左手拿著銀焊條，一面在右手火焰加熱之下，一面沿著接合間隙處，作一順時鐘方向連續添加銀液入內。

7)在加熱保溫之下，銀液藉間隙內的毛細管作用，由上而下跑入間隙，並填滿間隙。這時候的焊劑早已變成液體，除了幫助銀液順利進入間隙外，還兼有吸收間隙內的雜質，並藉銀液填滿間隙的同時，浮出外面，保護外面的焊道，避免與空氣接觸而生氧化現象。

8)確認銀液充分入內，且上面間隙部位呈均一注滿狀況後，隨即終止加熱（照片18.7）。

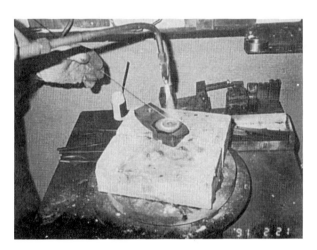

照片18.7　銀液均勻入間隙

9)當在空氣中冷卻至深藍色時，使用鉗子，夾住工件至盛有清水的冷卻水槽內（照片18.8）。

10)工件置入四方形冷卻水槽內的冷卻順序，先肉薄處，後肉厚處（照片18.9）。

11)緊跟著，夾工件至室外的水龍頭下方處，以水流方式冷卻（照片18.10）。

12)最後，把工件挪遠些，但仍保持弱水流速度，持續冷卻至常溫而無煙氣為止後，再放置1小時以上即可（照片18.11）。

上述銀焊所用工具，只有手迴轉作用，其圓盤

照片18.8　空冷後外表皆為深藍色

照片18.9　依肉薄及肉厚順序清水冷卻

上可任何置放工件，屬開放式操作，若為中空工件要焊接時，可以照片18.12所示垂直的心桿③，使用壓縮彈簧④及方塊⑤，加壓工件（為超硬合金①與鋼件②組成）於底下的圓盤⑥上；加壓的方塊，亦可改為錐狀物，具有自定內孔中心的作用。

前述銀焊的第4)步驟，亦改為照片18.13所見的拉伸彈簧ⓐ，緊壓模仁上面，使其在燒紅膨脹之時，永保不變。

②壓入法

這是一般的使用方法，常依1)可抵償內壓，2)可阻脫落，3)定位等的使用用途，而以手直接壓入，若間隙過緊，則以壓床壓入，係1種根據公母套間隙來配合的組配方式。

為使模仁（超硬合金製）與鋼質外殼(case)能夠順利配入，一般在壓入之處先取30度倒角與雙側

照片18.10　工件在水龍頭下方沾水即生煙氧

照片18.11　再次弱水流冷卻1hr以上

照片18.12　夾定中空工件①與②用夾具

照片18.13　實心工件用夾具

間隙在0.01~0.03mm之間，否則不當的硬壓，只有壓壞工件而成為不良品。如果僥倖壓入，也難保在使用中發生胃納問題，亦即模仁在操作中承受內外變動的徑向壓力，如何具有相當韌性，達到所需的使用壽命，則是設計上必須探討的問題。

換句話說，壓入法的模具內部應力分布探討，宜以動態應力與變形觀點來考量，而並非單純的一般靜態應力平衡來推測。

目前，國內針對碳化鎢製模具的結構與動態應力的探討，尚無人提出，同時對模具破壞上的解析，亦無人作有系列的分析，這對設計、製造超硬合金製精密模具而言，仍然靠試誤法或經驗手段來解決，面對著今後走向連續冲模、精密冷鍛、粉末冶金模等高品質自主工業的同時，急需進一步探討。

③熱配法

使用加熱方式，利用工件的相異熱膨脹係數，在熱溫中結合成一體，可免不當壓入而使超硬合金的模仁發生破裂、龜裂等憾事。

此種處理，需選擇適當溫度，驅使外殼在逐漸冷卻中(空氣)，均勻緊壓模仁。

④冷配法

此與熱配法相同，係使用冷縮原理，以乾冰、液化氮之類冷凍媒體，冷卻外殼，加壓模仁，以達成組配的目的。

不論熱配溫度或冷卻溫度，不希望有大的溫度差，故配合的裕度一般取小。

⑤鎖螺法

螺絲確實固定超硬合金的方法，可如圖18.27所示，以硬焊填滿內孔的方式，迫使超硬合金與鋼料結合為一體。

硬焊所用的焊條為銀或銅，為合金之質。

或者使用介螺於鋁合金與鋼釘之法，如圖

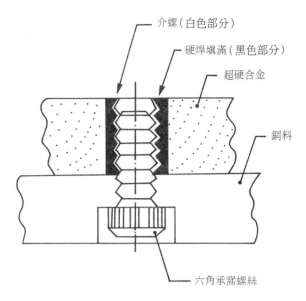

圖18.28　鎖螺法之二

18.28所示，先在超硬合金內孔，藉硬焊手法，焊住介螺於內孔內，而後再以螺絲鎖住介螺。

現今，雕模放電發達，連螺旋孔也能加工出來；亦即先製造出像螺絲形狀的銅鎢電極，然後迴轉又等速向下運動，放電出螺絲孔。但由於超硬合金性硬而脆，即使螺絲鎖住螺絲孔，難免發生崩裂之事，故不宜使用放電方式。目前也已開發出可攻螺絲的超硬合金如圖18.29所示，此係事先燒結出有內孔的超硬合金，然後再以鎳桿壓配塞入內孔，並做1100℃×1hr的固相擴散燒結，因而形成內孔部位會有WC與Ni的化合物。接著，車出較小裕度(ϕ0.01~0.02mm)的牙孔，最後再以鋼質螺絲鎖緊。

一組具有上冲頭、母模（中模）(照片18.14)、心桿（照片18.15）及下冲頭（照片18.16）的典型

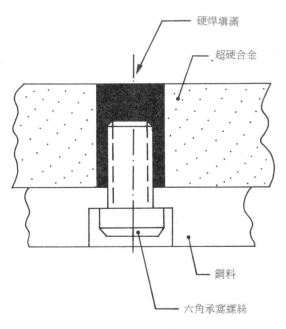

圖18.27　鎖螺法之一

(a) 燒結有內孔的超硬合金　(b) 壓配Ni桿入內孔　(c) 固相擴散燒結

圖18.29　固相擴散燒結造成可攻螺絲的部分超硬合金示意圖

照片18.14　母模（中模）

照片18.16　下沖頭

母模外觀為略呈方形內孔的孔面也是鏡面處理，而內孔所在的正是黑灰色超硬合金的模仁，而包圍模仁的，乃為外殼，而模仁與外殼為熱配法結合一體，成為母模。

由上所知，實際超硬合金製模具的製作，乃是超硬合金配合鋼質包圍或支撐使用熱配法、硬焊法及六角承窩螺絲來結合固定的整體技術，冷配法幾乎不用，鎖螺法雖視目的而用，但有不耐強烈衝擊及易脫離之虞。

18.3　超硬合金特性的檢測方式

表18.4顯示超硬合金特性的11種重要性質，其中經常性的量測工作為比重、HRA、抗折力（另稱為彎曲強度或橫向破斷強度，簡稱為TRS）之外，還有金相組織顯微鏡檢驗及全碳量的輔助。

此外，肉眼的外觀檢視，可憑經驗與直尺、游標卡尺、測微器等量具，剔除裂痕、彎翹、缺碳、氧化、滲碳凸隆等等外表缺陷，而內部空孔、裂縫、雜質等，則可靠非破壞的超音波儀或破壞性線切割放電剖開檢視、判斷。

圖18.30顯示超硬合金組織內碳含量多寡，深切影響其特性[19]。表中，抗折力最高處，在6.15~6.20%C之間。過多，造成游離碳；不足，形成缺碳現象。此對於碳化鎢系的量與質，皆是關鍵之處。因WC中的W與C，必須維持一定比例關係，同時結合相Co內固溶WC也要保持特定的比例。一般

照片18.15　心桿

粉末冶金模具，係一結合超硬合金製模仁與鋼質（SCM3或SNCM439）外殼（套環）的結構。

下沖頭有座板，再由下以螺絲鎖入具有刀刃與柄部的沖頭，沖頭頂面則為鏡面處理。其中刀刃與柄部是硬焊處理。

表18.4　碳化鎢合金產品特性

JIS (CIS)	系列	材質名稱	比重 gf/cm³	硬度 HRA	抗折力 kgf/mm²	壓縮強度 kgf/mm²	彈性係數 kgf/mm²	熱膨脹係數 10⁻⁶/℃	衝擊強度 kgf·m/cm²	楊氏率 ×10⁴kgf/mm²	導熱率 cal/cm·sec·℃	抗拉強度 kgf/mm²	波氏比
V1	DA	DA05	15.0	92.5	310	600	64,000	4.7	0.20	6.5	0.19	76	29
	〃	DA10	15.0	91.5	310	580	61,000	4.8	0.35	6.4	0.19	82	0.21
V2	〃	DA20	14.9	90.5	250	530	62,000	5.0	0.40	6.3	0.28	100	0.21
V3	〃	DA30	14.6	89	300	500	58,000	5.2	0.55	5.9	0.16	130	0.22
	〃	DA50	14.3	87.5	340	450	55,000	5.6	0.65	5.6	0.15	148	0.22
	〃	DA55	14.1	88	330	430	54,000	5.8	0.70	5.5	0.15	180	0.23
	〃	DA60	14.1	86.5	310	410	54,000	5.8	0.70	5.5	0.15	180	0.23
V4	EA	EA20	15.0	90	20	490	61,000	4.9	0.50	5.8	0.19	120	0.21
	〃	EA40	14.4	88	300	450	58,000	5.6	0.70	5.6	0.15	140	0.22
V5	〃	EA60	13.8	85	320	380	56,000	6.2	0.90	5.4	0.10	150	0.23
	〃	EA70	13.6	84.5	330	370	55,500	6.5	0.80	5.3	0.10	160	0.23
	〃	EA80	13.3	83.5	320	350	49,000	6.7	0.85	5.0	0.10	165	0.24
	〃	EA90	13.1	82.5	300	330	51,000	7.1	0.90	4.8	0.10	170	0.25
V6	VA	VA70	14.0	84.5	280	370	54,500	6.0	0.80	5.5	0.15	150	0.23
	〃	VA80	13.5	83.5	280	320	48,000	6.5	0.85	5.0	0.10	170	0.24
	〃	VA90	13.4	82.5	240	310	54,000	6.8	0.90	4.9	0.10	180	0.24
	〃	VA95	13.1	81.5	210	290	56,000	7.3	1.00	4.87	0.10	170	0.25
耐熱性	HA	HA60	14.0	83.5	280	330	54,000	5.9	0.65	5.2	0.11	133	0.23
	〃	HA70	13.8	82.5	260	310	52,000	6.2	0.70	5.0	0.10	135	0.24
非磁性	NA	NA30	14.2	87	280	370	45,000	5.4	0.39	6.4	0.13	94	0.22
	〃	NA70	13.6	82	250	330	50,000	6.0	0.60	5.0	0.10	110	0.23
超微粒	FA	FA20	14.5	92	260	650	58,000	5.5	0.31	5.8	0.15	120	0.22
	〃	FA40	14.2	90	280	500	57,000	6.5	0.45	5.5	0.16	150	0.22
耐蝕性	CB-1		14.7	93	150	350	66,000	4.6	0.20	6.2	0.19	70	0.20

註：①CIS為日本超硬工具協會的標準規格

　　②本表由春保公司提供

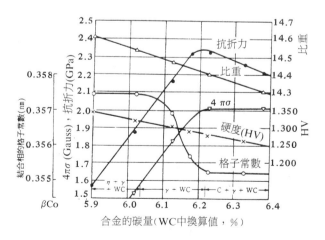

圖18.30　影響WC-10%Co合金γ相格子常數等的合金碳量[19]

，除使用全碳量儀（照片18.17）檢測合金的碳含量外，還需以掃描式電子顯微鏡(SEM)，利用自動影像解析，得知上述各成分、晶粒、C/WC、Co/WC等資訊。

　　以下，僅以常用的測試方法介紹如下：

①超硬合金全碳量測定法（重量法）→CNS類號Z8104

②超硬合金游離碳量測定法（重量法）→CNS類號Z8105

③超硬合金金屬元素含量測定法→X射線螢光分析法→CNS類號Z8106

④超硬合金孔隙率及游離碳測定法（金相法）→CNS類號Z8107

照片18.17　全碳量儀外觀

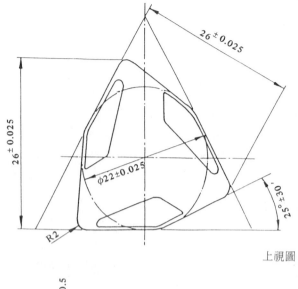

上視圖

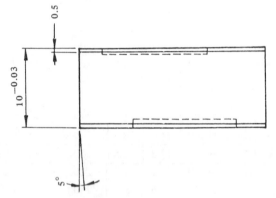

正視圖

圖18.31　三角形刀片尺寸圖

⑤超硬合金顯微組織測定法（金相法）→CNS
類號Z8108

⑥超硬合金壓縮試驗法→CNS類號Z8109

⑦超硬合金橫向破斷強度試驗法→CNS類號
Z8110等多項CNS檢定法，可直接引用。

18.4　超硬合金製程實例：

前述一般超硬合金在製造技術上的重點介紹，
接著舉兩例，一為三角形刀片，另一為捨棄式超硬
合金刀片的製程。

18.4.1　實例1：三角形車刀刀片製作

如圖18.31所見，為一三角形超硬合金刀片，
外觀尺寸為26ˡ×26ʷ×10ᵗ，每件為65gf，共需製作
200件，材質是ISO M20，頂面與底面各有3個刀刃
，每刃都有斷屑槽，以絕斷連續型切屑，但此斷屑

槽形狀，可依圖形大約製作，以下為製造此刀片所
需的模具設計、製作以及粉末燒結、研磨的步驟：

①設計及製造粉末冶金模具

圖18.32、33及34分別為上沖模、中模（母模
）及下沖頭的分件圖。三樣分件的作用部位，皆使
用超硬合金，其餘支撐部位亦以SKD11輔助之。超
硬合金的硬度為HRA90，約HRC80，而SKD11的
硬度，除中模是HRC46~48外，其餘上沖頭或下沖
頭定在HRC56~60。此外，超硬合金質與SKD11質
的接合，以銀焊為之。

②配方

採300目粒度的8wt%Co+平均粒度1.5μm的
12wt%(TaC+TiC)+平均粒度1.5μm的80wt%WC之重
量比例，配成合乎ISOM20的材質。

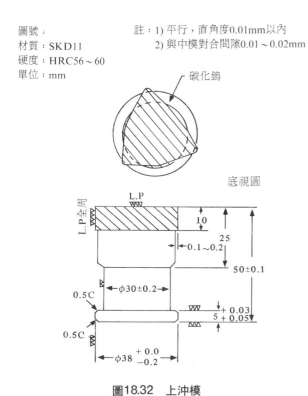

圖號：
材質：SKD11
硬度：HRC56～60
單位：mm

註：1) 平行，直角度0.01mm以內
　　2) 與中模對合間隙0.01～0.02mm

碳化鎢

底視圖

圖18.32　上沖模

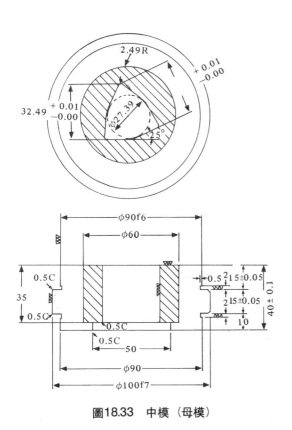

圖18.33　中模（母模）

③溼式混合

　　由於TiC比重輕，對於前述4種成分的混合時間

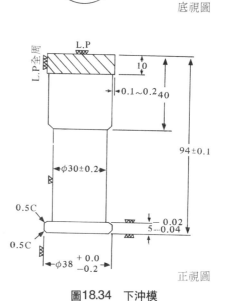

圖號：
材質：SKD11
硬度：HRC56～60
單位：mm

註：1) 平行，直角度0.01mm以內
　　2) 與中模對合間隙0.01～0.02mm

碳化鎢

底視圖

正視圖

圖18.34　下沖模

較長，如能用(W,Ta,Ti)C的原料，可縮短混合時間，燒結固溶（固溶溫度約在1600℃）良好，有助於改善合金的切削性。

　　混合時，可安排原料1kgf、鎢鋼珠3kgf之重量比例，使用正己烷之類溶劑，置於水平式圓筒混合機內，連續混合48hr（而在鋼珠的場合需72hr）。

　　鎢鋼珠與鋼珠的差別爲：鎢鋼珠較鋼珠磨耗少，加上比重重（比鋼珠重3倍），體積小，混合效果較好；鋼珠經磨耗的鐵粉一旦混入粉末內，必會降低超硬合金的抗折力、韌性等機械性質。

④珠粉分離

⑤乾燥

　　經分離出的粉末，置於攪拌機內，設定加熱至溫度爲80℃，葉片一面以60rpm的轉速迴轉一面乾燥。此時可添重量比3%的石臘進去，以進行造粒。加臘的目的，除可順利製造出所需粒度外，還可助於後續的成形。

⑥造粒

使用篩選機，篩出40~100目大小的粉粒。

⑦人工筒裝

⑧自動成形

採用15噸自動成形機，成形出每件厚度為12.5mm。

此係以原圖厚度10mm乘以1.25倍，作為生胚厚度，而考慮燒結線性收縮率為25%，至於每件重量計算得知為65kgf，但需試燒後看多少重，再調整加壓位置。在試壓及試燒時，要得出此成品正確的燒結收縮率X，亦即X大於25%，成形壓力要增大；若X小於25%，成形壓力要減輕。總之，成形壓力與重量是燒結收縮率的變數。

⑨預燒

預燒的目的，在於脫臘。脫臘升溫係以6℃/min進行，升至250℃，約需1~3hr，而保溫階段，則施予500℃×0.5~1hr。

⑩燒結

為節省熱循環時間與能源，一般以真空燒結爐把預燒及燒結同爐進行，而壓胚裝在有底的圓筒形或長方形石墨盒內　，底面敷上Al_2O_3的離型粉粒。此外壓胚與壓胚之間，或壓胚與石墨盒側面、頂面需保持適當距離。

在真空度0.5~1torr的氣氛下，再升溫至1450℃(6℃/min)，保溫為1450℃×1hr，而爐冷則先以2℃/min速率降至1100℃，接著再以10℃/min速率，冷卻至常溫。

此處採真空燒結而不用氫氣燒結的原因，是此超硬合金內的TiC一旦碰到H_2，會把C還原出來，造成Co、CO_2、H_2O氣氛，產生脫碳現象。

⑪HIP

使用氬氣(Ar)，採取升溫先行型模式，先升溫至1380℃，以6℃/min升溫速率需費4hr，接著升壓至1000kgf/cm²，而以此溫保溫1hr，最後以6℃/min速率爐冷至常溫。由此HIP之後的燒結密度，幾近100%。

⑫檢測

1)檢查製品外觀尺寸。

2)檢測內部：

· 觀查組織是否呈健全相：TaC在6.22wt%，TiC在20.5wt%C，而WC為6.12wt%之值；有否游離碳相、缺碳相。

· HRA91?

· 抗折力為260kgf/mm²?

⑬二次加工

把製品頂面與底面，施予平面鑽石研磨，使達到圖面的厚度10$^{-0.03}$mm尺寸，然後使用光學輪廓磨床研磨26$^{±0.025}$ × 26$^{±0.025}$ × φ22$^{±0.025}$mm的3個部位及角度25$^{±5°}$，以及斷屑槽。

在進行斷屑槽研磨時，要注意斷屑槽與刀刃之間的距離要一樣。

⑭試車外觀尺寸檢驗

⑮試車

以實際ISO M20材質適用材料，試車看看，若符合切削切屑形態與使用壽命的話，就算完成了。

⑯包裝

最好以真空包裝，逐件定位密封，以防碰傷。還要嚴禁任何水分滲入或淋到。一般超硬合金遇水易呈黑色斑痕，係一層保護薄膜，促使鏽層不再往內部發展。論其變化原因，係水分與Co起化學反應，使結合相Co生鏽（氧化），外表首先產生紫黃色，再變化為最後的黑色。

⑰交貨

⑱驗收

18.4.2 實例2：捨棄式超硬合金刀片製作

典型的超硬合金刀具，有4種：(1)碳化鎢類；(2)碳化鎢與碳化鈦混合類，有時加些微量碳化鉭；(3)碳化鎢與碳化鈮混合類，偶而含微量的碳化鈦；(4)碳化鎢、碳化鉭、碳化鈦等3種混合碳化物。而這些又依切屑形狀，分為P、K及M類。雖然超硬合金捨棄式刀具(刀片)規格繁多，但其製程皆一。此下，作重點說明。

圖18.35為碳化鎢刀片自配粉至最後的表面處理流程圖，以及所用的設備。

①配粉

碳化鎢刀片係由70~90wt%的硬質金屬（WC、

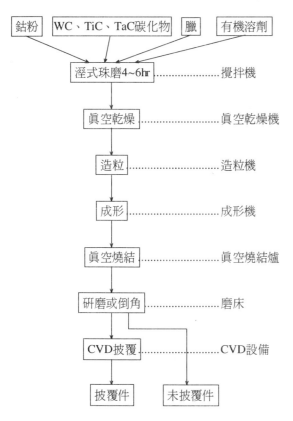

圖18.35　捨棄式碳化鎢刀片的製程

TiC、TaC、NbC等）與10~30wt%的結合劑所組成
的，而結合劑以Co為主。

此外為造粒及成形需要，適當添加0.5~2.0wt%
的臘進去，特別在成形時，充當潤滑劑與粘結劑，
促使成形壓力均勻，以及具有良好的生胚強度，可
防此後續加工造成破損。不過，臘的含量與成形壓
力一樣，皆為燒結收縮量的主要控制因素。

②溼磨

溼磨採攪拌機，內塡鎢鋼珠（長度0.2~1cm）
，正己烷溶劑，並以機內攪拌桿作1~6Hz的迴轉，
帶動鎢鋼珠撞擊與研磨碳化鎢粉粒；一般研磨時間
約費4~6hr，可獲得1μm以下的平均粒徑，經研磨
後的溶液，必須藉粒度分布儀檢測合格後，才可進
行眞空乾燥。

在進行溼磨過程中，會有大量的污染物來自槽
體和磨球，因而要求攪拌桿套上碳化鎢圓環，以減
少粉末污染。必要時，可以化學淬取法、沈澱法或
磁性分離法，去除污染物，以獲取高純度粉末。

③眞空乾燥

直接由攪拌機槽底流下溶液，送至眞空乾燥設
備（圖18.36）進行乾燥。眞空處理時，溶劑揮發
快速，最後留下均勻的粉粒。為降低製造成本與維
護作業員健康，通常另加回收裝置，以資再利用。

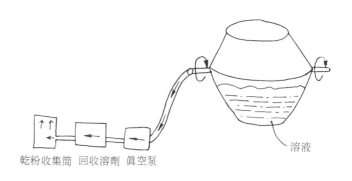

乾粉收集筒　回收溶劑　眞空泵　　　　　　　　溶液

圖18.36　眞空乾燥設備

④造粒

造粒的目的，為使細小的粉末粘結成較大的軟
粗粒，以改良粉末的流動性，提高成形後生胚粉體
密度的均勻性。造粒大小，約為100~500μm粗粒，
而其外觀，可如照片18.18所示，照片中的(a)為小
倍率粗粒，(b)為大倍率的1顆粗粒。

⑤成形

係使用照片18.19所示，美製Hydramet牌成形
機，採乾壓成形，壓力約在3~30噸之間，一個循環
包括圖18.37所示的5個動作，即充塡粉末、轉換為
上沖頭、加壓、頂出壓胚及歸位。

在進行此步驟之前，需計算其壓力範圍的壓縮
比，求出模具尺寸，而後進行開模的工作。

⑥眞空燒結

超硬合金刀片係單峰車削，需忍受嚴苛耐磨
耗、耐衝擊、耐高熱等多種複雜負荷，因此皆以
HIP處理。而HIP處理的模式，如圖18.38所示，升
溫速率宜以3~5℃/min進行。照片18.20為大永科技
公司所用HIP爐的外觀。

此外要注意的是，燒結固然是決定刀片品質的
因素，但燒結的好壞，除了與燒結模式中的溫度、
壓力、升溫速率、保溫時間與保壓時間有關外，然
主要還是決定於燒結前的加工流程，比如是粉粒、
粒度分布、壓胚密度、純度、均勻性等等。

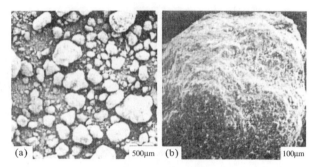

照片18.18　造粒後的粉粒外形

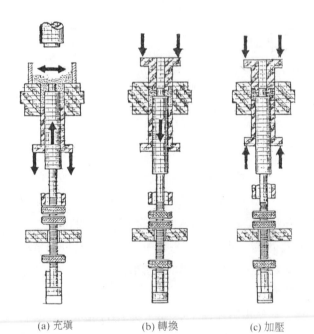

(a) 充填　　　(b) 轉換　　　(c) 加壓

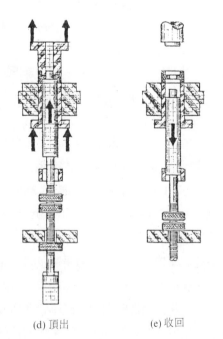

(d) 頂出　　　　　(e) 收回

圖18.37　乾壓成形的一個循環

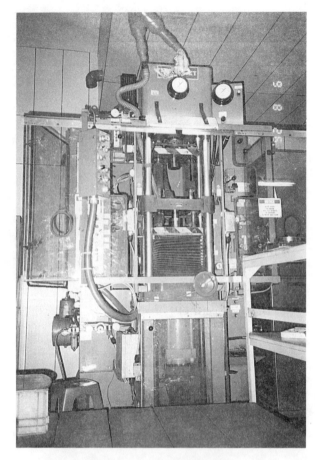

照片18.19　乾壓成形機外觀

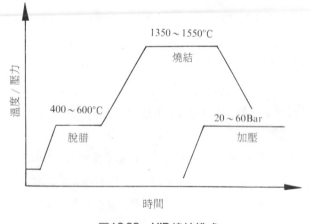

圖18.38　HIP燒結模式

⑦研磨與倒角

　　燒結完畢的刀片，必須再經表面研磨與倒角，才可應用於實際的機械加工，而在研磨與倒角過程中，還需注意尺寸的控制。因為尺寸不均一，可能導致應用時會遭到受力不均，而降低切削效率，降低刀片使用壽命。

照片18.20 HIP裝置的外觀

⑧CVD披覆

CVD為化學蒸鍍法的披覆方式，藉在刀片表面上鍍上一層TiC或TiN或Al_2O_3薄膜（6~10μm），可延長刀片壽命2~5倍。

由於CVD鍍膜與母材之間相互滲透，故其附著力遠較PVD（物理蒸鍍法）為佳。照片18.21為大永科技公司使用的一套CVD披覆設備。

18.5 超硬合金的規格與用途

表18.5為世界各公司有關切削用超硬合金材種

表18.5 世界各公司切削用超硬合金材種比較

分類記號	東芝 TUNGALOY	三菱金屬	住友電工	DAIJET	日立超硬	日本 TUNGSTEN	京陶	日本特殊陶業	SANDVIK	SECO	BAREN-ITE	HELTEL	KENNA METAL
P01									F02	S10M	VC-83		
											VC-8		
											VC-7		
P10	TX10S			SR05	WS03				S10T	FH	VC-165		K5H
				K45						S1G			K7H
													K45
	TX10D	STi10T	ST10P	SR10T	WS10	SN10		MT10	SIP	S1F		P10	
			ST15E	S1	EX-1Z					S15M			
				SR10	WS15B								
P20	TX20	STi20	ST20	SRT	WS20B	SN20			S2	S2	VC-5	P20	K4H
				SR20	EX-2Z				S20				K29
				S2									
	UX25	UTi20T									VC-27	P25	K40
	TX25	STi25			WS25B	SN25							
P30		UTi20T	A30N	DTU	EX35	FL37S	IC50M		SM	S25M	VC-55	P2F	K2884
			A30	UMS	EX3Z	Sn30	IC54		SM30	S4	VC-35M	P30	K2885
	UX30					Un30			SMA	S6			K21
									S30T	S60M			K2S
									S4	U			K420
									S36				KM
	TX30		ST30E		WS30								
P40	TX40		ST40E	SR40	WS40B	SN40			S6		VC56		
M10	TU10			U10E	UMN	WA05	UN10		RIP				
				K4H	WA10	M102							
				UM10	WA10B								
				DX25									
				K420									
M20	TU20		U2	UM20	WA20	UN20			SH				
M40	TU40		A40	UM40	WA40	UN40			R4	G27	VC101 VC111	GX	
K01	TH03	HTi05T	H1	KG05	WH01	HN05			H05	HX	VC-3		K11
			H2	VH	WH01S								
			H10E	KG05	WH05								
K10	TH10	HTi10T	G10E	KT9	WH10	HN10	KW-10	KT10E	HIP	H13	VC-29	KM	K68
				KG10		G1	IC20		H13A		VC-2		K6
				K68					HM				K8735
				CR1					H10				K1
K20	G2	HTi20T	G2		WH20	G2		KT20	H20	H20	VC-28	K20	
									HML				

（取自日本東芝TUNGALOY公司1986年10月版切削工具綜合型錄）

(a)控制裝置

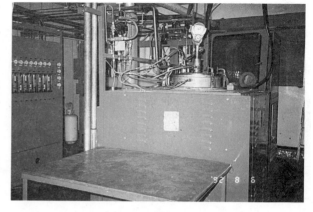

(b)披覆爐

照片18.21　一套CVD披覆設備全景

的比較。表中的P系乃切削銅或鑄鋼而生連續切削的場合，K系為切削鑄鐵或非鐵金屬而生不連續切削場合，而M系則是屬於中間者，係切削鋼、鑄鋼、高錳鋼之類用的分類記號。至於列屬各分類記號的超硬合金刀片之機械性質的化學組成，則示於表18.6。該表另列入抽線模等所用的超硬合金，而

V1~V3記號，則與耐磨耗程度、荷重、荷重變動的大小有關。

表18.7顯示超硬合金用途與其對照材質。表中所用用途甚多，顯示正有許多不同領域的零件用得上它。而在材質上的分類，DA系為具1~2μm粒度且低鈷含量的耐磨耗材種；EA系是以3μm粒度為

表18.6　超硬合金刀片的分類、性質、成分及使用選擇基準(JIS B 4104)

區　分		使用分類記號	硬度(HRA)	抗折力(GPa)	成　　分(%)					備　考	
					W	Co	Ti	Ta*	C		
切削工具用（車刀用刀片）	用於鋼、鑄鐵、可鍛鑄鐵之類而有長切屑的場合(天藍色)	P01	＞91.5	＞0.69	30~78	4~8	10~40	0~25	7~13	切削速度愈快 ↑ 超硬合金的耐磨耗性愈大 進給愈多 超硬合金的韌性愈大 超硬合金的 ↓	
		P10	＞91	＞0.88	50~80	4~9	8~20	0~20	7~10		
		P20	＞90	＞1.08	0~83	5~10	5~15	0~15	6~9		
		P30	＞89	＞1.27	70~84	6~12	3~12	0~12	6~8		
		P40	＞88	＞1.47	65~85	7~15	2~10	0~10	6~8		
		P50	＞87	＞1.67	60~83	9~20	2~8	0~8	5~7		
	鋼、鑄鐵、鑄鋼、高錳鋼、沃斯田鋼之類(黃色)	M10	＞91	＞0.98	70~86	4~9	3~11	0~11	6~8	切削速度 愈快 耐磨耗性愈大 超硬合金的 進給愈多 超硬合金的 韌性愈大 超硬合金的	
		M20	＞90	＞1.08	70~86	5~11	2~10	0~10	5~8		
		M30	＞89	＞1.27	70~86	6~13	2~9	0~9	5~7		
		M40	＞87	＞1.67	65~85	8~10	1~7	0~7	5~7		
	鑄鐵、陶瓷、淬火鋼、非鐵金屬、非鐵合金之類(紅色)	K01	＞91.5	＞0.98	83~91	3~6	0~2	0~3	5~6	切削速度愈快 ↑ 超硬合金的耐磨耗性愈大 進給愈多 超硬合金的 韌性愈大 超硬合金的 ↓	
		K10	＞90.5	＞1.08	84~90	4~7	0~1	0~2	5~6		
		K20	＞89	＞1.37	83~88	5~8	0~1	0~2	5~6		
		K30	＞88	＞1.47	81~88	6~11	0~1	0~2	5~6		
		K40	＞87	＞1.57	79~87	7~16	-	-	5~6		
抽線母模及頂心用(車刀用刀片)		V1	＞89	＞1.18	88~91	3~6	-	-	5~6		
		V2	＞88	＞1.27	85~90	5~9	-	-	5~6		
		V3	＞87	＞1.47	78~87	8~16	-	-	5~6		

註：＊記號表Ta的部分可置換Nb

表18.7　碳化鎢合金用途與適合材質

用途分類	製品項目	適用材質																						
		DA05	DA10	DA20	DA30	DA50	DA55	DA60	EA20	EA40	EA60	EA70	EA80	EA90	VA70	VA80	VA90	VA95	HA60	HA70	NA30	NA70	FA20	FA40	CB-1
冷鍛	高張力大口徑打頭模											●	●	●	●	●	●								
	小徑打頭模							●			●	●	●	●											
	不鏽鋼刃形打頭模					●		●			●	●													
	高速打頭模										●	●	●												
	多段螺栓成形模、沖頭										●	●	●	●	●	●	●								
	多段零件成形模、沖頭										●	●	●	●	●	●	●	●							
	螺帽模、沖模														●	●	●	●							
	接頭、壓造、沖模	●	●	●	●										●	●	●	●							
抽模	抽線模		●	●	●																				
	異形抽模			●	●	●																			
	抽管模(外模)		●	●	●																				
	各種塞子(內模)		●	●	●		●	●																	
模具	絞模、搓模、沖頭		●	●	●	●	●	●							●	●									
	彎曲模、擠出模、沖頭		●	●	●	●	●	●																	
	製罐模、沖頭		●	●	●	●	●	●																	
	專用壓造模、沖頭		●	●	●	●	●	●							●	●									
剪斷工具	金屬用切腳刀		●	●																			●	●	
	非金屬用切腳刀	●	●	●																			●	●	
	剪模、刀模					●									●	●							●	●	
	IC用導線切斷模		●											●	●	●							●	●	
粉末成形	粉末成形模、沖頭		●	●	●	●	●	●																	
	非磁性粉末成形模、沖頭																		●	●	●				
滾筒	抽線用壓延滾筒		●	●	●																				
	成形用滾筒					●	●	●																	
	冷作壓延滾筒		●	●	●	●																			
	造管滾筒					●	●	●																	
熱作、溫作	熱作壓滾筒													●	●	●	●	●	●						
	熱導軌滾筒													●	●	●	●	●	●						
	熱作押出(熱擠)模													●	●	●	●	●	●						
	熱作或溫鍛模													●	●	●	●	●	●						
高壓零件	超高壓缸襯、活柱	●	●	●	●																				
	半導體用模具																								
	切刀用特殊模具																								
	電路板用鑽頭																						●	●	
刀刃	礦山用鑽頭、混凝土用鑽頭								●	●													●	●	
耐蝕性	軸封之類產品																								●

（本表由春保公司提供）

主，為一高鈷含量，具有耐磨耗與耐衝擊特性；
VA系係由5~6μm粒度配置，屬高鈷含量，為耐衝
擊材；FA系是全由0.6μm以下的超微粒組成，屬中
鈷含量，特具耐磨耗的特性；NA系乃表非磁性材
料，適合粉末冶金模仁用。其它尚有耐熱用HA系
、切削用的P、M、K系以及耐蝕用的CB-1材。

　　表18.8及18.9分別為超硬合金素材之物性及其
選用表，謹供參考。

18.6　結語

　　本文主要重點談及超硬合金的製造技術，經由
實務的數據解說，加上現場照片的輔助，望能有助
於實際實務的瞭解。

　　由於台灣市場小，超硬合金製造廠商大小廠家
分食有限餅塊，若不能量產外銷，且不知主動發掘
極有潛力的市場，比如連續沖模用超硬合金，恐有
市場萎縮之虞。

　　此外，製程的標準化必需建立，因為超硬合金
在製造中不容有任何的污染。此關係到高品質製品
建立的關鍵。至於加工超硬合金模具，特別是難度
高深的連續沖模，不論設計或損壞的解析，尚在摸
索中，猶未成熟。

　　總之，不斷地嚴格要求品質、精研基礎現象，
主動找尋市場，再配合省力化、量產化生產，未來
超硬合金的發展仍大有可為。

表18.8　超硬合金素材物性及其用途

(a)模具用素材

物性 材質	硬度 (HRA)	抗折力 (kgf/mm²)	比重 (gf/cm³)	熱膨脹 係　數* (10^{-6}/℃)	用　　　途
AT3	92	195	14.9	5.4	眼模、刀類、量具、噴嘴
AT7	90.5	80	14.7	5.7	粉末模具、滾輪、中心鑽、礦山工具、抽線模、刀具、套筒
AT8	89.8	305	14.5	5.9	
AT1	89	315	14.5	5.9	
AT9	88	315	14.5	5.9	
AT2	86.5	315	13.95	6.8	熱鍛模、線刀、滾牙輪、沖子、熱鍛滾輪
AT10	85	300	13.8	6.9	
AT11	84	305	13.6	7.1	
AT4	82	320	13.4	7.2	子成形模等其他衝擊較大用途

(b)超微粒合金素材

物性 材質	比重 (gf/cm³)	硬度 (HRA)	抗折力 (kgf/mm²)	壓縮強度 (kgf/mm²)	用　　　途
AT5	15.0	92.5	190	650	刀具、沖子、模具、眼模
AT6	14.5	91.5	240	600	
AT12	15.2	93.0	170	4.8	

　　註：①＊表示在20~800℃內

　　　　②本表由大永科技公司提供

表18.9　超硬材質選用表

相當ISO 材　質	性質 分析	硬度		用　途　概　述
		HRV	HV	
K05		92.0	1700MIN	硬鑄鐵、塑膠、陶器、纖維（細切削用）
K10		91.0	1600~1650	HB220以上灰鑄鐵（中細切削用）
K20		90.5	1480~1550	HB220以下灰鑄鐵、木材、非鐵金屬（中粗車用）
K30		89.5	1380~1450	低硬度鑄鐵、木材、非鐵金屬（粗車用）
P10/M10		90.5	1550~1650	鋼料車削（中細進給）
P20-30 M20-30		90.0	1450~1520	鋼料車削（中粗進給）
P40/M40		89.0	1350~1450	鋼料車削（粗車用）
UF*		90.0	1550~1620	木工用，紡織刀用
K25		89.5	1380~1480	木工用，中心頂、噴砂嘴、耐磨耗用
GT15*		89.0	1360~1460	木工用，紡織刀用
M10/K10		90.5	1584~1630	標準鑽頭、鋸片抽線模心、耐磨品、非鐵金屬、非金屬(中細車用)
M20/K20		90.0	1480~1550	標準鑽頭、鋸片、抽線模心、耐磨品、非鐵金屬（中粗車用）
K40		88.0	1230~1330	粉末冶金模具、抽線(管)模具、一般耐磨品（重車削用）
K50		87.0	1150~1250	深抽模具、沖模、礦山工具（極重車刀用）
G30		86.0	1050~1150	矽鋼片沖斷模、鋼片剪(沖)斷模
G40		85.0	900~1000	沖模、螺絲模
DH*		84.5	780~880	螺絲打頭模、打釘模、重沖模
G50		83.5	800~900	螺帽模心、極重沖模
G60		82.0	700~800	特殊螺帽模心、超重沖模

註：①＊記號表玄鋒超硬公司的自有規格
　　②本表由玄鋒超硬公司提供

參考文獻

1.鈴木　壽，超硬合金と燒結硬質材料－基礎と應用，1986, p.21.

2.小泉光惠，西原正夫；"等方加壓技術"，日刊工業新聞社，1988, p.30.

3.同(2), 1988, 77.

4.同(2), 1988, p60.

5.筒井文一；東芝レビュ，21，1966, p.45.

6.田村　博；"溶融加工"，森北出版株式會社，1982, p.197.

7.堀　惠一，市來崎哲雄；"HIPおよび O₂HIP燒結"，機能材料，No.1, Vol.9, 17 (1989).

8.複合加工研究會編；"複合加工技術"，產業圖書株式會社，1982, p.105.

9.同上，p.113

10.市來崎哲雄，赤津　眞，堀　惠一；"最近のHIP，CIP技術の現狀"，7, No.1, 132 (1989).

11.同(7)，19, (1989)

12.同(2)，p.178.

13.同(1)，p.30.

14.同(2)，p.141.

15.同(9)，p.111.

16.同(7)，18 (1989).

17.同(9)，p.100.

18.高橋氏；"超硬合金とその最適選擇基準"，金型新聞社，Vol.6, p.92~95(1990)

19.同(1), p.99.

20.林舜天；"WC-10%Co粉末射出成形"中華民國粉末冶金協會，No.19, 3期，17卷，183~188 (1992)。

21.S.Amberg, et al, *"The Influence of Hot Isostatic Pressing on the Porosity of Cemented Carbide"*, Powder Met. Int., 6[4], 178(1974)。

第十九章　電接觸材料

林　正　雄*

19.1 電接觸材料的特性需求　　　19.3 電接觸材料的製作方法
19.2 電接觸材料的選擇　　　　　　　及特性

電接觸材料用於電路的接續，它必須要有很好的導電性，不會引起化學變化，不會失去光澤，有很高的熔點、並且堅硬耐磨。電接觸材料依功用可以分成爲電接點、電刷、及電極等三種。電接點使用於電路開關，以控制電路的閉合與切斷。電刷用於電路的滑動接觸，電極用於導引電流如放電加工機的電極。每一種功能有不同的特性需求。

19.1　電接觸材料的特性需求[1]

19.1.1　電接點

電路開關內的兩接點擔負著電路的切斷與導通，如繼電器、起動器、電磁開關、斷路器、及控制器等。電路開關在操作時，開關內的電接點由於電弧放電、接點間長期反覆碰撞、及外在操作環境會產生下列的電接點材料問題:

(1)熔著：在電路開關被切斷的瞬間，電路上由於電感或電容所儲存的能量全部在開關的兩接點間釋出，產生電弧放電。電路上的電流及電壓越大，釋出的電弧越強。此電弧使電接點產生高熱而局部熔化變形，甚至熔接在一起而無法斷開。兩接點黏在一起的現象不一定要超過電接點的熔點才會發生，熔點較低，在1000°C的金屬如純銀和純銅所做成的電接點，也會因爲接觸電阻生熱而使兩接點黏在一起無法斷開，類似粉末冶金的燒結現象，稱爲冷熔著。冷熔著現象以兩接點的接觸電阻較大，兩接

點間的接觸壓力較大並長時期在閉合狀態更易發生。

爲避免熔著現象，所用電接觸材料的熔點及沸點要越高越好。電接點材料的導電度要越高越好，以減少因電阻而發熱。電接點材料的導熱度也要越高越好，以使所產生之熱量能順利散開。

(2)接觸電阻：接觸電阻和材料特有的電阻不同，接觸電阻發生在兩接點間的介面。接觸電阻來自接觸面的非導體薄膜。接觸電阻也和接觸面的粗糙度有關，接觸面的壓力增加，接觸面增加，接觸電阻減少，導體的接觸電阻值通常在 $0.1\sim0.5\Omega$ 左右。接點電阻使電接點的溫度上升。溫度上升使接點表面很容易產生氧化膜，更增加接點的電阻。如果電接點在含在酸氣、硫化物等腐蝕性的氣氛下使用，更容易形成高電阻的薄膜。電接點材料必須是惰性的，不氧化，不容易引起化學變化，表面永遠能保持光澤亮麗的金屬。高熔點的貴金屬顯然是最佳的選擇。

(3)消耗、變形、及材料轉移：電接點開啟與閉合之機械性動作不斷的反覆進行後，電接點會逐漸的磨損、消耗與變形。電接點在不斷開始閉合碰撞之後，接點會產生彈性疲乏現象，尤其是爲減少接點電阻，接點間壓力增大，此現象更容易發生。

兩接點開始斷開，當兩極間距離小於1μm時，極極粉末冶金技術手冊電子撞擊陽極表面，陽極材料被炸離，轉移到陰極。當

*美國紐約州州立大學石溪分校博士
　國立清華大學材料科學與工程系教授

兩極間的距離超過1μm後，極陰電子在到達陽極表面之前已失去大部份動能，無法把陽極的材料炸離表面。此時兩極間的空氣被電離產生的陽離子撞擊陰極表面，使陰極表面的材料被炸離，轉移到陽極。如果是交流電，則極性不斷改變，情況更複雜。直流電路、或因兩接點間材料及形狀不同，常造成材料單向轉移。兩接點間材料轉移，使接點表面凹凸不平，產生表面接觸不良現象，嚴重時甚至造成在斷路時，接點無法斷開，造成短路現象。為減少接點因使用時產生的消耗、變形、及材料轉移現象以延長電接點的壽命，電接點材料必須選有足夠的機械強度、高硬度、及高熔點，如鎢、鉬、碳化鎢等材料。

在選擇電接點材料時，因使用的場合不同，其考慮因素如下：

① 所欲負載的容量大小，包括電壓及電流的大小

② 所欲使用的是直流電或交流電

③ 電路切斷的頻率

④ 斷路時電弧的防止

⑤ 接觸壓力

⑥ 相對摩擦運動的大小

⑦ 操作環境，是否有煙霧、油脂、腐蝕性氣體、化學蒸氣

⑧ 操作溫度

⑨ 接觸電阻

⑩ 突然高電壓湧流(Surge)

⑪ 預期壽命

在上述的十一項因素中，以第一項最重要。電路開關依負載的大小，可分成下列四種：

(1)極輕負載：如電話、收音機、儀器等，其負載電流為幾十分之一安培。此種輕負載開關，電接觸材料能夠長期保持接觸面的低電阻值非常重要。能夠抵抗因化學腐蝕或電弧跳火而失去光澤。此材料應有適當的彈性，不應因長期的使用而彈性疲乏。

(2)中等負載：在一般直流或交流電路上使用，電流為數安培。中等負載及中等負載以上的電路開關，因氧化物、硫化物或其他原因致使電接觸面產生失去光澤的薄膜並非主要顧慮，因為電路開關切斷時所產生的電弧自然會除去這些薄膜。中等負載及中等負載以上的電路開關長期使用時，電接觸面熔接在一起是主要的顧慮。

(3)重負載：電流在一百安培左右，電壓在440伏特以上。重負載開關在切斷時，電弧跳火非常猛烈，電接觸面產生巨大的熱量。因此重負載開關接觸面對過熱的抵抗及整個電路開關的機械強度變成非常重要。

(4)超重負載：如所欲切斷的電流從數百安培至數萬安培，電壓在數百伏特左右時，電路開關在空氣中操作。如所欲切斷的電流在數萬安培以上，電壓在數千伏特以上時，電路開關必須浸在絕緣油裡面操作，以解決散熱問題。超重負載電路開關的使用，熱抵抗、機械強度、及不會表面熔接變成主要的顧慮因素。

19.1.2 電刷

電刷材料使用於兩接點間，一方面要通電流，一方面要做高速相對運動如馬達的電刷、電氣火車的集電弓。由於兩接點間做高速相對運動，接點間的潤滑變成極端的重要，以防止兩接點間過度的磨損，甚至卡死。液體潤滑劑需經常添加在實際應用上有困難，故電刷都使用潤滑效果良好的固態石墨當潤滑劑，把銅、銀等導電良好的金屬和潤滑效果良好的石墨粉利用粉末冶金法燒結在一起，使其具有雙方的特性。

石墨的良好潤滑效果來自葉片狀的結構，葉片和葉片間的相互作用非常微弱，葉片很容易相互快速滑動而不互黏。在銅石墨系統接觸材料中，銅接點表面上有大約210Å厚度的氧化亞銅薄膜層，氧化亞銅層上面覆蓋著大約540Å厚度的石墨層。當電接點做相互運動時，含有無數微小石墨葉片的石墨層做快速相互滑動，保護電接點不受磨損。銅石

墨系統的摩擦係數和操作環境的濕度有關，濕氣有幫助石墨的潤滑效果，少量的有機氣體亦有同樣的效果，而極端乾燥的環境使磨損加快。

日本的電氣火車的集電弓成分有二種：BB型係使用在純電氣化的鐵路上；BC型是使用在仍然有蒸氣火車行駛，腐蝕性氣體較多的鐵路上。BB型及BC型的化學成分及特性如表19.1所示。

馬達及發電機的電刷的結構如圖19.1所示，電刷和快速旋轉的電樞直接接觸。電刷的特性要求是低接觸電阻、低整體電阻、低摩擦係數及價格便宜。

19.2 電接觸材料的選擇

19.2.1 純金屬

金屬有最佳的導電性、導熱性及強韌性，故選擇電接觸材料時自然從金屬去選擇，各種電接觸材料常用的金屬的特性如表19.2所示。

19.2.1.1 銀

銀在所有的金屬裡有最好的導電性及導熱性，且不會在表面形成氧化物薄膜，但銀很容易形成硫化物薄膜，雖然此硫化物薄膜的導電性仍然比銅的氧化物薄膜導電性佳，但仍然不適合做為儀器等小電流電路開關的電接觸材料。銀的另一缺點是很容易冷熔接，在高電弧時接觸面容易造成熔接及沖蝕。銀的強度良好，但磨損抵抗不太好，純銀只限使用於10A以下的小電路開關，超過10A以上的開關

表19.1 電氣火車的集電弓的成分及特性

項 目		BB 型	BC 型
成分 wt %	銅	80	72.7
	錫	10	8.5
	鐵	5	12.8
	鎳	0	2.6
	石墨	5	3.4
油脂固著能力 vol%		5	5
比 重		7.7	7.5
硬 度, Brinell		45～55	45～50
抗拉強度, GPa		0.22～0.24	0.22～0.24
伸 長 率, %		9～12	5～6
導 電 度, μΩ/cm		23.1	26.3
衝擊強度, Charpy		130	76

，電弧沖蝕對銀相當嚴重，影響接點的壽命。

19.2.1.2 銅

銅的導電度為$1.673\mu\Omega/cm$，僅次於銀，且價格便宜，但是銅的表面很容易形成氧化膜，此氧化膜的電阻相當高。由於此高電阻的氧化膜介於兩接觸面之間，使得接觸面很容易產生過熱現象，過熱的接觸面更促進銅的氧化，電阻會增加，發熱更多，如此惡性循環下去，最後終使接觸面燒毀。銅由於熔點較低，接觸面也會發生冷熔接現象。

19.2.1.3 黃金

黃金的表面不會失去光澤，且有相當好的導電度$(2.3\mu\Omega/cm)$，但因為價格太高，故很少單獨使用，僅用於接觸面的表層。黃金由於熔點不高，故仍然有冷熔接的問題。

19.2.1.4 白金

表19.2 各種電接點用金屬元素的物理性質

元素名	銀	銅	鎳	鈷	鎘	鎢	鉬	碳
熔點,℃	961.9	1083.4	1455	1495	320.9	3410 ±20	2625 ±50	3700 ±100
沸點,℃	2212	2567	2730	2870	765	5930	4800	4830
密度,g/cm³ [20℃]	10.5	8.92	8.90	8.90	8.64	3410	2625	3700
比電阻, 10⁶ Ω·cm [0℃]	1.467	1.543	6.16	5.60	6.80	4.89	5.03	1375

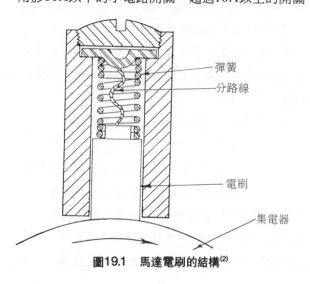

彈簧

分路線

電刷

集電器

圖19.1 馬達電刷的結構[2]

　　白金的表面也不會失去光澤，但是導電度較差(9.81μΩ/cm)。由於白金有高的熔點及沸點，故對冷熔接及沖蝕的抵抗較佳，但對磨損的抵抗也不太好。和黃金一樣，白金的價格太高，無法單獨使用，僅用於接觸面的表層。

19.2.1.5 鎢

　　鎢比白金有更好的導電度(5.5μΩ/cm)，表面也不會失去光澤。但鎢接點在操作時，表面會產生一層氧化膜，此高阻抗的氧化膜使表面產生過熱現象。由於氧化膜的產生，鎢接點在使用時必須增大接點壓力，使電阻降低。鎢有極強的機械強度，適合於高使用頻率。鎢對接觸點熔接及材料轉移的抵抗也非常良好。

19.2.1.6 鉬

　　鉬和鎢的導電度相當(5.17μΩ/cm)，其對摩損、熔接、及材料轉移的抵抗比鎢較差，但比銅及銀好。鉬在高溫的性能不好，因其氧化物有揮發性之故。

19.2.1.7 鎳

　　鎳的導電度較差(6.8μΩ/cm)，但對於表面失去光澤、摩損、及冷熔接的抵抗相當好。

19.2.2 合金

　　由以上的分析得知任何一種金屬無法單獨成為一種理想的電接點材料，把多種合金熔在一起形成合金自然是一種選擇，但是各種金屬往往無法相互溶解在一起，變成固溶體。因受材料相互溶解度的限制，材料的凝固時的偏析現象變成一種無法解決的問題。但即使各種金屬材料間有很高的相互溶解度，如銅鎳可以以任意比例形成固溶體，但隨著材料因相互溶解形成固溶體後，電阻急劇增加，使得使用合金當電接觸材料變成不可行。有些金屬如鎢鉬熔點太高，無法用一般的方法熔化以製成合金。因此以鑄造法製造電接點材料似乎不太可行，利用粉末冶金方法製造電接觸材料似乎是唯一的選擇。

　　利用粉末冶金方法可以把不能互溶的粉末強迫的聚集在一起，而仍然保有各自金屬的優點。例如把銅粉(70%)與鎳粉(30%)混合在一起，然後再經3.5ton/cm²成形及980°C燒結2 hrs所得的電接點材料

，其電阻值只有純銅的160%，但其機械強度及對氧化的抵抗遠比純銅佳。但此銅鎳系統不能過度燒結，否則銅鎳粉末將變成銅鎳合金，其電阻值將急劇上升。

　　使用最廣泛的電接觸材料是銅－鎢、銅－碳化鎢、銀－鎢、銀－鎳、銀－鐵、銀－鉬、銀－石墨、銀－碳化鎢、及鎢－鎳銅合金等。這些系統習慣上稱之為合金，實際上各金屬間並沒有熔化在一起。在這些合金中，銀和銅扮演著高導電度、高導熱度的角色，以負載電流。鉬、鎢及碳化鎢扮演著高強度、高硬度、高熔點的角色，以負擔機械強度。使用石墨則是取其潤滑的作用，如果電接點需要滑動者如滑動接點或電刷，則必須添加石墨。

19.2.2.1 銀鎢合金

　　由於取銀鎢各自金屬的優點，銀鎢合金有很好的沖蝕抵抗，也有很高的導電度。銀鉬合金和銀鎢合金類似，但質量較輕也較軟。銀鎢合金是使用最廣泛的電接觸材料，它適用於中電流至大電流的斷路器(Circuit Breaker)上，但銀鎢合金不太適用於電流達好幾百安培，電路啟閉非常頻繁的電磁開關(Magnetic Switch)，因為銀鎢合金的缺點是鎢晶粒表面容易形成氧化層，使接觸電阻上升。當電路被切斷，電弧產生時，鎢的表面形成氧化鎢薄膜(WO_3)。當溫度到達550°C時，氧化鎢繼續和銀及空氣的氧作用，產生鎢酸銀(Ag_2WO_4)。當溫度更高時，氧化鎢能直接和銀起作用，形成自我氧化還原反應：

$$4WO_3 + 2Ag \rightarrow Ag_2WO_4 + W_3O_8$$

由於Ag_2WO_4在600°C熔化，W_3O_8很容易揮發，使得銀鎢接點在使用頻繁的電磁開關很容易耗損。銀鉬合金、銀碳化鎢合金、銅鎢合金、銅碳化鎢合金也有類似的缺點。各種材料的接觸電阻及接觸三萬次之後接點表面的消耗量如圖19.2所示。

19.2.2.2 銀鎳合金

　　銀鎢合金內鎢的氧化膜和銀起複雜的化學反應是其缺點，銀鎳合金則無此現象。電接點上的金屬鎳在其表面形成氧化膜非常穩定，不會和附近的銀起化學反應。純銀的電弧沖蝕的抵抗力較差，純銀

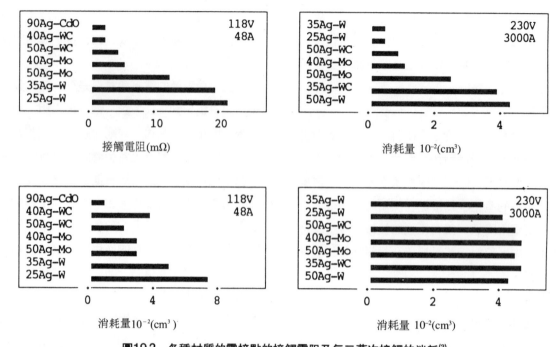

圖19.2 各種材質的電接點的接觸電阻及每三萬次接觸的消耗[3]

(接觸壓力：900g，平面接觸：3×10^4次後，速度：每秒6次)

添加15-20%鎳之後，即大幅提高對電弧沖蝕的抵抗。

19.2.2.3 銅鎢合金[4-5]

銅鎢合金和銀鎢合金性質類似，但價格較便宜，不過導電度及抗氧化性也較差，只能用在非氧化性氣氛中或在絕緣油中使用。銀碳化鎢合金由於非常堅硬，非常抵抗摩損，化學性質也非常穩定。銀鎳合金有很好的電弧及沖蝕抵抗，電阻值也很低，也有很好的延展性。

19.2.2.4 銀氧化鎘合金

銀氧化鎘合金電接觸材料是一個比較特殊的例子。鎘及氧化鎘之所以使用於電接點材料中，因為鎘或氧化鎘被發現添加於電接點材料中都有減少電弧跳火的作用。此消弧力是由於鎘的沸點非常低，只有 $766°C$。當電路開關切電弧產生熱量時，把少量的氧化鎘解離，變成鎘蒸氣介於兩接點之間，導引電弧，使電弧消去。金屬鎘和銀形成α−相固溶體，在 $730°C$時在銀中的溶解度為36.5%。鎘銀形成固溶體合金後，電阻急劇上升，不適合做電接點材料。以氧化鎘取代鎘，仍然保有消弧的特性，因

氧化鎘和銀沒有相互溶解度，只是散佈在銀中，不會降低導電度，因此銀氧化鎘系統比較適合做電接點材料。銀氧化鎘系統的各方面的性質都很好，其典型的特性如下：

(1)接觸電阻非常低，甚至比銀鎢系統更低，其原因不明。

(2)良好的沖蝕抵抗，比銀合金還好，和銀鎢系統相當。

(3)非常良好的消弧能力。

(4)能夠抵抗突然的湧浪電流而接點不會熔著。良好的熔著抵抗來自散佈於接點表面中的氧化鎘阻止兩接點中的銀相互黏著。

由於銀氧化鎘系統有這些優異的特性，特別是抵抗熔著的能力，使得以銀氧化鎘系統為材料的電接的負載能力增大，比較少的尺寸即能負載較大的電壓及電流，此特性特別適合於飛機及飛彈上使用。各種電接點材料的接點電流和熔著強度如圖19.3所示，銀氧化鎘合金有很低的熔著強度，純金屬銀有非常高的熔著強度。

19.2.2.5 銀鎢鐵、銀鎢鈷、及銀鎢鎳[7-9]

鐵系金屬鐵、鈷、鎳的氧化物都非常穩定，不會和銀起作用。鐵系金屬於銀鎢系統中會抑制複雜的氧化物薄膜的生成。

各種合金電接觸材料的特性如表19.3所示，接

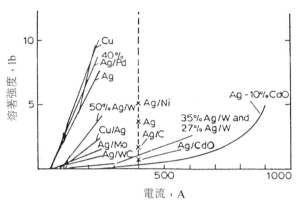

圖19.3　接點電流和熔著強度的關係

觸電阻如表19.4所示，壓力增加電阻減小。

19.3　電接觸材料的製造方法及特性

電接觸材料大都利用粉末冶金法製造，粉末經過混合、成形及燒結過以製成產品。為提高密度，以增加其導電度、硬度及尺寸的準確性，有時電接觸材料在燒結之後，再經過一道加壓成形手續。電接觸材料採用粉末冶金法製造的原因如下：

(1) 各金屬間相互溶解度極低，無法熔在一起：銀鎳間、銀鉬間有輕微的相互溶解度，銀鎢間、銅鎢間則完全不互溶。

(2) 各金屬間的接觸角相當大，不能相互沾濕：即使在熱力學上可互溶，但在溶解過程也非常困難。例如熔融的銀和銅無法沾濕鎢和鉬，在合金製造時鎢和鉬很難溶到銀銅裡形成合金，因此無法利用溶解析出過程製造銀銅、鎢鉬間的電接點材料。

(3) 避免電阻增加：金屬形成固溶體的合金後，電阻即急速增加。即使兩種有相互溶解度的金屬，也要刻意避免形成固溶體。粉末冶金是一理想方法，它可使兩種金屬或多種金屬強迫聚集在一起，發揮各種金屬的優點。如果各金屬間是相互溶解，則燒結

表19.3　各種合金成分的導電度、硬度及密度[9]

成　　　分		導電度 (%LACS)	硬度 (Hv)	密度 (g/cm³)
銅鎢合金%W	60	53	170	12.8
	68	51	210	13.7
	72	50	230	14.2
	76	48	250	14.8
	78	44	270	15.2
銀鎢合金%W	50	70	130	13.6
	65	58	180	14.8
	73	55	220	15.6
銀碳化鎢%WC	50	47	110	12.5
	60	37	200	13.2
銀氧化鎘%Ag	90	82	58	10.0
	85	75	60	9.8
	80	70	65	9.6
銀鎳合金%Ag	90	87	40	10.3
	80	82	48	10.1
	70	72	68	9.9
銀石墨%Ag	99	96	40	9.9
	98	86	40	9.7
	95	55	35	8.7
銀	100	106	26	10.5

表19.4　各種電接觸材料在不同接觸壓力下的接觸電阻[9]

材　　料	接觸電阻,mΩ		
	1000g	2000g	4000g
Cu - 67 %W	0.50	0.30	0.18
Cu - 60 %W	0.42	0.24	0.19
Cu - 40 %W	0.22	0.16	0.10
Cu	0.13	0.07	0.04
Ag - 30 %Ni	0.12	0.06	0.05
Ag - 20 %Ni	0.08	0.04	0.03

時應儘量降低燒結溫度，以避免固溶體的生成。

粉末的混合分成乾式混合及濕式混合兩種。乾

式把各種粉末放在混合筒內一起混合即得。濕式混合在混合筒之內除了粉末之外，又添加液體及磨球。乾式混合較簡單，但混合較不全，均勻度有問題。濕式混合較複雜，混合完成後需要再經過脫水及烘乾過程，但濕式混合的混合效果較佳，液體的存在降低粉末的表面張力降低，幫助粉末分散，分散的粉末也不會再聚集在一起。磨球的存在使聚集成團的粉末很容易被打散。銅銀等低熔點的金屬在混合時一定要被打散，否則在燒結時變成液相往四處流散將留下巨形的孔隙。電接觸材料大都採用濕式混合，因為這些合金都是高單價的產品，要求品質及緻密度，濕式混合較能達到此一要求。

粉料經混合及成形後所得的胚體在燒結時，如果各粉末間的熔點都不太高，如銀鎳、銀氧化鎘合金之燒結，緻密化沒有困難。如果粉末內含有鎢、鉬、碳化鎢等高熔點的成分，則緻密化有困難。為達到所要求的緻密化程度有兩種方法，一種方法稱為直接成形燒結法，此方法由提高燒結溫度來增加燒結體的緻密度。直接成形燒結法的缺點是使爐子的造價變高，發熱體的壽命減短。另一種稱為成形燒結後再熔滲法。此法先燒成多孔體，再浸到熔融的金屬中使密度提高。以銀鎢合金為例，其製程是先把鎢粉混合部份的銀，經成形燒結後獲得以鎢粉主體的多孔體，再把多孔體浸到熔融的銀中，使銀填滿多孔體。粉末在成形時使用銀鎢混合粉的目的是銀較軟、熔點較低，有助於粉末的成形，增加胚體及燒結後多孔體的強度。純鎢粉很難成形及燒結，除非是添加石蠟等可塑劑才能成形。成形燒結後再熔滲法在胚體成形時，成形壓力不可過大以避免燒結時造成封密空孔無法熔滲。成形燒結再熔滲法的燒結溫度較低，對爐子及發熱體的損耗較小。有時燒結和熔滲兩製程可合而為一，把欲熔滲的金屬量先秤好，壓成塊材，放在欲燒結的胚體上，當爐溫上升後燒結開始進行，胚體變成一連續的多孔體，接著使爐溫繼續上升，超過欲熔滲的金屬後，金屬熔化變成液體被多孔體吸入，填滿多孔體，完成多孔體的緻密化。直接成形燒結法所得的燒結體的微結構是鎢晶粒散佈在銀基地相中。鎢是散佈相，

銀是連續相。成形燒結再熔滲法所得的燒結體，銀鎢兩相都是連續相。

19.3.1　銀氧化鎘合金

在銀氧化鎘系中，氧化鎘的含量為6~15%。銀氧化鎘系的製造過程採用粉末冶金法，把銀粉和氧化鎘粉相互混合，然後再成形及燒結，燒結在大氣中進行，溫度為400~500°C左右。燒結完後經冷間加工後或擠押成線條狀，最後切成短圓柱形。原料氧化鎘粉可以以金屬鎘粉取代，在燒結時氧化成氧化鎘。

銀氧化鎘合金有時也用內部氧化法製造。銀和鎘製成固溶體之後，加工成最終的形狀，然後在氧化的氣氛中加熱，使鎘氧化析出散佈在金屬銀的材中。

19.3.2　銀鎢合金及銀鎢鐵系合金

銀鎢合金的製法是把通過325目的鎢粉及銀粉經充分混合後，經加壓成形，壓成多孔胚體。再把這些胚體與銀粒混在一起，放在氫氣爐中以1150°C燒結 1 hr。在燒結時銀粒熔化，變成液體，吸入多孔體中。典型的銀鎢合金銀的含量占45%，鎢的含量占55%。

為抑制鎢的氧化，銀鎢合金中加入鐵系合金，最常使用的是添加鈷。銀鎢鈷合金的製法和銀鎢合金相同，鈷在粉末混合時就加入；在化學成分上，鈷取代鎢，鈷的含量可高達20%。

19.3.3　銅鎢合金

銅鎢系電接觸材料採用粉末冶金法製成。典型的製造過程如下所示:

銅粉和鎢粉的混合採用濕式混合法。把銅粉(10~20wt%)、鎢粉(80~90wt%)、及適量的丙酮放置在圓筒形混合機中充分混合，混合時間為24~96小時。圓筒內放碳化鎢磨球，磨球的重量是粉料的五倍。以外徑為140mm，內徑為120mm，容量為一公升的圓筒為例，其轉速為每分144轉。每批粉料重量為0.5kg。銅粉的粒度為 ≤42μm，鎢粉的平均粒徑為1.5μm。粉料經混合後，經過乾燥、成形、再燒結。成形壓力是10kgf/mm²。燒結的溫度是

1150~1300°C，燒結時間是1hr，燒結氣氛是1 atm的氫氣。升溫速度為 5°C/min。燒結亦可在真空爐中進行，但在真空燒結，燒結溫度不可過高，否則銅會有蒸發之虞，影響成分的準確性，且會污染爐子。

　　銅鎢粉合金的燒結溫度和燒結體密度的關係如圖19.4所示。此樣品的粉末混合時間為72 hrs，胚體的成形壓力為10kgf/mm²。當燒結溫度為1150°C時，10%銅粉樣品的密度只有理論密度的85.9%。在同樣的燒結條件下，20%銅粉的樣品的密度較高，達理論密度的88.5%。當燒結溫度高至1300°C時，10%銅粉的樣品的相對密度高達理論密度的95%，20%銅粉的樣品更高達98%。為達到相同的相對密度，銅含量較低的樣品需要較高的燒結溫度。

　　銅鎢粉合金的粉末混合時間和燒結體密度的關係如圖19-5所示。此樣品的粉末燒結溫度為1250°C，胚體的成形壓力為10kgf/mm²。當混合時間為24 hrs時，10%銅粉及20%銅粉的樣品的相對密度分別為理論密度的84.1及82.9%。當混合時間升至96 hrs時，10%銅粉及20%銅粉的相對密度分別高達95及98%。為達到較高的相對密度，不論銅含量高低，都需要較長的混合時間。從成形後胚體的金相觀察中顯示銅粉和鎢粉的混合需要極長的時間才能完全，較短時間的混合時，銅粉還沒有完全分散，聚集

在一起成板狀組織。此板狀組織在燒結時，變成液相往四處流散，留下長條形的裂縫，影響樣品的緻密度。當燒結溫度足夠高時，長條形的裂縫逐漸縮小，乃至完全消失。

　　銅鎢粉合金的粉末成形壓力和燒結體密度的關係如圖19.6所示。此樣品的粉末混合時間為72 hrs，燒結溫度為1250°C。當銅粉的含量為10%時，成形壓力從6.5kgf/mm²增至20kgf/mm²時，樣品的相對密度從理論密度的87.8%增至95.5%。當銅粉的含量為20%時，成形壓力從6.5kgf/mm²增至20kgf/mm²時，樣品的相對密度從理論密度的93.8%增至95.5%。為達到相同的相對密度，銅粉含量較低的樣品需要較高的成形壓力。銅含量較多的樣品較不需要高的成形壓力。

19.3.4　銅石墨合金

　　銅石墨系接觸材料最常用的製造方法是銅粉和石墨粉均勻混合後，再加以成形及燒結。銅粉所占的比率為60~75wt%，大約等於20~35vol%。銅的含量及品質決定成品的導電度，石墨的含量及品質決定成品的耐摩度及表面電阻。除此之外，銅粉和石

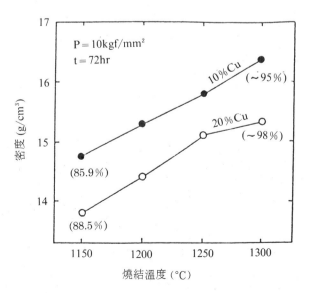

圖19.4　燒結溫度和銅鎢合金密度的關係

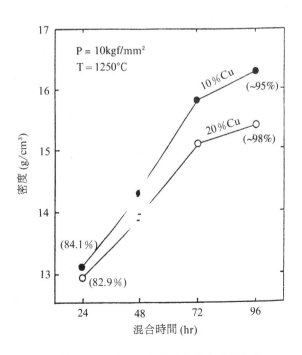

圖19.5　混合時間和銅鎢合金密度的關係

墨粉的混合方法也是決定產品品質的重要因素。

在銅石墨系中所需的石墨粉除了使用天然石墨外，也有一部份石墨粉用焦碳或瀝青以增加成品的機械強度及彈性。瀝青有額外增加成形性的效果，煤焦油(Anthracene Oil, $C_{14}H_{10}$)也有同樣的效果。

銅石墨系材料的燒結溫度在400°~600°C之間，燒結溫度的高低及時間的長短決定成品的機械強度。如果要把所有的含碳材料石墨化，則燒結溫度需要在1000°~1200°C之間。如果瀝清的含量大於15%，則升溫的速度要減慢以避免瀝清加熱時所釋出的氣體使胚體膨脹。

在銅石墨系材料的微結構中，銅必須是連續相，而且銅內孔率越少越好以增加成品的導電度。為達到此一目的，銅粉的細度要非常細，純度也要非常純。銅粉的製造方法，無論是電解法、還原法、或是噴霧法都無關緊要，只要達到細度及純度要求即可。銅粉和石墨粉的混合過程相當重要，混合後希望銅粉包圍在石墨粉的四周，使成形後銅變成一連續相。

石墨粉料的製造過程是先把75wt%的天然石墨及25wt%粉碎的瀝清放在雙錐形的混合機內以200°C充分混合2小時，然後粉碎使其通過60目的篩網。混好的石墨粉再和銅粉混合，銅粉含量佔60-70wt%，所用銅粉是90%通過200目的電解銅粉，其視密度是1.16g/cm³。成形採用連續式自動成形機，為使粉料在自動成形機內流動順暢，有時粉料必須先造粒。成形時有時直接形成成品最後所需的形狀，有時成形成一大塊，經燒結後再切割成最後成品所需的形狀。銅石墨材料不很堅硬，切割沒有困難。切割所剩廢料經回收粉碎後摻入新料中使用。燒結溫度在500°~750°C左右，在自動履帶式還原氣氛的燒結爐中進行。

由於石墨的結構是六角形葉片狀結晶，石墨的導電度沿著葉片方向(ab平面)的導電度是垂直於葉片方向(c軸)的250倍。如果銅粉也採用外形為葉片狀的銅粉，兩種葉片狀的粉末經混合後成形，經燒結後可以製成異方性的銅石墨材料，沿著葉片平面方向的導電度特別高。

參考文獻

1. W.D. Jones, *Fundamental Principles of Powder Metallurgy*, Edward Arnold Ltd., London, 1960.

2. W.A. Nystrom, *Copper in Sliding Electrical Contacts, New Perspectives in Powder Metallurgy, Vol 7*, Copper Base Powder Metallurgy, Metal Powder In dustries Federation, Princeton, NJ, 1980, 135-146.

3. 松山芳治、三谷裕康、鈴木壽原著，賴耿陽譯著，「粉末冶金學概論」，復漢出版社印行，1977。

4. G.H. Gessinger and K.N. Melton, *"Burn-off Behaviour of W-Cu Contact Materials in an Electric Arc,"* Powder Metallurgy International, Vol. 9, 67-72 (1977).

5. I.M. Moon and J.S. Lee, *Sintering of W-Cu Con act Materials with Ni and Co Dopants*, Powder Metallurgy International, Vol. 9, 23-24 (1977).

6. 土屋信次郎、高根　省吾、鈴木　壽，「燒結タングステン－銅合金の密度と組織との關係」，「粉體および粉末冶金」，35，239-249 (1988)。

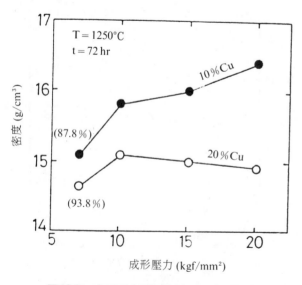

圖19.6　成形壓力和銅鎢合金密度的關係

7. F.R. Sale and J.N. Albiston, *"Production and Sintering of Ag-W Composites Containing Ni,"* Modern Developments in Powder Metallurgy, Vol 19, American Powder Metallurgy Institute, 1988, p.75-89.

8. S. Kabayama, M. Koyama and M. Kume, *"Silver-Tungsten Alloys with Improved Contact Resistance,"* Powder Metallurgy International, Vol 5, 112 ~ 125, (1973).

9. A.J. Stevens, *"Powder Metallurgy Solutions to Electrical-Contact Problems,"* Powder Metallurgy International, Vol 17, 331 ~ 346 (1974).

10. J.S. Lee, W.A. Kaysser and G. Petzow, *"Microstructural Changes in W-Cu and W-Cu-Ni Compacts During Heating Up for Liquid Phase Sintering,"* Modern Developments in Powder Metallurgy, Vol 15, Principles and Processes, Metal Powder Industries Federation, Princeton, NJ, 1985. p.489-506.

第二十章　多孔材料與燒結含油軸承

朱秋龍*　陳增堯**

20.1 前言
20.2 多孔材料的特殊用途與材質特性
20.3 燒結含油軸承

20.1　前言

多孔材料(Porous Materials)一般是指內部結構殘留孔隙率大於10%之燒結材料[1]。它是由粉末顆粒、纖維或其它基本結構物之間構成之孔隙,大部份呈不規則形狀,且有不相連通之盲孔與連通孔。適當的掌握孔隙特性,可以巧妙的製作一些具有特殊功能的多孔材料及零組件。譬如:高科技之鈾同位素分離膜(孔徑0.01μm);觸媒單體;無縫多孔管;高孔隙鎳鉻;自潤含油軸承;各種油類、飲料、藥品過濾材料;濃縮或分離氣體的微孔分離膜;各種可燃氣體的檢測器或警報器用的隔焰防爆透氣材料;消音材料;消震緩衝材料;熱交換材料;發泡金屬等等。此章主要內容以粉末冶金製作之燒結含油軸承為主,其他皆為概括性的敘述,以期能儘量涵蓋到所有的多孔材料。

在20.2節多孔材料的特殊用途與材質特性方面,前段主要節錄自中國冶金部鋼鐵研究總院粉末冶金技術雜誌林素梅女士精闢的文章,後段則取材自工研院工業材料研究所楊錦成先生所鑽研的發泡金屬材料;另外,在20.3節燒結含油軸承方面,則摘要整理自日本粉末冶金工業會、日立粉末冶金株式會社、三菱金屬株式會社出版文獻和其他諸多寶貴的資料,不及贅述,謹此一併致謝。

20.2　多孔材料的特殊用途與材質特性

20.2.1　公害防制材料

隨著工業的發展,廢氣、廢水、噪音等環境污染的公害日益嚴重,遂引起世界各國對環境保護的重視。多孔材料在減少空氣污染、處理廢水方面皆有相當的貢獻。已製造的多孔材料具有耐大氣侵蝕、耐壓、耐熱以及良好的吸音效果。它是用粒徑為40μm的金屬粉或合金粉,製成孔徑大於100μm,孔的斷面形狀為星形的新穎吸音材料。其吸音原理為:當音波進入材料表面後,音波傳入孔隙,音波的一部份能量由於孔內空氣的黏滯作用而轉變為熱能;同時由於孔中的空氣和孔壁之間的熱傳導,使熱能損失,聲音也就衰減。上述材料可用來吸收高速電車行駛時產生的噪音。採用具有吸音性能的燒結軸承可消除由於汽車、火車、飛機之的發動機所造成的噪音。

採用直徑為100mm、長為1m、孔隙度為50~60%的大尺寸管狀過濾器,能去除高爐氣體所夾帶的煙塵。原子能發電站所放出的帶有放射性的廢氣也可用多孔材料來補集。

20.2.2　能源材料

隨著世界石油危機的衝擊,開發新能源的熱潮正在不斷興起,除了羰基鎳粉所製造的多孔膜應用來分離U^{235}和U^{238}之外,原子能發電站所用的燃料本身也需要製成多孔狀,以便控制裂變產物造成的膨脹;例如:鈾、鈽的氧化物和碳化物都需要壓縮成形為孔隙度超過20%的產品,如此使裂變產物不致造成核燃料元件的膨脹。Ni-Cd電池和以低碳羰基鐵粉塗在Ni網上製得的Ni-Fe電池、燃料電池以及空氣電池等都採用多孔性之電極。

*淡江大學化學系學士
　台灣保來得股份有限公司總經理
**國立台灣工業技術學院機械系學士
　工業技術研究院工業材料研究所工程師

20.2.3　生醫材料

在醫學矯正復健手術中，人造臀部或膝部的關節是先以Co-Cr-Mo合金製成實體，然後在其表面塗一層Co-Cr-Mo粉再加以燒結而成；它的表面多孔層的孔徑為50μm，厚度為500μm。也有用不銹鋼製成人造關節的心部，然後在其表面上壓塗一層多孔金屬纖維(直徑為50~100μm、長度為4mm，多孔層的孔徑為50μm、厚度為0.3~1mm)。這樣的人造關節移植體內後，骨骼就會生長在金屬多孔層的孔隙內，因而克服了過去用黏結劑黏合所引起使用壽命不長的弊病。

矽化處理過的、孔隙度為40%的多孔鎳電極已用於換氣血清電池。

燒結不銹鋼過濾器裝於皮下注射器或靜脈注射器上，可過濾掉藥物內的有害物質。

20.2.4　電子材料

電子業中廣泛使用的浸漬式陰極是將銅作黏結劑的鎢或鉬的燒結體，浸漬於鹽酸(除去銅)後所製得的多孔體。等離子流發生器內的電極芯棒也是用多孔高熔點金屬(W、Cr、W-Cu假合金)製成。煉鋼工業中檢測氣氛用的儀器儀表上的探頭，對熱和灰塵都很敏感，若採用多孔過濾板作為絕熱板或吸塵板安裝於探頭上，則可保護探頭，使它維持高靈敏度。

在空調設備上裝置收集塵埃的多孔金屬板，可保證電子工業獲得無塵度要求很高的空氣。

20.2.5　航太材料

目前法國國立航太研究所已發展一種新的Ni-Co的多孔材料。當孔隙度高達95%時，它仍保持其良好的機械性能。用擴散方法在基體上塗以Ni-Cr或Ni-Cr-Al合金後，能使材料具有耐熱性，故可使用在渦輪機械環、高溫消音器、以及離子推進器中的絕振盪回路。

20.2.6　耐腐蝕材料

若在基體上塗以耐腐蝕金屬，則可提高其耐蝕性。例如：在燒結鐵基多孔材料的過程中用擴散法塗上鉻。塗層的好壞與孔徑有關；當孔徑為2.5μm

時，則具有最佳結果。此外，在以W或W-Cu假合金為基地的多孔材料表面可塗上鉻。還導入了在直徑不大於0.03吋的空心碳粒上塗以與碳不起反應的金屬(如Cr、Ni、Al等)[2]。

20.2.7　高熔點合金

將高熔點合金加入造孔劑，是為了降低燒結溫度，在燒結時加入活化劑，例如在微米鎢粉中加入0.1~0.5%的超細鎳顆粒，可使燒結溫度從3000℃降至1200~1300℃，以加速燒結。所製造的多孔材料因具有耐高溫、耐腐蝕、耐磨耗、良好的導熱和導電性，可作高速軸承(40μm孔徑，40%孔隙度)、電極導體、等離子流發生器的電極芯棒與電子管的浸漬陰極[3]。

20.2.8　發泡金屬(Foamed Metal)材料

發泡金屬是使無數氣泡殘留於金屬中的一種多孔質金屬。由於其具有不燃性及比重輕的特性，所以由最初作為熱、電的絕緣體進而發展為防火、耐火、高隔音、高吸音與可回收符合環保要求的建材，較過去有公害問題之發泡PU、玻璃棉等發泡材，在火災頻傳，「談火色變」的驚懼恐慌中，自然地廣受歡迎，此外它也用於製作火箭噴嘴、熱交換器、催化劑的載體、液體過濾器、相分離器、熱離子發射體、燃料電池的電極、船舶浮力裝置以及振動和衝擊吸收器等。發泡金屬的密度很低；通常，Al、Zn、Sn等易熔金屬作為發泡金屬的主要原料，也有人使用Al_2O_3、ZrO_2、碳化物和Si_3N_4等高熔點合金製成發泡材料。一般而言，製造發泡金屬有兩種方法；亦即熔融金屬發泡法和金屬粉末預成形胚發泡法。如圖20.1所示[4]，製作發泡鋁時在熔融物中加入10~25%鈣和0.01~1.0%氫化鈣，如此在合金冷卻時析出氫氣而導致孔隙形成。製作發泡鋁的另一方法是；預先配製含60~70%鋁粉、15~20%氫氧化鋁和15~20%正磷酸的粉漿，然後將粉漿澆注於鑄模中，在100℃下保溫2小時，此時析出的氣體便使材料發泡。此種孔隙度為78~98%的發泡材料在低密度下仍具有相當的強度。

Si_3N_4發泡的製造過程如下述：先將Si_3N_4粉末

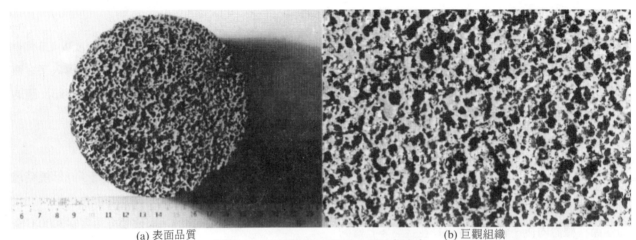

(a) 表面品質　　　　　　　　　　　　　　　　(b) 巨觀組織

圖20.1　工研院材料所製造之發泡鋁合金

與黏結劑(如環氧樹脂)混合，再施以機械攪拌，以使空氣同時進人混合物中，加入固化劑後，再加熱到90~120℃後將混合物放入眞空爐內，抽眞空至眞空度爲30~60mmHg，直到樹脂凝固爲止；然後以5℃/hr的速度加熱到700℃，在眞空度爲10^{-3}~10^{-4}mmHg柱下脫膠，最後放入氮化爐中加熱，就可製得密度爲0.6g/cm³的Si_3N_4發泡金屬。

20.2.9　金屬纖維與過濾材料

　　傳統的紙或樹脂所製成的濾網，在強度、耐熱性、耐蝕性上都不充足，而且過濾孔不規則，在吸附上亦有缺點。使用可過濾40μm以上粒子的金屬網，因其過濾路徑是直線的，不規則粒子容易通過是其缺點。使用粉末冶金之製造方法可正確控制空孔率和孔的數量，以製造多孔過濾元件，自1930年末即已開發出無上述缺點的燒結青銅過濾材，至今仍被廣泛使用著。此外鎳銀及銅鎳錫合金也可被做爲過濾材料。1947年左右開發燒結不銹鋼過濾元件，1955年左右燒結金屬過濾纖維元件問世。過濾元件之有效孔徑雖可有很大之變化，但是粉末冶金法所製成的其大小一般爲5~125μm。青銅過濾元件之抗拉強度爲2~14kg/mm²之範圍，伸長率爲20%左右。因其與鑄造之組成相同，且具有同樣耐蝕特性，故可適於各種環境，作爲過濾汽油、液態燃料、油壓機及工作機械之潤滑油，並能除去壓縮空氣、雜物和水分。另外也可利用來吸收急速流體之壓力、防止起火、冷卻、熱交換器及粉體輸送用等。

　　金屬纖維有不同的材質，除了一般常用的金屬外，尚有蒙納合金400、25Ni-20Cr、Ti和Ta等金屬纖維。這項技術的發展使多孔材料的孔隙度、滲透性、強度和塑性等性能都有了新的突破。這種材料的優點是：能在0到95~98%這樣寬廣的範圍內調節材料的孔隙度，而且在最高孔隙度下仍有其結構特性，亦即具有高的強度和塑性(在同一孔隙度下其強度和塑性比金屬粉末材料高幾倍)，同時具有很高的滲透性及淨化能力。

　　由孔隙度爲40%、厚爲2mm的纖維層(纖維直徑爲100μm)與孔隙度爲70%、厚爲0.5mm的粉末細層焊合而成的雙層製品，其淨化精度可比原來細層提高5倍。

　　當纖維過濾器和陶瓷過濾器的孔隙度都爲81%，絕對過濾精度各爲39μm和40μm時，它們的滲透係數分別爲$68.5×10^{-8}cm^2$和$1.58×10^{-8}cm^2$。相比之下，纖維過濾器的過濾性能優越得多。

　　使用金屬纖維，把短纖維積層做成塊狀，然後以壓縮或滾壓成形再燒結之。經由成形燒結可製成各種形狀之燒結體，或利用積層方式可製成複合構造。圖20.2爲燒結不銹鋼纖維之過濾器[5]。

20.2.9.1 製造方法

　　對球形粉與非球形粉原料之使用，一般球形粉可以不加壓力直接放入模具內燒結。青銅過濾器的製造即是此種方法的一個代表例子；用噴霧法所得的球形青銅粉充塡入石墨模具或耐火材製造的模具

圖20.2　燒結不銹鋼纖維之過濾器(x125)

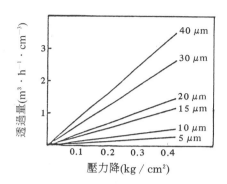

圖20.3　不銹鋼過濾器厚度爲2.5mm，於20℃時空氣之透過量與壓力降之關係

內，在800~870℃還原氣氛中進行30~60分鐘的燒結。若使用非球形粉時，則要先行壓縮成形再燒結之、不銹鋼過濾器之製造即是。噴霧不銹鋼粉不易成球形，但成形性比球形粉更好，故以壓縮或滾壓方式成形再燒結之。

爲提高過濾元件之過濾效率，我們可用混合金屬纖維和金屬粉末來製造高滲透性過濾器。例如，粉末中加入10%纖維後，用相同的壓力，可使空氣的流量提高三倍。同時材料的強度也會提高。此類材料既能吸收噪音，也可用來精製高黏度液體。

20.2.9.2 空孔特性

球形粒子堆積時，空孔徑是依堆積方式而有所不同；立方堆積方式其空孔徑爲最大，是粒徑的41.4%，最密六方堆積之空孔徑只有粒徑的15.6%。實際製程中，是各種堆積方式的混合，而透過球形粒子充塡層之最大粒子的尺寸係受最小空孔徑之限制。在燒結球形粉的過濾器中由於球形粉粒度不均勻，形狀之散亂等。透過的最大粒徑以或然率估算是球形粉直徑的18%。由上述吾人瞭解，一般粉末燒結過濾器之多孔率在50%以下，而燒結金屬纖維則可能在90%以上，且壓力降很小。圖20.3爲不銹鋼過濾器之空氣透過量與壓力降之關係[6]。

纖維冶金對多孔材料之發展，具有相當大的影響；有一種過濾高分子聚合物用之多孔平板，便是使用耐腐蝕、耐熱合金纖維製造的。

20.2.10 軸承材料

一般之軸承材料，幾乎無所不在的應用於各行各業之機器上；以音響、家電產品使用最多，其次爲事務機器、運輸交通工具、玩具、紡織工業等其他行業。近年來研製成功的高溫含油軸承使用於氧化氣氛下，溫度可達900℃；若使用於非氧化氣氛下溫度可高達700℃，同時它的強度爲緻密材料的50%，可承受高達60~600m/min的高速滑動速度。所用的材質有Ni-Cr、Mo、W、Co和HS25高速鋼等，製成的材料，孔隙度爲30%。這種軸承可用於火箭發動機上，和用於原子能工業中抽動液體鈉和液體鉀的泵浦上。由於軸承材料之體積小，價格便宜，且有自潤的特性，已有很多地方取代傳統的滾珠軸承。

20.2.10.1 複層合金軸承(Bimetal Bearing)

複層合金軸承依用途及形狀如圖20.4所示[7]，它能捲成圓筒狀軸承或製成半圓的軸承套，以及平板型止推墊圈三種；若要得到好的精度，壓入後可再做內徑尺寸精整，沒有必要再做機械加工，以防止內面薄層軸承之損傷。

(1)引擎軸承(Engine Bearing)：主要使用於各式引擎、內燃機、壓縮機等曲軸(Crank Shaft)及連桿(Connecting Rod)上，各稱主軸承(Main Bearing)及連桿軸承(Connecting Rod Bearing)。其形狀爲兩片半圓筒形組合。(如圖20.4a)

(2)捲筒襯套 (Rotary Bushing)：應用於各種運動方式(如旋轉、直線、搖擺等)的軸，特別是高速高負荷的地方；但於使用中須加潤滑否則容易燒毀

，如汽機車之傳動系統、齒輪箱、平衡桿、大王梢、各式泵浦。其形狀爲圓筒狀。(如圖20.4b)

　　(3)止推墊圈(Thrust Washer)：主要是使用在汽車引擎的曲軸上吸收來自離合器操作的推力負荷及曲軸定位，其形狀爲兩片圓平板式組合(如圖20.4b)。

20.2.10.1.1 銅-鉛系複層合金軸承

　　銅-鉛系複層合金由承材料以前就用來做機台轉軸之克麥特軸承(Kermet)，若以傳統離心鑄造法

製造時，含Pb30%以上的軸承，Pb會偏析不能得到均勻的組織分佈。而以Glacier Metal Co.之製程，將Cu-Pb合金經由氣噴或低壓水噴霧所得的合金粉均勻的散布在鋼帶上(最好是鍍銅之鋼帶)，經由800~900℃之還原性氣氛爐燒結。冷卻後再經由平滾輪，做均一的真密度壓延加工，再經過燒結，成多孔性之薄層鋼板，之後再以滾筒加工，以控制厚度，燒結後經壓床加工捲成軸承。此方法爲

(a)　半圓筒形

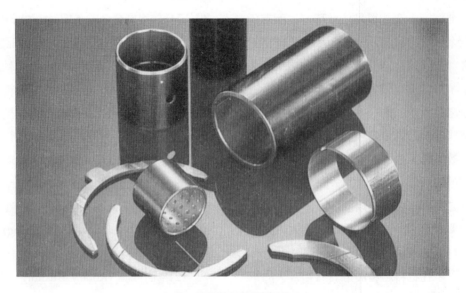

(b)　圓筒形與半圓平板式

圖20.4　複層合金軸承

Duckworth氏所研究出來的，此法銅中的鉛能直接熔接於鋼帶上，並能均勻的分散。鉛量根據錫之有無而改變，軟質之鉛量40％，最硬質之鉛量10％左右，如表20.1[8]中代表的五種，當然在成分之間組成也可以使用。

表20.1　合金組成及硬度

NO	銅	鉛	錫	硬　度
1	60	40	-	25-35Hv
2	70	30	-	30-45Hv
3	75	24	1	40-50Hv
4	74	22	4	45-60Hv
5	80	10	12	60-80Hv

近年來此種軸承用量也越來越多，如表20.1合金組成No 5用於小型軸承、耐衝擊荷重之搖臂軸承及止推板上。合金No 4用於泵浦、凸輪軸、高速止推墊片及輪葉軸承。合金No 1與No 3因能兼顧硬度與耐疲勞性，而被用於曲柄軸之軸承材料。又經由表面滾軋，可使表層加工硬化，能得到比表1更大的硬度值。

20.2.10.1.2　鉛熔浸系複層合金軸承

一種同樣實用的粉末冶金法，係將銅或青銅粉之薄層散布於鋼帶上，經燒結接著，然後再熔浸鉛或鉛合金。利用此法可得到比前述銅-鉛粉系更高的鉛含量；代表的組成有50％鉛、48.5％銅、1.5％錫。還有一種巴比特金屬(Babbitt Metal)，熔浸鉛前，須看鋼帶上之白銅粉燒結情形，再決定將含有鎳之軸承材料做鉛熔浸處理。

20.2.10.1.3　鋁合金系複層合金軸承

若將銅-鉛系複層合金軸承的性能與巴比特金屬及其它材料做比較的話，則以鋁-系為主的鋁合金系複層合金軸承材料，是不能被忽略的。它能使用鑄造法及壓著法來製造。可是對於含有8.5％鉛、4％矽、1.5％錫、0.5％銅之成分的鋁合金系複層合金軸承，是不能採用這些方法，這時要將該合金噴霧製成粉末，在鋼帶內側壓著，鋼帶除淨後，再壓延燒結之。

20.2.10.1.4　乾式複層合金軸承

很多常被使用的乾式複層合金軸承，是青銅粉於鋼帶上燒結後，再將多孔青銅薄層含浸塑膠。金屬粉通常都採用球狀青銅粉(銅~11％錫)；燒結於鋼帶內層厚度約為0.3mm。

大約35％的空孔率，擁有低摩耗、低摩擦的性質，可含浸各種材料，這些含浸材料幾乎以鉛粉、二硫化鉬所混合成的鐵氟龍(Polytetrafluoroethylene)為基礎。球狀青銅粉上方的塑膠層厚度，由於初期摩耗期會產生少許之幫助。然而乾式軸承之壽命，它的摩耗面可說是青銅與塑膠之綜合體，如圖20.5中之DU材[8]。

按照如此來看，吾人很容易就可以判定低摩耗率，不易再生摩耗面；居於此點理由安裝後，吾人不需再對被加工面做切削加工。又青銅粉薄層，它的主要角色是扮演摩擦熱的傳導，含浸塑膠以及支撐軸承的荷重，但在青銅摩耗時，這與鐵氟龍會產生複雜的化學反應，如圖20.6所示，為內層金屬與含浸塑膠之青銅粉薄層斷面[8]。

20.2.10.2　乾式摩擦軸承

使用低摩擦固體(例如：石墨、二硫化鉬、金屬肥皂等固體潤滑劑)，也有用塑膠等有機化合物來做潤滑的乾式摩擦軸承。如圖20.7與圖20.8所示

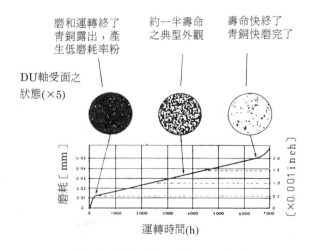

圖20.5　DU軸承面之磨耗情形(x5)
(取自Glacier Metals Handbook)

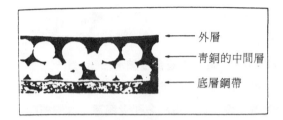

圖20.6　鋼帶底層之青銅系DU軸承斷面

為以鑄造出來的高強度銅合金系與磷合金系為底材，再鑲進固體潤滑劑，成為高負載用無給油之乾式摩擦軸承[9]。

20.3　燒結含油軸承

圖20.7　銅合金系乾式摩擦軸承

圖20.8　磷合金系乾式摩擦軸承

追溯燒結含油軸承之應用，始自本世紀初期德國發明了燒結含油軸承。1920年代別克(Buick)汽車率先使用青銅自潤含油軸承，1930年汽車工業發展期起，含油軸承已具工業規模性生產，而於1938年在軍事方面也有重大的應用成果，在第二次世界大戰期間迅速篷勃發展開來；美國原子能委員會曾利用多孔材料之特性，製造出擴散分離U^{235}和U^{238}用的分離膜，即是該項科技之重大應用成果之一。另外，多孔材料也應用於海洋科學、航太工業、環境保護、能源開發、生物醫學、工業儀表等，隨著用途之不同，多孔材料之技術層次，也趨於嚴苛。在1945年後日本將含油軸承大量的用於民生工業產品。我國從1968年起發展粉末冶金工業，至今含油軸承產量佔有率躍居全球之冠；大量生產的結果，使得該類製品走向物美價廉的時代。

圖20.9所示之各種燒結含油軸承[10]，係一種多孔材料的燒結體含浸在潤滑油中，使用時油會滲出，並在轉動停止時，油會回流入軸承內部，此即所謂的自潤含油軸承，非常適合於供油困難及避免潤滑油弄髒的場合使用。由於使用者漸能瞭解它的特性，採用它的優點、避開或容許它的缺點，終能使燒結含油軸承被廣泛的使用。

圖20.9　各種燒結含油軸承

20.3.1　含油軸承之優點

- 比滾珠軸承之噪音小
- 振動小
- 製品簡易
- 少量油之飛濺損失可長久無給油運轉，節省加油手續

- 減少後加工作業及節省材料浪費
- 多孔給油特性不必特殊的給油設備
- 形狀之設計選擇很自由
- 可得到熔製金屬無法製造的數種金屬以及金屬與非金屬複合體，適於大量生產，價格便宜

20.3.2 含油軸承之缺點

- 因係轉動軸承，比起滾珠軸承有較高的摩擦係數
- 有氣孔，機械強度比熔製材較差，不適於高負荷
- 考慮油的流洩壓力，有PV值的限制
- 小量生產時，成本較高
- 需切削加工時，會破壞轉動面之多孔特性
- 使用之前，要充分檢討它的適合性

20.3.3 含油軸承之用途

20.3.3.1 音響機械

卡式錄音機(馬達與鉸盤)

輕便唱盤

錄放音機

雷射碟影機

錄影機

數位錄音機(DAT-Digital Audio Tape-recorder)

碟式音響(CD)

數位卡式錄放音系統(DCC)

迷你雷射唱片系統(MD)

其他影像機器等

20.3.3.2 家電機器

洗衣機	冷凍庫	定時器
乾燥機	縫紉機馬達	除濕機
電扇	電子鏡頭	加溫機
抽風機	照相機自動鏡頭用馬達	果汁機
自動對焦用馬達	搗麻糬機	空調機
電池式掃除機	刮鬍器	吹風機
電熱扇	攪拌器	吸塵機
相機捲底片馬達	電刷	其它

20.3.3.3 事務機器

電子計算機關係用事務機器(打字機等)

列表機用馬達與各部軸承

影印機用馬達與各部軸承

傳真機用各部軸承

磁碟機用馬達

軸扇

口袋式鬧鐘用馬達

其他

20.3.3.4 運輸機器

汽車：雨刷馬達	電動窗用馬達
後視鏡用馬達	洗窗器用馬達
燃料桶抽油用馬達	牽引器用馬達
送風機馬達	水箱用清洗馬達
天線馬達	送風機用馬達
遮陽板用馬達	電動椅用馬達
引導皮帶用馬達	車高調整用馬達
機車：起動機馬達	冷卻用馬達

20.3.3.5 其他

農業機械

建設機械

紡織機械

特別是最近燒結技術之提昇，隨著高特性材料的開發，使用領域已部分擴充到以前僅能用滾珠軸承的範圍[10][11][12]。

20.3.4 含油軸承之材質種類

燒結含油軸承大致上可分為Fe系、Cu系及其他等，Cu系是以Cu-Sn之α青銅為主，並配合石墨、Pb等。另外在Fe系中，是以純鐵和Fe-Cu系兩種為主，而配合石墨、鉛等。表20.2所示為JIS所定的燒結含油軸承材質規格，其中表示的只是基本的材質而已；在實際上有很多的材質都依用途不同而分別被開發使用，詳細的將在20.3.8中說明。通常Fe系較Cu系為硬，與軸的磨合性較差，而且耐蝕性也不好；但Fe系具有高的機械強度、能耐高負荷，而且它的原料粉價格便宜等優點。最近軸承之價格競爭激烈，且所開發出的Fe系軸承材與Cu系軸承材相比，幾乎是在伯仲之間，可以預知的：Fe系軸

表20.2　燒結含油軸承之材質種類(JIS B 1581)

JIS分類 B1581-1974		SBK 1種1號	SBK 1種2號	SBK 2種1號	SBF 1種1號	SBF 2種1號	SBF 2種2號	SBF 3種1號	SBF 4種1號	SBF 5種1號
種類記號		SBK1112	SBK1218	SBK2118	SBF1118	SBF2118	SBF2218	SBF3118	SBF4118	SBF5110
材質規格		高強度	一般	一般	一般	一般	高強度	一般	高強度	含高鉛
合金主要成分		Cu-Sn-C		Cu-Sn-Pb-C	Fe	Fe-Cu	Fe-Cu	Fe-C	Fe-Cu-C	Fe-Cu-Pb
化學成分	銅(Cu)	餘		餘	-	5以下	18~25	-	5以下	5以下
	鐵(Fe)	1以下		1以下	餘	餘	餘	餘	餘	餘
	錫(Sn)	8~11		5~10	-	-	-	-	-	-
	鉛(Pb)	-		5以下	-	-	-	-	-	3~10
	鋅(Zn)	-		1以下	-	-	-	-	-	-
	碳(C)*	2以下		2以下	-	-	-	0.2~0.6	0.2~0.6	-
	其他	0.5以下		0.5以下	3以下	3以下	3以下	3以下	3以下	3以下
物理、機械性能	密度 (g/cm³)	6.8~7.5	6.4~7.2	6.4~7.2	5.6~6.4	5.6~6.4	5.8~6.5	5.6~6.4	5.6~6.4	5.8~7.2
	含油率 (vol%)	12~18	18~30	18~30	18~30	8~30	18~30	18~30	18~30	10~25
	壓環強度 (kg/mm²)	20~25	15~20	15~20	17~25	20~30	25~40	20~30	25~40	15~30
	伸長率 (%)	1~2	1~2	1~2	1~3	1~2	0.5	1~3	0.5	1
	硬度 (V.H.N.)	30~50	25~35	25~35	30~70	30~70	50~100	30~70	5~100	30~70
	熱膨脹係數 (0~200℃)	18×10^{-6}	18×10^{-4}	18×10^{-4}	11×10^{-4}	11×10^{-4}	13×10^{-4}	11×10^{-4}	11×10^{-4}	13×10^{-4}

註：1.*SBF系為化合碳，SBK系為石墨。

　　2.化學成分(%)、密度(g/cm³)，依各廠商稍有不同。

承材需求量將逐漸地增加。Cu系軸承材最近隨著使用機器之高級化，將進而朝高性能化之方向發展。基本上，Cu系軸承使用於低負荷高速度的用途上，而Fe系軸承材使用於高負荷低速度的用途上，但這個大體上的趨勢，也會隨著使用環境而改變。

除了Cu系、Fe系以外，還有鋁系及金屬-合成樹脂的複合材料，但在現階段，性能仍不理想，所以尚不普及。

20.3.4.1 材質選定

表20.3~表20.5所示為有關軸承材料之各種特性與軸材料配合性質[13]，表中為具有代表性的燒結材料，但是依據各別的特性優點，也要將使用的方便性、成本等因素一一加以考慮。

首先從成分方面加以分類，銅系之主要特點是：通常最容易使用、適用範圍廣泛、而且不容易氧化、安裝處理方便。以Cu-Sn系、Cu-Sn-C系、Cu-Sn-Pb-C系最為普遍。

又使用於音響之馬達軸承，低噪音為要求之重要特性，這時在材質上以Cu-Sn系統，製造方法為將內徑進行鏡面化，亦即以通氣度要小、油膜強度要高的方法；其他特性要得到低摩擦、長壽命等高品質的軸承，必須要求含浸油、配合間隙、軸的材質、軸硬度等各項組合重點。

在軸承使用方法上，有時由於泵浦作用發生困難，特別是在高速時，油有自滑動面離心飛散出去的可能，因此在燒結軸承使用上較嚴格時，要加以注意。又在使用部位上，有各種皮帶輪用、錄音機之捲帶輪用、導輪用等，它們的材質來看，隨著

表20.3　軸承成分別材質特性

No	合金系 (主要成分)	化 學 成 分 (%)						JIS 規格	性　　質		
		Cu	Fe	Sn	Pb	C	其他		密度 (g/cm³)	含油率 (%)	壓環強度 (kg/mm²)
1	Cu-Sn	餘	-	8~11	-	-	1>	SBK1218	6.4~7.2	18<	15<
2	Cu-Sn-Pb-C	餘	-	8~11	3>	3>	1>	SBK2118	6.4~7.2	18<	15<
3	Cu-Sn-C	餘	-	8~11	-	3>	1>	SBK1218	6.4~7.2	18<	15<
4	Cu-Sn-Pb	餘	-	3~5	4~7	-	1>	SBK2118	6.4~7.2	18<	15<
5	Cu-Sn-Pb-C	餘	MoS$_2$ 1.5~5.5 Ni<3	7~11	1.5>	1.5>	1>	-	6.4~7.2	12<	15<
6	Cu-Sn-Pb	餘	MoS$_2$ 1.5~2.5	7~11	1.5>	-	1>	-	6.4~7.2	18<	15<
7	Fe-Cu-C	5>	餘	-	-	0.2~0.8	1>	SBF4118	5.6~6.4	18<	25<
8	Fe-Cu-Pb	3>	餘	-	2>	-	1>	SBF2118	5.6~6.4	18<	20<
9	Fe-Cu-Pb-C	5>	餘	-	3~10	0.2~0.8	3>	SBF5110	(5.7~7.2)	15<	20<
10	Fe-Cu-Sn	48~52	餘	1~3	-	-	3>	-	6.2~7.0	18<	20<
11	Fe-Cu-C	14~20	餘	-	-	1~4	1>	-	5.6~6.4	18<	16<
12	Fe-Cu-Zn	18~22	餘	1~3	Zn2~7	-	1>	-	5.6~6.4	18<	15<

註：化學成分(%)、密度(g/cm³) 依各廠商稍有不同

油潤滑稍微劣化與磨合特性變佳，必須選用強基地的Cu系與好的固體潤滑性材料，並且在含浸油方面，爲防止油飛散與油膜保持，須適當選用高黏度的油。相對的Fe系的特色爲價格便宜、強度高、負荷大，而且與軸之熱膨脹係數接近，所以適用於精密機器上。但另一方面由於Fe系易於銹蝕所以在使用上要注意。

20.3.5　含油軸承之製造工程

　　燒結含油軸承之製造工程，基本上與燒結機械零件之製造工程相同，其最大差異在於：爲了要具有含油特性，製程中密度不能太高，而且要加入含油工程。圖20.10是燒結含油軸承之製造工程。有關各工程之說明，在此不再贅述，僅就有關軸承之製造部份作解說。

　　燒結含油軸承之材質如表20.2所示，大致可區分爲Fe系與Cu系兩種；在Cu系中，將銅粉添加10%左右之錫粉，依需要再加Zn、Ni、P、Pb、石

墨、二硫化鉬等，再加上爲了成形潤滑用之硬脂酸鋅0.5％左右，混合時間約30分鐘。再經由1~3tf/cm²(98~294MPa)之壓力成形，使壓粉體密度控制在約6.4g/cm³以下。燒結是以裂解氨氣(H_2, N_2)或石油系裂解瓦斯(N_2、H_2、CO)等之還原性氣氛，於750~800℃之溫度中，保持20到60分鐘。也有特殊情況下，其燒結溫度較上述者爲低。自爐內取出之燒結體多少都會有尺寸上之不穩定，而且表面粗糙，所以要放進加工模內做再壓縮，以得到正確適當的尺寸精度（此稱爲精整），或加工至所要的的形狀（此稱爲整形）。於此在壓縮工程中，不能使表面氣孔阻塞，在得到適當內徑與調整表面氣孔外，還要具有研磨加工面般的表面粗度。數量少時或無法以整形方法得到所要形狀之軸承，則以車床等進行切削加工。其次再進行含油，一般採用眞空含浸油的方法來處理。所含之潤滑油，依用途來選用，其種類有Turbine油、Mobile油、油壓動作油等礦物油（石蠟系、石油質系）和合成油（酯、聚α烯烴

表20.4　各種軸承成分特性

NO	合金系 (主要成分)	PV極限值	軸回轉				負荷			音響	高溫	被切削 加工性	鉚接性	防鏽力	尺寸 精度	價格
			高速	低速	斷續	搖動	高負荷	低負荷	衝擊							
1	Cu-Sn	(1,000)	○	●	●	●	●	○	●	◎	●	○	◎	○	○	±
2	Cu-Sn-Pb-C	(1,000)	○	○	○	○	●	○	●	●	●	○	△	●	○	±
3	Cu-Sn-C	(1,000)	◎	○	●	●	●	○	●	○	●	○	△	○	○	±
4	Cu-Sn-Pb	(200)	●	○	○	○	△	○	●	◎	●	◎	●	○	◎	±
5	Cu-Sn-Pb-C	(3,000)	◎	●	●	●	◎	○	●	●	●	○	△	○	○	++
6	Cu-Sn-Pb	(1,000)	○	●	◎	◎	○	○	●	●	●	○	△	○	○	++
7	Fe-Cu-C	(2,000)	●	●	●	●	◎	○	●	△	●	△	△	△	●	=
8	Fe-Cu-Pb	(1,500)	○	○	●	●	●	○	△	●	●	○	○	○	○	=
9	Fe-Cu-Pb-C	(2,000)	○	○	●	●	●	○	●	●	●	◎	○	○	○	=
10	Fe-Cu-Sn	(1,500)	○	●	●	●	●	○	●	●	●	○	○	○	○	=
11	Fe-Cu-C	(1,500)	●	●	○	○	△	○	●	●	●	○	△	△	△	=
12	Fe-Cu-Zn	(1,000)	○	●	●	●	○	○	●	●	●	●	△	○	○	=

註1)　◎：優秀(最適)　○：良好　●：可　△不適；

2)　有關PV極限值是在內徑氣孔調整後之情形，要比( )數值為小；

3)　價格方面　++：高價　±標準　=：便宜

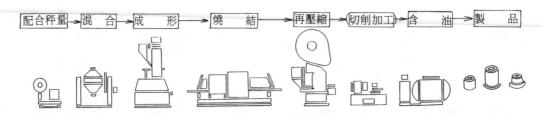

配合秤量 → 混合 → 成形 → 燒結 → 再壓縮 → 切削加工 → 含油 → 製品

圖20.10　燒結含油軸承之製造工程

、熱固型醇酸樹脂、雙酯、氟素油、矽樹脂等）以及動植物油（蓖麻子油、菜籽油、鯨魚油等）。完成品之密度普通為6.2~7.4g/cm³，含油率為12~30vol%。

最近新趨勢是把軸承壓入軸承箱；卡式錄音機或VTR等所使用之軸承，幾乎都是軸承與軸承箱之組立件，為了要求高品質之軸承性能，所以壓入後軸承的精度和內徑之表面狀態都不能改變。為了能維持組立件之品質精度和性能，才將壓入工程加進製造工程中，以便做出完整之加工組立件。換句話說壓入工程可精整出最後尺寸與調整表面氣孔。又因軸承最忌諱粉塵，所以要在有防塵之空調室內製造。而且軸承製造方法也有採用成形、燒結再加壓、含浸油等一貫作業，亦就是以自動化生產線為主流。

鐵系之製造工程順序和銅系完全一樣。在鐵粉內再添加銅、錫、鉛、石墨、鋅等，而以Fe-Cu系為主流。銅含量在1~50%之寬廣範圍，成形壓力為2~5tf/cm²(196~490MPa)燒結溫度為1000~1200℃（比銅系高溫），根據成分之組合也有更低溫燒

表20.5　軸承成分特徵與軸承之適合性

No	合金系(主要成分)	適用例	特點	一般鋼材 無熱處理	一般鋼材 調質	一般鋼材 低溫淬火低溫回火	不銹鋼 沃斯田系	不銹鋼 馬田體系
1	Cu-Sn	微動馬達 步進馬達	在音響機器軸承，家電機器軸承等廣泛被使用	△	○	◎	△	○
2	Cu-Sn-Pb-C	抽風機、事務機 輸送機器	為銅系標準材料，用於各領域上	●	○	◎	△	○
3	Cu-Sn-C	音響馬達 事務機	因耐燒著性優良，所以可用於高速機器上	●	○	○	△	○
4	Cu-Sn-Pb	錄音機用 迴帶機軸承	適合於作為磨和性好，低摩擦材之用	●	○	○	△	○
5	Cu-Sn-Pb-C	起動器，電動工具 VTR用各種軸承	適合於油膜形成困難之高溫環境，高速、高負荷條件	△	○	○	△	○
6	Cu-Sn-Pb	D.D立式絞盤馬達軸承 FDD用內燃機馬達軸承	具優異之磨和性與耐磨耗性	△	○	○	△	○
7	Fe-Cu-C	套環，隔片 齒輪式馬達	適合高強度、高PV值之條件	△	●	○	△	●
8	Fe-Cu-Pb	小型泛用馬達 縫紉機用軸承	是一般鐵系標準材質，適用於各領域	●*	○	○	△	○
9	Fe-Cu-Pb-C	家庭電氣機器用 馬達軸承	銅系代替鐵系軸承	●*	○	○	△	○
10	Fe-Cu-Sn	事務機 家庭電氣機器用軸承	優異耐久性低成本之軸承	△	○	○	△	○
11	Fe-Cu-C	輸送機器用軸承	加入石墨做良好的固體潤滑劑所以其耐燒著性良好	△	○	○	△	○
12	Fe-Cu-Zn	各種微小馬達用 迴帶機軸承用	銅系代替鐵系軸承	●*	○	○	△	○

註：1) ◎：優秀(最適)　○：良好　●：可　△：不適
　　 2) *軸面粗度在1s以下，係低負荷條件。

結，一般成品密度為5.6~6.5g/cm³，含油率為18~25vol%。

20.3.6　含油軸承之動作原理

軸承為了達到正常迴轉，需要有潤滑油的存在。在一般熔製材料之金屬滑動軸承，係使用定時加油的方式。而在燒結含油軸承，是在軸承本身就含有通氣孔吸藏著潤滑油，迴轉動作一發生就發揮潤滑的效果。

20.3.6.1　靜止時

軸承與軸之金屬接觸，潤滑油被吸藏於軸承氣孔內如圖11所示[13]，軸與軸承之間隙因毛細管作用，油與油彼此連成網目。

20.3.6.2　運轉時

如圖20.12所示[13]，由於軸之迴轉產生泵浦作用，使得軸承內部的油被吸出來。由於油膜所形成之油楔子，把軸承內之軸抬起，防止金屬與金屬之接觸。又由於摩擦熱的關係，使熱膨漲之油，從軸承之滑動面滲出來，產生潤滑油作用。

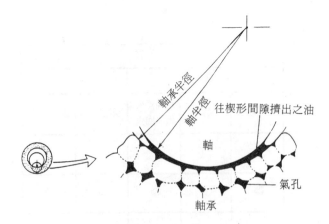

圖20.11　燒結含油軸承靜止之狀態

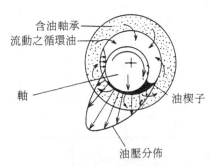

圖20.12　泵浦之作用機構

20.3.6.3 停止時

軸與軸承之金屬接觸，會使軸承滑動面之油，經由毛細管作用力，再吸回軸承氣孔內。

20.3.7 含油軸承之性能

含油軸承之性能，除了軸承材質、含油率、通氣度等各項因素外，尚因含浸油種類、軸之材質、運轉環境、配合間隙、負荷、滑動速度等使用條件以及給油方法和組立條件等不同而有所變化。

性能要經實際運轉試驗，來測定檢討其摩擦係數、溫度昇降、油之消耗量、軸承及軸之磨損量等。該試驗方法可使用於各種軸承試驗機與實際組立於使用之機台設備上進行性能試驗。

20.3.7.1 溫度與摩擦係數

圖20.13[13]為顯示在運轉開始階段，軸承溫度之上昇與摩擦係數之變化情形。在運轉初期因金屬接觸所產生之摩擦熱會使軸承溫度上昇，到了某一程度表面變得滑順，潤滑油充分佈滿後，軸承溫度

隨之下降，而後達於穩定平衡狀態。摩擦係數也是在運轉開始後漸漸降低，到軸承溫度穩定後即維持一定之水準。但這些都會隨運轉條件不同而稍有差異，但基本上這種傾向是不會變的。

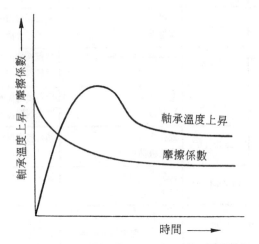

圖20.13　在運轉初期中，軸承溫度上昇與摩擦係數之變化

20.3.7.2 PV值特性

由圖20.14所示[13]，由PV值來測定軸承溫度上昇與摩擦係數；溫度會隨著PV值增加而上昇，但摩擦係數是在某一PV值之前是下降的，這是受惠於流體潤滑之供給，可是負載增加的話，則因油膜切斷而產生金屬接觸，則摩擦係數又再上昇。因此PV值可能使用的範圍是摩擦係數往下移動的領域；Cu系之PV值一般為1000，Fe系之PV值則介於1500~2000kgf·m/cm²·min之使用範圍。

含油軸承各家廠商所規定之PV值，常因使用之材質成分特性不同而有所差異，有時PV值之範圍雖明記1000、2000等，也因軸之材質、油之種類等，又會有所不同，所以一般以不使油發生劣化起見，軸承之上昇溫度設定在80℃以下為宜。

以上是說明徑向負荷之PV值，其次說明軸承受到軸向負荷之PV值[14]。推力向與內徑面來做比較，其表面粗度差、油潤滑也起不了泵浦作用，因之潤滑特性差，以致摩擦係數高，這樣情形之PV值應訂在200kgf·m/cm²·min以下，亦即軸向PV值控制在徑向PV值之1/5以下較好。但也不是說軸向推

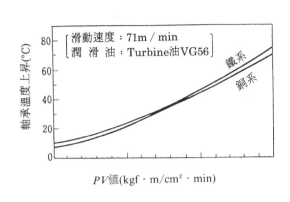
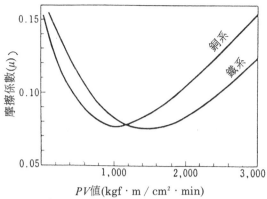

圖20.14　PV值與軸承溫度、摩擦係數之關係

力PV值就在200kgf·m/cm²·min以下即可。如圖20.15所示[13]，即為儘量避開妨礙PV值正確設計例。基本的想法是在含油軸承的ℓ端面將A墊圈吸住，n面與B、C墊圈間可做適當的滑動，在此將有關使A墊圈吸附於軸承端面之要點說明如下：

①取大的吸附面積

②墊圈與軸鬆配

③墊圈之厚度以0.25mm左右為標準

④A墊圈之外徑要完全將軸承端面蓋住，而B、C墊圈之外徑儘可能小一點。

⑤墊圈與軸承之平面度要好，且不能有毛邊。

以定量，依使用之環境污染、溫度、負荷種類、配合之軸材質、間隙及軸承材質、含浸油、面粗度、表面處理之不同，PV之容許值會有所變化，若使用於臨界之安全範圍時，就要特別加以檢討。圖中Cu系、Fe系使用領域之不同，其最大PV值分別為1000與2000kgf·m/cm²·min以下。而以PV各值來做比較的話，Cu系的P為10kgf/cm²以下，而V為300m/min以下，Fe系的P為300kgf/cm²以下，V為100m/min以下，由此可知Cu系適於高速低負荷範圍，Fe系適於低速高負荷範圍。

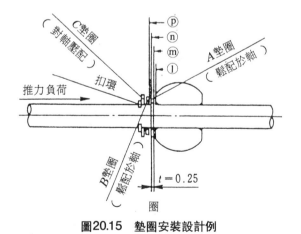

圖20.15　墊圈安裝設計例

20.3.7.2.1 PV值的適用範圍

如圖20.16所示[13]，框內為傳統燒結材之Fe系和Cu系之適用範圍，而最近之燒結材已擴充至滾珠軸承之部份範圍，所容許之PV值很難明確的加

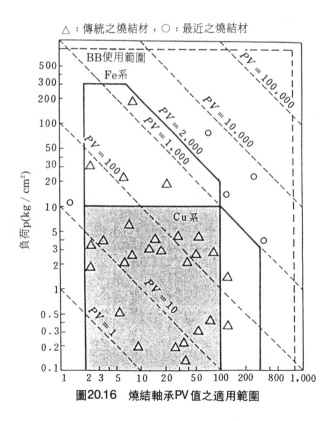

圖20.16　燒結軸承PV值之適用範圍

20.3.7.3 含油軸承之耗油與磨損

　　軸承長時運轉，油會慢慢地消耗掉，油消耗掉就會導致軸承磨損，性能也跟著下降。根據油的消耗來做性能評價，如圖20.17所示[15]，是預先從含油量的變化來測定軸承性能，亦即我們可從含油量減少的同量來瞭解軸承性能的下降情形。舉例說明，含油率為22vol%的軸承經長時間運轉，油產生消耗直至消耗50%之含油量時，軸承性能就急速下降到最後燒焦為止。因此一般軸承之壽命時間，我們可用消耗50%含油量的時間來計算。

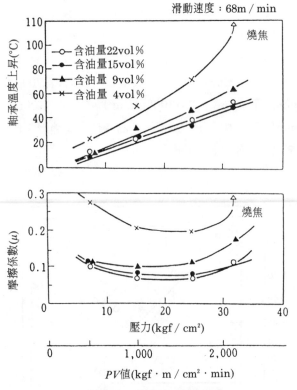

圖20.17　含油量與運轉性能

　　圖20.18所示[13]為含油率22vol%之軸承在各種PV值下，油消耗率與運轉時間之關係。為了短時間內看出關係，將環境溫度提高至90℃，在PV值增加的同時，很快的可瞭解到油的消耗情形。又從圖20.18顯示即使PV值維持一定，環境溫度提高的話，當然油也很快消耗掉。因此在高溫環境下，須

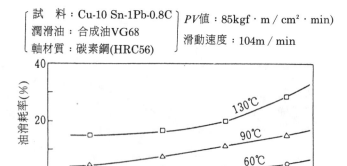

圖20.18　各環境溫度中運轉時間與油消耗率之關係

選用高溫難以揮發、碳化之潤滑油。

　　軸承性能下降的另一個原因就是軸承的磨損；當然油消耗過多，造成油循環不足，金屬就急遽地產生接觸磨損，縱使油消耗量少也會磨損，產生性能下降現象；舉例說，於低速迴轉或高溫環境等條件下使用時，亦即在油膜難於形成之條件下，首先產生磨損。在這種油膜難以形成之條件下，可使用加入石墨或MoS$_2$(二硫化鉬)等固體潤滑劑所燒結成的含油軸承。一般含油軸承發生異常磨損之原因，主要可歸納如下述三種：

　　(1)黏著磨損

　　摩擦接觸面的軸與軸承部分黏著，較弱金屬被剪切，經一段時間後，產生很大的磨損。

　　(2)研磨磨損

　　滾動部硬質側之突起處，將軟質側刮傷產生磨損。

　　(3)晃動磨損

　　由於轉子以及負荷之不均衡，軸撞擊軸承之內徑面產生之磨損。

20.3.7.4 含油軸承之配合間隙與一般公差

　　影響軸承性能的另一個重要因素是配合間隙，如圖20.19所，運轉時若配合間隙較大的話，有利於降低軸與軸承間之阻力；可是若間隙太大的話則阻力會再度變大造成噪音等問題。

　　又如圖20.20所示[16]為VTR低轉速軸承所進行的試驗，其中顯示含浸各種黏度之潤滑油時配合間

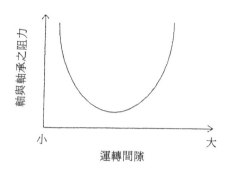

圖20.19　運轉間隙與阻力

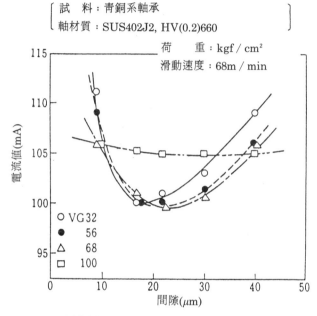

圖20.20　配合間隙與馬達電流值之關係

隙與馬達電流值之關係。圖中可以明顯地看出，雖然電流值隨著配合間隙增加而減少，但配合間隙過大時，其電流值會再上昇。一般來說，滑動速度愈慢，其配合間隙之設定要小；但如圖所示，設定較傳統為大之配合間隙時，能降低電流值，亦就是減少扭矩之損失。再者有關潤滑油之黏度，其黏度愈高，則配合間隙對電流值之影響愈小。因此若要得到最佳的軸承性能，則須要充分考慮這些因素。

理想的軸與軸承配合之最小間隙，一般為4μm～30μm，運輸工具為8μm～16μm(如送風機)，微小馬達在低噪音要求為4μm～8μm，事務機器為20μm～30μm，若已知軸之面粗度Hs與軸承之面粗度Hb，則可求得最小間隙hmin。

hmin ≧　3或 4 (HS+Hb)

大數來說軸與軸承之間的配合間隙，是受PV值、迴轉數、軸承之間隔距離、軸徑大小、軸承長度、軸承座以及軸承之偏心等而變化；也就是說，當PV值大、軸承之間隔距離大、偏心量大、軸承長度長時，配合間隙就要大。

按V.T. Morgan所推薦之轉速對軸承配合間隙之選定(圖20.21)所示[17]，說明當轉速愈來愈快，在同一c/d下，軸徑愈來愈大時，對配合間隙來說也要愈來愈大。此外要減少振動噪音時，配合間隙要取小，這時精度要跟著提高，像這樣配合間隙要相對於軸徑、迴轉數做適當的調整，從各種實際試驗結果與條件許可範圍來看，配合間隙儘量取大，會得到好的結果；再者預想軸會產生撓曲，所以在軸承設計之時，要取撓曲量為配合間隙之1/4以下，來決定軸徑與材質。

在配合間隙決定之後，在軸承之製造技術，設備精度能力，如成形之充填密度均勻與否，燒結之變化率等情形影響下，粉末冶金含油軸承之一般公

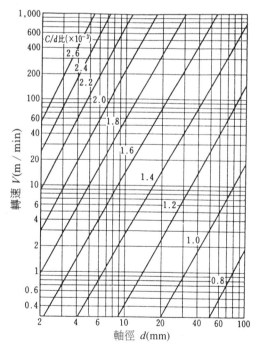

圖20.21　軸承配合間隙之選定基準

差可參考表20.6所示。

20.3.7.5 含油軸承之轉動音量

表20.6　各種形狀軸承之一般公差(JIS B 1581)

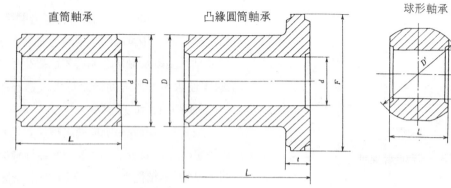

直筒軸承　　　　　　凸緣圓筒軸承　　　　　　球形軸承

內徑(d)的公差　　　　單位mm

內徑	內徑的公差	
3以下	H7	+0.010 / 0
3至6	H7	+0.012 / 0
6至10	H7	+0.015 / 0
10至18	H7	+0.018 / 0
18至24	H7	+0.021 / 0
24至30	H8	+0.033 / 0
30至50	H8	+0.039 / 0

單位mm

外徑	外徑的公差	
6以下	S7	+0.031 / +0.019
6至10	S7	+0.038 / +0.023
10至18	S7	+0.046 / +0.028
18至24	S7	+0.056 / +0.035
24至30	t7	+0.062 / +0.041
30至40	t7	+0.073 / +0.048
40至50	t7	+0.079 / +0.054
50至65	t7	+0.096 / +0.066

球徑(D')的公差　　　　單位mm

球徑	球徑的公差
10以下	±0.06
10至18	±0.08
18至30	±0.10

長度(L)公差　　　　單位mm

長度	長度的公差
6i以下	±0.10
6至24	±0.15
24至65	±0.20

凸緣外徑(F)的公差　　　　單位m

凸緣外徑	凸緣外徑公差
100以下	±0.10

凸緣厚度(t)的公差　　　　單位mm

凸緣厚度	凸緣厚度公差
10以下	±0.20

外徑面振幅公差值　　　　單位mm

內徑	外徑面振幅公差值（最大）
6以下	0.040
6至10	0.050
10至24	0.070
24至50	0.100

球面振幅公差值　　　　單位mm

內徑	球面振幅公差值（最大）
10以下	0.050
10至18	0.070

燒結含油軸承之另一項優點是可以改善軸承在運轉中噪音的程度。轉動音量小，對軸承來說是很重要的評價特性。燒結含油軸承之轉動音量會因前面所說過的種種因素而影響，可是基本上如圖20.20所示，會受軸承的通氣度影響很大，亦即軸承通氣度變大的話，其油的供給量變多，油壓的流洩也變大，其結果易與金屬接觸，轉動音量也提高了。相對的軸承通氣度如變小的話，則油壓的流洩也變小，自然能夠形成油膜，所轉動音量也跟著降低了。但是通氣度太小的話，由於供給量不充足，也會造成金屬接觸現象，轉動音量再提高。再者由於油的黏度不同，如圖20.22所示，也會影響音量

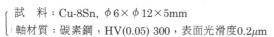

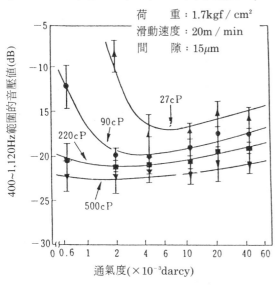

圖20.22　通氣度與轉動音量之關係

。若以20℃時之黏度為1cst，在10~200cst之潤滑油，一般以32~100cst最多被使用，高負荷、高溫、低轉速以高黏度油。當然，軸之面粗度和其它因素，都會造成轉動音量的變化。基本上轉動音量也和摩擦係數一樣，須要調整最適當的氣孔通氣度。

有時轉動音量之產生也不全然是軸承本身所造成，而是由馬達本身的晃動、間隙、軸向推力、滾動敲擊、振動及電磁音頻等所造成的噪音，不可將之與軸承之轉動音量混為一談。

20.3.8　含油軸承之設計要點

燒結含油軸承是屬於多孔質合金，保持於氣孔內的潤滑油在運轉時由於溫度上昇或泵浦作用，潤滑油會流至軸承轉動面而產生潤滑效果。當運轉停止時，油再被軸承之氣孔所吸收。因此潤滑油的消耗量很少，可以在長時間、無給油的狀態下運轉，與熔製金屬軸承相比，不須要有給油設備，而能作很簡易的設計。所以在設計含油軸承時，除了要充分地把握粉末冶金的特性優點外，適當而正確的選定使用條件、材質、潤滑油、軸承負荷與油壓流洩之氣孔等，而且要依使用上的方便，來決定軸承的形狀和尺寸。

20.3.8.1　形狀的決定

形狀的決定可說是關係到能否以粉末冶金的方法來製造的一項重要技術要件，圖20.23[13]表示直

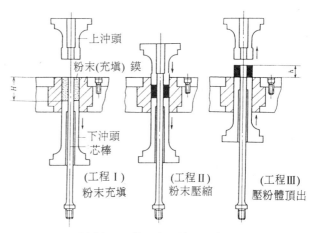

圖20.23　直筒形含油軸承之成形方式

筒形含油軸承之成形方式，圖20.24[13]表示凸緣形含油軸承之成形方式。在設計決定形狀之前，要充分瞭解成形方式加諸於形狀的限制；在此特舉出三點應予避免之限制：

(1)上沖頭上升，下沖頭要能將壓粉體自母模內頂出。原則上，單向無法頂出之形狀物，就不能成形。

(2)肉厚太薄的粉末充填不易。因長度、材質之差異，厚度大約要0.8mm以上。

(3)太長以及加壓面積太大時，需要大的設備，價

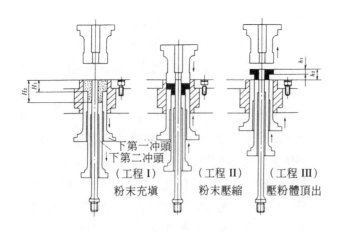

圖20.24　凸緣形含油軸承之成形方式

格也提高，儘可能地參考廠商現有之規格。

通常合理之形狀設計，除了考慮上述之要點外，對於客戶所提出之零件，往往仍會有形狀上限制之困難；例如零件無法順利脫模、粉末難流動、模具壽命太短及易造成密度不均等現象，這時專業的設計者，就要有如表20.7[13]之有效對策。從對策別(c)項顯示，不僅只有模具壽命的問題，還可防止端面產生毛邊及避免壓粉體在搬運處理時之缺角、崩損等。而外徑做倒角，在組配時可做導引之用，內徑做倒角則有利於軸之插入，使用時，又可提供油之循環作用，防止油飛散之效果。

在決定形狀之時，另一重要的考慮是如何去減少機械加工，以降低成本，特別是經由切削加工會使軸承表面氣孔減少及表面粗度變差，且要清除切屑，所以形狀儘可能都由模具成形產出較好。舉例來說，內徑有螺線槽之油溝、直筒部有橫槽之油溝等，不用切削加工是做不出來，但對粉末冶金之燒結合油軸承來說，就沒有必要去做出油溝，這也是基於一次就由模具做出來的考量。另外如表20.8[13]

所示為各種軸承之形狀標準，在設計時最好遵守所規定的適用範圍。

20.3.8.2 長度的決定

設計軸承時，最好都朝向單純的形狀設計；愈複雜形狀，密度就愈不均勻，且成形速度也慢，甚至還需要切削工程，此外模具費高，對品質、成本面都不利。

在長度的設計上，迄今還沒有一定理論，也不能由計算中求得。表20.9所示[13]為直筒軸承之基本尺寸，通常較長的軸承，油膜保持較好，可是太長時，密度不易均一，尺寸精度會變差，且會有成形作業性差的困擾。理想的L/D訂在2.0以下，到2.5也可以，生產工廠依粉末性質、壁厚，產生之充填效果判斷，長度定在壁厚之10倍以內，概括地說L/D的範圍在1/2~5之間，以易於形成油膜之狀態來決定；具輕負荷、高轉速下之軸承長度較短，重負荷、低轉速下之軸承長度較長。

圖20.25[13]之例1、例2表示，利用氣壓缸將穿心桿強制進行抽引，使之維持尺寸精度。壓配時，適當的壓配量與軸承座內徑與軸承外徑之尺寸精度、則會影響裝配後之尺寸精度。此外裝配上之注意要點如下：

(1)軸承座

軸承座之入孔口，須設計20~40°之裝配倒角。

(2)軸承

和軸承座一樣，須設計裝配用倒角。軸承座如為鋁、樹脂等材質時，很容易咬住，倒角取5~15°角度較適當；如果是鐵鋼材、黃銅、鋅壓鑄時，則以45°倒角為適當。

(3)穿心桿

穿心桿前端應做成順圓滑型斜度，材質以超硬

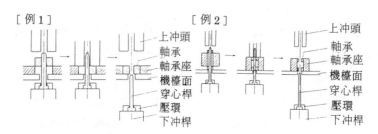

圖20.25　軸承裝配方法例(示範圖)

表20.7　有形狀限制時之解決對策

對策別	形狀限制範例	對　策　說　明
(a) 改以壓縮方向可頂出之形狀	(例1) 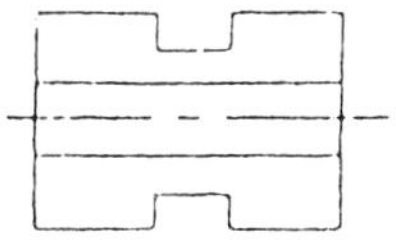 	與壓縮方向成直角之溝槽，無法成形，先以直筒方式成形之，再機械加工。
	(例2) 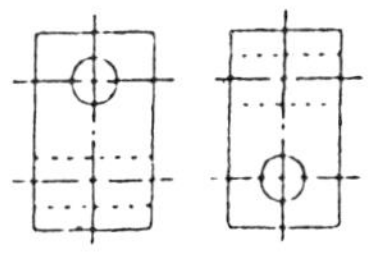 	兩孔直角交差時，可任選一孔做機械加工。
	(例3) 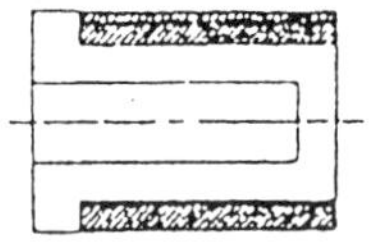 	底部附有凸緣之軸承，如圖所示，擬直筒形狀成形之。
	(例4) 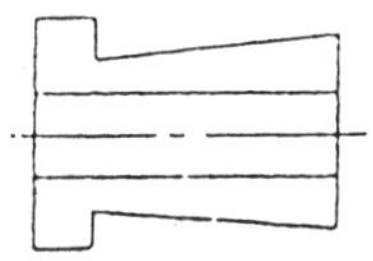 	頭部有錐形形狀，不能成形，必須要成直式形狀。
(b) 易於形狀流動作成之成形粉末	(例1) 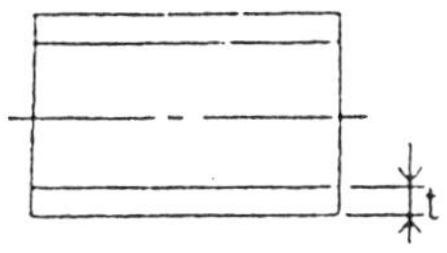 	依長度、材質等而定，壁厚t=0.8mm
(C) 維持軸承形狀充分之模具壽命的	(例1) 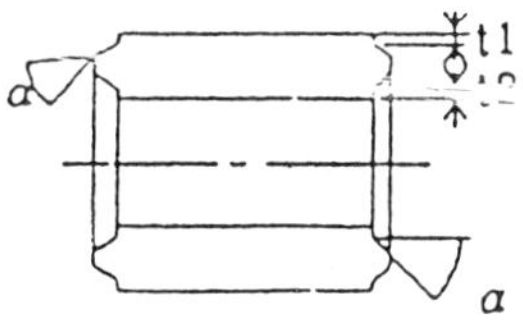 	t1,t2=0.05~0.1mm為適當，$\alpha \geq 45°$ 為適當。非平坦形狀不能進行壓入時會卡住，於燒結後，可靠整型加工成R及斜度之形狀。可是兩端面有所要求時，則有形狀上之限制。
	(例2) 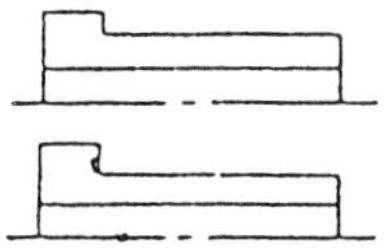 	凸緣下之角度無法做直角形狀，R≦0.2mm恰當。如左圖有溝之形狀。
(d) 得到均勻密度之形狀	(例1) 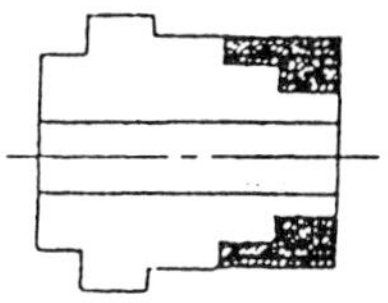 	多段形狀之密度均勻困難，模具複雜可能要2段或3段式成形，以機械加工會較簡單。
	(例2) 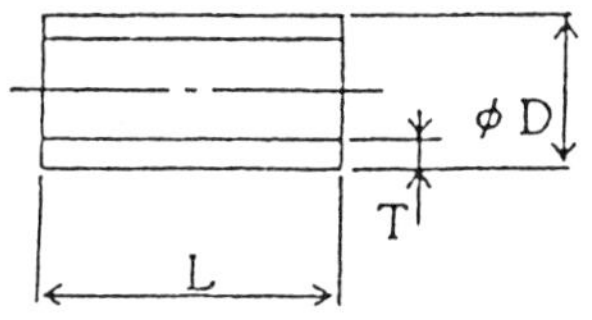 	與外徑相比，長度太長的兩端與中央處密度會有所差別，很易發生精度和特性面上的問題。可能的話，L/D≦2.5，L/T≦10較適當。

表20.8　標準形狀之適用範圍

形　狀	名　稱	適　用　範　圍
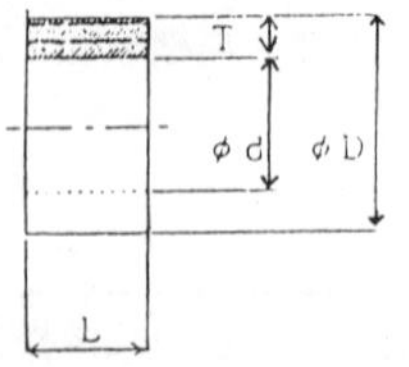	圓筒軸承	泛用軸承T≧0.8mmL/D≦2.5
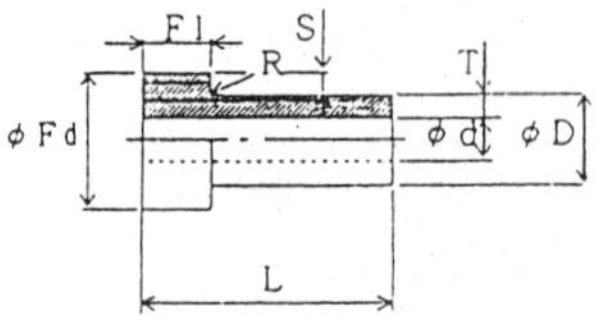	凸緣圓筒軸承	泛用軸承 決定位置，大多用於止推負荷之軸承。 R≧0.2mm，T≧0.8mm，F1≧0.8mm不能有R時， 直筒部直徑以切削行之。 又如(C)例2所示，凸緣下附溝槽形狀。
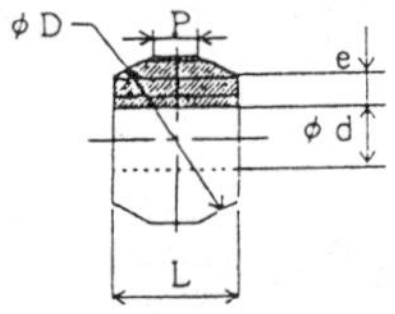	球軸承	自動調芯用軸承。 主要用於各種馬達之軸承。 P(平坦部)<1/3L e≧0.8mm不可有P平坦部形狀時，則採球徑切削。
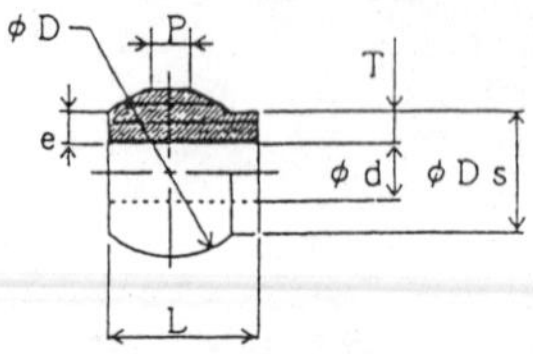	套筒球軸承	需止推負荷時大多採自動調芯用軸承。 T≧0.8mm e≧0.8mm p<1/3L
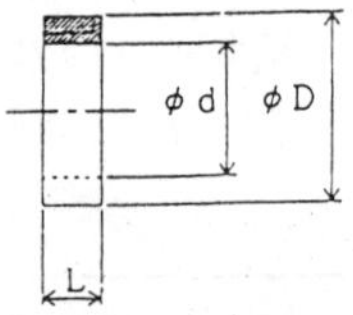	墊圈軸承	用做隔環、墊圈。 L≧0.8

材料爲宜，加工面經由鏡面拋光，眞圓度可達1μm以內，表面粗度爲0.5s以下。

20.3.8.3 軸承尺寸之設計

在使用穿心桿裝配時，穿心桿之公差要盡可能小。裝配前，軸承內徑與穿心桿外徑保持鬆配間隙，裝配後軸承與穿心桿變成緊配之尺寸，而且在穿心桿拔出後，軸承內徑之彈漲量爲決定穿心桿外徑之考慮因素。

表20.10[13]表示外徑壓配量與內徑收縮量之比率關係(內徑收縮量/壓配量x100)；該值會依各種狀態如軸承座、軸承材質、尺寸、肉厚、形狀、加工精度等的不同而產生變化，所以只能作爲參考用。要求更高精度時，則要實際加以測定；通常內徑收縮比率愈大之情形爲外徑愈大時、壁厚愈薄時、壓配量愈大時、軸承座愈硬時、軸承材料愈柔軟而富有彈性時，內徑收縮比率愈大。軸承在進行裝配時，不管有無使用穿心桿，對軸承外徑建議之最大最小壓入量如圖20.26所示[13]。

20.3.8.4 補油機構之設計

設計含油軸承時爲了充分地發揮含油軸承的特

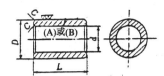

表20.9　直筒軸承之基本尺寸

內徑 d	外徑 D							長度 L								倒角尺寸 C
4	-	-	-	-	7.1	8	9	4	6	-	-	-	-	-	-	0.2
4.5	-	-	-	-	8	9	10	4	6	-	-	-	-	-	-	0.2
5	-	-	-	8	9	10	-	5	8	-	-	-	-	-	-	0.2
5.6	-	-	-	9	10	11.2	-	5	8	-	-	-	-	-	-	0.2
6.3	-	-	-	10	11.2	12.5	-	6.3	10	-	-	-	-	-	-	0.2
7.1	-	-	-	11.2	12.5	14	-	6.3	10	-	-	-	-	-	-	0.2
8	-	-	11.2	12.5	14	14	-	6.3	8	10	12.5	-	-	-	-	0.2
9	-	-	12.5	14	16	-	-	6.3	8	10	12.5	-	-	-	-	0.2
10	-	-	14	16	18	-	-	6.3	8	10	12.5	16	-	-	-	0.3
11.2	-	-	16	18	20	-	-	6.3	8	10	12.5	16	-	-	-	0.3
12.5	-	16	18	20	-	-	-	8	10	12.5	16	20	-	-	-	0.3
14	-	18	20	22.4	-	-	-	8	10	12.5	16	20	-	-	-	0.3
16	-	20	22.4	25	-	-	-	10	12	16	20	25	-	-	-	0.3
18	-	22.4	25	28	-	-	-	10	12	16	20	25	-	-	-	0.3
20	-	25	28	31.5	-	-	-	12.5	16	20	25	31.5	-	-	-	0.3
22	-	28	31.5	-	-	-	-	12.5	16	20	25	31.5	-	-	-	0.3
22.4	-	28	31.5	-	-	-	-	12.5	16	20	25	31.5	-	-	-	0.3
25	-	31.5	35.5	-	-	-	-	16	20	25	31.5	40	50	-	-	0.5
29	-	35.5	40	-	-	-	-	16	20	25	31.5	40	50	-	-	0.5
30	35.5	40	45	-	-	-	-	16	20	25	31.5	40	50	-	-	0.5
31.5	35.5	40	45	-	-	-	-	16	20	25	31.5	40	50	63	-	0.5
35	40	45	-	-	-	-	-	16	20	25	31.5	40	50	63	-	0.5
35.5	40	45	-	-	-	-	-	16	20	25	31.5	40	50	63	-	0.5
40	45	50	-	-	-	-	-	16	20	25	31.5	40	50	63	80	0.5
42	50	56	-	-	-	-	-	16	20	25	31.5	40	50	63	80	0.5
45	50	56	-	-	-	-	-	16	20	25	31.5	40	50	63	80	0.5
50	56	63	-	-	-	-	-	20	25	31.5	40	50	63	80	100	0.5

表20.10　外徑壓入量和內徑之收縮率(%)

	軸承座材質	軸承之肉厚	
		3mm以下	3mm以上
內徑收縮量與壓入量之比較	一般鐵系	100~120%	80~100%
	鋁合金薄肉之鐵鋼材	50~60%	40~50%

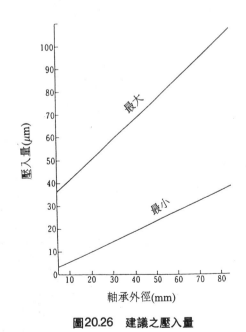

圖20.26　建議之壓入量

點，在作業上盡量減少來自外部的補油動作，因此必須要有補油機構；如圖20.27[13]所表示之一般機械，家電機器等之具體補油機構。雖然含油軸承在氣孔內會充分的含油，可是對長時間無供油運轉狀

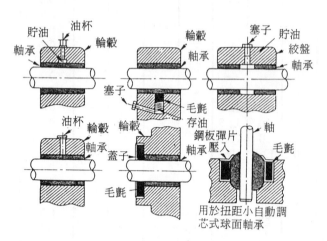

圖20.27　補油機構之設計

況下由於預先設計貯油器能使含油毛氈充分地含油，與軸承面上之油孔相互連通著，油可以從外側自動吸收，經由毛氈過濾，所以會有乾淨的油供給迴轉處。在此針對毛氈給油的效果做一實驗；如圖20.28[13]所示，潤滑油從毛氈處往軸承流動，相反地含油軸承內的潤滑油並不會往毛氈處流動。此現象說明了表面張力差會防止油逆向流動。

20.3.8.5 墊圈的設計

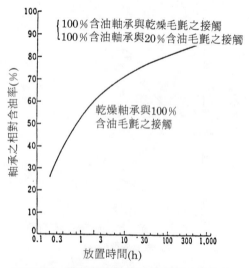

圖20.28　毛氈與軸承間之潤滑油流動情形

含油軸承與軸之裝配，不容忽視墊圈所扮演的角色。基於設計與使用者的角度來看吾人必須考慮以下諸項要點，以使整體之裝配臻於完美，才不致於影響含油軸承之功能特色。

(1)連續的抑或斷續的附加推力負荷

(2)推力負荷之大小（含歪斜以及磁氣偏芯所生之負荷）

(3)墊圈材質與製品材質之磨合性

(4)使用溫度範圍

(5)油添加劑之種類

(6)油與墊圈材質之磨合性

(7)墊圈之表面粗度、硬度、平面度、振幅

(8)軸承端面之表面粗度、硬度、平面度、振幅及是否要切削

(9)墊圈之形狀

(10)軸承端面形狀

(11)套環之振幅以及形狀

(12)套環、墊圈、軸承之組合中，那一部份要承受推力?又該組合中是否有局部之凸狀物?

(13)墊圈之推力面於平常狀況下是否都在同一位置承受推力?

(14)根據什麼理由，推力方向振動時，是否能利用制振片吸收振動?

(15)從墊圈之數量是否能改變推力方向之負荷?

(16)墊圈是否會將油切斷?

另外有關含油軸承端面推力方向之容許PV值，大約為徑向容許PV值之15%左右。通常樹脂墊圈為300~500g/cm²，金屬墊圈約為3Kg/cm²，硬質且表面粗度好的金屬墊圈為6~7kg/cm²，又樹脂用於低轉速，硬墊圈用於高轉速，但如前述條件而有變化時，則應以實際測試來確認之，茲以具體實例說明如下：

(1)軸承與轉子之摩擦，因增加墊圈之數量，而緩和下來，應查出於何處所受推力最大?

(2)墊圈之外徑要完全將軸承端面外徑蓋住。

(3)如圖20.29所示，轉子以及套環之一部分，

若有凸出R角，碰及墊圈時，則應予削除。

(4)聚酯樹脂墊圈之容許荷重為500g/cm²，連續使用的話，以150g/cm²為適當，若要比這個大的話

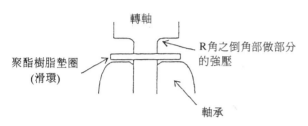

圖20.29　轉子之凸出R角使墊圈往軸承方向移動

，則變更為電木以及表面處理後的金屬墊圈。

(5)如圖20.30聚酯樹脂墊圈是否將軸承端面的一部分磨耗呢?改善推力面以及軸承端面之振幅。

(6)轉子往推力方向振動時，考慮如圖20.31所示加入制振片。

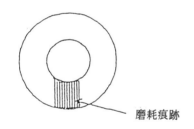

圖20.30　墊圈將軸承之端面磨耗情形

(7)聚酯樹脂墊圈之摩擦痕跡是否與聚酯樹脂墊圈之內徑有相同之同心圓?如果沒有的話，將聚酯樹脂墊圈之內徑縮小。

(8)聚酯樹脂墊圈之內外徑圓周上，毛邊之去

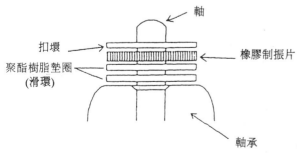

圖20.31　制振片可降低轉子推力向之振動

除與處理方法。

20.3.8.6 潤滑油的選擇

含油軸承在運轉時，油之流動是因軸之迴轉而產生泵浦作用，並造成楔形油壓;但因軸承材之多孔性可使油滲透有所謂「油遁」之平衡現象，固可支撐負荷，而從負荷及滑動速度可決定出適當之動黏度。如圖20.32所示，在低轉速、高負荷及之情況下，要選擇高黏度之潤滑油;相反的，高轉速、輕負荷時，則要選擇低黏度之潤滑。一般燒結軸承

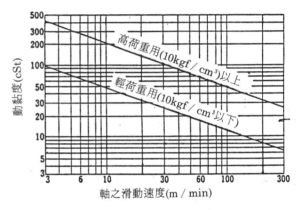

圖20.32　油黏度之選定基準(50℃)

所適用之潤滑油，與非多孔性之滑動軸承來比較的話，由於燒結含油軸承會發生「油遁」的現象，吾人都採用高黏度油。

潤滑油之種類有很多種，為了要使有限的油供長時間之循環使用，潤滑油的性質要很穩定。而且運轉溫度上昇，以不超過60℃為限;因為一旦達到高溫的話，潤滑油的黏度會降低，支撐負荷之油膜強度變小，與軸之摩擦增加之同時，潤滑油可能會變質。如圖20.33所示[19]因溫度而影響黏度之變化;因此選用潤滑油時必須配合工作溫度，選擇時注意以下要點：

(1)確認軸承之使用溫度範圍，使用黏度指數高的潤滑油(VI 100以上)

(2)確認是否為低摩擦係數之軸承

(3)軸承中之材質Zn、Pb與油之反應如何?

(4)即使是界面潤滑，也要採用高效果之各種添加劑(極壓添加劑等)之潤滑油。

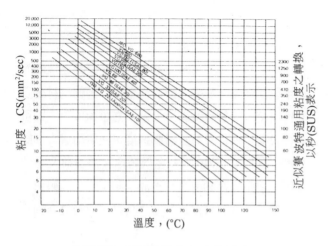

圖20.33　潤滑油黏度-溫度關係圖

　(5)選擇沒有不純物與不穩定物質之高精度潤
　　　滑油。

　　從潤滑油之作用來看，它可減低摩擦、防止軸
承磨損、冷卻軸承，防止雜物侵入並可防止生銹。
通常一般基礎用油中有三種：一為礦物油，價格便
宜，不易損傷樹脂，對金屬較具安定性，有各種黏
度，低黏度指數和高流動點；二為合成油，價格貴
，且不適宜接觸樹脂、金屬，黏度範圍窄，屬高黏
度指數和低流動點的油；三為動植物油，油性良好
，雖可降低摩擦，但因易於腐壞，所以不適於長時
間使用。

20.3.9　結語

　　燒結含油軸承在台灣已是一個發展非常成熟的
產品。但在面臨下游產業外移，使得國內含油軸承
業者不得不跟進之情況上，成長停滯，由國人自行
研發的合理化、無人化作業，面臨再一次轉型之嚴
苛考驗，唯有走向具有特色、高附加價值精密之含
油軸承及機械零件製造上，是國內業界今後生存永
續經營之途。

　　此含油軸承一節之撰寫，乃在基於「工欲善其
事、必先利其器」之出發點上，協助產業轉型。所
以此資料之編訂，係攸關含油軸承技術，要更上一
層樓之必備知識，也希望此資料，能提供給專業工
程師，在面對各種複雜難題時，能得心應手地協助
解決實務問題。

參考文獻

1. "粉末冶金CNS標準",經濟部中央標準局，CNS
　　12480 Z7206，1992, p.47.

2. 林素梅，"近年來多孔金屬材料的應用和研究
　　"，中國冶金部鋼鐵研究總院粉末冶金技術雜
　　誌，第一期，59~63(1982).

3. 侯載欽、王燊等，"金屬多孔材料"，高技術新
　　材料要覽，中國科學技術出版社，1993，p.156
　　~160.

4. 楊錦成，"發泡金屬的特性和用途"，工研院工
　　業材料研究所，1992.

5. 庄司啟一郎、永井宏、秋出敏彥著，"粉末冶金
　　概論"，共立出版株式會社，1984, p.91~102.

6. L.W. Baurn, Precision Metal, 32[March], 47
　　(1974).

7. 來絡企業股份有公司，複層軸承資料，1993.

8. V.T. Morgan，粉末冶金による銅系軸受，日本
　　粉末冶金工業會，1983.

9. 全球自潤有限公司型錄，1993.

10. 台灣保來得股份有限公司型錄，1993.

11. 三菱金屬株式會社，"ダイヤメットベアリング"
　　解說書，1978~6改訂.

12. 日立粉末冶金株式會社，ニッカロイ軸受編，
　　1988.

13. 日本粉末冶金工業會編，燒結機械部品－その
　　設計と製造－技術書院，1987, p.327~353.

14. 小菅，"含油軸受チ一夜物語，應用技術基礎編
　　(その3)，ベアリングエンジニヤ，No.46，(1978)，
　　p.81~82.

15. 渡邊侊尚，新版粉末冶金，技術書院，1991，
　　p.71.

16. 四方，"潤滑"，30，1985, p.573.

17. V.T. Morgan，"燒結含油軸受"，日本粉末冶
　　金工業會，p.9.

18. 清水、渡邊，"粉體および粉末冶金"，28，
　　p.131.

19. 國光牌潤滑油脂手冊，中國石油股份有限公司
　　，p.152.

第二十一章　燒結摩擦材料

何信威*　陳豐彥**

21.1 前言

21.2 製程概述

21.3 摩擦性能測試

21.4 應用與發展

21.1　前言

　　基於燒結金屬基摩擦材料的耐磨性及在高溫、高負荷下其摩擦性能的穩定性，燒結金屬基摩擦材料在工業上已廣泛地使用於飛機、高速火車、重型貨車、機車等運輸工具或產業機械上。

　　很多現代化的機器和設備的重要部份是煞車制動機構，它的最主要功能是煞車停止、扭距傳送或保護傳動裝置過負荷時不受損壞。而其中最典型的制動機構就是煞車裝置，如沒有可靠的煞車裝置，就不能保証現代化的飛機、高速火車（如法國的TGV、日本的新幹線子彈列車）順利平安地抵達目的地，或者讓產業機械正常的運轉-停止。因此，燒結金屬基摩擦材料日益進步，在朝向高速化、大型化的運輸工業上越顯其重要性。

　　早在1930年代初期，人類就已將石棉基摩擦材料成功地應用於煞車裝置上，在當時石棉基摩擦材料的摩擦性能、磨耗率及較重負荷下的能量吸收、摩擦熱能的散失均能符合需求，但隨著負荷動能的增大及摩擦熱能的昇高，石棉基摩擦材料在如此條件情況下，其摩擦性能出現"衰減"的現象，摩擦力減弱，因而降低了其煞車效率。此時，有人利用金屬基的銅或鉛銅合金製作成煞車來令片(Lining Pad)，但其摩擦性能不佳，甚至造成對磨片表面產生嚴重刮痕。

　　在當時，粉末冶金技術已漸臻成熟，一些摩擦材料的研究人員嘗試利用該項技術發展燒結摩擦材料，結果發現燒結金屬基摩擦材料之摩擦性能遠較石棉基優越，更重要的是燒結金屬基摩擦材料可在高溫(400°~800℃)、高負荷下仍保有穩定的摩擦性能。經此發現，在1930年中期就陸續有有關燒結金屬基摩擦材料的專利提出申請，而後續研究者則相繼研究發展銅基、鐵基、鎳基、鎢基等燒結摩擦材料。到了1960年代隨著航空工業的快速發展，燒結金屬基摩擦材料亦達發展的高峰，如美國的Bendix公司即成功地將燒結銅基摩擦材料應用於F-104戰機上。

　　一般的燒結金屬基摩擦材料主要可分為銅基與鐵基兩種，其組成是以金屬或合金為基地(Matrix)、另加潤滑劑(Lubricants)及摩擦調整劑(Friction Modifiers)，經一般粉末冶金製程混合、成形、燒結而成。在鐵或銅基地所形成骨架中為了強化其機械特性，通常可添加一些合金元素如Sn、Zn、Ni、Cr、W及Mo等。而潤滑劑的作用是調整摩擦係數及提供潤滑效應，常用者有石墨、低熔點金屬（Pb、Bi等）和一些金屬硫化物（如MoS_2、FeS等）。摩擦調整劑的作用是產生摩擦力及耐磨性，常用者有SiO_2、SiC、Al_2O_3、富鋁紅柱石($3Al_2O_3$-$2SiO_2$)及一些金屬或金屬化合物。表21.1所列為一般金屬基摩擦材料之組成。

　　本文主要是討論燒結金屬基摩擦材料的製作工程及其摩擦、磨耗機構，另將論及燒結金屬基摩擦材料的應用與發展概況。

21.2　製程概述

　　燒結金屬基摩擦材料是利用粉末冶金的技術發

---
*　國立中央大學機械系學士、工業技術研究院材料所副研究員

**美國俄亥俄州立大學冶金工程碩士、工業技術研究院工業材料研究所研究員

表21.1 一般金屬基摩擦材料組成成分表(wt%)

成分\區別	金 屬 成 分			耐 磨 耗 成 分				潤 滑 成 分			用　　　途
	Cu	Fe	Sn	Fe	Mo	SiO₂	富鋁紅柱石	C	Pb	其他	
例1	Bal	—	5-10	3-6			3-6	5-10	5-10	—	日本新幹線子彈列車用來令片
例2	Bal	—	3-6	—			3-6	4-6	—	—	日本新幹線子彈列車用來令片
例3	Bal	—	5-10	3-5			3-6	10-15	10-15	—	乾式離合器用磨合面
例4	30-40	30-40	3-6	3-5			3-6	4-6	—	—	乾式離合器用磨合面
例5	Bal	—	3-6	3-5			3-6	5-10	—	Bi 5-10	乾式離合器用磨合面
例6	3-5	60-70	—	—			1-3	15-25	3-5	Bi 3-5	一般火車用來令片

（資料來源：日本，機械　工具，1979年8月）

展而成的，其製程包括：原料的組成、混合、成形、熱壓燒結及後續的摩擦性能測試。圖21.1為燒結金屬基摩擦材的製造流程圖。

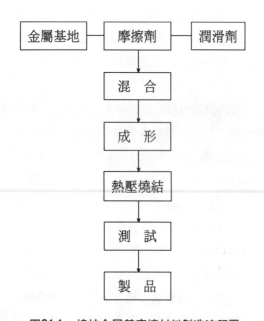

圖21.1 燒結金屬基摩擦材料製造流程圖

21.2.1 原料組成

燒結金屬基摩擦材料和石棉基、半金屬基摩擦材料其組成成分是大不相同的，它屬於金屬基複合材料(Metal Matrix Composite)的一種，主要包含有金屬基地(Metal Matrix)、潤滑劑(Lubricants)及摩擦調整劑(Friction Modifiers)。它和石棉基或半金屬基摩擦材料比較起來具有高溫、高負荷下仍具有優越摩擦特性，特別是其耐熱性及對摩擦熱的良好傳導性，是石棉基所無法比擬的。

21.2.1.1 金屬基地

燒結金屬基摩擦材料的金屬基地主要可分為銅基和鐵基兩種，銅基的應用範圍較為廣泛，主要是一般對磨材料均為鑄鐵或合金鋼材，若使用相同的鐵基摩擦材料，極易因相互之間的金屬摩擦接觸而產生黏著和煞車制動時出現卡滯現象，進而產生嚴重的磨耗。然而，受限於銅粉原料成本的高漲，鐵基摩擦材料的應用漸漸受到重視，特別是為了經濟因素及降低成本，鐵-銅基、鐵基摩擦材料的應用範圍將愈來愈普遍。

金屬基地的主要作用是將非金屬材料的潤滑劑和摩擦調整劑固結於基地內，由於兩者之間並無金屬鍵結，因此金屬基地機械性質的強弱，關係著摩擦係數的穩定及磨耗率的大小。一般以銅-錫為基地的銅基摩擦材料而言，雖然其摩擦作用極為優越，但是質軟而較不耐磨耗，因而有嘗試添加鐵或鎳於基地內以強化基地強度，圖21.2為添加5wt%、10wt%鐵粉於銅基摩擦材料中，比較其摩擦係數及磨耗率，發現摩擦係數增高，而磨耗率反而降低，這是因為所添加的鐵和碳形成雪明碳鐵，而部份的鐵溶入銅基地中而強化了基地骨架，使摩擦表面較耐浸蝕和刮磨，增加其耐磨性。圖21.3為日本粉末冶金公司所發展的Cr-Fe-Ni燒結煞車來令片，為提供新幹線子彈列車所用，據測試結果所知，可使子彈列車的時速在350 km/hr安全停止，較先前所使用的銅基煞車來令片僅能達到240 km/hr提高許多。

21.2.1.2 潤滑劑

摩擦材料的利用主要是其摩擦作用所產生的摩

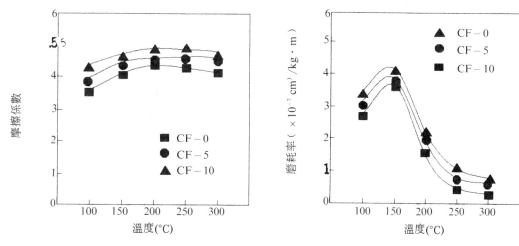

圖21.2　銅基摩擦材料中添加5wt%(CF-5)、10wt%(CF-10)鐵粉、比較其摩擦係數及磨耗率(資料來源：Volume 5, 1991, Advances in Powder Metallurgy, **p.229~236.**)

擦制動力，而添加潤滑劑於其中，雖然會使摩擦力減弱，但潤滑劑的作用除了可減低摩擦面因摩擦作用所生成的摩擦熱，以避免高溫產生，並可降低摩擦面及對磨面的磨耗率。另外，由於潤滑劑的作用，使停–滑(Stick-slip)現象降至最低，所謂停–滑現象即「停」(Stick)：乃兩摩擦面間的相對速度為零；而「滑」(Slip)：為兩摩擦面之間的相對速度急速上升。若兩摩擦面產生停–滑現象，就產生抖震，所以潤滑劑的另一主要作用即如圖21.4所示的在摩擦作用時間內，其速度平穩地降至零。

　　一般最常用的潤滑劑為石墨，其次軟質金屬的鉛也被使用。固體潤滑劑如二硫化鉬、硫化銅、硫化鐵等硫化金屬亦可配合需要而添加，而一些金屬氧化物如氧化鉛、氧化鎳、氧化鈷等之添加亦可造成潤滑及摩擦表面氧化層生成等作用。

21.2.1.3 摩擦調整劑

　　摩擦調整劑亦稱作摩擦劑可區分為硬質金屬粒子及硬質非金屬粒子兩種。

(a)硬質金屬粒子：和金屬基地同為金屬相，但硬度高許多，通常在基地中為分散獨立的金屬粒子，一般常見的為鉬、鎢、鉻等。金屬基地中添加硬質金屬粒子，可增加金屬基地的硬度、強度及摩擦係數。在摩擦作用時，硬質金屬粒子裸露突出金屬基地表面，減少了基地表面和對磨材料表面接觸的機會，因而改善了摩擦材

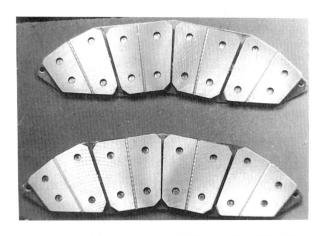

圖21.3　日本粉末冶金公司所發展之Cu-Fe-Ni基燒結煞車來令片

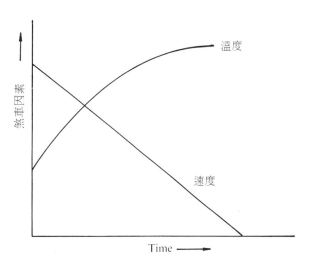

圖21.4　煞車作用時，摩擦表面平均溫度和速度關係圖

的耐磨耗性。

(b)硬質非金屬粒子：和前述類似，亦均勻散佈於
　　金屬基地中之二氧化矽、氧化鋁及陶瓷粒子，
　　同樣地具有減少金屬基地表面和對磨材料表面
　　的接觸以改善耐磨耗性，並具有將轉移附著於
　　對磨材料表面的潤滑劑刮除的作用，以增加摩
　　擦作用時摩擦係數。

21.2.2　原料混合

　　原料的混合是整個製程中最重要的部份之一，
因爲它關係著機械性質的強弱及摩擦特性的優劣。
表21.1所列之例1爲典型的燒結銅基摩擦材料的組
成成分，它主要是90/10的青銅材料爲主，另添加
鉛、石墨、二氧化矽，其中非金屬材料約佔重量百
分率6-10wt%左右。而以體積百分率計算則約佔有
30vol%，這在混合的過程中對各種材料的均勻分佈
有很重要的影響。然而這僅是一般負荷條件下的組
成成分，對於需要更高負荷的摩擦條件，則非金屬
材料所佔有的體積百分率更可高達60vol%以上，如
此高的體積百分佔有率，對粉末的混合而言，非常
不容易達到均勻一致，而且各種原料的粒徑分佈，
從大至0.5mm以上的各種耐火陶瓷材料，小至數微
米的各種鐵、銅、鎳、鎢金屬粉末，以及各種原材
料之間的密度差異，譬如銅、鐵、鎳的密度範圍約
在7~9g/cm³之間，而SiO_2及Al_2O_3則分佈在2~3g/cm³
之間，如此大的密度差異在混合的過程中，極易產
生混合偏析的現象，因此在混合的過程中須注意下
列幾點：

(1)所有的金屬粉末在置入混合筒中均須以篩網篩
　　分過，以避免過細的粉末糾結在一起，影響混
　　合過程中的均勻性。若混合前未將已糾結的金
　　屬團塊篩分分離，則往往要到最後的機械研磨
　　處理過程中才能被發現。

(2)一種輕機油（約0.25wt%）常常用以添加於混合
　　的金屬基地(Metal　Matrix)中，其作用是將金屬
　　粉末的顆粒表面形成一層油膜，這可避免於已
　　混合完成的摩擦材料原料中，其密度差異極大
　　的金屬及非金屬材料，在搬運過程中或在成形
　　機的饋料管中，因震動而造成偏析現象，而且

粉末顆粒表面的油膜，可以保護成形模具表面
及增加壓粉體的脫模性。

(3)石墨及其他非金屬潤滑劑必須於混合完成前5-15
　　分鐘方可置入混料筒內，因若置入混合時間過
　　長，則將在金屬粉末顆粒表面塗覆一層石墨或
　　非金屬粉粒，這一層非金屬微粒於燒結過程中
　　將阻礙燒結機構的進行，而影響燒結金屬基地
　　的機械性質。

　　各種原料的混合通常都選用雙圓錐混合機（亦
稱作"V"或"Y"型混合機）進行混合，混合的過程
除須注意上述三點外，混合時間的長短須依添加非
金屬原料的比例大小增減，一般爲一小時內混合時
間左右，過長的混合時間是不必要的，因爲這將造
成：(1)可能會造成反混合效果而使一些密度差異
大的材料偏析。(2)粉末顆粒形狀的改變，例如石
墨。(3)某一材料可能被另一較軟的材料覆蓋，以
致造成不需要性質的結果，例如石墨被覆金屬顆粒
表面。

　　摩擦材料的混合處理是其製程中極重要的一部
份，但在這方面的研究工作極少，雖然有些理論上
的分析研究，但很難將分析所得的結果應用於實務
上，特別是燒結金屬基摩擦材料的混合中摻雜數種
性質差異極大的原料，因此，除了理論分析外，仍
須視實際操作應用狀況而調整混合時間與程序。

21.2.3　成形

　　燒結金屬基摩擦材料的原料經混合完成後，即
利用油壓式或機械式粉末成形機以壓縮成形所需之
形狀及密度要求，由於壓縮成形後之胚體仍須經由
熱壓燒結而緻密化，且燒結摩擦材料中添加一些較
軟之材料如石墨，因此成形壓力噸數不可過高，一
般銅基摩擦材料的成形壓力約200~400 MPa，而鐵
基摩擦材料所需成形壓力約爲400~600 MPa之間。

21.2.4　熱壓燒結

　　燒結金屬基摩擦材料的燒結方法有很多種，包
括常壓燒結、熔滲燒結、電阻／熱壓燒結、氣氛保
護熱壓燒結或液相燒結等各種燒結方式。這些方法
的選擇主要是基於如何獲得燒結金屬基地所需之機

械性質，而金屬基地的物理性質關係著摩擦材料的磨耗特性，這將在摩擦測試討論磨耗機構時被論及。

　　燒結金屬基摩擦材料仍以熱壓(Hot Pressing)燒結爲主，這主要是因爲其中佔有30vol%~60vol%以上的非金屬材料，圖21.5所示爲金屬基地、潤滑劑、摩擦劑所佔重量百分率分佈圖，當潤滑劑和摩擦劑所佔比率增高時製造及燒結難度便增加許多，甚至無法燒結。而利用熱壓燒結法，主要是爲了利用熱壓緻密機構及低熔點金屬如錫、鉛等液相燒結方式，使得金屬基地達到緻密、強化及消除空孔以增強金屬基地的機械性質。有關熱壓緻密機構及液相燒結的理論分析已有不少研究者提出下述之種種模式：

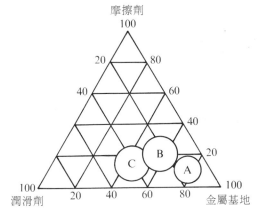

21.5　燒結金屬基摩擦材料組成重量百分率分佈圖
　　　（A:離合器片、B:飛機及重型車輛煞車來令
　　　片、C:小型車輛煞車來令片）

21.2.4.1 熱壓的緻密機構 (Densification Mechanism)

　　熱壓反應的進行大致可分爲三個過程

a.初期階段

　　金屬粉末經由擴散過程或塑性變形，迅速的頸縮成長造成顆粒接觸面積增加。造成此階段的頸縮成長的機構有：(1)經晶界的體積擴散；(2)經晶界的晶界擴散；(3)差排潛變(Dislocation Creep)；(4)塑性變形；(5)經表面之體積擴散；(6)表面擴散；(7)氣化傳送(Vapor Transport)，其圖解說明示於圖21.6，而前四種機構因質量傳送經由顆粒內會造成

粉體收縮緻密作用。而其餘的三種機構因質量傳送經由顆粒表面，造成頸縮圓化降低緻密的驅動力，因而影響緻密效果，於其之後的燒結過程中將導致形成圓柱形的孔洞。

b.中期階段

　　於更進一步燒結時，這些圓柱狀孔洞將再收縮成較小的圓柱狀，且任何氣體均會被擠出而陷於孔洞內，圖21.6之第5、6和7機構於此階段即不再發生作用。然後，小圓柱狀孔洞變成極不安定、且於受到表面和晶界能量的作用下，形成封閉且粗糙的球狀孔洞，此時進入最後階段時期。中期階段與最後階段對於孔洞收縮造成緻密機構極爲類似，如圖21.6之第1至第4的機構，其圖解說明於圖21.7。

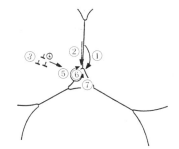

1. 體積擴散
2. 晶界擴散
3. 差排潛變
4. 塑性變形
5. 經表面之體積擴散
6. 表面擴散
7. 氣化傳送

圖21.6　熱壓燒結初期階段的七種不同機構

c.最後階段

　　此階段促使獨立的球狀孔洞消失，達到完全緻密，可能是由下列四種機構所促成：

(1)Nabarro-Herring的擴散潛變發生，是當孔洞流動沿著晶界擴張壓力作用引起的應力梯度經由晶格的結果（圖21.7之機構1）

(2)Coble晶界擴散潛變，其擴散流動是經由晶界造成的（圖21.7之機構2）。

(3)差排潛變發生（圖21.7之機構3），於高溫及高應力的作用下有差排的爬升(Climb)和滑動(Glide)的變形。

(4)塑性流動造成緻密性（圖21.7之機構4），於低溫或很高應變率($\dot{\varepsilon}$)時，潛變和擴散對粉體的緻密貢獻很小，此時粉體行爲極像一個完全的塑性固體，這個行爲可用塑性的統構式(Constitu-

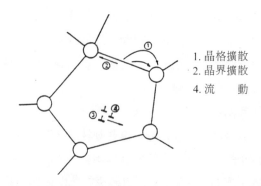

1. 晶格擴散
2. 晶界擴散
4. 流 動

圖21.7 熱壓燒結中期和最後階段的四種不同的緻密機
構：①晶格擴散；②晶界擴散；③差排潛變；
④塑性流動

tive Law)來描述：

$$\dot{\varepsilon} = \begin{cases} 0 & \sigma < \sigma_y \\ \infty & \sigma > \sigma_y \end{cases} \qquad (21.1)$$

式中σ_y為材料流動強度。這個關係式被Torre
發展，當粉體受壓力σ_a，產生塑性而達到其極限密
度ρ_{rlim}時，其結果為：

$$\rho_{rlim} = 1 - \exp(-\frac{3}{2} \frac{\sigma_a}{\sigma_y}) \qquad (21.2)$$

若粉體密度小於ρ_{rlim}，施加壓力σ_a，則粉體相
對密度將快速達到ρ_{rlim}，但是，若粉體相對密度已
大於P_{rlim}，則這個機構對緻密就沒有幫助，而是由
前述三種機構使其緻密。緻密率表示如下：

$$\frac{d\rho_r}{dt} = \begin{cases} 0 & \rho_r > \rho_{rlim} \\ \infty & \rho_r < \rho_{rlim} \end{cases} \qquad (21.3)$$

21.2.4.2 熱壓燒結機構

摩擦材料中含有很高的體積百分比的高熔點非
金屬的摩擦劑（有的甚至可高達30至60vol%），圖
21.5所示為金屬基地、潤滑劑和摩擦劑所佔之重量
百分率圖。當潤滑劑所佔比率增高時，成形和燒結
的困難度亦相對地提高。因此在燒結時，必需使用
輔助燒結的方式，才能使摩擦材料達到最大可能的
緻密度。常用的摩擦材料燒結方式有液相燒結和熱
壓燒結。液相燒結是利用被燒結材料組成成分之一
在燒結進行時呈液態，並藉此幫助粉末顆粒間的結
合，進而達至材料的緻密化和良好的機械性質。熱

壓燒結是使被燒結體同時接受高溫和外加的壓力，
由熱能和應力去幫助粉末顆粒間的結合和材料的緻
密化。有關液相燒結的理論在第九章中已經詳細論
述，故不在此重覆。本節謹將熱壓燒結的部份加以
闡明。

在熱壓燒結時，生胚體同時接受高溫和外加的
壓力。此處的外加壓力通常是由機械方式在單一方
向施壓。此點與同時在全方向由液體或氣體施加壓
力的熱均壓(Hot Is ostatic P ressing)不同。熱壓燒結
所牽涉到的材料緻密化機構有三種；即(1)降伏
(Yield)、(2)潛變(Creep)、和(3)擴散。粉末結合體
在熱壓燒結時，通常物質是同時藉此三種機構使材
料緻密化，但在某種溫度和壓力之下，其中的一種
機構會呈現特強勢效應。此種現象吾人將藉圖21.8
，予以說明。當粉末材料在高溫下受到極大的壓力
（例如圖中大於P_3的壓力），粉末顆粒會發生降伏
變形而由鬆裝密度被擠壓達到100%的緻密度。但
此種熱壓燒結在實際的應用上甚少發生。如果壓力
小一點（例如圖中介於P_2和P_3之間的壓力），那麼
粉末材料首先降伏變形而引起材料部份的緻密化，
並且使粉末顆粒間的接觸頸縮面積(Contacting Neck
Area)增大。當接觸頸縮面積增大至使該局部區域
所承受的應力小於材料的降伏強度時，降伏變形所
引起的緻密機構即停止活動。但此時粉末的結合體
並未達到100%的理論緻密度。接下來的材料緻密
化在此種溫度和壓力的情況下便要訴諸於潛變的機
構。材料的潛變主要係歸因於晶界的滑動(Grain
Boundary Sliding)。晶界的滑動會造成材料的變形
，並藉此致使材料緻密化達到100%。如果壓力在
P_1至P_2之間，在此種清況下粉末由鬆裝的結合體要
達到100%的理論緻密度，則必需要先靠降伏，繼
之為潛變，最後為擴散等三種緻密機構才能使粒末
的結合體達到100%的理論緻密度。在這裡的原子
擴散現象與材料在不受外加壓力時相同，只是其在
熱壓燒結時受到作用在粉末顆粒間的壓力而增強。
原子擴散的途徑又可分為晶界擴散(Grain Boundary
Diffusion)和體積擴散(Volume Diffusion)。此兩種
物質擴散的效應可加成起來共同造成材料的緻密化
。如果熱壓燒結的外加壓力小於P1，那麼因壓力過

小不足以對材料造成降伏變形,此時材料的緻密化
則要完全仰賴潛變和擴散兩種機構(註:鬆裝之粉
末即有約63%之密度)。

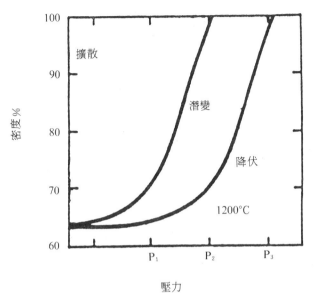

**圖21.8　熱壓燒結時,材料緻密化之機
構示意圖(取自Arzt等作者)**

在一般的熱壓燒結,其所採用的溫度係在材料
的液相溫度之下,壓力則在P1以上(如圖21.8中所
示)。例如銅基摩擦材料的熱壓燒結溫度約為800
℃,而鐵基摩擦材料則為1120℃,其所施加的壓力
約在1至3MPa之間。又在熱壓燒結時以機械方式在
單方向施加壓力尚有防止產品翹曲變形的作用。

21.3　摩擦性能測試

21.3.1　摩擦材料的基本要求

(1)摩擦材料必須要求在不同溫度、負荷和速度下
　保持足夠的摩擦係數(μ=0.2~0.6)及摩擦係數的
　穩定性,圖21.4為摩擦材料煞車制動到停止時
　,摩擦材料表面平均溫度和速度關係圖,而摩
　擦係數對溫度及速度必須是獨立的,亦即不隨
　溫度或速度的改變而改變。

(2)摩擦材料和對磨面之間的摩擦作用必須穩定以
　減低抖動或振動,雖然抖動或振動和煞車組件
　的結構設計有關,但抖動和振動的原始來源是

和摩擦面的摩擦作用穩定性有密切關連的。

(3)磨合性也是對摩擦材料的一項重要要求,因為
　摩擦材料表面經研磨加工處理後,以微觀而言
　仍會留下波紋及一定的表面粗度。而使用初期
　的磨合過程,就是使摩擦材料表面和對磨面之
　間的接觸面積增大,此時摩擦溫度逐漸降至穩
　定值,摩擦扭距漸升至一定值以及摩擦表面逐
　漸形成具有摩擦作用穩定性能的表面氧化層。
　摩擦材料要求磨合性,主要是以重負荷煞車裝
　置而言,經5~7次煞車後,其摩擦扭距變化不應
　超過±20%。對於中等負荷的離合器裝置,經
　500~700次離合制動後,其力距變化不應超過±
　20%。此時其磨合面積應佔總面積的80%以上,
　以目視其表面應光滑無刮痕或刮線產生。

(4)摩擦材料經長時期煞車制動使用必須具有足夠
　的抗磨耗性,此外材料中之陶瓷材料不可將對
　磨材料表面產生刮痕或過度磨耗。

(5)摩擦材料必須具有良好的熱傳導性質,因煞車
　制動摩擦作用所產生的熱必須迅速的排除,以
　保持摩擦表面溫度在一定臨界值之下。

(6)在高動能的煞車負載下必須具有足夠的機械強
　度,以保持在複雜應力下不被破壞。

21.3.2　定速磨耗測試

定速磨耗測試主要是測試摩擦材料在一定負荷
及一定溫度下其摩擦係數及磨耗率,圖21.9為定速
磨耗測試機,而圖21.10為所測得摩擦係數及磨耗
率結果。定速磨耗測試的測試方法與程序在CNS
2586標準中有明確規定。

21.3.3　動力慣性測試

定速磨耗測試為在一定的轉速、負荷及溫度下
測試摩擦材料的摩擦特性,一般僅供研究開發初期
瞭解基本摩擦性質或商業生產時品質管制之用。而
欲進入真正應用階段仍須以動力慣性測試以瞭解在
各種不同測試條件下,其摩擦性能為何。

圖21.11為動力慣性測試機構示意圖。

動力慣性測試是以慣性式摩擦試驗機模擬實車
測試的各種狀況及條件,和定速磨耗測試不同的是

圖21.9　定速磨耗測試機

動力慣性測試可設定如下所列之各種不同的測試條件：

    (a)初速度及減速度

    (b)面壓。

    (c)慣性量

    (d)測試溫度（煞車前摩擦面溫度或濕式測試下冷卻液體的溫度）

    (e)單位時間煞車制動回數

    (f)摩擦材料和對磨材料的材質及形狀

    (g)冷卻液體的種類和流動方式

    動力慣性測試依所設定的測試條件，一般可分成以速度或溫度為測試基準：

(a)以速度為測試起點：

當測試機之慣性飛輪達到所設定之轉速即可開始測試，摩擦面之溫度僅供試驗參考，圖21.12為其測試曲線。

(b)以溫度為測試起點：

慣性飛輪轉速為一定值，以摩擦表面之溫度為測試起點，即當至某一已設定之溫度(如400℃)，測試機之離合器將馬達和慣性飛輪脫離，煞車油壓系統啟動開始煞車並記錄扭力(Torque)、壓力和溫度之值，圖21.12為每一回所記錄之測試曲線。若將每一回所測得之煞車扭力值和油壓壓力值相除，其比值可定義為煞車效率值(Brake Efficiency)，圖21.13為燒結銅基及鐵基摩擦材料在不同飛輪轉速下所測得之煞車效率值函數圖，該線之斜率即為摩擦材料之平均煞車效率值。

另外燒結摩擦材料應用於煞車制動和離合器在高溫測試下，其摩擦係數是否會衰減(Fade)亦是評估摩擦材料摩擦特性的重要性質之一，而以動力慣性測試在高溫、高負荷下做數千回之測試，並依所記錄之煞車扭力輸出值和測試回數做圖以評估該摩擦材料之摩擦穩定性，圖21.14為燒結銅基摩擦材料在5kgf/cm²煞車油壓下經2500回動力慣性測試，從圖中可評判其煞車摩擦力穩定。

圖21.15為比較不同的摩擦材料，相同的測試條件所得到不同的測試結果，煞車油壓愈大、煞車時間愈短，摩擦材料所吸收慣性飛輪之慣性力距愈

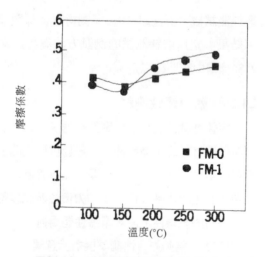

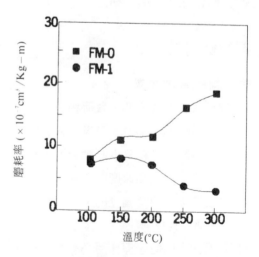

圖21.10　鐵基摩擦材料添加1wt%MoS₂及未添加MoS₂經定速磨耗測試所測得摩擦係數及磨耗率。
（資料來源：Advances in Powder Metallurgy, Vol. 5, 1991, p.236.）

圖21.11　動力慣性測試機構示意圖

大，若摩擦材料之潤滑或摩擦性質不佳時即造成"抖震"現象，若相同的煞車面壓所需煞車時間愈長，則表示該摩擦材料所吸收慣性力距的效率愈低，亦即煞車效率愈低。

21.3.4　摩擦和磨耗機構分析

(1) 摩擦 (Friction)

　　摩擦材料應用在摩擦機構如煞車來令片或離合器片上，於摩擦作用時，摩擦界面受壓力、溫度、剪應力及材料內部的結合強度、各種物質間的鍵結等物理及化學因素的影響非常地複雜，但是仍有許多研究者對燒結金屬基摩擦材料摩擦作用時磨耗機構投入心血鑽研，如Rabinowitz及Male研究摩擦表

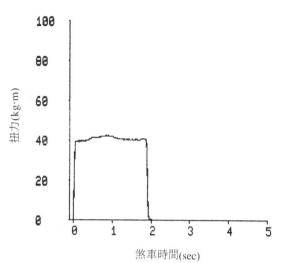

圖21.12　動慣性測試，每一回煞車所測得
之煞車時間與扭力輸出測試曲線

面氧化層對摩擦係數及磨耗率的影響；Bowden及Tabor對摩擦界面間的金屬黏著(Metallic Adhesion)提出各種研究論文等。Rabinowit及Male指出燒結金屬基摩擦材料摩擦界面上的氧化層，雖然會造成摩擦係數的下降，但是對磨耗率的改善卻可到達10倍甚至100倍以上。然而並非所有氧化層或金屬氧化混合物都是良性的影響結果，Rabinowitz-Male亦指出摩擦界面上的氧化物其厚度最少須在10^{-6}cm以上且其硬度不得超過金屬基地的三倍，而根據Bendix公司N.A.Hooton的研究指出摩擦界面上氧化

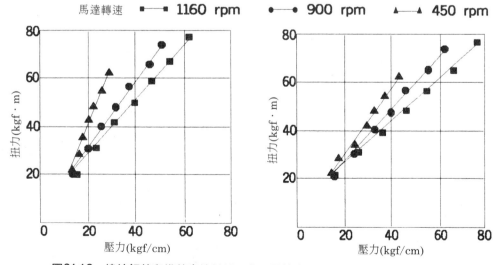

圖21.13　燒結銅基與鐵基摩擦材料，在不同轉速下所測得之煞車效率曲線
（資料來源：Advances in Powder Metallurgy, Vol. 5, 1991, p.229-236）

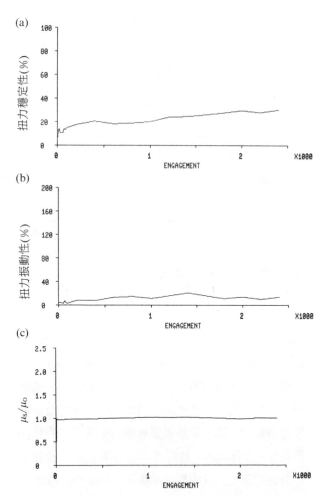

(a)

(b)

(c)

圖12.14　銅基摩擦材料在5 kgf/cm²煞車油壓下經2500
　　　　回測試所得：a.扭力穩定性；b.扭力振動性；c.
　　　　靜摩擦係數與動摩擦係數(μ_s/μ_D)關係

層(Oxide　Film)在摩擦作用受溫度、壓力及剪應力
狀況下的流動模式是非常重要的，且氧化層的物理
及化學性質必須精確地予以控制，而摩擦界面上的
氧化層必須在一定的厚度以內，可避免摩擦制動時
產生流體剪應力(Fluid　Shear)作用的發生，使得煞
車時摩擦界面上所受的正向力及剪應力被吸收而降

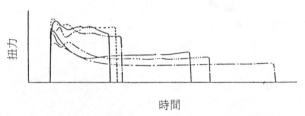

圖21.15　相同所得測試條件下，所得之煞車扭力輸出曲
　　　　線（資料來源：合信汽車工業股份有限公司）

低了煞車制動能(Braking　Energy)。如果氧化層太
厚，則摩擦作用面發生流動潤滑，在如此情況下，
平均摩擦係數降低，且受溫度、速度的變化，摩擦
係數變異大，因而在實際應用上幾乎不可能。圖
21.16為不同氧化層厚度的摩擦作用表現，橫軸的
時間表示煞車作用週期，原點為最大速度，橫軸向
右速度遞減至零。如果氧化層太厚，則在煞車初期
煞車動能的被吸收而有較高的摩擦作用力；而隨著
速度的降低、溫度的升高，摩擦界面氧化層產生流
動剪應力，降低了煞車油壓施加於摩擦界面的正向
力及剪應力，摩擦力開始下降；煞車制動末期，氧
化層受磨擦(Rubbing)、犁削(Plowing)作用而厚度減
少，此時摩擦作用力急速上升，摩擦界面發生咬合
(Grabbing)現象，速度降至零。

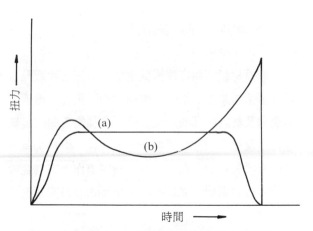

圖21.16　摩擦材料氧化層厚度對煞車扭力的影響，
　　　　(a)適當氧化層厚度；(b)氧化層厚度太厚

　　成功應用於運輸車輛或航空機具上的燒結金屬
基摩擦材料，於摩擦作用發生時，摩擦界面上所生
成的氧化層，必須連續且其厚度足以保護金屬基地
表面並提供適當的隔離，使其不受對磨材料金屬表
面的磨擦、犁削及刮磨等各種磨耗機構的破壞而增
加其磨耗率，圖21.17所示為燒結銅基摩擦材料經
300℃定速磨耗測試後表面所生成連續氧化層的金
相片。

(2)磨耗(Wear)

　　磨耗(Wear)在燒結金屬基摩擦材料的摩擦界面
上受各種物理及化學性質的交互影響，對其瞭解僅

圖21.17　燒結銅基摩擦材料300℃定速磨耗測試後
，表面氧化層之SEM金相照片

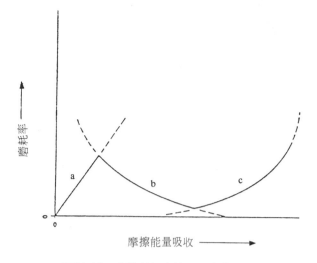

圖21.18　摩擦材料摩擦過程中摩擦能
量吸收和磨耗率關係圖

止於定性上的分析，甚至磨耗的定義在不同的研究
者之間就有不同的解釋，以煞車來令片而言，磨耗
就解釋為量測材料厚度的減少，而以此方法量測磨
耗，往往就忽略了材料所受的加工硬化、塑性變形
或其它可能造成對摩擦界面上的破壞而並不影響其
厚度變化的各種因素。而這些因素在磨耗的初期階
段對磨耗現象的影響是非常重要地。

　　依據以上的定義，燒結金屬基摩擦材料的磨耗
現象可定性地以圖21.18表示。當摩擦材料吸收摩
擦制動能量增加時，其磨耗可經過三個階段，階段
a，制動吸收能量要求仍低，且表面溫度仍太低以
致無法生成氧化層以保護金屬基地，在此狀況下，
磨耗過程包括下列三種摩擦機構：

　　初期：摩擦過程(Rubbing)。凸出金屬基地表面
　　　　　之磨擦顆粒和對磨材料表面接觸產生磨
　　　　　擦，於其表面造成彈性和或塑性變形，
　　　　　並沒有材料被去除。

　　中期：犁削過程(Plowing)。當面壓增加時，切
　　　　　削力增加，造成金屬表面塑性變形，導
　　　　　致材料於磨擦顆粒兩側和前緣塑性流動
　　　　　而隆起，此時對磨材料表面有少量材料
　　　　　被去除。

　　後期：切削過程(Cutting)。磨擦顆粒前緣發生
　　　　　破斷而形成碎粒，此過程如同切削之原
　　　　　理即類似傳統車削或銑削。

圖21.19(a)為平行於摩擦方向的前視圖，圖

21.19(b)為垂直於摩擦方向的對應片剖面圖，圖
21.19(c)為磨擦顆料和金屬接觸面的放大說明圖。

　　在經過一定的摩擦作用後，摩擦系統進入階段
b，此階段可以考慮成和溫度相關，亦即當摩擦溫
昇高，金屬基摩擦材料中低熔點金屬熔解和所添加
之金屬氧化物及石墨發生化學反應，於金屬基地表
面生成一層氧化層，圖21.20所示為銅基摩擦材料
經300℃定速磨耗測試後，摩擦表面以Auger表面分
析儀分析其組成，發現均為銅、碳的金屬氧化物。
由於氧化層的形成，金屬基地表面不受階段a磨耗
過程中摩擦顆粒碎裂後碎屑及對磨材料凹凸金屬表
面的攻擊，因而隨溫度的上升，磨耗率下降。

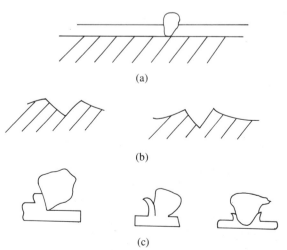

(a)

(b)

(c)

圖21.19　摩擦材料之磨粒對磨材料表面之磨削過程

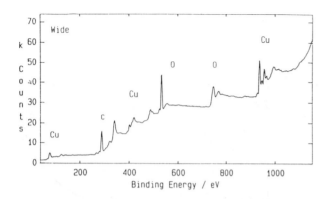

圖21.20 燒結摩擦材料經定速磨耗測試後之表面氧化層以Auger表面分析儀所分析之結果。（資料來源：工研院材料所粉末冶金實驗室）

摩擦作用進入階段c，其磨耗機構大致仍是化學反應，然而真正的反應機構並不是非常地清楚，但是可用熱動力學及從一摩擦系統至另一摩擦系統的能量轉換予以解釋。

磨耗機構從階段b進入階段c，摩擦材料所吸收的能量增加，摩擦界面溫度升高（超過600℃），對於高速度、重負荷的煞車機構而言，摩擦材料的磨耗機構大部份介於階段b和階段c之間，因此對於燒結金屬基摩擦材料的設計者，特別是應用於高溫、高負荷嚴苛條件下，必須注意下列三點：

(a)摩擦材料必須具有足夠的耐高溫特性，以保持摩擦界面之磨耗機構處在階段c之前。

(b)適量的氧化物成分以利摩擦界面氧化層的生成。

(c)為保持摩擦界面的溫度不致過高，摩擦材料必須具有良好的熱傳導性，以將界面上之摩擦溫度迅速散失。

除了低磨耗的功能要求外，對在不同的速度、溫度、負荷上其摩擦係數的穩定性的保持亦是重要的考慮因素。

21.4 應用與發展

隨著科學的研究發展和工業技術的進步，對高性能摩擦材料的要求越來越迫切，因此各國無不投入大量人力物力以研發新的摩擦材料。在燒結金屬基摩擦材料方面，從1960年至1980年間相繼出現了多種新型摩擦材料：

(1)為了滿足重負荷及超重負荷的煞車制動條件，鎳基、鎢基燒結摩擦材料已成功開發並應用於煞車機構中。如美國NASA所發表的鎳基材料成分（重量%）為：Ni 47~52%、石墨~27.5%、MoSi~2%、Al$_2$O$_3$或富鋁紅柱石~20%。日本所發展的鎢基材料成分（重量%）為：W 75~85%、Co 4~7%、石墨 6~12%、其餘為Fe或Cu。

(2)燒結金屬基摩擦材料應用於煞車制動機構上，主要為煞車來令片或離合器片，如圖21.21所示，而新近的研究發展在於摩擦性能的改善，如美國Bendix公司所研究成功的以不銹鋼纖維製成的燒結摩擦材料，具有高摩擦係數和耐磨耗性。這種稱為"Cerametalix"材料係由不銹鋼纖維、銅、石墨和其它的陶瓷材料所組成的金屬基複合材料。其中不銹鋼纖維均勻分佈於金屬基地中，可形成連結骨架以增加金屬基地的強度及改善耐磨耗性。這種材料已應用於波音707、727、747等大型客機上。

(3)另為了經濟因素日本曾開發將燒結金屬基摩擦材料及樹脂基摩擦材料結合一起應用於煞車來令片上，如圖21.22所示，以樹脂基摩擦材料所製作成之碟式或鼓式(Drum)煞車來令片，再將金屬基摩擦材料鑲入或崁入其中，如此可結合二者優點：低噪音、耐磨耗、摩擦制動力穩定等，因此是燒結金屬基摩擦材料應用的新趨

圖21.21 一般商業化應用金屬基摩擦材料之離合器片（如相片中圓形狀者）及煞車來令片

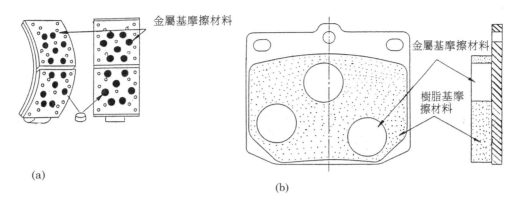

圖21.22　結合樹脂基及金屬基摩擦材料所製作的煞車來令片：(a)鼓式(Drum)煞車來令片，(b)碟式(Disc)煞車來令片

勢。

參考文獻

1. S-W Ho, David Ho, K-F Wu and C-S Lin, Volume 5, Advances in Powder Metallurgy, 1991, p.229-236.

2. R. Fisher and T.Vollmer, Vol. 13, No. 26, Powder Metallurgy, 1970, p.309~319.

3. A.Jenkins, Vol.12, No.24, Powder Metallurgy, 1969, p.503-518.

4. J.W.Kim, B.S.Kang, S.S. Kang and S-J.L.Kang, Vol.20, No.3, Powder Metallurgy International, 1988, p.32-34.

5. N.A. Hooton, Bendix Technical Journal, 1969, p.55-61.

6. M.Endier, H. Youssef, Metal Powder Report, 1988, p.15-20.

7. 清水　哲，工業材料，第35卷，第16號，1987年11月，p.46-50。

8. R.H. Herron, Ceramic Bulletin, 34[12], 395~398 (1955).

9. 花澤　孝，Ceramics, Vol. 8[3], 1973, p.42~47.

10. 羅勝益，金屬結合鑽石刀具之製造與磨耗分析，國立台灣大學機械工程研究所博士論文，1992。

11. 加藤　勇，機械　工具，1979年8月，p.39-45。

12. R.M.German, Liquid Phase Sintering, Plenum Press, New York, 1985.

第二十二章　磁性材料

張文成*　洪英彰**

22.1 前言	22.3 硬磁材料
22.2 基本磁性理論	22.4 軟磁材料

22.1　前言

磁性材料基本上可分爲硬磁（永久磁石）、軟磁與磁記錄媒體三大類；其製作技術包括：鑄造、塑性加工、粉末冶金、磁漿塗佈、金屬蒸鍍與濺鍍等，但以粉末冶金技術所製作者爲最大宗。其主要原因有三：第一、產品形狀及尺寸多樣性；第二、大量生產成品的優勢；第三、成品的磁性最佳（特別是在永久磁石方面）。本章重點在介紹粉末冶金技術製作之硬磁與軟磁材料的特性及其相關製程，作爲國人生產或應用該磁性材料時之參考。

22.2　基本磁性理論[1]

22.2.1　材料磁性起源及磁性體分類

原子中有二種電子的運動爲產生磁矩(Magnetic Moment)的來源：一爲軌道(Orbital)運動，一爲自轉(Spin)運動。所謂軌道的運動主要爲電子繞著原子核公轉，其作用與電流沿著無電阻的線圈環繞一樣。由此種運動所產生的磁矩可以下式表示

$$m_{orbit} = \frac{ehn}{4\pi mc} \tag{22.1}$$

式中e：電子電荷，h：布郎克常數(Plank's Constant)，m：電子質量，c：光速，n：軌道數。

由電子的自轉所產生的磁矩大小爲

$$\mu_{spin} = \frac{eh}{4\pi mc} \tag{22.2}$$

而原子因含有許多電子，每個電子又都包含軌

道轉動及自轉二種運動。這兩種運動所產生的磁矩都具有向量之性質。因此，原子的磁矩大小乃爲所有電子所產生磁矩的向量和，其磁矩大小和外圍軌道未塡滿的電子數成正比。

依據鮑立不相容原理(Pauli Exclusing Principle)，當原子含有多電子時，每一個電子都將佔據不全相同的軌道，隨原子序增加，這些電子會從最低能量狀態往高能量狀態塡充。在週期表的元素中，過渡金屬因其 3d 軌道及稀土金屬之 4f 軌道常未被塡滿，所以含有過渡金屬或稀土金屬的合金或氧化物爲形成磁性物質的要角。

由於晶體內相鄰的原子磁雙極(Magnetic Dipoles)會因電子間的交互作用(Exchange Interaction)而產生許多不同的排列，形成不同性質的磁性體。其主要種類包括如下幾種：

　(1)順磁性體 (Para-magnetism)
　(2)強磁性體－順磁性體 (Ferro-magnetism)
　　　　　　　－陶鐵磁性體 (Ferri-magnetism)
　　　　　　　－反鐵磁性體 (Antiferro-magnetism)
　　　　　　　－寄生磁性體 (Parasitic-magnetism)
　　　　　　　－螺旋磁性體 (Spiral-magnetism)
　(3)反磁性體(Dia-magnetism)
　(4)準磁性體(Meta-magnetism)

順磁性體爲磁性體中最基本也最常見的一種，其磁化(M)與磁場(H)成正比，但相對磁化係數 $\bar{x}$(Relative Magnetic Susceptibility = m/μ_oH)在 10^{-3} ~10^{-5} 間。通常順磁性物質所含磁原子或離子，在一般溫度下磁陀(Magnetic Spin)受熱擾動，其方向呈雜亂分佈，當施以外加強場時，這些磁陀方向將稍爲改變，產生弱感應磁化，平行於外加磁場方向

---

*國立清華大學材料工程博士、國立中正大學物理系教授
**中原大學化學碩士、工研院工業材料研究所研究員

。其磁化與溫度成比。由於其 $\bar{x}$ 值太小而無法成為有用的磁性材料。

強磁性體中第一項鐵磁性體為形成有用磁性材料的主要的項目。其磁陀與磁陀間會產生交互作用，而促使磁陀彼此平行排列產生強磁性。當溫度昇高時，磁陀排列受到熱的擾動會產生磁化隨溫度上昇而下降的現象；當達到居禮溫度(Curie Temperature)時，磁化降為零。

陶鐵磁性體是另外一類具有實用價值的磁性體。具有此種性質的物質，其磁性離子通常佔据兩種晶格位置(Lattice Site)A 及 B。因為 A 和 B 處磁陀方向及離子數目不同而產生一淨磁化，此磁化量比鐵磁性體稍低。當溫度昇高時，磁陀排列亦受到熱擾動而致磁化量減少，當溫度到達尼爾溫度(Neel' Temperature)時磁化量降為零。

反鐵磁性體與順磁性體一樣，其磁化係數很小，但其磁性離子和陶鐵磁性體同樣有兩類不同方向的磁陀，惟二者大小相等、方向相反而互相抵消。

寄生磁性體是伴隨著反鐵磁性體存在的一種弱的鐵磁性，亦即大部份的磁陀為正負反向抵消，惟有少數磁陀相反排列而產生弱磁性，例如 α-Fe_2O_3。

螺旋磁性體為一極特別的磁陀排列，其磁陀排列很類似鐵磁性體一樣，惟獨其磁陀方向隨著一個晶格的高度做一小角度的旋轉。

準強磁性的現象為鐵磁性及反鐵磁性體間受外加強磁場或溫度變化所引起的一種轉移。例如 $FeCl_2$ 及 $MnAu_2$ 可由強磁場引起轉移，重稀土金屬 Tb、Dy、Ho、Er 在某種溫度下亦會產生鐵磁性到反鐵磁性的轉移。

反磁性是一種弱磁，呈現的磁化與外加磁場方向相反，磁化係數為負。由於磁性甚弱，很容易被忽視或掩蓋。

22.2.2　磁滯曲線及重要磁性參數[2]

由於前述的眾多材料中，僅具鐵磁性及陶鐵磁性的材料才擁有真正的強磁性。因此，具有實用價值的磁性材料都不出上述二類（超導體為少數例外

之一，其為反磁性體）。而具有鐵磁性及陶鐵磁性物體內部都會有磁區(Magnetic Domain)的形成，所謂磁區乃指一群具有相同磁矩方向原子所組成的特定區域。這些原子所以具有相同的磁矩方向，主要於電子間之交換力作用而形成。而兩個磁化方向不同的磁區間則以磁壁(Domain Wall)相隔。磁壁的存在基本上是磁化方向轉變的區間，其寬度決定於材料的結晶異向能(Crystal Anisotropic Energy)及交換能(Exchange Energy)間之平衡。磁區的大小則決定於材料的靜磁能(Magnetostatic Energy)及磁壁能(Domain Wall Energy)間的平衡。當一磁場加諸於具有磁區之磁性體時，磁區結構會改變以增加平行於外加磁場的總磁化，此程序稱為感應磁化(Induced Magnetization)，其間包括磁區的成長（由磁壁的移動造成）及磁化的轉向二種動作。由於磁壁並無法隨著外加磁場的改變適時移動，因此，具有鐵磁性及陶鐵磁性的物質都會有磁滯曲線(Hysteresis Loop)的產生。而磁滯曲線形狀及大小即代表著磁性材料的優與劣。惟有充份瞭解磁滯曲線的意義，才能有效地發揮它們的特性或作有效的改進。一般表現磁滯曲線有二種圖型：一為 B-H 曲線，另一為 4πM-H 曲線，如圖 22.1 所示。幾個重要指標包括 B-H曲線中的振動試樣測磁儀、殘留磁束密度Br、頑磁力 Hc 或 bHc、磁能積(BH)max、初導磁率 μ_i（或 μ_o）、最大導磁率 μ_m；4πM-H 曲線中的最大感應磁化量 4pMs、殘留感應磁化量 4πMr、本質矯頑磁力 iHc。其中 Hc 的大小可作為軟磁與硬磁材料的分野。當 Hc<50 Oe 時，材料屬於軟磁；Hc> 200 Oe 時，材料屬於硬磁；而 20<Hc<200 Oe 時，材料屬於半硬磁。事實上除了以上的指標之外，一個好的硬磁材料或軟磁材料尚須具備下列幾項特性：

(1)硬磁材料：

Br、Hc、iHc、(BH)max、Tc、不可逆溫度係數、最小著磁場、機械強度、耐候性等。

(2)軟磁材料：

Bs、Br、Hc、Tc、μ_i、μ_m、Q（品質因數）、電阻率、機械強度、耐候性等。

磁性的單位通常有CGS及SI制二種，表22.1為

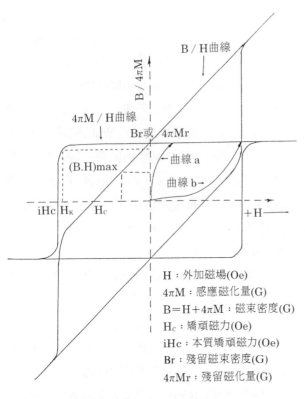

H：外加磁場(Oe)
4πM：感應磁化量(G)
B＝H＋4πM：磁束密度(G)
Hc：矯頑磁力(Oe)
iHc：本質矯頑磁力(Oe)
Br：殘留磁束密度(G)
4πMr：殘留磁化量(G)

圖22.1 磁滯曲線圖(B/H及4πM/H)

幾個常用的磁特性指標單位及二者之變換公式。

22.2.3 磁性材料之測試

磁性材料之測試可分爲下列三方面：

(1)磁化量與磁束密度之量測：以B-H磁滯曲線儀、振動試樣測磁儀(Vibrating Sample Magnetometer)、超導量子干涉元件磁力儀(SQUID)、磁天平、磁扭力計等常用於測量磁化量。而高斯計、磁束計等常用來測量磁束密度。另外，導磁率則可利用

BH磁滯曲線儀或LCR測量儀量測之。

(2)磁性結構分析：以中子繞射、梅氏堡效應及核磁共振儀等最爲常見，其中前者靠中子與磁性物質發生的磁性散射，以分析材料中磁性原子之晶格位置及其磁性結構。後兩者則是藉核磁共振原理，分析磁性物質的原子內在磁場及各個原子之磁矩。

（3）磁性顯微結構：通常以偏光顯微鏡、Lorentz電子顯微鏡及X-ray Topography等方法觀察不同溫度下靜態或動態的磁區結構。

商用磁性材料之磁性量測以B-H磁滯曲線儀及LCR量測儀爲主，以下分別介紹其基本量測原理：

(a)B-H磁滯曲線儀

B-H磁滯曲線儀依其驅動頻率之不同可區分爲直流及交流曲線儀兩種，用以測量封閉磁路下之材料磁性。其中交流曲線儀專門用於測量高頻（60Hz以上）的軟磁材料；直流曲線儀較常見、用於測量低頻（60Hz以下）之材料磁特性。圖22.2(a)爲直流曲線儀軟磁測量系統方塊圖，待測樣品是中空環狀，以一次線圈提供外加磁場，二次線圈做測試線圈。而硬磁通常在附加的電磁鐵中測量，如圖22.2(b)所示。電磁鐵的磁場一般在17~30kOe之間，依據硬磁的矯頑磁力大小選擇不同的外加磁場。測量硬磁時，可採用兩種測試線圈，一種是B線圈，一種是4πM線圈，B線圈是直接在樣品上繞線圈，4πM線圈則是一預先繞好的訊號拾取線圈(Pickup coil)，只要樣品小於線圈之圓環空孔，即可直接

表22.1 磁性材料常用之特性指標單位及變換

特性指標	CGS 單位	SI 單位	SI → CGS
Br、Bs (Ir、Is) (4πMr、4πMs)	Gauss (G)	Tesla (T)	$1T-10^4 G$
Hc. iHc (bHc、mHc)	Oersted (Oe)	Ampere/meter (A/m)	$1A/m \fallingdotseq (1/80)$ Oe
(BH)max	10^6 GOe(MGOe)	Joule/meter³ (J/m³)	$1J/m^3-(1000/8)$ GOe $-(1/8000)$ MGOe
Tc	℃或K	℃或K	
$\mu_o(\mu_i)$、μ_m $\mu_r(=\mu/\mu_o)$	無	無	

(a)

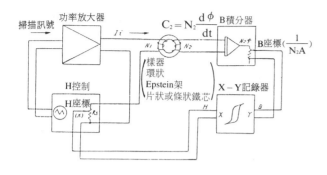

(b)

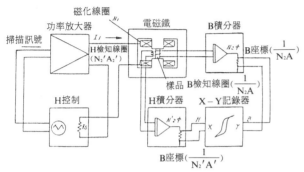

圖22.2　dc磁滯曲線儀之電路方塊圖 (a)軟磁mode (b)永磁mode(b)LCR量測儀

置入測量，其構造如圖22.3所示。在線圈內部同心圓的正向繞和反向繞兩部份，兩者總面積相等$N_1A_1 = N_2A_2$，但方向相反，因此外加磁場H不會被測到，而所測到的磁量完全來自材料的感應磁量$4\pi M$。硬磁的磁滯曲線只要量測B-H或$4\pi M$-H任何一種，即可利用$B = H + 4\pi M$換算繪出另外一種曲線，從任何一曲線都可以獲得磁石的重要參數，如Br, Hc, iHc及(BH)max等。而對軟磁材料而言，B-H曲線為主要採用的方式，其中從H＝0到H＝H的初導磁曲線可以量得μ_i及μ_m，而從B-H曲線上可以得到Bs及Hc值。

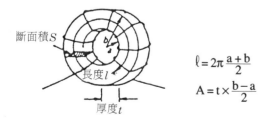

圖22.3　以LCR量測儀測軟磁性之環形樣品

B-H曲線儀除了可量測室溫下之磁滯曲線外，亦可在測試線圈外圍添加溫控裝置，用以量測不同溫度下之B-H曲線。

LCR量測儀主要用來量測軟磁之電性與磁性。測試樣品以環形為主，如圖22.3所示。軟磁之初導磁率(μ_i)可由測試樣品之電感依下式計算得出

$$\mu_i = \frac{L \times l}{N^2 \times A} \tag{22.3}$$

式中L：電感量，l：平均磁路長，A：截面積，N：繞線圈數。

又品質因子及可由電感及電阻依下式求得

$$Q = \frac{1}{\tan \delta} = \frac{2\pi f L}{R} \tag{22.4}$$

式中δ：相位角，f：測量頻率，R：電阻。

一般使用LCR量測儀可直接測出L及Q，再經換算即可得到μ_i，但μ_i的測定須在一定的磁場（如$0.8A/m = 0.01Oe$）及定頻下測得。另外，若改變測試頻率與樣品溫度，則可量測出μ_i對f及μ_i對溫度之變化曲線。又依JIS　C2561可以量測出導磁率衰減係數(DF)，如下式所示：

$$DF = \frac{\mu_1 - \mu_2}{\log(t_2 - t_1)\mu_1^2} \tag{22.5}$$

$$l = 2\pi \frac{a+b}{2}$$

$$A = t \times \frac{b-a}{2}$$

式中μ_1：完全消磁後t_1時之μ_i
μ_2：完全消磁後t_2時之μ_i

22.3 硬磁材料

22.3.1 硬磁材料發展

永久磁石為民生、國防工業上一項不可欠缺的材料。永久磁石的發展如圖22.4所示，由最早的麻田散鐵、到30年代的Alnico（鋁鎳鈷），由於其價格高，Hc低，無法充份利用其高磁能積。50年代Ferrite（鐵氧磁體）磁石問世，由於其價廉且矯頑磁力高，至今仍為用量最大的磁石材料，70年代由於SmCo（釤鈷）永磁磁性的重大突破，更將硬磁材料帶入一個「輕、薄、短、小」的紀元，它在民生工業的各種高功率音響喇叭、耳機、麥克風；在

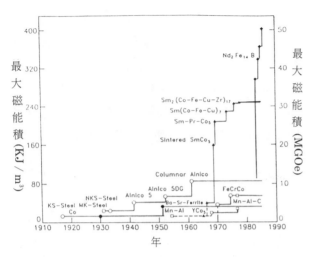

圖22.4 永久磁石的發展過程（錄自住友特殊金屬）

機電工業的各種特殊馬達，發電機、計數器，強力吸盤，無接觸軸承，瓦特計、繼電器；在國防工業的雷達、微波通信機；在醫學工程上的助聽器，人工心臟之驅動器，人造牙齒之定著器；在儀器工業的電腦，磁性分離器，電子槍等，都佔有舉足輕重的地位。然而，由於釤、鈷原料取得不易，且價格高昂，各國研究人員仍積極尋覓其它價廉質優的稀土磁石。

　　1983年日本住友宣佈製成（BH）max大於35MGOe之NdFeB（釹鐵硼磁石），引起全世界的關注，1986年又製得(BH)max大於50MGOe之世界記錄釹鐵硼磁石。商業上，用釹取代釤的優點在於稀土礦中釹藏量約為釤藏量之10倍，價格較低廉，而鐵取代鈷的優點更顯而易見。由於釹鐵硼磁石的單位能積價格低廉，原料取得容易；以及應用上體積縮小，市場上具有相當大的發展潛力。

22.3.2 硬磁材料的分類[3]

　　永久磁石的分類在JISC-2502-1989有規範，共分為金屬磁石、稀土類磁石、氧化物磁石及複合磁石，其記號如表22.2，而其磁性如表22.3。因磁石材料近年來的急速發展，至今釹鐵硼系磁石仍未見JIS有任何磁性規範，但已普遍為大家使用，這些可參考一般磁石生產廠商目錄，其中皆有詳盡資料，本文亦將在各材料分類討論時作介紹。除JIS分類外，永久磁石亦常依製程中有無配向處理分為異

方性和等方性，而異方性又可分為磁場配向和機械配向兩種，機械配向常使用於異方性鐵氧橡膠磁石製程。磁場配向有圖22.5中分為放射狀、軸向、徑向兩極和極異方性四種。但使用不同著磁方式時，需先考慮素材配向特性及磁性需求，才能發揮其磁極特性。

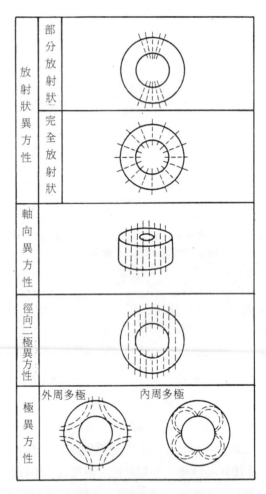

圖22.5 磁場配向的分類

22.3.3 硬磁材料的製程

　　目前市面上常見永久磁石材料有鋁鎳鈷系(Alnico)、鐵氧磁體系(Ferrite)、釤鈷系(Sm-Co)及釹鐵硼系(Nd-Fe-B)四種，而本文將分成燒結磁石和複合磁石兩大類，就不同材質進行分項討論。

22.3.3.1 燒結磁石

　　茲將燒結磁石分為鋁鎳鈷、硬質鐵氧磁石及稀土磁石三系分項討論如下：

表22.2　JIS C 2502-1989 磁石種類及記號

種　類			記　號	IEC相當記號	備　考
金屬磁石	鋁鎳鈷	等方性	MCA 13/5	R1-0-2, R1-0-3	
			MCA 18/8	R1-0-4, R1-0-5	
		異方性	MCA 38/11	R1-1-5	高保磁力
			MCA 42/16		
			MCA 76/12		
			MCA 34/6		
			MCA 44/5		
			MCA 60/6	R1-1-3	
	鐵鉻鈷	等方性	MCC 14/4	R6-0-1	
		異方性	MCC 44/5	R6-1-1	
稀土類磁石	釤鈷	縱磁界 異方性	MPR 135/60V	R5-1-2	1-5系
			MPR 110/39V		2-17系
			MPR 165/60V		
			MPR 200/66V	R5-1-11	
		橫磁界 異方性	MPR 170/68H	R5-1-3	1-5系
			MPR 188/55H	R5-1-11	2-17系
			MPR 228/68H	R5-1-13	
鐵氧磁體	鋇系	乾式 等方性	MPB 8/15D	S1-0-1	
		乾式 異方性	MPB 24/19D	S1-1-1	
			MPB 27/16D	S1-1-3	
		濕式 異方性	MPB 30/18W	S1-1-6	
	鍶系	乾式 異方性	MPS 24/24D		
			MPS 25/18D		
		濕式 異方性	MPS 28/28W	S1-1-7	
			MPS 31/24W	S1-1-8	
			MPS 33/19W	S1-1-9	
複合磁石	鐵氧	壓延及押出 等方性	MBF 4/10	S1-2-2	
		壓延及押出 異方性	MBF 7/13		
			MBF 10/16	S1-2-3	
			MBF 12/19	S1-2-4	
			MBF 16/21		
		射出 等方性	MBF 1/6		
			MBF 3/8		
			MBF 5/12		
		射出 異方性	MBF 12/18	S1-2-1	
			MBF 14/21		
			MBF 16/20		
	釤鈷	射出 等方性	MBR 25/24		
		射出 異方性	MBR 53/38	R5-3-1	
			MBR 78/43		
		壓縮 等方性	MBR 40/34		
		壓縮 異方性	MBR 123/52		

表22.3　JIS C 2502-1989磁石磁性

磁　氣　特　性				參　考　值		
代　　　號	(BH)max kJ/m³	Br T	bHc kA/m	iHc(最小值) kA/m	可逆透磁率	密度 Mg/m³
MCA 13/5	9.5~16.0	0.50~0.80	37~60	38	6	7
MCA 18/8	12.0~23.0	0.60~0.75	64~92	67	6	7
MCA 38/11	28.0~48.0	0.80~0.95	95~130	100	2	7.3
MCA 42/16	28.0~56.0	0.65~0.85	135~175	145	2	7.3
MCA 76/12	63.0~88.0	0.95~1.20	110~135	115	2	7.3
MCA 34/6	25.0~42.0	0.95~1.25	49~64	49	4	7.3
MCA 44/5	35.0~52.0	1.20~1.40	46~61	46	4	7.3
MCA 60/6	51.0~68.0	1.30~1.40	52~64	52	4	7.3
MCC 14/4	8.0~20.0	0.65~1.05	26~48	26	5.5	7.6
MCC 44/5	28.0~60.0	1.05~1.45	42~56	42	3	7.6
MPR 135/60 V	110~160	0.75~0.90	475~720	630	1.05	8.2
MPR 110/39 V	80~140	0.65~1.00	320~450	350	1.05	8.3
MPR 165/60 V	125~205	0.80~1.05	400~800	430	1.05	8.3
MPR 200/66 V	175~225	1.02~1.12	510~800	550	1.05	8.3
MPR 170/68 H	140~200	0.85~1.00	600~760	950	1.05	8.2
MPR 188/55 H	160~215	0.90~1.10	420~685	440	1.05	8.3
MPR 228/68 H	190~265	1.02~1.20	510~840	550	1.05	8.3
MPB 8/15 D	6.0~10.5	0.20~0.24	125~170	250	1.2	4.8
MPB 24/19 D	20.5~26.5	0.35~0.40	160~210	170	1.1	4.9
MPB 27/16 D	24.0~30.0	0.37~0.41	135~175	140	1.1	4.9
MPB 30/18 W	27.0~33.5	0.38~0.43	145~205	150	1.1	4.9
MPS 24/24 D	19.0~29.0	0.33~0.40	205~265	210	1.1	4.9
MPS 25/18 D	19.0~30.0	0.34~0.41	145~205	150	1.1	4.9
MPS 28/28 W	21.0~34.0	0.34~0.43	255~310	300	1.05	4.9
MPS 31/24 W	24.0~38.0	0.38~0.45	210~270	215	1.05	4.9
MPS 33/19 W	29.0~37.0	0.41~0.45	165~210	165	1.05	4.9
MBF 4/10	3.2~4.2	0.13~0.15	85~115	160	1.15	3.8
MBF 7/13	6.5~7.5	0.18~0.20	110~140	175	1.05	3.6
MBF 10/16	9.0~10.4	0.215~0.235	145~175	170	1.05	3.6
MBF 12/19	11.0~12.6	0.24~0.26	170~200	240	1.05	3.7
MBF 16/21	14.5~16.7	0.275~0.295	190~220	240	1.05	3.8
MBF 1/6	0.8~1.6	0.065~0.09	50~70	170	1.05	2.3
MBF 3/8	2.0~3.0	0.10~0.12	70~95	180	1.05	2.8
MBF 5/12	4.0~5.5	0.15~0.17	110~135	230	1.05	3.4
MBF 12/18	11.0~12.5	0.24~0.26	165~195	225	1.05	3.5
MBF 14/21	13.0~14.5	0.26~0.28	190~220	230	1.05	3.5
MBF 16/20	15.0~16.5	0.28~0.30	180~210	210	1.05	3.7
MBR 25/24	20~30	0.30~0.40	200~270	600	1.15	5.6
MBR 53/38	40~65	0.50~0.60	300~450	600	1.05	5.3
MBR 73/43	65~90	0.60~0.70	360~500	700	1.05	5.5
MBR 40/34	30~50	0.40~0.50	300~370	800	1.15	6.8
MBR 123/52	110~135	0.75~0.90	480~550	750	1.05	6.8

備註：上述磁性是JIS C 2501之標準試片所得數值。

(1)鋁鎳鈷系[4]、[5]、[6]

(a)分類與磁性

鋁鎳鈷磁石名稱取其主要成分之前頭字母而成，除JISC-2502-1989分類外，美國則以Alnico 1-9分類，不同種類之磁性與成分如表22.4

(b)製程

鋁鎳鈷磁石製程可分鑄造法和燒結法兩種，不同製程產品特性差異如表22.5。

燒結法和一般粉末冶金製程相近，如圖22.6。首先配方的選擇，可依產品特性差異進行成分的調整，如表22.4，主成分為鋁、鎳、鈷、鐵、銅，而為防止鋁在製程中氧化，經常使用鋁-鐵為原料，成分適當混合後，以 3-5Tons/cm² 壓力成形，並在1200~1300℃氫氣或真空中燒結（真空燒結可得緻密性較佳之成品），而後還需進行固熔均質化處理及配合適當冷卻速率使核析出、成長，即可得到等

方性磁石。如在700~900℃時，外加約2000 Oe磁場進行冷卻，即可得異方性磁石。

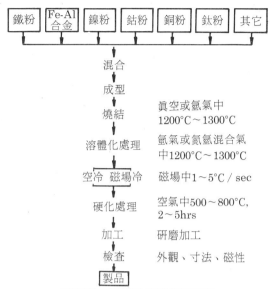

圖22.6　鋁鎳鈷燒結磁石製程

表22.4　磁石之磁性及化學成分

磁　　石	化　學　成　分	Br (G)	Hc (Oe)	(BH)max (MGOe)
3.5% Cr 銅	3.5Cr, 1C, Bal. Fe	10300	60	.3
3% Co 銅	3.25Co, 4Cr, 1C, Bal. Fe	9700	80	.38
17% Co 銅	18.5Co, 3.75Cr, 5W, .75C, Bal. Fe	10700	160	.69
36% Co 銅	38Co, 3.8Cr, 5W, .75C, Bal. Fe	10400	230	.98
Alnico 1	12Al, 21Ni, 5Co, 3Cu, Bal. Fe	7200	470	1.4
Alnico 2	10Al, 19Ni, 3Cu, Bal. Fe	7500	560	1.7
Alnico 3	12Al, 25Ni, 3Co, 3Cu, Bal. Fe	7000	480	1.35
Alnico 4	12Al, 27Ni, 5Co, Bal. Fe	5600	720	1.35
+ Alnico 5	8Al, 14Ni, 24Co, 3Cu, Bal. Fe	12800	640	5.5
+ Alnico 5DG	8Al, 14Ni, 24Co, 3Cu, Bal. Fe	13300	670	6.5
+ Alnico 5 Col.	8Al, 14Ni, 24Co, 3Cu, Bal. Fe	13500	740	7.55
+ Alnico 6	8Al, 16Ni, 24Co, 3Cu, 1Ti, Bal. Fe	10500	780	3.9
+ Alnico 8	7Al, 15Ni, 35Co, 4Cu, 5Ti, Bal. Fe	8200	1650	5.3
+ Alnico 8 HC	8Al, 14Ni, 38Co, 3Cu, 8Ti, Bal. Fe	7200	1900	5.0
+ Alnico 9	7Al, 15Ni, 35Co, 4Cu, 5Ti, Bal. Fe	10500	1500	9.0
Sint. Alnico 2	10Al, 19Ni, 13Co, 3Cu, Bal. Fe	7100	550	1.5
+ Sint. Alnico 5	8Al, 14Ni, 24Co, 3Cu, Bal. Fe	10900	620	3.95
+ Sint. Alnico 6	8Al, 16Ni, 24Co, 3Cu, 1Ti, Bal. Fe	9400	790	2.95
+ Sint. Alnico 8	7Al, 15Ni, 35Co, 4Cu, 5Ti, Bal. Fe	7400	1500	4.0
+ Sint. Alnico 8 HC	7Al, 14Ni, 38Co, 3Cu, 8Ti, Bal. Fe	6700	1800	4.5
Ceramic 1	$MO \cdot 6Fe_2O_3$	2300	1860/3250**	1.05
+ Ceramic 2	$MO \cdot 6Fe_2O_3$	2900	2400/3000**	1.8
+ Ceramic 3	$MO \cdot 6Fe_2O_3$	3300	2200/2400**	2.6
+ Ceramic 4	$MO \cdot 6Fe_2O_3$	2500	2300/3800**	1.45
+ Ceramic 5	$MO \cdot 6Fe_2O_3$	3800	2400	3.4
+ Ceramic 6	$MO \cdot 6Fe_2O_3$	3200	2820/3300**	2.45
+ Ceramic 7	$MO \cdot 6Fe_2O_3$	3400	3250/4000**	2.75
+ Ceramic 8	$MO \cdot 6Fe_2O_3$	3850	2950/3050**	3.5

註：**表示iHc

　　+ 表示異方性

表22.5 鑄造與燒結鋁鎳鈷磁石比較

特　　　性	鑄 造 鋁 鎳 鈷	燒結鋁鎳鈷(三菱金屬礦業製)
Br (G) Hc (Oe) (BH)max (MG·Oe)	II 7200 V 12500 II 540 V 575 II 1.6 V 5.0	和同一品種的鑄造品相比，密度稍小。同一尺寸的Br與(BH)max亦較低些。
均一性	易生偏析，均一性差	不易生偏析，均一性佳
透磁率		本質相同
可逆透磁率(G/Oe)	II 4-6 V 1.8~3.6	本質相同
磁化力(Oe)	2000-3000	本質相同
居禮溫度(℃)	II 800~850 V 870	本質相同
B之溫度係數(%/℃)	II -0.022 V -0.016	本質相同
比重	接近理論值 II 7.1 V 7.3	約理論值的95~99% II 7.13 V 7.23
硬度(Rc)	II 46 V 51	II 47 V 44
抗折力 (kg/mm²)	II 5 V 8	II 45-50 V
抗拉強度 (kg/mm²)	II 2 V 4	II 35-45 V
電氣阻抗(μΩ·cm)	II 65 V 47	II 65 V 47
熱膨脹係數 (×10⁻⁶/℃)	II 12.4 V 11.3	II 12.4 V 11.3
表面加工	表面粗糙，需經研磨	表面暗灰色，一般可不需研磨
強度		約為鑄造磁石10倍強度

(2)硬質鐵氧磁石[2]、[7]

(a)結構

硬質鐵氧磁石是目前用量最大的硬磁材料，主要磁性相是$MO·6Fe_2O_3$ (M=Ba.Sr.Pb)，M主要是鋇或鍶，其構造和天然MagnetoplumBit相同，如圖22.7，簡稱M型結構。在製程中成形方式分濕式和乾式兩種，其磁性不同，於表22.3有規範。而一般美國以Ceramic 1~ Ceramic 8規範見表22.4。

(b)製程

一般鐵氧磁石工業製程如圖22.8所示，和一般粉末冶金製程相同。起始原料以碳酸鋇或碳酸鍶與氧化鐵約莫耳比1:5.3~6.0比例混合、煅燒、粉碎至1μm左右，加入適當成長抑制劑進行成形、燒結；鋇系磁石通常添加Bi_2O_3、B_2O_5、PbO、$Na_2B_4O_7$、H_3BO_3、$BaSiO_3$、SiO_2、CaO；鍶系磁石則添加SiO_2、$SrSO_4$、Al_2O_3、CaO、CaF_2成長抑制劑。一般工業生產磁石中，添加劑約佔總重量的1~3%，主要作用在促進燒結、抑制晶粒成長及增進燒結密度、提高Br，此成長抑制劑的添加是製造優良鐵氧磁石所不可缺少的步驟。鋇或鍶亦有促進燒結的作

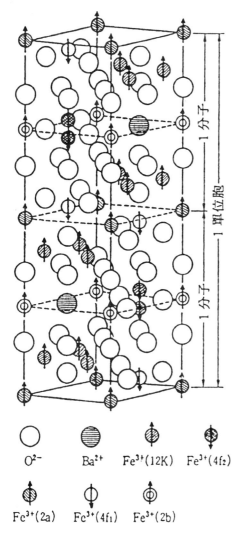

圖22.7 Ba-鐵氧磁鐵的磁性相結晶構造圖

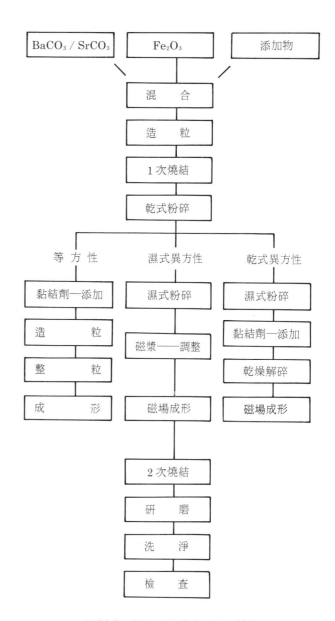

圖22.8 鐵氧磁鐵的典形製程技術

用，一般等方性磁粉Fe_2O_3對$BaCO_3$（或$SrCO_3$）莫耳比約5.3:1；異方性則採5.5～6.0:1為佳。例如圖22.9為$SrO \cdot nFe_2O_3$粉體燒結特性，當n=5.9時，溫度需1300℃以上才可緻密；當n=5.47時，1150℃即可達理想密度。需留意SrO過多時，非磁性相$3SrO_2 \cdot Fe_2O_3$會增加，亦會造成Br值下降，故添加物及鍶、鋇比例應做整體考慮，以獲得高飽和磁化組成、高密度、細晶粒之燒結磁石。

如前面所述鐵氧磁鐵依製程不同而分成等方性及異方性磁鐵，等方性磁鐵在成形過程中，並不利用外磁場使粉體結晶方向趨向一致，因此，磁粉可以添加PVA粘結劑一齊造粒、成形。但由於粉末成六角板片狀，在平行於壓縮方向仍會形成異方性，而可獲得Br=20～2.3KG·iHc=3～4KOe的良好磁性

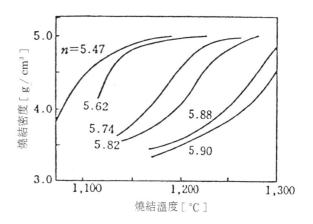

圖22.9 平均粒徑1～2μm的$SrO \cdot nFe_2O_3$燒結特性

。等方性鋇－鐵氧磁鐵、磁性雖低但容易製造、爲目前玩具用馬達磁鐵、吸著磁鐵的最主要材料、以鋇鐵氧磁鐵爲主。成形時，若配以磁場則可形成異方性磁鐵，外加磁場可以使鐵氧磁粉的易磁化軸（c軸—垂直於六角板面）平行於磁場方向。後續的燒結可以定住磁晶方向，獲得良好的磁異向性。爲了要獲得具單結晶及單軸異方性的鐵氧粉末，通常在煆燒階段常採較高溫（甚至可高於燒結溫度），

以使粉末反應完全，並促使晶粒長大。接著再利用濕粉碎法將之粉碎至平均粒徑$1\mu m$以下的單結晶粉。磁場成形分濕式及乾式兩種，前者加水形成磁漿，充填於模具中在磁場中壓縮脫水；後者則需在粉碎之後烘乾，再將之充填於模具中成形。基本上，磁鐵的特性優劣爲（濕式異方性磁鐵）＞（乾式異方性磁鐵）＞（等方性磁鐵）表22.6爲鐵氧磁鐵磁特性代表例。

表22.6　鐵氧磁鐵磁特性代表例

材　質	製　　作	Br (kG)	Hc (kOe)	iHc (kOe)	(BH)max (MGOe)	$\triangle Br/$ $Br \cdot \triangle T$ (%/℃)	$\triangle iHc/$ $iHc \cdot \triangle T$ (%/℃)	密　度 (g/cm³)
BaM	等方性	2.2~2.4	1.8~2.0	3.2~4.0	1.0~1.3	-0.18~-0.19	+0.22	4.6~5.0
BaM	乾式異方性	3.6~3.9	1.8~2.2	1.9~2.3	3.0~3.7	-0.18~-0.19	+0.42	4.8~5.1
BaM	濕式異方性 (高磁能積)	4.0~4.3	2.0~2.4	2.0~2.4	3.8~4.2	-0.18~-0.19	+0.48	5.0~5.2
BaM	濕式異方性 (高保磁力)	3.3~3.7	2.8~3.2	3.0~3.5	2.5~3.0	-0.18~-0.19	+0.35	4.5~4.7
SrM	濕式異方性 (高磁能積)	4.1~4.4	2.4~3.2	2.5~3.3	4.0~4.5	-0.18~-0.19	+0.40	4.9~5.0
SrM	濕式異方性 (高保磁力)	3.6~4.0	3.3~3.6	4.0~4.8	3.1~3.8	-0.18~-0.19	+0.27	4.7~4.9

高性能磁鐵的製作通常應滿足以下三個條件：(1)選擇高Ms的組成並得到高的燒結密度；(2)良好的磁晶配向度；(3)晶粒粒徑愈細愈佳（最好接近單磁區粒徑）。(1)和(3)可利用較細的磁粉並添加晶粒成長抑制劑而獲得改進，(2)可利用濕式磁場成形法得到最佳的配向度。鋇鐵氧磁鐵及鍶鐵氧磁鐵的Ms相差不大，但在異方性常數K_1方面，鍶鐵氧磁鐵約高了10%，因此工業生產的鍶鐵氧磁鐵可以獲得較高的矯頑磁力；多是鍶鐵氧磁鐵；目前高性能馬達用磁鐵以濕式磁場成形方式製得。

(3)稀土磁石[2]、[8]、[9]

(a)磁性

稀土磁石共通的特性是飽和磁化值、居禮溫度及磁晶異方性特別高，而具有高磁晶異方性最普遍的晶體結構爲六方晶，例如RCo_5、R_2Co_{17}。R_2Co_{17}亦有另一同素異構爲菱面晶體(RomBohedra)，釹鐵硼磁鐵的磁性相$Nd_2Fe_{14}B$爲正方晶結構(Tetragonal)各種稀土磁石晶體結構如圖22.10~22.12。表22.7爲

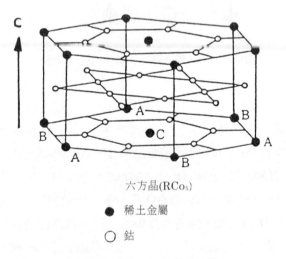

六方晶(RCo_5)

● 稀土金屬

○ 鈷

圖22.10　RCo_5之六方晶結構

RCo_5及R_2Co_{17}化合物的飽和磁化及居禮溫度比較。表22.8爲RCo_5及R_2Co_{17}化合物磁晶異方性常數(K_1)之比較。表22.9爲$R_2Fe_{14}B$化合物的晶格常數、密度及磁性質的比較。從上述三個表可看出良好的稀土磁鐵在RCo_5中只有$SmCo_5$及$PrCo_5$兩種合金；在

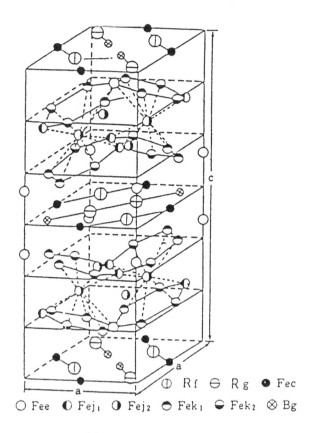

圖22.11　$R_2Fe_{14}B$之正方晶結構

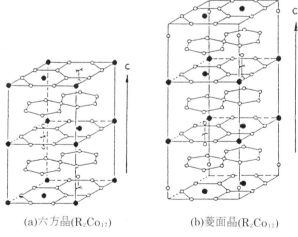

(a)六方晶(R_2Co_{17})　　　(b)菱面晶(R_2Co_{17})

圖22.12　R2Co17之六方晶與菱面晶結構

R_2Co_{17}中只有Sm_2Co_{17}；而$R_2Fe_{14}B$中只有$Nd_2Fe_{14}B$及$Pr_2Fe_{14}B$兩種；目前商品中稀土磁石主要有$SmCo_5$、Sm_2Co_{17}及$Nd_2Fe_{14}B$三種。釤鈷磁石磁性在表22.3有規範，釹鐵硼磁石還不見JIS規範，一般仍以廠商目錄規格為磁石應用參考，如表22.10。

表22.7　RCo_5及R_2Co_{17}化合物的飽和磁化(Ms)及居禮溫度(Tc)

R	RCo_5		R_2Co_{17}	
	Ms (Tesla)	Tc (℃)	Ms (Tesla)	Tc (℃)
La	0.909	567		
Ce	0.870	464	1.16	810
Pr	1.203	639	1.38	898
Nd	1.228	637	1.39	877
Sm	1.07	747	1.20	917
Gd	0.363	735	0.75	936
Tb	0.236	707	0.65	907
Dy	0.437	693	0.68	879
Ho	0.606	727	0.83	900
Er	0.727	713	0.91	913
Tm	0.750	747	1.15	909
Y	1.061	704	1.25	894

表22.8　RCo_5及R_2Co_{17}化合物磁晶異方性常數(K_1)之比較

R	RCo_5 K_1(106 Joule/m³)	R_2Co_{17} K_1(106 Joule/m³)
La	5.9	
Ce	5.3	-0.6
Pr	8.1	-0.6
Nd	0.7	-1.1
Sm	17.2	3.3
Gd	4.6	-0.5
Tb		-3.3
Dy		-2.6
Ho	3.6	-1.0
Er	3.8	0.41
Tm		0.50
Yb		-0.20
Lu		-0.20
Y	5.2	-0.34

(b)製程

選擇好合金成分後，用何種製程得到該合金的最佳磁性，是工程上重要課題。了解熱過程中的相變化，有助於選擇正確的燒結與熱處理條件。圖22.13為釤與鈷的二元相圖，通常我們必須選擇釤含量比$SmCo_5$高一些的成分為起始材料，然後經由圖22.14的步驟製作，方能得到良好的磁性。選擇較高釤含量的原因是因為在熔煉過程會有部分釤揮發，且在燒結中亦會有部分釤氧化成Sm_2O_3，這將使磁鐵成分往圖右側移，而形成部分軟磁相

表22.9　$R_2Fe_{14}B$化合物的晶格常數、密度及磁性質之比較

| R | 晶格常數 | | Ds | I(T) | | Ms(μ_s/FU) | | $M_R(\mu_B)$ | g_JJ | Tc(K) | Ha(kOe) | |
	a(nm)	c(nm)	(kg/m³)	4.2K	300K	300K					4.2K	300K
Y	0.876	1.200	7.00	1.59	1.42	31.4	27.8	0	0	571	12	20
Ce	0.875	1.210	7.69	1.47	1.17	29.4	23.9	—	0	422	30	30
Pr	0.881	1.227	7.49	1.84	1.56	37.6	31.9	3.1	3.2	569	320	87
Nd	0.881	1.221	7.58	1.85	1.60	37.7	32.5	3.2	3.3	586	—	67
Sm	0.882	1.194	7.82	1.67	1.52	33.3	30.2	1.0	0.7	620	—	—
Gd	0.874	1.194	8.06	0.915	0.893	17.9	17.5	6.7	7.0	659	16	25
Tb	0.877	1.205	7.96	0.664	0.703	13.2	14.0	9.1	9.0	620	306	220
Dy	0.876	1.199	8.07	0.573	0.712	11.3	14.0	10.1	10.0	598	167	150
Ho	0.875	1.199	8.12	0.569	0.807	11.2	15.9	10.1	10.0	573	—	75
Er	0.875	1.199	8.16	0.655	0.899	12.9	17.7	9.3	9.0	551	—	—
Tm	0.874	1.194	8.23	0.925	1.15	18.1	22.6	6.7	7.0	549	—	—

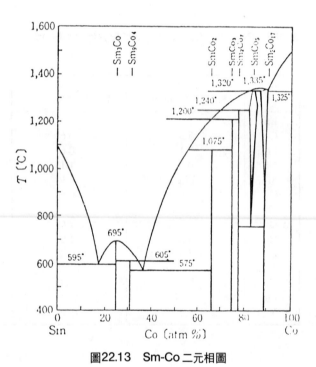

圖22.13　Sm-Co 二元相圖

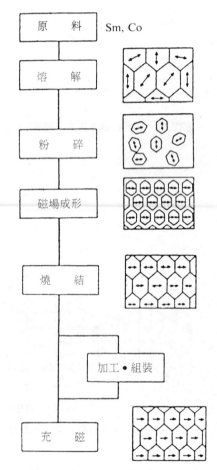

圖22.14　Sm-Co磁鐵的典形製程步驟

Sm_2Co_{17}而降低頑磁力。除了成分選擇外，爲了獲得較高的Br及Hc值，必須適當的粉碎合金至接近其單磁區大小(3~5μm)將有助於在磁場排列成形時，獲得較優良的織構(Texture)。接下來必須在保護氣體之下（如Ar或N_2）於1100℃~1200℃間燒結，燒結完畢後冷卻至800℃左右，必須急冷以防產生$SmCo_5 \rightarrow Sm_2Co_7+Sm_2Co_{17}$相變化，使矯頑磁力下降。接著磁鐵再經表面研磨即爲商品。釹鐵硼磁鐵製法與$SmCo_5$相近，且兩者都屬單相型磁鐵，亦即所

謂結核成長控制型(Nucleation Control)的磁鐵，該磁鐵的矯頑磁力決定於材料內形成反向磁區的難易度。亦即反向磁區一旦生成，是否很容易長大而將

表22.10　永久磁石材料之基本磁性

材　質		成形方法	材質記號	殘留磁束密度 Br (KG) / T		頑磁力 bHc (kOe) / kA/m		最大磁能積 (BH)max. (MGOe) / kJm		自我頑磁力 iHc (kOe) / kA/m
				Nom.	Min	Nom.	Min	Nom.	Min	Nom. Min
釹鐵硼磁石	異方性	平行磁界中成形法	NEOMAX -27H	10.6 / 1.06	10.2 / 1.02	10.1 / 803	9.6 / 764	27 / 215	25 / 199	17 / 1353
			NEOMAX -30	11.2 / 1.12	10.8 / 1.08	10.5 / 836	10.0 / 796	30 / 239	28 / 223	12 / 955
			NEOMAX -32H	11.6 / 1.16	11.2 / 1.12	11.1 / 884	10.6 / 844	32 / 255	30 / 239	17 / 1353
			NEOMAX -33	11.7 / 1.17	11.3 / 1.13	11.1 / 884	10.6 / 844	33 / 263	31 / 247	15 / 1194
			NEOMAX -36	12.2 / 1.22	11.8 / 1.18	11.7 / 931	11.2 / 892	36 / 287	34 / 271	12 / 955
			NEOMAX -30SH	11.2 / 1.12	10.8 / 1.08	10.7 / 852	10.2 / 812	30 / 239	28 / 223	21 / 1672
		直角磁界中成形法	NEOMAX -30H	11.2 / 1.12	10.8 / 1.08	10.7 / 852	10.2 / 812	30 / 239	28 / 223	17 / 1353
			NEOMAX -35	12.1 / 1.21	11.7 / 1.17	11.5 / 915	11.0 / 876	35 / 279	33 / 263	12 / 955
			NEOMAX -35H	12.1 / 1.21	11.7 / 1.17	11.6 / 923	11.1 / 884	35 / 279	33 / 263	17 / 1353
			NEOMAX -37	12.4 / 1.24	12.0 / 1.20	11.8 / 939	11.3 / 899	37 / 294	35 / 279	15 / 1194
			NEOMAX -40	12.9 / 1.29	12.5 / 1.25	12.4 / 987	11.9 / 947	40 / 318	38 / 302	12 / 955
			NEOMAX -33SH	11.7 / 1.17	11.3 / 1.13	11.1 / 884	10.6 / 844	33 / 263	31 / 247	21 / 1672
釤鈷磁石	異方性	平行磁界中成形法	CORMAX -1800H	8.5 / 0.85	8.0 / 0.80	8.2 / 653	7.5 / 597	18.0 / 143	16.0 / 127	15 / 1194
			CORMAX -2000	9.0 / 0.90	8.5 / 0.85	8.4 / 669	7.5 / 597	20.0 / 159	18.0 / 143	10 / 796
			CORMAX -2000B	9.3 / 0.93	9.0 / 0.90	6.5 / 517	5.4 / 430	19.5 / 155	18.0 / 143	5.6 / 446
			CORMAX -2400	10.1 / 1.01	9.7 / 0.97	6.0 / 478	5.9 / 398	24.0 / 191	22.0 / 175	5.5 / 438
			CORMAX -2400H	10.1 / 1.01	9.7 / 0.97	9.1 / 724	8.4 / 669	24.0 / 191	22.0 / 175	10 / 796
		直角磁界中成形法	CORMAX -2000H	9.0 / 0.90	8.5 / 0.85	8.7 / 693	8.0 / 637	20.0 / 159	18.0 / 143	15 / 1194
			CORMAX -2300	9.6 / 0.96	9.3 / 0.93	8.5 / 677	7.5 / 597	23.0 / 183	21.0 / 167	10 / 796
			CORMAX -2400B	10.1 / 1.01	9.6 / 0.96	6.5 / 517	5.5 / 438	23.5 / 187	22.0 / 175	5.7 / 454
			CORMAX -2700	10.7 / 1.07	10.3 / 1.03	6.5 / 517	5.5 / 438	27.0 / 215	25.0 / 199	6 / 478
			CORMAX -2700H	10.7 / 1.07	10.3 / 1.03	9.7 / 772	9.0 / 716	27.0 / 215	25.0 / 199	10 / 796
稀土塑膠磁石	等方性	射出	NEOMAX -P6	5.6 / 0.56	5.2 / 0.52	4.3 / 342	3.8 / 302	6.0 / 48	5.0 / 40	7 / 557
		壓縮	NEOMAX -P9	6.7 / 0.67	6.3 / 0.63	5.2 / 414	4.7 / 374	9.0 / 72	8.0 / 64	8 / 637
	異方性	射出	CORMAX -P1000	6.6 / 0.66	6.3 / 0.63	5.4 / 430	5.0 / 398	10.0 / 80	9.0 / 72	6.5 / 517

整個晶粒內磁化反轉。而形成反向磁區的難易又正比於磁鐵內晶界多寡。適當的控制最後磁鐵內晶界多寡及含有軟磁相的量（如$SmCo_5$中的Sm_2Co_{17}相，$Nd_2Fe_{14}B$中的α-Fe，Nd_2Fe_{17}等）是相當重要的。圖22.15為NdFeB合金三元相圖，製作NdFeB的主要成分為$Nd_{15}Fe_{77}B_8$，經圖22.16流程製作，燒結完成後將成$Nd_2Fe_{14}B$、$Nd_{1+\epsilon}+Fe_4B_4$及富Nd相等三相共存

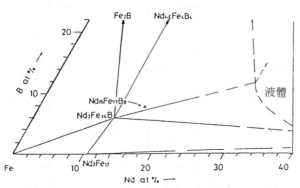

圖22.15　Nd-Fe-B三元合金相圖1000℃等溫斷面圖

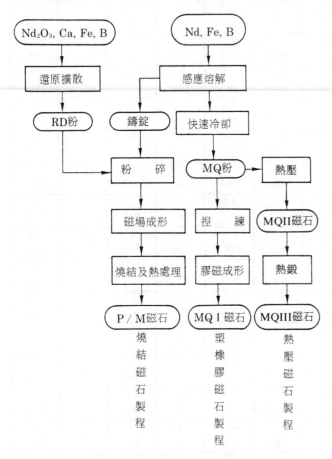

圖22.16　Nd-Fe-B磁石製程

組織。為了獲得較高之頑磁力需施予熱處理，以消除晶界上缺陷，而降低反向磁區生成的機會。釹鐵硼磁鐵製程和$SmCo_5$磁鐵製程相近，但因釹較釤易於氧化，故製程需較$SmCo_5$製程嚴謹許多。其製程大致可分兩大類：其一是粉末冶金製程，其二是RSP製程。粉末冶金製程又依其粉末製造不同而細分為合金熔解法及還原擴散法(Reduction Diffusion；簡稱RD法，$SmCo_5$粉末亦可以此法製造)兩種。而RSP法又可依成形方式不同，而區分為塑橡膠磁石(MQI)、等方性熱壓磁石(MQII)、異方性熱壓磁石(MQIII)三種。圖22.16為NdFeB磁石製造流程、茲簡述如下：

(A)燒結磁石

　　燒結磁石的製程大致可分合金製造、粉碎製程、磁場成形、燒結熱處理、及後加工等步驟。

(a)合金製造

　　常見的釹鐵硼合金約含33wt%釹、66wt%鐵及1wt%硼，通常我們將上述比例的純元素以氣氛控制感應熔解爐熔鑄成錠，做為粉末冶金的基本原料，這便是最常見合金熔解法。由於純金屬釹價格比較昂貴，因此直接以氧化物Nd_2O_3做起始原料的RD法就更具有經濟效益。RD法是以氧化釹、鐵粉、硼鐵粉及金屬鈣混合均勻後壓成餅狀，再進行800~1200℃的還原及擴散處理、其反應式如下：

$$15/2\ Nd_2O_3+72\ Fe+\ 4/30\ Fe_{40}B_{60}+\ 45/2\ Ca$$
$$\rightarrow Nd_{15}Fe_{77}B_8+\ 45/2\ CaO$$

燒結餅經粉碎、酸洗除鈣、水洗、乾燥等步驟後，即得RD粉。RD粉的優點是原料價廉，粒度適中（可直接進行細粉碎），且易於保存，故具發展潛力。其缺點則為氧含量稍高且製造技術比較困難。

(b)粉碎製程

　　由於釹鐵硼鑄錠質地硬脆，因此可輕易粉碎，鑄錠必須先經粗粉碎及篩選後才進行細粉碎，粉末的平均粒度隨著粉碎時間增加而降低，最後達到一個定值。反之，粉末的氧含量則隨時間加長而持續增加，由於此氧含量對磁性有很大影響，因此粉碎設備的效率、產能均為重要考慮因素。

(c)磁場成形

　　粉末必須在高磁場中配向成形，才能得到異方性磁石，成形方法可分為三種，第一種是外加磁場方向與模壓方向平行者，第二種是外加磁場方向垂直模壓方向者。前者磁粉的排列程度較差，磁能積稍低，但可成形圓片及圓環等形狀；後者則無法成形圓柱體，但磁能積較高。第三種方法是CIP法（冷均壓法），其磁能積最高，目前此一製程已有工業生產的實例，CIP則是採用先配向後成形的方式，與前述兩種方法不同，先裝填磁粉於橡皮模中，以脈衝式充磁機做配向排列，再放入冷均壓機成形，CIP法適合做大尺寸磁石，或供切割成各式形狀，唯加工成本相對提高。

(d)燒結及熱處理

　　成形後的壓胚必須置於氣氛控制加熱爐中，在1000~1200℃燒結，接著必須在500~900℃做一段或多段式熱處理。在燒結階段，磁石獲得應有的密度，機械強度及Br值；而熱處理則可提高iHc值，由於iHc增加，磁石的(BH)max值亦顯著增加。因此在磁石的加熱製程中，燒結和熱處理是同等重要的。

(e)磁石加工及表面處理

　　磁石最後必須經過切割或表面研磨等製程及磁石表面的防銹處理，方為成品。尤其最後之表面處理對磁石之可靠度影響極大，因NdFeB磁石含有多量Fe及晶界上富Nd相，故極易產生腐蝕問題，而一般是在磁鐵表面進行電鍍或電著塗裝(E-coating)處理。而不同形狀、用途或大小之磁石塗裝的膜厚及方法如表22.11。對不同環境之相對耐蝕比較如表22.12。

表22.11　釹鐵硼磁石之表面處理法

表面處理法		適用形狀及用途	適用重量(g)	膜厚(μm)	色調	耐溶劑性	耐衝擊	接著性
Al・Cr		扁平環狀，小件(弧型、圓柱、角型)等一般用途	0.5~25	7~19	黃金	○	○	○
電著塗裝		大型環狀，VCM用(角型、特殊形狀)等	>20	20~30	黑	○	○	○
噴塗	環氧樹脂	VCM用單純形狀(角型、弓型等)	>10	40~100	各色	○	○	○
	氟素樹脂	馬達用單純形狀(環型、弓型、角型等)	>5	15~30	綠	○	○	○
鍍鎳		扁平環狀，小件(弧型、圓柱、角型等)圓弧狀等一般用途	0.5~25	10~20	銀	○	○	○

(B)熱壓磁石

　　熱壓磁石的製程如圖22.16其原料是MQ粉（Melt Quench Pow der），MQ粉是採用快速凝固製程（Rapid Solidification Process, 稱RSP）製作，用熔融的NdFeB合金噴注在高速旋轉的水冷卻銅輪上，即得厚度僅約數百μm的金屬帶(Ribbons)，經粉碎後即得MQ粉，MQ粉如經適當熱處理，即成製造塑橡膠磁石用的原料（磁石為MQI磁石），而MQ粉經熱壓（Hot Press）成形，便得緻密之等方性磁石，通稱MQII磁石，其（BH)max值約為16

表22.12　不同環境NdFeB磁石相對耐蝕

測　試　環　境	暴　露　時　間				備　　註
125℃×RH85%	40時	30時	20時	10時	住友標準測試
80℃×RH90%	1000時	750時	500時	250時	
40℃×RH70%	25年	19年	13年	7年	
30℃×RH70%	54年	40年	27年	25年	
25℃×RH80%	29年	22年	15年	8年	
23.8℃×RH78%	40年	30年	20年	10年	泰國曼谷
16.2℃×RH67%	230年	170年	115年	58年	日本大阪

MGOe。MQⅡ磁石最後經過數倍的熱鍛比(Upset Ratio)後可得異方性磁石，通稱MQⅢ磁石，其(BH)max和燒結磁石不相上下約40~45MGOe。而特別值得注意的是這種方法可製造出世界上最強最大的放射狀排列之環形磁石，對提升磁石應用效率有相當幫助。

　　在稀土磁鐵中Sm_2Co_{17}型磁鐵爲多相型磁鐵且其製程算是較複雜而耗時的，特別是其熱處理過程。圖22.17爲Sm_2Co_{17}型磁鐵一般的燒結及熱處理

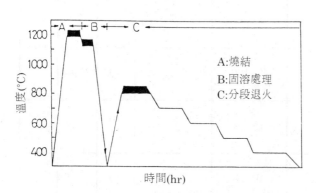

圖22.17　Sm_2TM_{17}形磁鐵典形燒結及熱處理過程

過程，該磁鐵的頑磁力機構爲栓固控制形。換言之，該磁鐵內極易形成反磁區，但因爲磁鐵內有許多對磁區栓固的相，使得反向磁區的移動及長大變得極爲困難，如何製造出更多栓固磁區的相於磁鐵內部，爲製造高性能Sm_2Co_{17}形磁鐵之鎖鑰。

　　Sm_2Co_{17}形磁鐵除了含有釤及鈷以外，並添加了鐵、銅、鋯（或鉿及鈦等）。鐵的添加可以提高磁鐵的殘留磁化，但會降低頑磁力，適度地添加銅會提高頑磁力，但提高頑磁力最佳的元素爲鋯（或鉿及鈦）。在燒結溫度下該合金爲Sm_2Co_{17}六方晶體結構，當快速從高溫冷卻至室溫時，該相內一些添加元素呈過飽和狀態。當再予回爐進行850℃恆溫時效處理後，此時Sm_2Co_{17}六方晶組織變爲菱面晶，時效處理進行時，菱面晶內將析出網狀$Sm(Co，Cu)_5$相，又Zr的添加，會使板片狀六方晶Sm_2Co_{17}相以垂直c軸方向析出，如圖22.18所示。當熱處理溫度從850℃以階段式冷卻時，該磁鐵內部的Fe原

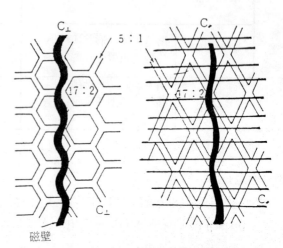

圖22.18　Sm_2TM_{17}形磁鐵的網狀析出物及對磁壁的栓固圖示

子會往Sm_2Co_{17}菱面晶擴散，而銅原子會往$Sm(Co$，$Cu)_5$相擴散，此兩相間的銅成分梯度愈大時，$Sm(Co$，$Cu)_5$相栓住反相磁區的能力將愈強，矯頑磁力亦得以提高。圖22.19為Sm_2Co_{17}形磁鐵之iHc隨

熱處理溫度改變後所產生的變化圖，顯示出熱處理幾乎是本系磁鐵所不可或缺的程序。

Sm_2Co_{17}型磁鐵的矯頑磁力，主要來自於$Sm(Co$，$Cu)_5$相，對反向磁區產生栓固效應，因此磁鐵晶粒大小對矯頑磁力影響不大。又鐵、銅、鋯成分的高低將影響主要相的成分梯度、密度及殘留磁化。適度的調整各成分比，將可得到從低矯頑磁力到中、高矯頑磁力或高磁能積的磁鐵。表22.13為日本東芝公司生產的Sm_2Co_{17}磁鐵規格，可看出其特性的"千變萬化"。此型磁鐵之居禮溫度達850℃，而可逆溫度係數比$SmCo_5$及釹鐵硼磁鐵都低了很多，因此，此系列磁鐵為一適於高溫用的磁鐵，但因晶粒甚粗而斷裂強度稍低，在研磨、切割或使用時必須小心，才不致於破裂。

22.3.3.2 複合磁石[10]

複合磁石係由磁粉混合樹脂，再經各種不同成形方式製造而得，大致可依磁粉、樹脂、製造方法

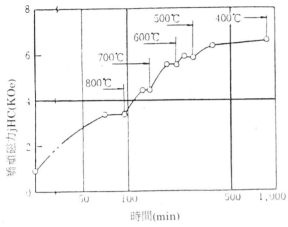

圖22.19　Sm_2TM_{17}形磁鐵矯頑磁力隨
階梯時效處理條件改變範例

表22.13　不同規格的Sm_2TM_{17}形磁鐵特性（日本，東芝公司產品）

特　　　性			TS-18	TS-20	TS-22	TS-24	TS-26	TS-26H	TS-28H
殘留磁束密度	Br	[T]	0.83~0.88	0.88~0.94	0.90~0.96	0.94~1.00	1.02~1.08	1.00~1.08	1.05~1.13
		(kG)	8.3~8.8	8.8~9.4	9.0~9.6	9.4~10.0	10.2~10.8	10.0~10.8	10.5~11.3
頑磁力	bHc	[kA/m]	520~640	520~640	440~640	440~600	440~600	640~760	680~840
		(kOe)	6.5~8.0	6.5~8.0	5.5~8.0	5.5~7.5	5.5~7.5	8.0~9.5	8.5~10.5
本質頑磁力	iHc	[kA/m]	560~800	560~800	480~680	480~640	480~640	800~1440	800~1440
		(kOe)	7.0~10.0	7.0~10.0	6.0~8.5	6.0~8.0	6.0~8.0	10.0~18.0	10.0~18.0
最大磁能積	(BH)max	[kJ/m3]	136~151	151~167	167~183	183~199	199~223	191~215	215~239
		(MGOe)	17~19	19~21	21~23	23~25	25~28	24~27	27~30
可逆透磁率	μρ		1.01	1.01	1.01	1.01	1.01	1.01	1.01
可逆溫度係數		[%/℃]	-0.038	-0.038	-0.036	-0.036	-0.036	-0.036	-0.036
不可逆透磁率	B/H=-2	150℃%	-1≧	-1≧	-2≧	-2≧	-2≧	-2≧	-2≧
		200℃%	-2≧	-2≧	-4≧	-4≧	-4≧	-4≧	-4≧
必要充磁場		[kA/m]	≧1200	≧1200	≧1200	≧1200	≧1200	≧1200	≧1200
		(kOe)	≧15	≧15	≧15	≧15	≧15	≧15	≧15
密度		[×10³kg/m³]	8.2~8.4	8.2~8.4	8.2~8.4	8.2~8.4	8.2~8.4	8.2~8.4	8.2~8.4
		(g/cm³)							
居禮溫度	Tc	[℃]	850	850	850	850	850	850	850
電阻率		[μΩ-cm]	200	200	200	200	200	200	200
硬度	Hv	600	600	600	600	600	600	600	600
抗折力		[N/m³]	100~150	100~150	100~150	100~150	100~150	100~150	100~150
		(kg/mm³)	10~15	10~15	10~15	10~15	10~15	10~15	10~15

及配向式不同而區分如圖22.20，而不同製程之磁性比較如表22.3及22.10。

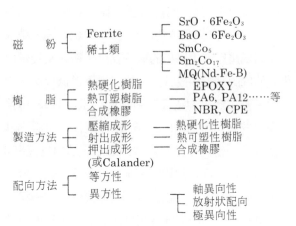

圖22.20　複合磁石的分類

複合磁石主要優點如下：

(1)比重較燒結磁石小，可謀求輕量化。鐵氧系列3.0~3.5（燒結體約5.0）稀土類5.0~6.2（燒結體7.6~8.4）。

(2)毋需後加工，尺寸精度高。成形膨脹率0.2~0.7%（燒結體收縮率13~20%）

(3)適合形狀複雜、厚度薄之產品。

(4)具韌性、不易崩損。

(5)適合大量生產。

(6)可一體成形(Insert、Outsert)。

(7)易取得幅射異方性或極異方性產品。

其主要缺點如下：

(1)磁性較低。鐵氧系列(BH)max最大約在1.5~2.2MGOe（燒結體4.2MGOe）稀土類射出成形最大約6~10MGOe，異方性壓縮成形為16~18MGOe；等方性約8~10MGOe（燒結體約35~45MGOe）。

(2)耐熱性較低。一般耐熱約100~150℃（鐵氧系列約450℃，稀土類約250℃）

複合磁石主要應用於迴轉機器、計測及吸著等，而不同用途之磁性需求如表22.14。茲將複合磁石分為鐵氧複合磁石及稀土複合磁石兩類來討論：

(1)鐵氧複合磁石

鐵氧系複合磁石之磁性大小和磁粉特性、佔有體積比和配向率有密切關係。依Stoner-Wohlfart理論，異方性Ferrite膠磁之最佳特性與佔有體積以下關係：

$$Br = Xv \times 4.72KG \qquad (22.5)$$

式中Xv：磁粉的體積比

表22.14　不同磁性性膠磁之用途

(BH)max (MGOe)	製　作　方　法	用　　　途
0.1~0.2	射出鐵氧	彩色或黑白CRT用聚焦磁石
0.3	射出鐵氧	FG
0.4~0.5	押出鐵氧	冰箱氣封
0.65~0.7	壓延或押出鐵氧	貼紙
1.0~1.2	壓延鐵氧	冰箱氣封
1.5~1.6	軋壓或押出鐵氧	小馬達定子
1.7~2.0	押出或射出鐵氧	影印機或雷射印表機磁棒
1.9~2.2	射出鐵氧	小馬達轉子、譯碼器
5.5~10.5	射出或壓縮稀土	PM型步進馬達
12~17	壓縮 Sm_2Co_{17}	無刷馬達

$$(BH)max = Xv^2 \times 5.57MGOe \qquad (22.6)$$

而等方性之最佳特性：

$$Br = Xv^2 \times 2.36 \ kG \qquad (22.7)$$

$$(BH)max = Xv^2 \times 1.19 \ MGOe \qquad (22.8)$$

上述特性亦會因磁粉特性及配向率而有變化，而配向率之定義如下式：

$$配向率(\%) = (\ B_{r///} ／ Br_{//}+B_{r\perp}) \times 100\% \qquad (22.9)$$

式中$B_{r///}$：易磁化方向的Br

$B_{r\perp}$：易磁化軸垂直方向的Br值。

配向率亦和充填密度有關連，高充填率時，會影響配向性，有可能反使配向率下降，故應權衡得失，尋找最佳條件。鐵氧系複合磁石和燒結磁石所用磁粉不同，它需經適當熱退火處理，消除加工應力，方能使用。燒結不良品或加工研磨廢料亦常回收使用製造橡膠磁石，但廢料硬度極高，要研磨至適當粒度，需消耗很多粉碎能量，且易造成晶體缺陷，故適當退火處理是絕對必要的。另外原料的選擇和配向的方式仍有相當關係，如圖22.21。當使用機械配向時，磁粉之L/D比（L為C軸方向厚度；D為粒徑大小）最好是到達0.4，即較扁平之六角形。如使用機械加磁場配向時約0.7，而磁場配向時約1即可。

鐵氧複合磁石可概分為可撓性的橡膠磁石和剛性的塑膠磁石兩大類：

(a)橡膠磁石

製程依有無配向區分為異方性和等方性。使用滾輪(Roller)或軋光機(Calender)壓延成形或押出機押出成形，其製程如圖22.22壓延成形可利用滾輪剪力使六角板平狀磁粉在橡膠中排列，愈薄其配向效果愈佳，最後再將壓延過的薄片積層至需要厚度之片狀磁石，可依用途裁成所需尺寸使用。而押出成形可使用機械配向或再加磁場雙重配向，如圖22.23即為雙重配向，如以適當押出速度配合，可得(BH)max約2.2MGOe的磁石。一般經常使用的樹脂有天然橡膠、CPE、NBR、EVA或Hypalon等。表22.15為商用磁粉規格、磁石規格見JIS C2502-1989。

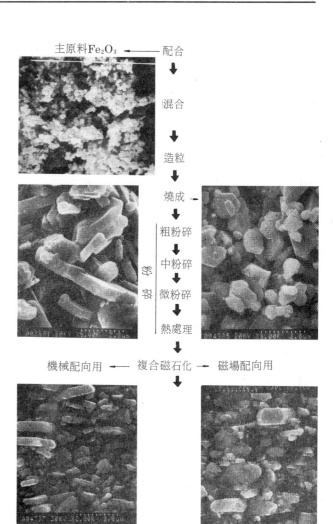

圖22.21　不同配向方式的鐵氧磁粉工程

(b)塑膠磁石

塑膠磁石製程也分等方性和異方性兩種，其製程如圖22.24，大致可區分為混合、混練、射出、著磁等步驟，現分述如下：

1)混合

此步驟主要是將磁粉、樹脂及添加劑充分的混合，而一般異方性磁石的原料以鍶系居多，等方性則以鋇系為主，磁粉的粒徑大約在1.0~1.3μm，比表面積1.9-2.0 m^2/g。樹脂以Nylon 6為主，但因其飽和吸水率高，在高溫多溼的環境，會使磁石之機械強度下降。因此在較惡劣的環境，經常採用吸水率較低的Nylon 12，亦常使用於和金屬一體成形的FG環，或Insert附加軸心的馬達轉子。除Nylon 6，Nylon 12外，也常用PPS樹脂，它的熔點達280℃，玻璃轉化點也大於90℃，為一種結晶性樹脂，更有耐

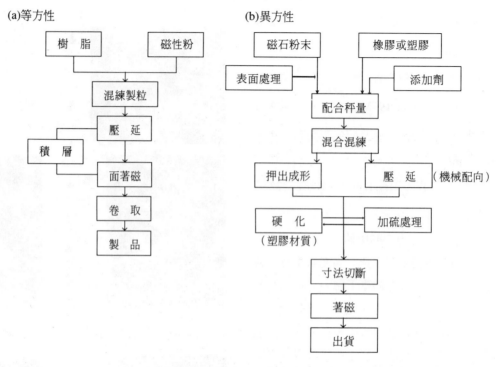

圖22.22　鐵氧橡膠磁石製程

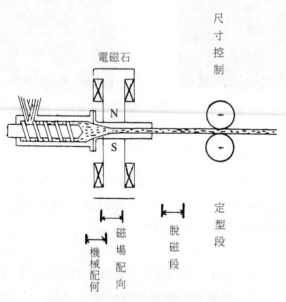

圖22.23　機械、磁場配向並用押出機

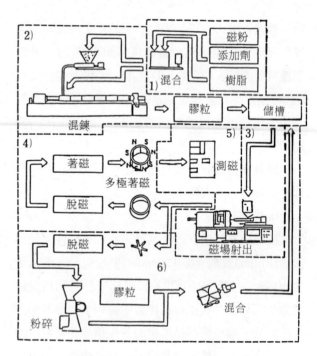

圖22.24　異方性射出複合磁石製程

溶劑性佳、吸水及熱膨脹低的優點，特別適用於繹碼器等用途，因它可克服惡劣環境，不會因吸水或熱膨脹而引起精度變化，表22.16為三種樹脂之特性比較。配方中除了磁粉、樹脂外，添加劑的選擇添加不可忽視，最重要的是表面改質偶合劑(Coupling Agent)、潤滑劑、可塑劑及抗氧化劑等。

2)混練

　　一般使用高剪力的雙螺桿押出製粒機，進行混練及製粒。由於配方中，磁粉比率很高，故應特別注意螺桿的耐磨耗處理。好的膠粒除了磁粉體積比要提高以外，膠粒的熔融流動率（Melt Flow Rate

表22.15　膠磁用鐵氧磁粉資料

	編　號	組　成	平均粒徑 (μm)	壓縮密度 (g/cm³)	鬆密度 (g/cm³)
磁場配向	OP-71	SrO・6Fe₂O₃	1.0~1.2	3.20~3.30	0.60~0.70
	MR	SrO・6Fe₂O₃	0.9~1.1	3.15~3.25	0.60~0.70
	KRB	BaO・6Fe₂O₃	1.0~1.2	3.25~3.35	0.65~0.75
機械配向	SOP-20	SrO・6Fe₂O₃	1.0~1.2	2.85~2.95	0.50~0.60
	OP-56	SrO・6Fe₂O₃	0.8~1.0	2.95~3.05	0.50~0.60
	KRB-27	BaO・6Fe₂O₃	1.0~1.2	3.15~3.25	0.60~0.70

註：上爲日本弁柄資料

表22.16　各種樹脂膠粒特性比較

特　　　　性	單　位	基　本　樹　脂		
		PA6	PA12	PPS
HDT (264psi)	℃	120~176	90~150	200<
膨脹係數	×10⁻⁵/℃	3~5	4~7	2~3
吸水率(23℃, 24hr in H₂O)	%	0.15~0.3	0.04~0.06	0.01
物理強度	—	◎	○	△
防水	—	×	○	◎
耐溶劑	—	△	△	◎
價格	—	◎	○	△

註：優勢比較◎＞○＞△＞×

，簡稱MFR）亦非常重要，因它會影響磁粉的配向效果，更對磁石的物性有直接的影響。另外膠粒乾燥度亦非常重要，較適當水含量約0.04wt%，如水含量太高，容易使磁石內部產生空洞及磁性劣化，嚴重影響品質，故膠粒或回摻澆道在射出前均應確實乾燥。

3)射出

　　異方性磁場射出成形機與一般射出機不同，特別需要留意螺桿及加熱鋼筒(Cylinder)耐腐蝕與耐磨耗的功能，約需一般射出機強度的1.5倍以上，而噴嘴通常使用SKD-11，其孔徑約φ2.5~3.0mm。

　　此外，爲使鐵氧磁粉充分配向，需於射出時附加磁場，磁場強度最少需12KOe，（稀土系約20kOe以上）。此附加磁場的線圈爲免因溫度升高，使阻抗增加，而造成磁場不穩定，通常在電源設計

需擁有定電流裝置。並且利用模具不同材質導磁率的差異及電源控制，造成不同磁場分佈，達到軸向和徑向配向的效果，如圖22.25。

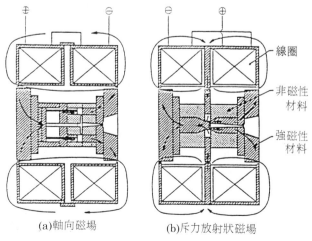

(a)軸向磁場　　　(b)斥力放射狀磁場

圖22.25　軸向及斥力放射狀磁場

模具材質的選擇，在異方性Ferrite塑膠磁石的製程中，佔了一個最關鍵的角色。它需導磁與非導磁材料搭配，形成所需磁路，才能發揮正確配向效果，而導磁材料經常使用NAK-55、ASSAB-10、SKD-61及SKD-11等；非導磁材料為Be-Cu，SUS304、YHD-50及N-25等。另外仍需注意不同材料之熱膨脹與接合問題。而模具耐磨耗亦很重要，

需施以鍍硬鉻、氮化、PVD或CVD等，目前以PVD法的鍍TiN皮膜較常被用。

4)著磁

磁石射出後，應先將配向後的磁石退至10G以下，再進行著磁。而著磁的方向和配向有密切關係，如表22.17為環形磁石之不同配向的概要及應用。

(2)稀土複合磁石

表22.17　環狀磁石之不同配向與應用

配向技術	軸異方性	放射異方性		軸／放射	垂直配向	極異方性
		一方向	斥力			
磁場方向	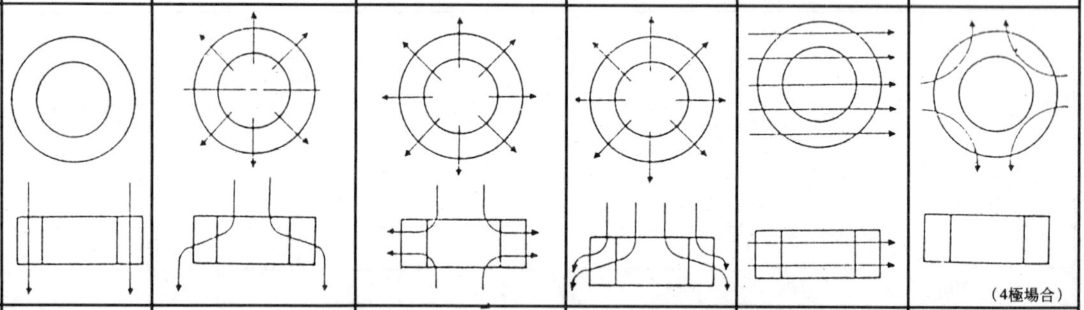					(4極場合)
配向	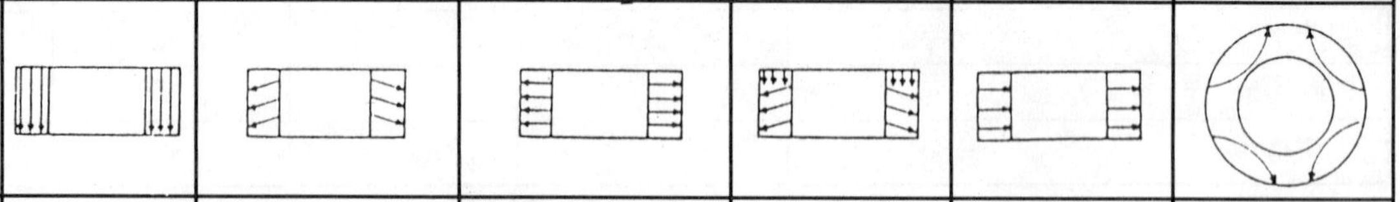					
特徵	材料特性完全發揮	只可使用於環狀成形品。比內徑高的小磁石。	比單一方向放射配向之配向性高→高磁力。圓柱形也可配向	可圓週及單面著磁。	外徑大的不可能→φ30以下。	磁極高磁力。配向數和著磁數要一致。
用途	扁平馬達感測器磁力夾	HDD、FDD、AV用馬達		HDD、FDD和FG一體馬達	二極馬達轉子	步進馬達磁棒

稀土複合磁石可分釤鈷和釹鐵硼兩大系列：

(a)釤鈷塑膠磁石

釤鈷塑膠磁石亦分1-5系和2-17系，其製程如圖22.26。但因兩者保磁力產生機構差異，在製程中對粉末粒度需求不同，1-5型約在5~7μm，而2-17型則需20~60μm間最適用。也因粒度之差異，1-5型較適合應用於射出成形，而2-17型則適用於壓縮成形。其中射出成形樹脂採用Nylon或PPS，樹脂在配方中的重量比約5-7wt%；壓縮成形樹脂採用環氧樹脂為主，約1.5~2wt%。1-5型磁性(BH)max

約9-10MGOe（射出成形）12-17型約14~20MGOe（壓縮成形），10-12MGOe（射出成形）。由於稀土成分在高溫時非常容易氧化，在混練、成形及射出澆道再回收的過程，一直重覆在高溫下操作，將造成磁粉氧化及磁性下降，故磁粉以偶合劑進行表面處理是必要的。而偶合劑的選擇除了要耐溫的考慮外，更要注意樹脂和磁粉之相容性，才能發揮偶合劑的效果，進而提升磁石之機械強度。

(b)釹鐵硼塑膠磁石[10]

釹鐵硼塑膠磁石製程圖22.27，此產品為等方

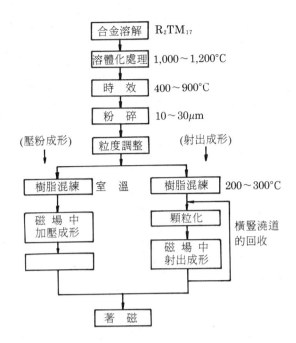

圖22.26　Sm₂Co₁₇異方性塑膠磁石製程

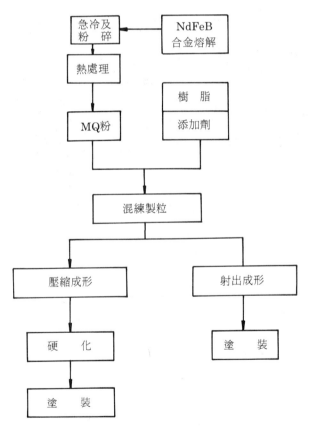

圖22.27　NdFeB塑膠磁石製程

性磁石，由於製程簡單、磁性佳且不需特殊的模具設計等優點，目前是稀土膠磁中用量最大的材質。

磁粉專利隸屬美國GM公司，且GM公司是目前唯一的原料生產廠商，產品分成A、B、C、D四種，其中A、C磁性相近，屬高iHc產品；B、D磁性亦相近，但iHc大小適中、易於著磁，是目前最常使用的材質。因釹較釤易於氧化，故磁粉的表面處理和磁石之表面塗裝成為不可或缺的步驟。表面塗裝的方式可分為噴塗和電著兩種，而電著是最優良的塗裝方式，由於塗層均勻，尺寸精度及耐蝕能力皆佳，塗膜厚度以在15~30μm間較適當。

除了等方性MQ磁石外，異方性釹鐵硼塑膠磁石也是眾所矚目的焦點，而目前製造此種磁石的原料有兩種，其一利用圖22.16製程做成之MQ Ⅲ磁石再粉碎成磁粉使用，做成膠磁後可達(BH) max = 17 MGOe，但目前由於品質不夠穩定，仍未大量生產。另一方法是日本三菱公司開發的 HDDR (Hydro-genation-Disproportion-Desorption-Recombination)製程，如圖22.28，其原理如下式：

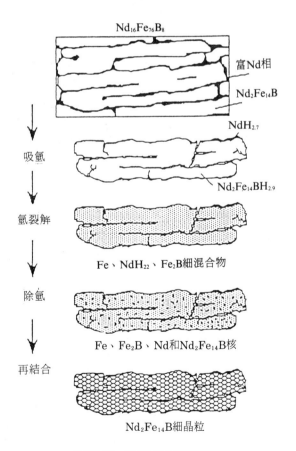

圖22.28　NdFeB之HDDR製程

$Nd_2Fe_{14}B+ H_2 \rightarrow NdH_2+ \alpha\text{-}Fe+ Fe_2B$，而後以眞空除氫，再結合成$Nd_2Fe_{14}B$晶粒，由金相中知道磁粉是由25~30μm粗晶粒組成，而每一粗晶粒中又含很多更微細晶粒，故磁性不會因粉碎應力而大幅下降。但如想得異方性，必需在NdFeCoB合金中添加Ga、Zr、Nb、Hf或Ta等元素才可達成，做成膠磁的(BH)max約在18~20MGOe，除此以此，日本旭化成開發的$Sm_2Fe_{17}N_x$磁粉，深具與釹鐵硼異方性膠磁競爭能力，其居禮溫度達476℃，因經氮化處理，故耐蝕性佳。其瓶頸在600℃左右$Sm_2Fe_{17}N_x$會裂解，出現α-Fe軟磁相，使iHc嚴重下降，故無法用燒結方式製造緻密磁石，只能以低熔點金屬Zn、Sn或塑膠混合做成複合磁石，目前塑膠磁石有磁能積20MGOe的記錄，故將是未來異方性釹鐵硼塑膠磁石競爭對象。

22.3.4 硬磁材料之選用[3], [11], [12]

磁石在應用設計上，必需考慮以下五個因素：
(1)經濟性

一般可從（能量／單價）和（能量／重量）來考量。假如體積、重量的因素不必特別要求時，以（能量／單價）比爲優先考慮，鐵氧磁石最佔優勢，所以簡單低價型馬達…等，廣泛使用鐵氧磁石。反之，如對體積、重量與功率消耗有特殊要求，則高（能量／重量）比的稀土磁石最常用。各種磁石價格及磁性的比較可參考圖22.29。

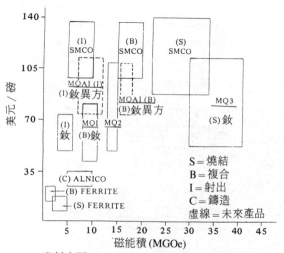

資料來源：Permanent Magnets—1993 Update
圖22.29　不同磁石價格及磁性

(2)磁性

一般優良的硬磁應具有高Br、Hc、iHc及(BH)max。而這幾個值可在磁鐵減磁曲線圖中得知，如圖22.30是TDK之FB4X產品之減磁曲線。(A)

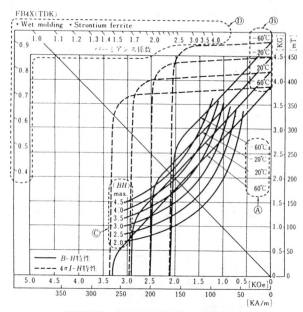

圖22.30　TDK FB4X商品減磁曲線

部份表示不同溫度之B-H減磁曲線，在磁石選用時，可此尋找適合使用環境且磁性足夠的磁石應用。(B)部份爲$4\pi M\text{-}H$特性，亦含有溫度變化對磁性影響，此部份對外加激磁電流產生反向磁場的馬達應用特別重要。(C)表示(BH)max曲線。(D)部份表示磁導係數，和尺寸大小、形狀有密切關係。不同尺寸會產生不同磁導係數，產生不同工作線（Loading Line；即聯接原點至導磁係數值的線），如圖22.31爲環狀磁石磁導係數求法。工作線的選擇應考慮使用環境（含操作使用的溫升），不能在減磁曲線之曲折點以下，否則會產生不可逆減磁。而不同特性對操作功能的影響如表22.18。
(3)熱穩定性

一般材質居禮溫度高，則熱穩定性高，表22.19是各種材質居禮溫度比較。在商品資料常可見Br或iHc之溫度係數（%Br/℃或%iHc/℃），溫度係數低表示其熱穩定性高。

而一般溫度效應，造成磁石產生磁損，大致有

表22.18　磁性對操作功能之影響

磁石特性	作用
高磁能積	小型化 • 減小磁石及系統體積 • 提高轉速 • 減少激磁電流強度 • 提高扭矩慣量比 • 減小機械動作的時間常數
高磁束密度	高氣隙磁束密度 • 提高扭矩，高功率，高效率 • 減少銅線圈 • 提高磁力 • 提高感度(Moving Coil系統)
高矯頑磁力	防止消磁作用 • 磁束密度不受幾何形狀影響 • 可作扁平磁石 • 可容忍較大之空氣間隙 • 無消磁之虞(馬達等) • 系統可在組立之前充磁，亦可分解
線性減磁曲線	透磁率 $\mu = 1$ • 磁漏小 • 減小電力動作的時間常數 • 減小電抗 • 減小整流之機械磨損
高溫穩定性	可靠度高 • 在高溫或低溫之適用性 • 系統特性隨溫度而產生的變化 • 經時變化小 • 不可逆磁損失小

表22.19　不同材質之居禮溫度及最高工作溫度

材料	居禮溫度(℃)	最高工作溫度(℃)
ALNICO 5	720	525
HARD FERRITE	450	200
$SmCO_5$	725	300
$Nd_2Fe_{14}B$	310	150

三種，在選用上應盡量避免，現分述三種磁損於下：

　(a)可逆磁損

指磁石之工作溫度升高或降低時，產生磁性變化，但當溫度回復常溫時，又回復原來磁性。不同材質之可逆磁損如圖22.32，以鋁鎳鈷磁石最穩定

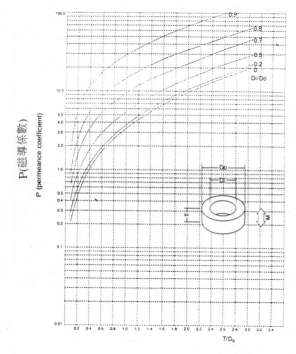

圖22.31　環狀磁石磁導係數的求法

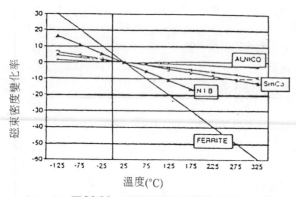

圖22.32　不同磁石之可逆磁損

，故常應用於儀錶類產品。

　(b)不可逆磁損

　　當磁石隨工作溫度升高或降低時，產生磁性變化，而回復常溫時，產生部份磁性損失，無法回復的現象，稱不可逆磁損。特別留意如圖22.33，當工作線選擇P_2會造成a'-c的不可逆磁損，P_1則不會（故工作線應選擇在減磁曲線曲折點之上），其中①表示室溫，②為高溫之減磁曲線。

　(c)金相變化的磁損

　　當工作溫度過高，會導致磁石晶體結構變化，而造成不能回復的磁損。

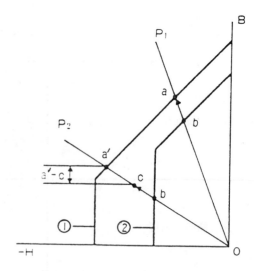

圖22.33　不同工作線之磁損比較

(4)可靠度

　　釹鐵硼磁石磁性雖高，但易於腐蝕，作為硬碟之音圈馬達、揚聲器等產品，應特別留意塗裝之可靠度及包裝之清潔度要求。

(5)著磁性

　　不同磁石著磁，需要不同磁場強度，如表22.20，大約需3倍iHc強度。隨著需要磁場強度之不同，有些產品可組裝完再著磁；但像Sm_2Co_{17}高iHc材質，則較適合著磁完再裝配，因其所需著磁的磁場甚大，組合完再著磁受限於體積，不容易飽和。

表22.20　不同材料著磁所需磁場強度

材　　料	磁場強度
鋁鎳鈷	4 - 8 kOe
鐵氧磁石	10 - 12 kOe
釤　鈷	15 - 50 kOe
釹鐵硼	25 - 40 kOe

22.4　軟磁材料

22.4.1　軟磁材料的分類

軟磁材料可分為金屬系與氧化物系兩大類，每大類中又包含了許多材料，如表22.21所示，惟在

表22.21　軟質磁性材料種類

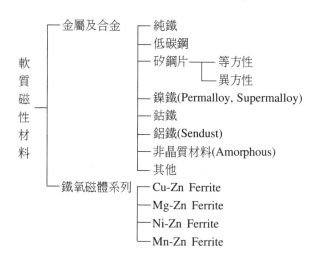

眾多軟磁材料中以鐵氧磁體(Ferrite)與矽鋼片為最主要。軟磁材料主要要求高導磁率及低損失之磁特性，舉凡電子、電機產品的小型化及要求高頻特性都需要應用到軟磁材料。若以製程技術分類則可分為熔鑄加工型、粉末冶金型、融熔旋淬法及薄膜成形法等類。其中以粉末冶金法製作的軟磁材料包括了Cu-Zn Ferrite、Ni-Zn Ferrite、Mg系Ferrite、Mn系Ferrite、Li系Ferrite、Mn-Zn Ferrite及微波用軟磁及壓粉鐵心等。以下將依鐵氧磁體、柘榴石及鐵基燒結軟磁做較詳細之介紹。

22.4.2　軟質鐵氧磁體[7]、[13]

以Fe_2O_3為主要組成而與其他氧化物所形成之強磁性氧化物，通常稱之為鐵氧磁體。此類鐵氧磁體矯頑磁力極低、且磁性不具方向性，因此稱之為軟質鐵氧磁體。比較穩定的軟質鐵氧磁體有如：$NiO \cdot Fe_2O_3$、$MnO \cdot Fe_2O_3$、$CuO \cdot Fe_2O_3$、$MgO \cdot FeO_3$及$ZnO \cdot Fe_2O_3$等。

軟質鐵氧磁體的組成為$M^{2+}O \cdot Fe_2O_3$或$M^{2+}Fe_2O_4$，它的結晶構造如天然的尖晶石($MgAl_2O_4$)一樣為尖晶石(Spinel)型的立方晶系。M^{2+}可以為Mn^{2+}、Fe^{2+}、Co^{2+}、Ni^{2+}、Cu^{2+}、Mg^{2+}及Zn^{2+}及Cd^{2+}等。以上離子的半徑均介於0.6~1Å間。僅一種較特別的

Li-Ferrite($Li_{0.5}Fe_{2.5}O_4$)，其Li離子為正一價，為了維持電荷中性Fe^{2+}的濃度需增加一些才行。尖晶石的構造如圖22.34所示，每單位晶胞有8個分子，即

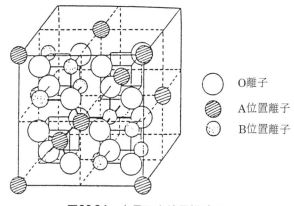

圖22.34　尖晶石之結晶構造圖

$8MO \cdot Fe_2O_3$，共32個O^{2-}，8個M^{2+}及16個Fe^{3+}。32個O^{2-}離子構成面心立方最密堆積，而8個M^{2+}及16個Fe^{3+}離子填入該面心立方晶結構內之空隙。讓空隙種類分為四面體(Tetrahedral)及八面體(Octahedral)二類，分別以(A)及〔B〕表示。前者共64個位置，後者共32位置，當M^{2+}為Zn^{2+}及Cd^{2+}時，8個M^{2+}將優先佔據(A)，16個Fe^{3+}則佔居〔B〕，此種鐵氧磁體稱之為正尖晶石結構(Normal Spinel)鐵氧磁體，當M^{2+}為Mn^{2+}, Fe^{2+}, Co^{2+}, Ni^{2+}, Cu^{2+}及Mg^{2+}時，8個M^{2+}將優先佔據〔B〕位置，而Fe^{3+}離子有一半將佔據〔B〕，一半佔據(A)位置，此種Ferrite稱之為反尖晶石結構(Inverse Spinel)鐵氧磁體。正尖晶石結晶構造習慣上寫成$M^{2+}〔Fe_2^{3+}〕O_4$，反尖晶石結構則寫成$Fe^{3+}〔M^{2+}Fe^{3+}〕O_4$。

因為陽離子以不同位置填入尖晶石結構中，導致鐵氧磁體的磁性亦有相當大的差異。(A)位置與〔B〕位置上的金屬離子由於相互間極強的交換作用(Exchange Interation)，磁矩方向形成反向平行，為典型的陶鐵磁性材料，此亦導致了如表22.22所示不同淨磁矩的產生。由表中看出尖晶石結構的$8ZnFe_2O_4$其產生的淨磁矩為0，而具反尖晶石結構的$8NiFe_2O_4$，其產生的淨磁矩為$16\mu_B$。反尖晶石結構因而為目前商用軟質鐵氧磁體材料的主力。將具

表22.22　正尖晶石與反尖晶石鐵氧
　　　　磁鐵之磁矩分配與差異

	正尖石結構	反尖晶石結構
1.單位晶胞	$8(M^{II})[Fe_2^{III}]O_4$	$8(Fe^{III})[M^{II}Fe^{III}]O_4$
8M^{II}離子	(A)位置	(B)位置
16Fe^{III}離子	(B)位置	8(A)位置
		8(B)位置
2.典型範例	$8\{ZnFe_2O_4\}$	$8\{NiFe_2O_4\}$
磁矩偶合		
8(A)位置	Zn^{II}- 00000000	Fe^{III}-↓↓↓↓↓↓↓↓
8(B)位置	Fe^{III}- ↑↑↑↑↑↑↑↑	Fe^{III}-↑↑↑↑↑↑↑↑
8(B)位置	Fe^{III}-↓↓↓↓↓↓↓↓	Ni^{II}-↑↑↑↑↑↑↑↑
總和磁矩	0	$2\times8=16\mu_B$/單位晶胞
3.其他範例	CdFe$_2$O$_4$	MnFe$_2$O$_4$、Fe$_3$O$_4$、
		CoFe$_2$O$_4$、CuFe$_2$O$_4$、
		MgFe$_2$O$_4$、及
		Li$_{0.5}$Fe$_{2.5}$O$_4$

正反尖晶石結構之鐵氧磁體予混合，煅燒、將可形成各種磁性的複合型鐵氧磁體。例如，以x莫耳的正尖晶石ZnFe$_2$O$_4$與(1-x)莫耳反尖晶石M^{2+}Fe$_2$O$_4$混合、煅燒後，所形成之複合鐵氧磁體中(A)與〔B〕位置上的離子分佈將如下所示

$$\left(\overrightarrow{Fe^{3+}_{1-x}}\cdot Zn^{2+}_x\right)\left[\overleftarrow{M^{2+}_{1-x}}\cdot Fe^{3+}_{1+x}\right]O_4$$

其總磁矩變成 $-5(1-x)+n_M(1-x)+5(1+x)=(10-n_M)x+n_M\mu_B$（Fe^{3+}的磁矩為5$\mu_B$，n$_M$為M^{2+}之磁矩數）。圖22.35為各種鐵氧磁體添加不同程度 Zn Ferrite 後之理論與實際磁性變化。由圖中可看出總磁矩隨著 Zn Ferrite 含量的增加而明顯上升尤其是添加比率在50%以前。這亦是為什麼目前商用軟質鐵氧磁體都添加有部份正尖晶石鋅鐵氧磁體（鎳鋅、錳鋅鐵氧磁體）的主要原因。

　　由於鐵氧磁體在高溫下會分解，無法以融熔或鑄造技術來製作成品，只能用粉末冶金或陶瓷技術作為工業量產技術。該製程技術如同硬質鐵氧磁體一樣，包括：a.原料的計量、調配與混合；b.低溫煅燒以形成部份尖晶石相；c.粉碎煅燒粉至約1μm並經模壓成所需形狀的胚體；d.高溫燒結以形成高密度成品。由於軟質鐵氧磁體的特性為等方性，在

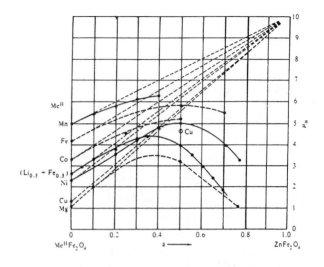

圖22.35　添加不同粒度Zn-Ferrite之鐵氧磁體磁性變化

成形時並不需要加任何磁場，因此，與一般粉末冶金的成形方式相同，製程中較特殊的步驟在於燒結，尤其對Mn-Zn Ferrite，需要隨著燒結溫度曲線而改變氣氛濃度，方能獲得優良好的磁特性。以下敘述商業上較普遍的錳鋅、鎳鋅及銅鋅鐵氧磁體。

　　(1)錳鋅鐵氧磁體[14]、[15]

　　本系鐵氧磁體實用的成分為50~75mol%的MnFe$_2$O$_4$與50~25mol%的ZnFe$_2$O$_4$所組成，隨著要求的特性不同而作成分的調整。一般以MnO，ZnO及Fe$_2$O$_3$予以混合，煅燒成所要的結構，為了促進反應，亦有人採用MnCo$_3$取代MnO。錳鋅鐵氧磁體依特性可分為高飽和磁束密度，高導磁率及低損失等三類。表22.23為該系列材料與幾種金屬系軟磁特性之比較。增加Fe$_2$O$_3$含量可以提高Bs，增加MnO可以提高Ferrite之使用溫度，適度減少ZnO、增加Fe$_2$O$_3$含量可以提高居禮溫度。圖22.36為商用高導磁率及低損失鐵氧磁體之主要成分區域在成分添加方面，SiO$_2$-CaO, TiO$_2$-SnO$_2$能促進Ferrite的緻密化並提高電阻率。SnO$_2$單獨加入會降低Br，Hc及磁滯損失。Na$_2$O, K$_2$O, MoO$_2$及WO$_2$能抑制晶粒的不連續成長。V$_2$O$_3$, In$_2$O$_3$則能提高材料的μ_i值。對高性能Mn-Zn Ferrite而言，Fe$_2$O$_3$的純度相當重要，因為些微的SiO$_2$都可能造成晶粒的不連續成長。

表22.23　幾種Mn-Zn鐵氧磁鐵與金屬系軟磁材料特性比較

| 種　類 | 特　性 | μ_i | | Bm
(mT) | Tc
(℃) | 電　阻　率
(Ω-cm) |
		1kHz	100kHz			
金 屬	疊層 Fe-Si	3800	600	2000	740	5×10^{-5}
	78Ni-Fe	8000	4000	1070	450	5×10^{-5}
	Fe-Al-Si	10000	700	1000	400	8×10^{-5}
氧 化 物	高B級(H7C4)	2300	2300	510	215	6.5×10^{2}
	高μ_i級(H5C2)	10000	8000	400	120	1.5×10
	低損失級(H6H3)	1300	1300	465	200	4.5×10^{3}

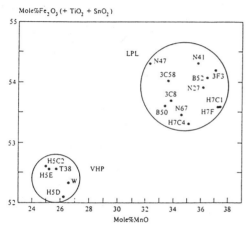

圖22.36　商用高導磁率(VHP)及低損失型
(LPL)鐵氧磁體之主要成分範圍

正確選擇成分固然重要，但後續的燒結步驟更應注意。圖22.37為製作Mn-Zn Ferrite燒結曲線及氣

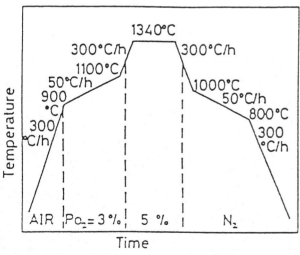

圖22.37　製作Mn-Zn Ferrite之燒結
溫度曲線與燒結氣氛範例

氛範例。在燒結第一部份急升溫及空氣氣氛可使胚體內的空孔均勻地被排除而獲得均勻顯微組織。第二部份升溫速度則需稍加控制，又在高溫下Fe_2O_3有分解出氧分子的傾向，適度對O_2氣氛控制是必須的。為了控制晶粒大小並加速生產速率，在第三段的燒結可採高溫，且升溫速率及降溫速率均可加快，O_2分壓可比第二階段稍高些，但因材料含有Zn，燒結溫度太高有脫Zn之慮。最重要的為第四階段的降溫，從1100℃~900℃間需以N_2取代O_2氣氛以避免Mn^{2+}氧化成Mn^{3+}或Mn^{4+}氧化錳的形成經常會使材料產生微裂痕，並降低磁性。另外，鐵離子的價數變化亦會促使Mn-Zn Ferrite磁性產生極大變化。

由於電腦使用頻率的提昇，交換式電源供應器中已不可能缺少低損失型的Mn-Zn Ferrite來做為變壓鐵芯。此類高頻低損的材料晶粒細小並在晶界上形成一薄層氧化物以增加其電阻係數。表22.24為商用Mn-Zn Ferrite的代表及其特性比較。

(2)鎳鋅鐵氧磁體

鎳鋅鐵氧磁體有10^5Ω-cm以上的電阻率，一般應用於高頻範圍(500kHz~50MHz)。其製作過程與Mn-Zn Ferrite一樣，但燒結時之氣氛以空氣即可，條件並不如Mn-Zn Ferrite嚴格。圖22.38為成分與導磁率之關係圖，在50kHz所測得之品質因數與成分的關係如圖22.39所示，欲獲得較高的值須減少ZnO的含量而增加Fe_2O_3的比例。另外，BeO的添加亦可增加Q值，ZnO的減少使得該產品更適於高頻使用。

為改善Ni-Zn Ferrite的μ值，添加少量的CuO、

表22.24 商用Mn-Zn鐵氧磁體特性比較

特　　　性	記號表示法（單位）	測定周波數（kHz）	低周波電感	中周波電感 天　線　棒	廣帶域脈衝變壓器 壓器	高磁束密度 TV　變壓器
初導磁率	μ_o	<10	800~2,500	500~1,000	1,500~10,000	1,000~3,000
飽和磁束密度	Bs(G)		3,500~5,000	~4,000	3,000~5,000	3,500~5,200
頑磁力	Hc(Oe)		0.112~0.38	0.5~1.2	0.035~0.3	0.12~0.38
損失係數	$\tan\delta/\mu_o$ $(\times 10^{-6})$	10 30 100 300 1,000	0.8~1.8 1.3~3.0 2.0~10 —— ——	—— —— 5~15 —— 10~40	1~10 2~20 4~60 —— ——	—— —— —— —— ——
磁滯係數	a	10	0.2~0.8 $\times 10^{-6}$	0.3~1.2	0.06~0.8	——
電力損失	Po (mW, cm^{-3})	10(25℃) (85℃) (25℃) 16(85℃)	45~130 60~130 70~210 95~210	250	50~150	50~120 50~120 80~190 80~190
居禮溫度	Tc(℃)	<10	140~210	200~280	90~200	180~280
溫度係數	$\dfrac{\mu_2-\mu_1}{\mu_1\mu_2(T_2-T_1)}$ $(℃^{-1}\times 10^{-6})$	<10	1~3	2~10	1~4	——
衰退係數 (Disaccomnodation Factor)	$\dfrac{\mu_2-\mu_1}{\mu_1^2 \log_{10}(t_2/t_1)}$ (10^{-6})	<10	1~3	2~10	1~4	——
固有電阻率	ρ (Ω3·cm)	dc	50~700	100~2,000	2~50	20~100
使用頻率範圍			<200kHz	100kHz~ 2MHz	<10MHz	700Hz ~100KHz

（※：$\mu=\mu_o+aH$，當H極小時定義a為磁滯係數）

As$_2$O$_3$及V$_2$O$_5$會有顯著的效果，其中CuO的添加更可以降低燒結溫度，ZrO$_2$的適量添加可以使導磁率的溫度係數接近零。表22.25商用Ni-Zn Ferrite的代表及特性範例。

(3)銅鋅鐵氧磁體

　　CuFe$_2$O$_4$及ZnFe$_2$O$_4$可以以任何比例形成固溶體，但比較實用的組成範圍為CuFe$_2$O$_4$：45~50mol/%，ZnFe$_2$O$_4$：55~50mol%，而當ZnFe$_2$O$_4$為60mol%時，可獲得最高的飽和磁化。Cu-Zn Ferrite和Ni-Zn Ferrite一樣具有較高的電阻率，其使用範圍在400~1.5

MHz。圖22.40為Cu-Zn Ferrite存在1MHz下之導磁率與成分的關係圖。圖22.41為其Q特性與組成之關係圖，圖22.42為各種成分Cu-Zn Ferrite的導磁率隨溫度變化的特性。當ZnO含量多時，居禮溫度明顯降低，且μ值對溫度之變化極為敏感。少量的Bi$_2$O$_3$與As$_2$O$_3$添加可以提高Br, B$_{15}$, μ_m、μ及減少Hc值。V$_2$O$_5$的添加對μ·Q乘積有顯著改善。

22.4.3 微波用軟磁材料[16]

(1)鎂系鐵氧磁體

　　Mg系鐵氧磁體由於高頻下之磁性損失及介電

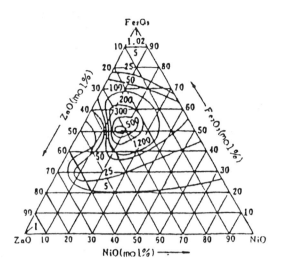

圖22.38 NiO-ZnO-Fe$_2$O$_3$組成與μ值之關係(500kHz下)

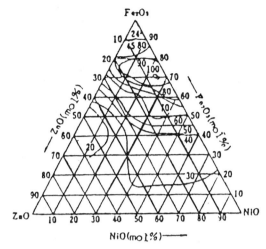

圖22.39 NiO-ZnO-Fe$_2$O$_3$組成與Q值之關係(500kHz下)

表22.25 商用Ni-Zn鐵氧磁鐵代表及其要求特性

特　性	記號表示法（單位）	周波數	廣帶域及脈衝變壓器用	高周波廣域變壓器用功率變壓器	天線棒高週波用變壓器	電感天線棒，功率變壓器用	電　感（I）	電　感（II）	電　感（III）
初導磁率	μ$_i$	<10kHz	2,000	500-1,000	160-490	70-150	35-65	12-30	10
飽和磁束密度	Bs(G)		2,600 (H=12.5)	2,800-3,400 (H=12.5)	3,300-3,600 (H=25)	2,500-4,200 (H=50)	2,400-2,800 (H=50)	1,500-2,600 (H=100)	1,000-2,000 (H=100)
殘留磁束密度	Br(G)		850	1,500-1,900	1,200-1,600	2,400-3,400	1,500-2,000	800-1,500	500-1,000
頑磁力	Hc(Oe)		0.25	0.2-0.6	1.0-2.0	2.0-6.0	4.0-6.0	6.0-20	10-20
損失係數	$\tan\delta/\mu_e$ (×10^{-6})	100kHz	20						
		300kHz		50					
		1MHz		150-300	25-70	20-50			
		3MHz			50-200	25-60			
		10MHz				60-120			
		30MHz					50-130	150-200	
		100MHz					200-11,000	200-500	130-1,300
									400-2,000
磁滯係數	(G^{-1}×10^{-6})	10kHz	4	3-9	7-10	1-30	40-60	40-80	250
居禮溫度	Tc(℃)	<10kHz	100	90-200	200-370	350-490	300-500	250-501	250-510
溫度係數	$\dfrac{\mu_2-\mu_1}{\mu_1\mu_2(T_2-T_1)}$ (×10^{-6}/℃)	<10kHz	4	2-10	0-14	0-10	12-40	-10-20	——
固有電阻率	ρ(Ω·cm)		10^3-10^9	>10^5	>10^5	>10^5	>10^5	>10^5	
使用頻率範圍			1~300MHz	廣域變壓器 5~300 MHz 功率變壓器 100kHz~1MHz	變壓器 500kHz~5MHz	電感 2~20MHz 功率變壓器 2~30MHz	10~40MHz	20~60MHz	>30MHz

損失極低，因而被應用為微波領域之元件。目前市面上最常使用的組成有Mg-Mn系及Mg-Mn-Al系鐵氧磁體，其飽和磁化從0.04Tesla到0.35Tesla不等。在要求較低飽和磁化的領域，可採用後面會介紹的

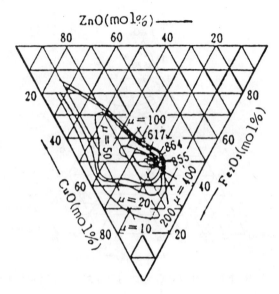

圖22.40　CuO-Zn9-Fe₂O組成與μ值之關係

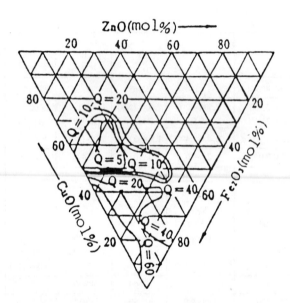

圖22.41　CuO-ZnO-Fe₂O₃組成與Q值之關係

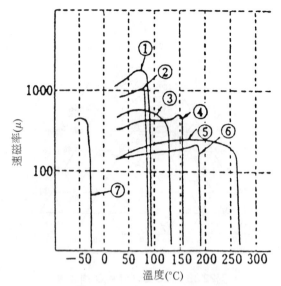

① 20CuO-30ZnO-50Fe₂O₃
② 22CuO-30ZnO-48Fe₂O₃
③ 18CuO-30ZnO-52Fe₂O₃
④ 30CuO-25ZnO-45Fe₂O₃
⑤ 20CuO-25ZnO-55Fe₂O₃
⑥ 25CuO-25ZnO-50Fe₂O₃
⑦ 15CuO-35ZnO-50Fe₂O₃

圖22.42　不同組成Cu-Zn鐵氧磁鐵之μ值隨溫度之變化

柘榴石(Garnet)。而要求中等飽和磁化的場合則可採用Mg系鐵氧磁體。

在Mg系鐵氧磁體中添加Mn，主要在改善其燒結特性，同時並提高其電阻率以降低介電損失。Mn離子的添加之所以能提高電阻率，主要原因為它抑制了Fe^{2+}離子的產生。

(2)鎳系鐵氧磁體

Ni系鐵氧磁體被應用於微波領域主要有兩個方向：第一為要求高飽和磁化的場合；第二為要求耐

高功率。Ni-Zn鐵氧磁體中一部份之Ni^{2+}被Zn^{2+}所取代，主要目的如軟質鐵氧磁體部份中所述可提高其飽和磁化。室溫下最高可達0.5Tesla，為目前微波用鐵氧磁體中最高者。本系材料得以用於20GHz之領域中。

應用於雷達等傳送或接收大振幅微波訊號的裝置所需使用的材料，要求的特性有①要能耐高功率②溫度穩定性要佳，若將該微波訊號加於一般的鐵氧磁體，將因為超過其可忍受的界限值而損失急速增加。此可承受的界限值Hcrit（又稱臨界磁場）正比於$\triangle H_k/Ms$（$\triangle H_k$：材料受外加高頻磁場而產生電子自旋波共振之磁場半波值；Ms：飽和磁化），選擇較高的$\triangle H_k$及較小的Ms為耐高功率的材料所必需的。和其它材料相較，Ni系鐵氧磁體之$\triangle H_k$較大，而若又以一部份Al^{3+}來取代Fe^{3+}，其Ms亦可降低而達到要求。Ni-Al鐵氧磁體和具有相同程度Ms的材料比較，它具有較高的居禮溫度及溫度穩定性，因此Ni-Al系鐵氧磁體最適於高功率且高頻的環境中使用。

(3)鋰系鐵氧磁體

　　本系鐵氧磁體之△H小，居禮溫度高，爲很早就被注目的微波用材，惟Li_2CO_3爲水溶性，製造成Li系鐵氧磁體較困難，再加上其介電損失較大，因而較慢實用化。但加入了Mn後，許多特性得以獲得改善，如磁滯曲線的角形性、溫度穩定性等，而開始被應用。

　　在反尖晶石構造中，Li進入B位置，但爲保持電荷平衡需同時加入3價離子，一般使用Fe^{3+}，因此Li鐵氧磁體以$(Li_{0.5}Fe_{0.5})Fe_2O_4$表示。飽和磁化量可以藉$Zn^{2+}$或$Al^{3+}$的取代來做調整。而其居禮溫度約爲670℃，爲所有鐵氧磁體中最高者；此乃因全部A位置及75%B位置都由Fe^{3+}所佔據，離子間之超交互作用增強所引起。若以Al^{3+}或Ti^{4+}取代部份Fe^{3+}可以降低飽和磁化並保有高的居禮溫度。而當以Mn添加於材料當中，其介電損失可降低一個等級，而達到與柘榴石相同的水準。這使得本系材料得以取代高價的柘榴石材料。

(4)柘榴石(Garnet)

　　磁性柘榴石主要代表式爲$3M_2O_3·5Fe_2O_3$或$M_3Fe_5O_{12}$，其中M所代表的離子都爲三價而無二價離子，M通常爲Y或稀土族離子；雖然Y非爲稀土族元素，但它們都可被稱爲稀土柘榴石；La^{3+}, Ce^{3+}, Pr^{3+}及Nd^{3+}離子都太大而無法形成簡單的柘榴石，但它們可以與其他柘榴石固溶在一起。

　　柘榴石的基本構造如圖22.43所示。在結晶構造中，有三種不同的晶格：a.四面體、b.八面體、c.十二面體的中位位置。在未被置換的柘榴石中，因爲三價離子都是以整數存在，在製備上不會像尖晶石有變價的情形發生，因此比較單純些。

　　在單位晶胞中共有16個八面體24個四面體及16個十二面體，即5個基本化學式$3M_2O_3·5Fe_2O_3$。稀土離子半徑大，通常佔據著十二面體中心位。Fe^{3+}離子則以3:2的比例分佈在四面體及八面體中，且兩個位置之磁矩是互爲反向的。M^{3+}離子的磁矩則與八面體中之Fe^{3+}離子磁矩互爲平行，其磁矩排列如圖22.44。在低溫下，柘榴石的磁性來自稀土離

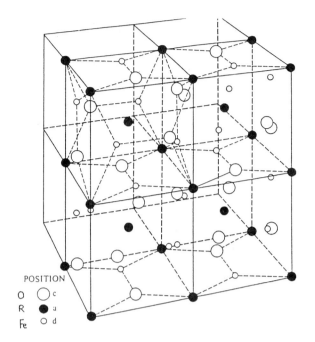

POSITION

O	◯ c
R	● a
Fe	◯ d

圖22.43 柘榴石基本構造

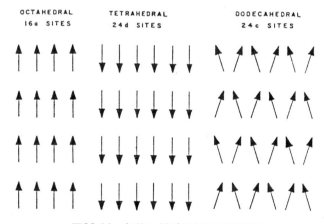

OCTAHEDRAL 16a SITES　　TETRAHEDRAL 24d SITES　　DODECAHEDRAL 24c SITES

圖22.44 柘榴石構造之離子磁矩排列

子的貢獻。當溫度昇高後，來自稀土離子之磁矩貢獻逐漸降至零，該溫度即爲補償溫度(Compensation point)，而在此溫度之外之磁性貢獻主要來自Fe^{3+}離子。若稀土離子低溫磁性貢獻較大，其補償溫度亦將愈高，有時爲了調整柘榴石的補償溫度而同時採用兩種稀土離子置於十二面體中，如以Gd^{3+}取代部份Y^{3+}於YIG(Yittrium-Iron-Garnet)中。另外，亦有採用Al^{3+}, Ga^{3+}, Ir^{3+}, Ga^{3+}取代部份Fe^{3+}來增加$4\pi Ms$，或調變$4\pi M$-T曲線，補償溫度或居禮溫度等。

　　表22.26爲$Y_3Fe_5O_{12}$與其他鐵氧磁體之特性比較。在柘榴石的諸多特性中最令人感興趣的爲其高

表22.26　$Y_3Fe_5O_{12}$與其它鐵氧磁體特性比較

種　　　類	M_s (0K) [T]	M_s （室溫） [T]	σ_s（室溫） [emu/g]	T_C [℃]	K_1 [KJ/m³]	K_{u1} [KJ/m³]	λ_S [10⁻⁶]	λ_{100} [10⁻⁶]	λ_{111} [10⁻⁶]	ρ [Ω·cm]
$ZnFe_2O_4$	反鐵 磁性			9.5K (T_N)						10^7
$MgFe_2O_4$	0.18	0.14	31	440	-4.0		-6	-10	+2	10^7
$MnFe_2O_4$	0.70	0.52	80	300	-4.0		-7	-25	+4.5	10^4
$FeFe_2O_4$	0.64	0.60	92	585	-13.0		+40	-20	+78	10^3
$CoFe_2O_4$	0.60	0.50	80	520	+260		-110	-250		10^7
$NiFe_2O_4$	0.38	0.34	50	590	-6.9		-32	-46	-22	10^7
$CuFe_2O_4$	0.20	0.17	25	(455)	(-6.3)		(-10)			(10^5)
$Li_{0.5}Fe_{2.5}O_4$	0.42	0.39	65	670	-8.3		-8	-24	+4	10^2
$\gamma-Fe_2O_3$		0.52	71	575	-4.6		-5			
$BaFe_{12}O_{19}$	0.71	0.48	71	450		330		-9 $(\lambda_{//})$	+4.5 $(\lambda_{\perp})$	10^2
$Y_3Fe_5O_{12}$	0.25	0.17	27	287	-0.62		-2	-1.4	-2.8	10^{12}

註：飽和磁化(M_s, σ_s)，居禮溫度(T_c)，結晶磁異方性常數(k_1,K_{u1})，磁歪(λ_s, λ_{100}, λ_{111})，比抵抗(ρ)

電阻率及共振特性，因而得以被應用於微波高頻領域。

22.4.4 壓粉磁芯及其燒結體[16]、[17]

　　在軟磁材料中還有另外一系列以鐵或其合金粉末經成形或再經燒結而成的成品，在許多機械產品及電子零組件中要求磁性的場合應用相當廣泛。尤其當其形狀特殊或體積較小型時，壓粉磁芯或其燒結體為另一種選擇。

　　壓粉磁芯顧名思義為利用微細鐵粉或鐵基合金粉以壓縮成形技術製成，由於所使用的鐵粉導磁率僅在50~500間，且電阻率比塊材還高，而得以適用

於高頻範圍。壓粉鐵芯的特性依材料的種類、粉體的大小、形狀、粉體的充填率而變化。若充填率增加，導磁率亦增加，但損失亦會增加。表22.27為幾種常用的壓粉鐵芯之比較。其中Sendust粉為將合金鑄錠粉碎而得，Mo-Permalloy粉則又需經過壓延等特殊步驟才能獲得，而鐵粉則主要以噴霧法製成或為Carbonyl鐵粉。壓粉磁芯的特徵除了高頻損失之外，其導磁率亦相當穩定。此類成品一般應用於100Hz~300kHz之電感、濾波器等。

　　另外，為了滿足更高的磁束密度及導磁率需求，將壓粉鐵芯予以燒結成高密度的產品在應用上更廣泛，這類鐵系燒結軟磁材料包括純鐵(Fe)，鐵-磷

表22.27　幾種常用之壓粉鐵蕊比較

產　　　品	特　　　徵	形狀、尺寸	主　要　用　途	備　　　註
Sendust Coil (Al 9%, Si 5%)	高導磁率 低損失、高電阻率	環狀(內徑12.7 ~51mm)	100Hz~300kHz 電感，特殊變壓器	
TM Dust Coil (Ni 81%, Mo 2%)	高導磁率 低損失、低溫度係數	環狀(內徑12.7 ~35.5mm)	100Hz~300kHz 電感	導磁率有60 與125二種
Carbonyl Coil (Fe)	高頻低損失	棒狀	高頻電感、濾波器用	
Poly Iron (Fe)	高電阻率(10^5Ω-cm 以上	棒狀、圓筒、圓板	高頻衰減器用	

(Fe-P)，鐵-矽(Fe-Si)，鐵-鎳(Fe-Ni)及鐵-鈷(Fe-Co)等。其共同的製程如下：

配粉→混合→成形→燒結→尺寸精修→退火→檢查
　　　　　　　　　　　再壓縮　研磨切削　表面處理
　　　　　　　　　　　再燒結

其中部份過程得以視需要而採行或刪除。

　　鐵系燒結軟磁的特性決定於以下因素：(1)材料的純度：若材料中含有過多的C、S、O、N等原子，它們將侵入結晶格子之中或形成不純物而嚴重降低成品的導磁率及升高頑磁力；燒結時若潤滑劑沒有脫乾淨亦會有不利的影響。(2)合金的組成：適當的合金添加，能夠提高產品之飽和磁束密度（如加P）或改善導磁率、頑磁力與電阻率。(3)材料密度：產品密度的增加將有助於磁束密度及導磁率的增加，但頑磁力及電阻率也相對增加；燒結體的

密度受粉體成形時的壓力影響很大，而粉體的壓縮性則由粉體的純度、粒度及粒形而決定。(4)內部氣孔：燒結體的內部氣孔為不可避免的缺陷，它的量與密度成反比；內部氣孔的量與分佈對導磁率及頑磁力影響很大；一般而言氣孔小而形狀接近球形對導磁率及頑磁力之不利影響較小。(5)內部應力：經尺寸精修、再壓縮或研削加工後所存在之內部應力亦會使得導磁率下降，有必要將成品進行退火熱處理以消除內部應力。

　　有關製造條件對燒結軟磁特性之影響可以分直流與交流特性兩部份來敍述：

(1)直流磁性特徵

　(a)壓粉鐵芯

　　不管是純鐵粉、Fe-P、Fe-Si、Fe-Ni或Fe-Co等粉末，其粉體製作方法不外有電解粉、還原粉、噴霧粉及Carbonyl粉等幾類，一般要求不純物要少，壓縮性優良、及價格便宜。表22.28為以不同方式

表22.28　以不同方式製成之鐵粉直流特性比較（純鐵，燒結溫度1120℃，H_2中燒結）

鐵粉種類	燒結密度 (g/cm³)	磁束密度 Bs(G)	殘留磁束密度 Br(G)	頑磁力 Hc(Oe)	最大導磁率 μ_m
電解鐵粉	7.3	14,000	12,000	1.5	6,000
還元鐵粉	6.5	9,500	6,500	2.4	2,000
噴霧鐵粉	7.3	14,000	11,000	1.7	4,500

的製成鐵粉之直流磁性比較。雖然各有所長，但以噴霧法所製成之鐵粉使用最廣泛。

　(b)密度

　　低密度成品所存在之氣孔會妨礙磁壁的移動；高密度成品會使最大磁束密度Bm，最大導磁率增加，並使頑磁力下降。提高密度的方法有①使用壓縮性優良的鐵粉，儘量使壓粉體密度提高；②利用高溫燒結以提高密度；③添加P或B於合金中，以促成液相燒結，達到高緻密化；④成品再壓縮以提高密度。

　(c)燒結溫度

　　燒結溫度提高能使殘留磁束密度Br及μ_m增加，

並使頑磁力Hc降低，當溫度的提升，雖可增加密度，但收縮過大，會影響成品的精度；溫度的提升亦可促使晶粒的成長，改善磁性。圖22.45為純鐵粉在H_2中以1120℃及1260℃燒結後之直流磁性比較，顯示高溫燒結確實可得到較佳之磁性。

　(d)燒結氣氛

　　一般都以裂解氨（以AX表示），氫氣，氮氣或真空等氣氛來燒結胚體。由於碳對磁性有不良的影響，吸熱型氣體（以RX表示）不應使用。圖22.46為不同氣氛燒結鐵芯所獲得之磁性比較。由圖中可看出以氫氣燒結其成品磁性最佳，以RX氣體燒結者最差。

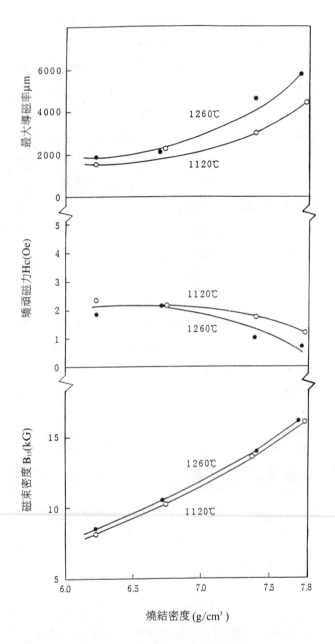

圖22.45 純鐵粉在H₂中經不同溫度燒結後之直流特性比較

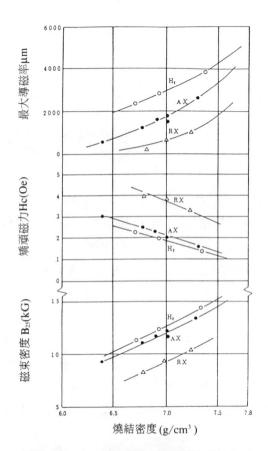

圖22.46 以不同氣氛燒結鐵芯後之磁性比較

(e)內應力之影響

　　燒結品在經過尺寸精修後，由於材料內應力的增大而影響了磁性甚為明顯。圖22.47為Fe-0.6%P燒結與尺寸精修後之磁滯曲線變化，很清楚地Br、μ都下降許多，Hc亦增加了不少。此劣化的磁性可經由後續退火處理來改善。

(2)交流磁性特徵

　　影響交流特性較明顯的有二，一為密度，另一

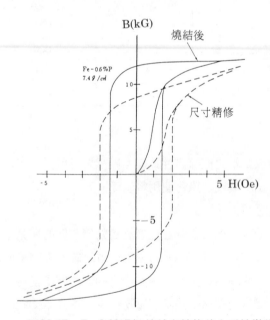

圖22.47 Fe-0.6%P經燒結與精修後之磁性變化

為內部應力。當密度較高時B值較高，Hc較低，因此其鐵損在低頻下會較密度低者來得低（該頻率範圍下，鐵損主要來自磁滯損失），又殘存內部應力

之成品因Hc明顯增加，亦常會使得鐵損變大，Fe-45%Ni材相當明顯，但Fe，Fe-P及Fe-Si材則較不明顯。

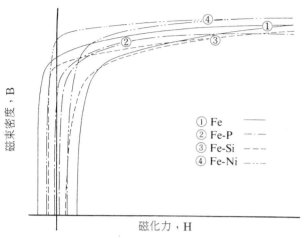

圖22.48　幾種燒結鐵系軟磁材料之磁滯曲線比較

(3)各種燒結鐵系軟磁特性比較及其應用

　　燒結鐵系軟磁目前被廣泛應用作為電磁元件的材料有純Fe，Fe-P，Fe-Si及Fe-Ni等。另外還有Fe-Co，Fe-Sn及Fe-Cr等主要應用於汽車、家電機器、事務機器。

　　表22.29為幾種主要材料之磁性特徵比較，圖22.48為它們之磁滯曲線比較，表22.30為幾種代表性鐵系燒結軟磁之磁性比較表。燒結鐵系軟磁由於其電阻率比鐵氧磁體低了甚多，因而一般應用於直流或低頻交流環境，隨各種材料不同而各有專門之應用領域。表22.31為各種燒結鐵系軟磁之應用範例提供參考。

表22.29　幾種鐵系燒結軟磁材料特徵比較

材　料	磁束密度	頑磁力	導磁率	固有電阻率	材料組織
Fe-P (P在0.8%以內)	可改善（特別是在低密度時，效果最明確）	可有相當程度的改善	極可改善	隨添加量而增大	在發生液相時，可加速擴散，在擴大 α 區時，促進結晶粒成長和氣孔球狀化。
Fe-Si (Si在5%以內)	稍許降低	極可改善	添加量多且高密度時可改善	隨添加量增加而大增	和P的情況大致相同，促進燒結。高溫燒結的效果好。
Fe-Ni (Ni在45~80%之間)	在弱磁場時，有顯著地改善，Br相當低	可顯著改善	可顯著改善	增加非常大(僅在78%的情況下)	因可得到比較高純度的合金粉，所以在高溫燒結時，可形成良好組織
Fe-Co (Co為50%)	可顯著地改善。	反而會增大	不大有變化	反而會降低	—

註：本表以純鐵系作基準

表22.30　幾種鐵系燒結軟磁之磁性比較

材料系	成分 %	密度 g/cm³	密度比 %	直流 B1 (kG)	B5	B10	B25	Br	Hc 頑磁力	μi ×10³	μm ×10³	交流 B1 (kG)	B5	B10	B2	鐵損 W10/50	W15/50	固有電阻率 μΩ·cm
Fe	Fe100	6.8	86.6		7.6		11.5	8.2~10.1	1.1~2.5		1.3~3.1							14~16
		7.0	89.2		8.8~10.8		11.5~12.5	8.6~10.8	1.3~2.3		1.8~3.3	0.3	2.4	4.2	7.5	60		14~15
		7.2	91.7				12.5	9.5~11.5	0.9~2.8		2.0~4.1							12~14
		7.4	94.2		11.3~12.9		14.2~14.7	12.0~12.9	0.9~1.8		3.6~5.4							12~13
Fe ― P	0.3P	7.0~7.1	89.8		11.6		B_{20} 12.4~13.0	11.2~11.7	1.5~2.0	0.6	4.0							17
	0.45P	7.2	91.7			13.0~13.6		11.2~12.4	0.6~1.4		4.9~5.6							21~22
		7.4	94.2		12.8		14.9	12.6~13.2	0.6~1.3		3.8~6.7							
	0.6P	7.1~7.2	91.1		9.6~12.0		11.9~14.9	11.1~12.4	1.2~1.6	1.3	3.6~5.6							
		7.4	94.2		9.7~13.0		12.5~14.5	11.1~12.8	0.8~1.5	1.5	5.0~7.3	0.6~0.7	3.6~4.0	5.4~6.0	9.5	4.0~6.3	130	29
	0.8P	7.2	91.7				B_{15} 12.7~13.3	11.4~11.6	0.4~0.8		6.8~11.9							26~28
Fe ― Si	2Si	7.13	92.1				B_{32} 132	8.6	1.2		3.5							37
	3Si	6.9	90.0	5.3	9.6	B_{20} 11.2		7.8	0.8	3.5	4.9	0.42	B_2 1.6	B_8 4.3	B_{16} 9.7			35
		7.2~7.3	94.5	3.9~7.3	11.7~12.2	12.2~13.0	13.3~14.0	10.0~11.1	0.8~0.9		5.1~7.4	0.7~0.8	5.3~5.8	8.1~8.4	12~12.4	18~20	65~66	52
	4Si	6.86	90.1			B_{15} 11.2	B_{32} 12.1	8.4	0.9		3.9							69
		7.3	95.4	5.0	11.5	13.0	14.0		0.6~0.7		6.4~6.9					13~14		
	2Si-0.45P	7.34	94.7			B_{15} 13.5	B_{32} 14.4	11.6	0.7		6.1							45
Fe ― Ni	45Ni	7.3	88.5				11.8~13.0	8.0~8.3	0.26~0.3	7.0~7.5	10~21							
		7.7	93.3	7.0~8.0	10.4~12.0	12.0~13.2	14.4	5.0~5.9	0.3~0.4		10~13	2.3	5.8	8.3	12.5	15	60	48
	47Ni	7.2~7.3	87.9	8.0~10.2		12.2~13.3		7.6~9.5	0.18~0.34	0.6~1.4	15.5~25	1.2	B_2 3.0	B_8 6.5	B_{16} 9.4			65
	50Ni	7.7	93.3	8.0~8.4	11.4~11.5	12.0~12.2	12.6~12.7		0.2~0.25		11.3~16							
	78Ni	7.65	89.0				6.3		0.05		70							
	45Ni-2Si	7.1	88.0			10.8			0.2		25							82
其他	50Co	7.7	92.8			17.0	18.5	11.0	2.0		4.0							
	4Sn	7.6	96.8				15.1	13.0	0.56		10.7					29		25
	13Cr	7.3	94.2				11.0	8.3	1.43	0.82	2.7							

表22.31　各種鐵系燒結軟磁之應用範例

材料系	磁場區分		磁場強度，Oe			應用零件名稱
	直流	交流（周波數Hz)	低(<5)	中	高(>20)	
Fe	○		○			步進馬達用定子磁芯，電腦硬碟機轉子、電子打字機用磁芯，雷射磁碟機電磁鈎，磁帶錄音機用飛輪FG轉子，火車用燃料幫浦轉子及活塞，配電器轉子及固定子，發電機球塊，發電機固定子、轉子，計測器用轉子磁芯及車軛、電磁離合器用螺旋管磁芯及軛、繼電器磁芯、捲輪馬達用感應器等
	○			○		小型薄形馬達用固定子磁芯及盒子等。
	○				○	步進馬達用固定子磁芯、轉子磁心及蓋子。
	○					彈簧離合器用電梳，無保險絲斷路器磁芯等。
		○(60)		○		繼電器磁芯。
Fe-P	○		○			電子打字機用螺絲管軛、磁錄音機用電磁鈎、電磁離合器用活塞及火星塞等。
	○				○	小型磁碟機拾光用軛等。
		○(2~3k)			○	步進馬達用轉子及蓋子等。
Fe-Si	○		○			碟片機用固定子磁芯及轉子磁芯，轉子螺旋管用轉子及盒子，計測器用軛等。
		○(1.2~1.3k)			○	撞擊式印表機用零件軛等。
		○(1~5k)			○	撞擊式印表機頭軛磁芯等。
Fe-Ni	○		○			直線式錄音機跟蹤用磁芯，錄音機用磁心照像機用電磁鈎等。
		○				斷路器用磁芯。
Fe-Co	○					電子打字機零件用鈎子。
Fe-Cr	○		○			汽車燃料離合器用零件、電磁真空管用螺絲管磁芯等。
Fe-C	○		○			複印機電離合器用轉子等。

參考文獻

1. B.D.Cullity, Introduction to Magnetic Materials, Addison-Wesley Publishing Company, 1991.

2. "磁性材料之製作技術與應用"，粉末冶金，中華民國粉末冶金協會出版，p.369~93。

3. 谷腰欣司，磁石とその使い方，1990，p61~74。

4. Lester R. Moskowitz, Permanent Magnet Design and Application Handbook, 1986, p.363.

5. 牧野 昇（賴耿陽 譯），永久磁鐵技術實務，1982。

6. 川口寅之輔、信太 邦夫，粉末ヤ金應用製品(II)，日刊工業新聞社出版，1964，p.287。

7. 平賀貞太郎、奧谷克伸、尾島輝彥，電子材料シリーズ，フェライト，1986。

8. 住友特殊金屬 Catalog。

9. Gorham Advanced Materials Institute's Eighth International Bussiness Development Conference , 1993.

10. 日本ボンデッドマクネット工業協會，ボンデッドマクネット，合成樹脂工業新聞社，1990。

11. 太田 惠造，磁性材料選擇のポイント，日本規格協會，1989。

12. Sin-Ets Catalog.

13. Alex Goldman, Modern Ferrite Technology, Van Nostrand Reinhold, 1990.

14. E. Roess, M.J. Ruthner, Advances in Ferrites, Vol 1, New Delhi, India, Oxford and IBH Publishing Co., 1990, p.129.

15. 富永匡昭，フェライトの基礎と鐵磁材料，學獻社。

16. Wilhelm H. Von Aulock, Handbook of Microwave Ferrite Materials, Academic Press, New York, 1965.

17. 近角聰信、太田惠造、安達健五、津屋 昇、石川義和，磁性體ハンドブック，1986，p.1092。

附 錄 及 索 引

附錄A　粉末冶金技術手冊使用符號及縮寫

附錄B　物理量及其符號、單位與單位換算

附錄C　化學元素及其電子結構、晶體結構、化學性質

附錄D　各國粉末冶金標準名稱

附錄E　鋼材各種熱處理溫度範圍及主要相說明

中英文索引

英中文索引

附錄A 粉末冶金技術手冊使用符號及縮寫

符　號	說　　　明	符　號	說　　　明
a	圓形顆粒半徑	dng/dT	反射指數的絕對熱係數
A	安培；面積；增益；晶格係數	dμ/dx	穿越一表面的化學位能降
Å	埃	dyne	達因（力單位）
A(g)	幾何常數	e	自然對數，2.71828；電子的電荷量；
atm	大氣壓		壓電係數
at.%	原子百分率	E	電池電動力；彈性係數；電場強度；
$\vec{b}$	Burgers向量		楊氏模數；介電係數
B	磁通密度；幾何常數	E°	標準位能
Br	殘留磁通密度	eV	電子伏特
bcc	體心立方晶體	emf	電動勢
bct	體心正方晶體	esu	靜電單位
(BH)max	最大磁能量積	f	焦距；頻率
c	接合電容；比例常數；光速	F	法拉第；法拉（電容單位）
C	庫倫；熱容；電荷；電容(Capaci-tance)	fc	組成元素的重量分率
		Fc	粗化之趨動力
c'	燒結添加物的濃度	Fd	緻密化的趨動力
Cl	溶質的溶解度	fg	燒結密度分率
Cp	常壓下的熱容；比熱；製程潛力	fr	共振頻率
Cv	定容下的熱容；比熱	ft	呎
cal	卡（熱量單位）	g	克；壓電係數；重力加速度
C_4P	四鈣磷酸鹽($Ca_4P_2O_9$)	G	剪變模數；電導；高斯（磁通密度單位）
CIP	冷均壓		
C_{pk}	製程能力	h	壓電係數；高度
cst	百分之史脫克	H	磁場；磁場強度
d	初微粒大小；交替平面空間；粉體粒徑大小	HB	Brinell硬度
		Hc	臨界磁場，頑磁力
D	擴散係數；薄層直徑；粒子粒徑；電位移；感測率	HK	Knoop硬度
		hp	馬力
D_b	晶界擴散常數	HV	維式(Vickers)硬度
D_b^*	界面擴散係數	Hz	赫；赫茲
D_f	粉體充填密度；相對燒結密度	hcp	六方最密堆積晶體
DF	導磁率衰減係數	HIP	熱均壓
D_g	施壓下的堆積密度；壓實體密度；原子移動之速率	HRA, HRB, HRC, HRE, HRF, HRH	洛式(Rockwell) A, B, C, E, F, H硬度
D_G	蒸氣擴散係數		
D_L	晶格擴散係數	I	磁化量；電流(Current)
D_s	表面擴散係數	ID	內徑
D_v	體積擴散係數	Is	飽和磁化量
D_0	相對生胚密度	IHc	本質頑磁力
dl/dt	平均晶粒生長率	ISO	國際標準化組織
dn/dT	反射指數的相對熱係數	IACS	導電率單位

符　號	說　　　　明	符　號	說　　　　明
J	焦耳；電流密度	Q	活化能；電荷(Charge)；品質因數；流體體積流速
JIS	日本工業標準		
k	機電轉換效率；光的傳播常數	Q'	比研磨率
k, kp, kt, k_{15}, k_{31}, k_{33}	機電耦合係數	r	顆粒半徑；曲率半徑
		R, rc	氣體常數；電阻；晶界之半徑；倫琴（X光劑量）
K	絕對溫度；千；異向性常數；軸承之徑向破裂強度	Ra	表面平均粗糙度
kg	公斤	Rc	燒結體之平均細孔半徑
l	公升；移動長度；長度(length)	RH	相對濕度
L	電感；光纖長度；距離；負荷	Rt	總粗糙度（峰至谷）
lb	磅	RT	室溫
Lo	胚體之原長度	Rz	最大粗糙高度（峰至谷）
ΔL	粉末胚體之線性收縮量	Rrms	均方根粗糙高度
log; ln	對數	s	秒；柔性係數
m	米；千分之一，毫；磁矩；網目	S	行徑距離；比表面積；生胚強度；應變(Strain)
M	磁化量；分子量		
Mb	晶界之移動能力	sD, cD	定電位移時剛性及韌性參數
Me	金屬原子	sE, cE	定電場時之剛性及韌性參數
Mf	麻田散變態完成之溫度	Sim	缺陷散亂因數
Mp	氣孔之移動能力	slm	每分鐘標準升流量
MO, MeO	金屬氧化物	Sop	光學異向性散亂因數
Ms	麻田散變態開始之溫度；飽和磁化量	t	時間(Time)；厚度
MW	分子量	T	絕對溫度；溫度；穿透率
n	折射率；電子濃度	Tc	居禮溫度(Curie Temperature)
N	牛頓；去磁因子；亞佛加厥常數	Tm	熔點；群延遲
Nk	Knudsen number	To	起始溫度
nm	毫微米	T∞	均勻溫度
No	總原子數	TCP	三鈣磷酸鹽
n(γ)	徑向折射率	TRS	橫向破裂強度
n(γ)	波長相依折射率	tsi	每平方英寸承受之噸重
Oe	奧斯特（磁場強度單位）	tanδ	介電損失
Oz	盎司	u	（流體之）速度
p	焦電係數；電偶極矩	UV	紫外線
P	功率；蒸氣壓力；壓力；電位能；最大荷重；產能	UTS	極限抗拉強度
		v	速度；體積，電壓
Pa	巴斯卡（壓力單位）；外加壓力	V	伏特，外加電壓
pH	氫離子活度之負值對數單位	VB	崩潰電壓
P/M	粉末冶金	Vg	壓實體體積
Pp	初期製程潛力	Vl, Vs, Vp	液相、固相、孔隙所佔之體積分率
Ps	存活率	Vm	磁動力
Py	降伏壓力	V∞	壓實體理論密度下之體積
P_{pk}	初期製程能力	VOL%	體積百分率
ppm	百萬分之一	Vth	起始電壓
ppt	兆分之一	W	瓦特；功率；頻率；寬度
psi	每平方英寸承受之磅重	wt%	重量百分率
psig	氣壓錶之壓力（相對於大氣壓力）	x	軸向距離
(PO_2) ref	參考電極氧分壓	X	頸部直徑；電抗
q	反應熱；電荷	X'	頸部半徑

符　　號	說　　　　　　明	符　　號	說　　　　　　明
Y	導納	γ_s	表面能
z	離子所帶電荷數	γ_{sv}、γ_{sL}、γ_{Lv}	固氣、固液、液氣相界面能
Z	原子數；阻抗	Γ	反應常數
Zc	特性阻抗	δ	界面或液相之厚度，損失角
ZTA	氧化鋯韌化氧化鋁	Δ	量的變化或增加
°	度；角度	ε	應變；粉末床之氣孔率
℃	攝氏度	$\dot{\varepsilon}$	應變率
℉	華氏度	η	液體之黏度；幅射率
⇌	反應方向	θ	角度；幾何常數；相位角；潤濕角
÷	除號	θ_i, θ_r	入射角，反射角
=	等號	k	熱傳導係數
~	近似相等號	k	曲率；介電常數；壓潰係數
≠	非相等號	λ	光在真空中的成長；平均自由徑；磁伸縮常數
≡	完成相同		
>	大於	λ_{min}	最小波長
>>	遠大於	μ	微（米、秒）；摩擦係數；電洞遷移率；導磁率；（電漿平均）黏度；X-光吸收係數
≧	大於或等於		
∞	無限		
∝	正比於	μ_B	波耳磁單位
∫	積分	μi	初導磁率
<	小於	μr	可逆透磁率
<<	遠小於	υ	波松比；速度；頻率
≦	小於或等於	v_f	體積分率
±	最大偏差	π	圓周率(3.141592...)
－	減號；負號	ρ	密度；電阻係數
×	乘號；倍率	ρ_{rlim}	極限密度
•	乘號	σ	抗拉強度；Stefan-Boltzmann常數；正向力；電導係數變異數
／	每…		
%	百分率	σ_a	施加壓力
+	加號；正號	σ_Y	降伏強度；流動強度
√	開根號	Σ	總和
～	近似於	τ	剪應力
α	粉末流動指數；溫度係數；非線性指數；透過性係數	ϕ	二面角；孔隙度
		Φ	反應速率；磁通量
β	溫度係數	ω	質量吸收模數
γ	表面張力，表面能	Ω	（原子、分子、離子、）體積；導電度；歐姆
γ_b	界面能		

附錄B　物理量及其符號、單位與單位換算

表B.1　國際單位系統(SI)之基本單位及衍生單位表

物　理　量	單　位　名　稱		符　　號	SI　單　位　定　義
	中　文	英　文		
長度	公尺（米）	Meter	m	基本單位
質量	公　　斤	Kilogramme	kg	
時間	秒	Second	s	
電流	安　　培	Ampere	A	
熱力學溫度	卡　爾　文	Kelvin	K	
物質量	莫　　耳	Mole	mol	
照明強度	燭　　光	Candela	cd	
平面角	弧　　度	Radian	rad	輔助單位
立體角	球　面　度	Steradian	sr	
力；重力	牛　　頓	Newton	N	$m \cdot kg \cdot s^{-2}$
壓力；應力	巴　斯　卡	Pascal	Pa	$m^{-1} \cdot kg \cdot s^{-2}(=N \cdot m^{-2})$
能；功；熱量	焦　　耳	Joule	J	$m^2 \cdot kg \cdot s^{-2}(=N \cdot m)$
功率；輻射通量	瓦　　特	Watt	W	$m^2 \cdot kg \cdot s^{-3}(=J \cdot s^{-1})$
電量、電荷	庫　　倫	Coulomb	C	$A \cdot s$
電壓；電動勢；電位	伏　　特	Volt	V	$m^2 \cdot kg \cdot s^{-3} \cdot A^{-1}(=J \cdot A^{-1} \cdot s^{-1})$
電阻	歐　　姆	Ohm	Ω	$m^2 \cdot kg \cdot s^{-3} \cdot A^{-2}(=V \cdot A^{-1})$
電導	西　　門	Siemens	S	$m^{-2} \cdot kg^{-1} \cdot s^3 \cdot A^2(=A \cdot V^{-1}=Ω^{-1})$
電容量	法　　拉	Farad	F	$m^{-2} \cdot kg^{-1} \cdot s^4 \cdot A^2(=A \cdot s \cdot V^{-1})$
磁通量	韋　　伯	Weber	Wb	$m^2 \cdot kg \cdot s^{-2} \cdot A^{-1}(=V \cdot s)$
電感	亨　　利	Henry	H	$m^2 \cdot kg \cdot s^{-2} \cdot A^{-2}(=V \cdot A^{-1} \cdot s)$
磁通量密度；磁感應強度	塔　斯　拉	Tesla	T	$kg \cdot s^{-2} \cdot A^{-1}(=V \cdot s \cdot m^{-2})$
照明通量，光通量	流　　明	Lumen	lm	$cd \cdot sr$
照明度，光照度	明　　度	Lux	lx	$m^{-2} \cdot cd \cdot Sr$
頻率	赫	Hertz	Hz	s^{-1}
活性（輻射）	巴　　克	Becquerel	Bq	s^{-1}
吸收劑量	葛　　雷	Gray	Gy	$m^2 \cdot s^{-2}(=J \cdot kg^{-1})$

*國際單位系統(The Système International d'Unités, SI)是由世界重量與量度大會(General Conference of Weights and Measures)所發展之國際公認的公制單位與量度標準。進一步資訊可參考下列文獻：

- "Standard for Metric Practice," E 380, Annual Book of ASTM Standards, Vol 14.02, 1988, American Society for Testing and Materials, 1916 Race Street, Philadelphia, PA 19103.
- "Metric Practice," ANSI/IEEE 268-1982, American National Standards Institute, 1430 Broadway, New York, NY 10018.
- *Metric Practice Guide–Units and Conversion Factors for the Steel Industry,* 1978, American Iron and Steel Institute, 1133 15h Street NW, Suite 300, Washington, DC 20005.
- The International System of Units, SP 330, 1986, National Bureau of Standards, Order from Superintendent of Documents, U.S. Government Printing Office, Washington, DC 20402-9325.
- Metric Editorial Guide, 4th ed. (revised), 1985, American National Metric Council, 1010 Vermont Avenue NW, Suite 320, Washington, DC 20005-4960.
- ASME Orientation and Guide for Use of SI (Metric) Units, ASME Guide SI 1, 9th ed., 1982, The American Society of Mechanical Engineers, 345 East 47th Street, New York, NY 10017.

表B.2　英制／國際單位系統(SI)換算表

物　理　量		從 英 制 單 位 換 算	乘　　　以	得到SI單位
中　文	英　文			
長　度	Length	inch, in　　（英寸）	2.54×10^{-2}	m
		foot, ft　　（英尺）	0.3048	"
		yard, yd　　（英碼）	0.9144	"
		mile　　　　（英里）	1.6093×10^3	"
面　積	Area	inch² （平方英寸）	6.4516×10^{-4}	m²
		foot² （平方英尺）	9.2903×10^{-2}	"
		yard² （平方英碼）	0.83613	"
		acre　　　　（英畝）	4.0469×10^3	"
		mile² （平方英里）	2.5900×10^6	"
體　積	Volume	inch³ （立方英寸）	1.6387×10^{-5}	m³
		foot³ （立方英尺）	2.8317×10^{-2}	"
		yard³ （立方英碼）	0.76455	"
		liquid quart (U.S.)	9.4635×10^{-4}	"
		liquid gallon (U.S)	3.7854×10^{-3}	"
		barrel (oll)	0.158945	"
質　量	Mass	pound, lb　　（磅）	0.4536	kg
		ounce, oz　（盎斯）	2.8350×10^{-2}	"
		ton (USA) （短噸）	9.0718×10^2	"
密　度	Density	pound/inch³	2.7680×10^4	kg/m³
		pound/foot³	16.018	"
		g/cm³	1000	"
速　度	Speed	foot/second	0.3048	m/s
		mile/hour	0.44704	"
加　速　度	Acceleration	foot/second²	0.3048	m/s²
		inch/sccond²	2.54×10^{-2}	"
力	Force	poundal　　（磅達）	0.13825	N
		pound forcem, lbf	4.4482	"
		dyne　　　　（達因）	10^{-5}	"
壓力、應力	Pressure, Stress	psi	6.8948×10^3	Pa or N/m²
		dyne/cm²	0.1	"
		pound/foot²	47.880	"
		torr　　　　（托）	1.3332×10^2	"
能　、功	Energy	Btu	1.0544×10^3	J
		calorie,cal　（卡）	4.184*	"
		erg　　　　（爾格）	1.0×10^{-7}	"
		kilowatt hour	3.60×10^{-6}	"
功　率	Power	Btu/second	1.0544×10^3	W
		Btu/hour	0.29288	"
		calorie/second	4.184	"
		horsepower	7.4570×10^2	"
熱　容　量	Heat Capacity	cal/(g ℃)	4.184×10^3	J/(kg · K)
		Btu/(lb ℃)	4.184×10^3	"
熱　傳　量	Thermal Conductivity	Btu in,/(h ft² ℉)	0.14413	W/(m · K)
		cal/(s cm ℃)	4.184×10^2	"
		Btu/(h ft ℉)	1.7296	"
黏　度	Viscosity	centipoise, cP	10^{-3}	N · s/m²
角　度	Angle	degree, °　　（度）	1.7453×10^{-3}	rad
		minute, ´　　（分）	2.9089×10^{-4}	"
		second, "　　（秒）	4.8481×10^{-4}	"

*1熱化學卡(USA)=4.184J,　1 cal_{IT}=4.1868J,　1 cal_{15}=4.1855J.

表B.3 用於構成十進倍數和分數單位的命數方法

數　值	中文名稱	英文稱法	名稱代號	數　值	中文名稱	英文稱法	名稱代號
10^{18}	百京(艾)	exa	E	10^{-1}	分	deci	d
10^{17}	十　京			10^{-2}	厘	centi	c
10^{16}	京			10^{-3}	毫	milli	m
10^{15}	千兆(拍)	peta	P	10^{-4}	絲		
10^{14}	百　兆			10^{-5}	忽		
10^{13}	十　兆			10^{-6}	微	micro	μ
10^{12}	兆	tera	T	10^{-7}	纖		
10^{11}	千億（太）			10^{-8}	沙		
10^{10}	百　億			10^{-9}	奈（毫微，納）	nano	n
10^{9}	十億（吉）	giga	G	10^{-10}	百　皮		
10^{8}	億			10^{-11}	十　皮		
10^{7}	千　萬			10^{-12}	皮（微微）	pico	p
10^{6}	百萬(兆)	mega	M	10^{-13}	百　飛		
10^{5}	十　萬			10^{-14}	十　飛		
10^{4}	萬			10^{-15}	飛（毫微微）	femto	f
10^{3}	千	kilo	k	10^{-16}	百　阿		
10^{2}	百	hecto	h	10^{-17}	十　阿		
10^{1}	十	deka	da	10^{-18}	阿（微微微）	atto	a
10^{0}	個						

表B.4 非國際單位制單位

量的名稱	單位名稱	單位符號	換算關係和說明
時　　間	分	min	1 min=60s
	〔小〕時	h	1h=60min=3600s
	天〔日〕	d	1d=24h=86400s
平面角	〔角〕秒	(″)	1″=(π/648000)rad（π為圓周率）
	〔角〕分	(′)	1′=60″=(π/10800)rad
	度	(°)	1°=60′=(π/180)rad
旋轉速度	轉每分	r/min	1r/min=(2/60)s-1
長　　度	海里*	n mile	1n mile=1852m（只用於航程）
速　　度	節	kn	1kn=1n mile/h=(1852/3600) m/s（只用于航程）
質　　量	公　　噸	t	1t=10^3kg
	原子質量單位	u	1u≈1.66040×10^{-27}kg
體　　積	升	L(l)	1L=1dm³=10^{-3}m³
能	電子伏特	eV	leV≈1.6021892×10^{-19}J
級　　差	分貝	dB	
線密度	特〔克斯〕	tex	1tex=1g/km

*1浬（海里，英國）=1.150776英里=1,852公尺

表B.5 一般物理常數

常　　數	符號	數　值	單　位
•原子質量單位	u	1.66040×10^{-27}	kg
•亞佛加厥常數	N_o	6.02252×10^{23}	mol-1
•波茲曼常數	k	1.38054×10^{-23}	J·K-1
•真空介電常數	ε_0	8.85420×10^{-12}	C²·N-1·m-2
•電子伏特	eV	1.60219×10^{-19}	J
•基本電荷	e	1.60219×10^{-19}	C
•重力常數	G	6.67000×10^{-11}	N·m²·kg-2
•重力加速度	g	9.80665	m·s²
•真空導磁率	μ_0	1.25664×10^{-6}	N·A-2,H·m-1
•電子（靜）質量	m_e	9.10910×10^{-31}	kg
•中子（靜）質量	m_n	1.67482×10^{-27}	kg
•質子（靜）質量	m_p	1.67252×10^{-27}	kg
•光速（真空中）	c	2.99793×10^{8}	m·s-1
•標準大氣壓	atm	1.01325×10^{5}	N·m-2
•理想氣體在標準狀況下之仟莫爾體積	Vm	2.24140×10^{1}	m³·kmol-1
•卡	cal	4.1868	J
•萬用氣體常數	R	8.31430×10^{3}	J·K-1·kmol-1

表B.6 特殊物理常數

常　數	符號	數　值	估計的誤差限	單　位
• 蒲朗克常數	h	6.6256	5	10^{-34}J · s
• 精細構造常數	a	7.29720	10	10^{-3}
• 電子（電荷／質量）比	e/m_e	1.758796	19	10^{11}C · kg^{-1}
		5.27274	6	
• 量子／電荷比	h/e	4.13556	12	10^{-15}J · s · C^{-1}
• 電子康卜吞波長	λc	2.42621	6	10^{-12}m
• 質子康卜吞波長	$\lambda_{c \cdot p}$	1.32140	4	10^{-15}m
• 黎德堡常數	R_∞	1.0973731	3	10^{7}m^{-1}
• 波耳半徑	α_o	5.29167	7	10^{-11}m
• 電子半徑	r_e	2.81777	11	10^{-18}m
• 湯姆遜截面	$8\pi r^2/3$	6.6516	5	10^{-29}m^2
• 第一幅射常數	c_1	3.7405	3	10^{-16}W · m^2
• 第二幅射常數	c_2	1.43879	19	10^{-2}m · K
• 維恩位移常數	b	2.8978	4	10^{-3}m · K
• 波耳磁元	μ_B	0.2732	6	10^{-24}J · T^{-1}
• 原子核磁元	μ_N	5.0505	4	10^{-27}J · T^{-1}

表B.7 不同能量單位的換算

單　位	焦耳（J）	爾格(erg)	卡(cal)	大氣壓·升 (atm·ℓ)
1J　　＝	1	10^7	2.38846×10^{-1}	9.86894×10^{-3}
1erg　＝	10^{-7}	1	2.38846×10^{-8}	9.86894×10^{-10}
1cal　＝	4.1868	4.1868×10^7	1	4.12916×10^{-2}
1atm·ℓ＝	1.01328×10^2	1.01328×10^9	2.42180×10	1

表B.8 不同壓力單位的換算

巴斯卡 (N·m^{-2})	達因·厘米$^{-2}$ (dyne·cm^{-2})	公斤·米$^{-2}$ (kg·m^{-2})	標準大氣壓 (760mmHg)	托 (mmHg)
1	10	0.101972	0.98692×10^{-5}	7.5006×10^{-3}
0.1	1	1.01972×10^{-2}	9.8692×10^{-7}	7.5006×10^{-4}
9.80665	98.0665	1	9.6784×10^{-5}	7.3556×10^{-2}
98066.5	980665	10^4	0.96784	735.56
101325	1.01325×10^6	1.03323×10^4	1	760
133.322	1.33322×10^5	13.5951	1.31579×10^{-3}	1

1 atm= 1.01325 bar=101325 Pa

表B.9 氣體常數(R)及其他單位換算

J·mol^{-1}·K^{-1}	cal·mol^{-1}·K^{-1}	atm·l·mol^{-1}·K^{-1}	ml·atm·mol^{-1}·K^{-1}
8.3143	1.987	0.08206	82.06

其他單位換算：

e = 2.71828183

π = 3.14159265

γ = 0.57721566

1米(m)=10^3毫米(mm)=10^6微米(μm)=10^{10}埃(Å)

1市尺=1.0936英尺=0.3333公尺(m)

1mil=0.001英寸=0.0254毫米

1台斤=0.6000公斤=1.2000市斤=1.3227磅

1市斤=0.5000公斤=0.8333台斤=1.1023磅

1公斤=2.205磅(lb)

1長噸(英國)=2,240磅=1,016.047公斤

1公噸=1,000公斤=0.9842長噸

1短噸(美國)=2,000磅=0.8929長噸

1卡拉(Carat, 公制)=0.200克(g)

1卡拉(Carat, 美制)=0.2056公斤(g)

1 circular mill=7.845×10^{-7} in^2

1公頃=100畝=10,000立方公尺=2471英畝=1.0310甲

1甲=96.99194公畝=2,396.7英畝=2,934坪

溫度換算公式：$\dfrac{F-32}{9}=\dfrac{C}{5}=\dfrac{K-273.15}{5}$

〔例〕Ⓗ°C=(Ⓗ + 273.15) K

　　　t °F =(0.5556t + 255.37) K

　　　r °R =(0.5556r) K

1 BTU=778 ft-lb=252卡(cal)=1055焦耳(J)

　　　　　　　　　=2.931×10^{-4} kW-hr

1 馬力(HP)=550ft-lb/sec=746瓦特(Watts)

1 Btu/ft · h · °F=1.73073 W/m · K

1 cal/cm · s · °C=4.1868×10^2 W/m · K

1 Poise=10^{-1} Pa · s=100 mPa · s=100 cP

1 wb/m^2=10^4 gauss=10^4 Oe=1 tesla

1 wb=10^8 maxwells

　　=1 amp · henry (A · H)

1 amp/m=$4\pi\times10^{-7}$ wb/m^2

表B.10　部份陶瓷和礦物之硬度互換*、折光率、雙折射及比重一覽表

材　　質	Vickers鑽石錐硬度 (kg/mm²)	Mohs刮痕硬度值	折　光　率	雙　折　射	比　重
鑽　石	10,000	10	2.42	—	3.52
剛玉(紅、藍寶石)	2,000~2,200	9	1.76~1.77	0.008	4.02
黃寶石(Topaz)	1,200~1,650	8	1.63~1.64	0.008	3.53
石　英	1,040~1,300	7	1.54~1.55	0.009	2.65
長　石	710~800	6	1.52~1.58	—	2.5~2.7
磷　灰　石	540~850	5	1.63~1.65	0.001~0.013	2.9~3.4
螢　石	160~250	4	1.43	—	3.18
方　解　石	105~260	3	1.48~1.66	—	2.71
石　膏	33~75	2	1.52	—	2.31~2.33
滑　石	2~50	1	1.59	—	2.5~2.8

*J. H. Westbrook and H. Conrad, The Science of Hardness Testing ASM, 1973.

表B.11　希臘字母讀音表

大　　　楷	小　楷	英　文　注　音	國際音標注音	中　文　注　音
A	α	alpha	alfa	阿　耳　法
B	β	beta	bet'a	貝　　塔
Γ	γ	gamma	gamme	伽　　馬
Δ	δ	delta	delt'a	德　耳　塔
(Δ有時用以表示雙鍵)				
E	ε	epsilon	ep'silon	艾普西隆
Z	ζ	zeta	zet'a	仄　　塔
H	η	eta	et'a	艾　　塔
⊕	θ	theta	oit'a	忒　　塔
I	ι	iota	iot'a	約　　塔
K	κ	kappa	k'app'a	卡　　帕
Λ	λ	lambda	lambda	蘭　布　達
M	μ	mu	miu	繆
N	ν	nu	niu	紐
Ξ	ξ	xi	ksi	克　　西
O	ο	omicron	omik'ron	奧密克戎
Π	π	pi	p'ai	派
P	ρ	rho	rou	洛
Σ	σ, s	sigma	sigma	西　格　馬
T	τ	tau	t'au	陶
(τ有時用以表示參鍵，但少用)				
Υ	υ	upsilon	jup'silon	宇普西隆
Φ	φ	phi	fai	斐
(φ有時用以代表苯基)				
X	χ	chi	khai	喜
Ψ	ψ	psi	p'sai	普　　西
Ω	ω	omega	omiga	奧　墨　伽
(ω常用以表示末端的位置)				

附錄C　化學元素及其電子結構、晶體結構、化學性質

表C.1　化學元素符號、平均原子量及密度表

分　類		元素中文名稱	國際化學符號	平均原子量	密度 (g/cm³)
鋼鐵金屬	鐵屬	鐵	Fe	55.847	7.870
		鉻	Cr	51.996	7.140
		錳	Mn	54.9380	7.350
非鐵金屬	輕金屬	鋁	Al	26.9815	2.700
		鎂	Mg	24.312	1.740
		鉀	K	39.102	0.860
		鈉	Na	22.9898	0.971
		鈣	Ca	40.08	1.550
		鍶	Sr	87.62	2.55
		鋇	Ba	137.34	3.500
	重金屬	銅	Cu	63.546	8.960
		鉛	Pb	207.19	11.342
		鋅	Zn	65.37	6.920
		鎳	Ni	58.71	8.900
		鈷	Co	58.9332	8.900
		錫	Sn	118.69	7.310
		鎘	Cd	112.40	8.650
		鉍	Bi	208.980	9.750
		銻	Sb	121.75	6.690
		汞	Hg	200.59	13.546
鐵	貴金屬	金	Au	196.967	19.320
		銀	Ag	107.870	10.500
		鉑	Pt	195.09	21.450
		鈀	Pd	106.4	12.020
		銠	Rh	102.905	12.440
		銥	Ir	192.2	22.420
		釕	Ru	101.07	12.40
		鋨	Os	190.2	22.570
	半金屬	矽	Si	28.086	2.33
		砷	As	74.9216	5.750
		硒	Se	78.96	4.8
		碲	Te	127.60	6.24
		硼	B	10.811	2.35
金屬	輕金屬	鋰	Li	6.939	0.534
		鈹	Be	9.0122	1.850
		銫	Cs	132.905	1.873
		銣	Rb	85.47	1.532
		鈦	Ti	47.90	4.540
稀有金屬	高熔點金屬	鎢	W	183.85	19.300
		鉬	Mo	95.94	10.220
		鈮	Nb	92.906	8.57
		鉭	Ta	180.948	16.800
		鋯	Zr	91.22	6.530
		鉿	Hf	178.49	13.29
		釩	V	50.942	6.100
		錸	Re	186.2	21.0
	分散金屬	鎵	Ga	69.72	5.91
		銦	In	114.82	7.31
		鉈	Tl	204.37	11.850
		鍺	Ge	72.59	5.32
	稀土金屬	鈧	Sc	44.956	2.99
		釔	Y	88.905	4.46
		鑭	La	138.91	6.17

分　類		元素中文名稱	國際化學符號	平均原子量	密度 (g/cm³)
非鐵有色金屬	稀土金屬	鈰	Ce	140.12	6.770
		鐠	Pr	140.907	6.77
		釹	Nd	144.24	7.00
		鉅*	Pm	144.9	–
		釤	Sm	150.35	7.54
		銪	Eu	151.96	5.25
		釓	Gd	157.25	7.90
		鋱	Tb	158.924	8.23
		鏑	Dy	162.50	8.54
		鈥	Ho	164.930	8.78
		鉺	Er	167.26	9.05
		銩	Tm	168.934	9.31
		鐿	Yb	173.04	6.97
		鑥	Lu	174.97	9.84
	放射性金屬	鎝*	Tc	98.91	11.50
		釙	Po	(209)	9.32
		鐳	Ra	(226)	–
		錒	Ac	(227)	(10.02)
		釷	Th	232.038	11.700
		鏷	Pa	(231)	–
		鈾	U	238.03	18.800
		錼*	Np	(237)	18.0-20.45
		鈽*	Pu	(239.1)	19.84
		鋂*	Am	(243.1)	11.7
		鋦*	Cm	(247.1)	–
		鉳*	Bk	(247.1)	–
		鉲*	Cf	(252.1)	–
		鑀	Es	(252.1)	–
		鐨	Fm	(257.1)	–
		鍆	Md	(256.1)	–
		鍩	No	(259.1)	–
		鐒	Lr	(260.1)	–
		鈁	Fr	(223)	–
非金屬		碳	C	12.01115	3.52(鑽石)
		硫	S	32.064	1.96~2.07
		磷	P	30.9738	1.82
		砈	At	(210)	–
		碘	I	126.9044	4.93
氣體		氫	H	1.00797	0.08988×10^{-3}
		氮	N	14.0067	1.2505×10^{-3}
		氧	O	15.9994	1.4290×10^{-3}
		氟	F	18.9984	1.110×10^{-3}
		氯	Cl	35.453	3.2140×10^{-3}
		氦	He	4.0026	0.1770×10^{-3}
		氖	Ne	20.183	0.9002×10^{-3}
		氬	Ar	39.948	1.7836×10^{-3}
		氪	Kr	83.80	3.7324×10^{-3}
		氙	Xe	131.30	5.8512×10^{-3}
		氡	Rn	(222)	9.9584×10^{-3}
液　體		溴	Br	79.904	3.119

註：①本表列有103種化學元素，其他鈀、鉝、鈦、鈚、鈬、鈳等七種均未列入。
②註有 "＊" 符號的是人造元素。
③分類參考：滕志斌等編，新編金屬材料手册，金盾出版社，1991年，p.10~11。

表C.2　自由原子的電子結構和元素週期表

圖例：

原子序－元素
內層電子：
外層電子：

稀土金屬（鑭屬）

元素	內層	4f	5d	6s
58 Ce	[54]	1	1	2
59 Pr	[54]	3	0	2
60 Nd	[54]	4	0	2
61 Pm	[54]	5	0	2
62 Sm	[54]	6	0	2
63 Eu	[54]	7	0	2
64 Gd	[54]	7	1	2
65 Tb	[54]	9	0	2
66 Dy	[54]	10	0	2
67 Ho	[54]	11	0	2
68 Er	[54]	12	0	2
69 Tm	[54]	13	0	2
70 Yb	[54]	14	0	2
71 Lu	[54]	14	1	2

元素週期表（主表）

週期	IA	IIA	IIIA	IVA	VA	VIA	VIIA	VIIIA	IB	IIB	IIIB	IVB	VB	VIB	VIIB	VIIIB
1	1 H [0] 1s1															2 He [0] 1s2
2	3 Li [2] 2s1	4 Be [2] 2s2	5 B [2] 2s2 2p1	6 C [2] 2s2 2p2	7 N [2] 2s2 2p3	8 O [2] 2s2 2p4	9 F [2] 2s2 2p5									10 Ne [2] 2s2 2p6
3	11 Na [10] 3s1	12 Mg [10] 3s2	13 Al [10] 3s2 3p1	14 Si [10] 3s2 3p2	15 P [10] 3s2 3p3	16 S [10] 3s2 3p4	17 Cl [10] 3s2 3p5									18 Ar [10] 3s2 3p6
4	19 K [18] 4s1	20 Ca [18] 4s2	21 Sc [18] 4s2 3d1	22 Ti [18] 4s2 3d2	23 V [18] 4s2 3d3	24 Cr [18] 4s1 3d5	25 Mn [18] 4s2 3d5	26 Fe [18] 4s2 3d6 / 27 Co [18] 4s2 3d7 / 28 Ni [18] 4s2 3d8	29 Cu [18](10) 4s1	30 Zu [18](10) 4s2	31 Ga [18](10) 4s2 4p1	32 Ge [18](10) 4s2 4p2	33 As [18](10) 4s2 4p3	34 Se [18](10) 4s2 4p4	35 Br [18](10) 4s2 4p5	36 Kr [18](10) 4s2 4p6
5	37 Rb [36] 5s1	38 Sr [36] 5s2	39 Y [36] 5s2 4d1	40 Zr [36] 5s2 4d2	41 Nb [36] 5s2 4d3	42 Mo [36] 5s1 4d5	43 Tc [36] 5s1 4d6	44 Ru [36] 5s1 4d7 / 45 Rh [36] 5s1 4d8 / 46 Pd [36] 5s0 4d10	47 Ag [36](10) 5s1	48 Cd [36](10) 5s2	49 In [36](10) 5s2 5p1	50 Sn [36](10) 5s2 5p2	51 Sb [36](10) 5s2 5p3	52 Te [36](10) 5s2 5p4	53 I [36](10) 5s2 5p5	54 Xe [36](10) 5s2 5p6
6	55 Cs [54] 6s1	56 Ba [54] 6s2	57 La [54] 6s2 5d1	72 Hf [54](14) 6s2 5d2	73 Ta [54](14) 6s2 5d3	74 W [54](14) 6s2 5d4	75 Re [54](14) 6s2 5d5	76 Os [54](14) 6s2 5d6 / 77 Ir [54](14) 6s2 5d7 / 78 Pt [54](14) 6s2 5d8	79 Au [54](24) 6s1	80 Hg [54](24) 6s2	81 Tl [54](24) 6s2 6p1	82 Pb [54](24) 6s2 6p2	83 Bi [54](24) 6s2 6p3	84 Po [54](24) 6s2 6p4	85 At [54](24) 6s2 6p5	86 Rn [54](24) 6s2 6p6

表C.3　元素的晶體結構、陰電性(X)、配位數為12的原子直徑(D')及昇華熱(ΔHs)

晶體結構： ①體心立方　②密排六方　③面心立方　④金剛石　⑤三鍵結構　⑥雙鍵結構　⑦單鍵結構　⑧複雜結構　⑨簡單立方　*畸變　**複雜立方　?未知

圖例（每格順序）：
晶體結構
陰電性
昇華熱
原子直徑

晶體結構	
陽電性	4.186kJ/mol
	Å(D*)

週期	IA	IIA	IIIA	IVA	VA	VIA	VIIA	VIIIA	VIIIA	VIIIA	IB	IIB	IIIB	IVB	VB	VIB	VIIB	VIIIB
1	H? 2.1 / - / -																	He? - / - / -
2	Li① 1.0 / 38.4 / 3.13	Be② 1.5 / 17.9 / 2.25											B⑧ 2.0 / 135 / 1.90	C④ 2.5 / 171 / 1.72	N 3.0 / 114 / 1.6	O 3.5 / 66 / -	F⑦ 4.0 / 19.7	Ne③ - / 0.50 / 3.20
3	Na① 0.9 / 38.4 / 3.13	Mg② 1.2 / 17.9 / 2.25											Al③ 1.5 / 13.5 / 1.90	Si④ 1.8 / 108 / 2.68	P⑤ 2.1 / 79.8 / 2.6	S⑥ 2.5 / 66 / 3.2	Cl⑦ 3.0 / 32.2	Ar③ - / 1.84 / 3.82
4	K① 0.8 / 21.5 / 4.76	Ca③ 1.0 / 42.2 / 3.93	Sc③ 1.3 / 88 / 3.20	Ti② 1.5 / 113 / 2.93	V① 1.6 / 123 / 2.72	Cr① 1.6 / 95 / 2.55	Mn** 1.5 / 66.7 / 2.62	Fe① 1.8 / 99.5 / 2.54	Co② 1.8 / 102 / 2.52	Ni③ 1.8 / 103 / 2.48	Cu③ 1.9 / 81.1 / 2.55	Zn② 1.6 / 31.2 / 2.75	Ga⑧ 1.6 / 69 / 2.8	Ge④ 1.8 / 90 / 2.78	As⑤ 2.0 / 69 / 2.96	Se⑥ 2.4 / 49.4 / 3.2	Br⑦ 2.8 / 28.1	Kr③ - / 2.55 / 3.95
5	Rb① 0.8 / 19.5 / 5.02	Sr③ 1.0 / 39.1 / 4.30	Y③ 1.2 / 98 / 3.63	Zr② 1.4 / 146 / 3.20	Nb① 1.6 / 173 / 2.94	Mo① 1.8 / 158 / 2.80	Tc② 1.9 / - / 2.72	Ru② 2.2 / 155 / 2.68	Rh③ 2.2 / 133 / 2.68	Pd③ 2.2 / 91 / 2.74	Ag③ 1.9 / 68.4 / 2.88	Cd③ 1.7 / 25.8 / 3.04	In②* 1.7 / 58 / 3.15	Sn③ 1.8 / 72 / 3.16	Sb⑤ 1.9 / 62 / 3.22	Te⑥ 2.1 / 46 / 3.4	I⑦ 2.5 / 25.5	Xe③ - / 3.57 / 4.40
6	Cs① 0.7 / 18.7 / 5.40	Ba① 0.9 / 42.5 / 4.48	La③ 1.1 / 102 / 3.74	Hf② 1.3 / 160 / 3.17	Ta① 1.5 / 187 / 2.92	W① 1.7 / 200 / 2.82	Re② 1.9 / 187 / 2.74	Os② 2.2 / 187 / 2.68	Ir③ 2.2 / 155 / 2.70	Pt③ 2.2 / 135 / 2.76	Au③ 2.4 / 87.3 / 2.88	Hg⑨* 1.9 / 15.3 / 3.10	Tl② 1.8 / 43 / 3.42	Pb③ 1.8 / 46.8 / 3.50	Bi⑤ 1.9 / 49.5 / 3.64	Po⑨ 2.0 / 34.5 / 3.6	At? 2.2 / - / -	Rn? - / - / -

鑭系元素（插入欄）：

Ce②	Pr②	Nd②	Pm?	Sm②*	Eu①	Gd②
1.1 / 97 / 3.66	→ / 80 / 3.64	→ / 77 / 3.64	→ / - / -	→ / 50 / -	- / 42 / 4.04	- / 84 / 3.58

Tb②	Dy②	Ho②	Er②	Tm②	Yb③	Lu②
→ / 80 / 3.54	→ / 62 / 3.54	→ / 70 / 3.52	→ / 66 / 3.50	→ / 58 / 3.48	→ / 40 / 3.86	1.2 / 95 / 3.48

← 第一類元素 → ← 第二類元素 → ← 第三類元素 →

表C.4　離子晶體半徑

(1)　配位數為6之離子半徑：　　　　　　　　　　　　　　　　　（單位：Å）

Ag^{1+}	Al^{3+}	As^{5+}	Au^{1+}	B^{3+}	Ba^{2+}	Be^{2+}	Bi^{5+}	Br^{1-}	C^{4+}	Ca^{2+}	Cd^{2+}	Ce^{4+}
1.15	0.53	0.50	1.37	0.23	1.36	0.35	0.74	1.96	0.16	1.00	0.95	0.80
Cl^{1-}	Co^{2+}	Co^{3+}	Cr^{2+}	Cr^{3+}	Cr^{4+}	Cs^{1+}	Cu^{1+}	Cu^{2+}	Dy^{3+}	Er^{3+}	Eu^{3+}	F^{1-}
1.81	0.74	0.61	0.73	0.62	0.55	1.70	0.96	0.73	0.91	0.88	0.95	1.33
Fe^{2+}	Fe^{3+}	Ga^{3+}	Gd^{2+}	Ge^{2+}	Hf^{4+}	Hg^{2+}	Ho^{3+}	I^{1-}	In^{3+}	K^{1+}	La^{3+}	Li^{1+}
0.77	0.65	0.62	0.94	0.54	0.71	1.02	0.89	2.20	0.79	1.38	1.06	0.74
Mg^{2+}	Mn^{2+}	Mn^{4+}	Mo^{3+}	Mo^{4+}	Na^{1+}	Nb^{5+}	Nd^{3+}	Ni^{2+}	O^{2-}	P^{5+}	Pb^{2+}	Pb^{4+}
0.72	0.67	0.54	0.67	0.65	1.02	0.64	1.00	0.69	1.40	0.35	1.18	0.78
Rb^{1+}	S^{2-}	S^{6+}	Sb^{5+}	Sc^{3+}	Se^{2-}	Se^{6+}	Si^{4+}	Sm^{2+}	Sn^{2+}	Sn^{4+}	Sr^{2+}	Ta^{5+}
1.49	1.84	0.30	0.61	0.73	1.98	0.42	0.40	0.96	0.93	0.69	1.16	0.64
Te^{2-}	Te^{6+}	Th^{4+}	Ti^{2+}	Ti^{4+}	Tl^{1+}	Tl^{3+}	U^{4+}	U^{5+}	V^{2+}	V^{5+}	W^{4+}	W^{6+}
2.21	0.56	1.00	0.86	0.61	1.50	0.88	0.97	0.76	0.79	0.54	0.65	0.58
Y^{3+}	Yb^{3+}	Zn^{2+}	Zr^{4+}									
0.89	0.86	0.75	0.72									

(2)　配位數為4之離子半徑：　　　　　　　　　　　　　　　　　（單位：Å）

Ag^{1+}	Al^{3+}	As^{5+}	B^{3+}	Be^{2+}	C^{4+}	Cd^{2+}	Cr^{4+}	Cu^{2+}	F^{1-}	Fe^{2+}	Fe^{3+}
1.02	0.39	0.34	0.12	0.27	0.15	0.84	0.44	0.63	1.31	0.63	0.49
Ga^{3+}	Ge^{4+}	Hg^{2+}	Li^{1+}	Mg^{2+}	N^{5+}	Na^{1+}	Nb^{5+}	O^{2-}	P^{5+}	Pb^{2+}	S^{6+}
0.47	0.40	0.96	0.59	0.49	0.13	0.99	0.32	1.38	0.33	0.94	0.12
Se^{6+}	Si^{4+}	V^{5+}	W^{6+}	Zn^{2+}							
0.29	0.26	0.36	0.41	0.60							

（資料來源：R. D. Shannon and C. T. Prewitt, Acta Cryst., B25, 925 (1969).）

附錄D　各國粉末冶金標準名稱

表D1　粉末冶金CNS標準目錄

總　　號	類　　號	標　　準　　名　　稱
12480	27206	粉末冶金詞彙
3093	B3194	超硬合金抽線模
5338	H3083	切削用超硬合金
12994	Z8104	超硬合金全碳量測定法（重量法）
12995	Z8105	超硬合金游離碳量測定法（重量法）
12996	Z8106	超硬合金金屬元素含量測定法－X射線螢光分析法（熔融法）
12997	Z8107	超硬合金孔隙率及游離碳測定法（金相法）
12998	Z8108	超硬合金顯微組織測定法（金相法）
12999	Z8109	超硬合金壓縮試驗法
13000	Z8110	超硬合金橫向破斷強度試驗法
12486	H3150	燒結黃銅構件
12487	H3151	燒結青銅構件
12488	G3232	燒結碳鋼構件
12489	G3233	燒結不銹鋼構件
12515	B2794	燒結青銅自潤軸承
12516	B2795	燒結鐵基自潤軸承
12517	B2796	航空用燒結自潤軸承
12529	G3234	鐵粉
12534	H3152	銅粉
12535	H3153	鎢粉及碳化鎢粉
9201	Z8037	燒結含油軸承含油率測定法
9202	Z8038	金屬粉末流動度測定法
9203	Z8039	金屬粉試料取樣法
9204	Z8040	金屬粉視密度測定法
9205	Z8041	金屬燒結材料之燒結密度測定法
9206	Z8042	燒結含油合金之有效孔隙率測定法
9207	Z8043	燒結含油軸承之壓環強度測定法

表D2　粉末冶金MPIF標準目錄

GENERAL INFORMATION

Test Methods-Standards Classification
Subject (Key Word) Index
Sources of Specialized Equipment
P/M-Metric Conversion Table

STANDARD TITLE, ISSUE/REVISION DATE	STANDARD NUMBER
Sampling Finished Lots of Metal Powders (86)	01
Loss of Weight in Hydrogen for Metal Powders (Hydrogen Loss), Determination of (86)	02
Flow Rate of Free-Flowing Metal Powders the Hall Apparatus, Determination of (85)	03
Apparent Density of Free-Flowing Metal Powders Using the Hall Apparatus, Determination of (85)	04
Sieve Analysis of Metal Powders, Determination of (85)	05
Acid Insoluble Matter in Iron and Copper Powders, Determination of (88)	06
Iron Content and Iron Oxide Content of Iron Powder, Determination of (90)	07
Terms Used in Powder Metallurgy, Definition of (90)	09
Tension Test Specimens for Pressed & Sintered Metal Powders (63)	10
Green Strength of Compacted Metal Powder specimens, Determination of (90)	15
Apparent Density of Non-Free-Flowing Metal Powders Using the Carney Apparatus, Determination of (85)	28
Terms for Metal Powder Compacting Presses & Tooling, Definition of (59)	31
Average Particle Size of Metal Powders Using the Fisher Subsieve Sizer, Determination of (90)	32
Materials Standards for Metal Injection Molded Parts (93)	35
Carburized Case Hardness and Case Depth of Sintered Parts, Determination of the (73)	37
Properties of Sintered Bronze P/M Filter Powders, Determination of (83)	39
Impact Energy of Unnotched Powder Metallurgy Test Specimens, Determination of (91)	40
Transverse Rupture Strength of Powder Metallurgy Materials, Determination of (91)	41
Density of Compacted or Sintered Metal Powder Products, Determination of (86)	42
Hardness of Powder Metallurgy Products, Determination of (91)	43
Dimensional Change from Die size of Sintered Metal Powder Specimen, Determination of (86)	44
Compactibility (Compressibility) of Metal Powders, Determination of (88)	45
Tap Density of Metal Powders, Determination of (86)	46
Apparent Density of Metal powders Using the Arnold Meter, Determination of (87)	48
Copper-Base Infiltrating Powders, Testing (87)	49
Preparing and Evaluating Metal Injection Molded Debound and Sintered Tension Test Specimens, Method for (91)	50

表D3　粉末冶金JPMA標準目錄

編　號	標　　準　　名　　稱
P　01	金屬粉の試料採取方法
P　02	金屬粉のふるい分析試驗方法
P　03	金屬粉の還元減量試驗方法
P　04	金屬粉の酸不溶解分定量方法
P　05	還元抽出法による金屬粉の全酸素量定量方法
P　06	金屬粉の見掛密度試驗方法
P　07	金屬粉の流動度試驗方法
P　08	金屬粉の密度試驗方法
P　09	金屬粉の壓縮性試驗方法
P　10	抗折強さによる金屬壓粉體の強さ試驗方法
P　11	金屬壓粉體のラトラ值測定方法
P　12	金屬壓粉體の寸法變化測定方法
P　13	金屬壓粉體の拔出力測定方法
M　01	燒結金屬材料の密度試驗方法
M　02	燒結金屬材料の開放氣孔率試驗方法
M　03	燒結金屬材料の含油率及び含油密度試驗方法
M　04	燒結金屬材料引張試驗片
M　06	燒結金屬材料疲れ試驗片
M　09	燒結金屬材料の抗折力試驗方法

附錄E 鋼材各種熱處理溫度範圍及主要相説明

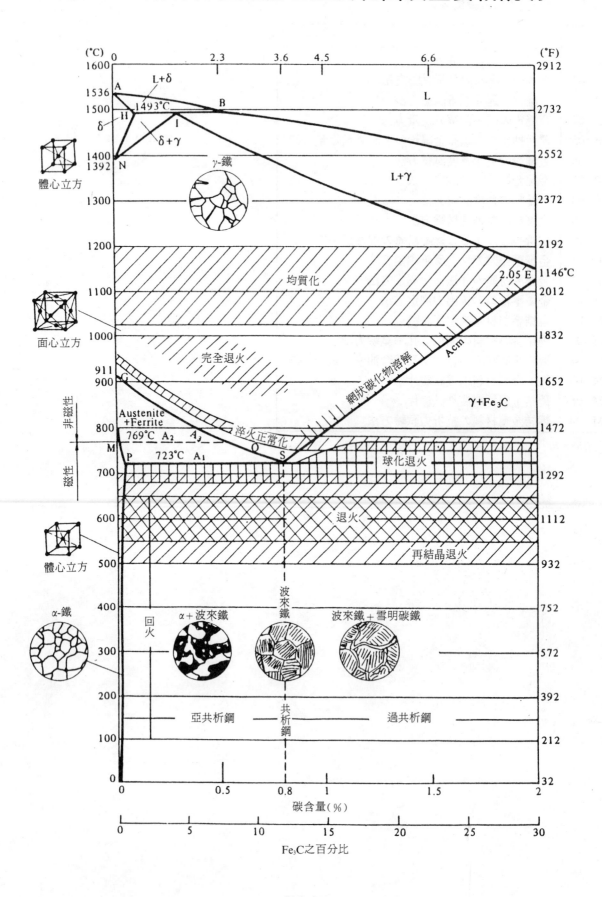

金 相 組 織 說 明

肥粒鐵(Ferrite)、沃斯田鐵(Austenite)、雪明碳鐵(Cementite)、波來鐵(Pearlite)和麻田散鐵(Martensite)是鋼材中最常見的金相組織。謹就其重要特徵說明如下：

- 肥 粒 鐵：又稱α－鐵，屬面心立方結構，係純鐵在室溫下的特有組織，其碳素固溶度在0.025wt.%以下，是一種柔軟有延性的相。
- 沃斯田鐵：又稱γ－鐵，屬面心立方結構，係純鐵在912~1394℃間的安定型組織，其最大碳素溶解度高達2.0wt%，軟而有延性，甚適於加工製造。
- 雪明碳鐵：鋼中若含有固溶度以上之碳，則與鐵形成Fe_3C化合物，即為雪明碳鐵，含碳量6.67wt%，是白色且極脆之相。
- 波 來 鐵：沃斯田鐵經共析反應 (Eutectoid Reaction) 而形成肥粒鐵與雪明碳鐵薄片互相層疊的混合組織，稱為波來鐵，係鋼與鑄鐵內之極重要組成物，其硬度與延性值介於肥粒鐵與雪明碳鐵之間。隨著冷卻速率的不同，波來鐵之層間距離亦有所改變。可用槓桿規則來決定波來鐵中的雪明碳鐵和肥粒鐵的含量。
- 麻田散鐵：將沃斯田鐵急速冷卻至低溫(Ms點以下）經過無擴散和剪變態的過飽和固溶體，稱為麻田散鐵。這種相只能在不平衡冷卻條件下才能形成，且於室溫時不穩定，乃非常硬且脆的組織。其硬度隨著鋼之含碳量而異。

鋼料熱處理常用的方法

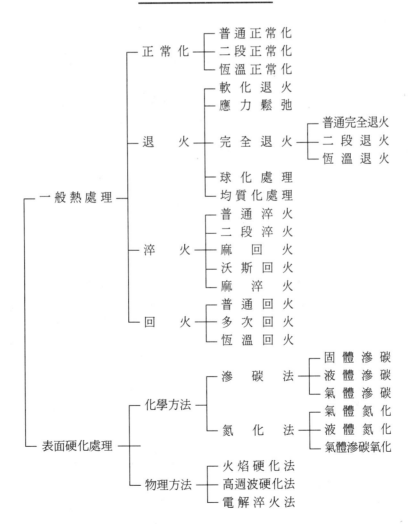

中 英 文 索 引

本索引之部首筆劃算法，以下列筆劃數為準：

扌	（手部）	三劃
氵	（水部）	三劃
阝（左）	（阜部）	三劃
阝（右）	（邑部）	三劃
忄	（心部）	三劃
月	（肉部）	四劃
王	（玉部）	四劃
辶	（辵部）	四劃
艹	（艸部）	四劃

一　劃

一次燒結	Single Sintering	247
一次壓製	Single Pressing	247
一沖成形	One Punch Compaction	120

二　劃

二次離子質譜儀	Secondary Ion Mass Spectrometry (SIMS)	39
二沖成形	Two Punch Compaction	120
二鉬酸銨	Ammonium Dimolybdate	362, 363

三　劃

三沖成形	Three Punch Compaction	122
下沖頭	Lower Punch	155, 156, 163, 164, 166, 167, 178, 179, 187, 189, 195~197
上沖頭	Upper Punch	155, 156, 163, 164, 179, 189, 195, 197
工作線	Loading Line	484
工具鋼粉	Tool Steel Powder	83, 84

四　劃

不銹鋼	Stainless Steel	78, 83, 311, 313, 314, 315, 318, 322, 323, 324
不銹鋼粉	Stainless Steel Powder	83
不可逆磁損	Irreversible Loss	484

中央面	Neutral Axis	97, 101, 124, 128
五沖成形	Five Punch Compaction	124, 126
公差	Tolerance	274, 281, 282, 288
切削、切割	Cutting	3, 6, 7, 8, 11, 77
化學方法	Chemical Method	18, 20
化學析出法	Chemical Precipitation	336
化學處理	Chemical Treatment	250
化學還原法	Chemical Reduction Method	19
反尖晶石	Inverse Spinel	485, 486
反磁性體	Dia-Magnetism	458, 459
反鐵磁性體	Antiferro-Magnetism	458, 459
孔、空孔	Pore	3, 4, 6~10, 15
孔隙率	Porosity	232, 234
尺寸變化	Dimension Change	28, 47, 48
巴比特金屬	Babbitt Metal	425
引擎軸承	Engine Bearing	423
心軸	Core Rod	155, 175, 176, 178~182, 186~189, 195~198
止推墊圈	Thrust Washer	423, 424
水蒸氣處理	Water Vapor Treatment	250, 261, 262, 264
水噴霧、霧化	Water Atomization	25
火石性	Refractoriness	144

| 火焰切割 | Flame Cutting | 77 |
| 牛頓性流體 | Newtonia Fluid | 7, 34 |

五　劃

加工硬化	Work Hardening	241
加熱含浸法	Thermal Impregnation	262
加壓回彈率	Compaction Spring Back	172, 173, 176
加壓燒結	Pressure Sintering	139
比重	Specific Gravity	377, 379, 398, 399, 401
比重瓶	Pycnometer	233
卡內漏斗	Carney Funnel	42, 44
可逆磁損	Reversible Magnetic Loss	483, 484
可塑性	Plasticity	69
可壓性	Compressibility	287
四冲成形	Four Punch Compaction	122
外加壓力	Applied Pressure	200, 210, 211
尼爾溫度	Neel's Temperature	459
巨觀硬度	Macro-Hardness	236
平面研磨	Lapping	6, 8
正尖晶石	Normal Spinel	486
正齒輪及小齒輪(家電)	Spur Gear & Pinion Gear	332
生胚、壓胚(體)、壓結體	Green Compact	6, 8, 14, 35, 37, 39, 45~48, 134~137, 140, 199, 202~205, 207, 208, 210, 213, 214, 250, 253, 331, 313, 314, 316, 338, 343, 345, 348
生胚密度、壓結密度	Green Density	204, 348
生(或壓)胚強度	Green Strength	6, 28, 38, 45, 47, 48, 98, 99, 337, 338
生產成本	Production Cost	324, 329, 330
生產率	Production Rate	292, 294~299
生醫材料	Biomedical Materials	421
甲基纖維素	Methyl Cellulose	137, 364
白金	Platinum	412, 413
白熾燈絲	Incandescent Lamp Filament	93
皮帶輪	Pulley	331
石英礦脈	Quartz Vein	359

石墨粉	Graphite Powder	77, 96
石蠟	Parafin Wax	217, 218
立式葉片攪拌機	Attritor	379
立體學	Shape Stereology	36

六　劃

交換能	Exchange Energy	459
件內變異	Within-piece Variation	277
件間變異	Piece to Piece Variation	277
光學感測法	Optical Sensing Method	33
全合金化粉	Completely Alloyed Powder	82
全面品質管理	Total Quality Management, TQM	270
全密度成形	Full Density Forming	139
全碳量	Carbon Potential	378, 386, 398~400
全熱脫脂	Total Thermal Debinding	137
全緻密的粉體	Full Density Powder	139
共晶	Eutectic	139
再加壓、再施壓	Repressing	7, 250, 252, 253
再結晶	Recrystallization	3
再燒結	Resintering	250, 252
合批粉	Premixed Powder	6
合金鋼粉	Alloy Steel Powder	77, 82, 83
回漲、回彈	Spring Back	172, 173, 176, 252, 255
回轉電極法	Rotating Electrode Process	14
多孔材料	Porous Materials	420~423, 426, 444
安息角	Angle of Repose	28, 44, 45
成本分析	Cost Analysis	309, 319
成本指數	Cost Exponential	294
成形	Forming	3~10, 12, 14, 445, 446, 448, 450
成形性	Formability	287, 313, 314
成品實型	Net Shape	350
托盤	Palette	300, 301
收縮因子	Contraction Factor	136

曲率	Curvature	200, 203, 210, 211
次篩粉	Subsieved Powder	31, 32, 34
灰重石、鎢酸鈣、重石	Scheelite	93, 359, 370, 371
自由能	Free Energy	21, 22, 201, 210
自動化	Automation	292~299, 302~305
自動取出	Automatic Lift Carrier	300
自動送料振動器	Parts Feeder	301
自動給料	Automatic Filler	302
自給轉動造粒	Pelletizing Granulation	72
自潤含油軸承、自潤軸承	Self-Lubricating Bearing	4, 10, 77, 84, 88, 340, 420, 426

七　劃

伸長率	Elongation	12, 13
低合金鋼	Low Alloy Steel	151
克麥特軸承	Kermet Bearing	424
克羅爾	Kroll	96
冷作	Cold Work	347, 348
冷均壓	Cold Isostatic Press (CIP)	7, 83, 84, 349, 353, 380, 381, 473
冷流衝擊法	Cold Stream Process	20
冷熔著	Cold Soldering	410
冷銲接	Cold Welding	98
冷凝器萃取	Condenser Extraction	235
吸入餵料	Filling by Suction	116
吸熱型	Endothermic Type	218, 228, 229
吸熱型爐氣	Endothermic Atmosphere	228, 229, 230
含浸法	Impregnation	262
均壓成形	Isostatic Pressing	4, 14, 97, 142
夾取氣缸	Chuck Cylinder	300
夾持強度	Holding Strength	137
形狀因子	Shape Factor	36, 37
形態	Morphology	36
快速脫脂	Rapid Binder Burn-off	218
抗折力、橫	Transverse Rupture Strength (TRS)	
向破裂(或斷)強度		245~247, 388, 390, 398~402
抗拉強度、拉伸強度	Tensile Strength	12, 138, 146, 147
批式	Batch	14
含油軸承	Oil-Content Bearing	10
沈降法	Sedimentation Method	30, 31, 32
良品率	Yield	137
走樑式、動樑式)	Walking Beam	14, 217, 220, 222, 223

八　劃

亞諾氏計	Arnold Meter	42
來令片	Lining Pad	446
刮擦磨耗	Abrasive Wear	114
取樣大小	Sample Size	50
取樣器	Sampling Thieves	29, 37
固塑性變形	Solid Plastic Deformation	98
固溶高分子	Solid Solution Polymer	137
固溶處理	Solid Solution Treatment	348
固態燒結	Solid State Sintering	8, 339
固態擴散	Solid State Diffusion	3, 218
定位滑座	Positioning Table	300, 301
居禮溫度	Curie Temperature	459, 468, 469, 475, 482, 483, 486, 488~491
拉伸強度、抗拉強度	Tensile Strength	12, 138, 146, 147
拉脫拉試驗	Rattler Test	47
拋射現象	Parabolic Phenomenon	54
放電加工	Electric Discharge Machining (EDM)	391~393
放熱性氣體	Exothermic Gas	86
放熱型	Exothermic Type	218, 219
放熱型爐氣	Exothermic	228~230
易磁化軸	Easy Axies	468
昇溫速率	Heating Rate	48
油含浸	Oil Impregnation	7, 8, 250, 262
油泵齒輪	Oil Pump Gear	309
油噴霧法	Oil Atomization	25, 152

直接成形燒結法	Direct Forming Sintering	416
直接勞力成本	Direct Labor Cost	323, 329
空孔、孔	Pore	3, 4, 6~10, 15
空洞	Vacancy	199~201, 206
空氣霧化黃銅	Air Atomized Tin Powder	88, 89
空氣霧化錫粉	Air Atomized Brass Powder	93
臥式圓筒球磨機	Ball Mill	379
初期製程能力	Preliminary Process Capability	282
初期製程潛力	Preliminary Process Potential	278, 281
表面化學	Surface Chemical Analysis	28, 39
表面因子	Surface Factor	37
表面形態	Surface Chemical Analysis	37
表面活化劑	Surfactant	136
表面能	Surface Energy	201, 210
表面張力	Surface Tension	8, 200, 212
表面粗度	Surface Roughness	168, 172, 182, 183, 187, 189, 195
表面擴散	Surface Diffusion	8, 208
近實形	Near Net Shape	48
金屬射出成形	Metal Iniection Molding (MIM)	216, 218, 227, 243
金屬粉	Metal Powder	4, 10, 15
金屬基地	Metal Matrix	446~450, 453~456
金屬基摩擦材料	Metal Friction Material	445, 446, 448, 449, 453~457
金屬基複合材料	Metal Matrix Composite	446, 456
金屬黏著	Metallic Adhesion	453
長形因子	Elogation Factor	37
長寬比	Aspect Ratio	36
阿拉伯膠	Arabic Gum	364
阿基米得原理	Archimedes Principle	232
青銅	Bronze	84, 88, 90
青銅合金粉末	Bronze Alloy Powder	88
青銅軸承	Bronze Bearing	86, 92
青銅過濾器	Bornze Filter	92
非多孔質粉末	Non Porous Powder	46
非金屬粉	Non-metal Powder	3, 4

九 劃

前壁	Front Wall	206
勃氏硬度	Brinell Hardness	237, 241
柘榴石	Garnet	490, 491
品質因數	Q Value	459, 487
品質保證	Quality Assurance (QA)	270, 272~274, 287, 288
品質管制	Quality Control (QC)	270, 272, 287, 288
品質機能展開	Quality Function Deployment (QFD)	274, 289
品質檢驗	Quality Inspection (QI)	270, 287
"Y"型混合機	Y-type Mixer	448
封閉孔隙率	Closed Porosity	234
封罐技術	Canning	144
急冷凝固法	Rapid Solidfication Process	27
急速凝固粉	Rapid Solidified Powder	14
恰比式	Charpy-Type	244
恆溫鍛造	Isothermal Forging	152, 356
流化床	Fluidization Bed	54, 71, 72
流動性	Fluidity	313, 337, 338
流動型	Fluidized	54~57
流動度、流動率	Flow Rate	6, 28, 35, 43, 44, 45, 287
流道	Runner	137
流體壓力計	Manometer	32
流變特性	Rheological Properties	136
活化能	Activation Energy	200

洛氏表面硬度	Rockwell Super-ficial Hardness	237, 241
洛氏硬度	Rockwell Hardness	237, 241
相對磁化係數	Relative Magnetic Susceptibility	458
研磨器	Attritor	19, 20
突然高電壓湧流	Surge	411
耐久性	Durability	343
耐火金屬	Refractory Metal	32, 43, 135
胚體、生胚、壓胚(體)	Green Compact	6, 8, 14, 35, 37, 39, 45~48, 134~137, 140, 199, 202~205, 207, 208, 210, 213, 214, 250, 253, 311, 314, 316
虹吸效應	Siphon	23
重力型	Hopper	54
重石、灰重石、鎢酸鈣	Scheelite	93, 359, 370, 371
重合金	Heavy Metal	359, 369, 370, 372, 374, 375
重壓燒結	Repressing Sintering	164, 166, 167, 176, 348, 349
降伏強度	Yield Strength	12, 138, 243, 244

十　劃

俾斯麥	Bessemer	346
剛模冷壓	Filling Rigid Die Cold Pressing	97
原料成本	Raw Material Cost	319, 329
埃左德式	Izod-Type	244, 245
套管	Sleeve	152
容器旋轉型(造粒)	Tumbling Granulation	51, 52, 54, 56, 57, 61, 65, 66
射入口	Gate	136, 137
射出	Injection	7, 12
射出成形法	Injection Molding	384
射溫	Injection Temperature	136
射壓	Injection Pressure	136
差排	Dislocation	199
差排潛變	Dislocational Creep	449, 450
庫特計數器	Coulter Counter	29, 33
座圈	Race	152
振動研磨	Vibrational Lapping	6, 8
振動試樣型測磁儀	Vibrating Sample Magnetometer	459, 460
振動餵料	Filling by Vibration	117
振篩機	Vibrator	29, 30
栓固控制型測磁儀	Pining Control Magnetometer	474
氣化傳送	Vapor Transport	449
氣孔	Pore	208
氣氛控制	Atmosphere Control	216, 220
氣噴霧製粒、氣體噴霧(霧化)法	Gas Atomization	23~25, 27, 84, 135
氣體霧化工具鋼粉末	Gas Atomized Tool Steel Powder	85
氣體霧化銅粉	Gas Atomized Copper Powder	87~89
氧化皮膜	Oxidized Film	140
氧化鈦	Titanium Oxide	207
海棉狀鈦	Sponge Titanium	350
海綿狀鐵粉	Sponge Iron Powder	77, 78
海綿鐵	Sponge Iron	5
浮選法	Floatation	359, 362, 370
珠擊	Shot Blast	265, 268, 269
疲勞強度	Fatigue Strength	13
真空式	Vacuum Type	216, 223
真空含浸法	Vaccum Impregnation	262
真空電弧鑄造	Vacuum Arc Casting	359
真空熱壓	Vaccum Hot Pressing	351
真空燒結爐	Vacuum Sintering Furnace	223, 225, 226, 227, 229
真空還原法	Vacuum Reduction	152
真空爐	Vacuum Furnace	223~228, 230
真密度	True Density	287
砧板式壓床	Anuie Type Press	130, 132

破斷面試驗	Fracture Test	242
粉末	Powder	3~16
粉末毛胚	Powder Preform	97
粉末充填機構	Powder Filling Mechanism	301
粉末射出成形	Powder Injection Molding	97, 134~136
粉末滾壓	Powder Roll Compaction	97
粉末潤滑劑	Powder Lubricant	77, 96
粉末擠形、粉末擠壓	Powder Extrusion	97, 134, 142
粉末鍛造	Powder Forging	97, 134, 147, 149
粉體裝入率	Powder Load	55, 56, 61
素料	Feedstock	134, 135, 136, 137, 138
純鐵	Pure Iron	315, 316, 318, 333
級數	Order	208
缺口敏感性	Notch Sensitivity	245
缺陷	Defect	199, 200, 201
脆斷	Brittle Fracture	244
起動槓桿(農機)	Starting Lever	334
迴轉式成形機	Rotary Press	381
配向率	Orientation Ratio	477
配重	Counter Weight	374
馬弗管	Muffle Tube	219
高剪力的Z型	High Shear Z Shape	136
高速鋼	High Speed Steel	11, 14
高溫熱均壓	Hot Isostatic Press	209
高溫還原法	High Temperature Reduction	152
高導磁合金	Permalloys	90

十 一 劃

乾式混合	Dry Mixing	415
乾式複層合金軸承	Dry Bimetal Bearing	425
乾密度	Dry Density	233
乾搗碎法	Dry Stamped Method	346
偶合劑	Coupling Agent	478, 480
偏析	Segregation	3, 14, 62, 64, 206
粘結劑、結合劑	Binder	66, 67, 69, 135~138, 146, 343
釤鈷塑膠磁石	SmCo Bonded Magnet	480
釹鐵硼異方性膠磁	Anisotropic NdFeB Bonded Magnet	482
釹鐵硼磁石	NdFeB Magnet	462, 469, 473, 484
鈦粉	Titanium Powder	95, 96
鈦酸鋇	Barium Titanate	15
剪應力	Shear Stress	144
剪斷混合	Shearing Mixing	50, 51, 52, 54
動摩擦係數	Dynamic Coefficent of Friction	343
動樑式、走樑式	Walking Beam	14, 217, 220, 222, 223
基礎品質	Fundamental Quality	270
基礎粉末	Elemental Powder	247, 248
寄生磁性體	Parasitic-Magnetism	458, 459
密度	Density	3, 6~8, 14
密閉鍛造模具	Closed Die Forging Mold	151
強制造粒	Forced Granulation	71, 72
彗星尾	Comet Tail	236
從動齒輪轂(汽車)	Passive Gear Hub	330
控制噴灑成形	Controlled Spray Deposition (CSD)	152
捲筒襯套	Fomed Bushing	424
接近實型	Net Shape	350
接觸電阻	Contact Resistance	410~415
接觸頸縮面積	Contacting Neck Area	450
掃描式電子顯微鏡	Scanning Electron Microscope (SEM)	34, 37
推進式	Pusher	217, 220, 222, 223, 227
推進式爐	Push-type Furance, Pusher Furance	313

敏化	Sensitization	220
旋風式粉塵收集器	Cyclone Dust Collector	153
旋轉圓盤噴霧法	Disk Atomization Process	26
旋轉電極法	Rotating Electrode Process	25, 26, 84, 96, 351
桶裝容器	Packaged Container	28
氫內損失	Hydrogen Loss	37, 38
液份量表示法	Liquid Content Expression	67
液或氣相析出法	Liquid or Vapor Precipitation	19
液相燒結	Liquid Phase Sintering	8, 337, 339, 340, 348
混合	Mixing	3, 4, 6, 445, 446, 448, 453
混合曲線	Mixing Curve	52, 53, 62
混合速度係數	Coefficient of Mixing Rate	52, 53, 61, 63~65
混合機	Mixer	49, 51~66, 72
混合機構	Mixing Mechanisms	49~55
混練	Kneading	134, 136, 478
淘洗現象	Washing	54
犁削過程	Plowing	455
球形粉	Spherical Powder	5
球磨	Ball Mill	18~20
理論密度	Theoretical Density	232, 234, 377
瓷金、陶金	Cermet	4, 226
異方性	Anisotropic	462, 465, 467~469, 473, 477~479, 482, 485
粒度	Particle Size	28~37, 39, 40, 45, 46
粒度分佈	Particle Size Distribution	6, 28~34, 37, 40, 42, 46
粒度級	Particle Size Fraction	32
粗化、粗粒化	Coarsening	8, 199, 208, 210~213
組合燒結	Assemble Sintering	166
脫脂	Debinding	134, 136, 137
脫脂區	Debinder Zone	218, 219, 225
荷爾流動計	Hall Flowmeter	42, 43, 44
規則混合物	Order Mixtures	49
許可差	Allowance	275

十二　劃

軛(電磁儀器)	Yoke	333
軟磁	Soft Magnet	11
軟質鐵氧磁體	Soft Ferrite	485, 486, 490
通孔率	Interconnected Porosity	337
連桿	Connecting Rod	149, 150, 152, 333
連續眞空燒結爐	Continuous Vacuum Sintering Furnace	225, 226
連續燒結爐	Continuous Sintering Furnace	216, 217, 219~225, 227
造粒	Granulation	3
造粒成形機	Spray Dryer	134
透過性	Permeability	29, 34, 35, 337
透過儀	Permeameter	34
部分合金化粉	Partially Alloyed Powder	82
移動能力	Mobility	208, 209
閉模加壓成形	Close Ddie Press Forming	338
陶析法	Elutriation Method	31, 32
陶金、瓷金	Cermet	4, 226, 377
陶瓷粉	Ceramic Powder	4
陶瓷基板	Ceramic Substrate	15
陶瓷過濾器	Ceramic Filter	422
陶瓷模	Ceramic Mold	352
陶鐵磁性體	Ferri-Magnetism	458, 459
頂出梢板流道	Ejection Pin	136
傘齒輪(減速機)	Bevel Gear	333, 334
單軸向熱壓	Single Action Hot Press	139

富吸熱型爐氣	Rich Endothermic Atmosphere	228
提升叉	Lifting Fork	10
散亂運動	Random Motion	51
斑岩	Porphyrite	359
斯托克斯定律	Stokes' Law	30~32
斯克特體積計	Scott Volumeter	42
晶界	Grain Boundary	199, 201, 202, 204, 206~211, 213
晶界的滑動	Grain Boundary Sliding	450
晶界擴散	Grain Boundary Diffusion	8
晶格位置	Lattice Site	459, 460
晶格(或體)擴散	Lattice (or Bulk) Diffusion	8
晶粒	Grain	3, 6, 14
氮化物	Nitride	11
氮化矽轉子	Silicon Nitride Rotor	3
氮化硼燒結材料	Sintered Boron Nitride Compact	377
氬焊	Gas Tungsten Arc Welding	368
減填	Underfill	381
測試及品管成本	Inspection & QC Cost	321, 329
無氧銅粉	Oxygen-free Copper Powder	338
無餘量精整	Negative Sizing	250, 256
琥珀色電木粉	Amber Bakelite	235
發泡金屬	Foamed Metal	4, 420~422, 444
硬化深度	Case Depth	242, 243
硬化層硬度	Case Hardness	242
硬面合金	Hard Facing Alloy	91, 92
硬面塗層	Hard Facing Coating	152
硬脂酸鈣	Calcium Stearate	96
硬脂酸鋅	Zinc Stearate	81, 96, 114, 217, 218
硬脂酸鋰	Lithium Stearic Acid	217, 218, 339
硬磁	Hard Magnet	11
稀土複合磁石	Rare Earth Bonded Magnet	476, 480
等方性	Isotropic	465, 467, 468, 473, 477, 480, 486
等向性	Isotropic	149
結合劑、黏結劑	Binder	66, 67, 69, 135~138, 146, 343
結核成長控制	Nucleation Control	470
結晶密度	Crystallographic Density	232
結晶異向能	Crystal Anisotropic Energy	459
著磁	Magnetization	459, 470, 478, 480, 481, 484
裂解氨	Crack Ammonia	219, 220, 228~231, 345, 493
視孔隙率	Apparent Porosity	234
視密度	Apparent Density	6, 28, 30, 35, 39~45, 47, 48, 100, 287, 310, 314, 355
視硬度	Apparent Hardness	241
費修次篩粒度分析器	Fisher Subsieve Analyzer	29, 34, 35, 41
超合金粉	Superalloy Powder	84
超音波清清潔	Ultrasonic Cleaning	235
超音速(波)噴霧法	Ultrasonic Atomization	27
超硬合金	Hard Alloy	3~5, 11, 14, 15, 91, 93, 94, 377, 378, 385~388, 390~395, 397~403, 405, 406, 408, 409
超塑性成形	Superplastic Forming	351
超導量子干涉元件磁力儀	SQUID	460
軸轂(汽車)	Sholf Hub	331
軸襯墊圈(汽車)	Bushing	332
量度區	Gauge	138
開放孔隙率	Open Porosity	234

韌性	Toughness	244, 247
順磁性體	Para-Magnetism	458
黃金	Gold	412, 413
黃酸鹽	Xanthate	361, 362
黃銅	Brass	88, 90

十三　劃

鉭電容器	Tantalum Capacitor	95
鉬	Molybdenum	411~413, 415, 416
鉬粉	Molybdenum Powder	94, 95
鉬酸銨	Ammonium Molybdate	362~364
塑化作用	Plasticization	69
塑化膠、增塑劑	Plasticizer	66, 69, 70, 136
塑性變形	Plastic Deformation	139, 140, 142, 144, 152, 339, 449, 455
塗裝	Coating	266, 267, 268, 473
填粉盒	Feed Shoe	42
塊結狀	Nodular	36
微小硬度	Micro-Hardness	241
微分器	Micro-Merogaph	29, 31, 32
微粒度分析儀	Microtrac Particle Analyzer	30, 31
微硬度試驗	Micro-Hardness Test Method	242, 243
微敲密度	Tap Density	355
感應區域	Sensing Zone	33
感應磁化	Induced Magnetization	459
損失係數	Loss Factor	488, 489
極限抗拉強度	Ultimate Tensile Strength (UTS)	243
極異方性	Polar Orientation	462, 476
楊氏模數	Young's Modulus	243
溶解再析出	Solution and Reprecipitation	8
溶質	Solute	206, 208
溶劑	Solvent	69, 70, 75
溶劑淬取	Solution Extraction	137
溼密度	Wet Density	233
溫度係數	Temperature Coefficient	459, 475, 482, 488, 489, 492

準磁性體	Meta-Magnetism	458
塗裝	Coating	473
準確度	Accuracy	273, 275
煞車來令片	Brake Lining Pad	445~447, 449, 453, 455~457
煞車制動能	Brake Energy	454
煞車效率值	Brake Efficiency	452
硼化物	Boride	11
節流子（汽車）	Throttle	331
補油機構	Oil Maintainer	440, 441
補償溫度	Compensation Temperature	491
裝填移動機	Gate Motion Loader	300
試料取樣法	Sampling	28
達西定律	Darcy' Law	34, 35
過切	Overcut	393
過多餵料	Overfill	115, 116
過程品質	Management Qualily	270
過噴粉末	Over-Sprayed	153
過濾材料	Filtration Materials	420, 422
過濾器	Filter	4, 5, 10
鈷合金粉	Cobalt Alloy Powder	91
鈷粉	Cobalt Powder	91, 92
鉛熔浸系複層合金軸承	Lead Infiltration Bimetal Bearing	425
鈹青銅	Berylium Bronze	337
雷諾數	Rynolds Number	31
電子束焊接	Electron Beam Welding	368
電木	Bakelite	235
電刷	Electrical Brush	410~413
電弧沖蝕	Arc Erosion	412, 413
電阻加熱	Self-Resistance Heating	372
電動除氣	Electrodynamic Degassing	351
電接點（接觸）	Electricol Contact	4, 11, 336, 410~416
電感測粒度分析法	Electrozone Size Analysis	32, 33
電極	Electrode	410

電腦輔助設計	CAD	14
電解法	Electrolysis Method	18, 19, 21, 336
電解銅粉	Electrolytic Copper	86, 87
電解鐵粉	Electrolytic Iron Powder	77~80
電著塗裝	E-Coating	473
電漿旋轉電極法	Plasma Rotating Electrode Method	351, 355
電漿熔射技術	Plasma Spray Technique	152
電鍍	Plating	7, 9, 250, 261, 267
預合金	Pre-Alloyed	6
預合金粉	Pre-alloyed Powder	135, 136143, 337, 343, 350~354
預型體	Preform	139, 140, 150~152
預混合粉、合批粉	Premixed Powder	6
預熱區	Preheatingl Zone	216~219, 221, 222

十 四 劃

羰基化程序	Carbonyl Process	135
塵爆	Dust Explosion	135
實體密度	Bulk Density	232~234
實體體積	Bulk Volume	233, 234
對流型	Convective	54, 56
對流混合	Convection Mixing	50~52, 54
摻合粉	Blended Element Powder	337, 342, 351, 353
敲密度、敲緊密度	Tap Density	28, 42, 43, 45, 287
敲緊密度測定儀	Tap Density Tester	43
滾筒處理	Tumbling Treatment	268
漏斗	Funnel	41~44
滲和刮刀	Doctor Blade	384
滲油	Oil Impregnation	250
滲透穿漏	Penetration Tration Trickling	54
滲透率	Permeability	232

滲碳	Carburizing	7, 8, 259~261, 263, 264
滲銅零件	Cu-infiltrated Component	340, 343
熔液動態壓成	Liquid Dynamic Compaction	152
熔著	Soldering	410, 414, 415
熔滲	Infiltration	7, 12, 14, 343, 345
熔銲	Welding	342, 349
熔融流動率	Melt Flow Rate	478
熔鍊	Melting	199
磁陀	Magnetic Spin	458, 459
磁歪	Magneto Striction	492
磁矩	Magnetic Moment	458~460, 486, 491
磁能積	Magnetic Energy	461, 468, 473, 475
磁區	Magnetic Domain	459, 460, 468, 470, 474, 475
磁場配向	Magnetic Orientation	462, 477, 479
磁晶異方性	Crystal Anisotropic	468
磁壁	Domain Wall	459, 474, 493
碳化物	Carbide	5, 11, 14
碳化鎢	Tungsten Carbide	223, 226, 229
碳化鎢粉	Tungsten Carbide Powder	93, 94
碳黑、積碳	Carbon Soot, Sooting	218, 229, 365, 366
碳勢	Carbon Potential	313
碳醯鎳粉	Carbonyl Nickle Powder	21
碳醯鐵粉	Carbonyl Iron Powder	21, 77, 81
管理品質	Management Quality	270
精胚	Fine Blank	150
精密度	Precision	275
精密陶瓷	Advaneed Ceramics	3, 4, 14~16
精密鍛造模具	Precision Forging Die	151
精整	Coining	7, 8, 250~256, 264, 328, 330~334, 340, 348
精整回彈率	Sizing Spring-Back	171, 173~176
精磨	Fine Grinding	189
網帶輪送型	Mesh Belt Conveyer	14
維克氏微硬度	Vickers Micro-Hardness	241, 242
聚乙二醇	Polyethylene Glycol	364

聚乙烯醇	Polyvinyl Alcohol	69, 70, 364
聚醋酸乙烯酯	Polyvinyl Acetate	69, 70
蒙自合金	Monel	136, 137
蒙鎳合金	Nickel Alloy Powder	90
蒸氣處理	Steam Treatment	7, 8
蒸發與凝聚	Evaporation and Condensation	8
製程能力	Process Capability	277, 278, 281, 282
製程潛力	Process Potential	277, 278
銀	Silver	410~416
銀氧化鎘	Silver Cadmium Oxide	414~416
銀氧化鎘合金	Silver Cadmium Oxide Alloy	414, 416
銀粉	Silver Powder	88, 89, 90
銀鎢合金	Siler Tungsten Alloy	413~416
銀鎢鈷	Silver Tungsten Cobalt	414, 416
銀鎢鎳	Silver Tungsten Nickel	414
銀鎢鐵	Silver Tungsten Iron	414, 416
銀鎳合金	Silver Nickel Alloy	413~415
銅	Copper	3~7, 10~15, 410~413, 415~418
銅-鎳鋼	Cu-Ni Steel	330
銅石墨合金	Copper Carbon Alloy	417
銅合金粉	Copper Alloy Powder	77, 88
銅粉	Copper Powder	77, 84, 86, 87, 88
銅基摩擦材料	Copper Friction Materials	336
銅熔浸(滲)	Copper Infiltration	7, 309, 319
銅鋅鐵氧磁體	CuZn Ferrite	486, 488
銅燒結結構零件	Sintered Copper Structural Parts	86
銅鎢合金	Copper Tungsten Alloy	413~416
噴流分篩	Jet Classification	351
噴霧、霧化	Atomization	7, 10, 14, 18, 23~25, 27, 84, 135, 152, 336, 346, 351
噴霧倉	Atomization Chamber	153
噴霧乾燥	Spray Drying	363~366
增塑劑、塑化膠	Plasticizer	66, 69, 70, 136
增填	Overfill	381
層流	Laminar Flow	30
彈性製造系統	Flexible Manufacturing System (FMS)	293
彈性變形	Elastic Deformation	339
影印機用鐵粉	Photocopier Powder	80
線性收縮量	Linear Shrinkage	204
摩根氏	M.T. Mongan	337
摩耗	Wear	451, 455, 456
摩擦	Friction	445~456
摩擦力	Friction Force	337, 342, 343
摩擦材料	Friction Material	336, 337, 340, 342, 445~456
摩擦係數	Friction Coefficient	342
摩擦零件	Friction Part	86
摩擦調整劑	Friction Modifier	445~447

十五　劃

播散強化	Dispersion Strengthening	3, 4, 11
樣品分離器	Sample Splitter	28, 29, 37
標準製作流程	Standard Operation Procedure	288
標準篩	Standard Sieve	29, 30, 31
標準檢驗流程	Standard Inspection Procedure	228
模具及量治具成本	Tooling and Gauge Cost	320, 329
模製、模製成形	Molding	136, 154
模壁潤滑	Die Wall Lubrication	114
模壓	Die Pressing	7
模體	Die Body	155, 156, 159, 179~183, 187, 188, 190~193, 19~197
歐氏沈積法	Osprey Deposition	152, 153
歐傑電子能譜儀	Auger Electron Spectroscopy, AES	39
澆道	Sprue	137

潛變	Creep	139, 357
潤滑劑	Lubricant	39, 42, 46~48,
		136, 216~219, 224, 227,
		338, 342, 343, 346, 351,445~450
潤滑劑燒除	Burn-off of Lubricant	48
潤濕	Wetting	212
潤濕角	Wetting Angle	212, 213
熱分解法	Thermal Decomposition Method 19, 21
熱均壓	Hot Isostatic Press (HIP)	7, 20, 84,
		94, 96, 137, 139,144,
		152, 153, 351, 354~357, 450
熱處理	Heat Treatment	3, 6, 7, 8, 12, 13,
		250, 259~262, 346~348, 353
熱塑性結	Thermal Plastic Binder	134,
合劑		135, 137
熱噴焊	Thermal Spraying	369
熱模鍛造	Hot Die Forging	355
熱機處理	Thermo-mechanical Treatment	261
熱壓	Hot Pressing 7, 14, 351, 446, 448~451
熱擠型	Hot Extrution	20, 139, 148
熱鍛	Forging	139, 144, 149, 150
熱鍛比	Upset Ratio	474
熱鍛造	Hot Forging	20
緻密化	Densification 199, 208, 210, 211, 214
線切割放電	Wire-cut EDM	392, 398
膠化物	Jelly	137
膠囊	Capsule	388, 389
衝擊強度	Impact Strength 12, 13, 244, 247, 248
複合化合金	Composite Alloy	377
複合材料	Composite Material	3, 4
複合磁石	Bonded Magnet	462, 475~ 478, 482
複合模	Compound Die	167, 168,
		181, 191, 193, 195
複層合金	Bimetal Bearing	423, 424, 425
軸承		
調節齒輪	Adjusting Gear	330
(汽車)		
輪節式連桿	Knuckle Level	129
輪轂	Wheel Hub	152

輥子	Roller	139
輥膛式	Roller Type	217, 222
輥壓	Roll Compaction	7
鋁系	Aluminum Base	336, 346, 349
鋁青銅	Aluminum Bronze	337
鋁粉	Aluminum Powder	92~94
鋁鎳鈷	AlNiCo	462, 465, 466
銼磨試驗	File Test Method	242, 243
鋇鐵氧磁鐵	Barium Ferrite	468
鋰系鐵氧	Li Ferrite	491
磁體		
震動飄浮	Vibrating Float	54
餘量精整	Positive Sizing	250, 255
駝背式	Arch Type	217, 220~223

十六 劃

凝聚造粒	Flocculating Granulation	72
導磁係數	Permeance Coefficient	482
導磁率衰減	DF of Permeability	461
係數		
整形、整邊	Coining	6~8, 250, 309,
		320, 330, 340, 348
整形型式	Coining Type	150
整時機環	Ring Synchronizer	9
整體品管	Integrated Quality Control	273
體系		
橫向破裂	Transverse Rupture Strength 245~247,
(或斷)強度		388, 390, 398~402
、抗折力		
橫向破裂	Transverse Rupture Test	47
試驗		
樹脂	Resin	136
橡膠磁石	Rubber Magnet 462, 472, 473, 477, 478
機油泵齒輪	Motor Oil Pump Gear	331
(汽車)		
機械方法	Mechanical Method	18, 20
機械加工	Machining	250, 253, 267
機械合金	Mechanical Alloy	20

機械合金化法	Mechanical Alloying	90
機械式之糾纏	Mechanical Interlocking	98
機械粉碎法	Mechanical Milling	19
機械配向	Mechanical Orientation	462, 477~479
機器設備固定成本	Equipment Fixed Cost	325, 329
濁度計法	Turbidmetry Method	31, 32
燒結	Sintering	3~16, 199~214, 309~311, 313~316, 319~323, 329, 330, 336, 337, 339, 340, 342~349, 351, 353, 355
燒結含油軸承	Oil-Impregnated Sintered Bearing	420, 426~432, 435, 437, 438, 443
燒結青銅過濾材	Sintered Bronze Filtration Material	422
燒結後處理	Post-Sintering Treatment	250
燒結高熔點合金	Sintered Refractory Metals	421
燒結時間	Sintering Time	48
燒結氣氛	Sintering Atmosphere	48, 288
燒結速度	Sintering Rate	288
燒結結構零件	Sintered Structural Parts	309
燒結溫度	Sintering Temperature	48, 288, 340, 348
燒結圖	Sintering Map	207, 208
燒結緊配	Sintering Fitting	14
燒結膨脹率	Sintering Expansion Ratio	172~176
燒結鍛造	Sinter Forging	148
燒結爐	Sintering Furnace	216~223, 225~228, 230
積碳、碳黑	Sooting, Carbon Soot	218, 229, 365, 366
積體電路構裝	IC Packages	16

十七 劃

篩分	Sieve Analysis	29, 30, 41
篩目數	Mesh Number	30
輸送帶	Conveyer	216, 219~223, 227
輸送帶式	Conveying Belt Type	216, 217, 221, 223
輸送帶式連續爐	Conveying Belt Funace	220
輸送帶式爐	Belt Furnace, Conveyer Furnace	313
選別裝置	Selector	299, 300
錳鋅鐵氧磁體	Mn-Zn Ferrite	486
錫粉	Tin Powder	92
隨機混合物	Completely Random Mixing	49
霍斯納比值	Hausner Ratio	45
靜水壓成形、均壓成形	Isostatic Pressing	4, 14, 97, 142
靜電分離	Electrostatic Separation	351
靜磁能	Magnetostatic Energy	459
靜摩擦係數	Static Coefficient of Friction	343
鮑立不相容原理	Pauli Exclusive Principle	458
壓力	Pressure	199, 200, 209, 211
壓胚(體)、壓結體、生胚	Green Compact	6, 8, 14, 35, 37, 39, 45~48, 134~137, 140, 199, 202~205, 207, 208, 210, 213, 214, 250, 253, 311, 313, 314, 316, 338, 343, 345, 348
壓(或生)胚強度	Green Strength	6, 28, 38, 45, 47, 48, 98, 99, 337, 338
壓粉磁芯	Dust Core	492
壓結密度、生胚密度	Green Density	204, 348
壓結體	Green Compact	338, 343, 345, 348
壓電元件	Piezoelectrics	4, 15
壓實性	Compressibility	45
壓實燒結法	Compact Sintering	135
壓縮比	Compression Ratio	45, 99, 116, 117
壓縮性	Compressibility	6, 10, 14, 28, 35, 45~47, 311, 338, 339, 348
壓縮級	Compacting Grade	80, 81, 87

應力	Stress	200, 203, 210, 212~214
擠形	Extrusion	7, 144, 152
濕式混合	Wet Mixing	415, 416
環境品質	Environmental Quality	270
瞬間液態	Transient Liquid Phase	247
磷化處理	Ponderizing	266
螺旋磁性體	Spiral-Magnetism	458, 459
還原性氣體	Reducing Gas	339
還原法	Reduction	336
還原粉	Reduced Powder	10
還原鈷粉	Reduced Cobalt Powder	92
還原銅粉	Reduced Copper Powder	86~88, 337
還原劑	Reductant	336
還原擴散法	R/D Process	472
還原鎳粉	Reduced Nickel Powder	91
還原鐵粉	Reduced Iron Powder	21, 77~80
鎂系鐵氧磁體	Mg Ferrite	488
鍛打形式	Forging	150
錫青銅	Tin Bronze	348
顆粒形狀	Particle Shape	35, 37, 42, 44, 46, 47
顆粒形態	Particle Morphology	37
顆粒注射器	Powder Injecton	153
黏性流動、玻化	Viscous Flow	8
黏接粉末	Cement Powder	134
黏結	Bonding	199, 201, 202, 208
黏結碳化物模具	Cemented Carbide Tool	139
黏結劑、黏著劑	Binder	69, 70, 72, 227
黏著磨耗	Adhesive Wear	114
擴散	Diffusion	8, 14, 216, 340
擴散係數	Diffusion Coefficient	200, 202, 204, 205, 207
擴散混合	Diffusive Mixing	50, 51, 52, 53
鍶鐵氧磁鐵	Strontium Ferrite	468

十 八 劃

簡易移動裝置	Simple Moving Equipment	300
織構	Texture	470
轉鼓試驗	Drum Test	47
轉盤式壓床	Rotary Press	130, 132
鎢	Tungsten	411~418
鎢粉	Tungsten Powder	93, 94, 95
鎢酸	Tungstic Acid	370, 371, 372
鎢酸鈣、灰重石、重石	Scheelite	93, 359, 370, 371
鎢酸銨	Ammonium Paratungstate	370~372
鎢錳鐵礦、鎢酸鐵錳、鐵錳重石	Wolframite	93, 370, 371
鎢鋼	Tungsten Steel	223, 226
鎳	Nickel	412~416
鎳合金粉	Nickel Alloy Powder	90
鎳系鐵氧磁體	Ni Ferrite	490
鎳粉	Nickel Powder	90, 91
鎳基硬面合金	Nickel Based Hardfacing Alloy	91
鎳基超合金	Nickel Superalloy	336
鎳碳醯	Nickel Carbonyl	90
鎳碳醯熱分解法	Nickel Carbonyl Thermal Decomposition	90
鎳銀合金	Nickel Silver Alloy	88, 90
鎳鋅鐵氧磁體	Ni-Zn Ferrite	487
離子散射能譜儀	Ion Scattering Spectroscopy (ISS)	39
離心噴霧法	Centrifugal Atomization	25
雙重燒結	Double Sintering	247
雙重壓製	Double Pressing	247
雙射步驟	Double Shot	137
雙圓錐混合機	Double-Cone Mixer	448
鬆裝密度、視密度	Apparent Density	6, 28, 30, 35, 39~45, 47, 48, 100, 287, 310, 314, 355

羅洛空氣 分析儀	Roller Air Analyzer	29, 31, 32
羅普氏微 硬度	Knoop Micro-Hardness	241, 242
羅新－ 雷姆勒	Rosin-Rammter	74

十九　劃

霧化法	Atomizing Method	18, 23~25, 27, 84, 135, 152, 336, 346, 351
霧化粉	Atomized Powder	14
霧化銅粉	Atomized Copper Powder	86~88, 337
霧化鋁粉	Atomized Aluminum Powder	93, 94
霧化錫粉	Atomized Tin Powder	92, 93
霧化鐵粉	Atomized Iron Powder	77, 80, 81

二十　劃

| 懸浮流體 | Suspending Fluid | 30 |

二十一　劃

鐵-矽	Fe-Si	493
鐵-鈷	Fe-Co	493
鐵-磷	Fe-P	492
鐵-鎳	Fe-Ni	493
鐵系燒結結 構零件	Iron-Base Sintered Structural Parts	309~311, 313, 330
鐵氧磁體	Ferrite	3, 5, 15
鐵氧複合 磁石	Ferrite Bonded Magnet	476, 477
鐵粉	Iron Powder	492, 493, 494
鐵損	Iron Loss	494, 495, 496
鐵錳重石、 鎢錳鐵礦、 鎢酸鐵錳	Wolframite	370, 371
露點	Dew Point	138, 216, 218, 219, 229~231, 313, 345, 347, 348

二十二　劃

| 驅動力 | Driving Force | 7, 8, 199~211 |

彎折延性 測試	Bending Ductility Test	245
彎曲強度	Bending Strength	398
彎折強度 測試	Bending Strength Test	245
鑄漿	Slip Casting	7

二十三　劃

變動成本	Variable Cost	319, 325, 329
變動係數	Coefficient of Variation	65
變異	Variation	275, 277, 278, 282, 287
顯微鏡	Microscope	29, 33, 34, 36, 37
體積因子	Bulkiness Factor	37
體積擴散	Volume Bulk Diffusion	208

二十七　劃

鑽孔	Honing	6, 7, 8, 15
鑽石燒結體	Sintered Diamond Compact	377
鑽石磨輪	Diamond Abrasive Grinding Wheel	92

G

| Gordon, Sheritt Process | 23 |

H

| Hoeganaes
鐵粉 | Pyron Iron Powder | 78~79 |

K

| K-值 | K-Value | 337 |

O

| Ostwald成長 | Ostwald Ripening | 206, 210 |

P

P/M技術	Powder Metallargy Technology	134
PV-值	PV-Value	337
Pyron 鐵粉	Pyron Iron Powder	77~79

S

| Sendust 粉 | Sendust Powder | 492 |

W

Wiech 製程　Wiech Process　　　137

X

X-射線光電 X-ray Photoelectron Spectroscopy (XPS)
子能譜儀　　　39

英 中 文 索 引

A

Abrasive Wear   刮擦磨耗   114

Accuracy   準確度   273, 275

Activation Energy   活化能   200

Adhesive Wear   黏著磨耗   114

Adjusting Gear   調節齒輪(汽車)   330

Advaneed Ceramics   精密陶瓷   3, 4, 14~16

Air Atomized Brass   空氣霧化錫粉   93
    Powder

Air Atomized Tin Powder 空氣霧化黃銅   88, 89

Allowance   許可差   275

Alloy Steel Powder   合金鋼粉   77, 82, 83

AlNiCo   鋁鎳鈷   462, 465, 466

Aluminum Base   鋁系   336, 346, 349

Aluminum Bronze   鋁青銅   337

Aluminum Powder   鋁粉   92~94

Amber Bakelite   琥珀色電木粉   235

Ammonium Dimolybdate   二鉬酸銨   362, 363

Ammonium Molybdate   鉬酸銨   362~364

Ammonium Paratungstate 鎢酸銨   370~372

Angle of Repose   安息角   28, 44, 45

Anisotropic NdFeB   釹鐵硼異方   482
    Bonded Magnet   性膠磁

Anisotropic   異方性   462, 465,
                                        467~469, 473,
                                        477~479, 482, 485

Antiferro-Magnetism   反鐵磁性體   458, 459

Anuie Type Press   砧板式壓床   130, 132

Apparent Density   視密度   6, 28, 30, 35,
                                        39~45, 47, 48,
                                        100, 287, 310, 314, 355

Apparent Density   鬆裝密度、   6, 28, 30, 35,

                        視密度   39~45, 47, 48,
                                        100, 287, 310, 314, 355

Apparent Hardness   視硬度   241

Apparent Porosity   視孔隙率   234

Applied Pressure   外加壓力   200, 210, 211

Arabic Gum   阿拉伯膠   364

Arc Erosion   電弧沖蝕   412, 413

Arch Type   駝背式   217, 220~223

Archimedes Principle   阿基米得原理   232

Arnold Meter   亞諾氏計   42

Aspect Ratio   長寬比   36

Assemble Sintering   組合燒結   166

Atmosphere Control   氣氛控制   216, 220

Atomization   噴霧、霧化   7, 10, 14,
                                        18, 23~25, 27, 84,
                                        135, 152, 336, 346, 351

Atomization Chamber   噴霧倉   153

Atomized Aluminum   霧化鋁粉   93, 94
    Powder

Atomized Copper Powder 霧化銅粉   86~88, 337

Atomized Iron Powder   霧化鐵粉   77, 80, 81

Atomized Powder   霧化粉   14

Atomized Tin Powder   霧化錫粉   92, 93

Atomizing Method   霧化法   18, 23~25, 27,
                                        84, 135, 152, 336, 346, 351

Attritor   研磨器、立式   19,
                        葉片攪拌機   20, 379

Auger Electron   歐傑電子能   39
    Spectroscopy, AES   譜儀

Automatic Filler   自動給料   302

Automatic Lift Carrier 自動取出   300

Automation   自動化 292~299, 302~305

B

Babbitt Metal	巴比特金屬	425
Bakelite	電木	235
Ball Mill	(臥式圓筒)球磨機	18~20, 379
Barium Ferrite	鋇鐵氧磁鐵	468
Barium Titanate	鈦酸鋇	15
Batch	批式	14
Berylium Bronze	鈹青銅	337
Belt Furnace, Conveyer Furnace	輸送帶式爐	313
Bending Ductility Test	彎折延性測試	245
Bending Strength Test	彎折強度測試	245
Bending Strength	彎曲強度	398
Bessemer	俾斯麥	346
Bevel Gear	傘齒輪(減速機)	333, 334
Bimetal Bearing	複層合金軸承	423~425
Binder	黏結劑、黏著劑、粘結劑、結合劑	66, 67, 69, 70, 72, 135~138, 146, 227, 343
Biomedical Materials	生醫材料	421
Blended Element Powder	摻合粉	337, 342, 351, 353
Bonded Magnet	複合磁石	462, 475~478, 482
Bonding	黏結	199, 201, 202, 208
Boride	硼化物	11
Bornze Filter	青銅過濾器	92
Brake Efficiency	煞車效率值	452
Brake Energy	煞車制動能	454
Brake Lining Pad	煞車來令片	445~447, 449, 453, 455~457
Brass	黃銅	88, 90
Brinell Hardness	勃氏硬度	237, 241
Brittle Fracture	脆斷	244
Bronze Alloy Powder	青銅合金粉末	88
Bronze Bearing	青銅軸承	86, 92
Bronze	青銅	84, 88, 90
Bulk Density	實體密度	232~234
Bulk Volume	實體體積	233, 234
Bulkiness Factor	體積因子	37
Burn-off of Lubricant	潤滑劑燒除	48
Bushing	軸襯墊圈(汽車)	332

C

CAD	電腦輔助設計	14
Calcium Stearate	硬脂酸鈣	96
Canning	封罐技術	144
Capsule	膠囊	388, 389
Carbide	碳化物	5, 11, 14
Carbon Potential	全碳量	378, 386, 398~400
Carbon Potential	碳勢	313
Carbon Soot, Sooting	碳黑、積碳	218, 229, 365, 366
Carbonyl Iron Powder	碳醯鐵粉	21, 77, 81
Carbonyl Nickle Powder	碳醯鎳粉	21
Carbonyl Process	羰基化程序	135
Carburizing	滲碳	7, 8, 259~261, 263, 264
Carney Funnel	卡內漏斗	42, 44
Case Depth	硬化深度	242, 243
Case Hardness	硬化層硬度	242
Cement Powder	黏接粉末	134
Cemented Carbide Tool	黏結碳化物模具	139
Centrifugal Atomization	離心噴霧法	25
Ceramic Filter	陶瓷過濾器	422
Ceramic Mold	陶瓷模	352
Ceramic Powder	陶瓷粉	4
Ceramic Substrate	陶瓷基板	15
Cermet	瓷金、陶金	4, 226
Cermet	陶金、瓷金	4, 226, 377
Charpy-Type	恰比式	244
Chemical Method	化學方法	18, 20
Chemical Precipitation	化學析出法	336

Chemical Reduction Method	化學還原法	19
Chemical Treatment	化學處理	250
Chuck Cylinder	夾取氣缸	300
Close Ddie Press Forming	閉模加壓成形	338
Closed Die Forging Mold	密閉鍛造模具	151
Closed Porosity	封閉孔隙率	234
Coarsening	粗化、粗粒化	8, 199, 208, 210~213
Coating	塗裝	266, 267, 268, 473
Cobalt Alloy Powder	鈷合金粉	91
Cobalt Powder	鈷粉	91, 92
Coefficient of Mixing Rate	混合速度係數	52, 53, 61, 63~65
Coefficient of Variation	變動係數	65
Coining Type	整形型式	150
Coining	精整、整形、整邊	6~8, 250~256, 264, 309, 320, 328, 330~334, 340, 348
Cold Isostatic Press (CIP)	冷均壓	7, 83, 84, 349, 353, 380, 381, 473
Cold Soldering	冷熔著	410
Cold Stream Process	冷流衝擊法	20
Cold Welding	冷銲接	98
Cold Work	冷作	347, 348
Comet Tail	彗星尾	236
Compact Sintering	壓實燒結法	135
Compacting Grade	壓縮級	80, 81, 87
Compaction Spring Back	加壓回彈率	172, 173, 176
Compensation Temperature	補償溫度	491
Completely Alloyed Powder	全合金化粉	82
Completely Random Mixing	隨機混合物	49
Composite Alloy	複合化合金	377
Composite Material	複合材料	3, 4
Compound Die	複合模	167, 168, 181, 191, 193, 195
Compressibility	可壓性	287
Compressibility	壓實性	45
Compressibility	壓縮性	6, 10, 14, 28, 35, 45~47, 311, 338, 339, 348
Compression Ratio	壓縮比	45, 99, 116, 117
Condenser Extraction	冷凝器萃取	235
Connecting Rod	連桿	149, 150, 152, 333
Contact Resistance	接觸電阻	410~415
Contacting Neck Area	接觸頸縮面積	450
Continuous Sintering Furnace	連續燒結爐	216, 217, 219~225, 227
Continuous Vacuum Sintering Furnace	連續真空燒結爐	225, 226
Contraction Factor	收縮因子	136
Controlled Spray Deposition (CSD)	控制噴灑成形	152
Convection Mixing	對流混合	50~52, 54
Convective	對流型	54, 56
Conveyer	輸送帶	216, 219~223, 227
Conveying Belt Funace	輸送帶式連續爐	220
Conveying Belt Type	輸送帶式	216, 217, 221, 223
Copper Alloy Powder	銅合金粉	77, 88
Copper Carbon Alloy	銅石墨合金	417
Copper Friction Materials	銅基摩擦材料	336
Copper Infiltration	銅熔浸(滲)	7, 309, 319
Copper Powder	銅粉	77, 84, 86, 87, 88
Copper Tungsten Alloy	銅鎢合金	413~416
Copper	銅	3~7, 10~15, 410~413, 415~418
Core Rod	心軸	155, 175, 176, 178~182, 186~189, 195~198
Cost Analysis	成本分析	309, 319
Cost Exponential	成本指數	294
Coulter Counter	庫特計數器	29, 33
Counter Weight	配重	374
Coupling Agent	偶合劑	478, 480

Crack Ammonia　裂解氨　219, 220, 228~231, 345, 493

Creep　潛變　139, 357

Crystal Anisotropic Energy　結晶異向能　459

Crystal Anisotropic　磁晶異方性　468

Crystallographic Density　結晶密度　232

Cu-infiltrated Component　滲銅零件　340, 343

Cu-Ni Steel　銅-鎳鋼　330

Curie Temperature　居禮溫度　459, 468, 469, 475, 482, 483, 486, 488~491

Curvature　曲率　200, 203, 210, 211

Cutting　切削　3, 6, 切割　7, 8, 11, 77

CuZn Ferrite　銅鋅鐵氧磁體　486, 488

Cyclone Dust Collector　旋風式粉塵收集器　153

D

Darcy' Law　達西定律　34, 35

Debinder Zone　脫脂區　218, 219, 225

Debinding　脫脂　134, 136, 137

Defect　缺陷　199, 200, 201

Densification　緻密化　199, 208, 210, 211, 214

Density　密度　3, 6~8, 14

Dew Point　露點　138, 216, 218, 219, 229~231, 313, 345, 347, 348

DF of Permeability　導磁率衰減係數　461

Dia-Magnetism　反磁性體　458, 459

Diamond Abrasive Grinding Wheel　鑽石磨輪　92

Die Body　模體　155, 156, 159, 179~183, 187, 188, 190~193, 19~197

Die Pressing　模壓　7

Die Wall Lubrication　模壁潤滑　114

Diffusion Coefficient　擴散係數　200, 202, 204, 205, 207

Diffusion　擴散　8, 14, 216, 340

Diffusive Mixing　擴散混合　50, 51, 52, 53

Dimension Change　尺寸變化　28, 47, 48

Direct Forming Sintering　直接成形燒結法　416

Direct Labor Cost　直接勞力成本　323, 329

Disk Atomization Process　旋轉圓盤噴霧法　26

Dislocation　差排　199

Dislocational Creep　差排潛變　449, 450

Dispersion Strengthening　播散強化　3, 4, 11

Doctor Blade　滲和刮刀　384

Domain Wall　磁壁　459, 474, 493

Double Pressing　雙重壓製　247

Double Shot　雙射步驟　137

Double Sintering　雙重燒結　247

Double-Cone Mixer　雙圓錐混合機　448

Driving Force　驅動力　7, 8, 199~211

Drum Test　轉鼓試驗　47

Dry Bimetal Bearing　乾式複層合金軸承　425

Dry Density　乾密度　233

Dry Mixing　乾式混合　415

Dry Stamped Method　乾搗碎法　346

Durability　耐久性　343

Dust Core　壓粉磁芯　492

Dust Explosion　塵爆　135

Dynamic Coefficent of Friction　動摩擦係數　343

E

E-Coating　電著塗裝　473

Easy Axies　易磁化軸　468

Ejection Pin　頂出梢板　136

Elastic Deformation　彈性變形　339

Electric Discharge Machining (EDM)　放電加工　391~393

Electrical Brush　電刷　410~413

Electricol Contact　電接點(接觸)　4, 11, 336, 410~416

Electrode　電極　410

Electrodynamic Degassing　電動除氣　351

Electrolysis Method   電解法   18, 19, 21, 336
Electrolytic Copper   電解銅粉   86, 87
Electrolytic Iron Powder   電解鐵粉   77~80
Electron Beam Welding   電子束焊接   368
Electrostatic Separation   靜電分離   351
Electrozone Size Analysis   電感測粒度分析法 32, 33
Elemental Powder   基礎粉末   247, 248
Elogation Factor   長形因子   37
Elongation   伸長率   12, 13
Elutriation Method   陶析法   31, 32
Endothermic Atmosphere   吸熱型爐氣 228, 229, 230
Endothermic Type   吸熱型   218, 228, 229
Engine Bearing   引擎軸承   423
Environmental Quality   環境品質   270
Equipment Fixed Cost   機器設備固   325, 329
                             定成本
Eutectic   共晶   139
Evaporation and   蒸發與凝聚   8
   Condensation
Exchange Energy   交換能   459
Exothermic Gas   放熱性氣體   86
Exothermic Type   放熱型   218, 219
Exothermic   放熱型爐氣   228~230
Extrusion   擠形   7, 144, 152

F

Fatigue Strength   疲勞強度   13
Fe-Co   鐵-鈷   493
Fe-Ni   鐵-鎳   493
Fe-P   鐵-磷   492
Fe-Si   鐵-矽   493
Feed Shoe   填粉盒   42
Feedstock   素料   134~137, 138
Ferri-Magnetism   陶鐵磁性體   458, 459
Ferrite   鐵氧磁體   3, 5, 15
Ferrite Bonded Magnet   鐵氧複合磁石   476, 477
File Test Method   銼磨試驗   242, 243
Filling by Suction   吸入餵料   116

Filling by Vibration   振動餵料   117
Filling Rigid Die Cold   剛模冷壓   97
   Pressing
Filter   過濾器   4, 5, 10
Filtration Materials   過濾材料   420, 422
Fine Blank   精胚   150
Fine Grinding   精磨   189
Fisher Subsieve Analyzer   費修次篩粒   29, 34, 35,
                             度分析器   41
Five Punch Compaction   五冲成形   124, 126
Flame Cutting   火焰切割   77
Flexible Manufacturing   彈性製造系統   293
   System (FMS)
Floatation   浮選法   359, 362, 370
Flocculating Granulation   凝聚造粒   72
Flow Rate   流動度、   6, 28, 35,
                             流動率   43, 44, 45, 287
Fluidity   流動性   313, 337, 338
Fluidization Bed   流化床   54, 71, 72
Fluidized   流動型   54~57
Foamed Metal   發泡金屬   4,
                             420~422, 444
Fomed Bushing   捲筒襯套   424
Forced Granulation   強制造粒   71, 72
Forging   熱鍛 139, 144, 149, 150
Forging   鍛打形式   150
Formability   成形性   287, 313, 314
Forming   成形   3~10, 12, 14,
                             445, 446, 448, 450
Four Punch Compaction   四冲成形   122
Fracture Test   破斷面試驗   242
Free Energy   自由能   21, 22, 201, 210
Friction Coefficient   摩擦係數   342
Friction Force   摩擦力   337, 342, 343
Friction Material   摩擦材料   336, 337,
                             340, 342, 445~456
Friction Modifier   摩擦調整劑   445~447
Friction Part   摩擦零件   86

Friction　摩擦　445~456

Front Wall　前壁　206

Full Density Forming　全密度成形　139

Full Density Powder　全緻密的粉體　139

Fundamental Quality　基礎品質　270

Funnel　漏斗　41~44

G

Garnet　柘榴石　490, 491

Gas Atomization　氣噴霧製粒、氣體噴霧(霧化)法　23~25, 27, 84, 135

Gas Atomized Copper Powder　氣體霧化銅粉　87~89

Gas Atomized Tool Steel Powder　氣體霧化工具鋼粉末　85

Gas Tungsten Arc Welding　氬焊　368

Gate Motion Loader　裝填移動機　300

Gate　射入口　136, 137

Gauge　量度區　138

Gold　黃金　412, 413

Gordon, Sheritt Process　23

Grain Boundary Diffusion　晶界擴散　8

Grain Boundary Sliding　晶界的滑動　450

Grain Boundary　晶界　199, 201, 202, 204, 206~211, 213

Grain　晶粒　3, 6, 14

Granulation　造粒　3

Graphite Powder　石墨粉　77, 96

Green Compact　生胚、胚體、壓胚(體)、壓結體　6, 8, 14, 35, 37, 39, 45~48, 134~137, 140, 199, 202~205, 207, 208, 210, 213, 214, 250, 253, 311, 313, 314, 316, 338, 343, 345, 348

Green Density　生胚密度、壓結密度　204, 348

Green Strength　生(或壓)胚強度　6, 28, 38, 45, 47, 48, 98, 99, 337, 338

H

Hall Flowmeter　荷爾流動計　42, 43, 44

Hard Alloy　超硬合金　3~5, 11, 14, 15, 91, 93, 94, 377, 378, 385~388, 390~395, 397~403, 405, 406, 408, 409

Hard Facing Alloy　硬面合金　91, 92

Hard Facing Coating　硬面塗層　152

Hard Magnet　硬磁　11

Hausner Ratio　霍斯納比值　45

Heat Treatment　熱處理　3, 6, 7, 8, 12, 13, 250, 259~262, 346~348, 353

Heating Rate　昇溫速率　48

Heavy Metal　重合金　359, 369, 370, 372, 374, 375

High Shear Z Shape　高剪力的Z型　136

High Speed Steel　高速鋼　11, 14

High Temperature Reduction　高溫還原法　152

Holding Strength　夾持強度　137

Honing　鑽孔　6, 7, 8, 15

Hopper　重力型　54

Hot Die Forging　熱模鍛造　355

Hot Extrution　熱擠型　20, 139, 148

Hot Forging　熱鍛造　20

Hot Isostatic Press (HIP)　熱均壓　7, 20, 84, 94, 94, 96, 137, 139, 144, 152, 153, 351, 354~357, 450

Hot Isostatic Press　高溫熱均壓　209

Hot Pressing　熱壓　7, 14, 351, 446, 448~451

Hydrogen Loss　氫內損失　37, 38

I

IC Packages　積體電路構裝　16

Impact Strength　衝擊強度　12, 13, 244, 247, 248

Impregnation	含浸法	262
Incandescent Lamp Filament	白熾燈絲	93
Induced Magnetization	感應磁化	459
Infiltration	熔滲	7, 12, 14, 343, 345
Injection Molding	射出成形法	384
Injection Pressure	射壓	136
Injection Temperature	射溫	136
Injection	射出	7, 12
Inspection & QC Cost	測試及品管成本	321, 329
Integrated Quality Control	整體品管體系	273
Interconnected Porosity	通孔率	337
Inverse Spinel	反尖晶石	485, 486
Ion Scattering Spectroscopy (ISS)	離子散射能譜儀	39
Iron Loss	鐵損	494, 495, 496
Iron Powder	鐵粉	492, 493, 494
Iron-Base Sintered Structural Parts	鐵系燒結結構零件	309~311, 313, 330
Irreversible Loss	不可逆磁損	484
Isostatic Pressing	靜水壓成形、均壓成形	4, 14, 97, 142
Isothermal Forging	恆溫鍛造	152, 356
Isotropic	等方性	465, 467, 468, 473, 477, 480, 486
Isotropic	等向性	149
Izod-Type	埃左德式	244, 245

J

Jelly	膠化物	137
Jet Classification	噴流分篩	351

K

K-Value	K-值	337
Kermet Bearing	克麥特軸承	424
Kneading	混練	134, 136, 478
Knoop Micro-Hardness	羅普氏微硬度	241, 242
Knuckle Level	輪節式連桿	129
Kroll	克羅爾	96

L

Laminar Flow	層流	30
Lapping	平面研磨	6, 8
Lattice (or Bulk) Diffusion	晶格(或體)擴散	8
Lattice Site	晶格位置	459, 460
Lead Infiltration Bimetal Bearing	鉛熔浸系複層合金軸承	425
Li Ferrite	鋰系鐵氧磁體	491
Lifting Fork	提升叉	10
Linear Shrinkage	線性收縮量	204
Lining Pad	來令片	446
Liquid Content Expression	液份量表示法	67
Liquid Dynamic Compaction	熔液動態壓成	152
Liquid or Vapor Precipitation	液或氣相析出法	19
Liquid Phase Sintering	液相燒結	8, 337, 339, 340, 348
Lithium Stearic Acid	硬脂酸鋰	217, 218, 339
Loading Line	工作線	484
Loss Factor	損失係數	488, 489
Low Alloy Steel	低合金鋼	151
Lower Punch	下冲頭	155, 156, 163, 164, 166, 167, 178, 179, 187, 189, 195~197
Lubricant	潤滑劑	39, 42, 46~48, 136, 216~219, 224, 277, 338, 342, 343, 346, 351, 445~450

M

M.T. Mongan	摩根氏	337
Machining	機械加工	250, 253, 267
Macro-Hardness	巨觀硬度	236
Magnetic Domain	磁區	459, 460, 468, 470, 474, 475
Magnetic Energy	磁能積	461, 468, 473, 475
Magnetic Moment	磁矩	458~460, 486, 491
Magnetic Orientation	磁場配向	462, 477, 479

Magnetic Spin	磁陀	458, 459
Magnetization	著磁	459, 470, 478, 480, 481, 484
Magneto Striction	磁歪	492
Magnetostatic Energy	靜磁能	459
Management Qualily	過程品質	270
Management Quality	管理品質	270
Manometer	流體壓力計	32
Mechanical Alloy	機械合金	20
Mechanical Alloying	機械合金化法	90
Mechanical Interlocking	機械式之糾纏	98
Mechanical Method	機械方法	18, 20
Mechanical Milling	機械粉碎法	19
Mechanical Orientation	機械配向	462, 477~479
Melt Flow Rate	熔融流動率	478
Melting	熔鍊	199
Mesh Belt Conveyer	網帶輪送型	14
Mesh Number	篩目數	30
Meta-Magnetism	準磁性體	458
Metal Friction Material	金屬基摩擦材料	445, 446, 448, 449, 453~457
Metal Iniection Molding (MIM)	金屬射出成形	216, 218, 227, 243
Metal Matrix Composite	金屬基複合材料	446, 456
Metal Matrix	金屬基地	446~450, 453~456
Metal Powder	金屬粉	4, 10, 15
Metallic Adhesion	金屬黏著	453
Methyl Cellulose	甲基纖維素	137, 364
Mg Ferrite	鎂系鐵氧磁體	488
Micro-Hardness	微小硬度	241
Micro-Hardness Test Method	微硬度試驗	242, 243
Micro-Merogaph	微分器	29, 31, 32
Microscope	顯微鏡	29, 33, 34, 36, 37
Microtrac Particle Analyzer	微粒度分析儀	30, 31
Mixer	混合機	49, 51~66, 72
Mixing Curve	混合曲線	52, 53, 62
Mixing Mechanisms	混合機構	49~55
Mixing	混合	3, 4, 6, 445, 446, 448, 453
Mn-Zn Ferrite	錳鋅鐵氧磁體	486
Mobility	移動能力	208, 209
Molding	模製、模製成形	136, 154
Molybdenum Powder	鉬粉	94, 95
Molybdenum	鉬	411~413, 415, 416
Monel	蒙自合金	136, 137
Morphology	形態	36
Motor Oil Pump Gear	機油泵齒輪(汽車)	331
Muffle Tube	馬弗管	219

N

NdFeB Magnet	釹鐵硼磁石	462, 469, 473, 484
Near Net Shape	近實形	48
Neel's Temperature	尼爾溫度	459
Negative Sizing	無餘量精整	250, 256
Net Shape	成品實型	350
Net Shape	接近實型	350
Neutral Axis	中央面	97, 101, 124, 128
Newtonia Fluid	牛頓性流體	7, 34
Ni Ferrite	鎳系鐵氧磁體	490
Ni-Zn Ferrite	鎳鋅鐵氧磁體	487
Nickel Alloy Powder	蒙鎳合金	90
Nickel Alloy Powder	鎳合金粉	90
Nickel Based Hardfacing Alloy	鎳基硬面合金	91
Nickel Carbonyl Thermal Decomposition	鎳碳醯熱分解法	90
Nickel Carbonyl	鎳碳醯	90
Nickel Powder	鎳粉	90, 91
Nickel Silver Alloy	鎳銀合金	88, 90
Nickel Superalloy	鎳基超合金	336
Nickel	鎳	412~416

542   粉末冶金技術手冊

Nitride	氮化物	11
Nodular	塊結狀	36
Non Porous Powder	非多孔質粉末	46
Non-metal Powder	非金屬粉	3, 4
Normal Spinel	正尖晶石	486
Notch Sensitivity	缺口敏感性	245
Nucleation Control	結核成長控制	470

O

Oil Atomization	油噴霧法	25, 152
Oil Impregnation	油含浸	7, 8, 250, 262
Oil Impregnation	滲油	250
Oil Maintainer	補油機構	440, 441
Oil Pump Gear	油泵齒輪	309
Oil-Content Bearing	含油軸承	10
Oil-Impregnated Sintered Bearing	燒結含油軸承	420, 426~432, 435, 437, 438, 443, 443
One Punch Compaction	一冲成形	120
Open Porosity	開放孔隙率	234
Optical Sensing Method	光學感測法	33
Order Mixtures	規則混合物	49
Order	級數	208
Orientation Ratio	配向率	477
Osprey Deposition	歐氏沈積法	152, 153
Ostwald Ripening	Ostwald成長	206, 210
Over-Sprayed	過噴粉末	153
Overcut	過切	393
Overfill	過多餵料	115, 116
Overfill	增填	381
Oxidized Film	氧化皮膜	140
Oxygen-free Copper Powder	無氧銅粉	338

P

Packaged Container	桶裝容器	28
Palette	托盤	300, 301
Para-Magnetism	順磁性體	458
Parabolic Phenomenon	拋射現象	54

Parafin Wax	石蠟	217, 218
Parasitic-Magnetism	寄生磁性體	458, 459
Partially Alloyed Powder	部分合金化粉	82
Particle Morphology	顆粒形態	37
Particle Shape	顆粒形狀	35, 37, 42, 44, 46, 47
Particle Size Distribution	粒度分佈	6, 28~34, 37, 40, 42, 46
Particle Size Fraction	粒度級	32
Particle Size	粒度	28~37, 39, 40, 45, 46
Parts Feeder	自動送料振動器	301
Passive Gear Hub	從動齒輪轂(汽車)	330
Pauli Exclusive Principle	鮑立不相容原理	458
Pelletizing Granulation	自給轉動造粒	72
Penetration Tration Trickling	滲透穿漏	54
Permalloys	高導磁合金	90
Permeability	透過性	29, 34, 35, 337
Permeability	滲透率	232
Permeameter	透過儀	34
Permeance Coefficient	導磁係數	482
Photocopier Powder	影印機用鐵粉	80
Piece to Piece Variation	件間變異	277
Piezoelectrics	壓電元件	4, 15
Pining Control Magnetometer	栓固控制型測磁儀	474
Plasma Rotating Electrode Method	電漿旋轉電極法	351, 355
Plasma Spray Technique	電漿熔射技術	152
Plastic Deformation	塑性變形	139, 140, 142, 144, 152, 339, 449, 455
Plasticity	可塑性	69
Plasticization	塑化作用	69
Plasticizer	塑化膠、增塑劑	66, 69, 70, 136
Plasticizer	增塑劑、塑化膠	66, 69, 70, 136

Plating　　　　　　　　　　電鍍 7, 9, 250, 261, 267

Platinum　　　　　　　　　白金　　　　412, 413

Plowing　　　　　　　　　犁削過程　　　　455

Polar Orientation　　　　極異方性　　462, 476

Polyethylene Glycol　　　聚乙二醇　　　364

Polyvinyl Acetate　　　　聚醋酸乙烯酯　69, 70

Polyvinyl Alcohol　　　　聚乙烯醇　69, 70, 364

Ponderizing　　　　　　　磷化處理　　　266

Pore　　　　　　　　　　　孔、空孔、　　　3, 4,
　　　　　　　　　　　　　氣孔　　6~10, 15, 208

Porosity　　　　　　　　　孔隙率　　232, 234

Porous Materials　　　　　多孔材料　420~423,
　　　　　　　　　　　　　　　　　　　426, 444

Porphyrite　　　　　　　　斑岩　　　　　359

Positioning Table　　　　　定位滑座　300, 301

Positive Sizing　　　　　　餘量精整　250, 255

Post-Sintering Treatment　燒結後處理　　250

Powder Extrusion　　　　　粉末擠形、 97, 134, 142
　　　　　　　　　　　　　粉末擠壓

Powder Filling Mechanism　粉末充填機構　301

Powder Forging　　　　　　粉末鍛造　　　97,
　　　　　　　　　　　　　　　134, 147, 149

Powder Injection Molding　粉末射出成形　97,
　　　　　　　　　　　　　　　　134~136

Powder Injecton　　　　　顆粒注射器　　153

Powder Load　　　　　　　粉體裝入率 55, 56, 61

Powder Lubricant　　　　　粉末潤滑劑　77, 96

Powder Metallargy　　　　P/M技術　　　134
　Technology

Powder Preform　　　　　粉末毛胚　　　97

Powder Roll Compaction　粉末滾壓　　　97

Powder　　　　　　　　　粉末　　　　3~16

Pre-Alloyed　　　　　　　預合金　　　　6

Pre-alloyed Powder　　　預合金粉　135, 136143,
　　　　　　　　　　　　337, 343, 350~354

Precision Forging Die　　精密鍛造模具　151

Precision　　　　　　　　精密度　　　275

Preform　　　　　　　　預型體 139, 140, 150~152

Preheatingl Zone　　　　預熱區　　216~219,
　　　　　　　　　　　　　　　　　221, 222

Preliminary Process　　　初期製程潛力　278, 281
　Potential

Preliminary Process　　　初期製程能力　282
　Capability

Premixed Powder　　　　合批粉　　　　6

Premixed Powder　　　　預混合粉、　　6
　　　　　　　　　　　　合批粉

Pressure Sintering　　　加壓燒結　　　139

Pressure　　　　　　　壓力 199, 200, 209, 211

Process Capability　　　製程能力　　277, 278,
　　　　　　　　　　　　　　　281, 282

Process Potential　　　製程潛力　277, 278

Production Cost　　　　生產成本 324, 329, 330

Production Rate　　　　生產率　292, 294~299

Pulley　　　　　　　　皮帶輪　　　331

Pure Iron　　　　　　　純鐵　315, 316, 318, 333

Push-type Furance, Pusher 推進式爐　　313
　Furance

Pusher　　　　　　　　推進式　　217, 220,
　　　　　　　　　　　　222, 223, 227

PV-Value　　　　　　　PV-值　　　337

Pycnometer　　　　　　比重瓶　　　233

Pyron Iron Powder　　Hoeganaes Pyron 77~79
　　　　　　　　　　　鐵粉

Q

Q Value　　　　　　　品質因數　459, 487

Quality Assurance (QA)　品質保證　　270,
　　　　　　　　　272~274, 287, 288

Quality Control (QC)　品質管制　　270,
　　　　　　　　　　272, 287, 288

Quality Function　　　品質機能　274, 289
　Deployment (QFD)　展開

Quality Inspection (QI)　品質檢驗　270, 287

Quartz Vein　　　　　石英礦脈　　359

R

R/D Process　　　　　還原擴散法　　472

Race	座圈	152
Random Motion	散亂運動	51
Rapid Binder Burn-off	快速脫脂	218
Rapid Solidfication Process	急冷凝固法	27
Rapid Solidified Powder	急速凝固粉	14
Rare Earth Bonded Magnet	稀土複合磁石	476, 480
Rattler Test	拉脫拉試驗	47
Raw Material Cost	原料成本	319, 329
Recrystallization	再結晶	3
Reduced Cobalt Powder	還原鈷粉	92
Reduced Copper Powder	還原銅粉	86~88, 337
Reduced Iron Powder	還原鐵粉	21, 77~80
Reduced Nickel Powder	還原鎳粉	91
Reduced Powder	還原粉	10
Reducing Gas	還原性氣體	339
Reductant	還原劑	336
Reduction	還原法	336
Refractoriness	火石性	144
Refractory Metal	耐火金屬	32, 43, 135
Relative Magnetic Susceptibility	相對磁化係數	458
Repressing Sintering	重壓燒結	164, 166, 167, 176, 348, 349
Repressing	再加壓、再施壓	7, 250, 252, 253
Resin	樹脂	136
Resintering	再燒結	250, 252
Reversible Magnetic Loss	可逆磁損	483, 484
Rheological Properties	流變特性	136
Rich Endothermic Atmosphere	富吸熱型爐氣	228
Ring Synchronizer	整時機環	9
Rockwell Hardness	洛氏硬度	237, 241
Rockwell Super-ficial Hardness	洛氏表面硬度	237, 241
Roll Compaction	輥壓	7
Roller Air Analyzer	羅洛空氣分析儀	29, 31, 32
Roller Type	輥膛式	217, 222
Roller	輥子	139
Rosin-Rammter	羅新－雷姆勒	74
Rotary Press	迴轉式成形機	381
Rotary Press	轉盤式壓床	130, 132
Rotating Electrode Process	旋轉電極法	25, 26, 84, 96, 351
Rotating Electrode Process	回轉電極法	14
Rubber Magnet	橡膠磁石	462, 472, 473, 477, 478
Runner	流道	137
Rynolds Number	雷諾數	31

S

Sample Size	取樣大小	50
Sample Splitter	樣品分離器	28, 29, 37
Sampling Thieves	取樣器	29, 37
Sampling	試料取樣法	28
Scanning Electron Microscope (SEM)	掃描式電子顯微鏡	34, 37
Scheelite	灰重石、鎢酸鈣、重石	93, 259, 359, 370, 371
Scott Volumeter	斯克特體積計	42
Secondary Ion Mass Spectrometry (SIMS)	二次離子質譜儀	39
Sedimentation Method	沈降法	30, 31, 32
Segregation	偏析	3, 14, 62, 64, 206
Selector	選別裝置	299, 300
Self-Lubricating Bearing	自潤含油軸承、自潤軸承	4, 10, 77, 77, 84, 88, 340, 420, 426
Self-Resistance Heating	電阻加熱	372
Sendust Powder	Sendust 粉	492
Sensing Zone	感應區域	33
Sensitization	敏化	220
Shape Factor	形狀因子	36, 37
Shape Stereology	立體學	36

Shear Stress	剪應力	144
Shearing Mixing	剪斷混合	50~52, 54
Sholf Hub	軸轂(汽車)	331
Shot Blast	珠擊	265, 268, 269
Sieve Analysis	篩分	29, 30, 41
Siler Tungsten Alloy	銀鎢合金	413~416
Silicon Nitride Rotor	氮化矽轉子	3
Silver Cadmium Oxide Alloy	銀氧化鎘合金	414, 416
Silver Cadmium Oxide	銀氧化鎘	414~416
Silver Nickel Alloy	銀鎳合金	413~415
Silver Powder	銀粉	88, 89, 90
Silver Tungsten Cobalt	銀鎢鈷	414, 416
Silver Tungsten Iron	銀鎢鐵	414, 416
Silver Tungsten Nickel	銀鎢鎳	414
Silver	銀	410~416
Simple Moving Equipment	簡易移動裝置	300
Single Action Hot Press	單軸向熱壓	139
Single Pressing	一次壓製	247
Single Sintering	一次燒結	247
Sinter Forging	燒結鍛造	148
Sintered Boron Nitride Compact	氮化硼燒結材料	377
Sintered Bronze Filtration Material	燒結青銅過濾材	422
Sintered Copper Structural Parts	銅燒結結構零件	86
Sintered Diamond Compact	鑽石燒結體	377
Sintered Refractory Metals	燒結高熔點合金	421
Sintered Structural Parts	燒結結構零件	309
Sintering Atmosphere	燒結氣氛	48, 288
Sintering Expansion Ratio	燒結膨脹率	172~176
Sintering Fitting	燒結緊配	14
Sintering Furnace	燒結爐	216~223, 225~228, 230
Sintering Map	燒結圖	207, 208
Sintering Rate	燒結速度	288
Sintering Temperature	燒結溫度	48, 288, 340, 348
Sintering Time	燒結時間	48
Sintering	燒結	3~16, 199~214, 199~214, 309~311, 313~316, 319~323, 319~323, 329, 330, 336, 337, 339, 340, 342~349, 351, 353, 355
Siphon	虹吸效應	23
Sizing Spring-Back	精整回彈率	171, 173~176
Sleeve	套管	152
Slip Casting	鑄漿	7
SmCo Bonded Magnet	釤鈷塑膠磁石	480
Soft Ferrite	軟質鐵氧磁體	485, 486, 490
Soft Magnet	軟磁	11
Soldering	熔著	410, 414, 415
Solid Plastic Deformation	固塑性變形	98
Solid Solution Polymer	固溶高分子	137
Solid Solution Treatment	固溶處理	348
Solid State Diffusion	固態擴散	3, 218
Solid State Sintering	固態燒結	8, 339
Solute	溶質	206, 208
Solution and Reprecipitation	溶解再析出	8
Solution Extraction	溶劑淬取	137
Solvent	溶劑	69, 70, 75
Sooting, Carbon Soot	積碳、碳黑	218, 229, 365, 366
Specific Gravity	比重	377, 379, 398, 399, 401
Spherical Powder	球形粉	5
Spiral-Magnetism	螺旋磁性體	458, 459
Sponge Iron Powder	海綿狀鐵粉	77, 78
Sponge Iron	海綿鐵	5
Sponge Titanium	海棉狀鈦	350

Spray Dryer　　　　　　　　造粒成形機　　　　　　134

Spray Drying　　　　　　　　噴霧乾燥　　　363~366

Spring Back　　　　　　　　回漲、　　　　172, 173,

　　　　　　　　　　　　　　回彈　　　176, 252, 255

Sprue　　　　　　　　　　　澆道　　　　　　　　137

Spur Gear & Pinion Gear　　正齒輪及小齒輪　　332

　　　　　　　　　　　　　　（家電）

SQUID　　　　　　　　　　超導量子干涉元件　460

　　　　　　　　　　　　　　磁力儀

Stainless Steel Powder　　　不銹鋼粉　　　　　　83

Stainless Steel　　　　　　　不銹鋼　　78, 83, 311,

　　　　　　　　　　　　　　　　　313, 314, 315,

　　　　　　　　　　　　　　　318, 323,324 324

Standard Inspection　　　　標準檢驗流程　　　228

　　Procedure

Standard Operation　　　　標準製作流程　　　288

　　Procedure

Standard Sieve　　　　　　標準篩　　29, 30, 31

Starting Lever　　　　　　起動槓桿（農機）　334

Static Coefficient of　　　　靜摩擦係數　　　　343

　　Friction

Steam Treatment　　　　　蒸氣處理　　　　7, 8

Stokes' Law　　　　　　　斯托克斯定律　30~32

Stress　　　　　　　　　　應力　　200, 203,

　　　　　　　　　　　　　　210, 212~214

Strontium Ferrite　　　　　鍶鐵氧磁鐵　　　468

Subsieved Powder　　　　　次篩粉　　　31,32, 34

Superalloy Powder　　　　　超合金粉　　　　　84

Superplastic Forming　　　　超塑性成形　　　　351

Surface Chemical Analysis　表面化學　　　28, 39

Surface Chemical　　　　　表面形態　　　　　37

　　Analysis

Surface Diffusion　　　　　表面擴散　　　8, 208

Surface Energy　　　　　　表面能　　201, 210

Surface Factor　　　　　　表面因子　　　　　37

Surface Roughness　　　　表面粗度　168, 172, 182,

　　　　　　　　　　　　　　183, 187, 189, 195

Surface Tension　　　　　表面張力　8, 200, 212

Surfactant　　　　　　　　表面活化劑　　　　136

Surge　　　　　　　　　　突然高電壓湧流　411

Suspending Fluid　　　　　懸浮流體　　　　　30

T

Tantalum Capacitor　　　　鉭電容器　　　　　95

Tap Density Tester　　　　敲緊密度測定儀　43

Tap Density　　　　　　　微敲密度　　　　355

Tap Density　　　　　　　敲密度、　　28, 42,

　　　　　　　　　　　　　　敲緊密度　43, 45, 287

Temperature Coefficient　　溫度係數　459, 475,

　　　　　　　　　　　　　482, 488, 489, 492

Tensile Strength　　　　　抗拉強度、　12, 138,

　　　　　　　　　　　　　　拉伸強度　146, 147

Texture　　　　　　　　　織構　　　　　　470

Theoretical Density　　　　理論密度　232, 234, 377

Thermal Decomposition　　熱分解法　　19, 21

　　Method

Thermal Impregnation　　　加熱含浸法　　　262

Thermal Plastic Binder　　　熱塑性結合劑　　134,

　　　　　　　　　　　　　　　　　135, 137

Thermal Spraying　　　　熱噴焊　　　　　369

Thermo-mechanical　　　　熱機處理　　　　261

　　Treatment

Three Punch Compaction　三冲成形　　　　122

Throttle　　　　　　　　節流子（汽車）　331

Thrust Washer　　　　　止推墊圈　　423, 424

Tin Bronze　　　　　　　錫青銅　　　　　348

Tin Powder　　　　　　　錫粉　　　　　　92

Titanium Oxide　　　　　氧化鈦　　　　　207

Titanium Powder　　　　　鈦粉　　　　95, 96

Tolerance　　　　　　　公差　274, 281, 282, 288

Tool Steel Powder　　　　工具鋼粉　　83, 84

Tooling and Gauge Cost　　模具及量　320, 329

　　　　　　　　　　　　　　治具成本

Total Quality　　　　　　全面品質管理　　270

　　Management (TQM)

Total Thermal Debinding　全熱脫脂　　　　137

Toughness　　　　　　　韌性　　　244, 247

Transient Liquid Phase	瞬間液態	247
Transverse Rupture Test	橫向破裂試驗	47
Transverse Rupture Strength (TRS)	抗折力、橫向破裂(或斷)強度	245~247, 388, 390, 398~402
True Density	眞密度	287
Tumbling Granulation	容器旋轉型(造粒)	51, 52, 54, 56, 57, 61, 65, 66
Tumbling Treatment	滾筒處理	268
Tungsten Carbide Powder	碳化鎢粉	93, 94
Tungsten Carbide	碳化鎢	223, 226, 229
Tungsten Powder	鎢粉	93, 94, 95
Tungsten Steel	鎢鋼	223, 226
Tungsten	鎢	411~418
Tungstic Acid	鎢酸	370, 371, 372
Turbidmetry Method	濁度計法	31, 32
Two Punch Compaction	二冲成形	120

U

Ultimate Tensile Strength (UTS)	極限抗拉強度	243
Ultrasonic Atomization	超音速(波)噴霧法	27
Ultrasonic Cleaning	超音波清潔	235
Underfill	減塡	381
Upper Punch	上冲頭	155, 156, 163, 164, 179, 189, 195, 197
Upset Ratio	熱鍛比	474

V

Vacancy	空洞	199~201, 206
Vaccum Hot Pressing	眞空熱壓	351
Vaccum Impregnation	眞空含浸法	262
Vacuum Arc Casting	眞空電弧鑄造	359
Vacuum Furnace	眞空爐	223~228, 230
Vacuum Reduction	眞空還原法	152
Vacuum Sintering Furnace	眞空燒結爐	223, 225, 226, 227, 229
Vacuum Type	眞空式	216, 223

Vapor Transport	氣化傳送	449
Variable Cost	變動成本	319, 325, 329
Variation	變異	275, 277, 278, 282, 287
Vibrating Float	震動飄浮	54
Vibrating Sample Magnetometer	振動試樣型測磁儀	459, 460
Vibrational Lapping	振動研磨	6, 8
Vibrator	振篩機	29, 30
Vickers Micro-Hardness	維克氏微硬度	241, 242
Viscous Flow	黏性流動、玻化	8
Volume Bulk Diffusion	體積擴散	208

W

Walking Beam	動樑式、走樑式	14, 217, 220, 222, 223
Washing	淘洗現象	54
Water Atomization	水噴霧、霧化	25
Water Vapor Treatment	水蒸氣處理	250, 261, 262, 264
Wear	摩耗	451, 455, 456
Welding	熔銲	342, 349
Wet Density	溼密度	233
Wet Mixing	濕式混合	415, 416
Wetting Angle	潤濕角	212, 213
Wetting	潤濕	212
Wheel Hub	輪轂	152
Wiech Process	Wiech 製程	137
Wire-cut EDM	線切割放電	392, 398
Within-piece Variation	件內變異	277
Wolframite	鎢錳鐵礦、鐵錳重石、鎢酸鐵錳	93, 370, 371
Work Hardening	加工硬化	241

X

| Xanthate | 黃酸鹽 | 361, 362 |
| X-ray Photoelectron Spectroscopy (XPS) | X-射線光電子能譜儀 | 39 |

Y

Y-type Mixer	"Y"型混合機	448
Yield Strength	降伏強度	12, 138, 243, 244
Yield	良品率	137
Yoke	軛(電磁儀器)	333
Young's Modulus	楊氏模數	243

Z

| Zinc Stearate | 硬脂酸鋅 | 81, 96, 114, 217, 218 |

粉末冶金技術手冊＝ Powder metallurgy
technology handbook／汪建民主編． — 再
版 ．—— 新竹縣竹東鎮：粉末冶金協會，民 88
　　冊；　　公分
　　含參考書目及索引
　　ISBN 957-97731-0-6（精裝）

　　1.粉末冶金
454.9　　　　　　　　　　　　　　　　88011014

粉末冶金技術手冊
POWDER METALLURGY TECHNOLOGY HANDBOOK

主 編 者　汪建民 博士

編 審 者　中華民國粉末冶金協會編審委員會

發 行 人　中華民國粉末冶金協會理事長

出 版 者　中華民國粉末冶金協會

　　　　　　地址：新竹縣竹東鎮中興路四段 195-5 號

　　　　　　電話：(03)5827091

　　　　　中華民國產業科技發展協進會

　　　　　　地址：台北市羅斯福路二段 140 號 5 樓之二

　　　　　　電話：(02)23695712

總 經 銷　全華科技圖書股份有限公司

　　　　　　地址：台北市龍江路 76 巷 20-2 號 2 樓

　　　　　　電話：(02)25071300(總機) Fax：(02)25062993

　　　　　　郵政帳號：0100836-1 號

印 刷 者　宏懋打字印刷股份有限公司

登 記 證　局版北市業字第○七○一號

圖書編號　10216

定　　價　新台幣 800 元

初　　版　83 年 7 月

再版一刷　88 年 8 月

ＩＳＢＮ　　957-97731-0-6